生物化学
BIOCHEMISTRY

第 **4** 版

上　册

主编

朱圣庚　　徐长法

编著者

王镜岩　　朱圣庚　　徐长法

张庭芳　　昌增益　　秦咏梅

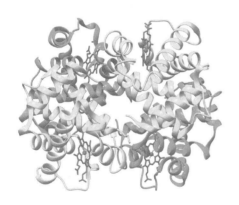

U0250917

高等教育出版社·北京

内容简介

本书前 3 版是国内经典的生物化学教材,先后由北京大学沈同教授、王镜岩教授担任第一主编。 第 4 版是在第 3 版的基础上精简、补充、修订而成,在注重基础性、系统性和完整性的同时,特别注意内容的精炼和更新,使教材及时反映学科发展的新思想、新成果。

全书共 36 章,上册包括第 1~14 章,主要讲述生命的分子基础,分别介绍蛋白质、酶、维生素、糖类、脂质、核酸、激素等各类生物分子的结构与功能。 下册为第 15~36 章,介绍各类生物分子在体内的分解和合成代谢,遗传信息的复制、重组、转录、翻译和表达调控,以及基因工程、蛋白质工程、基因组学和蛋白质组学的新进展。

本书涵盖生物化学学科最基本的理论知识,力求反映生物化学的全貌,内容全面详尽,阐述深入浅出。 在压缩经典内容的同时,增添学科的最新进展,保持内容的先进性和科学性;穿插基本和最新的实验技术及原理,突出实验科学的特点。 配套的数字课程提供各章习题的答案、每章的自测题、生化名词英汉对照以及常用生化名词缩写,有助于知识的巩固和拓展。

本书适合综合性院校、师范院校、农林院校及医学院校等生命科学类专业及相关专业的本科生使用,也可供教师、研究生及相关科研人员参考。

图书在版编目(CIP)数据

生物化学 . 上册 / 朱圣庚,徐长法主编. -- 4 版.
-- 北京:高等教育出版社,2017.1(2024.12重印)
  ISBN 978-7-04-045798-8

  Ⅰ. ①生… Ⅱ. ①朱… ②徐… Ⅲ. ①生物化学-高
等学校-教材 Ⅳ. ①Q5

  中国版本图书馆 CIP 数据核字(2016)第 160346 号

Shengwuhuaxue

| 策划编辑 | 王 莉 | 责任编辑 | 王 莉 | 特约编辑 | 陈龙飞 | 封面设计 | 张申申 |
| 责任印制 | 刁 毅 | | | | | | |

出版发行	高等教育出版社	网　　址	http://www.hep.edu.cn
社　　址	北京市西城区德外大街 4 号		http://www.hep.com.cn
邮政编码	100120	网上订购	http://www.hepmall.com.cn
印　　刷	三河市华润印刷有限公司		http://www.hepmall.com
开　　本	850 mm×1168 mm　1/16		http://www.hepmall.cn
印　　张	37.25	版　　次	1980 年 4 月第 1 版
字　　数	1 120 千字		2017 年 1 月第 4 版
购书热线	010 - 58581118	印　　次	2024 年 12 月第 13 次印刷
咨询电话	400 - 810 - 0598	定　　价	68.00 元

数字课程（基础版）

生物化学

（第4版）（上册）

主编　朱圣庚　徐长法

登录方法：

1. 访问http://abook.hep.com.cn/45798，进行注册。已注册的用户输入用户名和密码登录，进入"我的课程"。
2. 点击页面右上方"绑定课程"，正确输入教材封底数字课程账号（20位密码，刮开涂层可见），进行课程绑定。
3. 在"我的课程"中选择本课程并点击"进入课程"即可进行学习。课程在首次使用时，会出现在"申请学习"列表中。

课程绑定后一年为数字课程使用有效期。如有使用问题，请发邮件至：lifescience@pub.hep.cn

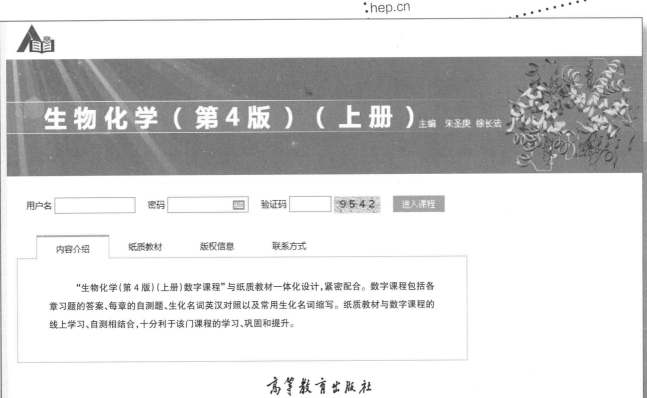

生物化学（第4版）（上册）主编 朱圣庚 徐长法

| 用户名 | 密码 | 验证码 | 9542 | 进入课程 |

内容介绍　　纸质教材　　版权信息　　联系方式

　　"生物化学(第4版)(上册)数字课程"与纸质教材一体化设计,紧密配合。数字课程包括各章习题的答案、每章的自测题、生化名词英汉对照以及常用生化名词缩写。纸质教材与数字课程的线上学习、自测相结合,十分利于该门课程的学习、巩固和提升。

高等教育出版社

http://abook.hep.com.cn/45798

深切怀念我们的导师

——敬爱的沈同教授

前　言

　　生物化学是一门交叉学科,它引入数学、物理、化学学科的理论和方法研究生命现象,使生命科学得以从分子水平认识生命活动的本质。在生物化学的基础上发展出了分子生物学和生物信息学,这三个学科已成为当今生命科学领域最活跃、发展最快的前沿学科,并且是沟通数学、物理、化学和生命科学的桥梁。生命科学所以能成为 21 世纪自然科学的前沿学科,是与上述三个学科的飞速发展和取得的巨大成就分不开的。

　　生物化学是生命科学以及与之相关的医学、药学、农学、食品、发酵等各专业的必修基础课,也是数学、物理、化学各专业对生命科学有兴趣,愿意结合本专业从事生命现象研究的学生的辅修基础课。生物化学初学者往往因其内容涉及多个学科而倍感学习困难,此问题需要从课程安排、课堂讲授和教材建设等诸多方面来解决。显然,编写一套好的教材对确保教学质量至关重要。我们认为衡量教材的质量首先要看其内容,作为教材必须涵盖学科最基本的理论知识,既注重基础性、系统性,又能够反映学科发展的新思想、新成果。生物化学是一门实验科学,其教材对基本的和最新的实验技术也应给予适当介绍,着重说明各类技术的原理。作为教材,内容编排要有一个好的框架,各章节条理清晰,概念准确明了,阐述深入浅出,并且考虑到学生和自学者的背景知识,在涉及数学、物理、化学等学科内容时给予必要的补充知识和解释。我们努力按上述要求来编写本书,并在内容深浅和广窄的分量上与国外流行的教科书相一致。作为课堂用的教材,本书分量是重了一些,为解决此问题我们曾编写了一本比较简明的《生物化学教程》,各院校也可根据安排的课程学时自行取舍内容;如果要想了解生物化学的全貌,或寻求解决某一问题的思路和答案,有一本内容比较齐全的生物化学教学用书还是很必要的。

　　由于生物化学发展极快,用"日新月异"来形容并不为过,生物化学教材也需要不断更新。国外一些较好的教科书通常 5～6 年就会改版。《生物化学》第 3 版出版后,直至今天的《生物化学》第 4 版付梓,中间推出了《生物化学教程》。生物化学内容不断增加,作为教材不能无限增厚,我们采取的办法是适当压缩经典内容,增添新的资料,使《生物化学》第 4 版保持原来的篇幅大小。

　　《生物化学》第 4 版共分三篇 36 章。第一篇"生物分子:结构和功能",14 章,叙述生命的分子基础,分别介绍各类生物分子的结构与功能,包括蛋白质、酶、维生素、糖类、脂质、核酸、激素等。生物膜(结构与功能)与脂质合为一章,信号转导与激素合为一章。第二篇"新陈代谢:途径和能学",14 章,分别介绍各类生物分子在体内的分解和合成代谢过程,以及相伴随的能量变化。新陈代谢内容较多,有必要概括出一些共同的规律。"新陈代谢总论"一章介绍代谢基本概念、反应机制和研究方法。"生物能学"介绍在生物化学中涉及的热力学基本概念、生化反应中自由能变化和高能化合物。在叙述各类生物分子的代谢途经后,简要归纳了新阵代谢的调节控制机制。第三篇"遗传信息:传递和表达",8 章。有关遗传信息的基本概念放在"基因和染色体"一章中介绍。DNA 复制、重组、转录、翻译和表达调节是遗传信息传递和表达的主要内容。最后是基因工程、蛋白质工程,以及基因组学和蛋白质组学,着重介绍基因和蛋白质的工程学及各类组学的最新进展。各章之间相互衔接,避免重复。

　　《生物化学》第 1 版主编是沈同、王镜岩、赵邦悌,由北京大学生物化学教研室前后主讲生物化学课的教师沈同、王镜岩、赵邦悌、李建武、徐长法、朱圣庚、俞梅敏参加编写,在教研室原有教材的基础上补充提高,于 1980 年由高等教育出版社出版。第 2 版主编是沈同、王镜岩,编者除第 1 版的成员外,又增加了杨端、杨福愉、黄有国,于 1990 年出版。第 3 版主编是王镜岩、朱圣庚、徐长法,编者为王镜岩、朱圣庚、徐长法、张庭芳、唐建国、俞梅敏、杨福愉、黄有国、张旭家、王兰仙、文重,于 2002 年出版。第 4 版主编是朱圣庚、徐长法,编者为王镜岩、朱圣庚、徐长法、张庭芳、昌增益、秦咏梅。需要特别指出的是,王镜岩教授虽然不再承担第 4 版的主编和改写工作,但是《生物化学》一书是由沈同教授和王镜岩教授奠定基础的,前 3 版的编写都是由王镜岩教授主持,并且对第 4 版的编写仍起着指导作用。王兰仙教授参加第 3 版光合作用一章的编写和第 4 版该章的主要改写,还为本书的文字录入和绘图做了大量工作,我们非常感谢。

　　本书编写过程得到北京大学生命科学学院和高等教育出版社生命科学与医学出版事业部领导的关心和支持,出版社的王莉编辑承担本书责任编辑,为本书的编写、设计和出版做了大量工作,在此表示衷心感谢。使用过《生物化学》前 3 版的各高校师生曾直接向我们,或通过高等教育出版社转告,提出许多宝贵的批评和意见,还有些师生询问书中某些内容和思考题,所有这些反馈信息都帮助我们在第 4 版中加以改进,我们也向他们表示感谢。我们还要感谢编者的家人们,他们的多方支持和幕后付出的辛勤劳动,使本书得以顺利完成。

　　限于我们的水平,本书可能存在不少错误和问题,敬请读者批评指正。

主　编

2016 年 3 月于燕园

目　　录

第一篇　生物分子:结构和功能

第1章 生命的分子基础

全书分三篇共36章。本章是第一篇的头一章,实际上也是全书的头一章,因此它肩负着"开宗明义"的任务。全书所涉及的一些共同问题,在这里作一个简要的、引论式的介绍:生物化学研究些什么? 生物化学作为一门学科是怎样产生和发展起来的? 生物化学与蓬勃兴起的分子生物学又有什么关系? 此外本章还将介绍一些生物化学的背景知识:生物分子及其三维结构,非共价相互作用,水,细胞和生物分子的起源与进化等。

一、生命属性与生物化学

地球上生物的种类繁多,数量巨大,生命现象错综复杂,要给生命(life)或者生物(living thing)下一个确切的定义是非常困难的。然而跟无生命物体相比较,还是可以概括出若干生命或生物(这两个词的含义有差别,但常被同等使用,这里便是如此)所特有的性质,被称为**生命属性**或**生物属性**,如生长、发育、繁殖、化学成分同一性、结构有序性、新陈代谢、遗传、变异、进化、适应和应激性等。这些属性大体上可以归纳为以下 3 个方面:

(一) 化学成分复杂而同一、结构错综而有序

活生物(living organism)从单细胞的细菌、酵母到多细胞的高等动、植物都是由细胞构建而成的。细胞是生命的基本单位,它们的形体很小,为肉眼所不能见,但内部结构错综复杂。一个最简单的细胞也含有上千种不同的分子,有的参与细胞的结构成分,有的存在于细胞溶胶(cytosol)中。这些分子成分,除水、氧、氮和某些无机离子外,主要是蛋白质、核酸、糖类、脂质以及它们的单体亚基(monomeric subunit)等有机分子。这些有机分子在自然界都是生命活动的产物,因此被称为**生物分子**(biomolecule)。蛋白质、核酸和多糖是分别由几种称为单体亚基的较小分子共价聚合而成的线型高分子,称为**生物大分子**(biomacro-molecule)。脂质因它的聚集体具有大分子的性质而被看成是"准生物大分子"。在所有的生物体内,这些大分子各自都有相同的结构模式和生物学功能。例如酶(一类蛋白质)作为生物催化剂,脱氧核糖核酸(一种核酸)作为遗传物质,多糖作为结构成分或贮能分子,脂质参与生物膜组成等。由此可见生物界在化学成分上有着高度的复杂性和同一性。

生物分子在生物体内不是随机堆积的,而是组织成严谨有序的结构。就一个细胞来说,胞内含有细胞核和各种细胞器如线粒体、叶绿体等,它们是由超分子复合体(或称超分子结构)如生物膜、染色体和核糖体等组建而成,超分子复合体又是由蛋白质、核酸和脂质等大分子缔合而成。这些说明生物分子组织成细胞是有结构层次(structural hierarchy)的。层次从低到高:单体亚基、大分子、超分子复合体、细胞器直至细胞。对多细胞的生物来说,在细胞这一层次以上,还有组织、器官、系统直至生物个体。由单体亚基聚合成生物大分子是通过共价键连接的。大分子作为结构单元进一步组织成超分子复合体以及再往高层次组织直至形成个体,都是借助**非共价相互作用**(non-covalent interaction)完成的。生物大分子、超分子复合体甚至细胞器,不论它们怎样复杂,其本身还不是生命,只有组织成像细胞这样的有序系统,各种生物分子各居其位、各司其职,并处于相互作用中,才能呈现出生命现象。当然,这些生物分子中,蛋白质、核酸起着关键性的作用。生物一旦失去这种有序性和相互作用,生命也就完结了。

与生物相比,无生命物体——黏土、砂子、岩石或海水——所含化学成分的复杂性和组织化(organization)程度相对低多了,它们一般是随机混合在一起的。

（二）利用环境的能量和物质进行自我更新

活细胞是生物进行新陈代谢的基本单位。**新陈代谢**（metabolism）简称代谢，它是生物体内发生的各种酶促反应的总和或总称。在细胞内进行的新陈代谢常称为**中间代谢**（intermediary metabolism）或细胞代谢。细胞代谢包括相反相成的两个方面：合成代谢（同化作用）和分解代谢（异化作用）。**合成代谢**（anabolism）是指由小分子前体合成大分子细胞成分如蛋白质、核酸等的需能反应。**分解代谢**（catabolism）是指有机营养物分子如糖类、脂质和蛋白质等被降解成中间物进而降解成终产物的产能反应。细胞内几千种酶促反应，按代谢功能（如产能、生物合成等）被组织成许多个不同的连续反应序列，这些序列被称为**代谢途径**（metabolic pathway）。在每个途径中，上一步反应的产物成为下一步反应的反应物，每一步都有相应的专一性酶催化。这些途径中，有些是分解代谢方面的，如糖酵解途径（在细胞溶胶中）、柠檬酸循环、氧化呼吸链和脂肪酸氧化（后 3 个途径在线粒体中），它们的主要代谢功能是产生能量，并以便于利用的化学能形式贮存于腺苷三磷酸（**ATP**）和还原型烟酰胺腺嘌呤二核苷酸磷酸（**NADPH**）等分子中。另一些途径是合成代谢方面的，如糖原合成（在胞质的糖原颗粒中）、脂肪酸合成（在细胞溶胶中）、蛋白质合成（在粗面内质网上）、核酸合成（细胞核内）以及它们的单体亚基合成，它们的主要代谢贡献是利用分解代谢释放的能量（储存在 ATP、NADPH 等）进行大分子的生物合成。

分解代谢途径和合成代谢途径相互交织在一起，形成一个酶促反应网络。这种代谢网络在分子、细胞和整体 3 个水平上受到严格调控，使新陈代谢在时空上严整有序，有条不紊（见第 28 章）。如果某代谢环节被阻断，有序性遭破坏，生命就会受到威胁，甚至终结。活生物或活细胞要维持生存和繁衍后代，就必须不断地与环境进行物质交换和能量交流。与此相应的有物质代谢和能量代谢，前者着重生物的物质更新，后者强调能量的摄取、转化和利用。生物的能量摄取、转化和利用是生物化学的中心课题之一。活生物主要以两种方式从环境中获取能量：一种是以日光（辐射能）形式被**光自养生物**（photoautotroph）（绿色植物和光合细菌）的光合细胞捕获并转化为化学能，贮存于 ATP、NADPH 和有机营养物（燃料分子）中；另一种是以有机营养物形式被**异养生物**（heterotroph）（动物、真菌和细菌）摄取，通过分解代谢转化为化学能，贮存于 ATP 等分子中。实际上生物所需的能量都是直接或间接地来自日光能。光合磷酸化和氧化磷酸化中的电子流是能量转化的基础。能量转化中的化学能（一种势能）是最重要的能量形式，前面提到的 ATP 是通用的化学能载体，称为载能分子（energy-carrying molecule），是代谢网络中偶联吸能反应（合成代谢途径中）和放能反应（分解代谢途径中）的媒介物。通过放能反应和吸能反应的偶联，可以利用前一反应释放的能量驱动后一反应的进行。细胞做功时发生各种形式的能量转化，涉及化学能（ATP）转化为其他化学能（合成各种生物大分子）、机械能（肌纤维收缩、细菌纤毛运动等）、渗透能（肾透析、维持细胞渗透压）和电能（神经传导、电鳗放电）等；此外还有光能转化为化学能（叶绿体中）、光能转化为电能（视网膜中）等。

热力学第二定律告诉我们，在宇宙或孤立系统（isolated system）中任何能量的转化都会导致无序性（混乱度）的增加，无序性常用一个称为**熵**（entropy）的热力学函数来度量（见第 16 章）。这样，生物或细胞随着生命活动的进行，能量形式的不断转化，其体内的熵值应该不断升高。然而事实并非如此，甚至相反。这是因为活生物或活细胞是一个**开放系统**（open system），也即它与环境既有物质的交换，又有能和熵的交流。从环境中摄取的是低熵高能的日光和有机营养物，送回环境的是低能高熵的简单物质（代谢产物）和热。**热**是分子的随机运动，是无序性（熵）的一种常见形式。从热力学角度看，正在生长的生物或细胞是一个熵值不断减少的独立王国，它生存于熵值不断增加的宇宙（系统＋环境）之中。这表明生物界也是遵循那些支配无机界的自然法则的。

然而活生物和无生命物体仍有着质上的区别，前者只有作为一个开放系统跟环境不断地发生能量和物质的交换才能维持和发展自己，而后者如果对环境是开放的，则趋于崩溃和瓦解，例如暴露在空气中的金属会氧化生锈，岩石会被风化。此外活生物利用能量的效率也远高于无生命的机器。例如，老式蒸汽机的能量转化率只有 8%，即使现代的汽车引擎最好的能量转化率也超不过 25%。然而，活细胞能够将葡萄糖分子中的 35% 的能量转化为可利用的能量（ATP）。活细胞是化学引擎，它是在恒温恒压下发生作用的，而蒸汽机和内燃机在没有温度差和压力差的条件下无法把燃料中的化学能转化为机械能以驱动机器的运转。

（三）自我复制和自我装配是生命状态的精华

任何一个个别生物都不能长期生存,它只有通过繁殖(reproduction)才能使生命得以延续。在繁殖过程中,亲代把自己性状的信息传递给子代,子代按所得的遗传信息生长发育,因而子代总是具有跟亲代相同或相似的性状,这就是**遗传**(heredity)。但是子代和亲代之间,子代的个体之间,终究不是完全一样的,性状之间多少会有差别,这种现象称为**变异**(variation)。遗传和变异是相伴而行的,通过长期优选劣汰的自然选择,生物从简单到复杂、从低级到高级不断地变化发展,这就是**进化**(evolution)或称演化。这样就会导致生物多样性的形成,导致生物对环境的适应,以及生物结构与功能的统一。

生物长期演化的历史以遗传信息的方式被记录在核酸分子上。现代生物学已充分证明**脱氧核糖核酸**(DNA)是遗传信息的主要载体。作为遗传物质,要求信息贮量大,性能稳定,复制忠实、表达准确等。看来,DNA能满足这些要求。DNA是由两股多核苷酸链,通过互补的核苷酸碱基配对结合而成的双链分子,具有双螺旋结构(见第11章)。双螺旋中多核苷酸链上4种碱基的排列顺序是不受限制的,它们可以构成数目巨大的排列方式。假设一个**基因**(gene,一段DNA序列)的平均大小为1 000个碱基对,则有$4^{1\,000}$种排列方式。可见一个长链DNA分子可以容纳不可估量的遗传信息。DNA是以互补双链形式存在于细胞中的,这无疑增加了遗传信息的稳定性,有利于它的保存。

自复制(self-replication)涉及生物和细胞的遗传与繁殖,但遗传和繁殖的分子基础是DNA复制,即以亲代DNA为模板,通过互补碱基配对和DNA聚合酶催化,合成跟亲代DNA相同的子代DNA分子。DNA复制是采取半保留方式进行的,即双螺旋中的每股单链都被用作模板,结果是分配给子代的DNA复制品,其中一股是亲代原有的。这种复制方式有利于遗传信息的损伤修复和忠实传递(见第30章)。已有很好的证据表明,现存的许多细菌跟10亿年前生活的细菌几乎有着相同的大小、形状和内部结构,含有同样的前体分子和酶。尽管如此,复制过程中还是可能发生核苷酸序列的改变,称为**突变**(mutation)。基因突变和基因重组(recombination)是生物发生变异和进化的分子基础。

遗传信息的**表达**(expression),简单地说就是一个生物的基因型向表型的转化。**基因型**(genotype)是指一个生物的遗传成分,**表型**(phenotype)是指一个生物可观察得到的特征或性状。蛋白质既是信息分子更是功能分子,是表型特征的分子基础。遗传信息从DNA到蛋白质,中间经过转录和翻译两个步骤,转录在细胞核内发生,翻译在细胞质中进行。**转录**(transcription)是指DNA的一股链上的遗传信息传递给RNA的过程。转录方式类似DNA复制,也是以DNA为模板,按碱基配对原则,在RNA聚合酶参与下完成的。合成的RNA是单链分子,单链比双链更具柔性,能折叠成特殊的空间结构,使RNA既像DNA那样具有贮存和传递遗传信息的作用,又像蛋白质那样具有催化和调节的功能。**翻译**(translation)是指在蛋白质合成期间,转录在RNA分子上的遗传信息规定多肽链的氨基酸序列的过程。参与翻译过程的RNA有信使RNA(messenger RNA,mRNA)、转移RNA(transfer RNA,tRNA)和核糖体RNA(ribosomal RNA,rRNA)。mRNA携带规定蛋白质氨基酸序列的遗传信息,在蛋白质合成中起模板作用。在mRNA(或DNA)上遗传信息以**三联体密码**(triplet code)的形式存在,三联体是指3个连续的核苷酸序列,它是蛋白质合成中规定一个特定的氨基酸的密码单位,称为**密码子**(codon)。**tRNA**在分子的一端携带一个氨基酸,在分子的一个环上含有一个与它所携带的氨基酸相应的**反密码子**(anti codon),由它通过碱基配对识别mRNA上的密码子。**rRNA**与几十种蛋白质一起构成超分子结构的**核糖体**(ribosome)。核糖体是蛋白质合成的场所,mRNA和tRNA在这里正确定位,在一些辅助因子的参与下,催化肽键的形成。蛋白质生物合成是由上述3种RNA协同完成的,这是细胞新陈代谢中最为复杂的过程(见第32、33章)。

自装配(self-assembly)是作为组分的生物大分子(或称亚基)自发缔合成复合体、超分子复合体、进而缔合成细胞器、更高层次的生物结构直至整个生物个体的过程。装配的原则是:① 分层次逐级装配,这样形成的结构,一是节省装配所需的遗传信息,二是装配过程中可以剔去有缺陷的亚基结构,以减少材料的浪费。② 装配的驱动力是**疏水相互作用**(熵效应),装配的结果是使自由能(恒温恒压下能做有用功的能量部分)降至最低,因而是一个自发过程;装配的专一性是由相互作用表面的结构互补性(包括氢键、离子键形成的基团配对）来提供的。③ 装配所需的信息一般完全包含在亚基上,有的分存于亚基和**先存结构**（pre-exiting structure）中,如生物膜的装配。生物膜是脂质和蛋白质等缔合而成的超分子结构,它的脂双层可借原有的脂质结构提供的信息进行自我装配而生长;但决定生物大分子缔合的遗传信息主要来自核酸分子。蛋白质合成时 mRNA 的一维信息被翻译为多肽链氨基酸序列的一维信息,并立即通过肽链的自发折叠转化为蛋白质天然构象的三维信息。这就是超分子复合体和更复杂生物结构的**形态发生**（morphogenesis）的分子基础和遗传基础。

生物的自复制能力在无机界是找不出一个真正可以与它类比的例证的。只有饱和溶液中出现的结晶现象可以用来作为比喻,因为结晶过程产生更多的在晶格结构（lattice structure）上跟原初加入的晶种（seed crystal）相同的晶体。然而晶体的生长远不能与细胞或生物的增殖相提并论,虽然它们都能产生自己的"后代"。这是因为最复杂的晶体也比不上最简单的细胞。诚然,晶体内部也是井然有序的,但它是静态的、刚性的结构,不像活细胞那样是动态的、柔性的构造。

从上述看来,**生物化学**（biochemistry）是研究生命属性的化学本质的科学,简言之就是生命的化学。生物化学研究表明,所有活生物中生物分子的相互作用,无例外地遵守支配无生命世界的那些物理和化学定律,并且还要遵循它们自己的一套规则或原理。生物化学在研究活生物和活细胞的结构、功能、机制和化学过程中,用分子语言概括出来的这套规则或原理,例如"所有的活生物都用同样的几套单体亚基构建生物大分子""活生物都利用从有机营养物或日光中获取的能量以建造和维持它们复杂而有序的结构""遗传信息被编码在 DNA 的 4 种单体亚基的线性序列中"等,有些学者把它们称为**生命的分子逻辑学**（molecular logic of life）。顺便指出,形形色色的生命世界之所以具有生物化学上的同一性或统一性（unity）是因为所有的生物有着一个共同的进化起源或祖先。

二、生物化学与分子生物学

（一）现代生物化学的发展和分子生物学的兴起

现代生物化学从产生到现在不过 200 多年,作为一门独立的学科,实际上还是 20 世纪的事,20 世纪 50 年代初进入迅猛发展的时期。追本溯源,现代自然科学起源于 15 世纪后半叶,那时西方资本主义刚刚兴起,新兴的资产阶级出于发展生产和反对封建教会的需要提倡自然科学。到了 18 世纪后半叶,相当于清乾隆年间,欧洲的资本主义国家进入了大规模的技术改造和技术革命的阶段,大工业、大农业蓬勃发展。生产的大发展为自然科学提供了新的事实资料和实验工具,使研究领域迅速扩展。这时期物理学、化学、生物学和地质学等学科相继建立,并出现了许多重大发展。进入 19 世纪,能量守恒和转化定律的发展,价和结构理论在化学上的应用,细胞学说和达尔文进化论的建立,使物理学、化学和生物学进入了新的发展时期。这些学科取得的成就有力地推动了现代生物化学的形成和发展。

现代生物化学的发展大体上可以分为三个阶段。第一阶段（1770—1900）,以研究各种生物体的化学成分为主,研究这些成分的分离、纯化和性质。这段时期取得的主要成就有:从动、植物产物中分离出多种氨基酸、甘油、柠檬酸、乳酸、尿酸、糖原、核酸、胰酶等,并对它们的化学结构进行了分析和测定。这些研究多是叙述性的、静态的即形态学的,因此这部分内容被称为**静态生物化学**（steady biochemistry）或叙述生物化学。又由于这段时期生物化学更多地依附于有机化学,因此也称有机生物化学。第二阶段（1900—1950）,主要任务是研究活生物和活细胞内发生的各种化学变化、酶促反应,即新陈代谢。这段时期取得的主要成就有:分离纯化出多种结晶酶,确定了酶的蛋白质化学本质,发展了酶促化学动力学,搞清楚了糖酵解途径,提出了 Krebs 循环（柠檬酸循环）,阐明了氧化磷酸化、光合磷酸化、电子传递链、脂肪酸 β-氧化和尿素循环等途径。这些研究构成了新陈代谢内容,由于新陈代谢是动态的即生理学的过程,因此又称**动态生物化学**（dynamic biochemistry）。第三阶段（1950 年以后）,由于各种现代化的设备与技术,如电镜、超速离心机、层析和电泳技术、X 射线衍射分析技术等的发明和应用,这阶段的生物化学研究主要集中在生物大分子及其超分子复合体的结构和功能,包括大分子的相互作用和超分子的自我装配以及一些重要的生物学过程,如细胞分化、胚胎发育、遗传变异、肌肉收缩、免疫应答、记忆思维、光合作用、生物固氮和癌变的分子基础。这一发展阶段的特点是更加重视对生命本质的了解,取得的成就也更加辉煌。测定了一大批蛋白质和酶分子的一级结构(氨基酸序列);建立了 DNA 分子的双螺旋结构模型;完成了许多个物种的基因组测序(测定核苷酸序列);人类基因组的测序也取得极大进展,已证实人类的 24 条染色体含有 32 亿对碱基和 3 万~3.5 万个基因;阐明了遗传信息的传递和表达(复制、转录和翻译)的全过程;此外,肽、蛋白质和核酸的人工合成、生物膜、光合作用、代谢和基因表达调控、分子克隆技术、基因治疗等诸方面也都有突破性的成就。

回顾历史,现代生物化学是由有机化学和生理学派生的"溪流"逐渐汇合而成的,它具有鲜明的交叉学科或边缘学科的性质。进入 20 世纪 50 年代生物化学有机地融合了微生物学、遗传学和细胞学的有关知识,形成了今日的分子生物学(molecular biology)。分子生物学这一术语是 1945 年由 Astbury 首次提出的,他所指的是对生物大分子的化学和物理结构的研究。1953 年 Watson 和 Crick 提出 DNA 双螺旋结构模型,被认为是真正开启了分子生物学的大门。因为他们的模型解释了 DNA、RNA 和蛋白质这三类大分子如何相互协作决定一个生物体的一切生命特性。并因此把分子生物学定义为研究这三类生物大分子及其彼此关系的科学,即关于分子遗传学的科学。广义的**分子生物学**是指在分子水平上研究生命过程,特别是研究细胞成分的物理化学的性质和变化及其与生命现象的关系的科学。总之在某种意义上说,分子生物学是生物化学发展的一个新阶段。这两个学科的关系从一些有关的学术刊物、学术会议和学术机构的名称冠有"生物化学与分子生物学"的字样可见一斑。古人说得好"青出于蓝而胜于蓝",分子生物学正方兴未艾,蓬勃发展,几乎渗透到生命科学的各个领域,出现分子遗传学、分子细胞学、分子生理学、分子植物学、分子仿生学(molecular bionics)、分子胚胎学、分子心理学等名称。

(二) 现代生物化学发展中的一些重要学术中心和学者

C. W. Scheele(1742—1786) 瑞典化学家、药剂师。因为家无恒产,14 岁即随一位药剂师做学徒,历时 8 年。在这期间他废寝忘食地学习化学,并经常在业余时间进行化学实验。他一生中从生物材料中分离出许多新的物质(实际上它们都是代谢的中间产物),如前述及的柠檬汁中的柠檬酸(citric acid)、酸牛奶中的乳酸(lactic acid)、酒石中的酒石酸(tartaric acid)、苹果中的苹果酸(malic acid)、五倍子中的没食子酸或称五倍子酸(gallic acid)和膀胱结石中的尿酸(uric acid),当将油脂与碱共热时发现了甘油(glycerol)。Scheele 的工作被认为是静态生物化学的开始。

A. Lavoisier(1743—1794) 法国化学家。他与他的同事用量热计测量了生物体消耗氧气时所释放的热量,并得出结论说:细胞呼吸和木炭燃烧没有本质区别,只不过呼吸是一种缓慢地燃烧,两者都是一个氧化过程。他的发现有力地推翻了当时盛行的燃素说(phlogiston theory)并开始把研究工作扩展到能量代谢方面。其实人们可以在 Lavoisier 的工作中找到动态生物化学的根源。

J. Liebig(1803—1873) 德国化学家,农业化学的奠基人。他和 Berzelius 一起发展了土壤和生物材料的元素定量分析技术。1826 年他在德国 Giessen 大学建立了化学实验室,并首创在大学里进行化学实验教学。1842 年他出版了《有机化学在生理学和病理学中的应用》一书,在书中他对生物学过程的化学基础作了广泛的探讨,并首次提出新陈代谢(stoffwechsel,德文)这一术语。他撰写的几本专著深刻地影响着后来的生物化学工作。

E. F. Hoppe-Seyler(1825—1895) 德国医学家。他因将生理化学(实际上就是生物化学)建成一门独立的学科而著称。1864 年他首次结晶出血红蛋白。1877 年他首次提出"biochemie"这一德文名词(汉译为生物化学,英文"biochemistry"一词是 1903 年由 Neuberg 首次使用的)。Hoppe-Seyler 建立了著名的斯特拉斯堡研究所(Strasbourg Institute)(1870 年法普战争结束后,法国将斯特拉斯堡割让给德国,1919 年又复归法国)。他在这里任生理化学教授,在科学研究和培养学生方面做出突出成绩。Hoppe-Seyler 一生中培养了许多优秀的学生。早期的有 F. Miescher(1844—1895),他因 1868 年在 Tubengen 的 Hoppe-Seyler 实验室里从脓细胞的核中分离出核素(nuclein,后来被证明是脱氧核糖核蛋白)而被认为是细胞核化学的创始人;后来的有 A. Kossel(1853—1927),他因对蛋白质和细胞核化学的研究而获得诺贝尔生理学或医学奖。

L. Pasteur(1822—1895)　法国微生物学家、化学家。他从事微生物发酵过程的化学研究,并发现有些微生物是有氧发酵,有些是无氧发酵。他建立了跟生物化学有密切关系的微生物学(microbiology)。从他和他同时代的学者如法国生理学家 C. Bernard(1813—1878)等的研究工作中发展出来的最重要的概念是"从生物化学的观点来看,各种不同生物之间是统一的"。

E. Fischer(1852—1919)　德国有机化学家。他的工作带来了结构生物化学(structural biochemistry)发展的高峰,并完全改变了对活生物的重要有机成分——糖、脂和蛋白质——的化学研究方向。Fischer 应用有机化学的技术从复杂的生物材料中分离出较简单的物质,对这些物质的结构采取先降解、后合成的策略加以推演和确定。

F. G. Hopkins(1864—1947)　英国生物化学家。他创建了英国剑桥普通生物化学学派和中心。Hopkins 学化学出身,后改学医学。他在剑桥(Cambridge)初期,付出了巨大的艰辛,体现出他创建普通生物化学学派的理想、襟怀和毅力。在 1912 年前后 Hopkins 既无教授职位,又无正式的实验室和像样的仪器,但他改装了地下室,使用陈旧的设备,完成了动物饲养实验,并发现了食物的辅助因子,**维生素**(vitamin)。因此他和荷兰医师 Eijkman(1858—1930)共获 1929 年诺贝尔生理学或医学奖。有许多知名学者在 Hopkins 的剑桥生物化学中心工作。他们从事不同方面的研究,这些方面有植物色素的生化遗传、离体叶绿体的能学、酶学、肌肉收缩的生化机制、胚胎发生的生物化学等。此研究中心是名副其实的普通生物化学学派。

Павлов ИП(1849—1936)　俄国生理学家。他把实验外科学发展到高峰,并在消化生理学和神经生理学方面作出了杰出的贡献。他的实验外科学手段深刻地影响消化生理学和消化生物化学的发展,特别是代谢病的病原学的研究,例如用胰切除术可产生实验性**糖尿病**(diabetes),表明高血糖与胰病变有关。他的这些研究使他享有世界性的荣誉。

J. B. Summer(1887—1955)　美国化学家。他的经典贡献是 1926 年获得世界上第一个结晶的酶——**脲酶**(urease),并证实它是一种蛋白质。酶的催化现象早在 1835 年已被 Berzelius 注意到了,但在 Summer 的工作之前它的化学成分尚不清楚。20 世纪初叶有一种流行的看法:酶是一类未被认识的有机化合物。当时有些权威就怀疑和嘲笑他的工作。Summer 是一个顽强和坚韧不拔的人,他有令人信服的证据武装自己,不屈服于权威。此后,1930—1936 年,Northrop 得到胃蛋白酶(pepsin)、胰蛋白酶(trypsin)和胰凝乳蛋白酶(chymotrypsin)的结晶,这些结晶酶被证实也都是蛋白质。从此确立酶的化学本质是蛋白质。后来发现极少数酶是 RNA,如**核酶**(ribozyme)。

美国生物学家 J. D. Watson(1928—　)和英国生物物理学家 F. Crick(1916—2004)　都在英国剑桥大学工作,1953 年因建立 DNA 双螺旋结构模型,为分子生物学的创建奠定了理论基础而著称于世。新西兰出生的英国物理学家 M. Wilkins(1916—2004)完成了对 DNA 的 X 射线衍射研究,这对证实 Watson 和 Crick 所建立的 DNA 分子模型是至关重要的。他们三人共获 1962 年诺贝尔生理学或医学奖。

F. Sanger(1918—　)　英国生物化学家。他和他的同事们经 10 年的研究,于 1955 年确定了牛胰岛素的化学结构,并于 1958 年获得诺贝尔化学奖。1980 年因设计出一种测定 DNA 的核苷酸序列的方法,与 Gilbert 和 Berg 共获 1980 年诺贝尔化学奖。

（三）　发展中的我国生物化学

我国是世界上文化发展最早的国家之一,对人类的历史作出过巨大的贡献。远在上古时代就在实践中认识发酵(fermentation),并利用它进行酿酒、作醋、造酱、制饴等。《尚书》记载"若作酒醴,尔惟曲蘖",意思是说造酒必须用曲,古称曲为酒母,又称酶,与媒通。按现代生物化学观点来看,曲就是促进谷物淀粉糖化和酒化的媒介物(粗酶)。《论语》中有"不得其酱不食"之说;《诗经·大雅》里"绵"这首诗中有"周原膴膴,堇荼如饴"的诗句,意思是周原土地真肥美,野菜苦菜甜如饴。饴就是饴糖即麦芽糖。实际上古人已在利用微生物产生的酶使蛋白质(豆类)、淀粉(谷类)等降解成简单的具有甜味、鲜味的产物,包括氨基酸、单糖、双糖等。公元 6 世纪,北魏贾思勰著的《齐民要术》中记载的酿造酒、醋、酱、饴的方法已有发展,并专门记载了制造各种曲的方法,当时已认识到利用曲的滤出液也可用以酿造。关于这种想法已相当接近现代酶的概念。《黄帝内经·素问》中写道"五谷为养,五畜为益,五果为助,五菜为充",可见古人的养身之道很符合现代营养学的观点。五谷和五畜提供糖、脂和蛋白质,五果和五菜提供维生素、无机盐、膳食纤维和水。7大营养要素俱全,这是一种完全的食谱。公元4世纪晋朝葛洪著的《肘后百一方》中有用海藻酒治瘿病的记载。瘿病就是现在所说的地方性甲状腺肿,它是由于缺碘造成的;现在已知海藻如海带和紫菜等含有丰富的碘。公元7世纪唐朝孙思邈(581—682)著有《千金要方》和《千金翼方》两部医书,在书中记载了牛肝能治雀目。雀目就是夜盲症,它是因为缺乏维生素A引起的,而动物肝正含有丰富的维生素A。书中还谈到现在看来是缺乏维生素 B_1 而引起的脚气病,对此孙思邈用含维生素 B_1 多的中药(杏仁、防风、吴茱萸、蜀椒等)或谷皮,和粥吃来治疗。

　　中国近代史上由于众所周知的原因,政治、经济、教育、科学、技术诸方面都落后于欧美各国。20世纪初,一些有识之士出国留学,志在报效祖国。到了20年代他们开始陆续回国。吴宪(1893—1959)是其中的一个,后来他成为国际著名的生物化学家、营养学家,中国生物化学事业的主要奠基人。1919年吴宪在美国哈佛医学院留学期间,与导师Folin建立了血糖(葡萄糖)测定的新方法,被命名为Folin-Wu法,此方法曾多年为许多实验室和医院所采用。他于1920年留学回国,1920—1942年在北京协和医学院任职,亲手创建了协和生物化学系并任该系主任教授。在此期间,吴宪不仅在临床生物化学、蛋白质变性学说、营养学、免疫学等领域作出突出贡献,并且培养了一大批人才,如刘思职、张昌颖、陈同度、郑集、万昕、汪猷、杨恩孚、周启源、刘士豪、刘培南等。他们日后都成了我国著名的生物化学家、营养学家或医学家。1942—1945年北京协和医学院因被日寇侵占而停办。1947年复校。复校后的第一任生物化学系主任由北京大学教授沈同兼任(1947—1948期间)。1950年从美国留学回国的梁植权(1914—2004)到协和生物化学系工作,1958—1984年任该系主任。他研究的主要领域是蛋白质和核酸,在人血清蛋白质多态性和异常血红蛋白的化学结构和分布的研究中取得了很好的成果。协和生物化学系在蛋白质、核酸、基因工程、生物膜和免疫学诸方面都作出了显著的成绩,并培养出一批生物化学与医学分子生物学研究领域的中坚骨干。

　　1945—1956年期间,从英国剑桥回国的有王应睐、邹承鲁(酶学专家)、曹天钦(蛋白质学专家)和张友端(维生素学专家),从比利时回国的有周光宇(微生物生化专家),从美国回国的有王德宝(核酸专家)和纽经义(蛋白质结构专家)。他们都在中国科学院上海生物化学研究所工作。1958年前,王应睐(1907—2001)为建立生物化学研究所而奔忙,建成后任该所所长至1984年。王应睐是中国生物化学事业的奠基人之一。他在营养学、维生素、血红蛋白、琥珀酸脱氢酶等方面都取得出色成果。上海生物化学研究所在他主持下,跟国内其他单位通力协作,于1965年成功地人工合成了结晶牛胰岛素,又于1983年采用有机合成和酶促合成相结合的方法,完成了酵母丙氨酸转移核糖核酸(tRNA[Ala])的人工全合成。上海生物化学研究所在蛋白质、酶、核酸、中间代谢、基因工程、多肽激素等方面都取得国际水平的研究成果,并且培养出一批颇有建树的学科带头人。

　　读者如果希望更详细地了解生物化学发展历史,可看本书前主编沈同(1911—1992)为第2版撰写的绪论。下面抄录该绪论的最后一段话,谨作为对沈同教授的怀念:

　　"生物化学虽有近二百年的历史,但是还在发展之中。目前看得到的一些未知领域,例如:地球上生命是怎样起源的?地球以外的天体上有没有生命?遗传物质是怎样进化的?一个受精卵中的遗传物质怎样发生成个体?怎样发生为各种器官和组织的?细胞器的进化途径还有争论,癌的问题、病毒问题、人体自身免疫问题、大脑的记忆、推理的分子生物学、生物行为有什么规律,其分子的基础又是什么?还有环境生态等问题。总之生物化学是在发展之中。

　　我国青年学者,包括将从留学归来的学者必将在发展中的生物化学领域里有所发现,有所创新,在理论与实践方面做出更突出的贡献。"

三、生命物质的化学组成

(一) 生命元素

　　18世纪后半叶开始,化学家们对生命物质或称活质(living matter)的化学组成逐渐有所了解,如法国

Lavoirsier 已经知道生物是由碳、氢、氧、氮和磷等元素组成的。至今已知地壳中天然存在的 90 多种化学元素，约有 30 种是生物所必需的，这些元素被称为**生命元素**（bioelement）（表 1-1）。生命元素的原子序数都是比较低的，即比较轻的元素。高于 Se（原子序数 34）的只有 5 种：Br、Mo、Sn、I 和 Ba。生命物质中的元素组成与生物圈（生物可接近的地壳和大气层）的元素组成既相似又有显著差异。看来化学元素不是随机参入生物体内，是在进化过程中被选中的。某些生命元素取决于环境中原料的可得性（availability）。某些元素决定于其原子或分子对生命过程中特异作用的适合性（fitness）。

表 1-1　生物中发现的元素（生命元素）

大量元素		微量元素	
所有生物中[①]	所有生物中[②]	所有生物中	某些生物中
H(1)[③]	Na⁺(11)	Mn(25)	B(5)	As(33)
C(6)	Mg²⁺(12)	Fe(26)	F(9)	Se(34)
N(7)	Cl⁻(17)	Co(27)	Al(13)	Br(35)
O(8)	K⁺(19)	Cu(29)	Si(14)	Mo(42)
P(15)	Ca²⁺(20)	Zn(30)	V(23)	Sn(50)
S(16)			Cr(24)	I(53)
			Ni(28)	Ba(56)

① 构成细胞与组织结构成分的元素；② 以单原子离子形式存在的元素；③ 括号内的数字是原子序数。

以原子总数的百分数表示活生物中 4 种最丰富的元素是 H（49%）、O（25%）、C（25%）、N（0.27%），它们构成大多数细胞的质量的 99% 以上；但地壳中最丰富的是 O（47%）、Si（28%）、Al（7.5%）、Fe（4.5%）。因此 H、O、C 和 N 被认为是根据适合性被选中的。诚然，H、O、N、C 具有一个共同的特点：它们都是很轻的元素。一般说元素愈轻，形成的键愈强。H、O、N、C 能借共用电子对分别形成 1、2、3 和 4 个稳定的共价键，具有广泛的化学结合方式，可构成各种各样的有机化合物。

碳与氧可形成二氧化碳（CO_2），CO_2 是一种溶于水的稳定气体，很适于生物之间的碳循环。硅的化学性质则与碳的有显著不同，硅虽然也有 4 个价电子，并且在生物圈中更为丰富，但在生命物质中仅有微量存在。由于 Si 原子的体积较大，所以 Si—Si 键比 C—C 弱，硅的多聚物在有水存在时不稳定。硅与碳明显不同，Si 与 O 结合将生成难溶于水的二氧化硅或二氧化硅的网状多聚物（即石英）。因此在需氧环境中，Si 倾向于使自己离开循环。

次丰富的生命元素是 Ca、P、K、Mg、Cl、S、Na。其中 P 和 S 由于具有独特的化学性质，即 P 或 S 形成的键当有水存在时常不稳定，因而形成这些键需要相当大的能量。但由于这些键被水解时这一能量又再被释放出来，所以含 P 和 S 的分子，如腺苷三磷酸（ATP）和乙酰辅酶 A 在生命系统或称活系统（living system）中，适于担当能量载体的角色（见第 16 章）。Ca、K、Mg、Cl、Na 常以单原子离子形式存在于细胞溶胶（cytosol）中，这些离子在生物体内主要起维持渗透平衡、形成在神经传导和主动运输过程中的离子梯度，以及中和生物大分子上的电荷等非特异的作用。由于生命物质与海水有相似的离子组成，并且 Ca^{2+}、K^+、Mg^{2+}、Cl^-、Na^+ 在生物体内所起的作用是一般性的，因此这些离子被认为是根据可得性而不是适合性被选中的。

其他的生命元素在生物中含量甚微，称为**微量元素**（trace element），如 Mn、Fe、Co、Cu、Zn 等。微量元素仅出现在某些生物分子中，通常对特异的蛋白质的功能，包括对许多酶的功能是必需的（见第 6 章）。例如 Fe 和 Cu 能以两种氧化态中的任一种形式稳定存在，因此它们很适合在细胞色素酶类的活性部位起作用，在这里 Fe 和 Cu 是作为呼吸作用的电子传递反应中的接纳体和供体（见第 19 章）。

前面讲到的 4 种最丰富的和 7 种次丰富的生命元素也称为**大量元素**（bulk element）。大量元素是细胞和组织的结构成分，膳食中每日需要量以克数计算（Mg 除外）。对于微量元素需要量则少得多，人对 Fe、Cu 和 Zn 的要求，每日以毫克数计，对其他微量元素的需要量则更少。植物和微生物对元素的需要量与动物大体相似，但获得这些元素的方式不同。

（二）　生物分子是碳的化合物

活生物的化学可以看成是碳化合物的化学,碳占细胞干重的 50% 以上。碳可与氢原子形成单键,与氧和氮原子形成单键或双键(图 1-1)。在生物学中最有意义的是碳原子有彼此共用电子对、形成稳定的 C—C 单键的能力。每个碳原子能与 1、2、3 或多至 4 个其他碳原子形成单键。两个碳原子也能共用 2 个(或 3 个)电子对,形成双(或三)键。

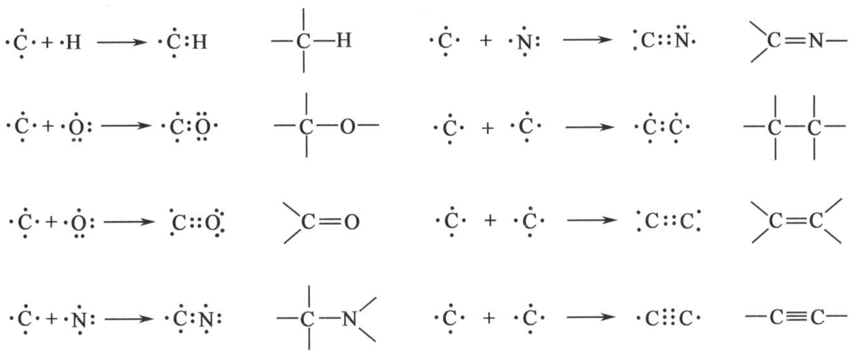

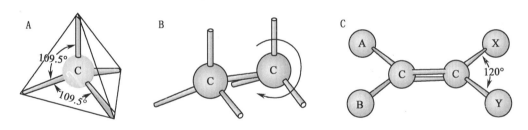

图 1-1　碳原子成键的多能性
碳能与其他原子特别是与其他碳原子形成共价单键、双键和三键,但三键在生物分子中很少出现

一个碳原子形成的 4 个单键,从碳核投射到四面体的 4 个顶角(图 1-2),任何两个键之间的键角约为 109°28′,平均键长为 0.154 nm(纳米)。绕每个单键可以自由旋转,除非连接在 C—C 单键的两个碳原子上的基团很大或者高荷电,这种情况旋转将受到限制。双键的键长较短(0.134 nm),并且是刚性的,只允许极有限的绕轴旋转。

图 1-2　碳成键的几何学
A. 碳原子 4 个单键的四面体排列,示出键长和键角的大小;B. C—C 单键能自由旋转,以乙烷(CH₃—CH₃)分子为例;C. 双键较短,不能自由旋转。双键连接的每个碳上,两个单键的夹角为 120°。两个双键连接的碳和标为 A、B、X、Y 的原子都处在一个平面上

生物分子中,共价连接的碳原子可以形成线型链、分支链和环状结构。具有共价连接的**碳［骨］架**[①](carbon skeleton)或称**碳主链**(carbon backbone)的分子称为**有机化合物**(organic compound)。碳架只与氢结合的有机化合物称为烃或碳氢化合物(hydrocarbon)。大多数的生物分子可以看成是烃的衍生物,也就是烃骨架上的氢原子被称为**官能团**(functional group)的其他原子的基团—OH、—NH、COO、—CHO 和—CO 等所取代而相应形成的醇、胺、酸、醛和酮等(图 1-3)。因此生物分子也就是有机分子即有机化合物。许多生物分子是多功能的,含有两种或多种不同的官能团,每种官能团都有自己的化学特性和反应。一种化合物的化学"个性"就决定于官能团的化学以及官能团在三维空间的排布。

碳在成键方面的多能性(versatility)是生物在它们起源和进化期间选择碳的化合物作为细胞分子机器

　　[①]　名词中方括号内的字是在不致混淆的情况下可以省略的,例如碳［骨］架也称碳架,又如［外］消旋也称消旋。[　]内的字一般是作为进一步的说明。

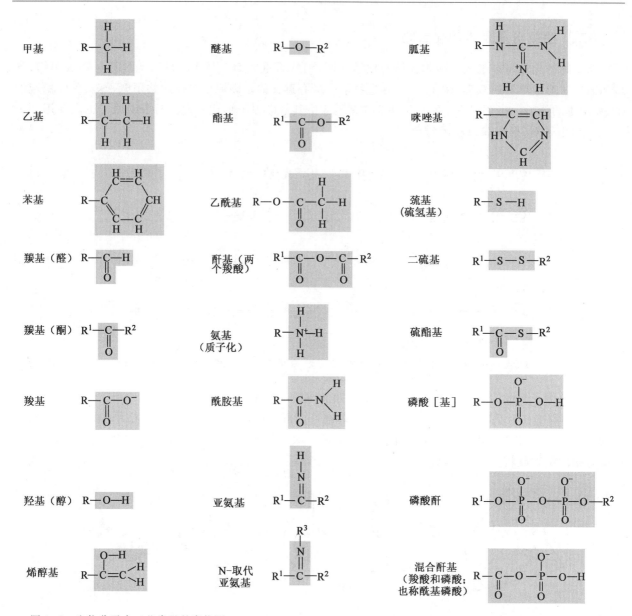

图 1-3　生物分子中一些常见的官能团

图中用 R 代表"任一取代基"。它可以是一个氢原子,一般是一个含碳基团。当一个分子中有两个或多个取代基时,则用 R^1、R^2 等来表示

的主要因素。没有其他的化学元素能够像碳这样形成如此不同的大小、形状和组成的分子。

（三）生物小分子与代谢物

在所有细胞的水相（细胞溶胶）中都溶有大约 1 000 种不同的有机小分子（M_r 100 ~500）[1],它们是细胞中基本代谢途径的重要代谢物。这些代谢物和途径是在早期细胞中形成,并在进化过程中被保留下来的。这一套通用的小分子包括常见的氨基酸、核苷酸、糖及其磷酸化衍生物,以及单羧酸、二羧酸和三羧酸等。这些分子是极性的或带电荷的,溶于水,并以微摩尔（μmol）到毫摩尔（mmol）的浓度存在。这些分子

---

① 生物化学中常见的分子质量表示方法有两种:一种是**相对分子质量**（relative molecular mass）旧称分子量（molecular weight）,符号为 M_r。一种物质的 M_r 被定义为该物质的分子的质量与碳原子 12（^{12}C）的 1/12 质量之比,因此 M_r 是无量纲的。另一种是**分子质量**（符号为 m）,它是一个分子的质量,或摩尔质量除以阿伏伽德罗数。m 是有单位的,一般用道尔顿（dalton,符号为 Da）或用原子质量单位（符号为 u 或 amu）。1Da＝1u＝1.660 5×10^{-27}kg。

只有被细胞主动捕获时才能进入细胞,因为质膜对它们是不通透的,但有专一的膜转运蛋白(membrane transporter)能催化某些分子在进出细胞或在真核细胞各区室(compartment)之间的运动。还有一些其他的生物小分子,它们专属某些种类的细胞或生物所有。例如,维管植物除了含有一套通用的代谢物之外,还有另一套称为**次生代谢物**(secondary metabolite)的小分子,对植物的生命起着特殊的作用。这些代谢物包括那些给植物以特有香味的化合物,以及像吗啡(morphine)、奎宁(quinine)、尼古丁(nicotine)和咖啡因(caffeine)这样的一些物质。这些物质除了对植物自身有作用外,因为对人体有生理效应,而具有价值。

在特定的条件下一个给定的细胞中的整个小分子群体(代谢中间物、信号分子、次生代谢物)已被称为该细胞的**代谢物组**(metabolome),与基因组(genome)和蛋白质组(proteome)这些术语并列(见第36章)。

(四) 生物大分子及其单体亚基

细胞中许多生物分子是大分子(macromolecule),它们是一些相对分子质量(M_r)在5 000以上的多聚体。较短的多聚体称为**寡聚体**(oligomer,希腊文 *oligos*,少的意思)。多聚体是由小的、相对简单的前体(precursor)聚合而成。这些前体分子称为单体亚基或单体,又称构件(building block)或构件分子,如氨基酸、核苷酸和单糖等。蛋白质、核酸和多糖是由M_r为500或<500的单体亚基组成的**生物大分子**(biomacromolecule)。大分子的合成是细胞的主要耗能活动。大分子自身可以进一步组装成**超分子复合体**(super-molecular complex),形成像核糖体(ribosome)这样的功能单位。表1-2示出大肠杆菌(*Escherichia coli*)细胞中各类生物分子的相对含量(占细胞总重量的百分数)和分子种类的约略数目。水是大肠杆菌细胞中,实际上也是所有其他细胞和生物中,最丰富的化合物。然而细胞中所有的固体物质都是有机分子,主要是蛋白质、核酸、多糖和脂质。无机盐和其他矿物元素只占细胞总干重的很小一部分。

表1-2 大肠杆菌(*E. coli*)细胞的分子组成

分子类别	相对含量/%	分子种类	分子类别	相对含量/%	分子种类
水	70	1	多糖	3	10
蛋白质	15	3 000	脂质	2	20
核酸			单体亚基和中间物	2	>500
DNA	1	1~4	无机离子	1	20
RNA	6	>3 000			

蛋白质(protein)是氨基酸通过酰胺键(肽键)连接而成的多聚体,构成细胞除水以外的最大部分,在生物体内起动态功能(如酶、抗体、受体这类蛋白质)和结构元件(如微管蛋白、胶原蛋白)的作用。蛋白质也许是所有生物分子中最多能的,它有一系列的功能。在一个给定细胞中执行功能的所有蛋白质的总和称为细胞的**蛋白质组**(proteome)。**核酸**(nucleic acid),DNA和RNA,是核苷酸借磷酸二酯键连接而成的多聚体,其功能主要是贮存和传递遗传信息。**多糖**(polysaccharide)由单糖如葡萄糖通过糖苷键聚合而成。它们的主要功能是:① 作为富能的燃料贮库;② 作为细胞壁(在植物和细菌中)的刚性结构成分;③ 作为[细]胞外的识别元件,与其他细胞上的蛋白质结合。跟细胞表面上的蛋白质或脂质相连接的较短的单糖多聚体(寡糖)起特异的细胞信号作用。**脂质**(lipid)是水不溶性的烃类的衍生物,为生物膜的结构成分、高能的燃料贮库、色素和胞内信号等。

蛋白质、核酸和多糖是由几十个到几百万个单体亚基组成的高分子量化合物。蛋白质的相对分子质量(M_r)在5 000到100万;核酸可达几十亿;多糖像淀粉也有几百万。单个脂质分子则小得多,M_r为750~1 500,不属于大分子,但是脂质可借非共价缔合形成很大的聚集体(aggregate)。生物膜(biomembrane)由脂质聚集体和蛋白质分子构成的。蛋白质和核酸由于它们的单体亚基序列富含信息,经常被称为**信息大分子**(informational macromolecule)。如上面提到的某些寡糖也是信息分子。

大肠杆菌细胞中生物分子种类约有7 000种(表1-2),人体内蛋白质的种类估计在100 000种左右,但没有一种是和大肠杆菌中的完全一样的。如果地球上存在 1.5×10^6 种生物,则据估算各种生物共含有 $10^{10} \sim 10^{12}$ 种不同的蛋白质,约 10^{10} 种不同的核酸。但迄今发现各种蛋白质中只有 20 种单体氨基酸;DNA 和 RNA 中各有 4 种核苷酸;多糖的单体单糖为数也不多,并且各种生物中的单体分子都是一样的。单体分子是一专多能的,例如氨基酸既可参与蛋白质组成,又可以转化为某些激素、生物碱、色素和其他物质。这说明生物是遵循最经济(最节省)的原则。

四、生物分子的三维结构:构型与构象

(一) 生物分子的大小

生物分子不仅种类繁多,在分子大小方面跨度也很大(表 1-3)。生物分子的大小对其功能有很大的影响,这是因为生物分子间的相互作用总是立体专一的,而立体专一性是通过结构互补实现的,例如底物与酶、抗体与抗原、激素与受体的专一结合。因此了解生物分子的大小是必要的。

表 1-3 生物分子与细胞组分的大小

名　　称	长度/nm[①]	M_r	质量/pg[②]
水	0.3	18	
丙氨酸	0.5	89	
葡萄糖	0.7	180	
磷脂	3.5	750	
核糖核酸酶	4.0	12 600	
免疫球蛋白(IgG)	14.0	150 000	
肌球蛋白	160	470 000	
核糖体(细菌)	18	2 520 000	
噬菌体 φX174	25	4 700 000	
丙酮酸脱氢酶复合体	60	7 000 000	
烟草花叶病毒(TMV)	300	40 000 000	6.64×10^{-5}
线粒体(肝)	1 500		1.5
大肠杆菌细胞	2 000		2
叶绿体(菠菜叶)	8 000		60
肝细胞	20 000		8 000

① 1 nm(纳米) = 10^{-3} μm(微米) = 10^{-6} mm(毫米) = 10^{-9} m(米);② 1 pg(皮克) = 10^{-3} ng(纳克) = 10^{-6} μg(微克) = 10^{-9} mg(毫克) = 10^{-12} g(克)。

(二) 立体异构与构型

立体异构[现象](stereoisomerism)在生物分子中普遍存在,并且具有重要的生物学意义。因此在这里介绍几个有关的立体化学术语。

1. 异构与构型

[同分]异构(isomerism)是指存在两种或多种化学组成(composition)相同即分子式相同的化合物的现象。异构现象主要有结构异构和立体异构两种。结构异构(structural isomerism)是指具有相同分子式的分子因原子的连接次序不同(因而形成的化学键不同)即分子的构造(constitution)不同产生的,结构异构须用结构式来区别。**立体异构**是指具有相同结构式的分子因原子的空间排列不同引起的。分子中原子的固定空间排列被称为分子的**构型**(configuration),用它来描述立体异构体的三维结构关系。立体异构体或构型须要用立体模型(stereomodel)、透视式(perspective formula)或投影式(projection formula)来表示(图 1-5)。

立体异构一般分为几何异构(geometric isomerism)和旋光异构或称光学异构(optical isomerism)。几何异构也称顺反异构(*cis-trans* isomerism),它是由于分子中存在双键或环限制了取代基团绕键轴自由旋转造成的。这样产生的立体异构体称为**几何异构体**或**顺反异构体**(拉丁文 *cis*"在这一侧",取代基在双键或环面的同一侧;*trans*"跨越",取代基在相对的各一侧)(图 1-4A)。顺反异构体不存在不可叠合的镜像对(mirror image pair),因而都不具有旋光性(除非异构体同时符合旋光异构的手性要求),但在化学和物理性质以及生物活性方面有很明显的差别。图 1-4A 示出的马来酸(maleic acid)和延胡索酸(fumaric acid)就是丁烯二羧酸的顺反异构体。旋光异构是由于分子具有**手性**(chirality)而引起的。这样形成的立体异构体称为**旋光异构体**或**光学异构体**(optical isomer)(图 1-4B)。旋光异构体是一组至少存在一对不可叠合的镜像(对映体)的立体异构体,一般都有旋光性(除非异构体出现对称元素而失去手性)。

构型的立体化学特点是只有共价键发生断裂,分子构型才能改变。

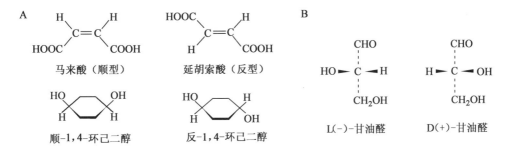

图 1-4　立体异构体的构型

A. 几何(顺反)异构体(投影式);B. 旋光异构体(透视式)

2. 旋光[活]性

当光波通过尼柯尔棱镜(Nicol prism)时,由于棱镜的结构只允许沿某一平面震动的光波通过,其他光波都被阻断,这种光称平面偏振光(plane-polarized light)。当这种光通过旋光物质(optically active substance)的溶液时,则光的偏振面(plane of polarization)会向右(顺时针方向或称正向,符号 +)旋转或向左(逆时针方向或称负向,符号 -)旋转。使偏振面向右旋转的(dextrorotatory)称右旋光物质,如(+)-甘油醛;向左旋转的(levorotatory)称左旋光物质,如(-)-甘油醛。

旋光物质(手性化合物)引起平面偏振光的偏振面发生旋转的能力(即旋转角度的大小和方向)称为**旋光[活]性**(optical activity)或**旋光度**(optical rotation);在一定条件下旋光度 α_λ^t 与待测液的浓度(c)和平面偏振光通过待测液的路径长度(l)的乘积成正比:

$$\alpha_\lambda^t = [\alpha]_\lambda^t cl \quad \text{或} \quad [\alpha]_\lambda^t = \frac{\alpha_\lambda^t}{cl}$$

式中比例常数[α]称为比旋或旋光率(specific rotation),即单位浓度和单位长度下的旋光度(单位:度/°),比旋是旋光物质的特征物理常数;t 为测定时的温度,λ 为所用光的波长,一般用钠光($\lambda = 589$ nm,D 谱线),此时比值可写为 $[\alpha]_D^t$;l 为样品管长度,以分米(dm,1 dm = 10 cm)表示;浓度 c,用每毫升待测液中所含旋光物质克数(g/mL)表示。α_λ^t 为旋光仪测得的读数,比旋数值前面加+或-号,以指明旋光方向。某一物质的[α]值,甚至旋光方向,与测定时的温度、光的波长、溶剂种类、溶质浓度以及溶液 pH 等有关,因此测定比旋时必须标明这些因素。

3. 手性中心

手性中心(chiral center)是指具有 4 个不同取代基团的四面体碳原子,也称**手性碳原子**或**不对称碳原子**(asymmetric carbon)或**立体原中心**(stereogenic center),常以 C* 表示。含一个 C* 的分子只能有两个旋光异构体,一般含 n 个 C* 的分子可以有 2^n 个旋光异构体。

有机化合物的旋光性与分子内部的结构有关,根据对称性原理,凡是分子中存在对称面(镜面)、对称中心和四重交替对称轴这些对称元素(symmetry element)之一的,都可以和它的镜像叠合,并必定是无手性的(achiral),因而都没有旋光性。凡是分子中没有上述 3 种对称元素的,都不能与它的镜像叠合,因而都有旋光性。分子的这种不能与自己的镜像叠合的关系,犹如人的左右手关系,因此称这种分子具有手性或称它为**手性分子**(chiral molecule)。有机分子中出现手性的最常见(虽然不是唯一)的原因是存在手性中心(而缺失对称元素)。手性与旋光性是一对孪生子。

4. 对映体和非对映体

对旋光异构来说,构型就是手性碳原子的 4 个取代基在空间的相对取向。这种取向形成两种而且只有两种可能的四面体形式,即两种构型(立体异构体)。下面以含一个手性碳原子的甘油醛(2,3-二羟丙醛)为例说明构型概念。甘油醛分子中的 C2(第 2 位碳)是一个 C^*,因此甘油醛可以有两种构型。它们的立体模型和透视式如图 1-5 所示。

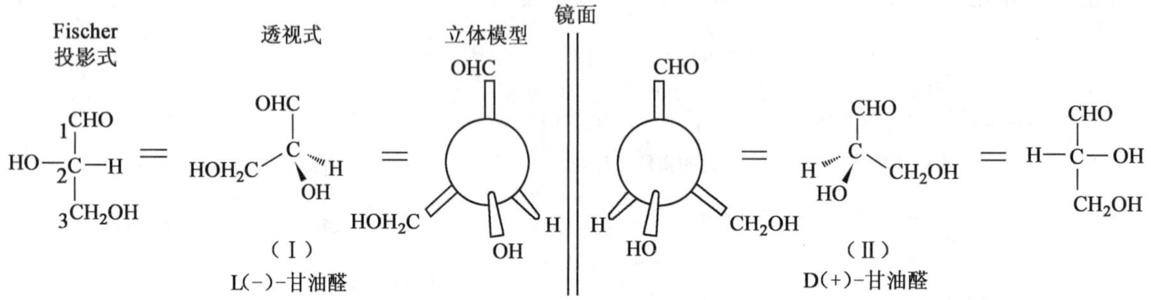

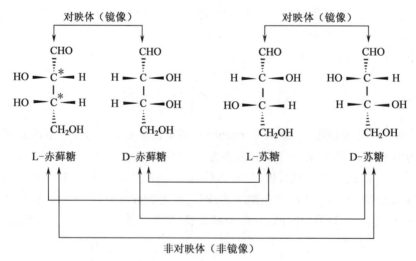

图 1-5 甘油醛的构型(DL 命名系统)

图中透视式的解释见后面"三维结构的分子模型"部分。习惯上 Fischer 投影式中水平方向的键表示突向页面的前方,垂直方向的键伸向页面的后方。书写投影式时通常规定碳链处于垂直位置,羰基写在碳链的上端。这样的投影式在页面上可以旋转 180°而不改变原来的构型,但不允许旋转 90°或 270°,更不能离开页面加以翻转

从图 1-5 可以看出一个手性碳原子的取代基在空间的两种取向是物体与镜像的关系,并且两者不能叠合。可见甘油醛(Ⅰ)和(Ⅱ)是两个不同的旋光异构体,这种互为不能叠合的镜像的立体异构体被称为**对映体**(enantiomer)。彼此不成镜像的旋光异构体,称为**非对映体**(diastereomer),见图 1-6 。一对对映体除具有程度相同而方向相反(+或-)的旋光性和不同的生物活性外,其他的物理性质和化学性质完全相同。

图 1-6 丁醛糖的旋光异构体

两个对映体的等摩尔溶液称为外消旋混合液(racemic mixture),无旋光性;这种现象称为 **[外]消旋作用**(racemization)。任何一个旋光异构体都只有一个对映体,它的其他旋光异构体(非对映体),在物理性质、化学性质和生物活性方面都与之不同。

5. 相对构型与绝对构型

早期研究旋光物质时,虽然已知用上述的立体模型来表示甘油醛的两个旋光异构体,但不知道哪个模

型代表左旋分子，哪个代表右旋分子。于是 1891 年 Emil Fischer 提出一个人为规定，右旋甘油醛具有甘油醛（Ⅱ）的构型，并称为 D 型，这样甘油醛（Ⅱ）就标为 D(+)-甘油醛，而甘油醛（Ⅰ）标为 L(−)-甘油醛，并选定甘油醛作为其他旋光化合物构型的参考标准。根据这种人为规定的构型标准物确定的化合物构型称为相对构型。1951 年前确定的化合物构型只能认为是**相对构型**（relative configuration）。由于 X 射线衍射技术的发展，测定了某些对映体的真实空间结构，并证实原来人为规定的甘油醛构型与真实的构型，即**绝对构型**（absolute configuration），是一致的。因此过去测得的构型也就成为绝对构型。

（三）构型的命名系统

生物分子间的相互作用涉及异构体的构型。因此生物分子的命名和它的结构的表示，在立体化学上必须是明确的。在生物化学中习惯使用 **DL 命名系统**，单糖和氨基酸的绝对构型是根据甘油醛的绝对构型（图 1-5）确定的。跟 L-甘油醛相联系的立体异构体被指定为 L-型，如 L-丙氨酸（第 2 章）；跟 D-甘油醛相联系的被指定为 D-型，如 D-葡萄糖（第 9 章）。应该强调指出，构型（D,L）与旋光方向（+,−）没有必然的联系。

虽然 DL 构型命名系统在反映旋光化合物之间的构型联系方面有它的优点。但是对于含有多于一个手性中心的化合物，使用 RS 命名系统更为方便。1956 年 Cohn R，Ingold C 和 Prelog V 三人提出的 **RS 命名系统**可以明确无误地规定任何一个手性碳原子的绝对构型，因此被普遍采用。

应用 RS 表示法的第一步是标定跟手性碳原子直接相连的 4 个取代基的优先性（priority）顺序。顺序规则（sequence rule）的基础是原子序数高的原子比原子序数低的原子优先性大。生物化学中重要基团的优先性顺序（从大到小）是—SH，—OCOR，—OR，—OH，—NHR，—NH₂，—COOR，—COOH，—CONH₂，—CHO，—CHROH，—CH₂OH，—C₆H₅，—CH₃，—T，—D，—H。第二步是旋转手性四面体碳，使那个优先性最小的取代基离开观察者最远，另 3 个取代基面向观察者。最后一步，看一看，面向观察者的 3 个取代基按优先性大小的顺序，是顺时针方向还是逆时针方向，如果是顺时针方向（右手），则为 R 构型（R 源自拉丁文 rectus，右），如果是逆时针方向（左手），则为 S 构型（S 源自拉丁文 sinister，左）。现以甘油醛为例说明 RS 表示法（图 1-7）。首先标出手性中心的 4 个取代基的优先性顺序：①—OH，②—CHO，③—CH₂OH，④—H；然后使手性中心与—H 以价键取向位于视轴上，并使手性中心靠近观察者；最后观察处于手性中心和观察者之间的 3 个取代基从①到②到③的方向是顺时针还是逆时针的，本例中（−)-甘油醛是逆时针的（左手），为 S 构型，其对映体（+)-甘油醛是顺时针的为 R 构型。应该指出 RS 和 DL 构型并不一定是相互对应的。

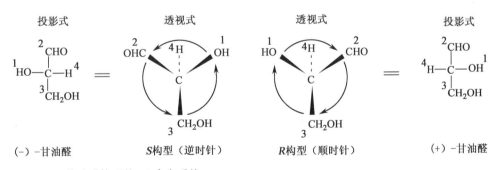

图 1-7　甘油醛构型的 RS 命名系统

（四）构象

构象（conformation）是指一个分子所采取的特定形态（shape）。这一术语用来描述有机分子的动态立体化学，反映分子中在任一瞬间各原子的实际相对位置，因而有时把构象看作是**三维结构**（three-dimensional structure）、立体结构和空间结构的同义词。由于分子中单键自由旋转和键角有一定的柔性，一个分子在不同瞬间可以有不同的构象。一种特定的构象也称为**构象异构体**（conformational isomer）或构象体（conformer）。构象的立体化学特点是不需任何共价键的破裂即可发生构象转变。在简单的烃类如乙烷中绕 C—C 单键的旋转几乎是完全自由的，因此乙烷可采取多种可互变的构象。其中两种是极端形式：

交叉型和重叠型(图 1-8),交叉型相对地最为稳定,是占优势的构象,重叠型最不稳定。这两种构象不可能被分离开来,因为它们之间的变化速度太快(每秒钟数百万次)。然而当每个碳的一个或多个 H 原子被其他基团取代时,取代基或是很大,或是荷电,它们绕 C—C 键旋转的自由度将受到约束,因而限制了构象的数目。

生物分子构象的立体化学可采用 **X 射线晶体学**(X-ray crystallography)方法研究,此方法精度很高,可测出分子中每一个原子的位置,但要求待测样品是晶体。在细胞中,生物分子几乎总不是以晶体形式存在,而是溶于细胞溶胶或与胞内其他成分缔合(如酶-底物复合体)的。生物大分子在细胞条件下只有一种或几种稳定的构象。**核磁共振**(NMR)波谱学方法可提供生物分子在溶液中的三维结构信息。因此 NMR 和 X 射线衍射技术在研究三维结构方面彼此可以很好的互补。

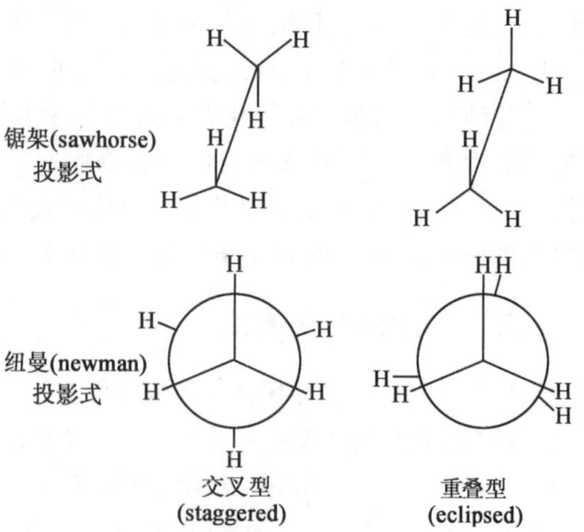

锯架(sawhorse)投影式

纽曼(newman)投影式

交叉型
(staggered)

重叠型
(eclipsed)

图 1-8　乙烷的构象

当乙烷的两个碳原子绕键轴相对旋转时,处在完全重叠型(扭角 0°、100° 等)的构象势能最高,完全交叉型(扭角 60°、180° 等)的构象势能最低

(五) 三维结构的分子模型

图 1-9 示出生物分子三维结构的透视式和 3 种分子模型:骨架式、球棍式和空间填充式。**透视式**主要用于在纸面上表示四面体碳的空间构型;透视式中手性中心和实线键处于纸面上,虚线键或虚楔形键伸向纸面背后,楔形键突出纸面,伸向读者;4 个键相互之间的夹角约为 109°28′。**骨架模型**(skeletal model),形象很简单,只给出分子的骨架,原子的位置可设想在键的交叉处及其端点上,但这种模型正确地反映出键角和原子间的相对距离。**球棍模型**(ball-stick model),很像骨架模型,也反映出正确的键角和键长,它们同属晶体学模型。当在纸面上表示球棍模型时,示出的原子(球),根据棍(键)的近粗远细的视差告诉我们它是在纸面的前方或后方。**空间填充模型**(space-filling model)最接近真实,此模型中每个原子的半径与它的范德华半径成比例(表 1-4),因此,它的外缘是其他原子所不能进入的界限。

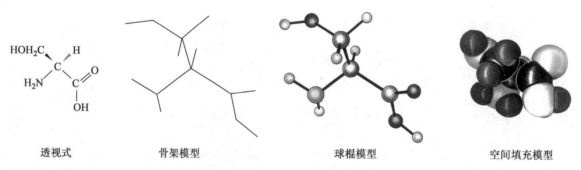

透视式　　　　　骨架模型　　　　　　球棍模型　　　　　空间填充模型

图 1-9　三维结构的分子模型(以 L-丝氨酸为例)

表 1-4　几种生物学上重要原子的范德华半径和共价单键半径[①]

原子	范德华半径/nm	共价单键半径/nm
H	0.120	0.030
O	0.140	0.066
N	0.154	0.070
C	0.185	0.077
S	0.185	0.104
P	0.190	0.110

① 不同书籍中数据略有区别,此表中的数据取自 J. Emsley,元素手册,1994。

（六） 生物分子间的相互作用是立体专一的

在活细胞中手性分子一般只以一种手性形式存在,例如蛋白质中的氨基酸残基都是 L-型的;淀粉等多糖中的葡萄糖残基是 D-型的,因为催化合成这些分子的酶本身也是手性的。但在实验室中化学合成一个含手性碳原子的化合物,一般将产生所有可能的手性形式,例如合成含一个手性碳的化合物常以 D,L 两种手性形式的等摩尔混合物存在,称为[外]消旋物(racemate)。有机合成的药物都是 D,L 型的消旋物,只有其中的一种异构体是有生理效应和治疗效果的。

立体专一性(stereo-specificity)是指区分立体异构体的能力,它是酶和其他蛋白质的一种特性,也是活细胞的分子逻辑学的一个特征。如果蛋白质上的结合部位跟一个手性化合物的 L 型异构体互补,则不能跟它的 D 型异构体互补。例如琥珀酸脱氢酶只能催化琥珀酸脱氢生成延胡索酸(反丁烯二酸),不能生成马来酸(顺丁烯二酸)(见图 1-4 和第 18 章)。酶还能区别手性原(prochiral)对称性碳原子的两个 H 原子,其中一个是 R-原(pro-R)的 H_R,另一个是 S-原(pro-S)的 H_S(图 1-10A)。所谓**手性原对称性碳原子**是指与之连接的 4 个基团中只有两个基团是相同的对称性碳原子;R-原(或 S-原)H 原子是指如果增加它的顺序优先性,例如用 D(氘)替代 H 时,则与之连接的手性原碳(如还原型烟酰胺 C4)变成 R-构型(或 S-构型)手性碳(参看图 1-7 和图 1-10A)。许多脱氢酶都需要以辅酶 I(NAD$^+$)或辅酶 II(NADP$^+$)为辅酶。脱氢或加氢时都发生在烟酰胺 C4 上。一类脱氢酶专门作用于 R-原 H 原子,如醇脱氢酶和苹果酸脱氢酶等,并称为 **A 型脱氢酶**;另一类专门作用于 S-原 H 原子,如谷氨酸脱氢酶和 α-甘油-3-磷酸脱氢酶,称为 **B 型脱氢酶**。又如人工增甜剂天冬苯丙二肽酯也称阿斯巴甜或天冬甜精(aspartame)即 L-天冬氨酰-L-苯丙氨酸甲酯和它的苦味的立体异构体 L-天冬氨酰-D-苯丙氨酸甲酯,很容易被味觉感受器区别开来,虽然它们两个手性碳中只有一个碳的构型不同(图 1-10B)。

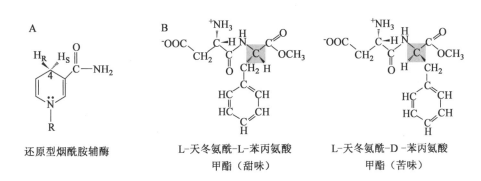

还原型烟酰胺辅酶　　　L-天冬氨酰-L-苯丙氨酸　　L-天冬氨酰-D-苯丙氨酸
　　　　　　　　　　甲酯（甜味）　　　　　甲酯（苦味）

图 1-10　酶的立体专一性和立体异构体对人体的不同生理效应

A. 还原型烟酰胺辅酶(NADH 和 NADPH)的结构,图中示出手性原对称碳原子(C4);B. 人工增甜剂天冬苯丙二肽酯及其一个立体异构体的结构

五、生物系统中的非共价相互作用

按照定义分子是由共价键,即共用电子对连接在一起的一组特定的原子,作用于分子间的力是非共价的。生物分子主要是通过**非共价力**(non-covalent force)即**非共价相互作用**,彼此影响,相互作用,行使它们的功能的。非共价相互作用也作用于大分子内的相邻基团之间,是稳定生物大分子三维结构的作用力(见第 3 章)。一般说,个别的这种相互作用是微弱的,但它们的数量大,总合起来就是一股强大的力量。它们被用于稳定生物化学反应中的过渡态、传递精细的信息以及形成复杂的大分子、超分子复合体、细胞器等生物结构。

生物系统中的非共价力有离子相互作用、氢键、范德华力和疏水相互作用。

（一）离子相互作用

离子相互作用（ionic interaction），也称**离子键**、**盐键**或**盐桥**。它是发生在带电荷基团之间的一种静电**相互作用**（electrostatic interaction），带异种电荷基团之间为引力、带同种电荷基团之间为斥力。静电相互作用的吸引力 F 与电荷量的乘积（q_1 和 q_2）成正比，与电荷质点间距离的平方（r^2）成反比，在溶液中此吸引力随周围介质的介电常数（ε）增大而降低：

$$F = \frac{q_1 q_2}{\varepsilon r^2}$$

在疏水环境中，例如在蛋白质分子内部，介电常数比在水中低，这时相反电荷之间的吸引力相应增大。离子相互作用对环境非常敏感，因加入非极性溶剂而加强，加入盐类而减弱，因此，盐浓度的改变对生物分子的结构会发生重大影响。

（二）氢键

氢键（hydrogen bond）本质上也是一种静电相互作用。由电负性较大的原子和氢原子共价结合的基团如 N—H 和 O—H 具有很大的偶极矩，成键电子云的分布偏向电负性较大的原子。因此氢原子核周围的电子云密度小，氢核几近裸露，这一正电荷氢核遇到另一个电负性大的原子则产生静电吸引，称**氢键**：

$$x—H\cdots y$$

这里 x、y 是电负性大的原子（N、O、S 等），x—H 基本上是共价键，H$\cdots$y 是较强的范德华引力即氢键。x 是 H（质子）的供体（donor），y 是 H（质子）的接纳体（acceptor）。氢键具有两个重要特征：方向性和饱和性。**方向性**（directionality）是指相互吸引的方向沿氢（质子）接纳体 y 的孤电子对轨道轴，接纳体 y 与供体 x 之间的角度接近 180°（即氢供体、氢和氢接纳体成一直线），此时键的强度最大，如果两者之间有夹角则强度减弱。**饱和性**（Saturability）是指一般情况下 x—H 只能和一个 y 原子相结合，因为氢原子非常小，而供体和接纳体原子都相当大，这样将排斥另一接纳体原子再和 H 原子结合。氢键的这种高度方向性，能够使两个氢键结合的基团维持特有的几何排列。氢键的这种性质给与富有分子内氢键的蛋白质和核酸分子以非常精确的三维结构。

氢键形成具有**协同性**（cooperativity），即一个氢键的形成能促进其余氢键的形成。氢键的键能比共价键小很多，但比范德华力大（见表 1-5）。水对氢键的作用是它可以作为氢键的供体和接纳体与其他氢键竞争，因而减弱了原来的氢键强度（减弱后仅有约 5 kJ·mol^{-1}）。

（三）范德华力

广义的**范德华力**（van der Walls force）（范德华相互作用）包括 3 种较弱的静电相互作用，即定向效应、诱导效应和分散效应。**定向效应**（orientation effect）发生在极性分子之间或极性基团之间。它是永久偶极间的静电相互作用，氢键可被认为属于这种范德华力。**诱导效应**（induction effect）发生在极性物质与非极性物质之间，这是永久偶极与由它诱导而来的诱导偶极之间的静电相互作用。**分散效应**（dispersion effect）是在多数情况下起主要作用的范德华力；它是非极性的分子（或基团）之间仅有的一种范德华力，即狭义的范德华力，也称为 London 分散力，通常范德华力就是指这种作用力。这是瞬时偶极间的相互作用，偶极方向是瞬时变化的。瞬时偶极是由于所在分子或基团中绕核电子的电荷密度的随机波动即电子运动的不对称性造成的。瞬时偶极可以诱导附近的原子产生瞬时的，相反的偶极。此诱导偶极反过来又稳定了原来的偶极，因此在它们之间产生了相互作用。狭义范德华力是一种很弱的作用力，而且随非共价键合原子（noncovalently-bonded atom）间距离（R）的 6 次方倒数即 $1/R^6$ 而变化。当非共价键合原子相互挨得太近时，由于电子云重叠，将产生斥力。实际上范德华力包括吸引力和斥力两种相互作用。因此范德华力（吸引力）只有当两个非共价键合原子处于一定距离时才能达到最大，这个距离称为接触距离（contact distance)或范德华距离,它等于两个原子的**范德华半径**(van der Walls radius)之和。范德华半径是每种原子的特征,是一种原子允许另一种原子可以与它接近到什么程度的量度。空间填充模型中原子就是按与范德华半径成比例的尺寸制作的。某些生物学上重要原子的范德华半径及共价单键半径见表1-4。虽然就其个别来说范德华力是很弱的,但是范德华相互作用数量大,作用力的总和相当可观,范德华力不仅具有加和效应,而且具有位相效应(当分子或基团相同时,其瞬时偶极矩同位相,从而产生最大的相互作用),因此成为维持生物结构的重要因素之一。水能迫使非极性(疏水)基团趋于聚集,因此水对范德华力的影响可看成是起加强的作用。

表 1-5　生物分子中常见的几种共价键和非共价力的键能或强度

共价键	键能[1]/(kJ · mol^{-1})	共价键	键能/(kJ · mol^{-1})	非共价力	键能/(kJ · mol^{-1})
C—C	348	N—H	389	氢键	13 ~ 30
C—H	414	O—H	461	范德华力	0.4 ~ 4.0
C—N	293	P—O	419	疏水相互作用	12 ~ 20[2]
C—O	352	P=O	502	离子键	12 ~ 30
C=O	712	S—S	214		
C—S	260	S—H	339		

① 键能是指断裂该键所需的自由能;② 实际上它并不是键能,此能量大部分并不用于伸展过程中键的断裂。

(四) 疏水相互作用

疏水相互作用(hydrophobic interaction)(熵效应)是指在介质水中的疏水(非极性)分子或分子基团倾向于聚集在一起的现象。疏水相互作用并不是疏水分子(或疏水基团)之间有什么吸引力的缘故,而是因为跟疏水分子或基团接近的水分子是排列相当有序的,像是疏水分子(或基团)被封闭在一个由许多水分子构成的**笼样壳**(cage-like shell)内。笼样壳虽然不像由非极性溶质和水形成的笼形化合物(clathrate compound)那样排列成晶格般的**笼形结构**(图 1-11),不过两者的效果是一样的。水分子的有序排列都使熵降低,只是程度不同。有序的水分子数目也即熵降低的数值,跟封闭在笼内的疏水溶质的表面积是成正比的。熵降低或者说表面能(surface energy)增高,使得系统力求把这些有序的水分子转变为自由的水分子(熵增加,ΔS 正值)以缩小界面,降低能量。可见疏水相互作用是熵驱动的自发过程($\Delta G = \Delta H - T\Delta S$,此过程 ΔH 接近零,ΔS 正值,故 ΔG 是负值),热力学告诉我们自发过程要求自由能变化为负值。疏水相互作用在维持生物大分子的三维结构方面占有突出地位。

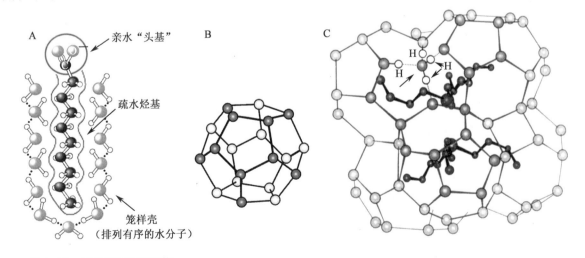

图 1-11　笼样壳和笼形结构

A. 水中两亲化合物的疏水基团外周的水分子样壳;B. 水分形成的笼子组成的五边形十二面体笼形结构,中央是直径为 0.5 nm 的空腔,此十二面体是笼形化合物中常见的构件;C. n-$(C_4H_9)_3$-S$^+$F$^-$·23H$_2$O 的笼形结构的一部分,三丁烷基硫离子(以深色示出),窝藏在氢键连接的水分子网内,在完整的网上每个水分子氧与其他水分子形成四面体氢键(图中箭头所指)

疏水相互作用在生理温度范围内随温度升高而加强(T的升高与熵增加具有相同的效果),但超过一定温度后(50~60℃,因侧链而异),又趋减弱。因为超过这个温度,疏水基团周围的水分子有序度降低(ΔS正值减小),因而有利于疏水基团进入水中。非极性溶剂、去污剂是破坏疏水相互作用的试剂,因此是生物大分子的变性剂。尿素和盐酸胍既能破坏氢键,又能破坏疏水相互作用,因此是强变性剂。

(五) 非共价相互作用对大分子的结构和功能是关键的

非共价相互作用跟共价键相比是非常弱的。断裂 1 mol($6×10^{23}$个)C—C 单键需要 348 kJ 的能量,断裂 1 mol C—H 约需要 414 kJ,然而断裂 1 mol 典型的范德华力只需要 4 kJ,其他几种非共价相互作用也远比共价键弱得多(表 1-5)。在 25℃的水溶剂中可利用的热能跟这些弱相互作用的强度是同一数量级,溶质-溶剂(水)分子之间的相互作用和溶质-溶质相互作用在能量上几乎同样有利,所以这些弱相互作用是在不断地形成和不断地断裂的。

虽然这几种相互作用个别是很弱的,但总合起来效果是很显著的。例如一个酶与底物非共价结合可以涉及几个氢键、一个或几个离子键、范德华力以及疏水相互作用。每形成一个弱相互作用都使系统自由能有净的降低,这里释放的自由能称为结合能(binding energy,ΔG_b),它与该相互作用的键能,数值相等符号相反(表 1-5)。一个非共价相互作用的稳定性(stability)可用参与该相互作用的两个分子(或基团)的结合反应平衡常数(equilibrium constant,K_{eq})来表示。平衡常数与自由能变化(结合能)是指数关系($\Delta G = -RT \ln K_{eq}$,见第 16 章),也即稳定性是按指数关系随结合能变化的。因此 10 个或 20 个弱相互作用给与分子的稳定性要比从这些小的结合能的简单加和大许多。

大分子如蛋白质、DNA 和 RNA 含有多个弱相互作用的位点,总的结合力可以是很大的。大分子最稳定的结构,也即天然的结构,通常是弱相互作用达到最大值时的结构。一个多肽链或多核苷酸链折叠成它的三维形态就是由这一原理确定的。抗原和特异抗体的结合依赖于许多弱相互作用的总合结果。酶与底物非共价结合时释放的结合能 ΔG_b,其意义已超出简单地稳定酶-底物复合体的相互作用,ΔG_b 还是酶用来降低反应活化能(activation energy)的自由能的主要来源(见第 6 章)。换言之,酶和底物之间的弱结合相互作用是酶催化的真正驱动力。激素或神经递质与它的细胞受体蛋白质结合也是靠许多弱相互作用。酶和受体跟它的底物或配体相比,体积大因而表面积广,这样可以给相互作用提供较多的机会。从分子水平看,发生相互作用的生物分子之间的互补性(complementarity)反映了这些分子的表面上极性基团、荷电基团和疏水基团之间的互补性和弱相互作用。有关的例子将在后面各章中遇到。

六、水 和 生 命

(一) 水的结构和性质

水占大多数生物质量的 70%~90%,它组成生物体的一个连续相。生物体内的全部化学反应都是在水中进行的,而且很多反应有水本身的参与,例如各种水解反应;水也是某些反应的产物,例如消除反应。作为生命介质的水具有某些独特的化学和物理性质,特别适合于生命活动,没有水就没有生命。与一般溶剂(甲醇、乙醇和丙酮等)相比,水具有高热容、高熔点、高沸点、高蒸发热、高介电常数、高表面张力和密度比固态水(冰)大等物理特性。这些特性具有重要的生物学意义。

水之所以具有这些特性,是与水分子的独特结构有关。水分子中氧原子的 4 个轨道是不等性 SP^3 杂化的,这与正四面体碳相似但不相同,其中两个未共用电子对(孤电子对)占据在两个 SP^3 杂化轨道中,孤电子对所占用的杂化轨道电子云比较密集,对成键电子对所占用的杂化轨道起着排斥和压缩的作用,结果两个 O—H 键的夹角被压缩成 104°45′(图 1-12A),而不是正四面体杂化的 109°28′。由于这种不等性杂化使水分子具有极性,两个水分子间可以发生静电吸引,并适于形成氢键。水是形成氢键的 H 供体又是H 接纳体。冰中每个水分子可以与邻近水分子形成 4 个氢键呈四面体的几何结构(图 1-12B)。冰中 O—O 之间的距离为 0.276 nm。液态水中 0℃时每个水分子在任一时刻平均形成 3.4 个氢键,15℃时 O—O 之间的距离略比冰中的大,为 0.297 nm。液态水和冰之间氢键的数量相差不大,但水中每个氢键的平均寿命只有 10^{-11} s。因此液态水的结构是一种时间和空间上的统计结果,它既是流动的(氢键破裂时)又是固定的(氢键形成时),这是液态水既不同于冰,也不同于水蒸气的结构特点。冰中围绕每个水分子可以形成 4 个氢键(这是一个水分子能形成的最多氢键数)即四面体式氢键结合。整个冰是有规则的晶格结构,是氢键结合的三维网。结果是水分子相互连接成六元环排列(图 1-12C)。这种环在具有特有的 6 重对称轴的雪花中找到它的宏观复制品。冰的这种晶格结构使它的密度比液态水小,这是冰总是浮在水面上的原因。水蒸气则相反,它的水分子几乎失去全部可能的氢键,处于完全自由运动的状态。破坏冰的晶格需要断裂足够比例的氢键,因此要求较大的能量,这也是冰的熔点为什么比许多有机溶剂的熔点高的原因。融化冰或蒸发水需要从系统中吸收热量:

$$H_2O(固态) \rightarrow H_2O(液态) \qquad \Delta H = +5.9 \text{ kJ/mol}$$

$$H_2O(液态) \rightarrow H_2O(气态) \qquad \Delta H = +44.0 \text{ kJ/mol}$$

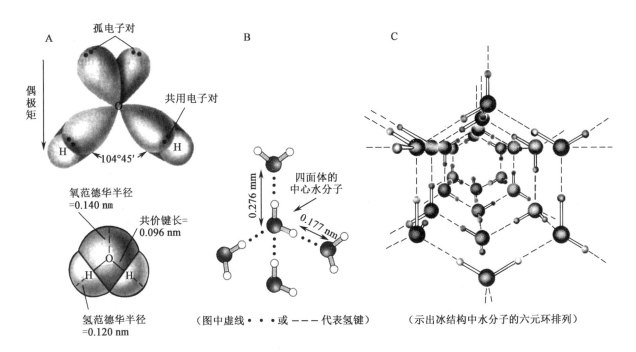

图 1-12　A. 水分子的结构;B. 冰中水分子四面体氢键结合;C. 冰中水分子三维网

　　融化或蒸发时,水由高度有序排列的固态分子变成有序度下降的液态分子或完全无序的气态分子。在室温下,冰的融化和水的蒸发是自发发生的过程。水分子倾向于通过氢键缔合在一起,但能量上推动它们无序化的力量超过了这种倾向。前面曾提到过,发生自发过程,自由能变化(ΔG)必须是负值:$\Delta G = \Delta H - T\Delta S$,这里 ΔG 代表驱动力,ΔH 是焓变,来自于键的形成和断裂,ΔS 是无序度的改变。因为融化和蒸发的 ΔH 是正值,显然熵的增加造成 ΔG 为负值,并驱动这些变化。

　　水中氢键的形成是协同的,即当两个 H_2O 分子之间形成一个氢键时,作为 H 供体的 H_2O 分子成为更好的 H 接纳体,而作为 H 接纳体的 H_2O 分子变成更好的 H 供体。因此 H_2O 分子参与氢键形成是一种相互加强的现象。虽然个别的氢键强度不很大(表 1-5),但水是处于氢键网中的,因此水的内聚力(internal cohesion)很大,正是它使水具有上述的那些物理特性。

(二) 水是生命的介质

　　生命过程要求溶解各种离子和大、小分子。水具有显著的溶解能力,使它成为胞内和胞外的通用介质。水的溶解能力主要是由于它能形成氢键和具有偶极的本质。凡是能形成氢键的分子如羟基化合物、胺、巯基化合物、酮、醛、酯和羧酸等都能溶于水,并称之为**亲水化合物**(hydrophilic compound)。离子化合物如 NaCl 虽然不能作为氢的供体或接纳体,但也能很好地溶于水。这是因为水是一种偶极分子,偶极与离子相互作用致使水溶液中的阳离子和阴离子被水化,即被称为**水化层**(hydration shell)的水分子层所围绕。离子化合物倾向于溶于水,除形成水化层因素外,另一因素是水的介电常数高,因而降低正、负离子之间的吸引力。从能量角度考虑,当盐如 NaCl 溶解时,Na^+ 和 Cl^- 离开盐的晶格,获得较大的自由度。其结果是系统的熵增加,这是使盐易溶于水的主要原因。溶液的形成伴随着有利的自由能变化:$\Delta G = \Delta H - T\Delta S$,这里 ΔH 有一个小的正值,而 ΔS 是一个大的正值,因此 ΔG 是负值。

脂肪烃和芳香烃及其衍生物不能形成氢键,因而不能溶于水,称为**疏水化合物**(hydrophobic compound)。这些化合物在水中将产生疏水相互作用。生物学上一类很重要的分子,它们同时具有亲水的头基和疏水的尾部,称为**两亲化合物**(amphipathic compound),如蛋白质、固醇、磷脂、糖脂以及脂肪酸盐等。它们在水中的"溶解"状态很特殊,能形成单层(在水表面)、微团和双层微囊,这些结构是形成生物膜的基础(见第 10 章)。由这些分子组成的结构是由它们的非极性区之间的疏水相互作用来稳定的。脂质之间、脂质和蛋白质之间的相互作用是生物膜中的最重要的稳定因素。非极性氨基酸之间的疏水相互作用也参与稳定蛋白质的三维结构。

水和极性溶质之间的氢键形成也能引起水分子的有序化,但它的能量效果要比非极性溶质造成的小。极性底物跟酶的互补的极性表面结合有部分驱动力来自熵增,因为酶置换了底物的有序水和底物置换了酶表面的有序水。

(三) 溶质影响水的依数性

各种溶质都能改变溶剂水的物理性质:降低蒸汽压、升高沸点、降低冰点(熔点)和产生渗透压现象。这些性质被称为水溶液的**依数性**(colligative property;拉丁文 *colligare*,"集合一起"),因为溶质对所有这 4 种性质的影响都是基于同样的原因:溶液中水的浓度比纯水中的低。溶质浓度对水的依数性质的影响跟溶质的化学性质无关,只依赖于给定量的水中各种形式的溶质质点(分子、离子)数目。例如在水中能解离的化合物如 NaCl,它对渗透压的影响等于等摩尔数的非解离溶质如葡萄糖的两倍。

水分子倾向于从高水浓度的区域(即纯水或稀溶液)向低水浓度的区域(浓溶液)移动,这跟一个系统本质上倾向于无序化是一致的。当纯水(或稀溶液)与溶液(或浓溶液)用半透膜(semipermeable membrane),一种只允许水通过而不允许溶质通过的膜,如玻璃纸、火棉纸等隔开时,水分子将从纯水(稀溶液)向溶液(或浓溶液)进行单方向的净移动,这种现象称为**渗透**(osmosis)。由于渗透结果溶液的体积增加,液面升高,直至达到一定的静水压力时,保持平衡。这时的静水压力即是**渗透压**(osmotic pressure),也即为抗衡溶剂向溶液进行净移动(渗透)所需施加于溶液的压力(图 1-13)。渗透压实际上被认为是溶质质点对于半透膜的撞击力。

理想溶液中溶质的渗透压与溶质浓度的关系可用 van't Hoff 公式表示:

$$\pi = icRT$$

这里 R 是气体常数[$8.315\,J/(mol \cdot K)$],T 是绝对温度(K),ic 项是溶液的摩尔渗透压浓度(osmolarity),其中 c 是溶质的摩尔浓度,i 是 van't Hoff 因子,它是溶质解离成两种或多种离子形式的量度。在稀 NaCl 溶液中溶质完全解离成 Na^+ 和 Cl^-,此时质点(离子)数为溶质 NaCl 分子数的两倍,因此 $i = 2$。对于所有非电离溶质 $i = 1$。对于几种(n)溶质的溶液,π 是各种质点形式的渗透压的总和:

$$\pi = RT(i_1c_1 + i_2c_2 + \cdots + i_nc_n)$$

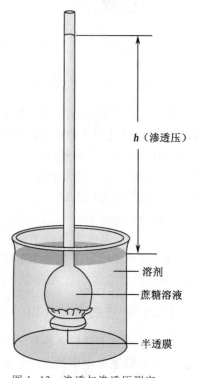

h(渗透压)

溶剂
蔗糖溶液

半透膜

图 1-13　渗透与渗透压测定

由于渗透压差引起的水穿过半透膜的移动，即渗透，是大多数细胞生命中的一个重要因素。质膜对水比对大多数其他小分子、离子和大分子的通透能力大。这种通透性（permeability）主要是由于膜中的蛋白质通道（水孔蛋白，aquaporin）选择性地允许水通过。跟细胞溶胶的摩尔渗透压浓度相等的溶液被称为是该细胞的**等渗溶液**（isotonic solution）。生活在等渗溶液中的细胞既不会获得也不会丢失水分。在**高渗溶液**（hypertonic solution）中，即在摩尔渗透压浓度比细胞溶胶高的溶液中，细胞因水外移而萎蔫。在**低渗溶液**（hypotonic solution）中，即在摩尔渗透压浓度比细胞溶胶低的溶液中，细胞因进水而膨胀。在自然环境中细胞一般比它的实验环境含有较高浓度的生物分子和离子，所以渗透压倾向于驱动水进入细胞。如果没有什么抗衡的措施，水的这种向内移动会使细胞膨胀，最终引起细胞的破裂，称为**渗透溶解**（osmotic lysis）。

生物在进化过程中已经发展出几种防止这种灾变的机制。细菌和植物的质膜外面包裹着一层有足够刚性和强度的非膨胀细胞壁，能抵抗渗透压和防止渗透溶解。在多细胞动物中血浆和组织液（组织的胞外液）被维持在接近细胞溶胶的摩尔渗透压浓度。血浆中高浓度的清蛋白和其他蛋白质对摩尔渗透压浓度作出很大贡献。细胞也主动泵出 Na^+ 和其他离子到组织液中以保持与其环境的渗透压平衡。

因为溶质对摩尔渗透压浓度的效果取决于被溶解质点的数目而不是它的质量，因而大分子（蛋白质、核酸、多糖）对一个溶液的摩尔渗透压浓度的效果远小于等质量的单体成分。例如 1 g 由 1 000 个葡萄糖单位组成的多糖与 1 mg 葡萄糖有同样的摩尔渗透压浓度效果。

作为贮存燃料的糖类是多糖（淀粉或糖原）而不是葡萄糖（或其他简单的糖），因为这样不致引起贮存细胞内渗透压的巨大增加。

植物利用渗透压获得刚性。在植物细胞的液泡内有很高的溶质浓度，能吸引水进入细胞，但是非膨胀的细胞壁将产生向内侧收缩的压力（称胞壁压）阻止细胞进一步膨胀，因此施加于细胞壁的渗透压不再增加，维持平衡［此渗透压称为**膨压**（turgor pressure）］，但已使细胞、组织和植物体变得硬挺。渗透作用对实验操作有着重要影响。在分级分离有膜裹着的细胞器（如线粒体、叶绿体和溶酶体）时，必须在等渗溶液中进行，以防止过量的水分进入细胞器而引起膨胀破裂。用于细胞分级分离的缓冲液，一般含有足够浓度的蔗糖或某些其他惰性溶质以保护细胞器免遭渗透溶解。

（四）　水、弱酸和弱碱的电离

1. 平衡常数

像所有的可逆反应一样，水、弱酸和弱碱的电离（解离）也可以用平衡常数 K_{eq}（或 K）来描述。平衡常数 K_{eq} 是表明在指定温度下一个化学反应的限度，即平衡位置的特征值。对于一般的可逆反应：

$$aA+bB \rightleftharpoons cC+dD$$

达到平衡时，反应物（A 和 B）和产物（C 和 D）的浓度分别为 $[A]_{eq}$、$[B]_{eq}$、$[C]_{eq}$ 和 $[D]_{eq}$。平衡浓度与平衡常数的关系如下：

$$K_{eq} = \frac{[C]_{eq}^{c}[D]_{eq}^{d}}{[A]_{eq}^{a}[B]_{eq}^{b}}$$

上述表达式中如果 $a+b=c+d$，则 K_{eq} 无量纲，若 $a+b \neq c+d$，则 K_{eq} 含有量纲。根据在特定条件下（如一定浓度、pH 和离子强度等）实验测得的平衡浓度计算出的平衡常数称为实验平衡常数、浓度平衡常数或**表观平衡常数 K_{eq}（或 K'）**。用热力学方法计算得到的平衡常数称为热力学（或真实）平衡常数，或**标准平衡常数（$K^{\ominus}$）**。严格地说在非理想溶液中，应该像计算热力学平衡常数那样用有效浓度即活度（activity）代替平衡关系式中的浓度项。但是生物化学中经常处理的浓度都是比较稀的，因此除需要特别精确的工作外，一般根据达到平衡时测得的浓度算出的平衡常数 K_{eq} 即可，实际上它与真实值（$K^{\ominus}$）很接近。标准自由能变化 $\Delta G^{\ominus}$ 与平衡常数 K_{eq} 的关系（$\Delta G^{\ominus} = -RT\ln K_{eq}$）详见第 16 章。

2. 水的电离（解离）

用精确的电导仪可以测出纯水有微弱导电性，说明水能电离出少量的离子（25℃ 纯水中在任一瞬间

每 10^9 个 H_2O 分子约有 2 个被解离）。水是两性物质，在同一反应中 H_2O 既可作为酸，供给质子，又可作为碱，接纳质子，所以水能进行**自体电离**（auto-ionization）：

$$H_2O+H_2O \Longrightarrow H-O\cdots H-O \Longrightarrow H-O^+-H + OH^-$$

虽然在水中 H^+ 都是以**水合氢离子**（hydronium ion）形式 H_3O^+ 存在（极少数以 H^+ 形式出现），为方便起见上式仍可简写成：

$$H_2O \Longrightarrow H^+ + OH^- \tag{1-1}$$

因为这样并不妨碍对该反应过程的了解和对结果的讨论。根据式 1-1，水电离的平衡常数：

$$K_{eq} = \frac{[H^+][OH^-]}{[H_2O]} \tag{1-2}$$

在 25℃纯水中 H_2O 的摩尔浓度（molarity）是 55.5 mol/L，并且当 H^+ 和 OH^- 的浓度很低时（约 1×10^{-7} mol/L），此值基本不变。因此可将 55.5 mol/L 代入平衡常数表达式 1-2 得：

$$K_{eq} = \frac{[H^+][OH^-]}{(55.5 \text{ mol/L})}$$

经重排得：

$$(55.5 \text{ mol/L})(K_{eq}) = [H^+][OH^-] = K_w \tag{1-3}$$

这里 K_w 代表 55.5 mol/L 和 K_{eq} 的乘积，它是 25℃时水的离子积，称为**水的离子积常数**（ion product constant of water）。

根据电导测定，纯水 25℃的 K_{eq} 值为 1.8×10^{-16} mol/L。将此值代替式 1-3 的 K_{eq}，得水的离子积：

$$K_w = [H^+][OH^-] = (55.5 \text{ mol/L})\times(1.8\times10^{-16} \text{ mol/L}) = 1.0\times10^{-14}(\text{mol/L})^2$$

这样，25℃的水溶液中 $[H^+][OH^-]$ 的乘积总是等于 $1\times10^{-14}(\text{mol/L})^2$。当 H^+ 和 OH^- 的浓度完全相等时，例如在纯水中，此溶液被称为**中性 pH**（neutral pH）的溶液。此时，可按下式：

$$K_w = [H^+][OH^-] = [H^+]^2 = [OH^-]^2$$

计算出 $[H^+]$ 和 $[OH^-]$。解氢离子浓度得：

$$[H^+] = \sqrt{K_w} = \sqrt{1\times10^{-14}(\text{mol/L})^2}$$

$$[H^+] = [OH^-] = 10^{-7} \text{ mol/L}$$

水的离子积是一个常数，$[H^+]$ 的任何变动将使 $[OH^-]$ 向相反的方向变化。于 25℃，在任何水溶液中如果 $[H^+]$ 为 10^{-3} mol/L，$[OH^-]$ 一定是 10^{-11} mol/L。由于这种 10 的负方的数字书写时不方便，计算也麻烦，所以 Sørensen 建议在稀溶液中氢离子浓度最好用 pH 来表示。

3. pH 的意义

水溶液的 **pH** 被定义为氢离子浓度（更确切，水合氢离子活度）以 10 为底的负对数或氢离子浓度的倒数的对数[①]：

$$pH = -\lg[H^+] = \lg\frac{1}{[H^+]} \tag{1-4}$$

① pH 是氢离子浓度以 10 为底的幂的指数，但应除去负号。最先为 Srensen 提出，p 是指数一词法文 puissance（英文为 power）的第一字母，H 代表氢离子浓度。

pH 表达的氢离子浓度可以有一个很宽的范围(从 0 到 14),这个范围已概括了各种生物体液中的氢离子浓度。使用 **pH 标度**(pH scale)时,应注意它是对数的关系,不是算术关系。两种溶液的 pH 差 1 个单位,它们的氢离子浓度差 10 倍。pH>7,该溶液是碱性的,此时 $[OH^-]>[H^+]$。pH<7,溶液是酸性的,此时 $[H^+]>[OH^-]$。羟离子浓度也可用 pOH 表示,这里 pOH = $-\lg[OH^-]$。根据 $[H^+][OH^-] = 10^{-14}$ 可以推导出:

$$pH+pOH = 14$$

溶液的 pH 可以用指示剂染料如石蕊(Litmus)、酚酞(phenolphthalein)和酚红(phenol red)等进行粗略测定。生物化学(或临床)实验室中需要精确 pH,可用装有玻璃电极的 pH 计(pH meter)测量。pH 测定是生物学中一项十分重要而经常使用的手段,因为溶液的 pH 对大分子的结构和生物活性的影响很大,例如酶的催化活性对 pH 有很强的依赖关系(见第 6 章)。

4. 弱酸和弱碱的电离(解离)

强酸(如盐酸、硫酸和硝酸)和强碱(如 NaOH 和 KOH)在稀的水溶液中几乎是完全解离的。对生物化学工作者比较感兴趣的是弱酸和弱碱的行为,弱酸和弱碱在水中溶解时并不完全解离。弱酸和弱碱在生物系统中普遍存在,并在新陈代谢及其调节中起着重要作用。

根据 Brönsted-Lowry 的**酸碱质子理论**,凡是能供给质子的分子或离子都是酸(acid),也即酸是质子的供体;凡是能接纳质子的分子或离子都是碱(base),也即碱是质子的接纳体。它们的相互关系如下:

$$\underset{酸}{HA} + \underset{(碱)}{B^-} \rightleftharpoons \underset{共轭碱}{A^-} + \underset{(共轭酸)}{HB}$$

这里原初的酸(HA)和生成的共轭碱(A^-)组成一个**共轭酸碱对**(conjugate acid-base pair);原初的碱(B^-)和生成的共轭酸(HB)组成另一个共轭酸碱对。如上式所示,依照 Brönsted 和 Lowry 的理论,酸碱反应(包括酸碱解离、酸碱中和、盐水解等)是两个共轭对之间的**质子传递**(protolysis)过程。

弱酸(HA)在水中的电离反应:

$$HA+H_2O \rightleftharpoons A^-+H_3O^+ \tag{1-5}$$

可用电离平衡常数 K_{eq} 来描述:

$$K_{eq} = \frac{[H_3O^+][A^-]}{[HA][H_2O]}$$

由于作为溶剂的水,其浓度是一个常数,可以把 $[H_2O]$ 和 K_{eq} 合并,重新定义一个平衡常数,称为**酸解离常数**(acid dissociation constant)K_a:

$$K_a = K_{eq}[H_2O] = \frac{[H_3O^+][A^-]}{[HA]}$$

又因 $[H_3O^+] = [H^+]$,所以 K_a 表达式一般写成:

$$K_a = \frac{[H^+][A^-]}{[HA]}$$

它跟假设 HA 直接解离成 H^+ 和 A^-:

$$HA \rightleftharpoons H^+ + A^- \tag{1-6}$$

的结果是一样的。其实反应式 1-5 和 1-6 传达的是同一信息,但按式 1-6 处理比较方便。

跟 pH 类似,pK_a 被定义为:

$$pK_a = \lg \frac{1}{K_a} = -\lg K_a$$

pK_a 可以用实验方法测得（见图 1-14）。酸的强度，即酸释放质子的倾向，愈强，它的 K_a 愈大，pK_a 愈小。碱的强度即碱接纳质子的能力，除可用碱解离常数（或称碱水解常数）K_b 表示外，还可以方便地用它的共轭酸的酸解离常数 K_a（或 pK_a）来表示，因为 $K_a \times K_b = K_w$，或 $pK_a + pK_b = pK_w$。碱的强度愈强，它的 K_b 愈大（pK_b 愈小），而它的共轭酸的 K_a 则愈小（pK_a 愈大）。

5. 弱酸的滴定曲线

一个已知体积的酸溶液可用已知浓度的强碱，一般用 NaOH 溶液，进行滴定。将 NaOH 溶液逐滴地加入待测的酸溶液，直至其中的酸完全被中和（被消耗）。滴定终点（等当量点）根据指示剂染料或 pH 计来确定。原溶液中的酸浓度可以从所加的 NaOH 体积和浓度来计算。

溶液的 pH 对所加的 NaOH 量作图，称为酸的**滴定曲线**（或解离曲线），从中可以得到弱酸的 pK_a。现在考虑 0.1 mol/L 醋酸溶液在 25℃ 用 0.1 mol/L NaOH 溶液滴定的问题。此滴定涉及两个可逆过程（下式中 HAc 代表醋酸）：

$$H_2O \Longrightarrow H^+ + OH^- \tag{1-7}$$

$$HAc \Longrightarrow H^+ + Ac^- \tag{1-8}$$

平衡时溶液中各种成分的浓度必须同时满足式 1-7 和 1-8 的平衡常数。它们的平衡常数分别为：

$$K_w = [H^+][OH^-] = 1 \times 14^{-14} (mol/L)^2 \tag{1-9}$$

$$K_a = \frac{[H^+][Ac^-]}{[HAc]} = 1.74 \times 10^{-14} \ mol/L \tag{1-10}$$

在滴定开始，尚未加入任何 NaOH 时，醋酸已有少许电离，电离的程度可从它的解离常数（式 1-10）算出。

随 NaOH 逐渐加入，加入的 OH^- 和醋酸溶液中的游离 H^+ 结合而成 H_2O，结合的程度是满足式 1-9 中平衡关系的要求。随着游离 H^+ 的除去，HAc 进一步解离以满足自身的平衡常数（式 1-10）。当滴定继续进行时，最后的结果是随 NaOH 的加入，越来越多的 HAc 电离，生成 Ac^-。在滴定的中点（midpoint），即准确加入 0.5 当量 NaOH 的地方有一半原来的醋酸发生解离，结果质子供体的浓度等于质子接纳体的浓度，即 [HAc] = [Ac^-]。在此中点，呈现一个很重要的关系式：HAc 和 Ac^- 的等浓度溶液的 pH 在数值上精确地等于醋酸的 pK_a 4.76（图 1-14）。

随滴定继续进行，剩余的未解离醋酸被逐渐转化为醋酸根。滴定终点（end point）出现在 pH 大于 7.0 处。所有的醋酸都失去质子，给与 OH^-，形成 H_2O 和醋酸根。整个滴定过程同时存在两个平衡（式 1-7 和式 1-8），每个平衡始终遵从它的平衡常数。

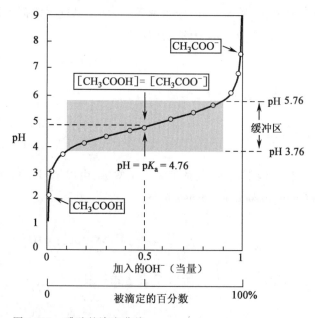

图 1-14　醋酸的滴定曲线

25℃ 时用氢氧化钠溶液滴定 0.1 mol/L 的醋酸。阴影框表示以 pK_a 为中心的有效缓冲区，一般介于弱酸滴定 10% ~ 90% 之间。注意，1 当量的 OH^- 等于加入的 0.1 mol/L NaOH 量

具有各种不同解离常数的弱酸，如醋酸（$pK_a = 4.76$）、二氢磷酸（$pK_a = 6.86$）和铵离子 NH_4^+（$pK_a = 9.25$），它们的滴定曲线形状几乎是一样的，只是沿 pH 轴，位移距离不同，因为这 3 个酸的强度

不同即丢失质子的倾向不同。CH_3COOH 在 pH 4.76 已有一半解离(见图 1-14);$H_2PO_4^-$ 在 pH 6.86 解离一半(此时,$[H_2PO_4^-] = [HPO_4^{2-}]$);$NH_4^+$ 直至 pH 9.25 才解离一半($[NH_4^+] = [NH_3]$)。

弱酸的滴定曲线表明(图 1-14),弱酸(HA)及其阴离子(A^-)组成的共轭酸碱对能起缓冲剂的作用。

6. 缓冲剂和缓冲作用

活细胞和活生物保持专一而恒定的胞内 pH,一般在 pH 7 左右,以维持生物分子处于最适的离子状态。在多细胞生物中胞外液的 pH 也不断受到调节。维持 pH 的恒定性主要是依靠生物缓冲剂来达到的。

缓冲剂或称**缓冲液**(buffer)是一类能够抵抗外来少量酸(H^+)或碱(OH^-)引起的 pH 变化、维持 pH 基本不变的水溶液系统。一个缓冲系统是由一种弱酸和它的共轭碱组成的。如图 1-14 所示,醋酸和醋酸根离子的混合液即是一个缓冲系统。图中醋酸滴定曲线有一个相对平坦的范围,在它的中点(pH 4.76)两边各延伸约 1 个 pH。在此范围内,向系统加入给定量的 H^+ 或 OH^- 要比在范围外加入同样量的酸或碱,对 pH 造成的影响小得多。这一相对平坦的范围是醋酸-醋酸盐共轭对的**缓冲区**(buffering region)。缓冲区的中点,质子供体(HAc)和质子接纳体(Ac^-)的浓度完全相等,这时系统的缓冲能力最大,即加入 H^+ 或 OH^- 引起的 pH 变化最小。每种共轭酸碱对都有特征的有效缓冲范围,例如 $HAc-Ac^-$ 的缓冲区在 pH 3.76 和 pH 5.76 之间。

缓冲系统之所以具有缓冲作用,是因为系统中弱酸如醋酸(HAc)解离度很小,共轭碱(如 Ac^-)的存在进一步抑制了它的解离;并且缓冲液中,弱酸及其共轭碱(如 HAc 和 Ac^-)的浓度都比较大,而 H^+ 浓度相对较小。在缓冲系统例如 $HAc—Ac^-$ 中存在下面的解离平衡:

$$HAc \rightleftharpoons H^+ + Ac^-$$

当向缓冲系统中加入少量强酸,Ac^- 则与 H^+ 结合成 HAc,使平衡向左移动;当达到新的平衡时,溶液中 [HAc] 略有增加,$[Ac^-]$ 略有减少,pH 基本不变,Ac^- 有抵御外来少量强酸的能力,称 Ac^- 为抗酸物质。当向缓冲系统中加入少量强碱时,HAc 则与 OH^- 反应生成 Ac^- 和 H_2O,使平衡向右移动;在新的平衡条件下,$[Ac^-]$ 稍有增加,[HAc] 稍有减少,但 pH 基本不变,HAc 具有抵抗外来少量强碱的作用,称 HAc 为抗碱物质。在 $HAc-Ac^-$ 系统中因为存在较多的抗酸和抗碱的物质,才能抵御外来的少量强酸或强碱的影响。

前面曾提到各种弱酸的滴定曲线跟图 1-14 所示的有着几乎相同的形状,这表明滴定曲线反映出一个基本规律或关系。任一弱酸的滴定曲线可用 Henderson-Hasselbalch 方程式来描述,此方程只是弱酸解离常数表达式另一种有用的陈述方式。共轭酸碱对中弱酸(HA)的解离常数:

$$K_a = \frac{[H^+][A^-]}{[HA]}$$

解出氢离子浓度:

$$[H^+] = K_a \frac{[HA]}{[A^-]}$$

两边取负对数并经整理得:

$$pH = pK_a + \lg \frac{[A^-]}{[HA]}$$

这就是 **Henderson-Hasselbalch 方程**。此式表明缓冲液的 pH 主要决定于共轭酸碱对中弱酸的 pK_a,其次决定于共轭酸和共轭碱的浓度比。当 $[A^-] = [HA]$ 时,也即溶液的 pH 等于 HA 的 pK_a 时,具有最好的缓冲能力。一般当 $[A^-]/[HA]$ 之比在 1/10 到 10/1 的范围内,具有较好的缓冲能力。因此 pH 从($pK_a + 1$)到($pK_a - 1$)的区间是缓冲液的有效范围。此外利用 Henderson-Hasselbalch 方程可以计算在任一 pH 条件下质子供体(HA)和质子接纳体(A^-)的浓度比($[A^-]/[HA]$)以及其他项的数值。

七、生命的基本单位——细胞

（一）生物三域——细菌、古菌和真核生物

所有生物的细胞，根据它们的构造不同可以分为两大类型：一类称**原核细胞**（prokaryotic cell；prokaryocyte），另一类称**真核细胞**（eukaryotic cell；eukaryocyte）。这两类细胞的主要区别在于遗传物质（DNA）是否有核膜裹着，有核膜裹着的为真核细胞，裸露的为原核细胞。此外原核细胞比真核细胞小（参见表 1-3），结构也简单得多，除了表面的细胞膜以外，没有成形的核，也没有其他的细胞器；但有一个不定形的拟核（nucleoid）或称核区（nuclear area）。真核细胞除了成形的核（nucleus）以外，还有其他细胞器如线粒体、叶绿体（植物细胞）和高尔基体等。属于原核细胞的单细胞（或群体）生物称为**原核生物**（prokaryote），包括细菌（bacteria）[或称真细菌（eubacteria）]和古菌（archaea）[原称古细菌（archaebacteria）]两大类。原核生物在教科书中常以大肠杆菌（*E.coli*）作为代表。属于真核细胞的单细胞或多细胞生物称为**真核生物**（eukaryote），包括动物、植物和真菌，常以肝细胞、菠菜叶细胞作为代表。

20 世纪 80 年代 R. H. Whittaker 根据 C. R. Woese 等人于 1977 年对原核生物和真核生物的 rRNA 核苷酸序列比较的结果提出了**三域学说**（图 1-15），认为所有生物都由一个共同的先祖（progenitor）分 3 条进化途径形成 3 个域（domain）。单细胞微生物根据遗传学和生物化学研究可以区分为**细菌域**和**古菌域**。细菌栖息于土壤、表层水和其他活生物或死生物的组织中。古菌被认为是属于跟细菌不同的另一域，它们生活在一些极端的环境——盐湖、热泉、高酸性沼泽以及大洋深处。已有的证据表明，古菌和细菌在早期就发生趋异进化。所有的真核生物构成了第三域。真核生物是从产生古菌那个分支进化而来的，因此真核生物与古菌的亲缘关系比与细菌的亲缘关系更接近。

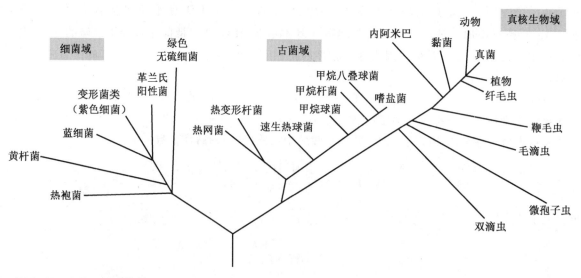

图 1-15　生物三域系统树

此系统树是基于各类生物的 rRNA 核苷酸序列的相似性：序列越相似分支的位置越接近，分支的距离代表两种序列差异的程度

在细菌域和古菌域里的生物又可根据它们的栖息地不同分为两个大类：**需氧菌**（aerobe）和**厌氧菌**（anaerobe）。在有充足氧供应的环境中生活的某些微生物是在把电子从燃料分子传递给氧的过程中获取能量的。适应于在厌氧（实际是缺氧）环境中生活的微生物是把电子传递给硝酸盐（形成 N_2）、硫酸盐（形成 H_2S）或 CO_2（形成 CH_4）来得到能量的。从厌氧环境中进化来的许多微生物是专性（obligate）厌氧菌，当暴露在氧中时则死亡。其他是兼性（facultative）厌氧菌，它们在有氧和无氧环境中都能生长。

根据生物如何获得为合成细胞材料所需的能量和碳，对它们进行分类。按能量的来源不同可以分成两大类：① **光养生物**（phototroph），捕获并利用日光能；② **化养生物**（chemotroph），从氧化化学燃料获取能

量。有些化养生物是**无机营养型**（lithotroph），它们氧化无机燃料，例如氧化 $HS^-\rightarrow S^0$（元素硫）、$S^0\rightarrow SO_4^-$、$NO_2^-\rightarrow NO_3^-$ 或 $Fe^{2+}\rightarrow Fe^{3+}$。有些是**有机营养型**（organotroph），它们氧化环境中可利用的各种有机化合物。光养生物和化养生物各自又可分为：① **自养生物**（autotroph），从 CO_2 中获得全部所需的碳；② **异养生物**（heterotroph），从有机营养物中得到所需的碳。

（二）细胞是所有生物的结构和功能单位

从图 1-16 和图 1-17 可以看出，各种类型的细胞都有某些共同的结构特点。

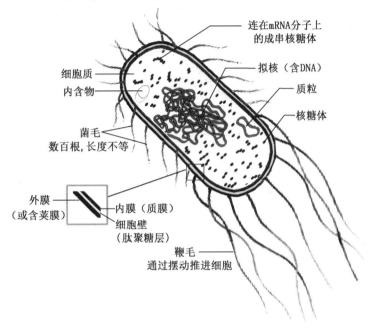

图 1-16　细菌细胞（以大肠杆菌为代表）的共同结构特点
大肠杆菌属于革兰氏阴性菌。革兰氏阳性菌是指能保留革兰氏染色（Gram's stain）者，革兰氏阴性菌则不能。革兰氏染色是一种碱性染料，结晶紫和碘的络合物，1882 年 H. C. Gram 首先使用

1. 细胞膜（cell membrane）和细胞壁（cell wall）

细胞膜也称**质膜**（plasma membrane），是细胞表面的被膜；它规定了一个细胞的周边，把细胞的内含物与环境隔开。质膜的厚度为 7~8 nm，是穿插有蛋白质分子的脂双层（见第 10 章）。质膜最重要的特性之一是**选择性透性**（selective permeability）或**半透性**，即有选择地允许物质通过。质膜对无机离子和大多数荷电或极性化合物是一道屏障；但质膜上的转运蛋白质允许某些离子和分子通过。膜上的受体蛋白质向细胞传递信号（如激素），膜酶参与某些代谢反应途径。因为质膜中脂质分子和蛋白质分子不是共价结合的，所以整个膜结构明显具有柔性，允许细胞的形状和大小发生改变。随着细胞的生长，新合成的脂质和蛋白质分子被插入质膜；细胞分裂产生两个细胞，每个细胞都具有自己的质膜。生长和细胞分裂不丢失膜的完整性。

对于动物细胞，在它的质膜外面常有一层由糖蛋白、蛋白聚糖和脂多糖等组成的柔韧而黏性的覆盖物（coat），它起细胞-细胞识别、细胞通讯和免疫保护等作用（见第 9 章）。对于植物细胞，质膜外面还有细胞壁，其成分是纤维素、果胶和木质素等，这些成分是细胞代谢的产物（见第 9 章）；细胞壁的主要功能是支持和保护，同时防止细胞在低渗介质中因吸水而胀裂，以维持细胞正常状态。对于细菌细胞，质膜外面还有肽聚糖构成的细胞壁；有些细菌在细胞壁外面还有一层外膜（见图 9-34）。

2. 细胞核（cell nucleus）或核区（nucleoid）

所有的细胞，至少在生命的一段时间，具有核或拟核，在这里储存和复制基因组。拟核存在于细菌和古菌中，它是一个没有膜与它的细胞质隔开的无定形"染色体"，由一个环状分子 DNA 和有关的蛋白质组

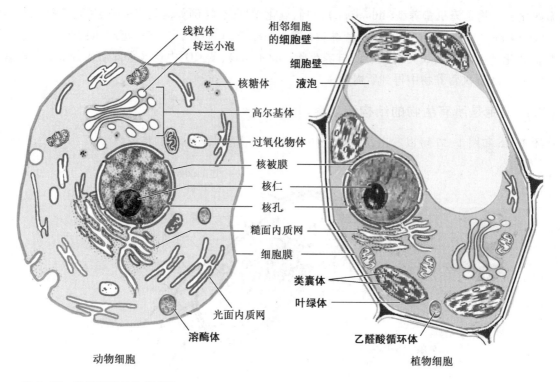

图 1-17　真核细胞结构模式图

动物细胞一般直径为 5~30 μm，植物细胞直径为 10~100 μm；用粗体字标出的结构是动物细胞或植物细胞所特有的。

真核微生物的结构类似动、植物细胞，有许多还含有特化的细胞器（本图未示出）

成。真核生物中核物质被包裹在一个称为**核被膜**（nuclear envelope）的双层膜中。膜上有核孔允许某些物质进出核内外。核内含有染色质、核仁和核基质。**染色质**（chromatin）是遗传物质，主要成分是 DNA 和组蛋白。**核仁**（nucleolus）是富含蛋白质和 RNA 分子的圆形颗粒状结构，内含转录 rRNA 的基因（rDNA）。**核基质**（nuclear matrix）为透明液体，液体内布满蛋白质构成的纤维状网，染色质和核仁等都在其中。

3. 细胞质（cell plasm）和细胞溶胶（cytosol）

细胞膜包裹着的内部是［细］胞质，它包括称为**细胞溶胶**的液体部分和各种具有专一功能的悬浮颗粒，如真核细胞中的各种细胞器。细胞溶胶是高度浓缩的溶液；内含各种酶和编码这些酶的 RNA 分子、合成这些大分子的单体亚基（氨基酸和核苷酸）、几百种称为代谢物的有机小分子（合成代谢和降解代谢的中间物）、对许多酶促反应所必需的化合物——辅酶（coenzyme）、无机离子以及各种包含物（conclusion），如肝细胞中的糖原颗粒和脂肪细胞中的脂肪滴。细胞溶胶是多种代谢活动的场所，它在细胞中的物质运输、能量转换和信息传递方面也起重要作用。

（三）原核细胞的代表——大肠杆菌

原核细胞有着一些共同的结构特点（图 1-16），但也显示出不同类群的特化，特别是在细胞被膜的结构和成分方面。

细菌几乎是原核细胞的代名词，大肠杆菌（*Escherichia coli*，*E. coli*）更是原核细胞的典型。**大肠杆菌**是人体消化道中的一种通常是无害的栖居者。它的细胞长约 2μm，直径小于 1μm，有一个保护性的外膜和一个包裹着细胞质和拟核的内膜。内、外膜之间有一层薄而坚硬的多聚体——肽聚糖；肽聚糖层称为细胞壁，它给细菌细胞以刚性和形状，增强细胞在低渗介质中抵抗膨胀的能力。外膜是由脂蛋白、脂多糖和磷脂组成的脂双层膜，外膜只对某些物质如青霉素、溶菌酶和去污剂等具有屏障作用，它的脂多糖具有抗原性和内毒素作用（见第 9 章）；有些细菌在细胞的最外面还有一层由胞内制造并分泌的胶状物（多糖或 ／和多肽）——荚膜（capsule）或黏液层（slime layer），荚膜在产生细菌毒力和保护细菌免遭被宿主细胞吞噬方面起着重要作用。内膜是真正的质膜,高度选择性地管控物质的通透;负责把营养物质转化为 ATP 的酶也定位于此膜上。内、外膜和细胞壁一起构成**细胞被膜**(cell envelope)。大肠杆菌的这种被膜结构是某些细菌(革兰氏阴性菌)所共有的;**蓝细菌**(cyanobacteria)也属于这类,但它的内膜系统较发达,并带有光合色素。其他细菌(革兰氏阳性菌)没有外膜,最外面就是较厚的肽聚糖层(细胞壁),紧接着的内层是质膜(见图 9-34A)。

值得注意的是古菌细胞的刚性是由另一种多聚糖——假肽聚糖提供的;它们的细胞被膜构造与革兰氏阳性菌似乎相似,也没有外膜,但古菌的膜脂和多糖的结构和成分明显不同于细菌,有它们自己特有的膜脂(见图 10-12)。

大肠杆菌的细胞溶胶含有约 15 000 个核糖体(它比真核生物的核糖体小,但功能相同;每个核糖体由一个大亚基和一个小亚基组成,每个亚基含约 65% RNA 和 35% 蛋白质)、约 1 000 种不同的酶(每种酶有 10 到数千个拷贝)、不到 1 000 种 M_r 少于 1 000 的有机化合物(代谢物和辅酶)和若干无机离子。大肠杆菌的拟核(核区)含有唯一的一个环状 DNA 分子;跟大多数细菌一样,胞质中还含有一个或多个小的环状 DNA 片段,称**质粒**(plasmid)。在自然界,某些质粒有抵抗环境中的毒物和抗生素的能力。在实验操作中这些 DNA 片段很容易掌控,是基因工程的有力助手(见第 3 篇)。

大多数细菌(包括大肠杆菌)都是以单个细胞存在的,但有些细菌(例如黏细菌)显示出简单的社会行为,形成多细胞的群体(聚集体)。

(四) 真核细胞含有多种膜质细胞器

典型的真核细胞(图 1-17)比细菌大很多,直径 5~100 μm,细胞体积比细菌大 10^3~10^6 倍。真核细胞的特点,除有被膜围着的细胞核外,还有若干具有专一功能的膜质细胞器以及细胞骨架。细胞器有:线粒体、内质网、高尔基体、溶酶体和微体。除此以外,植物细胞还含有叶绿体和液泡(图 1-17)。在许多细胞的胞质中还存在含淀粉和油脂这样一些营养物的颗粒和小滴。

细胞器可以借助差速离心和等密度离心技术从细胞溶胶中分离出来。这是研究细胞器的结构和功能的必要步骤。关于亚细胞组分的分级分离参见第 5 章。

1. 线粒体(mitochondrion)和叶绿体(chloroplast)

线粒体的外形呈颗粒状或短杆状,横径 0.5~1 μm,长 2~3 μm,相当于一个细菌大小;数目因细胞种类不同而异。线粒体的结构相当复杂,它是内、外两层膜包裹的囊状细胞器,有发达的膜系统,内膜向基质折叠成若干所谓嵴(cristae);它的内、外膜在脂质组成和酶的活性方面都不同;基质中有自己的一套遗传系统,包括 DNA 和核糖体。线粒体是细胞呼吸和能量转换的中心,含有细胞呼吸所需的各种酶和电子传递体。它的主要功能是将贮存在糖类和脂质中的化学能转换为细胞代谢中可直接利用的载能分子——ATP。关于线粒体结构和功能的细节见第 19 章。

质体(plastid)是植物细胞的细胞器,其中最重要的一种是**叶绿体**,它是光合作用的场所,主要功能是将光能转化为化学能。叶绿体的形状、大小和数目随植物和细胞的种类不同而异。叶绿体和线粒体一样也有发达的膜系统,组织成若干扁平的类囊体(thylakoid)。光合作用所需的色素和电子传递系统都位于类囊体膜中(有关细节参见第 23 章)。

2. 内质网(endoplasmic reticulum,ER)和高尔基体(Golgi apparatus)

内质网是细胞质中的一个由许多膜质囊腔和小管彼此相连并相通的膜系统。内质网也与核被膜的外层相连,与核周腔(核被膜内外层之间的空隙)相通;这一相通的内质网容积称为潴泡(cistern)。内质网分为光面内质网(SER)和糙面内质网(RER);前者的膜上没有核糖体颗粒,这是脂质合成和药物代谢的场所;后者的膜上粘满了颗粒状核糖体——蛋白质合成的机器,所以糙面内质网的功能是合成并转运蛋白质。

高尔基体也称高尔基复合体(Golgi complex),几乎存在于所有的动、植物细胞中。它由一系列的扁平的单层囊和泡组成。高尔基体的功能是作为内质网上合成的蛋白质加工和包装场所,并负责把蛋白质运送到其他细胞器或胞外。内质网产生的转运小泡移动到高尔基体区,与高尔基体融合;小泡中的蛋白质在这里分类加工后,高尔基体又以掐离(pinching-off)的方式形成小泡,出现在它的周边,泡内含有被高尔基体包装了的分泌物质。这些小泡离开高尔基体,移向细胞外周或其他细胞区室,给它们输送分泌产物。转运小泡在内质网、高尔基体和细胞膜之间来回穿梭,运输脂质和蛋白质。

3. 溶酶体(lysosome)和微体(microbody)

溶酶体是单层膜的小泡,直径 0.25~0.5 μm,数目不等,大小也有很大的变化。泡内含有多种水解酶,如蛋白酶(protease)、核酸酶(nuclease)和磷酸酶(phosphatase)。溶酶体是从高尔基体通过芽殖形成的。溶酶体的主要功能是消化那些以吞噬(phagocytosis)和胞饮(pinocytosis)方式摄入细胞的物质,同时还能降解已失去功能的胞内碎片。溶酶体如果发育不全,缺失一种或多种酶,则可引起机体疾病,甚至致命的疾病。

微体(microbody)也是单层膜的泡状体,直径约 0.5 μm,常见的一种微体是**过氧化物酶体**(peroxisome),动、植物细胞中均有存在。它含有过氧化氢酶(catalase)、尿酸氧化酶(urate oxidase)、D-氨基酸氧化酶和其他氧化酶类。过氧化物酶体参与某些营养物(如脂肪酸)的氧化,它能把这些细胞器中氧的还原产物 H_2O_2 分解成 H_2O 和 O_2,而起解毒作用。另一种微体称乙醛酸循环体(glyoxysome),存在于植物细胞特别是发芽种子的细胞中,它含有乙醛酸循环的关键酶。

4. 液泡(vacuole)

液泡是植物细胞所特有的。在年幼细胞中只是一些分散的小液泡,随年龄增长小液泡逐渐合并成一个大液泡。其大小可达细胞体积的 50% 以上,并占据了细胞的中央,常把核和细胞质挤压到细胞的边缘。液泡中的液体称为细胞液(cell sap),其中含有溶解的糖、有机酸盐、蛋白质、无机盐、各种色素、O_2 和 CO_2 等。液泡的功能是运输和贮存营养物质和细胞废物。

5. 细胞骨架(cytoskeleton)

真核细胞中的细胞溶胶不是简单的均质溶液。细胞样品经荧光染色(fluorescent staining,一种用荧光抗体标记细胞成分的技术)后,在荧光显微镜下可观察到细胞溶胶中存在着一个由几种类型的蛋白质纤丝交织成的三维网,称为**细胞骨架**。

细胞骨架的蛋白质纤丝共有 3 种类型:微管、肌动蛋白丝和中间丝。**微管**(microtubule)是直径约 24 nm 的中空长管状纤维。细胞分裂时的纺锤体、纤毛和鞭毛都是由微管构成的。构成微管的亚基是微管蛋白二聚体(tubulin dimer)此二聚体由一个 α-和一个 β-微管蛋白组成(见第 3 章)。微管或成束或分散存在于细胞中。**肌动蛋白丝**(actin filament)也称微丝,直径约为 7 nm,它的亚基是肌动蛋白,称 G-肌动蛋白,缔合的纤丝称 F-肌动蛋白。**中间丝**或中间纤维(intermediate filament)是一类直径为 7~12 nm 的纤丝。构成中间丝的最常见的蛋白质是角蛋白(keratin);此外还有波形蛋白、结蛋白等(见第 4 章)。微管和肌动蛋白丝主要担当动态的角色;肌动蛋白丝涉及细胞的游动性(motility),而微管起长丝状轨道的作用,沿着它细胞器可借助专一性机制被快速转运。中间丝只起结构性作用,维持细胞形状。

每种类型的蛋白质纤丝都是由简单蛋白质亚基构成的,亚基通过非共价缔合形成粗细均匀的纤丝。这些纤丝没有永久的结构,而是随细胞生理状态的变化,时而解离成亚基,时而重新装配成纤丝。它们在细胞中的位置也不固定,随着有丝分裂(mitosis)、胞质分裂(cytokinesis)、变形运动(amoeboid motion)或细胞形状的改变而发生显著变化。

总之真核细胞的内部是一个具有结构纤维网和若干膜质细胞器的复杂系统。膜质小泡可以从一个细胞器上芽殖出来又与另一个细胞器融合。细胞器可以沿微管纤维从细胞质的一处移动到另一处,移动是受需能的马达蛋白(motor protein)驱使的。各种细胞器组成的**内膜系统**(endomembrane system)把专一性的代谢过程分隔开来,并提供进行酶促反应的表面。**胞吐**(exocytosis)和**胞吞**(endocytosis)是一种涉及膜的裂殖和融合的运输机制,它在细胞质和环境介质之间提供了一条胞内产生的物质的分泌和胞外物质的摄入的通道。

八、生物分子的起源与进化

生命起源是宇宙进化的一部分。宇宙的起源虽有多种理论,但都未能充分说明。比较流行的看法是宇宙始于150亿～200亿年前的一次突发性的大爆炸。此后逐渐凝聚成现在这个由几亿颗恒星组成的宇宙。太阳是其中的一颗恒星。一般认为太阳及其行星是同时由大爆炸时产生的气体尘埃凝聚而成的,氢是宇宙中最原初也是最丰富的元素;在形成星球的热核反应中氢生成氦,氦再生成碳、氮、镁、铁等元素。约在45亿年前产生了地球本身和今天在地球上找到的各种化学元素。根据对现在火山口的气体分析,推测原始大气层是还原性的,主要由氢的化合物如 H_2O、NH_3、CH_4 和 H_2S 等组成。很可能在生命起源时的大气仍然有很大的还原作用,而没有氧气存在。氧主要是光合作用的产物,是很晚才出现的。大约35亿年前或更早,一些生命开始在地球上出现。地球上最初的生命是怎样产生的?对此曾提出过多种假说:神创论、宇生论、自然发生说和进化起源说等。因为进化起源说有比较充分的根据和实验证明,所以被多数学者所接受。进化起源说认为:在地球诞生后的头10亿年间,即生命出现之前,地球经历了**化学进化**(chemical evolution)或称**前生物进化**(prebiotic evolution)阶段,也即从无机小分子到原始生命形成即细胞起始的阶段。细胞继续进化,从原核细胞到真核细胞,从真核单细胞到真核多细胞,直至形成今天的生物界,这段历史称为**生物进化**(biological evolution)阶段。

(一) 最初的生物分子是通过化学进化产生的

1. 化学进化的理论

20世纪20年代苏联生物化学家 A. I. Oparin(А. И. Опарин)和英国遗传学家 J. B. S. Haldane 分别提出了地球历史的早期生命起源的理论。他们假设原始大气层富含氨、甲烷、硫化氢和水蒸气等,但基本上没有氧,是一种还原态大气,与今日的氧化态大气很不相同。他们的理论认为:紫外线和宇宙射线等的辐射能、闪电的电能和火山爆发的热能或海洋中热风口的热能都可以引起原始大气中的 NH_3、CH_4、H_2S 和 H_2O 等的反应,生成多种简单的有机分子——生物小分子,如氨基酸、嘌呤、嘧啶、单糖、脂肪酸等。这些生物小分子溶于雨水进入江河湖泊,最后汇聚到海洋。过了若干百万年后,远古海洋变成富含多种简单有机物质的温暖溶液,称为"原始汤"(primordial soup),在这原始汤里这些生物小分子经受了非生物缩合作用(abiotic condensation)形成了原始的多肽、多核苷酸、多糖和脂质等生物大分子。再过若干百万年,这些大分子进一步缔合成超分子复合体或多分子系统,包括原始的膜、酶系和复制模板等。此后若干百万年间,这些超分子复合体聚集在一起装配成有膜裹着的多核苷酸和多肽系统——原始细胞的前体或最原始的细胞。

概括起来,化学进化过程大体分为4个连续的阶段:① 从无机小分子合成生物小分子;② 从生物小分子(作为单体)缩合成生物大分子;③ 生物大分子缔合成超分子复合体;④ 超分子复合体组装成原始细胞。

2. 实验室中化学进化的演示

Oparin 等人的生命起源假说很多年来一直停留在推测阶段,直至1953年美国学者 S. Miller 在 Urey 实验室中用一个简单的火花放电装置,处理那些被认为是原始大气中存在的 CH_4、NH_3、H_2 和 H_2O 等气体混合物,经过一星期或更长一些时间,分析封闭的反应瓶中的内容物(图1-18)。所得混合物的气相中含有 CO、CO_2、N_2 以及未反应完的起始物质,水相中含有多种有机化合物包括一些氨基酸、羟酸、醛和氰化氢(HCN)。这个实验确定了在相对较温和的条件下和相对较短的时间内非生物合成生物分子的可能性。

此后利用各种形式的能量(热、紫外线、γ 射线、超声波、震荡以及 α、β 粒子轰击),已从 CH_4、NH_3、H_2O

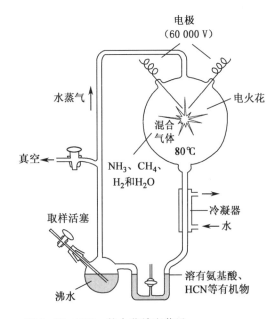

图1-18　Miller 的火花放电装置

等原料合成出几百种有机化合物,包括组成蛋白质的20种氨基酸、参与核酸组成的5种碱基、各种羧酸

(一、二、三羧酸)、脂肪酸以及各种单糖(三、四、五、六碳糖);除小分子化合物外,还有多核苷酸、多肽、多糖等大分子的形成。实验发现 HCN 的自缩合产物是单体亚基缩合反应的有效催化剂,地壳中存在的某些离子(Cu^{2+}、Ni^{2+} 和 Zn^{2+} 等)也能提高缩合反应的速率。

总之,实验室实验已提供了有力的证据,证明活细胞的许多化学成分包括生物大分子在内都能在前生物条件下生成。**核酶**(RNA 本质的酶,见第 6 章)的发现暗示了 RNA 在前生物进化中起着关键的作用,既是催化剂,又是信息贮库(见第 32 章),它可能是最早的基因和最早的酶。

3. 原始生物分子(primordial biomolecule)

至今发现的所有生物中的所有生物大分子都是由相同的一套(约 30 种)构件分子构成的。这一事实有力地证明现代生物都是由同一个原始细胞系遗传而来的。这 30 种基本构件分子称为**原始生物分子**:20 种氨基酸、5 种碱基、2 种单糖(葡萄糖和核糖)、1 种醇(甘油)、1 种脂肪酸(棕榈酸)、1 种胺(胆碱)。几十亿年的自然选择已精选出能充分利用原始生物分子的化学和物理特性来进行能量转换和自我复制的细胞系统。进化过程中原始生物分子发生了特化和分化。现在在各种生物中共存在近 300 种氨基酸、几十种碱基、几百种单糖及其衍生物和几十种脂肪酸。生物体中的色素、激素、抗生素、维生素、生物碱也都是由这些原始生物分子衍生而来的。因此原始生物分子被认为是生物体内的各种有机化合物的生物学祖先(biological ancestry)。

(二) RNA 或相关前体可能是最早的基因和催化剂

在现代生物学中,核酸编码规定酶结构的遗传信息,酶催化核酸的复制和修复,这两类生物分子是相互依存的。那么核酸和蛋白质究竟孰为先呢?

最好的答案是,它们大约是同时出现,但核酸稍在先。前面谈过,生命最本质的东西是新陈代谢和自我复制,前者离不开起催化作用的酶,后者少不了储存遗传信息的核酸。现代生物学已证明 DNA 是遗传信息的载体;但也发现少数 RNA 病毒靠 RNA 的自我复制传递遗传信息;有些 RNA 在一定条件下充当催化剂的角色,如核酶。这些发现暗示了 RNA 分子或一个类似的分子可能就是地球上出现的第一个基因和第一个催化剂。现在越来越多的事实证实了这种推想,并为多数学者所认可。这种认为 RNA 是第一个基因又是第一个催化剂的假说,被称为"**RNA 世界**"说(RNA world theory)。根据这种假说(图 1-19),生物进化的最早阶段之一是一个 RNA 分子在原始汤中偶然形成,它能够催化另一些具有同样序列的 RNA 的形成——一个自我复制、自我永存的 RNA。这样自我复制的 RNA 分子的浓度将以指数的方式增加,一个分子形成两个,两个形成四个,等等。自我复制的忠实性大概不够完美,所以过程中会产生 RNA 的变体,某些变体可能更具有自我复制的能力。在竞争核苷酸中,效率最高的自我复制序列取得胜利,效率差的复制序列从群体中淡出。

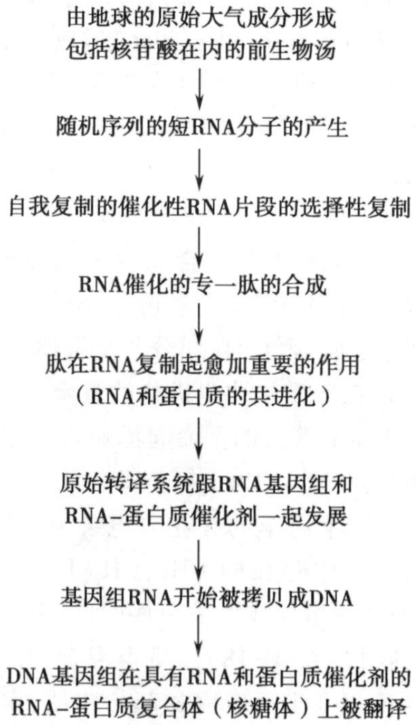

作为遗传信息库的 DNA 和起催化作用的蛋白质之间的功能分化,按"RNA 世界"说,是较后发生的事。自我复制的 RNA 分子发展出新的变体,它具有催化氨基酸缩合成肽的额外能力。偶然机会,这样形成的肽加强了 RNA 的复制能力,并且 RNA 和辅助肽这一对分子,在序列方面发生了进一步的修饰,产生出越来越有效的自我复制系统。值得注意的是,在现代细胞的蛋白质合成机器(核糖体)中是 RNA 分子,不是蛋白质分子,催化肽键的形成。这与"RNA 世界"的假说是一致的。

原始的蛋白质合成系统进化之后的某一时刻,又有了进一步的发展:与自我复制的 RNA 分子序列互补的 DNA 分子接受了保存"遗传"信息的功能,而 RNA 分子进化到担当蛋白质合成方面的角色(关于

由地球的原始大气成分形成
包括核苷酸在内的前生物汤
↓
随机序列的短RNA分子的产生
↓
自我复制的催化性RNA片段的选择性复制
↓
RNA催化的专一肽的合成
↓
肽在RNA复制起愈加重要的作用
(RNA和蛋白质的共进化)
↓
原始转译系统跟RNA基因组和
RNA-蛋白质催化剂一起发展
↓
基因组RNA开始被拷贝成DNA
↓
**DNA基因组在具有RNA和蛋白质催化剂的
RNA-蛋白质复合体(核糖体)上被翻译**

图 1-19 "RNA 世界"说的分子进化情景

DNA 分子比 RNA 分子更稳定,因而更适于作为遗传信息储库的解释见第 11 章)。蛋白质被证明是多能的催化剂,在整个进化过程中接受了大部分的催化功能。在原始汤中脂质样的化合物在自我复制的分子集群周围形成了相对不透性的膜层。蛋白质和核酸集中在这样的脂膜封闭区内有利于自我复制所需的分子相互作用。

(三) 原始细胞的出现——生物学进化的开始

生命既然是在地球上发生的,在漫长的历史岁月中就会留下它的踪迹,古生物化石就是其中之一。1996 年在格陵兰工作的科学家在岩石中找到了 38.5 亿年前生命的化学证据——碳质形式的"化石分子"。在澳大利亚西部 Warawoona 和南非 Swazi land 的沉积岩中都发现 35 亿年前的丝状体化石,被认为是原始微生物的遗迹。在 35 亿年前的地层中还发现很多被称为叠层石(stromatolite)的化石,叠层石是原始蓝细菌和光合细菌等原核生物代谢产生的碳质和硅质沉积物。

地球诞生后的头 10 亿年间,因为大气中几乎没有氧,又因为没有微生物来清扫自然过程形成的有机化合物,所以这些化合物相对地比较稳定。化合物的稳定加上岁月的悠长,这为生命起源和进化创造了条件。认为:在化学进化的较后阶段,地球上的某个地方出现了类似于细胞的实体或细胞前体。这种前体可能是无膜到有膜裹着的 RNA-多肽系统,它能够由 RNA 作为模板(兼催化剂)复制自己的结构,多肽作为催化剂协助复制。细胞前体通过进一步的自然选择,一个能够生长繁殖、具有原始代谢能力并有脂膜裹着的 DNA-RNA-蛋白质系统诞生了,这就是地球上的第一个细胞(无疑是原核细胞)。生物学进化阶段就这样开始了。

最早的细胞可能是从无机燃料如硫化亚铁和碳酸亚铁(它们在早期的地球上都很丰富)中获得能量。例如下面反应:

$$FeS + H_2S \longrightarrow FeS_2 + H_2$$

能产生足够的能量来驱动 ATP 或类似化合物的合成。它们所需的有机化合物可能来自于化学进化期间积累了丰富有机分子的海洋。另一可能的来源被认为是地球外的太空,因为 2006 年那次星团太空飞行(the stardust space mission)带回来的彗星尾部的尘埃颗粒含有多种有机化合物。

早期的单细胞生物逐渐获得从环境的化合物摄取能量的能力,并利用这个能量合成自己所需的前体分子,因此对外界的依赖性逐渐变小。其中一个很有意义的进化事件是:发展出能捕获日光能的色素(pigment),摄取的光能可用来还原("固定")CO_2 成为有机化合物。这意味着有些原核细胞它们的能源由化能向光能转化,碳源由异养型(有机物)向自养型(CO_2)转化。发生转化的原因可能是"原始汤"中的有机化合物逐渐耗尽,ATP 不足,原核细胞第一次遇到了严重威胁。这种压力推动细胞中酶合成能力的进化,出现了光能自养型和化能自养型的原核生物。早期光合过程中原初的电子供体可能是 H_2S,产生元素 S 或硫酸盐(SO_4^{2-})作为副产品。后来的细胞发展出利用 H_2O 作为光合反应中电子供体的酶促能力,氧作为废物被释出。今天的蓝细菌就是这些光合放氧生物的后代。

因为最早的细胞是在无氧的条件下产生的,所以早期细胞是厌氧的。在这种条件下化能异养生物(chemoheterotroph)氧化有机化合物成为 CO_2 是通过把电子传递给像 SO_4^{2-} 这样的接纳体而不是传递给 O_2 的途径实现的,在这种情况产生 H_2S 作为产物。由于产氧光合细菌(如蓝细菌)的出现,地球大气逐渐变得富含氧气。氧是一种很强的氧化剂,对厌氧生物是一种致命的毒物,这给厌氧原核生物带来了第二次严重威胁。应答这种进化压力,微生物中的某些谱系产生出需氧细菌。需氧菌是通过从有机分子把电子传递给 O_2 来获取能量的。因为电子从有机分子传递给 O_2 的过程释放出很大的能量,所以需氧生物和厌氧生物在含氧环境中竞争时前者比后者具有能量方面的优越性。这个优越性使得需氧生物在富 O_2 环境中占了优势。

现今的细菌和古菌几乎生活在生物圈的每个生态角落,并且很多生物实际上都能利用各种有机化合物作为碳和能的来源。生活在淡水和海水中的光合微生物是捕获日光能来制造糖类和所有其他的细胞成分的,它们本身又被其他生物用作食物。进化的过程在继续——在快速繁殖的细菌细胞里,进化将按一个允许我们在实验室中亲眼看到这一过程的时间表在进行。要想在实验室产生一个"原初细胞"（protocell），涉及检测一个简单细胞的基因组，以确定生命所必需的最少基因数目。对一个游离生活的细菌来说，最小的已知基因组是生殖分枝杆菌（*Mycobacterium genitalium*）的基因组，它含有 580 000 个碱基，编码 483 个基因。

（四）真核细胞是从原核细胞进化而来的

根据化石的记录，约在 15 亿年前，比原核细胞大、结构更复杂的真核细胞在地球上已出现了（图1-20）。生命从非核细胞（原核）到具核细胞（真核）的进化顺序也得到了今天生物的比较形态学和比较生物化学的证实。真核细胞与原核细胞的最大差别是真核细胞有膜包围着的核和许多细胞器。那么结构简单的原核细胞如何发展到如此复杂的真核细胞的？原因何在？看来，必然有三大变化发生：第一，当细胞获得更多 DNA 时，就需要有更精巧的机制以便把 DNA 与专一蛋白质紧密折叠成若干个单独的复合体，并在细胞分裂时把它们平均分配给子细胞；还需要有特化的蛋白质来稳定已折叠的 DNA 和拉开在细胞分裂时形成的 DNA-蛋白质复合体（染色体）。第二，随着细胞变大，发展出一个胞内膜系统，包括包裹 DNA 的双层膜。此膜把 DNA 模板上的 RNA 合成和核糖体上的蛋白质合成分隔开来，分别成为核内过程和胞质内过程。真核细胞的内膜系统被认为是由原核细胞的质膜内折（infolding）进化而来的，包括核被膜和内质网等。第三，不能进行需氧代谢和光合作用的早期真核细胞吞入了需氧细菌或同时吞入了光合细菌，形成了并最终成为永久性**内共生联合体**（endosymbiotic association）。某些需氧细菌演化成现代真核生物的

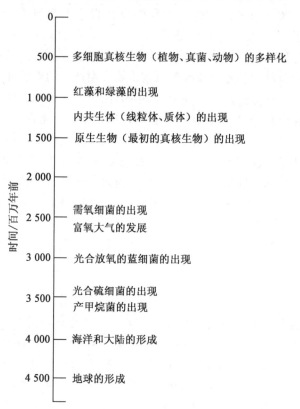

图 1-20　地球上生命进化的里程碑

线粒体，某些光合蓝细菌变成了质体，例如绿藻的叶绿体；绿藻可能就是现代植物细胞的先祖。

在进化后期的某一阶段，单细胞生物发现它们成串在一起更为有利，这样可以获得比游离生活的单细胞更大的游动性（motility）、效力或繁殖成功率。这种成串生物的进一步进化导致个体细胞之间的永久性联合，并导致群体（colony）内的特化——细胞分化。

细胞特化导致了日益复杂和高度分化的生物进化，在这些生物中某些细胞行使记忆功能，另一些执行消化、光合作用或繁殖的功能等等。许多现代的多细胞生物含有几百种不同类型的细胞，每种类型细胞专门行使一种或几种功能，以支持整个生物。早期进化的基本机制已经通过进化变得更加精巧。例如，作为草履虫（*paramecium*）纤毛和衣藻（*chlamydomonas*）鞭毛的搏打运动基础的同一基本结构和机制也被高度分化的脊椎动物精子细胞所使用。

提　要

生物化学是研究生命属性化学本质的科学，简言之即生命的化学。生命或活生物的属性大体可归纳为：① 化学成分复杂而同一，结构错综而有序；② 新陈代谢；③ 自我复制。

生物化学的发展也离不开生产发展和社会需要。作为交叉学科的生物化学倍受其他学科发展的推进。某种意义上说，分子生物学是生物化学发展的新阶段或新领域。生物化学发展的进程中涌现出许多

出色的科学家和学术中心,他们的创新思维和团队精神值得后人学习。

生命物质是由 C、H、O、N 和 P 等化学元素所组成。这些元素是在进化过程中根据可得性和适合性两个原则被选中的。生物分子是碳的化合物;因为碳原子在成键方面的多能性,使得携有各种官能团的碳-碳骨架有多种多样的排列;官能团给与生物分子以生物学和化学的"个性"。活细胞中含有一套(几百种)有机小分子(M_r 100~500),它们是基本代谢途径的重要代谢物。蛋白质、核酸和多糖是生物大分子,是由相对简单的单体亚基(M_r <500)聚合而成的线型多聚体(M_r >5 000);它们的序列含有决定每个分子的三维结构和生物学功能的信息。

分子构型是指分子中原子的固定空间排列;只有通过共价键的断裂,构型才能改变。对于一个具有 4 个不同取代基的碳原子(称手性碳或不对称碳),取代基在空间可以有两种不同的排列方式,产生一对光学和生物学性质不同的立体异构体(对映体);其中只有一个是有生物活性的。分子构象是指分子中原子的实际空间位置;不需要共价键的破裂,通过绕单键旋转即可引起构象改变。生物分子之间的相互作用几乎总是立体专一的,要求相互作用的分子之间在空间上有精确互补的关系。

生物分子主要是通过弱的非共价相互作用,彼此影响,互相吸引,以行使它们的功能。生物结构中的非共价相互作用有离子相互作用、氢键、范德华力和疏水相互作用(熵效应)。个别的这种相互作用是微小的,但许多个别相互作用集中在一起则形成强大的力量。

由于水分子的结构特点,使它成为极性溶质的良好溶剂;它既是发生代谢反应的介质,又是某些生化过程包括水解、缩合和氧化-还原等的反应物或产物。溶质浓度强力影响水的物理性质(依数性)如渗透压。渗透压与维持细胞的正常状态关系很大。

纯水微电离,生成数目相等的 H^+(H_3O^+)和 OH^-。水的电离程度用平衡常数 $K_{eq}=([H^+][OH^-])/[H_2O]$ 来表示;从 K_{eq} 可以导出在 25℃ 时水的离子积 $K_w=[H^+][OH^-]=1\times10^{-14}$(mol/L)^2;纯水中 $[H^+]=10^{-7}$ mol/L。K_w 是一个常数,$[H^+]$ 的任何变动将使 $[OH^-]$ 向相反的方向变化。水溶液的 pH 反映氢离子浓度:pH $=\lg(1/[H^+])=-\lg[H^+]$。

弱酸或弱碱能部分电离;弱酸电离释放 H^+,降低水溶液的 pH;弱碱电离接纳 H^+,升高 pH。其电离程度是每种弱酸或弱碱的特征,常用酸解离常数 $K_a=([H^+][A^-])/[HA]=K_{eq}$ 来表示。K_a 的负对数 $pK_a=\lg(1/K_a)=-\lg K_a$ 用来表示一个弱酸或弱碱的相对强度。酸愈强,pK_a 愈低;碱愈强,pK_a 愈高。pK_a 值可通过实验测得。

弱酸(或弱碱)及其盐的混合液能够抵抗因加入少量 H^+ 或 OH^- 引起的 pH 变化。因此这种混合液起着缓冲剂的作用。弱酸(或弱碱)及其盐的溶液 pH 可以由 Henderson-Hasselbalch 方程 pH $=pK_a+\lg[A^-]/[HA]$ 给出。磷酸盐和重碳酸盐缓冲系统维持细胞内、外液体于最适(生理)pH,一般是 7 左右。

细胞可分为原核细胞和真核细胞两大类。属于原核细胞的有细菌和古菌。细菌、古菌和真核生物构成生物的三域;真核生物与古菌的亲缘关系比它与细菌的亲缘关系更为接近。光氧生物利用日光进行工作;化养生物通过氧化燃料把电子传递给良好的电子接纳体,无机化合物、有机化合物或分子氧,来获得能量。

所有的细胞都有质膜作为边界;胞内的细胞溶胶含有代谢物、辅酶、无机离子和酶等;在拟核(细菌和古菌)或核(真核生物)内含有一套基因。原核细胞有细胞溶胶、一个拟核(核区)和若干质粒。真核细胞除细胞溶胶外有一个细胞核和若干细胞器,一些代谢过程分别被分隔在专一的细胞器中。细胞骨架蛋白质组装成长纤丝,它给细胞以形状和刚性,其中微管并作为轨道移动细胞器于整个细胞中。

地球上的生命很可能是在 35 亿年前随着一个含 RNA 分子的膜封闭区室的形成开始的。最初细胞所需的成分可能已在海底的热风口附近或通过闪电、高温和辐射对简单的原始大气分子如 CO_2 和 NH_3 等的作用下产生了。早期的 RNA 基因组所起的催化和遗传作用,随时间的推移,分别被蛋白质和 DNA 所代替。真核细胞从内共生细菌获得光合作用和氧化磷酸化作用的能力。在多细胞生物中,分化类型的细胞专门执行一种或几种对生物的生存所必需的功能。

习　题

1. 生物化学是研究什么的？它作为一门学科是怎样发展起来的？它与分子生物学有什么关系？

2. (a)进化过程中生物体的化学元素是怎样被选中的？(b)硅和碳在周期表中同为ⅣA 族元素，都能形成多至 4 个单键，并且在生物圈中，硅比碳更加丰富，为什么在进化中硅没有像碳那样被选为生命的中心组织元素(作为骨架)，而仅以痕量存在于生物体中？

3. 30 种原始生物分子(基本构件分子)，有立体异构体的，几乎只有一种异构体被生物所选用，例如 L-氨基酸，D-单糖等。前生物的合成一定是产生 D 和 L-型的混合物，并且 D 和 L-型的丰度应该一样。假定它们的生物学适合性也相同(已有实验证据表明这一假定是可靠)，试解释生物只利用一种立体异构体的原因。

4. 多年前两个制药厂生产了一种兴奋剂药物(化学名 1-苯-2-氨基-丙烷)：一个厂生产的商品名为苯齐巨林(benzedrine)，另一个厂的商品名为德克赛巨林(dexedrine)。这两个药物的许多物理性质和结构式：

$$\bigcirc\!\!\!\!-CH_2-CH(NH_2)-CH_3$$

是一样的。德克赛巨林(仍可买到)的推荐口服剂量是 5 mg／日，苯齐巨林(不再有售)的推荐剂量为前者的 2 倍。显然要达到同样的生理效应，所用的剂量苯丙巨林要比德克赛巨林高。请解释这是为什么。

5. 生物分子间和分子内基团间的非共价相互作用有哪些？它们之间有什么区别？

6. 解释为什么水分子之间形成氢键会造成高热容(热容定义为使1g 水的温度升高 1℃所需的热量，J/℃)。

7. (a)配制 0.4mol/L 的 NaOH 溶液 500 mL 需要多少克固体 NaOH？(b)将该溶液用质量浓度(g/L)和摩尔渗透压浓度表示。

8. 配制 0.5 mol/L 盐酸 2 000 mL 需要量取浓盐酸(质量百分比为 37%，比重 1.20)多少 mL？

9. 一个弱酸溶液浓度为 0.02 mol/L，测得 pH 为 4.6。(a)该溶液的[H^+]是多少？(b)计算该酸的酸解离常数 K_a 和 pK_a 值。

10. 下面的共轭酸碱对中：(a)$H_2PO_4^-$, H_3PO_4；(b)HCO_3^-, CO_3^{2-}；(c)HCOOH, $HCOO^-$；(d)$H_2NCH_2COO^-$, H_2NCH_2COOH，哪个是共轭酸？

11. 含 0.20 mol／L 醋酸钠和 0.6 mol/L 醋酸(pK_a=4.76)的溶液，它的 pH 是多少？

12. 计算配置 0.2 mol/L 醋酸盐缓冲液(pH=5.0)所需的醋酸和醋酸钠的浓度。

13. 计算醋酸钠和醋酸(pK_a=4.76)的物质的量比为(a)2：1 和(b)1：10 的稀溶液的 pH。

14. 大肠杆菌是短杆状细菌，长约 2 μm，直径 0.8 μm(假设它是一个圆柱体；圆柱体体积 $V=\pi r^2 h$)。(a)如果大肠杆菌首尾相连恰好能横跨一个直径为 0.5 mm 的针头。问需要多少个大肠杆菌细胞？(b)如果大肠杆菌的平均密度是 1.1×10^3 g/L。问一个大肠杆菌的质量是多小？(c)大肠杆菌的细胞被膜为 10 nm 厚。问被膜体积占大肠杆菌总体积的百分数是多少？(d)大肠杆菌能快速生长和繁殖，因为它含有约 15 000 个合成蛋白质的球形核糖体(直径 18 nm)。问这些核糖体占细胞体积的百分数是多少？(e)葡萄糖是主要的产能营养物，在细菌细胞中的浓度约为 1 mmol/L。问在一个大肠杆菌细胞中含有多少个葡萄糖分子？

15. 高速率的细菌代谢要求细菌细胞有高的表面-体积比。(a)为什么表面-体积比会影响代谢的最高速率？(b)计算淋病奈瑟球菌(直径 0.5 μm)的表面-体积比。将它与球状阿米巴(一种大的真核细胞，直径 150 μm)的表面-体积比相比较。球体表面积＝4 πr^2。

主要参考书目

1. 王镜岩，朱圣庚，徐长法. 生物化学教程. 北京：高等教育出版社，2008.

2. 吴相钰，陈守良，葛明德. 陈阅增普通生物学. 4 版. 北京：高等教育出版社，2014.

3. 翟中和，王喜忠，丁明孝. 细胞生物学. 4 版. 北京：高等教育出版社，2011.

4. 沈昭文，黄爱珠，汪静英. 前进中的生物化学论文集. 北京：中国科学技术出版社，1987.

5. 北京协和医学院生化学系. 回眸 90 年. 北京：中国协和医科大学出版社，2010.

6. 米勒，奥吉尔. 地球上生命的起源. 彭弈欣，译. 北京：科学出版社，1981.

7. 郝守刚，马学平，董熙平，等. 生命的起源与演化(地球历史中的生命). 北京：高等教育出版社，2000.

8. Nelson D L, Cox M M. Lehninger Principles of Biochemistry. 5th ed. New York: W. H. Freeman and Company, 2008.

9. Garrett R H, Grisham C M. Biochemistry. 3rd ed. Boston: Thomson Learning, 2004.

（徐长法）

网上资源

习题答案   自测题

第2章 氨基酸、肽和蛋白质

蛋白质的英文名称 protein,源自希腊文 πρoτo,是"原初的""第一重要的"意思。蛋白质诚然是一类最重要的生物分子,是生物功能的主要载体。蛋白质和核酸构成细胞原生质(protoplasm)的主要成分,而原生质是生命现象的物质基础。

自然界中存在的、种类以千万计的蛋白质在结构和功能上的多样性归根结底是由它们的 **20 种单体亚基**或称构件分子(building-block molecule)的氨基酸的性质所造成的。这些性质包括① 聚合能力,② 独特的酸碱性质,③ 侧链的不同结构和化学官能团的多样性,④ 手性。本章除讲述氨基酸的这些性质外,还要对肽的结构和天然活性肽,蛋白质的化学组成、分类、分子大小和结构层次,蛋白质一级结构及测序的策略和方法,以及肽和蛋白质的化学合成等进行讨论。

一、氨基酸——蛋白质的单体亚基

(一) 蛋白质的水解

一百多年前就开始了关于蛋白质的化学研究;在早期的研究中,水解作用提供了关于蛋白质组成和结构的极有价值的资料。蛋白质可以被酸、碱或蛋白[水解]酶(protease;proteinase)催化水解。在水解过程中,蛋白质逐渐被降解成相对分子质量越来越小的肽[片]段或称肽碎片(peptide fragment),直到最后成为游离氨基酸的混合物。

根据蛋白质的水解程度,可分为完全水解和部分水解两种情况。**完全水解**或称彻底水解,得到的水解产物是各种氨基酸的混合物。**部分水解**即不完全水解,得到的产物是各种大小不等的肽段和氨基酸。下面简略地介绍酸、碱和酶 3 种水解方法及其优缺点:

(1) **酸水解** 一般用 6 mol/L HCl 或 4 mol/L H_2SO_4 进行水解。回流煮沸 20 h(小时)左右可使蛋白质完全水解。酸水解的优点是不引起[外]消旋(racemization),得到的是 L-氨基酸。缺点是色氨酸完全被沸酸所破坏,羟基氨基酸(丝氨酸及苏氨酸)有一小部分被分解,同时天冬酰胺和谷氨酰胺的酰胺基被水解下来。

(2) **碱水解** 通常与 5 mol/L NaOH 共煮 10~20 h,即可使蛋白质完全水解。水解过程中多数氨基酸遭到不同程度的破坏,并且产生消旋,所得产物是 D-和 L-氨基酸的混合物,称消旋物(见本章后面氨基酸的旋光性)。此外,碱水解引起精氨酸脱氨,生成鸟氨酸和尿素。然而在碱性条件下色氨酸是稳定的。

(3) **酶水解** 不产生消旋作用,也不破坏氨基酸。然而使用一种酶往往水解不彻底,需要几种酶协同作用才能使蛋白质完全水解。此外,酶水解所需时间较长。因此酶法主要用于部分水解。常用的蛋白酶有胰蛋白酶(trypsin)、胰凝乳蛋白酶(chymotrypsin)或称糜蛋白酶以及胃蛋白酶(pepsin)等,它们主要用于蛋白质一级结构分析以获得蛋白质的部分水解产物。

(二) α-氨基酸的一般结构

从蛋白质水解产物中分离出来的常见氨基酸只有 20 种(更确切地说为 19 种氨基酸和 1 种亚氨基酸即脯氨酸)。除脯氨酸及其衍生物外,这些氨基酸在结构上的共同点是与羧基相邻的 α-碳原子(C_α)上都有一个氨基,因此称为 **α-氨基酸**。连接在 α-碳上的还有一个氢原子和一个各异的侧链,称为 **R 基**;各种氨基酸的区别就在于 R 基的不同。α-氨基酸的结构通式见图 2-1。

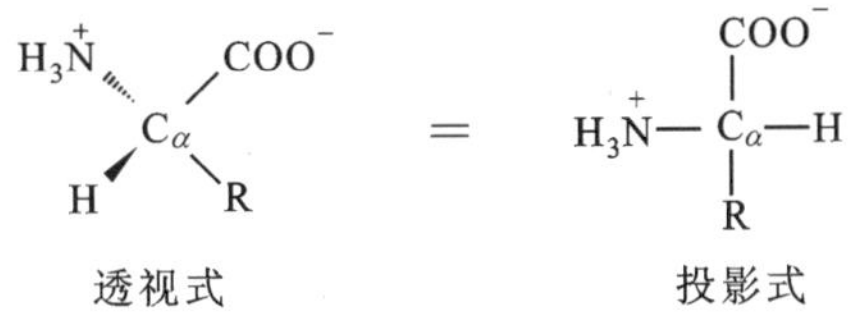

图 2-1　α-氨基酸的结构通式

α-氨基酸在中性 pH 介质中,α-羧基以—COO⁻形式,α-氨基以—NH₃⁺形式存在。α-氨基酸除甘氨酸(R 基为氢)之外,其 α-碳原子是一个手性碳原子,因此都具有旋光性。α-氨基酸是白色晶体,熔点很高,一般在 200℃ 以上。每种氨基酸都有特殊的结晶形状,利用结晶形状可以鉴别各种氨基酸。α-氨基酸除胱氨酸和酪氨酸外,一般都能溶于水。脯氨酸和羟脯氨酸还能溶于乙醇或乙醚中。

为什么生物选用了 α-氨基酸作为蛋白质的构件分子? 这可能主要是因为 α-氨基酸之间通过 α-碳原子上的氨基和羧基形成酰胺键,使肽链骨架上的一些原子靠得更近,更易于彼此间相互作用,使蛋白质的空间结构更紧凑、更稳定。蛋白质中发现的氨基酸都是 L 型的。进化中选用 L 型氨基酸可能是偶然的自然选择结果。因为实验表明,D 型氨基酸构成的多肽也可以有活性,例如人工合成的全 D 型氨基酸构成的人免疫缺损病毒(HIV)外壳上的酸性蛋白酶。D 型 HIV 蛋白酶是天然 L-型 HIV 蛋白酶的构象对映体,也具有酶活性和专一性,只是它所作用的底物必须是 D 型氨基酸构成的肽链。

二、氨基酸的分类

在各种生物中发现的氨基酸已有 300 来种,但是参与蛋白质组成的常见氨基酸或称**基本氨基酸**只有20 种。此外在某些蛋白质中还存在若干种不常见的氨基酸,它们都是在已合成的肽链上由常见的氨基酸经专一酶催化的化学修饰转化而来的。这 300 来种天然氨基酸中,大多数是不参与蛋白质组成的,这些氨基酸被称为**非蛋白质氨基酸**。参与蛋白质组成的氨基酸包括 20 种常见的氨基酸和若干种不常见的氨基酸统称为**蛋白质氨基酸**。

为表达蛋白质或多肽的氨基酸序列需要,氨基酸的名称常使用三字母的简写符号表示,有时也使用单字母的简写符号表示,后者主要用于表达长的蛋白质多肽链的氨基酸序列。这两套简写符号见于表 2-1。

表 2-1　基本氨基酸的名称及其缩写

名称	三字母符号①	单字母符号②	名称	三字母符号	单字母符号
丙氨酸(alanine)	Ala	A	亮氨酸(leucine)	Leu	L
精氨酸(arginine)	Arg	R	赖氨酸(lysine)	Lys	K
天冬酰胺(asparagine)	Asn	N	甲硫氨酸(methionine)	Met	M
天冬氨酸(aspartic acid)	Asp	D	苯丙氨酸(phenylalanine)	Phe	F
半胱氨酸(cysteine)	Cys	C	脯氨酸(proline)	Pro	P
谷氨酰胺(glutamine)	Gln	Q	丝氨酸(serine)	Ser	S
谷氨酸(glutamic acid)	Glu	E	苏氨酸(threonine)	Thr	T
甘氨酸(glycine)	Gly	G	色氨酸(tryptophan)	Trp	W
组氨酸(histidine)③	His	H	酪氨酸(tyrosine)	Tyr	Y
异亮氨酸(isoleucine)	Ile	I	缬氨酸(valine)	Val	V

① 三字母符号一般由氨基酸英文名称的头三个字母组成;② 单字母符号,有 6 种氨基酸(C、H、I、M、S 和 V)是氨基酸英文名称的唯一的第一个字母;有 5 种(A、G、L、P 和 T)虽是名称的第一个字母,但不是唯一的,这种情况它代表在蛋白质中最常见的那个氨基酸,例如 Leu(9.1%)比 Lys(5.9%)更常见,氨基酸在蛋白质中的出现率见表(2-2),因而 L 代表亮氨酸;另 4 种(R、F、Y 和 W)是受发音启示而取的,aRginine(精氨酸)、Fenylalanine(苯丙氨酸)、tYrosine(酪氨酸)、tWiptophan(色氨酸);D、N、E 和 Q 这 4 种是取自名称内的或暗示的一个字母,asparDic(天冬氨酸)、asparagiNe(天冬酰胺)、glutamEke(谷氨酸)、Q-tamine(谷氨酰胺);最后剩下的是赖氨酸,字母表中也只剩下几个字母,其中选中 K 是因为它离 L 最近。③ 从营养学角度看有 9 种氨基酸(His、Ile、Leu、Lys、Met、phe、Thr、Trp 和 Val)是动物体内不能合成或合成量不足以满足生理需要而必须随膳食一起供给的,被称为**必需氨基酸**(essential amino acid)或**不可替代氨基酸**(indispensable amino acid)。

（一）　常见的蛋白质氨基酸

前面说过,各种氨基酸的区别在于侧链 R 基的不同。因此组成蛋白质的 20 种基本氨基酸可以按 R 基的性质:大小、酸碱性、极性(polarity),特别是它的极性即在生物 pH(约 7.0)下与水相互作用的倾向性进行分类。R 基的极性变化很大,从非极性的、疏水的(不溶于水),到高极性的、亲水的(溶于水)。20 种常见氨基酸的结构见图 2-2。它们的某些物理化学性质见表 2-2。

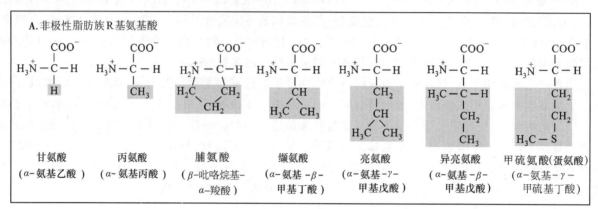

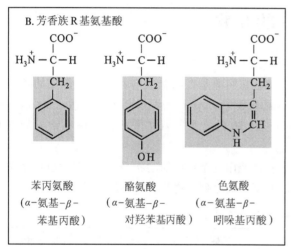

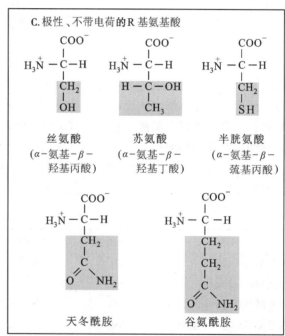

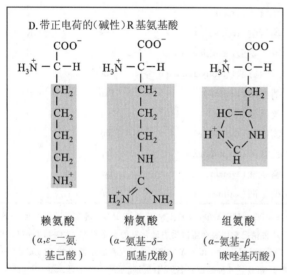

图 2-2　20 种常见的蛋白质氨基酸

示出的结构式是在 pH 7.0 时占优势的离子形式。式中非阴影部分,对所有氨基酸都是同样的,阴影区是 R 基。虽然组氨酸 R 基被示出带正电荷,但它(pK_R6.0)在 pH 7.0 已有相当部分去质子化

表 2-2   氨基酸的某些物理化学性质

| 氨基酸 | M_r | pK_a | | | pI | 亲水性指数[①] | $[\alpha]_D^{25}$ | 在蛋白质中的 |
		pK_1（α-羧基）	pK_2（α-氨基）	pK_R（R基）			(H_2O)	出现率/%[②]
甘氨酸	75.05	2.34	9.60		5.97	−0.4		7.2
丙氨酸	89.06	2.34	9.69		6.02	1.8	+1.8	7.8
脯氨酸	115.08	1.99	10.96		6.48	1.6	−86.2	5.2
缬氨酸	117.09	2.32	9.62		5.97	4.2	+5.6	6.6
亮氨酸	131.31	2.36	9.60		5.98	3.8	−11.0	9.1
异亮氨酸	131.31	2.36	9.68		6.02	4.5	+12.4	5.3
甲硫氨酸	149.15	2.28	9.21		5.75	1.9	−10.0	2.3
苯丙氨酸	165.09	1.83	9.13		5.48	2.8	−34.5	3.9
酪氨酸	181.09	2.20	9.11	10.07	5.66	−1.3	−10.0[④]	3.2
色氨酸	204.11	2.38	9.39		5.89	−0.9	−33.7	1.4
丝氨酸	105.06	2.21	9.15		5.68	−0.8	−7.5	6.8
苏氨酸	119.18	2.11	9.62		5.87	−0.7	−28.5	5.9
半胱氨酸[③]	121.12	1.96	10.28	8.18	5.07	2.5	−16.5	1.9
天冬酰胺	132.6	2.02	8.80		5.41	−3.5	−5.3	4.3
谷氨酰胺	146.08	2.17	9.13		5.65	−3.5	+6.3	4.2
赖氨酸	146.13	2.18	8.95	10.53	9.74	−3.9	+13.5	5.9
组氨酸	155.09	1.82	9.17	6.00	7.59	−3.2	−38.5	2.3
精氨酸	174.4	2.17	9.04	12.48	10.76	−4.5	+12.5	5.1
天冬氨酸	133.6	1.88	9.60	3.65	2.77	−3.5	+5.0	5.3
谷氨酸	147.08	2.19	9.67	4.25	3.22	−3.5	+12.0	6.3

① 亲水性指数（Kyte-Doolittle 法）——氨基酸 R 基的**疏水性**（hydrophobicity）和**亲水性**（hydrophilicity）的综合参数。指数值反映氨基酸侧链从疏水剂到水中的**转移自由能**（ΔG）。此转移对带电的或极性的 R 基氨基酸在能量上是有利的（$\Delta G < 0$；亲水性指数为负值）；对疏水的或非极性的 R 基氨基酸是不利的（$\Delta G > 0$；该指数为正值）；② 氨基酸在 1 150 种以上蛋白质中的平均出现率；③半胱氨酸一般归于极性氨基酸（虽然亲水指数为正值），因为巯基起弱酸作用，并能与氧或氮形成弱的氢键；④ 因酪氨酸不溶于水，它的比旋值是在 5 mol/L HCl 中测得的。

顺便说一下，参与蛋白质组成的氨基酸虽有许多共性，但它们的个性还是很强的，特别是脯氨酸、甘氨酸和半胱氨酸。脯氨酸是一个亚氨基酸，它参与形成的肽键容易出现顺式构型；甘氨酸是唯一的一个无侧链（或说侧链是个 H 原子）的氨基酸，在肽链中它不与其他氨基酸残基的侧链发生作用，不会产生任何位阻现象，在空间结构的形成中有特定的作用；半胱氨酸在它的侧链有一个反应性很高的—SH 基，能在两条肽链之间或之内的半胱氨酸残基间形成稳定的二硫键（桥）。这 3 个氨基酸很难准确地被归入通常分类中的其中一类。此外这种分类在某些地方尚不能解释氨基酸序列与高级结构之间以及氨基酸与密码子（简并态）之间的关系。

下面按 R 基的性质把蛋白质中常见的 20 种氨基酸分成 5 类（组）。

1. 非极性脂[肪]族 R 基氨基酸

这一组氨基酸的 R 基是非极性的、疏水的（图 2-2A）。**丙氨酸、缬氨酸、亮氨酸**和**异亮氨酸**在蛋白质分子内倾向于成串聚集，借疏水相互作用稳定蛋白质的结构。**甘氨酸**是唯一的不含手性碳原子的氨基酸，因此不具旋光性，是氨基酸中结构最简单的。虽然它很容易与非极性氨基酸成簇聚在一起，但它的侧链 R 基只不过是一个氢原子，对疏水相互作用没有作出实质性的贡献，介于非极性和极性之间，有时甚至把它归入不带电荷的极性类。**甲硫氨酸**或称蛋氨酸是两个含硫的氨基酸之一，在它的侧链中有一个非极性的硫醚基,它是体内代谢中甲基的供体。**脯氨酸**具有一个特殊的环状结构的脂族侧链。它与一般的 α-氨基酸不同,没有自由 α-氨基,是一种 **α-亚氨基酸**(α-imino acid),后者可以看成是 α-氨基酸的侧链取代了自身氨基上的一个氢原子而成的杂环结构。脯氨酸残基的二级氨基(亚氨基)处于刚性构象,此构象使含有脯氨酸的多肽区域的结构柔性降低。

2. 芳香族 R 基氨基酸

具有芳香族侧链的**苯丙氨酸**、**酪氨酸**和**色氨酸**是疏水的,它们都参与疏水相互作用(图 2-2B)。酪氨酸的羟基能形成氢键,并且是某些酶的重要功能基。酪氨酸和色氨酸的极性明显比苯丙氨酸大,这是因为酪氨酸的羟基和色氨酸的吲哚环氮的缘故。色氨酸在植物和某些动物体内能转变为烟酸或称尼克酸(nicotinic acid),是维生素 PP 的一种。血浆或尿中苯丙氨酸浓度的测定被用于苯丙酮尿症(见第 25 章)的诊断指标。

这 3 个芳香族 R 氨基酸都有吸收紫外光的能力,但苯丙氨酸比色氨酸和酪氨酸要弱得多(见本章氨基酸的旋光性)。这就是大多数蛋白质之所以在 280 nm 波长处具有特征性光吸收的原因,并被研究者用来作为蛋白质含量的测定方法之一(见第 5 章)。

3. 极性、不带电荷的 R 基氨基酸

这组氨基酸比非极性氨基酸在水中的溶解度大或亲水性大,因为它们含有能跟水形成氢键的官能团。这组氨基酸包括**丝氨酸**、**苏氨酸**、**半胱氨酸**、**天冬酰胺**和**谷氨酰胺**(图 2-2C)。丝氨酸和苏氨酸的极性由它们的羟基提供。半胱氨酸的极性来自它的巯基(sulfhydryl group),巯基是一个弱酸,能与氧或氮形成氢键。半胱氨酸很容易氧化成共价连接的二聚氨基酸,称为**胱氨酸**(cystine)。胱氨酸中的两个半胱氨酸分子或残基通过二硫键或称二硫桥(disulfide-bridge)连接在一起,二硫键连接的残基是强疏水的(非极性的)。天冬酰胺和谷氨酰胺的极性是由于它们的酰胺基(amide group)。这两个酰胺化合物在生理 pH(约 7.0)范围内其酰胺基不被质子化,因此侧链不带电荷。天冬酰胺和谷氨酰胺分别是蛋白质中存在的另两个氨基酸天冬氨酸和谷氨酸的酰胺。天冬酰胺和谷氨酰胺很容易被酸或碱水解成它们的游离氨基酸。

4. 带正电荷的(碱性)R 基氨基酸

大多数的亲水 R 基氨基酸都是带正电荷或负电荷的。在 pH 7.0 时其 R 基具有净正电荷的氨基酸是**赖氨酸**、**精氨酸**和**组氨酸**(图 2-2D)。赖氨酸在脂族侧链的 ε 位置上有第 2 个一级氨基;精氨酸含有一个带正电荷的胍基(guanidinium group);组氨酸有一个芳香族的弱碱性咪唑基(imidazole group)。在 pH 6.0 时,组氨酸分子 50% 以上质子化,但在 pH 7.0,质子化的分子不到 10%。组氨酸是唯一的一个 R 基的 pK_a(pK_R)值在中性附近的氨基酸。组氨酸由于起着质子供体/接纳体的作用,使许多酶促反应变得容易发生,如丝氨酸蛋白酶类的催化部位中组氨酸所起的作用(见第 8 章)。

5. 带负电荷的(酸性)R 基氨基酸

属于这一组的是两种酸性氨基酸,**天冬氨酸**和**谷氨酸**(图 2-2E)。这两种氨基酸都含有两个羧基,并且第二个羧基在 pH 7.0 左右也完全解离,因此分子带有净负电荷。

(二) 不常见的蛋白质氨基酸

除上述 20 种常见的基本氨基酸外,在某些蛋白质中还存在一些不常见的氨基酸(图 2-3)。它们是由已参入多肽链的相应的常见氨基酸残基修饰而来的。其中由脯氨酸衍生来的 **4-羟脯氨酸**(4-hydroxyproline)和由赖氨酸衍生来的 **5-羟赖氨酸**(5-hydroxylysine)存在于结缔组织的一种纤维状蛋白质胶原蛋白(collagen)中,4-羟脯氨酸还在植物细胞壁的蛋白质中被发现。**6-N-甲基赖氨酸**(6-N-methyllysine)是一种肌肉收缩蛋白质肌球蛋白(myosin)的组成成分。另一种重要的不常见的氨基酸,**γ-羧基谷氨酸**(γ-carboxyl glutamic acid)存在于凝血酶原(prothrombin)和一些其他需要结合 Ca^{2+} 作为生物学功能部分的蛋白质中。**焦谷氨酸**(pyroglutamic)在细菌紫膜质(bacteriorhodopsin)中找到,后者是一种光驱动的质子泵蛋白质。从甲状腺球蛋白(thyroglobulin)中分离出**甲状腺素**(thyroxine)和 **3,3′,5-三碘甲腺原氨酸**(3,3′,5-triiodothyronine),它们是酪氨酸的衍生物,是一种激素(见第 14 章)。更复杂的是**锁链素**(desmosine),它是赖氨酸的衍生物,中央的吡啶环结构是由 4 个赖氨酸残基的侧链组成,它存在于一种纤维状蛋白质弹性蛋白(elastin)中。

硒代半胱氨酸(selenocysteine)是一个特殊的例子,这种稀有的氨基酸是在蛋白质生物合成期间掺入,不是合成后修饰的。硒代半胱氨酸中是硒代替了硫。实际上它是由丝氨酸衍生而来的,只存在于少数几种已知的蛋白质中。

蛋白质中某些氨基酸残基(图 2-3)可以暂时性地被修饰,以改变蛋白质的功能。磷酰基(phosphoryl)、甲基、乙酰基、腺苷酰基(adenylyl)、ADP-核糖基(ADP-ribosyl)或其他基团的加入能增加或降低蛋白质的活性。磷酸化(phosphorylation)是一种特别常见的调节修饰,作为蛋白质调节策略的可逆性共价修饰将在第 8 章详加讨论。

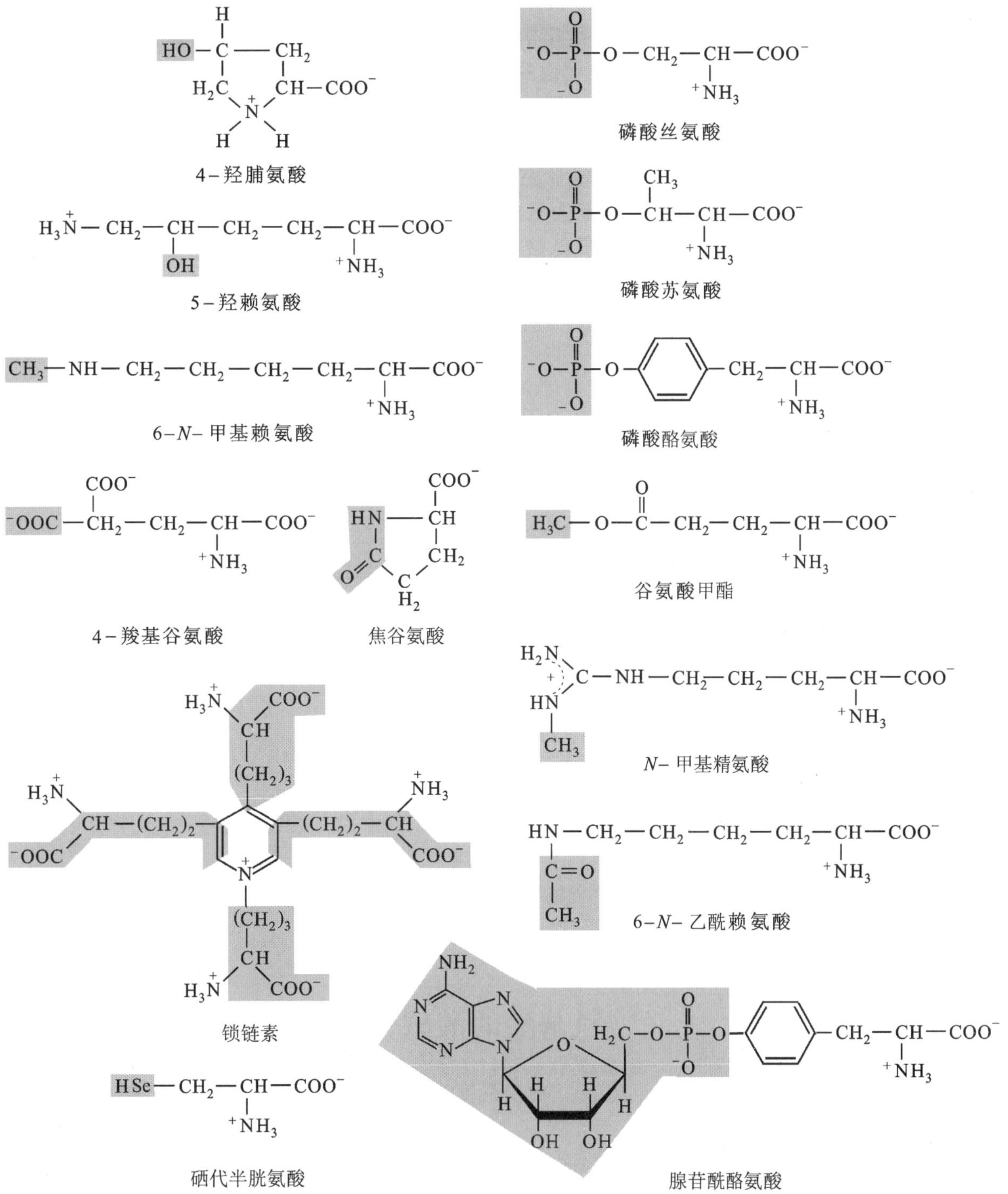

图 2-3 一些不常见的蛋白质氨基酸

翻译后经修饰反应引进的氨基酸(残基)额外基团加阴影标出。形成锁链素的 4 个 Lys 残基碳架也加阴影标出

（三）非蛋白质氨基酸

除了参与蛋白质组成的 20~30 种氨基酸外,还在各种组织和细胞中找到约 200 多种其他氨基酸。它们具有多种生物学功能,但都不参与蛋白质组成。这些氨基酸大多是 L 型 α-氨基酸的衍生物(图 2-4)。但是有一些是 β-,γ 或 δ-氨基酸,并且有些是 D 型氨基酸。如细菌细胞壁的肽聚糖中发现有 D-谷氨酸和 D-丙氨酸(见图 9-35);在一种抗生素短杆菌肽 S(gramicidin S)中有 D-苯丙氨酸。这些非蛋白质氨基酸中有一些是重要的代谢中间物。例如存在于肌肽和鹅肌肽中的 **β-丙氨酸**是泛酸或称遍多酸(一种维生素)的一个成分(见第 13 章);**γ-氨基丁酸**(γ-aminobutyric acid)由谷氨酸脱羧产生,它是传递神经冲动的一种化学介质,称神经递质(neurotransmitter)(见第 14 章和第 28 章)。肌氨酸(sarcosine)是一碳单位代谢的中间物,它和 D-缬氨酸也是放线菌素 D 的结构成分(见第 32 章)。**D-环丝氨酸**(cycloserine)是一种链霉菌属(*Streptomyces*)细菌产生的抗生素,能抑制细菌细胞壁的形成,被用作抗结核菌药物。**羊毛硫氨酸**(lanthionine)的内消旋体和外消旋体混合物可从羊毛的碱水解物中分离获得,它也是肽类抗生素枯草菌素(subtilin)和乳酸链球菌肽(nisin)的组成成分。此外,**甜菜碱**(betaine)、**高半胱氨酸**(homocysteine)、**高丝氨酸**(homoserine)等也都是重要的代谢中间物。最值得注意的是 L-**瓜氨酸**(L-citrulline)和 L-**鸟氨酸**(L-ornithine),它们是精氨酸生物合成(第 26 章)和尿素循环(第 25 章)的中间物。但是不少这类氨基酸其生物学意义尚不清楚,有待进一步研究。

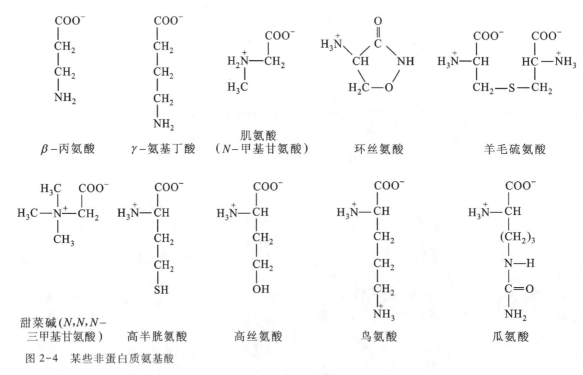

图 2-4 某些非蛋白质氨基酸

三、氨基酸的酸碱性质

掌握氨基酸的酸碱性质是极其重要的,是了解蛋白质很多性质的基础,也是氨基酸分析、分离工作的基础。

（一）氨基酸的解离

R 基不含可解离基团的氨基酸溶于中性 pH 水中,占优势的分子形式是**兼性离子**(zwitterion,德文,"杂合离子"的意思)或称**偶极离子**(dipolar ion),极少数以非离子形式存在:

兼性离子形式   非离子形式
（占优势）   （极少数）

依照酸碱质子理论，兼性离子既起酸（质子供体）的作用，又起碱（质子接纳体）的作用。具有这样双重性质的物质称为**两性电解质**（ampholyte）。

氨基酸完全质子化时，可以看成是多元酸，侧链不含可解离基团的氨基酸可看作二元酸，酸性氨基酸和碱性氨基酸可视为三元酸。现在以甘氨酸为例，说明氨基酸的解离情况。甘氨酸盐酸盐是完全质子化的形式（A^+），实质上是一个二元酸。它分步解离如下：

阳离子（A^+）   兼性离子（A°）   阴离子（A^-）

净电荷   +1   0   −1

第一步解离，

$$K_1 = \frac{[A^\circ][H^+]}{[A^+]} \tag{2-1}$$

第二步解离，

$$K_2 = \frac{[A^-][H^+]}{[A^\circ]} \tag{2-2}$$

解离的最终产物（A^-）相当于甘氨酸钠盐。在上列公式中，K_1 和 K_2 分别代表 α-碳上的—COOH 和—NH_3^+ 的**解离常数**（K_a），氨基酸侧链 R 基的解离常数标为 K_R。一般，多元酸的解离常数按其酸性递降顺序编号为 K_1、K_2、K_3 等。

氨基酸的解离常数也可用测定滴定曲线的实验方法求得。酸碱滴定涉及逐渐加入或除去质子（第 1 章）。图 2-5 示出二元酸形式的甘氨酸滴定曲线（或称解离曲线）。甘氨酸的两个可解离基团，羧基和氨基，用强碱如 0.1mol/L 氢氧化钠溶液进行滴定，以加入的氢氧化钠量对 pH 作图，得两个不同阶段的滴定曲线 A 和 B（图 2-5），它们相对于甘氨酸的两个不同基团的去质子化（deprotonation）。这两个阶段的每段曲线 A 和 B 在形状上都跟一元酸如醋酸的滴定曲线（图 1-14）相似，可以采取同样方式对曲线进行分析。在低 pH 时，占优势的甘氨酸离子种类是完全质子化的形式，$^+H_3N—CH_2—COOH$。在滴定第一阶段的中点，甘氨酸的—COOH 基失去它的质子，此时质子的供体形式（$^+H_3N—CH_2—COOH$）和质子接纳体形式（$^+H_3N—CH_2—COO^-$）以等摩尔浓度存在。在任一滴定的中点处，会达到一个拐点或转折点（point of inflection），在这里 pH 等于正被滴定的质子化基团的 pK_a（见图 2-5）。对甘氨酸来说，这个中点的 pH 是 2.34，因此它的—COOH 基的 pK_a（图 2-5 中标为 pK_1）是 2.34。当滴定继续时在 pH 5.97 处到达另一重要的拐点。在这里，第一个质子基本上全被除去，第二个质子刚开始除去。在此 pH，甘氨酸主要以偶极离子（兼性离子）形式 $^+H_3N—CH_2—COO^-$ 存在。滴定曲线上的这一拐点标为 pI，称为**等电点**（图 2-5），其意义将在下面讨论。

滴定的第二阶段相当于从甘氨酸的—NH_3^+ 基除去质子。此阶段中点的 pH 是 9.60，等于—NH_3^+ 基的 pK_a（图 2-5 中标为 pK_2）。在 pH 约为 12 处滴定基本完成，此时占优势的甘氨酸形式是 $H_2N—CH_2—COO^-$。

从甘氨酸的滴定曲线，可以推得几条重要的信息。第一条信息是，曲线给出甘氨酸两个可解离基团的 pK_a 定量数据：—COOH 基（pK_1）为 2.34，—NH_3^+ 基（pK_2）为 9.60。注意，甘氨酸的 α-羧基的酸性（acidity）比相应的脂肪酸——醋酸（$pK_a = 4.76$）强约 200 倍（也即更易被解离）。甘氨酸的 α-羧基的 pK_a 被变动的

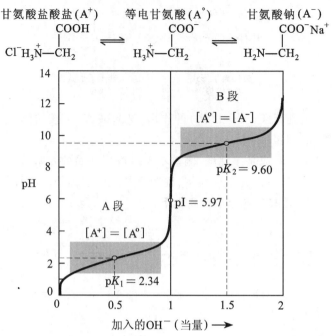

图 2-5　甘氨酸的滴定曲线 (解离曲线)

这里示出的是 25℃ 时 0.1 mol/L 甘氨酸滴定曲线。在滴定的关键点处占优势的
离子形式见图上方，阴影框表示以 pK_a 为中心的有效缓冲区。注意，1 当量的
OH⁻ 等于加入的 0.1 mol/L NaOH 量

原因是要离去的质子和附近带正电荷的 α-NH₃⁺之间的斥力引起的，而形成的兼性离子上的相反电荷产生的强场效应稳定了羧基阴离子，因此强力地降低了 pK_a (pK_1)。同样，甘氨酸 α-氨基的碱性 (basicity) 比相应的脂肪胺——乙胺 (pK_a = 10.75) 低很多。这种影响部分原因是由于羧基上的电负性氧原子倾向于把氨基中的电子拉向自己一方，因而增加了氨基给出质子的倾向性。简言之，任一官能团的 pK_a 都受它的化学环境影响；有些酶正是利用它们的活性部位中那些特异氨基酸残基侧链上的质子供体/接纳体基团的 pK_a 变化并巧妙地加以配合来完成催化的 (见第 8 章)。甘氨酸滴定提供的第二条信息是这种氨基酸有两个具有缓冲能力的区域 (图 2-5)：一个是在曲线 A 段以 pH 2.34 为中心的相对平坦部分，伸展到 pK_1 两边各约 1 个 pH 单位，表示甘氨酸在 pK_a 附近时是一个良好的缓冲剂；另一个缓冲区域是在曲线 B 段以 pH 9.60 为中心的较平坦部分。在甘氨酸的缓冲区范围内，Handersson-Hasselbalch 公式 (见第 1 章) 可用来计算配制一个给定 pH 的缓冲液所需的甘氨酸质子供体形式和质子接纳体形式的比例。

　　R 基不含可解离基团的中性氨基酸都具有类似甘氨酸的滴定曲线。这类氨基酸的 pK_a，相当于 pK_1 的范围为 1.8~2.4，pK_2 的范围为 8.8~11.0 (表 2-2)。R 基含有可解离基团的氨基酸，相当于三元酸，有 3 个 pK_a，因此滴定曲线比较复杂。甘氨酸滴定曲线 (图 2-5) 中，两个解离基团的 pK_a 值分得较开，两段滴定曲线 (A 和 B) 不重叠。当解离基团的 pK_a 值比较接近时，两段曲线会发生重叠；这种情况在谷氨酸滴定曲线 A 和 B 段 (图 2-6A) 和赖氨酸滴定曲线 B 和 C 段 (图 2-6B) 出现。

　　20 种基本氨基酸，除组氨酸外，在生理 pH (7 左右) 溶液中都没有明显的缓冲能力，因为这些氨基酸的 pK_a 都不在 pH 7 附近 (表 2-2)，而缓冲能力只有在接近 pK_a 时才显现出来。从表 2-2 可知，组氨酸咪唑基的 pK_a 为 6.0，在 pH 7 附近有明显的缓冲作用。红细胞中运载氧气的血红蛋白由于含有较多的组氨酸残基，使得它在 pH 7 左右的血液中具有显著的缓冲能力，这一点对红细胞在血液中起运输氧气和二氧化碳的作用来说是重要的。

（二）　氨基酸的等电点

　　从甘氨酸的解离公式和滴定曲线 (图 2-5) 可以看出，氨基酸的带电荷状况与其溶液的 pH 有关，改变 pH 可以使氨基酸带净正电荷或带净负电荷，也可以使它处于带正、负电荷数目相等即净电荷为零的兼性

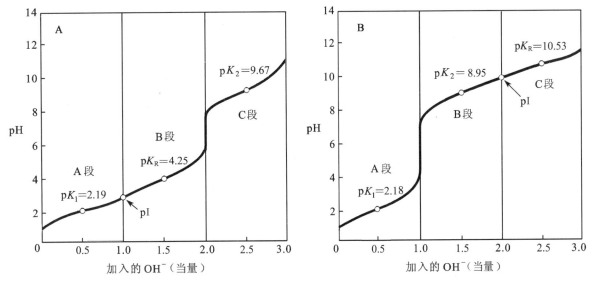

图 2-6 谷氨酸(A)和赖氨酸(B)的滴定曲线

离子状态。如图 2-5 所示,在 pH 5.97 即曲线 A 段和曲线 B 段之间的拐点处,甘氨酸完全电离,以不带净电荷的形式存在。氨基酸处于净电荷为 0 时的特征 pH 称为**等电点**(isoelectric point)或**等电 pH**,缩写为 pI。对侧链不含可解离基团的中性氨基酸如甘氨酸、丙氨酸等,其等电点是它的 pK_1 和 pK_2 的算术平均值:

$$pI = \frac{1}{2}(pK_1 + pK_2),$$

例如,甘氨酸的等电点:

$$pI = \frac{1}{2}(2.34 + 9.60) = 5.97$$

从上面可以看出,pI 与该离子浓度基本无关,只决定于等电兼性离子(A°)两侧的 pK_a。

同样,对于 R 基含可解离基团的氨基酸如谷氨酸和赖氨酸来说,只要写出它的解离公式,然后取等电兼性离子两边的 pK_a 的平均值,则得其 pI。谷氨酸解离如下:

$$
\begin{array}{ccccccc}
\text{COOH} & & \text{COO}^- & & \text{COO}^- & & \text{COO}^- \\
| & & | & & | & & | \\
H_3\overset{+}{N}-C-H & \underset{\text{p}K_1=2.19}{\rightleftharpoons} & H_3\overset{+}{N}-C-H & \underset{\text{p}K_R=4.25}{\rightleftharpoons} & H_3\overset{+}{N}-C-H & \underset{\text{p}K_2=9.67}{\rightleftharpoons} & H_2N-C-H \\
| & & | & & | & & | \\
CH_2 & & CH_2 & & CH_2 & & CH_2 \\
| & & | & & | & & | \\
CH_2 & & CH_2 & & CH_2 & & CH_2 \\
| & & | & & | & & | \\
\text{COOH} & & \text{COOH} & & \text{COO}^- & & \text{COO}^- \\
\\
A^+ & & A° & & A^- & & A^{2-}
\end{array}
$$

等电 pH 时,谷氨酸主要以兼性离子(A°)存在,A^+ 和 A^- 的量很少,而且相等,A^{2-} 的量更可以忽略不计,因此:

$$pI_{Glu} = \frac{1}{2}(pK_1 + pK_R)$$

$$= \frac{1}{2}(2.19 + 4.25) = 3.22$$

赖氨酸的解离情况是:

$$
\begin{array}{ccccccc}
\text{COOH} & & \text{COO}^- & & \text{COO}^- & & \text{COO}^- \\
\text{H}_3\overset{+}{\text{N}}{-}\text{C}{-}\text{H} & \underset{}{\overset{pK_1=2.18}{\rightleftharpoons}} & \text{H}_3\overset{+}{\text{N}}{-}\text{C}{-}\text{H} & \underset{}{\overset{pK_2=8.95}{\rightleftharpoons}} & \text{H}_2\text{N}{-}\text{C}{-}\text{H} & \underset{}{\overset{pK_R=10.53}{\rightleftharpoons}} & \text{H}_2\text{N}{-}\text{C}{-}\text{H} \\
(\text{CH}_2)_4 & & (\text{CH}_2)_4 & & (\text{CH}_2)_4 & & (\text{CH}_2)_4 \\
\text{NH}_3^+ & & \text{NH}_3^+ & & \text{NH}_3^+ & & \text{NH}_2 \\
A^{2+} & & A^+ & & A^\circ & & A^-
\end{array}
$$

在这里 $[A^{2+}]$ 极小，A° 是等电 pH 时的主要形式，因此

$$
\begin{aligned}
pI_{Lys} &= \frac{1}{2}(pK_2 + pK_R) \\
&= \frac{1}{2}(8.95 + 10.53) = 9.74
\end{aligned}
$$

在等电点时，氨基酸在电场中既不向正极也不向负极移动，即处于等电兼性离子状态，少数解离成阳离子和阴离子，但解离成阳离子和阴离子的数目和趋势相等。在等电点以上的任一 pH，氨基酸带净负电荷，并因此在电场中将向正极移动。在低于等电点的任一 pH，氨基酸带有净正电荷，在电场中将向负极移动。在一定 pH 范围内，氨基酸溶液的 pH 离等电点愈远，氨基酸所携带的净电荷愈大。

四、氨基酸的化学反应

氨基酸的化学反应主要是指它们的 α-羧基、α-氨基和侧链上的官能团参加的反应。所有氨基酸的 α-羧基或 α-氨基呈现相似的化学反应性（chemical reactivity）。侧链的化学反应性则各不相同，这取决于官能团的本质。下面讨论几个有代表性的氨基酸化学反应。

（一）α-羧基参加的反应

氨基酸的 α-羧基具有该官能团的全部简单反应：酯化、酰氯化和酰胺化等。

酯化：在适当的醇和强酸中进行，例如在无水乙醇中通入干燥 HCl 气体，然后回流，产物是氨基酸的乙酯盐酸盐（图 2-7A）；氨基酸酯化后，其羧基的反应性被屏蔽，也称为羧基被保护。

酰氯化：α-羧基也容易与五氯化磷（PCl_5）或二氯亚砜（$SOCl_2$）反应生成氨基酰氯（图 2-7B），进行此反应，氨基必须事先被保护，否则形成的氨基酰氯将与另一氨基酸的氨基反应生成二肽。

酰胺化：在体外，氨基酸酯在无水乙醇中与氨作用，形成氨基酰胺（图 2-7C）。动、植物体内在 ATP 和天冬酰胺合成酶存在下，利用 NH_4^+ 与天冬氨酸作用合成天冬酰胺；同样，在专一酶催化下，谷氨酸与 NH_4^+ 作用可产生谷氨酰胺（见第 26 章）。

（二）α-氨基参加的反应

氨基酸的游离 α-氨基可被酰氯（acyl chloride）或酸酐（acid anhydride）酰化（图 2-7D）。酰氯、酸酐等酰化剂（acylating agent）是肽和蛋白质人工合成中氨基的保护试剂。游离氨基也能与烃化剂（alkylating agent），如 **2,4-二硝基氟苯**（2,4-dinitrofluorobenzene，DNFB）或**苯异硫氰酸酯**（phenylisothiocyanate，PITC）等发生反应。DNFB 和 PITC 被用于肽和蛋白质的 N 端氨基酸残基鉴定和氨基酸序列测定（见本章后面）。游离氨基能与醛反应生成弱碱，称为**西佛碱**（Schiff's base）（图 2-7E）。西佛碱是以氨基酸为底物的某些酶促反应，例如转氨基反应的中间产物。

（三）α-羧基和 α-氨基共同参加的反应

1. 成肽反应

一个氨基酸的 α-氨基与另一个氨基酸的 α-羧基可以首尾相连缩合成肽；形成的共价键是酰胺键或称肽键。例如甘氨酸在乙二醇中加热缩合，生成 **2,4-二酮吡嗪**（2,4-diketopiperazine），或称甘氨酸酐

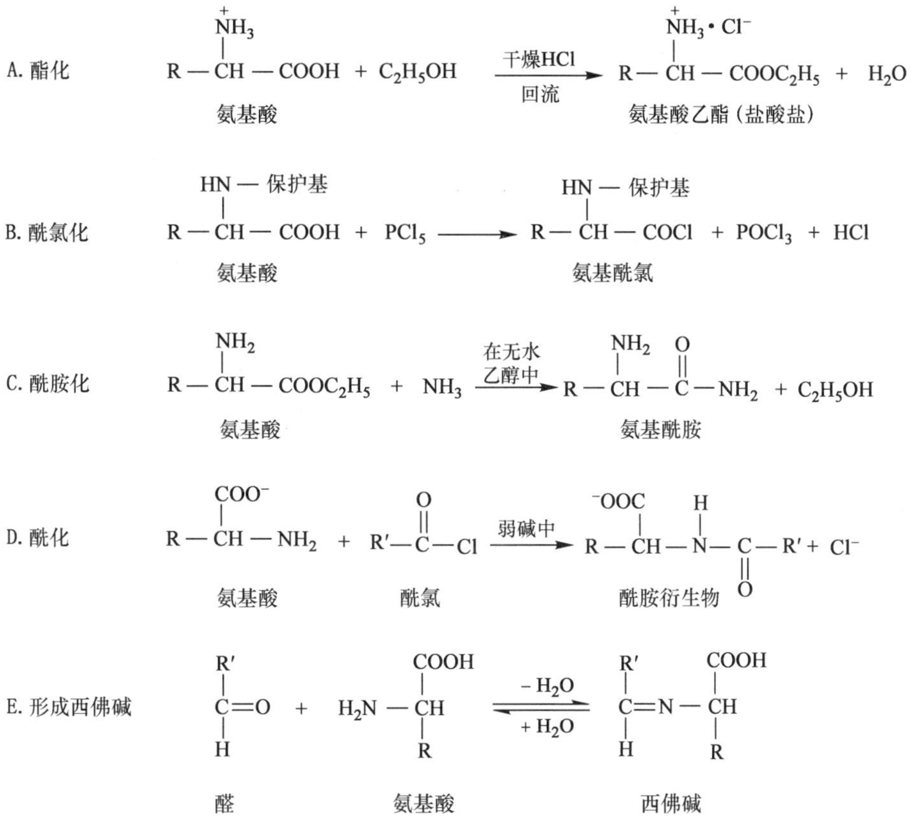

A. 酯化

B. 酰氯化

C. 酰胺化

D. 酰化

E. 形成西佛碱

图 2-7　氨基酸的 α-羧基和 α-氨基参加的反应

(glycine anhydride);后者在煮沸的浓盐酸中沸腾片刻,即水解成甘氨酰甘氨酸(glycylglycine)也称双甘二肽:

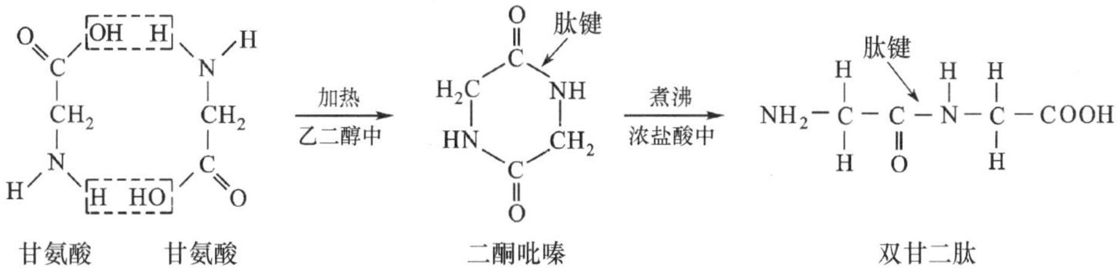

甘氨酸　　甘氨酸　　　　　　　二酮吡嗪　　　　　　　双甘二肽

在生物体内蛋白质多肽链中的肽键形成,并不像化学合成那样是一个简单的缩合反应,而是复杂得多的生物化学过程,关于蛋白质肽链的生物合成见本书第 33 章。

2. 与茚三酮反应

茚三酮反应(ninhydrin reaction)可检测和定量氨基酸,在氨基酸分析中占有特殊地位。茚三酮是一种强氧化剂,在弱酸性溶液中与 α-氨基酸共热,引起 α-氨基氧化脱氨,反应产物是相应的醛、氨、二氧化碳和还原茚三酮(hydrindantin)。产生的氨、还原茚三酮与另一个茚三酮分子反应生成紫色产物(图 2-8)。

后者可用分光光度计在 570 nm 波长处进行定量测定。此外释放的 CO_2 用测压法测量,也可计算出参加反应的 α-氨基酸量。

两个亚氨基酸,脯氨酸和羟脯氨酸,与茚三酮反应,并不释放 NH_3,而直接生成亮黄色产物,最大光吸收在 440 nm。此产物的结构式如下:

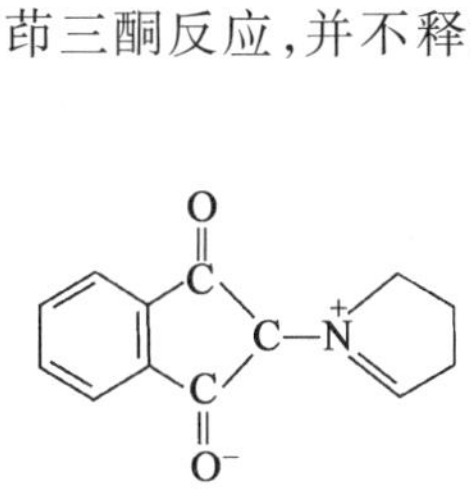

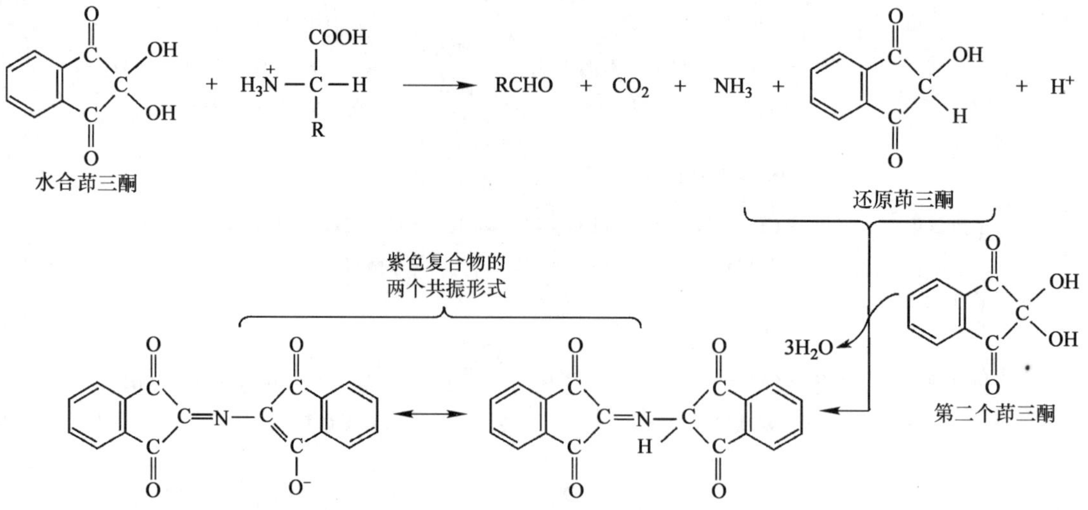

图 2-8　氨基酸与茚三酮的反应

（四）侧链官能团参加的反应

　　氨基酸侧链上的官能团有羟基、酚基、巯基、吲哚基、咪唑基、胍基、甲硫基、非 α 氨基和非 α 羧基等。每种官能团都可以和多种试剂起反应。其中有些反应是蛋白质化学修饰的基础。**化学修饰**（chemical modification）是指在较温和的条件下，以可控制的方式使蛋白质与某种试剂（称化学修饰剂）起特异反应，以引起蛋白质中个别氨基酸残基侧链官能团发生共价化学改变。化学修饰在蛋白质结构与功能的研究中很有用。关于侧链官能团的反应这里仅举几个例子加以说明。

　　酪氨酸的酚基可以与重氮化合物（例如对氨基苯磺酸的重氮盐）结合成橘黄色的化合物：

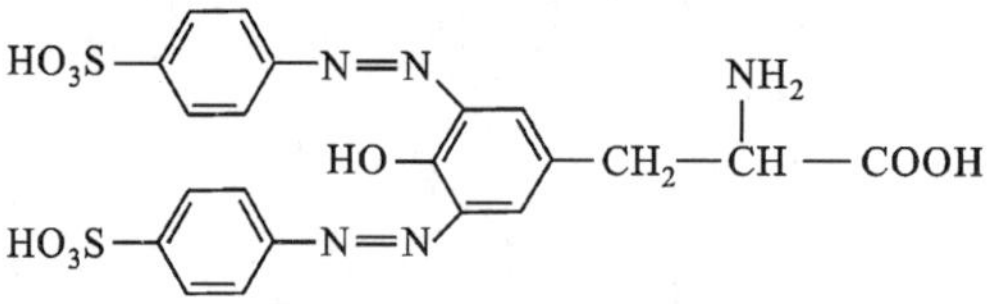

这就是 Pauly 反应，可用于检测酪氨酸。

　　精氨酸的侧链胍基在硼酸钠缓冲液（pH 8~9,25~35℃）中，与 1,2-环己二酮（1,2-cyclohexanedione）反应，生成稳定的缩合物：

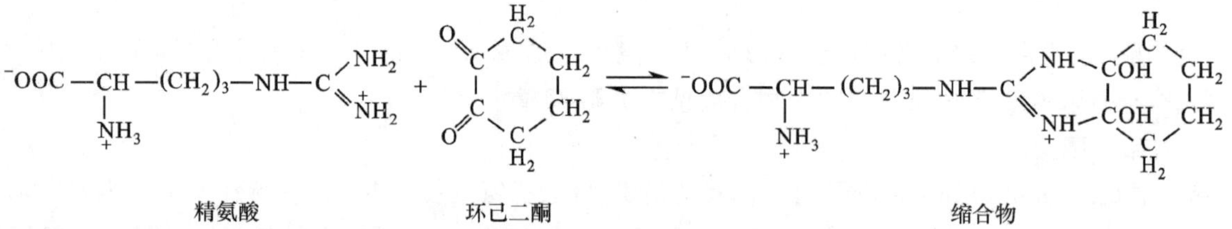

　　　　　精氨酸　　　　　　　　　环己二酮　　　　　　　　　缩合物

此反应曾用于氨基酸序列分析以及蛋白质结构与功能的研究。

　　色氨酸的侧链吲哚基在温和条件下可被 N-溴代琥珀酰亚胺（N-bromosuccinimide）氧化。此反应可用于分光光度法测定蛋白质中色氨酸的含量，并能在色氨酸和酪氨酸残基处选择性地化学断裂肽键。N-溴代琥珀酰亚胺和色氨酸氧化产物的结构如下：

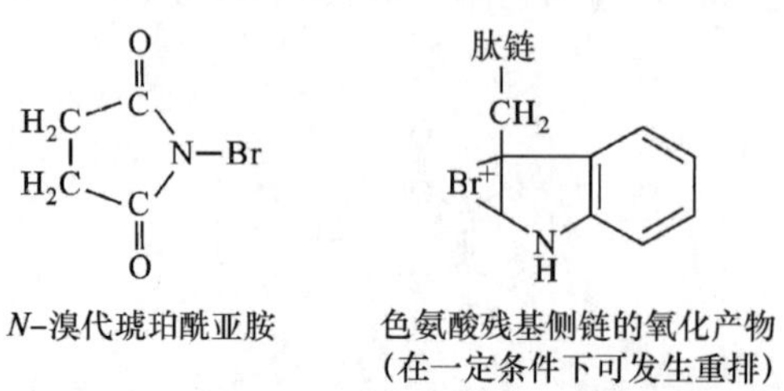

　　　N-溴代琥珀酰亚胺　　　色氨酸残基侧链的氧化产物
　　　　　　　　　　　　　　　（在一定条件下可发生重排）

蛋氨酸侧链上的甲硫基是一个很强的亲核基团,与烃化试剂如甲基碘容易形成锍盐(sulfonium salt):

$$^-OOC - \underset{\underset{\overset{+}{NH_3}}{|}}{\overset{\overset{H}{|}}{C}} - CH_2 - CH_2 - S - CH_3 \quad + \quad CH_3I \quad \longrightarrow \quad {}^-OOC - \underset{\underset{\overset{+}{NH_3}}{|}}{\overset{\overset{H}{|}}{C}} - CH_2 - CH_2 - \overset{\overset{CH_3}{|}}{\underset{+}{S}} - CH_3 \quad + \quad I^-$$

反应可被巯基试剂逆转。在逆转反应中,原有的甲基和新加入的甲基除去的机会是相等的,因此当用 ^{14}C 标记的甲基碘处理时,获得的蛋氨酸将有 50% 是同位素标记的。

半胱氨酸的巯基能打开乙撑亚胺(ethyleneimine),即氮丙啶(iziridine)的环:

$$HOOC - \underset{\underset{\overset{+}{NH_3}}{|}}{\overset{\overset{H}{|}}{C}} - CH_2 - SH \quad + \quad \begin{matrix} H_2C \\ H_2C \end{matrix}\Big\rangle NH \quad + \quad H^+ \quad \longrightarrow \quad HOOC - \underset{\underset{\overset{+}{NH_3}}{|}}{\overset{\overset{H}{|}}{C}} - \overset{\beta}{CH_2} - S - \overset{\delta}{CH_2} - \overset{\varepsilon}{CH_2} - \overset{+}{NH_3}$$

半胱氨酸　　　　　　　　　氮丙啶　　　　　　　　　　　S-氨乙基半胱氨酸 (AECys)

生成的侧链带有正电荷(ε-$\overset{+}{NH_3}$),它为胰蛋白酶水解提供了一个新位点,这对氨基酸序列测定是很有用的。同时此反应也可用来保护肽链上的—SH基,以防被重新氧化为二硫键。

半胱氨酸可与二硫双-(硝基苯甲酸)(5,5'-dithiobis(2-nitrobenzoic acid),缩写为 DTNB)或称 **Ellman 试剂**发生硫醇-二硫化物交换反应:

$$Cys - S^- \quad + \quad O_2N\underset{}{\bigcirc} - S - S - \underset{}{\bigcirc}NO_2 \quad \longrightarrow \quad Cys - S - S - \underset{}{\bigcirc}NO_2 \quad + \quad {}^-S - \underset{}{\bigcirc}NO_2$$

半胱氨酸　　　　　　　　DTNB　　　　　　　　　　　　　　　　　　　　　　硫硝基苯甲酸

反应中 1 分子的半胱氨酸引起 1 分子的硫硝基苯甲酸的释放。它在 pH 8.0 时,在 412 nm 处有强烈的光吸收,因此可利用分光光度法定量测定—SH基。

巯基很容易受空气或其他氧化剂氧化,例如半胱氨酸(Cys—SH)在空气中被氧化成胱氨酸(Cys—S—S—Cys):

$$\begin{array}{c} \underset{半胱氨酸}{\begin{matrix} H_3\overset{+}{N} - CH - COO^- \\ | \\ CH_2 \\ | \\ SH \end{matrix}} \\ + \\ \underset{半胱氨酸}{\begin{matrix} SH \\ | \\ CH_2 \\ | \\ {}^-OOC - CH - \overset{+}{NH_3} \end{matrix}} \end{array} \quad \underset{2H^+ + 2e^-}{\overset{2H^+ + 2e^-}{\rightleftharpoons}} \quad \begin{array}{c} \begin{matrix} H_3\overset{+}{N} - CH - COO^- \\ | \\ CH_2 \\ | \\ S \\ | \quad \text{胱氨酸} \\ S \\ | \\ CH_2 \\ | \\ {}^-OOC - CH - NH_3 \end{matrix} \end{array}$$

二硫键在稳定许多蛋白质的结构方面起着特殊的作用,有的是在多肽链的内部,有的是在多肽链之间形成共价连接。

五、氨基酸的旋光性和光谱性质

(一) 氨基酸的旋光性和立体化学

前面曾谈到,除甘氨酸外 α-氨基酸的 α-碳是一个手性碳原子,因此 α-氨基酸有 D 和 L 两种构型。氨基酸(指它的 α-碳)的构型以甘油醛为参考物(见图 1-5 和图 2-9)。从蛋白质的酸(或酶促)水解液中分离获得的氨基酸都是L型的。但是D型氨基酸也在自然界中被找到，特别是作为某些抗生素和某些微生物的细胞壁成分存在。

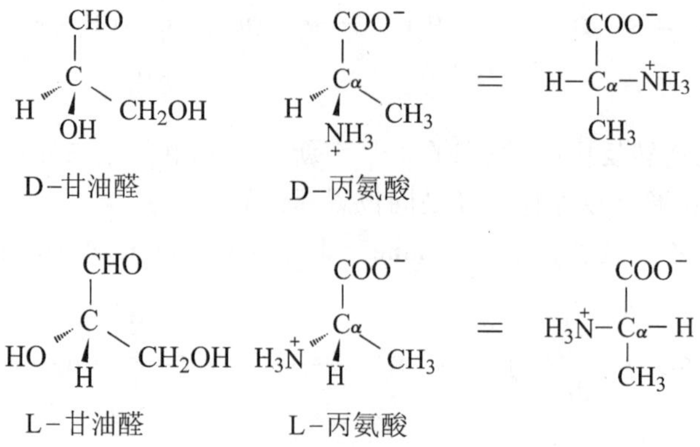

图2-9　丙氨酸构型和甘油醛构型之间的立体关系

苏氨酸、异亮氨酸等除了α-碳原子外，还有第二个手性中心，在实验室中各自可以有4种异构体，分别称为L-、D-、L-别(L-allo)和D-别(D-allo)氨基酸。其中L-异构体和D-异构体、L-别异构体和D-别异构体各为一对对映体。已证明蛋白质中只存在L-异构体。苏氨酸的旋光异构体示于图2-10。

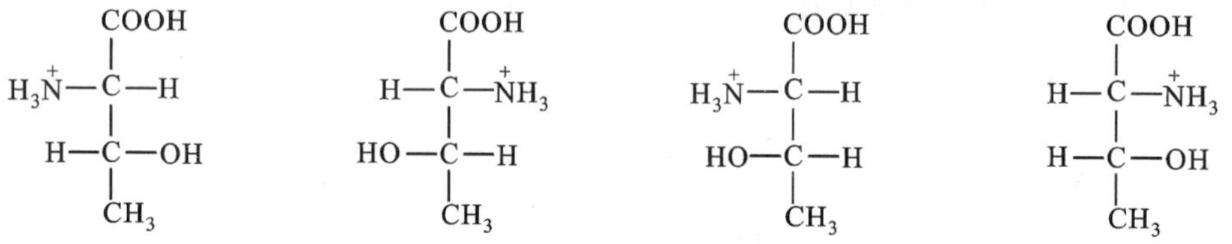

L-苏氨酸	D-苏氨酸	L-别苏氨酸	D-别苏氨酸
(2*S*,3*R*)-(-)-苏氨酸	(2*R*,3*S*)-(+)-苏氨酸	(2*S*,3*S*)-(+)-苏氨酸	(2*R*,3*R*)-(-)-苏氨酸
$[\alpha]_D^{20}=-28.4°$	$[\alpha]_D^{20}=+28.3°$	$[\alpha]_D^{20}=+9.0°$	$[\alpha]_D^{20}=-8.8°$

图2-10　苏氨酸的旋光异构体

比旋是α-氨基酸的物理常数之一，是鉴别各种氨基酸的一种根据。20种基本氨基酸的比旋值见表2-2。氨基酸的旋光符号和大小取决于它的R基性质，并且与测定的溶液pH有关，这是因为在不同的pH条件下氨基和羧基的解离状态不同。

（二）氨基酸的光谱性质

现代生物化学中最重要的进展之一是光谱学方法的应用，此方法能测定被分子和原子吸收或发射的不同频率能量。蛋白质、核酸和其他生物分子的光谱学研究为深入了解这些分子的结构和动态过程提供了许多新的信息。

氨基酸的**紫外吸收光谱**测定已阐明氨基酸结构和化学方面的许多细节。参与蛋白质组成的20多种氨基酸在电磁波谱的可见光区都没有光吸收，在红外区和远紫外区(λ<200 nm)都有光吸收。但在近紫外区(200~400 nm)只有芳香族氨基酸有吸收光的能力，因为它们的R基含有苯环共轭π键系统。酪氨酸的最大光吸收波长(λ_{max})在275 nm，在该波长下的摩尔吸收系数(molar absorption coefficient) $\varepsilon_{275}=1.4\times10^3\ mol^{-1}\cdot L\cdot cm^{-1}$；苯丙氨酸的$\lambda_{max}$在257 nm，$\varepsilon_{257}=2.0\times10^2 mol^{-1}\cdot L\cdot cm^{-1}$；色氨酸的$\lambda_{max}$在280 nm，$\varepsilon_{280}=5.6\times10^3\ mol^{-1}\cdot L\cdot cm^{-1}$(图2-11)。

蛋白质由于含有这些氨基酸，所以也有紫外吸收能力，一般最大吸收在280 nm处，因此能利用分光光度法很方便地测定样品中蛋白质的含量。但是不同的蛋白质中这些氨基酸的含量不同，所以不同蛋白质的摩尔吸收系数是不完全相同的。

分光光度法定量分析所依据的是**Lambert-Beer定律**：

$$A = \lg \frac{I_o}{I} = -\lg T = \varepsilon c l$$

式中，A 为吸光度（absorbance），也称光密度（optical density，OD）；ε 为摩尔吸收系数，旧称摩尔消光系数；c 为浓度（mol/L）；l 为吸收杯的内径或光程厚度（cm）；I_0 为入射光强度；I 为透射光强度；T 为透光率（transmittancy），即 I/I_0。

核磁共振（nuclear magnetic resonance，NMR）是一项涉及在外磁场存在下某些原子核吸收射频（radio frequency）能量的波谱技术。NMR 波谱技术在氨基酸和蛋白质化学表征方面起着重要作用。更先进的高磁场 NMR 还用于肽和小分子蛋白质的三维结构测定。NMR 波谱学的知识参看有关的专门著作，如本章末所列的参考书目 3。

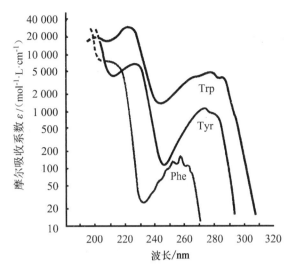

图 2-11　芳香族氨基酸在 pH 6 时的紫外吸收

六、氨基酸混合物的分析和分离

测定蛋白质的氨基酸组成和从蛋白质水解液中制取氨基酸，都需要对氨基酸混合物进行分析和分离。氨基酸的分析和分离曾是一项很难的工作。然而今天生物化学家已有多种方法可用于氨基酸，甚至任何其他一类生物分子的分析、分离和纯化。这些方法都是基于各种氨基酸的物理和化学特性的差别，特别是溶解度（极性）和电离特性的差别。下面介绍几种用于氨基酸混合物分析分离的层析方法。

（一）分配层析

1. 分配层析的基本原理

层析即色层分析也称**色谱**（chromatography），最先由俄国植物学家 M. C. Цвет 于 1903 年提出来的。他所进行的色层分析是一种吸附层析（adsorption chromatography）。1941 年英国学者 Martin 与 Synge 提出**分配层析**（partition chromatography）。此后这种方法得到了很大的发展，至今已有很多种形式，但它们的基本原理都是基于氨基酸的溶解度性质。

所有的层析系统都由两个相组成：**固定相**或**静相**（stationary phase），和**流动相**或**动相**（mobile phase）。混合物在层析系统中的分离决定于该混合物的组分在这两相中的分配情况，即决定于它们的分配系数（partition 或 distribution coefficient）。1891 年 Nernst 提出了分配定律（partion law），当一种溶质在两个给定的互不相溶的溶剂中分配时，在一定温度下达到平衡后，溶质在两相中的浓度比值为一常数，称为**分配系数**（K_d）：

$$K_d = \frac{c_M}{c_S}$$

此处，c_M 和 c_S 分别代表某一物质在互不相溶的 M 相（流动相）和 S 相（固定相）中的浓度（注意，有些书上分配系数表示为 $K_d = c_S/c_M$）。

物质分配不仅可以在互不相溶的两种溶剂即液相-液相系统中进行，也可以在固相-液相间或气相-液相间发生。层析系统中的固定相可以是固相、液相或固-液混合相（半液体）；流动相可以是液相或气相，它充满于固定相的空隙中，并能流过固定相。

这里需要提出**有效分配系数**（K_{eff}）的概念，因为某一物质在层析系统中的行为并不直接决定于它的分配系数 K_d，而是取决于有效分配系数：

$$K_{eff} = \frac{某一物质在 M 相中的总量}{某一物质在 S 相中的总量}$$

对液相-液相层析系统来说：

$$K_{eff}=\frac{c_M\times V_M}{c_S\times V_S}=K_d\times R_V$$

这里，c_M 和 c_S 的意义同前；V_M 和 V_S 分别为 M 相和 S 相的体积；R_V 为 M 和 S 两相的体积比。由此可见，K_{eff} 是 R_V 的函数，溶质的有效分配系数可以调整两相的体积比来加以改变。

利用层析法分离混合物例如氨基酸混合物，其先决条件是各种氨基酸成分的分配系数要有差异，哪怕是很小的差异。一般差异越大，越容易分开。

现在我们举**逆流分布**(countercurrent distribution)为例说明分配层析的原理。此方法的基本过程如图 2-12 所示。取一系列试管(称为分布管)，向其中第 1 号管加入互不相溶的两种溶剂，M 溶剂为上相，图中作为流动相，S 溶剂为下相，作为固定相，并假设上下两相的体积相等($V_M=V_S$)。然后加入物质 Y($K_d=1$)和物质 Z($K_d=3$)的混合物(假设物质总量各为 64 份)，各组分物质将按自身特有的分配系数在上下相中进行分配。平衡后，将上相转移到第 2 号管内，其中已含有相同体积的新下相(溶剂)。从第 1 号管转移来的样品将在第 2 号管的上下相中再分配。与此同时，向第 1 号管内加入新的上相，这里也将发生样品的再分配。这样完成了第 1 次转移。如是上相(流动相)将连续地向第 3，4，5……号管作第 2，3，4……次的转移。一般说来，转移 n 次后，某一物质在($n+1$)个管中分布的分数含量是$(p+q)^n=1$展开式的相应项的值。这里，p 和 q 分别为某一物质(总量)在固定相和流动相中的分数含量，即 $p+q=1$；$q/p=K_{eff}$，此例中 $K_{eff}=K_d$。

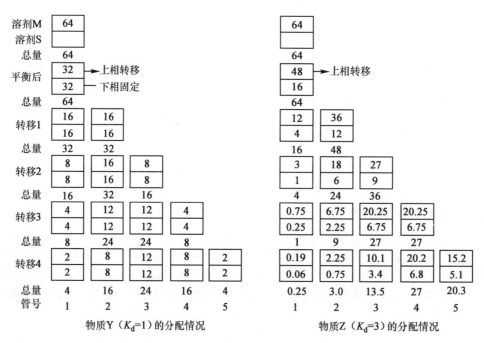

图 2-12　逆流分布的原理

有机相转移 n 次后，在第 k 号管(包括上下相)中的某一物质的含量可由下式计算：

$$T_{n,k}=\frac{n!\cdot p^{n-k+1}\cdot q^{k-1}}{(n-k+1)!\cdot(k-1)!}$$

例如，物质 Z，转移 4 次后在第 4 号管中的含量为：

$$T_{4,4}=\frac{4!\cdot\left(\frac{1}{4}\right)\cdot\left(\frac{3}{4}\right)^3}{3!}=\frac{4\times3\times2\times\frac{1}{4}\times\frac{27}{64}}{3\times2}=\frac{27}{64}$$

因为物质 Z 的总量为 64,所以该管中的含量应是:

$$\frac{27}{64} \times 64 = 27$$

从图 2-13 中的分布曲线可以看出,分配系数大的物质如 Z($K_d = 3$)沿一系列分布管的"移动"速度快,分配系数小的物质如 Y($K_d = 1$)"移动"速度慢。从分布曲线还可以看出,每一种物质在一系列分布管中是相当集中的,即分布曲线呈峰形,因此只要使用足够数目的分布管,继续进行分配,就可以使两个峰彼此完全分开。一定量的某一溶质在一定量的溶剂系统中分配时,转移次数(或称理论板数,这是借用蒸馏技术中的术语)越多,即分布管数越多,其分布曲线的峰形越窄而高,这样有利于混合物中各物质的完全分离。上述的这种连续分配操作可以在完全自动化的**逆流分布仪**(countercurrent distributor)上进行。逆流分布仪一般只用于制备分离,特别是用于蛋白质、肽、核酸和抗生素等的分离纯化。

2. 分配层析的主要种类

目前使用较广泛的分配层析形式有柱层析、纸层析和薄层层析等,其中柱层析不仅可用于样品鉴定,还可以用于制备分离。

分配柱层析(partition column chromatography)中使用的填充物或支持剂(图 2-14)都是一些具有亲水不溶性的物质,如纤维素、淀粉、硅胶等。支持剂颗粒吸附着一层不会流动的结合水,可以看作固定相,沿固定相流过的、跟它不互溶的溶剂(如苯酚、正丁醇等)是流动相。由填充物构成的柱床可以设想为由无数的连续板层组成(图 2-14),每一板层起着微观的"分布管"作用。当用**洗脱剂**(eluent)洗脱时,即流动相移动时,加在柱上端的氨基酸混合物样品在两相之间将发生连续分配,混合物中具有不同分配系数的各种成分沿柱以不同的速度向下移动。分部收集柱下端的**洗出液**(eluate)。收集的组分分别用茚三酮显色定量。以氨基酸量对洗出液体积作图,得**洗脱曲线**(elution curve)或称**洗脱图**(elution profile)。曲线中的每个峰形相当于某一种氨基酸(参考图 2-17)。

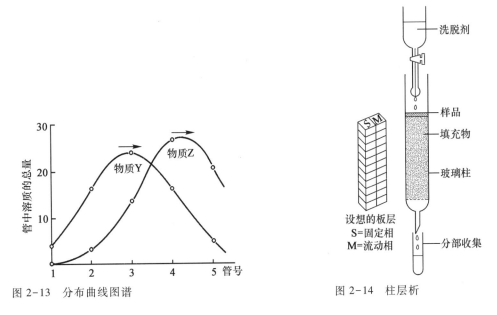

图 2-13　分布曲线图谱　　　　　　　　图 2-14　柱层析

[滤]**纸层析**(filter-paper chromatography)也是分配层析的一种。这里,滤纸纤维素吸附的结合水是固定相,展开用的溶剂是流动相。层析时,将氨基酸混合物点在滤纸的一个边角上,称原点。然后在密闭的容器中用一个溶剂系统(如丁醇-乙酸)沿滤纸的一个方向进行展开,这时混合氨基酸在固定相和流动相中不断分配,使它们分布在滤纸的不同位置上。烘干滤纸后,旋转 90°,再用另一个溶剂系统(如苯酚-甲酚-水)进行第二向展开。由于各种氨基酸在溶剂系统中具有不同的**比移值**或称**移动率**(rate of flow,符号 R_f),因此彼此能分开。当用茚三酮溶液显色时,得到一个**双向纸层析谱**(two-dimensional paper chromatogram)(图 2-15A)。如果混合物中所含的氨基酸种类较少,并且 R_f 彼此相差较大,则在一个溶剂

系统中进行单向层析即可。

在单向纸层析谱(图 2-15B)中,一个氨基酸的层析点的中心离原点的距离(x)跟展开溶剂的前沿离原点的距离($x+y$)之比,即比移值:

$$R_f = \frac{x}{x+y}$$

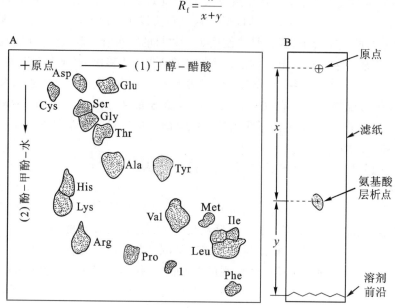

图 2-15　氨基酸的双向纸层析谱(A)和单向纸层析谱(B)

从前述的分布曲线(图 2-13)以及 $(p+q)^n = 1$ 的展开式可以了解到,R_f 相当于逆流分布中一个物质的分布曲线的峰值(管号数)离"原点"(1 号管)的"距离"(管数,等于管号数−1)跟流动相(溶剂)的前沿(末号管数)离"原点"的"距离"之比(比移植);后者在数值上等于 q(一种物质在流动相中的分数含量):

$$q = \frac{K_d V_M}{K_d V_M + V_S}$$

因此,

$$R_f = \frac{x}{x+y} = \frac{K_d V_M}{K_d V_M + V_S}$$

此式中,V_S 是吸附在纸纤维上的结合水体积,V_M 是流过纸纤维的展开溶剂体积。只要溶剂系统、温度、湿度和滤纸型号等实验条件确定,则每种氨基酸的 R_f 值只决定于 K_d,是一个常数。

薄层层析(thin-layer chromatography)分辨率高,所需样品量微,层析速度快,可使用的支持剂种类多。如纤维素粉、硅胶和氧化铝粉等,因此应用比较广泛。薄层层析的大体步骤如下:把支持剂涂布在玻璃板上使其成为一个均匀的薄层,把要分析的样品滴加在薄层板的一端,然后用合适的溶剂在密闭的容器中进行展开(图 2-16),使样品中各个成分分离开来,最后进行鉴定和定量测定。

图 2-16　薄层层析装置

(二) 离子交换层析

离子交换层析(ion-exchange chromatography)是一种基于氨基酸电荷行为的层析方法。层析柱中填充的是**离子交换树脂**(ion-exchange resin),它是具有酸性或碱性基团的人工合成聚苯乙烯−二乙烯(polystyrenedivinylbenzene)等不溶性高分子化合物。树脂一般都制成球形的颗粒。

阳离子交换树脂含有的酸性基团如—SO₃H(强酸型)或—COOH(弱酸型)可解离出 H⁺,能跟溶液中的其他阳离子(如跟酸性环境中的氨基酸阳离子)发生交换而后者结合在树脂上。同样,阴离子交换树脂含有的碱性基团如—N(CH₃)₃OH(强碱型)或—NH₃OH(弱碱型)可解离出 OH⁻,能跟溶液里的其他阴离子(如跟碱性环境中的氨基酸阴离子)发生交换而后者结合在树脂上:

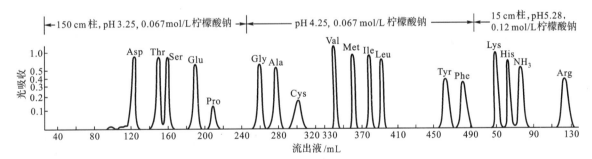

分离氨基酸混合物经常使用强酸型阳离子交换树脂。在交换柱中,树脂先用碱处理成钠型,将氨基酸混合液(pH 2~3)上柱。在 pH 2~3 时,氨基酸主要以阳离子形式存在,与树脂上的钠离子发生交换而被"挂"在树脂上。氨基酸在树脂上结合的牢固程度即氨基酸与树脂间的亲和力,主要决定于它们之间的静电吸引,其次是氨基酸侧链与树脂基质聚苯乙烯之间的疏水相互作用。在 pH 3 左右,氨基酸与阳离子交换树脂之间的静电吸引的大小次序是碱性氨基酸(A^{2+})>中性氨基酸(A^+)>酸性氨基酸(A°)。因此氨基酸的洗出顺序大体上是酸性氨基酸,中性氨基酸,最后是碱性氨基酸。由于氨基酸和树脂之间还存在疏水相互作用,所以氨基酸的全部洗出顺序如图 2-17 所示。为了使氨基酸从树脂柱上洗脱下来,需要降低它们之间的亲和力,有效的方法是逐步提高洗脱剂的 pH 和盐浓度(离子强度),这样各种氨基酸将以不同的速度被洗脱下来。目前已有全部自动化的**氨基酸分析仪**(amino acid analyzer)供分析分离用。氨基酸分析仪的图解示于图 2-18。

图 2-17　氨基酸分析仪记录的氨基酸洗脱曲线

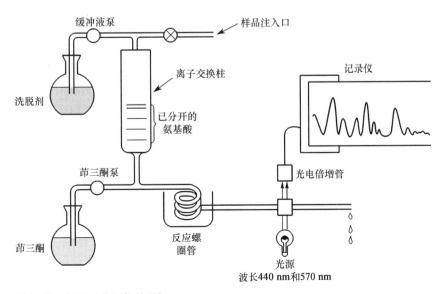

图 2-18　氨基酸分析仪的图解

七、肽

肽和蛋白质是氨基酸的线型多聚体,因此这种多聚体也称**肽链**或**多肽链**。生物学上的肽链在长短方面从二三个氨基酸残基到上千个残基不等。

(一) 肽和肽键的结构

两个氨基酸可以通过肽键共价连接成一个二肽(dipeptide)。**肽键**(peptide bond)是由一个氨基酸(含 R^1侧链)的 α-羧基与另一个氨基酸(含 R^2侧链)的 α-氨基除去一分子水缩合而成:

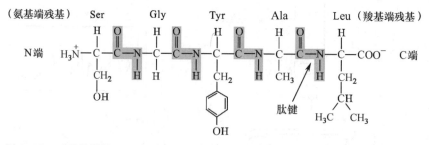

在水溶液中成肽反应的平衡有利于肽键的水解,因此在实验室和生物系统中形成肽键都是需要输入能量的(见本章后面的肽化学合成和第 33 章)。肽键的水解虽是放能反应,但反应活化能很高,水解速度很慢。蛋白质中肽键是相当稳定的,它的半寿期($t_{1/2}$)在大多数细胞内的条件下约为 7 年。

在蛋白质和多肽分子中连接氨基酸残基的共价键除肽键外,还有一种较常见的是在两个 Cys 残基侧链之间形成的**二硫键**(disulfide bond),也称**二硫桥**(disulfide bridge)。它可以使两条单独的肽链共价交联起来,或使一条肽链的某一部分形成环。

含 2 个、3 个、4 个、5 个等氨基酸残基的肽分别称为二肽、三肽、四肽、五肽等。十肽可写成 10-肽,十五肽可写为 15-肽等。通常把含几个至十几个氨基酸残基的肽称为**寡肽**(oligopeptide),含多于 20 个残基的肽称为**多肽**(polypeptide)。虽然"蛋白质"和"多肽"这两个术语有时可以交互使用,但称为多肽分子的相对分子质量一般小于 10 000(<100 个残基),称为蛋白质的则高于此值,可以是几千个残基。肽链中的氨基酸由于肽键的形成已经不是原来完整的分子,因此称为**氨基酸残基**(amino acid residue),有时简称残基。通常在一条多肽链的主链中,含有游离 α-氨基的那一末端氨基酸残基称为**氨基端**(amino-terminal)残基,在另一末端含有游离 α-羧基的氨基酸残基称为**羧基端**(carboxyl-terminal)残基。肽链有时由于这两个游离的末端基团连接起来而成环状肽(cyclic peptide)。图 2-19 所示的五肽结构式,被命名为**丝氨酰甘氨酰酪氨酰丙氨酰亮氨酸**(serylglycyltyrosylalanylleucine),简写为 Ser-Gly-Tyr-Ala-Leu。按惯例总是把氨基端(N 端)的残基放在左边,羧基端(C 端)的残基放在右边,除特别指出外。氨基酸序列从氨基端开始由左向右阅读。注意,反过来书写的 Leu-Ala-Tyr-Gly-Ser 是一个与之不同的五肽。

图 2-19　五肽的结构

从上面的五肽结构式可以看出,肽链的骨架是由—N—C_α—C—序列重复排列而成的,称为**主链**(backbone),这里 N 是酰胺氮,C_α 是 α 碳,C 是羰基碳。各种肽的主链结构都是一样的,但 C_α 上的侧链 R 基可以不同,因而肽链的氨基酸序列可以不同。

肽键是一种被取代了的酰胺键,通常用羰基 C 和酰胺 N 之间的单键(C—N 键)表示(图 2-20 和

2-21)。肽链中的酰胺基(—CO—NH—)称为**肽基**(peptide group)或**肽单位**(peptide unit)。肽键和一般的酰胺键一样由于酰胺 N 上的孤电子对发生离域(delocalization)，与羰基 C 轨道重叠，因此在酰胺 N 和羰基 O 之间发生共振相互作用。共振是在两种形式的肽键结构之间发生的。在结构1(图 2-20)中 C—N 键是单键，这时 N 原子上的孤电子对与羰基 C 之间没有电子云重叠。羰基 C 是 sp^2 杂化的，它是平面结构；而酰胺 N 是 sp^3 杂化，是四面体结构。在结构 2 中羰基 C 和酰胺 N 之间是一个双键，氮原子带一正电荷，羰基 O 带一负电荷；羰基 C 和酰胺 N 都是 sp^2 杂化，两者都是平面的，所有 6 个原子都处于同一平面内。肽键的实际结构是一个**共振杂化体**(resonance hybrid)如结构 3 所示。这是介于结构 1 和 2 之间的平均中间态。已知 C—N 单键的键长是 0.148 nm，C =N 双键的键长是 0.127 nm，据预料共振杂化体中肽键 C ⋯ N 的键长应介于这两者之间，X 射线衍射分析证实，肽键的 C ⋯ N 键长为 0.133 nm。常见的反式构型肽键的键长与键角见图 2-21。肽键中单键具有约 40% 双键性质，C=O 双键具有约 40% 的单键性质。因为 C—N 键具有双键性质，所以肽键是一个平面，结构 3 中的 6 个原子差不多处于同一平面，称为**肽平面**(peptide plane)。肽键(或肽基)的这一平面性质在肽链折叠成三维结构的过程中是很重要的，由于 C—N 键具有双键性质，绕键旋转的能障(energy barrier)比较高，约为 88 kJ·mol^{-1}(千焦/摩尔)。对于肽键来说，这一能障在室温下足以有效防止旋转，保持酰胺基处于平面。在肽平面内，两个 C_α 原子可以处于顺式或反式构型。在反式构型中，两个 C_α 原子及其取代基团互相远离，而在顺式构型中它们彼此接近，引起 R 基之间的位阻，因此顺式构型比反式构型能态高或者说不稳定。蛋白质中形成的肽键，反式构型与顺式构型之间比例约为 1 000 ：1，两者的能量相差 84 kJ·mol^{-1}。但有脯氨酸的亚氨氮参与的肽键，顺式出现的频率增加，反式和顺式之比约为 10 ：1，两者的能量差约为 54 kJ·mol^{-1}；这是因为脯氨酸的四氢吡咯环引起空间限制，降低了反式构型的优势(图 2-22)。

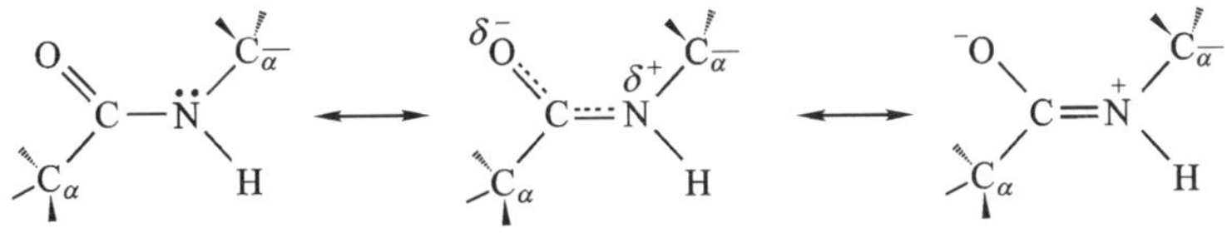

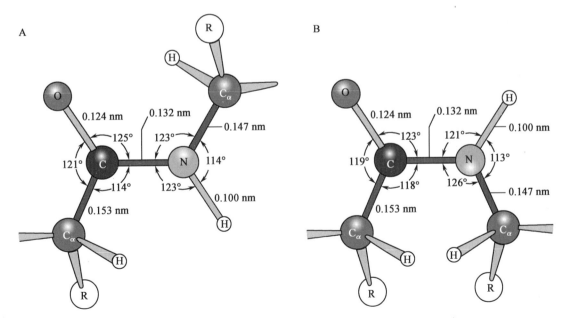

结构1　　　　　　　　　结构3　　　　　　　　　结构2

图 2-20　肽基的 C、O 和 N 原子间的共振相互作用

图 2-21　肽键的结构特征

A. 肽键的反式构型；B. 肽键的顺式构型。这两种肽键中一些原子间的键角不完全相同

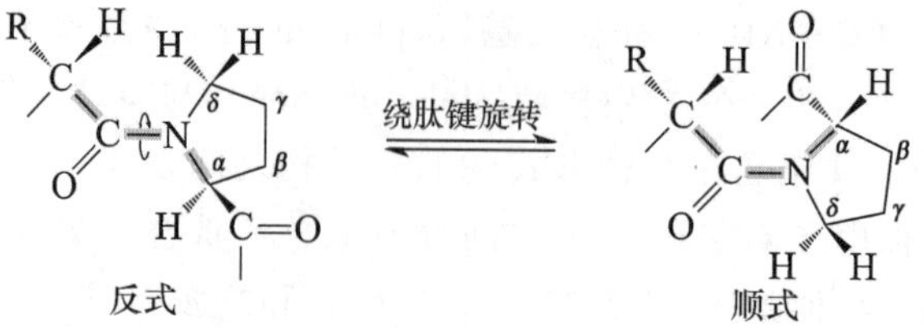

图 2-22 脯氨酸的顺、反异构

（二）肽的物理和化学性质

许多小肽已经得到晶体。短肽和氨基酸一样在晶体和水溶液中以偶极离子存在。在 pH 0~14 范围内，肽键中的酰胺氢不解离，因此短肽的酸碱性质主要决定于肽链中游离的末端 α-NH$_2$、末端 α-COOH 以及侧链上的可解离官能团。在多肽或蛋白质中，可解离的基团主要是侧链上的官能团（见第 3 章）。

肽链中游离 α-氨基和游离 α-羧基的间隔比在氨基酸中的大，因此它们之间的静电引力较弱。与表 2-2 所列的游离氨基酸的 pK_a 相比，肽的末端 α-羧基的 pK_a 要比氨基酸的大一些，而末端 α-氨基的 pK_a 要比氨基酸中的小一些。R 基的 pK_a 在两者之间变化不大（表 2-3）。

表 2-3 某些肽的 pK_a

肽	α-COOH pK_a	α-NH$_3^+$ pK_a	R 基 pK_a	pI
Gly-Asp	2.81	8.60	4.45	3.63
Gly-Ala	3.17	8.23	—	5.70
Gly-Gly-Gly	3.26	7.91	—	5.58
Ala-Ala-Ala-Ala	3.42	7.94	—	5.68
Ala-Ala-Lys-Ala	3.58	8.01	10.58	9.30

小肽的滴定曲线和氨基酸的滴定曲线很相似。随着电离基团的增加，滴定曲线迅速变得复杂，以致很难用单个侧链基团的解离来分析，因为在同一 pH 范围内可以有几个侧链解离。但是在给定的 pH 下，根据 Henderson-Hasselbalch 方程不难确定出每个侧链占优势的电离态。我们只需应用这样一个规则：当溶液 pH 大于解离侧链的 pK_a，占优势的离子形式是该侧链的共轭碱，当溶液的 pH 小于解离侧链的 pK_a，占优势的离子形式是它的共轭酸，即

$$pH > pK_a, \quad [HA] < [A^-]$$

$$pH < pK_a, \quad [HA] > [A^-]$$

例如，甘氨酰谷氨酰赖氨酰丙氨酸（glycylglutamyllysylalanine）的解离状况（表 2-4），可利用表 2-5 中所列的可解离官能团的 pK_a 和 Henderson-Hasselbalch 方程推断出，当 pH 小于 3.5 时，可解离基团全部质子化，溶液中占优势的离子形式携带的净电荷为 +2；当 pH 在 3.7~4.5 的范围内，占优势的离子形式所带净电荷为 +1，因为这时 C 端羧基大部分被解离；pH 介于 4.5 和 7.8 之间时，占优势的离子形式所具的净电荷为零；净电荷为零时的溶液 pH 就是该肽的等电点，这里 pI = 1/2(4.5+7.8) = 6.15；pH 在 7.8 和 10.2 之间时，占优势的离子形式所带净电荷为 -1；当 pH 大于 10.2 时，此肽所携带的净电荷为 -2（表 2-4）。这些酸碱行为被用于某些肽和蛋白质的分离技术（见第 5 章）。

表 2-4 四肽甘氨酰谷氨酰赖氨酰丙氨酸的酸碱性质分析

溶液的 pH	官能团解离（带电）状况				占优势离子的净电荷
	α-COOH	侧链 COOH	α-NH$_2$	ε-NH$_2$	
<3.5	—COOH	—COOH	—NH$_3^+$	—NH$_3^+$	+2
3.7~4.5	—COO$^-$	—COOH	—NH$_3^+$	—NH$_3^+$	+1
4.5~7.8	—COO$^-$	—COO$^-$	—NH$_3^+$	—NH$_3^+$	0
7.8~10.2	—COO$^-$	—COO$^-$	—NH$_2$	—NH$_3^+$	-1
>10.2	—COO$^-$	—COO$^-$	—NH$_2$	—NH$_2$	-2

表 2-5   根据从模型化合物得到的数据推测的多肽链中可解离官能团的 pK_a

可解离官能团	推测的 pK_a	可解离官能团	推测的 pK_a	可解离官能团	推测的 pK_a
α-COOH	3.7	α-NH$_3^+$	7.8	ε-NH$_3^+$(Lys)	10.2
侧链羧基(Glu 或 Asp)	4.6	—SH(Cys)	8.8	胍基(Arg)	>12
咪唑基(His)	7.0	酚羟基(Tyr)	9.6		

肽的化学反应也和氨基酸一样,游离的 α-氨基、α-羧基和 R 基可以发生与氨基酸中相应的基团类似的反应。NH$_2$ 末端的氨基酸残基也能与茚三酮发生定量反应,生成呈色物质。这一反应广泛地应用于肽的定性和定量测定。**双缩脲反应**(biuret reaction)是肽和蛋白质所特有的,而为氨基酸所没有的一个颜色反应。一般含有两个或两个以上的肽键化合物与 CuSO$_4$ 碱性溶液都能发生双缩脲反应而生成紫红色或蓝紫色的复合物,利用这个反应借助分光光度计可以测定蛋白质的含量。

蛋白质部分水解所得的各种肽,只要水解过程中不对称碳原子不发生消旋,就具有旋光性。一般短肽的旋光度约等于组成该肽中各个氨基酸的旋光度的总和。但是较长的肽或蛋白质的旋光度则不等于其组成氨基酸的旋光度的简单加和。

(三) 天然存在的活性肽

自然界中**活性肽**(active peptide)的形成有两条不同的途径:一条是通过核糖体的途径,相当数量的肽类是由蛋白质作为前体经过翻译后加工形成的,例如许多激素和其他肽;另一条是不通过核糖体的酶促合成途径,这类肽多数是一些细菌和低等真菌产生的肽类抗生素。这两条途径得到的肽类在很多方面有着明显的差别,例如氨基酸的构型,来自核糖体途径的几乎都是 L 型的,来自另一条途径的常有 D 型氨基酸。

下面举出几个肽类激素,例如**催产素**、**加压素**和**舒缓激肽**等(图 2-23),有关它们的生理功能见第 14 章。一类称**脑啡肽**(enkephalin)的小活性肽,例如**亮氨酸脑啡肽**(Tyr-Gly-Gly-Phe-Leu)和**甲硫氨酸脑啡肽**(Tyr-Gly-Gly-Phe-Met),近年来很引人注意。它们在中枢神经系统中形成,是体内自身产生的一类**鸦片剂**(opiate)。有些抗生素(antibiotics)也属于肽类或肽的衍生物,例如**放线菌素 D**(actinomycin D),结构中有 D 型缬氨酸,它通过与 DNA 结合的方式抑制转录的发生(见第 32 章),放线菌素 D 具有一定的抗癌作用。某些蕈(mushroom)产生的剧毒毒素也是肽类化合物,例如

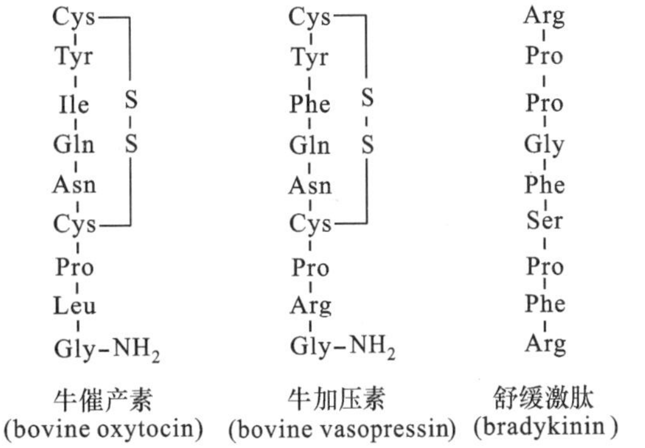

图 2-23 一些肽类激素的结构

α-鹅膏蕈碱(α-amanitin),它是从鹅膏蕈属或称捕蝇蕈属的鬼笔鹅膏(*Amanita phalloides*)中分离出来的,是一个环状八肽(图 2-24)。鹅膏蕈碱能与真核生物的 RNA 聚合酶 II 牢固结合而抑制酶的活性,因而使 RNA 的合成不能进行,但不影响原核生物的 RNA 合成(见第 32 章)。

动、植物细胞中都含有一种三肽,称**还原型谷胱甘肽**(reduced glutathione)即 γ-谷氨酰半胱氨酰甘氨酸,因为它含有游离的—SH 基,所以常用 **GSH** 来表示。它的结构式见图 2-25。还原型谷胱甘肽在红细胞中作为巯基缓冲剂存在,维持血红蛋白和红细胞其他蛋白质的半胱氨酸残基处于还原态。肌肉中存在的**鹅肌肽**(anserine)和**肌肽**(carnosine)都是二肽,前者是 β-丙氨酰-1-甲基组氨酸,后者是 β-丙氨酰组氨酸。它们在骨骼肌中的含量很高,每千克肌肉达到 20～30 mmol。虽然它们在肌肉中如此丰富,但是它们的功能至今尚不清楚,有人认为可能与肌肉收缩有关。

某些天然肽中含有的 γ-肽键、β-氨基酸和 D 型氨基酸等,在蛋白质中是不存在的。很可能结构上的这些变化使分化了的肽可以免受蛋白水解酶的作用。蛋白酶一般只水解 L-氨基酸形成的 α-肽键。

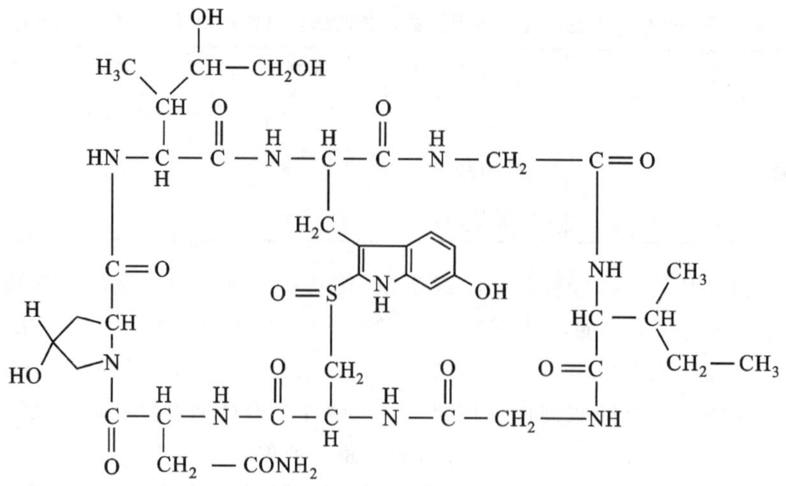

图 2-24 α-鹅膏蕈碱的化学结构

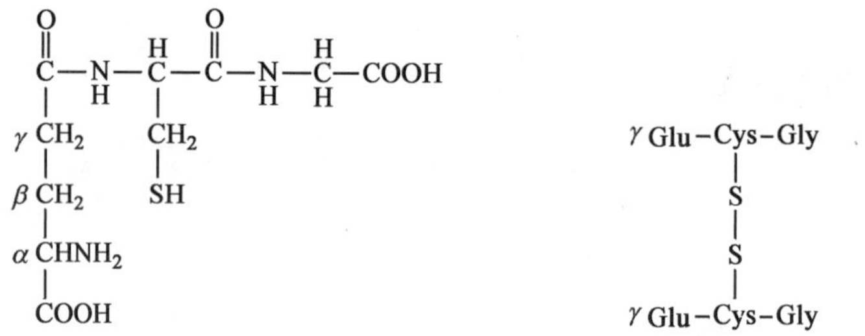

还原型谷胱甘肽 (GSH)　　　氧化型谷胱甘肽 (GSSG)

图 2-25 谷胱甘肽的结构

八、蛋白质的组成、分类、分子大小和结构层次

（一）蛋白质的化学组成和分类

根据蛋白质的元素分析，蛋白质含有 C、H、O、N 以及少量的 S。有些蛋白质尚含有其他一些元素，主要是 P、Fe、Cu、I、Zn 和 Mo 等。这些元素在蛋白质中的组成百分比约为 C 50%，H 7%，O 23%，N 16%，S 0 ~3%，其他元素微量。蛋白质的平均含氮量为 16%，这是蛋白质元素组成的一个特点，是**凯氏**（Kjedahl）**定氮法**测定蛋白质含量的计算基础：

$$\text{蛋白质含量} = \text{蛋白氮} \times 6.25$$

式中 6.25，即平均含氮量 16%的倒数，为 1 克氮所代表的蛋白质质量（克数）。

许多蛋白质仅由氨基酸组成，例如核糖核酸酶 A、溶菌酶、肌动蛋白等，这些蛋白质称为**简单蛋白质**（simple protein）。但是很多蛋白质含有除氨基酸外的其他化学成分作为其永久性结构的一部分，这样的蛋白质称为**缀合蛋白质**（conjugated protein）或称复合蛋白质。其中非蛋白质成分称为**辅基**（prosthetic group）或**配体**（ligand），通常辅基在蛋白质的功能方面起重要作用。如果辅基是通过共价键与蛋白质结合的，则必须对蛋白质进行水解才能释放它；通过非共价力与蛋白质结合的，只要经过不太剧烈的变性处理即可把它跟蛋白质部分分离开来。除去了非共价结合的辅基部分，剩下的蛋白质部分称为**脱辅基蛋白质**（apoprotein）；原含有辅基部分的整体蛋白质称为**全蛋白质**（holoprotein）。

简单蛋白质可以根据其溶解性质进行分类（表 2-6）；缀合蛋白质可按其辅基成分进行分类（表 2-7）。近年来有些学者依据蛋白质的生物学功能把蛋白质分为酶、调节蛋白、转运蛋白、贮存蛋白、收缩和游动蛋

表 2-6   简单蛋白质的分类

类别	溶解性质	举例
清蛋白(albumin)	溶于水、稀盐、稀酸或稀碱溶液;为饱和硫酸铵所沉淀	血清清蛋白、乳清蛋白
球蛋白(globulin)	为半饱和硫酸铵所沉淀;沉淀溶于稀盐溶液而不溶于水的称优球蛋白(euglobulin);溶于水的称假球蛋白(pseudoglobulin)	血清球蛋白、肌球蛋白、植物种子球蛋白
谷蛋白(glutelin)	不溶于水、醇或中性盐溶液,但易溶于稀酸或稀碱	米谷蛋白(oryzenin)、麦谷蛋白(glutenin)
谷醇溶蛋白(prolamine)	不溶于水和无水乙醇,但溶于70%～80%乙醇	玉米醇溶蛋白(zein)、麦醇溶蛋白(gliadin)
组蛋白(histone)	溶于水或稀酸,但为稀氨水所沉淀	小牛胸腺组蛋白
鱼精蛋白(protamine)	溶于水或稀酸,但不溶于氨水	鲑精蛋白(salmin)
硬蛋白(scleroprotein)	不溶于水、盐水、稀酸或稀碱	角蛋白、胶原蛋白、弹性蛋白、丝蛋白

表 2-7   缀合蛋白质的分类

类别	辅基	举例
糖蛋白(glycoprotein)	糖类	免疫球蛋白 G(γ-球蛋白)
脂蛋白(lipoprotein)	脂质	高密度脂蛋白(α-脂蛋白)、低密度脂蛋白(β-脂蛋白)
磷蛋白(phosphoprotein)	磷酸基	酪蛋白、糖原磷酸化酶 a
血红素蛋白(hemoprotein)[①]	血红素(亚铁原卟啉)	血红蛋白、细胞色素 c、过氧化氢酶、硝酸还原酶
黄素蛋白(flavoprotein)	黄素核苷酸(FMN 和 FAD)	琥珀酸脱氢酶(含 FAD)、NADH 脱氢酶(含 FMN)、二氢乳清酸脱氢酶(含 FAD 和 FMN)
金属蛋白(metalloprotein)	铁、锌、钙、铜、锰、钼等	铁蛋白(ferritin)含 Fe,醇脱氢酶含 Zn,钙调蛋白含 Ca,质体蓝素(plastocyanin)含 Cu,固氮酶含 Mo 和 Fe,丙酮酸羧化酶含 Mn

① 血红素蛋白是金属蛋白的一个亚类。

白、结构蛋白、支架蛋白、防卫和保护蛋白等(见第 4 章)。

    蛋白质根据形状和溶解度大体可分为三大类:① **纤维状蛋白质**(fibrous protein)具有比较简单、有规则的线性结构,形状呈细棒或纤维状。这类蛋白质在生物体内主要起结构作用。典型的纤维状蛋白质,如胶原蛋白、弹性蛋白、角蛋白和丝蛋白等,不溶于水和稀盐溶液。有些纤维状蛋白质如肌球蛋白(myosin)和血纤蛋白原(fibrinogen)是可溶性的。② **球状蛋白质**(globular protein)形状接近球形或椭球形。其多肽链折叠紧密,疏水的氨基酸侧链位于分子内部,亲水的侧链在外部暴露于水溶剂。因此球状蛋白质在水溶液中溶解性好。细胞中的大多数可溶性蛋白质,如胞质酶类,都属于球状蛋白质。③ **膜蛋白**[**质**](membrane protein)与细胞的各种膜系统结合而存在。为能与膜内的非极性相(烃链)相互作用,膜蛋白的疏水氨基酸侧链伸向外部。因此膜蛋白不溶于水但能溶于去污剂溶液。膜蛋白的组成特点是所含的亲水氨基酸残基比胞质蛋白质少。

(二) 蛋白质分子的形状和大小

    蛋白质是氨基酸的高聚物,相对分子质量(M_r)变化范围很大,从 6 000～$1×10^6$(表 2-8)。一些蛋白质分子的形状和大小见图 2-26。蛋白质 M_r 的上、下限是人为规定的,这涉及对蛋白质及其分子质量概念的理解。下限一般认为从胰岛素开始,其相对分子质量为 5 733。有人认为应从核糖核酸酶开始,因此下限相对分子质量就是 12 600。有些蛋白质仅由一条多肽链构成,如溶菌酶和肌红蛋白,这些蛋白质称为**单体蛋白质**(monomeric protein)。有些蛋白质是由两条或多条多肽链构成,如血红蛋白(2 条 α 链和 2 条 β 链)和己糖激酶(2 条 α 链),这些蛋白质称为**寡聚蛋白质**(oligomeric protein)或**多聚蛋白质**(multimeric protein);

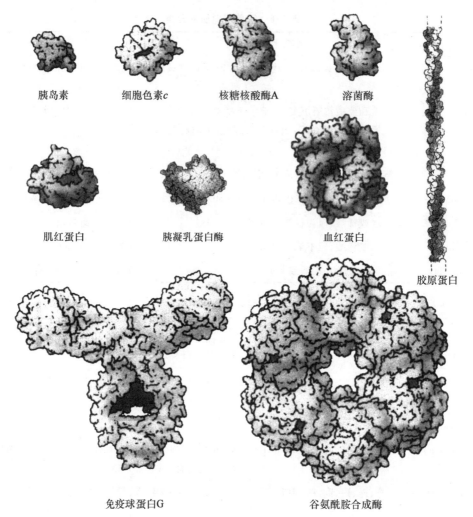

胰岛素　　　细胞色素 c　　　核糖核酸酶A　　　溶菌酶

肌红蛋白　　　胰凝乳蛋白酶　　　　血红蛋白

胶原蛋白

免疫球蛋白G　　　　谷氨酰胺合成酶

图 2-26　一些蛋白质分子的形状和大小

表 2-8　几种蛋白质的分子大小和肽链数目

蛋白质	M_r	残基数目	肽链数目(组成方式)
胰岛素[①](牛)	5 733	51	2(α β)
细胞色素 c(人)	12 400	104	1
核糖核酸酶 A(牛胰)	13 700	124	1
溶菌酶(鸡卵清)	14 300	129	1
肌红蛋白(人)	17 800	153	1
胰凝乳蛋白酶[②](牛)	25 200	241	3(α β γ)
血红蛋白[③](人)	64 500	574	4(α₂ β₂)
血清清蛋白(人)	68 500	609	1
己糖激酶(酵母)	107 900	972	2(α₂)
γ-球蛋白[④](免疫球蛋白 G)(马)	149 900	1 320	4(α₂ β₂)
载脂蛋白 B(人)	513 000	4 563	1
核酮糖二磷酸羧化酶[⑤](Rubisco)(菠菜)	550 000	1 794	16(α₈ β₈)
谷氨酰胺合成酶(E. coli)	619 000	469	12(α₁₂)
肌联蛋白	2 993 000	26 926	

　　① 胰岛素的两条链 A(α)链(21 残基)和 B(β)链(30 残基)是以二硫键共价结合的。② 胰凝乳蛋白酶有 A(α)链(13 残基)、B(β)链(131 残基)和 C(γ)链(97 残基)以二硫键相连。③ 血红蛋白由 2 条 α 链(141 残基/链)和 2 条 β 链(146 残基/链)非共价缔合而成。④ γ-球蛋白由 2 条轻(L)链(214 残基/链)和 2 条重(H)链(446 残基/链)经二硫键连接而成。⑤ 核酮糖二磷酸羧化酶由 8 个大亚基(α 链;475 残基/链)和 8 个小亚基(β 链;123 残基/链)非共价缔合而成。

其中每条多肽链称为**亚基**（subunit），亚基之间通过非共价力缔合。如果把寡聚蛋白质看作一个分子，那么蛋白质的 M_r 可达百万，例如谷氨酰胺合成酶（12 个亚基），M_r 619 000。如果连同辅基也算进去，像烟草花叶病毒（tobacco mosaic virus，TMV）是由 2 130 个亚基和一条 RNA 链构成的**超分子复合体**，那么，其"相对分子质量"约为 $4×10^7$。这些寡聚蛋白质和超分子复合体虽然不是由共价键连接成的整体分子，在一定条件下可以解离成它们的亚基，但是它们在生物体内是相当稳定的，可以从细胞或组织中以均一的甚至结晶的形式分离出来，并且有一些蛋白质，只有以这种寡聚蛋白质的形式存在，其活性才能得到或充分得到表现。

少数蛋白质含有两条或多条共价交联的多肽链。例如胰岛素的两条链和 γ-球蛋白的四条链都是由二硫键交联在一起的。这种情况，个别的多肽链一般不称亚基，称为链。

对于不含辅基的简单蛋白质，用 110 除它的 M_r 即可约略估计其氨基酸残基的数目。蛋白质中 20 种基本氨基酸的平均 M_r 约为 138。但在多数蛋白质中较小的氨基酸占优势，因此平均 M_r 接近 128。又因每形成一个肽键将除去一分子水（$M_r = 18$），所以氨基酸残基的平均 M_r 约为 110。表 2-8 中给出各种蛋白质亚基或链的氨基酸残基数目及其组成方式。

（三）蛋白质分子结构的组织层次

蛋白质分子不仅质量很大，而且结构十分复杂。为便于描述和理解这种复杂的结构，通常将蛋白质结构分成一级结构、二级结构、三级结构、四级结构这四个组织层次（organization level）或结构水平（structural level）。**一级结构**（primary structure）通常是指蛋白质肽链的氨基酸残基的序列或**氨基酸序列**（amino acid sequence）。这一定义对简单蛋白质是适用的，但对缀合蛋白质一级结构还应包括共价连接的辅基部分，如蛋白质中的糖链、脂蛋白中的脂质成分以及它们是以何种共价方式跟肽链中哪个（些）氨基酸残基的侧链相连接的。因此一级结构也常称**共价结构**（covalent structure）或化学结构。总之一级结构是一个无空间结构概念的一维结构。蛋白质**二级结构**（secondary structure）是指肽链主链（骨架）中局部肽段借助氢键形成的周期性结构，包括 α 螺旋、β 折叠、转角等。二级结构是多肽链借助氢键在空间三维排列的高级组织层次，是蛋白质中一种**高级结构**（higher-order structure）即空间结构、立体结构或构象。属于高级结构层次的还有三级结构和四级结构。**三级结构**（tertiary structure）是指多肽链借非共价力折叠成具有特定走向的完整球状实体；这种球状实体给出最小的表面积和体积之比，因而使蛋白质跟周围环境的相互作用降到最低。**四级结构**（quaternary structure）是指具有三级结构的亚基（蛋白质）借助非共价力彼此缔合成寡聚蛋白质，或者表述为寡聚蛋白质中各亚基之间的相互关系和结合方式（图 2-27）。

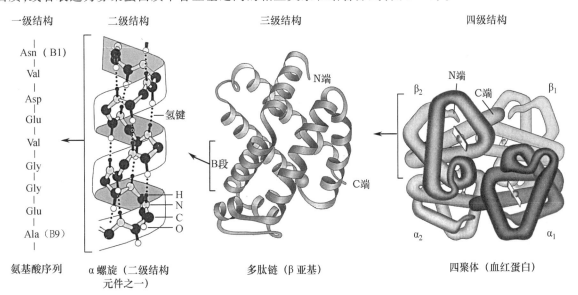

图 2-27　蛋白质结构的组织层次

在二级结构和三级结构之间,还存在一些已被公认的过渡性结构层次:超二级结构和结构域。然而并不是每种蛋白质中都一定存在这些过渡层次。由于它们跟二、三级结构关系密切,因此将在第 3 章中介绍。

必须强调指出,一个蛋白质分子为获得复杂结构所需的全部信息都含于一级结构即多肽链的氨基酸序列中。一级结构将在本章后面进一步讨论,二、三、四级结构将在第 3 章中详细介绍。

九、蛋白质的一级结构

蛋白质的一级结构也称蛋白质的共价结构或化学结构,在多数场合把蛋白质的一级结构看成是氨基酸序列的同义语。1969 年国际纯化学和应用化学联合会(International Union of Pure and Applied Chemistry,IUPAC)就曾规定蛋白质的一级结构只指多肽链中的氨基酸序列。

(一) 蛋白质的氨基酸[残基]序列决定蛋白质的功能

小至一个大肠杆菌(*E. coli*)产生多于 3 000 种不同的蛋白质;大至一个人体约有 25 000 个基因,编码一个数目庞大的蛋白质库。这些蛋白质的每一种都有自己特定的三维结构,每个结构都有特定的功能。经验告诉人们,功能决定于三维的立体结构,立体结构决定于一维的线性氨基酸[残基]序列。这些经验的线索有:第一,具有不同功能的蛋白质总是具有不同的氨基酸序列;第二,在数以千计的人类遗传疾病中都观察到有缺陷的蛋白质产生。这种缺陷的蛋白质可以是氨基酸序列中某个(或某几个)残基发生改变,例如**镰状细胞贫血病**(见第 4 章);也可以是多肽链中相当部分的肽段发生缺失,例如大多数的**杜兴氏肌营养不良症**(Duchenne muscular dystrophy,DMD),编码**肌营养不良蛋白**(dystrophin,此蛋白质本身是一种桥联胞内细胞骨架和胞外基质的蛋白质-糖蛋白复合体的正常组分)的基因缺失导致缩短的无活性肌营养不良蛋白质的产生并引起疾病。由此可知,蛋白质的一级结构改变,其功能也可能发生变化;第三,当比较不同物种中功能相同或相似的蛋白质,发现它们经常具有相似的氨基酸序列,这些蛋白质被称为**同源蛋白质**(homologous protein)。其中一个极端的例子是**泛素**(ubiquitin),由 76 个残基组成,参与调节其他蛋白质的降解,从果蝇和人这样完全不同的物种中提取的泛素,它们的氨基酸序列竟是一样的。

那么一种特定蛋白质的氨基酸序列是否绝对固定或不变? 否。有一定的可变性或柔性。估计在人的群体中有 20%~30% 的蛋白质是多态的(polymorphic),即存在氨基酸序列的变体(variant)。序列方面有许多这样的变体,但对蛋白质的功能影响不大或很小,甚至不产生影响。而且,远缘的物种中行使相似功能的蛋白质,在大小和氨基酸序列方面都有很大的差别。虽然同源蛋白质在一级结构的很多区段氨基酸序列可能有很大的变化,但并不影响它们的生物学功能。这些蛋白质具有共同的关键性区域,这些区域对它们的功能是必需的,这些区域的序列是保守的、基本不变的。关于蛋白质的结构与功能关系将在第 4 章中进一步讨论。

(二) 蛋白质一级结构的举例

1953 年在生物化学史上发生了两件大事:一是 Watson 和 Crick 推定了 DNA 的双螺旋结构,并提出了 DNA 精确复制的结构基础(见第 11 章和第 30 章);二是 Sanger 用化学方法测定了胰岛素多肽链的氨基酸[残基]序列(图 2-28)。这使许多研究者惊奇不已,因为在此以前他们一直认为测定一个多肽链的氨基酸序列是一个不可及的困难任务。1953 年以来已用化学方法漂亮地测定出数以千计的蛋白质的一级结构;并根据 Watson-Crick 理论确立的 DNA 核苷酸序列与蛋白质氨基酸序列之间的对应关系,从基因的核苷酸序列推定出多肽链的氨基酸序列,至今已有上百万个不同的蛋白质序列直接从快速增长的基因组数据库中的 DNA 序列推定出来。

胰岛素(insulin)是胰岛 β 细胞分泌的一种激素。生物体内在核糖体上初合成时,是一条相对分子质量比胰岛素大一倍多的单链多肽,称**前胰岛素原**(preproinsulin),是胰岛素原的前身,在它的 N 端(即胰岛素 B 链的 N 端)比胰岛素原多一段肽链(约含 20 个残基),称为**信号肽**(signal peptide)。信号肽引导新生

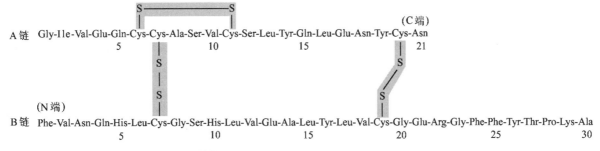

图2-28　牛胰岛素的一级结构（共价结构）

A链在人、猪、狗、兔和抹香鲸的胰岛素中是一样

多肽链进入内质网腔后，立即被酶切除，剩余的多肽链折叠成含3个二硫键的**胰岛素原**。后者进入高尔基体，在酶的催化下除去一段连接胰岛素B链C端和A链N端的连接肽简称**C肽**（约含30个残基），转变为成熟的胰岛素。

　　1953年Sanger等人首次完成了胰岛素的全部化学结构的测定工作。胰岛素分子含两条多肽链，A链（含21个残基）和B链（含30个残基）。这两条多肽链通过两个链间二硫键连接起来，其中的A链还有一个链内二硫键。牛胰岛素的一级（共价）结构见图2-28。

　　牛胰核糖核酸酶也称**核糖核酸酶A**（ribonuclease A，简写为RNase A）。20世纪50年代末美国学者S. Moore等人完成了RNase A的全序列分析（图2-29）。它是测出一级结构的第一个酶分子，由124个残基组成的单条多肽链，含4个链内二硫键。核糖核酸酶A是具有高度专一性的RNA内切酶（见第12章）。

　　血红蛋白（hemoglobin）α链（含141个残基）和β链（含146个残基）的氨基酸序列见图2-40测定是蛋白质化学取得的另一重大成就。

　　除上述几种蛋白质外，肌红蛋白、细胞色素 c、溶菌酶、烟草花叶病毒的外壳蛋白等的一级结构也已测出。现已确定了上百万种蛋白质的氨基酸序列。其中很大的有β-半乳糖苷酶（1021残基）和大肠杆菌RNA聚合酶的β亚基（1407残基），它们的序列是根据cDNA推定而来的。

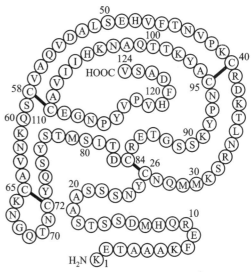

图2-29　核糖核酸酶A的一级结构

图中单字母符号代表氨基酸残基；黑短棒代表二硫键

（三）　蛋白质序列数据库

　　蛋白质化学家收集的一个蛋白质序列数据库（database）可以在《蛋白质序列和结构图册》（Dayhoff M O, ed al. Altas of Protein Sequence and Structure, 1972—1978, Washington, DC: National Biomedical Research Foundation）中找到。然而现在大多数的蛋白质序列信息都是从基因的核苷酸序列翻译成氨基酸序列的。由于测定克隆基因的核苷酸序列比测定蛋白质的氨基酸序列更快、信息更多，因此有不少电子数据库问世，储存的序列资料以惊人的速度不断扩充，并且个人电脑可以很方便地利用它。现在测定了一个新的多肽链氨基酸序列后，研究者所做的第一件事就是通过电脑和相关的软件将所得的结果与数据库中的其他已知的序列进行比较，确定是否是新的或是同源的，从中可得到更多的有用信息。这些数据库中较有名的有美国国家生物医学研究基金会（Nationl Biomedical Research Foundation，NBRF）主持的PIR［Protein Information Resource（蛋白质信息库）］；美国政府支持的GenBank［Gene Sequence Data Bank（基因序列数据库）］和欧洲的EMBL［European Molecular Biology Laboratory Data Bank（欧洲分子生物学实验室数据库），网址：www. ebi. ac. uk］。这些年来，上述几个大的序列库不断加强合作，各相关序列库的数据存储格式已

逐步走向统一。

（四）蛋白质化学测序的策略

虽然现在许多蛋白质的序列是直接从 DNA 序列推演而来的。然而，现代的蛋白质化学仍然使用传统的多肽测序方法。这些方法能够揭示许多在基因序列中不清楚的细节，例如蛋白质合成后发生的修饰。蛋白质化学测序与一些新的方法互补，提供多种途径以获得氨基酸序列数据。这些数据对生物化学研究的许多领域都是关键的。

测定蛋白质的一级结构，要求样品必须是均一的，纯度应在 97% 以上，同时必须知道它的相对分子质量，其误差允许在 10% 左右。关于蛋白质的分离、纯化和相对分子质量测定的问题将在第 5 章讨论。

多肽链的化学测序主要根据 Sanger 实验室中发展起来的方法进行。虽然测定每种蛋白质的一级结构都有自己特殊的问题需要解决，但测定的一般策略可以概括为以下几个步骤：

（1）**确定蛋白质分子中不同多肽链的数目**　根据蛋白质末端残基的分析可以确定蛋白质分子中不同多肽链的数目（种类），因为不同的多肽链一般含有不同的末端残基。如果蛋白质只含一种多肽链，则可能是**单体蛋白质**（monomeric protein）或是**同多聚蛋白质**（homomultimeric protein）；蛋白质摩尔数与末端基摩尔数相等，则是单体蛋白质；末端基摩尔数是蛋白质摩尔数的整倍数，则是同多聚蛋白质。如果蛋白质含有两种或多种多肽链，则是**杂多聚蛋白质**（heteromultimeric protein）。

（2）**拆分蛋白质分子的多肽链**　如果是多聚（寡聚）蛋白质，则其多肽亚基必须加以拆分。如果这些多肽链是借助非共价键相互作用缔合的，则可用变性剂如尿素、盐酸胍或高浓度盐进行处理，就能使蛋白质的亚基分开。如果多肽链间是通过共价二硫键交联的，如胰岛素（含两条多肽链）和 α-胰凝乳蛋白酶（含 3 条多肽链），则须采用氧化剂或还原剂将二硫键断开。断开后的各多肽链可根据它们的大小或/和电荷的不同进行分离和纯化（见第 5 章）。

（3）**断裂多肽链内的二硫键**　多肽链内半胱氨酸残基之间的 S—S 桥必须在进行第 4 步前予以断裂。

（4）**分析每一多肽链的氨基酸组成**　经分离、纯化的多肽链一部分样品进行完全水解，测定它的氨基酸组成，并计算出每个蛋白质分子（或多肽亚基）中氨基酸组成的分子比或各种残基的数目。氨基酸组成的信息可用于解释其他步骤的结果。

（5）**鉴定多肽链的 N 端和 C 端残基**　多肽链的另一部分样品进行末端残基的鉴定，用作重建完整多肽链序列时的两个重要参考点。

（6）**裂解多肽链成较小的片段**　用两种或几种不同的断裂方法（指断裂点不一样）将每条多肽链样品降解成两套或几套重叠的**肽段**（肽碎片）。每套肽段进行分离和纯化，并对每一纯化了的肽段进行下一步的测序工作。

（7）**测定各肽段的氨基酸序列**　目前最常用的肽段测序方法是 Edman 降解法，并有自动序列分析仪可供利用。此外尚有质谱法和其他方法。

（8）**重建完整多肽链的一级结构**　利用两套或两套以上肽段的氨基酸序列彼此间有交错重叠可以拼凑出原来的完整多肽链的氨基酸序列。

（9）**确定二硫键的位置**　具体方法见下面。

必须指出：这里的测序虽未包括辅基成分分析，但是它应属于蛋白质化学结构测定的内容。

十、蛋白质测序的一些常用方法

（一）末端残基分析

为了标记和鉴定多肽链的 N 端残基，Sanger 最先开发了**二硝基氟苯**（1-fluoro-2,4-dinitrobenzene，FDNB）试剂。多肽的游离末端氨基与 FDNB 反应生成二硝基苯多肽（DNP-多肽）。由于 FDNB 与氨基反应生成的键对酸远比肽键稳定,因此DNP-多肽经酸水解后,N端残基以黄色的DNP-氨基酸被释放,其余的都成为游离氨基酸(图2-30A)。生成的DNP-氨基酸经有机溶剂提取后,可用纸层析、薄层层析或高效液相色谱(第5章)等方法进行鉴定。

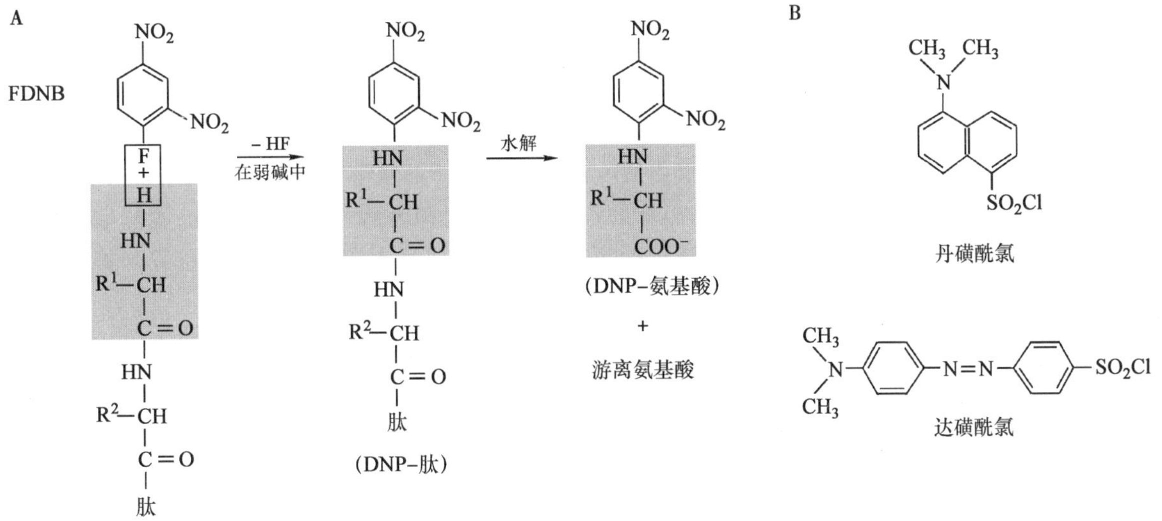

图2-30 多肽链N端氨基酸残基的鉴定(A)和N端氨基的几种标记试剂(B)

用于标记N端残基的试剂还有丹磺酰氯(dansyl chloride,即5-二甲基氨基-1-萘磺酰氯)和达磺酰氯(dabsyl chloride,即2,4-二甲基氨基-偶氮苯-4′-磺酰氯)(图2-30B)。由于这些化合物具有强烈的荧光基团,生成的衍生物比DNP衍生物更易检出。

C端残基主要采用**羧肽酶法**测定。**羧肽酶**(carboxypeptidase)是一类肽链外切酶,称为**外肽酶**(exopeptidase),它专一地从肽链的C端逐个降解,测定逐个释放的氨基酸,可推断出C端残基和C端的一小段肽的序列。

(二) 二硫键的断裂

由于二硫键干扰多肽链的酶促裂解和化学断裂(测序策略步骤6)以及Edman法的肽链测序(测序策略步骤7),多肽结构中的二硫键必须事先断裂。断裂二硫键常采用**过甲酸**(performic acid)氧化法或**二硫苏糖醇**(dithiothreitol,DTT)还原法(图2-31)。强氧化剂过甲酸可定量打开胱氨酸残基的二硫键,生成**磺**

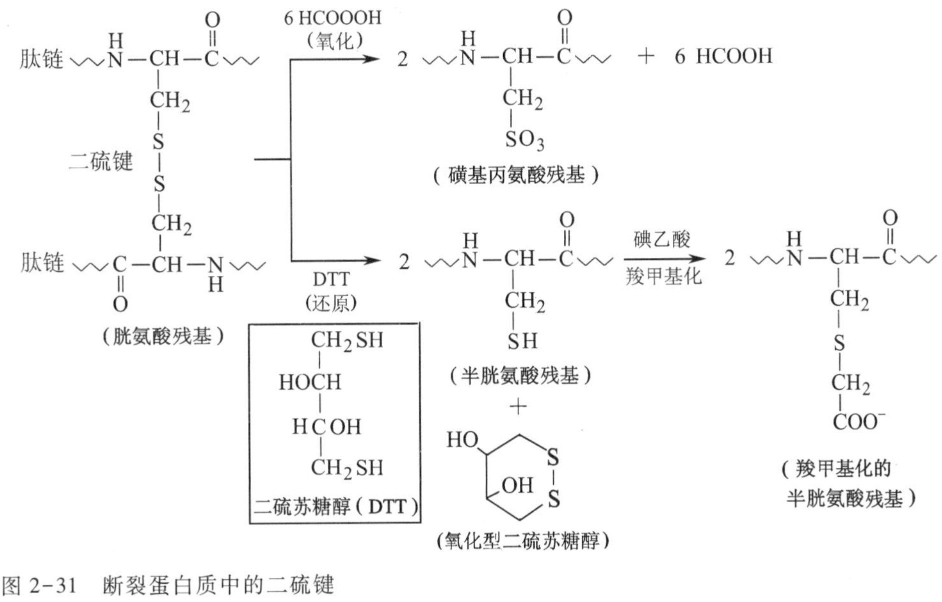

图2-31 断裂蛋白质中的二硫键

基丙氨酸(cysteic acid)残基。还原剂巯基化合物,如二硫苏糖醇,也能断裂二硫键,生成半胱氨酸残基及相应的二硫化物。反应中二硫苏糖醇被氧化成一个含分子内二硫键的稳定六元环(氧化型二硫苏糖醇),使反应平衡向右方移动。由于半胱氨酸(残基)中的巯基极易被氧化成二硫键,因此利用巯基化合物打开二硫键时,需要用卤化烷如碘乙酸或碘乙酰胺等试剂与巯基反应把它保护起来,以防止巯基重新氧化。

(三) 氨基酸组成的分析

待测样品经完全水解后,用氨基酸自动分析仪进行测定。对一个 M_r $30×10^3$ 的蛋白质,氨基酸组成分析仅需 6 μg 样品,分析时间不到 1 h。用于蛋白质氨基酸组成分析的水解方法主要是酸水解,同时辅以碱水解以测定色氨酸含量。酸水解中氨基酸遭破坏的程度与保温时间有线性关系,因此该氨基酸在蛋白质中的真实含量可通过在不同的保温时间(24 h,48 h 和 72 h)测出样品中该氨基酸的含量并外推至零时间的方法求出。

蛋白质的氨基酸组成一般用每摩尔蛋白质中含某氨基酸残基的摩尔数表示,很多种蛋白质的氨基酸组成已被测定,表 2-9 列出几种蛋白质的氨基酸组成。

表 2-9　几种蛋白质的氨基酸组成

氨基酸	氨基酸残基数/蛋白质分子				氨基酸	氨基酸残基数/蛋白质分子			
	A[①]	B	C	D		A	B	C	D
Ala	6	12	9	19	Cys	2	8	5	1
Val	3	9	7	17	Tyr	4	6	4	8
Leu	6	2	8	20	Asn	5	10	2	17
Ile	6	3	4	10	Gln	3	7	4	9
Pro	4	4	4	17	Asp	3	5	11	14
Met	2	4	4	2	Glu	9	5	9	13
Phe	4	3	2	11	Lys	19	10	4	18
Trp	1	0	1	6	Arg	2	4	1	7
Gly	12	3	6	16	His	3	4	1	11
Ser	0	15	7	30					
Thr	10	10	8	14	残基总数	104	124	97	260

① A.马心细胞色素 c;B.牛胰核糖核酸酶;C.菠菜铁氧还蛋白;D.人碳酸酐酶。

(四) 多肽链的部分裂解

目前用于测序的 Edman 化学降解法通常一次只能连续降解 50~60 个残基。而天然的蛋白质分子或亚基大多数在 100 个残基以上,因此必须将长的多肽链裂解成较小的肽段(碎片),才能进行测序。为此,经纯化并断开二硫键的多肽链,选用专一性强的蛋白酶或化学试剂进行有控制的裂解。裂解时要求断裂点少,作用专一性强,反应产率高(图 2-32)。

蛋白酶(protesae)是一类肽链内切酶称**内肽酶**(endopeptidase),测序中常用的有:① 牛的**胰蛋白酶**(trypsin),这是最常用的酶,专一性强,只断裂赖氨酸残基或精氨酸残基的羧基侧肽键。用它断裂多肽链得到的是相应的以 Lys 或 Arg 为 C 端残基的肽段。产生的肽段数目等于多肽链中 Arg 和 Lys 总数加 1(多肽链的 C 端肽段)。② 小鼠的**下颌腺蛋白酶**(submaxillarus protease),此酶专一地作用于 Arg 残基的羧基侧肽键。③ 牛的**胰凝乳蛋白酶**或称**糜蛋白酶**(chymotrypsin),此酶的专一性不如胰蛋白酶。它断裂 Phe、Trp 或 Tyr 等疏水氨基酸残基的羧基侧肽键。如果断裂点邻近的基团是碱性的残基,裂解能力增强,是酸性的,裂解能力减弱。④ **葡萄球菌蛋白酶**(staphylococcal protease),它是从金黄色葡萄球菌菌株 V8(*Staphylococcus aureus*,strain V8)中分离得到的,它专一地断裂 Glu 残基或 Asp 残基的羧基侧肽键。
⑤ **Asp-N-蛋白酶**(Asp-N-protease),从一种假单胞杆菌(*Pseudomonas fragi*)中获得,专一地断裂 Glu 残基

或 Asp 残基的氨基侧肽键。⑥ **胃蛋白酶**（pepsin），它的专一性与胰凝乳蛋白酶类似，但它断裂的是 Phe、Trp、Tyr 或 Val 等疏水氨基酸残基的氨基侧肽键。此外与胰凝乳蛋白酶不同的是酶作用的最适 pH，前者是 pH 2，后者是 pH 8～9。⑦ **内切蛋白酶 Lys C**（endoproteinase Lys C），从一种溶菌性细菌（*Lysobactier enzymogenes*）中获得，它专一断裂 Lys 残基的羧基侧肽键。

化学裂解法主要应用**溴化氰**（cyanogen bromide），它只断裂甲硫氨酸残基的羧基侧肽键。由于多数蛋白质只含很少的 Met 残基，因此 CNBr 裂解产生的肽段数目不多。断裂后生成的原 N 端肽段的 C 端残基（Met）变成高丝氨酸内酯。

多肽链用上述方法断裂后，所得的肽段混合物使用凝胶过滤、凝胶电泳和 HPLC 等方法（见第 5 章）进行分离纯化。

胰蛋白酶	R^1 = Lys 或 Arg
小鼠下颚腺蛋白酶	R^1 = Arg
胰凝乳蛋白酶	R^1 = Phe、Trp 或 Tyr
葡萄球菌蛋白酶	R^1 = Asp 或 Glu
Asp-N-蛋白酶	R^2 = Glu 或 Asp
胃蛋白酶	R^2 = Phe、Trp、Tyr 或 Leu 等疏水残基
内切蛋白酶 Lys C	R^1 = Lys
溴化氰	R^1 = Met

图 2-32　几种蛋白酶和溴化氰断裂多肽链的专一性

（五）　肽段氨基酸序列的测定

1. Edman 化学降解法

经裂解和分离纯化处理得到的大小适宜、纯度合格的肽段，即可分别对它们的氨基酸序列进行测定。肽段测序有化学的、物理的和生物学的方法，但最先使用并仍在使用是 Edman 化学降解法。此法最早用于鉴定 N 端残基。降解试剂**苯异硫氰酸酯**（PITC）与肽链反应只标记和除去一个 N 端残基，肽链的其余肽键不被水解。N 端残基被除去并鉴定后，剩下的肽链暴露出一个新的 N 端残基，可与 PITC 发生第二轮反应（图 2-33）。实际上分析时常把肽链的羧基端与不溶性树脂偶联，这样每轮 Edman 反应后，只要通过过滤即可回收剩余的肽链，以利反应循环进行。理论上讲，进行 n 轮反应就能测出 n 个残基的序列。

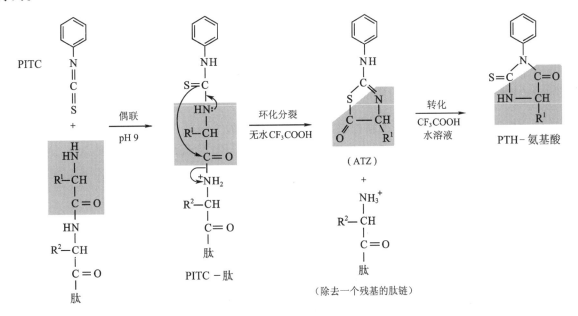

图 2-33　Edman 化学降解反应

反应分三步进行。① 偶联：PITC 与肽链连接，生成苯氨基硫甲酰肽（phenyl-thiocarbamyl），简称 PTC-肽；② 环化断裂：PTC-肽，在无水三氟乙酸中，最靠近 PTC 基的肽键断裂，生成的 PTC-氨基酸环化成苯胺基噻唑啉酮（aniline thiazolininel，ATZ）；③ 转化：ATZ 在酸性水溶液中转变为稳定的苯乙内酰硫脲（phenylthiohydantoin）氨基酸，简称 PTH-氨基酸利用 Edman 降解法一次能连续测出 50~60 个残基的序列,也有报导一次测出 90~100 个残基的序列。Edman 降解法测序操作程序非常麻烦,工作量很大。蛋白质序列仪(protein sequencer)的出现既免除了手工测定的麻烦,又满足了蛋白质微量序列分析的需要。该仪器的灵敏度高,蛋白质样品的最低用量在 5p mol 水平。

2. 质谱法

质谱法(mass spectrometry,简写为 **MS**)可用来测定高精度的分子质量;同时通过测定样品分子裂解产生的一些碎片(fragment)质量,可以获得有价值的结构信息,如**肽谱**(peptide map)或称**肽质量指纹图谱**(peptide mass fingerprint)和肽氨基酸序列。

质谱法的基本原理是待测样品也称分析物(analyte)在质谱仪(图 2-34)的离子源(ion source)中通过一定方式发生电离;生成的荷电分子和/或荷电分子碎片在质量分析器(mass analyzer)中,通过磁场或其他方式的作用下,按它们的**质荷比**(mass-to-charge ratio 或 m/z)大小分开,并依次冲击离子检测器(ion detactor),在记录仪的图纸横坐标上相应的 m/z 位置以峰或线的形式出现,峰高反映冲击检测器的、具有特定 m/z 的离子的数目,以纵坐标上的强度表示。这就是一个化合物的**质谱**〔**图**〕(mass spectrum 或 mass-spectrogram)。质谱上最高的峰称为**基峰**(bass peak),并人为规定它的强度为 100%。

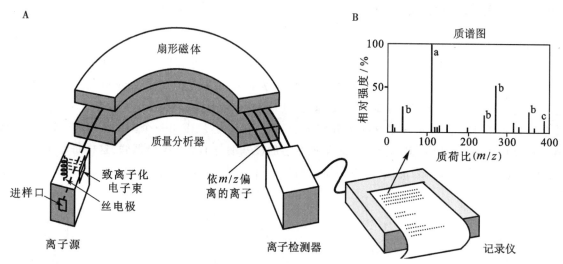

图 2-34　电子撞击-扇形磁体质谱仪(A)的图解和质谱示意图(B)
质谱图中 a 为基峰(强度为 100%);b 为碎片峰;c 为母体峰(m/z 值最大)

质谱法分析需要挥发性样品,并必须把它离子化。最经典的方法是在高真空中用高能电子束(通常 70 eV 或 6 700 kJ/mol)轰击电子源中的气化样品分子(RH),从 RH 中逐出一个价电子(e^-),使成一个具有奇数电子的正离子自由基($RH^+\cdot$),称为**分子离子**(molecular ion):

$$RH \xrightarrow{e^-} RH^+\cdot + e^-$$

　　样品分子　　　　　分子离子

它在质谱上的峰称为母峰(parent peak)。母峰不一定是基峰,有时甚至观察不到,如果当被测分子受电子轰击时很快地被裂解成碎片离子的话。

由于蛋白质(以及核酸和多糖)这类生物大分子挥发度很低,受热又容易被分解,因此想获得能用于 MS 分析的气相离子就要求有革新的方法。1988 年开发了两项技术,解决了这个难题。一项是强行使溶液中的蛋白质分子直接从液体进入真空系统(气相);这一技术称为**电喷雾离子化**(electrospray ionization, **ESI**)。ESI 的基本步骤是待分析的蛋白质溶液在高电位(数千伏)下,通过毛细针管,由于溶液中电荷间的排斥力大于表面张力,样品溶液被喷散成荷电的细小雾状微滴;随着微滴中溶剂的蒸发,微滴表面的电荷密度增加,到达某一临界点时,蛋白质分子将以质子化的多电荷离子形式从液滴表面射出并被导入气相(图2-35B)。另一项是把蛋白质样品置于吸光的基质中,用短脉冲激光引起基质激发,进而使蛋白质离子化并从基质解吸进入气相。这一技术称为**基质辅助激光解吸离子化**(matrix-assisted laser desorption ionization,**MALDI**)。这两种方法,由于外加能量没有直接作用于样品分子,因此分子结构一般保持完好,正适于生物大分子的分析。

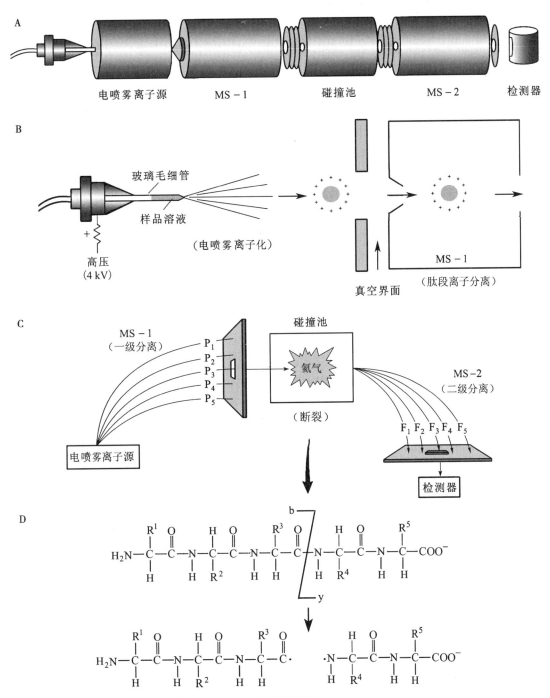

图 2-35　电喷雾离子化串联质谱法(ESI-MS/MS)肽段测序
A. ESI-MS/MS 装置示意图;B. ESI 的主要步骤;C. MS/MS 测序图解;D. 碰撞池中发生的肽断裂

图 2-34 中示出的质量分析器是磁分析器,它适用于一般的有机分子质谱分析。用于生物大分子质谱分析的主要是飞行时间(time of flight,TOF)质量分析器和四极滤质器(quadrupole mass-filter)等。关于它们的详细介绍参看本章后面所列的参考书目 3。

肽段的质谱法测序采用**串联质谱**(tandem MS 或 **MS/MS**)技术进行。串联质谱的装置主要是由两台质谱仪 MS-1 和 MS-2 串联而成(图 2-35A)。MS-1 起类似色谱的作用,用于蛋白质酶解液样品中肽段离子(P_1、P_2、P_3等)的分离,以获得一级质谱;然后依次导入 MS-2 中以获得所选肽段离子(例如 P_3)的碎片质谱(二级质谱)。MS-1 的前端装有 ESI 式离子源,用于样品中混合肽段的离子化(图 2-35B)。在 MS-1 和 MS-2 之间的通道上串联一个真空的碰撞池(collision cell),从一级质谱中选出的待测肽段离子,在进入 MS-2 之前先在这里跟少量惰性气体如氦或氩分子发生高能撞击,断裂成类似电子轰击产生的离子碎片(F_1、F_2、F_3等),以便进入 MS-2 进行扫描(图 2-35C)。

一级质谱中选出的肽段样品(如 P_3),它的每一个分子都沿长向的某一处有一个电荷。样品进入碰撞池后,多数肽段分子平均只有一处被断裂,而且多数断裂都发生在肽键上。这种裂解没有水的加入(这是在几乎真空中进行的),因此产物中可以有分子离子自由基,如羰基自由基(图 2-35D)。原先肽上的电荷保留在由它产生的一个碎片(羧基端碎片或氨基端碎片)上。

MS-2 能扫描所有荷电的碎片(没有荷电的碎片不被检测)并产生一套或多套质谱峰。假定一套峰是由同一类型的键(但在肽的不同部位)断裂产生并来自断裂键的同一侧(羧基端侧或氨基端侧)的荷电碎片所组成的,则在给定这套峰中每一个相继的峰比前一个峰少一个氨基酸残基。两个相邻峰的碎片 M_r 之差就是被裂解掉的那个残基的相对分子质量,由于这个差值是各种氨基酸的特征值,其范围从 57(Gly)到 186(Trp)。因此可以根据相继峰之间的质量差鉴定出每次裂解丢失的氨基酸残基,从而揭示出肽的序列。唯一问题是亮氨酸和异亮氨酸区分不开(因为它们的相对分子质量相同),需要另作处理。

在二级质谱图上由肽键断裂产生的两套峰最为突出。一套是由氨基端侧碎片离子(b-型)组成;另一套是由羧基端侧碎片离子(y-型)组成。这两套峰可以根据它们质量上的细微差别区分开来,因为在碰撞池中发生的键断裂不产生完整的氨基和羧基,肽碎片上唯一完整的氨基和羧基就在原来的末端处(图 2-35D)。从一套峰(如 b-型)推断出的序列可以跟从另一套(y-型)获得的序列互相验证,增加所得序列的可靠性。

MS/MS 测序的优点是灵敏度高,所需的样品量少(低于 p mol 的水平);准确度高,测定速度快,目前串联质谱在数分钟内就能测出一个含 20~30 个残基的肽序列。然而目前串联质谱还限于一些较短的序列(一般不超过 15 个残基)。

如果一种生物的基因组序列为已知,则该生物的一种蛋白质只要测出它一小段序列就能在序列数据库里推定出它的全序列。质谱测序对于以编目如在双向凝胶电泳上分出的数以百计的细胞蛋白质为目标的蛋白质组学研究是很理想的(见第 36 章)。

3. 根据基因的核苷酸序列推定多肽的氨基酸序列

现代生物学表明,细胞内的遗传信息流主要是从 DNA 到 RNA 到蛋白质。核酸分子的线性核苷酸序列决定蛋白质分子的氨基酸序列,也即遵循由三个相邻的核苷酸规定一个氨基酸的**三联体密码规则**(见第 33 章)。由于基因分离技术和快速 DNA 测序技术的发展,使得根据编码多肽的基因核苷酸序列来推定多肽的氨基酸序列成为可能。现在大多数蛋白质的氨基酸序列都是用这种间接的推定法获得的。虽然 DNA 测序比蛋白质测序更快、更准确,但如果基因尚未被分离,直接测定多肽的氨基酸序列还是必要的。因为直接测定可以提供 DNA 序列所不能提供的信息,例如二硫键的定位。此外如果知道一个多肽的部分序列,就可以大大地简化其相应基因的分离(见第 29 章)。

用于分析蛋白质和核酸两者的一系列方法开创了一门新的科目"**全细胞生物化学**"(whole cell biochemistry)。现在很多生物,从病毒到细菌到多细胞的真核生物直至人,都有它们的基因组 DNA 的全序列可供利用(表 2-10)。成千上万的基因,包括编码未知功能的蛋白质的基因正被发现。为描述一个生物体基因组编码的全套蛋白质,研究者创设了一个新词"**蛋白质组**"(proteome)来表示它。正如第 36 章中所述,**基因组学**(genomics)和**蛋白质组学**(proteomics)这两个新的学科将在细胞的中间代谢和核酸代谢方面体现出它们的相互补充,以便在细胞甚至生物体的水平上绘制出新的、日益完善的生物化学图谱。

表 2-10 已完成基因组测序的众多生物中的几种

生物	基因组大小/核苷酸对	基因组	生物学意义
支原体（Mycoplasma genitalium）	5.8×10^5	4.8×10^2	最小的真正生物
梅毒密螺旋体（Treponema pallidum）	1.1×10^6	1.0×10^3	引起梅毒
幽门螺旋杆菌（Helicobacter pylori）	1.7×10^6	1.6×10^3	引起胃溃疡
大肠杆菌（Escherichia coli）	4.6×10^6	4.4×10^3	某些菌株是人的病原体
酿酒酵母（Saccharomyces cerevisiae）	1.2×10^7	5.9×10^3	单细胞真核生物
稻（Oryza sativa）	3.9×10^8	3.2×10^4	水稻
果蝇（Drosophila melanogaster）	1.2×10^8	2.0×10^4	实验用蝇
小家鼠（Mus musculus domesticus）	2.6×10^9	2.7×10^4	实验用小鼠
黑猩猩（Pan troglodytes）	3.1×10^9	4.9×10^4	一种类人猿
智人（Homo sapiens）	3.1×10^9	2.9×10^4	人类

（六）肽段在原多肽链中的次序的确定（氨基酸全序列的重建）

一般来说，如果多肽链只断裂成两段或三段便能测出它们的氨基酸序列，我们就不难推断出它们在原多肽链中的前后次序，只要知道原多肽链的 C 端和 N 端的氨基酸残基即可，除非末端残基恰好与切口的氨基酸一样才不能得出结论。然而多数场合，断裂得到的肽段多于此数目，因此除了能确定 C 端肽段和 N 端肽段的位置之外，中间那些肽段的次序还是不能肯定。为此，需要用两种或两种以上的不同方法断裂多肽样品，使其成两套或几套肽段。不同的断裂方法是指断裂的专一性不同，即切口是彼此错位的，因此两套肽段正好相互跨过切口而重叠（overlap），这种跨过切口而重叠的肽段称**重叠肽**（overlaping peptide）。

借助重叠肽可以确定肽段在原多肽链中的正确次序，拼凑出整个多肽链的氨基酸序列（图 2-36）。同时，两套肽段可以互相核对各个肽段的氨基酸序列测定中是否有差错。如果两套肽段还不能提供全部必要的重叠肽，则必须使用第三种甚至第四种断裂方法以便得到足够的重叠肽，用于确定多肽链的全序列。

```
所得资料：        N端残基       H
                 C端残基       S
                 第一套肽段                第二套肽段
                 OUS                      SEO
                 PS                       WTOU
                 EOVE                     VERL
                 RLA                      APS
                 HOWT                     HO

借助重叠肽确定肽段次序：
   末端残基        H                              S
   末端肽段        HOWT                          APS
                                               或 OUS
   第一套肽段      H O W T O U S E O V E R L A P S
   第二套肽段      H O W T O U S E O V E R L A P S
   推断全序列      H O W T O U S E O V E R L A P S
```

图 2-36 借助重叠肽确定肽段在原多肽链中的次序示意图
图中字母代表氨基酸残基（但这里不是氨基酸的单字母符号），底下用黑线连接表示是一个肽段

（七） 二硫键位置的确定

如果蛋白质分子中存在链间或链内二硫键,则在完成多肽链的氨基酸序列分析以后,需要对二硫键的位置加以确定。确定二硫键的位置一般采用适当的试剂,如胃蛋白酶断裂含二硫键的蛋白质样品。所得的肽段混合物可以使用 Brown 及 Hartlay 的**对角线电泳**(diagonal electrophoresis)进行分离(电泳技术见第 5 章)。对角线电泳是:把水解后的含二硫键的混合肽段点到滤纸的中央,在 pH 6.5 的条件下,进行第一向电泳。然后把滤纸暴露在过甲酸蒸气中,使 S—S 断裂。此时每个含二硫键的肽段被氧化成一对含磺基丙氨酸的肽。滤纸旋转 90°角,在与第一向完全相同的条件下进行第二向电泳。在这里,大多数肽段的迁移率未变,并将位于滤纸的一条对角线上(图 2-37),而含磺基丙氨酸的成对肽段比原来含二硫键的肽小而负电荷增加,结果它们都偏离了对角线。肽斑可用茚三酮显色确定。将每对含磺基丙氨酸的肽段(未用茚三酮显色的)分别取下,进行氨基酸序列分析,然后与多肽链的氨基酸序列比较,即可推断出二硫键在肽链间或(和)肽链内的位置。

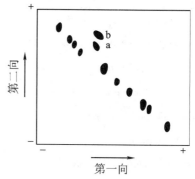

图 2-37　对角线电泳图解

图中 a,b 两个斑点是由一个二硫键断裂产生的肽段

十一、氨基酸序列与生物进化

从蛋白质的线型氨基酸序列可以得到它的三维结构、功能、细胞定位和进化等方面的信息,这些信息多数来自于目标蛋白质跟以前研究过的蛋白质之间的序列同源性(相似性)比较。现在已有成千上万的序列(包括基因和蛋白质)通过计算机互联网从生物数据库中可以找到并利用。本节主要介绍氨基酸序列和生物进化的关系。

（一） 序列的同源性、同源蛋白质和蛋白质家族

当两个基因有着明显的序列相似性(DNA 中的核苷酸序列或其编码的蛋白质中氨基酸序列),则说它们具有序列**同源性**(homology),或说序列是同源的(homologous);它们编码的蛋白质称为**同源蛋白质**(homolog,homologous protein)。同源蛋白质往往具有相同或相似的功能和三维结构。同源蛋白质的概念可以进一步细化。如果两个同源蛋白质是来自不同物种的,则称它们为**直向(定向进化)同源蛋白质**(ortholog,orthologous protein),直向同源蛋白质功能相同,结构相似;推测直向同源基因在不同的物种中编码行使同一功能的蛋白质。如果两个同源蛋白质是存在于同一个物种的,则称它们为**共生(平行进化)同源蛋白质**(paralog,paralogous protein);认为编码它们的同源基因是由于基因重复并随后两个拷贝序列发生渐变而产生的;一般共生同源蛋白质不仅它们的序列相似而且立体结构也都相似,虽然在进化岁月中它们的生物功能发生了变化,相似而不相同。

虽然我们尚不清楚氨基酸序列是如何决定三维结构的,也还不能从序列预测功能;然而根据氨基酸序列的同源性可以确定具有某些功能和结构特点的**蛋白质家族**(family of protein)。一个蛋白质家族的成员就是同源蛋白质,它们有着共同的祖先。根据氨基酸序列的同源性程度,可以把各种蛋白质归属于各自的家族。一个蛋白质家族的成员一般有 25% 或更多的序列是相同的,其中较长的相似序列被称为**域**或**结构域**(详见第 3 章);一般蛋白质家族的成员具有若干共同的立体结构和功能特征,但是有些家族,序列的相似程度不高,只是根据对某一功能是关键性的少数几个氨基酸残基的认同被确定的;这几个不变氨基酸残基常分散在一个不太长的肽段中,但它们的位置是确定的,这种具有家族标志性的序列称为**模体**(motif)或序列模体,也称基序。

（二）同源蛋白质氨基酸序列的物种差异

氨基酸序列的同源性比较是利用计算机程序完成的。此程序可以直接对两个或多个待比较的蛋白质序列进行排比或对比（alignment），必要时程序会在序列中引进适当的裂口（gap）使排比获得最佳的同源性，也即引进最少数目的裂口，使在所有被比较的序列中，同一残基对齐的（位置）数目达到最大（见图 2-40）。

在进化期间蛋白质氨基酸序列中的氨基酸残基会发生变化，尤其是在外界环境发生剧烈改变的时候。就某一种蛋白质来说，对它的生物功能所必需的氨基酸残基在整个进化过程中几乎保持不变，是保守的，称为**不变残基**（invariable residue）；而对蛋白质功能不大重要的氨基酸残基在进化期间可能发生改变，即一种残基可被另一种残基替换，这些氨基酸残基被称为**可变残基**（variable residue），它们能够给人们提供追踪进化的信息。

在进化过程中，不同的蛋白质中氨基酸序列的残基突变频率可以相差很大，例如细胞色素 c，在过去的 2 千万年中，氨基酸残基的突变率为每 100 个残基约 60 次；而血红蛋白在 580 万年中，残基的突变率为每 100 个残基约 140 次；像组蛋白（histone）和泛蛋白（ubiquitin），它们的残基突变率很小，非常保守。要想追踪进化的过程，弄清物种间的亲缘关系，首先需要选定恰当的同源蛋白质家族，然后利用它们来重建进化的途径。

细胞色素 c（cytochrome c）是一种含血红素的电子转运蛋白质，系能量代谢中的重要一员，存在于所有真核生物的线粒体中。大多数细胞色素 c 含 104 氨基酸残基，相对分子质量约为 12 500。细胞色素 c 是最先被选作序列同源性比较的材料。40 多种物种的细胞色素 c 的序列比较揭示，其多肽链中 28 个位置上的氨基酸残基对所有已分析过的样品都是相同的。看来这些不变残基对这种蛋白质的生物功能是至关重要的，因此这些位置不允许被其他氨基酸所取代。细胞色素 c 除第 70 到 80 位之间的不变残基是成串存在的，其他都是不规则地分散在多肽链的各处。所有的细胞色素 c 在第 17 位上都含有一个 Cys 残基，并且所有的细胞色素 c 除一个例外，在第 14 位上都含有另一个 Cys 残基。这两个 Cys 残基是细胞色素 c 连接辅基血红素的，第 70 到 80 位上的不变残基串可能是细胞色素 c 与酶结合的部位（图 2-38）。可变残基可能是一些"填充"或间隔的区域，氨基酸残基的更换不影响蛋白质的功能。

可变残基提供了另一类信息。细胞色素 c 和其他同源蛋白质的序列资料分析得出了一个重要的结论：来自任何两个物种的同源蛋白质的氨基酸序列之间的残基差异数与这两个物种之间的系统发生差异是成比例的，也即在进化位置上相差愈远，其氨基酸序列之间的残基差异数愈大（表 2-11）。例如人和黑猩猩的细胞色素 c 是相同的（差异残基数为零）；人和其他哺乳动物（绵羊）的细胞色素 c 相差 10 个残基；人的细胞色素 c 和响尾蛇（爬行类）、鲤鱼（鱼类）、蜗牛（软体动物）和天蛾（昆虫）的分别差 14，18，29 和 31 个残基；与酵母或高等植物的相比，差数在 40 个以上。

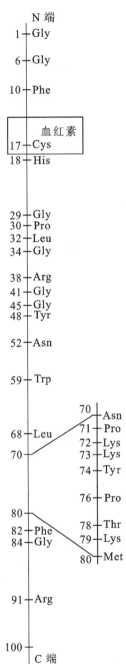

图 2-38 细胞色素 c 中的不变氨基酸残基

40 个物种的细胞色素 c 中不变残基数为 28 个，随着被测的物种数目增多，不变残基数可能会减少

表 2-11　不同生物的细胞色素 *c* 序列之间氨基酸残基差异数的比较[①]

	黑猩猩	绵羊	响尾蛇	鲤鱼	花园蜗牛	烟草天蛾	啤酒酵母	花椰菜	欧防风
人	0	10	14	18	29	31	44	44	43
黑猩猩		10	14	18	29	31	44	44	43
绵羊			20	11	24	27	44	46	46
响尾蛇				26	28	33	47	45	43
鲤鱼					26	26	44	47	46
花园蜗牛						28	48	51	50
烟草天蛾							44	44	51
啤酒酵母								47	47
花椰菜									13

① 取自 Creighton,T E,Protein Structure and Molecular Properties,W. H. Freemam and San Francisco,Co. ,1983.

　　细胞色素 *c* 的氨基酸序列资料已被用来核对各个物种之间的分类学关系以及绘制[**进化**]**系统树**（phylogenetic tree），这是一种说明物种之间进化关系的图解（图 2-39）。系统树是用计算机分析多种不同

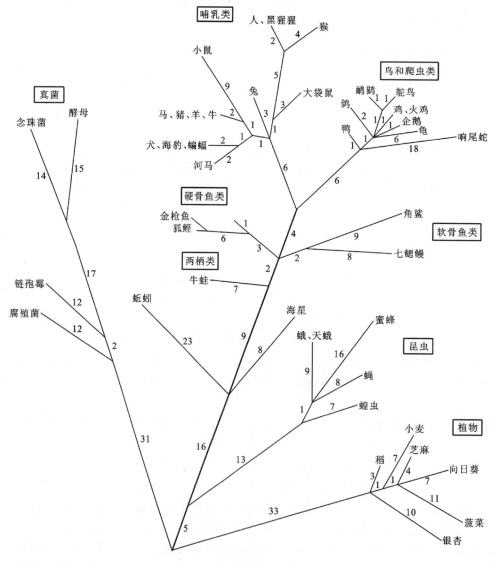

图 2-39　根据细胞色素 *c* 序列的物种差异建立的系统树
分支顶端是现存的物种；支点处是潜在（假设）祖先。沿分支线段的数字表示物种（分支顶点）和祖先（分支点）之间的或前、后祖先（分支点）之间的残基差异数

物种的细胞色素 c 序列并找出连接分支的最小突变残基数的方法构建起来的。用计算机方法还可以推论出系统树分支点处的潜在祖先序列。这种系统树与根据经典分类学建立起来的系统树非常一致。过去常认为"进化"这个概念虽可接受,但在实践中难于得到证实。根据系统树不仅可以研究从单细胞生物到多细胞生物的进化过程,而且可以粗略估计现存的各物种的分歧或趋异(divergence)时间。例如人和马的分歧时间是 7000 万~7500 万年前,哺乳类和鸟是 2.8 亿年前,脊椎动物和酵母是 11 亿年前。

(三) 同源蛋白质具有共同的进化起源

同源蛋白质的氨基酸序列比较揭示,蛋白质家族的成员有着共同的**进化祖先**(evolutionary ancestry)。前面刚讲过的进化系统树(图 2-39)表明,细胞色素 c 家族成员(直向同源蛋白质)的共同祖先存在于它们所在的物种形成之前。两个物种(两种同源蛋白质)亲缘关系愈近,它们离它们的最近共同祖先的进化时间也愈短;反之亦然。

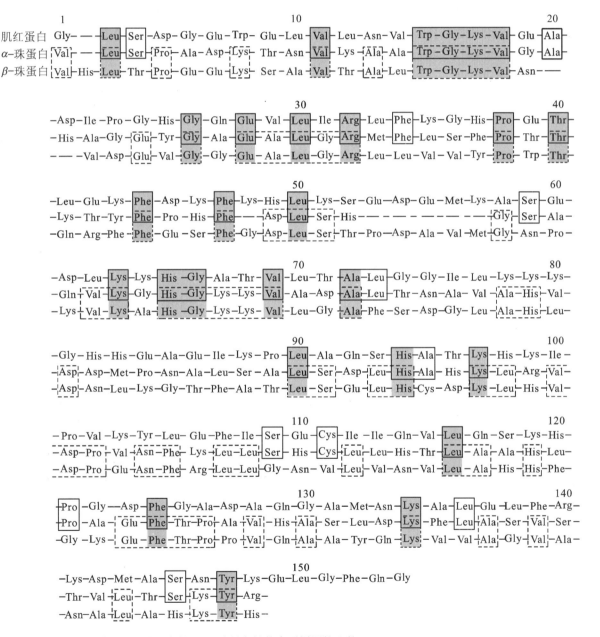

图 2-40　人肌红蛋白链、α-珠蛋白链和 β-珠蛋白链的序列同源性比较

实线框内是肌红蛋白序列和 α-珠蛋白序列的共同残基(38 个);虚线框内是 α-珠蛋白序列和 β-珠蛋白序列的共同残基(64 个);阴影部分是这 3 条链的共同残基(27 个)

下面介绍肌红蛋白-血红蛋白家族,此家族成员存在于同一个物种(如人类),是共生同源蛋白质,它们除含有辅基血红素外,就是一条多肽链,称为**珠蛋白**(globin)。家族成员之一的**肌红蛋白**(myoglobin)是肌细胞中的储氧蛋白质,含 153 个氨基酸残基。另一些成员是红细胞中的氧转运蛋白质——**血红蛋白**(hemoglobin)的亚基。成年人的血红蛋白主要是由两个 α 亚基(每亚基 141 残基)和两个 β 亚基(每亚基 146 残基)组成的四聚体($\alpha_2\beta_2$)。在胚胎发育期间还出现 γ、δ、ε 和 ζ 亚基,它们也是这个家族的成员;此外还会产生变体的亚基,有的变体甚至会引起人的分子病(见第 4 章)。这里仅举 α 亚基(α-珠蛋白链)和 β 亚基(β-珠蛋白链)跟肌红蛋白链进行排比。比较的结果

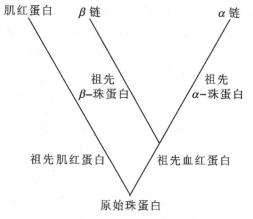

图 2-41 肌红蛋白和血红蛋白的进化树

表明,这 3 条珠蛋白多肽链具有很高的序列同源性(图 2-40)。人肌红蛋白链和人 α-珠蛋白链有 38 个氨基酸残基序列是相同的,人 α-珠蛋白链和 β-珠蛋白链有 64 个残基序列是相同的。同源性还反映在它们的三维结构上(见第 4 章)。这种同源关系反映出随机突变导致一级结构方面的残基取代和分歧发生这些事件的进化顺序。一个原始珠蛋白基因的复制产生了一个祖先肌红蛋白基因和一个祖先血红蛋白基因,肌红蛋白基因是最先被岐化出来的。其后祖先血红蛋白基因的复制产生了今天的 α-珠蛋白基因和 β-珠蛋白基因的祖先(图 2-41)。然而借血红素辅基结合 O_2 的能力仍被这 3 种多肽链保留下来。

丝氨酸蛋白酶家族的成员包括**胰蛋白酶**、**胰凝乳蛋白酶**和**弹性蛋白酶**(elastase)等,是一类蛋白水解酶,它们的催化部位都是由 Ser、His 和 Asp 这 3 个残基构成的,并因为其中的丝氨酸残基对活性起关键性的作用,所以被称为**丝氨酸蛋白酶**(serine protease)。参与血液凝固的**凝血酶**(thrombin)以及溶解血纤蛋白的**纤溶酶**(plasmin)也都属于丝氨酸蛋白酶类(见第 4 章)。这类酶显示足够的序列同源性,可以得出结论:它们是经过祖先丝氨酸蛋白酶基因的复制而来的,虽然现在它们对底物的偏爱已十分不同,也即它们的底物结合部位的肽段序列发生改变,进而形成了各自的、跟底物专一性相应的三维结构。总之,基因的复制是创造多样性的重要进化力。

一些生物功能和来源都不同的蛋白质也可能具有共同的祖先。一个著名的例子是鸡蛋清中的**溶菌酶**(lysozyme)和人乳中的**α-乳清蛋白**(α-lactalbumin),它们分别由 139 个和 123 个氨基酸残基组成。溶菌酶是一种糖苷酶,它的功能是水解细菌细胞壁的多糖成分(见第 9 章);α-乳清蛋白是调节乳腺中的乳糖合成的。这两种蛋白质的生物功能,除了都在涉及糖的反应中起作用之外,其他方面很少有相似之处。不过它们的三级结构还是十分相似的;氨基酸序列的同源性也很高,有 48 个位置的残基是相同的。由此可以推论出它们的进化关系——具有共同的进化起源。存在这种进化关系是可能的,不过时间和进程已经抹去了它们有共同祖先的大部分证据了。

十二、肽和蛋白质的化学合成:固相肽合成

很多肽化合物是有用的药物。有 3 种途径可以获得肽:① 从动、植物组织中分离纯化(但有些肽在组织中的浓度很低,造成纯化困难);② 基因工程手段(见第 35 章);③ 直接化学合成。现代的强大技术使得直接的化学合成在许多场合成为首选的方法。除商业上的用途外,一些较大的蛋白质特殊肽段的合成已成为研究蛋白质结构和功能的日益重要的手段。

1958 年,北京大学生物学系在国内首次化学合成了具有生物活性的八肽——催产素。接着于 1965 年 9 月,中国科学院生物化学研究所、有机化学研究所和北京大学化学系协作,在世界上首次人工化学合成了结晶牛胰岛素。与此同时美国和德国也合成了胰岛素。这标志着人类在研究生命起源的历程中迈进了一大步。

肽和蛋白质的人工合成是指氨基酸按照一定顺序的控制合成。实现控制合成的一个困难是,接肽反应所需的试剂能同时和其他不应参加接肽的官能团发生作用,因此接肽以前必须先把这些官能团加以封

闭或保护,以免与接肽试剂发生作用而生成不需要的肽键或其他键。肽键形成之后,再将保护基除去。因此在肽链合成过程中,每连接一个氨基酸残基,都要经过几个步骤。自然,要想得到一个足够长的多肽就必须每步都要有较高的产率。试计算一下,如果每连接一个残基的产率为96.0%,则合成50-肽的总产率为13%,合成100-肽的总产率为1.8%;如果每连接一个残基的产率为99.8%,则合成50-肽的总产率为90%,合成100-肽的总产率为82%。

作为保护基,必须符合这样的条件,即在接肽时能起保护作用,而在接肽后又很容易除去,并且不致引起肽键的断裂。目前广泛应用的氨基保护基是叔丁氧羰基(tertiary butyloxycarbonyl,BOC)和9-芴甲氧羰基(9-fluorenylmethyloxycarbonyl,Fmoc)(图2-42步骤①),这些基团可用 CF_3COOH 在室温下除去。羧基

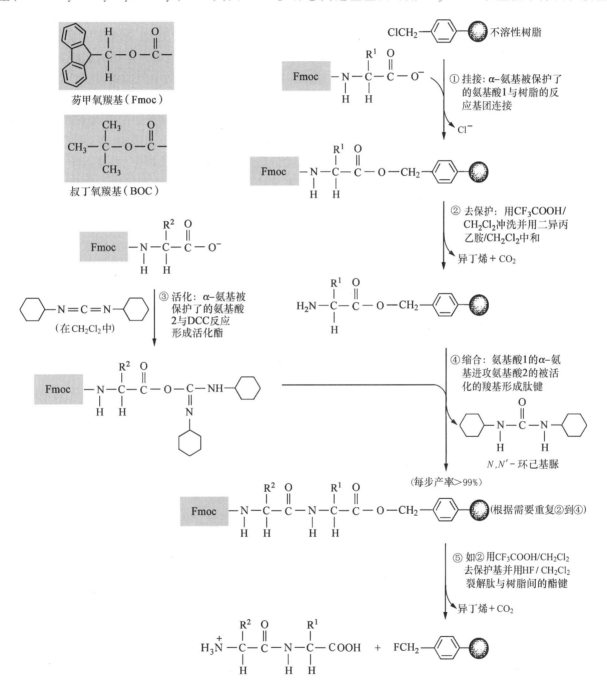

图 2-42　固相肽的化学合成原理

反应步骤②到④是形成每个肽键所必需的。芴氧羰基(Fmoc)或叔丁氧羰基(BCO)是保护氨基酸或肽的α-氨基的,防止发生不需要的反应。化学合成从羧基端向氨基端进行,跟体内蛋白质合成的方向相反(第33章)

一般以盐或酯的形式加以保护。常用的盐有钾盐、钠盐、三乙胺盐等；酯有甲酯（OMe）、乙酯（OEt）和叔丁酯（OBut）。甲酯和乙酯可用皂化方法除去，但易引起氨基酸消旋；叔丁酯可在温和条件下用酸除去。

肽键的形成不会自发进行，需要输入能量（见第 33 章）。通常总是在接肽反应前把氨基酸的羧基活化或使用缩合剂进行接肽。缩合剂可以直接与一个羧基被保护了的和一个氨基被保护了的两个氨基酸一起进行反应。最有效的接肽缩合剂是 N,N'-二环己基碳二亚胺（N,N'-dicyclohexylcarbodiimide，缩写为 DCC）。在接肽反应中，DCC 从两个氨基酸残基中夺取一分子 H_2O，自身转变为不溶的 N,N'-二环己基脲而从反应液中沉淀出来，很容易过滤除去。用缩合剂 DCC 接肽实际上也是一种活化羧基的方法，缩合反应的中间物可看成是活化酯。在缩合反应中 DCC 的变化见图 2-42 步骤④。

近几十年发展起来的**固相肽合成**（solid-phase peptide synthesis，SPPS）是控制合成技术上的一个重大飞跃。肽合成技术对分子生物学和基因工程研究具有重要的理论和实践意义，并为医药工业合成更有效的肽类药物开辟了广阔的前景。在固相合成中，肽链的逐步延长是在不溶性聚苯乙烯树脂颗粒上进行的（类似用于柱层析的装置），这是为了反应后可通过简单的过滤回收被延长的中间产物，用于下一步合成。为此 α-氨基被保护了的氨基酸1（待合成肽的 C 末端氨基酸）先与氯甲基聚苯乙烯-二乙烯苯树脂反应，共价地挂接在树脂上（此共价键在整个合成过程中始终保持稳定）。除去氨基酸1的 N 端保护基后，氨基被保护了的氨基酸2以 DCC 为缩合剂，接到氨基酸1残基的氨基上。重复上述步骤，可以使肽链按控制顺序从 C 端向 N 端延长。肽链合成到最后一步时，把树脂悬浮在无水三氟乙酸中，并通入干燥的 HF，使肽与树脂脱离，同时一些保护基也被切除（图 2-42 步骤⑤）。整个合成过程现在可以在程序控制的自动化**固相肽合成仪**（peptide synthesizer）上进行。1962 年美国 R. B. Merrifield 等人报道，利用这种肽合成仪成功地合成了九肽——舒缓激肽（图 2-23），总产率达 85%，合成一条舒缓激肽共花 27 h，平均合成每个肽键只需要 3 h。他们还合成了胰岛素的 A 和 B 两条肽链（图 2-28），A 链（21 个残基）用 8 天时间，B 链（30 个残基）用 11 天。1969 年他们成功地应用合成仪完成了含有 124 个氨基酸残基的牛胰核糖核酸酶（图 2-29）的人工合成，这是第一个人工合成的酶。为此 Merrifield 等人荣获诺贝尔化学奖。近年来，适应分子生物学研究及肽合成自动化与普及化的需要，SPPS 技术在许多方面都有新的进展。然而，令人印象深刻的肽合成技术与生物过程相比仍是逊色的，含 100 个残基的蛋白质在细菌细胞内只需约 5 秒钟就被精确地合成了。

提　要

α-氨基酸是蛋白质的单体亚基。蛋白质水解时可以产生 α-氨基酸，它是含有一个 α-羧基、一个 α-氨基和一个在 α-碳原子上取代的各异的 R 基的有机酸。蛋白质中的氨基酸都是 L 型的，但碱水解得到的氨基酸是 D 型和 L 型的消旋混合物。

氨基酸根据 R 基的极性和电荷（pH 7 时）的不同，可以分为 5 类。参与蛋白质组成的常见氨基酸只有 20 种。此外还有若干种氨基酸只在某些蛋白质中存在，它们是在翻译后由相应的常见氨基酸（残基）经化学修饰而来的。除参与蛋白质组成的氨基酸外，还有很多种氨基酸作为代谢物存在于各种组织和细胞中。

氨基酸在它们的酸碱性质方面不同，各有自己特征的滴定曲线。一氨基一羧基氨基酸（具有不解离的 R 基）在低 pH 时是二元酸（$H_3^+NCH(R)COOH$），当 pH 增加时将以几种离子形式存在。具有可解离 R 基的氨基酸还有额外的离子形式，这取决于介质的 pH 和它自身的 pK_a。某一氨基酸处于净电荷为零的兼性离子（$H_3^+NCH(R)COO^-$）状态时的介质 pH 称为该氨基酸的等电点，用 pI 表示。

所有的 α-氨基酸都能与茚三酮发生颜色反应。α-NH_2 与 2,4-二硝基氟苯（DNFB）作用产生相应的 DNP-氨基酸（Sanger 反应）；α-NH_2 与苯异硫氰酸酯（PITC）作用形成相应氨基酸的苯氨基硫甲酰衍生物（Edman 反应）。半胱氨酸的巯基在空气中很容易氧化成二硫键，形成胱氨酸。

除甘氨酸外所有 α-氨基酸的 α-碳原子都是手性的，因此这些氨基酸至少存在两个立体异构体。氨基酸的构型，L 型和 D 型，跟参考分子甘油醛的绝对构型相关联。

参与蛋白质组成的氨基酸中，色氨酸、酪氨酸和苯丙氨酸在紫外区有光吸收，这是紫外吸收法定量蛋白质的依据。

氨基酸分析分离方法主要是基于氨基酸的酸碱性质和极性大小。常用的方法有分配层析和离子交换层析等。

肽和蛋白质是氨基酸的线型多聚体,因此也称肽链或多肽链。肽或多肽是由氨基酸通过肽键共价连接而成。肽键(—CO—NH—)具有平面性质,称为肽平面,它在肽链折叠成三维结构的过程中是很重要的。许多短肽已获得结晶。短肽分子在晶体或溶液中也以偶极离子形式存在。天然存在的活性肽是通过两条不同的途径产生的:一条是核糖体途径,如动物产生的肽类激素;另一条是非核糖体途经,如细菌合成的肽类抗生素。

蛋白质主要是由碳、氢、氧、氮和少量的硫组成。蛋白质的 M_r 介于 6 000 到 100 000 或更大。根据化学组成蛋白质分为两大类:简单蛋白质和缀合蛋白质;根据分子形状可分为纤维状蛋白质、球状蛋白质和膜蛋白质。为了表述蛋白质结构的不同层次,经常使用一级结构、二级结构、三级结构和四级结构等术语。一级结构指共价主链的氨基酸序列,有时也称为化学结构;二、三、四级结构是三维结构,也称高级结构。

至今已确定了百万个不同蛋白质的氨基酸序列,早期测出的有胰岛素、牛胰核糖核酸酶、血红蛋白等。有关蛋白质序列的信息可以在互联网的序列数据库中找到。

蛋白质测序的策略是① 用氧化或还原方法断裂蛋白质分子中的二硫键,并分离出各多肽链;② 用末端分析法鉴定多肽链的末端残基;③ 用断裂专一肽键的酶或化学试剂把多肽链裂解成较小的肽段;④ 用 Edman 降解法或质谱法测定各肽段的氨基酸序列;⑤ 用肽段交错重叠法重建多肽链的全序列;⑥ 确定二硫键的位置,还原蛋白质分子的完整化学结构。蛋白质序列也可从它的相应基因的核苷酸序列推定出来。

短的蛋白质和肽(100 多个残基)能用化学方法合成。利用固相肽合成技术已成功地合成许多肽和蛋白质,这对分子生物学和基因工程的研究具有重要影响。

习　题

1. 计算赖氨酸的 ε-NH_3^+ 20% 被解离时的溶液 pH。

2. 计算谷氨酸的 γ-COOH 三分之二被解离时的溶液 pH。

3. 利用表 2-2 中的数据,计算下列物质 0.1 mol/L 溶液的 pH:(a) 亮氨酸盐酸盐;(b) 亮氨酸钠盐;(c) 等电亮氨酸。

4. 根据表 2-2 中氨基酸的 pK_a 值,计算下列氨基酸的 pI 值:丙氨酸、半胱氨酸、天冬氨酸和精氨酸。

5. 向 1 L 1 mol/L 处于等电点的甘氨酸溶液加入 0.3 mol HCl,问所得溶液的 pH 是多少? 如果加入 0.3 mol NaOH 以代替 HCl 时,pH 又是多少?

6. 在等电 pH 时丙氨酸分子的净电荷为零。符合净电荷为零的丙氨酸结构式可以有两种形式:兼性离子($H_3N^+CH(CH_3)COO^-$)和不荷电的非离子($H_2NCH(CH_3)COOH$)。(a) 为什么等电点时丙氨酸兼性离子形式是占优势的? (b) 等电点时丙氨酸非离子形式所占的分数是多少?

7. 计算 0.25 mol/L 的组氨酸溶液在 pH 6.4 时各种离子形式的浓度(mol/L)。

8. 说明用含一个结晶水的固体组氨酸盐酸盐(相对分子质量 = 209.6;咪唑基 pK_a = 6.0)和 1 mol/L KOH 配制 1 L pH 6.5 的 0.2 mol/L 组氨酸盐缓冲液的方法。

9. L-亮氨酸溶液(3.0 g/50 mL 6 mol/L HCl)在 20 cm 旋光管中测得的旋光度为 +181°。计算 L-亮氨酸在 6 mol/L HCl 中的比旋。

10. 鸟氨酸是精氨酸循环和尿素循环的中间物之一。它具有下列的透视结构式

$$
\begin{array}{c}
CH_2-CH_2-CH_2-NH_2 \\
| \\
H-C_\alpha-\overset{+}{N}H_3 \\
| \\
COO^-
\end{array}
$$

问:它是 L-鸟氨酸还是 D-鸟氨酸? 解释之。

11. 标出异亮氨酸的 4 个光学异构体的 RS 构型。

12. 甘氨酸在溶剂 A 中的溶解度为在溶剂 B 中的 4 倍,苯丙氨酸在溶剂 A 中的溶解度仅为在溶剂 B 中的 2 倍。利用

在溶剂 A 和 B 之间的逆流分布方法将甘氨酸和苯丙氨酸分开。在起始溶液中甘氨酸含量为 100 mg,苯丙氨酸为 81 mg。试回答下列问题:(a)利用由 4 个分布管组成的逆流分布系统时,甘氨酸和苯丙氨酸各在哪一号分布管中含量最高?(b)在这样的管中每种氨基酸各为多少毫克?

13. 将含有天冬氨酸(pI=2.98)、甘氨酸(pI=5.97)、苏氨酸(pI=6.53)、亮氨酸(pI=5.98)和赖氨酸(pI=9.74)的 pH 3.0 柠檬酸缓冲液,加到预先用同样缓冲液平衡过的 Dowex-50 强阳离子交换树脂柱中,随后用该缓冲液洗脱此柱,并分部收集洗出液,这 5 种氨基酸将按什么次序被洗脱下来?

14. 三肽 Lys-Lys-Lys 的 pI 必定大于它的任何一个个别基团的 pK_a。这种说法是否正确?为什么?

15. 一个四肽,经胰蛋白酶水解得两个片段,一个片段在 280 nm 附近有强的光吸收,并且 Pauly 反应和坂口(Sakaguchi)反应(含胍基化合物在碱性次氯酸钠溶液中与 α-萘酚反应产生红色)呈阳性。另一片段用溴化氰处理释放出一个与茚三酮反应呈黄色的氨基酸。写出此四肽的氨基酸序列。

16. 今有一个七肽,经分析它的氨基酸组成是:Lys、Pro、Arg、Phe、Ala、Tyr 和 Ser。此肽未经胰凝乳蛋白酶处理时,与 FDNB 反应不产生 α-DNP-氨基酸。经胰凝乳蛋白酶作用后,此肽断裂成两个肽段,其氨基酸组成分别为(Ala、Tyr、Ser)和(Pro、Phe、Lys、Arg)。这两个肽段与 FDNB 反应,可分别产生 DNP-Ser 和 DNP-Lys。此肽与胰蛋白酶反应,同样能生成两个肽段,它们的氨基酸组成分别是(Arg、Pro)和(Phe、Tyr、Lys、Ser、Ala)。试问此七肽的一级结构是怎样的?

17. 一个八肽的氨基酸序列是:Glu-Trp-His-Ser-Ile-Arg-Pro-Gly。(a)在 pH 3.8 和 11 时,此肽的净电荷符号和数量为多少?(利用表 2-2 中所列的氨基酸 R 基、末端羧基和末端氨基的 pK_a);(b)估算此八肽的 pI。

18. 一个十肽的氨基酸分析表明其水解液中存在下列产物:NH_4^+、Asp、Glu、Tyr、Arg、Met、Pro、Lys、Ser 和 Phe,并观察到下列事实:(a)用羧肽酶(此酶不能水解以 Pro 为 C 末端的肽)处理该十肽无效;(b)胰蛋白酶处理产生两个四肽和游离的 Lys;(c)梭菌蛋白酶(专一水解 Arg 羧基侧的肽键)处理产生一个四肽和一个六肽;(d)溴化氰处理产生一个八肽和一个二肽(Asn-Pro);(e)胰凝乳蛋白酶处理产生两个三肽和一个四肽。N 端的胰凝乳蛋白酶水解肽段在中性 pH 时携带-1 净电荷,在 pH 12 时携带-3 净电荷;(f)一轮 Edman 降解给出 PTH-丝氨酸。写出该十肽的氨基酸序列。

19. 有一个 A 肽:经酸解分析得知由 Lys、His、Asp、Glu_2、Ala 以及 Val、Tyr 和两个 NH_3 分子组成。当 A 肽与 FDNB 试剂反应后,得 DNP-Asp;当用羧肽酶处理后得游离缬氨酸。如果我们在实验中将 A 肽用胰蛋白酶降解时,得到两种肽,其中一种肽(Lys、Asp、Glu、Ala 和 Tyr)在 pH 6.4 时,净电荷为零;另一种肽(His、Glu 和 Val)可给出 DNP-His,在 pH 6.4 时,带正电荷。此外,A 肽用胰凝乳蛋白酶降解时,也得到两种肽,其中一种(Asp、Ala 和 Tyr)在 pH 6.4 时呈中性,另一种(Lys、His、Glu_2 和 Val)在 pH 6.4 时,带正电荷。写出 A 肽的氨基酸序列?

20. 一个多肽可还原为两个肽段,它们的序列如下:链 1 为 Ala-Cys-Phe-Pro-Lys-Arg-Trp-Cys-Arg-Arg-Val-Cys,链 2 为 Cys-Tyr-Cys-Phe-Cys。当用胃蛋白酶消化原多肽(具有完整的二硫键)时可得下列各肽:(a)(Ala、Cys_2 和 Val);(b)(Arg、Lys、Phe 和 Pro);(c)(Arg_2、Cys_2、Trp 和 Tyr);(d)(Cys_2 和 Phe)。试指出在该天然多肽中二硫键的位置。

21. 蜂毒明肽(apamin)是存在蜜蜂毒液中的一个十八肽,其序列为:CNCKAPETALCARRCQQH。已知蜂毒明肽形成二硫键,不与碘乙酸发生反应。(a)问此肽中存在多少个二硫键?(b)请设计确定这些(个)二硫键位置的策略。

22. 叙述用 Merrifield 固相化学方法合成二肽 Lys-Ala。如果你打算向 Lys-Ala 加入一个亮氨酸残基使成三肽,可能会遇到什么样的麻烦?

主要参考书目

1. 王镜岩,朱圣庚,徐长法. 生物化学教程. 北京:高等教育出版社,2008.

2. 王克夷. 蛋白质导论. 北京:科学出版社,2007.

3. 鞠熀先,邱宗荫,丁世家,等. 生物分析化学. 北京:科学出版社,2007.

4. 林克椿. 医学生物物理学. 北京:北京大学医学出版社,2004.

5. 金冬雁,金奇,侯云德. 核酸和蛋白质的化学合成与序列分析. 北京:科学出版社,1996.

6. Segel I H. 生物化学计算. 吴经才,等译. 北京:科学出版社,1984.

7. Nelson D L,Cox M M. Lehninger Principles of Biochemistry. 5th ed. New York:W. H. Freeman and Company,2008.

8. Garrett R H,Grisham C M. Biochemistry. 3rd ed. Boston:Thomson Learning,2004.

9. Yates J R. Section Ⅲ:Protein Structure Analysis by Mass Spectrometry // Karger B L,Hancock W S. Methods in Enzymology. New York:Academic Press,1996.

10. Creighton T E. Protein Function —A Practical Approach. 2nd ed. Oxfold:Oxfold University Press,1997.

11. Merriflied B. Solid Phase Synthesis. Science,1986,232: 341-347.

12. Barrett G C. Chemistry and Biochemistry of the Amino Acids. New York: Chapman and Hall,1985.

（徐长法）

网上资源

📖 习题答案   ✍ 自测题

第3章 蛋白质的三维结构

从上一章我们了解到蛋白质是由氨基酸聚合而成的大分子多肽链。一个典型蛋白质的共价主链含有数百个单键。因为绝大多数这样的单键是可以自由旋转的,所以蛋白质原则上能采取无数种构象。然而,每种蛋白质都有它专一的化学或结构的功能,这表明每种蛋白质都有独特的三维结构(见图2-26)。这种结构是怎样被稳定的,什么因素指导它的形成,什么力量使它结合在一起?直至20世纪20年代后期,几种蛋白质获得结晶,包括血红蛋白(M_r 64 500)和脲酶(M_r 483 000),才开始触及这些问题。已知,一般情况下只有分子单位(结构基元)相同,晶体中的分子才能形成有序排列(具有三维的周期性结构)。因此,发现很多蛋白质可以结晶这一事实证明即使很大的蛋白质也是具有独特结构的独立化学实体。这一结论革新了有关蛋白质及其功能的看法,但所提供的解释尚不全面;因为蛋白质结构是动态的,具有相当程度的可塑性。事实上结构变化对蛋白质的功能常是至关重要的。

本章讨论蛋白质三维结构的二、三、四级层次,三级折叠的亚层次(超二级结构和结构域),纤维状蛋白质和球状蛋白质的结构特点,此外还要介绍稳定蛋白质构象的作用力、多肽主链折叠的空间限制、研究蛋白质构象的方法以及讨论蛋白质的变性、折叠和结构预测。在整个讨论中我们强调以下几点:① 一个蛋白质所采取的三维结构决定于它的氨基酸序列;② 一个典型蛋白质的功能决定于它的三维结构;③ 大多数被分离的蛋白质常以一种或少数几种稳定的结构形式存在;④ 稳定一个由给定蛋白质支撑的特定结构的最重要的力是非共价相互作用;⑤ 蛋白质的结构初看起来很像是"杂乱无章"的,但在数目巨大的独特蛋白质结构中,我们还是可以识别出某些共同的结构图案,它们可以帮助我们梳理对蛋白质结构的认识;⑥ 蛋白质结构不是静态的;所有的蛋白质都经受着从微小到剧烈的构象变化。许多蛋白质都有一些部分缺乏确定的结构。对某些蛋白质来说,缺乏可识别的结构正是其功能之所在。

一、蛋白质三维结构概述

一个蛋白质中或一个蛋白质的任一部分中的原子空间排列称为它的**三维结构**(three-dimensional structure)或**构象**(conformation)。一个蛋白质或蛋白质片段的可能构象包括在无共价键断裂的情况下它所能采取的任一种结构状态。例如通过绕单键的旋转就能发生构象变化。一个含有数百个单键的蛋白质理论上可能的许多种构象中,在生物学条件下只有一种或几种(更常见)是占优势的。需要多种稳定态的构象一事反映出大多数蛋白质在跟其他分子结合或催化反应时需要发生构象变化。在给定的一套条件下存在的构象一般是热力学上最稳定的构象,也即 Gibbs 自由能(G)最低的构象。任何一种处于有功能的折叠构象的蛋白质称为**天然蛋白质**(native protein)。对绝大多数蛋白质来说,一个特定的结构或结构的一个特定的小部分对功能是关键的。然而在多数情况下,蛋白质的一些部分缺乏可辨别的结构,蛋白质的这些部分是固有无序的。在少数情况,整个蛋白质是固有无序的,但完全具有功能。

什么原则决定一个典型蛋白质的最稳定构象?通过对上一章的一级结构到本章的二级、三级和四级结构的讨论就会逐步地对蛋白质构象有所了解。

(一) 蛋白质构象主要由弱相互作用稳定

在蛋白质结构的叙述中,**稳定性**(stability)一词可以定义为维持一个天然构象的趋势或倾向。天然蛋白质只是处于稳定的边缘。在生理条件下一个典型蛋白质的折叠态(folded state)和去(或解)折叠态(unfolded state)的自由能差(ΔG)范围只有 20~65 kJ/mol。一个给定的多肽链理论上可以采取无数个构象,其结果是一个蛋白质的去折叠态有着很高的构象熵。这个熵以及多肽链中的许多基团跟溶剂(水)的氢键键合相互作用倾向于维持解折叠态构象。抗衡这些影响的和稳定天然构象的化学作用力是共价二硫键和在第 1 章中叙述的非共价(弱)相互作用,包括离子相互作用(或称离子对、盐键或盐桥)、氢键、范德华力和疏水相互作用(图 3-1)。几种稳定蛋白质构象的力的键能见表 3-1。

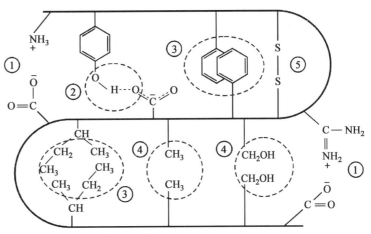

图 3-1　稳定蛋白质三维结构的力

① 离子对(盐键);② 氢键;③ 疏水相互作用;④ 范德华力;⑤ 二硫键

许多蛋白质没有二硫键。大多数细胞内的环境,由于还原剂(如谷胱甘肽)浓度很高,是高还原性的;因此多数巯基处于还原态。细胞外的环境经常是氧化性的,因而较容易形成二硫化物(disulfide)。在真核生物,二硫键主要存在于分泌的胞外蛋白质(例如胰岛素)中。二硫键在细菌的蛋白质中也是不常见的。然而,嗜热菌以及古菌一般都有许多含二硫键的蛋白质,这些二硫键起稳定蛋白质的作用。推测这是对在高温下生存的一种适应。

表 3-1　蛋白质中存在的几种键的键能

键的种类	键能/(kJ·mol^{-1})	键的种类	键能/(kJ·mol^{-1})
氢键	13~30	离子对(盐键)	12~30
范德华力	0.4~4.0	二硫键	210
疏水相互作用	12~20①		

① 此数值表示在 25℃ 时非极性侧链从蛋白质内部转移到水介质中所需的自由能,数值在一定温度范围内随温度升高而增加。它与其他键的键能不同,此键的能量大部分并不用于伸展过程中键的断裂。

对所有生物的所有蛋白质来说,弱相互作用在多肽链折叠成二、三级结构方面显得特别重要。多个多肽链缔合成四级结构也是依靠这些相互作用。

破坏一个共价单键需要 200~460 kJ/mol 的能量(见表 1-5),而断裂弱相互作用只需要 0.4~30 kJ/mol。单个的共价键如连接一个多肽链中隔开的两部分的二硫键显然要比单个的弱相互作用强得多。但弱相互作用的数量巨大,使它们成为稳定蛋白质结构的优势力量。一般来说,具有最低自由能的蛋白质构象(即最稳定的构象)是弱相互作用数目达到最大的构象。

一个蛋白质的稳定性不是简单地等于形成蛋白质内这许多弱相互作用的自由能总和。折叠时蛋白质中每形成一个氢键,就要在同样基团和水之间的一个氢键(同样强度的)被断裂。一个给定的氢键所贡献的净稳定性,或折叠态和去折叠态之间自由能之差可以接近于零。离子相互作用可以是起稳定作用或去稳定作用。因此我们必须从别的方面来理解为什么能量上会有利于一个特定的天然构象。

仔细考查弱相互作用对蛋白质稳定性的贡献,我们发现**疏水相互作用**通常是占优势的。纯水含有一个氢键键合的水分子网。其他分子不具有水的氢键键合势,其他分子在水溶液中的存在会破坏水的氢键键合。当水围绕一个疏水分子时,氢键的最适排列使得水绕着疏水分子形成一个高度结构化的笼形壳(见图 1-11A),或称**溶剂化层**(solvation layer)。在溶剂化层中水分子的有序度增加,随之水的熵发生不利的减小。然而,当非极性基团聚集在一起时,溶剂化层的范围缩小,因为每个基团不再是把整个表面暴露在溶液中。疏水相互作用的总结果是熵的有利增加。正如第 1 章中所述,熵的这种增加是水溶液中疏水基团缔合的主要的热力学驱动力,或者说疏水相互作用是熵驱动的自发过程。因此疏水氨基酸侧链倾向于聚集在蛋白质的内部,而远离水(犹如水中油的聚集)。大多数蛋白质的氨基酸序列,其疏水氨基酸侧链(特别是 Leu、Ile、Val、Phe 和 Trp)的含量是相当高的。它们在多肽链中所处的位置有利于肽链折叠时聚集成蛋白质的疏水核(hydrophobic core)。

在生理条件下,一个蛋白质中的氢键形成主要也是同样熵效应驱动的。极性基团一般能与水形成氢键,因此可溶于水。然而,每单位质量的氢键数目对纯水一般要比对任何其他液体或溶液来得大,并且即使那些最极性的分子,溶解度也是有限制的,因为它们的存在会引起每单位质量的氢键键合的净降低。因此,在某种程度上极性分子周围也形成溶剂化层。虽然一个大分子中两个极性基团之间形成分子内氢键的能量大部分被消除这些极性基团和水之间的那些相互作用所抵消,但是当形成分子内相互作用时结构化水的释放提供了一个折叠的熵驱动力。因此,蛋白质内形成弱相互作用的自由能净变化主要来自周围水溶液中因疏水表面的埋藏造成的熵增加。此熵增加大于抵消因多肽链被约束成折叠构象时构象熵的丢失。

疏水相互作用在稳定构象方面显然是很重要的。结构化蛋白质的内部一般是一个由疏水氨基酸侧链紧密堆积成的核。蛋白质内部的任一极性的或荷电的基团对氢键键合或离子相互作用有合适的配对者或称配偶体(partner)也是很重要的。一个氢键对稳定一个天然的结构似乎贡献不大,但是在一个蛋白质的疏水核中无配对者的氢键键合基团的存在会引起不稳定,以致于含有这样基团的构象常在热力学上支撑不住。由几个这样的基团与周围溶液中的配对者结合造成的有利自由能变化可以比折叠态和去折叠态之间的自由能差还大。此外,一个蛋白质中基团间的氢键以重复二级结构(最适于氢键键合)形式协同地形成(一个氢键形成促进下一个氢键更容易形成)。因为这样,氢键常常起着一个引领蛋白质折叠过程的重要作用。

形成离子对或盐桥的带电相反的基团的相互作用,对蛋白质结构的影响可以是稳定作用也可以是去稳定作用。如在氢键的场合,当蛋白质去折叠时带电氨基酸侧链与水和盐相互作用,因此当估计一个盐桥对一个折叠蛋白质的总稳定性的影响时,必须考虑这些相互作用的丢失。然而,当一个盐桥移动到低介电常数(ε)的环境,例如从极性水溶剂(ε 约 80)移动到非极性的蛋白质内部(ε 约 4),它的强度会增加。盐桥,特别是部分或全部被埋的盐桥,对一个蛋白质的结构会提供明显的稳定作用。这一事实有利于解释为什么嗜盐生物的蛋白质中被埋的盐桥较多。离子相互作用也限制结构的柔性,并赋予一个特殊的蛋白质结构以独特性,它是疏水相互作用所不能提供的。

在一个蛋白质的紧密堆积的原子环境中,一个更加典型的弱相互作用有着明显的效应,这就是范德华力(见第 1 章)。范德华力是偶极–偶极相互作用,包括极性基团(如羰基)中存在的永久偶极(permanent polar)、由原子周围的电子云波动引起的瞬时偶极(transient polar)以及由一个原子跟另一个具有永久或瞬时偶极的原子相互作用诱导的诱导偶极(induced polar)。范德华力主要是指瞬时偶极间的相互作用(分散效应),这是非极性分子(或基团)之间的唯一作用力。随着原子的相互接近,偶极–偶极相互作用提供了一个分子间吸引力,但它仅在有限的分子间距离(0.3~0.6 nm)内有作用。范德华力是弱的,单个力对整个蛋白质稳定性的贡献不大。然而,在一个堆积紧密的蛋白质中,或在互补表面处一个蛋白质与另一蛋白质或其他分子之间的相互作用中,范德华相互作用的数目会是相当可观的。

(二) 肽键具有刚性和平面的性质

从上一章看到,肽链中相邻氨基酸残基的 C_α 被 3 个排列成 C_α—C—N—C_α 的共价键隔开。肽键(一种被取代的酰胺键)是一个共振杂化体(见图 2-20)。共振后果是肽键(C—N)具有部分双键性质,不能绕键轴自由旋转;与肽键关联的 6 个原子构成**肽基**(peptide group)或肽单位,具有刚性平面性质,称**酰胺平面**或肽平面。在一个平面内,羰基的氧原子与酰胺氮的氢原子呈反式构型,各原子间有固定的键角和键长(见图 2-21)。如图 3-2A 所示,多肽的骨架或主链(backbone;main chian)上只有 α-碳连接的两个键(C_α—N 和 C_α—C)是纯单键,能自由旋转,α-碳处是两个相邻酰胺平面共用的旋转点。这种刚性平面的肽键限制了一个多肽链的可能构象的范围。

多肽链主链的构象是由 3 个二面角(dihedral angle),也称扭角(torsion angle):ϕ 角、ψ 角和 ω 角规定的,它们各自反映了绕主链上 3 个重复键中的一个键的旋转状况。**二面角**定义为两个平面相交的角。在肽的场合,这些平面由多肽主链中的键矢量来确定。2 个连续的键矢量描绘一个平面;3 个连续的键矢量描绘两个平面(中央的键矢量是两个平面共有的;图 3-2C)。这样的两个平面之间的角就是描述蛋白质构象所要测量的。

肽主链中重要的二面角由连接 4 个连续的主链原子的 3 个键矢量来规定(图 3-2C)。**ϕ 角**涉及

C—N—C$_\alpha$—C 键，绕中央 N—C$_\alpha$ 键发生旋转；**ψ 角**涉及 N—C$_\alpha$—C—N 键，绕中央 C$_\alpha$—C 键旋转。按照习惯，当主链完全伸展且所有肽基处于同一平面时，ϕ 角和 ψ 角两者被定义为 ±180°（图 3-2A 和 D）。在矢量箭头方向俯视中央键矢量时，如果远处的第 4 个原子相对于第 1 个原子是顺时针旋转的，则 ϕ 和 ψ 角增加（如图 3-2D 中 ψ 角）。从 ±180° 位置开始，该二面角由 -180° 增加到 0°，在这里第 4 个原子被第 1 个原子重叠、遮蔽（eclipse）。旋转可以继续进行，从 0° 到 +180°（与 -180° 同一位置），使结构回到起始点。第 3 个二面角，**ω 角**，涉及 C$_\alpha$—C—N—C$_\alpha$ 键，绕 C—N 键（肽键）旋转，但因肽基具有平面性质旋转受到限制，肽键在正常情况（99.6% 的时间）处于反式构型，限制 ω 在 ±180°，很少处于顺式构型，即 ω=0°。

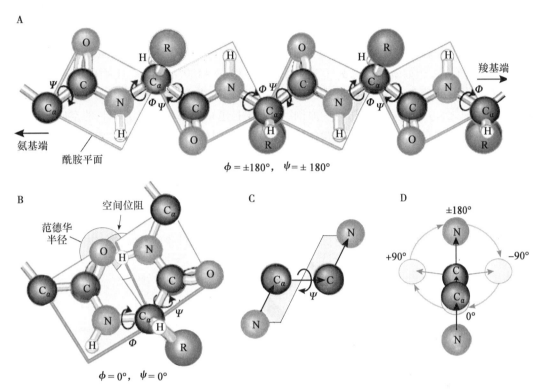

图 3-2　平面肽基与多肽主链的构象

A. 多肽主链处于完全伸展的状态（ϕ=±180°，ψ=±180°）；B. 如果 C$_\alpha$ 的一对相邻酰胺平面处于完全折叠的状态（ϕ=0° 和 ψ=0°），图中示出者为未完全折叠的状态，因为有空间位阻；C. 定义二面角 ψ 的原子和平面；D. 当肽链完全伸展即第 1 个和第 4 个原子离得最远时，ϕ 和 ψ 为 +180°（或 -180°）

当 C$_\alpha$ 的一对二面角处于 ϕ=±180° 和 ψ=±180° 时，多肽主链呈现完全伸展的构象（图 3-2A）。然而，ϕ 和 ψ 同时等于 0° 的构象是不能存在的，因为此时两个相邻肽基上的酰胺 H 和羧基 O 的距离小于被允许距离（两者的范德华半径之和），彼此发生空间重叠（图 3-2B）。虽然理论上 ϕ 和 ψ 可以取 -180° 到 +180° 之间的任一值，但因空间位阻的存在，实际上不是任意的 ϕ 和 ψ 值所决定的肽链构象都是立体化学所允许的，例如，刚讲过的 ϕ 和 ψ 同时等于 0° 的那种构象就不能存在。二面角（ϕ，ψ）所规定的构象能否存在，主要取决于两个相邻肽基中非共价键合原子之间的接近有无空间阻碍。

（三）多肽主链的折叠受到空间位阻的限制

印度学者 Ramachandran G N 及其同事对所取的 ϕ 和 ψ 值是否为立体化学所允许这一复杂问题作了近似的处理。他们把肽链的原子看成是简单的硬球，根据原子的范德华半径确定了非共价键合原子之间的最小接触距离或称允许距离（表 3-2）。根据非共价键合原子之间的最小接触距离，确定哪些 C$_\alpha$ 的成对二面角（ϕ，ψ）所规定的两个相邻肽基的构象是被允许的，哪些是不允许的，并在 ϕ（横坐标）对 ψ（纵坐标）所作的 ϕ-ψ 图上标出。此图称为**拉氏构象图**或拉氏图（Ramachandran plot；图 3-3）。图上的每个点对应于一对二面角（ϕ，ψ），代表一个 C$_\alpha$ 的两个相邻肽基的构象。如果将一个蛋白质多肽链上的所有 C$_\alpha$ 的成对

二面角 ϕ 和 ψ 都画在图上,那么蛋白质主链的构象将清楚地表示在拉氏图上。拉氏图不仅对蛋白质的构象研究起到了简化作用,而且对判断所得蛋白质结构模型的正、误也有重要意义。运用拉氏图进行研究发现,肽链的折叠具有相当大的局限性,在 ϕ-ψ 图上只取有限范围的值。图 3-3 中阴影部分用白线封闭的区域是允许区。这个区域内的任何成对二面角 (ϕ,ψ) 所规定的构象都是立体化学所允许的。因为在构象中,非共价键合原子间的距离 $\geqslant$ 最小接触距离,两者无斥力,构象能量最低,所以构象是稳定的。例如平行和反平行 β 折叠片,胶原蛋白三股螺旋和右手 α 螺旋都位于允许区内。阴影部分的其他区域为不完全允许区(临界限制区)。这个区域内的任何一对二面角 (ϕ,ψ) 所规定的主链构象虽是立体化学可允许的,但不够稳定,因为在此构象中非共价键合原子之间的距离小于允许距离,但仍大于极限距离(比允许距离小0.02 nm)。阴影外的区域是不允许区。该区域内的任何二面角 (ϕ,ψ) 所规定的主链构象都是立体化学所不允许的,因为在此构象中非共价键合原子间的距离小于允许距离,斥力很大,构象能量很高,因此这种构象极不稳定,不能存在,例如 $\phi=180°$,$\psi=0°$ 的构象和 $\phi=0°$,$\psi=180°$ 的构象。上面所说的允许区和不完全允许区都是针对非甘氨酸残基来说的,如果是甘氨酸残基,这一范围会扩大很多,因为它的侧链很小,能在很多种构象中存在。总之,由于多肽链的几何学原因,存在着上述原子基团之间的不利的空间相互作用,所以相对于肽链的可能构象来说,肽链实际所取构象的范围是很有限的,对非甘氨酸残基的允许区,只占全平面的 7.7%;对最大允许区(允许区加不完全允许区)来说也只占 20.3%。

表 3-2　蛋白质中非共价键合原子之间的最小接触距离/nm

	C	N	O	H
C	0.320①	0.290	0.280	0.240
	(0.300)	(0.280)	(0.270)	(0.220)
N		0.270	0.270	0.240
		(0.260)	(0.260)	(0.220)
O			0.270	0.240
			(0.260)	(0.220)
H				0.200
				(0.190)

① 这是一般可接受的范德华距离,括号内是 Ramachandran 在小分子结构中发现的最小允许距离。

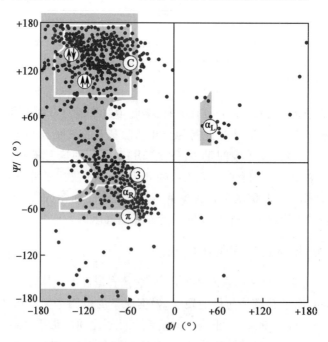

图 3-3　拉氏构象图(Φ-Ψ 图)

图中,和 分别为反平行和平行的 β 折叠片,ⓒ为胶原蛋白的三股螺旋,③为 3_{10}-螺旋,αR 为右手 α 螺旋,αL 为左手 α 螺旋,π 为 π 螺旋(4.4_{16}-螺旋)

由于 X 射线衍射技术成功地应用于蛋白质结构测定，人们已经掌握了不少种蛋白质的精细结构，因而不仅能从理论上而且可以从实际测得的结构来研究肽链折叠的特点。图 3-3 中的黑点是对 8 种蛋白质近 1 000 个非甘氨酸残基实验测得的二面角 φ 和 ψ 值，可以清楚地看到肽链主链实际所取的构象与理论推测的允许区基本吻合。例如胰凝乳蛋白酶原的 245 个氨基酸残基除 28 个外，全部的成对二面角 φ 和 ψ 值都落在允许区之内。

二、测定蛋白质三维结构的方法

目前尚无一种工具能够直接观察到蛋白质分子中原子和原子基团的排列。至今研究蛋白质三维结构所取得的成就主要是应用 X 射线衍射方法获得的。此法只能测定晶体结构，并因此称它为 **X 射线晶体学**（X-ray crystallography）。然而生物体内的蛋白质结构不是以晶体而是以水溶液中的动态形式存在，因此研究溶液中构象的方法应运而生，其中首推核磁共振（NMR）技术。只要提供高浓度的蛋白质样品，此技术就能用来研究蛋白质分子的动态结构，包括构象变化、蛋白质折叠以及跟其他分子的相互作用等。实践证明，用 X 射线衍射和 NMR 方法测得的三维结构非常接近，它们在结构研究方面可以彼此很好地互补。用于溶液中构象研究的还有紫外差光谱、荧光偏振和圆二色性（circular dichroism，CD）等方法。

（一）　X 射线衍射可用于晶体结构的测定

X 射线衍射（X-ray diffraction）技术与光学显微镜或电子显微镜技术的基本原理是相似的。使用光学显微镜时，来自点光源的光线（λ = 400 ~700 nm）投射在被检物体上，光波将由此散射，物体的每一小部分都起着一个新光源的作用。来自物体的散射光波含有物体构造的全部信息，因此可以用透镜收集和重组散射波而产生物体的放大图像。X 射线衍射技术与显微镜技术的主要区别是：第一，光源不是可见光而是波长很短的 X 射线（λ = 0.154 nm）；其次，经物体散射后的衍射波，没有一种透镜能把它收集重组成物体的图像，而直接得到的是一张衍射图［案］（diffraction pattern）。衍射图需要用数学方法（如电子计算机）代替透镜进行重组，绘出电子密度图（electron density map），从中构建出三维分子图像或分子模型（图 3-4）。光学显微镜不可能在原子水平上观察到分子结构，因为它的分辨率最大不过 0.2 μm，约等于可见光最短波长的 1/2。分子内原子之间的距离在 0.1 nm 的数量级，因此只有 X 射线（λ = 0.01 ~ 10 nm）能达到这样高的分辨率（<0.1 nm）。

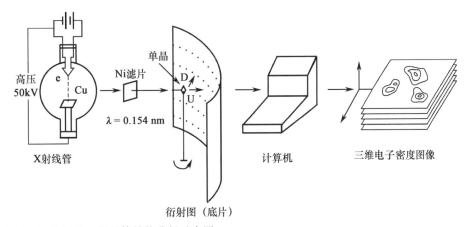

图 3-4　X 射线衍射晶体结构分析示意图

Cu：阳极靶，产生 X 射线；e：高速电子；Ni 滤片：获得单色 X 射线（λ = 0.154 nm）；D：衍射光束；U：未衍射光束

X 射线衍射法只能用于测定晶体结构，不能直接用来测定单个分子的结构，因为想获得蛋白质的三维图像，就必须从所有可能的角度对蛋白质进行观测。此外，当 X 射线与蛋白质相互作用时，只有一小部分射线被散射，大部分穿过蛋白质，相当一部分破坏性地与蛋白质相互作用，结果在尚无足够的 X 射线被散

射以形成有用的图像之前,蛋白质分子已被破坏。用于衍射分析的球状蛋白质的典型晶体每边约为 0.5 mm,含有大约 10^{12} 个蛋白质分子(沿晶体每边排列 10^4 个分子)。

用 X 射线衍射法测定晶体结构是根据晶体中原子重复出现的周期性结构。当 X 射线穿过晶体的原子平面层时,只要原子层的距离 d 与入射的 X 射线波长 λ、入射角 θ 之间的关系能够满足布拉格(Bragg)方程(图 3-5):

$$2d \sin \theta = n\lambda \quad (n = \pm 1, \pm 2, \pm 3, \cdots)$$

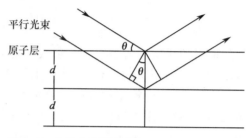

图 3-5　布拉格方程的图解

则反射波可以互相叠加而产生衍射,形成复杂的衍射图案。不同物质的晶体形成各自独特的衍射图案。X 射线结构分析主要是根据衍射线的方向与强度,即衍射图案上斑点的位置与黑度。根据衍射线的方向,可以确定晶胞(晶体的重复单位)的大小和形状,根据衍射的强度可以确定晶胞中的原子排布。

不同的晶体样品要求用不同的分析方法。微晶的纤维状蛋白质采用纤维法,单晶的球状蛋白质使用单晶回转法。X 射线晶体结构分析是专业性较强的研究技术,请看专著,如本章参考书目中的参考书[1]、[2]。

(二) 核磁共振可用于生物大分子动态结构的研究

20 世纪 50 年代发展起来的**核磁共振**(nuclear magnetic resonance,NMR)是一项涉及在外磁场存在下某些原子核吸收射频(radio frequency,rf)能量的波谱技术(图 3-6)。NMR 是核自旋角动量(原子核的一种量子力学性质)的一种表现形式。只有某些原子,包括 ^{1}H、^{2}H、^{13}C、^{14}N、^{19}F 和 ^{31}P,有这种核自旋,其行为就像绕轴自旋(spin)的小磁体,因而能与外加磁场相互作用,产生 NMR 信号。但 ^{12}C、^{16}O 和 ^{32}S 的核不具有磁性质,观察不到 NMR 现象。

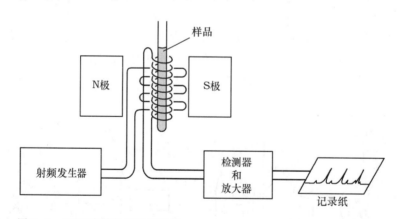

图 3-6　NMR 波谱仪运作示意图

在无强的外磁场存在下,磁性核的核自旋是随机的(图 3-7A)。然而当含有单一类型核的样品溶液置于强磁铁的两极之间时,核自旋磁矩将分裂为两个能级;这些磁偶极将在外加的强磁场中各自采取两种可能的取向之一:平行或反平行,进行排列。平行取向的,能量较低,反平行取向的,能量较高,并因而两种取向的磁核数量也不相等(图 3-7B)。

如果排列在外磁场中的这些核,用一个合适频率(射频范围内的共振频率)的电磁能脉冲成直角方向对它们进行照射,则发生射频能(rf 能)的吸收,从低能态"自旋反向"(spin-flip)成高能态。当发生这种自旋反向时,称这些核与外加的辐射处于共振中,因而称为**核磁共振**(NMR)。rf 能的吸收被检测、放大并呈现为核磁共振波谱,后者含有有关这些核的个(本)性(identity)和它们的直接化学环境的信息。

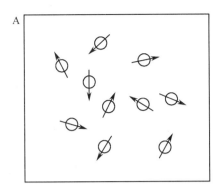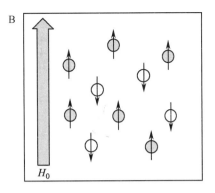

图 3-7　自旋核在外磁场中的取向

A. 在无外磁场存在下磁性核随机取向；B. 在强外磁场存在下平行或反平行取向

共振所需的准确射频能，即相邻两个能级之间的能量差（ΔE），决定于外磁场强度（H_0）和被照射核的本性——原子核的旋磁比[①]（magetogyric ratio，γ；旋磁比是原子核的特征常数）：

$$\Delta E = h\nu = \frac{h\gamma}{2\pi}H_0$$

式中 h 为 planck 常数，ν 为共振频率，从上式可以看出当外加磁场强度（H_0）一定时，该原子核的共振频率（ν）也是一定的。如果使用很强的外磁场，两个自旋态之间的能量差则大，为了自旋反向需要较高频率（较高能量）的辐射。如果使用较弱的磁场，实现核自旋态之间的跃迁所需能量则较少。

实验中磁场强度一般用 14 100 高斯（gauss）即 1.41 特斯拉（tesla，T）。在此磁场强度下，为使 ^1H 核进入共振需要 60 兆赫［兹］（megahertz，MHz；1 MHz＝百万周/秒）的 rf 能（相当于 2.4×10^{-5} kJ/mol），要使 ^{13}C 核进入共振需要 15 MHz 的 rf 能量。

从上面的介绍，你可能以为一个分子中的所有质子（^1H 核）吸收同样频率的 rf 能，所有 ^{13}C 核吸收另一同样频率的 rf 能。如果真是这样，我们在一个未知的 ^1H 或 ^{13}C 波谱上就只能观察到一个单一的吸收带（线），因而也就不能用于结构测定。但事实上并不如此，吸收频率对所有的核都是不一样的。

分子中每一个原子核的周围都有电子云围绕着。绕核的环流电子云产生它们自己的小局部磁场（H_{loc}），这些局部磁场的作用是与外加磁场相抗的，致使原子核实际上所受到的有效磁场（H_{eff}）略小于外加的磁场（H_0）：

$$H_{eff} = H_0 - H_{loc}$$

这一效应可被说成是绕核的环流电子云屏蔽外加磁场对核的影响。

因为一个分子中每种核（如 ^1H 核）的不同种类，例如 CH_3COOCH_3 中 CH_3CO— 和 —O—CH_3 基团的 ^1H 核，各处于稍有不同的电子环境中，所以每个核被屏蔽的程度也略有差别；对每个核来说，实际上受到的有效磁场是不一样的。如果 NMR 仪器足够灵敏，不同核所受到的有效磁场的细小差别可被观测到，我们能在波谱上看到每一不同种类核的不同 NMR 信号；同一类的核，如乙酸甲酯中每一甲基的 3 个质子有着同样的化学（和磁）环境，被屏蔽的程度也相同，称它们为等效的（equivalent）质子，显示单一吸收峰（图 3-8）。这样，一个有机化合物的 NMR 谱可以给我们提供一个碳氢构架图。经过实践是可以读懂这种构架图并从中得出有关未知分子的结构信息。

由于核的电子（化学）环境差别引起外加磁场（H_0）或共振频率（ν）离开标准值的移动称为**化学位移**（chemical shift）。在 NMR 波谱图上横坐标为化学位移，纵坐标为 rf 能吸收强度。化学位移常用 δ 单位表示。为确定一个吸收峰的位置，NMR 图纸是经校准的，并采用了一个参考点。实验中，加入少量四甲基硅［TMS，$(CH_3)_4Si$］产生一个单一吸收峰，此峰被用作 ^1H 和 ^{13}C 测定的标准参考线，并任意规定它的化学位

[①]　例如 ^1H 的 γ 值 = 26.751 0×10^7，^{13}C 的 γ 值 = 6.726 3×10^7，单位为 rad·T^{-1}·s^{-1}。见 John Emsley.元素手册,1994。

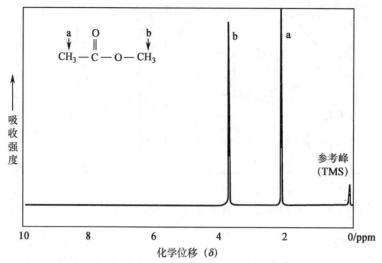

图 3-8   乙酸甲酯的 ^{1}H NMR 谱

乙酸甲酯中每个甲基的 3 个质子都有相同的化学环境,被屏蔽的程度相同,被称为
等效(equivalent)质子,呈现一个单一吸收峰(或称线)

移为零。一个 δ 单位等于波谱仪工作频率的百万分之一(ppm,即 10^{-6})。例如用一台 60 MHz 的仪器测定
样品的 ^{1}H NMR 谱,1 ppm = 60 Hz。一般说,化学位移:

$$\delta = \frac{观测到的化学位移(偏离 TMS 的 Hz 数)}{波谱仪的工作频率(MHz 数)}$$

大多数核的 NMR 吸收都发生在很窄的范围内。几乎所有 ^{1}H 核的化学位移都落在 0~10 ppm 之间,^{13}C 核
在 1~250 ppm。

NMR 谱上的单一吸收峰经常会分裂成几个峰,此现象称为**自旋-自旋分裂**(spin-spin splitting)。这是
由于一个原子的核自旋跟邻近的不等效的核自旋发生相互作用或偶合引起的,因此也称它为自旋-自旋
偶合(spin-spin coupling)。虽然分裂形成的 NMR 图谱会比较复杂,但它能提供很多信息。例如氯乙烷
(CH$_3$CH$_2$Cl)的 NMR 谱上—CH$_3$ 的 ^{1}H 核在 1.5 δ 处分裂成 3 个峰,—CH$_2$Cl 的 ^{1}H 核在 3.6 δ 呈现 4 个峰;
这是因为两个碳的各自质子是等效的,但两者之间的质子不等效。谱线的分裂一般服从 $n+1$ 的规律;当
相邻基团上有 n 个质子时,则该基团的质子吸收峰将分裂成 $n+1$ 个(图 3-9)。

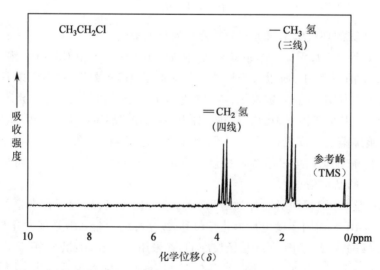

图 3-9   氯乙烷的 ^{1}H NMR 谱

在 NMR 实验中 ^{1}H 是特别重要的,因为它具有高灵敏度和高自然丰度。对于大分子来说,^{1}H NMR 谱

可以是很复杂的。即使一个小的蛋白质也有数百个 ^1H 原子,通常得到的一维 NMR 谱用于结构分析还是太复杂。但由于二维 NMR(2D-NMR)技术的出现和发展使得用于蛋白质三维结构分析变得可能。这些方法可以测定空间上相邻原子间核自旋的距离依赖性偶合。样品中由射频脉冲诱导的瞬时磁化将随时间而衰减,并一直弛豫到原来的低能态即热平衡态能级。弛豫过程给出丰富的有关大分子结构和动力学的信息,因为弛豫过程对分子的几何学和运动都很敏感。这里特别值得提及的是**核奥弗豪泽效应**(nuclear Overhauser effect,NOE),这是一种大小跟核之间距离 6 次方成反比的自旋偶合。NOE 定义为分子中一组或一个自旋核被射频能饱和后通过自旋-自旋偶合的弛豫过程引起空间上相邻近的另一组(个)自旋核的 NMR 信号发生改变。如果核之间的距离小于 0.5 nm(图 3-10A),磁化将从一个激发核转移到另一个未激发核。二维核奥弗豪泽增强波谱学(two-dimentional nuclear Overhauser enhancement spectropy,NOESY)波谱能够以图解方式展示出挨近的质子对。NOESY 谱的对角线相当于一维 NMR(化学位移)谱。对角线以外的峰(称为交叉峰)提供了关键的新信息:交叉峰代表距离不超过 0.5 nm 的质子对(图 3-10B)。TOCSY(total correlation spetroscopy)是用来测定共价连接的原子中核自旋偶合的一项技术。与 NOESY 互补使用,有助于确定哪个(些)NOE 信号是反映共价键连接的原子。NOE 信号的某些图谱已与二级结构如 α 螺旋关联起来。基因工程(见第Ⅲ篇)可用于制备含稀有同位素 ^{13}C 和 ^{15}N 的蛋白质。由这些原子产生的新的 NMR 信号和由于这些置换造成的跟 ^1H 信号的偶合有助于确定每个 ^1H 的 NOE 信号。照射这些核可以沿第 3 个轴把 NOE 峰分开,这就是所谓**多维 NMR 波谱学**的方法。根据大量的这种距离限制(邻近关系)可以把一个蛋白质的三维结构重建出来。

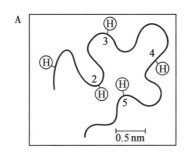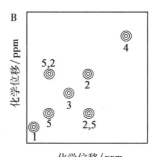

图 3-10　核奥弗豪泽效应(NOE)鉴定挨近的质子对

A. 标明 5 个特定质子的一个多肽链的图解,质子 2 和质子 5 挨得很近(距离约 0.4 nm),其他质子相距较远;B. 简化的 NOESY 谱。对角线示出 5 个峰,对应于 A 图中的 5 个质子。对角线上面的峰和下面对称位置的峰表示质子 2 与质子 5 挨近

(三) 研究溶液中蛋白质构象的其他方法

1. 紫外差光谱

蛋白质包括核酸在近紫外光区域之所以具有光吸收能力是因为它们的分子中含有芳香族和杂环族的共轭环系统(见图 2-11)。这些共轭环称发色团(chromophore)。发色团的吸光性质与其结构相关,而结构又受它的微环境影响。微环境因素包括溶液 pH、溶剂及邻近基团的极性性质。当发色团(Trp、Tyr、Phe 等)暴露在蛋白质分子表面时,pH 和溶剂的影响是主要的,如果埋藏于分子内部,则以邻近基团的影响为主。发色团的微环境决定于蛋白质分子的构象,构象改变,微环境则发生变化,发色团的紫外吸收光谱也将随之变化,包括吸收峰的位置、强度和光谱形状等。变化前后两个光谱之差称[示]差光谱(difference spectrum)。差光谱是两种不同条件下的比较,通常选用变性蛋白质(多肽链解折叠)或天然蛋白质作为参比。从对比实验中可以推断蛋白质在特定条件下溶液中的大致构象:芳香族残基是在分子表面还是在分子的内部,是处于极性环境还是非极性环境。一般说,环境极性增大、引起吸收峰向短波长移动,称为蓝移(blue shift)或称为向紫效应(hypsochromic effect),反之吸收峰向长波长方向移动,称红移(red shift)或向红效应(bathochromic effect)。

测定紫外差光谱多是在双光束紫外分光光度计上进行。两个浓度完全相同只是条件(pH、溶剂、离子强度或温度)不同的蛋白质样品分别装在参考杯和试验杯中。实验时可自动记录它们的差光谱。

2. 荧光和荧光偏振

在大多数情况下由于吸收辐射能而跃迁到激发电子态的分子都是通过激发能的非辐射转移给予周围分子而回复到基态的;简言之,能量以热形式散失。但也有极少数分子吸收的激发能只转移一小部分,大部分将再辐射(在<10^{-8} s内),这种现象称**荧光**(fluoresence)。荧光再辐射的总能量总是小于原吸收的总能量,因此荧光波长比激发光波长要长。酪氨酸的吸收光谱与荧光发射光谱的对比见图 3-11。在蛋白质中 Trp 和 Tyr 残基是主要的荧光基团(内源荧光),其荧光峰的位置(λ_{max})分别为 348 nm 和 303 nm。这些残基的微环境能明显地改变其荧光强度和荧光峰位置。根据经验性规律,应用荧光光谱技术,可以探索 Trp 和 Tyr 的微环境以及蛋白质分子构象的变化。有些蛋白质内源荧光很弱,这样可采用荧光探针技术(外源荧光法)研究蛋白质在溶液中的构象,用作荧光探针的如第 2 章中讲到的丹磺酰氯等,它们在紫外光照射下能发强荧光,并能与蛋白质共价或非共价结合。

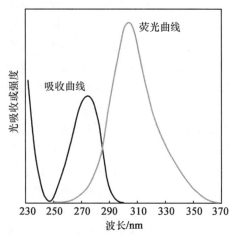

图 3-11　酪氨酸的吸收光谱与荧光光谱

此外用平面偏振光激发以产生荧光可提供一条研究蛋白质结构动态的途径。如果被激发的残基在荧光发射之前明显地发生移动或转动,则偏振荧光在一定程度上被消偏(depolarized)。荧光偏振(fluorescence polarization)与荧光探针结合常用于测定蛋白质的疏水微区,研究酶与底物、辅因子或抑制剂结合过程中蛋白质构象的变化,以及多亚基蛋白质的缔合和解离。荧光光谱的测定在荧光分光光度计(spectrofluorimeter)上进行。

3. 圆二色性

虽然紫外差光谱和荧光技术有助于追踪大分子的变化,但是这些测定不易直接用二级结构的变化来解释。下面介绍一种有用的偏振光技术——圆二色性(circular dichroism,CD)光谱学。

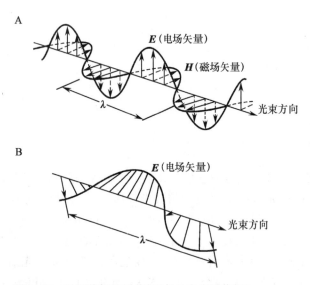

图 3-12　平面偏振和圆偏振(仅示出右圆偏振)

使光(电磁波)发生偏振的方式有多种。最熟悉的是平面偏振(见第 1 章),这里辐射的场矢量(包括互相垂直的电场矢量和磁场矢量)振荡有固定的方向(图 3-12A)。不太熟悉的、但又同样重要的是圆偏振(circular polarization)。圆偏振光的场矢量以辐射频率绕光传播方向旋转前进(图 3-12B)。当朝光源方向观察圆偏振光时,其电场矢量顺时针方向旋转的称为右手圆偏振光,逆时针方向旋转的称为左手圆偏振光。习惯上分别用这两种光的电场矢量 E_R 和 E_L 来表示。圆偏振光可看成是由波长和振幅相等但相位差 1/4 波长(90°)的两个平面偏振光叠加而成。左、右圆偏振光在 CD 光谱仪上是由同一平面偏振光通过一个以交流电的电光调制器(一种晶体)时交替产生的。

多数生物分子具有不对称性,有的是构型不对称性如 L- 和 D- 氨基酸,有的是构象不对称性如蛋白质的左手、右手 α 螺旋(图 3-15)和左手、右手多糖螺旋(见图 9-32)等。总之,一个分子中任何形式的结构上的不对称性都能用圆二色性光谱学来测定。手性物质与左、右圆偏振光(E_L,E_R)的相互作用是不相同的,例如左手螺旋与 E_L 有更强的相互作用,因而对 E_L 和 E_R 的吸收也不相同。由于手性物质对 E_L 和 E_R 这两种光的吸收(振幅减小)不同,便使左、右圆偏振光叠合成椭圆偏振光(elliptically polarized light),见图 3-13A。这种光学效应称为**圆二色性**。若用 ε_L 和 ε_R 分别表示手性物质对 E_L 和 E_R 光吸收的摩尔吸收系数,则 $\Delta\varepsilon = \varepsilon_R - \varepsilon_L$ 为圆二色性。圆二色性也用摩尔椭圆率(molar ellipticity)$[\theta]_\lambda$ 表示,$\Delta\varepsilon$ 和 $[\theta]_\lambda$ 的关系为:

$$[\theta]_\lambda = \frac{\theta_\lambda}{cl} \times 100 = 3\,300\Delta\varepsilon$$

式中椭圆率 $\theta = \arctan(短轴/长轴) \approx \tan\theta \approx 33cl\Delta\varepsilon$(对于小的 θ 来说)(图 3-13),c = 摩尔浓度、l = 光程厚度(cm)。$[\theta]_\lambda$ 的单位为(°)·cm^2·dmol^{-1}。注意,$\Delta\varepsilon$ 可以是正值或负值,所以 CD 光谱与一般的吸收光谱不同,在这里正和负值都是允许的。

图 3-14 示出 α 螺旋、β 折叠片和无规卷曲(random coil)构象的多肽圆二色性光谱。蛋白质在远紫外区(190~250 nm)可得到 CD 光谱,其吸光的实体或发色团(chromophore)是肽键,也即反映了主链构象。典型的 α 螺旋在 208 nm 和 222 nm 附近各有一个负槽,在 192 nm 有一个正峰。β 折叠片在 190 nm 附近也出现正峰,并在 215 nm 处有一个负槽。相反,无规卷曲在 199 nm 左右有一个负槽。

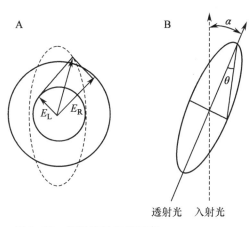

图 3-13 椭圆偏振和椭圆率

A. 当 $E_L \neq E_R$ 时,左、右圆偏振光叠合成椭圆偏振光。虚线椭圆是椭圆偏振光 E 矢量的运动轨迹;两个实线圆分别是圆偏振光 E_L 和 E_R 矢量的运动轨迹;B. θ 是椭圆率,α 是旋光度(对一般的光学活性物质,圆二色性和旋光现象同时发生)

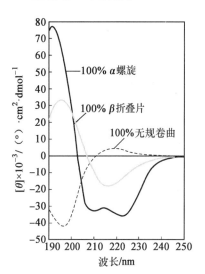

图 3-14 多聚 L-赖氨酸在不同构象条件下的标准远紫外 CD 光谱

圆二色性还能用于估算蛋白质中 α 螺旋、β 折叠片和无规卷曲的含量。假设蛋白质分子全由这 3 种构象元件组成,它们所含的残基数占蛋白质分子的总残基数的百分数分别为 f_α、f_β 和 f_R,则

$$f_\alpha + f_\beta + f_R = 1 \tag{3-1}$$

再假设蛋白质分子中的各种构象元件在波长处的椭圆率也可以加和,则

$$[\theta]_\lambda = f_\alpha[\theta]_{\alpha,\lambda} + f_\beta[\theta]_{\beta,\lambda} + f_R[\theta]_{R,\lambda} \tag{3-2}$$

式中 $[\theta]_\lambda$ 为实验样品 CD 曲线在波长 λ 处的摩尔椭圆率;$[\theta]_{\alpha,\lambda}$、$[\theta]_{\beta,\lambda}$ 和 $[\theta]_{R,\lambda}$ 分别为 100% α 螺旋、100% β 折叠片和 100% 无规卷曲构象在波长 λ 处的摩尔椭圆率;这些数据可由人工合成的多聚氨基酸获得(图 3-14)。因此利用公式(3-2),理论上只要选择 3 个不同波长的 $[\theta]$,即可得到一组三元一次方程,并由此解出未知数 f_α、f_β 和 f_R;现在实际上都是用现成的程序在计算机上完成的。

除上述几种方法之外,还有一些方法用于研究溶液中的蛋白质构象,如重氢交换可以测定蛋白质中 α 螺旋的含量。拉曼光谱学(Raman Spectroscopy)用于研究主链构象,光散射(light scattering)可获得生物大分子的许多重要信息。

三、蛋白质的二级结构

在蛋白质折叠过程中,处于分子表面的主链极性基团,C＝O 和 N—H,与溶剂水形成氢键,分子内部的主链极性基团相互之间氢键键合;正是在这种能量平衡中,主链的折叠出现了由氢键稳定的有规则的构象,称为**二级结构**(secondary structure)。二级结构这个术语也可定义为多肽链的任一所选区段中主链原子的局部空间排列,但不涉及它的侧链定位或与其他肽段的关系。二级结构是蛋白质的复杂三维结构的结构基础,因而被称为构象元件(element)或单元(unit)。当肽段中每个二面角,Φ 和 Ψ,都处于同一或几乎同一数值时,则会出现规正的二级结构。少数几种类型的二级结构特别稳定,广泛存在于蛋白质中。最突出的是 α 螺旋和 β 构象;另一些常见的类型是 β 转角,还有 Ω 环,有人称它们为部分规正的二级结构。没有规正图案的肽段,这种肽段有时被称为不确定的二级结构或无规卷曲。但是这种叫法用来描述这种肽段的结构并不恰当。一个典型的蛋白质中多肽主链的大部分走向不是随机的;而且,这一走向对这个特定蛋白质的结构和功能是不变并高度专一的。下面我们主要讨论几种最常见的二级结构元件。

(一) α 螺旋是常见的蛋白质二级结构

1. α 螺旋的结构

α 螺旋(α helix)是蛋白质中最常见、最典型和含量最丰富的二级结构元件。早在 1950 年 L. Pauling (1901—1994)和 R. Corey(1897—1971)等人就根据从小肽晶体结构中测得的多肽标准参数(图 2-21),预测出能够稳定存在的螺旋结构,并很快由实验得到证实。Pauling 和 Covey 命名它为 **α 螺旋**(图 3-15)。在原型的 α 螺旋中氨基酸残基的主链原子有一套特有的二面角($\phi = -57°$,$\psi = -47°$),规定了 α 螺旋的构象(表 3-3)。但蛋白质中的 α 螺旋段经常与这些二面角稍有偏差,甚至会有变化,在一个相邻的肽段内产生螺旋轴的细小弯曲或结节(kink)。α 螺旋是一个重复性结构,一个螺圈(重复单位)包含 3.6 个氨基酸残基,沿螺旋轴方向上升 0.54 nm,称为移动距离或螺距(pitch),此数值比 W. Astbury 在毛发角蛋白的X 射线分析中观测到的周期性略大一点。每个残基绕轴旋转 100°,沿轴上升 0.15 nm。残基的侧链(R基)伸向外侧。如果侧链不计在内,螺旋的直径约为 0.5 nm。一个 α 螺旋段中相邻螺圈之间形成氢键,氢键的取向几乎与螺旋轴平行。

表 3-3 蛋白质中常见二级结构理想的 ϕ 和 ψ 角

结构	ϕ	ψ	结构	ϕ	ψ
α 螺旋	-57°	-47°	β 转角 I 型		
β 构象			$i+1$ *	-60°	-30°
反平行	-139°	+135°	$i+2$ *	-90°	0°
平行	-119°	+113°	β 转角 II 型		
胶原三股螺旋	-51°	+153°	$i+1$	-60°	+120°
			$i+2$	+80°	0°

*$i+1$ 角和 $i+2$ 角分别是 β 转角中的第 2 个和第 3 个氨基酸残基的角度。

为什么 α 螺旋比许多其他可能的构象更容易形成? 部分原因是因为它能最大地利用内部氢键。α 螺旋结构是通过连接在一个肽键的电负性氮原子上的氢原子和该肽键的 N 端第 4 个氨基酸的电负性羰基氧原子之间的氢键得到稳定的(图 3-15A,B)。α 螺旋内的每一肽键(除靠近螺旋每端的肽键外)都参与这样的氢键键合。每一连续的 α 螺旋圈都由 3 到 4 个氢键固定住相邻的螺圈,这样给予整个螺旋结构以很大的稳定性。在 α 螺旋段的每端总有 3 或 4 个酰胺氨基或酰胺羰基不能参与这种螺旋模式的氢键键合,或者说一个含 n 个残基的 α 螺旋会有($n-4$)个氢键,螺旋的头 4 个酰胺氢和最后 4 个羰基氧不参与螺旋中的氢键形成。这些基团可以暴露在周围的溶剂中,在这里跟水发生氢键键合,或由该蛋白质的其他部分给它**加帽**或称帽化(capping),所谓加帽就是给末端裸露的 N—H 和 C＝O 提供氢键配偶体(partner)。

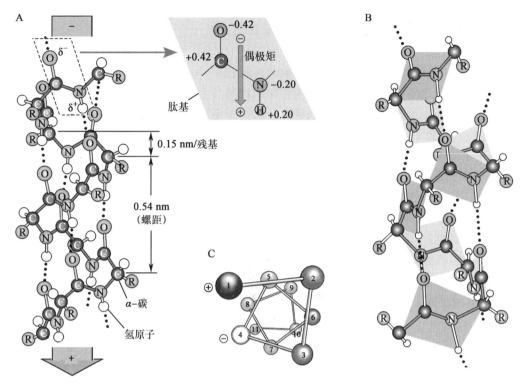

图 3-15 α 螺旋结构模型

A. 示出螺旋参数和偶极矩；B. 螺旋可看成是以 α-碳为铰点的肽平面堆叠排列而成，肽平面大体平行于螺旋轴；C. 螺旋的顶面观

从 N 端出发，氢键是由每个肽基的 C═O 与 C 端的第 4 个肽基的 N—H 之间形成的。由氢键封闭形成的环是 13 元环：

$$O\text{-----------}H$$
$$\|\qquad\qquad\qquad|$$
$$C\left[NH\text{-}C_\alpha H\text{-}CO\right]_3 N\text{-}$$
$$\qquad\qquad|$$
$$\qquad\qquad R$$

因此 α 螺旋也称 3.6_{13}-螺旋。

如图 3-15A 和 B 所示，α 螺旋中所有氢键都沿螺旋轴指向同一方向。每一肽键具有由 N—H 和 C═O 的极性产生的偶极矩。因为这些基团都是沿螺旋轴排列，所以总的效果是 α 螺旋本身也是一个偶极矩，相当于在 N 端积累了部分正电荷，在 C 端积累了部分负电荷。

α 螺旋是有规则的构象，在折叠成螺旋时具有协同性。一旦形成了一圈 α 螺旋，随后逐个残基的加入变得容易而快速，这是因为第一个螺圈成为形成相继螺圈的模板。

2. α 螺旋的手性

Pauling 和 Corey 考虑过 α 螺旋的左、右手变体（图 3-16）的问题。随后肌红蛋白和其他蛋白质的三维结构的阐明证实右手 α 螺旋是常见的形式。左手 α 螺旋在理论上稳定性就比较小，在蛋白质中极少能观察到。α 螺旋已证明是 α-角蛋白中占优势的结构。更一般地说，蛋白质中约四分之一的氨基酸残基是以 α 螺旋形式存在的，精确的分数比在不同蛋白质之间有很大的变化。这里讲的不论是右手还是左手螺旋都是指由 L-型氨基酸残基构成的，因此右手 α 螺旋和左手 α 螺旋不是对映体。在左手 α 螺旋中 L-型氨基酸残基侧链的第一个碳原子(C_β)过分接近主链上的 C═O 氧原子，以致结构不舒适，能量高，构象不稳定。而右手 α 螺旋，空间位阻较小，比较符合立体化学的要求，因而在肽链折叠中容易形成，构象稳定。左手 α 螺旋虽然很稀少，但也偶有出现。例如，在嗜热菌蛋白酶中就有很短一段左手 α 螺旋，由 Asp-Asn-Gly-Gly（第 226~229 位）组成。

进一步的实验证实，由 L-或 D-氨基酸组成的多肽都能形成 α 螺旋。但是必须所有的残基都是同一构型的立体异构体；一个 D-氨基酸的掺入将破坏 L-氨基酸组成的规则结构，反之亦然。L-氨基酸组成的 α 螺旋，最稳定的形式是右手的；D-氨基酸组成的 α 螺旋，最稳定的形式是左手的。

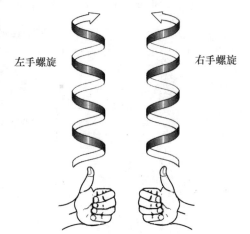

左手螺旋　　　　　　右手螺旋

　　α 螺旋是手性结构，具有旋光能力。但 α 螺旋的比旋并不等于构成自身的氨基酸比旋的简单加和，而无规卷曲的比旋与这种加和相等。事实上 α 螺旋的旋光性是 α-碳原子的构型不对称性和 α 螺旋的构象不对称性的总反映。应用旋光色散（optical rotatory dispersion，ORD）光谱（测定作为波长函数的旋光能力），特别是 CD 光谱可以研究蛋白质的二级结构。

　　确定螺旋结构手性的简单方法（图 3-16）是右手握拳，伸直大拇指，与螺轴平行，指向前方。如果螺线按右手其他 4 个手指弯曲的方向（顺时针）旋转，螺旋将沿大拇指所指的方向前进，则该结构为右手螺旋；如果用左手以同样方式操作，螺线逆时针旋转向前，则为左手螺旋。

图 3-16　识别左、右手螺旋的方法

3. 其他类型的螺旋

　　在蛋白质中还发现几种不常见的其他类型螺旋。其中最常见的是 3_{10}-螺旋（图 3-17A），每螺圈的残基数（n）为 3.0，每个肽基的 C＝O 与其羧基端侧的第 3 个肽基的 N—H 形成氢键，构成 10 元环，每残基高度 0.2 nm，螺距 0.6 nm，螺旋直径约为 0.4 nm。ϕ，ψ 分别在 -49° 和 -26° 左右。3_{10}-螺旋比 α 螺旋紧密。由于 n 为整数（3.0），相邻螺圈中的 α-碳在一条直线上。由于 3_{10}-螺旋中的氢键几何结构及非键合相互作用并不处于最佳状态，在蛋白质结构中一般很短，通常作为 α 螺旋末端的最后一圈存在。其他螺旋结构包括 π 螺旋（图 3-17B）。π 螺旋也称 4.4_{16}-螺旋，$n = 4.4$，残基高度 0.12 nm，螺距 0.52 nm，螺旋直径约为 0.6 nm。每个肽基的 C＝O 与其羧基端侧第 5 个肽基的 N—H 形成氢键，并构成 16 元环。π 螺旋不稳定，在蛋白质中极少存在。

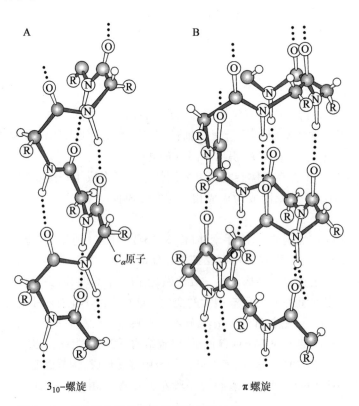

A　　　　　　　　　　　　　　　B

C_α原子

3_{10}-螺旋　　　　　　　　　　π 螺旋

图 3-17　多肽链的其他两种类型的螺旋结构

(二) 氨基酸序列影响 α 螺旋的稳定性

一条肽链能否形成 α 螺旋,以及形成的螺旋是否稳定,与它的氨基酸组成和序列有极大的关系。多肽中每个氨基酸残基都有形成 α 螺旋的固有倾向(表 3-4),反映 R 基的性质(包括电荷性质和体积性质)以及它们如何影响邻接的主链原子采取特有的 φ 角和 ψ 角的能力。关于这方面的知识很大一部分来自对多聚氨基酸的研究。发现 R 基小,并且不带电荷的多聚丙氨酸(多聚 Ala),在 pH 7 的水溶液中能自发地卷曲成 α 螺旋。在大多数实验模型系统中丙氨酸显示出形成 α 螺旋的最大倾向性。

表 3-4　氨基酸残基采取 α 螺旋构象的倾向性

氨基酸	$\Delta\Delta G^{\ominus}$ /(kJ/mol) *	氨基酸	$\Delta\Delta G^{\ominus}$ /(kJ/mol)	氨基酸	$\Delta\Delta G^{\ominus}$ /(kJ/mol) *	氨基酸	$\Delta\Delta G^{\ominus}$ /(kJ/mol)
Ala	0	Gln	1.3	Leu	0.79	Ser	2.2
Arg	0.3	Glu	1.4	Lys	0.63	Thr	2.4
Asn	3	Gly	4.6	Met	0.88	Tyr	2.0
Asp	2.5	His	2.6	Phe	2.0	Trp	2.0
Cys	3	Ile	1.4	Pro	>4	Val	2.1

* $\Delta\Delta G^{\ominus}$ 是一个自由能变化之差,相对于丙氨酸的 $\Delta G^{\ominus}$ 之差。

从邻近残基的关系上看,一个氨基酸残基的位置也是很重要的。氨基酸侧链之间的相互作用能够使 α 螺旋结构稳定或去稳定。例如,多聚 Glu 在 pH 7 条件下就不能形成 α 螺旋,而以无规卷曲形式存在。这是因为多聚 Glu 在此 pH 时 R 基具有负电荷,相邻残基彼此发生静电排斥,不能形成链内氢键。同样原因,多聚 Lys(或多聚 Arg)在 pH 7 时 R 基带正电荷,相邻残基也彼此排斥,阻止 α 螺旋的形成。事实正是如此,多聚 Lys(或多聚 Arg)在 pH≥12 时或多聚 Glu 在 pH≤4 时,则自发地形成 α 螺旋(图 3-18)。如果 Asn、Ser、Thr 和 Cys 这些残基在链中靠在一起,它们的体积和形状也能使 α 螺旋不稳定。

一个 α 螺旋的扭转保证了在一个氨基酸的侧链和在它的任一侧 3(有时 4)个残基远的侧链之间发生关键性相互作用。把这个 α 螺旋想象成一个螺旋轮就更明白(图 3-15C)。荷正电氨基酸经常出现在离荷负电的氨基酸 3 个残基远的地方,在这里允许形成一个离子对。两个芳香族氨基酸残基经常有着类似的间距,因而引起疏水相互作用。

Pro 或 Gly 形成 α 螺旋的倾向性最小,它们的存在限制了 α 螺旋的形成。脯氨酸中氮原子是刚性环的一部分(见图 2-20),不能绕 N—C$_\alpha$ 键旋转。因此,Pro 残基给 α 螺旋引入了一个去稳定的结节。此外,肽键中 Pro 残基的氮原子没有取代的氢可参与跟其他残基形成氢键。由于这些原因,Pro(和 Hyp)极少存在于 α 螺旋中。

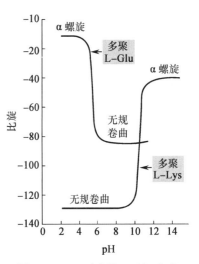

图 3-18　pH 对多聚 L-Glu 和多聚 L-Lys 在 α 螺旋和无规卷曲之间构象互变的影响

甘氨酸不经常出现在 α 螺旋中的原因是 Gly 比其他氨基酸残基有更大的构象柔性。多聚 Gly 倾向采取很不同于 α 螺旋的卷曲结构(coiled structure)。

影响 α 螺旋稳定性的最后一个因素是靠近多肽链 α 螺旋段两端的氨基酸残基的个性。每一个肽键中都存在一个小的电偶极子,这些偶极子与 α 螺旋的氢键平行排列,结果形成一个沿螺旋轴的净偶极(整个螺旋偶极),偶极矩随螺旋长度而增加(图 3-15A)。螺旋偶极的部分正电荷和负电荷分别留在氨基端和羧基端附近的肽氨基和肽羧基上。因此,荷负电的氨基酸经常存在于螺旋段的氨基端,在这里它们通过与螺旋偶极的正电荷相互作用稳定了 α 螺旋;在氨基端的荷正电氨基酸是去稳定的。在螺旋段的羧基末端情况恰相反。

总起来说,有 5 个方面的因素影响 α 螺旋的稳定性:① 氨基酸残基形成 α 螺旋的固有倾向性;② R 基之间,特别是间隔 3(或 4)个残基的 R 基之间的相互作用;③ 相邻 R 基的庞大体积;④ Pro 和 Gly 残基的存在;⑤ 螺旋段末端的氨基酸残基和 α 螺旋所特有的电偶极之间的相互作用。因此,多肽链的一个给定肽段形成 α 螺旋的倾向性取决于该肽段内氨基酸残基的本性和序列。

(三) β 构象把多肽链组织成片层结构

1951 年 Pauling 和 Covey 预言了第二种类型的重复结构,**β 构象**(β conformation)或 β 结构。这是一种更为伸展的多肽链构象,它的结构也受到按一套特有二面角排列的主链原子的限定(表 3-3)。在 β 构象中多肽链骨架伸展成锯齿(zigzag)结构,而不是螺旋结构(图 3-19)。处于 β 构象的几段多肽链并排地排列,称为 **β 片**(β sheet)或 **β 折叠片**(β pleated sheet)。β 片可以想象为由几个折叠的纸条侧向拼接而成;每个纸条可看成是一段肽链,在这里肽主链沿纸条形成锯齿状,α-碳位于折叠线上;位于折叠片上的侧链(R 基)都垂直于折叠片平面,并交替地从平面上、下两侧伸出(图 3-19)。折叠片可以有两种形式(图 3-20):一种是平行(parallel),另一种是反平行(antiparallel);在平行 β 折叠片中,相邻肽链是同向的(相同的氨基→羧基取向),在反平行 β 折叠片中,相邻肽链是反向的(相反的氨基→羧基取向)。平行和反平行这两种结构相当相似,虽然平行构象的重复周期(0.65 nm)比反平行的(0.7 nm)短一些,氢键键合的图案也不同。

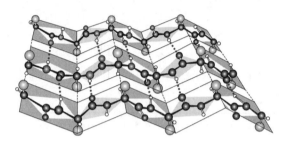

图 3-19   在折叠的纸片上画出的反平行 β 折叠片

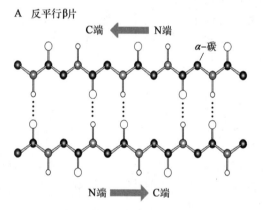

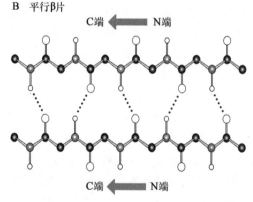

图 3-20   在反平行(A)和平行(B)β 折叠片中氢键的排列(图中未示出侧链)

β 片中每个肽链称为 β 折叠股或 β 股(β-strand)。大多数 β 股和 β 片都有右手扭曲的倾向,以缓解侧链之间的空间应力(steric strain)。由于 α-碳原子的四面体性质,连续的酰胺平面被排列成折叠形式。在此结构中氢键主要是在股间(interstrand)而不是在股内(intrastrand)形成。在反平行 β 片中股间氢键基本上是成线的(回忆氢键的方向性,第 1 章),而平行 β 片中的氢键明显弯折或者说不成线。理想的 β 结构呈现表 3-3 所列的键角;这些数值在实际的蛋白质中会有出入,因而造成结构上的变异,如上面关于 α 螺旋所见到的。

平行 β 折叠片比反平行 β 折叠片更规则。平行式中 α-碳的 φ 和 ψ 值比反平行式中的小很多(表 3-3)。平行折叠片一般是大结构,少于 5 个 β 股的很少见;然而反平行折叠片可以少到仅由两个 β 股组成。平行 β 折叠片中疏水侧链分布在折叠片平面的两侧。而反平行 β 折叠片中通常所有的疏水侧链都排列在折叠片的一侧。当然这就要求在参与反平行 β 折叠片的多肽序列中亲水残基和疏水残基交替排列,因为间隔的侧链是伸向折叠片的同一侧。

　　在纤维状蛋白质中 β 折叠片主要是反平行式的,而球状蛋白质中反平行和平行两种方式几乎同样广泛地存在。在纤维状蛋白质中, β 折叠片的氢键主要是在不同肽链之间形成,而球状蛋白质中既可以在不同肽链或不同蛋白质分子之间形成,也可以在同一肽链的不同肽段(β 股)之间形成。

(四) β 转角和 Ω 环是蛋白质中部分规正的二级结构

1. β 转角(β-turn)是蛋白质中常见的

　　球状蛋白质有一个结实而大体球形的折叠结构,因此多肽链骨架必须发生转弯、回折和重新定向。为此,某些氨基酸残基处于转折或回环的地方,在这里允许多肽链逆转方向。在很多蛋白质中观察到这样的转折结构,其中常见的称为 **β 转角**或发夹结构(hairpin structure),连接反平行 β 折叠片中两个相邻肽段的末端。β 转角是 180°转折的结构,涉及 4 个氨基酸残基,第 1 个(i)残基的 C=O 与第 4 个(i+3)残基的N—H 形成一个氢键,使 β 转角成为比较稳定的结构(图 3-21)。中央两个残基的肽基不参与任一残基间的氢键键合。已知 β 转角有几种类型,每种类型都是由连接构成特定转角的 4 个氨基酸残基的一些键(第 2 残基 C_α 和第 3 残基 C_α)的二面角 φ 和 ψ 所规定的(表 3-3)。Gly 和 Pro 残基经常出现在 β 转角中,前者是因为它的侧链小(只是一个 H)柔性大(容易调整邻近残基的空间阻碍),后者是因为涉及脯氨酸亚胺氮的肽键容易采取顺式构型(图 2-22),这是一种特别适于形成转角的形式。总之,Gly 和 Pro 的存在促进肽链自身回折,有助于反平行 β 折叠片的形成。难怪有人把转角看成是由几个氨基酸残基构成的最小β 片。图 3-21 示出两个最常见的 β 转角类型(Ⅰ 和 Ⅱ):类型 Ⅰ 的特点是中央肽键的 C=O 和第 2、3 个C_α 的 R 基反向,类型 Ⅱ β 转角的第 3 个(i+2)残基一定是 Gly。β 转角经常在蛋白质分子的表面存在,在这里转角中央的两个氨基酸残基能够与水形成氢键。β 转角在球状蛋白质中的含量相当丰富,约占全部残基的四分之一。

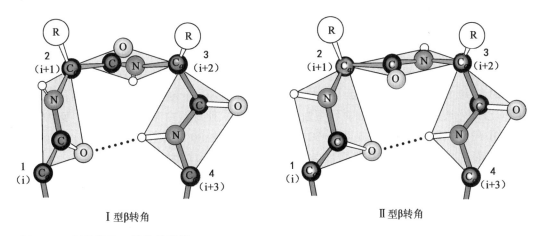

Ⅰ 型β转角　　　　　　　　　　　　　　　　　Ⅱ 型β转角

图 3-21　两种常见 β 转角的结构

　　除了 β 转角之外,还有 γ 转角等,但不太常见。它们与 β 转角的不同只是在转角中氢键的位置有差异。在肽段中由第 i 个和第 i+3 个残基之间氢键键合而成的四残基转角即为 β 转角;在第 i 个和第 i+2 个残基之间形成氢键产生的三残基转角为 γ 转角。

2. Ω 环(Ω loop)是新近发现的一类二级结构

　　Ω 环是近 20、30 年才发现的,它们虽然不像 α 螺旋和 β 折叠片那样规正,但仍有规则可循,属于部分规正的二级结构。从形式上,Ω 环可看成是 β 转角的延伸。此环有两个特征:一是环的长度不超过 16 个氨基酸残基,一般为 6~8 个残基,尤以 8 残基的 Ω 环为最多;二是它改变了蛋白质肽链的走向,使得形成环的首尾两个残基之间的距离<1 nm。

　　对肽链折叠成正确的蛋白质构象来说,规正的二级结构一旦形成,就作为蛋白质三级结构的结构元件存在,要把这些元件连接并组合成特定的三级结构还有赖于像 β 转角和 Ω 环这样一些部分规正、但可变性较大的二级结构。一般认为,蛋白质中规正的二级结构主要是维持三级结构的轮廓,而直接跟蛋白质生物活性有关、活动性更大的部位绝大多数是由转角和环构成的。

（五）无规卷曲也有确定的构象

无规卷曲（random coil），泛指那些不能或未能归入上述那些明确的二级结构的蛋白质肽段（图 3-38）。前面曾经指出用无规卷曲来描述这些肽段的结构并不恰当，容易引起误解。实际上它们大多数既不是随意卷曲，也不是完全无规，虽然它们的柔性较大，有一定的任意性，例如像在许多蛋白质中 Lys 侧链在 β-碳以外的碳链那样。但这些无规卷曲也像其他的二级结构一样有明确而稳定的结构，否则许多蛋白质就不可能形成在三维空间上每维都具周期性结构的晶体；不过在 X 射线衍射分析时，它们的电子云密度基本模糊，因为它们有较大的涨落。这类有序的非重复性结构经常构成酶的活性部位和其他蛋白质专一的功能部位，例如铁氧还蛋白和红氧还蛋白中结合铁硫串（iron-sulfur cluster）的肽环以及许多钙结合蛋白中结合钙离子的 E-F 手结构的中央环（见图 14-23）。有理由应该给与这类结构以更确切的名称，如**无规卷曲**或其他名词。

四、纤维状蛋白质

在第 2 章中曾谈到根据形状和溶解度把蛋白质分成纤维状蛋白质、球状蛋白质和膜蛋白质三大类。这种分类实际上跟蛋白质的高级结构有关。**纤维状蛋白质**（fibrous protein）中多肽链排列成长线或片层，外形上呈现纤维状或细棒状。纤维状蛋白质一般由单一类型的二级结构组成，它们的三级结构比较简单。纤维状蛋白质的共同性质之一是给有它们存在的各种结构以强度和/或柔性，为脊椎和无脊椎动物提供了支撑、定形和外保护的功能。在每一种情况，基本结构单位都是二级结构的简单重复元件。几乎所有的纤维状蛋白质都不溶于水和稀盐溶液，这一性质是由于在蛋白质的内部和表面都有高浓集的疏水氨基酸残基造成的。这些疏水面大部分是在多个类似的多肽链折叠成精致的超分子复合体时被掩盖了。

纤维状蛋白质广泛地分布于脊椎和无脊椎动物的体内，占脊椎动物体内蛋白质总量的一半或一半以上。不溶性的纤维状蛋白质有角蛋白、胶原蛋白、弹性蛋白和丝心蛋白，它们属于硬蛋白类（scleroproteins）；此外还有可溶性的，如血纤蛋白原（图 3-28）、肌球蛋白和原肌球蛋白（见图 4-31）等；但不包括微管（图 3-54）、肌动蛋白丝（见图 4-32）和鞭毛（见图 4-30）等，它们是球状蛋白质的长向聚集体（aggregate）。下面主要介绍不溶性纤维状蛋白质的二、三级结构和功能。

（一）α-角蛋白是 α 螺旋蛋白质

α-角蛋白（α-keratin）是由外胚层细胞发育而来的皮肤及其衍生物：毛、鳞、羽、甲等的结构蛋白质。它们在强度方面已得到很好的进化。在哺乳动物中，α-角蛋白构成发、毛、甲、爪、棘刺（quill）、洞角、蹄等的几乎全部干重。α-角蛋白是称为中间丝（intermediate filament, IF）蛋白质的蛋白质大家族的一部分。其他 IF 蛋白质存在于动物细胞的细胞骨架中。所有的 IF 蛋白质都有结构的功能和以 α-角蛋白为例证的结构特征。一类称为 β-角蛋白的蛋白质，结构上类似于丝心蛋白，它们属于 β-片蛋白质（见下面）。

α-角蛋白亚基（单个多肽链）的氨基酸序列是由富含螺旋的中央棒状［结构］域或区（长度为 311~314 个残基）和两侧的非螺旋的 N 端和 C 端［结构］域（大小和组成不定）构成。α-角蛋白中的螺旋是跟许多其他蛋白质中发现的同一右手 α 螺旋。典型的 α-角蛋白中央棒状区（α 螺旋区）的结构见图 3-22A。早在 20 世纪 50 年代 Crick 和 Pauling 各自暗示了角蛋白的 α 螺旋排列成一种卷曲螺旋（coiled coil）。两股 α-角蛋白亚基螺旋，平行取向（它们的氨基端在同一端），互相缠绕形成超扭曲的卷曲螺旋。超扭曲（supertwisting）增加了整个结构的强度，正像几股绳拧成了缆那样（图 3-22A）。一个 α 螺旋的轴扭曲成卷曲螺旋（此时 α 螺旋轴与超螺旋轴有一定倾斜）解释了 Pauling 和 Corey 所预测的 α 螺旋每圈 0.54 nm（图 3-15）和毛发 X 射线衍射中观测到的重复距离 0.51~0.52 nm 之间不一致的原因。超扭曲的螺旋行

程是跟 α 螺旋相反的左手螺旋。两个 α 螺旋接触的表面由疏水氨基酸残基构成,它们的 R 基啮合在一起形成规则的联锁图案。这就允许多肽链在左手超螺旋内紧密装配。难怪 α-角蛋白富含疏水氨基酸残基 Ala、Val、Leu、Ile、Met 和 Phe。

α-角蛋白卷曲螺旋中单个的多肽链(亚基)有着相对简单的三级结构,以 α 螺旋的二级结构为主体,但 α 螺旋的轴已扭曲成一个左手超螺旋。两个亚基 α 螺旋的互相缠绕是四级结构的一个例证。这种二链卷曲螺旋是丝状蛋白质和肌球蛋白(见图 4-31)中常见的结构元件。α-角蛋白的四级结构可以是很复杂的。多个卷曲螺旋可被装配成大的超分子复合体,例如 α-角蛋白排列成毛发的中间丝(图 3-22)。

纤维状蛋白质的强度由于多股螺旋的"缆绳"中多肽链之间和超分子集装体(assembly)中相邻链之间的共价交联而得到加强。在 α-角蛋白中稳定四级结构的交联是二硫键(图 3-1)。在最硬和最韧的 α-角蛋白,如犀牛角的 α-角蛋白中,18% 以上的残基是参与二硫键形成的半胱氨酸。

一根毛发的周围是一层鳞状细胞(scale cell),中间为皮层细胞(cortical cell)。皮层细胞横截面的直径约为 20 μm。在这些细胞中,中间丝(IF)沿毛发的轴向排列。所以一根毛发具有高度有序的结构(图 3-22B)。毛发性能决定于 α 螺旋结构以及这些结构的组织方式。

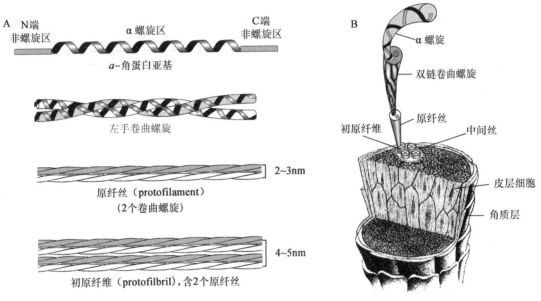

图 3-22 毛发的结构

A. 毛发 α-角蛋白中央棒状区的结构;B. 毛发横切面的结构

α-角蛋白的伸缩性能很好,一根毛发湿热时可以拉长到原有长度的 2 倍,这时 α 螺旋被撑开,各螺圈间的氢键被破坏,转变为 β 构象。当张力除去后,单靠氢键尚不能使纤维恢复到原来的状态。相邻分子的 α 螺旋是由它们的半胱氨酸残基间的二硫键交联起来的,一般认为每 4 个螺圈就有一个交联键。这种交联键既可以抵抗张力,又可以作为外力除去后使毛发复原的恢复力。结构的稳定性主要是由这些二硫键保证的。二硫键的数目越大,纤维的刚性越强。根据含硫量大小,α-角蛋白可分成硬角蛋白和软角蛋白两种类型。蹄、爪、角、甲中的 α-角蛋白是高硫的硬角蛋白,质地硬、不能拉伸。皮肤和胼胝中的 α-角蛋白是低硫的软角蛋白,它的伸缩性比硬角蛋白好。

永久性卷发(烫发)是一项生物化学工程(biochemical engineering)。α-角蛋白在湿热条件下可以伸展转变为 β 构象,但在冷却干燥时又可自发地恢复原状。如前面所指出,这是因为 α-角蛋白的侧链 R 基一般都比较大,不适于处在 β 构象状态,此外 α-角蛋白中的螺旋多肽链间有很多的二硫键交联,这些交联键也是当外力解除后使肽链恢复原状(α 螺旋构象)的重要力量。这就是卷发行业的生化基础。首先,把头发卷成一定的形状,然后涂上还原剂(一般是含巯基的化合物)溶液并加热。还原剂可以打开链间的二硫键。湿热破坏氢键并引起头发纤维中多肽链的 α 螺旋结构伸展。然后除去还原剂,涂上氧化剂以便在相邻多肽链的半胱氨酸残基对(已不是处理前的 Cys 残基对)之间建立新的二硫键。当头发经洗涤并冷却后,多肽链回复到原来的 α 螺旋构象。这时头发将以所希望的样式卷曲,因为新的二硫交联键迫使头发纤维中的 α 螺旋束发生某些卷曲。

(二) 丝心蛋白和 β-角蛋白是 β 折叠片蛋白质

丝心蛋白(silk fibroin; fibroin)存在于昆虫,如家蚕(*Bombyx* mori)的茧和蜘蛛网的丝纤维中。它们代表另一类型的纤维状蛋白质——β 片蛋白质。丝心蛋白由反平行 β 折叠片堆积组成(图 3-23A)。整个结构是通过每一 β 片的各多肽链中所有肽键之间的氢键和片层之间的最适范德华力来稳定的。丝心蛋白多肽链的序列,主要是由小侧链的甘氨酸、丝氨酸和丙氨酸所组成,并且每隔一个残基就是 Gly。如前面所指,一个 β 折叠片的各残基在它的平面上、下交替地伸出。结果是,所有 Gly 的 R 基都在 β 片的一侧,其他残基的 R 基(主要是 Ala 和 Ser)在另一侧。这样一对对 β 片能够按 Gly R 基与 Gly R 基连锁和 Ala/Ser R 基与 Ala/Ser R 基连锁的方式紧凑地交替堆积在一起(图 3-23B)。在这些 β 片中,两个

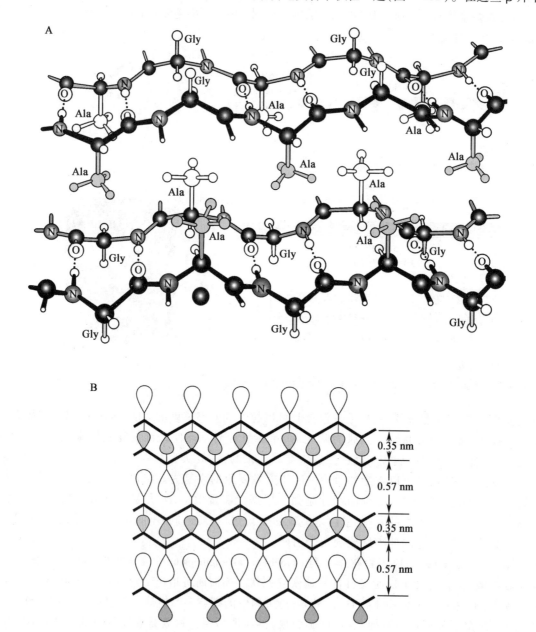

图 3-23 丝心蛋白的三维结构

A. 堆积的 β 折叠片的三维结构;B. 交替堆积层中 Ala-Ser 残基侧链或 Gly 残基侧链(H 原子)的连锁

多肽链之间的距离为 0.47 nm,在两个交替堆积层之间的距离分别为 0.35 nm(Gly 侧链)和 0.57 nm(Ala/Ser 侧链)。由于这种结构方式,使得丝心蛋白所承担的张力并不直接落在多肽主链的共价键上,因而丝纤维具有很高的抗张强度。又由于堆积层之间是由许多弱相互作用稳定的,不像 α-角蛋白那样由共价二硫键参与维系,因而使丝纤维具有柔软的特性。但丝心蛋白不能拉伸。因为肽链已处于高度伸展的 β 构象状态。

实际上丝心蛋白除了上述 3 种基本残基之外,还有一些大侧链的氨基酸残基如 Tyr、Val 和 Pro 等,由它们构成的区域是无规则的非晶状区,分子中有序晶状区和无序非晶状区交替出现。无序区的存在,赋予丝心蛋白以一定的伸展度。

天然的 β 片蛋白质除了上述的丝心蛋白外,还在大多数的鸟类和爬行动物的皮肤、羽毛、爪、喙(beak)和鳞片中发现,称为 **β-角蛋白**;这类蛋白质在结构上类似丝心蛋白,但也有许多的改进,以便提供在不同组织中所需的最适物理性能。

(三) 胶原蛋白是一种三股螺旋

胶原[蛋白](collagen)是很多脊椎动物和无脊椎动物体内含量最丰富的蛋白质。它们也属于结构蛋白质,能使腱、骨、软骨、牙、皮和血管等结缔组织具有机械强度。例如腱胶原的抗张强度(tensile strength)为 $20 \sim 30$ kg/mm^2,相当于 12 号冷拉钢丝的拉力。骨折、腱损伤和软骨损伤都涉及组织中胶原蛋白基质的撕裂或过度伸张。

1. 胶原蛋白的氨基酸组成特点

胶原的氨基酸组成与典型的球状蛋白质有很大的不同(表 2-9)。例如皮肤胶原(I型)含有近 1/3Gly(33%),Pro 含量也很高(13%),并在胶原中发现 3 种不常见的氨基酸(见图 2-3):4-羟脯氨酸(Hyp)、3-羟脯氨酸和 5-羟赖氨酸(Hyl)。这些不常见的氨基酸都是在胶原多肽链合成后由通常的 Pro 和 Lys 修饰而成。修饰是在脯氨酰羟化酶(prolylhydroxylase)或赖氨酰羟化酶(lysylhydroxylase)催化下进行的。这两个酶的许多性质相似,它们都需要分子氧、抗坏血酸(维生素 C)和 α-酮戊二酸参与,Fe^{2+} 作为酶的辅助因子。因此人缺乏维生素 C,新的胶原就难以合成。胶原是糖蛋白,糖的加入是在胶原多肽链合成之后,但折叠成超螺旋之前进行的。

2. 胶原蛋白的结构

在体内,胶原以**胶原原纤维**(collagen fibril)的形式存在。胶原原纤维的基本结构单位是**原胶原**(protocollagen;tropocollagen)分子。原胶原分子由 3 股多肽链(也称 α 肽链或 α 链)缠绕而成,其相对分子质量为 285 000,长度约为 300 nm,直径约为 1.5 nm。

已鉴定出的胶原蛋白有多种类型,分别称为 I 型、II 型和 III 型等(已标到 XII 型)。不同类型的胶原其组织分布不同,例如 I 型胶原在骨、皮肤、腱和角膜中占优势;并且由于它们的氨基酸组成和含糖量不同,各具自己特有的物理性能。I 型胶原是最常见的,由两个标为 α1(I)的相同肽链和一个标为 α2(I)的不同肽链组成,即[α1(I)]$_2$α2(I)。II 型胶原存在于软骨、椎间盘和玻璃体中,III 型胶原存在于血管、新生皮肤和瘢痕组织中,II 型和 III 型各自由 3 条相同的肽链组成,分别为[α1(II)]$_3$和[α1(III)]$_3$。IV 型胶原参与基底膜组成,分子形式有[α1(IV)]$_2$α2(IV)、[α1(IV)]$_3$和[α2(IV)]$_3$。V 型胶原发现于细胞表面和外细胞骨架(exocytoskeleton),它是由 3 条各不相同的肽链组成的,α1(V)α2(V)α3(V)。这里,α1(I)、α2(III)等表示各种类型(I、II、III 等)胶原的不同肽链。

胶原蛋白由于高含量的 Gly、Pro 和 Hyp,不能形成像 α 螺旋和 β 片这样一类传统结构,代之以由 3 股 α 肽链(亚基)缠绕成特有的**三股螺旋**(triple helix)。它的二面角 φ 和 ψ 值分别在 -60° 和 +140° 附近,这是一种右手超螺旋缆(superhelix cable),其中每股链自身是一种左手螺旋(图 3-24)。与 α 螺旋相比,三股螺旋要伸展得多,每一残基沿三股螺旋轴上升 0.29 nm,而 α 螺旋只是 0.15 nm。右手超螺旋缆的螺距为 8.6 nm,每圈每股包含 30 个残基,每股左手螺旋的螺距为 0.95 nm,每圈约含 3.3 个残基。

三股螺旋是一种能容纳胶原特有的氨基酸组成和序列的结构。一级结构分析表明,胶原多肽链很长区段是由 Gly-x-y 氨基酸序列重复而成的。这里 x、y 是 Gly 之外的任何氨基酸残基,但 x 经常是 Pro,y 经

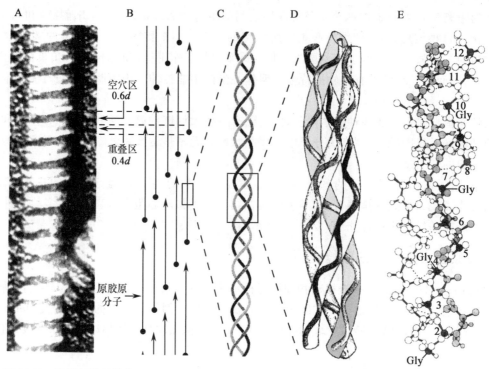

图 3-24 胶原纤维的结构

A. 电镜下胶原纤维呈明暗交替的条纹图案；B. 胶原纤维中原胶原分子的排列；C. 原胶原分子是一种右手三股螺旋；D. 三股螺旋中的每股链是左手螺旋；E. 三股螺旋的原子水平模型

常是 Hyp。由于 Pro 和 Hyp 的侧链是吡咯环，它们的 α-碳和酰胺氮之间的键不能旋转（φ 角固定在-60°左右），因此高含量的这些氨基酸促进左手 α 肽链螺旋的形成。在三股螺旋中 α 肽链每隔两个残基，即第 3 个残基，面向或位于拥挤的中心轴处，唯一能适合此位置的残基是 Gly，其两端的残基位于螺旋缆的外侧（图 3-24E）。三股螺旋是一种错位的（staggered）结构，因此来自三股链的 Gly 残基沿三股螺旋的中心轴堆积，一股链上的 Gly 处于跟第二股的 x 残基和第三股的 y 残基相邻。这样允许每个 Gly 残基的 N—H 与相邻链的 x 残基的 C═O 形成氢键。由于 Hyp 残基的羟基也参与链间氢键的形成，三股螺旋得到进一步稳定和增强。

　　Ⅰ 型、Ⅱ 型和 Ⅲ 型胶原蛋白在体内形成有组织的胶原原纤维。在电镜下，胶原原纤维呈明暗交替的条纹或区带的周期（重复距离，d）为 60～70 nm，这取决于胶原的类型和生物来源。典型的区带图案（如 Ⅰ 型胶原）d=68 nm，其中 0.6 d=40 nm 为空穴区，0.4 d=28 nm 为重叠区（图 3-24A 和 B）。因为胶原三股螺旋长 300 nm，沿原纤维长轴每行中相邻原胶原分子之间存在 40 nm（0.6 d）的裂隙或空穴，所以该图案是每 5 行重复一次（5×68 nm=340 nm）。也即原胶原分子在胶原纤维中都是有规则地互相错位，首尾相随，平行排列而成纤维束。由于空穴区和重叠区的电子密度不同，因而通过错位排列形成间隔一定的电子密度区，而呈现条纹（或区带）。40 nm 的空穴区至少在两个方面有重要作用。第一，发现糖（葡萄糖、半乳糖或葡糖基半乳糖）与此空穴区内的 5-羟赖氨酸残基通过 O-糖肽键共价连接（图 3-25）。糖在此区域内可能起组织胶原原纤维装配的作用。第二，空穴区可能在骨骼形成中起作用。骨是由埋藏在胶原原纤维基质中的**羟基磷灰石**（hydroxyapatite）[磷酸钙聚合物；$Ca_{10}(PO_4)_6(OH)_2$] 的微晶组

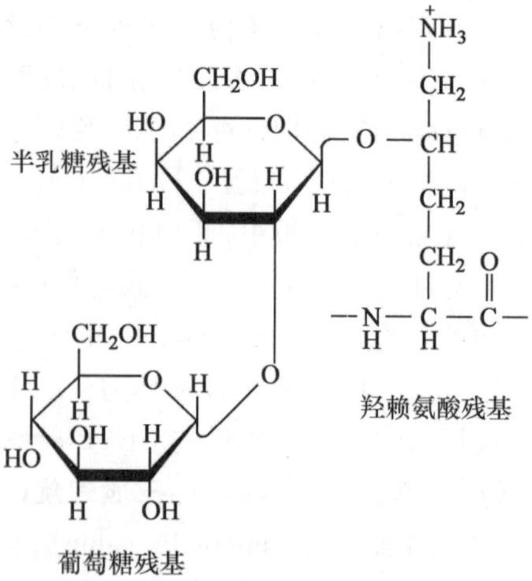

图 3-25 乳糖与羟赖氨酸残基的连接
半乳糖和葡萄糖的二糖在半乳糖基转移酶和葡萄糖基转移酶作用下，与胶原蛋白中 Hyl 残基的羟基共价连接

成。当新的骨组织形成时,新羟基磷灰石晶体的形成发生在 68 nm 的间隔区中。胶原原纤维的空穴区可能是骨矿化的成核(nucleation)部位。

3. 胶原蛋白中的共价交联

胶原原纤维可以通过原胶原分子内和分子间的交联得到进一步增强和稳定。分子内交联是在原胶原的 N 端区(非螺旋区)内赖氨酸残基之间进行的。在含铜的反应中**赖氨酰氧化酶**(lysyloxidase)在吡哆醛磷酸参与下催化赖氨酸侧链氧化脱氨,生成 ε-醛基赖氨酸(allysine)衍生物。两个这样的赖氨酸侧链醛基发生醛醇缩合(aldol condensation)而共价交联,这是一步自发的非酶促反应(图 3-26)。此外,可以在赖氨酸残基侧链的 ε-氨基和 ε-醛基赖氨酸残基侧链的醛基之间发生亲和加成,生成羟赖氨酸正亮氨酸(hydroxylysinonorleucine)衍生物。

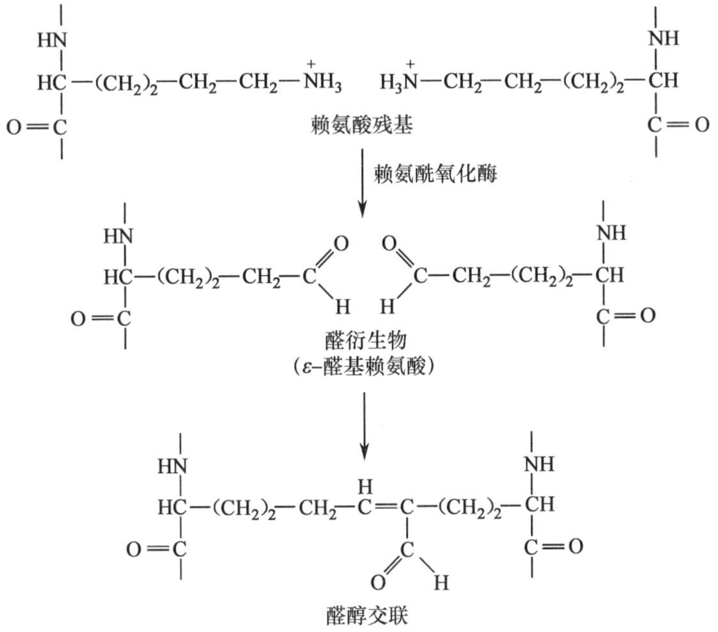

图 3-26　胶原纤维通过 Lys-Lys 交联得到进一步稳定和增强

原胶原的分子间交联涉及一个特有的吡啶啉(pyridinoline)结构(图 3-27A)的形成。这种交联键是在一个原胶原的 N 端区和一个相邻原胶原的 C 端区之间形成的。这些共价交联对提高胶原蛋白的机械强度很重要。例如当动物或人咽下一种甜豆(*Lathyrus odoratus*)时,会发生山黧豆中毒(lathyrism)。其中的毒素是 β-氨基丙腈($N \equiv C—CH_2—CH_2—NH_3^+$),它抑制 Lys 侧链转化为 ε-醛基的反应。因此形成的胶原纤维强度减弱,易引起关节、骨和血管的异常。

随着年龄的增长,在原胶原的三股螺旋内和三股螺旋之间形成的共价交联键越来越多,因此使得结缔组织中的胶原纤维越来越硬且脆,结果改变了肌腱、韧带和软骨的机械性能,使骨头变脆,眼球角膜透明度减小。

胶原蛋白不易被一般的蛋白酶水解,但能被梭菌或动物的胶原酶(collagenase)断裂。断裂的碎片自动变性,可被普通蛋白酶水解。胶原于水中煮沸即转变为明胶或称动物胶(gelatine),它是一种可溶性的多肽混合物。从营养角度看,胶原蛋白并不是理想的,因为它缺少很多人体所必需的氨基酸。

(四) 弹性蛋白是结缔组织中的另一种硬蛋白

弹性蛋白(elastin)是结缔组织中的另一种蛋白质,它最重要的性质就是弹性,并因此而得名。弹性蛋白使肺、血管特别是大动脉管以及韧带等具有伸展性。弹性蛋白也是一种丰富的蛋白质,但不如胶原蛋白和肌球蛋白(见第 4 章)那样普遍。弹性蛋白不同于胶原蛋白普遍的原因有几点:弹性蛋白只有一个基因,胶原蛋白每种亚基,如 α1(Ⅰ)、α2(Ⅰ)等,都有自己的基因;弹性蛋白不含羟赖氨酸,不被糖基化,而胶原蛋白是一种糖蛋白;弹性蛋白不含 Gly-Pro-y 和 Gly-x-Hyp 重复序列,因而不能形成胶原蛋白那样的超螺旋。

弹性蛋白是由可溶性的单体交联而成的,它是弹性蛋白纤维的基本单位,称**原弹性蛋白**(tropoelastin)。原弹性蛋白约含 700 个氨基酸残基,相对分子质量 72 000,富含 Gly、Ala、Val 和 Pro,但不含 Hyl,Hyp 含量也很少。原弹性蛋白是由成纤维细胞(fibroblast)和其他结缔组织细胞分泌的。

弹性蛋白纤维中原弹性蛋白分子按两种方式交联在一起。一种跟胶原蛋白中的一样,即通过羟赖氨酸正亮氨酸衍生物交联。另一种是原弹性蛋白中特定的 Lys 侧链在赖氨酰氧化酶催化下氧化脱氨成醛基(图 3-26)后,由 3 个这样的醛基和一个未被修饰的 Lys 侧链形成类似吡啶啉的**锁链素**(desmosine)和**异锁链素**(isodesmosine)交联体(图 3-27B),它们是弹性蛋白的标志。通过锁链素或异锁链素,2、3 或 4 条原弹性蛋白链交联成橡皮样的肽链网,能作二维或三维可逆伸缩。交联后的成熟弹性蛋白是不溶性的,很稳定。弹性蛋白可能缺乏有规则的二级结构,但含有各种各样的无规卷曲构象,当施加张力时,卷曲可以拉伸,张力除去后卷曲又可以复原。

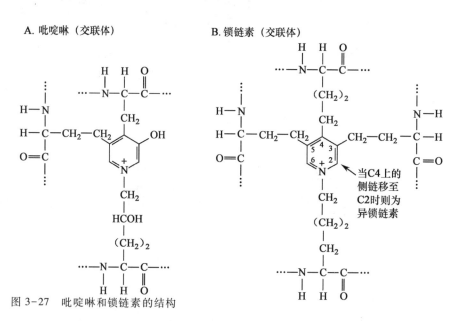

图 3-27　吡啶啉和锁链素的结构

(五) 血纤蛋白原在凝血中起作用

凝血机制是动物长期进化的结果。血液凝固(blood coagulation;blood clotting)过程大部分已研究清楚,至少有 13 种凝血因子(clotting factor;标为 Ⅰ、Ⅱ、Ⅲ……)参与,是一个极其复杂的酶的级联放大反应(见第 8 章),其中最基本的也是最直接的步骤是激活了的凝血酶原(prothrombin;Ⅱ)即凝血酶(thrombin;Ⅱ$_a$,这里右下标字母 a 表示该因子是活化形式)催化**血纤蛋白原**(fibrinogen;Ⅰ)转变为血纤蛋白(fibrin;Ⅰ$_a$),然后在凝血因子 ⅩⅢ$_a$(血纤蛋白稳定因子)作用下交联成不溶性的血纤蛋白凝块(血凝块),后者能封堵伤口,阻止继续出血。

血纤蛋白原是一种大分子,M_r 约为 340 000。就外形而言,它属于纤维状蛋白质,长为 46 nm,分子中有 3 个球状区(结构域),由两个棒状区将它们分隔开来(图 3-28A)。每一血纤蛋白原分子含 6 个多肽链。序列分析表明,这 6 个链两两相同,分 3 种类型:Aα 链(约含 600 个残基)Bβ 链(461 个残基)和 γ 链(410 个残基)。整个分子由等同的两部分:AαBβγ 和 Aα′Bβ′γ′ 对称地组成。6 个多肽链的 N 端区集中在中央球状区,并由一组二硫键交联起来,游离的 N 端肽段从中央球状区伸出,其中 Aα 和 Bβ 的末端肽段能被凝血酶切除(图 3-28A)。6 个多肽链的 C 端对称地分布在分子两端的球状区。棒状区是由 3 股 α 螺旋缠绕而成。血纤蛋白原分子共含 29 个二硫键,6 个多肽链由这些二硫键交联成一个整体分子。在 Bβ 链的 Asp364 和 γ 链的 Asp52 上连有糖基。氨基酸序列分析表明,Aα、Bβ 和 γ 链之间具有序列同源性。

凝血酶断裂血纤蛋白原中央球状区的 4 个 Arg—Gly 的肽键,从两条 Aα 链各释放出一个 A 肽(18 个残基),从两条 Bβ 链各释放出一个 B 肽(20 个残基)。这些 A 肽和 B 肽称为血纤肽(fibrinopeptide)。除去血纤肽后的血纤蛋白原分子称为血纤蛋白单体(fibrin monomer),此单体的亚基结构为(αβγ)$_2$。血纤蛋白单体自发地聚集成有序的纤维状排列,称为**血纤蛋白**(fibrin)。电子显微镜和低角 X 射线衍射图案表明,血纤蛋白具有 23 nm 重复的周期结构。因为血纤蛋白原的长度为 46 nm,所以血纤蛋白单体的聚集是按 1/2 错位的方式进行的(图 3-29)。

不同物种的脊椎动物其血纤肽的氨基酸组成和数目(14～21 个残基左右)有较大的差别,但都带有很大的负净电荷,其中富含 Glu 和 Asp 残基,Tyr 残基是酪氨酸硫酸酯(侧链酚的羟基酯化),Ser 残基是磷酸丝氨酸(图 3-7),例如人血纤肽:

A 肽(16 肽):Ala—Asp—Ser—Gly—Glu—Gly—Asp—Phe—Leu—Ala—Glu—Gly—Gly—Gly—Val—Arg

B 肽(14 肽):p-Glu—Gly—Val—Asn—Asp—Asn—Glu—Glu—Gly—Phe—Phe—Ser—Ala—Arg

(N 端的 p-Glu 是焦谷氨酸,见图 2-3)

血纤肽的静电荷斥力阻止了血纤蛋白原的聚集。一旦血纤肽从血纤蛋白原上被切去,电荷斥力被解除,同时原来被血纤肽掩盖的位点暴露,这些位点是跟两端球状区的位点互补的(图 3-28B),因而允许生成的血纤蛋白单体借非共价相互作用聚集成软血纤蛋白凝块(soft clot;图 3-29)。这种软凝块是相当脆弱的,例如在 6 mol/L 尿素溶液中则被解聚而溶解。然而在因子 XⅢ$_a$(转谷酰胺酶)的作用下转变为稳定的脲不溶性血纤蛋白凝块(图 3-30)。

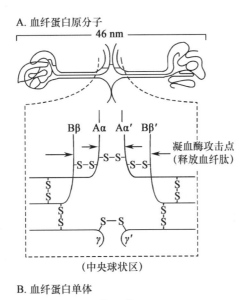

图 3-28　血纤蛋白原和血纤蛋白单体的
结构示意图
图 B 中 a 对 A 和 b 对 B 分别是结构互补的
位点

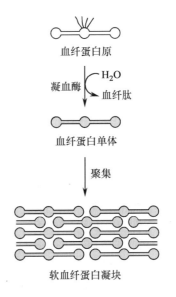

图 3-29　血纤蛋白原转变
为软血纤蛋白凝块的图解

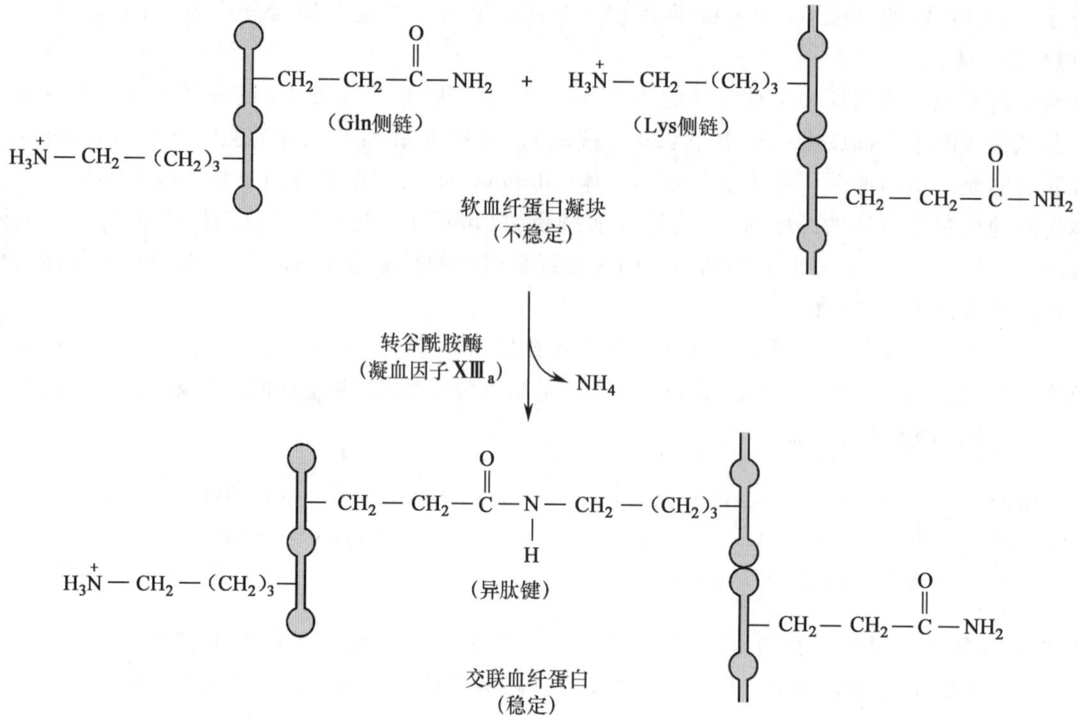

图 3-30 在转谷酰胺酶催化下软血纤蛋白交联成稳定的血纤蛋白凝块

五、蛋白质超二级结构和结构域

在上一章的蛋白质通论部分中曾提到蛋白质结构可以分为 4 个组织层次（折叠层次）。但如果细分还可以在二级结构和三级结构之间增加两个层次：超二级结构和结构域。

（一）超二级结构是二级结构的组合体

在蛋白质分子中特别是在球状蛋白质分子中经常可以看到由两个或更多个相邻的二级结构单元（主要是 α 螺旋和 β 折叠片）和它们的连接部件（connection）组合在一起，彼此相互作用，形成种类不多的、内能继续降低的、有规则的二级结构组合（combination）或二级结构簇或串（cluster），在多种蛋白质中充当三级结构的元件，称为**超二级结构**（super-secondary structure），在有些书刊中也称它为**模体**（motif）/立体结构模体，或**折叠模式**（fold）/折叠模体（folding motif）等。超二级结构概念是由 M. G. Rossman 等人于 1973 年首次提出的。一个超二级结构或模体可以是很小的，如两种二级结构单元相互折叠，它只代表一个蛋白质的一小部分，例如 **βαβ 单元**（图 3-31B）；也可以是较大的模体，如图 3-34 所示的**玉红氧还蛋白**（rubredoxin），它是单结构域蛋白。现在已知的超二级结构有几种基本的组合形式，如 αα、βαβ 和 ββ 等。

（1）**αα** 这是一种 **α 螺旋束**（捆），它经常是由两股平行或反平行排列的右手螺旋段互相缠绕而成的左手**卷曲螺旋**

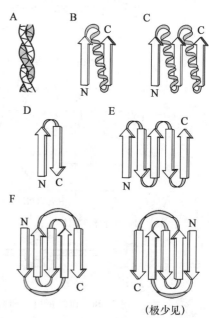

图 3-31 蛋白质中的几种超二级结构
A. αα；B. βαβ 单元；C. Rossman 折叠，其中 α 螺旋处于 β 折叠片上侧；D. β 发夹；E. β 曲折；F. 希腊钥匙拓扑结构，只有一种"手性"形式是常见的（图中带箭头的宽带表示 β 股）

(coiled coil)或称左手**超螺旋**(图 3-31A)。α 螺旋束中还发现有三股和四股螺旋。卷曲螺旋是纤维状蛋白质如 α-角蛋白(图 3-22)、肌球蛋白(图 4-31A)和原肌球蛋白的主要结构元件。α 螺旋束也存在于球状蛋白质中,如蚯蚓血红蛋白(hemerythrin),烟草花叶病毒外壳蛋白(TMV coat protein)等(图 3-40)。球状蛋白质中 α 螺旋束是由同一条链的一级序列上邻近的 α 螺旋组成,不像纤维状蛋白质中是由几条链的 α 螺旋区缠绕而成。由于超卷曲,α 螺旋主链的 φ 和 ψ 角与正常 α 螺旋略有偏差,每圈螺旋为 3.5 个残基,而不是通常的 3.6 个残基。α 螺旋沿超螺旋轴有相当的倾斜,重复距离从 0.54 nm 缩短到 0.51 nm。超螺旋的螺距约为 14 nm,直径为 2 nm。两股 α 螺旋的轴相距 1 nm,使两股 α 螺旋的侧链能紧密相互作用以增强螺旋结构。氨基酸序列分析表明,这些多肽链中存在七残基重复序列(heptad repeat),a-b-c-d-e-f-g,这是卷曲螺旋的结构特征。其中第 1 和第 4 个(a 和 d)是疏水残基,第 5 和第 7 个(e 和 g)是极性残基,第 2、3 和第 6 个(b、c 和 f)一般是荷电残基。因为七残基区段恰占两圈有变形的 α 螺旋(n = 3.5),所以疏水残基 a 和 d 将沿 α 螺旋一侧排列成非极性边缘(图 3-32)。在超螺旋中一股 α 螺旋链的非极性边缘与另一股链的非极性边缘彼此啮合形成疏水核心,而荷电残基 b、c、f 组成的极性边缘位于超螺旋外侧,与溶剂水相互作用,以此稳定超螺旋结构。

(2) **βαβ**　最简单的 βαβ 组合也称 βαβ 单元(βαβ-unit),它是由两段平行 β 折叠股和一段作为连接链(connector)的 α 螺旋组成,β 股之间还有氢键相连;连接链反平行走向交叉在 β 折叠片的一侧,β 折叠片的疏水侧链面向 α 螺旋的疏水面,彼此紧密装配(图 3-31B)。除 α 螺旋外,作为连接链的还可以是无规卷曲。最常见的 βαβ 组合是由 3 段平行 β 股和两段 α 螺旋构成(图 3-31C),相当于两个 βαβ 单元组合在一起,此结构称为 **Rossman 折叠**(βαβαβ)。几乎在所有实例中连接链都是右手交叉(right-hand cross-over)的,只有两个例外,枯草杆菌蛋白酶和葡糖磷酸异构酶是左手交叉连接的。这是一种拓扑学现象,是由于 L-氨基酸的伸展多肽链(β 股)倾向于采取右手扭曲结构(right-handed twist structure)而产生的(图 3-33)。这一现象可以用一条带子加以直观的演示(扭曲带子,然后把带子的两个头搭在一起)。

(3) **ββ**　实际上就是前面曾讲到的反平行 β 折叠片,只不过在球状蛋白质中多是由一条多肽链的若干段 β 折叠股反平行组合而成,两个 β 股之间通过一个短环(或发夹)连接起来(图 3-31,D 至 F)。最简单的 ββ 折叠模体是 **β 发夹结构**(β-hairpin structure)(图 3-31D),由几个 β 发夹可以形成更大、更复杂的折叠片图案,例如 β 曲折和希腊钥匙拓扑结构。

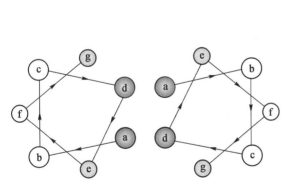

图 3-32　超螺旋结构中两股 α 螺旋链的非极性边缘之间的疏水相互作用

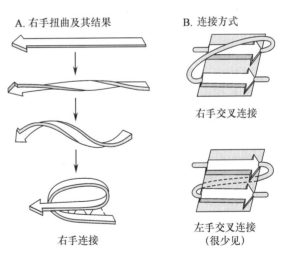

图 3-33　多肽链右手扭曲的天然倾向及由此产生的右手连接

A. 示出右手扭曲是怎样导致右手连接的;B. 示出平行 β 股之间的交叉连接

β 曲折(β-meander)是一种常见的超二级结构,由氨基酸序列上连续的多个反平行 β 折叠股通过紧凑的 β 转角连接而成(图 3-31E)。β 曲折含有与 α 螺旋相近数目的氢键(约占全部可能形成的主链氢键的 2/3)。β 曲折的这种高稳定性无疑说明它的广泛存在。

希腊钥匙拓扑结构(Greek key topology)或称回文结构,也是反平行 β 折叠片中常出现的一种折叠模体(图 3-31F)。这种模体直接用古希腊陶瓷花瓶上的一种常见图案命名,称"**希腊钥匙**"(Greek key)。这种结构有两种可能的回旋方向,但实际上只存在其中的一种。当折叠片的亲水面朝向观察者时,从 N→C 端回旋几乎总是逆时针的。

几千种已知结构的蛋白质总共就由一、二百个结构模体(超二级结构)组装而成。因此目前致力于了解 α 螺旋之间、β 折叠片之间以及螺旋和折叠片之间相互作用的基础。在多数情况下,只有非极性残基侧链参与这些相互作用,而亲水侧链多在分子的外表面。

(二) 结构域是三级结构中相对独立的局部折叠区

1. 结构域概念

多肽链在二级结构或超二级结构的基础上形成三级结构的局部折叠区,它是相对独立的紧密球状实体,称为**结构域**(structural domain)或简称**域**(domain)。最常见的结构域含序列上连续的 100~200 个氨基酸残基,少至含 40 个残基,多至含 400 个以上残基。结构域被认为是球状蛋白质的独立折叠单位。对于那些较小的球状蛋白质分子或亚基来说,结构域和三级结构是一个意思,也就是说这些蛋白质或亚基是单结构域(single domain)的,如**玉红氧还蛋白**(rubredoxin;属于全 β 类)和**核糖核酸酶**(α+β 类)(图 3-34),以及肌红蛋白(全 α 类;见图 4-3)等。对于较大的球状蛋白质或亚基,其三级结构往往由两个或多个结构域缔合而成,也即它们是多结构域(multidomain)的,例如免疫球蛋白的轻链含 2 个结构域,重链 4 个结构域(见图 4-25)。

结构域有时也指功能域(functional domain)。一般说,**功能域**是蛋白质分子中能独立存在的功能单位。功能域可以是一个结构域,也可以是由两个结构域或两个以上结构域组成,例如酵母己糖激酶(hexokinase)的功能域(含有活性部位)就是由两个结构域构成,并处于它们之间的交界处(图 3-37)。

看来结构域这一折叠层次的出现也不是偶然的。高等真核生物的基因蛋白质分析揭示,多结构域蛋白质的结构域经常是由它的基因的相应外显子(exon)编码的(见第 32 和 33 章)。从结构的角度上看,一条长的多肽链先分别折叠成几个相对独立的三级结构区域,再缔合成完整的三级结构要比整条多肽链直接折叠成完整的三级结构在动力学上是更为合理的途径。从功能的角度上看许多多结构域的酶,其活性中心都位于结构域之间的部分,因为通过结构域容易构建具有特定三维排布的活性中心。由于结构域之间常常只有一段柔性的肽链连接,形成所谓铰链区,使结构域容易发生相对运动,这是结构域的一大特点。然而这种柔性铰链不可能在亚基之间存在,因为它们之间没有共价连接,如果作较大的运动亚基将完全分开。结构域之间的这种柔性(flexibility)将有利于活性中心结合底物和施加应力,有利于别构中心结合调节物和发生别构效应(参见第 4 章和第 8 章)。

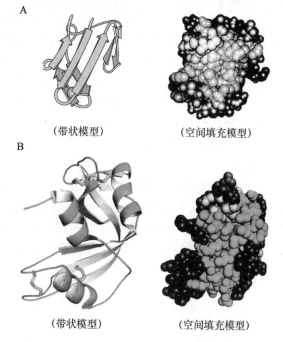

A

(带状模型)　(空间填充模型)

B

(带状模型)　(空间填充模型)

图 3-34　玉红氧还蛋白(A)和核糖核酸酶 A(B)的三级结构(单结构域)

带状模型中箭头的宽带表示 β 股,细带代表无规的连接区或回环

2. 多肽链折叠中的手性效应

氨基酸(α-碳)的手性对蛋白质结构产生很大的影响。前面曾谈到参与蛋白质组成的氨基酸是 L-型的,多肽链折叠形成的螺旋结构大多数是右手的。精细结构能的计算表明,最稳定的 β 折叠股构象也具有轻度右手扭曲的倾向。这种倾向给蛋白质折叠带来了两种不同而又有联系的效应。一个效应反映在球状蛋白质中平行 β 折叠片的 β 股之间的右手交叉连接(图 3-33);这一点在超二级结构 βαβ 单元和 Rossman 折叠中已看到(见图 3-31B,C)。另一个效应反映在对平行 β 折叠片的几何形状的影响。球状蛋白质中大的平行 β 折叠片是由多个 Rossman 折叠装配成的。当沿多肽链方向观察时,整个平行 β 折叠片也以右手方式扭曲,或形成一个扭曲的圆筒,称[单绕]平行 β 桶(parallel β-barrel)(图 3-43A),或形成一个大的缓慢的扭曲片,称双绕平行 β 片(见图 3-43B)。

3. 结构域类型

近年来常见的结构域(包括立体结构模体)数目越来越多,但基本的类型数目有限。根据其所含的二级结构种类及其排列方式,结构域大体可分为这样四类:**全 α 类**、**全 β 类**(前 2 类分别以 α 螺旋和 β 片占优势)、**α/β 类**(α 螺旋和 β 片是相间即互相掺和的)和 **α+β 类**(α 螺旋和 β 片大部分是分开聚集的),此外还有富含金属或二硫键的结构域(不规则小蛋白结构)等。关于这些结构域的细节将在后面"球状蛋白质三维结构的解剖学"中叙述。

有些蛋白质例如**硫氰酸酶**(rhodanase)中含有彼此极其相似的结构域(图 3-35)。两个相似的结构域经常是二重对称轴的关系,有些蛋白质中结构域彼此十分不同,例如**木瓜蛋白酶**(papain)中的两个结构域(图 3-36)。一个蛋白质(或亚基)中两个结构域之间的分隔程度也各不相同,有的两个结构域各自独立成球状实体,中间仅由一段长短不一的肽链连接;有的相互间接触面宽而紧密,整个分子(或亚基)的外表面是一个平整的球面,甚至难以确定究竟有几个结构域存在。多数是中间类型的,分子(或亚基)外形偏长,结构域之间有一裂沟(cleft)或密度较小的区域,例如己糖激酶(图 3-37)。

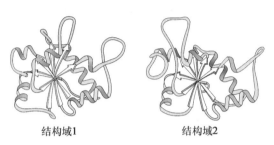

图 3-35 硫氰酸酶含有两个相似的结构域(都是 α/β 类)1 和 2

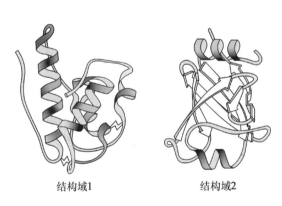

图 3-36 木瓜蛋白酶的两个结构域 1(全 α 类)和 2(全 β 类)是不相同的

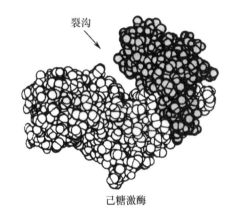

图 3-37 酵母己糖激酶的三级结构 两个结构域(阴影不同)之间有一条裂沟

六、球状蛋白质与三级结构

虽然纤维状蛋白质在各种生物体内含量丰富也很重要,但是它们的种类只占自然界中蛋白质的很小一部分,球状蛋白质远比它们多得多。蛋白质结构的复杂性和功能的多样性也主要体现在球状蛋白质。这一节主要介绍球状蛋白质及其亚基的三级结构概念、三级结构特征以及球状蛋白质的分类。

(一) 三级结构的形成

多肽链中局部肽段折叠形成了二级结构,它们之间进一步相互作用成为超二级结构,但肽链中仍有一些单键在不停地旋转,各部分(包括已相对稳定的超二级结构)之间继续相互作用,使整个多肽链的内能进一步降低,分子变得更加稳定。蛋白质结构的这一高级组织层次即为三级结构。因此**三级结构**(tertiary structure)可定义为蛋白质分子的肽链中所有肽键和氨基酸残基(包括侧链 R 基)的空间位置。简而言之,蛋白质的三级结构是指蛋白质中所有原子的空间定位。

稳定三级结构的作用力就是前面介绍过的各种非共价的弱相互作用以及共价二硫键。这里必须强调一下绝大多数蛋白质的二硫键在三级结构形成和稳定蛋白质结构中起着相当重要的作用。另外一些金属在形成和稳定蛋白质的三级结构中也发挥重要作用。

(二) 球状蛋白质三级结构的特征

蛋白质晶体结构数据库(Protein Data Bank,PDB)资料表明,确定晶体结构的蛋白质不下 300 种,已知立体结构的蛋白质(已有数千种之多)与日俱增。虽然每种球状蛋白质都有自己独特的三级结构(三维结构),但是它们仍有某些共同特征:

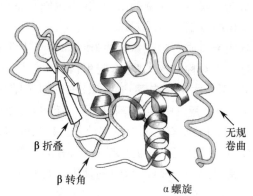

图 3-38　鸡卵清溶菌酶的三级结构(α+β 类)

(1) **大多数球状蛋白质以螺旋和折叠片构成分子的核心**　一种纤维状蛋白质(肌球蛋白除外)只含一种二级结构元件,如 α-角蛋白只含 α 螺旋。然而球状蛋白质和某些膜蛋白含有两种或两种以上的二级结构元件,例如**溶菌酶**(lysozyme)含有几个短的 α 螺旋、一个反平行 β 折叠片,几个 β 转角和几段无确定二级结构(无规卷曲)的肽段等(图 3-38),虽然不同的球状蛋白质(或膜蛋白)中各种元件的含量是不一样的(表 3-5)。

表 3-5　几种单链蛋白质或亚基中 α 螺旋、β 折叠和 β 转角的近似含量

蛋白质(总残基数)	残基/(%)[①]		
	α 螺旋	β 折叠	β 转角
肌红蛋白(153)	78	0	16
溶菌酶(129)	40	12	19
核糖核酸酶 A(124)	26	35	—
牛 Cu·Zn-SOD 亚基(151)	14	47	17
胰凝乳蛋白酶(247)	14	45	28
羧肽酶 A(307)	38	17	17

① 多肽链的其余部分由无规卷曲等组成。

(2) **球状蛋白质三维结构具有明显的折叠层次**　与纤维状蛋白质相比,球状蛋白质的结构具有更加明显而丰富的折叠层次。多肽链主链在熵驱动下折叠成借氢键维系的 α 螺旋、β 折叠片等二级结构。在一级序列上相邻的二级结构往往在三维折叠中彼此靠近并相互作用形成超二级结构(图 3-31)。由超二级结构进一步装配成相对独立的球状实体——结构域或三级结构(对于单结构域蛋白质或亚基而言),如图 3-34 所示的玉红氧还蛋白和核糖核酸酶 A;或再由两个或多个结构域(对于多结构域蛋白质或亚基来说)装配成紧密的球状或椭球状的三级结构,如**己糖激酶**(图 3-37,含 2 个结构域)。如果这是亚基的三级结构,将由三级结构的亚基缔合成四级结构的多聚体,如血红蛋白(四聚体;见图 2-27)。

(3) **球状蛋白质分子是紧密的球状或椭球状实体**　多肽链折叠过程中各种二级结构彼此紧密装配,它们之间也插入松散的肽段。一个蛋白质的组成氨基酸的范德华体积(van der Waals volume)总和(组成的原子依范德华作用范围所占的总体积)除以蛋白质所占的体积即得装配密度,一般为 0.72~0.77。这意味着即使紧密装配,蛋白质总体积约 25% 不被蛋白质原子所占据。这个空间几乎全部都以很小的空腔形式存在。偶尔有水分子大小或更大一点的空腔存在,但它们仅构成蛋白质总体积的一小部分,例如在 α-胰凝乳蛋白酶晶体结构中发现有 16 个水分子。值得注意的是邻近活性部位的区域密度比平均值低得很多,这可能意味着在这较松散的区域有较大的空间可塑性,使构象容易发生变化,可允许活性部位的结合基团和催化基团有较大的活动范围。这是酶与底物、别构酶与调节物、其他功能蛋白与效应物相互作用的结构基础（详见第 8 章）。

（4）球状蛋白质疏水侧链埋藏在分子内部，亲水侧链暴露在分子表面　蛋白质折叠形成三级结构的驱动力是形成可能的最稳定结构。这里有两种力在起作用，一是肽链必须满足自身结构固有的限制，包括折叠中 α-碳的二面角的限制以及手性效应；二是肽链必须折叠以便埋藏疏水侧链，使之与溶剂水的接触降到最小程度（熵驱动使然）。从拓扑学角度看，所有的球状蛋白质必须有一个可以安排疏水核心的"内部"和一个被亲水基团所伸向的"外部"。隐藏疏水残基避免与水接触是安排二级结构单元（包括非重复性肽段）形成特定三级结构的主要动力。疏水核心几乎全部由 α 螺旋和 β 折叠片组成。它们的肽主链虽然是极性的，但由于这两种二级结构形成很好的氢键网，主链极性已被有效地中和，因而能稳定地处于疏水核心区域。球状蛋白质中，多数 α 螺旋都是两亲[性]螺旋（amphipathic helix）。它们的一个面向外暴露于溶剂，另一个面向蛋白质的疏水内部。两亲螺旋向外的一面主要是由极性和带电残基组成，向内一面主要是非极性的疏水残基（图 3-32）。平行 β 片一般存在于蛋白质疏水核心；反平行 β 片疏水一侧朝向分子内部，亲水一侧与溶剂接触。球状蛋白质分子 80%～90% 疏水侧链被埋藏，分子表面主要是亲水侧链，因此球状蛋白质是水溶性的。

（5）球状蛋白质分子的表面有一个空穴（也称裂沟、凹槽或口袋）　这种空穴常是结合底物、效应物等配体和行使生物功能的活性部位。空穴大小约能容纳 1 到 2 个小分子配体或大分子配体的一部分。空穴周围分布着许多疏水侧链，为底物等发生化学反应营造了一个疏水环境（低介电区域）。

和球状蛋白质相比，纤维蛋白质的三级结构显得简单得多，因为它们很少有转角、环状和无规卷曲这些二级结构，整条多肽链几乎是单一的二级结构，如 α-角蛋白和丝心蛋白等（见前所述）。膜蛋白有一类属于跨（穿）膜蛋白，这类膜蛋白结构的稳定性主要是由氢键和范德华力维系的，因为它们和可溶性的球状蛋白质不同，没有疏水的核心；其他几类基本上仍属于球状蛋白质（见下一节"膜蛋白的结构"）。

（三）球状蛋白质三级结构/结构域的解剖学

已知立体结构的蛋白质，肽链折叠的花式尽管多种多样，但是仍有规律可循，二级结构是支撑整个分子的骨骼，根据所含的二级结构种类及其组合方式或立体结构模体，球状蛋白质或结构域可分为几大类别（class）：全 α 蛋白质、全 β 蛋白质、α/β 蛋白质和 α+β 蛋白质以及小的富含金属或二硫键的蛋白质等。除少数一些混合型结构之外，大多数已知结构的蛋白质都可以归入这几个类别中的一种。

必须指出，在这些类别内三级结构的相似性并不一定反映它们在功能上相似或有关。**功能同源性**（functional homology）一般决定于在一个更小、更紧密的范围内的结构相似性。例如**丙糖磷酸异构酶**（triose phosphate isomerase）、**醛糖还原酶**（aldose reductase）和**磷酸三酯酶**（phosphotriesterase）结构域类型相同，但功能不一样，而**天冬氨酸氨基转移酶**（aspartate transferase）和 **D-氨基酸氨基转移酶**三级结构虽不同，但功能相似（图 3-39）。

1. 全 α 蛋白质（all α protein）

全 α 蛋白质是 α 螺旋占优势的结构（一般标准是 α 螺旋的含量大于 15%，β 片小于 10%），有的蛋白质甚至只含 α 螺旋。根据 α 螺旋的排列方式，全 α 类又可分为几个亚类。最简单的也是最大的亚类是反平行的螺旋束（捆）。此结构中 α 螺旋一上一下地反平行排列，因此也称上、下走向（类型）螺旋束（up-and-down helix bundle）。相邻螺旋之间以环相连，形成近似筒形的螺旋束，最常见的是**四螺旋束**或捆（four-helix bundle），如**蚯蚓血红蛋白**（myohemerythrin）、**TMV 外壳蛋白**（TMV coat protein）和**人生长激素**（growth hormone）（图 3-40D）。这类螺旋束不少呈现轻微左手扭曲（+15°）。螺旋疏水面朝向内部，亲水面朝向溶剂。活性部位残基位于螺旋束的一端，由不同螺旋的残基构成。多数螺旋束是规则均匀的结构。少数情况有螺旋突出束外。TMV 外壳蛋白在螺旋束的一端有小的高度扭曲的反平行 β 折叠片，β 片的一侧还有两个额外的 α 螺旋（图 3-40C）。

全 α 类的另一亚类是珠蛋白（globin）模式，α 螺旋取向也是反平行的，而且是按希腊钥匙方式组合。珠蛋白型有去血红素的肌红蛋白和血红蛋白亚基（见图 4-3、图 4-6 和图 4-7）等。这类结构有两个特点：

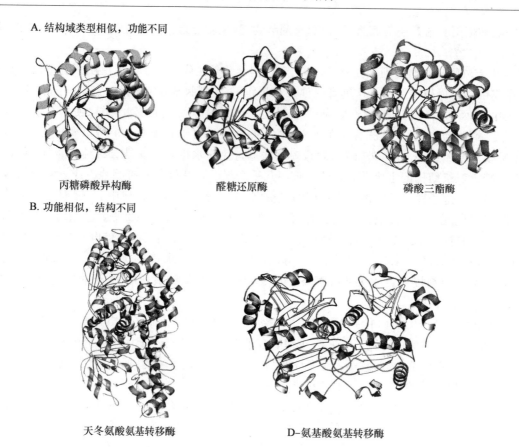

A. 结构域类型相似, 功能不同

丙糖磷酸异构酶   醛糖还原酶   磷酸三酯酶

B. 功能相似, 结构不同

天冬氨酸氨基转移酶   D-氨基酸氨基转移酶

图 3-39　某些蛋白质(或结构域)结构的相似性不一定反映其功能的相似性

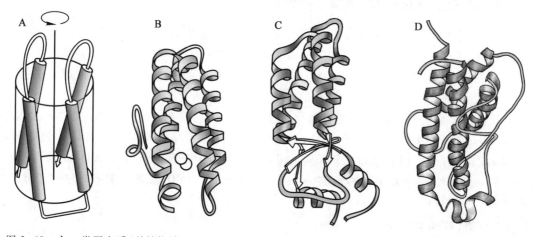

图 3-40　全 α 类蛋白质(单结构域)

A. 四螺旋束示意图(反平行);B. 蚯蚓血红蛋白和 C. 烟草花叶病毒外壳蛋白亚基(反平行);D. 人生长激素(平行)

一是它们都含有 7 段 α 螺旋,一级结构相邻的螺旋段采取接近相互垂直的取向;二是这类分子中不少以一个血红素作为辅基。

一些钙结合蛋白质,如**钙调蛋白**(含 E-F 手模体;见图 14-23)也属于这一类;此外还有其他类型的。

2. 全 β 蛋白质(all β protein)

跟全 α 蛋白质一样,**全 β 蛋白质**中有相当一部分只含 β 折叠股;其他的全 β 类同时含有 α 螺旋和 β 折叠,但 β 折叠片含量远高于 α 螺旋(一般的标准是 β 折叠大于 15%,α 螺旋小于 10%)。因为单股 β 折叠中有些肽基的 C ═O 与 N—H 没有形成氢键,仍处于不稳定的状态,因此在全 β 类中它们多是通过氢键键合形成片层结构——**β 折叠片**。折叠片中绝大多数 β 股的相对走向是反平行的,包括形成希腊钥匙(见图 3-31F)和更复杂的拓扑图案。

全 β 类中反平行 β 折叠片一般把疏水残基安排在折叠片的一侧,亲水残基在另一侧。因此一个反平行 β 片的蛋白质至少有两个主链结构层:或是两层都是 β 片,或是一层 β 片和一层 α 螺旋。后一种情况称为"露面夹心(open-face sandwich)"结构,这是含3~15个β股的单层反平行片,虽然也是扭曲的,但不闭合成桶。在这种 β 片的一侧有一层 α 螺旋和回环,片的另一侧暴露于溶剂。**链霉菌枯草杆菌蛋白酶抑制剂**(*Streptomyces* subtilisin inhibitor)和**谷胱甘肽还原酶**(glutathione reductase)结构域 3 是其中的例子(图 3-41)。

双层 β 折叠片的疏水面对合形成疏水区,相背的两面暴露于溶剂。这类结构域一般是由 4~10 个 β 股构成的反平行 β 桶(因外形似桶)。从拓扑学角度反平行 β 桶又可分为几种类型,如希腊钥匙型、果冻卷型和上下型等。

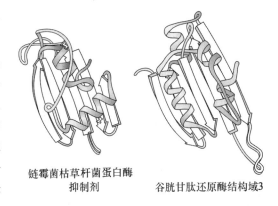

链霉菌枯草杆菌蛋白酶　　谷胱甘肽还原酶结构域3
抑制剂

图 3-41　全 β 蛋白质中单层反平行折叠片(露面夹心)结构的实例

反平行 β 桶与下面 α/β 蛋白质中的单绕平行 β 桶相比,对称性差,氢键强度较小,但在自然界中出现频率较高。全 β 蛋白质的反平行 β 桶通常由偶数 β 折叠股组成。其中最常见的一类是希腊钥匙型 β 桶,如 Cu·Zn-**超氧化物歧化酶**(superoxide dismutase,**SOD**)和**免疫球蛋白结构域**(图 3-42A)的结构。这种 β 桶的三维拓扑图摊开的二维拓扑图案是希腊钥匙(图 3-31)。另一类是果冻卷型 β 桶(jelly roll β-barrel),它们含有类似希腊钥匙但更为复杂的拓扑图案,如番茄丛矮病毒亚基(图 3-42B)以及其他病毒外壳蛋白等。上述两类反平行 β 桶的共同特点是 β 股之间至少有 1 条(多至 4 条)连接链(松散肽段)是越过相邻 β 股而横跨"桶"的(拓扑学原因,见图 3-31F)。木瓜蛋白酶结构域 2 属于发夹型(图 3-36)。还有一类是上下型反平行 β 桶(up-and-down β-barrel),如**大豆胰蛋白酶抑制剂**、**视黄醇结合蛋白**(retinol-binding protein)(图 3-42C)和玉红氧还蛋白(见图 3-34)等。上下型 β 桶可看成是由超二级结构 β 曲折(图 3-31E)闭合而成。相邻的 β 股一上一下反平行

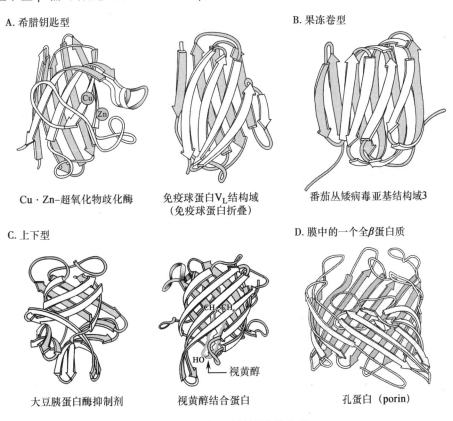

A. 希腊钥匙型　　　　　　　　　　　　　B. 果冻卷型

Cu·Zn-超氧化物歧化酶　　免疫球蛋白V_L结构域　　　番茄丛矮病毒亚基结构域3
　　　　　　　　　　　(免疫球蛋白折叠)

C. 上下型　　　　　　　　　　　　　　　D. 膜中的一个全β蛋白质

大豆胰蛋白酶抑制剂　　　视黄醇结合蛋白　　　　　孔蛋白 (porin)

图 3-42　全 β 蛋白质中双层反平行折叠片(β 桶结构)的实例

排列,通过长短不一的肽链连接,类似上下型的螺旋束(图 3-40A)。这类结构的配体结合部位位于桶的疏水内部(图 3-42C)。

具有桶状结构的蛋白质不仅可以存在于亲水的环境,而且也能存在于疏水的质膜中。例如膜中的[膜]**孔蛋白**(porin)也有类似的结构(图 3-42D)。

3. α/β 蛋白质(α/β protein)

α/β 蛋白质是一类 α 螺旋和 β 折叠股交替出现的结构(一般标准是这两种二级结构元件各自的含量都大于 10%)。然而不同的 α/β 蛋白质中,这两种元件的相对排列以及整个分子的外形有很大的差别。α/β 类的绝大多数是能跟核苷酸及其衍生物(如辅酶 NAD)结合的蛋白质或结构域,以及以糖类为底物的各种酶。α/β 蛋白质结构是以平行或混合型(含平行和少数反平行 β 折叠股)β 片为基础的。前面曾提到平行 β 折叠片一般存在于蛋白质的疏水核心,很少与水溶剂接触,因为它的任一侧都分布有疏水侧链。

α/β 蛋白质可以有若干个类型:一个类型称为单绕平行 β 桶(singly wound parallel β-barrel),或称丙糖磷酸异构酶折叠模式;另一个类型是双绕平行 β 片(doubly would parallel β-sheet),也称 Rossman 折叠模式或核苷酸结合结构域(nucleotide-binding domain);此外还有其他类型。在所有已知蛋白质立体结构的家族中,α/β 类的蛋白质家族/超家族可能是最复杂的。

如图 3-43A 中的**丙糖磷酸异构酶**和**丙酮酸激酶**(pyruvate kinase)结构域 1(N 端)的结构所示,单绕平行 β 桶是由 8 个平行 β 折叠股和 8 个 α 螺旋相间排列,在第 1 和第 8 两个折叠股之间借氢键键合形成一个闭合式圆筒(cylinder),它是一种具有高度对称性的结构。这种结构是由肽链按 βαβα 单元(Rossman 折叠方式)单向缠绕而成。作为右手交叉连接的 8 个 α 螺旋都在 β 折叠片的一侧,即在圆筒(内桶)的外面,组成一个与此圆筒同轴的平行 α 螺旋圆筒(外桶)。内、外桶都是右手扭曲的。两个桶紧挨在一起,它们之间是一个疏水夹心层(hydrophobic sandwish)。中央空间只能容纳 β 折叠片内侧的疏水侧链,构成这类蛋白质/结构域的疏水核心(hydrophobic core)。参与结合和催化的残基(活性部位)位于连接 β 股和螺旋的回环区域(loop region)。总之二级结构元件构成结构骨架,决定了蛋白质的稳定性;回环区构成活性中心,决定了蛋白质的功能。属于丙糖磷酸异构酶折叠模式的还有醛糖还原酶和磷酸三酯酶(图 3-39A)。

双绕平行 β 片结构见图 3-43B 中**乳酸脱氢酶**(lactate dehydrogenase)结构域 1 和**磷酸甘油酸激酶**(phosphoglycerate kinase)结构域 2。这种 α/β 类结构的特征是具有超二级结构 Rossman 折叠(βαβ),中间是由 4 到 9 个平行的 β 股或混合型的 β 股构成的开放 β 片。β 片的两侧由不同数量的 α 螺旋和环状区段保护。这种结构虽然也由 βαβ 模体装配而成,但模体间的连接方式与平行 β 桶不同,有的 βαβ 模体是翻转 180° 后再与另一 βαβ 模体连接,这样就形成开放式扭曲片,而 α 螺旋分别处于扭曲片的两侧。这种结构之所以称为双绕平行 β 片是因为它可以看成是肽链从 β 折叠片的中部开始沿相反的两个方向向外缠绕,也即肽链从折叠片中间开始向一个方向缠绕形成 Rossman 折叠,α 螺旋覆盖在折叠片的一侧,然后改变方向回到折叠片的中部向相反的方向缠绕再形成 Rossman 折叠,此时 α 螺旋覆盖在折叠片的另一侧。有时尚有发夹末端连接的反平行 β 折叠股混杂在平行 β 折叠股之间,形成混合型 β 折叠片蛋白质。以核苷酸衍生物烟酰胺腺嘌呤二核苷酸(NAD)、黄素腺嘌呤单核苷酸(FMN)等(见第 13 章)为辅基的蛋白质如糖酵解中的许多酶都含有核苷酸结合结构域。核苷酸结合部位位于 β 折叠片中肽链改变方向处的一个裂隙内(图 3-43B)。双绕平行 β 片蛋白质是 3 个主链结构层和两个疏水区,而单绕平行 β 桶是 4 个主链层和 3 个疏水区。

4. α+β 蛋白质(α+β protein)

α+β 蛋白质是一类 β 折叠(15% 以上)和 α 螺旋(大于 10%)两种二级结构元件分别聚集在不同区域的蛋白质。跟上述的 β 类不同的地方是在某些 α+β 结构的分子表面只有一侧是 β 片,另一侧则由 α 螺旋或 α 螺旋和 β 折叠共同组成。属于这一类的有 **3-磷酸甘油醛脱氢酶**(glyceraldehyde-3-phosphate dehydrogenase)结构域 2(C 端)、**胸苷酸合酶**(thymidylate synthase)和 **RuvA 蛋白**(RuvA protein),见图 3-44。由于 α+β 蛋白质多数仍是以 β 折叠股为主,因此有时也把它归于全 β 类,例如上面讲到的"露面夹心"结构(图 3-41)。

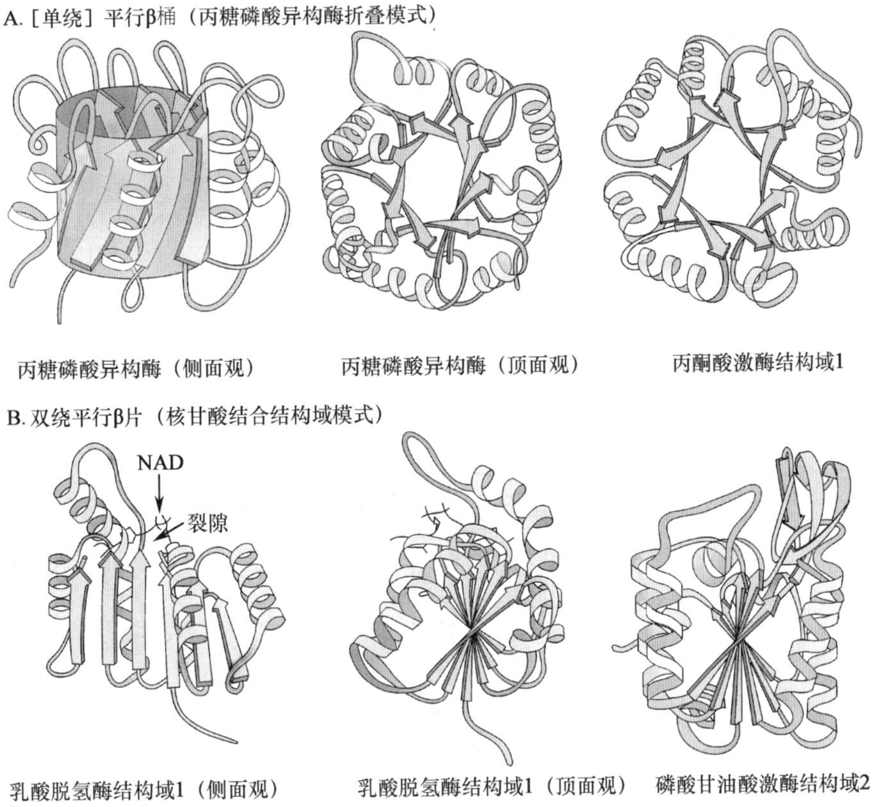

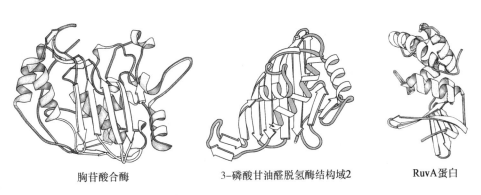

A. [单绕] 平行β桶（丙糖磷酸异构酶折叠模式）

丙糖磷酸异构酶（侧面观）　　丙糖磷酸异构酶（顶面观）　　丙酮酸激酶结构域1

B. 双绕平行β片（核甘酸结合结构域模式）

NAD
裂隙

乳酸脱氢酶结构域1（侧面观）　　乳酸脱氢酶结构域1（顶面观）　　磷酸甘油酸激酶结构域2

图 3-43　α/β 蛋白质（结构域）结构的实例

胸苷酸合酶　　　　　　3-磷酸甘油醛脱氢酶结构域2　　　　RuvA蛋白

图 3-44　α+β 蛋白质的几个实例

　　有些 α+β 蛋白质所含的 β 股数量不多,形成的 β 片还不够覆盖分子的全部 α 螺旋,显然还有部分或大部分 α 螺旋聚集在分子的它处,例如牛胰核糖核酸酶（图 3-34B）和溶菌酶（图 3-38）等。这类蛋白质中有些结构容易被解剖为两个或几个彼此独立的结构域,例如金黄色葡萄球菌（*Staphylococcus aureus*）产生的核酸酶,它的 N 端由 4 个 β 股构成的部分和 C 端由 α 螺旋形成的部分可以各自成为结构域。

5. 富含金属或二硫键（小的不规则）蛋白质

　　许多小于 100 残基的小蛋白质或结构域往往不规则,只有很少量的二级结构,但富含金属和/或二硫键。金属形成的配体或二硫键对蛋白质构象起稳定作用。如果二硫键被破坏,富含二硫键的蛋白质则不能维持天然构象。图 3-45 示出这类蛋白质的几个代表:富含二硫键的蛋白质如胰岛素、磷脂酶 A_2 和二节荞蛋白（crambin 的暂译名——编者）,后者是从埃塞俄比亚二节芥（*Crame abyssinica*）的种子中提取的;富含金属的蛋白质如高氧还势铁蛋白（high-potential iron protein,HiPIP）、铁氧还蛋白（ferredoxin）和细胞色素 c,前面提到的玉红氧还蛋白（图 3-34A）也是富含金属的小蛋白质。这类蛋白质的结构有些跟上述几类有明显的相似性,例如 HiPIP 是一个变形的 β 桶结构,磷脂酶 A₂是变形的 α 螺旋簇。然而有一些蛋白质如胰岛素和二节荠蛋白则很难归入上述任何一个结构类别。

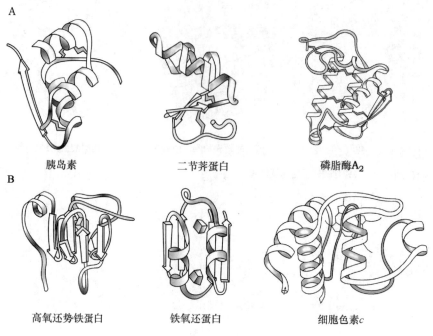

图 3-45　富含二硫键蛋白质(A)和富含金属蛋白质(B)的实例

有人对一些折叠模式(这里指的是折叠的结果,即热力学的终态)做了解剖学类别的归属及其相对丰度,见表 3-6。

表 3-6　折叠模式的解剖学类别归属及其相对丰度

蛋白质解剖类别	相对丰度	蛋白质解剖类别	相对丰度
全 α	20%～30%	小蛋白质	5%～15%
全 β	10%～20%	多结构域	<10%
α/β	15%～25%	膜蛋白	<10%
α+β	20%～30%		

七、膜蛋白的结构

已知膜的脂双层是所有生物膜的结构基础,而膜蛋白几乎负责膜的全部活性功能(参见第 10 和 14 章)。膜蛋白在外形上不同于纤维状蛋白质,也不同于球状蛋白质,三维结构上也有它们自己的特点。根据 Singer 和 Nicolson 的建议,大多数膜蛋白可以分为膜周边(外周)蛋白质和膜内在蛋白质两类。**膜周边蛋白[质]**(peripheral protein),实际上是属于可溶性球状蛋白质,它们分布在膜脂双层的表面,主要是通过与膜内在蛋白质的静电相互作用和氢键键合相互作用与膜结合,这类膜蛋白在这里不作进一步讨论。**膜内在蛋白[质]**(integral protein)或称整合[膜]蛋白,是通过疏水相互作用与脂双层强力缔合的膜蛋白,它们中有的一部分或大部分埋入脂双层,有的横跨(横穿)脂双层。还有一类膜蛋白是 Singer 和 Nicolson 未曾提出的,称为**脂锚定蛋白质**(lipid-anchored protein),它们在不同细胞和组织的多种功能中起着重要作用。这些蛋白质与膜的缔合是通过各种共价连接的**脂锚钩或脂锚**(lipid anchor)实现的。

（一）膜内在蛋白质

膜内在蛋白大体可分为两种类型。第一种类型是通过一段小的疏水肽链锚定在膜上,蛋白质的大部分位于膜的一侧或两侧并伸展于水环境中。第二种类型则外形近似球状,大部分蛋白质埋在膜中,只有很小的表面在膜外暴露于溶剂水中。一般说,脂双层疏水核心的膜内在蛋白是由 α 螺旋或 β 折叠片构成的。

1. 具有单跨膜肽段的膜蛋白

这是第一种类型的膜内在蛋白。跨膜的疏水肽段经常是一个 α 螺旋棒,亲水序列伸向细胞溶胶或(和)胞外液。这类膜蛋白的最好例子之一是血型糖蛋白。**血型糖蛋白 A**(glycophorin A)分子的大部分定位在红细胞的外表面,暴露于水环境中(图 3-46)。此胞外结构域有许多亲水的寡糖基与之相连。这些寡糖基构成红细胞的 ABO 和 Lewis 血型抗原特异性(参见表 9-4)。血型糖蛋白 A 的 M_r 为 31 000,蛋白质约占 40%,糖类 60%。蛋白质部分是一条含 131 个氨基酸残基的多肽链;该多肽链含有一个以疏水残基为主的 19-肽段,它卷曲成一个 α 螺旋棒,正好等于跨膜的长度。N 端侧是长的亲水序列,即胞外结构域,C 端侧是较短的亲水序列,处于细胞溶胶中。此外称为**主要组织相容性复合体**(MHC)也是具有单跨膜螺旋段的膜结合蛋白(见图 4-23)。

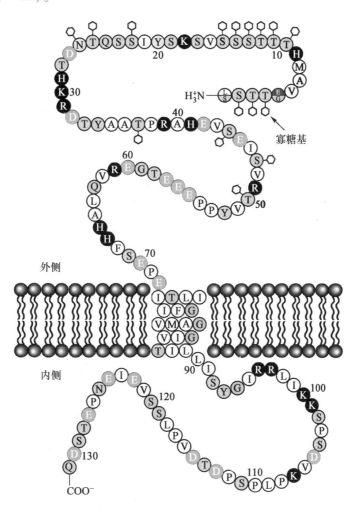

图 3-46 人血型糖蛋白 A 的一级结构和跨膜分布
多肽链中的残基黑色的(R,K 和 H)代表带正电荷,浅黑色的(D 和 E)带负
电荷,灰色的是亲水残基,白色的是疏水残基

　　10%～30% 的跨膜蛋白具有单螺旋跨膜段。在动物中,许多这样的蛋白质起胞外信号分子的细胞表面受体作用或作为免疫系统识别和区分宿主生物和外来入侵细胞或病毒的识别位点。代表小鼠中主要移

植抗原 H_2 的和人体中白细胞相关蛋白的蛋白质也是这类成员。属于这一类的还有人白细胞相关蛋白、B 淋巴细胞上的表面免疫球蛋白受体以及许多膜病毒的刺突蛋白(spike protein)。它们的功能主要决定于胞外结构域,并因此胞内亲水序列经常是较短的。

2. 具有 7 个跨膜肽段的膜蛋白

这是第二种类型的膜内在蛋白。一条多肽链来回跨膜折叠,形成一个由多个经常是 7 个 α 螺旋段反平行装配的球状膜蛋白。相邻的 α 螺旋段之间由铰链区(回环)连接,如[细菌]紫膜质(bacteriorhodopsin;图 3-47),它成簇地存在于盐细菌(*H. halobium*)膜的小紫片中。**细菌紫膜质**(也称细菌视紫红质)是一种 7 次跨膜螺旋段膜蛋白,主体部分埋于膜的脂双层中,只有两小段伸向膜两侧的水环境。N 端在胞外侧,C 端在胞质侧。细菌视紫红质是由一条 247 个残基的多肽链和一个视黄醛(retinal,见第 13 章)分子组成。它具有光驱动的跨膜质子泵的功能(见第 23 章 "盐细菌的光合磷酸化" 部分)。质膜上起钾钠泵作用的 ATP 酶(含 8 至 10 个跨膜螺旋段),大肠杆菌的乳糖通道(含 10~14 个跨膜螺旋)等都属于这类膜蛋白。

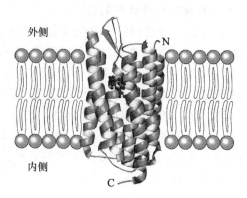

外侧

内侧

图 3-47   细菌紫膜质的三维模型

3. β 桶型膜蛋白——孔蛋白

这也是第二种类型的膜内在蛋白。在革兰氏阴性细菌的外膜中以及真核细胞的线粒体外膜中发现的[膜]**孔蛋白**(参见图 3-42D)都是以大 β 折叠片形式横跨膜的。这类蛋白最好的例子是麦芽糖孔蛋白(maltoporin)也称 LamB 蛋白或 lambda 受体,它参与麦芽糖和麦芽糖糊精进入大肠杆菌(*E. coli*)。孔蛋白的活性形式是一个三聚体。含 421 个残基的单体是一个精致美观的 18 股反平行 β 桶。相邻 β 股之间通过长的回环或 β 转角连接。

长回环发现于胞外侧的 β 桶边,β 转角位于朝向胞内侧的桶边。3 个回环折叠进入桶的中央。此 β 桶摊开后的二维拓扑图案如图 3-48 所示,它相当于球状蛋白质中的上下型反平行 β 桶(图 3-42C)。不同的是,对孔蛋白 β 桶来说,其亲水侧链面向桶中央孔道(空腔),疏水侧链分布在桶的外侧,在这里与膜的疏水脂烃链相互作用。膜孔蛋白通道的最小直径为 0.5 nm。因此麦芽糖糊精(含 3 个或更多个葡萄糖单位的寡糖)能通过麦芽糖孔蛋白。

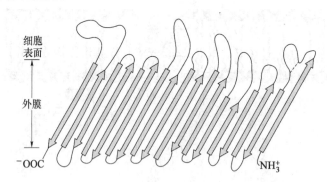

细胞表面

外膜

$^-$OOC

NH_3^+

图 3-48   大肠杆菌麦芽糖膜孔蛋白(属于全 β 类)中肽链的排列

(二) 脂锚定膜蛋白质

有的膜内在蛋白质本身并没有进入膜内,它们以共价键与脂质如脂酰链或异戊烯基相结合并通过它们的疏水部分(脂质部分称脂锚钩)插入膜内。因此这部分膜内在蛋白也可以称之为脂锚定膜蛋白质。蛋白质既可以在胞质一侧锚定,也可以在非胞质一侧锚定。脂锚定膜蛋白质中许多并不是固定的膜内在蛋白,它们有时存在于细胞溶胶,有时处于跟膜结合之中。因此脂锚定膜蛋白质也称为**兼在膜蛋白质**(amphotropic protein)。一般说,兼在蛋白质与膜的可逆结合是受到调节的(见第 10 章)。

脂锚钩有一个重要性质是它的暂时性。它能可逆地与蛋白质连接和脱离。这为改变蛋白质对膜的亲和性提供了一个"转换装置"。可逆性的膜锚定是真核细胞中控制信号传导途径的一个因素(见第 14 章信号传递部分)。

至今已发现 4 种类型的脂锚定结构。它们是酰胺-连接豆蔻酰锚钩、硫酯-连接脂肪酰锚钩、硫醚-连接异戊二烯基锚钩和酰胺-连接糖基磷脂酰肌醇锚钩(图 3-49)。这些锚钩结构的每一种都被多种膜蛋白所利用,但它们都有自己的连接要求,包括专一酶的参与等。

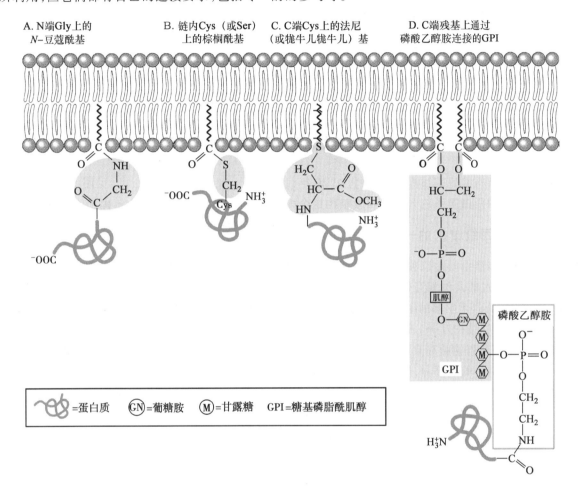

图 3-49　脂锚定膜蛋白中蛋白质部分与脂质分子的连接

1. 酰胺连接的豆蔻酰基锚钩

豆蔻酸可以通过酰胺键与被选蛋白(靶蛋白)的 N 端甘氨酸残基的 α-氨基连接(图 3-49A)。此反应称为 N-豆蔻酰化(N-myristoylation),它由 N-豆蔻酰基转移酶(简称 NMT)催化。靶蛋白通过此豆蔻酸的脂酰基插入脂双层。N-豆蔻酰基锚定的蛋白质一般也含有疏水跨膜肽段;它们包括 cAMP 依赖型蛋白激酶(cAMP-dependent protein kinase)的催化亚基、G 蛋白 α 亚基(第 14 章),某些反转录病毒(retrovirus),包括 AIDS 的病原体 HIV-1(人免疫缺陷病毒-1)的 gag 蛋白,如 p24、p9 和 p7 等(图 3-55)。

2. 硫酯连接的脂肪酰基锚钩

各种细胞蛋白质和病毒蛋白质含有通过酯键与多肽链的 Cys 残基侧链(有时与 Ser 或 Thr 残基侧链)共价连接的脂肪酸(图 3-49B)。这些脂肪酸包括豆蔻酸、棕榈酸、硬脂酸和油酸等。通过脂肪酰硫酯键锚定于膜的蛋白质有 G 蛋白偶联受体(第 14 章),几种病毒的表面糖蛋白和转铁蛋白受体。

3. 硫醚连接的异戊二烯基锚钩

作为锚钩的聚异戊二烯基(萜类)有法尼基(farnesyl)和牻牛儿牻牛儿基(geranylgeranyl)(图 3-49C)。前者是一个倍半萜(C_{15}),后者是一个双萜(C_{20}),由两个牻牛儿基(单萜 C_{10})组成(见图 10-24)。异戊二烯基加入一般发生在靶蛋白 C 端 CAAX 序列的 Cys 残基上,这里 C 是 Cys,A 是任一脂肪族氨基酸残基,X 是任一氨基酸残基。发生异戊二烯化(prenylation)反应时,一个专一蛋白酶断去 3 个 C 端残基(AAX),新末端 Cys 的羧基被甲基化成酯。所有这些修饰对异戊二烯基锚定蛋白的随后活性都是必要的。异戊二烯基锚定蛋白包括酵母交配因子(yeast mating factor)和纤层蛋白(lamin),后者是内核膜中核纤层(nuclear lamin)的结构组分。

4. 糖基磷脂酰肌醇锚钩

糖基磷脂酰肌醇(glycosyl phosphatidylinositol,GPI)是通过连接其寡糖基上的磷酸乙醇胺残基修饰靶蛋白 C 端氨基酸的(图 3-49D)。GPI 中的寡糖基一般由一个保守的四糖核心(Man-Man-Man-GlcNAc)组成,此核心可以通过修饰甘露糖残基,例如加入各种大小不同的半乳糖寡糖链,额外的磷酸乙醇胺或 N-乙酰半乳糖胺等而改变。肌醇部分也可加入脂肪酸而得到修饰。GPI 基能把多种表面抗原、黏着分子和细胞表面水解酶锚定在真核生物的质膜上。GPI 锚钩在原核生物和植物中尚未发现。

八、四级结构和亚基缔合

蛋白质四级结构的研究可溯源于 20 世纪 20 年代 T. Svedberg 利用超速离心机(见图 5-5 和图 5-15)研究大分子质量的蛋白质系统开始。四级结构这个概念最早是由 Bernal 于 1958 年提出的。

(一) 有关四级结构的一些概念

自然界中很多蛋白质是以独立折叠的球状多肽链的聚集体形式存在的。这些具有三级结构的多肽链称为**亚基**,它们通过非共价相互作用彼此缔合在一起。亚基的缔合方式或组织方式称为蛋白质**四级结构**(quaternary structure)。亚基的组织方式涉及亚基种类和数目以及各亚基在整个分子中的空间排布,包括亚基间的接触位点(结构互补)和作用力(弱相互作用)。根据四级结构的定义,亚基之间无共价键的连接;因此表 2-8 中所列的胰岛素($\alpha\beta$)、胰凝乳蛋白酶($\alpha\beta\gamma$)和 γ-球蛋白($\alpha_2\beta_2$)中的肽链都不是亚基,是各自蛋白质三级结构的一部分,但是有些学者持不同看法。

四级结构中的亚基有时也称**单体**(monomer),由两个亚基组成的称为二聚体蛋白质,4 个亚基组成的称为四聚体蛋白质。由为数不多的亚基组成的常称**寡聚蛋白质**(oligomer);由多个(从 2 个到几百个)亚基组成的统称为**多聚体蛋白质**(multimer)或多亚基蛋白质。寡聚蛋白质包括许多很重要的酶和转运蛋白。仅由一个亚基组成并因此无四级结构的蛋白质如核糖核酸酶等称为**单体蛋白质**。多聚体蛋白质可以是由单一类型的亚基组成,称为同多聚(homomultimeric)蛋白质,如肝乙醇脱氢酶(α_2)、酵母己糖激酶(α_4)和谷氨酰胺合成酶(α_{12})等;或由几种不同类型的亚基组成,称为杂多聚(heteromultimeric)蛋白质,如血红蛋白($\alpha_2\beta_2$)和天冬氨酸转氨甲酰酶($\alpha_6\beta_6$)等。表 2-8 和表 3-7 列出几种蛋白质及其亚基的数目和点群对称。对称的寡聚蛋白质分子可视为是由两个或多个自身不对称的同一结构成分组成,这种结构成分被称为**原聚体**或**原体**(protomer);或者把原聚体看成是亚基和四级结构之间的一个过度层次;亚基先缔合成小的聚集体——原体,然后由它进一步缔合成更大的聚集体——寡聚体或多聚体。在同多聚体中原体就是亚基,但是在杂多聚体中原体是由两种或多种不同的亚基组成的。例如血红蛋白分子可看成是由两个原聚体组成的对称二聚体,其中每个原体是由一个 α 亚基(一条 α-珠蛋白链)和一个 β 亚基(一条 β-珠蛋白链)构成的聚集体($\alpha\beta$)。如果把原体看作单体,也可称血红蛋白为二聚体。如果以亚基为单体,则称血红蛋白为四聚体。

必须指出,蛋白质的四级缔合跟蛋白质进一步组装成一定的系统这两个概念是很难区分的。例如由 2 130 个 TMV 外壳蛋白("亚基",M_r 为 17 500)装配成含有 RNA 的相对分子质量为 4×10^6 的超分子复合体(病毒粒子)是四级缔合,还是一种组装?不容易区分的还有球状肌动蛋白(单体)装配成丝状肌动蛋白(多聚体)的例子,见图 4-32B。

在生物分子缔合的研究中,亚基、单体、原聚体和分子这几个名词,目前尚无明确界定,它们都是一词多义,有时它们等同,有时各异,视具体场合而定。多数人认为分子是一个完整的独立功能单位,例如作为四聚体的血红蛋白才具有完全的转运氧及其他功能,而它的任一亚基(α 链或 β 链)或原聚体(αβ 聚集体或称半分子)都不具有这种功能,因此对血红蛋白来说四聚体是它的分子。胰岛素作为单体蛋白质(含二硫键交联的 A、B 两条链,也有人称 α、β 亚基;参见图 2-28 和表 2-8 注释)可以发生缔合,生成二聚体和六聚体。然而胰岛素的功能单位就是这种单体蛋白质,因此对胰岛素而言单体是分子,它的二聚体和六聚体是分子的聚集体(细胞内胰岛素的贮存形式)。

大多数寡聚蛋白质分子中亚基数目为偶数,其中尤以 2 和 4 个的为多;个别的为奇数,例如醛缩酶分子含 3 个亚基(表 3-7)。蛋白质分子亚基的种类一般是一种或两种,少数的多于两种(表 3-7 和表 2-8)。

表 3-7 几种蛋白质的亚基数目和点群对称

蛋白质	亚基数目	点群对称	蛋白质	亚基数目	点群对称
乙醇脱氢酶	$2(\alpha_2)$	C_2	伴刀豆凝集素 A	$4(\alpha_4)$	D_2
苹果酸脱氢酶	2		乳酸脱氢酶	$4(\alpha_4)$	D_2
铜锌超氧化物歧化酶	$2(\alpha_2)$	C_2	前清蛋白(prealbumin)	$4(\alpha_4)$	D_2
葡糖磷酸异构酶	$2(\alpha_2)$	C_2	丙酮酸激酶	$4(\alpha_4)$	D_2
谷胱甘肽还原酶	2		天冬氨酸转氨甲酰酶	$12(\alpha_6\beta_6)$	D_3
孔蛋白(porin)	$3(\alpha_3)$	C_3	肌球蛋白[②]	$6(\alpha_2\alpha'_2\beta_2)$	
醛缩酶[①](aldolase)	$3(\alpha_3)$	C_3	TMV 外壳蛋白	2 130	(螺旋对称)
细菌叶绿素蛋白	$3(\alpha_3)$	C_3	番茄丛矮病毒外壳	180	
虫荧光素酶(luciferase)	3				

① 分离自假单胞杆菌属的一个种(*Pseudomonas putida*)。② 肌球蛋白分子由 2 个相同的重链(β_2)和 2 对不同的轻链(分别为 α_2 和 α'_2)组成。

(二) 四级缔合的驱动力

稳定四级结构的作用力与稳定三级结构的没有本质区别。在几种蛋白质中对这些作用力已作了计算。对于简单的二亚基缔合,典型的缔合常数(association constant)界于 $10^{-16} \sim 10^{-8}\,mol/L$ 之间,此值相当于缔合自由能 $50 \sim 100\,kJ/mol$(在 37℃)。亚基的二聚作用(dimerization)伴随着有利的相互作用包括范德华力、氢键、离子键和疏水相互作用。但是亚基相互作用会丢失相当量的熵。当两个亚基作为一个实体运动时,对一个亚基将丢失 3 个平移自由度,因为它被迫跟着另一个运动。此外在亚基界面处的许多残基侧链,原先在亚基表面上能自由运动,现在它们的运动受到亚基缔合的束缚。这种不利的缔合自由能,在 $25 \sim 37$℃时为 $80 \sim 120\,kJ/mol$。因此,为达到稳定性亚基的二聚作用必须涉及 $130 \sim 220\,kJ/mol$ 有利相互作用。蛋白质界面处的范德华相互作用为数众多,对于一个单体-单体缔合经常达到数百。范德华相互作用可提供总数为 $150 \sim 200\,kJ/mol$ 的有利缔合自由能。然而当溶剂从蛋白质表面离开而形成亚基-亚基接触时,丢失的范德华相互作用几乎和形成的一样多。一个亚基只是简单地把水分子换成另一个亚基上的残基侧链。结果是,由于范德华相互作用引起的亚基缔合自由能对二聚体的稳定性实际贡献不大。然而疏水相互作用一般很有利。对许多蛋白质来说,二亚基的缔合过程有效地埋藏原来暴露于溶剂中的表面积高达 $20\,nm^2$,形成 $100 \sim 200\,kJ/mol$ 的有利疏水相互作用。因此它加上亚基-亚基界面处的任一种极性相互作用就足以说明二亚基缔合时观察到的稳定作用。

对某些蛋白质来说对亚基缔合的稳定性作出贡献的还有一个重要因素是亚基之间二硫桥的形成。例如,多数的抗体都是由两条重链(M_r 53 000 ~ 75 000)和两条轻链(M_r 23 000)组成的四聚体($\alpha_2\beta_2$)。两个亚基间的二硫键将两条重链(H)维系在一起,另两个亚基间的二硫键分别把两条轻链(L)与两条重链相连接(见图 4-25)。注意,这里把重链和轻链视为亚基。

（三）　四级结构的对称性

多肽链的所有 α-碳是不对称的,多肽链几乎总是折叠成不对称或低对称的结构,因此球状蛋白质亚基(包括单体蛋白质)都是不对称的分子。然而 X 射线晶体学分析和电子显微镜观察揭示,大多数寡聚蛋白质分子中亚基的排列是对称的。对称性是蛋白质四级结构最重要的性质之一。

任何物体旋转 360° 都能使它恢复原状(与原物体叠合)。只有旋转 360° 才能复原的物体称为不对称物体。根据这一定义所有蛋白质亚基和单体都是不对称的,而且由两种或两种以上不同的单拷贝亚基构成的寡聚体也是不对称的。对称性是那些含有两个或两个以上的等同部分(亚基或原体)的聚集体性质。

所谓对称即是物体中相同部分有规律的排列。能使对称物体恢复原状的动作称为**对称操作**(symmetry operation)。例如旋转(rotation)动作,一个正三角形沿垂直于它的中心轴旋转 120° 能使它复原。又如反映(reflection)动作,左右手通过镜面反映可以复原。进行对称动作所依据的几何元素(点、线和面)称为**对称元素**(symmetry element),例如进行旋转动作时的对称轴(线),作镜面反映时的对称面(面),以及做倒反(inversion)动作时的对称中心或称倒反中心(点)等。物体外形上具有的这种对称性称为物体的宏观对称性(注意,晶体的宏观对称性与花朵、圆球和六角螺母等物体的宏观对称性有本质的区别,前者是由晶体内部的点阵结构决定的)。晶体外形和内部结构的对称性既一致又有差异,晶体外形中反映出来的对称元素称为晶体宏观对称元素。

在晶体外形中可能存在的宏观对称元素共有 4 种:旋转轴(轴线)、镜面(平面)、对称中心(点)和旋转反轴(轴线和轴线中心的一个点);它们相应的对称动作是旋转、反映、倒反和旋转倒反(旋转和倒反的联合动作)。根据这些对称元素及其相应的对称动作可以确定几乎所有蛋白质寡聚体结构的对称性质。但是在蛋白质晶体中不可能存在镜面和倒反中心,因为它们要求聚集体中存在单体的对映体,而蛋白质单体都是手性分子。因此**旋转轴**(rotation axis)是对称寡聚蛋白质中几乎唯一可能存在的对称元素。进行旋转动作时,旋转轴不动,物体(如寡聚体)中的每一点都绕轴旋转一定角度。能使物体复原的最小旋转角(θ)称为基转角,$2\pi/\theta = n$,n 是物体绕轴旋转一圈与原物体叠合的次数,定义为重或次(fold),它一般是 2、3、4…的整数。对应的旋转轴称 n-重(次)旋转对称轴,简称为 **n-重轴**(图 3-50)。

在大多数具有四级结构的蛋白质中亚基的排列完全符合晶体学中点群对称(point group symmetry)的原则,排列成具有一定几何形状的对称性结构。在多亚基蛋白质中一个最常见的点群对称是**环状对称**(cyclic symmetry),它存在于只含一个旋转轴的寡聚蛋白质中。环状点群对称用 C_n 表示,n 是轴次(重),例如肝乙醇脱氢酶(含 2 个原体)和血红蛋白(含 2 个原体)都具有 2-重环状对称(C_2)(图 3-50B),假单胞杆菌醛缩酶(含 3 个原体)具有 3-重环状对称(C_3)(图 3-50C)。

具有两个或多个对称轴的聚集体属于高级点群对称,包括二面体(dihedral)和立方体(cubic)点群对称。**二面体点群对称**是寡聚蛋白质中另一个最常见的对称形式。如果寡聚体含有一个 C_n 旋转轴,并且在一个垂直该旋转轴的平面内存在着 n 个与该轴相交的 C_2 轴,则称它为具有**二面体对称**,用 D_n 表示,n 是 C_n 的轴次。例如伴刀豆凝集素 A(Con A)和前清(白)蛋白(prealbumin)的四聚体都呈 D_2 对称,它们具有 3 个相互垂直的 2-重轴,即一个纵轴和两个横轴。D_2 对称是四聚体蛋白质中最常见的结构(图 3-50E 和图 3-51)。天冬氨酸转氨甲酰酶(aspartate transcarbamylase,ATCase;$\alpha_6\beta_6$ 或 $c_6 r_6$)是 D_3 对称分子,具有两个 3-重环状对称(C_3)的半分子,两个半分子背靠背相叠,D_3 对称聚集含一个 3-重轴和 3 个 2-重轴(图 3-52;另见第 8 章)。二面体对称的聚集体可看成是两个相同的具有环状对称(C_n)的亚聚集体的缔合物。

立方体点群对称包括四面体(tetrahedral,T),八面体(octahedral,O)和二十面体(icosahedral,I)等对称(图 3-50G、H 和 I)。这些对称在多亚基蛋白质中非常少见,部分原因是装配成真正的四面体和其他的立方体对称群要求大量不对称亚基。例如,一个真正的对称四面体蛋白质结构需要 12 个相同的单体排列在 4 个三角中(因而八面体蛋白质是 24-聚体,二十面体是 60-聚体)。简单的 4 亚基四面体实际上是二面体对称(D_2),D_2 形式在生物系统中更为常见。

立方体点群对称的聚集体呈现同种和异种两种缔合。四面体具有 4×3- 和 3×2-重对称轴(图 3-50G);八面体(或立方体)含 3×4-、4×3- 和 6×2-重轴(图 3-50H);二十面体(或十二面体)含 6×5-、10×

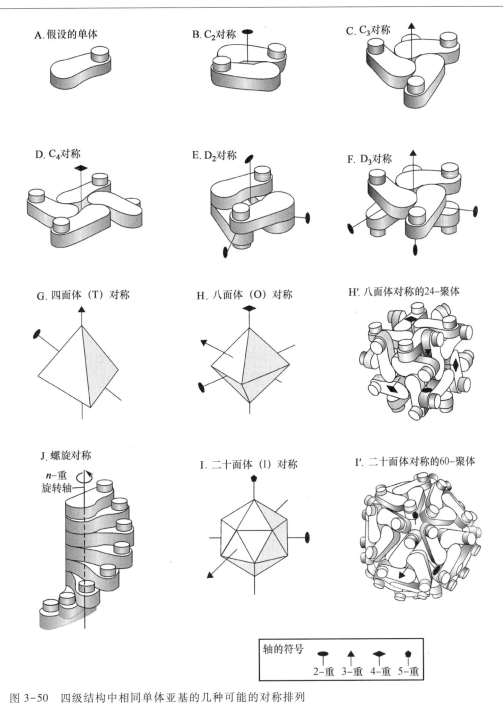

图 3-50　四级结构中相同单体亚基的几种可能的对称排列

A. 假设的不对称单体；为了形象化，采用一只右脚鞋表示；B、C 和 D 环状对称；E 和 F 二面体对称；G. 四面体对称，含 3-重轴和 2-重轴；H 和 H′八面体对称及其 24-聚体，含 4-、3-和 2-重轴；I 和 I′二十面体对称及其 60-聚体，含 5-、3-和 2-重轴；在 G、H 和 I 中，仅示出各种对称轴中的一个；J. 螺旋对称，每一单体相对前一个单体旋转 $360°/n$ 形成的螺旋

3-和 15×2-重轴（图 3-50I）。这些聚集体都具有立方体的 4 个 3-重旋转轴（立方体的对角线）。八面体对称的 24-聚体结构（图 3-50H′）存在于某些贮铁蛋白质（脱辅基铁蛋白）中。二十面体是表面积-体积之比最有利的一种多面体。二十面体内接于一个球体中，本身接近于球形。许多球形病毒（60-聚体，图 3-50I′）具有二十面体对称性，例如芜菁黄花叶病毒（Turnip yellow mosaic virus）。二十面体是一个中空的外壳，可以包裹病毒的遗传物质。

　　上面谈到的都是以轴线为对称元素，通过绕轴旋转即可复原的聚集体，原体排列成首尾相连的封闭环。某些蛋白质聚集体虽然也是以轴线为对称元素，但它们是通过与之相关的另外两种对称操作：绕轴螺

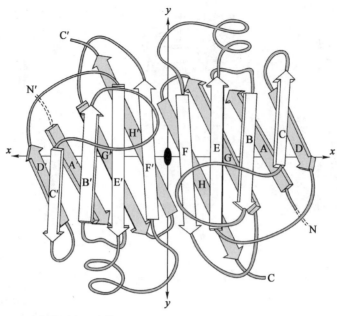

图 3-51 前清蛋白二聚体

它的 2-重对称轴是垂直于纸面上的（中心点处）Z 轴（图中未示出）。通过在两个二聚体中的 β 折叠片（D′A′G′H′HGAD）上伸出的侧链之间的同种相互作用形成 D₂ 对称四聚体；两个二聚体几乎成直角地装配在一起（图中未示出）

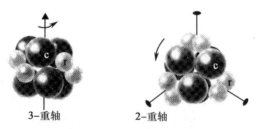

3-重轴　　　　　2-重轴

图 3-52 天冬氨酸转氨甲酰酶（c_6r_6）的 D_3 对称示意图

图中示出一个 3-重轴和三个 2-重轴。ATCase 含 6 个原体（cr），每个原体由一个大的催化亚基（c）和一个小的调节亚基（r）组成。从解剖角度看，中间的 6 个大亚基构成 2 个三聚体（c_3），6 个小亚基组成 3 个二聚体（r_2），分别处在大亚基的周边。整个分子可分成两层，它们是两个相向的半分子（c_3r_3）

旋旋转或沿轴平移得以复原的。因此聚集体除旋转对称外，尚可表征为**螺旋对称**（screw）和**平移对称**（translational）（图 3-50J）。螺旋旋转可以看成是先平移后旋转的联合操作。在螺旋对称的聚集体中，原体排列成首尾相连而末端开口的螺旋链。对于这类聚集体，螺旋对称是以每圈的原体数目（不必是整数）、螺距和手性来表征。烟草花叶病毒（TMV）是第一个被描述的螺旋聚集体，每 3 圈 49 个蛋白质亚基，螺距为 2.3 nm，右手螺旋（图 3-53）。F-肌动蛋白也是螺旋对称的聚集体，由两条螺旋链构成，它的亚基是 G-肌动蛋白（见图 4-32B）。平移对称的聚集体如微管中排列成线形的原纤丝（图 3-54）。

（四）亚基相互作用的方式

蛋白质亚基之间紧密接触的界面存在极性相互作用和疏水相互作用。因此相互作用的表面具有极性基团和疏水基团的互补排列。如前所述亚基缔合的驱动力主要是疏水相互作用，亚基缔合的特异性

RNA

蛋白质亚基

图 3-53 TMV 片段的结构模型

示出 TMV 外壳蛋白的螺旋聚集体

则由相互作用的表面上的极性基团之间的氢键和离子键提供。

亚基缔合可分为相同亚基之间的和不相同亚基之间的缔合。相同亚基之间的缔合又可进一步分为同种的(isologous)和异种的(heterologous)缔合。同种缔合中相互作用的表面是相同的,形成的结构一定是封闭的二聚体,并且具有一个 2-重对称轴(图 3-50B)。二聚体是四级结构中最常见的,如前清蛋白的二聚体(图 3-51)。如果发生进一步的同种缔合使成三聚体或四聚体,则必须利用蛋白质表面上的不同界面。许多蛋白质包括伴刀豆凝集素 A 和前清蛋白可通过两套同种缔合形成四聚体,这样的结构具有 3 个互相垂直的 2-重对称轴(图 3-50E)。

相同亚基的异种缔合中相互作用的表面是不相同的。异种缔合一定是开放末端的结构。许多蛋白质借异种缔合可以几乎无限制聚合,形成线性或螺旋形的大聚集体,有些是病毒颗粒(如 TMV)的外壳,有些是细胞和组织中具有重要功能的结构,例如微管蛋白(一种 αβ 二聚体),它能聚合成管状纤维,称为**微管**(图 3-54)。微管是纤毛(cilia)、鞭毛(flagella)和细胞骨架基质的基础。AIDS 病的病原体人免疫缺陷病毒(HIV)是由几百个外壳蛋白亚基组成的球形壳包被的,球形壳是一个很大的四级结构聚集体(图 3-55)。当然异种缔合由于几何上的原因也形成具有环状对称的封闭环结构,而且是更为常见的结构,例如天冬氨酸转氨甲酰酶的催化亚基三聚体(c_3)是 C_3 对称(图 3-50C),神经氨酸酶和蚯蚓血红蛋白的四聚体(α_4)是 C_4 对称(图 3-50D)。

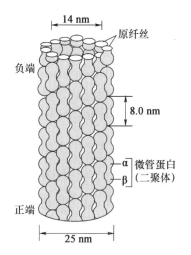

图 3-54　典型的微管结构

微管由 13 根平行的原纤丝(protofilament)排列而成,每根原纤丝由重复的微管蛋白二聚体首-尾连接组成,每个二聚体含一个 α 和一个 β 微管蛋白分子

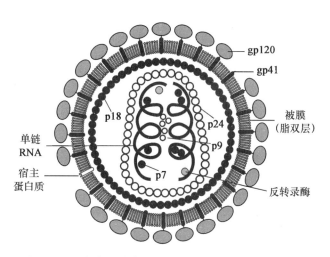

图 3-55　人免疫缺陷病毒(HIV-1)结构的剖面图解

HIV 病毒体(virion)包括核心、核壳和被膜 3 部分。核心含有由两个拷贝的单链 RNA(9.2 kb/拷贝)组成的基因组以及反转录酶、整合酶、蛋白酶、调节蛋白、拟核蛋白(p9 和 p7)等。核壳包括由蛋白 p24 组成的内层和 p18 组成的外层。被膜含有跨膜的糖蛋白 gp41 和与之非共价结合的 gp120,后者是作为寄主淋巴细胞上的 CD4 分子(见图 4-21)的病毒受体

当蛋白质仅由一种亚基组成时,亚基的相互作用和排列成四级结构的方式相对地比较简单。但有时来自不同物种的同一种蛋白质呈现不同的四级缔合方式。蚯蚓血红蛋白是某些海洋无脊椎动物的载氧蛋白,由紧密排列的四螺旋束构成(见图 3-40A);它能形成二聚体、三聚体、四聚体和八聚体,甚至更高的聚集体,因不同生物来源而异。

当聚集体涉及两种或多种不同的单体时,其相互作用的性质可以十分复杂。含两种或多种亚基的寡聚蛋白质在不同的亚基对之间呈现不同的亲和力。强变性剂可以使这些蛋白质解离成单体,温和的变性条件可以以有控制的分步方式解离寡聚结构;血红蛋白是一个很好的例证。强变性剂使血红蛋白解离成 α 和 β 亚基。但用温和的变性条件可使血红蛋白几乎完全解离成 αβ 二聚体(原体),而很少有甚至完全没有单体的亚基存在。在这个意义上说血红蛋白像是一个二"亚基"蛋白质,每个"亚基"(原体)是一个 αβ 二聚体。

（五） 四级缔合在结构和功能上的优越性

1. 增强结构稳定性

亚基缔合的一个优点是蛋白质的表面积与体积之比降低。一个颗粒或球体的半径增大，表面积与体积之比则缩小（因为表面积是半径平方的函数，体积是半径立方的函数）。因为蛋白质内部的相互作用在能量上一般有利于蛋白质的稳定，又因蛋白质表面与溶剂水的相互作用常不利于稳定，所以降低表面积与体积的比值总的结果是增强蛋白质结构的稳定性。亚基缔合还可以屏蔽亚基表面上的疏水残基以避开溶剂水。亚基能识别自身或其他亚基，由于结合亚基突变体的能力较弱，因而可排除在遗传翻译中产生的任何错误。

2. 提高遗传经济性和效率

蛋白质单体缔合成寡聚体对一个生物体在遗传上是经济的。编码一个将装配成同多聚蛋白质的单体所需的 DNA 比编码一条相对分子质量相同的大多肽链要少。决定寡聚体装配和亚基-亚基相互作用的所有信息都包含在编码该单体所需的遗传物质中。例如，HIV 蛋白酶是一个相同亚基的二聚体，它的催化功能与相对分子质量大一倍的单体同源细胞酶是相似的。

3. 使催化基团汇集在一起

许多酶（见第 8 章）至少它们的某些催化能力是来自单体亚基的寡聚缔合，因为寡聚体的形成可使来自不同单体亚基的催化基团汇集在一起以形成完整的催化部位。例如细菌谷氨酰胺合成酶的活性部位是由相邻的亚基对形成的，解离的单体则无活性。

寡聚酶还可以在不同的亚基上催化不同的但有关的反应。例如**色氨酸合酶**（tryptophan synthase）是一个由不同的亚基对组成的四聚体（$\alpha_2\beta_2$）。它的纯化的 α 亚基催化 3-磷酸吲哚甘油生成吲哚和 3-磷酸甘油醛，而 β 亚基催化吲哚和 L-丝氨酸加合而成 L-色氨酸。吲哚是前一反应的产物和后一反应的底物，它直接由 α 亚基转移到 β 亚基，而不能作为一个游离的中间物存在（见第 26 章）。

4. 具有协同性和别构效应

亚基之所以缔合成寡聚蛋白质还有一个重要原因。大多数寡聚蛋白质调节它们的生物活性（如酶的催化活性）都是借助于亚基相互作用。多亚基蛋白质一般具有多个结合部位，结合在蛋白质分子的特定部位上的配体对该分子的其他部位所产生的影响（如改变亲和力或/和催化能力）称为**别构效应**（allosteric effect）。具有别构效应的蛋白质称为**别构蛋白质**或变构蛋白质，如别构酶。"别构"一词来自希腊文 allos（"别的"）和 stereos（"实体"；"形状"）。其原义是指蛋白质分子含有不止一个配体结合部位，除活性部位外还有别的配体（如效应物或调节物）的结合部位，称别构部位或调节部位。别构蛋白质分子至少含有两个活性部位，或者还有别构部位。这两种部位可以在同一个亚基上，也可以在不同的亚基上（图 3-52），它们的数目可以相同，也可以不同。别构效应中亚基之间的信息传递是通过蛋白质构象的变化实现的，亚基之间的接触点提供了亚基之间的通讯机制。别构效应具有协同性（cooperativity）。别构效应可分为同促效应和异促效应。**同促效应**（homotropic effect）发生作用的部位是相同的（例如都是催化部位），也即一种配体（如底物）的结合对在其他部位的同种配体的亲和力的影响，这种影响一般是使亲和力加强，也即第一个配体的结合引起第二个、第三个……配体更容易结合。这样的同促效应被称为具有**正协同性**。正协同效应表现为 S 形配体结合曲线（图 4-12）。如果第一个配体的结合导致第二个、第三个……更难结合，这样的同促效应则称为具有**负协同性**，它不呈现 S 型曲线。**异促效应**（heterotropic effect）发生作用的部位是不同的，也即活性部位的结合行为将受到别构部位与效应物结合的影响。有人只认为异促效应是"别构效应"，因为它才符合"别构"的原义。如果效应物（effector）是降低为使活性部位达到饱和所需的配体浓度（如底物浓度）的，则称它为**正效应物**或激活剂（activator）；如果是升高为使活性部位达到饱和所需的配体浓度的，则称它为**负效应物**或抑制剂（inhibitor）。别构效应物是细胞代谢库的成分，其浓度的细微变化可以立即调节代谢的需求（见第 8 章和第 28 章）。

应该强调指出，别构蛋白质不管是否存在别构部位（有些别构酶不存在别构部位，只有同促效应），但活性部位之间的同促效应总是有的。同促效应是别构效应的基本,异促效应可看成是对同促效应的进一步调节。

九、蛋白质的变性、折叠和结构预测

前面介绍了由多肽链折叠形成三维结构的各种花式。这里将讨论蛋白质折叠的信息、驱动力(热力学)和过程(动力学)以及根据氨基酸序列进行的蛋白质结构预测。为讲述方便起见,在讨论折叠之前先引入蛋白质变性的概念。

(一) 蛋白质的变性

天然蛋白质分子受到某些物理因素如热、紫外线照射、高压和表面张力等或化学因素如有机溶剂、脲、胍、酸、碱等的影响时,生物活性丧失,溶解度降低,不对称性增高以及其他的物理化学常数发生改变,这种过程称为**蛋白质变性**(denaturation)。蛋白质变性的实质是蛋白质分子中的次级键被破坏,引起天然构象解体。变性不涉及共价键(肽键和二硫键等)的破裂,一级结构仍保持完好。

1. 蛋白质变性过程中的现象

(1) 生物活性的丧失 蛋白质的生物活性是指蛋白质所具有的酶、激素、毒素(toxin)、抗原与抗体等活性,以及其他特殊性质如血红蛋白的载氧能力,肌球蛋白与肌动蛋白相互作用时的收缩能力等。生物活性的丧失是蛋白质变性的主要特征。有时空间结构只有轻微的局部改变,而且这些变化还没有反映到其他物理化学性质上时,生物活性就已经丧失。

(2) 一些侧链基团的暴露 蛋白质在变性时,有些原来在分子内部包藏而不易与化学试剂起反应的侧链基团,由于结构的伸展松散而暴露出来。

(3) 一些物理化学性质的改变 蛋白质变性后,疏水基外露,溶解度降低,一般在等电点时不溶解,分子相互凝集,形成沉淀。但在碱性溶液中,或有尿素、盐酸胍等变性剂存在时,则仍保持溶解状态,透析除去这些变性剂后,又可沉淀出来。球状蛋白质变性后,分子形状也发生改变,蛋白质分子伸展,不对称程度增高,反映在黏度增加、扩散系数降低以及旋光和紫外吸收的变化。

(4) 生物化学性质的改变 蛋白质变性后,分子结构伸展松散,易被蛋白水解酶分解。变性蛋白质比天然蛋白质更易受蛋白水解酶作用。这就是熟食易于消化的道理。

2. 变性剂使蛋白质变性的机制

变性剂(denaturing agent):尿素和盐酸胍(guanidine HCl),能与多肽主链竞争氢键,因此破坏蛋白质的二级结构。尿素或盐酸胍与多肽主链之间相互作用的一种可能方式如下所示:

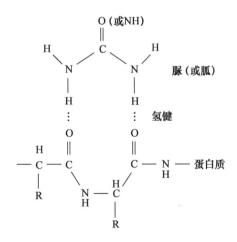

可能更重要的原因是尿素或盐酸胍增加非极性侧链在水中的溶解度,因而降低了维持蛋白质三级结构的疏水相互作用。

去污剂,如十二烷基硫酸钠(SDS)也是蛋白质的变性剂。其结构式见图 10-3。SDS 能破坏蛋白质分子内的疏水相互作用使非极性基团暴露于介质水中。去污剂降低非极性侧链从疏水内部到水介质的转移自由能。

3. 蛋白质变性和复性的学说

变性是一个协同过程。它是在所加变性剂的很窄浓度范围内或很窄 pH 或温度间隔内突然发生的,例如**牛胰核糖核酸酶**(图 3-34B 和图 2-29)的变性(图 3-56)。

关于蛋白质变性的学说,我国生物化学家吴宪在 20 世纪 30 年代就已提出,天然蛋白质分子因环境的种种关系,从有序而紧密的结构,变为无序而松散的结构,这就是变性。他认为天然蛋白质的紧密结构及晶体结构是由分子中的次级键维系的,所以容易被物理的和化学的因素所破坏。这种观点基本上反映了蛋白质变性的本质。

当变性因素除去后,变性蛋白质又可重新回复到天然构象,这一现象称为**蛋白质复性**(renaturation)。是否所有的蛋白质变性都是可逆的,这一问题至今仍有疑问。至少实践中未能使所有蛋白质在变性后都重新恢复活力,然而多数人都接受变性是可逆的概念,认为天然构象是处于能量最低的状态,有些蛋白质变性后之所以不能逆转,主要是所需条件复杂,不易满足的缘故。

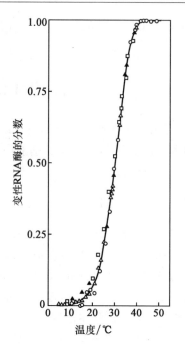

图 3-56　牛胰核糖核酸酶的变性

变性 RNA 酶的分数根据溶液特性黏度增加(□)、在 365 nm 旋光度变化(○)和在 287 nm 紫外吸收变化(△)测量。▲代表冷却后第二次变性。注意不同方法测得的结果是一样的。这里实验是在 pH 2.1,离子强度 0.019 mol/L 条件下进行的,如果在生理条件下,RNA 酶更加稳定,变性在 70~80℃(变性的中点温度称熔点 T_m)时才发生

(二) 氨基酸序列规定蛋白质的三维结构

从本章前部分的讨论中多少知道蛋白质三维结构与其氨基酸序列有关。多肽链的二级结构决定于短程序列(short-range sequence),三维结构主要决定于长程序列(long-range sequence)。

1. 核糖核酸酶的变性与复性实验

蛋白质的氨基酸序列规定它的三维结构这一结论最直接和最有力的证据来自某些蛋白质的可逆变性实验,首先是 20 世纪 60 年代 C. Anfinsen 进行的牛胰核糖核酸酶(RNase A)复性的经典实验。当天然的 RNase(图 3-57A)在 8 mol/L 尿素或 6 mol/L 盐酸胍存在下用 β-巯基乙醇处理后,分子内的 4 个二硫键则被断裂,紧密的球状结构解折叠(unfold,或译伸展)成松散的无规卷曲构象,然而当用透析方法(见第 5 章)将尿素(或盐酸胍)和巯基乙醇除去后,RNase 活性又可恢复,最后达到原来活性的 95%~100%(图 3-57)。并发现如果不事先加入尿素或盐酸胍使酶变性,则 RNase 很难在 37℃ 和 pH 7 的条件下被 β-巯基乙醇还原。

2. 二硫键在稳定蛋白质构象中的作用

经多方面的分析表明,复性后的产物与天然的 RNase 并无区别,所有正确配对的二硫键都获得重建。值得注意的是,在复性过程中肽链上的 8 个—SH 基借空气中的氧重新氧化成 4 个二硫键时,它们的配对完全与天然的相同,准确无误。如果在随机重组的情况下,8 个—SH 基形成 4 个正确配对的二硫键的概率是 1/7×1/5×1/3 = 1/105。因为第一个二硫键的形成有 7 种可能,第二个二硫键有 5 种可能,第三个有 3 种可能,第 4 个只有一种可能。事实上,当还原后的 RNase 在 8 mol/L 尿素中被重新氧化时,只恢复原来天然酶活性的 1% 左右。这说明 RNase 肽链的一维信息控制肽链自身折叠成特定的天然构象,并由此确定了 Cys 残基两两相互接近的正确位置。由此看来,二硫键对肽链的正确折叠并不是必要的,但它对稳定折叠态结构作出贡献。含二硫键的分子有较小的构象熵变化(因为可转变为解折叠态构象的数目较少)并因此而稳定。既然二硫键能稳定蛋白质结构,那么为什么大多数蛋白质不含二硫桥呢? 确实二硫桥相

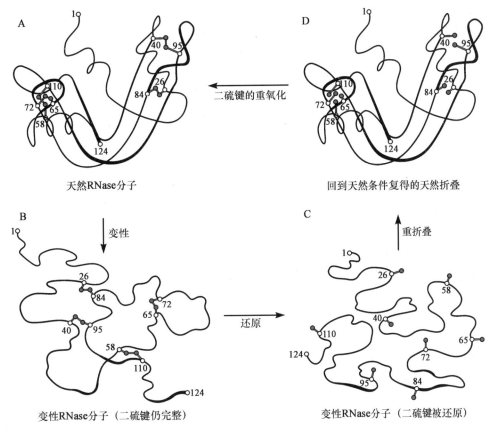

图 3-57　核糖核酸酶 A 的变性与复性示意图

对地较少,它主要存在于分泌到细胞外的蛋白质如核糖核酸酶和胰岛素等。这可能是因为大多数细胞内的环境是相当还原的,它倾向于保持巯基处于还原态。

　　现在可以比较肯定地说,蛋白质的三维结构归根结底是由一级序列决定的。也就是说三维结构是多肽链上的各个单键旋转自由度受到各种限制的总结果。这些限制包括肽键的硬度即肽键的刚性平面性质(C_α—C 和 C_α—N 键旋转的可允许角度)、肽链中疏水基和亲水基的数目和位置、带正电荷和负电荷的 R 基的数目和位置以及溶剂和其他溶质等。在这些限制因素下通过 R 基团的彼此相互作用以及 R 基团与溶剂和其他溶质相互作用,最后达到平衡,形成了在一定条件下热力学上最稳定的空间结构。这样就实现了复杂生物大分子的**自装配**(self-assembly)**原则**。

（三）蛋白质肽链折叠的热力学

　　前面曾考虑了稳定蛋白质三维结构的各种非共价键及其键能。然而蛋白质折叠归根结底取决于在某温度(T)下折叠态(F)和解(去)折叠态(U)之间的吉布斯(Gibbs)自由能差(ΔG):

$$\Delta G = G_F - G_U = \Delta H - T\Delta S = (H_F - H_U) - T(S_F - S_U) \tag{3-3}$$

　　在解折叠态中多肽主链及其侧链是与溶剂水(或称介质水或环境水)相互作用的,因此折叠时自由能变化(ΔG)的任何测量必须考虑多肽链和溶剂两者对焓变化(ΔH)和熵变化(ΔS)的贡献:

$$\Delta G_{总} = \Delta H_{链} + \Delta H_{溶剂} - T\Delta S_{链} - T\Delta S_{溶剂} \tag{3-4}$$

如果对方程(3-4)右边 4 项的每一项都理解,那么对蛋白质折叠的热力学基础应该是清楚的。折叠态蛋白质与解折叠态相比,它是高度有序的结构,因此 $\Delta S_{链}$(构象熵变化)是负数,并因而方程中$-T\Delta S_{链}$项是正值。其他各项取决于特定的全体侧链的本质。$\Delta H_{链}$的本质,决定于残基与残基的相互作用和残基与溶剂的相互作用。

折叠态蛋白质中疏水侧链主要是通过弱范德华力(分散效应)彼此相互作用。解折叠态蛋白质中疏水侧链与溶剂相互作用,其作用力比分散效应强,因为极性水分子诱导疏水基团中的偶极,产生明显的静电相互作用(范德华力中的诱导效应)。结果是,$\Delta H_{链}$ 对疏水侧链是正值,它有利于解折叠态。然而 $\Delta H_{溶剂}$ 对疏水侧链是负值,它有利于折叠态。这是因为折叠造成许多水分子彼此相互作用(有利的)代替水分子与疏水侧链相互作用(不利的)。$\Delta H_{链}$ 大小比 $\Delta H_{溶剂}$ 小,但这两项都不大,一般对折叠不起主要作用。然而 $\Delta S_{溶剂}$(疏水熵变化)对疏水侧链是大的正值,因此极有利于折叠态。这是在解折叠态时疏水侧链强迫溶剂水有序化的结果。

对极性侧链而言 $\Delta H_{链}$ 是正值,而 $\Delta H_{溶剂}$ 是负值。因为一定程度上溶剂水分子在极性基团周围也是有序的,所以 $\Delta S_{溶剂}$ 是小的正值。对蛋白质的极性侧链来说,$\Delta H_{总}$ 接近于零,对蛋白质折叠不作实质性的贡献(图 3-58)。

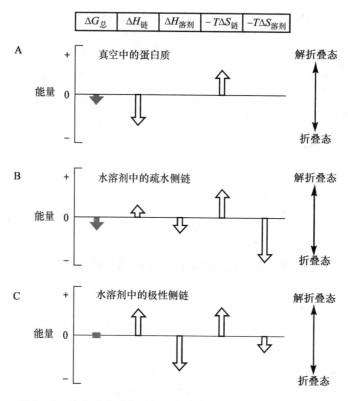

图 3-58   决定球状蛋白质折叠自由能的各项贡献方式的图解

总之,构象熵变化($\Delta S_{链}$)是阻碍折叠,而疏水熵变化($\Delta S_{溶剂}$)和因分子内侧链相互作用引起的总焓变化($\Delta H_{链}+\Delta H_{溶剂}$)是有利于折叠的。对于典型的蛋白质来说,对折叠结构的稳定性作出单项最大贡献的是疏水残基引起的 $\Delta S_{溶剂}$(图 3-58)。在不同蛋白质中总熵变化($\Delta S_{链}+\Delta S_{溶剂}$)和总焓变化对折叠结构的稳定性所做的贡献份额是不同的(表 3-8)。但总的结果一样,折叠结构在生理条件下是自由能最低的构象,因此多肽链的折叠是自发过程。

表 3-8   几种蛋白质折叠的热力学数据(25℃)

蛋白质	条件	$\Delta G/(kJ \cdot mol^{-1})$	$\Delta H/(kJ \cdot mol^{-1})$	$\Delta S/(J \cdot K^{-1} \cdot mol^{-1})$
核糖核酸酶 A	pH 2.5	-7.3	-238	-774
胰凝乳蛋白酶原	pH 3.0	-32	-163	-439
肌红蛋白	pH 9.0	-57	-175	-397
β-乳球蛋白	5 mol/L 尿素	-1.7	+88	+301

（四）蛋白质肽链折叠的动力学

1. 多肽链折叠不是通过随机搜索找到自由能最低构象的

Anfinsen 的重折叠实验和折叠热力学分析表明,至少某些球状蛋白质的天然构象是生理条件下热力学上最稳定的状态。但是一个给定蛋白质是如何达到这样一种稳定状态的,这是一件很复杂的事。C. Levinthal 在 1968 年曾指出,对于一个典型的蛋白质,它不可能有那么多的时间对所有可能的结构都搜索一遍以找出自由能最低的构象。他计算了一个含 100 个氨基酸残基的蛋白质,如果每个残基可采取 3 个不同的位置,那么其构象的总数为 3^{100},即 5×10^{47}。如果一种构象转变为另一种构象,也即每搜索一种可能的构象,需要 10^{-13} s(0.1 ps)时间,那么总搜索时间是 5×10^{34} s 或 1.6×10^{27} 年! 显然计算的与实际的折叠时间(一般介于 1 毫秒到几分钟)相距太远。这一矛盾被称为"Levinthal 疑题"。

Levinthal 疑题迫使人们对折叠途径提出新的考虑,并为此作了不少努力。认识到肽链折叠时并不是肽平面一个个地顺次旋转,而是所有的肽平面同时转动的;折叠过程一定受到某种方式的指导,通过特定的动力学途径,选择一些中间体,而避免对大量不相关构象的搜索。解决此疑题的根本正是"**累积选择**"(cumulative selection)这一方式。所谓累积选择就是在旋转搜索时把正确折叠的那部分结构保留下来。因此蛋白质折叠的实质就是保留局部正确折叠的中间体。但研究这些中间体困难很多,例如蛋白质的稳定性有限,通常含 100 个残基的蛋白质,其分子折叠态和解折叠态之间的自由能差值仅为 40 kJ/mol 左右,每个残基的平均稳定能只有 0.4 kJ/mol,甚至少于无规的热能(2.5 kJ/mol,在室温下)。这意味着正确的中间体,特别是在折叠早期形成的中间体有可能被丢失。至今蛋白质折叠对理论家和实验家都还是有争论的问题。

2. 用于研究多肽链折叠中间体的一些方法

折叠是很快的,许多蛋白质的折叠时间不到 1 s。折叠中间体是在很短时间内形成并存在的。例如细胞色素 c 中 44% 的 α 螺旋是在重折叠启动后的 4 ms 内形成,其余的 56% 在 10 ms ~ 1 s 内完成。因此平衡条件下研究折叠虽然方便,但是折叠过程中的很多信息将被丢失。现在使用快速动力学方法(参见第 7 章),如停流法(stopped flow)和温度跃迁法(temperature jump),并结合几种光谱性质如荧光、圆二色性等的监控,已有可能分析折叠过程中的一些中间体。

用于中间体检测、捕获和表征的还有许多其他方法和技术,例如脉冲标记 NMR(pulsed-label NMR),即把脉冲氢-氘(H-D)交换和核磁共振波谱结合起来使用。脉冲 H-D 交换(这里脉冲是短时间接触同位素的意思)用于测定蛋白质中某些质子与周围溶剂中的质子发生交换的速率。蛋白质中可交换的质子主要是主链上的酰胺质子,少数是侧链上的氨基、羧基等的质子。在解折叠区或在折叠和解折叠之间快速变动的区域,H-D 交换很快,但在折叠区如 α 螺旋、β 折叠片或 β 转角中由于许多这样的质子参与氢键形成,交换就慢,需要数分钟,甚至几小时。实验时,蛋白质样品先在 D_2O-变性剂中解折叠,使酰胺 NH 基转变为酰胺 ND 基(图 3-59)。然后用 D_2O(重水)稀释样品降低变性剂浓度以启动重折叠。开始时大多数—ND 基处于易交换的状态,但随后由于形成二级结构和三级结构而受到保护,因此不易被交换。被交换的程度通过用 H_2O 稀释在 D_2O 中的样品,以 H 交换裸露位置上的 D 进行探测。选用高 pH(例如 pH 9)

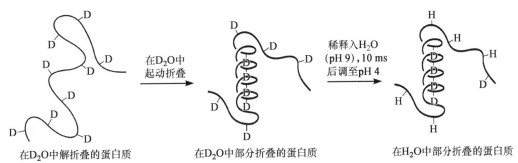

图 3-59　脉冲氢-氘交换用于监控蛋白质折叠中二级结构的形成

加速交换的进行(可接近的质子需 1 ms)。约 10 ms 后将 pH 降至 4 以停止标记(pH 4 时,酰胺质子实际上不发生交换)。标记位置的图案用二维 NMR 谱进行测定。

此外,位点特异诱变(site-specific mutagenesis)、蛋白质设计和蛋白质工程技术也已用于折叠的研究。

3. 多肽链的折叠是分阶段快速完成的

一个大的多肽链折叠途径肯定是复杂的。然而在这个领域已经取得迅速发展,产生了强大可靠的算法,经常能根据其氨基酸序列预测一些小蛋白质的结构。肽链折叠动力学的研究发现,折叠是分阶段进行的,整个过程中存在着可能不止一个中间态。局部的二级结构(通常是十几个残基)通过近程相互作用最先被形成。某些氨基酸序列受到像在二级结构讨论中所述的那些限制的制导快速地折叠成 α 螺旋这样的一些结构(不到 1 μs)作为中心,称构象核或折叠核。涉及多肽链一级序列中经常互相靠近的荷电基团的相互作用在指导这些早期折叠步骤中起重要作用。然后局部结构,譬如说,两个二级结构元件之间通过远程相互作用组装在一起,形成更稳定的折叠结构。在整个过程中疏水相互作用担当重要的角色,因为非极性氨基酸侧链的聚集给中间体也给最后的折叠结构提供了熵稳定。过程继续直至完整的结构域形成和整个多肽链的折叠。值得注意的是,受近程相互作用(一般在多肽序列中彼此挨近的残基对之间)控制的蛋白质要比具有更复杂折叠途径和有许多不同肽段之间的远程相互作用的蛋白质折叠得快。当合成具有多结构域的较大蛋白质时,靠近 N 端的结构域(它首先被合成)可以在整个多肽链组装好之前折叠。总之,对不同的蛋白质肽链,折叠的过程和折叠所需的时间都不尽相同,这是可以理解的。

大多数小的蛋白质例如牛胰核糖核酸酶在变性条件下能发生可逆的解折叠,过程是协同和突发的。当蛋白质构象的几个不同指标(特性黏度、旋光度和紫外吸收)在平衡条件下被监控时,它们经常作为温度或变性剂浓度的函数一起发生变化(图 3-56);并且不论从低温到高温(变性)还是从高温到低温(复性),转换是一样的。这些观察表明只有两种构象——天然态(N)和解折叠态(U)以可测量存在,并且它们处于快速平衡中:

$$U \rightleftharpoons N$$

因此在热或变性剂诱导的转换中点,半数分子是完全的解折叠态,另一半分子是完全的折叠态。然而快速动力学研究揭示,RNase 的重折叠表现为慢相(10~100 s)和快相(ms 范围)的双相动力学过程。认为这是由于存在两种不同的解折叠态 U_1 和 U_2 的结果。其重折叠反应可表示为:

$$U_1 \overset{慢}{\rightleftharpoons} U_2 \overset{快}{\rightleftharpoons} N$$

式中 U_1 是完全的解折叠态,它以慢速率转换为另一种解折叠态 U_2,后者以快速率完成折叠。虽然 U_1 和 U_2 表观上都是解折叠形式,但 U_2(中间态)容易形成部分折叠的结构,并以此为核心折叠成天然构象(N)。

其他蛋白质例如 α-乳清蛋白(M_r 14 000)在某些变性条件下平衡时呈现 3 种状态,除 U 和 N 外还有另一种状态。酸能诱导 α-乳清蛋白发生构象转变。远紫外 CD 光谱研究证明,在 pH 4 时 α-乳清蛋白具有和天然蛋白一样的二级结构,流体动力学研究表明,pH 4 时 α-乳清蛋白分子的凝缩程度与天然分子相近。相反,强变性剂产生的无规卷曲则伸展得多。这些平衡研究指出,蛋白质折叠过程中存在一种所谓**熔球态**(molten globule state),它含有二级结构,但无完整的三级结构。这里,球字是突出它的凝缩状态,熔字是强调它的二级结构单元之间相互作用的变动性质。实际上,熔球态 M 是许多蛋白质中解折叠态和天然态之间常见的一种中间体:

$$U \rightleftharpoons M \rightleftharpoons N$$

形成熔球的驱动力主要是侧链间的疏水相互作用,因此形成熔球的凝缩也称疏水紧缩或塌陷(hydrophobic collapse)。

熔球形成也受二级结构形成的驱动。许多短肽在水中具有相当大的螺旋形成潜力。形成的许多螺旋含有疏水面,疏水面间的相互作用进一步促进疏水收缩。因此疏水收缩和二级结构形成是熔球形成中交互增强的过程。目前已知球状蛋白质的折叠涉及以下几个步骤:① 由完全的解折叠态快速可逆地形成一个或多个局部的二级结构(某些 α 螺旋和 β 转角区段),此谓成核过程(nucleation);② 通过这些构象核(局部二级结构)的协同聚集形成初始的结构域;③ 并由这些初始结构域装配成熔球态;④ 对结构域的构象进行调整;⑤ 最后形成具有完整三级结构的蛋白质单体或天然蛋白质。

4. 体内蛋白质折叠有异构酶和伴侣蛋白质参加

如前面看到的,在体外蛋白质的重折叠不需要额外的分子参与。然而在体内蛋白质折叠却是另一种情形。在体外许多蛋白质的折叠要比在体内慢得多,效率也低得多。其原因就是体内蛋白质折叠是在催化剂的帮助下进行的。

新生蛋白质中正确配对的二硫键形成受**蛋白质二硫键异构酶**(protein disulfide isomerase,PDI)的催化。PDI 与蛋白质底物的多肽主链结合,并优先与含半胱氨酸残基的肽发生相互作用。PDI 广泛的底物特异性使它能够加速多种含二硫键蛋白质的折叠。通过二硫键的改组(shuffling),PDI 能使蛋白质很快地找到热力学上最稳定的配对方式。PDI 的催化机制如下:PDI 含有两个 −Cys−Gly−His−Cys− 序列。这些 Cys 的巯基在生理 pH 下具有高度的反应性,因为它们的 pK_a(7.3)值比蛋白质中大多数巯基的 pK_a(8.5)值低。蛋白质(底物)的二硫键受酶的 RS^- 基攻击,形成共价的酶-底物中间体。此时被释放的底物巯基能自由攻击另一个底物二硫键,形成不同的配对。PDI 在加速折叠中间体的二硫键改组中起特别重要的作用,例如此酶使牛胰蛋白酶抑制剂中间体二硫键改组的速率提高 6 000 倍。

蛋白质中肽键几乎总是反式构型的,但 X—Pro 肽键(X 代表任一残基)是个例外,其中 6% 或更多一些是顺式构型(图 2-22)。脯氨酰异构化是体外许多蛋白质折叠的限速步骤。自发的异构化很慢,因为羧基碳和酰胺氮之间的键(肽键)具有部分双键性质(见第 2 章肽部分)。**肽基脯氨酸异构酶**(peptidyl prolyl isomerase)通过扭转肽键致使 C、O 和 N 原子不再是共平面的方式加速顺-反异构化。在此过渡态中,因为共振降到最小,C—N 键的单键性质增强,因此,异构化的活化能降低。

解折叠的和部分折叠的蛋白质在高浓度时倾向于聚集,变性蛋白质在体外的重折叠常是在稀溶液中进行,以便使分子间的接触和聚集降到最小。然而体内蛋白质折叠却在很浓稠的介质(细胞溶胶和内质网腔)中高效地发生。近来的研究揭示,有一个称为**分子伴侣**(molecular chaperone)的蛋白质家族参与蛋白质折叠。它们通过抑制新生肽链不恰当的聚集并排除与其他蛋白质不合理的结合,协助多肽链的正确折叠。许多这类蛋白质最初被鉴定为**热激蛋白[质]**(heat shock protein,Hsp),它们在细胞中通过提高温度或其他逆境(例如自由基损伤)可诱导产生。其中研究得最透彻的是 Hsp70 蛋白和所谓**陪伴蛋白**(chaperonin)。Hsp70 是一类 M_r 70 000 的热激蛋白,它在进化上是高度保守的,大肠杆菌和人的这种蛋白其氨基酸序列有 50% 是相同的。Hsp70 蛋白由 ATP 酶结构域和肽结合结构域组成。陪伴蛋白也称 Cpn60 或 Snp60,是一类 M_r 60 000 的热激蛋白。

分子伴侣在折叠过程中与多肽链的相互作用尚未完全了解。已清楚的是 ADP-分子伴侣复合体能与部分折叠结构中暴露的疏水区有效地结合。可能伴侣蛋白质能识别靶蛋白上暴露的螺旋或其他二级结构元件。此相互作用使伴侣分子可指导和调节随后的折叠过程(详见第 33 章)。

(五) 蛋白质结构的预测

Anfinsen 的 RNase 重折叠实验,为从氨基酸序列预测蛋白质的三维结构提供了实验依据。如果我们掌握了蛋白质折叠的规律,那么只要根据它的序列知识就可以描述任何一种蛋白质的三维结构。虽然今天离这一目标还有相当距离,但是预测工作已有很好的开端。特别是蛋白质结构预测是全新蛋白质设计和蛋白质工程的重要内容之一,这更促进预测工作的发展。

1. 二级结构的预测——Chou-Fasman 算法

氨基酸残基在二级结构元件中出现频率的研究揭示,某些残基如 Glu、Met、Ala 和 Leu 在 α 螺旋中出现的频率比在其他二级结构中高。相反,Gly 和 Pro 在 α 螺旋中频率很低,但它们在 β 转角中很高。另一些残基包括 Val、Ile 和芳香族氨基酸在 β 折叠片中频率很高,而 Asp、Glu 和 Pro 在 β 折叠片中则很低。这表明各种残基形成各种二级结构的倾向性是不同的。

　　二级结构预测始于 20 世纪 60 年代,至今已有 50 多年的历史。在此期间提出了多种预测方法。其中相对简单并具有相当准确性(达 60% 到 70%)的是 P. Y. Chou 和 G. D. Fasman 于 1974 年提出的预测算法。Chou-Fasman 算法是一种基于单残基统计的经验预测方法。通过统计获得的单残基构象倾向性因子(propensity)被用于二级结构预测。残基的倾向性因子被定义为:

$$P_i = A_i / T_i$$

式中下标 i 代表构象态(i=α、β、c 和 t,分别为 α 螺旋、β 折叠片、无规卷曲和 β 转角);T_i 是所有被统计残基处于第 i 种构象态的分数;A_i 是第 A 种残基的对应分数。如果 i=α,则 $P_α$ 为形成 α 螺旋的倾向性因子;$P_i > 1.0$ 表示该残基倾向于形成第 i 种构象态,$P_i < 1.0$ 则表示倾向于形成其他构象态。

　　表 3-9 中的数据是根据对 29 种已知结构的蛋白质共 4 741 个残基所作的统计分析结果。表中的 $P_α$ 和 $P_β$ 值按其大小顺序排列,可把 20 种残基分为 6 个组(H、h、I、i、b 和 B)。例如 $P_α$ 分为 $H_α$(强螺旋形成者)、$h_α$(螺旋形成者)、$I_α$(弱螺旋形成者)、$i_α$(螺旋形成不敏感者)、$b_α$(螺旋中断者)和 $B_α$(强螺旋中断者)。

　　Chou 和 Fasman 根据残基的倾向性因子提出二级结构预测的经验规则,其要点是沿蛋白质序列寻找二级结构成核位点和终止位点。经验规则是:

　　(1) α 螺旋预测　相邻的 6 个残基中若有至少 4 个残基倾向于形成 α 螺旋,则被认为是螺旋核。螺旋核向两端延伸直至 4 个残基的 α 螺旋倾向性因子的平均值($P_α$)<1.0 为止,并且不允许在螺旋内部出现 Pro 残基,它也会终止螺旋的延伸。如果延伸片断的 $P_α \geq 1.03$ 并且 $P_α > P_β$,则被预测为 α 螺旋。

　　(2) β 折叠预测　相邻的 5 个残基中若有 3 个残基倾向于形成 β 折叠,则被认为是折叠核。折叠核向两端延伸直至 4 个残基的 $P_β < 1.0$,如果延伸后的片段 $P_β > 1.05$ 且 $P_β > P_α$,则被测为 β 折叠。

　　(3) β 转角预测　具有 $P_t > 1.0$,且大于 $P_α$ 和 $P_β$,则被预测为 β 转角。虽然预测 β 转角的实际规则比这更复杂,但它在多数情况下是可行的。

2. 三级结构的预测——折叠的计算机模拟

　　与二级结构预测相比,三级结构预测成功率则小得多。这可能是因为高级结构折叠关键决定于序列中的间隔距离远的残基之间的特异侧链相互作用。第 2 章中曾谈到,在进化过程中由一个共同的祖先蛋白形成了一个蛋白质家族,如珠蛋白家族、丝氨酸蛋白酶家族等。同一个家族的蛋白质,即所谓同源蛋白质,具有相似的结构与功能。一般说,氨基酸序列相似的蛋白质,它们的三维结构也相似,三维结构比一级结构更保守。因此利用已知类似物结构预测同源蛋白质结构的工作得到发展并取得很好成绩,例如利用溶菌酶的结构参数预测出 β-乳清蛋白的结构。许多蛋白质,如天冬氨酸蛋白酶、免疫球蛋白等结构也是利用这种方法预测获得的。同源蛋白质结构预测大多是在计算机图像工作站上进行的。此方法主要步骤有:结构保守性分析,主链和侧链结构预测以及模型优化。详见本章所列参考书 2。

　　在少数实例中利用更直接的方法对小的球状蛋白质的总三维结构进行了预测。方法基于蛋白质自发折叠寻找能量最低点这一事实。计算机模拟中允许无规卷曲通过绕单键旋转对构象进行很多次小的更改。程序对可能的相互作用进行总能量进程的监控并寻找能量最低点。不过这样的搜索即使应用最大、最快的计算机,所需的计算时间量也是巨大的。

　　近年来由于预测方法和计算机程序的不断改进,在这方面也取得新的成功,例如 G. Rose 和 R. Srinivasan 的预测工作,他们是从蛋白质折叠分成局部的(local)和层次的(hierarchical)这一假设出发的。在这里,"局部的"意思是每个氨基酸残基的折叠行为都受序列中相邻其他残基的影响。"层次(系统)的"意思是被折叠的结构是从最小结构单元发展并逐渐变成越来越复杂的实体。这些假设加上其他一些假设是被称为 LINUS 的计算机程序的基础。LINUS 是结构的局部独立成核单元(Local Independently Nucleated Unit of Structure)的英文缩写。Rose 和 Srinivasan 把 LINUS 程序用于若干小蛋白质结构的精确预测。图 3-60 示出 LINUS 程序用于几个已知结构的蛋白质结构域的计算结果。有关 LINUS 程序的细节见本章所列参考书 10。

表 3-9　氨基酸的 Chou-Fasman 构象倾向性因子及形成 α 螺旋和 β 折叠能力的分类[①]

氨基酸[②]	P_α	分类(螺旋)	P_β	分类(折叠)	P_t
Glu	1.51		0.37	B_β	0.74
Met	1.45	H_α	1.05	h_β	0.60
Ala	1.42		0.83	i_β	0.66
Leu	1.21		1.30	h_β	0.59
Lys	1.16		0.74	b_β	1.01
Phe	1.13		1.38		0.60
Gln	1.11	h_α	1.10	h_β	0.98
Trp	1.08		1.37		0.96
Ile	1.08		1.60	H_β	0.47
Val	1.06		1.70		0.50
Asp	1.01	I_α	0.54	b_β	1.46
His	1.00		0.87	i_β	0.95
Arg	0.98		0.93	i_β	0.95
Thr	0.83	i_α	1.19	h_β	0.96
Ser	0.77		0.75	b_β	1.56
Cys	0.70		1.19	h_β	1.43
Tyr	0.69	b_α	1.47	H_β	1.19
Asn	0.67		0.89	i_β	1.14
Pro	0.57	B_α	0.55	B_β	1.56
Gly	0.57		0.75	b_β	1.52

① 该表源自 Chou P Y, Fasman G D. Annual Review of Biochemistry. 1978。P_c 在预测的经验规则中未被用到,故从略;② 表中数据在不同书籍中有出入,这是因为统计范围有差别(15 种、29 种或更多种蛋白质),但不影响用于结构预测。

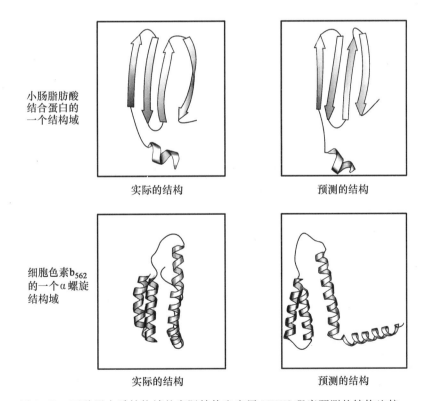

小肠脂肪酸结合蛋白的一个结构域　　实际的结构　　预测的结构

细胞色素 b[562] 的一个 α 螺旋结构域　　实际的结构　　预测的结构

图 3-60　两种蛋白质结构域的实际结构和应用 LINUS 程序预测的结构比较

提　要

一个典型的蛋白质通常具有一个或多个反映其功能的三维结构或称构象。有些蛋白质的一些区段具有固有的无规则结构。

稳定蛋白质构象的力主要是几种弱的相互作用,其中熵驱动的疏水相互作用对稳定大多数可溶性蛋白质的球状结构作出主要贡献,范德华力也作出贡献,氢键和离子相互作用在热力学上最稳定的结构中达到最适程度。在某些蛋白质中,共价二硫键在稳定构象方面起着重要作用。

多肽主链中的共价键限制主链自身的折叠。由于肽键(C—N)具有部分双键性质,使得整个 6-原子肽基处于刚性平面构型(酰胺平面)。N—C_α 和 C_α—N 键可以旋转,分别规定二面角 ϕ 和 ψ。拉氏构象图表示出一个蛋白质多肽链中哪些 C_α 的成对二面角 ϕ 和 ψ 值在立体化学上是被允许的,哪些是不被允许的。

X 射线晶体学和核磁共振(NMR)波谱学可在原子水平上测定蛋白质的三维结构;NMR、紫外差、荧光和荧光偏振和圆二色性(CD)等光谱学方法可用于研究溶液中的蛋白质构象。CD 光谱是测定常见二级结构和检测蛋白质折叠的方法。

蛋白质二级结构是指多肽链的一个区段中主链原子的局部空间排列,或者说二级结构是主链折叠时形成的由氢键稳定的规则结构。最常见的二级结构元件有 α 螺旋、β 构象(或 β 片)和 β 转角等。α 螺旋是蛋白质中最典型、含量最丰富的二级结构。β 构象中肽链主链处于伸展的扭曲形式,肽链之间或一条肽链的区段(肽段)之间借助氢键彼此可连成片状结构,称为 β 片,其中每个肽段称为 β 股;肽链走向可以是平行或反平行的。如果多肽链的一个区段中所有氨基酸残基的 ϕ 和 ψ 角均为已知,则该区段的二级结构完全可以被确定。

蛋白质三级结构是指一个多肽链(亚基或单体蛋白质)的完整三维结构。根据三维结构(形状和溶解度)许多蛋白质可以归于两大类蛋白质中的一类。一类是纤维状蛋白质,主要起结构作用,它们具有二级结构的简单重复元件。归属于这一类的有 α-角蛋白、丝心蛋白、胶原蛋白、弹性蛋白和血纤蛋白原等。另一类是球状蛋白质,它们有更复杂的三级结构,经常在同一个多肽链中含有几种类型的二级结构。这一类蛋白质都是可溶性的功能蛋白,如酶、抗体、转运蛋白和蛋白质激素等。与之相关的膜蛋白是一类与膜的结构和功能紧密相关的蛋白质,它们又分为膜周边蛋白质、膜内在蛋白质以及脂锚定蛋白质(兼在膜蛋白质)。

超二级结构和结构域是二、三级结构之间的两个亚层次。超二级结构是指在一级序列上相邻的二级结构元件在三维折叠中彼此靠近并相互作用形成的组合体。超二级结构(或称模体)有几种基本形式,如 αα(螺旋束)、βαβ(如 Rossman 折叠)、ββ(β 曲折和希腊钥匙拓扑结构)。结构域是在二级结构和超二级结构的基础上形成的并相对稳定和独立的三级结构局部折叠区。结构域常常也就是功能域。结构域的基本类型有全 α 类、全 β 类、α/β 类和 α+β 类。此外还有富含金属或二硫键的结构域等。

球状蛋白质可根据它们的结构域分为全 α 蛋白质、全 β 蛋白质、α/β 蛋白质、α+β 蛋白质和富含金属或二硫键蛋白质(不规则小蛋白质结构)等。球状蛋白质有些是单亚基的,称单体蛋白质,有些是多亚基的,称为寡聚或多聚蛋白质。球状蛋白质虽然种类多、结构复杂,各有自己独特的三维结构。但它们仍有共同的结构特征:① 一个分子可以含有多种二级结构元件;② 具有明显的结构层次;③ 紧密折叠成球状或椭球状结构;④ 疏水侧链埋藏在分子内部,亲水基团暴露在分子表面;⑤ 分子表面往往有一个空穴(活性部位)。

膜蛋白是一类与膜结构和膜活性功能紧密相关的蛋白质,它们又分为膜周边蛋白质、膜内在蛋白质以及脂锚定蛋白质(兼在膜蛋白质)。

由两个或多个具有三级结构的亚基通过非共价相互作用缔合成寡聚蛋白质。亚基的缔合方式或组织形式称为蛋白质的四级结构,它涉及亚基在寡聚体中的空间排列(对称性)以及亚基之间的接触位点(结构互补)和作用力(非共价相互作用的类型)等。大多数寡聚蛋白质中亚基的排列完全符合晶体学的点群对称原则、最常见的是环状对称,此外还有二面体对称、立方体对称和螺旋对称等。

蛋白质的变性和复性实验表明蛋白质的氨基酸序列规定了它的三维结构。蛋白质的生物学功能是蛋白质的天然构象所具有的性质。天然构象是在生理条件下热力学上最稳定的即自由能最低的三维结构。

蛋白质折叠不是通过随机搜索找到自由能最低的构象。折叠动力学研究表明,多肽链的折叠是分阶段、分层次、快速地完成的。最初,形成局部的二级结构(此阶段称为成核过程),接着借这些构象核折叠成初始的模体和结构域,它们进一步装配成大的折叠中间体(相当熔球态),后者快速导致一个天然构象的形成。在细胞中多肽链折叠还有伴侣蛋白(如 Hsp70)和陪伴蛋白以及酶的参与。二硫键形成和 Pro 肽键的顺反异构化都有专一的酶催化。

从蛋白质的一级序列预测三维结构的研究也取得很大进展。例如根据 Chou-Fasman 算法预测二级结构,应用折叠的计算机模拟预测三级结构。

习　　题

1. (a)计算一个含有 78 个氨基酸的 α 螺旋的轴长。(b)此多肽的 α 螺旋完全伸展时有多长?

2. 某一蛋白质的多肽链除了一些区段为 α 螺旋构象外,其他区段均为 β 折叠片构象。该蛋白质相对分子质量为 240 000,多肽链外形的长度为 5.06×10^{-5} cm。试计算,α 螺旋占该多肽链的百分数(假设 β 折叠片构象中每个氨基酸残基的长度为 0.35 nm)。

3. 虽然在真空中氢键键能约为 20 kJ/mol,但在折叠的蛋白质中对蛋白质的稳定焓贡献却要小得多(<5 J/mol)。试解释这种差别的原因。

4. 多聚甘氨酸是一个简单的多肽,能形成一个具有 $\phi = -80°, \psi = +120°$ 的螺旋,根据拉氏构象图(图 3-3),描述该螺旋的(a)手性,(b)每圈的残基数。

5. α 螺旋的稳定性不仅取决于肽键间的氢键形成,而且还取决于肽链的氨基酸侧链性质。试预测在室温下的溶液中,下列多聚氨基酸哪些种将形成 α 螺旋,哪些种形成其他有规则的结构,哪些种不能形成有规则的结构? 并说明理由。(a)多聚亮氨酸,pH = 7.0;(b)多聚异亮氨酸,pH = 7.0;(c)多聚精氨酸,pH = 7.0;(d)多聚精氨酸,pH = 13.0;(e)多聚谷氨酸,pH = 1.5;(f)多聚苏氨酸,pH = 7.0;(g)多聚脯氨酸,pH = 7.0。

6. 多聚甘氨酸的右手或左手的 α 螺旋中,哪一个比较稳定? 为什么?

7. 考虑一个小的含 101 残基的蛋白质。该蛋白质将有 200 个可旋转的键。并假设对每个键 ϕ 和 ψ 有两个定向。问:(a)这个蛋白质可能有多少种随机构象(w)? (b)根据(a)的答案计算在当使 1 mol 该蛋白质折叠成只有一种构象的结构时构象熵的变化($\Delta S_{折叠}$)。(c)如果蛋白质完全折叠成由氢键作为稳定焓的唯一来源的 α 螺旋,并且每 mol 氢键对焓的贡献为 -5 kJ/mol。试计算 $\Delta H_{折叠}$。(d)根据你的(b)和(c)的答案,计算 25℃ 时蛋白质的 $\Delta G_{折叠}$。该蛋白质的折叠形式在 25℃ 时是否稳定?

8. 两个多肽链 A 和 B 有着相似的三级结构。但是在正常情况下 A 是以单体形式存在的,而 B 是以四聚体(B_4)形式存在的。问 A 和 B 的氨基酸组成可能有什么差别。

9. 下面两个肽(a)和(b),哪一个更可能采取 α 螺旋的二级结构? 为什么?

(a) LKAENDEAARAMSEA

(b) CRAGGFPWDQPGTSN

10. 下面的序列是一个球状蛋白的一部分。利用表 3-9 中的数据和 Chou-Fasman 的经验规则预测此区域的二级结构。

```
1    5    10   15   20   25   30
RRPVVLMAACLRPVVFITYGDGGTYYHWYH
```

11. 从热力学考虑,完全暴露在水环境中和完全埋藏在蛋白质分子非极性内部的两种多肽片段,哪一种更容易形成 α 螺旋? 为什么?

12. 一种酶 M_r 为 300 000,在酸性环境中可解离成两个不同组分,其中一个组分的 M_r 为 100 000,另一个为 50 000。大的组分占总蛋白的三分之二,具有催化活性;小的组分无活性。用 β-巯基乙醇(能还原二硫桥)处理时,大的失去催化能力,并且它的沉降速度减小,但沉降图案上只呈现一个峰(参见第 5 章)。关于该酶的结构可作出什么结论?

13. 今有一种植物的毒素蛋白。直接用 SDS 凝胶电泳分析(见第 5 章)时,它的区带位于肌红蛋白(M_r 为 16 900)和 β-乳球蛋白(M_r 为 37 100)两种蛋白质之间,当这个毒素蛋白用 β-巯基乙醇和碘乙醇处理后,在 SDS 凝胶电泳中仍得到一条区带,但其位置靠近标记蛋白细胞色素 c(M_r 为 13 370)。进一步实验表明,该毒素蛋白与 FDNB 反应并用酸水解后,释放出游离的 DNP-Gly 和 DNP-Tyr。关于此蛋白的结构,你能作出什么结论?

14. 一种蛋白质是由相同亚基组成的四聚体。(a)对该分子说出两种可能的对称性。稳定缔合的是哪种类型的相互作用(同种或异种)?(b)假设四聚体,如血红蛋白,是由两个相同的单位(每个单位含 α 和 β 两种链)组成的。问它的最高对称性是什么?

15. 证明一个多阶段装配过程比一个单阶段装配过程更容易控制蛋白质的质量。考虑一个复合体多聚体酶的合成,此复合体含 6 个相同的二聚体,每个二聚体由一个多肽 A 和一个多肽 B 组成,多肽 A 和 B 的长度分别为 300 个和 700 个氨基酸残基。假设从氨基酸合成多肽链,多肽链组成二聚体,再从二聚体聚集成多聚体酶,在这一建造过程中每次操作的错误频率为 10^{-8},假设氨基酸序列没有错误的话,多肽的折叠总是正确的,并假设在每一装配阶段剔除有缺陷的亚结构效率为 100%。试比较在下列情况下有缺陷复合体的频率:(a)该复合体以一条 6 000 个氨基酸连续的多肽链一步合成,链内含有 6 个多肽 A 和 6 个多肽 B。(b)该复合体分 3 个阶段形成:第一阶段,多肽 A 和 B 的合成:第二阶段,AB 二聚体的形成;第三阶段,6 个 AB 二聚体装配成复合体。

主要参考书目

1. 卢光莹,华子千. 生物大分子晶体学基础. 北京:北京大学出版社,1995.

2. 来鲁华,等. 蛋白质的结构预测与分子设计. 北京:北京大学出版社,1993.

3. 李庆国,汪和睦,李安之. 分子生物物理学. 北京:高等教育出版社,1992.

4. 王克夷. 蛋白质导论. 北京:科学出版社,2007.

5. McMurry J E. Organic chemistry. 7th ed. Belmont:Cengage Learning,2008.

6. Garrett R H,Grisham C M. Biochemistry. 5th ed. Belmont:Cengage Learning,2013.

7. Wilson K,Walker J M. Principles and Techniques of Practical Biochemistry. 5th ed. New York:Cambridge University Press,2000

8. Stryer L. Biochemistry. 6th ed. New York:W. H. Freeman and Company,2007.

9. Nelson D L,Cox M M. Lehninger Principles of Biochemistry. 6th ed. New York:W. H. Freeman and Company,2013.

10. Srinivansan R,Rose G D. LINUS:A hierarchic procedure to predict the fold of a protein. Proteins. 1995,22:81-99.

(徐长法)

网上资源

习题答案   自测题

第4章　蛋白质的生物学功能

在前面我们讨论了蛋白质的氨基酸序列和三维结构。了解蛋白质的三维结构是明了蛋白质如何行使其功能的基础。然而二维纸面上显示的结构是静止的。蛋白质是动态的分子,它们的功能几乎总是依赖于跟其他分子的相互作用,这些相互作用都会以生理上重要的方式受到蛋白质构象的些微变化或剧烈改变（肽段可能移动几个纳米）的影响。本章将讨论蛋白质如何跟其他分子相互作用,以及这些相互作用如何与动态蛋白质的结构关联。分子相互作用对蛋白质功能的重要性不言而喻。在第3章我们曾看到,纤维状蛋白质作为细胞和组织结构元件的功能是基于相同多肽链之间稳定而长期的四级相互作用。在这一章我们会看到许多其他蛋白质的功能,它们涉及跟各种各样的分子相互作用。这些作用多数是瞬时的,然而它们可以是复杂生理过程如氧转运、免疫功能和肌肉收缩——本章要介绍的主要内容——的基础。实行这些过程的蛋白质说明蛋白质功能的下述这些主要原理:

（1）很多蛋白质的功能涉及跟其他分子的可逆结合。被一个蛋白质可逆结合的分子称为**配体**（ligand）。一个配体可以是任一种分子,包括另一种蛋白质。蛋白质-配体相互作用的瞬时性质对生命是至关重要的,因为它允许一个生物体对变化着的内、外环境作出快速、可逆的应答。

（2）蛋白质分子上配体结合的部位或位点（site）称为**结合部位**（binding site）,它们在大小、形状、电荷以及疏水或亲水性质方面都跟配体是互补的。因此蛋白质-配体相互作用是特异或专一的（specific）;蛋白质能区分环境中成千上万种不同的分子,选择性地只与其中一种或很少几种结合。一个给定的蛋白质对几种配体可以有单独的结合部位。这些专一的分子相互作用对维持一个活系统的高度有序性是关键。

（3）蛋白质分子具有柔性。构象变化可以是很细微,反映着整个蛋白质的分子振动和氨基酸残基的细小运动。这种方式的蛋白质柔动有时称为"呼吸"。构象变化也可能很剧烈,蛋白质结构大片段发生移动多至几个纳米。特异的构象变化对蛋白质的功能经常是必需的。

（4）蛋白质和配体的结合常跟蛋白质的构象变化相偶联,构象变化使结合部位与配体更加互补,结合得更加紧密。在蛋白质和配体之间发生的结构适应称为**诱导契合**（induced fit）。

（5）在多亚基蛋白质中,一个亚基的构象变化经常影响其他亚基的构象。

（6）配体和蛋白质之间的相互作用一般可以通过跟一个或多个另外的配体专一相互作用来调节。这些别的配体可以引起蛋白质的构象变化而影响第一个配体的结合,发生所谓**别构效应**（allosteric effect）或称变构效应。

酶代表蛋白质功能的特殊情况。酶与其他分子结合并使之发生化学转化——催化反应。被酶作用的分子不叫配体而称为**底物**（substrate）,配体-结合部位称为**催化部位**（catalytic site）或**活性部位**（active site）。关于这类蛋白质将在第6至第8章专门介绍。

一、蛋白质功能的多样性

蛋白质对生物的重要性不仅体现在它们在生物体内无处不在,更重要的是它们几乎无所不能。蛋白质在分子、细胞、器官乃至整体水平上参与许多生物学过程,行使各种各样的功能,几乎每一个生命环节都有蛋白质的参与和贡献。

生物界中蛋白质的种类在 $10^{10} \sim 10^{12}$ 数量级。种类如此众多是因为20种基本氨基酸在多肽链中的序列不同造成的。根据排列理论,由20种氨基酸组成的二十肽序列异构体有: $A_{20}^{20} = 2 \times 10^{18}$ 种。如果一个相对分子质量为34 000的蛋白质含有12种氨基酸,并且假设每种氨基酸在该蛋白质分子中的数目相等,则不难算出其序列异构体数目约为 10^{300}。这种**序列异构现象**是蛋白质的生物功能多样性（diversity）和物种专一性或特异性（specificity）的结构基础。

蛋白质的生物学功能归纳起来有如下几个方面：

1. 行使催化和转化功能

蛋白质最重要的生物学功能之一是作为生物新陈代谢的催化剂——**酶**（enzyme）。酶是蛋白质中最大的一类，在国际生化协会酶学委员会公布的《酶命名法》（*Enzyme Nemenclature*）中已列出 3 000 多种不同的酶。生物体内各种化学反应几乎都是在相应的酶参与下进行的（参见第 6～8 章）。

酶具有非常高的催化能力（catalytic power）。酶催化的反应速率为非催化反应的反应速率的 $10^5 \sim 10^{17}$ 倍，也远高于任何人工合成的催化剂所能达到的反应速率。而且酶促反应是在温和温度和接近中性 pH 的水溶液中进行的，不像许多非催化反应和非酶促反应那样需要在剧烈条件如高温、高压下才能进行。酶的专一性很强。酶的专一性（特异性）是指酶对所作用的底物和所催化的反应具有选择性。这种选择性是通过酶与底物之间的相互作用，或者说通过基于结构互补的分子识别实现的（见第 1 章）。酶不仅是代谢反应的催化剂，还是代谢反应的调节元件。酶对新陈代谢的调节是最原始，但也是最基本的。酶本身的产生及其活动又受到核酸和其他信息分子的控制或调节。因此，酶催化其他分子变化和转化也可以看成是信息流的一个重要组成部分。

2. 作为信号分子和信号转导器

作为**信号分子**的蛋白质有激素（hormone）、生长因子（growth factor）或细胞因子（cytokine）等，它们的共同特点是作为受体（多数在质膜上）的专一配体。属于激素类的蛋白质有胰岛素、生长激素、促甲状腺素等；归于生长因子或细胞因子的蛋白质有表皮细胞生长因子、成纤维细胞生长因子、[促]红细胞生成素、白细胞介素、干扰素和肿瘤坏死因子等，其中多数参与细胞免疫调节。

信号转导（signal transduction）是指胞外信号（如信号分子和电信号等）被放大并转化为胞内应答的化学过程。最初的**信号转导器**（signal transductor），也称转导触发器，是质膜上的受体，它们都是蛋白质如 G 蛋白偶联受体（GPCR）、受体酪氨酸激酶（RTK）等。随后在细胞质中发生的信号转导中担当转导分子的也多是蛋白质，各种类型的激酶（如蛋白激酶、磷酸化酶激酶）是细胞溶胶中信号转导的主体（第 14 章）。

许多信号分子（如类固醇激素、红细胞生成素等）触发的转导过程，其终点是激活能够启动基因表达的转录因子和/或基因调节蛋白（第 34 章）。

3. 转运专一的分子和物质

载体蛋白质（carrier protein）或转运蛋白质（transport protein）是一类从一处到另一处转运专一分子和物质的蛋白质的总称。它们广泛地存在于各种生物体中，有的是在体液如血浆中运载金属离子，如**转铁蛋白**（transferrin）；但多数是转运水不溶的非极性分子，如血液中转运各种脂溶性维生素的运载蛋白，运输各类脂质的载脂蛋白（第 10 章）。通过血流从肺部到各器官组织转运氧气的**血红蛋白**（见本章后面）是典型的载体蛋白质。

另一类是跨膜（如质膜）的膜转运蛋白质，专门称为**转运蛋白**（transporter），有时也称透性酶（permease），例如摄取葡萄糖进入细胞的**葡糖转运蛋白**（图 14-7 和图 14-26）。膜转运蛋白质多以跨膜的通道形式存在，它能将亲水或带电的代谢物、营养物、离子或蛋白质等极性分子顺利地通过疏水的脂双层（膜）。在逆浓度梯度转运物质通过膜时，需要生物体提供能量，即需要消耗 ATP，这就是所谓**主动运输**（active transport）。担当主动运输的载体蛋白质都含有一个由酶或酶系组成的能量传递系统。

此外，细胞内也有载体蛋白质。例如在高尔基体的膜上，有一种专一跟含 6-磷酸甘露糖的蛋白质结合的受体（蛋白质），当受体跟含有 6-磷酸甘露糖的蛋白质结合后，将这些蛋白质（其中多数是水解酶）运送并释放到溶酶体中。葡糖转运蛋白也在胞内小泡的膜上存在（图 14-26）。细胞核的核孔不允许分子质量很大的蛋白质通过。一些定位在核内的蛋白质，除了具有特异的肽段作为**核定位信号**（nuclear localization signal，NLS；图 14-27）外，还需要有特定的、能跟 NLS 结合的蛋白质（图 14-27 中未示出），称**输入蛋白**（importin），才能进入核内。

4. 作为结构和支撑成分

生物体,小至单细胞生物乃至非细胞的病毒,都离不开结构和支撑的物质。这些物质除脂质和糖类外还有蛋白质,它们参与建造和维持生物体的结构,给细胞和组织提供强度和保护。这类蛋白质称为结构蛋白质(structural protein)。结构蛋白质一般由单体蛋白质聚合成长纤维(如毛发中)或排列成保护层(如皮肤中)。结构蛋白质多数是不溶性的纤维状蛋白质,如构成毛发、角、蹄、甲的 **α-角蛋白** 和存在于骨、结缔组织、腱、软骨和皮中的无弹性而高强度的 **胶原蛋白**。胶原蛋白约占脊椎动物中总蛋白质的 1/3;在骨中它是矿质沉积的基质。

有弹性的结构蛋白质是 **弹性蛋白**,它是韧带(ligament)的重要成分。

此外,肌肉蛋白以及细胞间质中的糖蛋白和蛋白聚糖对动物整体的形态维持也都是不可缺少的。一些形成细胞骨架的蛋白质如肌动蛋白、微管蛋白和血影蛋白等对细胞的形态起结构支撑作用。

植物中的 **伸展蛋白**(extensin)是植物细胞壁的重要成分,也可看成是一种结构蛋白质。伸展蛋白是一种糖蛋白(约含 300 氨基酸残基),在细胞壁中与微纤维共价连结,这两者好比是"钢筋",果胶质、半纤维素和木质素等好比是"混凝土",它们共同构筑成细胞壁。

5. 起运动和动力作用

某些蛋白质赋予细胞以运动的能力。作为肌肉收缩和细胞游动基础的 **收缩和游动蛋白质**(contractile and motile protein)具有一个共同特征:它们都是丝状分子或丝状聚集体,如肌细胞中的肌肉蛋白。肌肉蛋白是一个完整的系统,由多种蛋白质构成,主要是肌球蛋白和肌动蛋白,此外还有多种其他蛋白质。**肌球蛋白**(myosin),由它聚集成肌细胞中的粗丝;**G-肌动蛋白**(G-actin),由它聚集成 **F-肌动蛋白**(F-actin),也称微丝(mirofilament),是肌细胞中细丝的主体。真核细胞中的 **微管蛋白**(tubulin),由它聚合成长管状的 **微管**(microtubule)。微丝和微管是细胞骨架的基本成分。

另一类涉及运动和动力的蛋白质称为 **马达蛋白质**(motor protein),如 **动力蛋白**(dynein)、**驱动蛋白**(kinesin)以及 **肌球蛋白** 的头片(马达结构域),这些蛋白质实际上是一类 **机械-化学酶**,能把 ATP 贮存的化学能转变为发生收缩和游动的机械能。

6. 具有防卫和保护功能

与某些结构蛋白质的被动性防护不同,一类称为 **防卫和保护蛋白质**(defensive and protective protein)在防卫、保护和拓展方面的作用是主动的。这类蛋白质中最突出的是脊椎动物的 **免疫球蛋白** 或称 **抗体**。抗体是在外来的所谓 **抗原** 物质的影响下由淋巴细胞产生,并能与相应的抗原结合而排除外来物质对生物体的干扰的一类保护蛋白。现在认为不仅动物有免疫系统,植物也有免疫能力——特有的自我保护系统,例如对各种病原体有抵御能力,对逆境(如盐碱、干旱和洪涝)能表现出抗性。总之,生物体对各种刺激的应答以及对环境变化的防范都可归属免疫范畴。

各种生物产生的毒素(toxin)有相当一部分是蛋白质和肽类,如蛇毒[素]中的溶血蛋白质和神经毒蛋白质,此外还有蜥毒素、蜘蛛毒素和蜂毒素等。这些毒素几乎都是混合物,其中存在高度毒性的分子,如蛇毒中含有多种蛋白酶和糖苷酶。又如细菌产生的白喉毒素(diphtheria toxin)和霍乱毒素(cholera toxin)是一类细菌的防卫蛋白质。

绝大多数的凝血因子都是蛋白质,如凝血酶原和血纤蛋白原等,它们也是一类保护蛋白质。在南、北极海洋生活的一些鱼类,它们的血液中存在有 **抗冻蛋白质**,防止在低于摄氏零度水温下血液冷冻。这些蛋白质的相对分子质量虽不小,但它们所能引起的冰点下降远超过物理中的依数性质。某些植物中也含有毒蛋白质如蓖麻蛋白(ricin),能抑制人和动物细胞的蛋白质合成,产生毒蛋白的明显"目的"是为了阻止食草动物吃它们。细菌和某些昆虫对药物能形成抗药性,也是一种自我防卫和保护,这主要是因为它们体内产生能降解药物的诱导酶。

7. 作为养分的贮库

生物体内作为养分贮库的蛋白质称为贮存蛋白质(storage protein),因为蛋白质是氨基酸的聚合物,又因氮素通常是生长限制性养分,所以生物必要时就利用蛋白质作为提供氮素的一种方式,例如卵清蛋白为鸟类胚胎发育提供氮源,乳中酪蛋白是哺乳类幼仔的主要氮源。许多高等植物的种子含有高达 60% 的贮存蛋白质,为种子发芽准备好足够的氮素。蛋白质除了为生物发育提供 C、H、O、N 和 S 元素外,像**铁蛋白**(ferritin)还能贮存 Fe,一分子铁蛋白(M_r 460 000)可结合多至 4 500 个铁原子(占其质量的 35%),用于含铁的蛋白质如血红蛋白的合成。

8. 起支架或衔接作用

新近发现有些蛋白质是在细胞应答激素和生长因子的复杂信号传递途径中起作用的,这类蛋白质称为**支架蛋白质**(scaffold protein)或**衔接蛋白质**(adapter protein)。支架蛋白质是一个模块组织(modular organization);模块(module)是这种蛋白质结构中的各特定部分,有的是结构域,有的是结构域中的次级结构。每个模块能通过蛋白质-蛋白质相互作用识别其他蛋白质中的某些结构元件并与之结合。例如 **SH2 模块**能与酪氨酸残基的酚—OH 被磷酸化了的蛋白质结合,SH3 模块能与富含特有的脯氨酸残基串的蛋白质结合。支架蛋白质一般含有几个不同种类的模块,它们能起一个架子(scaffold)的作用,在架子上可以将一套不同的蛋白质组装成一个多蛋白质复合体。这样的聚集通常要涉及协调和联络许多对激素或其他信号分子的胞内应答(参见第 14 章"信号传递"部分)。

某些蛋白质具有上述以外的其他功能,例如应乐果甜蛋白(monellin)有着极高的甜度(见表 9-2)。昆虫翅膀的铰合部(hinge)存在一种具有特殊弹性的蛋白质,称为节肢弹性蛋白(resilin)。某些海洋生物如贝类,分泌一类胶质蛋白质,能将躯体牢固地黏在岩石或其他硬表面上。

上述归纳的几类蛋白质功能对有些蛋白质是交叉的。例如构成皮肤(skin)或兽皮(hide)的蛋白质既属结构蛋白质,也可归属保护蛋白质。又如细胞因子既在免疫系统中的一些环节起作用,但又是信号分子。此外还必须强调,在生物体中蛋白质行使功能时几乎都是在多种蛋白质协同下完成的。

二、氧结合蛋白质——肌红蛋白:贮存氧

随着地球上大气的不断变化,生物也在不停地进化。光合作用产生氧气是大气变化的主要因素。生物进化到以氧为基础的代谢是具有高度适应性的表现,例如糖的有氧代谢要比相应的厌氧代谢产生更多的能量。在进化过程中出现两个重要的氧结合蛋白质(oxygen-binding protein):肌红蛋白和血红蛋白(图 2-41)。这样有氧代谢过程不再受 O_2 在水中溶解度低的限制。肌红蛋白和血红蛋白是两个研究得最透彻的蛋白质,它们是蛋白质结构与功能关系的范例。肌红蛋白是哺乳动物体内贮存和分送氧的蛋白质。肌红蛋白存在于需要贮存氧的肌肉细胞,例如潜水哺乳动物鲸、海豹和海豚的肌肉中。血红蛋白是在血液中转运氧的蛋白质,存在于红细胞中。这两个蛋白质在亚基结构、氧结合机制以及其他性质等方面,都有相似之处。

(一) 氧与血红素辅基结合

O_2 难溶于水溶液(0.035 g/L,在 50℃),如果只是简单地溶于血清,则不能有足够量的 O_2 被运载到组织。O_2 通过组织的扩散也不可能超过几个毫米的距离。较大的多细胞动物的进化有赖于能够转运和贮存氧的蛋白质进化。然而蛋白质中没有适合 O_2 分子可逆结合的氨基酸侧链,只有某些过渡金属如其中的低氧态 Fe^{2+} 和 Cu^+ 具有强的结合氧倾向。进化过程中肌红蛋白-血红蛋白家族选中了二价铁 Fe(Ⅱ)作为氧结合部位。某些节肢动物的血蓝蛋白(hemocyanin)中结合氧的是一价铜(Cu^+)。多细胞生物正是利用金属(最常见的是铁)的这一性质来转运氧的。但是游离的铁会促进高反应性的氧分子形式,如羟自由基的形成,这些自由基能损坏 DNA 和其他大分子。因此细胞所利用的铁是以螯合和/或使之反应性降低的形式被结合的。在多细胞生物中,特别是在那些载氧的铁需要远距离被转运的生物中,铁经常要掺入被蛋白质结合的辅基——**血红素**(heme 或 haem)中。(辅基概念见第 2 章"蛋白质的化学组成和分类"部分)

血红素基存在于肌红蛋白、血红蛋白和许多称为血红素蛋白质的其他蛋白质中,由一个复杂的有机环结构——原卟啉Ⅸ(protoporphyrin Ⅸ)——组成,一个 Fe(Ⅱ)的铁原子与之结合。**原卟啉Ⅸ**由 4 个吡咯环组成,4 个吡咯环通过甲叉桥(metheme bridge)连接成四吡咯环系统,称为**卟吩**(porphin),与之相连的有四个甲基,两个乙烯基和两个丙酸基(图 4-1B)。卟吩是**卟啉**(porphyrin)的母体或卟啉核(图 4-1A),在

它标有 X 位置的氢一个或多个被其他基团取代,即为卟啉;原卟啉Ⅸ只是卟啉类中的一个。卟啉化合物在叶绿素、细胞色素以及其他一些天然色素中还将遇到。这类化合物有很强的着色力,血红蛋白中的铁卟啉(血红素)使血液呈红色,叶绿蛋白中的镁卟啉(叶绿素)是植物呈绿色的原因。

原卟啉Ⅸ与 Fe 原子的络合物也称铁原卟啉Ⅸ即血红素。卟啉环中心的铁原子通常是八面体配位,应该有 6 个配位键,其中 4 个与卟啉环面的 N 原子相连,另两个沿垂直于卟啉环面的轴分布在环面的上下:5、6 两个配位键(图 4-1C 和图 4-2)。铁原子可以是亚铁(Fe^{2+})氧化态或高铁(Fe^{3+})氧化态,相应的血红素称为[亚铁]血红素(ferroheme;heme)和高铁血红素(ferriheme;hematin)。配位的氮原子(具有给电子性质)有助于防止血红素 Fe(Ⅱ)转化为 Fe(Ⅲ)。亚铁态 Fe(Ⅱ)能可逆地与 O_2 结合;高铁态 Fe(Ⅲ)则不能与 O_2 结合。血红素在许多氧转运蛋白质中存在,也在某些其他蛋白质如细胞色素中被找到,细胞色素参与氧化还原(电子转移)反应(见第 19 和 23 章)。

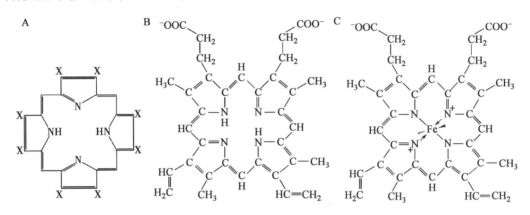

图 4-1　卟啉核(A)、原卟啉Ⅸ(B)和血红素(C)的结构

游离的血红素分子(未与蛋白质结合的血红素)使 Fe^{2+} 有了两个"开放"的配位键(垂直于卟啉环面)。一个 O_2 可以与两个游离的血红素分子(或两个游离 Fe^{2+})同时反应。在血红素蛋白质中,此反应由于血红素被深埋在蛋白质结构之中而被阻断。因此这两个开放配位键的利用受到限制。其中一个配位键被一个 His 残基的侧链氮原子(N)所占据。另一个是分子氧(O_2)的结合部位(图 4-2)。当氧结合时,血红素铁的电子性质发生了变化;这反映在深紫色的缺氧静脉血到鲜红色的富氧动脉血的颜色变化。某些小分子如一氧化碳(CO)和氧化氮(NO)与血红素铁配位的亲和力比 O_2 高。当 CO 分子与血红素结合时,O_2 则被排出,这就是为什么 CO 对需氧生物是剧毒的原因。通过对血红素的包围和掩蔽,氧结合蛋白质可调节 CO 和其他小分子对血红素铁的接近。

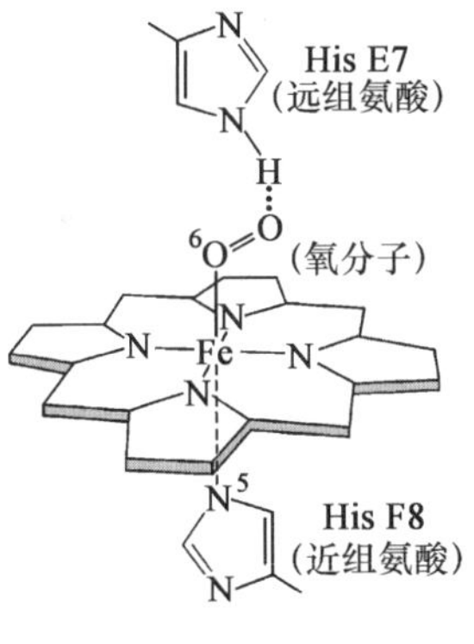

图 4-2　氧合肌红蛋白中血红素铁离子的 6 个配位体 4 个是卟啉环中央的 4 个 N 原子,第 5 个是环面下方的 His F8,第 6 个是环面上方的 O_2

(二)肌红蛋白是珠蛋白家族的成员

珠蛋白(globin)是一个很大的氧结合蛋白质家族,所有成员具有相似的一级和三级结构。珠蛋白存在于所有各类的真核生物甚至某些细菌中。大多数行使转运和贮存氧的功能,虽然有一些起传感氧、氧化氮和一氧化碳的作用。最简单的线虫(nematode),秀丽隐杆线虫(*Caenorhabditis elegans*),有 33 个编码不同珠蛋白的基因。在人和其他哺乳类中至少有 4 个种类的珠蛋白。

单体(一个珠蛋白)的**肌红蛋白**(myoglobin,Mb)主要是促进肌肉组织中氧的扩散。潜水哺乳类如鲸、海豹和海豚的肌肉中肌红蛋白含量特别丰富,致使它们的肌肉呈棕红色。在这里肌红蛋白也具有贮氧的功能,使这些动物能长时间地潜在海水下。单体的神经珠蛋白(neuroglobin)在神经元中被大量表达,协助保护大脑避免低氧(hypoxia)和局部缺血(ischemia)造成的损害。另一个单体的珠蛋白是细胞珠蛋白(cytoglobin），它也在许多组织中找到，但功能尚不清楚。

肌红蛋白（马心）是由一条多肽链和一个辅基血红素构成，M_r 为 16 900，含 153 个氨基酸残基。除去血红素的脱辅基肌红蛋白即为珠蛋白，它和血红蛋白的亚基（α-珠蛋白链和 β-珠蛋白链）在氨基酸序列上具有明显的同源性（图 2-40），它们的构象和功能也极其相似。

肌红蛋白的空间结构测定是由 J.Kendrew 及其同事们于 1963 年完成的。它的 X 射线晶体学分析分 3 个阶段完成：第一阶段，分辨率为 0.6 nm，可以辨认出肌红蛋白分子多肽主链的折叠和走向；第二阶段，分辨率达到 0.2 nm 水平，分子的侧链基团都能辨认出来；第三阶段，分辨率为 0.14 nm，所有氨基酸残基都能识别。观察到的残基序列与化学分析得到的结果完全一致。

对蛋白质功能的任何详细讨论必然涉及蛋白质结构。对于肌红蛋白的情况，首先介绍对珠蛋白所特有的一些结构规定。如图 4-3 所示，肌红蛋白分子（大小约为 4.5 nm×3.5 nm×2.5 nm）中多肽主链由长短不等的 8 段直的 α 螺旋组成，最长的螺旋含 23 个残基，最短的 7 个残基，分子中约 78% 的氨基酸残基都处于 α 螺旋区内。这 8 段螺旋分别命名为 A、B、C…H。相应的非螺旋区（拐弯处）肽段称为 NA（N 端段）、AB、BC、…FG、GH、HC（C 端段）。单个的氨基酸残基可按它在珠蛋白的氨基酸序列中的位置编号（从 N 端开始计号），也可按一个特定的 α 螺旋段序列中的位置标号。例如与肌红蛋白血红素配位的 His[93] 残基（离肌红蛋白多肽链序列 N 端的第 93 位残基：见图 2-40）也称为 F8，表示该 His 在 F 螺旋的第 8 位置。

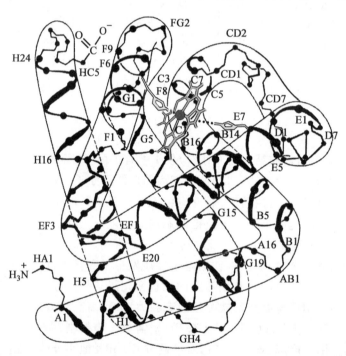

图 4-3　抹香鲸肌红蛋白的三级结构

根据 0.2 nm 分辨率的 X 射线晶体学资料建立的模型

8 个螺旋段大体上组装成两层，构成肌红蛋白的单结构域。拐弯处 α 螺旋受到破坏，拐弯是由 1 到 8 个残基组成的无规卷曲，在 C 端也有一段 5 个残基的松散肽链。肌红蛋白的整个分子显得十分致密，呈扁平的棱形。分子内部只有一个小的疏水空穴，血红素非共价地结合于此空穴中。疏水侧链的氨基酸残基几乎全部被埋在分子内部，不与水接触。亲水侧链的氨基酸残基几乎全部分布在分子的外表面，其侧链亲水基团正好与水分子结合，使肌红蛋白成为可溶性蛋白质。介于亲水和疏水之间的一些残基（Pro、Thr、Ser、Cys、Ala、Gly 和 Tyr）在球状蛋白质分子的内部和外表面都能找到。

（三）肌红蛋白与 O_2 结合是蛋白质与配体相互作用的实例

肌红蛋白的功能不仅是它能结合 O_2，而且在需要 O_2 的时候和地方它能释放氧。生物化学上的功能常常是交替于结合与释放这种类型的蛋白质-配体相互作用。因此定量描述这一相互作用就成为许多生物化学研究的重点。

1. 蛋白质-配体相互作用的定量分析

一般说,蛋白质(P)和配体(L)的可逆结合可用简单的平衡表达式来描述:

$$P+L \rightleftharpoons PL \tag{4-1}$$

或应用一个平衡常数 K_a 来表征,这样

$$K_a = \frac{[PL]}{[P][L]} = \frac{k_a}{k_d} \tag{4-2}$$

这里,k_a 和 k_d 是速率常数。K_a 是**结合常数**(assosiation constant;不要与第 1 章的"水、弱酸和弱碱的解离"部分中表示酸解离常数的 K_a 混淆),用以描述复合体和未结合的复合体成分之间的平衡。结合常数是配体对蛋白质亲和力的一种量度。K_a 的单位是 L/mol;K_a 值愈高,配体对蛋白质相应的亲和力也愈高。

结合平衡常数 K_a 也等于形成 PL 复合体的前向(结合)和逆向(解离)反应的速率之比。结合速率用速率常数 k_a(单位反应物浓度时的反应速率)来描述,解离速率则用速率常数 k_d 来描述。涉及 1 个分子的反应称为单分子反应,如 PL→P+L 的解离反应,其反应动力学为一级(first-order),速率常数(k_d)的单位为时间的倒数(s^{-1})。当反应涉及 2 个分子时,称双分子反应,如结合反应 P+L→PL,反应为二级(second-order),速率常数(k_a)的单位为 $L \cdot mol^{-1} \cdot s^{-1}$(见第 7 章)。

方程式 4-2 的第一部分经重排表明,结合蛋白质对游离蛋白质的浓度之比与游离配体浓度成正比:

$$K_a[L] = [PL]/[P] \tag{4-3}$$

当配体的浓度比配体结合部位的浓度大很多时,蛋白质对配体的结合不会明显改变游离(未结合)配体的浓度,也即[L]保持不变。这种情况适用于细胞中与蛋白质结合的大多数配体,这使我们对结合平衡的处理简单化。

现在我们可以从分数角度来考虑结合平衡。蛋白质上被配体占据的配体结合部位数占总结合部位数的分数或称分数饱和度(fractional saturation)θ:

$$\theta = 被占据的结合部位数/总结合部位数 = \frac{[PL]}{[PL]+[P]} \tag{4-4}$$

将 $K_a[L][P]$(见式 4-3)代入式 4-4 中的[PL]项并重排,得:

$$\theta = \frac{K_a[L][P]}{K_a[L][P]+[P]} = \frac{K_a[L]}{K_a[L]+1} = \frac{[L]}{[L]+\frac{1}{K_a}} \tag{4-5}$$

K_a 值可以从 θ 对游离配基的浓度[L]作图(图 4-4)来确定。$x=y/(y+z)$ 形式的任一方程都是描述双曲线的,因此 θ 是[L]的双曲线函数。随着[L]的增加被占据的配体结合部位的分数渐近地趋近饱和。可利用的配体结合部位一半被占据(即 $\theta=0.5$)时的[L]相当于 $1/K_a$。

然而生物化学上更习惯地使用配体解离的平衡常数(K_d)以代替 K_a($K_d=1/K_a$),K_d 的单位为 mol/L。因此上述有关的表达式改变为:

$$K_d = \frac{[P][L]}{[PL]} = \frac{k_d}{k_a} \tag{4-6}$$

$$[PL] = \frac{[P][L]}{K_d} \tag{4-7}$$

$$\theta = \frac{[L]}{[L]+K_d} \tag{4-8}$$

当[L]等于K_d时,配体结合部位有一半被占据。当[L]低于K_d时,结合有配体的蛋白质将逐渐减少。为了有90%可利用的配体结合部位被占据,[L]必须比K_d值大9倍以上。

实际上,为表示蛋白质对配体的亲和力,使用K_d远比使用K_a来得多。注意,K_d值愈小,表示配体对蛋白质的亲和力愈大。K_d在数值上等于可利用的配体结合部位数的一半被占据时配体的摩尔浓度。在这一点,蛋白质的配体结合达到了半饱和。蛋白质与配体结合得愈牢,一半结合部位被占据所需的配体浓度愈小,因此K_d值也愈小。一些有代表性的解离常数见表4-1。

表4-1   某些蛋白质的解离常数

蛋白质	配体	$K_d^{①}$/mol·L^{-1}
抗生物素蛋白(卵清)	生物素	$1×10^{-15}$
胰岛素受体(人)	胰岛素	$1×10^{-10}$
抗 HIV 免疫球蛋白(人)[②]	gp41(HIV-1 表面蛋白质)	$4×10^{-10}$
镍结合蛋白质(*E.coli*)	Ni^{2+}	$1×10^{-7}$
钙调蛋白(大鼠)[③]	Ca^{2+}	$3×10^{-6}$
		$2×10^{-5}$

① 所报告的解离常数仅对测定时的特定溶液条件是有效的,蛋白质-配体相互作用的K_d值由于溶液的盐浓度、pH 或其他易变因素的变化,可有几个数量级的变动;② 此免疫球蛋白的分离是作为开发抗 HIV 疫苗的一部分工作。免疫球蛋白是高度易变的,这里报告的K_d并不是所有免疫球蛋白所特有的;③ 钙调蛋白有 4 个结合部位,此处示出的数值反映了在一组测定中观察到的最高和最低的亲和结合部位。

2. 肌红蛋白与 O_2 的可逆结合——氧结合曲线

在肌肉组织中血红蛋白释放的 O_2 通过质膜进入肌细胞中,并在质膜内表面 O_2 与肌红蛋白结合成为**氧合肌红蛋白**(oxymyoglobin)。后者在细胞溶胶中扩散到线粒体。当线粒体中的浓度下降时,氧合肌红蛋白便把贮存的 O_2 释放给线粒体,自身转变为**去氧肌红蛋白**(deoxymyoglobin)并回到质膜处。由于在这里的氧浓度较高,它又重新变成氧合肌红蛋白。

氧与肌红蛋白的结合也遵循上述模式。但是因为氧是气体,所以上面的方程需要做适当的调整,以便在实验室中能更方便地进行测试。

肌红蛋白与 O_2 结合的化学计量关系如下:

$$Mb+O_2 \rightleftharpoons MbO_2$$

式中 Mb 代表去氧肌红蛋白,MbO_2 代表氧合肌红蛋白。把溶解的氧浓度代入式 4-8 中的[L],得**氧结合分数饱和度**:

$$\theta = \frac{[O_2]}{[O_2]+K_d} \tag{4-9}$$

对任一种配体,K_d 等于可利用的配体结合部位的一半被占据时的氧浓度或 $[O_2]_{0.5}$。这样式 4-9 成为

$$\theta = \frac{[O_2]}{[O_2]+[O_2]_{0.5}} \tag{4-10}$$

根据 Henry 定律,溶于液体的任一气体的浓度与液面之上的该气体分压成正比。因此 $[O_2]$ 可用氧分压 pO_2 表示,如果定义在 $[O_2]_{0.5}$ 时的氧分压为 P_{50},则方程式 4-10 可改写为:

$$\theta = \frac{pO_2}{pO_2+P_{50}} \tag{4-11}$$

实验中 pO_2 值可被调节和测量,pO_2 以 kPa 为单位(1 kPa = 7.5 mm Hg 或 torr);θ 值可用分光光度法测定,因为肌红蛋白氧合时卟啉环中电子位移引起吸收光谱改变。θ 对 pO_2 作图所得的曲线称为肌红蛋白的**氧[结]合曲线**或氧解离曲线(图 4-4)。肌红蛋白的氧合曲线是一条以坐标轴为两条渐近线 $\theta=1$ 和

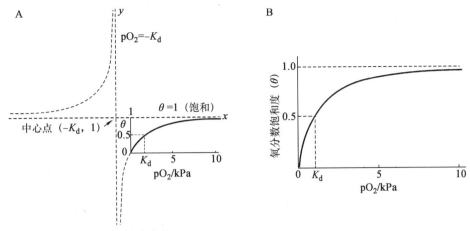

图 4-4　肌红蛋白的氧结合曲线

A. 示出双曲线形氧合曲线;B. 根据实验数据制作的氧合曲线,即图 A 中的实线部分

$pO_2 = -K_d$ 的等轴(直角)双曲线(rectangular hyperbola)的一部分(图 4-4B)。它也见于酶学中 Michaelis-Menten 方程表达的底物饱和曲线(第 7 章)。

当 $\theta = 1$ 时所有肌红蛋白分子的氧结合部位都被 O_2 所占据,即肌红蛋白被氧完全饱和。当 $\theta = 0.5$ 时,$pO_2 = K_d = P_{50}$(或 $P_{0.5}$),P_{50} 定义为肌红蛋白被氧半饱和时的氧分压。

肌肉的毛细血管中氧浓度约为 4 kPa,细胞的内表面约为 1.33 kPa。线粒体中为 0~1.33 kPa。Mb 的半饱和氧分压(P_{50})为 0.27 kPa,因此在大多数情况下,肌红蛋白是高度氧合的,它是氧的贮库。如果由于肌肉收缩使线粒体中氧含量剧烈下降,肌红蛋白便可立即供应氧。这种高氧合的肌红蛋白也有利于细胞内的 O_2 从质膜的内表面向线粒体转运,因为这种转运是顺浓度梯度的,细胞内表面约为 1.33 kPa(Mb 80% 被饱和)而线粒体内约为 0.13 kPa(Mb 25% 被饱和)或更低。

(四) 蛋白质结构是如何影响配体结合的

配体与蛋白质的结合受到蛋白质结构的很大影响,并且经常伴随着构象变化。例如,当血红素成为肌红蛋白的一个组成部分时,血红素跟它的各种配体(如 O_2、CO 等)结合的专一性将被改变。

前面曾提到肌红蛋白分子中央有一个空穴,血红素非共价地结合于此空穴中(图 4-3)。穴内衬有一层疏水残基,为血红素基提供一个疏水环境;血红素卟啉环上的 2 个丙酸基伸向空穴外侧;在卟啉环面的两侧各有一个 His 残基,它们在氧结合中起其重要作用。一个是珠蛋白第 93 位 His 残基(His 93 或 His F8),称为**近组氨酸**(proximal histidine),其咪唑 N 成为血红素 Fe(Ⅱ)的第 5 配[位]体。当肌红蛋白跟氧结合变成氧合肌红蛋白时,Fe(Ⅱ)的第 6 配位被 O_2 分子所占据(图 4-2)。在去氧肌红蛋白中,第 6 个配位是空着的。在高铁肌红蛋白中氧结合部位失活,H_2O 分子代替 O_2 填充了该部位,成为 Fe(Ⅲ)的第 6 个配体。另一个是在卟啉环面的氧结合部位一侧,即珠蛋白的 His 64(或 His E7),称为**远组氨酸**(distal histidine),以示区别于近 His。远 His 残基离血红素基尚远,不能直接与 Fe(Ⅱ)配位成键,但它能跟血红素 Fe 的结合配体(如 O_2)相互作用,形成氢键(图 4-2)。

CO 与游离血红素分子结合要比 O_2 高 25 000 倍(即 CO 与游离血红素结合的 K_d 或 P_{50} 比 O_2 低 25 000 倍)。然而,当血红素结合在蛋白质中,CO 与血红素结合只比 O_2 高 200 倍。这种差异的部分原因可用位阻来解释。当 O_2 与肌红蛋白血红素结合时,氧分子轴与 Fe—O 键轴成一个角度(图 4-5A)。相反,当 CO 与游离血红素结合时,Fe、C 和 O 三个原子成一直线(图 4-5C)。在这两种情况,结合都反映出各自配体中杂化轨道的几何学。在肌红蛋白中,虽然血红素 Fe(Ⅱ)与远 His 之间不发生相互作用,但与 Fe(Ⅱ)结合的第 6 配体(如 O_2)能与之紧密接触。因此作为配体的 O_2 夹在 His E7 咪唑 N 和 Fe(Ⅱ)原子之间。使得 O_2 轴不能垂直于环平面,而与 Fe—O 键约有 60° 的倾斜。因此氧结合部位是一个位阻区域(图 4-5A)。可能正因为如此,也阻止了 CO 的直线结合(图 4-5B),为选择性降低肌红蛋白(和血红蛋白)中血

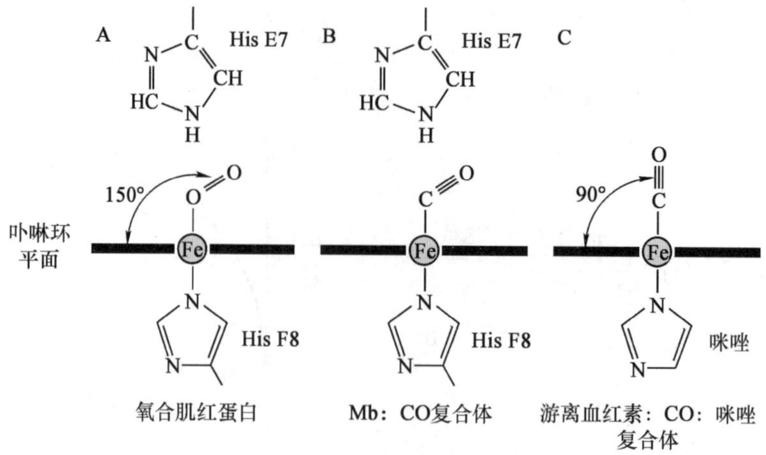

图 4-5 O_2 和 CO 与肌红蛋白血红素 Fe(Ⅱ)的结合

红素跟 CO 的结合提供一种解释。CO 结合的下降有着重要的生理意义,因为 CO 是细胞代谢中形成的一种低浓度的副产品。尚不清楚是否还有其他因素能调节这些蛋白质中血红素跟 CO 的相互作用。虽则如此,CO 仍是一种很强的毒物。空气中 CO 的含量只要达到 0.06%~0.08% 人就有中毒的危险,达到 0.1% 则能窒息死亡。

O_2 与肌红蛋白的血红素结合还有赖于蛋白质结构中的分子运动或称分子"呼吸"。血红素分子被深埋在折叠的多肽中,并没有为 O_2 从周围溶液运动到配体结合部位提供直接通道。如果蛋白质是刚性的,O_2 就不可能以可测的速率进出血红素口袋。然而氨基酸侧链的快速分子柔性(flexing)在蛋白质结构中产生了一些短暂腔室,O_2 分子借助通过这些腔室的运动建造它的进出通道。

肌红蛋白快速结构摆动(structural fluctuation)的计算机模拟表明,确有许多这样的路径存在。一个主要的通道是由远侧 His(His 64)的侧链旋转提供的,旋转以纳秒(10^{-9} s)时间尺度发生。但更精巧的构象变化应该是蛋白质活性的关键。

在神经珠蛋白、细胞珠蛋白以及植物和无脊椎动物中发现的某些珠蛋白中,远端 His 是直接跟血红素铁配位的。在这些珠蛋白中氧或其他配体在结合过程中必须取代远端 His。

三、氧结合蛋白质——血红蛋白:转运氧

(一) 血红蛋白是在血液中转运 O_2 的

动物中由全血运载的氧几乎都是由红细胞中的血红蛋白(hemoglobin,缩写 Hb)结合并转运的。正常人的红细胞是小的双凹圆盘状,直径 6~9 μm。它是由称**成血细胞**(hemocytoblast)的前体干细胞形成的。在成熟过程中,干细胞产生能形成大量血红蛋白的子代细胞(每个细胞约含 3 亿个 Hb 分子),然后失去它们的细胞器——核、线粒体和内质网。因此红细胞是不完整的、发育不全的细胞,不能繁殖,在人体内寿命仅约为 120 天。红细胞的主要功能是运载血红蛋白,后者以很高的浓度(占细胞质量的 34%)溶解于红细胞溶胶中。

在从肺部经心脏到达外周组织的动脉血中,血红蛋白约 96% 为氧所饱和。在回到心脏的静脉血中血红蛋白仅 64% 被氧饱和。因此每 100 mL 血通过组织释放出它所携带氧的约 1/3,或相当于在大气压和体温下 6.5 mL 氧气。

肌红蛋白具有双曲线型的氧结合曲线(图 4-4),它对溶解氧浓度的小变化比较不敏感,所以功能上正好作为一个贮氧蛋白质。血红蛋白是多亚基的,有多个 O_2 结合部位,更适于氧的转运。我们将会看到,一个多聚蛋白质的亚基之间的相互作用能够允许对配体浓度的小变化有高敏感的应答。血红蛋白中亚基之间的相互作用引起构象变化,构象变化改变蛋白质对氧的亲和力。氧结合的这种调节允许 O_2-转运蛋白质对组织的需氧变化作出反应。

（二）血红蛋白的结构

血红蛋白（M_r 64 500；Hb），分子近似球形，直径约为 5.5 nm。Hb 是一个四聚体蛋白质，由 4 个多肽亚基组成，每一亚基缔合有一个血红素辅基（见图 2-27 和图 4-7）。

1. 血红蛋白亚基的种类和组成方式

人体在不同的发育阶段血红蛋白亚基的种类（为它们编码的基因至少有 7 种：α、β、$^A\gamma$、$^G\gamma$、δ、ε 和 ζ）是不同的（表 4-2）。成人血红蛋白主要是 Hb A（或 Hb A_1），其亚基组成为 $\alpha_2\beta_2$。在红细胞生活周期中，由于和葡萄糖或其他化合物发生化学反应，也会产生 Hb A 的变异形式，例如 Hb A_{1a}、Hb A_{1b} 和 Hb A_{1c}。Hb A_{1c} 是 Hb A 的葡糖基化形式，它的形成与血中葡萄糖浓度有关。Hb A_{1c} 在总 Hb 中的比例是红细胞生活周期（约 120 d）中平均葡萄糖浓度的量度，因此临床上被用作糖尿病人在两次就诊之间血糖控制的指标。成人血红蛋白中的次要组分是 Hb A_2（约占总 Hb 的 2%）。其亚基组成为 $\alpha_2\delta_2$。Hb A_2 和 Hb A 的 α 链是完全相同的，只是在 Hb A_2 中 δ 链代替了 β 链。

表 4-2　人体内有正常功能的血红蛋白

发育阶段[①]	名称	α 链或 α 样链	β 链或 β 样链	亚基组成
胚胎		ζ	ε	$\zeta_2\varepsilon_2$
胎儿	Hb F	α	γ	$\alpha_2\gamma_2$
出生到死亡	Hb A	α	β	$\alpha_2\beta_2$
出生到死亡	Hb A_2	α	δ	$\alpha_2\delta_2$

① 各阶段间有相当多的重叠。

胎儿血红蛋白简称 Hb F，亚基组成为 $\alpha_2\gamma_2$（$^A\gamma$ 和 $^G\gamma$ 均存在于 Hb F 中，其差别仅在于第 136 位上的 Ala 改变为 Gly）。Hb F 的 γ 链和 β 链很相似，也由 146 个氨基酸组成，但 γ 链中的 H21（第 143 位）残基是 Ser，而不是 β 链中的 His。这样就减少了 BPG（2,3-二磷酸甘油酸）分子结合部位的正电荷，也即减低了对 BPG 的亲和力。Hb F 对 BPG 的亲和力降低使得它对氧的亲和力增高（见后面）。因此独立循环系统的胎儿能有效地通过胎盘从母体的血循环中吸取氧。

2. 血红蛋白亚基在结构上与肌红蛋白相似

成熟血红蛋白 Hb A_1 含有两种类型的珠蛋白，2 条 α 链（141 个残基/条）和 2 条 β 链（146 个残基/条）。虽然在 α 和 β 亚基的多肽序列中不到一半的氨基酸残基相同，但两种类型亚基的三维结构是很相似的。而且它们的结构又与肌红蛋白的很相似（图 4-6），虽则这 3 个多肽的氨基酸序列只有 27 个位置是相同的（见图 2-40）。所有这 3 个多肽都是珠蛋白家族的成员。描述肌红蛋白的螺旋命名惯例也适用于血红蛋白多肽，除了 α 亚基缺失一段短的 D 螺旋之外。

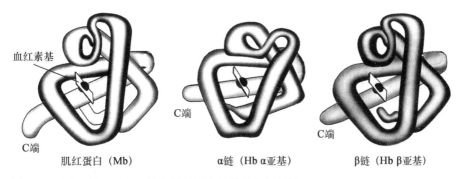

图 4-6　血红蛋白 α 链、β 链和肌红蛋白链的构象相似性

3. 血红蛋白的四级结构

Max Perutz 的 X 射线晶体学研究在原子水平上阐明了血红蛋白的三维结构。4 个亚基占据相当于四面体的 4 个顶角，整个分子形成 C_2 点群对称（图 4-7）。所有研究过的脊椎动物的血红蛋白都显示与此基

本相同的三维结构。4 个血红素基分别位于每个多肽链的 E 和 F 螺旋之间的裂隙中,并暴露在分子的表面。4 个氧结合部位彼此保持一定距离,两个最近的铁离子(α_1 的和 β_2 的血红素 Fe 或 α_2 的和 β_1 的血红素 Fe)之间的距离为 2.5 nm。

血红蛋白四级结构的特点是不相同的亚基之间相互作用强。$\alpha_1\beta_1$(和 $\alpha_2\beta_2$)的界面(接触面)涉及 30 个以上的残基,其相互作用是相当强的,虽然血红蛋白用尿素处理导致四聚体解离成 $\alpha\beta$ 二聚体,但这些二聚体是保持完整的。$\alpha_1\beta_2$(和 $\alpha_2\beta_1$)的界面涉及 19 个残基。所有的这些接触面都是由疏水相互作用主导的,但也有许多氢键和少数盐桥(离子对),它们的重要性将在后面讨论。

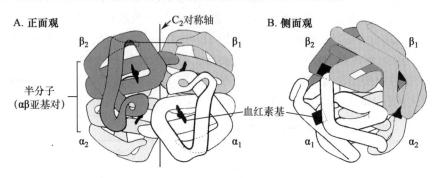

图 4-7　血红蛋白中亚基的排列

(三) 结合氧时血红蛋白发生构象变化

1. 氧结合显著改变 Hb 的四级结构

X 射线晶体学分析表明,氧合血红蛋白和去氧血红蛋白在四级结构上有显著不同,特别是 $\alpha\beta$ 亚基的相互作用发生很大变化。α 亚基和 β 亚基之间的接触(相互作用)可分为两种类型:一种是 $\alpha_1\beta_1$(和 $\alpha_2\beta_2$)接触,或称装配接触(packing contact),另一种是 $\alpha_1\beta_2$(和 $\alpha_2\beta_1$)接触,或称滑动接触(sliding contact)。装配接触涉及 B、G、H 螺旋以及 GH 拐弯(corner)的 30 多个残基,接触面积大,对亚基的装配很重要。滑动接触主要涉及螺旋 C、G 和拐弯 FG 的 19 个残基(图 4-8)。当血红蛋白因氧合 (oxygenation) 发生构象变化时,主要是滑动接触发生改变,装配接触保持基本不变(图 4-9)。血红蛋白作为构象动态分子,可以看成是由两个相同的二聚体半分子组成:$\alpha_1\beta_1$ 亚基对和 $\alpha_2\beta_2$ 亚基对。每个 $\alpha\beta$ 二聚体(半分子)作为一个刚体移动。当血红素基氧合时,血红蛋白分子的这两个二聚体彼此滑动。如果一个 $\alpha\beta$ 二聚体固定不动,另一个 $\alpha\beta$ 二聚体则绕一个设想的通过两个 $\alpha\beta$ 二聚体的偏心轴旋转约 15°,并平移 0.08 nm,见图 4-9。此时在两个 $\alpha\beta$ 二聚体之间的界面处某些原子将移动 0.6 nm。

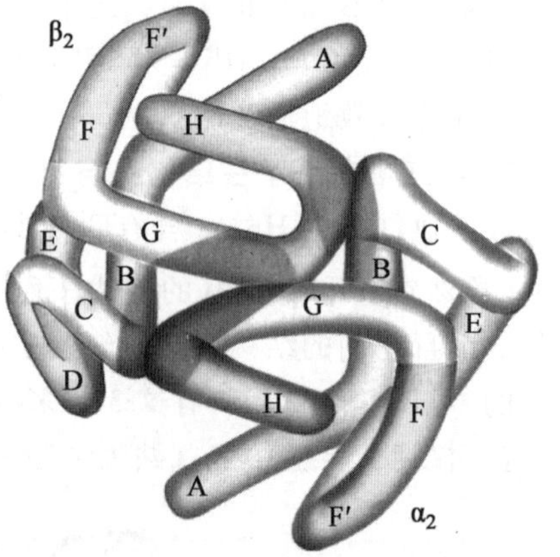

图 4-8　血红蛋白半分子($\alpha\beta$ 二聚体)的侧面观

示出装配接触(深灰色)和滑动接触(白色)

2. 血红蛋白的去氧型和氧合型代表两种不同的构象态

X 射线结构分析揭示,血红蛋白存在两种主要构象:**T 态**(T state)和 **R 态**(R state)。虽然氧可以与任何一种构象态的血红蛋白结合,但对 R 态的亲和力明显高于 T 态。并且氧的结合更稳定了 R 态。实验性缺氧时发现,T 态是更加稳定的,因此 T 态是去氧血红蛋白的优势构象。T 和 R 原意分别表示"紧张"(tense)和"松弛"(relaxed),因为 T 态有较大数目的专一氢键和离子对起着稳定作用,例如 α 和 β 链的 C 端倒数第二位的 Tyr HC2(分别为 Tyr α140 和 Tyr β145)残基的酚—OH 与 Val FG5(Val α93 和 Val β98)提供的肽基 C ═O 形成链内氢键,4 个亚基的 C 端也受到盐桥的束缚,不能自由旋转(图 4-10)。O_2 与一个 T 态血红蛋白亚基的结合将引发构象向 R 态转变。当整个蛋白质发生向 R 态转化时,各个亚基的结构变化很小,但两个 $\alpha\beta$ 亚基对(半分子)彼此滑动并旋转,β 亚

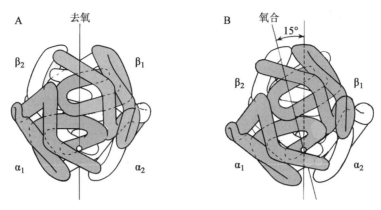

图 4-9　血红蛋白由去氧型转变为氧合型时亚基的移动

A. 去氧血红蛋白;B. 氧合血红蛋白

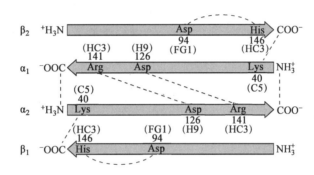

图 4-10　去氧血红蛋白 T 态构象中各亚基间的盐桥(离子对)

基之间的空隙变窄。在氧合过程中稳定 T 态的那些离子对和氢键都发生断裂,例如由于氧合时 F 螺旋位移,导致 Tyr HC2 和 Val FG5 之间的氢键断裂,进而连接亚基的 8 个盐桥也断裂,其中 6 个盐桥处在不同亚基之间(称链间盐桥)。这 6 个盐桥中 4 个涉及这些链的 C 端残基或 N 端残基:两个是连接 α 链的 N 端和 C 端的链间盐桥,两个是连接 β 链的 C 端(His HC3)和两个 Lys α40(Lys C5)残基的 ε-NH_3^+ 之间的盐桥。另两个链间盐桥处于两个 α 链的 Asp α126 和 Arg α141 残基之间。此外,在每个 β 链的 Asp β94 和 His β146 之间还形成一个链内盐桥。总之,由于氧结合,血红蛋白由 T 态转变为一种新的、4 个 C 端几乎可以完全自由旋转的"松弛"构象——R 态。

3. 血红蛋白 T→R 转变的关键——血红素铁的微小移动

　　Max Perutz 曾提出,T→R 的转变是由于血红素周围关键氨基酸侧链的位置变化引起的。氧合时发生的四级结构变化可分为空间效应和电子效应两个方面。在去氧血红蛋白中 His F8 是与血红素 Fe(Ⅱ)离子配位的,但空间限制迫使 Fe—N 键从垂直于(氧合时)血红素平面变成略有倾斜(约 8°)。电子效应是由于 Fe^{2+} 的价电子层电子排布变化引起的。去氧血红蛋白中血红素 Fe^{2+} 的 6 个 d 电子是以 4 个不成对电子和 1 个电子对的形式存在,能容纳 5 个配体:卟啉环系统的 4 个 N 原子和 His F8 的 1 个咪唑 N 原子。此电子排布中,铁原子是顺磁性的,处于高自旋态(high-spin state)。高自旋态 Fe^{2+} 的 4 个不成对电子占据 4 个轨道,因此铁的原子体积增大,加上 His F8 和卟啉环系统的氮原子之间的空间排斥以及 Fe(Ⅱ)的电子和卟啉环的 π 电子之间的静电排斥,迫使铁原子向近 His(His F8)方向略微突出卟啉环面(约 0.06 nm),结果血红素基也在同一方向少许凸起(圆顶状)。血红蛋白氧合时,O_2 成为 Fe(Ⅱ)的第 6 个配位体,6 个 d 电子重排成 3 个电子对,原来的 4 个不成对电子挤在两个轨道,铁原子变成反磁性和低自旋态。自旋态的变化使得 Fe(Ⅱ)离子和 His F8 之间的键缩短,变成垂直于血红素平面。此外,卟啉环 N 原子和 Fe(Ⅱ)之间的相互作用被加强。低自旋态 Fe^{2+} 的原子体积比去氧时缩小,加之其他空间和静电因素的变化,允许铁原子向卟啉环平面的中央孔穴靠拢约 0.039 nm,此时 Fe^{2+} 离卟啉环面仅 0.021 nm,血红素基也由圆顶状(凸形)变成平面形(图 4-11)。这很像是 O_2 分子牵引 Fe^{2+} 挨近卟啉平面。这一微小的移动具有很强的生物学效应。当 Fe 原子移动时,同时拖动 His F8 残基(近 His),并进而引起螺旋 F 和拐弯 EF 和 FG 的位移。这些移动传递到亚基的界面,在这里引发构象重调,导致稳定 T 态的盐桥断裂(图 4-10)以及 β 亚基之间的空隙变窄,并把 BPG 分子(图 4-16)挤出腔外等的变化。

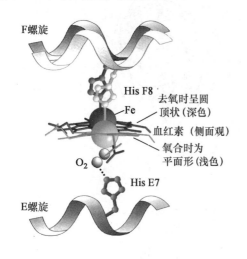

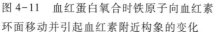

图 4-11　血红蛋白氧合时铁原子向血红素
环面移动并引起血红素附近构象的变化

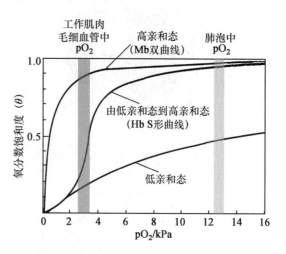

图 4-12　血红蛋白的 S 形(协同)氧结合曲线

(四) 血红蛋白与氧结合是协同的

血红蛋白必须在 pO₂ 约为 13.3 kPa 的肺部有效地结合氧,在 pO₂ 约为 4 kPa 的组织中释放出氧。肌红蛋白和任何具有双曲线型结合曲线的氧结合蛋白质都不适于行使这一功能。理由如图 4-12 所示:因为这样的蛋白质虽在肺部能以高亲和力结合氧,但在组织中不能有效地释放出氧。如果蛋白质结合氧的亲和力低得足以在组织中释放出大量的氧,则在肺部不能摄取足够的氧。

血红蛋白通过从低亲和态(T 态)转变到能结合更多氧分子的高亲和态(R 态)解决了这个问题。结果是血红蛋白具有 S 形的(sigmoid;hybrid S-shaped)氧合曲线(图 4-12)。具单一配体结合部位的单亚基蛋白质即使结合引起构象变化但不能产生 S 形结合曲线——因为每个配体分子的结合都是独立进行的,它不会影响另一个分子的配体结合。相反,O₂ 跟血红蛋白的个别亚基结合能改变相邻亚基对 O₂ 的亲和力。跟去氧血红蛋白相互作用的第一个 O₂ 分子结合得很弱,因为它跟一个 T 态的亚基结合。然而,它的结合导致了构象变化,这些变化传递到邻近亚基,使得它对其他 O₂ 分子的结合变得容易。实际上,一旦 O₂ 跟第一个亚基结合,第二、三个亚基的 T→R 转变就更容易发生。最后一个(第四个)O₂ 分子跟已是 R 态的亚基的血红素结合,因此它的结合亲和力比第一个分子高得多。

一个配体与蛋白质上一个结合部位的结合影响同一蛋白质上其他结合部位的亲和力称为**别构效应**或别构相互作用。具有别构效应的蛋白质称为**别构蛋白质**(见第 3 章)。别构蛋白质具有因配体结合引起的"别的形状"或构象,这种配体被认为是调节物或调制物(regulator;modulator)。由调节物引起的构象变化可以使蛋白质在高活性和低活性形式之间互相转换。别构蛋白质的调节物可能是抑制剂或是激活剂。当正常配体和调节物是同一个分子时,相互作用称为**同促的**(homotropic)。当调节物是正常配体之外的分子,相互作用是**异促的**(heterotropic)。某些蛋白质有两个或多个调节物,因而可以有同促和异促两种相互作用。

一种配体跟多亚基蛋白质的协同结合,如 O₂ 跟血红蛋白的结合,是别构结合的一种形式。一个配体的结合会影响其他剩余的空结合部位,O₂ 可被认为是一个配体又是一个激活同促调节物。每一个亚基上只有一个 O₂ 的结合部位,所以导致协同性(cooperativity)的别构效应是由构象变化介导的,而构象变化是通过亚基-亚基相互作用从一个亚基传递到另一个亚基。S 形结合曲线是协同结合的判据。它使得对配体浓度应答的灵敏度大大提高,这对许多多亚基蛋白质的功能是很重要的。别构性(allostery)原理很快也被应用于调节酶(第 8 章)。

　　协同性的构象变化取决于一个蛋白质不同部分的结构稳定性的变化。一个别构蛋白质的结合部位一般由邻接于相对不稳定的(指构象频繁变化或内在无序性)肽段的稳定肽段所组成。当一个配体结合时,蛋白质结合部位的活动部分(变化部分)被稳定在一个特定构象,后者影响相邻亚基的构象。如果整个结合部位是高度稳定的,那么当配体结合时,这个部位就不会发生构象变化或者变化的信息不会被传播到蛋白质的其他部分。

　　和肌红蛋白的情况一样,除 O_2 之外的配体也能与血红蛋白结合。一个重要的例子就是一氧化碳,它与血红蛋白结合比 O_2 高约 200 倍。人暴露在 CO 中是极其危险的。

(五) 协同性配体结合可以定量描述

　　早在 1910 年血红蛋白的结构尚不清楚的时候,Archibald Hill 就对 Hb 与 O_2 的协同结合做过定量分析,试图解释 Hb 氧合的 S 形曲线(图 4-12)。后人从他的这一工作得到了研究多亚基蛋白质与配体协同结合的一个通用方法。

　　对一个具有 n 个结合部位的蛋白质,式 4-1 的平衡方程改写为

$$P + nL \rightleftharpoons PL_n \tag{4-12}$$

结合常数的表达式变成

$$K_a = \frac{[PL_n]}{[P][L]^n} \quad 或 \quad K_d = \frac{[P][L]^n}{[PL_n]} \tag{4-13}$$

θ 的表达式(见式 4-8)为

$$\theta = \frac{[L]^n}{[L]^n + K_d} \tag{4-14}$$

将此式重排,然后两边取对数,得:

$$\frac{\theta}{1-\theta} = \frac{[L]^n}{K_d} \tag{4-15}$$

$$\lg\left(\frac{\theta}{1-\theta}\right) = n\lg[L] - \lg K_d \tag{4-16}$$

这里,$K_d = [L]_{0.5}^n$。

　　式 4-16 为 **Hill 方程**。$\lg[\theta/(1-\theta)]$ 对 $\lg[L]$ 的作图称为 **Hill 图**。根据此方程,Hill 图应该有一个斜率 n。然而实验测得的斜率实际上反映的并不是配体结合部位的数目 n,而是部位之间相互作用的程度。因此 Hill 图的这一斜率用符号 n_H 表示,并称为 **Hill 系数**,它是协同性程度的量度。如果 $n_H = 1$,配体的结合为非协同性的,例如在肌红蛋白中所看到的(图 4-4B 和图 4-13),因为它是单亚基蛋白质;即使在多亚基蛋白质中,如果亚基不能传递信息,结合部位各自独立作用,那么也是发生非协同性结合。$n_H > 1$ 表示配体结合是**正协同性**,如在血红蛋白中所观察到的情况(图 4-13),在这里一个配体分子的结合促进其余配体的结合。当 $n_H = n$,n_H 达到理论的上限。在这种情况结合将是完全协同的:蛋白质上的所有结合部位将同时跟配体结合,并且在任何条件下将不会有被配体部分饱和的蛋白质分子存在;也即是一种"全或无"结合方式。但实际上这个极限(n)达不到,n_H 的测定值总是小于蛋白质中配体结合部位的实际数目。$n_H < 1$ 表示配体结合为**负协同性**,也即一个配体分子的结合阻碍其余配体的结合。但是确证了的负协同性例子很少。

　　为了使 Hill 方程(式 4-16)适用于氧跟血红蛋白的结合,还必须在式中以 pO_2 代替 $[L]$ 以及 P_{50} 代替 K_d(注意:对于 Hb,P_{50} 不等于 K_d,因为 Hb 是具有多个 O_2 结合部位的别构蛋白质):

$$\lg\left(\frac{\theta}{1-\theta}\right) = n\lg pO_2 - n\lg P_{50} \tag{4-17}$$

肌红蛋白和血红蛋白的 Hill 图见于图 4-13。图中示出,肌红蛋白的 Hill 图是一条直线,$n_H = 1$,这表示 O_2 分子彼此独立地与肌红蛋白结合,这一结论是正确的,因为每个 Mb 分子只能结合一个 O_2。当 $\lg[\theta/(1-\theta)] = 0$ 时,$pO_2 = K_d = P_{50}$。

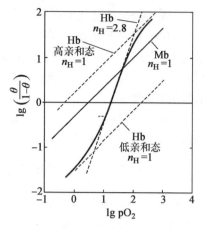

图 4-13 氧与肌红蛋白和与血红蛋白结合的 Hill 图

Hb 的 Hill 图呈现"S 形",$n_H = 2.8$,落在 $n_H = 1$ 和 $n_H = 4$ 这两种极端之间,表明 Hb 和 O_2 的结合是高度协同的,但不是也不可能是完全协同,因为 n 个 O_2 要以"全或无"的方式在一瞬间结合到同一 Hb 分子的几率实际上等于零。

肺泡中的 pO_2 约为 13 kPa,肌肉毛细血管中 pO_2 约 3 kPa。从图 4-12 可见,对具有 S 形氧结合曲线的 Hb 来说在肺泡中 θ 是 0.95,肌肉毛细血管中 θ 是 0.3。释放的氧为两个 θ 值之差,即 $\Delta\theta = 0.65$。因此,$\Delta\theta$ 是血红蛋白输氧效率的指标。协同性将增加 $\Delta\theta$ 值。如果血红蛋白不具有氧合协同性,那么 Hb 的氧结合曲线将与 Mb 一样,呈双曲线。从图 4-12 的氧结合曲线可以看到,如果肌红蛋白从肺泡输氧到肌肉,虽然 pO_2 有相当大的改变,但 θ 值变化不大,$\Delta\theta$ 不到 0.1,表明 Mb 不适合于担当从肺部到组织转运氧的角色。正如任何一种运输工具一样,不能只考虑装载量大小而不顾及卸载是否快捷。要提高运输效率必须同时解决装与卸问题。Hb 的协同性氧结合正是解决了 Mb 在肌肉组织中卸氧量低的问题。

(六) 协同性结合机制的两个模型

生物化学家现在已经掌握了血红蛋白 T 态和 R 态的许多知识,但是 T 态是如何转变为 R 态的,仍有很多问题有待进一步探讨。关于配体与多结合部位蛋白质的协同性结合,有两个模型对考虑这一问题很有帮助。

第一个模型是 1965 年由 J. Monod、J. Wyman 和 J. P. Changuax 提出的,被称为 **MWC 模型**或**协同模型** (concerted model),也称齐变或"全或无"模型 (图 4-14A)。协同模型假设:

(1) 一个协同性结合的蛋白质分子各亚基在功能上是相同的;

(2) 一个蛋白质分子中所有亚基都以同样的构象态存在,或是 T 态 (低亲和的或无活性的) 或是 R 态 (高亲和的或活性的);

(3) 一种构象转变为另一种构象,所有亚基是同时发生的 (即"全或无"的转变)。此模型不允许有

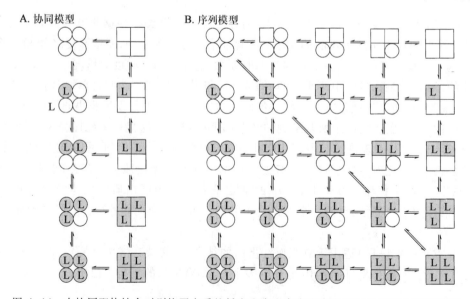

图 4-14 在协同配体结合时别构蛋白质的低亲和态和高亲和态之间互换的两个通用模型
序列模型中左、右两端的竖行即是协同模型的形式,对角线行是序列模型的简化形式或是主要部分

两种不同构象态的亚基同处于一个蛋白质分子中的杂合态(RT 态)存在;

（4）两种构象态处于平衡中。配体能够跟任一种构象结合,但亲和力不同,T 态低,R 态高。一个或多个配体分子跟低亲和的构象(无配体存在时更为稳定)结合将推动平衡向 R 态转移,这决定于 T 态和 R 态之间的平衡常数,K_{eq}。

MWC 模型可以解释正协同性;但不能解释负协同性。

第二个模型,**KNF 模型**或**序列模型**(sequential model),也称渐变模型(图 4-14B),是由 D. E. Koshland、G. Nemethy 和 D. Filmer 于 1966 年提出来的。他们对模型做了以下假设:

（1）配体与多结合部位蛋白质的结合,能通过诱导契合引起单个亚基的构象转变;

（2）一个亚基的构象变化能使相邻亚基的构象发生转变并使第二个配体分子的结合变得更加容易(或更难);因此亚基构象的转变是逐个的、序列的,即采取渐变而不是齐变的方式,并因而出现 T 态亚基和 R 态亚基同在一个分子中存在的杂合态;KNF 模型可以发生**正协同效应**,也可以发生**负协同效应**,这取决于结合了配体的亚基对相邻亚基的影响。如果是增加该相邻亚基对底物的结合常数(亲和力),则产生正协同性,反之产生负协同性。

这两个模型不是互相排斥的;协同模型可看成是序列模型的"全或无"极端情况。总的说,KNF 模型比 MWC 模型全面,对某些别构蛋白质行为的描述更为合适。但都有其局限性,有待进一步改进。

（七）血红蛋白还转运 H⁺ 和 CO₂

血红蛋白除了从肺到组织转运细胞所需的几乎全部氧之外,还从组织到肺、到肾转运细胞呼吸的两个终产物,H⁺ 和 CO₂,并在这里排出体外。在线粒体内有机燃料氧化产生的 CO₂ 被水合为重碳酸盐:

$$CO_2 + H_2O \xrightarrow{\text{碳酸酐酶}} H^+ + HCO_3^-$$

这个反应是由**碳酸酐酶**催化的,此酶在体内特别是在红细胞中含量很丰富。CO₂ 在水溶液中的溶解度很小,如果不转变为重碳酸盐,在组织和血液中容易形成 CO₂ 气泡。从上面碳酸酐酶催化的反应中看到,CO₂ 水合的结果是组织中的 H⁺ 浓度增加(pH 下降)。血红蛋白与氧的结合深受 pH 和 CO₂ 浓度的影响,因此 CO₂ 和重碳酸盐的互相转化对调节血中氧的结合和释放是很重要的。

血红蛋白转运组织中形成的总 H⁺ 的约 40% 和 CO₂ 的 15% 至 20% 到肺和肾(剩余的 H⁺ 由血浆的重碳酸盐缓冲液吸收;剩余的 CO₂ 以溶解的 HCO₃⁺ 和 CO₂ 被转运)。血红蛋白跟 H⁺(或 CO₂)的结合和跟 O₂ 的结合是拮抗的关系。在外周组织中 pH 相对较低、CO₂ 浓度相对较高,血红蛋白对氧的亲和力随 H⁺ 和 CO₂ 的结合而降低。相反,在肺的毛细血管中,随 CO₂ 被排出,因此血液 pH 上升,血红蛋白对氧的亲和力增高,Hb 能结合更多的 O₂,以便转运到外周组织。pH 和 CO₂ 浓度对血红蛋白的氧结合和释放的这一影响称为 **Bohr 效应**(Bohr effect),因 1904 发现此现象的丹麦生理学家 C. Bohr(他是著名物理学家 Niels Bohr 的父亲)而得名。Bohr 效应具有重要的生理意义。

血红蛋白和一分子氧的结合平衡可用下列反应表示:

$$Hb + O_2 \Longleftrightarrow HbO_2$$

但这个表示不够完全。为了说明 H⁺ 浓度对此结合平衡的影响,可以将此反应改写为:

$$HHb^+ + O_2 \Longleftrightarrow HbO_2 + H^+$$

这里 HHb⁺ 代表质子化的血红蛋白。此方程告诉我们血红蛋白的 O₂ 饱和曲线受 H⁺ 浓度的影响(图 4-15)。O₂ 和 H⁺ 都被血红蛋白结合,但对两者的亲和力是相悖的。当氧浓度高时(如在肺中)血红蛋白结合 O₂ 而释放 H⁺。当氧浓度低时(如在外周组织),结合质子而释放 O₂。

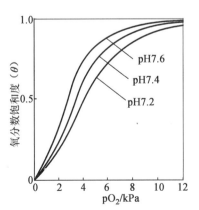

图 4-15　pH 对血红蛋白氧分数饱和度曲线的影响

肺中血液的 pH 为 7.6,组织中的 pH 为 7.2,氧结合实验常在 pH 7.4 下进行

O₂ 和 H⁺ 不是在血红蛋白的同一部位结合的。氧是跟血红素的铁原子结合,而 H⁺ 可以跟血红蛋白中几个氨基酸残基的任一个结合。对 Bohr 效应作出主要贡献的是 β 亚基的 His 146(HC3)。当质子化时,此残基与 α 亚基的 Asp 94(FG1)形成链内盐桥,有助稳定 T 态去氧血红蛋白(图 4-10)。此盐桥也稳定了 His HC3 的质子化形式,使该残基的咪唑基在 T 态时具有非常高的 pK_a 值(8.0)。因为在 R 态时此盐桥不能形成,pK_a 降至它的正常值 6.0,并且在 pH 7.6(肺中血液的 pH)下,氧合血红蛋白中此残基大多数是去质子化的。随着 H⁺ 的浓度升高,His HC3 的质子化促进了 O₂ 的释放,有利于向 T 态转变。α 亚基的氨基-末端残基、某些其他 His 残基或许还有其他基团具有相似的效应。

因此我们看到了,血红蛋白的 4 个多肽亚基彼此间不仅传递有关 O₂ 跟它们的血红素基结合的信息,而且也传递有关 H⁺ 跟专一的氨基酸残基结合的信息。血红蛋白也结合 CO₂,但也是与 O₂ 的结合相拮抗的。二氧化碳是作为一个氨甲酸基(carbamate group)与每一个珠蛋白链氨基端的 α-氨基结合,形成**氨甲酰血红蛋白**(carbaminohemoglobin)[①]:

$$
\underset{O}{\overset{O}{\parallel}}C + NH_2-\overset{\overset{\displaystyle H}{|}}{\underset{\underset{\displaystyle H}{|}}{C}}-\overset{\overset{\displaystyle H}{|}}{\underset{\underset{\displaystyle O}{|}}{C}}-Hb \rightleftharpoons \underset{O}{\overset{O^-}{\parallel}}C-\overset{\overset{\displaystyle H}{|}}{N}-\overset{\overset{\displaystyle H}{|}}{\underset{\underset{\displaystyle H}{|}}{C}}-\overset{\overset{\displaystyle H}{|}}{\underset{\underset{\displaystyle O}{|}}{C}}-Hb + H^+
$$

反应中产生的 H⁺,贡献于 Bohr 效应。被结合的氨甲酸也可形成额外的盐桥(图 4-10 中未示出),有助于稳定 T 态,促进氧的释放。

当二氧化碳的浓度高时(如在外周组织中),某些 CO₂ 跟血红蛋白结合,Hb 对 O₂ 亲和力下降,引起 O₂ 的释放。相反,当血红蛋白到达肺部时,高氧浓度促进 O₂ 的结合和 CO₂ 的释放。这是一种从一个多肽亚基到另一个多肽亚基传递结合信息的能力,此能力使得血红蛋白分子能为红细胞转运 O₂、CO₂ 和 H⁺ 作了如此漂亮的整合。

(八) 2,3-二磷酸甘油酸降低血红蛋白对 O₂ 的亲和力

2,3-二磷酸甘油酸(2,3-bisphosphoglycerate,BPG)是血红蛋白(Hb)的一个重要的别构抑制剂。BPG 与 Hb 的相互作用提供了一个异促别构调节的实例。正常的人红细胞约含 4.5 mmol/L BPG,和血红蛋白约等摩尔,也即维持 Hb∶BPG 的化学计量。当血红蛋白被提取后,它仍含有相当大量的结合 BPG,BPG 很难完全被除去。实际上,在这之前测得的血红蛋白氧结合曲线都是在结合有 BPG 的情况下获得的。每个血红蛋白四聚体只有一个 BPG 的结合部位,位于 T 态 β 亚基之间的一个洞穴(cavity)中。穴内衬有荷正电的氨基酸残基,包括每个 β 链的 Lys β82(EF6)、His β2(NA2)、His β143(H21)和 N 端 Val β1(NA1),它们与高负电荷的 BPG 分子发生静电相互作用(图 4-16)。BPG 和 β 亚基之间的盐桥有助于稳定 T 态,因而降低血红蛋白对氧的亲和力,促使氧的释放。当 Hb 跟氧结合转变为 R 态时,BPG 的结合口袋变小,以至容纳不了 BPG 分子。无 BPG 存在时,血红蛋白更容易转变为 R 态。O₂ 和 BPG 跟血红蛋白的结合是互相排斥的,虽然它们各有自己的结合部位,并且相隔甚远。为了更好地表示出这一事实,在 BPG 存在下血红蛋白的氧合作用可表示为如下方程:

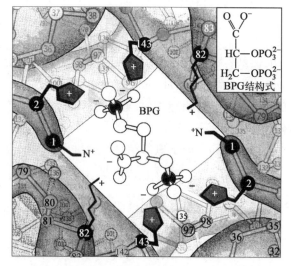

图 4-16　BPG 分子结构及其与 Hb 两个 β 亚基的离子结合

---

① "carbaminohemoglobin"一词的前缀 carbamino 在多本英汉词汇中将它与 carbamyl(carbamyol)同译为氨甲酰基,编者以为不妥。因为"carbamino"的羧基是自由的,是否以译为氨甲酸基为宜,特此提出商榷。

$$HbBPG+4O_2 \Longleftrightarrow Hb(O_2)_4+BPG$$

图 4-17 示出,在不同的 BPG 浓度下血红蛋白的氧结合曲线。完全除去 BPG 的血红蛋白对 O_2 的亲和力很高,这种 Hb 完全能在 4 kPa 的 pO_2 下被 O_2 所饱和,其氧结合曲线与肌红蛋白的很相似。在肺部 pO_2 大于 13 kPa 时,各种血红蛋白几乎都能被 O_2 饱和,BPG 的存在与氧的结合关系不大。但在外周组织 pO_2<4 kPa 时,如果没有 BPG 存在,就会减少 Hb 对组织的氧供应。有 BPG 的存在(4.5 mmol/L),血红蛋白对 O_2 的亲和力低,氧结合曲线呈现正常的 S 形,供给组织的氧量(卸氧量)约为血液所能携带的最大氧量的 40% ($\Delta\theta$)。

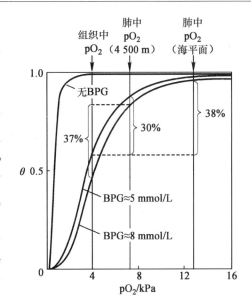

图 4-17 BPG 对 Hb 氧结合曲线的影响

人的某些生理性和病理性**缺氧**(hypoxia)可以通过红细胞中 BPG 浓度的改变来调节对组织的供氧量,例如高空适应的代偿性变化。当正常人在短时间内由海平面上升到 4 500 m 的高山时,红细胞中的 BPG 浓度几小时后就开始上升,两天内可由约 5 mmol/L 增加到约 8 mmol/L。在海拔 4 500m 肺的 pO_2 不到 7 kPa,对组织的供氧量将减少约 1/4,即 $\Delta\theta$=30%。BPG 浓度的升高虽然对肺中 O_2 的结合影响不大,但对组织中 O_2 的释放影响不小。结果对组织的供氧量恢复到接近 $\Delta\theta$=40%。又例如严重阻塞性肺气肿病人,因肺部换气受阻,动脉血 pO_2 可降至 6.7 kPa,Hb 的氧饱和度也因此降低,此时红细胞内的 BPG 浓度可代偿性地升高,从正常的 5 mmol/L 增至 8 mmol/L,使氧结合曲线向右移动,因而有利于组织获得较多的氧。

当用酸性柠檬酸葡萄糖溶液贮存血液时,红细胞的 BPG 浓度在 10 天内从 5 mmol/L 下降到 0.5 mmol/L,血红蛋白对氧的亲和力增加,P_{50} 从 3.5 kPa 降到 2.1 kPa。氧结合曲线向左移动。病人输入这种血液,虽然在 24 小时内有一半红细胞恢复到正常水平,但往往不能满足危急病人对氧的急需。缺少 BPG 的红细胞不能靠加入 BPG 来恢复,因为高度荷电的分子不能透过红细胞膜。如果存贮的血液中加入肌苷(inosine),即可防止 BPG 水平的下降,因为肌苷能通过红细胞膜并在胞内经一系列反应可以转变为 BPG。肌苷现已广泛用于血液的保存。

BPG 对血红蛋白氧结合的调节在胎儿发育中具有重要作用。因为胎儿血液流经胎盘时必须从胎盘的另一侧母体的血中获取氧,因此胎儿血红蛋白对 O_2 的亲和力必须比母体血红蛋白要大。胎儿合成的是 γ 亚基而不是 β 亚基,形成 Hb F($\alpha_2\gamma_2$)。此四聚体对 BPG 的亲和力要比正常的成人血红蛋白($\alpha_2\beta_2$)低很多,相应地对 O_2 的亲和力也高很多,原因在前面"血红蛋白的结构"部分已谈及。

S 形曲线的氧结合、Bohr 效应以及 BPG 调节物的调节使得血红蛋白的输氧能力达到最高效率。由于能在较窄的氧分压范围内完成输氧功能,使机体内的氧水平不致有很大的起伏。此外血红蛋白使机体内的 pH 也维持在一个较稳定的水平。血红蛋白的别构效应充分地反映了它的生物学适应性,达到结构与功能的高度统一。血红蛋白的这些特点是使得脊椎动物以优胜类群出现于地球上的重要因素之一。

四、血红蛋白分子病

（一）分子病是遗传的

血红蛋白异常是由基因突变引起并通过遗传在群体中扩散的。基因突变是血红蛋白以及所有其他蛋白质进化的基础。但是有些突变是有害的,会产生**遗传病**(genetic disease)。这些有害的突变在自然选择中最终将消失。其他许多突变是无害的,常被称为中性突变(neutral mutation)。至今已知存在于人类群体中的血红蛋白遗传变体(variant)约为 500 种。

除精子和卵子之外,人的所有细胞在正常情况下均为二倍体(diploid),也即每个染色体都有两个拷贝

（一对同源染色体）。因此每个基因至少也有两个拷贝，位于一对同源染色体的相同座位上。每种蛋白质变体都是一个变体基因的产物。变体基因（一个基因由于突变造成的多种可能状态）被称为**等位基因**（allele）。在每个二倍体细胞中，编码一个多肽链的基因或是以一个等位基因的两个拷贝存在，这是纯合的（homozygous）情况；或是以两个不同的等位基因各一个拷贝存在，这是杂合的（heterozygous）情况。例如 β 珠蛋白基因，对人群来说，可以有两种类型：正常型（β）和变体型（β^*）。它们在一对同源染色体中可以有 3 种可能的组合：（A）$\beta+\beta$，正常的纯合；（B）$\beta^*+\beta^*$，变体的纯合；（C）$\beta+\beta^*$，杂合。只含正常型基因的个体 A，只产生正常的 β 珠蛋白链。只含变体型基因的个体 B，只产生变体 β 珠蛋白链。个体 C 将产生正常和变体两种 β 珠蛋白。因此，如果有缺陷的变体基因仅由双亲中的一方遗传来的，也即是杂合子患者，如果该基因又是隐性的，则这种个体就没有或仅有轻微的症状；如果有缺陷的基因来自双亲，也即是纯合子患者，症状就会充分显现出来。

血红蛋白突变如果发生在分子的表面、血红素基的附近、特异的部位以及亚基的接触面这样一些区域的任何一个都可能造成严重的后果，包括溶解度降低（如镰状细胞血红蛋白）、对氧亲和力改变、血红素基丢失和四聚体解离等。

下面介绍两类血红蛋白分子病：一类是由于 α 或 β 亚基的氨基酸残基发生了更换，例如镰状细胞贫血；另一类是由于缺少了 α 或 β 亚基，例如 α- 和 β- 地中海贫血病。

（二）　镰状细胞贫血

1. 镰状细胞贫血是血红蛋白突变引起的

镰状细胞贫血（sickle-cell anemia）是最早被认识的一种分子病，是由于基因突变导致血红蛋白分子中个别氨基酸残基被更换所引起。这种病在非洲某些地区的人群中相当流行（高达 40%）。镰状细胞贫血最清楚地反映出氨基酸序列在决定球状蛋白质的二、三、四级结构及其生物学功能方面的重要作用。在 500 种左右的人血红蛋白变体中，除少数几种之外所有其他变体都是很少见的。大多数的变异只是一个氨基酸残基的不同。对血红蛋白结构和功能的影响一般比较小，但有的可以非常大，例如镰状细胞血红蛋白。

镰状细胞贫血发生在遗传双亲的镰状细胞血红蛋白等位基因（纯合子）的个体中。这些个体的红细胞数目仅为正常人（约 5.4×10^6 个/mL 血）的一半，而且红细胞的形态也不正常，除了有大量未成熟的红细胞之外，还有许多长而薄的、成新月状或镰刀状的红细胞（图 4-18）。当镰状细胞血红蛋白（称**血红蛋白 S**，Hb S）去氧合时，则聚集成为不溶性的纤维状晶体（图 4-20）。正常的血红蛋白（称**血红蛋白 A**，Hb A）去氧合时仍是可溶的。血红蛋白 S 的不溶性纤维状沉淀是红细胞变形的原因，此症纯合子患者约有 50% 红细胞镰状化。随血液的去氧合作用，镰状细胞的比例明显增加。

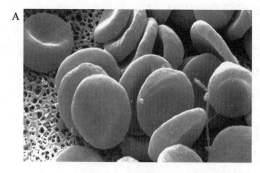

图 4-18　正常人的红细胞和镰状细胞贫血患者的红细胞的比较

A. 均一的、杯状的正常红细胞；B. 见于镰状细胞贫血症的各种形状的红细胞：从正常到刺状或镰状（引自 Nelson D L，Cox M M. Lehninger Biochemistry，6th ed. 2013）

镰状细胞贫血是一种痛苦和致死性的疾病。患者常因体力过度反复出现危象；身体变得虚弱、昏花、呼吸短促、出现心脏杂音和脉搏加快。血液的血红蛋白含量只有正常人（15～16 g/100 mL）的一半，又因镰状细胞不像正常细胞那样平滑而有弹性，不易通过毛细血管，因而血流变慢甚至堵塞，导致组织缺血、损伤、剧痛，影响器官的正常功能，这是使得此症患者早期(童年)死亡的主要原因。镰状细胞等位基因只来自亲代一方的杂合子患者，仅出现较轻症状，称镰状细胞性状(sickle-cell trait)；他们的红细胞去氧合时，只有约1%变成镰刀状。这些个体只要避免剧烈运动和对血循环的其他胁迫仍可以正常生活。对镰状细胞贫血的深入研究发现，杂合子患者能抵抗一种流行于非洲的致死性疟疾(malaria)。这种疟疾对携带正常血红蛋白基因的纯合子个体致死率也很高、常常来不及繁殖后代就已死去，而杂合子患者的等位基因对疟疾有一定的抗性，尚能活到繁衍下一代，因为杂合子患者加速对被侵红细胞的破坏而中断疟原虫的生活周期。自然选择的结果是出现一个能使血红蛋白纯合状态的有害效果和杂合状态的抗疟疾能力相平衡的等位基因群体。

2. 镰状细胞血红蛋白氨基酸序列的细微改变

20世纪40年代后期，L. Pauling 和 H. Itano 曾指出，血红蛋白S(Hb S)和正常成人血红蛋白A(Hb A)电泳时都向正极移动，只是 Hb S 比 Hb A 稍慢。他们的结论是 Hb S 必定比 Hb A 略少几个带负电荷的基团。稍后，V. Ingram 等人将这两种血红蛋白都用胰蛋白酶在同样条件下水解成若干肽段(28个)，进行双向滤纸层析-电泳，然后对比所得的图谱，称为指纹谱(fingerprint)(图4-19)，他们发现只有一个肽段位置不同。分析有差异肽段的化学结构，其氨基酸序列分别是：

Hb A　　H₂N Val—His—Leu—Thr—Pro—Glu—Glu—Lys COOH

Hb S　　H₂N Val—His—Leu—Thr—Pro—Val—Glu—Lys COOH

(β链)　　　　1　　2　　3　　4　　5　　6　　7　　8

这是 β 链 N 端的一段肽链。Hb S 和 Hb A 的 α 链是完全相同的，所不同的只是 β 链上从 N 端开始的第6位氨基酸残基，在 Hb A 分子中是谷氨酸，Hb S 分子中被缬氨酸所替换。值得注意的是：在 Hb 四条肽链的574个氨基酸残基中，只有两条 β 链的两个谷氨酸残基被两个缬氨酸残基所替换，则引起血红蛋白性质的重大改变和人的严重疾患。

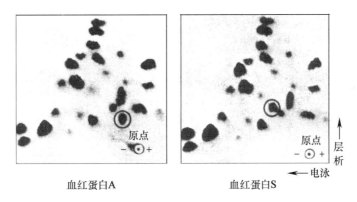

图4-19　Hb A 和 Hb S 的胰蛋白酶消化液的指纹图谱
图中水平向为电泳，垂直向为层析，两个血红蛋白中有差异肽的位置用加圆圈示出

3. 镰状细胞血红蛋白形成纤维状沉淀的原因

Hb A 突变为 Hb S，从一级结构看，只是 Glu β6 被换成 Val β6。Glu 侧链在 pH 7.4 时是一个带负电的基团，而 Val 侧链是一个非极性基团；因此，血红蛋白S比血红蛋白A少了2个负电荷(每个 β 链上少一个)。从三级结构看，由于 β6 残基位于分子表面，因此 Val 取代了 Glu β6，等于在 Hb S 分子表面安上了一个疏水侧链。血红蛋白的氧亲和力和别构性质虽不受这种变化的影响，但这一变化显著地降低去氧血红蛋白的溶解度，不过对氧合血红蛋白的溶解度并无影响。正如所料，伸出 Hb S 分子表面的 β6 Val 侧链创建了一个"黏性的"突起(疏水接触点)，与下一个 Hb S 分子上的互补口袋借疏水相互作用缔合成纤维状聚集体而沉淀，这是镰状细胞贫血的特征(图4-20)。互补口袋可能由 EF 拐弯附近的 Phe β85(F1)和 Leu β88(F4)形成，并暴露于去氧血红蛋白表面，但不存在于氧合血红蛋白中。电镜观察表明，沉淀由直径为 21.5 nm 的纤维组成，每根纤维是一个14股 Hb S 链的超螺旋。稳定纤维结构的，除"黏性"区的疏水相互作用外，还有许多极性相互作用。

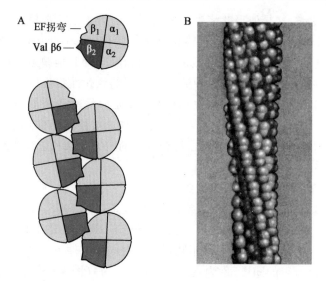

图 4-20　血红蛋白 S 线性缔合的分子基础

A. 两股 Hb S 链被连锁在一起；B. 由 14 股 Hb S 链（7 对连锁链）聚集成的一根纤维（根据电镜图的计算机图像模型）

4. 镰刀状细胞血红蛋白的治疗性矫正

不久前发现在体外用氰酸钾（KCNO）处理镰状贫血患者的红细胞，可以防止它在去氧状态下镰状化。这种细胞生存时间比处理前要长，输氧能力也有好转。HbS 分子的一个氨基用 KCNO 修饰后就能抑制红细胞镰状化，这一反应跟 CO_2 与 Hb A 结合类似，CO_2 也能结合到 N 端的 NH_2 上，只是反应可逆，而 KCNO 的修饰为不可逆。

这里值得注意的是，一个 N 端区缬氨酸的氨基被修饰，就能够"矫正"它的构象，使分子重新获得输氧能力。

目前关于抗镰刀状化的药物研究给出了某些希望。通过适当的生物化学工程手段，有望设计出一种不仅能防止 Hb S 镰刀状化而且对体内其他蛋白质无毒害的、安全的药物。

（三）α-和 β-地中海贫血

地中海贫血（thalassemia）可以由几条途径产生：① 缺失一个或多个编码血红蛋白链的基因；② 所有基因都可能存在，但一个或多个基因发生无义突变（nonsense mutation），结果产生缩短了的蛋白链，或发生移码突变（frameshift mutation），致使合成的链含不正确的氨基酸序列；③ 所有基因都可能存在，但突变发生在编码区之外，导致转录被阻断或前体 mRNA 的不正确加工（见第 30-32 章）。

由于人类基因组含有若干个珠蛋白基因，对应于用在不同发育阶段的蛋白链，因而有多种不同的地中海贫血。这里仅讨论涉及成人血红蛋白 α 和 β 链的缺失或功能错误的两种病症。

1. β-地中海贫血

如果 β 珠蛋白基因丢失或不能被表达，此缺损的纯合子个体将产生严重的症状，称为 **β-地中海贫血**。患者不能制造 β 链，必须依赖胎儿 γ 链的继续产生以形成有功能的血红蛋白，Hb F（$\alpha_2\gamma_2$）。在这样的个体中 γ 链的产生可以继续到童年，但多数不到成熟就夭折了。杂合子患者症状较轻，这种人有一个 β 基因仍是正常的。在这些所谓 β-地中海贫血性状中 β 链的产生受到限制，但不完全被关闭。

2. α-地中海贫血

涉及 α 链的地中海贫血有着更加复杂的情况，因为在每个染色体上有两个邻接的拷贝（α1 和 α2），它们的蛋白质产物只差一个氨基酸残基，并且都是有功能的。因此一个人可以有 4、3、2、1 或 0 个 α 基因拷贝。含 4 个拷贝是正常的，3 个或 2 个拷贝是不对称的，仅含 1 个拷贝的可能表现出轻微的症状，即 α-地中海贫血性状。0 个拷贝则是致命性的，称为 **α-地中海贫血**。α 珠蛋白链的水平低下时，将形成同四聚体（homotetramer）：β_4、γ_4 或 δ_4。它们能结合 O_2，但血红蛋白无协同性（别构效应），总是处于 R 态，也不呈现 Bohr 效应。因此向组织卸氧的效率($\Delta\theta$)差。所谓胎儿水肿(hydrops fetalis)的情况,α 基因所有 4 个拷贝均丢失(即 0 个拷贝),不能合成有功能的 α 珠蛋白链,因此不能形成 Hb F 和 Hb A。胎儿可能制造一种胎儿-胚胎血红蛋白($\zeta_2\gamma_2$)而存活下来,但通常会在出生前或出生后不久便死去。

α-和 β-地中海贫血性状(杂合子者)一般对疟疾也有防护作用,因此这种突变会在疟疾高发区保存下来。

五、免疫系统和免疫球蛋白

前面我们已经看到氧结合蛋白质的构象和小配体(O_2 或 CO)与血红素基的结合是如何相互影响的。然而大多数蛋白质-配体的相互作用并不涉及辅基。一个配体的结合部位更经常的是像血红蛋白的 BPG 结合部位——蛋白质中的一个裂隙,内壁衬有氨基酸残基,这些残基排列成能进行高度专一的结合相互作用。能有效地辨别配体是结合部位的标准,即使配体只有很小的结构差别。

免疫(immunity)是人类和脊椎动物最重要的防御机制,它是生物进化过程中逐步发展并完善起来的。免疫系统能在分子水平上识别"自我"和"非我"(外物),然后破坏那些被鉴定为非我的实体。免疫系统以这种方式消灭病毒、细菌和其他病原体,以及对生物体造成威胁的大分子。在生理水平上免疫系统对入侵者的应答是多种蛋白质、分子和细胞类型之间的一套复杂而协调的相互作用。在个体蛋白质水平上,**免疫应答**(immune response)是一个建立在配体跟蛋白质可逆结合上的极其灵敏而专一的生物化学系统。

(一) 免疫应答涉及一系列特化的细胞和特化的蛋白质

免疫主要是由淋巴细胞包括 B[淋巴]细胞和 T[淋巴]细胞和巨噬细胞完成的,它们都属于白细胞类(leukocytes)。**淋巴细胞**(lymphocyte)是在造血期间由骨髓中未分化的干细胞(stem cell)发育而来。形成的白细胞离开骨髓,循环于血液和淋巴系统,贮存于各种淋巴器官中,每种细胞产生一种或多种蛋白质,后者能识别有侵染标示的分子并与之结合。免疫系统的专一性、多样性、记忆和自我/非我的识别等都是由淋巴细胞介导的。淋巴细胞通过专一匹配外来物质的膜受体来识别抗原。**巨噬细胞**(macrophage)也是由骨髓干细胞分化而来,在骨髓中发育成幼单核细胞,进入血液中分化成单核细胞(monocyte),然后迁移到组织,分化成组织特异的巨噬细胞。它们的功能是吞噬大颗粒和细胞,以及作为抗原呈递细胞(antigen presenting cell)。

免疫应答由两个互补的系统组成:体液的和细胞的免疫系统。**体液免疫系统**(humoral immune system)是针对存在于体液中的入侵细菌和胞外病毒,但也能对外来的蛋白质作出应答。**细胞免疫系统**(cellular immune system)是破坏被病毒侵染的宿主细胞,也破坏某些寄生物和外来的移植组织。

体液免疫应答的核心物质是称为**抗体**(antibody)或**免疫球蛋白**(immunoglobulin)的可溶性蛋白质,常缩写为 **Ig**。免疫球蛋白能结合细菌、病毒或那些被鉴定是外来的、需要消灭的大分子。免疫球蛋白构成血液蛋白质的 20%,是由 B 淋巴细胞或 **B 细胞**所产生;之所以称为 B 细胞是因为它们是在骨髓(bone marrow)中完成发育的。B 细胞表达结合抗原的特异膜受体,称为 **B 细胞受体**(图 4-21A)。B 细胞受体是一种抗体分子,膜结合的糖蛋白(图 4-25)。B 细胞遇上对它的膜受体专一的抗原(初次抗原应答),开始迅速分裂,子代分化成记忆细胞(memory cell)和效应细胞(effector cell)也称浆细胞(plasma cell)。初次免疫应答后产生的记忆细胞是长寿命的,它们表达与原亲代细胞具有同样专一性的膜结合抗体,负责更快更强的再次免疫应答。浆细胞不产生膜结合抗体,但产生分泌型的可溶性抗体。浆细胞(富含内质网膜)只能存活几天,在此期间合成并分泌大量的抗体。据估计一个浆细胞每秒钟能分泌约 2 000 个抗体分子。分泌的抗体是体液免疫的主要效应分子。

细胞免疫应答的核心因子是一类 **T 淋巴细胞**或 **T 细胞**,之所以称为 T 细胞是因为它们的后期发育在胸腺(thymus gland)中完成的。在胸腺内成熟期间,T 细胞表达抗原专一的膜结合受体,位于 T 细胞的表面上,称为 **T 细胞受体**(图 4-21B 和 C)。受体是蛋白质,一般存在于细胞的外表面并伸展到质膜中。T 细胞受体是一种异二聚体,由两条多肽链($\alpha\beta$ 或 $\gamma\delta$)组成,链间由二硫键连接,两条链的 N 端折叠在一起形成 T 细胞受体的抗原结合部位。B 细胞受体识别单独的抗原,而 T 细胞受体只有当抗原跟一个称为**主要组织相容性复合体**(major histocompatibility complex,**MHC**)的膜蛋白结合时,才能识别它。一个 T 细

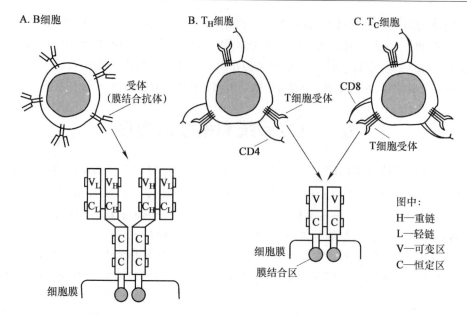

图 4-21 B 细胞和 T 细胞上的抗原膜受体

每个细胞上约有 10^5 个受体分子,每个细胞上的受体分子对抗原的专一性是相同的。注意,抗体、T 细胞受体以及 I 类 MHC 和 II 类 MHC(图 4-22)都是免疫球蛋白超家族的成员

胞,当遇上跟细胞上的 MHC 结合的抗原,则被激活、增殖并分化成记忆 T 细胞和各种效应 T 细胞。

T 淋巴细胞又分两个亚群:辅助性 **T 细胞**或 T_H **细胞**(helper T cell)和[细]胞**毒性 T 细胞**或 T_C **细胞**(cytotoxic T cell)。T_H 细胞和 T_C 细胞还含有辅受体(coreceptor),一种膜糖蛋白,T_H 细胞含有 CD4,T_C 细胞含有 CD8[CD 是 cluster of differentiation(分化簇)的缩写,编号代表一种膜分子]。T_H 细胞在应答 MHC-抗原结合物时被激活成效应细胞,分泌可溶性的信号传递蛋白质,称为**细胞因子**(cytokine),包括多种白细胞介素(interleukin,缩写为 IL)。这些细胞因子在激活 B 细胞、T_C 细胞和巨噬细胞方面起着重要作用。T_H 细胞只是间接参与被感染细胞和病原体的破坏,促进那些能与特定抗原结合的 T_C 细胞和 B 细胞的选择性增殖或称克隆选择。**克隆选择**(clonal selection)是指抗原与特定淋巴细胞结合,刺激它进行有丝分裂(mitosis)并发育成与原亲代细胞同样的抗原专一性的细胞克隆;克隆是无性繁殖的意思。克隆选择增加了能应答特定病原体的免疫系统细胞的数目。T_H 细胞在免疫应答中是关键的。引起**艾滋病**即获得性免疫缺陷综合征(acquired immunodeficiency syndrome;AIDS)的病原体 **HIV**(human immunodeficiency virus;人免疫缺损病毒)的感染,清楚地说明了 T_H 细胞的重要性。HIV 入侵的第一靶即是 T_H 细胞;消灭这些细胞,整个免疫系统就会逐渐地瘫痪。

对被感染细胞或寄生物的识别涉及 T_C 细胞表面上的 T 细胞受体,它们能识别并结合胞外的配体,触发细胞内的变化。当 T_C 细胞被激活时,则增殖、分化成效应细胞。T_C 细胞与 T_H 细胞不同,一般不分泌细胞因子,但它获得胞毒活性。T_C 细胞在监视生物体的细胞和消灭显示不正常抗原的细胞,如受病毒入侵的细胞、肿瘤细胞和外来的移植组织细胞等方面起着重要作用。表 4-3 列出免疫系统的某些白细胞的功能。

表 4-3 与免疫系统有关的几类白细胞

细胞类型	生物学功能
巨噬细胞	通过吞噬作用摄入大颗粒
B 淋巴细胞(B 细胞)	产生和分泌抗体
T 淋巴细胞(T 细胞):	
细胞毒性 T 细胞(T_C 细胞,或称杀伤性细胞)	通过 T 细胞表面上的受体与被感染的宿主细胞相互作用
辅助 T 细胞(T_H 细胞)	与巨噬细胞相互作用并分泌细胞因子(白细胞介素),后者刺激 T_C、T_H 和 B 细胞的增殖

有专门的词汇用于描述抗体包括 T 细胞受体(也是一种抗体)和被它们结合的分子之间的独特相互作用。能引出免疫应答的任何分子或病原体称为**抗原**(antigen)。抗原可以是一种病毒、细菌细胞壁、蛋白质或其他大分子。一个复杂的抗原可以被几个不同的抗体结合。一个单独抗体或 T 细胞受体只能结合抗原内的一个特定的分子结构,称为它的**抗原决定簇**(antigenic determinant)或**表位**(epitope)。抗原决定簇可以是例如蛋白质分子表面上的氨基酸基团或是多糖上的单糖残基。

免疫系统对小分子如细胞代谢的常见中间物和产物不能产生应答。$M_r<5\ 000$ 的分子一般没有抗原性。然而小分子在实验室中被共价连接到大的蛋白质上,即可引起免疫应答。这种本身无抗原性、跟载体蛋白结合后才有了抗原性的小分子物质称为**半抗原**(hepten),例如吗啡(其硫酸盐 $M_r\ 668.5$)就是一种半抗原。在应答蛋白质连接的半抗原中产生的抗体能与游离形式的同一种小分子结合。这样的抗体有时被用于开发分析试验(见本章后面)或作为亲和层析的专一配体(见图 5-11)。

(二) 免疫系统能识别自我和非我

免疫系统必须识别并破坏入侵的病原体,但不能破坏生物体自身的正常蛋白质和细胞。宿主中的蛋白质抗原检测是由 MHC(膜蛋白)介导的。MHC 与细胞内被消化蛋白质的肽段结合,并将它们展示在细胞的外表面。这些肽正常情况下来自细胞蛋白质的消化,但在病毒侵染期间病毒蛋白质也被消化,并由 MHC 展示出来。由 MHC 展示出的外来蛋白质的肽段是被免疫系统识别为非我的抗原。T 细胞受体与这些片段的结合导致免疫应答步骤的发生。MHC 是内在膜蛋白质,一种异二聚体分子,它们又分为 I 类 MHC 和 II 类 MHC (图 4-22);这两类膜蛋白质所在的细胞类型和被展示肽的蛋白质来源都是不同的。

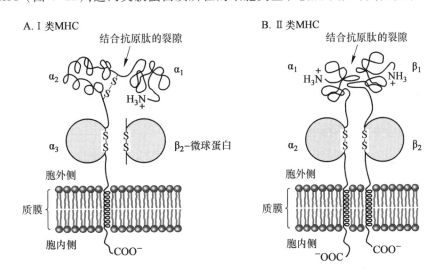

图 4-22　MHC 分子的图解(示出胞外结构域,跨膜区段和胞质区段)

A. I 类 MHC:肽结合部位由 α 链的高可变区 $α_1$ 和 $α_2$ 两个结构域组成,恒定的 $α_3$ 结构域和 $β_2$-微球蛋白(灰色球形)具有称为"免疫球蛋白折叠"的结构(见图 3-42);B. II 类 MHC:由 α 链和 β 链组成,近 N 端区为可变区($α_1$ 和 $β_1$),$α_2$ 和 $β_2$ 结构域(灰色球形)也具有"免疫球蛋白折叠"结构

I 类 MHC 存在于几乎所有的脊椎动物细胞的表面;在人群中有无数个变体,它们是最多形的蛋白质之一。因为一个个体可产生多达 6 个 I 类 MHC 变体,所以两个个体不大可能有一套相同的 I 类 MHC。I 类 MHC 结合并展示由细胞内随机降解的蛋白质碎片和代谢衍生的肽。这些肽和 I 类 MHC 缔合而成的结合物是细胞免疫系统中 T_C 细胞上的 T 细胞受体的识别靶。I 类 MHC 分子的三维结构见图 4-23。

每个 T 细胞只含一种 T 细胞受体,但有多个拷贝,它对特定的 I 类 MHC-肽结合物是专一的。为避免产生大批能结合和破坏自身正常细胞的 T_C 细胞,在胸腺中 T_C 细胞的成熟期间有一个严格的选择过程(克隆选择),消灭 95%以上正在发育的 T_C 细胞,包括那些能与展示生物体自身肽碎片的 I 类 MHC 结合的 T_C 细胞。存活下来的成熟 T_C 细胞是那些具有不跟生物体自身蛋白质结合的 T 细胞受体的 T_C 细胞。结果形成一个专门与连接在宿主细胞 I 类 MHC 上的外来肽结合的细胞群。这就是所谓免疫的**自身耐受性**(self-tolerance),

它使免疫系统做到遇上外物时坚决地把它们消灭，而对自身的细胞则"秋毫无犯"。这些结合相互作用导致寄生物和被感染细胞的破坏。当移植器官时，外来的I类MHC也能被 T_C 细胞结合，并引起组织排斥。

Ⅱ类MHC只存在于少数几种特化细胞的表面。这些特化的细胞包括巨噬细胞和B淋巴细胞，它们作为抗原呈递（展示）细胞通过吞噬（phagocytosis）或胞吞（endocytosis）将外来的抗原内化，经消化使成小的肽段。这些肽段与Ⅱ类MHC结合，被展示在抗原呈递细胞的外表面上。Ⅱ类MHC也是高度多形的，在人群中有很多变体。每个人可以产生多达12个变体，因此任何两个个体几乎不可能有一套相同的Ⅱ类MHC变体。被Ⅱ类MHC结合并展示出的肽不是来自细胞自身的蛋白质，而是被细胞摄入的外部蛋白质。形成的Ⅱ类MHC-肽结合物是各种 T_H 细胞的结合靶。T_H 细胞也和 T_C 细胞一样，在胸腺中进行严格的选择，消灭那些能与宿主自身的细胞蛋白质结合的 T_H 细胞。

尽管在胸腺时的选择过程中消灭了大多数 T_C 细胞，但还有不少 T_C 细胞存活下来，供免疫应答之需。每个存活的细胞只有一个类型的T细胞受体，能跟一个特定的化学结构结合。但进入血流和组织中的T细胞群却携带有几百万种不同结合专一性的T细胞受体。在高度变化的T细胞群中几乎总是有少数细胞能与出现的任一抗原进行专一结合；而绝大多数细胞不会遇上它们能与之结合的外来抗原，它们一般在几天内死去，并被新一代的T细胞所代替。新的细胞继续不断地在全身巡逻，寻找触发免疫应答的抗原。

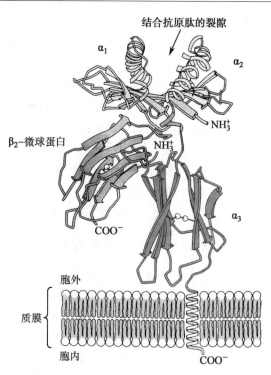

图 4-23　I类 MHC 膜蛋白的三维结构

（三）　细胞表面上的分子相互作用触发免疫应答

一个新的抗原经常是一个侵染或感染（infection）的先兆，即给免疫系统的一个信号：病毒或其他寄生物可能将在生物体内迅速生长、繁殖。此时具有能与特定抗原结合的膜受体的T细胞和B细胞必须迅速而有选择地增殖以消除感染。例如当一个病毒侵入一个细胞时，病毒就利用细胞原有的生化机器和资源复制自己的核酸，合成病毒蛋白质。在细胞内的病毒大分子难以与体液免疫系统中的抗体接近。然而，某些I类MHC能将病毒蛋白质的肽碎片带到被侵染细胞的表面并在那里被展示出，这样它们就能被 T_C 淋巴细胞识别。成熟的病毒当从被侵染细胞释放到胞外环境时，容易受到体液免疫系统的攻击，某些病毒被巨噬细胞吞噬，释放出的病毒肽碎片与巨噬细胞或B细胞的Ⅱ类MHC结合而被展示在它们的表面。这些肽抗原将触发B细胞、T_C 细胞和 T_H 细胞多条途径的免疫应答（图4-24）。

被侵染细胞上的I类MHC-肽结合物被那些具有合适的结合专一性的T细胞受体的 T_C 细胞所识别并结合。这些T细胞受体只对与I类MHC结合的抗原肽作应答。T_C 细胞还有一种辅受体CD8，它能提高T细胞受体和I类MHC的结合相互作用。T_C 细胞由于能破坏被病毒侵染的细胞，因而也称它为杀伤性T细胞（killer T cell）。T_C 细胞是通过它的T细胞受体与被侵染细胞结合的。被侵染细胞的死亡是由多种机制引起的，现在尚未完全了解。一种机制是涉及 T_C 细胞释放一种称穿孔素（perforin）的蛋白质，它们与靶细胞的质膜结合，形成分子孔道，破坏靶细胞调节其内环境的能力。T_C 细胞也诱导称为程序性细胞死亡（programmed cell death 或 apoptosis）的过程，过程中与 T_C 细胞结合的细胞发生代谢改变，导致细胞死亡（参见第28章）。

如果需要消灭有大量病毒侵染的细胞，则必须有选择地增殖具有合适的专一性受体的 T_C 细胞。为此，与被侵染细胞结合的 T_C 细胞在外表面产生白细胞介素受体（IL-受体）。T_H 细胞分泌的白细胞介素专门刺激那些具有合适的白细胞介素受体的T细胞和B细胞的增殖（克隆选择）。因为只有当这两种细胞与抗原结合时它们才产生白细胞介素受体，所以只有那些增殖出来的免疫系统细胞才能够与抗原发生应答。

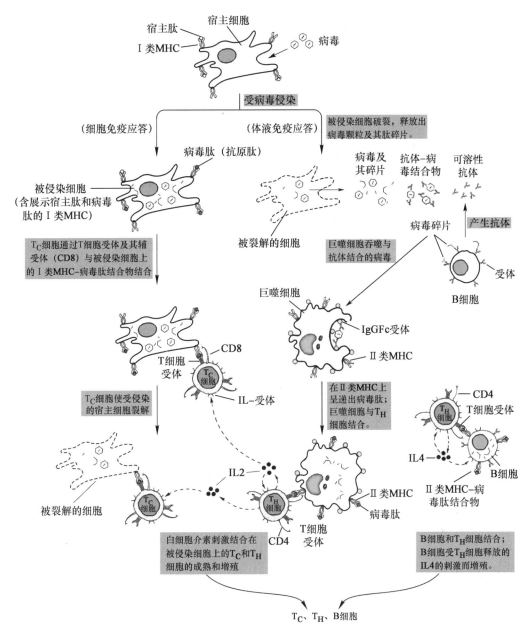

图 4-24 抗病毒侵染的免疫应答图解(详细叙述见正文)

结合并被展示在巨噬细胞或 B 细胞表面上的肽段同样地也被 T_H 细胞上合适的 T 细胞受体所结合,并活化 T_H 细胞。被活化的 T_H 细胞的一个亚群分泌白细胞介素-2(IL-2,M_r 15 500),它刺激具有合适的白细胞介素受体的 T_C 细胞和 T_H 细胞自身的增殖。这大大地增加了能识别并对抗原产生应答的免疫系统的细胞数目。另一个亚群分泌白细胞介素-4(IL-4,M_r 20 000),它刺激那些能识别抗原的 B 细胞的增殖。这些细胞的增殖一直继续到抗原消失为止(图 4-24)。

增殖的 B 细胞促进消灭胞外的任何抗原(病毒和细菌等)。B 细胞首先分泌大量的可溶性抗体,这些抗体或是通过抗体-抗原的沉淀反应消灭抗原,因为形成的抗体-抗原复合体沉淀能被巨噬细胞和粒细胞吞噬而被彻底消灭,或是在称为补体(complement)的细胞系统(约含 20 种蛋白质)协助下,消灭那些细胞性质的抗原(如细菌),因为这类抗原单靠抗体的作用往往不能清除,必须有"补体"形成的破膜复合体的参与。破膜复合体能破坏多种病毒的外壳,能使细菌细胞壁穿孔,由于渗透压震扰引起细菌细胞膨胀,破裂而死亡(参见免疫学书籍)。

一旦抗原耗尽,被激活的免疫细胞就通过程序性细胞死亡在几天内死去。然而,少数被刺激了的 B

和 T 细胞则成熟为记忆细胞。记忆细胞当第一次遇上抗原时,不直接参与初次免疫反应。它们成为血液中的永久性"居民",准备应答同一种抗原的再次出现。以后记忆细胞受到抗原挑战时,能进行再次免疫反应。再次免疫反应一般比初次免疫反应快得多,也强得多,因为事先已克隆扩大。通过这种机制,曾接触过病毒或其他病原体的脊椎动物,当再次遇到它们时就能很快地作出应答。这是疫苗(vaccine)提供长期免疫和同一病毒株重复感染产生天然免疫的基础。

(四) 抗体具有两个相同的抗原结合部位

免疫球蛋白或**抗体**,是一类可溶性的血清糖蛋白,是血清中最丰富的蛋白质之一。抗体具有两个显著的特点:一是高度的特异性(专一性),二是非常的多样性。特异性是指抗体通常只能与引起它产生的相应抗原发生反应。多样性是指抗体可以和成千上万的不同抗原(天然的和人工的)起反应。

1. 免疫球蛋白的结构

免疫球蛋白 G(IgG)是抗体中的一大类,是血清中最丰富的蛋白质之一。IgG 由 4 条多肽链组成:两条大的称为重链或 H 链,两条小的称为轻链或 L 链。它们通过非共价键和二硫键连接成 M_r 150 000 的复合体。一个 IgG 分子的两条重链在一端彼此相互作用,然后分岔各自与轻链相互作用,形成 Y 形结构(图 4-25)。每个 IgG 分子含有两个抗原结合部位,它们位于 Y 形结构的两个"分叉(branch)"的顶端。如果

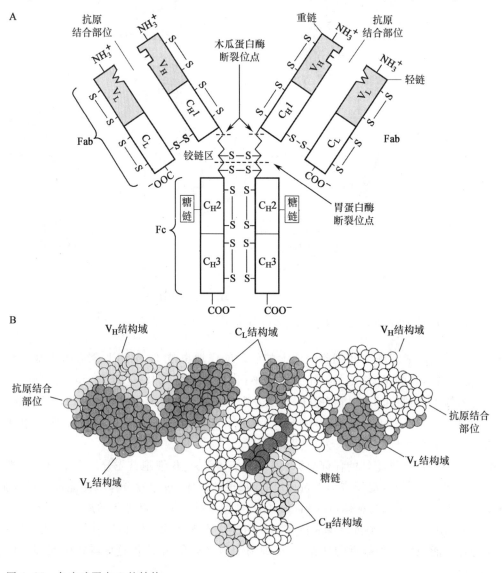

图 4-25　免疫球蛋白 G 的结构

A. 分子结构图解;B. 三维结构(空间填充模型)

抗原含有多于两个抗原决定簇,那么抗体可以触发抗原-抗体的交联晶格形成而沉淀(图 4-26)。IgG 分子是二价的,而抗原分子可以是多价的,这里讲的价数是指抗原与抗体的结合部位数目。当抗体和抗原在接近等摩尔浓度(称为等价带)时,将发生最大的交联,产生最大量的**免疫沉淀**或**沉淀素**(precipitin)。体外沉淀反应被广泛地用于研究抗原-抗体反应,并已成为实验免疫学的基础。IgG 分子的基部和两个分叉的连接处称为铰链区(hinge region),长度约 30 个氨基酸残基。免疫球蛋白可用蛋白质断裂。当用木瓜蛋白酶处理时,IgG 在铰链处断裂,释放出基部片段(M_r 50 000),称为 Fc,它一般容易结晶;和两个分叉(M_r 45 000),称 Fab,即抗原结合片段。当用胃蛋白酶断裂时,产生一个称 F(ab)$_2$ 的片段(M_r 100 000)和若干小肽段(图 4-25A)。

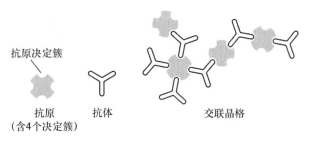

抗原决定簇

抗原
(含4个决定簇)　　抗体　　　　交联晶格

图 4-26　免疫沉淀的交联晶格

　　免疫球蛋白的基本结构最先是由 G. Edelman 和 R. Porter 确立的。IgG 分子的 L 链和 H 链可根据其序列同源性划分为若干个区或域(domain)。IgG 的 L 链含有 1 个可变区或 V 区(variable domain)和 1 个不变区或 C 区(constant domain)。L 链的可变区(V_L)内,氨基酸序列在各抗体之间是不同的;不变区(C_L)内的序列在所有抗体之间几乎一样。H 链含有 1 个可变区和 3 个不变区,分别标为 V_H、C_H1、C_H2 和 C_H3(对于 IgM 和 IgE 还有 C_H4)。L 链和 H 链的可变区都在链的 N 端区域,在 V_L 和 V_H 内还有所谓高变区。可变区的缔合创建了抗原结合部位,负责对抗原的识别和抗原-抗体复合物的形成。可变区内的其余序列相当恒定,这可能是形成免疫球蛋白所特有的结构域要求的。每个区域不论是不变区还是可变区都含有一个特色的结构,称为**免疫球蛋白折叠**(immunoglobulin-fold),这是全 β 蛋白质(双层反平行结构)中一种非常保守的结构模体,由两个反平行 β 折叠片形成的夹心式结构,如免疫球蛋白 V_L 结构域所示(见图 3-42A)。

2. 免疫球蛋白的类别

　　在许多脊椎动物中,IgG 只是 5 类免疫球蛋白之一,除 IgG 外,尚有 IgA、IgM、IgD 和 IgE。它们的相对分子质量范围为 150 000~950 000(表4-4)。Ig 分子轻链不变区(C_L)的氨基酸序列可分为两种基本类型:

表 4-4　人免疫球蛋白的类别

免疫球蛋白类别	重链(M_r)	轻链(M_r)	多肽链成分	近似 M_r	沉降系数/S	含糖量/%	在血中的浓度/(mg·100 mL^{-1})
IgG	γ (53 000)	κ 或 λ (22 500)	$\gamma_2\kappa_2$ $\gamma_2\lambda_2$	150 000 (单体)	7	2~3	600~1800
IgA	α (64 000)	κ 或 λ	$(\alpha_2\kappa_2)_n$ $(\alpha_2\lambda_2)_n$ $n=1,2$ 或 3	320 000 (二聚体)	10	7~12	90~420
IgM	μ (70 000)	κ 或 λ	$(\mu_2\kappa_2)_n$ $(\mu_2\lambda_2)_n$ $n=1$ 或 5	950 000 (五聚体)	18~20	10~12	50~190
IgD	δ (58 000)	κ 或 λ	$\delta_2\kappa_2$ $\delta_2\lambda_2$	185 000 (单体)	7		0.3~4.0
IgE	ε (75 000)	κ 或 λ	$\varepsilon_2\kappa_2$ $\varepsilon_2\lambda_2$	190 000 (单体)	8	10~12	0.01~0.1

κ 和 λ，它们存在于所有 5 类免疫球蛋白中；对一个分子来说只有其中的一种，或是 κ 或是 λ。重链不变区（包括 C_H1、C_H2 和 C_H3）的序列分为 5 种基本类型：γ、α、μ、δ 和 ε。每类免疫球蛋白只含其中一种类型的重链，免疫球蛋白 G、A、M、D 和 E 分别含γ、α、μ、δ 和 ε。IgD 和 IgE 的整个结构与 IgG 相似。**IgM** 或以单体（Y 形结构）的膜结合形式存在，或以此单体交联成五聚体的分泌形式存在（图4-27）。由于五聚体的分子很大，使它只限于存在血流中。IgM 是抗原入侵时 B 淋巴细胞制造的第一个抗体，初次（primary）免疫应答早期阶段的主要抗体；它的功能是抑制、凝集和溶解侵入血流的细菌。**IgA** 主要存在于身体的分泌物，如唾液、眼泪和乳汁中，是初乳和乳汁中的主要抗体；它可以是单体，二聚体或三聚体。某些 B 细胞在免疫应答中很快产生 **IgD**（其抗原结合部位与同样细胞所产生的 IgM 是一样的），它存在于 B 细胞的表面；IgD 的特殊功能尚不清楚。

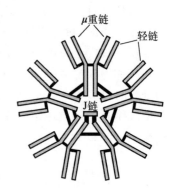

图 4-27　IgM（IgY 形结构单位的五聚体）的结构

IgM 是 Y 形结构单位借二硫键交联而成的五聚体。J 链是一个 M_r 20 000 的多肽链，存在于 IgM 和 IgA 中

上述的 **IgG** 是由记忆 B 细胞引发的再次（secondary）免疫应答中的主要抗体。作为生物体对那些已经遇到过的抗原进行的免疫的一部分，IgG 是血液中最丰富的免疫球蛋白。当 IgG 与一个入侵的细菌或病毒结合时，它不仅激活某些白细胞如吞噬和破坏入侵者的巨噬细胞，而且也激活免疫应答的其他部分。巨噬细胞表面上有一类受体能识别并结合 IgG 的 Fc 区。当这些 Fc 受体结合了抗体-病原体复合物时，巨噬细胞则通过吞噬作用吞没了该复合物（图 4-24）。IgG 也是唯一能通过胎盘进入胎儿体内的抗体。所以新生儿在前几周是依靠母体的 IgG 抵御细菌和病毒等外物的入侵。此外 IgG 的一个变体，是一种膜结合抗体，作为 B 细胞膜上的一种受体（图 4-21A）。

IgE 在变态反应（allergic response）中起重要作用。变态反应或称过敏反应是一种免疫反应。引起变态反应的物质称为**变[态反]应原**或**过敏原**（allergen）；某些外物如花粉、蜂毒、青霉素以及蕈类和牡蛎中的某些成分对于敏感的人都是过敏原。过敏反应涉及 IgE 与血中的嗜碱性粒细胞（basophil），一种吞噬白细胞，和广泛分布于组织中的肥大细胞（mast cell）的相互作用。IgE 通过它们的 Fc 区与嗜碱性粒细胞或肥大细胞上专一的 Fc 受体结合。而 IgE 以这种形式作为变应原（抗原）的一个受体。如果过敏原被结合，则诱导细胞分泌组胺和其他生物活性胺。组胺引起血管扩张和通透性增大。对血管的这些效应是通过促进免疫系统的细胞和蛋白质向炎症部位移动实现的。它们也产生与变态经常关联的局部红肿、灼热、流涕、流泪和打喷嚏等症状。花粉和其他过敏原被识别为外来者，触发在正常情况下是针对病原体的免疫应答。

（五）　抗体与抗原结合是专一而紧密的

一个抗体的结合专一性决定于它的重链和轻链可变区的氨基酸残基。这些结构域中的许多残基是可变的，但程度并不一样。某些残基，特别是衬在抗原结合部位的残基，是高变的——特别可能有差异的。专一性是由抗原和它的专一结合部位（在抗体上）的化学互补性提供的，互补性是指荷电基团、非极性基团和氢键键合基团的形状和定位而言。例如，具有荷负电基团的结合部位可以跟在互补位置上具有正电荷的抗原相结合。在很多例子中，互补性是当抗原和结合部位靠近时通过结构之间相互影响而达到的。然后抗体和/或抗原中的构象变化使得互补基团达到完全相互作用。这是诱导嵌合的一个例子。

典型的抗体-抗原相互作用是很强的，它的 K_d 低于 10^{-10} mol/L（参见表 4-1）。K_d 反映来自稳定结合的离子键、氢键、疏水相互作用和范德华相互作用的能量。产生 10^{-10} mol/L 的 K_d 所需的结合能约为 65 kJ/mol。

（六）　抗体-抗原相互作用是一些重要生化分析的基础

由于抗体具有超常的结合亲和力和专一性，使得它成为有价值的分析试剂。已被应用的两类抗体制剂：多克隆抗体和单克隆抗体。**多克隆抗体**（polyclonal antibody）是由多个不同的 B 淋巴细胞在应答一种抗原，如向一个动物注入一种蛋白质时产生的抗体。B 细胞群的每个细胞产生结合该抗原中特异而不同的决定簇的抗体。因此,多克隆抗体制剂含有识别该蛋白质(抗原)不同部分(不同表位)的多种抗体的混合物。**单克隆抗体**(monoclonal antibody)则不同,它是由生长在细胞培养物中的同一 B 细胞的群体(一个克隆)合成并分泌的。这种抗体是均一的,所有抗体识别同一的表位。

抗体的专一性也有实际的应用价值。被选用的抗体可以共价连接到载体如琼脂糖凝胶上,用于亲和层析(见图 5-11)。当蛋白质混合物被加到层析柱时,抗体专一地与靶蛋白质(相应抗原)结合而被保留在柱上,其他蛋白质则从柱上洗出。然后,靶蛋白质可用盐溶液或某些其他溶液从载体上洗脱下来。这是一种分析和纯化蛋白质的有力工具。

另一个多用途的分析技术是把一个抗体连接到一个放射标记物或某一个使它容易被检测的其他试剂上。当抗体与靶蛋白质结合时,标记物则显示该蛋白在一个溶液中的存在或它在凝胶中甚至在一个活细胞中的位置。此方法虽有多种变型,但原理是一样的,都是以待测抗原(或抗体)和酶标抗体(或抗原)的专一结合为基础,然后通过酶活力的测定来确定抗原(或抗体)的含量。由于这项技术操作简便、灵敏度高并易于重复,现已广泛用于分子生物学和临床诊断的常规检测。此方法的几种变型介绍如下:

ELISA(enzyme-linked immunosorbent assay)即**酶联免疫吸附测定**,它可用于快速筛查和定量样品中的一个抗原(图 4-28)。ELISA 基本步骤包括:把待测样品中的蛋白质,例如含人免疫缺损病毒(HIV)的血清(抗原)吸附到一个惰性表面,通常是一块 96 孔的聚苯乙烯塑料板。在惰性表面上再加非特异性蛋白质(常用酪蛋白或牛血清白蛋白)并一起温育,以封闭未被样品蛋白质覆盖的表面部位,防止随后步骤中的蛋白质被吸附到该表面处。然后用含有抗该待测蛋白质的抗体(例如抗 HIV 外壳蛋白的兔 IgG)或称第一抗体的溶液处理,未被结合的第一抗体用缓冲液洗去。表面用含有抗第一抗体的抗体(例如羊抗兔的抗抗体,也称羊抗兔 IgG 或第二抗体)的溶液处理,未被结合的第二抗体被洗去;第二抗体是与一个催化生成有色产物的酶共价连接的,例如**辣根过氧化物酶标羊抗兔 IgG**(goat anti-rabbit IgG-horseradish peroxidase)。最后加入酶标第二抗体的底物。如果是辣根过氧化物酶标抗体,可加 3,3′,5,5′-四甲基联苯胺(3,3′,5,5′-tetramethylbenzidine),生成的产物为黄色,在 450 nm 波长处有最大光吸收。有色产物的形成与样品中待测的抗原(或抗体)含量成正比。

免疫印迹测定(immunoblot assay)也称 **Western 印迹**(Western blot),因为它在操作上跟用于核酸分析的 Southern 印迹类似而又不同而得名。实验时先把蛋白质样品进行凝胶电泳分离(见图 5-9),然后将凝胶板与硝酸纤维膜贴在一起,进行电泳转移,把凝胶上的蛋白质条带转印到纤维膜上。如上面 ELISA 中所述,将纤维封闭,然后相继用第一抗体、酶标第二抗体以及底物进行处理。只有含待测蛋白质的条带显示颜色。免疫印迹能检测出样品中的微量成分和近似的相对分子质量(图 4-29)。

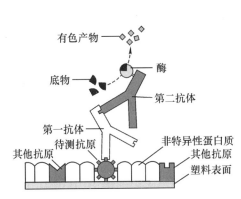

图 4-28　酶联免疫吸附测定(ELISA)步骤的图解
① 用样品包被表面,样品中含待检抗原(如 HIV 外壳蛋白)和其他抗原;② 用非特异性蛋白质封闭未被结合的部位;③ 与抗待检抗原的第一抗体温育;④ 与酶联的第二抗体温育;⑤ 加入底物;⑥ 形成有色产物表明待测抗原的存在

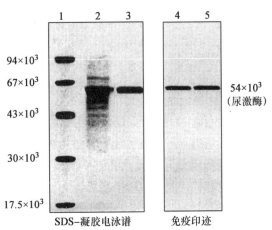

图 4-29　免疫印迹测定
SDS 凝胶上泳道 1 是标准蛋白质的分离条带。泳道 2 和 3 分别是尿激酶制剂(作为抗原)纯化前和纯化后样品的条带(考马斯亮蓝染色)。泳道 4 和 5 的样品分别与 2 和 3 相同,只是 4 和 5 是在凝胶电泳后被转印到硝酸纤维膜上并用抗尿激酶的单克隆抗体"探测"

　　如果上述各项技术用纯的抗体进行,那么它们的专一性、灵敏度和再现性都会有很大的提高。由于不同的抗体在化学结构上十分相似,用标准的蛋白质分级分离技术纯化抗体实际上是不可能的,然而用单克隆抗体能达到此目的。生产单克隆抗体的技术是 20 世纪 70 年代发展起来的。制备单克隆抗体的基本步骤是:① 用感兴趣的抗原(如尿激酶)免疫小鼠脾脏,制成 B 淋巴细胞悬液;② 繁殖小鼠骨髓瘤(myeloma)细胞;③ 制得的 B 细胞与骨髓瘤细胞融合,产生所谓杂交瘤(hybridomas)的细胞系,它在培养物中能不断增殖,但只合成一种抗体;④ 细胞转移到只有杂交瘤细胞才能生长的介质中进行选择性培养;⑤ 用 ELISA 筛查并找出分泌抗感兴趣的蛋白质的单克隆抗体的杂交瘤细胞株;⑥ 对所得的细胞株进行扩大化培养,从培养物中纯化所需单克隆抗体。上述免疫化学技术的细节参看本章主要参考书目 2、9。

六、肌动蛋白、肌球蛋白和分子马达

　　生物在运动;细胞在运动;细胞内的细胞器和大分子也都在运动。这些运动的大多数是由以蛋白质为基础的一类**分子马达**(molecular motor)即分子发动机的活动产生的。**马达蛋白质**(motor protein)中一类是起收缩和游动作用的蛋白质如肌球蛋白和肌动蛋白,它们都以丝状聚集体——如肌肉中的粗丝和细丝——的形式出现;另一类是起动力作用的蛋白质如**动力蛋白**(dynein)和**驱动蛋白**(kinesin)以及肌球蛋白的头基(称**马达结构域**,是一种 ATP 酶),它们是一类涉及运动的机械-化学酶。所以分子马达(马达蛋白质的大聚集体)能利用核苷三磷酸(一般是 ATP)释放的化学能作为动力进行循环式的构象变化,这种变化积累成统一而定向的力——细小的力可以在细胞分裂时拉开染色体,强大的力可以举起数百千克重的杠铃。

　　马达蛋白质之间的相互作用其特点自然是离子键、氢键、疏水相互作用和范德华相互作用在蛋白质结合部位的互补排列。然而,在马达蛋白质中这些相互作用在时、空的组织方面达到了特别高的水平。

　　马达蛋白质是肌肉的收缩、细胞器沿微管的迁移、细菌鞭毛(flagella)的旋转以及某些蛋白质沿 DNA 的移动的基础。动力蛋白和驱动蛋白在细胞中沿微管移动,在细胞分裂期间沿细胞器拉动或重新组织染色体。动力蛋白与微管的相互作用引起真核细胞的鞭毛和纤毛(cilia)的运动。驱动蛋白以及胞质中的动力蛋白参与胞内的细胞器、小泡等"货物"的转运;转运时驱动蛋白或动力蛋白的一部分连在微管上,另一部分则与被转运的细胞器或小泡相连,由 ATP 水解推动分子马达沿微管运动,同时将被转运"货物"沿微管送到另一端。细菌的鞭毛运动涉及一个复杂的位于鞭毛基部的旋转马达(rotational motor;图 4-30),这种马达以质子梯度而不是 ATP 为动力。螺旋酶、聚合酶以及其他蛋白质在 DNA 复制、转

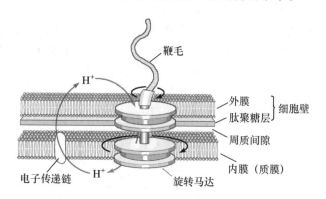

图 4-30　质子动力引起的细菌鞭毛的旋转

由鞭毛基部的轴和轮组成的旋转马达称为"质子涡轮机"。电子传递时射出的质子通过涡轮机返回细胞,引起细菌鞭毛的旋转。此旋转马达跟肌肉运动和真核细胞的鞭毛和纤毛的运动根本不同,它们是由 ATP 水解作为能源的

录过程中行使功能时将沿 DNA 链移动(见第 30-32 章)。下面以脊椎动物骨骼肌的收缩蛋白质为例,说明蛋白质是如何把化学能转变为运动的。

(一) 肌肉的主要蛋白质是肌球蛋白和肌动蛋白

　　各种类型肌肉(骨骼肌、平滑肌和心肌)的收缩力量都是由肌球蛋白和肌动蛋白的相互作用产生的。这些蛋白质排列成丝状体,它们进行短暂相互作用和彼此滑移引起收缩。肌动蛋白和肌球蛋白一起构成肌肉的蛋白质质量的 80% 以上。

　　肌球蛋白(myosin)是一种长的棒状分子,M_r 约为 520 000,由 6 个亚基组成:2 个重链(每个 M_r 220 000),

4 个轻链(每个 M_r 20 000)。重链占整个结构的大部分。在重链的羧基端排列成伸展的右手 α 螺旋,两个 α 螺旋彼此缠绕成超螺旋(尾部,长约为 150 nm,直径为 2 nm),称左手卷曲螺旋 (left-handed coiled coil),类似 α 角蛋白。在其氨基端每一重链有一个大的球状结构域(头基,长 17 nm)。4 个轻链与 2 个重链的球状结构域缔合(图 4-31A)。当肌球蛋白用胰蛋白酶进行短时间处理,纤维状尾部的大部分被除去,把蛋白质分成轻酶解肌球蛋白(light meromyosin,LMM)和重酶解肌球蛋白(heavy meromyosin,HMM)两部分(图 4-31B)。LMM 也和完整的肌球蛋白一样能形成肌细胞的粗丝,但无 ATP 酶活性,不能与肌动蛋白结合。HMM 与之相反,能催化 ATP 水解,并能结合肌动蛋白,但不能形成粗丝。HMM 用木瓜蛋白酶断裂,释放出两个称为 S1 的球状亚片段(subfragment)或直称肌球蛋白头基和一个称为 S2 的棒状亚片段。S1

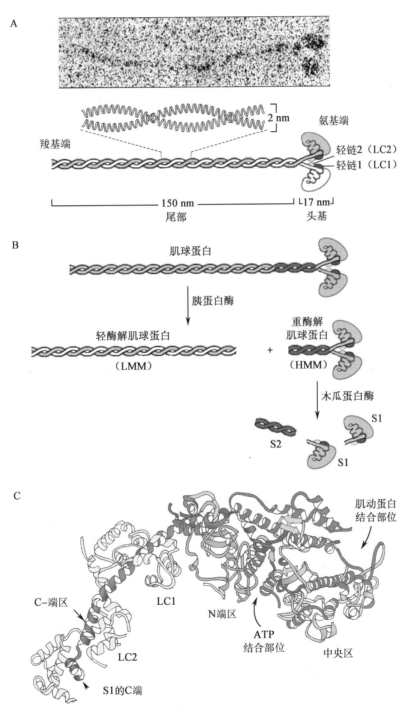

图 4-31 肌球蛋白的分子结构

A. 电镜照片和分子图解;B. 肌球蛋白的酶解;C. 肌球蛋白头基的结构模型

片段是马达结构域,它使肌肉有可能收缩。S1 片段可以被结晶出来,根据 Ivan Rayment 和 Hazel Holden 的测定,它的整个结构如图 4-31C 所示。每个头基由几个结构域组成,分别为 N 端区(M_r 25 000),中央区(M_r 50 000)和 C 端区(M_r 20 000)。中央区的两侧分别有一个肌动蛋白结合部位和一个 ATP 结合部位,肌肉收缩时 ATP 在此发生水解。两个不同的轻链(LC1 和 LC2)与邻接 S1C 端的 C 端区(α 螺旋)结合。LC1 称为必需轻链(essential light chain,ELC),LC2 即为调节轻链(regulatory light chain,RLC)。

肌肉细胞中肌球蛋白分子通过它们尾部之间的离子相互作用聚集成称为**粗[肌]丝**(thick filament)的棒状结构,直径约为 16 nm,长度 300 nm 以上(图 4-32A)。这些棒状结构是收缩单位的核心。在一个粗丝内,几百个肌球蛋白分子反向排列,其"尾部"聚在中间,"头基"向着两端,因此粗丝是一个长的双极结

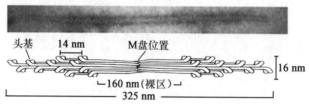

A. 粗丝(肌球蛋白丝)

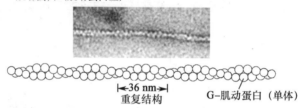

B. F-肌动蛋白(肌动蛋白丝)

C. 细丝(F-肌动蛋白+肌钙蛋白等)

D. 带有一个肌球蛋白头基的肌动蛋白丝(空间填充模型)

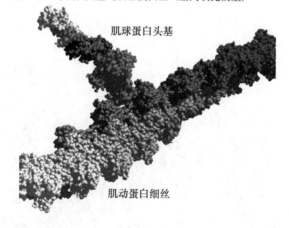

图 4-32 肌纤维的主要成分——粗丝和细丝

A. 粗丝中邻接的分子错位约 14 nm,此距离相当于卷曲螺旋中 98 个氨基酸残基;B. F-肌动蛋白中单体分子被装配成紧密的螺旋,每圈约含两个肌动蛋白单体(每一单体相对于下一个单体旋转 166°,沿轴平移 2.75 nm);F-肌动蛋白外观上很像是由两股肌动蛋白分子链拧在一起形成的双螺旋(重复结构长为 36 nm),其实这是被误导的结果,因为这种想象的"单股肌动蛋白链"实际上并不存在;C. 细丝是 F-肌动蛋白和与之结合的调节蛋白;D. 一个肌球蛋白头基结合在肌动蛋白丝的一个肌动蛋白单体上

构(bipolar structure)。在此结构中肌球蛋白的头基有规则地每间隔约 14 nm 从两端伸出。这种间隔是由于肌球蛋白尾部氨基酸序列的重复结构产生的。粗丝上伸出的头基与相邻的细丝接触,这就是高分辨率电镜下能观察到的粗丝与细丝之间的所谓横桥(cross bridge)。

第二个主要的肌肉蛋白质,**肌动蛋白**(actin),是几乎所有真核细胞中最丰富的。在低离子强度下,肌动蛋白以单体形式存在,称为 **G-肌动蛋白**或球状肌动蛋白(globular actin),M_r 为 42 000,由两个主要结构域组成。在生理条件(高离子强度)下,单体肌动蛋白聚集成纤维状多聚体,称为 **F-肌动蛋白**或丝状肌动蛋白(filamentous actin)(图 4-32B)。肌细胞中的**细丝**(thin filament)即由 F-肌动蛋白跟原肌球蛋白和肌钙蛋白(将在后面讨论)共同组成(图 4-32C)。细丝的主体(F-肌动蛋白)是由单体肌动蛋白分子在一端连续加入装配而成。加入时,每个单体结合一个 ATP,然后把它水解成 ADP,这样在细丝上的每个肌动蛋白分子都与 ADP 结合。肌动蛋白的此次 ATP 水解只用于细丝的装配;它不直接提供消耗于肌肉收缩的能量。细丝中每个肌动蛋白单体能紧密而专一地与一个肌球蛋白头基结合(图 4-32D)。

(二) 细丝和粗丝被组织成有序的结构

骨骼肌是由多个称为肌束(fasciculus)的肌纤维束平行排列而成。肌束中的每个**肌纤维**(muscle fiber;myofiber)是一个单一的、很大的和多核的细胞(肌细胞),直径在 20~100 μm 之间,长可达 5 cm 以上,人体的一些肌纤维甚至达到 50 cm。肌纤维是由多个称为成肌细胞(myoblast)的前体细胞融合而成。每个肌纤维含有约 1 000 个**肌原纤维**(myofibril),直径 2 μm。每个肌原纤维又由数目巨大、排列规则的肌丝(myofilament),即粗、细丝和其他蛋白质,一起组成(图 4-33)。这些肌原纤维沐浴在肌纤维的细胞溶胶——肌质(sarcoplasm)中。核一般处在细胞的外周和质膜的内表面。肌纤维中含有许多线粒体,为肌肉收缩提供能源(ATP)。肌细胞有很发达的内质网,称**肌质网**(sarcoplasmic reticulum),它分布在各个肌原纤维的周围,形成一个扁平的膜质小泡系统,肌肉收缩时由它提供所需的 Ca^{2+}。在电子显微镜下观察,肌原纤维呈现一个很有规则的周期性结构,明带和暗带交替分布(图 4-34A)。**明带**(light band)的折射率是

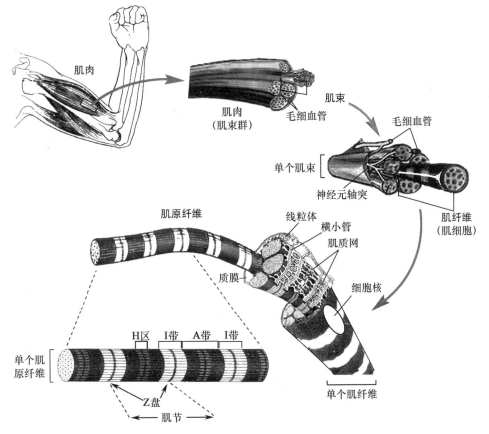

图 4-33 骨骼肌的组织水平

各向同性的,因此又称各向同性带(isotropic band),简称 **I 带**;**暗带**(dark band)是各向异性的,所以又称各向异性带(anisotropic band),简称 **A 带**。I 带和 A 带是由于粗丝和细丝的排列产生的,粗丝和细丝成直线排列,并有部分重叠。低电子密度的 I 带(明带)是肌纤维束在横切面处只含细丝的那个区域。I 带被一个称为 **Z 盘**(Z disk)或 Z 线的薄片结构分成相等的两半,Z 盘垂直于细丝,起固定细丝的锚钩作用。高电子密度的 A 带(暗带)贯穿粗丝的全长,包括粗丝和细丝的重叠区域。在 A 带的中央有一个相对较明亮的区域称为 H 区(H zone),是 A 带(粗丝)中电子密度稍低的区域,这里只有粗丝而无细丝;从 H 区的边缘到 A 带的两端是粗丝和细丝重叠部分。在 A 带的正中间有一条致密的细线(高电子密度区),称 **M 线**(M line)或 M 盘,M 线也把 A 带(或 H 区)等分为两半。从粗、细丝的角度看,粗丝贯穿 A 带的全长;细丝从 I 带的 Z 盘走向 A 带中央,进入 A 带,终止于 H 区的边缘。一个肌原纤维可看成是由多个称为**肌节**(sarcomere)的重复单位构成。一个肌节是指两个相邻 Z 线之间的肌原纤维段,即一个 A 带加上前、后各半个 I 带;在松弛状态长约为 2.5 μm(图 4-34B)。肌节既是肌原纤维的重复结构单位,也是收缩功能单位。

A. 肌原纤维电镜图

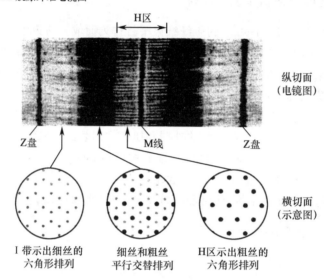

纵切面
(电镜图)

Z盘   M线   Z盘

横切面
(示意图)

I 带示出细丝的   细丝和粗丝   H区示出粗丝的
六角形排列   平行交替排列   六角形排列

B. 肌原纤维重复单位的图解

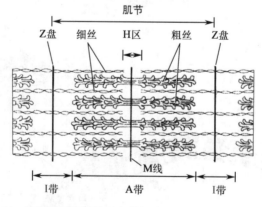

肌节

Z盘   细丝   H区   粗丝   Z盘

M线

I带   A带   I带

图 4-34   骨骼肌肌原纤维的电镜观察
图 A 下方中间示出粗丝和细丝重叠部分,它们是平行交替排列的,每条
粗丝被 6 条细丝围绕着

肌动蛋白丝在一端以规则的方式被固定在 Z 盘上。这种组装涉及几种稀少的肌肉蛋白质,如 α-**辅肌动蛋白**(α-actinin;亚基 M_r 95 000 的均二聚体)、作为中间丝(intermediate filament)的**结蛋白**(desmin;M_r 53 000,一个重要的细胞骨架蛋白质)和**波形蛋白**(vimentin;M_r 55 000)等。细丝也含有一个大的蛋白质,称为**伴肌动蛋白**(nebulin;M_r 约 800 000),它是一个长度足以跨过细丝全长的 α 螺旋。M 线以类似的

方式组织粗丝。与之有关的有**副原肌球蛋白**（paratropomyosin，亚基 M_r 34 000 的二聚体）、**C 蛋白**（C-protein）和 **M 蛋白**（M-protein；M_r 165 000）等。另一类蛋白质称为**肌联蛋白**（titin 或 connectin），它们把粗丝连接到 Z 盘上，给整个结构提供额外的组织构造。作为细胞骨架蛋白质的伴肌动蛋白和肌联蛋白，占肌丝总蛋白的 15%，它们共同组成肌原纤维周围的丝状网。肌联蛋白是至今发现的最大的单链蛋白质，人心肌的肌联蛋白由 26 926 个氨基酸残基组成，M_r 约 3.0×10^6。肌联蛋白是一种弹性蛋白质，它在肌纤维中形成细长而柔软的丝状体。这样的丝体，在松弛状态长约 1 000 nm，在张力下能伸长到 3 000 nm 以上。肌联蛋白分子中央有一个结构模体，由 Pro-Glu-Val-Lys（PEVK）重复单位组成。此模体可能起弹簧装置的作用，在肌肉伸展之后可拉动肌肉恢复原状。在强度特殊的肌肉如心肌中，PEVK 模体长度只有163 个残基，而在弹性大的骨骼肌中超过 2 000 个残基。

在结构性功能中，伴肌动蛋白和肌联蛋白被认为是起"分子尺"的作用，分别调节细丝和粗丝的长度。在肌肉中肌联蛋白起自 M 线周边，沿肌球蛋白丝全长伸展至 Z 盘（并可能把粗丝固定于 Z 盘），起着调节肌节自身长度和防止肌肉过度伸展的作用。肌节的特征长度在脊椎动物中从一种肌肉组织到另一种肌肉组织是不同的，这主要由于组织中不同的肌联蛋白变体所引起。

（三）肌球蛋白粗丝沿肌动蛋白细丝滑动

肌肉收缩的机制可以从肌肉的显微结构（静态）和收缩时肌节的区、带宽度变化（动态）来了解。静态方面已在前面叙述。下面观察动态方面的变化。一个完全的收缩，每个肌节缩短约 1.0 μm。收缩时 I 带和 H 区几乎消失，Z 盘向 A 带靠拢，也即缩短是由 I 带和 H 区两者的宽度减小造成的（图 4-35），但 A 带宽度（即粗丝长度）和 Z 盘到 H 区边缘的距离（即细丝长度）并不改变。这说明粗丝和细丝长度在收缩期间是恒定的。此即所谓纤丝滑动模型（sliding filament model）。

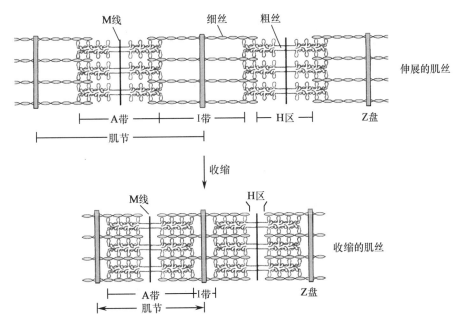

图 4-35　骨骼肌收缩的肌丝滑动模型
注意：肌肉收缩时，H 区和 I 带宽度减小，但 A 带宽度保持不变

肌节的缩短（图 4-35）涉及肌球蛋白粗丝两端相向方向的滑动。之所以在特定方向上发生净滑动是因为粗、细丝都有方向性。肌动蛋白细丝总是从 Z 盘向两侧伸展，因此在两个 Z 盘之间，两套肌动蛋白丝的方向是相向的。肌球蛋白粗丝也是具有方向性的（双极结构），粗丝的极性在 M 盘逆转。在 M 盘处的极性逆转意味着 M 盘两侧的肌动蛋白丝在收缩时被肌球蛋白头基的滑行拉向 M 盘而引起肌节的净缩短。动力学研究证明，肌球蛋白的 ATP 酶活性因有肌动蛋白而显著增加。纯肌球蛋白的 ATP 酶转换数（见第6 章）为 0.05/s，但在肌动蛋白存在下，转换数增加到 10/s 左右。此值更像是完整肌纤维的转换数

如果对反应产物释放的步骤进行仔细比较,肌动蛋白对肌球蛋白 ATP 酶活性的特殊影响就会明白。在缺少肌动蛋白时,向肌球蛋白加入 ATP 将引起 H^+ 的快速释放,H^+ 是 ATP 酶反应的产物之一:

$$ATP^{4-}+H_2O \xrightarrow{\text{ATP 酶}} ADP^{3-}+Pi^{2-}+H^+$$

然而从肌球蛋白释放 ADP 和 Pi 则要慢得多。可见肌动蛋白激活肌球蛋白的 ATP 酶活性是通过促进先 Pi、后 ADP 的释放来实现的。随着产物的释放,一个新的 ATP 与肌动球蛋白(actomyosin)结合,引起肌动球蛋白解离成肌动蛋白和肌球蛋白。然后如图 4-36 所示,重复 ATP 循环。此即 ATP 水解模型,此模型的关键点在于肌动蛋白和肌球蛋白的缔合和解离是与 ATP 的水解偶联的。正是这一偶联使 ATP 水解能够驱动肌肉收缩。综合生化和显微形态方面的研究,提出了肌肉收缩的一个可能机制,如图 4-36 所示。

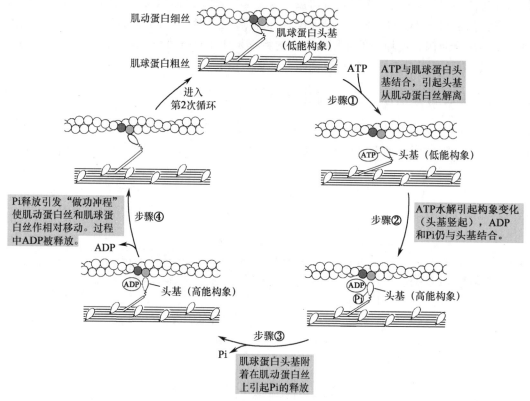

图 4-36　肌肉收缩的分子机制
ATP 水解自由能引起肌球蛋白头基的构象变化,结果肌球蛋白头基沿肌动蛋白丝发生净移动

当 ATP 未与肌球蛋白结合时,肌球蛋白头基的一面与肌动蛋白丝的一个单体紧密结合(图 4-32D)。当 ATP 与肌球蛋白结合并水解成 ADP 和 Pi 时,则发生协调的循环式的系列构象变化,循环中肌球蛋白释放 F-肌动蛋白亚基(单体),并沿细丝与前面的另一亚基结合。

循环(肌肉收缩机制)包括 4 个主要步骤(图 4-36)。步骤①:ATP 与肌球蛋白分子头基 S1(图 4-31C)结合,S1 上的裂隙张开,破坏了肌动蛋白与肌球蛋白的相互作用,致使 S1 从肌动蛋白丝上离开。步骤②:结合的 ATP 被水解,引起肌球蛋白构象变化,转变为"高能"态,S1 头基竖起(与细丝长轴垂直),改变它对肌动蛋白细丝的取向,移动肌球蛋白头基,与一个比刚释放的亚基更接近 Z 盘的 F-肌动蛋白亚基发生弱结合。步骤③:随着 ATP 水解产物磷酸盐(Pi)从肌球蛋白中的释放,发生了另一个构象变化,肌球蛋白头基上的裂隙合拢,肌球蛋白和肌动蛋白的相互作用得到加强。随后很快进入步骤④:"做功冲程"(power stroke),在此期间肌球蛋白头基回复到原来的静息状态,肌球蛋白头基对结合的肌动蛋白的取向发生改变,致使肌球蛋白头基的长轴与细丝长轴倾斜约 45°,头基的构象能降低约 29 kJ/mol,转变为原初的低能态构象,同时肌球蛋白粗丝被拉向 Z 盘。过程中释放 ADP,完成一个循环。在典型的骨骼肌收缩中,循环以 5 次/s 的速率进行重复。循环中发生的构象变化是能量偶联的秘密之所在,它使 ATP 的结合和水解得以驱动肌肉收缩。

因为在一个粗丝上有许多肌球蛋白头基,粗丝沿细丝的滑动就像千足虫的行走,在任一给定的瞬间总有一些头基(1%~3%)与细丝结合。因此当个别肌球蛋白头基与所连的肌动蛋白亚基脱离时,不致使粗丝往回滑动。因此粗丝主动地沿相邻的细丝向前滑行。这一过程在肌纤维的各肌节之间是协调的,正是它引起肌肉收缩。

做功冲程中的构象变化已用冷冻电镜术(cryoelectron microscopy)并结合计算机图像分析和反馈增强激光光学捕获实验(laser optical trapping experiment)进行研究。并证明在一次循环中一个肌球蛋白分子沿肌动蛋白丝的平均移动为 5~10 nm,产生的平均力为 3~4 pN(piconewton,皮牛顿,10^{-12} kg · m · s^{-2})。一次收缩循环所需的能量定义为收缩所完成的"功"(w):

$$w = F \cdot d$$

式中 F 是力,d 是距离。因此一次循环所需的能量 $w = (3 \text{ pN})(5 \text{ nm}) \sim (4 \text{ pN})(10 \text{ nm}) = 1.5 \times 10^{-20}$ J ~ 4.0×10^{-20} J。如果细胞内 ATP 的水解自由能为 −50 kJ/mol(见第 16 章),那么一个 ATP 分子的水解产生可利用的自由能 $\Delta G^{\ominus \prime} = (-50 \text{ kJ/mol})/(6.022 \times 10^{23}/\text{mol}) = -8.3 \times 10^{-20}$ J。因此一个 ATP 分子的水解自由能足够驱动实验所观测到的做功所需能量(参看 Finer J T, et al. *Nature*. 1994, 368:113−119)。

肌动蛋白和肌球蛋白之间的相互作用必定受到调节,以便使肌肉收缩只有在应答来自神经系统的适当信号时才发生。调节由**原肌球蛋白**(protomyosin)和**肌钙蛋白**(troponin)的复合体(图 4-32C)介导。原肌球蛋白和肌钙蛋白是结合在细丝的 F-肌动蛋白上的。在松弛的肌肉中这两种蛋白质绕肌动蛋白丝排列,以致封闭了肌球蛋白头基在细丝上的附着位点。原肌球蛋白是一种纤维状蛋白质,它由两条不同的 α螺旋肽链互相缠绕成超螺旋(双股卷曲螺旋)。这是一个与 α-角蛋白中存在的结构模体一样的模体(见图 3-22)。它作为亚基(M_r 35 000)首尾连结形成多聚体,绕着肌动蛋白丝结合于细丝的沟内。肌钙蛋白以 38.5 nm 的间隔有规则地附着在肌动蛋白-原肌球蛋白复合体上。肌钙蛋白复合体由 3 个不同的亚基组成:I(M_r 24 000)、C(M_r 18 000)和 T(M_r 37 000)。肌钙蛋白 I 或 TnI 是防止肌球蛋白头基与肌动蛋白结合;肌钙蛋白 C 或 TnC 含有 Ca^{2+} 的结合部位;肌钙蛋白 T 或 TnT 是使整个肌钙蛋白复合体与原肌球蛋白连接。肌钙蛋白是一种 Ca^{2+} 结合蛋白质。一个神经冲动引起 Ca^{2+} 从肌质网中的释放。释放的 Ca^{2+} 与 TnC 结合,引起 TnC 的构象变化,改变了 TnI 和原肌球蛋白的位置,解除了 TnI 的抑制,暴露出细丝上的肌球蛋白结合位点,随后引起肌肉收缩。

工作的骨骼肌要求蛋白质中常见的两类分子功能——结合和催化。肌动蛋白-肌球蛋白相互作用是一种像免疫球蛋白跟抗原之间发生的蛋白质-配体相互作用,这种相互作用是可逆的并留下不变化的参与者。当 ATP 与肌球蛋白结合,则被水解成 ADP 和 Pi。肌球蛋白不仅是一个结合肌动蛋白的蛋白质,而且也是一个 ATP 酶。

提　要

蛋白质行使功能经常需要与其他分子相互作用。蛋白质在它的结合部位上与称为配体的其他分子结合。当配体结合时蛋白质可能发生构象变化,这是一个称为诱导契合的过程。在多亚基蛋白质中配体与一个亚基的结合可能影响其他亚基与配体的结合。配体的结合是可以被调节的。

蛋白质是信息分子更是功能分子。蛋白质的功能极其多种多样,有行使催化功能的酶、作为信号分子的激素和细胞因子以及起转运、支撑、运动和保卫等功能的蛋白质。

肌红蛋白含有一个结合氧的血红素辅基。血红素是由一个配位在卟啉环内的铁(Fe^{2+})原子组成。肌红蛋白(珠蛋白家族成员)是单亚基蛋白质,由 8 个 α 螺旋段折叠而成,结构紧凑。一个亚铁血红素基位于疏水的空穴内。血红素铁在卟啉环面一侧直接与一个称近组氨酸(His F8)的侧链咪唑 N 结合,环面的另一侧是 O_2 结合部位(第 6 配位),在此附近的远组氨酸(His E7)能降低 CO 在氧结合部位的结合,并抑制血红素铁氧化成高铁态。氧与 Mb 结合是可逆的。这种可逆结合可用结合常数 K_a 或解离常数 K_d 来描述。对单体蛋白质如 Mb 来说,被配体(如 O_2)占据的结合部位的分数是配体浓度的双曲线函数,如 Mb 的氧结合曲线所示。肌红蛋白适于贮存氧。

血红蛋白由 4 个亚基(也是珠蛋白家族成员)组成,每个亚基含一个血红素基。正常的成人血红蛋白(Hb A)具有 $\alpha_2\beta_2$ 的亚基结构。α 和 β 亚基在结构上彼此之间以及跟肌红蛋白之间是相似的。血红蛋白以两种可以相互转化的构象,T 态和 R 态,存在。无氧结合时,T 态最稳定;氧的结合(涉及血红素铁的微小移动)促进向 R 态转化。

氧与血红蛋白的结合是别构而协同的。当 O_2 与一个结合部位结合,血红蛋白则发生构象变化,后者影响其他结合部位的亲和力,这是别构行为的典型例证。亚基-亚基相互作用介导的 T 态和 R 态之间的构象变化,引起血红蛋白与 O_2 的协同结合。这种结合可用 S 形氧结合曲线描述,并用 Hill 作图来分析。为了解释配体与多亚基蛋白质的协同结合,已提出两个主要模型:协同模型和序列模型。

血红蛋白的主要功能是结合并转运氧,但它也能结合和转运 H^+ 和 CO_2。血红蛋白对 O_2 的结合和对 H^+ 和 CO_2 的结合是互相排斥的;当血红蛋白与 H^+ 和 CO_2 结合,则形成稳定 T 态的离子对,并降低对氧的亲和力(Bohr 效应)。氧与血红蛋白的结合也受 2,3-二磷酸甘油酸的调节,它与 T 态结合并稳定 T 态。

镰状细胞贫血是一种遗传病。它是由于血红蛋白的每一 β 链中一个氨基酸被置换(Glu 6→Val 6)造成的。此变化引起血红蛋白表面出现一个疏水的突起,使分子聚集成不溶性的纤维束。此症纯合子患者出现严重的慢性贫血而死亡。地中海贫血是由于缺失一个或多个编码 Hb 珠蛋白链的基因造成的。

免疫应答是由一系列特化的白细胞及其相关的蛋白质之间的相互作用介导的。T 淋巴细胞产生 T 细胞受体,B 淋巴细胞产生免疫球蛋白,即抗体。所有的细胞都能产生 MHC 蛋白,它们在细胞表面展示宿主(自我)肽或抗原(非自我)肽。在称为克隆选择的过程中,辅助 T 细胞诱导那些产生免疫球蛋白的 B 细胞和产生 T 细胞受体的胞毒 T 细胞的增殖。免疫球蛋白或 T 细胞受体能与专一的抗原结合。

人类具有 5 类免疫球蛋白,每类的生物学功能都是不同的。最丰富的是 IgG 类,它由 4 条多肽链:两条重链和两条轻链组成,是 Y 形的蛋白质分子。靠近 Y 形结构上端的结构域是高变区,由它们形成两个抗原结合部位。一个给定的免疫球蛋白一般只结合一个大抗原分子的一个部分,称为表位。结合经常涉及 IgG 的构象变化,与抗原诱导契合。免疫球蛋白精细的结合专一性在分析技术上得到了开发,如 ELISA、Western 印迹等。

在马达蛋白质中蛋白质-配体相互作用在时、空的组织方面达到几乎完善的程度。肌肉收缩是由于精巧安排的肌球蛋白和肌动蛋白之间的相互作用和与之偶联的肌球蛋白对 ATP 的水解所引起的。肌球蛋白是由 2 个重链和 4 个轻链组成,形成一个纤维状的卷曲螺旋区(尾部)和一个球状区(头基)。肌球蛋白分子被组织成粗丝,粗丝沿细丝滑行。细丝主要由 G-肌动蛋白缔合成的 F-肌动蛋白组成。肌球蛋白上的 ATP 水解与一系列肌球蛋白头基的构象变化偶联,导致肌球蛋白头基从一个 F-肌动蛋白亚基上的解离,并沿细丝与前面的另一个 F-肌动蛋白亚基重新缔合,因此肌球蛋白沿肌动蛋白细丝滑行。肌质网释放的 Ca^{2+} 刺激肌肉收缩。Ca^{2+} 与肌钙蛋白结合导致肌钙蛋白-原肌球蛋白复合体的构象变化,结果引发肌动蛋白-肌球蛋白相互作用的循环。

习　　题

1. 解释下列名词:(a)配体,(b)结合部位,(c)血红蛋白,(d)配体结合分数饱和度,(e)氧合曲线,(f)Hill 系数,(g)协同性,(h)免疫应答,(i)抗原和抗体,(j)单克隆抗体,(k) 免疫印迹,(l)肌球蛋白和肌动蛋白,(m)粗丝和细丝,(n)肌纤维和肌原纤维,(o)肌节,(p)收缩循环。

2. 如果一个相对分子质量为 12 000 的蛋白质,含 10 种氨基酸,并假设每种氨基酸在该蛋白质分子中的数目相等,问这个蛋白质有多少种可能的排列顺序?

3. 蛋白质 A 和 B 各有一个配体 L 的结合部位,前者的解离常数 K_d 为 10^{-6} mol/L,后者的 K_d 为 10^{-9} mol/L。(a)哪个蛋白质对配体 L 的亲和力更高?(b)将这两个蛋白质的 K_d 转换为结合常数 K_a。

4. 下列变化对肌红蛋白和血红蛋白的 O_2 亲和力有什么影响? (a)血浆的 pH 从 7.4 降到 7.2;(b)肺中 CO_2 分压从 6 kPa(屏息)降到 2 kPa(正常);(c)BPG 水平从 4.5 mmol/L(海平面)增至 7.5 mmol/L(高空)。

5. 在 37℃,pH 7.4,CO_2 分压 40 torr(1 torr = 133.3 Pa)和 BPG 正常生理水平(4.5 mmol/L 血)条件下,人全血的氧结

合测定给出下列数据:

pO_2	饱和度($=100\times\theta$)/%	pO_2	饱和度($=100\times\theta$)/%
10.6	10	50.4	85
19.5	30	77.3	96
27.4	50	92.3	98
37.5	70		

（a）根据这些数据,绘制氧结合曲线;估算在① 100 torr pO_2（肺中）和② 4kP pO_2（静脉血中）下,血的氧百分饱和度。

（b）肺（100 torr pO_2）中结合的氧有百分之多少输送给组织（30 torr pO_2）?

（c）如果在毛细血管中 pH 降到 7.0,利用图 4-15 中的数据重新估算（b）部分。

6. 如果已知 n 和 P_{50}[注意 $K=(P_{50})^n$],可利用方程 $\theta/(1-\theta)=(pO_2/P_{50})^n$ 来计算 θ 值（血红蛋白氧分数饱和度）。设 $n=2.8$, $P_{50}=3.50$ kPa,计算 $pO_2=13$ kPa（肺部）时的 θ 值。这些条件下输氧效率（ $\theta_{肺}-\theta_{毛细血管}=\Delta\theta$ ）是多少? 当 $n=1.0$ 时,重复上面计算。比较 $n=2.8$ 和 $n=1.0$ 时的 $\Delta\theta$ 值,并说出协同性氧结合对血红蛋白输氧效率的影响。

7. 如果不采取措施,贮存相当时间的血,BPG 的含量会下降。用这样的血来输血会产生什么后果?

8. Hb A 能抑制 Hb S 形成纤维晶体和脱氧后红细胞的镰状化。为什么 Hb A 具有此效应?

9. 一个单克隆抗体与 G-肌动蛋白结合但不与 F-肌动蛋白结合。这对于抗体识别抗原表位能告诉你什么?

10. 假设一个 Fab-半抗原复合体的解离常数在 25℃和 pH 7 时是 5×10^{-7} mol/L。

（a）在 25℃和 pH 7 时结合的标准自由能是多少?

（b）此 Fab 的亲和力（结合常数）是多少?

（c）从该复合体中释放半抗原的速度常数为 120 s^{-1}。结合的速度常数是多少?

11. 抗原（L）与抗体（P）的结合方式与血红蛋白的氧结合相似。假设抗原是一价,抗体是 n 价,即抗体分子有 n 个结合部位,且各结合部位的结合常数 K_a 值是相同的,则可证明当游离抗原浓度为[L]时,结合到抗体上的抗原浓度[L_p]与抗体的总浓度[P_T]之比值:

$$\overline{N}=\frac{[L_p]}{[P_T]}=\frac{nK_a[L]}{1+K_a[L]}$$

$\overline{N}$ 实际上表示被一个抗体分子结合的抗原分子平均数。

（a）证明上面的方程可重排为

$$\frac{\overline{N}}{[L]}=K_a n-K_a\overline{N}$$

此方程式称为 Scatchard 方程。方程表明, $\overline{N}/[L]$ 对 $\overline{N}$ 作图将是一条直线（参见图 14-15）。

（b）根据 Scatchard 方程利用下列数据作图求出抗体-抗原反应的 n 和 K_a 值。

[L]mol/L	$\overline{N}$	[L]mol/L	$\overline{N}$
1.43×10^{-5}	0.50	1.68×10^{-4}	1.68
2.54×10^{-5}	0.77	3.70×10^{-4}	1.85
6.00×10^{-5}	1.20		

12. 一个典型的松弛肌节长约为 3 μm,收缩时长约为 2 μm。肌节中细丝长约为 1 μm,粗丝长约为 1.5 μm。

（a）估算在松弛和收缩时粗丝和细丝的重叠情况。

（b）一次收缩循环中肌球蛋白沿细丝滑行一"步"移动约 7.5 nm。问一次收缩中每个肌动蛋白丝需要滑行多少个步?

主要参考书目

1. 吴相钰,陈守良,葛明德. 陈阅增普通生物学. 4 版. 北京:高等教育出版社,2013.

2. 张龙翔,张庭芳,李令媛. 生化实验方法和技术. 2 版. 北京:高等教育出版社,1997.

3. 王克夷. 蛋白质导论. 北京:科学出版社,2007.

4. Garrett R H,Grisham C M. Biochemistry. 5th ed. Boston:Brooks/Cole,Cengage Learning,2013.

5. Kuby L. Immunology. New York:W. H. Freeman and Company,1992.

6. Stryer L. Biochemistry. 6th ed. New York：W. H. Freeman and Company，2007.

7. Mathews C K，van Holde K E. Biochemistry. Boston：The Benjamin/Cummings Publishing Company，1990.

8. Nelson D L，Cox M M. Lehninger Principles of Biochemistry. 6th ed. New York：W. H. Freeman and Company，2013.

9. Wilson K，Walker J. Principles and Techniques of Practical Biochemistry. 5th ed. New York：Cambrige University Press，2000.

10. Gerard J，Tortora. Principles of Human Anatomy. 6th ed. New York：Harper Collins Publishers Inc，1992.

（徐长法）

网上资源

习题答案　　　自测题

第5章　蛋白质的性质、分离纯化和鉴定

蛋白质的来源是动、植物组织或微生物细胞,近年来还有基因工程的表达产物。分离蛋白质的目的是多种多样的。研究某种蛋白质的分子结构、氨基酸组成、化学和物理性质,需要纯的、均一的甚至是结晶的蛋白质样品。研究活性蛋白质的生物学功能,需要样品保持天然构象,避免因变性而丢失活性。在制药工业中,需要把某种具有特殊功能的蛋白质纯化到规定的要求,特别要注意把一些具有干扰或拮抗性质的成分除去。总之,在实际工作中应根据研究工作和生产的具体目的和要求,制订出分离纯化的合理程序。本章将介绍蛋白质分离、纯化的一般程序和方法。分离纯化的各种方法主要是利用蛋白质之间各种性质的差异,包括分子大小、电荷、溶解度和结合性质,也即都来自蛋白质化学(protein chemistry),这是一门几乎与生物化学本身同龄的科目,曾一直在生物化学研究中保持中心地位。因此在讲述蛋白质分离纯化方法的同时,还将适当地介绍蛋白质在水溶液中的行为包括它的酸碱性质、胶体性质和沉淀,蛋白质的相对分子质量(M_r)测定以及蛋白质的含量测定和纯度鉴定等。

一、蛋白质在水溶液中的行为

(一) 蛋白质的酸碱性质

蛋白质分子由氨基酸组成,在蛋白质分子中保留着游离的末端 α-氨基和 α-羧基以及侧链上的各种官能团。因此蛋白质的化学和物理化学性质有些是与氨基酸相同的,例如,侧链上官能团的化学反应,分子的两性电解质性质等。

蛋白质也是一类两性电解质,能和酸或碱发生作用。在蛋白质分子中,可解离基团主要来自侧链上的官能团(表 5-1)。此外还有少数的末端 α-羧基和末端 α-氨基。如果是缀合蛋白质,则还有辅基成分所包含的可解离基团。蛋白质分子可解离基团的 pK_a 值列于表 5-1。它们和游离氨基酸中相应基团的 pK_a 值不完全相同,这是由于在蛋白质分子中受到邻近电荷的影响造成的。

表 5-1　蛋白质分子中可解离基团的 pK_a 值

基团	酸	$\rightleftharpoons$	碱+H⁺	pK_a(25℃)
α-羧基	—COOH	$\rightleftharpoons$	—COO⁻+H⁺	3.0~3.2
β-羧基(Asp)	—COOH	$\rightleftharpoons$	—COO⁻+H⁺	3.0~4.7
γ-羧基(Glu)	—COOH	$\rightleftharpoons$	—COO⁻+H⁺	4.4
ε-咪唑基(His)	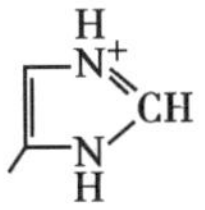 (咪唑基阳离子结构)	$\rightleftharpoons$	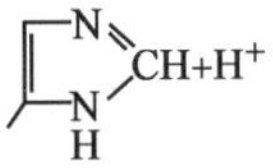 (咪唑基结构)+H⁺	5.6~7.0
α-氨基	—NH₃⁺	$\rightleftharpoons$	—NH₂+H⁺	7.6~8.4
ε-氨基(Lys)	—NH₃⁺	$\rightleftharpoons$	—NH₂+H⁺	9.4~10.6
巯基(Cys)	—SH	$\rightleftharpoons$	—S⁻+H⁺	9.1~10.8
苯酚基(Tyr)	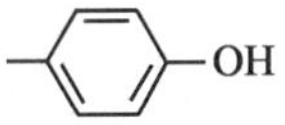 (苯酚—OH结构)	$\rightleftharpoons$	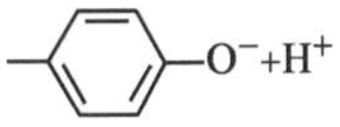 (苯酚—O⁻结构)+H⁺	9.8~10.4
胍基(Arg)	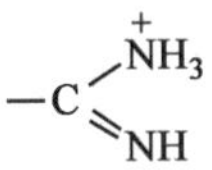 (胍基—C(NH₃⁺)=NH结构)	$\rightleftharpoons$	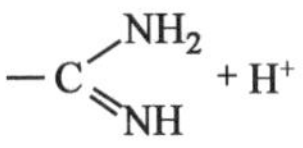 (胍基—C(NH₂)=NH结构)+H⁺	11.6~12.6

天然球状蛋白质的可解离基团大多数可被滴定,某些天然蛋白质中有一些可解离基团由于埋藏在分子内部或参与氢键形成而不能被滴定。例如肌红蛋白中,11 个组氨酸残基有 5 个侧链基团在变性前不能被滴定。但是所有的天然球状蛋白质处于变性状态时,可解离基团全部可被滴定。

可以把蛋白质分子看作是一个多价离子,所带电荷的性质和数量是由蛋白质分子中的可解离基团的种类和数目以及溶液的 pH 所决定的。对某一种蛋白质来说,在某一 pH 时,它所带的正电荷与负电荷恰好相等,也即净电荷为零,这一 pH 称为蛋白质的**等电点**。表 5-2 列出几种蛋白质的等电点。蛋白质的等电点和它所含的酸性氨基酸和碱性氨基酸的数目比例有关。表 5-3 给出几种蛋白质中碱性氨基酸与酸性氨基酸(酰胺化的酸性氨基酸已减去)的残基数目和它们之间的比例,这个比例和等电点之间有一定的关系。

表 5-2　几种蛋白质的等电点

蛋白质	等电点	蛋白质	等电点
胃蛋白酶	1.0	肌球蛋白	7.0
卵清蛋白	4.6	α-胰凝乳蛋白酶	8.3
血清清蛋白	4.7	α-胰凝乳蛋白酶原	9.1
β-乳球蛋白	5.2	核糖核酸酶	9.5
胰岛素	5.3	细胞色素 c	10.7
血红蛋白	6.7	溶菌酶	11.0

表 5-3　蛋白质的酸性氨基酸和碱性氨基酸含量与等电点的关系

蛋白质	酸性氨基酸 (残基数/蛋白质分子)	碱性氨基酸 (残基数/蛋白质分子)	碱性残基数 酸性残基数	等电点
胃蛋白酶	37	6	0.2	1.0
血清清蛋白	82	99	1.2	4.7
血红蛋白	53	88	1.7	6.7
核糖核酸酶	7	20	2.9	9.5

蛋白质的滴定曲线形状和等电点,在有中性盐存在下可以发生明显的变化。这是由于蛋白质分子中的某些解离基团可以与中性盐中的阳离子如 Ca^{2+}、Mg^{2+} 或阴离子如 Cl^-、HPO_4^{2-} 相结合,因此观察到的蛋白质等电点在一定程度上决定于介质中离子的组成。没有其他盐类干扰时,蛋白质质子供体基团解离出来的质子数与质子受体基团结合的质子数相等时的 pH 称为**等离子点**(isoionic point),等离子点是蛋白质的一个特征常数。

(二) 蛋白质的胶体性质

蛋白质溶液是一种**分散系统**(disperse system)。在这种分散系统中,蛋白质是分散相(disperse phase),水是分散介质(disperse medium),是连续相。就其分散程度来说,蛋白质溶液属于**胶体[分散]系统**(colloidal system),是由蛋白质分子与溶剂(水)所构成的均相系统,但是它的分散相质点是分子本身,在这个意义上说它又是一种真溶液。分散程度以分散相质点的半径来衡量。根据分散程度可以把分散系统分为 3 类:① 分散相质点的半径<1 nm 的为真溶液,② >100 nm 的为悬浊液,③ 介于 1 到 100 nm 之间的为胶体溶液。

分散相的质点在胶体系统中保持稳定,需要具备 3 个条件:① 分散相的质点大小在 1~100 nm 范围内,这样大小的质点在动力学上是稳定的,介质分子对这种质点碰撞的合力不等于零,使它能在介质中作布朗运动(Brown movement);② 分散相的质点带有同种符号的净电荷,互相排斥,不易聚集成大颗粒而产生沉淀;③ 分散相的质点能与溶剂形成溶剂化层,例如与水形成**水化层**,质点有了水化层,相互间不易靠拢而聚集。

从蛋白质相对分子质量的测定和形状的观测知道,蛋白质的分子大小属于胶体质点的范围。蛋白质溶液是一种**亲水胶体**(hydrophilic colloid)。蛋白质分子表面的亲水基团,如—NH₂、—COOH、—OH 以及—CO—NH—等,在水溶液中能与水分子发生**水化作用**(hydration),使蛋白质分子表面形成一个水化层,每克蛋白质分子能结合 0.3～0.5 g 水。一种蛋白质分子在适当的 pH 条件下都带有同种符号的净电荷。蛋白质溶液由于蛋白质分子具有水化层与电荷两种稳定因素,所以作为胶体系统是相当稳定的,如无外界因素的影响,就不致互相聚集而沉淀。蛋白质溶液也和一般的胶体系统一样具有丁达尔效应(Tyndall effect)、布朗运动以及不能通过半透膜(semipermeable membrane)等性质。

（三） 蛋白质的沉淀

蛋白质在溶液中的稳定性是有条件的、相对的。如果条件发生改变,破坏了蛋白质溶液的稳定性,蛋白质就会从溶液中沉淀出来。蛋白质溶液的稳定性既然与质点大小、电荷和水化作用有关,那么很自然,任何影响这些条件的因素都会影响蛋白质溶液的稳定性。例如在蛋白质溶液中加入**脱水剂**(dehydrating agent)以除去它的水化层,或者改变溶液的 pH 达到蛋白质的等电点使质点的净电荷为零,蛋白质分子则聚集成大的颗粒而沉淀。

沉淀蛋白质的方法有以下几种:

（1） **盐析法** 向蛋白质溶液中加入大量的中性盐(如硫酸铵、硫酸钠或氯化钠等),使蛋白质脱去水化层而聚集沉淀。盐析沉淀一般不引起蛋白质变性。当除去盐后,复可溶解。

（2） **有机溶剂沉淀法** 向蛋白质溶液中加入一定量的极性有机溶剂(如甲醇、乙醇或丙酮等),因引起蛋白质脱去水化层以及降低介电常数而增加异性电荷间的相互作用,致使蛋白质颗粒容易聚集而沉淀。有机溶剂可引起蛋白质变性,但如果在低温下操作,并且尽量缩短处理时间则可使变性速度减慢。

（3） **重金属盐沉淀法** 当溶液 pH 大于等电点时,蛋白质颗粒带负电荷,这样它就容易与重金属离子(如 Hg^{2+}、Pb^{2+}、Cu^{2+}、Ag^+等)结合成不溶性盐而沉淀。误服重金属盐的病人可口服大量牛乳或豆浆等蛋白质进行解救就是因为它能与重金属离子形成不溶性盐,然后再服用催吐剂把它排出体外。

（4） **生物碱试剂和某些酸沉淀法** 生物碱试剂是指能引起生物碱(alkaloid)沉淀的一类试剂,如鞣酸也称单宁酸(tannic acid),苦味酸(picric acid)即 2,4,6-三硝基酚,钨酸(tungstic acid, HWO_4)和碘化钾等。某些酸指的是三氯醋酸,磺基水杨酸(sulfosalicylic acid)和硝酸等。当溶液 pH 小于等电点时,蛋白质颗粒带正电荷,容易跟生物碱试剂和某些酸的酸根负离子发生反应生成不溶性盐而沉淀。这类沉淀反应经常被临床检验部门用来除去体液中干扰某些指标测定的蛋白质。

（5） **加热变性沉淀法** 几乎所有的蛋白质都因加热变性而凝固。少量盐类促进蛋白质加热凝固。当蛋白质处于等电点时,加热凝固最完全和最迅速。加热变性引起蛋白质凝固沉淀的原因可能是由于热变性使蛋白质天然构象解体,疏水基外露,因而破坏了水化层,同时由于蛋白质处于等电点也破坏了带电状态。我国很早就创造了将大豆蛋白质的浓溶液加热并点入少量盐卤(含 $MgCl_2$)的制豆腐方法,这是成功应用加热变性沉淀蛋白质的一个例子。

二、蛋白质分离纯化的一般程序

蛋白质的提取(isolation)、分离(separation)和纯化(purification)是艰巨、繁重、费时而又不可缺少的工作。虽然蛋白质的分离纯化技术有了长足发展,但对蛋白质和纯蛋白质的需要也日益增加,特别是在医药领域。今天基因工程生产蛋白质已发展成产业,因此高效、大规模和低成本地分离蛋白质产品显得十分重要。另外,对众多的分离纯化方法如何进行选择、组合和优化也需要进一步的研究。

蛋白质在组织和细胞中一般都是以复杂的混合物形式存在,每种类型的细胞都含有几千种不同的蛋白质。到目前为止,还没有一个单独的或一套现成的方法能把任何一种蛋白质从复杂的混合蛋白质中分离纯化出来。但是对于任何一种蛋白质都有可能选择一套适当的分离纯化程序以获得高纯度的制品(preparation)。现在已有几百种蛋白质得到结晶,上千种蛋白质获得高纯度的制品。蛋白质纯化的总目标是增加制品的纯度(purity)或**比活力**,以增加单位蛋白质质量中所要蛋白质的含量或生物活性(以活性单位/毫克蛋白质表示),并希望所得蛋白质的产量达到最高值。

分离纯化某种蛋白质的一般程序可以分为前处理、粗分级分离和细分级分离,有时还加上结晶步骤:

1. 前处理(pretreatment)

分离纯化某一种蛋白质,首先要求把蛋白质从原来的组织或细胞中以溶解的状态释放出来,并保持原来的天然状态,避免丢失生物活性。为此,动物材料应先剔除结缔组织包括脂肪组织;种子材料应先去壳和种皮以免受单宁等物质的污染,油料种子最好先用低沸点的有机溶剂如乙醚等脱脂。然后根据不同的情况,选择适当的方法,将组织和细胞破碎。动物组织可用电动捣碎机或称匀浆器(homogenizer)破碎或用超声处理(ultrasonication)破碎。植物组织由于具有由纤维素等物质组成的细胞壁,一般需要用与石英砂或玻璃粉和适当的缓冲液一起研磨的方法破碎或用**纤维素酶**(cellulase)处理也能达到目的。细菌细胞的破碎比较麻烦,因为整个细菌细胞壁的骨架实际上是一个借共价键连接而成的囊状**肽聚糖**(peptidogly-can)分子,非常坚韧。破碎细菌细胞的常用方法有超声震荡,与砂研磨或**溶菌酶**处理等。组织和细胞破碎以后,选择适当的缓冲液把所要的蛋白质提取出来。细胞碎片等不溶物离心或过滤除去,得到所谓**粗提取液**(crude extract)。

如果所要的蛋白质主要集中在某一亚细胞成分,如细胞核、染色体、核糖体或细胞溶胶等,则可利用**差速离心**(differential centrifugation)方法将它们分开(表 5-4),收集该细胞器作为下步纯化的材料(制备型离心机图解见图 5-5)。这样可以一下子除去很多杂蛋白质,使纯化工作容易得多。如果碰上所要蛋白质是跟细胞膜或膜质细胞器结合的,则必须利用超声波或去污剂使膜结构解聚,然后用适当的介质提取。

表 5-4　在不同离心场下沉降的细胞组分

相对离心场[①]/g	时间/min	沉降的组分
1 000	5	真核细胞
4 000	10	叶绿体,细胞碎片,细胞核
15 000	20	线粒体,细菌
30 000	30	溶酶体,细菌细胞碎片
100 000	3~10(h)	核糖体

① 相对离心场或相对离心力(relative centrifugal field or force, RCF)是指单位质量(1 g)所受到的场或力,以重力加速度 g(980.7 cm/s^2)的倍数表示。RCF 与每分钟的转数(r/min)以及离心机转轴中心到离心管中间的距离,即平均半径 r(以 cm 表示)的关系为:$RCF = \dfrac{4\pi^2(r/min)^2 r}{3\ 600 \times 980} = 11.19 \times 10^{-5}(r/min)^2 r$。

2. 粗分级分离(rough fractionation)

当蛋白质提取液(有时还杂有核酸、多糖之类)获得后,选用一套适当的方法,将所要的蛋白质与其他杂蛋白质分离开来。一般这一步的分级[分离]用盐析、等电点沉淀和有机溶剂分级分离等方法。这些方法的特点是简便、处理量大,既能除去大量杂质,又能浓缩蛋白质溶液。有些蛋白质提取液不适于用沉淀法或盐析法浓缩的,则可采用超过滤或凝胶过滤、冷冻真空干燥或其他方法(如聚乙二醇浓缩法)进行浓缩。

3. 细分级分离(fine fractionation)

也即制品的纯化。制品经粗分级分离后,一般体积较小,杂蛋白质大部分已被除去。纯化主要使用**柱层析**(column chromatography)方法,包括凝胶过滤层析,离子交换层析,吸附层析以及亲和层析等。柱层析是基于蛋白质电荷、大小、结合亲和力和其他性质的不同获得分离的,是蛋白质分离纯化的最有力方法。必要时还可选择电泳法,如凝胶电泳、等电聚焦作进一步的纯化,但电泳法主要用于分析分离和纯度鉴定。

4. 结晶(crystallization)

结晶是蛋白质分离纯化的最后步骤。尽管晶体并不能保证蛋白质一定是均一的,但只有某种蛋白质在溶液中数量上占优势时才能形成晶体。结晶过程本身伴随着一定程度的纯化,重结晶又可进一步剔去少量夹杂的蛋白质。由于晶体中从未发现过变性蛋白质,因此蛋白质晶体不仅是纯度的一个标志,也是断定制品处于天然状态的有力指标。结晶也是进行 X 射线晶体学分析所要求的,只有获得蛋白质晶体才能对它进行 X 射线结构分析。蛋白质纯度愈高,溶液愈浓就愈容易结晶。结晶的最佳条件是使溶液略处于过饱和状态,此时较易得到结晶。要得到适度的过饱和溶液,可借控制温度、加盐盐析、加有机溶剂或调节 pH 等方法来达到。晶体形成与蛋白质沉淀两者的原理是一样的,所不同的是晶体生长的速度要慢得多。

三、蛋白质分离纯化的方法

(一) 分离纯化方法的根据

1. 根据溶解度不同的分离方法

利用蛋白质溶解度的不同分离蛋白质是实践中最常用的方法。影响蛋白质溶解度的外部因素很多,其中主要有:① pH,② 离子强度,③ 介电常数,④ 温度。但在同一的特定外部条件下,不同蛋白质具有不同的溶解度,这是因为溶解度归根结底取决于蛋白质本身的分子结构,例如所带电荷的性质(正或负)和数量,分子表面上亲水基团与疏水基团的比例等。根据蛋白质分子结构的特点,适当地改变上面所说的外部因数,就可以选择性地控制蛋白质混合物中某种成分的溶解度,作为分离纯化所要蛋白质的一种手段。

利用这种手段的分离方法有等电点沉淀、盐析、有机溶剂分级分离、两相分配(如分配层析,它主要用于小分子纯化,见第 2 章)和结晶等。

2. 根据分子大小不同的分离方法

蛋白质分子最明显的特征之一是颗粒大,并且不同的蛋白质在分子大小方面是不同的(表 2-8,图 2-26),因此可以利用一些较简便的方法使蛋白质混合物分开,特别是很容易使蛋白质和小分子物质(杂质)分开。

有超过滤、凝胶过滤(分子筛)和超离心法包括密度梯度(区带)离心等。超离心技术由于需要昂贵的超速离心机,加之分离的规模有限,现在很少用于制备分离,但分析分离仍被广泛使用。

3. 利用电荷不同的分离方法

根据蛋白质的电荷不同即酸碱性质不同分离蛋白质混合物的方法有电泳(包括纸电泳、聚丙烯酰胺凝胶电泳(PAGE)、毛细管电泳、等电聚焦、双向电泳等)和离子交换层析等技术。注意,十二烷基硫酸钠-聚丙烯酰胺凝胶电泳(SDS-PAGE)不是根据蛋白质本身的电荷差别而是它们的质量和表面疏水性不同将蛋白质分离的。

4. 以疏水相互作用为基础的分离方法

属于这一类的方法有疏水相互作用层析、SDS-PAGE 和染料结合层析等。

5. 基于对生物配基的亲和力的分离方法

属于这一类的分离方法有各种亲和层析,包括免疫亲和层析、凝集素亲和层析和染料亲和层析等;以配位键为基础的金属螯合层析亦归属于这一类。亲和层析是基于所要蛋白质对含有配基的固定相的专一性结合——亲和力。深究其原因,亲和力的形成也是一组不同原理的弱相互作用的综合,包括荷电基团、氢键和疏水相互作用等。

上面 4、5 两类分离方法的依据没有本质上的区别,都是利用蛋白质的结合性质差异;或者说利用分离基质对蛋白质的吸附能力不同。所以它们都可归于**吸附层析**(adsorption chromatograpy)这一大类。

(二) 等电点沉淀和盐析

1. 等电点沉淀和 pH 控制

蛋白质是带有正、负电荷基团的两性电解质,带电基团的数量和性质则因 pH 不同而变化。某种蛋白质处于等电点时,其净电荷为零,由于这种蛋白质分子之间没有净电斥力而趋于聚集沉淀。因此在其他条件相同时,它的溶解度达到最低点。在离开等电点的 pH 时,蛋白质分子因携带同种符号的净电荷而相互排斥,阻止分子聚集成沉淀,因此溶解度较大。图 5-1 说明 β-乳球蛋白的溶解度在其等电点(pH 5.2 ~ 5.3)时达到最低值,在等电点两侧的 pH,其溶解度迅速上升;此图还说明氯化钠浓度对 pH 与溶解度的关系无多大影响。不同的蛋白质具有不同的等电点,利用蛋白质在等电点时溶解度最低的原理,可以把蛋白质混合物分开。当 pH 被调至混合蛋白质中某一成分的等电 pH 时,这种蛋白质的大部分或全部将沉淀下来,那些等电点不在此 pH 的蛋白质则仍留在溶液中。这样沉淀出来的蛋白质保持着天然构象,能重新溶解于适当的 pH 和一定浓度的盐溶液中。

2. 蛋白质的盐溶和盐析

中性盐对球状蛋白质的溶解度有显著的影响。低浓度时如图 5-2 所示,中性盐可以增加蛋白质的溶解度,这种现象称为**盐溶**(salting in)。盐溶作用主要是由于蛋白质分子吸附某种盐类离子后,带电层使蛋白质分子彼此排斥,而蛋白质分子与水分子间的相互作用却加强,因而溶解度增高。

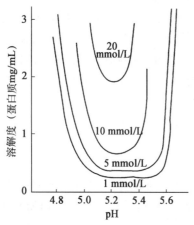

图 5-1　pH 和离子强度对 β-乳球蛋白溶解度的影响
(图中曲线上的数值为氯化钠的浓度)

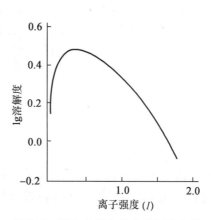

图 5-2　等电点时中性盐(K_2SO_4)对一氧化碳-血红蛋白溶解度的影响

从图 5-2 可以看出,当溶液的离子强度增加到一定数值时,蛋白质溶解度开始下降。当离子强度增加到足够高时,例如饱和或半饱和的程度,很多蛋白质可以从水溶液中沉淀出来,这种现象称为**盐析**(salting out)。盐析作用主要是由于大量中性盐的加入使水的活度降低,原来溶液中的大部分甚至全部的自由水转变为盐离子的水化水(water of hydration)。此时那些被迫与蛋白质分子表面的疏水基团接触并掩盖它们的水分子(笼形壳,见第 1 章)也成盐离子的水化水,留下暴露出来的疏水基团。随着盐浓度的增加,蛋白质疏水表面进一步暴露,由于疏水作用蛋白质聚集而沉淀。因此最先聚集的蛋白质是表面上疏水残基最多的蛋白质。盐析法是蛋白质分离过程中最常用的方法之一。研究得最多的蛋白质之一,鸡蛋清的卵清蛋白就是用盐析法得到的。鸡蛋清用水稀释后,加入硫酸铵至半饱和,其中的球蛋白立即沉淀析出(表 2-6),过滤后,酸化至 pH 4.6 ~ 4.8(卵清蛋白的等电点),在 20℃ 放置,即得卵清蛋白晶体。牛胰中的一些蛋白水解酶及其酶原如胰凝乳蛋白酶原、α-胰凝乳蛋白酶和胰蛋白酶都是用硫酸铵和硫酸镁盐析的方法分离纯化并获得结晶。由于盐析分离出来的蛋白质保持着它的天然构象,能再溶解;并经多种方法鉴定产品是均一的,可见在一些情况下,盐析是一种非常有效的分离方法。

用于盐析的中性盐以硫酸铵为最佳,因为它在水中的溶解度很高,而溶解度的温度系数较低。应当指出,同样浓度的二价离子中性盐,如 $MgCl_2$、$(NH_4)_2SO_4$ 对蛋白质溶解度影响,要比单价中性盐如 NaCl、NH_4Cl 大得多。中性盐影响蛋白质溶解度的能力是它们的离子强度的函数(图 5-2)。离子强度(ionic strength)可以定义为:

$$I = \frac{1}{2} \sum c_i Z_i^2$$

式中,c_i 为各种离子的浓度(单位 mol/L),Z_i 为各种离子的净电荷(与符号无关);$\sum$ 是表示加成的符号。计算溶液的离子浓度,可将各种离子的浓度分别乘以各种离子所带的净电荷的平方,然后将所有乘积相加并除以 2。例如 2 mol/L 硫酸铵溶液的离子强度为:

$$\frac{(4 \times 1) + (2 \times 4)}{2} = 6$$

注意,计算离子强度时,仅用离子的净电荷,因为未解离的电解质(如未解离的醋酸)或携带正负电荷数相等的兼性离子(如中性氨基酸)并不增强溶液的离子强度。

(三) 有机溶剂分级分离

与水互溶的有机溶剂(如甲醇、乙醇和丙酮等)能使蛋白质在水中的溶解度显著降低。在室温下,这些有机溶剂不仅能引起蛋白质沉淀,而且伴随着变性。如果预先将有机溶剂冷却到 -40℃ 至 -60℃,然后在不断地搅拌下加入有机溶剂以防止局部浓度过高,那么变性问题在很大程度上可以得到解决。蛋白质在有机溶剂中的溶解度也随温度、pH 和离子强度而变化。

在一定温度、pH 和离子强度条件下,引起蛋白质沉淀的有机溶剂的浓度不同,因此控制有机溶剂浓度也可以分离蛋白质。例如,在 -5℃ 的 25% 乙醇中卵清蛋白可以沉淀析出,而与卵清中的其他蛋白质分开。

有机溶剂引起蛋白质沉淀的主要原因之一是改变了介质的介电常数(dielectric constant)。水是高介电常数物质(20℃ 时,80),有机溶剂是低介电常数物质(20℃ 时,甲醇 33,乙醇 24,丙酮 21.4),因此有机溶剂的加入使水溶液的介电常数降低。从电学的库仑定律(Coulomb's law)可知,介电常数的降低将增加两个相反电荷之间的吸引力。这样,蛋白质分子表面可解离基团的离子化程度减弱,水化程度降低,因此促进了蛋白质分子的聚集和沉淀。有机溶剂引起蛋白质沉淀的另一重要方式可能与盐析相似,与蛋白质直接争夺水化水,致使蛋白质聚集而沉淀。

水溶性非离子聚合物如聚乙二醇(polyethylene glycol)也能引起蛋白质沉淀。聚乙二醇的主要作用可能是脱去蛋白质的水化层。蛋白质在聚乙二醇中的溶解度几乎与溶液中的盐浓度、pH 甚至蛋白质的绝对(水中)溶解度无关。这些观察表明聚乙二醇与蛋白质亲水基团发生相互作用并在空间上阻碍蛋白质与水相接近。蛋白质在聚乙二醇中的溶解度明显地依赖于聚乙二醇的分子质量,这个事实也支持了上述观点。

利用溶解度差异分离蛋白质的方法要十分注意温度的影响。在一定温度范围内,0~40℃ 之间,大多数球状蛋白质的溶解度随温度升高而增加。但也有例外,例如人的血红蛋白从 0~25℃,溶解度随温度上升而降低。在 40~50℃ 以上,大部分蛋白质变得不稳定,开始变性,一般在中性 pH 介质中即失去溶解力。大多数蛋白质在低温下比较稳定,因此蛋白质的分级分离操作一般都在 0℃ 或更低的温度下进行。

(四) 透析和超滤

透析(dialysis)是利用蛋白质分子不能通过半透膜的性质,使蛋白质和其他小分子物质如无机盐、单糖等分开。常用的半透膜是玻璃纸或称赛璐玢纸(cellophane paper)、火棉纸或称赛璐珞纸(celloidin paper)和其他改型的纤维素材料。透析是把待纯化的蛋白质溶液装在半透膜的透析袋里,放入透析液(蒸馏水或缓冲液)中进行的,透析液可以更换,直至透析袋内无机盐等小分子物质降到最少为止(图 5-3)。透析虽然不能用来分离混合蛋白质本身,但它常是分离纯化中不可缺的一个步骤。

超[过]滤(ultrafiltration)是利用压力或离心力,强行使水和其他

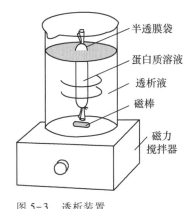

图 5-3 透析装置

小分子溶质通过半透膜,而蛋白质被截留在膜上,以达到浓缩和脱盐的目的(图 5-4)。如果滤膜选择得当,还能同时进行粗分级。超过滤既可以用于小量样品处理,也可用于大规模生产。现在已有各种商品化的超滤装置可供选用,有加压、抽滤和离心等多种形式。滤膜也有多种规格,它们可截留一定分子质量的蛋白质。使用中最需要注意的问题是滤膜表面容易被吸附的蛋白质堵塞,以致超滤速度减慢,能被截留的物质分子质量也变小。当样品含量低时甚至因吸附而不能被回收。为此采用切向流过滤(tangential flow filtration)的方法可获得较理想的结果。所谓**切向流过滤**是指液体在泵驱动下沿着与膜表面相切的方向流动,在膜上形成压力,使部分液体透过膜,而另一部分液体切向地流过膜表面,将被膜截留的蛋白质分子冲走(反流回样品槽),避免它们在滤膜表面上堆积,造成膜堵塞。超滤除了可以对蛋白质进行粗略的分离外,更重要的是可以除去水分(和小分子杂质),达到浓缩样品的目的。

(五) 密度梯度超速离心

蛋白质颗粒的沉降速度不仅决定于它的大小,而且也取决于它的密度(见下一节)。如果蛋白质颗粒在具有密度梯度(density gradient)的介质中离心时,质量和密度大的颗粒比质量和密度小的颗粒沉降得快,并且每种蛋白质颗粒沉降到与自身密度相等的介质密度梯度时,则停止不前,最后各种蛋白质在离心管(常用塑料管)中被分离成各自独立的区带(zone),分成区带的蛋白质可以在管底刺一个小孔,逐滴放出,分部收集。每个组分进行小样分析以确定区带位置(参见图 10-27A)。常用的密度梯度有蔗糖梯度(图 5-5),聚蔗糖梯度和其他合成材料的密度梯度。蔗糖便宜,纯度高,浓溶液(600g/L)密度可达 1.28 g/cm^3。**聚蔗糖**的商品名是 Ficoll,它是由蔗糖和 1-氯-2,3-环氧丙烷合成的高聚物,M_r 约 400 000。需要高密度和低渗透压的梯度时,可用 Ficoll 代替蔗糖。密度梯度在离心管内的分布是管底的密度最大,向上逐渐减小(图 5-5)。实验时待分离的蛋白质混合物平铺在梯度的顶端,离心采用水平转头高速进行。使用密度梯度的主要原因是这种设计能起一种稳定作用,可以消除因对流和机械震动引起区带界面的扰乱。

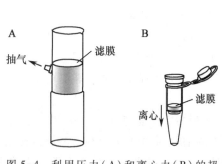

图 5-4　利用压力(A)和离心力(B)的超滤装置

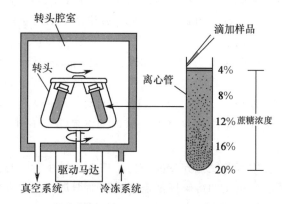

图 5-5　制备型超速离心机和蔗糖密度梯度

(六) 凝胶过滤——大小排阻层析

凝胶过滤(gel filtration)也称**大小排阻层析**(size exclusion chromatograpy)、分子筛(molecular-sieve)或凝胶渗透(gel permeation)层析。它是根据多孔介质对不同大小(体积)和不同形状的分子的排阻能力不同来分离蛋白质混合物的。

1. 凝胶过滤的介质

凝胶过滤所用的支持介质(也称载体)是凝胶珠(gel bead)或称凝胶颗粒,其内部是多孔的网状结构。凝胶的交联度或孔度(网孔大小)决定了凝胶的分级[分离]范围(fractionation range),即能被该凝胶分离开来的蛋白质混合物的相对分子质量范围。例如 Sephadex G-50 的分级范围是 1 500 到 30 000。有时也用排阻极限(exclusion limit)来表示分级范围的上限,它被定义为不能扩散进入凝胶珠微孔的最小分子的

M_r,例如 Sephadex G-50 的排阻极限是 30 000。凝胶的粒度与洗脱流速和分辨率有关。颗粒通常用筛眼数即目数(mesh size)或珠直径(μm)表示。

目前经常使用的凝胶有交联葡聚糖,聚丙烯酰胺和琼脂糖等。**交联葡聚糖**是由线形的 α-1,6-葡聚糖(右旋糖酐)与 1-氯-2,3-环氧丙烷反应而成的化合物,它的商品名称为 **Sephadex**(见第 9 章)。**聚丙烯酰胺凝胶**(商品名称为 Bio-gel P)是一种人工合成的凝胶,它是由单体丙烯酰胺(acrylamide)和交联剂甲叉双丙烯酰胺(N,N'-methylenebisacrylamide)共聚而成。琼脂糖是从琼脂中分离获得的(见第 9 章),琼脂糖凝胶的商品名是 Sepharose 或 Bio-Gel A,这种凝胶的优点是孔径大,排阻极限高。

2. 凝胶过滤的原理和过程

当分子大小(和形状)不同的蛋白质流经凝胶层析柱时,比凝胶孔径大的分子不能进入珠内的网状结构,而被排阻在凝胶珠之外,随着溶剂在凝胶珠之间的孔隙向下移动并最先流出柱外;比网孔小的分子则不同程度地能自由出入凝胶珠的内外。这样不同大小的分子由于所经的路径不同而得到分离,大分子物质先被洗脱出来,小分子物质后被洗脱出来,同样质量的分子,线型分子在前,球状分子在后。凝胶过滤的基本原理可用图 5-6 表示。

为了便于讨论凝胶过滤层析的原理,介绍几个有关凝胶体积的术语(图 5-7):① V_t 为凝胶柱床的总体积(total volume),常称**柱床体积**,它可以用水直接测量或按几何形状计算而得;② V_e 为某一待分离物质组分的**洗脱体积**(elution volume),自加样品开始到该组分的洗脱峰(峰顶)出现时所流出的体积;③ V_o 为**外水体积**(outer volume)或孔隙体积(void volume),即柱床中凝胶珠之间孔隙的水相体积,测出不被凝胶滞留的蓝色葡聚糖-2000(blue dextran-2000,M_r 约为 2 000 000)的洗脱体积可以决定 V_o;④ V_i 为**内水体积**(inner volume),即凝胶珠内部的水相体积;它可以由干胶重量(g)乘其吸水值(mL 水/g 干胶)近似地表示,或直接测出小分子物质[如 T_2O(氚化水,tritiated water),tritium oxide]通过凝胶柱的洗脱体积再减去外体积得来;⑤ V_m 为凝胶基质体积(matrix volume)。

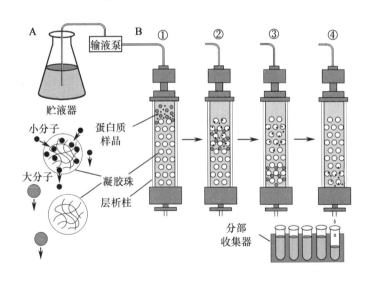

图 5-6　凝胶过滤(大小排阻层析)的原理
A. 小分子由于扩散作用进入凝胶珠内部而被滞留,大分子被排阻在凝胶珠的外面,并在凝胶珠之间迅速通过;B.① 蛋白质混合物上柱;② 洗脱开始,小分子扩散进入凝胶珠内部而被滞留,而大分子则被排阻在凝胶颗粒之外并向下移动,大、小分子开始分开;③ 大、小分子完全分开;④ 大分子因行程较短,已被洗脱出层析柱,小分子尚在行进中

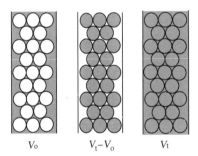

图 5-7　凝胶柱床中 V_t,V_o 等关系示意图
阴影部分为所指体积

凝胶床内各种体积之间的关系是:

$$V_t = V_o + V_i + V_m$$

其中 $(V_i + V_m)$ 亦即 $(V_t - V_o)$ 是凝胶珠的总体积。假定凝胶与待分离的物质之间不存在相互作用,那么凝胶过滤可以看成是一种液-液分配层析。凝胶珠内的水相是固定相 (V_i),凝胶珠外的水相是流动相 (V_o),物质就在 V_o 和 V_i 之间分配(见图 2-14)。能进入 V_i 的组分的量决定于组分分子的大小(和形状)和凝胶网孔的大小。物质在柱中的移动速度取决于它在两相之间的分配系数 (K_d):

$$K_d = \frac{V_e - V_o}{V_i}$$

K_d 是组分分子大小的函数。对于完全被排阻在凝胶珠之外的大分子来说,它们将在同一洗脱峰出现,$V_e = V_o$,$K_d = 0$。对于完全能自由出入凝胶珠内外的小分子,$V_e = V_o + V_i$,$K_d = 1$;对于在分级分离范围内的中等大小分子,凝胶珠内部的有些网孔它们能扩散进去,有些网孔则不能,因此一般情况下,K_d 总是在 0 与 1 之间。因此在分级分离范围之外的物质 $(K_d = 0$ 或 $K_d = 1)$,虽分子大小有所不同,但也不能被分开。实验中,有时出现 $K_d > 1$ 的现象,这表明凝胶对组分有吸附作用。

由于实际上测定 V_i 有困难,所以上述的公式很少使用。经修正,用凝胶珠内的总体积代替上式中的内体积 (V_i) 来表示 K_d,此时 K_d 改用 K_{av},称可利用分配系数(available coefficient):

$$K_{av} = \frac{V_e - V_o}{V_t - V_o}$$

只要测得 V_t、V_o 和 V_e,即可计算 K_{av} 的值。

(七) 凝胶电泳

电泳是基于荷电颗粒(如蛋白质离子)在外电场中的移动速度不同而达到分离的一项技术。电泳技术可用于氨基酸、肽和核苷酸等生物小分子的分离分析和小量制备。电泳方法通常不用来纯化蛋白质,因为一般有其他更简单的方法可供利用,此外电泳方法经常会影响蛋白质的结构,因而也影响它的功能。然而作为一种分析手段电泳是极其重要的。它可以快速地使研究者知道混合物中不同蛋白质的数目,或者一个所要蛋白质的纯化程度。它也可用来测定蛋白质的某些重要性质,如等电点、近似相对分子质量。

1. 电泳原理

在外电场的作用下,荷电颗粒将向着与其电荷符号相反的电极移动,这种现象称为**电泳**(electrophoresis)或**离子泳**(ionphoresis)。

带电颗粒在电场中发生泳动时,将受到两种方向相反的力的作用:

$$F(电场力) = qE\left(= q\frac{U}{d} \right)$$

$$F_f(摩擦力) = fv$$

这里,q = 颗粒所带的净电荷(电量);

　　E = 电场强度或电势梯度 $= U/d$;

　　U = 两电极间的电势差(V);

　　d = 两电极间的距离(cm);

　　f = 摩擦系数(与颗粒的形状、大小和介质的黏度有关);

　　v = 颗粒移动速度(cm/s)。

当颗粒以恒稳速度移动时,则 $F - F_f = 0$,因此 $qE = fv$,即,

$$\frac{v}{E} = \frac{q}{f}$$

在一定的介质中对某一种蛋白质来说,q/f 是一个定值,因而 v/E 也是定值,它被称为**电泳迁移率**或**泳动度**(electrophoretic mobility):

$$\mu = \frac{\nu}{E}$$

μ 值可以通过实验测得。蛋白质的 μ 值为 $0.1 \times 10^{-4} \sim 1.0 \times 10^{-4}$ cm^{2}V^{-1}s^{-1}。蛋白质的电泳迁移率以及 pH 和离子强度对电泳迁移率的影响都反映一种蛋白质的特性。因此电泳不仅是分离分析蛋白质的重要手段,也是研究蛋白质性质的一种有用的物理方法。

2. 电泳类型

最早的电泳装置是由瑞典学者 Arne Tisellius(1902—1971)于 1937 年设计出来的,称为移动界面电泳(moving-boundary electrophoresis)。它是在 U 形管内使蛋白质溶液和缓冲液之间形成清晰的界面,然后加一外电场(图 5-8)。由于界面处存在浓度梯度因而产生折射率梯度,利用适当的光学系统可以观察到界面的移动。在电泳过程中,每个移动界面(峰)相当于某一特定的蛋白质。根据界面移动的速度和电场强度即可算出某一蛋白质的电泳迁移率。移动界面电泳(也称自由界面电泳)在相当长的时间内曾是定量分析混合蛋白质组分的有力工具,例如用于研究人血浆的蛋白质成分,得到很有意义的结果。对比正常的和病人的血浆蛋白质的电泳图谱,有助于临床诊断。

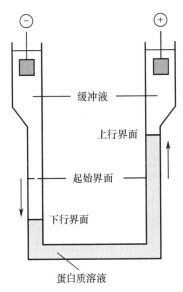

在移动界面电泳的基础上已发展出多种形式的**区带电泳**(zone electrophoresis),它是由于电泳时混合物在支持介质上被分离成若干区带或条带而得名。又按支持物的物理性状不同分成若干类,如纸电泳、薄膜电泳和凝胶电泳等。区带电泳具有设备简单,操作方便,样品用量少等优点,它是蛋白质和其他生物分子分析分离的常用技术。

目前使用最广泛的区带电泳是**凝胶电泳**(gel electrophoresis),它最常用的支持介质有聚丙烯酰胺凝胶和琼脂糖凝胶。

图 5-8　移动界面电泳的图解
选择适当 pH 的缓冲溶液使蛋白质带同种电荷;这里假设蛋白质为负离子等电点

3. 电泳过程

凝胶电泳在用缓冲液配制的支持介质上进行。**聚丙烯酰胺凝胶电泳**(polyacrylamide gel electrophoresis,简称 PAGE)适于分离蛋白质和寡核苷酸;**琼脂糖凝胶电泳**(agarose gel electrophoresis)用于核酸的分离。这两种凝胶电泳的分辨率都很高。凝胶可以制作成平板或圆柱,平板凝胶电泳装置的图解见图 5-9A,B。电泳前将待分离的蛋白质样品加到凝胶板的加样井中,凝胶板的两端与电极连接,通电进行电泳。电泳完毕,用显色剂(对蛋白质可用考马斯亮蓝或氨基黑等)浸染后即可显示出蛋白质条带(图 5-9C)。

(八) 等电聚焦和双向电泳

1. 等电聚焦(isoelectric focusing,IEF)

也称电聚焦(electric focusing,EF),是一种高分辨率的蛋白质分离技术,它主要用于蛋白质等电点的测定(图 5-10)。等电聚焦是在具有 pH 梯度的介质中进行的。最初使用的是液体介质如浓蔗糖溶液,现在多用凝胶介质是聚丙烯酰胺、琼脂糖和葡聚糖凝胶等;因此也称凝胶等电聚焦(gel IEF)。由于介质固体化,操作方便,分离量增大,分离时间缩短(只需 1~3 h),分辨率高达 0.001 pH 单位。

pH 梯度制作一般利用两性电解质(商品名称为 ampholine),它们是一系列低相对分子质量(M_r 在 300 到 1 000 之间)的脂肪族多氨基和多羧基的同系物,具有相近但不相同的 pK_a 和 pI 值。这些两性电解质在跨凝胶介质的电场中,自然分布而形成 pH 梯度(范围在 2.5 到 11.0 之间)。加样后,蛋白质混合物在外电场作用下将移动并各自"聚焦"在与其等电点相等的 pH 处;这样,不同等电点的蛋白质各不相同地被分布在整个凝胶上。等电聚焦可以把人的血清分成 40 多个条带。此技术特别适用于同工酶(isoenzyme)的鉴定。

2. 双向(二维)电泳(two-dimensional electrophoresis)

有些混合物进行一次电泳不能完全分开。这种情况可在第一次电泳后,将凝胶条切下,旋转 90°(成

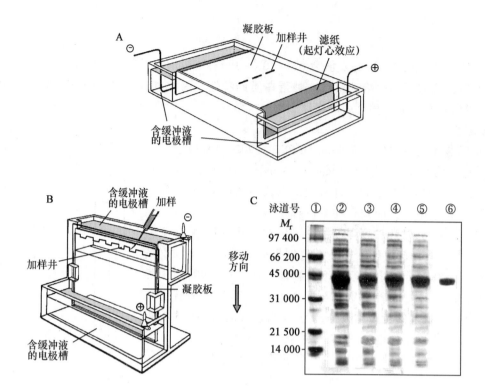

图 5-9　水平式(A)和垂直式(B)平板凝胶电泳的图解和染色后显示的蛋白质条带示意图(C)

示意图(C)中,泳道① 已知分子质量的标准蛋白质,② 细胞粗提取液,③ 经硫酸铵沉淀处理,④ 阳离子交换层析,⑤ 凝胶过滤,⑥ 亲和层析

水平向)通过凝胶之间的接触印迹(bloting)把样品转移到新的凝胶板上,更换缓冲液,进行第二次电泳。这种方法称为**双向电泳**。现在**双向电泳**多指等电聚焦和随后的 SDS 凝胶电泳相结合的分离技术。蛋白质第一次分离是在薄胶条上进行等电聚焦,然后把胶条水平向铺设在片状凝胶上用 SDS-聚丙烯酰胺凝胶电泳进行第二次分离。得到的双向电泳谱(凝胶板)上水平向分离反映 pI 的差别,垂直向分离反映分子质量的不同。因此双向电泳可以把分子质量相同而 pI 不同,或者 pI 相近而分子质量不同的蛋白质分离开来。

双向电泳作为分析方法比任一种电泳单独使用都

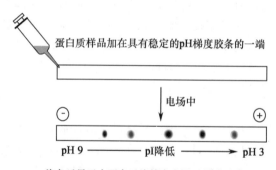

蛋白质样品加在具有稳定的pH梯度胶条的一端

电场中

染色后显示出蛋白质按等电点沿pH梯度分布

图 5-10　等电聚焦

要更灵敏。用双向电泳可以把细胞的一套(几千种)蛋白质分开。单个蛋白质斑点可从凝胶上切下,进行质谱鉴定(第 2 章)。

（九）　离子交换层析

离子交换层析是利用在给定 pH 下蛋白质的净电荷符号和数量的不同而进行分离的一种层析方法。层析的基本原理和运作参见第 2 章氨基酸混合物的分离。在这里,主要介绍一下广泛用于蛋白质和核酸大分子层析的支持介质纤维素离子交换剂和交联葡聚糖离子交换剂的一些特性。

纤维素离子交换剂(cellulose ion exchanger)采用纤维素作为交换剂的基质。纤维素离子交换剂之所以适用于大分子的分离,是由于它具有松散的亲水性网状结构,有较大的表面积,大分子可以自由通过。因此它对蛋白质的交换容量比离子交换树脂大。同时,纤维素单糖残基上的羟基被可交换基团置换的百分率较低,因而纤维素离子交换剂的电荷密度较小,所以洗脱条件温和,蛋白质回收率较高。此外纤维素离子交换剂的品种较多,可以适用于各种目的的分离。总之,它的出现对酶和其他蛋白质的分离纯化是个重大的改进。常用的纤维素阳离子交换剂有 CM-纤维素(羧甲基-,—O—CH$_2$COOH;弱酸型)、P-纤维素(磷酸基-,—O—PO$_3$H$_2$;中强酸型)和 SE-纤维素(磺乙基-,—O—CH$_2$—CH$_2$—SO$_3$H;强酸型)等;纤维素阴离子交换剂有 AE-纤维素(氨基乙基-,—O—CH$_2$—CH$_2$—NH$_2$;弱碱型)、DEAE-纤维素(二乙基氨基乙基-,—O—CH$_2$—CH$_2$—N$=$(C$_2$H$_5$)$_2$;强碱型)和 TEAE-纤维素(三乙基氨基乙基-,—O—CH$_2$—CH$_2$—N$\equiv$(C$_2$H$_5$)$_3$;强碱型)等。

交联葡聚糖离子交换剂(Sephadex ion exchanger)的类型和可电离基团的种类与纤维素离子交换剂差不多,只是基质纤维素换成交联葡聚糖。Sephadex 离子交换剂每克干重具有相当多的可电离基团,容量比纤维素离子交换剂大 3 到 4 倍。这类交换剂的优点是,它们既能根据分子的净电荷数量又能根据分子的大小(有分子筛效应)进行分离。

在离子交换层析中,蛋白质对离子交换剂的结合力取决于彼此间相反电荷基团的静电吸引,而这又和溶液的 pH 及盐浓度有关,因为 pH 决定离子交换剂和蛋白质的电离程度。特别是由于单位重量的纤维素离子交换剂所含的离子基团较少(0.3~1.0 mmol/g),盐浓度的微小变化就会直接影响它对蛋白质电荷吸附的容量。因此蛋白质混合物的分离可以由改变溶液中的盐离子强度和 pH 来完成,对离子交换剂结合力最小的蛋白质首先从层析柱中洗脱出来。

层析洗脱,可以采用保持洗脱液成分一直不变的方式洗脱,也可以采用改变洗脱剂的盐浓度或(和)pH 的方式洗脱。后一种方式又可以分为两种:一种是跳跃式的分段改变,另一种是渐进式的连续改变。采用前一种方式的洗脱称为**分段洗脱**(stepwise elution),后一种方式的洗脱称为**梯度洗脱**(gradient elution)。梯度洗脱一般分离效果好,分辨率高,特别是使用交换容量小、对盐浓度敏感的离子交换剂,多采用梯度洗脱。

为使样品组分能从离子交换柱上分别洗脱下来,必须控制好洗脱体积(与柱床体积相比)和洗脱液的盐浓度和 pH。洗脱液体积和盐浓度变化形式(梯度形式)直接影响层析的分辨率。通常采用的梯度形式有线性(形),凸形,凹形和复合形四种,使用最多的是线性梯度(参见本章参考书目 2)。

(十) 疏水相互作用层析

球状蛋白质——细胞溶胶中的酶类、抗体、肽激素等都是水溶性的,它们的分子表面以亲水性残基为主。但是不同的蛋白质,分子表面上的亲水基团和疏水基团的比例是各不相同的。**疏水[相互作用]层析**(hydrophobic interaction chromatography)就是根据蛋白质表面的疏水性差别发展起来的一种纯化技术。如果在层析支持介质(如琼脂糖)上接上疏水基团就可以在一定条件下跟蛋白质分子表面的疏水侧链相互作用而达到分离的目的。疏水吸附剂配基的种类很多,有直链的烷基,如辛基琼脂糖(octa-sephadex);有芳香的苯环,如苯基琼脂糖(phenyl-sephadex)等。目前广泛使用的反相 HPLC(高效液相色谱)柱如 C-3、C-8 和 C-18 等,本质上都属于疏水层析类型。烷基化的反相层析柱多用于肽类的分离,苯基层析介质用于蛋白质纯化。

由于疏水层析要求高盐浓度的存在以促进蛋白质分子表面的疏水区暴露;为使吸附达到最大,可将蛋白质样品的 pH 调至等电点附近。蛋白质吸附后,则可利用多种方式进行选择性洗脱,包括使用逐渐降低离子强度或/和增加 pH 的洗脱液(增加蛋白质的亲水性),或使用对固定相的亲和力比对蛋白质更强的置换剂进行置换洗脱。这类置换剂有非离子型去污剂(如 triton X-100)、脂肪醇(如丁醇、乙二醇)、脂肪胺(如丁胺)。

疏水层析在膜蛋白研究中有一个额外的好处,因为膜蛋白常与某些特定的去污剂结合后变得更为稳定,有时它们的活性还依赖于某种去污剂的存在,因此利用疏水层析有助于膜蛋白更换结合的去污剂。

疏水层析的问题之一是某些洗脱条件可引起蛋白质变性。另一个实际问题是它的不可预测性,也即对某些蛋白质分离效果很好,对另一些则不佳,因此预试性研究是不可少的。

利用疏水的蒽醌类染料作为配基的层析常用于含核苷酸衍生物的酶和蛋白质的纯化。近年来又出现其他染料树脂用于类似的目的。这些方法称为**染料结合层析**(dye-binding chromatography),也是基于疏水相互作用的原理。

(十一) 亲和层析

生物分子间的相互作用是具有选择性的,如酶分子跟底物或抑制剂、抗体跟抗原以及激素跟受体的专一结合;凝集素跟糖质的结合和核酸分子中碱基的配对也都是专一性的。**亲和层析**(affinity chromatography)就是利用蛋白质分子(或其他生物分子)对其配体分子具有专一性识别能力或称生物学亲和力建立起来的一种有效的纯化方法。亲和层析有两个优点是其他纯化方法所不能比的:一是它通常只需要经过一步的处理即可将某一含量少的所要蛋白质从复杂的混合物中分离出来,并且纯度和产率还相当高;二是可以在活性物质中除去化学和物理性质几乎完全相同、但已失活了的"杂质",这一点对提高酶或其他生物活性物质的比活特别有用。

亲和层析最先用于酶的分离并从中得到发展,今天已广泛用于核苷酸、核酸、免疫球蛋白、膜受体蛋白、细胞器甚至完整的细胞的分离。应用亲和层析需要有待分离物质的结构和生物学特异性的知识,以便设计出最佳的分离条件。分离酶时配体可以是底物、可逆抑制剂或别构效应物等。被选择的条件一般是对酶-配基的结合最适的,因为方法的成功有赖于复合体的可逆形成。

亲和层析的基本方法是把待分离的某一蛋白质的专一配体通过适当的化学反应共价连接到像琼脂糖凝胶一类的载体表面官能团(如—OH)上。一般在配体和多糖载体之间插入一段长度适当的连接臂或间隔臂(Spacer arm)如 ε-氨基己酸,使配体与凝胶之间保持足够的距离,不致因载体表面的位阻而妨碍待分离的分子与配基结合。这类载体在其他性能方面允许蛋白质能自由通过。当蛋白质混合物加到填有亲和载体的层析柱时,待纯化的某一蛋白质则被吸附在含配体的琼脂糖颗粒表面上,而其他的蛋白质(称杂蛋白)则因对该配体无专一的结合部位而不被吸附,它们通过洗涤即可除去(图 5-11A),被专一结合的蛋白质可用含有相应的游离配体溶液把它从柱上洗脱下来(称为亲和洗脱)(图 5-11B)。

凝集素亲和层析(用于糖蛋白的分离纯化)、免疫亲和层析(如偶联有抗体的亲和柱可用来纯化作为抗原的蛋白质)和金属螯合层析(用于分离含有金属的蛋白质)等都属于亲和层析类。此外还有一些层析如**巯基交换层析**,其层析原理跟离子交换层析相似。制备含有游离巯基为配基的固定相,它可以和含有游离巯基的待分离蛋白质共价结合,形成二硫键。其他无游离巯基的分子很容易被除去。然后在适当的条件下把新形成的二硫键断开,将原结合在固定相上的蛋白质洗脱并回收回来。

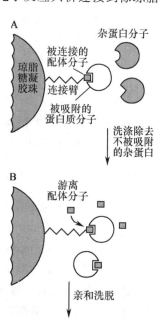

图 5-11   亲和层析的原理

(十二) 高效液相层析

高效液相层析(high performance liquid chromatography)简称 HPLC,是近二、三十年内发展起来的一项分离技术。它实际上是离子交换、分子排阻、吸附和分配等层析技术的发展新阶段。因此它以这些层析的原理为基础,在技术上作了很大的改进。HPLC 采用了高压泵使蛋白质分子在柱上向下移动的速度加快,同时采用能耐高压的高质量层析材料(如载体颗粒的机械性能强、粒度小而均匀、化学性能稳定)和相应的设备。由于降低样品在柱上的经过时间,限制了蛋白质条带的扩散,因而分辨率有了很大提高。总之,HPLC 使原来的各种层析变得快速、灵敏、高效。现在的 HPLC 多配有计算机,可自动完成分离纯化过程(图 5-12),它已成为目前最通用、最有力和最多能的层析方式,用于蛋白质及其他生物分子的分析和制备。

反相 HPLC(reversed-phase HPLC)广泛用于分离非极性化合物如药物及其代谢物、杀虫剂、氨基酸和肽等;现在也普遍用来纯化蛋白质。反相 HPLC 中固定相是非极性的,而流动相是相对极性的,也即固定相极性小于流动相极性;反之为正相 HPLC。最常用的固定相是化学键合相(bonded phase)形式,反相键合相是由烷基硅烷(alkysilane)与硅胶通过化学反应连接而成。使用的烷基硅烷有丁基(C_4)、辛基(C_8)和十八烷基(C_{18})等硅烷。流动相常用的有水或缓冲液、甲醇、乙腈或四氢呋喃及它们的混合物。反相液相层析与多数其他形式的层析不同之处在于固定相基本上是惰性的,固定相与被分离物只可能有疏水作用。反相技术吸引人的地方是流动相组成的小小变化,例如加入盐,改变 pH 或有机溶剂量就能成功地影响分离特性。

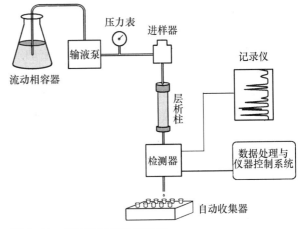

图 5-12　高效液相层析的图解

四、蛋白质相对分子质量的测定

蛋白质分子的质量是很大的,它的相对分子质量(M_r)变化范围在 6 000 到 1 000 000 或更大一些。用于和曾用于蛋白质分子质量测定的方法有多种,物理化学方法如渗透压、黏度、沉降平衡、沉降速度、光散射和质谱等,根据化学组成可以推定最低相对分子质量。近些年发展起来而又比较简便的方法有凝胶过滤和 SDS-PAGE,但它们需要已知分子质量的标准蛋白质作对照。

(一) 凝胶过滤法测定相对分子质量

这种方法比较简便,不要求复杂的仪器就能相当精确地测出蛋白质的相对分子质量。从凝胶过滤的原理可知,蛋白质分子通过凝胶柱的速度并不直接取决于分子的质量,而是它的斯托克半径。如果某种蛋白质与一个非水化球体具有相同的过柱速度即相同的洗脱体积,则认为这种蛋白质具有与此球体相同的半径,称为**斯托克半径**(Stoke's radius)。因此利用凝胶过滤法测定蛋白质的相对分子质量时,已知 M_r 和斯托克半径的**标准蛋白质**(standard protein)和待测蛋白质必须具有相似的分子形状(接近球体),否则不能得到比较准确的 M_r。分子形状为线形的或跟凝胶能发生吸附作用的蛋白质,则不能用这种方法测定 M_r。

1966 年 Andrews 根据他的实验结果提出了一个经验公式:

$$\lg_{10} M_r = a - bV_e$$

式中,V_e 为洗脱体积,M_r 为相对分子质量,在特定条件下 a 和 b 为常数。实验中,只要测得几种已知 M_r 的标准蛋白质的 V_e 值,并以它们的 $\lg_{10} M_r$ 对 V_e 作图得一标准曲线,再测出待测样品的 V_e 值,即可从标准曲线中确定它的相对分子质量(图 5-13)。利用凝胶过滤层析法测定 M_r 还有一个优点,即待测样品可以是不纯的,只要它具有专一的生物活性,借助活性找出洗脱峰位置,确定它的洗脱体积即可测出它的 M_r。测定蛋白质的 M_r,一般用交联葡聚糖,根据需要可选用 Sephadex G-75(分级分离的 M_r 范围 3 000 到 80 000)或 G-100(M_r 范围 4 000 到 150 000)等型号的凝胶。

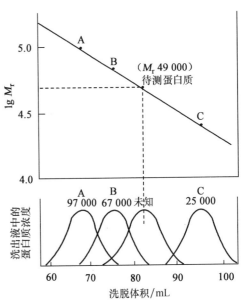

图 5-13　凝胶过滤法测定蛋白质的 M_r 图中 A,B,C 为标准蛋白质

（二）SDS–PAGE 测定相对分子质量

前面曾谈到，蛋白质分子在介质中电泳时，它的迁移率决定于它所带的净电荷以及分子大小和形状等因素。1967 年 Shapiro 等人发现，如果在聚丙烯酰胺凝胶中加入阴离子去污剂**十二烷基硫酸钠**（sodium dodecyl sulfate，SDS；见图 10–3）或同时加入少量巯基苏糖醇（或巯基乙醇），则蛋白质分子的电泳迁移率主要取决于它的相对分子质量，而与原来所带的电荷和分子形状无关。

SDS 是一种变性剂，它能破坏蛋白质分子中的氢键和疏水相互作用，而巯基苏糖醇能打开二硫键，因此在有 SDS 或同时有巯基苏糖醇存在下，蛋白质或亚基（此时寡聚蛋白质解离成亚基）的多肽链处于展开状态。SDS 以其烃链与蛋白质分子的侧链通过疏水相互作用结合成复合体。在一定条件下，SDS 与大多数蛋白质的结合比为 1.4 g SDS/1 克蛋白质，相当于每两个氨基酸残基结合一个 SDS。SDS 与蛋白质的结合带来了两个后果：第一，由于 SDS 是阴离子，使多肽链覆盖上相同密度的负电荷，该电荷量远超过蛋白质分子原有的电荷量，因而掩盖了不同蛋白质间原有的电荷差别；第二，改变了蛋白质分子的天然构象，使大多数蛋白质分子呈同样的棒状形。因此在 SDS 存在下的电泳几乎是完全基于分子质量分离蛋白质的，多肽愈小迁移得愈快。电泳完毕，蛋白质可用染料如考马斯亮蓝（Coomassie blue）显示（此染料能跟蛋白质结合，但不与凝胶本身结合）。

在聚丙烯酰胺凝胶电泳中迁移率虽不受蛋白质分子原有的电荷、分子形状等因素的影响，但蛋白质之间亲水基团和疏水基团的比例有较大的差别，这会影响对 SDS 的结合量从而影响蛋白质的泳动速度；因此，此法测定分子质量的偏差较大，一般在 10% 左右。电泳迁移率与多肽链的相对分子质量（M_r）具有下列关系：

$$\lg M_r = a - b\mu_R$$

式中，a、b 为常数，μ_R 是相对迁移率＝样品迁移距离/前沿（染料如溴酚蓝）迁移距离。实验测定时，以几种标准蛋白质的 M_r 的对数值对其 μ_R 值作图，根据待测样品的 μ_R，从标准曲线上查出它的 M_r（图 5–14）。

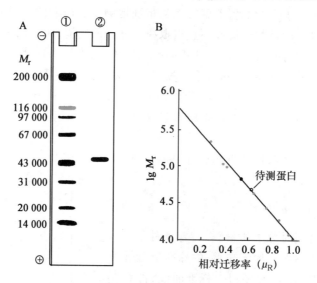

图 5–14　SDS–PAGE 法测定蛋白质的 M_r

A. 凝胶电泳谱：泳道①为标准蛋白质，自上而下为肌球蛋白（重链）、β-半乳糖苷酶、磷酸化酶 b、血清清蛋白、卵清蛋白、碳酸酐酶、胰蛋白酶抑制剂、α-乳清蛋白，泳道②为待测蛋白质；B. 标准曲线

（三）沉降速度法测定相对分子质量

前面讲的两种测定蛋白质分子质量的方法都需要标准蛋白质作参照。那么标准蛋白质的分子质量又是用什么方法测得的？其实多种测定方法都是直接法。下面介绍的沉降速度法（sedimentation velocity）是经典的常用方法。表 5–5 中所列的蛋白质 M_r 数据多是用此法获得的。

蛋白质分子在溶液中受到强大的离心力作用时，如果蛋白质的密度大于溶液的密度，蛋白质分子就会沉降。沉降的速率与蛋白质分子的大小、形状和密度有关,而且与溶液的密度和黏度有关。测定蛋白质沉降速度,需要使用能够产生强大离心力的超速离心机(ultracentrifuge)。超速离心机每分钟转速达60 000~80 000转,相当于单位质量(1 g)颗粒在距旋转轴中心 10 cm 处所受到的离心力为 400 000 g~700 000 g(g 为重力加速度=9.807 m/s²)。超速离心机的最大转速为 60 000~80 000 r/min,离心场强度为400 000~700 000。**超速离心**(ultracentrifugation)不仅用来测定蛋白质的分子质量也可用于蛋白质等大分子的分离纯化(如前述的密度梯度超离心)和制品分子均一性的鉴定。纯的蛋白质溶液只含有一种质量和形状相同的蛋白质分子,在离心场中,它们以同一沉降速度移动,因此在蛋白质溶液与溶剂之间有一清晰界面,并在沉降图谱上呈现一个峰;否则就会出现几个峰。

测定沉降速度的基本过程如下:把蛋白质样品溶液放到离心机内的特制离心池中,在离心力的作用下,蛋白质分子在池中从轴心向外周径向移动,并产生沉降界面,界面的移动速度代表蛋白质分子的沉降速度。在界面处由于浓度差造成折射率不同,可借助适当的光学系统,如 schlieren 光学系统,观察到这种界面的移动。在 schlieren 光学系统中,利用溶液的折射率梯度(dn/dx)和样品的浓度梯度(dc/dx)成正比这一特性,巧妙地设计光路,使移动的界面以峰形曲线呈现在照相底片上,峰顶代表最大的 dn/dx 或 dc/dx,即移动界面。离心机的装置允许在离心机转头(centrifugal rotor)旋转时,对界面的移动进行观察和拍照(图 5-15)。

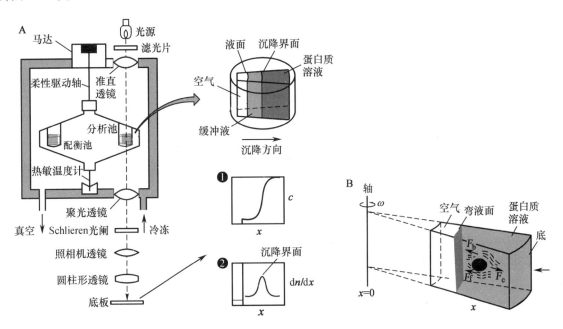

图 5-15　分析型超速离心机工作原理图解
A. 分析型超速离心机,❶浓度 c 对距离 x 的作图,❷界面的 Schlieren 图谱,即 dn/dx(dc/dx)对距离 x 的作图;B. 扇形分析池与离心轴的关系

在离心场中蛋白质颗粒发生沉降时,它将受到 3 种力的作用:

$$F_c(离心力) = m_p\omega^2 x$$

$$F_b(浮力) = V_p\rho\omega^2 x = m_p\bar{v}\rho\omega^2 x$$

$$F_f(摩擦力) = f\nu = f\frac{dx}{dt}$$

这里,m_p 是分子颗粒的质量(g);ω 是转头的角速度(rad/s);x 是旋转中心至界面的径向距离(cm);$\omega^2 x$ 是离心加速度(也称离心场,是单位质量的力);V_p 是分子颗粒的体积;ρ(rho)是溶剂的密度(g/cm³);$\bar{v}$ 是蛋白质的偏微比容或偏微比体积(partial specific volume),偏微比容的定义是:当加入 1 克干物质于无限大体积的溶剂中时溶液体积的增量;$V_p\rho$ 或 $m_p\bar{v}\rho$ 是被分子颗粒排开的溶剂质量;f 是摩擦系数;ν 是沉降速

率,即 dx/dt。离心力减去浮力为分子颗粒所受到的净离心力:

$$F_c - F_b = m_p\omega^2 x - m_p\bar{v}\rho\omega^2 x$$
$$= m_p\omega^2 x(1-\bar{v}\rho)$$

式中,$(1-\bar{v}\rho)$ 为浮力因子(buoyancy factor)。当分子颗粒以恒定速度移动时,净离心力与摩擦力(阻力)处于稳态平衡中:

$$F_c - F_b = F_f$$

即

$$m_p\omega^2 x(1-\bar{v}\rho) = f\frac{dx}{dt}$$

或

$$\frac{dx/dt}{\omega^2 x} = \frac{m_p(1-\bar{v}\rho)}{f}$$

可见单位离心场的沉降速度是个定值。称为沉降系数(sedimentation coefficient)或沉降常数,用 s(小写)表示:

$$s = \frac{dx/dt}{\omega^2 x}$$

将上式改写为:

$$\frac{d\lg x}{dt} = \frac{s\omega^2}{2.303}$$

$d\lg x/dt$ 是 $\lg x$ 对 t 作图所得的直线斜率,因此测得在 $t1,t2,t3$……时间相应的 $x1,x2,x3$……值,求出斜率,代入上式即得 s 值。式中角速度(rad/s):

$$\omega = 转速 \times \frac{2\pi}{60}$$

转速是每分钟转头的旋转次数(r/min)。

蛋白质、核酸、核糖体和病毒等的沉降系数介于 $1\times10^{-13} \sim 200\times10^{-13}$ s 的范围(表 5-5)。为方便起见,把 10^{-13} s 作为一个单位,称为**斯维德贝格单位**(Svedberg unit)或称沉降系数单位,用 S(大写)表示。例如人血红蛋白的沉降系数为 4.46 S,即 4.46×10^{-13} s。

表 5-5　几种蛋白质的物理常数

蛋白质	M_r	①$D_{20,W}\times10^{-7}/cm^2 s^{-1}$	$s_{20,W}/S$
核糖核酸酶 A(牛)	12 600	11.9	1.85
细胞色素 c(牛心肌)	13 370	11.4	1.71
肌红蛋白(马心肌)	16 900	11.3	2.04
胰凝乳蛋白酶原(牛胰)	23 240	9.5	2.54
β-乳球蛋白(山羊乳)	37 100	7.48	2.85
血红蛋白(人)	64 500	6.9	4.46
血清清蛋白(人)	68 500	6.1	4.6
过氧化氢酶(马肝)	247 500	4.1	11.3
血纤蛋白原(人)	339 700	1.98	7.63
肌球蛋白(鳕鱼肌)	524 800	1.10	6.43
烟草花叶病毒	40 590 000	0.46	198

① $D_{20,W}$ 和 $s_{20,W}$ 的右下标 20,W 表示它们是校正到标准条件(温度为 20℃,溶剂为水)下的扩散系数(D)和沉降系数(s)。

蛋白质的沉降系数(s)与相对分子质量(M_r)的关系可用**斯维德贝格方程**表达:

$$M_r = \frac{RTs}{D(1-\bar{v}\rho)}$$

这里，R 为气体常数（8.314 JK$^{-1}\cdot$mol^{-1}）；T 为绝对温度（K）；D 为蛋白质的扩散系数（cm^2/s），数值上等于当浓度梯度为 1 个单位时在 1 秒钟内通过 1 平方厘米面积的蛋白质质量；$\bar{v}$ 为偏微比容（cm^3/g），蛋白质溶于水的 $\bar{v}$ 值约为 0.74；ρ 为溶剂的密度（g/cm^3）。

在相同的实验条件下测得蛋白质 s 值、D 值和偏微比容以及溶剂（一般用缓冲液）密度，即可计算出蛋白质的相对分子质量。

（四）质谱法

质谱法（MS）的基本原理见第 2 章（图 2-34 和 2-35）。虽然 MS 应用于化学研究已有多年，但它不能应用于像蛋白质和核酸这样的大分子。直至 1988 年才有技术上的突破（ESI 和 MALDI），目前生物学质谱可以测定相对分子质量高达 400 000 的生物大分子；精确度达 0.001%~0.1%，远高于凝胶过滤法和 SDS-PAGE 法。

用电喷雾离子化质谱（ESIMS）测定蛋白质分子质量的过程示于图 5-16A。当蛋白质溶液注射入气相，蛋白质则从溶剂中获得不同数目的质子，因而是带正电的。这样形成了一系列具有不同质量-电荷比的离子形式；每一个连续峰相当于一种离子形式。虽然任一特定峰的电荷数目是未知的，但任何两个相邻峰的离子只相差一个电荷和一个质量（一个质子）。这些离子的 m/z 与其分子质量的关系如下式所示：

$$m/z = \frac{M+nH}{n}$$

式中，M 是蛋白质的分子质量，n 是电荷的数目，H 是质子的质量。蛋白质的分子质量可以从任两个相邻峰的 m/z 来确定。若一个 $(m/z)_1$ 的峰，其电荷数为 n_1，

则

$$(m/z)_1 = \frac{M+n_1H}{n_1}$$

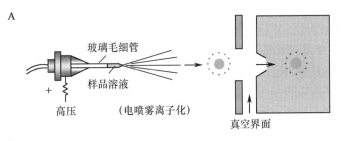

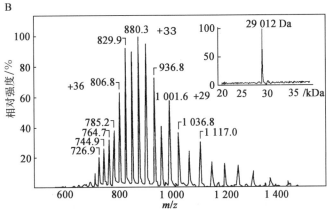

图 5-16　电喷雾质谱法测定蛋白质分子质量

A. 电喷雾离子化；B. 电喷雾质谱图

同样,其右侧相邻峰$(m/z)_2$,电荷数为n_2,则

$$(m/z)_2 = \frac{M+n_2H}{n_2}$$

这里 n_1 和 n_2 的关系是 $\qquad\qquad n_1 = n_2 + 1$

现在有 3 个方程式和两个未知数 M 和 n_2。我们可以先解出 n_2,然后解出 M:

$$n_2 = \frac{(m/z)_2 - H}{(m/z)_2 - (m/z)_1}$$

$$M = n_2 \left[(m/z)_2 - H \right]$$

根据图 5-16B 质谱图中任两个相邻峰的 m/z 值,即可算得蛋白质的相对分子质量(这里是碳酸酐酶,29 012),误差为 ±0.01%。如果取几组相邻峰重复计算,取平均值,一般可以提供更精确的 M_r。计算机算法可以把 m/z 谱转换成一个单一峰,同样可以提供很精确的 M_r(见图 5-16B 中的插图)。

五、蛋白质的含量测定与纯度鉴定

在蛋白质分离纯化的过程中,经常需要测定蛋白质的含量和检查某一蛋白质的纯化程度。这些分析工作包括:测定蛋白质的总量,测定蛋白质混合物中某一特定蛋白质的含量以及鉴定最后制品的纯度等。

(一) 总蛋白质含量的测定

测定蛋白质总量的方法有很多种。凯氏定氮法是经典的标准方法,但现在已不多用;双缩脲法用于需要快速但不需要十分精确的测定,如用于蛋白质纯化的头几个步骤的测定;Lowry 法也称 Folin-酚试剂法,多年来被选为蛋白质标准测定方法,此法基于能定量地与 Cu^+ 反应,Cu^+ 是由蛋白质的易氧化成分(如巯基、酚基)还原 Cu^{2+} 而产生的;新近开发的一个测定蛋白质的试剂,4,4′-二羧-2,2′-二喹啉(bisinchoninic acid,BCA),在碱性溶液中与 Cu^+ 反应形成紫色复合体,BCA 与 Cu^+ 反应比 Folin-酚试剂与 Cu^+ 反应更强,基于此反应的方法称为 BCA 法;紫外吸收法(波长 280 nm 处测定),精确度虽然不高,但操作简便,样品可以回收,还可以估算核酸含量;Bradford 法(考马斯亮蓝结合法)灵敏度高,能检测出 1 μg 的蛋白质,重复性也好。胶体金测定法是几种方法中灵敏度最高的,检测量是纳克(ng)水平,胶体金是一种带负电荷的疏水胶体,呈洋红色,遇蛋白质转变为蓝色,颜色改变与蛋白质有定量关系,因此可用于蛋白质的定量。上述这些方法在普通的实验手册中都有详细的叙述。

(二) 特定蛋白质含量的测定

测定蛋白质混合物中某一特定蛋白质的含量通常要用具有专一性的生物学方法。酶和激素类蛋白质可以分别根据酶的活性和激素的活性来测定含量。有些蛋白质虽然没有酶或激素那样特异的生物学活性,但是大多数蛋白质(作为抗原)当它被注射到动物(如兔子)的血流中时,会产生抗体。如果制得某一特定蛋白质的抗体,则借抗体-抗原反应,可用来测定该蛋白质的含量。

对于这些具有生物活性的蛋白质,活力(活性)大小就代表它的含量。例如作为酶的蛋白质,在一个给定溶液或组织提取液中的量就用酶的催化效应——即在酶存在下底物转化为反应产物时速率的增加。为此,研究者必须知道① 酶催化的反应的总方程式,② 确定底物消失或一个反应产物出现的分析方法,③ 酶需要什么辅因子如金属离子或辅酶,④ 底物浓度对酶活力的影响,⑤ 最适 pH,和⑥ 最适温度(酶处于稳定和高活性的温度范围)。酶活力测定一般在最适 pH 和较方便温度(25 ~38℃)下进行。并且使用高底物浓度,以便实验测定时初始反应速率与酶浓度呈正比(详见第 7 章)。

根据国际协定,对大多数酶来说,1.0 单位的酶活力被定义为在最适测定条件下于 25℃ 每分钟引起 1.0 μmol 的底物转化为产物的酶量(对某些酶,这一定义并不方便,单位可另作规定)。酶的活力(activity)是

指一个溶液中酶的总单位数。酶的**比活**或**比活力**(specific activity)是每毫克总蛋白质中酶的单位数(U/mg)。比活是酶纯度的量度,在酶纯化过程中它不断增加,直至达到最大而不变,表明酶已是纯的(表5-6)。

表 5-6　蛋白质纯化过程的实例

步骤	体积 /mL	蛋白质浓度 /(mg/mL)	总蛋白 /mg	活力浓度[①] /(U/mL)	总活力 /U	比活力 /(U/mg)	纯化倍数[②]	回收率[③] /%
匀浆液	8 500	40	340 000	1.8	15 300	0.045	1	100
硫酸铵沉淀(45%~70%)	530	194	103 000	23.3	12 350	0.12	2.7	81
CM-纤维素	420	19.5	8 190	25	10 500	1.28	28.4	69
亲和层析	48	2.2	105.6	198	9 500	88.4	1 964	62
DEAE-Sepharose	12	2.3	27.5	633	7 600	275	6 110	50

① 对酶来说,活力浓度即酶浓度(酶单位数/单位体积)(见第6章);② 纯化倍数=该步的比活力/匀浆液的比活力;③ 回收率=该步的总活力/匀浆液的总活力。

通常在每一步纯化之后,对制剂进行活力测试,总蛋白量需要另行测定,两者之比得比活力。一般纯化的每一步,活力和总蛋白量都会降低。活力降低是因为总有一些难以避免的损失,例如失活或者与层析材料发生不理想的相互作用。总蛋白降低是因为纯化目的就是为了尽可能多地除去不要的或非专一的蛋白质。一个成功的步骤,非专一蛋白质的丢失要比活力丢失多得多;因此总活力下降的同时比活力却升高。把这些数据汇集成表,如表5-6所示。一个蛋白质,当进一步纯化不再增加比活力并且用电泳等方法只检测出一个蛋白条带时,则被认为是纯的。

(三) 蛋白质纯度鉴定

蛋白质纯度鉴定通常采用物理化学的方法,如电泳、沉降、HPLC等。目前采用的电泳分析有IEF、PAGE和SDS-PAGE等。纯的蛋白质在一系列不同的pH条件下进行电泳时,都将以单一的速度移动,它的电泳图谱只呈现一个条带(或峰)。同样的,纯的蛋白质在超速离心场中,应以单一的沉降速度移动。由于沉降系数主要是由分子大小和形状决定的,而与化学组成无关,因此作为鉴定纯度的方法,它要比电泳分析差些。HPLC常用于多肽、蛋白质纯度的鉴定。高纯的蛋白质制品在HPLC的洗脱图谱上呈现出单一的对称峰。此外**N-末端分析**(第2章)也用于纯度鉴定,因为均一的单链蛋白质制品中,N端残基只可能有一种氨基酸。

必需指出,采用任何单独一种方法鉴定所得的结果,只能作为蛋白质均一性的必要条件而不是充分条件。事实上只有很少几个蛋白质能够全部满足上面的严格要求,往往是在一种鉴定中表现为均一的蛋白质,在另一种鉴定中又表现出不均一性。

提　要

蛋白质也是一种两性电解质。它的酸碱性质主要决定于肽链上可解离的R基团。对某些蛋白质来说,在某一pH下它所带的正电荷与负电荷相等,即净电荷为零,此pH称为蛋白质的等电点。各种蛋白质都有自己特定的等电点。在等电点以上的pH,蛋白质分子带净负电荷;在等电点以下的pH,带净正电荷。蛋白质处于等电点时溶解度最小。在无盐类干扰情况下,一种蛋白质的质子供体基团解离出来的质子数与质子受体基团结合的质子数相等时的pH是它的真正等电点,称为等离子点,它是该蛋白质的特征常数。

蛋白质溶液是亲水胶体系统。蛋白质分子颗粒(直径1~100 nm)是系统的分散相,水是分散介质。蛋白质分子颗粒周围的水化层与电荷是稳定蛋白质胶体系统的主要因素。

使蛋白质沉淀的方法有① 盐析法,② 有机溶剂沉淀法,③ 重金属盐沉淀法,④ 生物碱试剂和某些酸沉淀法,⑤ 加热变性沉淀法。

蛋白质分离纯化的一般程序可以分为前处理、粗分级分离和细分级分离,有时还加上结晶步骤。

蛋白质的分离纯化是根据它们的性质不同。改变 pH 或温度,特别是加入某些中性盐可以选择性地沉淀蛋白质,包括低温下使用适当的有机溶剂分级分离;这些方法主要用于蛋白质分离的头几步。透析和超滤是利用蛋白质不能通过半透膜的性质使蛋白质分子和小分子分开,常用于蛋白质的浓缩和脱盐。一系列的层析方法是利用蛋白质的分子大小、电荷、疏水相互作用、生物学结合亲和力和其他性质。这些方法包括分子排阻(凝胶过滤)、离子交换、疏水作用、亲和以及高效液相层析。电泳法分离纯化蛋白质是根据电荷和质量。凝胶电泳(如 PAGE 或 SDS-PAGE)和等电聚焦可以单独使用或结合使用(双向电泳),具有高分辨率。

凝胶过滤是一种简便的测定蛋白质 M_r 的方法。SDS-聚丙烯酰胺凝胶电泳用于测定单体蛋白质或亚基的 M_r。沉降速度法是直接测定蛋白质分子质量的经典方法。沉降系数(s)的定义是单位离心场的沉降速度。s 也常用来近似地描述生物大分子的大小。新近,质谱用于生物大分子精确分子质量的测定。

最常用的蛋白质检测和定量方法有 Folin-酚试剂(Lowry 法)、双缩脲试剂和考马斯亮蓝 G-250 染料(Bdrafold 法)等。测定蛋白质混合物中某一特定蛋白质的含量通常要用具有专一性的生物学方法。制品的纯度鉴定通常采用分辨率高的物理化学方法,例如 PAGE、等电聚焦、沉降分析和 HPLC 等。如果制品是纯的,在这些分析的图谱上只呈现一个峰或一个条带。必须指出,任何单独一种鉴定只能认为是蛋白质分子均一性的必要条件而不是充分条件。

习　题

1. 解释下列名词:(a)等电点和等离子点,(b)生物碱试剂,(c)差速离心,(d)盐溶和盐析,(e)透析和超过滤,(f)电泳和电泳迁移率,(g)双向电泳,(h)亲和层析,(i)HPLC,(j)SDS-PAGE,(k)沉降常数和斯维德贝格单位,(l)活力和比活。

2. 为什么说蛋白质溶液是一种稳定的亲水胶体?

3. 有机溶剂引起蛋白质沉淀的主要原因是什么?

4. 试述蛋白质分离纯化的一般程序。

5. 凝胶过滤层析中和凝胶电泳中的分子筛效应有什么不同? 为什么?

6. 一个纯化的蛋白质溶于 pH 7、500 mmol/L NaCl 的 Hepes[N-(2-羟乙基)哌嗪-N'-(2-乙磺酸)]缓冲液。1 mL 蛋白质样品置于透析袋中,对 1 L 除不含 NaCl 外的同一 Hepes 缓冲液进行透析。小分子、无机离子(如 Na^+、Cl^- 和 Hepes)可以通过半透膜,但蛋白质不能。问:

(a) 透析达到平衡后,蛋白质样品中 NaCl 的浓度是多少? 假设透析期间样品的体积没有发生变化。

(b) 如果原来的 1 mL 样品进行 2 次透析,第二次对 100 mL 除不含 NaCl 外的同一 Hepes 缓冲液进行透析,样品中 NaCl 的最终浓度是多少?

7. 当用凝胶过滤法测定时,一种蛋白质的相对分子质量为 400 000。当在 SDS 存在下进行凝胶电泳时,该蛋白质给出相对分子质量为 180 000、160 000 和 60 000 的 3 个条带。当有 SDS 和巯基苏糖醇存在下进行凝胶电泳时,也出现 3 个蛋白质条带,但此时相对分子质量为 160 000、90 000 和 60 000。试确定该蛋白质的亚基组成。

8. 电泳时,在下面所指的 pH 条件下,下述蛋白质在电场中向正极还是向负极移动,还是不动? (根据表 5-2 的数据判断)(a)卵清蛋白,在 pH 5.0;(b)β-乳球蛋白,在 pH 5.0 和 7.0;(c)胰凝乳蛋白酶原,在 pH 5.0、9.1 和 11.0。

9. (a)当 Ala、Ser、Phe、Leu、Arg、Asp 和 His 的混合物在 pH 3.9 进行纸电泳时,哪些氨基酸移向正极? 哪些氨基酸移向负极? (b)纸电泳时,带有相同电荷的氨基酸常有少许分开,例如 Gly 可与 Leu 分开;试说明为什么? (c)设 Ala、Val、Glu、Lys 和 Thr 的混合物 pH 为 6.0,指出纸电泳后氨基酸的分离情况。

10. 指出从凝胶过滤层析柱(分级分离范围 5 000~400 000)上洗脱下列蛋白质时的顺序:肌红蛋白,过氧化氢酶,细胞色素 c,胰凝乳蛋白酶原和血清清蛋白(它们的 M_r 见表 5-5)。

11. 从凝胶过滤层析柱(分级分离范围 5 000~400 000)洗脱细胞色素 c、β-乳球蛋白、未知蛋白质和血红蛋白时,其洗脱体积分别为 118、58、37 和 24 mL,问未知蛋白质的 M_r 是多少? (假定所有蛋白质都是球形的,并且都处在柱的分级分离范围之内)

12. 超速离心机的转速为 58 000 r/min 时,(a)计算角速度 ω,以每秒的弧度(rad/s)表示;(b)计算距旋转中心 6.2 cm 处

的离心加速度 a;(c)此离心加速度相当于重力加速度"g"的多少倍?

13. 一种蛋白质的偏微比容为 0.707 cm^3/g,扩散系数($D_{20,w}$)为 13.1×10^{-7} cm^2/s,沉降系数($s_{20,w}$)为 2.05 S,20℃时水的密度为 0.998 g/cm^3。根据斯维德贝格公式计算该蛋白质的相对分子质量。

14. 一个单体蛋白质含有 682 个氨基酸残基。问此蛋白质的约略相对分子质量是多少?

15. 按下表配制一系列不同浓度的牛血清清蛋白(BSA)稀释液,每一种浓度的溶液取 0.1 mL 进行 Bradford 法测定。对适当的空白(比色杯)在 595 nm 波长处测定光吸收(A_{595})值。结果如下表所示:

BSA 的浓度/($mg \cdot mL^{-1}$)	A_{595}	BSA 的浓度/($mg \cdot mL^{-1}$)	A_{595}
1.5	1.4	0.6	0.59
1.0	0.97	0.4	0.37
0.8	0.79	0.2	0.17

BSA 浓度对 A_{595}作图得标准曲线。*E. coli* 的蛋白质提取液样品(0.1 mL)测得的 A_{595}为 0.84。根据标准曲线算出 *E. coli* 提取液中的蛋白质浓度。

主要参考书目

1. 王镜岩,朱圣庚,徐长法. 生物化学教程. 北京:高等教育出版社,2008.
2. 张龙翔,张庭芳,李令媛. 生化实验方法和技术. 2 版. 北京:高等教育出版社,1997.
3. 王克夷. 蛋白质导论. 北京:科学出版社,2007.
4. 鞠熀先,邱宗荫,丁世家,等. 生物分析化学. 北京:科学出版社,2007.
5. Segel I H. 生物化学计算. 吴经才,等译. 北京:科学出版社,1984.
6. 刘思职,等译. 蛋白质的生物化学. 北京:科学出版社,1955.
7. Wilson K, Walker J. Principles and Techniques of Practical Biochemistry. 5th ed. Cambridge:University Press,2000.
8. Nelson D L, Cox M M. Lehninger Principles of Biochemistry. 6th ed. New York:W. H. Freeman and Company,2013.

(徐长法)

网上资源

习题答案　　自测题

第6章 酶的催化作用

新陈代谢是生命活动的基础,是生命活动最重要的特征。而构成新陈代谢的许多复杂而有规律的物质变化和能量变化,都是在酶催化下进行的。生物的生长发育、繁殖、遗传、运动、神经传导等生命活动都与酶的催化过程紧密相关,可以说,没有酶的参与,生命活动一刻也不能进行。因此从酶作用的分子水平上研究生命活动的本质及其规律无疑是十分重要的。

一、酶研究的简史

人们对酶的认识起源于生产与生活实践。我国人民早在八千年以前就开始利用酶。约公元前 21 世纪夏禹时代,人们就会酿酒,公元前 12 世纪周代已能制作饴糖和酱,2000 多年前,春秋战国时期已知用曲治疗消化不良的疾病。凡此种种都说明,虽然我们祖先并不知道酶是何物,也无法了解其性质,但根据生产和生活的积累,已把酶利用到相当广泛的程度。西方国家 19 世纪对酿酒发酵过程进行了大量研究。1810 年 Jaseph 发现酵母可将糖转化为酒精。1857 年微生物学家 L. Pasteur 等人提出酒精发酵是酵母细胞活动的结果,他认为只有活的酵母细胞才能进行发酵。J. Liebig 反对这种观点,他认为发酵现象是由溶解于酵母细胞液中的酶引起的。直到 1897 年,E. Büchner 兄弟用石英砂磨碎酵母细胞,制备了不含酵母细胞的抽提液,并证明此不含细胞的酵母提取液也能使糖发酵,说明发酵与细胞的活动无关。从而说明了发酵是酶作用的化学本质,为此 E. Büchner 获得了 1911 年诺贝尔化学奖。1833 年 A. Payen 和 J. F. Persoz 从麦芽的水抽提物中,用酒精沉淀得到了一种对热不稳定的物质,它可使淀粉水解成可溶性的糖。他们把这种物质称之为淀粉酶制剂(diastase),其意思是"分离",表示可以从淀粉中分离出可溶性糖来。尽管当时它还是一个很粗的酶制剂,但由于他们采用了最简单的提纯方法,得到了一个无细胞酶制剂,并指出了它的催化特性和热不稳定性,因而开始涉及酶的一些本质性问题,所以人们认为 A. Payen 和 J. F. Persoz 首先发现了酶。1878 年 W. Kühne 才给酶一个统一的名词,叫 **Enzyme**,这个字来自希腊文,其意思"在酵母中"。1835—1837 年,Berzelius 提出了催化作用的概念,该概念的产生对酶学和化学的发展都是十分重要的。可见,对于酶的认识一开始就与它具有催化作用的能力联系在一起。1894 年 E. Fischer 提出了酶与底物作用的"锁钥"学说,用以解释酶作用的专一性。1903 年 V. C. R. Henri 提出了酶与底物作用的中间复合物学说。1913 年 L. Michaelis 和 M. Menten 根据中间复合物学说,导出了米氏方程,对酶反应机制的研究是一个重要突破。1925 年 G. E. Briggs 和 J. B. S. Handane 对米氏方程作了一项重要修正,提出了稳态学说。1926 年美国化学家 J. Sumner 从刀豆提取出了脲酶并获得结晶,证明脲酶具有蛋白质性质。直到 1930—1936 年 J. H. Northrop 和 M. Kunitz 得到了胃蛋白酶、胰蛋白酶和胰凝乳蛋白酶结晶,并用相应方法证实酶是一种蛋白质后,酶是蛋白质的属性才普遍被人们所接受。为此 J. Sumner 和 J. H. Northrop 于 1949 年共同获得诺贝尔化学奖。1960 年 F. Jacob 和 J. Monod 提出了操纵子学说,阐明了酶生物合成的调节机制。1963 年,S. Moore 和 W. H. Stein 测定了 RNase A 的氨基酸顺序,1972 年获得诺贝尔化学奖。1965 年 P. Phillips 首次用 X 射线晶体结构分析法阐明了鸡蛋清溶菌酶的三维结构。1969 年 B. Merrifield 等人工合成了具有酶活性的胰 RNase。80 年代初 T. R. Cech 和 S. Altman 分别发现了具有催化功能的 RNA——核酶(ribozyme),这一发现打破了酶是蛋白质的传统观念,开辟了酶学研究的新领域,为此 T. R. Cech 和 S. Altman 于 1989 年共同获得诺贝尔化学奖。90 年代初 P. Boyer 和 J. Walker 阐明了 ATP 合酶(ATP synthase)合成与分解 ATP 的分子机制,于 1997 年获得诺贝尔化学奖。近几十年来有不少酶的作用机制被阐明。随着 DNA 重组技术及聚合酶链式反应(PCR)技术的广泛应用,使酶结构与功能的研究进入新阶段。现已发现生物体内存在八千多种酶,有几千种酶被纯化,数百种酶已得到结晶,而且每年都有新酶被发现。

近几十年来酶学研究得到很大发展,一些新理论和新概念不断涌现。一方面在酶的分子水平上揭示酶和生命活动的关系,阐明酶在细胞代谢调节和分化过程中的作用,酶生物合成的遗传机制,酶的起源和酶的催化机制与调节机制等方面的研究取得进展。另一方面酶的应用研究也得到迅速发展。酶工程已成为当代生物工程的重要支柱。酶的研究成果用来指导有关医学实践和工农业生产,必将会给催化剂的设计、药物的设计、疾病的诊断、预防和治疗、农作物品种选育及病虫害的防治等提供理论依据和新思想、新概念。除了酶已普遍使用于食品、发酵、制革、纺织、日用化学及医药保健等部门,酶在生物工程、化学分析、生物传感器及环保等方面的应用也日益扩大。

二、酶是生物催化剂

(一) 酶与一般催化剂的共同点

酶作为**生物催化剂**(biocatalyst)和一般催化剂相比有共同性:① 能显著改变化学反应速率(rate),缩短化学反应达到平衡的时间,但不能改变反应的平衡常数(K),也即虽能增大一个化学反应的前向速率常数(k_1)和逆向反应的速率常数(k_{-1}),但不改变k_1/k_{-1}的比值;② 催化剂在反应系统中量很少,在反应前后它的化学本质和数量保持不变;③ 通过改变化学反应途径降低化学反应的活化能,提高化学反应速率。总之,酶与其他催化剂一样只能催化完成在热力学上允许的反应。

(二) 反应速率理论与活化能

化学反应的速率决定于反应物本身的化学性质,其次决定于反应的条件,包括反应物的浓度、温度和催化剂等。在反应速率理论的发展中先后形成了两个理论——碰撞理论和过渡态理论。

1. 碰撞理论(collision theory)与活化能

认为分子必须经过碰撞才能发生反应。在一个化学反应体系中,因为各个分子所含的能量高低不同,每一瞬间并非全部反应物分子都能进行反应,只有那些具有较高能量,处于**活化态**(activated state)的分子即活化分子才能在分子碰撞中发生化学反应,即为有效碰撞。反应物中活化分子越多,则反应速率越快。活化分子要比一般分子高出一定的能量称为**活化能**(activation energy),即在反应物转变成产物之前所提供给反应物的能量。可定义为:在一定温度下 1 mol 反应物全部进入活化态所需要的自由能(free energy),单位为 kJ·mol^{-1}。反应所需的活化能愈高相对地活化分子数愈少,反应速率就愈慢。

根据碰撞理论推导的反应速率常数:

$$k = Z\exp(-E_a/RT) \text{ 或 } k = Ze(-E_a/RT) \tag{6-1}$$

式中,exp 是 e 指数的另一种表示方式;R 是摩尔气体常数;T 是绝对温度;E_a 代表活化能;Z 通常表示 1s 每 L 体积内 1 mol 反应物分子的碰撞次数;$\exp(-E_a/RT)$ 是活化分子分率。此式与 **Arrhenius 经验公式**(反应速率的指数定律):

$$k = A\exp(-E_a/RT) \tag{6-2}$$

是相当的。Arrhenius 公式中速度常数 k 也可分解为两项:A 项称为指数前因子或频率因子,因为它与碰撞频率有关,其实对很多反应,它还与碰撞方位以及其他因素有关,因此人们把方程 6-1 中的 Z 值修正为 ZP,P 称为频率因子或方位因子;$\exp(-E_a/RT)$ 项称为指数因子,相当于活化分子分率,并表明反应速率与反应温度和活化能是指数关系,也可表示为 $\dfrac{1}{k} = \left(\dfrac{1}{A}\right)e^{E_a/RT}$,即 k 与 $e^{E_a/RT}$ 成反比,因此,假若反应活化能降低,反应速率增加。在指数定律中 A 一般被认为与温度无关,仅决定于反应的特性。

碰撞理论对 Arrhenius 经验公式中的指数项、A 因子和活化能都给予较明确的物理意义。但该理论把分子看成是刚球,未考虑分子内部的结构,因此仍有相当的局限性。

2. 过渡态理论（transition state theory）

又称绝对反应速率理论，该理论认为化学反应不仅需要碰撞而且必须经过一个短暂的**过渡态**或**活化复合物**（activated complex，符号为"≒"）才能形成产物。例如 L-pro 通过脯氨酸消旋酶转变为 D-pro 反应。

L-pro　　　　　　　　　　在一个平面上的　　　　　　　　D-pro
　　　　　　　　　　　　　　过渡态

L-pro 在酶促下，首先失去一个质子形成由四面体的 α-碳原子变成三角形的过渡态，在此形式中三个键于同一平面上，C_α 携带上一个负电荷，对称的碳阴离子在一侧重新质子化，可生成 D-pro。由于反应中形成过渡态中间物，降低反应活化能容易生成产物。反应物分子相互碰撞时，它们的动能减小，势能增加，被用于分子内部键的应变和拉伸。当反应物分子进入过渡态时，势能达到某一最高值，因此活化能也可表达为反应物基态和过渡态之间的势能差。

在过渡态理论中，形成活化复合物时除需要满足能量要求外，对分子的空间方位也有一定的要求。因此，这一理论比碰撞理论更符合实际。在这里碰撞理论中的活化能 E_a 被一个更恰当的物理量**活化自由能** $\Delta G^{\ominus \neq *}$（见方程6-6）所代替。根据过渡态理论，平衡式可表示如下：

$$A+B \xrightleftharpoons{K^{\neq}} \underset{\text{活化复合物}}{AB^{\neq}} \xrightarrow{k} \underset{\text{产物}}{P+Q}$$
$$\underset{\text{反应物}}{}$$

式中，$K^{\neq}$ 是过渡态平衡常数，k 是一级速率常数。A 和 B 的总反应速率 v 决定于活化复合物生成产物这一步骤，即 $v \propto [AB^{\neq}]$。反应物和活化复合物处于平衡状态，即：

$$K^{\neq} = \frac{[AB^{\neq}]}{[A][B]} \quad 或 \quad [AB^{\neq}] = K^{\neq}[A][B] \tag{6-3}$$

活化复合物的势能比反应物和生成物的势能都要高些，因此 $K^{\neq}$ 是一个不稳定的平衡常数。当活化复合物分解成为产物时，键断裂所需要的能量从该键的振动自由度转化为反应轴的平动自由度而来，过渡态的分解频率与该键的振动频率是一致的。因此反应总速率（v）显然等于活化复合物的浓度和振动频率 ν（$= RT/Nh$，N 是 Avogadro 常数，h 是 planck 常数）的乘积。

$$v = [AB^{\neq}]\nu = K^{\neq}[A][B]\frac{RT}{Nh} \tag{6-4}$$

根据质量作用定律得反应总速率，$v = k[A][B]$，则：$k[A][B] = K^{\neq}[A][B]\dfrac{RT}{Nh}$，所以一级速率常数：

$$k = \frac{RT}{Nh}K^{\neq} \tag{6-5}$$

这就是过渡态理论得到的基本公式。如果以 $\Delta G^{\ominus \neq}$、$\Delta H^{\ominus \neq}$ 和 $\Delta S^{\ominus \neq}$ 分别表示反应物的基态和过渡态之间的标准自由能、标准焓和标准熵的差值（一般称为标准活化自由能，活化焓和活化熵）。因为 $-\Delta G^{\ominus \neq} = RT/nK^{\neq}$，式（6-5）化为：

$$k = \frac{RT}{Nh}\exp^{(-\Delta G^{\ominus \neq}/RT)} \tag{6-6}$$

＊　ΔG 右上标的⊖表示热力学标准态：压力为 101 325 Pa，浓度或活度为 1 mol·L^{-1}，除特别指出外，温度为 298 K（25 ℃）。生物化学中标准态符号用⊖′如 $G^{\ominus \prime}$，这里［H$^+$］规定为 pH=7.0，而热力学标准态的［H$^+$］为 1 mol·L^{-1}（pH=0）。

这就是说在一定温度下,反应速率是自由活化能 $\Delta G^{\ominus *}$ 决定。由式(6-6)可看出,$\Delta G^{\ominus *}$ 减少很小便可使 k 值增加很多。表 6-1 表示在 25 ℃下一些典型的 $\Delta G^{\ominus *}$ 值用公式(6-6)所算出的与反应速率常数间的关系。从表 6-1 可知,$\Delta G^{\ominus *}$ 每减少 20.9 kJ·mol⁻¹ 便会使已知条件下的反应速率增加 4.57×10^3 倍。如果一种酶能把 $\Delta G^{\ominus *}$ 从 104.6 kJ·mol⁻¹ 减少到 62.8 kJ·mol⁻¹ 则实际上它将反应速率增加约 2 千万倍。

表6-1 标准活化自由能($\Delta G^{\ominus *}$)和速率常数的关系

$\Delta G^{\ominus *}/[\mathrm{kJ \cdot mol^{-1}(kcal \cdot mol^{-1})}]$	$k/(\mathrm{mol^{-1} \cdot L \cdot s^{-1}})$	$\Delta G^{\ominus *}/[\mathrm{kJ \cdot mol^{-1}(kcal \cdot mol^{-1})}]$	$k/(\mathrm{mol^{-1} \cdot L \cdot s^{-1}})$
104.6(25)	3.16×10^{-6}	41.8(10)	2.91×10^5
83.7(20)	1.38×10^{-2}	20.9(5)	1.33×10^9
62.8(15)	63.7		

但是,

$$-\Delta G^{\ominus *} = T\Delta S^{\ominus *} - \Delta H^{\ominus *} \tag{6-7}$$

代入式(6-6)即得:

$$k = \frac{RT}{Nh}\exp^{(\Delta S^{\ominus *}/R)} \cdot \exp^{(-\Delta H^{\ominus *}/RT)} \tag{6-8}$$

式中 $\Delta H^{\ominus *}$ 可用 E_a 代替,而不致造成很大误差。

$$k = \frac{RT}{Nh}\exp^{(\Delta S^{\ominus *}/R)} \cdot \exp^{(-E_a/RT)} \tag{6-9}$$

把式(6-9)与 Arrhenius 公式比较,$\dfrac{RT}{Nh}\exp^{(\Delta S^{\ominus *}/R)}$ 相当于 Z 或 A,说明 Z 或 A 由标准活化熵决定。当两个分子碰撞结合成活化复合物时,它们必须将失去一些平动和转动自由度,$\Delta S^{\ominus *}$ 变为负值,因为分子里有序程度增加了。如果反应物分子是简单的,$\Delta S^{\ominus *}$ 的变化是小的,可从统计力学证明碰撞理论里的 Z 和过渡态理论的 A 是相同的。如果反应物分子有复杂的构造,$\Delta S^{\ominus *}$ 的负值是相当的大,A 的数值就会大大地降低,远小于碰撞理论计算的 Z 值,这就是 Z 值需要修正为 ZP 的原因。

(三) 酶通过降低活化自由能提高反应速率

在一般情况下化学反应的进程决定于两种因素:体系自由能的改变和转化速度。第一种是热力学因素,第二种是动力学因素。对于实际上不可逆的反应,转化速度具有决定性的意义。因此,往往由于转化速度大而使反应按热力学上不太有利的方向进行。如果反应是可逆的并且进行得足够快,则这一反应的进程决定于热力学因素,因为平衡状态和达到平衡的速度无关,而只决定于正逆过程速率常数的比值。对于进行得缓慢的可逆反应,两种因素都起作用。有机反应只有在比较少的情况下才达到建立平衡的阶段,因此,复杂过程的结果决定于动力学因素的情况较之决定于热力学因素的情况为多。但在一般情况下两种因素都有明显的影响,这就给研究和解释化学反应过程造成很大的困难。

根据碰撞理论所得公式(6-1)可知,速率常数 k 与反应的温度和活化自由能有关,因此提高温度或降低活化自由能都可以显著地增加反应速率。对于活的生物来说只能或主要借助降低活化自由能来提高反应速率,这就是酶分子承担的催化功能。对于一个**酶促反应**(enzymatic reaction)来说,酶(E)与反应物通常称为**底物**(substrate,S)反应先形成酶底物的中间复合物(ES),然后转变成**酶-过渡态复合物**(ES*),再转变成酶与产物中间复合物(EP),最后生成产物(P),释放出 E。

$$\mathrm{E+S \Longleftrightarrow ES \Longleftrightarrow ES^* (\text{或 } EX^*) \Longleftrightarrow EP \longrightarrow E+P}$$

图 6-1 是 S→P 化学反应过程中能量变化的图解,图中纵轴是自由能水平(G),横轴是反应进程或反应坐标。图示出酶促反应和非催化反应所经的能量途径和活化能大小($\Delta G^{\ominus *}$)的比较。反应(S→P)的前向和逆向的起始点分别称为**初态和终态**,或统称为**基态**(ground state),一般是指热力学标准态(⊖)或生物化学标准态(⊖')的自由能水平。S 和 P 之间的平衡反映它们的标准自由能差($\Delta G^{\ominus}$ 或 $\Delta G^{\ominus'}$)。在示出的例子中 S 的基态自由能高于 P 的基态自由能,即 S→P 反应的 $\Delta G^{\ominus}<0$,平衡有利于 P 方。平衡位置和方向不

受任何催化剂的影响。

　　有利的平衡并不意味反应能够以可测的速率进行,因为在 S 和 P 之间,还有反应**能障**(energy barrier)需要克服。能障的阈值等于活化自由能($\Delta G^{\ominus *}$)。能障是一座"能山","山"的顶点或能峰是过渡态,它崩解成 P 或 S 的概率相等。过渡态不是一种稳定的分子形式,只存在飞逝的一瞬间(典型寿命为 10^{-13} s)。注意,不要把中间复合物和过渡态复合物等同起来,前者是相对稳定的分子形式(寿命为 $10^{-13} \sim 10^{-3}$ s),在能量-反应坐标图上前者处于能谷中。其实,反应能障的存在并不总是坏事,正是它保证了地球上生命的存在。否则,热力学上的自发反应即 $\Delta G < 0$ 的反应将随时发生。这样世界上所有的有机物质包括生物大分子、细胞和生物都将被燃烧(氧化)成 CO_2 和 H_2O 等。

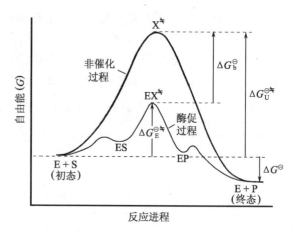

图 6-1　酶促反应和非催化反应中活化自由能的变化
图中 $\Delta G_b^{\ominus}$ 为标准结合自由能变化,$\Delta G_E^{\ominus *}$ 和 $\Delta G_U^{\ominus *}$ 分别为酶促反应和非催化反应的标准活化自由能

　　从图 6-1 可以看出,酶促反应标准活化自由能($\Delta G_E^{\ominus *}$)比非催化反应的标准活化自由能($\Delta G_U^{\ominus *}$)显著降低,因而使酶促反应速率加快。例如在没有催化剂存在下,过氧化氢分解所需活化能为 75.4 kJ·mol^{-1},用无机物液态钯作催化剂时,所需活化能降低为 48.9 kJ·mol^{-1},当用过氧化氢酶催化时,则活化能只需 8.4 kJ·mol^{-1}。再如,无催化剂时使蔗糖水解所需活化能为 1 339.8 kJ·mol^{-1},用 H^+ 作催化剂时,活化能降低为 104.7 kJ·mol^{-1},用蔗糖酶时只需要 39.4 kJ·mol^{-1}。由此可见酶作为催化剂比一般催化剂更显著地降低活化能,催化效率更高。

　　酶是怎样克服能障,降低活化能的? 这是一个复杂的催化机制问题,看来关键在于形成**酶-底物复合物**(包括 ES 和 EX* 等)。根据方程(6-7)活化自由能(ΔG^*)是由活化熵(ΔS^*)和活化焓(ΔH^*)两项构成的。因此,酶降低反应的活化自由能也可从熵和焓两个方面来考虑。

　　熵因子方面:有两个效应值得注意,**邻近效应**和**定向效应**。**邻近**(proximity)是指双分子酶促反应中两个底物分子被束缚在酶分子的表面使之彼此接近;**定向**(orientation)是指两个底物的反应基团之间和底物反应基团与酶催化基团之间的正确定位取向。邻近和定向的效果相当于增加了局部底物浓度和有效碰撞概率。一般说,两个底物分子形成一个活化复合物时,需要经历平动自由度和转动自由度的丢失,造成熵的锐减,ΔS^* 是负值,于是方程 6-7 中 $-T\Delta S^*$ 项是正值,这意味着将有一个大的活化自由能(ΔG^*),显然对反应是不利的。但在酶促反应中自由度的丢失是在进入过渡态(EX*)之前形成 ES 中间复合物时发生的,并由酶与底物非共价结合时释放的自由能,称为**结合[自由]能**(binding energy,ΔG_b),补偿了自由度丢失引起的熵减,因此进入过渡态时的 ΔS^*(绝对值)减小,从而 ΔG^* 比非催化反应时降低。

　　焓因子方面:**底物形变**和**诱导契合**涉及活化焓 ΔH^* 的降低。对于大多数反应来说,底物进入过渡态时都会发生形变(distortion),反应键被拉长、扭曲,处于所谓**电子应变**或**电子张力**(electronic strain)状态。底物形变需要给反应系统提供能量(ΔH^*)。但在酶促反应中底物形变所需的能量也是由 E 和 S 之间形成弱相互作用时释放的结合自由能(内能)提供的,因而减少了进入过渡态(EX*)所需的 ΔH^*。底物与酶结合的同时,通常酶分子也发生形变或构象变化,以"迎合"底物进入过渡态时的需要,即所谓诱导契合(见图 8-1)。诱导契合使酶分子上的催化基团进入适当位置,包括向底物提供**广义酸碱催化**和**共价催化**的基团,以削弱反应键,这也是减少 ΔH^* 的一种方式。

　　底物通过与酶结合的方式虽能有效地降低活化自由能(ΔG_E^*),但仍有一部分活化自由能需要从别处获得,才能进入或通过过渡态(图 6-1)。鉴于底物已被固定在酶分子上,自身没有留下使其进入过渡态的平动能,因此只能从溶剂分子碰撞酶-底物复合物时的动能中获得这部分能量,这暗示酶分子在反应过程中还可能起能量捕获和传导的作用。

酶降低活化自由能的细节将在第 8 章酶作用机制中进一步讨论。

（四）酶作为生物催化剂的特点

酶是细胞所产生的,受多种因素调节控制的具有催化能力的生物催化剂,与一般非生物催化剂相比较有以下几个特点:

1. 酶易失活

酶是由细胞产生的生物大分子,凡能使生物大分子变性的因素,如高温、强碱、强酸、重金属盐等都能使酶失去催化活性,因此酶所催化的反应往往都是在比较温和的常温、常压和接近中性酸碱条件下进行。例如:生物固氮在植物中是由固氮酶催化的,通常在 27 ℃和中性 pH 下进行,每年可从空气中将 1 亿吨左右的氮固定下来。而在工业上合成氨,需要在 500 ℃,几十个 MPa 下才能完成。

2. 酶具有很高的催化效率

生物体内的大多数反应,在没有酶的情况下,几乎是不能进行的。即使像 CO_2 水合作用这样简单的反应也是通过体内碳酸酐酶催化的。

$$CO_2 + H_2O \Longleftrightarrow H_2CO_3$$

每个酶分子在 1 s 内可以使 6×10^5 个 CO_2 发生水合作用,这样以保证使细胞组织中的 CO_2 迅速进入血液,然后再通过肺泡及时排出,这个经酶催化的反应,要比未经催化的反应快 10^7 倍。再如刀豆脲酶催化尿素水解的反应:

$$H_2N-\overset{\overset{O}{\|}}{C}-NH_2 + 2H_2O + H^+ \longrightarrow 2NH_4^+ + HCO_3^-$$

在 20 ℃酶催化反应的速率常数是 $3 \times 10^4\ s^{-1}$,尿素非催化水解的速率常数为 $3 \times 10^{-10}\ s^{-1}$,因此,脲酶催化反应的速率比非催化反应速率大 10^{14} 倍。据报道,如果在人的消化道中没有各种酶类参与催化作用,那么,在体温 37 ℃的情况下,要消化一餐简单的午饭,大约需要 50 年。经过实验分析,动物吃下的肉食,在消化道内只要几小时就可完全消化分解。再如将唾液淀粉酶稀释 100 万倍后,仍具有催化能力。由此可见,酶的催化效率是极高的。酶催化反应速率对非催化反应速率的比率定为**酶的催化力**（catalytic power）。酶催化反应的反应速率比非催化反应高 $10^8 \sim 10^{20}$ 倍,比非生物催化剂高 $10^7 \sim 10^{13}$ 倍。但应指出,酶催化的反应与非酶催化的反应历程不同,只能估计出一个下限。表 6-2 列出一些酶催化反应与它们非催化反应速率的比较。

表 6-2　酶催化反应与非催化反应速率的比较

酶	非催化反应速率 $k_{un}/(s^{-1})$	酶催化反应速率 $k_{cat}/(s^{-1})$	酶的催化力 k_{cat}/k_{un}
1,6-二磷酸果糖磷酸酶（fructose-1,6-bisphosphatase）	2×10^{-20}	21	1.05×10^{21}
β-淀粉酶（β-amylase）	1.9×10^{-15}	1.4×10^3	7.4×10^{17}
碱性磷酸酶（alkaline phosphatase）	1.0×10^{-15}	14	1.4×10^{16}
脲酶（urease）	3×10^{-10}	3×10^4	1.0×10^{14}
胰凝乳蛋白酶（chymotrypsin）	1.0×10^{-10}	1×10^2	1.0×10^{12}
糖原磷酸化酶（glycogen phosphorylase）	$<5 \times 10^{-15}$	1.6×10^{-3}	$>3.2 \times 10^{11}$
己糖激酶（hexokinase）	$<1.0 \times 10^{-13}$	1.3×10^3	$>1.3 \times 10^{10}$
磷酸丙糖异构酶（triose phosphate isomerase）	4.3×10^{-6}	4.3×10^3	1.0×10^9
醇脱氢酶（alcohol dehydrogenase）	$<6 \times 10^{-12}$	2.7×10^{-3}	$>4.5 \times 10^8$
碳酸酐酶（carbonic anhydrase）	1.0×10^{-2}	1.0×10^5	1.0×10^7
分枝酸变位酶（chorismate mutase）	2.6×10^{-5}	50	1.9×10^6
肌酸激酶（creatine kinase）	$<3 \times 10^{-9}$	4×10^{-5}	$>1.33 \times 10^4$

3. 酶具有高度专一性

所谓高度**专一性**(specificity)是指酶对作用的反应物和催化的反应有严格的选择性。这种选择性是通过酶与反应物之间相互作用或是通过基于结构互补的分子识别实现的。酶往往只能催化一种或一类反应,作用于一种或一类物质。而一般催化剂没有这样严格的选择性。氢离子可以催化淀粉、脂肪和蛋白质的水解,而淀粉酶只能催化淀粉糖苷键的水解,蛋白酶只能催化蛋白质肽键的水解,脂肪酶只能催化脂肪酯键的水解,而对其他类物质则没有催化作用。酶作用的专一性,是酶最重要的特点之一,也是和一般催化剂最主要的区别。

4. 酶活性受到调节和控制

有机体的生命活动表现了它内部化学反应历程的有序性,这种有序性是受多方面因素调节控制的,一旦破坏了这种有序性,就会导致代谢紊乱,产生疾病,甚至死亡。酶活力受到调节和控制是区别于一般催化剂的重要特征。细胞内酶的调节和控制有多种方式,主要有:

(1) 调节酶的浓度　酶浓度的调节主要有 2 种方式:一种是诱导或抑制酶的合成;一种是调节酶的降解。例如乳糖操纵子(lac operon)可以合成 β-半乳糖苷酶、半乳糖苷通透酶和硫半乳糖苷转乙酰酶,它们可以受乳糖或诱导物异丙基硫代-β-D-半乳糖苷(IPTG)的诱导而促进合成。乳糖或 IPTG 可以与原来存在于该系统的阻遏物结合,使阻遏物和 DNA 的结合能力降低约 1 000 倍,解除抑制,使 3 种酶的合成加快,酶浓度提高。大肠杆菌有一种所谓的葡萄糖效应,就是当有葡萄糖存在下,不利用乳糖,表明葡萄糖抑制了上述 3 个酶的合成。

(2) 通过激素调节酶活性　激素通过与细胞膜或细胞内受体相结合而引起一系列生物学效应,以此来调节酶活性(见第 14 章)。有些酶的专一性是由激素调控的,乳腺组织合成乳糖是一个明显的例子。哺乳动物乳腺组织中合成乳糖是由乳糖合成酶催化的,该酶由两个亚基即催化亚基和调节亚基组成。催化亚基单独存在时不能催化合成乳糖,但能催化半乳糖以共价键的方式连接到蛋白质上形成糖蛋白。调节亚基实际上就是乳汁中的 α-乳清蛋白,其本身无催化活性,但当与催化亚基结合后,就可以改变催化亚基的专一性,催化半乳糖和葡萄糖反应生成乳糖:

$$UDP-半乳糖+D-葡萄糖 \Longleftrightarrow UDP +乳糖$$

调节亚基合成是受激素控制的。在怀孕期间,催化亚基和调节亚基在乳腺中合成,但调节亚基合成的很少,当分娩后,由于激素急剧增加,调节亚基大量合成,并和催化亚基结合成乳糖合成酶,大量合成乳糖以适应生理的需要。

(3) 反馈抑制调节酶活性　许多小分子物质的合成是由一连串的反应组成的,催化此物质生成的第一步的酶,往往被它们终端产物抑制。这种抑制叫**反馈抑制**(feedback inhibition)(图 6-2),例如由苏氨酸生物合成为异亮氨酸,要经过 5 步,反应第 1 步由苏氨酸脱氨酶(threonine deaminase)催化,当终产物异亮氨酸浓度达到足够水平时,该酶就被抑制,异亮氨酸结合到酶的一个调节部位上,通过可逆的别构作用对酶产生抑制。当异亮氨酸的浓度下降到一定程度,苏氨酸脱氨酶又重新表现活性,从而又重新合成异亮氨酸。

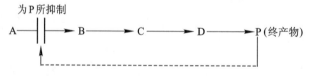

图 6-2　通过终产物可逆的结合对途径中的第一个酶进行反馈抑制

(4) 抑制剂和激活剂对酶活性的调节　酶受大分子抑制剂或小分子物质抑制,从而影响酶的活性。例如大分子物质胰蛋白酶抑制剂,可以抑制胰蛋白酶的活性。小分子的抑制剂如一些反应产物,像 1,3-二磷酸甘油酸变位酶的活性受到它的产物 2,3-二磷酸甘油酸的抑制,从而对这一反应进行调节。

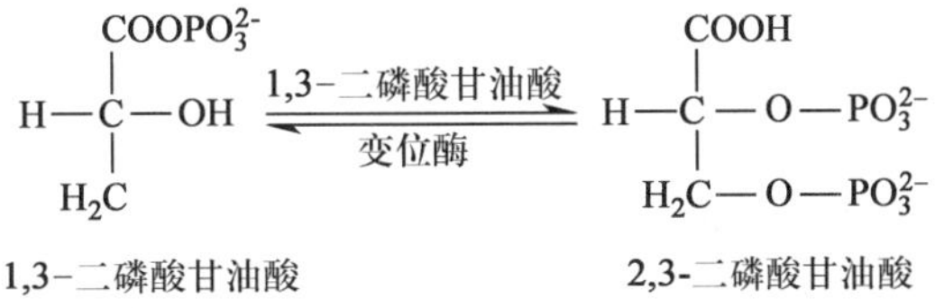

$$H-\underset{\underset{H_2C}{|}}{\overset{\overset{COOPO_3^{2-}}{|}}{C}}-OH \underset{变位酶}{\overset{1,3-二磷酸甘油酸}{\rightleftharpoons}} H-\underset{\underset{H_2C-O-PO_3^{2-}}{|}}{\overset{\overset{COOH}{|}}{C}}-O-PO_3^{2-}$$

1,3-二磷酸甘油酸   2,3-二磷酸甘油酸

此外某些无机离子可对一些酶产生抑制,对另外一些酶产生激活,从而对酶活性起调节作用。酶活性也可受到大分子物质的调节,例如抗血友病因子(凝血因子Ⅷ)可增强丝氨酸蛋白酶的活性,因此它可明显地促进血液凝固过程。

(5) 其他调节方式 通过别构调控、酶原的激活、酶的可逆共价修饰和同工酶来调节酶活性,这些形式的调节将在第8章进行讨论。

三、酶的化学本质及其组成

(一) 酶的化学本质

酶的化学本质除有催化活性的核酶(ribozyme)和脱氧核酶(deoxyribozyme)之外都是蛋白质。到目前为止,被人们分离纯化研究的酶已有数千种,经过物理和化学方法的分析证明了酶的化学本质是蛋白质。主要依据是:① 酶经酸碱水解后的最终产物是氨基酸,酶能被蛋白酶水解而失活;② 酶是具有空间结构的生物大分子,凡使蛋白质变性的因素都可使酶变性失活;③ 酶是两性电解质,在不同 pH 下呈现不同的离子状态,在电场中向某一电极泳动,各自具有特定的等电点;④ 酶和蛋白质一样,具有不能通过半透膜等胶体性质;⑤ 酶也有蛋白质所具有的化学呈色反应。以上事实表明酶在本质上属于蛋白质。

但是,不能说所有的蛋白质都是酶,只是具有催化作用的蛋白质,才称为酶。

酶的催化活性依赖于它们天然蛋白质构象的完整性,假若一种酶被变性或解离成亚基就会失活。因此,蛋白质酶的空间结构对它们的催化活性是必需的。

(二) 酶的化学组成

酶作为一类具有催化功能的蛋白质,与其他蛋白质一样,相对分子质量很大,一般从一万到几十万甚至百万以上,见表6-3。

表 6-3   一些酶的相对分子质量

名 称	相对分子质量/×10³	氨基酸残基数	肽链数
RNA 酶 A(牛胰)	13.7	124	1
溶菌酶(鸡蛋清)	13.93	129	1
胰凝乳蛋白酶(牛胰)	21.6	291	3
己糖激酶(酵母)	102.0	800	2
RNA 聚合酶(E. coli)	450.0	4 100	5
谷氨酸脱氢酶(牛心)	1 000.0	8 300	40

从化学组成来看酶可分为**单纯蛋白质**(simple protein)和**缀合蛋白质**(conjugated protein)两类。属于单纯蛋白质的酶类,除了蛋白质外,不含其他物质,如蛋白酶、淀粉酶、脂肪酶和核糖核酸酶等。属于缀合蛋白质的酶类,除了蛋白质外,还要结合一些对热稳定的非蛋白质小分子物质或金属离子,前者称为**脱辅酶**(apoenzyme 或 apoprotein),后者称为**辅因子**(cofactor),脱辅酶与辅因子结合后所形成的复合物称为"**全酶**"(holoenzyme),即全酶=脱辅酶+辅因子。在酶催化时,一定要有脱辅酶和辅因子同时存在才起

作用,二者各自单独存在时,均无催化作用。酶的辅因子,包括金属离子及有机化合物,根据它们与脱辅酶结合的松紧程度不同,可分为两类,即**辅酶**(coenzyme)和**辅基**(prosthetic group)。通常辅酶是指与脱辅酶结合比较松弛的小分子有机物质,通过透析方法可以除去,如辅酶Ⅰ和辅酶Ⅱ等。辅基是以共价键和脱辅酶结合,不能通过透析除去,需要经过一定的化学处理才能与蛋白分开,如细胞色素氧化酶中的铁卟啉,丙酮酸氧化酶中的黄素腺嘌呤二核苷酸(FAD),都属于辅基。所以辅酶和辅基的区别只在于它们与脱辅酶结合的牢固程度不同,并无严格的界线。每一种需要辅酶(辅基)的脱辅酶往往只能与一特定的辅酶(辅基)结合,即酶对辅酶(辅基)的要求有一定的选择性,当换另一种辅酶(辅基)就不具活力,如谷氨酸脱氢酶需要辅酶Ⅰ,若换以辅酶Ⅱ就失去活性。但生物体内辅酶(辅基)数目有限,而酶的种类繁多,故同一种辅酶(辅基)往往可以与多种不同的脱辅酶结合而表现出多种不同的催化作用,如 3-磷酸甘油醛脱氢酶、乳酸脱氢酶都需要辅酶Ⅰ,但各自催化不同的底物脱氢。这说明脱辅酶部分决定酶催化的专一性。辅酶(辅基)在酶催化中通常是起着电子、原子或某些化学基团的传递作用。一些可作为酶的辅因子的某些金属离子见表 6-4,作为电子、原子和基团转移载体的辅酶和辅基见表 6-5。从表 6-5 可以看出许多维生素就是辅酶(辅基)的前体。

表 6-4　作为酶辅因子的某些金属离子

金属离子	酶
Zn^{2+}	碳酸酐酶(carbonic anhydrase)、醇脱氢酶(alcohol dehydrogenase)、羧肽酶(carboxypeptidase)A 和 B、DNA 聚合酶(DNA-polymerase)
Cu^{2+}	细胞色素氧化酶(cytochrome oxidase)、超氧化物歧化酶(superoxide dismutase)
K^+	丙酮酸激酶(pyruvate kinase)、丙酰 CoA 羧化酶(propionyl CoA carboxylase)
Mg^{2+}	己糖激酶(hexokinase)、丙酮酸激酶、6-磷酸葡糖磷酸酶(glucose-6-phosphatase)
Mn^{2+}	精氨酸酶(arginase)、核糖核酸还原酶(RNA reductase)、超氧化物歧化酶
Fe^{2+} 或 Fe^{3+}	过氧化物酶(catalase)、过氧化氢酶(peroxidase)、细胞色素氧化酶(cytochrome oxidase)
Ni^{2+}	脲酶(urease)
Mo^{2+}	硝酸盐还原酶(nitrate reductase)、固氮酶(nitrogenase)
Se	谷胱甘肽过氧化物酶(glutathione peroxidase)
Na^+	质膜 ATP 酶(plasmalemma adenosine triphosphatase)

表 6-5　作为电子、原子和基团转移载体的某些辅酶(辅基)

辅酶(辅基)	被转移基团	需要该辅酶(辅基)的酶
硫胺素焦磷酸(TPP)	醛类	丙酮酸脱氢酶(pyruvate dehydrogenase)
黄素腺嘌呤核苷酸(FMN、FAD)	氢原子、电子	单胺氧化酶(monoamine oxidase)
烟酰胺腺嘌呤二核苷酸(NAD⁺)		乳酸脱氢酶(lactate dehydrogenase)
烟酰胺腺嘌呤二核苷酸磷酸(NADP⁺)	氢负离子(:H⁻)、电子	6-磷酸葡糖脱氢酶(glucose-6-phosphate dehydrogenase)
辅酶 A(CoA)	酰基	乙酰 CoA 羧化酶(acetyl CoA carboxylase)
磷酸吡哆醛(PLP)	氨基	天冬氨酸转氨酶(aspartate aminotransferase)
生物素(生物胞素)	CO_2	丙酮酸羧化酶(pyruvate carboxylase)
5′-脱氧腺苷酸钴胺素(CoB₁₂)	氢原子、烷基	甲基丙二酰-CoA 变位酶(methylmalonyl-CoA mutase)
四氢叶酸(CoF)	一碳基团	胸苷酸合酶(thymidylate synthase)
硫辛酸	酰基	丙酮酸脱氢酶(pyruvate dehydrogenase)

（三）　单体酶、寡聚酶、多酶复合物

根据酶蛋白分子的特点,又可将酶分为以下 3 类:

（1）**单体酶**　**单体酶**(monomeric enzyme)一般是由一条肽链组成,例如,牛胰核糖核酸酶、溶菌酶、羧

肽酶 A 等,但有的单体酶是由多条肽链组成,如胰凝乳蛋白酶是由 3 条肽链组成,肽链间二硫键相连构成一个共价整体。单体酶种类较少,一般多是催化水解反应的酶,相对分子质量在 $(13\sim35)\times10^3$ 之间。

(2) 寡聚酶　**寡聚酶**(oligomeric enzyme)是由两个或两个以上亚基组成的酶,这些亚基可以是相同的,也可以是不相同的。绝大部分寡聚酶都含偶数亚基,但个别寡聚酶含奇数亚基,如荧光素酶、嘌呤核苷磷酸化酶均含 3 个亚基。亚基之间靠次级键结合,彼此容易分开。寡聚酶的相对分子质量一般大于 35×10^3。大多数寡聚酶,其聚合形式是活性型,解聚形式是失活型。相当数量的寡聚酶是调节酶,在代谢调控中起重要作用。

表 6-6 列举了一些含相同亚基的寡聚酶,表 6-7 列举了一些含不同亚基的寡聚酶。

表 6-6　含相同亚基的寡聚酶

酶	来源	亚基数	相对分子质量/$\times10^3$
苹果酸脱氢酶(malate dehydrogenase)	鼠肝	2	2×37.5
碱性磷酸酶(alkaline phosphatase)	E. coli	2	2×40.0
肌酸激酶(creatine kinase)	鸡或兔肌	2	2×40.0
醛缩酶(aldolase)	酵母	2	2×40.0
己糖激酶(hexokinase)	酵母	4	4×27.5
醇脱氢酶(alcohol dehydrogenase)	酵母	4	4×37.0
丙酮酸激酶(pyruvate kinase)	兔肝	4	4×57.2
过氧化氢酶(catalase)	牛肝	4	4×57.5

表 6-7　含不同亚基的寡聚酶

酶	来源	亚基数及类型	相对分子质量/$\times10^3$
1,6-二磷果糖磷酸酸酶(fructose-1,6-diphosphatase)	兔肝	2A	2×29.0
		2B	2×37.0
琥珀酸脱氢酶(succinate dehydrogenase)	牛心	α	70.0
		β	27.0
Na$^+$,K$^+$-ATP 酶(adenosine triphosphatase)	兔肾	2α	2×95.0
		2β	2×45.0
乳酸脱氢酶(lactate dehydrogenase)	牛心、肝	4H	4×35.0
		4M	4×35.0
RNA 聚合酶(RNA polymerase)	E. coli	2α	2×39.0
		ββ′	155.0,165.0
		σ	95.0
组氨酸脱羧酶(histidine decarboxylase)	乳酸杆菌	A$_5$	5×29.9
		B$_5$	5×9.0
天冬氨酸转氨甲酰酶(aspartate transcarbamoylase)	E. coli	(C$_3$)$_2$	6×34.0
		(R$_2$)$_3$	6×17.0
α-L-岩藻糖苷酶(fucosidase)	大鼠附睾	2α	2×60.0
		2β	2×47.0

(3) 多酶复合物　**多酶复合物**(multienzyme complex)是由几种酶靠非共价键彼此嵌合而成。所有反应依次连接,有利于一系列反应的连续进行。这类多酶复合物相对分子质量很高,例如脂肪酸合成中的脂肪酸合酶(fatty acid synthase)复合物,是由 7 种酶和一个酰基携带蛋白构成,相对分子质量为 $2\,200\times10^3$ (见第 24 章);E. coli 丙酮酸脱氢酶复合物(E. coli pyruvate dehydrogenase complex)由 60 个亚基 3 种酶组

成,相对分子质量约 $4\ 600\times10^{3}$,在柠檬酸循环中催化丙酮酸的脱羧、脱氢,最后生成 CO_2 和乙酰 CoA 的反应(见第 18 章)。

四、酶的命名和分类

迄今为止已发现几千种蛋白质的酶,在生物体中的酶远远大于这个数量。随着生物化学、分子生物学等生命科学的发展,会发现更多的新酶。为了研究和使用的方便,需要对已知的酶加以分类,并给以科学名称。1961 年前酶的分类和命名都很混乱,酶的名称往往是沿用下来的,缺乏系统性和科学性,有时会出现一酶数名或一名数酶的情况。1961 年国际生物化学学会酶学委员会推荐了一套新的系统命名方案及分类方法,1972 年、1978 年和 1984 年又先后作了修改和补充,这一系统,现在已得到国际上普遍的认同。规定给每一种酶一个系统名称(systematic name)和一个习惯名称(俗名)。

由于核酶发现较晚,国际酶学委员会还未规定其分类方法及命名方案。

(一) 习惯命名法

1961 年以前使用的酶的名称都是沿用习惯方法命名,称为习惯名。主要依据两个原则:

(1) 根据酶作用的底物命名,如催化水解淀粉的酶叫淀粉酶,催化水解蛋白质的酶叫蛋白酶。有时还加上来源以区别不同来源的同一类酶,如胃蛋白酶,胰蛋白酶。

(2) 根据酶催化反应的性质及类型命名,如水解酶、转移酶、氧化酶等。有的酶结合上述两个原则来命名,如琥珀酸脱氢酶是催化琥珀酸脱氢反应的酶。

习惯命名比较简单,应用历史较长,尽管缺乏系统性,但现在还被人们使用。

(二) 国际系统命名法

酶的国际系统命名,是根据 1972 年国际酶学委员会《酶命名法》中的规定——按酶催化的反应命名。规定每种酶的名称应当明确标明酶的底物及催化反应的性质。如果一种酶催化两个底物起反应,应在它们的系统名称中包括两种底物的名称,并以“：”号将它们隔开。若底物之一是水时,可将水略去不写(见表 6-8)。酶(名)都用“ase”作为后缀。

表 6-8 酶国际系统命名法举例

习惯名称	系统名称	催化的反应
乙醇脱氢酶	乙醇：NAD^+氧化还原酶	乙醇+NAD^+──→乙醛+NADH
谷丙转氨酶(丙氨酸转氨酶)	丙氨酸：α-酮戊二酸转氨酶	丙氨酸+α-酮戊二酸──→谷氨酸+丙酮酸
脂肪酶	脂肪：水解酶	脂肪+H_2O──→脂肪酸+甘油

(三) 国际系统分类法及酶的编号

国际酶学委员会,根据各种酶所催化反应的类型,把酶分为 6 大类,即**氧化还原酶类**、**转移酶类**、**水解酶类**、**裂合酶类**、**异构酶类**和**连接酶类**。分别用 1、2、3、4、5、6 来表示。再根据底物中被作用的基团或键的特点将每一大类分为若干个亚类,每一个亚类又按顺序编成 1、2、3、4……等数字。每一个亚类可再分为亚亚类,仍用 1、2、3、4……编号。每一个酶的分类编号由 4 个数字组成,数字间由“·”隔开。第一个数字指明该酶属于 6 个大类中的哪一类;第二个数字指出该酶属于哪一个亚类;第三个数字指出该酶属于哪一个亚亚类;第四个数字则表明该酶在亚亚类中的排号。编号之前冠以 **EC**(为 Enzyme Commission 的缩写)。例如:EC 1.1.1 表示氧化还原酶,作用于 CHOH 基团,受体是 NAD^+ 或 $NADP^+$;1.1.2 表示氧化还原酶,作用于 CHOH 基团,受体是细胞色素;1.1.3 表示氧化还原酶,作用于 CHOH 基团,受体是分子氧;编号中第 4 个数字仅表示该酶在亚亚类中的位置。这种系统命名原则及系统编号是相当严格的,一种酶只可能有一个名称和一个编号。一切新发现的酶,都能按此系统得到适当的编号。从酶的编号可了解到该酶的类型和反应性质。表6-9列出了酶的分类,指明了酶的编号、系统名称、习惯名称及所催化的反应。

表 6-9　酶 的 分 类

编号	系统名称	习惯名称	反应
1	**氧化还原酶类**		
1.1	作用于供体的 CHOH 基		
1.1.1	以 NAD$^+$ 或 NADP$^+$ 为受体		
1.1.1.1	醇:NAD$^+$氧化还原酶	醇脱氢酶	醇+NAD$^+$ ⇌ 醛或酮+NADH
1.2	作用于供体的醛基或酮基		
1.2.1	以 NAD$^+$ 或 NADP$^+$ 为受体		
1.2.3	以 O$_2$ 为受体		
1.2.3.2	黄嘌呤:氧氧化还原酶	黄嘌呤氧化酶	黄嘌呤+H$_2$O+O$_2$ ⇌ 尿酸+H$_2$O$_2$
1.3	作用于供体的 CH—CH 基		
1.3.1	以 NAD$^+$ 或 NADP$^+$ 为受体		
1.3.1.1	4,5-二氢尿嘧啶: NAD$^+$氧化还原酶	二氢尿嘧啶脱氢酶	4,5-二氢尿嘧啶+NAD$^+$ ⇌ 尿嘧啶+NADH
1.4	作用于供体的 CH—NH$_2$ 基		
1.5	作用于供体的 〉CH—NH—		
1.6	作用于供体的 NADH 或 NADPH		
2	**转移酶类**		
2.1	转移 C1 基团		
2.1.1	甲基转移酶类		
2.1.1.2	S-腺苷甲硫氨酸:胍乙酸-N- 甲基转移酶	胍乙酸转甲基酶	S-腺苷甲硫氨酸+胍乙酸 ⇌ S-腺苷高半胱氨酸+肌酸
2.2	转移醛基或酮基		
2.3	酰基转移酶类		
2.4	糖基转移酶类		
2.6	转移含氮基团		
2.6.1	氨基转移酶类		
2.6.1.1	L-天冬氨酸:α-酮戊二酸转氨酶	天冬氨酸转氨酶	L-天冬氨酸+α-酮戊二酸 ⇌ 草酰乙 酸+L-谷氨酸
2.7	转移含磷基团		
2.8	转移含硫基团		
3	**水解酶类**		
3.1	水解酯键		
3.1.1	羧酸酯水解酶类		
3.1.1.7	乙酰胆碱水解酶	乙酰胆碱酯酶	乙酰胆碱+H$_2$O ⇌ 胆碱+乙酸
3.2	水解糖苷键		
3.3	水解肽键		
3.4	水解肽键以外的 C—N 键		
4	**裂合酶类**		
4.1	C—C 裂合酶类		
4.1.1	羧基裂合酶		
4.1.1.1	2-氧(代)酸羧基裂合酶	丙酮酸脱羧酶	2-氧(代)酸 ⇌ 醛+CO$_2$
4.2	C—O 裂合酶类		

续表

编号	系统名称	习惯名称	反应
4.3	C—N 裂合酶类		
5	**异构酶类**		
5.1	消旋酶类和差向异构酶类		
5.1.3	作用于糖		
5.1.3.1	D-核酮糖-5-磷酸-3-差向异构酶	磷酸核酮糖差向异构酶	D-核酮糖-5-磷酸 $\rightleftharpoons$ D-木酮糖-5-磷酸
5.2	顺-反异构酶类		
5.3	分子内氧化还原酶类		
5.4	分子内转移酶类		
6	**连接酶类**		
6.1	形成 C—O 键		
6.1.1	氨基酸-RNA 连接酶类		
6.1.1.1	L-酪氨酸：tRNA 连接酶	酪氨酰-tRNA 合成酶	ATP+L-酪氨酸+tRNA $\rightleftharpoons$ AMP+焦磷酸+L-酪氨酰-tRNA
6.2	形成 C—S 键		
6.3	形成 C—N 键		
6.4	形成 C—C 键		

需要指出,酶的分类和命名仅基于酶所催化的反应,与酶的来源无关,各种不同物种来源的催化同一反应的同源酶(homologous enzyme),它们的氨基酸顺序、催化机理可能不同,这种结构上的不同无法用系统命名和分类法加以区别。

EC 规定在第一次出现所涉及的酶发表在论文或专著时,应该将酶的编号、系统名称和来源写出来,以免混乱。

五、酶的专一性

(一) 酶对底物的专一性

酶的专一性可分为两种类型:

1. 结构专一性

有些酶对底物的要求非常严格,只作用于一种底物,而不作用于任何其他物质,这种专一性称为"**绝对专一性**"(absolute specificity)。例如脲酶只能水解尿素,而对尿素的各种衍生物不起作用;DNA 聚合酶 I 催化 4 种脱氧核苷三磷酸合成 DNA,在合成 DNA 时要求有一条 DNA 链作为模板,新合成 DNA 链的排列顺序完全由模板 DNA 链的排列顺序决定,DNA 聚合酶 I 在执行模板给出的指令时特别精确,在新 DNA 链中插入一个错误核苷酸的机会还不到百万分之一,DNA 聚合酶 I 也可以说具有绝对专一性;此外,如麦芽糖酶只作用于麦芽糖,而不作用于其他双糖;碳酸酐酶只作用于碳酸等,均属于绝对专一性的例子。

有些酶对底物的要求比上述绝对专一性要低一些,可作用一类结构相近的底物,这种专一性称为"**相对专一性**"(relative specificity)。具有相对专一性的酶作用于底物时,对键两端的基团要求程度不同,对其中一个基团要求严格,对另一个则要求不严格,这种专一性称为"**族专一性**"或"**基团专一性**"。例如 α-D-葡糖苷酶不但要求 α-糖苷键,并且要求 α-糖苷键的一端必须有葡萄糖残基,即 α-葡糖苷,而对键的另一端 R 基团则要求不严,因此它可催化各种 α-D-葡糖苷衍生物 α-糖苷键的水解。

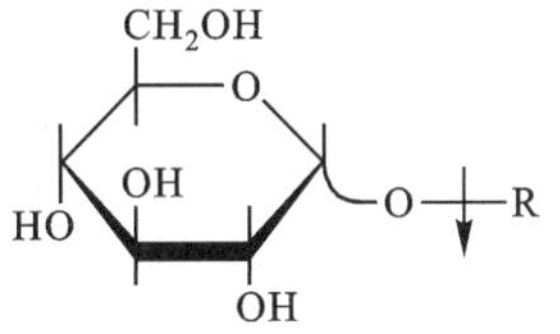

$$CH_2OH$$

α-葡糖苷

有些酶只要求作用于底物一定的键,而对键两端的基团并无严格要求,这种是另一种相对专一性,称为**"键专一性"**(bond specificity)或称**"反应专一性"**。例如酯酶催化酯键的水解,对底物 $R—C{\overset{O}{\underset{OR'}{}}}$ 中的 R 及 R′基团都没有严格的要求,只是对于不同的酯类,水解速率有所不同。

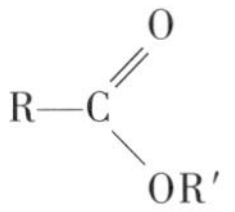

蛋白酶可以催化肽键的水解,不同蛋白水解酶对底物的专一性各不相同。如凝血酶是参与血液凝固过程的一个酶,专一性程度相当高,它对于被水解的肽键羧基一端和氨基一端都有严格要求,只水解羧基端 L-精氨酸残基,氨基端为甘氨酸残基所构成的肽键(图 6-3)。

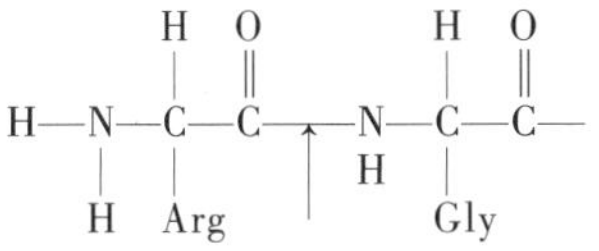

图 6-3 凝血酶的专一性(箭头表示作用点)

在动物消化道中几种蛋白酶专一性各不相同。如胰蛋白酶只专一地水解赖氨酸或精氨酸羧基形成的肽键,胰凝乳蛋白酶专一地水解由芳香氨基酸或带有较大非极性侧链氨基酸羧基形成的肽键,弹性蛋白酶专一地水解丙氨酸、甘氨酸及短脂肪链氨基酸羧基形成的肽键,胃蛋白酶水解芳香族或其他疏水氨基酸的羧基或氨基形成的肽键,氨肽酶水解氨基端氨基酸残基,羧肽酶水解羧基端氨基酸残基。当食物中的蛋白质进入动物消化道后,经过上述酶的联合作用,最终水解为氨基酸。图 6-4 表示消化道中几种蛋白酶的专一性。

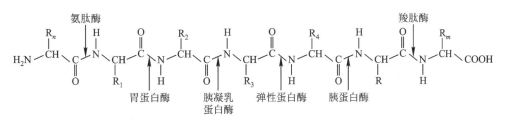

图 6-4 消化道中几种蛋白酶的专一性
R_1,R_2:芳香氨基酸及其他疏水氨基酸;R_3:丙氨酸、甘氨酸、丝氨酸等短脂肪链氨基酸;R_4:赖氨酸和精氨酸

2. 立体异构专一性

当底物具有立体异构体时,酶只能作用其中的一种,这种专一性称为**立体异构专一性**(stereospecificity)。酶的立体异构专一性是相当普遍的现象。

(1) **旋光异构专一性**(optical isomerism specificity) 例如 L-氨基酸氧化酶只能催化 L-氨基酸氧化,而对 D-氨基酸无作用:

$$L\text{-氨基酸}+H_2O+O_2 \xrightleftharpoons{L\text{-氨基酸氧化酶}} \alpha\text{-酮酸}+NH_3+H_2O_2$$

又如胰蛋白酶只作用于 L-氨基酸残基构成的肽键或其衍生物,而不作用于 D-氨基酸残基构成的肽键或其衍生物。β-葡糖氧化酶仅能将 β-D-葡萄糖转变成葡糖酸,而对 α-D-葡萄糖不起作用。上述例子,均称为旋光异构专一性。

(2) **几何异构专一性** 当底物具有几何异构体时,酶只能作用于其中的一种。例如,琥珀酸脱氢酶只能催化琥珀酸脱氢生成延胡索酸,而不能生成顺丁烯二酸,称为几何异构专一性。

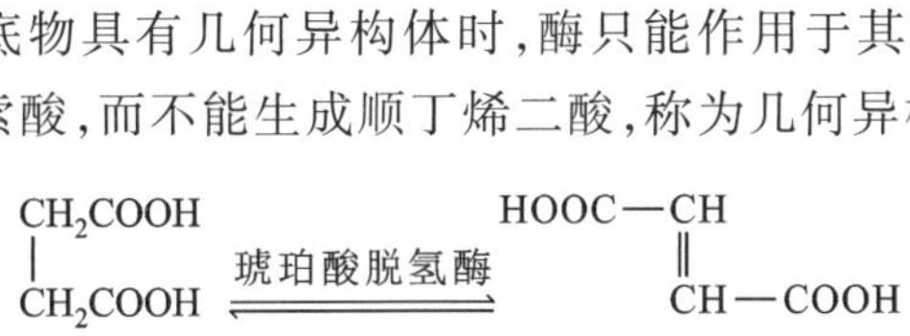

$$\begin{array}{c} CH_2COOH \\ | \\ CH_2COOH \end{array} \xrightarrow{\text{琥珀酸脱氢酶}} \begin{array}{c} HOOC—CH \\ \| \\ CH—COOH \end{array}$$

琥珀酸   延胡索酸

酶的立体异构专一性还表现在能区分从有机化学观点来看属于对称分子中的两个等同的基团,只催化其中的一个,而不催化另一个。例如,一端由 ^{14}C 标记的甘油,在甘油激酶的催化下可以与 ATP 作用,仅产生一种标记产物,甘油-1-磷酸。甘油分子中的两个—CH_2OH 基团从有机化学观点来看完全相同,但是酶却能加以区分。另外,用氚标记的方法发现在脱氢酶催化下,底物和 NAD^+ 之间发生氢的转移也有着严格的立体异构专一性,表现在对尼克酰胺环中 C4 上的氢有选择性。如酵母醇脱氢酶在催化时,辅酶的尼克酰胺环 C4 上只有一侧可以加氢或脱氢,另一侧则不被作用:

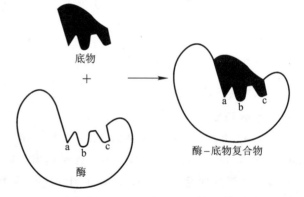

酵母醇脱氢酶的这种专一性被定为 A 型,凡具有与酵母醇脱氢酶同侧专一性的酶称为 A 型专一性的酶——**A 型脱氢酶**,如苹果酸脱氢酶及异柠檬酸脱氢酶等都属于此类型。凡是与酵母醇脱氢酶不同,处于异侧,具有另一侧专一性的称为 B 型专一性的酶——**B 型脱氢酶**,如谷氨酸脱氢酶,α-甘油磷酸脱氢酶等。

酶的立体专一性在实践中很有意义,例如某些药物只有某一种构型才有生理效用,而有机合成的药物只能是消旋的产物,若用酶可进行不对称合成或不对称拆分。

（二） 关于酶作用专一性的假说

为了解释酶作用的专一性,曾提出过不同的假说,早在 1894 年 E. Fisher 提出"**锁钥学说**"(lock and key theory),即酶与底物为锁与钥匙的关系,以此说明酶与底物结构上的互补性(图 6-5)。该学说的局限性不能解释酶的逆反应,如果酶的活性中心是"锁钥学说"中的锁,那么,这种结构不可能既适合于可逆反应的底物,又适合于可逆反应的产物。针对刚性模型,1958 年 D. Koshland 提出"**诱导契合**"假说(induced-fit hypothesis),他认为酶分子是高柔性的动态构象分子,当酶分子与底物分子接近时,酶蛋白受底物分子诱导,其构象发生有利于底物结合的变化,酶与底物在此基础上互补契合进行反应。近年来 X 射线晶体结构分析的实验结果支持这一假说,证明了酶与底物结合时,确有显著的构象变化。因此人们认为这一假说比较满意地说明了酶的专一性。图 6-6 表示了酶构象在专一性底物及非专一性底物存在时的变化。

图 6-5　酶与底物的相互关系——酶与底物的"锁钥学说"示意图

图中黑线条表示带有催化基团Ⓐ Ⓑ及结合基团Ⓒ的肽段,它与带斜线的"酶"共同组成酶分子,A 图表示底物与酶分子活性部位的原有构象,B 图表示专一性底物引入后,酶蛋白构象改变,诱导契合,使催化基团Ⓐ Ⓑ并列成有利于结合底物的状态,并形成酶-底物复合物。但是,如果引入了不正常的、非专一性的底物,情况就不同了,C 图表示在底物上加入了一个庞大的基团,妨碍了酶的Ⓐ Ⓑ基团的并列,因此不利于酶与底物的结合,例如加入某些竞争性抑制剂等。D 图则表示在正常底物上切除某些基团后,酶蛋白的带Ⓑ基的肽链顶住了Ⓐ基的肽链,也阻止了Ⓐ Ⓑ基的并列,因此不利于酶与底物结合,这样,酶也不能起催化作用。

近年来,通过对酶结构与功能的研究,确信酶与底物作用的专一性是由于酶与底物分子的结构互补,

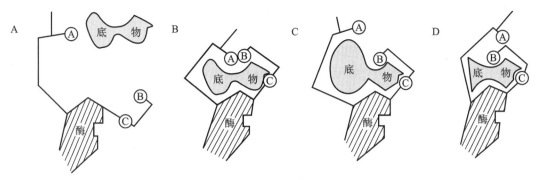

图 6-6 专一性、非专一性底物存在时,酶的构象变化模型

诱导契合是通过分子的相互识别而产生的。诱导契合说有力支持了酶催化过程中过渡态的形成。

六、酶的活力测定和分离纯化

(一) 酶活力的测定

酶活力(enzyme activity)也称为**酶活性**,酶的活力测定实际上就是酶的定量测定。在研究酶的性质、酶的分离纯化及酶的应用工作中都需要测定酶的活力。检查酶的含量及存在,不能直接用重量或体积来衡量,通常是用催化某一化学反应的能力来表示,即用酶活力大小来表示。

1. 酶活力

酶活力是指酶催化某一化学反应的能力,酶活力的大小可以用在一定条件下所催化的某一化学反应的**反应速率**(reaction velocity;reaction rate)来表示,两者呈线性关系。酶催化的反应速率愈大,酶的活力愈高;反应速率愈小,酶的活力就愈低。所以测定酶的活力就是测定酶促反应的速率。酶催化的反应速率可用单位时间内底物的减少量或产物的增加量来表示。在酶活力测定实验中底物往往是过量的,因此底物的减少量只占总量的极小部分,测定时不易准确,而相反产物从无到有,只要测定方法足够灵敏,就可以准确测定。由于在酶促反应中,底物减少与产物增加的速率相等,因此在实际酶活测定中一般以测定产物的增加量为准。

产物生成量(或底物减少量)对反应时间作图,如图 6-7 所示。曲线的斜率表示单位时间内产物生成量的变化,所以曲线上任何一点的斜率就是该相应时间的反应速率。从图中的曲线可看出在反应开始的一段时间内斜率几乎不变,但随着时间的延长,曲线逐渐变平坦,斜率发生改变,反应速率降低,显然这时测得的反应速率不能代表真实的酶活力。引起酶促反应速率随时间延长而降低的原因很多,如底物浓度的降低使酶被底物所饱和的程度降低;产物浓度增加加速了

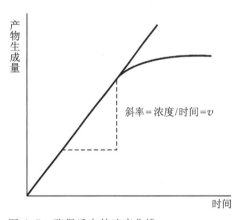

图 6-7 酶促反应的速率曲线

逆反应的进行;反应产物对酶的抑制或激活作用以及随着时间的延长引起酶本身部分分子失活等。因此测定酶活力,应测定酶促反应的**初速率**(initial rate,v_0)或**初速度**(initial velocity),从而避免上述种种复杂因素对反应速率的影响。反应初速率与酶量呈线性关系,因此可以用初速率来测定制剂中酶的含量。

酶的催化作用受测定环境的影响,因此测定酶活力要在最适条件下进行,即最适温度、最适 pH、最适底物浓度和最适缓冲液离子强度等,只有在最适条件下测定才能真实反映酶活力的大小。测定酶活力时,为了保证所测定的速率是初速率,通常以底物浓度的变化在起始浓度的 5% 以内的速率为初速率。底物浓度太低时,5% 以下的底物浓度变化实验上不易测准,所以在测定酶的活力时,往往使底物浓度足够大,至少比酶的米氏常数大 5 倍。这样整个酶反应对底物来说是零级反应,反应初速率与底物浓度无关。而

对酶来说却是一级反应,反应初速率与酶浓度成正比。这样测得的速率就比较可靠地反映酶的含量。

2. 酶的活力单位(U, activity unit)

酶活力的大小即酶含量的多少,用酶活力单位表示,即**酶单位**(U)。酶单位的定义是:在一定条件下,一定时间内将一定量的底物转化为产物所需的酶量。这样酶的含量就可以用每克酶制剂或与每毫升酶制剂含有多少酶单位来表示(U/g 或 U/ml)。

为使各种酶活力单位标准化,1961 年国际生物化学协会酶学委员会及国际纯化学和应用化学协会临床化学委员会提出采用统一的"**国际单位**"(IU)来表示酶活力,规定为:在最适反应条件(温度 25 ℃)下,每分钟内催化 1 微摩尔(μmol)底物转化为产物所需的酶量定为一个酶活力单位,即 $1 \text{ IU} = 1 \text{ μmol} \cdot \text{min}^{-1}$。但人们仍常用习惯沿用的单位。例如 α-淀粉酶的活力单位规定为每小时催化 1 g 可溶性淀粉液化所需要的酶量,也有用每小时催化 1 ml 2% 的可溶性淀粉液所需的酶量定为一个酶活力单位。不过习惯上沿用的单位表示方法不统一,同一种酶有几种不同的单位,不便于对同一种酶的活力进行比较。

1972 年国际酶学委员会又推荐一种新的酶活力国际单位,即 Katal(简称 Kat)单位。规定为:在最适条件下,每秒钟能催化 1 摩尔(mol)底物转化为产物所需的酶量,定为 1 **Kat 单位**($1 \text{ Kat} = 1 \text{ mol} \cdot \text{s}^{-1}$)。Kat 单位与 IU 单位之间的换算关系如下:

$$1 \text{ Kat} = 60 \times 10^6 \text{ IU}$$

$$1 \text{ IU} = \frac{1}{60} \text{ μKat} = 16.7 \text{ nKat}$$

3. 酶的比活力

酶的**比活力**(specific activity)代表酶的纯度,根据国际酶学委员会的规定比活力用每 mg 蛋白质所含的酶活力单位数表示,对同一种酶来说,比活力愈大,表示酶的纯度愈高。

$$比活力 = 活力 \text{ U/mg 蛋白} = 总活力 \text{ U/总蛋白 mg}$$

有时用每 g 酶制剂或每 ml 酶制剂含有多少个活力单位来表示(U/g 或 U/ml)。比活力大小可用来比较每单位质量蛋白质的催化能力。比活力是酶学研究及生产中经常使用的数据。

4. 酶活力的测定方法

通过两种方式可进行酶活力测定,其一是测定完成一定量反应所需的时间,其二是测定单位时间内酶催化的化学反应量。测定酶活力就是测定产物增加量或底物减少量,主要根据产物或底物的物理或化学特性来决定具体酶促反应的测定方法,现将最常用的方法介绍如下:

(1) **分光光度法**(spectrophotometry) 这一方法主要利用底物和产物在紫外或可见光部分的光吸收的不同,选择一适当的波长,测定反应过程中反应进行的情况。这一方法的优点是简便、节省时间和样品,可检测到 $\text{nmol} \cdot \text{L}^{-1}$ 水平的变化。该方法可以连续地读出反应过程中光吸收的变化,已成为酶活力测定中一种最重要的方法。几乎所有的氧化还原酶都可用此法测定,如脱氢酶的辅酶 NAD(P)H 在 340 nm 有吸收高峰,而氧化型则无(图 6-8),因此对于这类酶的活力测定,可以测定 340 nm 处光吸收的变化。

由于分光光度法有其独特的优点,因此把一些原来没有光吸收变化的酶反应,可以通过与一些能引起光吸收变化的酶反应偶联,使第一个酶反应的产物转变成为第二个酶的具有光吸收变化的产物来进行测量。例如己糖激酶(hexokinase, HK)催化 ATP 和葡萄糖的磷酰化反应,它的活力测定可以在含有过量 6-磷酸葡糖脱氢酶(glucose-6-phosphate dehydrogenase, G-6-PDH)和 NADP⁺ 存在下进行,通过测定 NADPH 在 340 nm 光

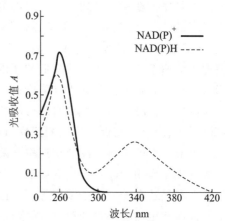

图 6-8 NAD(P)⁺ 和 NAD(P)H 的光吸收曲线

吸收值的增加来达到。

$$\text{葡萄糖}+\text{ATP} \xrightleftharpoons{\text{HK}} 6\text{-磷酸葡糖}+\text{ADP}$$

$$6\text{-磷酸葡糖}+\text{NADP}^+ \xrightleftharpoons{\text{G-6-PDH}} 6\text{-磷酸葡糖酸}+\text{NADPH}+\text{H}^+$$

上述方法称为**酶偶联分析法**（enzyme coupling assay）。

（2）**荧光法**（fluorometry）　主要是根据底物或产物的荧光性质的差别来进行测定。由于荧光方法的灵敏度往往比分光光度法要高若干个数量级，而且荧光强度和激发光的光源有关，因此在酶学研究中，越来越多地被采用，特别是一些快速反应的测定方法。荧光测定方法的一个缺点是易受其他物质干扰，有些物质如蛋白质能吸收和发射荧光，这种干扰在紫外区尤为显著，故用荧光法测定酶活力时，尽可能选择可见光范围的荧光进行测定。

（3）**同位素测定方法**　用放射性同位素的底物，经酶作用后所得到的产物，通过适当的分离，测定产物的脉冲数即可换算出酶的活力单位。该方法的优点是灵敏度极高，可达 f mol 或更高水平。已知六大类酶几乎都可以用此方法测定。通常用于底物标记的同位素有 ^{3}H、^{14}C、^{32}P、^{35}S 和 ^{131}I 等。例如测定蛋白激酶的活力，可以通过蛋白激酶催化组蛋白的磷酰化反应，用 [γ-^{32}P]-ATP 作为底物，用三氯乙酸沉淀法把磷酰化的组蛋白和未反应的 [γ-^{32}P]-ATP 分开，然后经洗涤烘干，计数。通过放射性同位素计数的改变就能计算出蛋白激酶的活力。

（4）**电化学方法**（electrochemical method）

pH 测定法　最常用的是玻璃电极，配合一高灵敏度的 pH 计，跟踪反应过程中 H$^+$ 变化的情况，用 pH 的变化来测定酶的反应速率。也可以用恒定 pH 测定法，在酶反应过程中，所引起的 H$^+$ 的变化，用不断加入碱或酸来保持其 pH 恒定，用加入的碱或酸的速率来表示反应速率。用此法可以测定许多酯酶的活力。

另外还使用离子选择电极法测定某些酶的酶活力，用氧电极可以测定一些耗氧的酶反应，如葡糖氧化酶的活力就可用这个方法很方便地测定。

此外还有一些测定酶活力的方法，例如旋光法、量气法、量热法和层析法等，但这些方法使用范围有限，灵敏度较差，只是应用于个别酶活力的测定。

（二）　酶的分离纯化

酶的分离纯化是酶学研究的基础。研究酶的性质、催化作用、反应动力学、结构与功能关系、阐明代谢途径和作为工具酶等都需要高度纯化的酶制剂以免除其他的酶或蛋白质的干扰。例如基因工程中所使用的各种工具酶都有高纯度的要求，内切酶中不能含有外切酶，反之一样，否则结果无法判断。再如，要区别一个酶催化两种不同的反应是酶本身的特点还是由于该酶制剂中污染了其他的酶杂质，可以用许多方法来进行判断，但是必须是在该酶制剂纯化后才能做出结论。由于使用酶制剂的目的不同，对酶制剂的纯度要求不一样，要根据不同的需要采用不同的方法纯化酶制剂。

已知绝大多数酶是蛋白质，因此酶的分离提纯方法，也就是常用来分离提纯蛋白质的方法。酶的提纯常包括两方面的工作，一是把酶制剂从很大体积浓缩到比较小的体积，二是把酶制剂中大量的杂质蛋白和其他大分子物质分离出去。为了判断分离提纯方法的优劣，一般用两个指标来衡量，一是总活力的回收；二是比活力提高的倍数。总活力的回收是表示提纯过程中酶的损失情况，比活力提高的倍数是表示提纯方法的有效程度。一个理想的分离提纯方法希望比活力和总活力的回收率越高越好，但是实际上常常两者不可兼得。因此考虑分离提纯条件和方法时，不得不在比活力多提高一些和总活力多回收一些之间作适当的选择。

生物细胞中产生的酶有两类，一类由细胞内产生然后分泌到细胞外进行作用的酶，称为胞外酶，这类酶大多都是水解酶类。另一类酶在细胞内合成后并不分泌到细胞外，而是在细胞内起催化作用的称为胞内酶，这类酶数量较多。一般而言，胞外酶比胞内酶更易于分离纯化。

分离纯化蛋白质的方法已在第 5 章详细介绍，这里不再赘述。根据酶的特点在分离纯化中应注意以下几点：

（1）选材　选择酶含量丰富的新鲜生物材料，一种酶含量丰富的器官或组织往往和含量较低的器官或组织相差上千倍或上万倍。目前常用微生物为材料制备各种酶制剂。

酶的提取工作应在获得材料后立即开始，否则应在低温下保存，-70～-20 ℃为宜。或将生物组织做成丙酮粉保存。

（2）破碎　动物组织细胞较易破碎，通过一般的研磨器、匀浆器、高速组织捣碎机就可达到目的。微生物及植物细胞壁较厚，需要用超声波、细菌磨、冻融、渗透压法、酶消化法或用某些化学溶剂如甲苯、去氧胆酸钠、去垢剂等处理加以破碎，制成组织匀浆。

（3）抽提　在低温下，以水或低盐缓冲液，从组织匀浆中抽提酶，得到酶的粗提液。

（4）分离及纯化　酶是生物活性物质，在分离纯化时必须注意尽量减少酶活性损失，操作条件要温和，全部操作一般在 0～5 ℃间进行。

根据酶大多属于蛋白质这一特性，用一系列分离蛋白质的方法，如盐析、等电点沉淀、有机溶剂分级、选择性热变性等方法可从酶粗提液中初步分离酶。然后再采用吸附层析、离子交换层析、凝胶过滤、亲和层析、疏水层析及高效液相层析等技术或各种制备电泳技术进一步纯化酶，以得到纯的酶制品。为了得到比较理想的纯化结果，往往采用几种方法配合使用。这要根据不同酶的特点，通过实验选择合适的方法。

盐析法是根据酶和杂蛋白在不同盐浓度的溶液中溶解度的不同而达到分离目的，硫酸铵分级沉淀法可去除抽提液中 75% 的杂蛋白，并可大大浓缩酶液。盐析法简便安全，大多数酶在高浓度盐溶液中相当稳定，重复性好。

有机溶剂分级法分离酶时，最重要的是严格控制温度，要在-20～-15 ℃下进行，冰冻离心得到的沉淀应立刻溶于适量的冷水或缓冲液中，以使有机溶剂稀释至无害的浓度，或将它在低温下透析。

选择性热变性方法是酶分离纯化工作中常用到的一类简便有效的方法，通过热变性可以除去很多核和颗粒性物质，因而常常能把一个混浊的抽提液变成完全澄清的溶液。只要控制好 pH 和保温时间，应用得当，就可较大地提高酶的纯度。

使用各种柱层析技术分级分离酶时，要根据所分离酶的性质选择合适的层析介质，柱大小要适当，特别要注意作为洗脱用缓冲液的 pH 和离子强度，要控制一定的流速。

制备电泳多采用凝胶电泳，要选择好电泳缓冲液，根据电泳设备条件选择一定的上样量，电泳后及时将样品透析，冰冻干燥保存。

重金属离子对于某些酶有破坏作用，为此制备这类酶时，在提取液中加入少量金属螯合剂乙二胺四乙酸（EDTA）或乙二醇双（2-氨基乙醚）四乙酸（EGTA）以防止重金属离子对酶的破坏作用。有些含巯基的酶在分离提纯过程中，往往需要加入某种巯基试剂，如巯基乙醇、二硫苏糖醇（1,4-dithiothreitol，DTT）等，可防止酶的巯基在制备过程中被氧化。有时为了防止内源蛋白酶对酶的水解作用，在提取液加入少量蛋白酶抑制剂，如对甲苯磺酰氟（PMSF）、亮抑蛋白酶肽（Leupeptin）、抑蛋白酶多肽（aprotinin）等。

在酶的制备过程中，每一步骤都应测定留用以及准备弃去部分中所含酶的总活力和比活力，以了解经过某一步骤后酶的回收率，纯化倍数，从而决定这一步的取舍。

$$总活力 = 活力单位数/mL\ 酶液 \times 总体积(mL)$$

$$比活力 = 活力单位数/mg\ 蛋白(氮) = 总活力单位数/总蛋白(氮)\ mg$$

$$纯化倍数 = \frac{每次比活力}{第一次比活力}$$

$$回收率(产率) = \frac{每次总活力}{第一次总活力} \times 100\%$$

（5）结晶　通过各种提纯方法获得较纯的酶溶液后，就可能将酶进行结晶。常用的方法有：盐析、有机溶剂、透析平衡、等电点等结晶方法。酶的结晶过程进行得很慢，如果要得到好的晶体也许需要数天或数星期。通常的方法是把盐加入一个比较浓的酶溶液中至微呈混浊为止。有时需要改变溶液的 pH 及温度,轻轻摩擦玻璃壁等方法以便达到结晶的目的。

(6)保存 通常将纯化后的酶溶液经透析除盐后冰冻干燥得到酶粉,低温下可较长时期保存。或将酶溶液用饱和硫酸铵溶液反透析后在浓盐溶液中保存。也可将酶溶液制成25%甘油或50%甘油分别贮于-25 ℃或-50 ℃冰箱中保存。注意酶溶液浓度越低越易变性,因此切记不能保存酶的稀溶液。

七、非蛋白质生物催化剂——核酶

(一) 核酶的发现

自从1926年J. Sumner首次从刀豆中获得脲酶结晶并证明是蛋白质以来,现已有数千种酶经研究证明是蛋白质。因此,长期以来人们一直认为酶的化学本质就是蛋白质。1981年美国T. R. Cech等人发现原生动物嗜热四膜虫(*Tetrahymena thermophila*)的核糖体RNA(rRNA)前体能通过自剪接(self-splicing)切去间插序列(intervening sequence,IVS)或称内含子(intron),表明RNA也具有催化功能,称它们为**核酶**(ribozyme)。1983年S. Altman等人在研究细菌RNase P时发现,该酶的RNA组分能单独完成前体tRNA加工。随后又发现了一些植物类病毒(viroid)、拟病毒(virusoid)和卫星RNA在复制过程中也能自剪切(self-cleavage)和环化。生物体内一些重要RNA-蛋白质颗粒如剪接体(spliceosome)和核糖体(ribosome)等也可认为是核酶复合体。

核酶的发现被认为是现代生物化学领域内最令人鼓舞的发现之一,不仅丰富和发展了酶的概念,并对于地球上生命起源的研究具有重要意义。为此T. R. Cech和S. Altmans共同获得了1989年度诺贝尔化学奖。

1994年,R. R. Breaker等人首先发现能够催化RNA磷酸二酯键水解的单链DNA分子,随后又发现DNA还具有连接酶的活性,称它们为**脱氧核酶**(deoxyribozyme)。这样,在蛋白质和RNA之后,DNA也成酶家族的最新成员。

核酶(ribozyme)是作为生物催化剂的RNA分子,为核糖核酸酶(ribonucleic acid enzyme)的缩写;同样,脱氧核酶(deoxyribozyme)是作为生物催化剂的DNA分子,为脱氧核糖核酸酶(deoxyribonucleic acid enzyme)的缩写。核酸酶(nucleic acid enzyme)是核酶和脱氧核酶的总称,是具有催化功能的核酸分子。这样,酶的新概念应是指具有生物催化功能的蛋白质和核酸。

(二) 核酶的种类

根据分子大小可将核酶分成两类:大分子核酶和小分子核酶。大分子核酶包括Ⅰ型内含子(Ⅰ型IVS)、Ⅱ型内含子和RNase P的RNA组分。它们都是由几百个核苷酸组成的结构复杂的大分子。Ⅰ型内含子分布广泛,现发现千种以上。Ⅱ型内含子也发现一百多种。小分子核酶常见的有4种类型:锤头状(hammerhead)核酶、发夹状(hairpin)核酶、肝炎δ病毒(HDV)核酶和Vs核酶。小分子核酶活性片段一般小于100个核苷酸,主要生物学功能是通过剪切和环化从滚环复制的中间物上产生单位长度的基因组,都能剪切RNA磷酸二酯键,产物具有5′-OH基和2′,3′-环状磷酸二酯键,有些还可以催化连接反应。下面介绍几种常见的核酶。

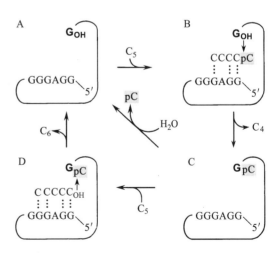

图6-9 L19RNA的催化机制

A. 酶本身;B. C₅通过氢键与酶结合,剩下的C₄部分可以自由地从酶上解离下来;C. GpC水解使酶恢复原状(C→A);D. 或者是共价结合的pC与第二个C₅分子连接形成C₆,C₆释放后酶恢复原状(C→D→A)

1. L19RNA(L19IVS)

1985年T. R. Cech等人通过对四膜虫rRNA前体自剪接机制的深入研究,发现前体中的内含子具有催化功能,这个由395 nt构成的线状RNA分子(称为

L19RNA 或 L19IVS），相当于四膜虫 rRNA 前体内含子的 3′部分（切除 5′部分 18 个 nt），这个 RNA 分子具有特征的三维结构，已测定了活性部位并进行了改造。在体外（*in vitro*）L19RNA 能催化一系列分子间的反应，例如，在一定条件下 L19RNA 能高度特异地催化寡聚核糖核苷酸底物的切割和连接。五聚胞苷酸（C_5，pentacytidylate）能被 L19RNA 转化为或长或短的寡聚体，特别是能将 C_5 降解成 C_4 和 C_3，而同时形成 C_6 和更长的寡聚体（图 6-9）。因此说明 L19RNA 既有 RNA 酶活性，又有 RNA 聚合酶（RNA polymerase）活性。此核酶催化 C_5 水解的速率为非催化的水解速率的 10^{10} 倍。

这种 L19RNA 对 C_5 的作用比对 U_5 快得多，而对 A_5 和 G_5 则毫无作用。它遵循 Michaelis-Meten 动力学。对于 C_5，其 K_m 为 42 $\mu mol \cdot L^{-1}$ 和 k_{cat} 为 0.033 s^{-1}，k_{cat}/K_m 为 7.9×10^2 $mol^{-1} \cdot L \cdot s^{-1}$ 与 RNaseA 类似。已发现脱氧 C_5 为 C_5 的竞争性抑制剂，K_i 为 260 $\mu mol \cdot L^{-1}$，证明底物中的 2′-OH 是必需的。这样 L19RNA 表现出了经典的酶促催化的几个标志：高度的底物专一性，Michaelis-Menten 动力学和对竞争性抑制剂的敏感性。

1992 年 J. A. Piccirilli 等人发现 L19RNA 具有氨酰酯酶（aminoacyl esterase）的活性，催化氨酰酯的水解（图 6-10），这是氨酰-tRNA 合成酶的逆反应。另外，发现 L19RNA 还有 RNA 限制性内切酶作用，如：

$$-CpUpCpUpN-+G \longrightarrow -CpUpCpU+GpN$$

L19RNA 作用底物均是多聚嘧啶核苷酸，因此推测该 RNA 催化剂的活性部位是富含鸟苷酸的寡聚嘌呤核苷酸。催化剂和底物间通过碱基配对形成非共价键发生作用。已研究证明 L19RNA 分子的第 22 ～ 27 位的 5′-GGAGGG-3′是其催化中心。改造这一序列，可以得到人工 RNA 催化剂。如 3′端无 G，丧失反应能力，加入 G 后则恢复正常。

1997 年 B. Zhang 和 T. R. Cech 得到了一组直接催化肽链生成的人造 RNA 分子，证明了 RNA 具有肽基转移酶活性。表明 RNA 与蛋白质生物合成有关。

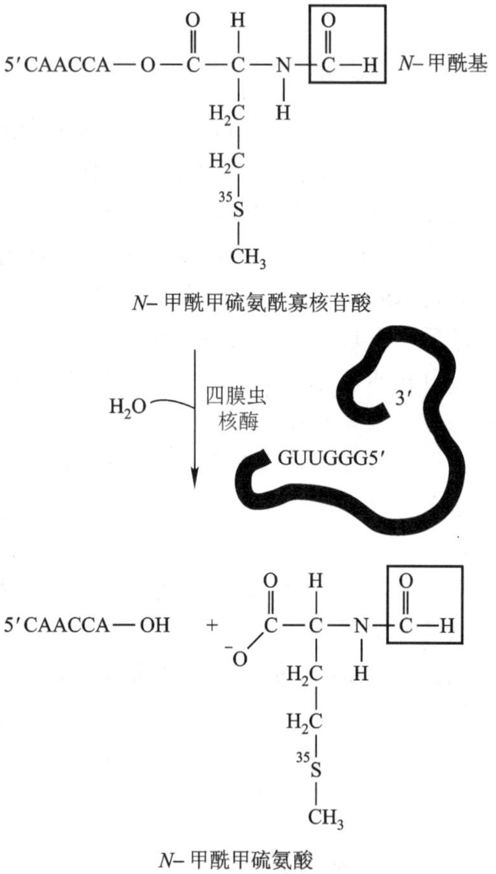

2. RNase P 的 RNA 组分是核酶

RNase P 是催化 tRNA 前体 5′端成熟的内切核酸酶，是由 RNA（称为 MIRNA，含 377 个 nt）和蛋白质（称为 C_5 蛋白，含 119 个氨基酸残基）两部分组成，前者占全酶总重量的 77%，后者占 23%。1983—1984 年间 S. Altman 和 N. Pace 研究发现，用层析或电泳从 *E. coli* 的 RNase P 中分离出来的 MIRNA 组分，在高浓度 Mg^{2+}（20 $mmol \cdot L^{-1}$ 以上）存在下，可显示出催化 tRNA 前体成熟的活性，MIRNA 催化 *E. coli* $tRNA^{tyr}$ 前体的 K_m 值与 RNase P 的（5×10^{-7} $mol \cdot L^{-1}$）相同，k_{cat} 值为 33 min^{-1}，k_{cat}/K_m 为 1.1×10^6 $mol^{-1} \cdot L \cdot s^{-1}$。而分离出的 C_5 蛋白在任何条件下都无催化活性，只起维护 RNA 构象的作用，而真正的催化剂是 MIRNA。将 MIRNA 的基因进行体外转录，其转录产物 RNA 具有催化 tRNA 前体 5′端成熟的活性，这一研究结果直接证明了 RNA 确有催化功能。但尚未测出真核生物 RNase P 的 RNA 具有催化活性。

另一个蛋白质-RNA 复合物酶中 RNA 单独具有催化功能的例子是兔肌 1,4-α-葡聚糖分支酶（1,4-α-dextran branching enzyme），该酶中 RNA 共有 31 个核苷酸残基（31 nt），其中含 8 种 10 个修饰成分，该 RNA 催化的底物是葡聚糖而非 RNA，这是一个很奇特的核酶，有待深入研究。

图 6-10　四膜虫核酶的氨酰酯酶活性

^{35}S-标记的 N-甲酰甲硫氨酸通过酯键与 RNA 寡核苷酸（5′-CAACCA）3′-OH 末端连接。核酶能够催化羧酸酯及磷酸酯的水解。注意氨酰 RNA 酯水解的逆反应是氨酰 RNA 酯的合成（这是蛋白质合成中氨基酸提供给核糖体的化学形式）。该反应提示了，由原始的 RNAs 能够催化形成氨酰-tRNAs 类似物

3. 锤头状核酶

R. Symons 在比较研究了一些植物类病毒、拟病毒和卫星病毒自我剪切规律后,于1986年提出**锤头结构**(hammer head structure)的二级结构模型,来解释RNA的自剪切机制。锤头结构是由13个保守核苷酸碱基和3个螺旋区构成(图6-11),是较小的核酶。所有锤头状核酶具有相似的二级结构和三级结构。典型的二级结构由两部分组成,一个是催化部分,另一个为底物部分。自我剪切活性依赖于结构和构象的完整性,只要满足锤头状的二级结构和13个核苷酸的保守序列,剪切反应就会在锤头结构右上方的GUN序列的3′端自动发生。1989年M. Koizumi等证明只要保证其中11个nt的保守序列不变,剪切反应就可发

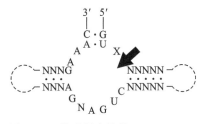

图6-11 核酶锤头结构

生。1992年报道小至10 nt以及3 nt的核酶即具有催化活性。例如:在Mn^{2+}存在下,UUU可切割(5′)G↓AAA (3′),UUU便是3 nt的核酶。有人报道5-羟基胞苷能催化氧化还原反应,扩展了核酶的定义。

按已知自剪切原理,剪切是高度专一的,把自剪切转换成分子间剪切,利用锤头结构就可以设计出自然界不存在的各种核酶。利用锤头状结构核酶的RNA限制性内切酶活性,可以设计定点切割tRNA、5S rRNA、28S RNA、mRNA、病毒RNA等任何一种靶RNA分子。

4. 脱氧核酶

脱氧核酶是指具有催化功能的DNA分子。脱氧核酶一般获得方法是体外选择。现已发现:① 以RNA和DNA为底物的具有酯酶活性的脱氧核酶;② 具有N-糖基化酶活性的脱氧核酶;③ 具有连接酶活性、具有激酶活性和具有氧化酶活性的脱氧核酶。脱氧核酶作为生物催化剂的新成员,越来越受到人们的重视。

(三) 核酶的研究意义及应用前景

现有研究结果表明,核酶都是RNA分子,可被体内RNase所破坏,从而限制了核酶的直接使用。近年来,利用核酶进行基因治疗的研究已取得很大进展。根据锤头结构或发夹结构原理设计核酶基因,构建于特定的表达载体,在不同细胞内表达已经成功。结果表明核酶基因导入细胞或体内可以阻断基因表达,用作抗病毒感染,抗肿瘤的有效药物。如利用I型内含子可进行基因修复,治疗肌强直性营养不良缺陷等疾病;抗HIV核酶已进入II期临床试验;抗肝炎病毒的核酶在肝细胞培养中成功地抑制了病毒的复制;其他还有抗生殖道感染、抗白血病、抗免疫排斥反应等等。虽然目前还有诸多问题有待解决,但发展前景是诱人的,应用将是广泛的。

在研究了核酶催化氨酰酯的水解可逆反应和转移反应后指出,核酶很可能具有氨酰tRNA合成酶和肽基转移酶活性,这些反应均与蛋白质生物合成有关,表明RNA在翻译过程和核糖体功能中起着非常重要的作用,问题的突破将是对分子生物学的重要贡献。

也应指出,核酶与蛋白质酶的差异不仅在于化学本质的不同,同时两者的催化活性也相差很大。已知核酶的转换数在0.1~5之间,比大多数蛋白质酶低几个数量级。从进化角度考虑,生物催化剂从核酶到蛋白质酶的转变,伴随着生物代谢高效率和生命现象的更趋复杂。

图6-12表示生物催化分子进化的可能过程,它表示生物催化功能从RNA到蛋白质的转移。现在,主要的生物催化剂是蛋白质-辅酶(辅基)。

RNA→RNA-蛋白质→蛋白质-RNA→蛋白质-辅酶(辅基)→蛋白质

图6-12 生物催化分子进化的可能过程

具有催化功能RNA的重大发现,表明RNA是一种既能携带遗传信息又有生物催化功能的生物分子。因此很可能RNA早于蛋白质和DNA,是生命起源中首先出现的生物大分子,而一些有酶活性的内含子可能是生物进化过程中残存的分子"化石"。酶活性RNA的发现,提出了生物大分子和生命起源的新概念,无疑将促进对生物进化和生命起源的研究。

八、抗 体 酶

　　抗体酶(abzyme)是 20 世纪 80 年代后期才发现的一种具有催化能力的蛋白质,其本质上是免疫球蛋白,但是在易变区被赋予了酶的属性,所以又称为"**催化性抗体**"(catalytic antibody),它既具有抗体的高度选择性,又具有酶的高度催化效率。抗体酶是生物学与化学的研究成果在分子水平上交叉渗透的产物,是将抗体的多样性和酶分子的巨大催化能力结合在一起的蛋白质分子设计的新方法。人们早就注意到,酶与抗体这两种蛋白质之间尽管功能不同,但存在着惊人的相似之处,尤其是它们在与各自的配基特异的结合过程中,遵守同样的方式并表现出相似的动力学行为。人们不禁要问:抗体分子极其多样的结合专一性能被用来产生新的酶吗? 催化作用的实质是专一结合的相互作用形成过渡态,因此,用过渡态的类似物作为**半抗原**(hapten)免疫动物将有可能产生有催化活性的抗体。这一设想已得到证实。

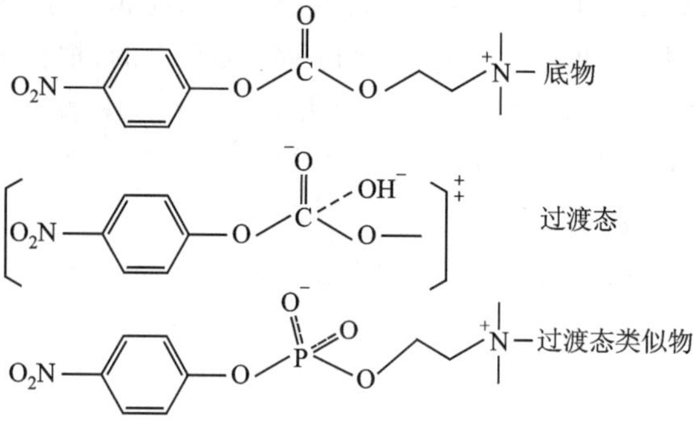

　　1986 年 P. Schultz 与 R. Lerner 两个实验室同时报道了他们成功地得到了具有酶催化活性的抗体。这标志着抗体酶的研究进入了一个新阶段。P. Schultz 等人认为对硝基苯酚磷酸胆碱酯(PNPPC)作为相应羧酸二酯水解反应的过渡态类似物(图 6-13),推测用这个类似物作为半抗原诱导产生的单克隆抗体可能对羧酸二酯的水解反应有催化活性。通过对单克隆抗体的筛选,找到一株 MOPC167 单抗,可使水解反应速率加快 1.2×10^4 倍,K_m 值为 208 $\mu mol \cdot L^{-1}$,k_{cat} 值为 $6.7 \times 10^{-1} s^{-1}$,其 k_{cat}/K_m 是 $3.2 \times 10^3 mol^{-1} \cdot L \cdot s^{-1}$。

图 6-13　酯酶的底物、过渡态及过渡态类似物的结构

以后又筛选到另一株抗体酶 T15,可以使反应加快 9.2×10^3 倍。证明该催化反应的动力学行为满足米氏方程,具有底物专一性及 pH 依赖性等酶反应的特征。随后还初步确定了参与催化反应的氨基酸残基。同时证实,该抗体酶具有抗原结合位点的 F_{ab} 段单独具有全酶一样的催化效率。

　　R. Lerner 等人从金属肽酶的研究成果中得到启发,合成了一个含有吡啶甲酸的膦酸酯类似物为半抗原诱导产生一个单抗 6D4,用来催化不含吡啶甲酸的相应羧酸酯化合物的水解反应,使反应加速近 10^3 倍,并表现出底物专一性和对介质 pH 的依赖性等。相关结构如下:

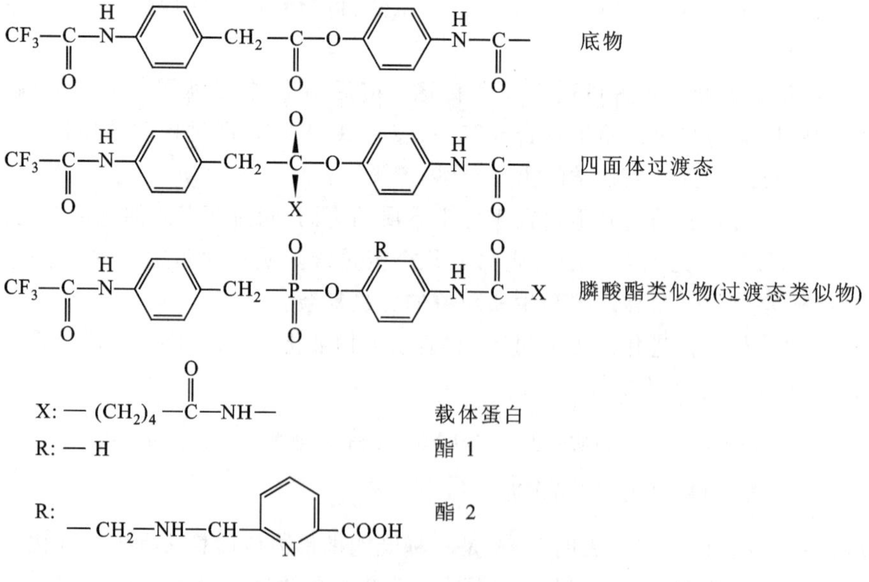

　　酯 1 和酯 2 用于免疫动物产生的单克隆抗体可以催化碳酸酯的水解反应。

X: —CH₃

R: —H 酯 3

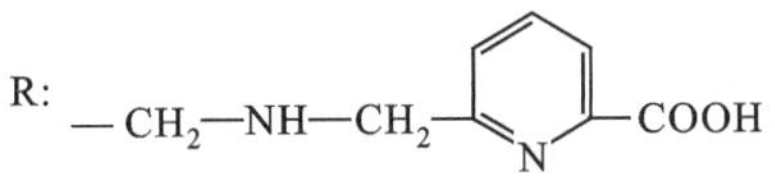

R: —CH₂—NH—CH₂—⬡—COOH 酯 4

而酯 3 和酯 4 是抗体的抑制剂,竞争性抑制抗体的催化。酯 3 和酯 4 的抑制常数分别是 $0.6 \ \mu mol \cdot L^{-1}$ 和 $0.16 \ \mu mol \cdot L^{-1}$。

铁螯合酶(ferrochelatase)是血红素生物合成中最终端的酶,催化 Fe^{2+} 插入原卟啉区,为了 Fe^{2+} 的插入,平面状卟啉必须发生弯曲。而 N-甲基原卟啉由于 N-烷基化使卟啉发生弯曲,N-烷基化原卟啉螯合金属离子的能力,比未烷基化的对应物快 10^4 倍。该化合物类似反应中的过渡态,也是铁螯合酶的强烈抑制剂。P. Schultz 等用 N-甲基原卟啉诱导产生抗体,可以催化平面状卟啉的金属螯合反应。所得抗体每小时每个抗体分子可使 80 个卟啉分子与金属螯合,仅比金属螯合酶速率低 10 倍,抗体酶比非催化反应快 2 500 倍。相关结构式如图 6-14 所示。

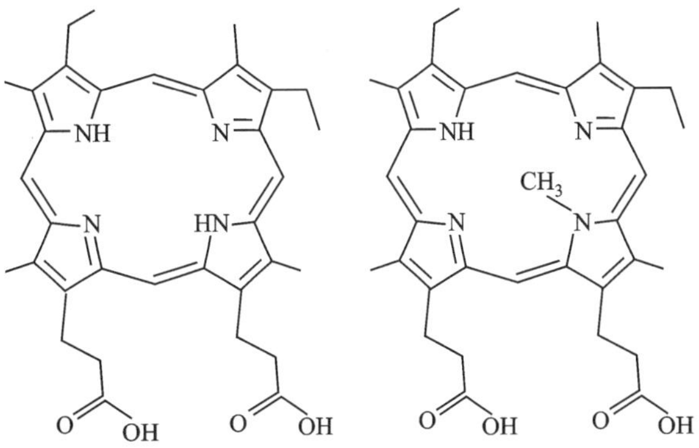

以上 3 个例子说明了抗体酶研制的原理及途径,为开展抗体酶的研究奠定了基础。

图 6-14 原卟啉及 N-甲基原卟啉结构

近年来,随着半抗原设计和抗体酶筛选技术的不断提高,有关抗体酶的研究得到迅速发展。在有些情况下,抗体酶催化反应速率达到非催化反应速率的 $10^4 \sim 10^8$ 倍,有些已接近天然酶的反应速率。反应类型不仅是上面讨论过的水解反应和金属螯合反应,现已制备出可以催化酰胺键生成反应、光诱导裂解及聚合反应、氧化还原反应、脱羧反应、转酯反应、分子重排反应以及立体专一性抗体酶。抗体酶所催化的反应类型已达数十种之多。抗体酶的研究不仅有重要的理论价值,为酶的过渡态理论提供了有力的实验证据,而且抗体酶有令人鼓舞的应用前景。如果能制备出按照人们的设计对特定的肽键进行水解的抗体酶,则将为蛋白质结构的研究提供新的手段。在医学上这种抗体酶将有可能用来专一地破坏病毒蛋白质及专一地清除心血管病人血管壁上的血液凝块。正研究设计降解可卡因的催化性抗体,用于帮助治疗可卡因毒瘾。若将具有立体专一性的抗体酶用于制药工业,它有助于避免化学合成中遇到的对映体拆分的难题。抗体酶的固定化已取得成功,具有酯酶活力的抗体酶已用于生物传感器的制造上。不久的将来,人们有可能研制成功用于蛋白质氨基酸序列分析的抗体酶,从而大大简化和快速蛋白质氨基酸序列的测定。

抗体酶技术已受到高度重视,抗体酶的定向设计开辟了一个不依赖于蛋白质工程的酶工程的领域。

九、酶工程简介

酶的开发和利用是现代生物技术的重要内容。**酶工程**(enzyme engineering)是在 1971 年第一届国际酶工程会议上才得到命名的一项新技术。酶工程主要研究酶的生产、纯化、固定化技术、酶分子结构的修饰和改造以及在工农业、医药卫生和理论研究等方面的应用。天然酶在开发和应用中受到一定限制,一是酶的不稳定性;二是分离纯化难,成本高,价格贵。由于上述原因,尽管已被发现和鉴定的酶有数千种,但是目前国际上工业用和研究用的商品酶的种类也仅数百种。为了解决酶的应用和新酶开发问题,现采用两种方法。一是化学方法,即通过对酶的化学修饰或固定化处理,改善酶的性质以提高酶的效率和降低成本,甚至通过化学合成法制造人工酶;另一种是用基因重组技术生产酶以及对酶基因进行修饰或设计新基因,从而生产性能稳定,具有新的生物活性及催化效率更高的酶。因此酶工程可以说是把酶学基本原理与化学工程技术及基因重组技术有机结合而形成的新型应用技术。根据研究和解决问题的手段不同将酶工程分为化学酶工程和生物酶工程。

（一）化学酶工程

化学酶工程也可称为**初级酶工程**(primary enzyme engineering)，是指天然酶、化学修饰酶、固定化酶及人工模拟酶的研究和应用。

1. 天然酶

工业用酶制剂多属于通过微生物发酵而获得的粗酶，价格低，应用方式简单，产品种类少，使用范围窄。例如，洗涤剂、皮革生产等用的蛋白酶；纸张制造、棉布退浆等用的淀粉酶；漆生产用的多酚氧化酶；乳制品用的凝乳酶等。天然酶的分离纯化随着各种层析技术及电泳技术的发展，得到长足的进展，目前医药及科研用酶多数从生物材料中分离纯化得到。

2. 化学修饰酶

通过对酶分子的化学修饰可以改善酶的性能，以适用于医药的应用及研究工作的要求。化学修饰的途径，可以通过对酶分子表面进行修饰，亦可对酶分子的内部修饰。其主要方法有：

（1）化学修饰酶的功能基　对酶分子的侧链基团，尤其是酶活性部位中的必需基团进行化学修饰，最经常修饰的氨基酸残基既可是亲核的(Ser、Cys、Thr、Lys、His)，也可是亲电的(Tyr、Trp)，或者是可氧化的(Tyr、Trp、Met)。例如通过脱氨基作用，酰化反应可修饰抗白血病药物天冬酰胺酶(asparaginase)的游离氨基，使该酶在血浆中的稳定性提高若干倍。再如，将 α-胰凝乳蛋白酶(α-chymotrypsin)表面的氨基修饰成亲水性更强的—$NHCH_2COOH$，使酶抗不可逆热失活的稳定性在 60 ℃时提高 1 000 倍，在更高温度下，稳定化效应更好，以致难以在同一温度下与天然酶比较。

（2）交联反应　用某些双功能试剂能使酶分子间或分子内发生交联反应。如将人 α-半乳糖苷酶 A (α-galactosidase A)经交联反应修饰后，其酶活性比天然酶稳定，对热变性与蛋白质水解酶的稳定性也明显增加。用戊二醛将胰蛋白酶和碱性磷酸酶(basic phosphatase)交联而成杂化酶，可作为部分代谢途径的有用模型，测定复杂的生物结构。若将两种大小、电荷和生物功能不同的药用酶交联在一起，则有可能在体内将这两种酶同时输送到同一部位，提高药效。

（3）大分子修饰作用　可溶性高分子化合物如肝素(heparin)、葡聚糖(dextran)、聚乙二醇(polyethylene glycol)可修饰酶蛋白的侧链，提高酶的稳定性，改变酶的一些重要性质。如 α-淀粉酶(α-amylase)与葡聚糖结合后热稳定性显著增加，在 65 ℃结合酶的半寿期为 63 min，而天然酶的半寿期只有 2.5 min。再如用葡聚糖修饰超氧化物歧化酶(superoxide dismutase，SOD)，聚乙二醇修饰天冬酰胺酶(asparaginase)，肝素、葡聚糖或聚乙二醇修饰尿激酶，修饰过的酶在血液中的半寿期无一例外的成几倍、几十倍的增长，抗原性消失，耐热性提高，并具有耐酸、耐碱和抗蛋白酶的作用。还有报道，将聚乙二醇连到脂肪酶(lipase)、胰凝乳蛋白酶上，所得产物溶于有机溶剂，可在有机溶剂中有效地起催化作用。

3. 固定化酶

固定化酶(immobilized enzyme)是 20 世纪 50 年代发展起来的一种新技术。通常酶催化反应都是在水溶液中进行的，而固定化酶是将水溶性酶用物理或化学方法处理，使之成为不溶于水的，但仍具有酶活性的状态。在 1971 年第一届国际酶工程会议上，正式建议采用"固定化酶"的名称。酶的固定化方法大致分为物理法和化学法，物理法有吸附法和包埋法；化学法有共价偶联法和交联法（图 6-15）。经过固定化的酶不仅仍具有高的催化效率和高度专一性，而且固定化酶提高了对酸碱和温度的稳定性，增加了酶的使用寿命；可简化工艺，反应后易与反应产物分离，减少了产物分离纯化的困难，而提高了产量和质量。由于它具有上述优点，固定化酶已成为酶应用的一种主要形式，据报道，已有 100 多种酶进行了固定化。目前，固定化酶已经在工农业、医药、分析、亲和层析、能源开发、环保和理论研究等方面得到了广泛应用，取得了丰硕成果。例如我国已用固定化氨基酰化酶拆分 D、L-氨基酸，用固定化的葡糖异构酶(glucose isomerase)生产高果糖玉米糖浆，用固定化酶法生产脂肪酸，半合成新青霉素等。自 60 年代以来，为了检测目的，制出了附有固定化酶的酶电极，其中应用的电极部分包括各种离子电极、氧电极和 CO_2 电极等，酶电极兼有酶的专一性、灵敏性及电位测定简单性的双重优点，目前已有 80 多种固定化酶用于酶电极中。

模拟生物体内的多酶体系,将完成某一组反应的多种酶和辅因子固定化,可制作特定的生物反应器。近年来,以固定化微生物组成的生物反应器已获得工业应用。例如固定化酵母细胞反应器连续发酵生产酒精、啤酒,该技术我国于 1982 年即研制成功并投入生产。现已可用固定化细胞生产有机溶剂、有机酸、氨基酸、抗生素、单克隆抗体和酶等。生物传感器是利用生物高分子物质来检测特殊化合物的一种电子元件,利用酶组成的生物传感器已经使用几十年。它们由固定化酶和离子敏感型电极组成,可以用于测定由酶催化的反应底物。生物传感器工作时非常迅速,非常灵敏。近年来,在用酶制造生物传感器的基础上,又发展了利用微生物细胞或动、植物细胞组织形成的生物传感器。活细胞的利用,为生物传感器的再生提供了可能。生物传感器在近期必将获得更广泛的应用和发展。

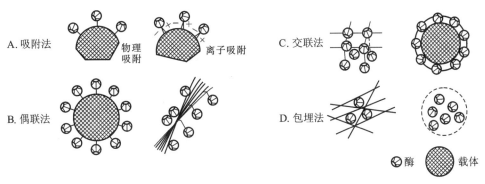

图 6-15　固定化酶制备方法

4. 模拟酶

模拟酶(mimic enzyme)是在深入了解酶的结构和功能以及催化作用机制的基础上,用有机化学半合成法或全合成法合成的比天然酶简单的非蛋白质分子,又称为人工酶(artificial enzyme)催化剂。固氮酶的模拟最令人瞩目,人们从天然固氮酶由铁蛋白和铁钼蛋白两种组分得到启发,提出了多种固氮酶模型。再如将电子传递催化剂 $[Ru(NH_3)_3]^{3+}$ 与巨头鲸肌红蛋白结合,产生了一种"半合成的无机生物酶",这样把能与 O_2 结合,而无催化功能的肌红蛋白转变成能氧化各种有机物(如抗坏血酸)的半合成酶,它接近于天然的抗坏血酸氧化酶的催化效率。全合成酶不是蛋白质,而是一些有机物。它们通过并入酶的催化基团与控制空间构象,从而像天然酶那样专一性地催化化学反应。利用环糊精成功地模拟了胰凝乳蛋白酶、RNase、转氨酶、碳酸酐酶等。例如 1985 年 Bender 等人利用 β-环糊精的空穴作为底物的结合部位,以连在环糊精侧链上的羧基、咪唑基及环糊精自身的一个羟基共同构成催化中心,制成了名为 β-benzyme 的胰凝乳蛋白酶模拟酶(图 6-16)。实验表明,模拟酶催化简单酯反应的速率与天然酶相近,但模拟酶的热稳定性与 pH 稳定性大大优于天然酶,模拟酶的活力至少在 80 ℃仍能保持,在 pH 2～13 的大范围内都是稳定的。1977 年人工合成的八肽:Glu－Phe－Ala－Glu－Glu－Ala－Ser－Phe 具有溶菌酶的活力可达到天然酶的 50%。1993 年曾报道了人工合成了两种"肽酶"(pepzyme),每种仅含有 29 个氨基酸,但分别具有胰凝乳蛋白酶及胰蛋白酶的催化活性。人工模拟酶的研究虽已取得一些可喜的成果,但是达到实际应用还有很长的距离。

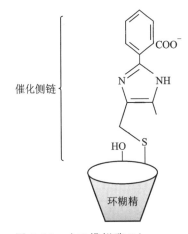

图 6-16　人工模拟酶 β-benzyme,有一小的侧链连接到环糊精上,可模拟胰凝乳蛋白酶

(二) 生物酶工程

生物酶工程是酶学和以 DNA 重组技术为主的现代分子生物学技术相结合的产物,因此,亦可称为**高级酶工程**(advanced enzyme engineering)。主要包括 3 个方面内容:用基因工程技术大量生产酶(克隆酶);对酶基因进行修饰,产生遗传修饰酶(突变酶);设计新酶基因,合成自然界不曾有的新酶(图 6-17)。

酶基因的克隆和表达技术的应用,已有可能克隆各种天然的酶基因。目前,在酶生产的基因工程研究中,已成功地实现 α-淀粉酶基因的克隆,使产酶能力提高 3 ~ 5 倍,这是第一个获得美国食品药品管理局(FDA)批准用基因工程菌生产的酶制剂。此外青霉素酰胺酶基因和耐热菌亮氨酸合成酶基因已在 *E. coli* 中表达成功。利用 DNA 重组技术,提高葡萄糖异构酶、木糖异构酶、纤维素酶、糖化酶等酶活力的研究,已取得初步成果。在医用酶方面,继第一代溶血栓剂尿激酶、链激酶基因克隆表达以后,现在第二代溶血栓剂尿激酶原及组织型纤溶酶原激活物(tPA)表达成功,已投入生产。据报道有几百种酶的基因已经克隆成功,其中一些已进行了高效表达。

20 世纪 70 年代以来,被称为第二代基因工程的**蛋白质工程**(protein engineering)迅速兴起,使得人们有可能根据蛋白质结构的研究结果,按照既定的蓝图,利用

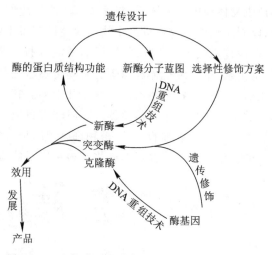

图 6-17　生物酶工程示意图

定点诱变(site-directed mutagenesis)技术,改造编码蛋白质基因中的 DNA 顺序,经过寄主细胞的表达,能够产生被改造的具有特定氨基酸顺序、高级结构、理化性质和生物功能的新蛋白质(参见第 35 章)。目前,蛋白质工程技术在生产酶(遗传修饰酶)方面的应用,已取得令人鼓舞的成果。通过对酶基因的遗传修饰,可改变酶的催化活性、底物专一性、最适 pH;改变含金属酶的氧化还原能力;改变酶的别构调节功能;改变酶对辅酶的要求;可提高酶的稳定性。表 6-10 列举了一些遗传修饰酶。

表 6-10　酶的选择性修饰

酶	修饰			酶性质的改变
	修饰部位	原氨基酸残基	新氨基酸残基	
枯草杆菌蛋白酶	222	Met→Lys		最适 pH 由 8.6 变为 9.6
	166	Gly→Lys		水解邻近 Glu 肽键能力提高 500 倍
T4 溶菌酶	3	Ile→Lys		提高耐热性
天冬氨酸氨甲酰转移酶	165	Tyr→Ser		失去别构调节性质
胰蛋白酶	216	Gly→Ala		提高 Arg 底物的专一性
	226	Gly→Ala		提高 Lys 底物的专一性
二氢叶酸还原酶	27	Asp→Asn		活性降低为正常酶的 0.1%
酪氨酰-tRNA 合成酶	51	Thr→Ala		
	51	Thr→Pro		对底物 ATP 的亲和力提高 100 倍
β-内酰胺酶	70 ~ 71	Ser · Thr→Thr · Ser		完全失活
	70 ~ 71	Thr · Ser→Ser · Ser		恢复活性
环氧化物水合酶	108	Phe→Leu		可以催化顺-二氯环氧乙烷新底物
	214	Ile→Leu		明显增加 k_{cat}/K_m 比值
	248	Cys→ILe		

DNA 合成技术的迅速发展为酶的遗传设计开创了令人鼓舞的美好前景。只要有遗传设计蓝图,就能人工合成酶基因。现在的关键问题是如何设计超自然的优质酶基因,即如何绘制优质酶基因的遗传设计图案。但随着计算机技术和化学理论的进步和发展,酶或其他生物大分子的模拟在精确度、速率及规模上都会得到大的改善。相信遗传设计新酶的研究在不久的将来,会受到人们的更多关注,并取得进展。

酶工程作为现代生物工程的支柱,有着广阔的发展前景。随着酶学、分子生物学基础理论的研究,化

学工程技术和基因工程技术的不断发展和更新,酶工程必将发展成为一个更大的生物技术产业。

提　要

　　生物体内的各种化学变化都是在酶催化下进行的。酶是由生物细胞产生的,受多种因素调节控制的具有催化能力的生物催化剂。与一般催化剂相比有其共同性,但又有显著的特点,酶的催化效率高,具有高度的专一性,酶活性受到调节和控制,酶作用条件温和,但不够稳定,酶易失活。

　　酶作为生物催化剂与其他催化剂一样,只能催化完成热力学上允许的反应。酶促反应中,首先酶与底物结合形成 ES 复合物,释放结合自由能(ΔG_b),补偿了自由度丢失引起的熵减,减少了进入过渡态($ES^{\neq}$)所需的活化焓($\Delta H^{\neq}$),从而降低了过渡态的活化自由能,提高反应速率。

　　酶的化学本质除有催化活性的核酶和脱氧核酶之外都是蛋白质。根据酶的化学组成可分为单纯蛋白质和缀合蛋白质两类。缀合蛋白质是由不表现酶活力的脱辅酶及辅因子(包括辅酶、辅基及某些金属离子)两部分组成。脱辅酶部分决定酶催化的专一性,而辅酶(或辅基)在酶催化作用中通常起传递电子、原子或某些化学基团的作用。

　　根据各种酶所催化反应的类型,把酶分为六大类,即氧化还原酶类、转移酶类、水解酶类、裂合酶类、异构酶类和连接酶类。按规定每种酶都有一个习惯名称和国际系统名称,并且有一个编号。

　　酶对催化的底物有高度的选择性,即专一性。酶往往只能催化一种或一类反应,作用于一种或一类物质。酶的专一性可分为结构专一性和立体异构专一性两种类型。用"诱导契合说"解释酶的专一性已被人们所接受。

　　酶的分离纯化是酶学研究的基础。已知大多数酶的本质是蛋白质,因此用分离纯化蛋白质的方法纯化酶。在酶的制备过程中,每一步都要测定酶的活力和比活力,以了解酶的回收率及提纯倍数,以便判断提纯的效果。酶活力是指在一定条件下酶催化某一化学反应的能力,可用反应初速率来表示。测定酶活力即测酶反应的初速率。酶活力大小来表示酶含量的多少,通常用酶的国际单位数表示。每 mg 蛋白质所含酶的活力单位数叫做酶的比活力,代表酶的纯度。

　　具有催化功能核酶的发现,开辟了生物化学研究的新领域,提出了生命起源的新概念。根据发夹状或锤头状二级结构原理,可以设计出各种人工核酶,用作抗病毒和抗肿瘤的防治药物将会有良好的应用前景。

　　抗体酶是一种具有催化能力的蛋白质,本质上是免疫球蛋白,但是在易变区赋予了酶的属性,抗体酶具有酶的一切性质。抗体酶的发现,不仅为酶的过渡态理论提供了有力的实验证据,而且抗体酶将会得到广泛的应用。

　　酶工程是将酶学原理与化学工程技术及基因重组技术有机结合而形成的新型应用技术,是生物工程的支柱。根据研究和解决问题的手段不同将酶工程分为化学酶工程和生物酶工程。随着化学工程技术及基因工程技术的发展,酶工程发展更为迅速,必将成为一个很大的生物技术产业。

习　题

1. 酶作为生物催化剂有哪些特点?
2. 何谓酶的专一性? 酶的专一性有哪几类? 如何解释酶作用的专一性? 研究酶的专一性有何意义?
3. 酶活性有哪些调节方式,试说明之。
4. 辅基和辅酶有何不同? 在酶催化反应中起什么作用?
5. 酶分哪几大类? 举例说明酶的国际系统命名法及酶的编号。
6. 什么叫酶的活力和比活力? 测定酶活力应注意什么? 为什么测定酶活力时要测定酶反应的初速率? 应如何选择底物浓度?
7. 什么叫核酶和抗体酶? 它们的发现有什么重要意义?
8. 解释下列名词:(a)生物酶工程;(b)固定化酶;(c)活化能;(d)过渡态;(e)寡聚酶;(f)酶国际单位和 Kat 单位;

(g)酶偶联分析法;(h)诱导契合说;(i)反馈抑制;(j)多酶复合物。

9. 用 $AgNO_3$ 对在 10 mL 含有 1.0 mg/mL 蛋白质的纯酶溶液进行全抑制,需用 0.342 μmol $AgNO_3$,求该酶的最低相对分子质量。

10. 1 μg 纯酶(M_r92×10³)在最适条件下,催化反应速率为 0.5 μmol·min⁻¹,试计算:

(a)酶的比活力。(b)转换数。

[酶的转换数(k_{cat}):当酶被底物饱和时每秒钟每个酶分子将底物转变成产物的分子数]

11. 1 g 鲜重的肌肉含有 40 单位的某种酶,其转换数为 6×10⁴ min⁻¹,试计算该酶在细胞内的浓度(假设新鲜组织含水 80%,并全部在胞内)。

12. 焦磷酸酶可以催化焦磷酸水解成磷酸,其相对分子质量为 120×10³,由 6 个相同亚基组成。纯酶的 V_{max} 为 2 800 U/mg 酶。它的一个活力单位规定为:在标准测定条件下,37 ℃,15 min 内水解 10 μmol 焦磷酸所需要的酶量。问:

(a) 每 mg 酶在每秒钟内水解多少 mol 底物?

(b) 每 mg 酶中有多少 mol 的活性部位(假设每个亚基上有一个活性部位)?

(c) 酶的转换数是多少?

13. 称取 25 mg 蛋白酶粉配制成 25 mL 酶溶液,从中取出 0.1 mL 酶液,以酪蛋白为底物,用 Folin-酚比色法测定酶活力,得知每小时产生 1 500 μg 酪氨酸。另取 2 mL 酶液,用凯氏定氮法测得蛋白氮为0.2 mg。若以每分钟产生 1 μg 酪氨酸的酶量为 1 个活力单位计算,根据以上数据,求出:

(a) 1 mL 酶液中所含蛋白质量及活力单位。

(b) 比活力。

(c) 1 g 酶制剂的总蛋白含量及总活力。

14. 有 1 g 淀粉酶制剂,用水溶解成 1 000 mL,从中取出 1 mL 测定淀粉酶活力,测知每 5 min 分解0.25 g淀粉。计算每 g 酶制剂所含的淀粉酶活力单位数?

(淀粉酶活力单位的定义:在最适条件下每小时分解 1 g 淀粉的酶量称为 1 个活力单位)

15. 某酶的初提取液经过一次纯化后,经测定得到下列数据:试计算比活力、回收率及纯化倍数。

	体积/mL	活力单位/(U/mL)	蛋白质/(mg/mL)
初提取液	120	200	10
$(NH_4)_2SO_4$ 盐析	5	800	4

16. 许多提取的酶液,假设在 37 ℃保温,酶将变性失活。然而在底物存在下 37 ℃保温,酶保持催化活性。试解释这一相互矛盾的事实。

17. 酶是怎样克服反应能障,降低活化自由能的?

<h1 style="text-align:center">主要参考书目</h1>

1. 王镜岩,朱圣庚,徐长法. 生物化学教程. 北京:高等教育出版社,2008.

2. 袁勤生. 现代酶学. 2 版. 上海:华东理工大学出版社,2007.

3. Berg J M,Tymoczko J L,Stryer L. Biochemistry. 7th ed. New York:W. H. Freemam and company,2012.

4. Garrett R M,Grisham C M. Biochemistry. 5th ed. Boston:Brooks/cole,Cengage Learning,2013.

5. Nelson D L,Cox M M. Lehninger Prenciphes of Biochemistry. 5th ed. New York:W. H. Freemam and company,2008.

6. International Union of Biochemistry and Molecular Biology Nomenclature Committee. Enzyme Nomenclature. New York:Academic Press,1992.

(张庭芳)

网上资源

 习题答案　　 自测题

第7章 酶动力学

酶促反应动力学(kinetics of enzyme-catalyzed reactions)是研究酶促反应的速率以及影响此速率的各种因素的科学。在研究酶的结构与功能的关系以及酶的作用机制时,需要动力学提供实验证据;为了发挥酶催化反应的高效率,寻找最有利的反应条件;为了解酶在代谢中的作用和某些药物的作用机制等,都需要掌握酶促反应速率的规律。因此,酶促反应动力学的研究既有重要的理论意义又具有一定的实践意义。为了掌握酶促反应动力学,有必要首先了解一些有关化学动力学的基本概念。

一、化学动力学基础

化学反应有两个方面的基本问题,一方面是反应进行的方向、可能性和限度;另一方面是反应进行的速率和反应机制。前者属于化学热力学的研究范围,后者属于化学动力学研究范围。在化学动力学的研究中,将确定各反应或反应步骤的速率,了解各种因素(如浓度、温度、pH 和催化剂等)对反应速率的影响,并揭示化学反应的机制。由此可以看出化学动力学和化学热力学的不同之处。例如 O_2 和 H_2 化合成水的反应热力学上可能的,但是在室温下,这个反应的速率却慢到不可察觉的程度。再如,NO_2 聚合成 N_2O_4 的反应也是热力学上可能的,实际上,其反应速率却是快得无法测量。同是热力学可能的反应,为什么有些反应速率快,有些反应速率慢? 这个问题不是化学热力学所能回答的。因为热力学只研究体系的状态改变,并不追究某一化学变化所需的时间和具体过程的机制,而这些问题正是化学动力学所研究的。

各种化学反应的速率可以相差很大,如爆炸反应、溶液中的离子反应等瞬时即可完成;而另外一些反应完成的时间以分、时、日,甚至年来计算;还有更慢的反应,在有限的时间内无从察觉。同一反应由于进行时的条件不同,反应速率也有很大差别。因此,我们常需要改变条件来控制反应速率。另外还有许多化学反应,常有副反应同时伴随进行,我们也需要设法减小其副反应的速率,而使主要的反应速率增大。由此可见,通过化学动力学的研究,在理论上能够阐明化学反应的机制,使我们能了解反应的具体过程和途径。在实际应用上,可以根据反应速率来估计反应进行到某种程度所需的时间;也可以根据影响反应速率的因素进一步对反应进行控制。因此,化学动力学的研究无论在理论上和实践中都是很重要的。

（一）化学反应速率及其测定

反应速率是以单位时间内反应物或生成物浓度的改变来表示。随着反应的进行,反应物逐渐消耗,分子碰撞的机会也逐渐渐小,因此反应速率也随着减慢(图 7-1)。因为每一瞬间的反应速率都不相同,所以用瞬时速率表示反应速率。设瞬时 dt 内反应物浓度的很小的改变为 dc,则:

$$v = -\frac{dc}{dt}$$

上式中负号表示反应物浓度的减少。有时反应速率也可用单位时间内生成物浓度的增加来表示,即:

$$v = +\frac{dc}{dt}$$

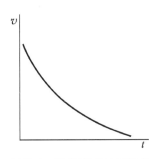

图 7-1 反应速率与时间的关系

上式中正号表示生成物随时间的延长而增多,至于反应速率用哪一种反应物或生成物浓度的改变来表示,则没有关系,可根据取得的实验数据来决定。

反应速率的测定,实际上是测定不同时间的反应物或生成物的浓度,可以通过化学方法或物理方法进行定量测定。

(二) 反应分子数和反应级数

在化学动力学中研究化学反应速率与反应物浓度的关系时,有两种分类方法:即以反应分子数及反应级数来分类。

1. 反应分子数

反应分子数是在反应中真正相互作用的分子的数目。仅有 1 个反应的分子参加的反应称为单分子反应,有 2 个反应物分子参加的反应称为双分子反应,依此类推。实际上,大多数反应都是以单分子或双分子反应的步骤进行的,3 个分子同时反应的可能性很小,3 分子以上的反应还没有被发现过。反应分子数显然都是简单整数。

放射性元素的蜕变,有机反应中的分子重排以及同分异构体的相互转变等反应属于单分子反应。

$$A \longrightarrow P$$

根据质量作用定律,单分子反应的速率方程式(或称动力学方程式)是:

$$v = -\frac{dc}{dt} = kc$$

式中 c 代表反应物的浓度($mol \cdot L^{-1}$),k 是比例常数,称为**反应速率常数**,比值大小可作为反应速率大小的衡量。

乙酸的酯化反应,H_2 和 I_2 的化合反应等都属于双分子反应。

$$A+B \longrightarrow P+Q$$

双分子反应的速率方程式是:

$$v = -\frac{dc}{dt} = kc_1 c_2$$

式中 c_1 和 c_2 分别代表两种反应物的浓度。

判断一个反应是单分子反应还是双分子反应,必须先了解反应机制,即了解反应过程中各个单元反应是如何进行的。反应机制往往是很复杂的,不容易弄清楚,然而反应速率与浓度的关系即可用实验方法来测量,从而可帮助推论反应机制。

2. 反应级数

根据实验结果,整个化学反应的速率服从哪种分子反应速率方程式,则这个反应即为几级反应。如有某反应,其总反应速率与浓度的关系能以单分子反应的速率方程式来表示,那么这个反应为**一级反应**。如能用双分子反应速率方程式来表示,则为**二级反应**,余类推。另外,我们把反应速率与反应物浓度无关的反应叫做**零级反应**。

反应分子数和反应级数这两种分类方法对很简单的反应来说是一致的,但对某些反应来说是不一致的。例如蔗糖的酶促水解作用:

$$蔗糖+H_2O \xrightarrow{\text{蔗糖酶}} 葡萄糖+果糖$$

是双分子反应,但却为一级反应。因为蔗糖的稀水溶液中,水的浓度比蔗糖浓度大得多,水浓度的减少与蔗糖比较可以忽略不计,故我们可将水的浓度当作常数。因此,反应速率只决定于蔗糖的浓度。

$$v = k' c_{蔗糖} \cdot c_水 = kc_{蔗糖}$$

　　既然反应速率和浓度的关系采用单分子反应动力学方程式表示,所以是一级反应,有时叫做假单分子反应。一般来说,在一双分子反应中,如果有一反应物的存在量极大,则显然此反应可以按照一级动力学方程式进行,如各种水解反应。

　　复杂反应是由一连串简单反应所组成,所以确定反应级数比较复杂,并且,不一定就是整数。实际上反应级数等于反应速率方程式中各个反应物浓度指数的总和,有时和分子数一致,有时不一致。

　　由上述可知,反应分子数和反应级数是两个不同的概念。前者表示实际参加反应的分子数,是一个反应机制的问题;后者是由实验测得的表示反应速率与反应物浓度之间的关系问题。

　　在实际应用上常采用反应级数,因为用反应级数时不必了解反应的机制,而只需由实验确定反应服从哪级反应,便可得到反应速率与反应物浓度的关系。

(三) 各级反应的特征

　　各级反应的特征实际上已经表现在各级反应的反应速率方程式里。由于研究化学动力学时实际所测得的是反应经过的不同时间 t 和相应于该时间的反应物或生成物浓度 c,因此常以 c 和 t 的变化关系来表示各级反应的特征。这种 c 和 t 的关系,只要将反应速率式积分,就容易看出。

1. 一级反应

　　凡是反应速率只与反应物的浓度的一次方成正比的,这种反应就称为**一级反应**。这类反应的反应速率与反应物浓度的关系可用下式表示:

$$-\frac{\mathrm{d}c}{\mathrm{d}t} = kc$$

将上式移项后,积分得:

$$\ln c = -kt + B$$

式中 B 为积分常数,若反应开始时($t=0$)的浓度为 c_0(初浓度),代入上式求得 $B = \ln c_0$,因而:

$$\ln c = -kt + \ln c_0 \tag{7-1}$$

整理

$$k = \frac{1}{t}\ln\frac{c_0}{c}$$

或

$$c = c_0 \mathrm{e}^{-kt} \tag{7-2}$$

式(7-2)表示了一级反应的反应物浓度(或产物浓度)随时间变化的规律,如图 7-2 所示。图中 c 和 [P](产物浓度)两曲线交于一点,该点的纵坐标为 $c_0/2$,横坐标为 $t_{1/2}$,$t_{1/2}$ 叫**半衰期**,即有一半反应物转为产物所需的时间。

　　从式(7-1)可以看出,若以 $\ln c_0$ 对时间 t 作图应得一条直线,见图 7-3,直线斜率的负值就是反应速率

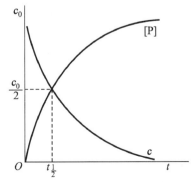

图 7-2　一级反应的反应物消耗和
产物形成与时间的关系曲线

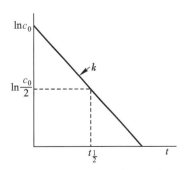

图 7-3　一级反应 $\ln c$ 与时间关系

常数 k，k 的单位是时间的倒数。当 $t = t_{1/2}$ 时，则 $c = \dfrac{1}{2}c_0$ 代入式（7-1）得：

$$k = (\ln 2)/t_{1/2}$$

或

$$t_{1/2} \approx 0.693/k \tag{7-3}$$

即速率常数与半衰期成反比，半衰期与反应物的初浓度无关。换言之，不管反应物的初浓度是多少，半衰期是一样的，这也是一级反应的一个特征。例如放射性同位素常以它的半衰期表示其衰变的速率。

2. 二级反应

凡是反应速率与反应物质浓度二次方（或两种物质浓度的乘积）成正比的，这种反应就称为**二级反应**。二级反应是最常见的。二级反应的速率与反应物浓度的关系可用下式来表示：

$$-\frac{\mathrm{d}c}{\mathrm{d}t} = kc_1 c_2$$

或

$$\frac{\mathrm{d}x}{\mathrm{d}t} = k(a-x)(b-x) \tag{7-4}$$

式中 a、b 分别代表反应物 A、B 的初浓度，x 为反应 t 时已发生反应的物质浓度。$(a-x)$ 与 $(b-x)$ 分别为反应 t 时后的反应物 A 与 B 的浓度。若 A 与 B 的初浓度相同，则可将上式写为：

$$\frac{\mathrm{d}x}{\mathrm{d}t} = k(a-x)^2$$

移项，积分后整理得：

$$k = \frac{1}{t} \cdot \frac{x}{a(a-x)} \tag{7-5}$$

若 A 和 B 的初浓度不同，将式（7-4）移项积分后的结果为：

$$k = \frac{1}{t(a-b)} \cdot \ln \frac{b(a-x)}{a(b-x)} \tag{7-6}$$

从式（7-5）及（7-6）可以看出，若以 $\dfrac{x}{a-x}$ 或 $\ln \dfrac{b(a-x)}{a(b-x)}$ 分别对时间 t 作图，皆为直线（图 7-4）。

其斜率等于速率常数 k，k 的单位是 $\mathrm{mol}^{-1} \cdot \mathrm{L} \cdot \mathrm{s}^{-1}$，这是二级反应的特征，也是求 k 和决定是不是二级反应的一个方法。

当 $x = \dfrac{1}{2}a$ 时，t 即为半衰期 $t_{1/2}$，代入式（7-5）得：

$$k = \frac{1}{at_{1/2}}$$

或

$$t_{1/2} = \frac{1}{ka} \tag{7-7}$$

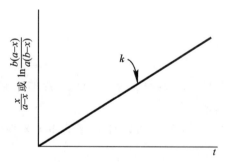

图 7-4　二级反应 $\dfrac{x}{a-x}$ 或 $\ln \dfrac{(a-x)}{(b-x)}$ 与时间关系

上式表明二级反应与一级反应不同，二级反应半衰期不仅与二级反应速率常数成反比，而且与反应物初浓度成反比。换句话说，初浓度愈大，反应物减少一半所需要的时间愈短，这也是二级反应的一个特征。

3. 零级反应

凡是反应速率与反应物浓度无关而受它种因素影响而改变的反应称为**零级反应**，即反应速率为一常数。可将零级反应的动力学方程式表示为：

$$-\frac{\mathrm{d}c}{\mathrm{d}t} = k, \quad \text{或} \quad \frac{\mathrm{d}x}{\mathrm{d}t} = k$$

积分后得：
$$x = kt, k = \frac{x}{t} \qquad (7-8)$$

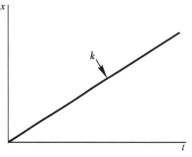

图 7-5　零级反应 x 与时间关系

零级反应中 k 的单位是 $mol \cdot L^{-1} \cdot s^{-1}$。若以 x 对 t 作图，得一直线，如图 7-5，其斜率为 k。当 $x = \frac{1}{2}a$ 时，代入式（7-8），其反应半衰期与反应速率常数成反比而与反应物初浓度成正比，即：

$$t_{1/2} = \frac{a}{2k} \qquad (7-9)$$

上式说明，初浓度愈大，半衰期愈长。

二、底物浓度对酶促反应速率的影响

（一）　中间复合物学说

1903 年 V. C. R. Henri 用蔗糖酶水解蔗糖做实验，研究底物浓度与反应速率的关系。当酶浓度不变时，可以测出一系列不同底物浓度下的反应速率，以反应速率对底物浓度作图，可得到图 7-6 正相关曲线。从该曲线可以看出，当底物浓度较低时，反应速率与底物浓度的关系呈正比关系，表现为一级反应。随着底物浓度的增加，反应速率不再按正比升高，反应表现为混合级反应。当底物浓度达到相当高时，底物浓度对反应速率影响变小，最后反应速率与底物浓度几乎无关，反应达到最大速率（V_{max}），表现为零级反应。根据这一实验结果，V. C. R. Henri 提出了酶底物中间复合物学说。该学说认为当酶催化某一化学反应时，酶首先和底物结合生成中间复合物（ES），然后生成产物（P），并释放出酶。反应用下式表示：

$$S + E \Longleftrightarrow ES \longrightarrow P + E$$

根据中间复合物学说可以解释图 7-6 实验曲线，在酶浓度恒定条件下，当底物浓度很小时，酶未被底物饱和，这时反应速率取决于底物浓度。随着底物浓度变大，根据质量作用定律，ES 生成也越多，而反应速率取决于 ES 的浓度，故反应速率也随之增高。当底物浓度相当高时，溶液中的酶全部被底物饱和，溶液中没有多余的酶，虽增加底物浓度也不会有更多的中间复合物生成，因此酶促反应速率与底物浓度无关，反应达到最大反应速率（V_{max}）。当底物浓度对反应速率作图时，就形成一条双曲线。需要指出的是只有酶催化反应才有这种饱和现象，与此相反，非催化反应无此饱和现象（图 7-6）。

酶和底物形成中间复合物的学说，已得到许多实验证明：

（1）ES 复合物已被电子显微镜和 X 射线晶体结构分析直接观察到。如在电子显微镜下可观察到 DNA 聚合酶 I 可结合到它合成的 DNA 模板上。用 X 射线晶体结构分析，研究了羧肽酶 A 和它的底物 Gly-L-Tyr 的相互作用及其作用位置。

（2）许多酶和底物的光谱特性在形成 ES 复合物后发生变化。例如色氨酸合成酶为一细菌酶，含有一个磷酸吡哆醛辅基，该酶催化 L-Ser 和吲哚合成 Trp，加 L-Ser 到酶中磷酸吡哆醛的荧光显著增加，随后加吲哚使荧光猝灭到低于单独酶的水平（图 7-7），因此荧光光谱揭示了酶-Ser 和酶-Ser-吲哚复合物的存在。其他光谱学方法，如核磁和顺磁共振，圆二色谱也能对 ES 的形成提供信息。

（3）酶的物理性质，如溶解度或热稳定性，经常在形成 ES 复合物后发生变化。

（4）已分离得到某些酶与底物相互作用生成的 ES 复合物，如已得到乙酰化胰凝乳蛋白酶及 D-氨基酸氧化酶和底物复合物的结晶。

（5）超离心沉降过程中，可观察到酶和底物共沉降现象。平衡透析时观察到底物浓度在半透膜内外不同等。

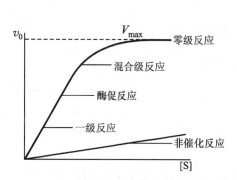

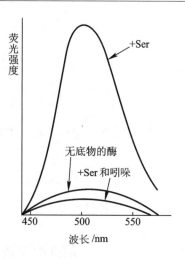

图 7-6 底物浓度对酶催化反应和非催化 反应初速率的影响

图 7-7 磷酸吡哆醛辅基在色氨酸合 成酶的活性部位上产生的荧光强度随 加入底物 L-Ser 和吲哚而改变的情况

（二）酶促反应的动力学方程式

1. 米氏方程式的建立

1913 年 L. Michaelis 和 M. Menten 根据中间复合物学说提出了单底物酶促反应的快速平衡：

$$\text{E} + \text{S} \underset{k_{-1}}{\overset{k_1}{\rightleftharpoons}} \text{ES} \overset{k_2}{\rightleftharpoons} \text{P+E} \tag{7-10}$$

酶　　　底物　　中间复合物　　产物

式中 k_1、k_{-1} 分别为 E+S $\rightleftharpoons$ ES 正逆反应两方向的速率常数，k_2 为第二步的前向速率常数。

$$K_{\text{S}} \rightleftharpoons \frac{k_{-1}}{k_1} \quad \text{表示 ES 的解离常数。}$$

L. Michaelis 和 M. Menten 在推导模型的动力学速率方程时作了以下几点假设：

（1）式（7-10）中没有考虑 E+P $\overset{k_{-2}}{\longrightarrow}$ ES 这一逆反应，但是显然 k_{-2} 是一个不等于零的常数。要忽略这一步反应，必须使产物浓度[P]趋于零。这就是说，Michaelis-Menten 方程只运用于测定反应的初速率。

（2）底物浓度[S]是以初始浓度[S_0]计算的，这就要求底物浓度远大于酶浓度。否则，由于 ES 的存在，[S]就不能用[S_0]代替。

（3）反应的第二步 ES $\overset{k_2}{\longrightarrow}$ P+E 是限速步骤，这里 $k_2 \ll k_{-1}$，也即 ES 分解生成产物的速度不足以破坏 E 和 ES 之间的快速平衡。这就是"平衡学说"，又称"快速平衡学说"。

根据上述假设，就可推导出以下动力学方程。

若式（7-10）迅速达到平衡，$k_{-1}[\text{ES}] = k_1[\text{E}][\text{S}]$

$$K_{\text{S}} = \frac{k_{-1}}{k_1} = \frac{[\text{E}][\text{S}]}{[\text{ES}]} \tag{7-11}$$

酶总浓度[E_0]为游离酶浓度[E]和结合酶浓度[ES]之和。由于总酶浓度[E_0]容易测定，故将[E_0]代替[E]，则有：

$$[\text{E}] = [\text{E}_0] - [\text{ES}] \tag{7-12}$$

由式（7-12）代入式（7-11）可得：

$$\frac{([\text{E}_0] - [\text{ES}])[\text{S}]}{[\text{ES}]} = K_{\text{S}} \tag{7-13}$$

$$K_S[ES] = [E_0][S] - [ES][S]$$

即：
$$[ES] = \frac{[E_0][S]}{K_S + [S]} \tag{7-14}$$

前已提及，反应初速率取决于$[ES]$，即$v_0 = k_2[ES]$

$$v_0 = k_2 \frac{[E_0][S]}{K_S + [S]} \tag{7-15}$$

若底物浓度很高时，酶被底物饱和，则初速率达到最大值：$V_{max} = k_2[E_0]$。以V_{max}代替$k_2[E_0]$则式（7-15）变为：

$$v_0 = \frac{V_{max}[S]}{K_S + [S]} \tag{7-16}$$

这就是著名的 Michaelis-Menten 方程，简称**米氏方程**（Michaelis equation）

2. Briggs-Haldane 修正的米氏方程

1925 年 G. E. Briggs 和 J. B. S. Haldane 鉴于酶催化效率很高，当 ES 形成后，随即迅速的转变成产物而释放出酶。认为 L.Michaelis 和 M.Menten 所述快速平衡不一定能够成立，即当k_2远大于k_{-1}时，就不能用快速平衡模型来推导。他们在保留了上述前 2 点假设下，用**稳态模型**：

$$E+S \underset{k_{-1}}{\overset{k_1}{\rightleftharpoons}} ES \underset{k_{-2}}{\overset{k_2}{\rightleftharpoons}} P+E \tag{7-17}$$

代替了平衡态模型。酶促反应分两步进行：

第一步：酶与底物作用，形成酶-底物复合物：

$$E+S \underset{k_{-1}}{\overset{k_1}{\rightleftharpoons}} ES \tag{7-18}$$

第二步：ES 复合物分解形成产物，释放出游离酶：

$$ES \underset{k_{-2}}{\overset{k_2}{\rightleftharpoons}} P+E \tag{7-19}$$

这两步反应都是可逆的。它们的正反应与逆反应的速率常数分别为k_1、k_{-1}、k_2、k_{-2}。

由于酶促反应的速率与 ES 的形成与分解直接相关，所以必须考虑 ES 的形成速率和分解速率。G. E. Briggs 和 J. B. S. Haldane 的发展就在于指出 ES 量不仅与式（7-18）平衡有关，而且还与式（7-19）平衡有关，用稳态代替了平衡态。

所谓稳态是指反应进行一段时间后，系统的复合物 ES 浓度，由零逐渐增加到一定数值，在一定时间内，尽管底物浓度和产物浓度不断地变化，复合物 ES 也在不断地生成和分解，但是当反应系统中 ES 的生成速率和 ES 的分解速率相等时，络合物 ES 浓度保持不变的这种反应状态称为**稳态**（steady state），即：

$$\frac{d[ES]}{dt} = 0$$

图 7-8 表示实验所得各种浓度对时间的曲线，表示了底物浓度降低，产物形成及 ES 稳态过程。

在稳态下，ES 的生成速率$d[ES]/dt$应与$E+S \overset{k_1}{\longrightarrow} ES$和$E+P \overset{k_{-2}}{\longrightarrow} ES$有关。但是在反应初速率阶段，产物浓度很低，$E+P \overset{k_{-2}}{\longrightarrow} ES$的速率极小，可以忽略不计。因此 ES 的生成速率只与$E+S \overset{k_1}{\longrightarrow} ES$有关，可用下式表示：

$$\frac{d[ES]}{dt} = k_1([E_0] - [ES]) \cdot [S] \tag{7-20}$$

[E_0]表示酶的总浓度

[ES]表示酶与底物结合的中间复合物的浓度

[E_0]-[ES]表示未与底物结合的游离状态的酶浓度

[S]表示底物浓度

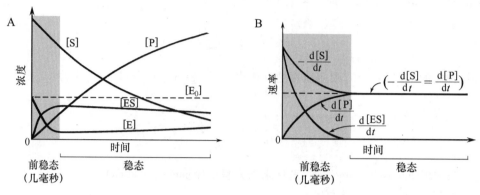

图 7-8　酶促反应过程中前稳态(阴影部分)和稳态期间各种浓度变化(A)和速率变化(B)

通常底物浓度远比酶浓度大很多,即[S]≫[E_0],因此被酶结合的 S 量,亦即[ES],它与总的底物浓度相比,可以忽略不计。所以[S]-[ES]≈[S]。ES 的分解速率-d[ES]/dt 则与 ES $\xrightarrow{k_{-1}}$ S+E 及 ES $\xrightarrow{k_2}$ P +E 有关。因此 ES 分解速率为两式速率之和。

$$-\frac{d[ES]}{dt} = k_{-1}[ES] + k_2[ES] \tag{7-21}$$

在稳态下,ES 的生成速率和 ES 的分解速率相等,即[ES]保持动态平衡,式(7-20)=(7-21),即

$$k_1([E_0]-[ES]) \cdot [S] = k_{-1}[ES] + k_2[ES]$$

移项得:

$$\frac{([E_0]-[ES]) \cdot [S]}{[ES]} = \frac{k_{-1}+k_2}{k_1} \tag{7-22}$$

用 K_m 表示 k_1、k_{-1}、k_2 这 3 个常数的关系:

$$K_m = \frac{k_{-1}+k_2}{k_1} \tag{7-23}$$

将式(7-23)代入式(7-22):

$$\frac{([E_0]-[ES]) \cdot [S]}{[ES]} = K_m \tag{7-24}$$

由式(7-24)可得到稳态时[ES]:

$$[ES] = \frac{[E_0][S]}{K_m+[S]} \tag{7-25}$$

因为酶反应速率(v_0)与[ES]成正比,即:

$$v_0 = k_2[ES] \tag{7-26}$$

将式(7-25)代入式(7-26)得:

$$v_0 = k_2 \frac{[E_0][S]}{K_m+[S]} \tag{7-27}$$

由于反应系统中$[S] \gg [E_0]$,当$[S]$很高时所有的酶都被底物所饱和形成 ES,即$[E_0] = [ES]$,酶促反应达到最大速率V_{max},则:

$$V_{max} = k_2[ES] = k_2[E_0] \tag{7-28}$$

将式(7-28)代入式(7-27),即得:

$$v_0 = \frac{V_{max} \cdot [S]}{K_m + [S]} \tag{7-29}$$

这就是根据稳态理论推导出的动力学方程式,为纪念 L. Michaelis 和 M. Meten ,习惯上把式(7-16),式(7-29)都称为**米氏方程**。K_m称为**米氏常数**,是由一些速率常数组成的一个复合常数。该方程式表明了当已知 K_m 及 V_{max} 时,酶反应速率与底物浓度之间的定量关系。若以$[S]$作横坐标,v_0 作纵坐标作图,可得到一条双曲线(图 7-9),该曲线正好与实验所得的图 7-6 相符合。

米氏方程所确定的图形是一直角双曲线,由式(7-29)移项,加项及整理,可得:

$$v_0 K_m + v_0[S] = V_{max}[S] \tag{7-30}$$

$$v_0 K_m + v_0[S] - V_{max}[S] - V_{max}K_m = -V_{max}K_m \tag{7-31}$$

$$(v_0 - V_{max})([S] + K_m) = -V_{max}K_m \tag{7-32}$$

因 V_{max} 和 K_m 均为常数,而 v_0 及$[S]$为变数,故式(7-32)实际上可写成$(x-a)(y+b) = K$,这就是典型的双曲线方程。此方程所确定的图形是以坐标轴(x,y)为渐近线($v_0 = V_{max}$ 和$[S] = -K_m$)的直角双曲线。双曲线的两部分对应的中心点为$(-K_m, V_{max})$,也是两条渐近线的正交点(图 7-10)。实验测量的只不过是双曲线的实线部分(见图 7-10 中阴影部分)。

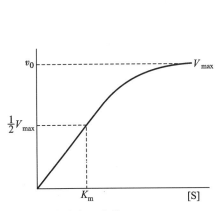

图 7-9 米式方程曲线

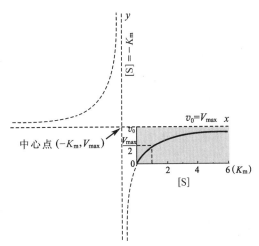

图 7-10 米氏方程曲线是直角双曲线的一部分
（阴影部分）

从式(7-29)可以看出,当反应速率达到最大速率一半时,即 $v_0 = \dfrac{V_{max}}{2}$,可以得到:

$$\frac{V_{max}}{2} = \frac{V_{max} \cdot [S]}{K_m + [S]}$$

$$\frac{1}{2} = \frac{[S]}{K_m + [S]}$$

则

$$[S] = K_m$$

由此可以看出 K_m 值的物理意义,即 K_m 值是当酶反应速率达到最大反应速率一半时的底物浓度,单位是 $mol \cdot L^{-1}$,与底物浓度的单位一样。

根据米氏方程式可以说明以下关系:

(1) 当[S]≪K_m时,则(7-29)式变为:

$$v_0 = \frac{V_{max} \cdot [S]}{K_m}$$

由于V_{max}和K_m为常数,两者的比可用一常数K表示,因此

$$v_0 = \frac{V_{max}}{K_m} \cdot [S] = K[S]$$

即[S]远远小于K_m时,反应速率与底物浓度成正比,v_0与[S]的关系符合一级动力学(图7-6)。这时由于底物浓度低,酶没有全部被底物所饱和,因此在底物浓度低的条件下是不能正确测得酶活力的。

(2) 当[S]≫K_m时,则式(7-29)变为:

$$v_0 = \frac{V_{max}[S]}{[S]}$$

$$v_0 = V_{max}$$

表示当底物浓度远大于K_m值时,反应速率已达到最大速率,这时酶全部被底物所饱和,v_0与[S]无关,符合零级动力学,只有在此条件下才能正确测得酶活力(图7-6)。

(3) 当[S] = K_m时,由式(7-29)得:

$$v_0 = \frac{V_{max} \cdot [S]}{[S]+[S]} = \frac{V_{max}}{2}$$

也就是说,当底物浓度等于K_m值时,反应速率为最大速率的一半。

3. 动力学参数的意义

(1) 米氏常数的意义

① K_m是酶的一个特性常数:K_m的大小只与酶的性质有关,而与酶浓度无关。K_m值随测定的底物、反应的温度、pH及离子强度而改变。因此,K_m值作为常数只是对一定的底物、pH、温度和离子强度等条件而言。故对某一酶促反应而言,在一定条件下都有特定的K_m值,可用来鉴别酶。例如对于不同来源或相同来源但在不同发育阶段,不同生理状况下催化相同反应的酶是否属于同一种酶。各种酶的K_m值相差很大,大多数酶的K_m值介于$10^{-6} \sim 10^{-1}$mol·L^{-1}之间。表7-1列举了某些酶的K_m值。

表 7-1 一些酶的 K_m 值

酶	底物	K_m/(mol·L^{-1})
过氧化氢酶(catalase)	H_2O_2	$2.5×10^{-2}$
脲酶(urease)	尿素	$2.5×10^{-2}$
己糖激酶(hexokinase)	葡萄糖	$1.5×10^{-4}$
	果糖	$1.5×10^{-3}$
蔗糖酶(sucrase)	蔗糖	$2.8×10^{-2}$
	棉子糖	$3.5×10^{-1}$
胰凝乳蛋白酶(chymotrypsin)	N-苯甲酰酪氨酰胺	$2.5×10^{-3}$
	N-甲酰酪氨酰胺	$1.2×10^{-2}$
	N-乙酰酪氨酰胺	$3.2×10^{-2}$
	甘氨酰酪氨酰胺	$1.22×10^{-1}$
碳酸酐酶(carbonic anhydrase)	HCO_3^-	$2.6×10^{-2}$

酶	底物	$K_m/(\text{mol} \cdot \text{L}^{-1})$
谷氨酸脱氢酶(glutamate dehydrogenase)	谷氨酸	1.2×10^{-4}
	α-酮戊二酸	2.0×10^{-3}
	NAD$^+$	2.5×10^{-5}
	NADH	1.8×10^{-5}
肌酸激酶(creatine kinase)	肌酸	6.0×10^{-4}
	ADP	1.9×10^{-2}
	磷酸肌酸	5×10^{-3}
乳酸脱氢酶(lactate dehydrogenase)	丙酮酸	1.7×10^{-5}
丙酮酸脱氢酶(pyruvate dehydrogenase)	丙酮酸	1.3×10^{-3}
6-磷酸葡糖脱氢酶 (glucose-6-phosphate dehydrogenase)	6-磷酸葡糖	5.8×10^{-5}
6-磷酸己糖异构酶(hexose-6-phosphate isomerase)	6-磷酸葡糖	7.0×10^{-4}
β-半乳糖苷糖(β-galactosidase)	乳糖	4.0×10^{-3}
溶菌酶(lysozyme)	六聚-N-乙酰葡糖胺	6.0×10^{-6}
苏氨酸脱氨酶(threonine deaminase)	苏氨酸	5.0×10^{-3}
青霉素酶(penicillinase)	苄基青霉素	5.0×10^{-5}
丙酮酸羧化酶(pyruvate carboxylase)	丙酮酸	4.0×10^{-4}
	HCO$_3^-$	1.0×10^{-3}
	ATP	6.0×10^{-5}
精氨酰-tRNA 合成酶 (arginyl-tRNA-synthetase)	精氨酸	3.0×10^{-6}
	tRNA^{Arg}	4.0×10^{-7}
	ATP	3.0×10^{-4}

② K_m 值可以判断酶的专一性和天然底物:有的酶可作用于几种底物,因此就有几个 K_m 值,其中 K_m 值最小的底物称为该酶的最适底物也就是天然底物。如谷氨酸脱氢酶可作用于谷氨酸、α-酮戊二酸、NAD$^+$、NADH,它们的 K_m 值依次为 1.2×10^{-4}、2.0×10^{-3}、2.5×10^{-5} 和 1.8×10^{-5} mol · L^{-1},显然 NADH 为谷氨酸脱氢酶的最适底物。$\dfrac{1}{K_m}$ 可近似地表示酶对底物亲和力的大小,$\dfrac{1}{K_m}$ 愈大,表明亲和力愈大,因为 $\dfrac{1}{K_m}$ 愈大,则 K_m 愈小,达到最大反应速率一半所需要的底物浓度就愈小。显然,最适底物时酶的亲和力最大,K_m 最小。因此,K_m 值随不同底物而异的现象可以帮助判断酶的专一性,并且有助于研究酶的活性部位。

③ 由式(7-23)可知,当 $k_2 \ll k_{-1}$ 时,$K_m = k_{-1}/k_1$,即 $K_m = K_s$。换言之当 ES 的分解为反应的限制速率时,K_m 等于 ES 复合物的解离常数(底物常数),可以作为酶和底物结合紧密程度的一个度量,表示酶和底物结合的亲和力大小。当 k_2 和 k_{-1} 大小相当时,K_m 是三个速率常数的函数(式 7-23),此时 K_m 不再是酶对底物亲和力的确切量度。因此,在不知道 K_m 确实等于 K_s 之前,用 K_m 表示酶和底物的亲和力是不确切的。上面提到的 $\dfrac{1}{K_m}$ 可近似地表示酶与底物亲和力的大小,严格地说应该用 $1/K_s$ 表示,只是当 k_2 极小时,才能用 $1/K_m$ 来近似地说明酶与底物结合的难易程度。

④ 若已知某个酶的 K_m 值,就可以计算出在某一底物浓度时,其反应速率相当于 V_{max} 的百分率。例如,当 [S] = $3K_m$ 时,代入米氏方程式 $v_0 = \dfrac{V_{max} \cdot [S]}{K_m + [S]}$,得:

$$v_0 = \frac{V_{max} \cdot 3K_m}{K_m + 3K_m} = 0.75 V_{max}$$

达到最大反应速率的 75% 时,底物浓度相当于 $3K_m$。米氏方程 [S] 和 v_0 的关系见表 7-2。

表 7-2　米氏方程[S]与 v_0 关系

[S]	v_0	[S]	v_0
$1\,000K_m$	$0.999V_{max}$	$1K_m$	$0.50V_{max}$
$100K_m$	$0.99V_{max}$	$0.33K_m$	$0.25V_{max}$
$10K_m$	$0.91V_{max}$	$0.10K_m$	$0.091V_{max}$
$3K_m$	$0.75V_{max}$	$0.01K_m$	$0.01V_{max}$

当 $v_0 = V_{max}$ 时,反应初速率与底物浓度无关,只与[E_0]成正比,表明酶的活性部位全部被底物占据。当 K_m 已知时,任何底物浓度下被底物饱和的百分数可用下式表示:

$$f_{ES} = \frac{v_0}{V_{max}} = \frac{[S]}{K_m + [S]}$$

当然这是一种简单的情况,在反应经历复杂的机制时,f_{ES} 并不代表酶活性部位被底物饱和百分数。

⑤ K_m 值可以帮助推断某一代谢反应的方向和途径:催化可逆反应的酶,对正逆两向底物的 K_m 值往往是不同的,例如谷氨酸脱氢酶,NAD 的 K_m 值为 $2.5 \times 10^{-5}\ mol \cdot L^{-1}$,而 NADH 为 $1.5 \times 10^{-5}\ mol \cdot L^{-1}$。测定这些 K_m 的差别以及细胞内正逆两向底物的浓度,可以大致推测该酶催化正逆两向反应的效率,这对于了解酶在细胞内的主要催化方向及生理功能有重要意义。

当一系列不同的酶催化一个代谢过程的连续反应时,如能确定各种酶的 K_m 及其相应底物的浓度,便可有助于寻找代谢过程的限速步骤。例如酶 1、2、3 分别催化 $A \xrightarrow{1} B \xrightarrow{2} C \xrightarrow{3} D$ 三步连续反应,若它们对相应底物 A、B、C 的 K_m 分别为 10^{-2}、10^{-3} 和 $10^{-4}\ mol \cdot L^{-1}$,而细胞内 A、B、C 的浓度均接近 $10^{-4}\ mol \cdot L^{-1}$,则可推知限速反应是 A→B 的一步。

生物体内的代谢作用往往是在多酶体系下进行的,同一种底物往往可以被几种酶作用,催化不同的反应,走不同的途径。如丙酮酸在体内至少可被乳酸脱氢酶、丙酮酸脱氢酶和丙酮酸脱羧酶等 3 种酶催化,分别形成乳酸、乙酰辅酶 A 和乙醛。它们的 K_m 值分别为 1.7×10^{-5}、1.3×10^{-3} 和 $1.0 \times 10^{-3}\ mol \cdot L^{-1}$。当丙酮酸浓度较低时,不能同时被几种酶作用。究竟走哪一条途径则决定于 K_m 值最小的酶,只有 K_m 值小的酶反应比较占优势。从上述 3 种酶的 K_m 值可以推断在丙酮酸浓度较低时容易走乳酸脱氢酶催化丙酮酸形成乳酸的途径。

(2) V_{max} 和 k_{cat}(催化常数)的意义　在一定酶浓度下,酶对特定底物的 V_{max} 也是一个常数。V_{max} 与 K_m 相似,同一种酶对不同底物的 V_{max} 也不同。pH、温度和离子强度也影响 V_{max} 的数值。

当[S]很大时,根据式(7-28),$V_{max} = k_2[E]$(k_2 即 k_{cat})。说明 V_{max} 和[E]呈线性关系,而直线的斜率为 k_2,为一级反应速率常数,它的因次为 s^{-1}。k_{cat} 也称为酶的**转换数**(turnover number,TN),它是酶的最大催化活力的量度。TN 定义为:当酶被底物饱和时每秒钟每个酶分子或每个活性部位(对多亚基酶而言)将底物转换为产物的分子数,转换数也称为分子活力(molecular activity)。一些酶的转换数见表 7-3。只要

表 7-3　一些酶的最大转换数

酶	转换数(k_{cat})/s^{-1}
过氧化氢酶(catalase)	40 000 000
碳酸酐酶(carbonic anhydrase)	1 000 000(CO_2)
	400 000(HCO_3^-)
3-酮类固醇异构酶(3-ketosteroid isomerase)	280 000
乙酰胆碱酯酶(acetylcholinesterase)	25 000
青霉素酶(penicillinase)	2 000
乳酸脱氢酶(lactate dehydrogenase)	1 000
胰凝乳蛋白酶(chymotrypsin)	100
DNA 聚合酶 I(DNA polymerase I)	15
色氨酸合成酶(tryptophan synthetase)	2
溶菌酶(lysozyme)	0.5

已知反应液中 E 的总浓度,即可由 V_{max} 计算出。k_{cat} 值越大,表示酶的催化效率越高。对于简单酶反应,$k_{cat} = k_2$,而对于较复杂的反应,k_{cat} 是几个速率常数的函数。

（3）k_{cat}/K_m——**催化效率指数**（index of catalytic efficiency）或**专一性常数**（specificity contant）在生理条件下,大多数酶并不被底物所饱和。在体内 $[S]/K_m$ 的比值通常介于 $0.01 \sim 1.0$ 之间。根据米氏方程:

$$v_0 = \frac{V_{max}[S]}{K_m + [S]}$$

按照 $V_{max} = k_{cat}[E_T]$,$[E_T]$ 代表酶的总浓度。则:

$$v_0 = \frac{k_{cat}[E_T][S]}{K_m + [S]}$$

当 $[S] \ll K_m$ 时,自由酶浓度 $[E] \simeq [E_T]$

$$\therefore \quad v_0 = \left(\frac{k_{cat}}{K_m}\right)[E][S]$$

即 k_{cat}/K_m 是 E 和 S 反应形成产物的表观二级速率常数（apparent second-order rate constant）单位为 $mol^{-1} \cdot L \cdot s^{-1}$,有时也称为专一性常数。因此,当 $[S] \ll K_m$ 时,酶反应速率取决于 k_{cat}/K_m 的值和 $[S]$。对于 k_{cat}/K_m 值,有其物理限制,这个比值取决于 k_1、k_{-1} 和 k_2,这儿 $k_{cat} = k_2$,将 K_m 取代后可以得出:

$$k_{cat}/K_m = \frac{k_2 k_1}{k_{-1} + k_2}$$

当 $k_2 \gg k_{-1}$ 时,则 $k_{cat}/K_m = k_1$,比值 k_{cat}/K_m 的上限为 k_1,即生成 ES 复合物的速率常数。换言之,酶的催化效率不能超过 E 和 S 形成 ES 的扩散控制的结合速率。扩散限制了 k_1 的数值,在水中扩散的速率常数为 $10^8 \sim 10^9 \, mol^{-1} \cdot L \cdot s^{-1}$,因此 k_{cat}/K_m 的上限为 $10^9 \, mol^{-1} \cdot L \cdot s^{-1}$,酶的催化效率不能超过此极限范围。对酶来说,比值 k_{cat}/K_m 可作为远低于饱和量的底物浓度下酶的催化效率参数。事实上,如乙酰胆碱酯酶和磷酸丙糖异构酶等许多酶的 k_{cat}/K_m 比值都达到 $10^8 \, mol^{-1} \cdot L \cdot s^{-1}$,说明它们都已达酶催化效率的完美程度。它们的催化反应速率只受它们与溶液中底物迁移速率的限制。如果要使催化速率进一步加快,只有减少扩散时间才有可能。表 7-4 列出了在这个范畴中一些酶的动力学参数。可见由 k_{cat}/K_m 值的大小,可以比较不同酶的催化效率,特别是比较同一种酶对不同底物的催化效率（表 7-5）,因此也称为专一性常数。

表 7-4 k_{cat}/K_m 比值接近扩散控制极限的一些酶

酶	底物	k_{cat}/s^{-1}	$K_m/(mol \cdot L^{-1})$	$k_{cat}/K_m/(mol^{-1} \cdot L \cdot s^{-1})$
乙酰胆碱酯酶（acetylcholinesterase）	乙酰胆碱	1.4×10^4	9×10^{-5}	1.6×10^8
碳酸酐酶（carbonic anhydrase）	CO_2	1×10^6	1.2×10^{-2}	8.3×10^7
	HCO_3^-	4×10^5	2.6×10^{-2}	1.5×10^7
过氧化氢酶（catalase）	H_2O_2	4×10^7	1.1	3.6×10^7
巴豆酸酶（crotonase）	巴豆酰-CoA	5.7×10^3	2×10^{-5}	2.8×10^8
延胡索酸酶（fumarase）	延胡索酸	8×10^2	5×10^{-6}	1.6×10^8
	苹果酸	9×10^2	2.5×10^{-5}	3.6×10^7
磷酸丙糖异构酶（triosephosphate isomerase）	3-磷酸甘油醛	4.3×10^3	1.8×10^{-5}	2.4×10^8
β-内酰胺酶（β-lactamase）	苄基青霉素	2.0×10^3	2×10^{-5}	1×10^8

表 7-5　胰凝乳蛋白酶选择水解几种 N-乙酰氨基酸甲酯所测 k_{cat}/K_m

在酯中的氨基酸	氨基酸侧链	$k_{cat}/K_m/(\mathrm{mol^{-1} \cdot L \cdot s^{-1}})$
甘氨酸	—H	1.3×10^{-1}
缬氨酸	$H-C\overset{CH_3}{\underset{CH_3}{\big|}}$	2.0
正缬氨酸	—$CH_2CH_2CH_3$	3.6×10^2
正亮氨酸	—$CH_2CH_2CH_2CH_3$	3.0×10^3
苯丙氨酸	—CH_2—⟨⟩	1.0×10^5

4. 利用作图法测定 K_m 和 V_{max} 值

米氏常数可根据实验数据通过作图法直接求得。先测定不同底物浓度的反应初速率,以 $v_0 \sim [\mathrm{S}]$ 作图,如从图 7-9 可以得到 V_{max},再从 $\frac{1}{2}V_{max}$ 可求得相应的 $[\mathrm{S}]$,即 K_m 值。但实际上即使用很大的底物浓度,也只能得到趋近于 V_{max} 的反应速率,而达不到真正的 V_{max},因此得不到准确的 K_m 与 V_{max} 值。为了方便地测得准确的 K_m 与 V_{max} 值,可把米氏方程式的形式加以变换,使它成为直线方程,然后用图解法求出 K_m 与 V_{max} 值。

（1）Lineweaver-Burk 双倒数作图法　将米氏方程式两侧取双倒数,得到下面方程式:

$$\frac{1}{v_0} = \frac{K_m}{V_{max}} \cdot \frac{1}{[\mathrm{S}]} + \frac{1}{V_{max}} \tag{7-33}$$

以 $\frac{1}{v_0} \sim \frac{1}{[\mathrm{S}]}$ 作图,得出一直线,如图 7-11。横轴截距为 $-\frac{1}{K_m}$,纵轴截距为 $\frac{1}{V_{max}}$。该作图缺点是:实验点过分集中在直线的左下方,而低浓度 S 的实验点又因倒数后误差较大,往往偏离直线较远,从而影响 K_m 和 V_{max} 的准确测定。

（2）Eadie-Hofstee 作图法　将米氏方程式改写成:

$$v_0 = V_{max} - K_m \cdot \frac{v_0}{[\mathrm{S}]} \tag{7-34}$$

以 $v_0 \sim \frac{v_0}{[\mathrm{S}]}$ 作图,得一直线,其纵轴截距为 V_{max},斜率为 $-K_m$,见图 7-12。

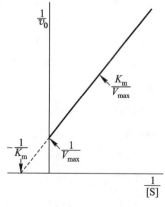

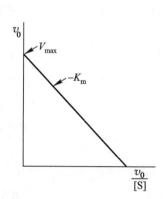

图 7-11　双倒数作图法　　　　　图 7-12　Eadie-Hofstee 作图法

（3）Hanes-Woolf 作图法　将式(7-33)两边均乘以[S]即得：

$$\frac{[S]}{v_0}=\frac{[S]}{V_{max}}+\frac{K_m}{V_{max}}\qquad(7-35)$$

以 $\frac{[S]}{v_0}\sim[S]$ 作图，得一直线，横轴的截距为 $-K_m$，斜率为 $\frac{1}{V_{max}}$，见图7-13。

（4）Eisenthal 和 Cornish-Bowden 直接线性作图法　将米氏方程改写为：

$$V_{max}=v_0+\frac{v_0}{[S]}\cdot K_m\qquad(7-36)$$

以 V_{max} 对 K_m 作图可得一直线。把[S]标在横轴的负半轴上，测得的 v_0 数值标在纵轴上，相应的[S]和 v_0 联成直线，这一簇直线交于一点，这一点的坐标为 K_m 和 V_{max}，如图7-14。直线性作图法有其优点，不需要计算，可直接读出 K_m 和 V_{max} 值；另外它使人们容易识别出那些不正确的观测结果，这些结果将产生不通过靠近共同交叉点的直线。

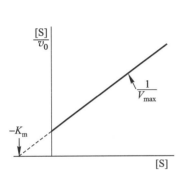

图7-13　Hanes-Woolf 作图法

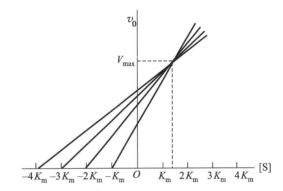

图7-14　Eisenthal 和 Cornish-Bowden 直线性作图法

（三）多底物的酶促反应动力学

上面主要讨论了单底物反应的动力学，但在酶促反应中更常见的是两个或两个以上底物参加的反应，称作多底物反应。其中双底物反应最为重要，即底物 A 和 B 经酶催化生成产物 P 和 Q 的反应：

$$A+B\xrightleftharpoons{\text{酶}}P+Q$$

多底物反应动力学方程十分复杂，推导也很繁琐，这里仅就双底物反应机制及动力学方程作一简要介绍。

1. 酶促反应按底物分子数的分类

按照参加酶促反应底物分子数的多少可分为单底物、双底物和三底物反应，见表7-6。

表7-6　酶促反应按底物分子数的分类

底物数	酶分类	催化反应	酶种类占总酶百分率
单底物	异构酶	$A\Longrightarrow B$	5%
单向单底物	裂合酶	$A\Longrightarrow B+C$	12%
假单底物	水解酶	$A\cdot B+H_2O\Longrightarrow A\cdot OH+B\cdot H$	26%
双底物	氧化还原酶	$A\cdot H_2+B\Longrightarrow A+B\cdot H_2$	27%
		$A^{2+}+B^{3+}\Longrightarrow A^{3+}+B^{2+}$	
	转移酶	$A+B\cdot X\Longrightarrow AX+B$	24%
三底物	连接酶	$A+B+ATP\Longrightarrow AB+ADP+Pi$	
		$A+B+ATP\Longrightarrow A\cdot B+AMP+PPi$	6%

由表可见，前面介绍的动力学只适用于表中1,3两类反应及第2类中的正向反应。

2. 多底物反应按动力学机制分类

（1）**序列反应**（sequential reactions）或**单置换反应**（single-displacement reactions）

底物的结合和产物的释放有一定的顺序,产物不能在底物完全结合前释放。A 和 B 底物二者均结合到酶上,然后反应产生 P 和 Q:

$$E+A+B \longrightarrow AEB \longrightarrow PEQ \longrightarrow E+P+Q$$

这种类型的反应称为序列反应,又可分为两种类型:

① **有序反应**（ordered reactions）可写作 Ordered Bi Bi,前一个 Bi 表示 2 个底物有序反应,后一个 Bi 表示 2 个产物有序生成。A 定为先导底物（leading substrate）,在结合 B 前首先与酶结合。严格地说,在缺少 A 时 B 不能结合自由的酶。反应在 A 和 B 之间产生三元复合物（ternary complex）,随后有序的释放反应产物 P 和 Q。在下面的图解中,Q 是 A 的产物,最后被释放出来。

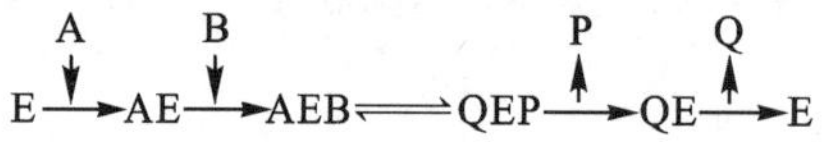

这一机制的另一种方式描述如下:

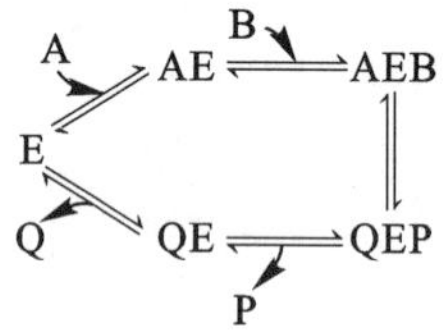

从上式可看出,A 和 Q 相互竞争地与自由酶结合,但是底物 A 和 B（或者 Q 和 B）互不竞争。

需要 NAD^+ 或 $NADP^+$ 的脱氢酶就属于这种类型,这些脱氢酶的一般反应为:

$$NAD^+（或 NADP^+）+BH_2 \Longrightarrow NADH（或 NADPH）+H^+ +B$$

先导底物 A 是 NAD^+（或 $NADP^+$）,而 NAD^+ 和 NADH（产物 Q）竞争酶的同一结合位点,用醇脱氢酶为例来说明:

$$NAD^+ +CH_3CH_2OH \Longrightarrow NADH +H^+ + CH_3CHO$$
$$\text{乙醇} \qquad\qquad\qquad \text{乙醛}$$

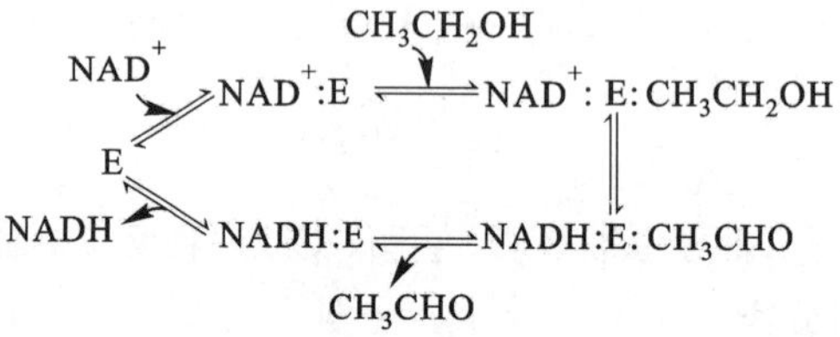

能够鉴别该有序机制在缺少 A（NAD^+）时,没有 B（CH_3CH_2OH）结合到 E 上,证明不是下面所述的随机反应。

② **随机反应**（random reactions）可写作 Random Bi Bi,前一个 Bi 表示 2 个底物随机结合,后一个 Bi 表示 2 个产物随机释放。可用下式表示:

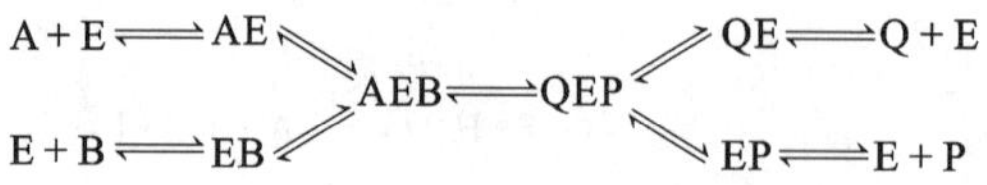

也可用图式说明:

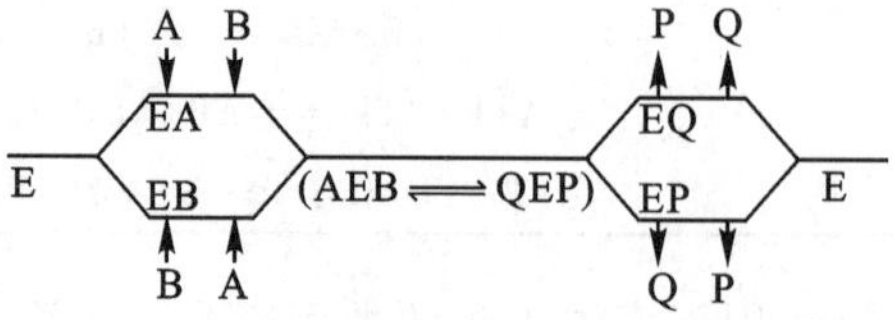

限速步骤是反应 AEB→QEP,不论 A 或 B 首先同 E 结合,还是 Q 或 P 首先从 QEP 释放都无关系。肌酸激酶(creatine kinase)使肌酸磷酸化的反应是随机反应机制的典型例子。肌酸(creatine,Cr)和磷酸肌酸(creatine phosphate,CrP)的结构式见第 16 章。

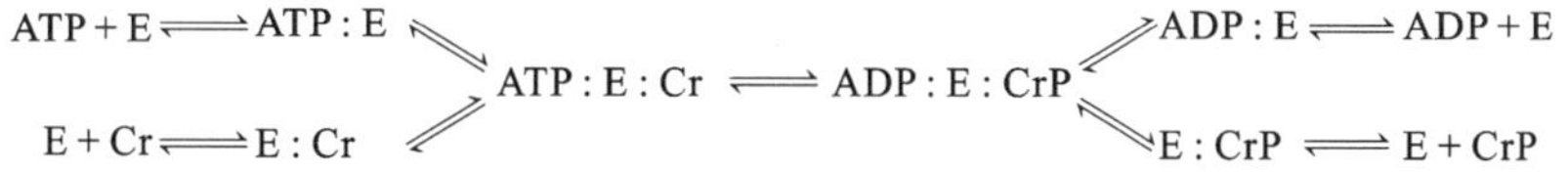

$$ATP+E \rightleftharpoons ATP:E \qquad ADP:E \rightleftharpoons ADP+E$$
$$ATP:E:Cr \rightleftharpoons ADP:E:CrP$$
$$E+Cr \rightleftharpoons E:Cr \qquad E:CrP \rightleftharpoons E+CrP$$

反应的总方向将决定于 ATP、ADP、Cr 和 CrP 的浓度和反应的平衡常数。可以认为,该酶有 2 个同底物(或产物)的结合位点:一个是腺苷酸位点,与 ATP 或 ADP 结合;另一个是肌酸位点,与 Cr 或 CrP 结合。在此反应机制中,ATP 和 ADP 在特异的位点上相互竞争,而 Cr 和 CrP 相互竞争 Cr 和 CrP 结合位点。注意:在该反应过程中,没有出现修饰的酶形式(E′),如像 E-P 中间物。该反应的特点是迅速和可逆地形成 ES 二元复合物,随后加上剩余底物,形成的三元复合物决定反应速率。

(2) **乒乓反应**(Ping Pong reactions)或**双置换反应**(double-displacement reactions)

这类反应的特点是,酶同 A 的反应产物(P)是在酶同第二个底物 B 反应前释放出来,作为这一过程的结果,酶 E 转变为一种修饰酶形式 E′,然后再同底物 B 反应生成第二个产物 Q,和再生为未修饰的酶形式 E:

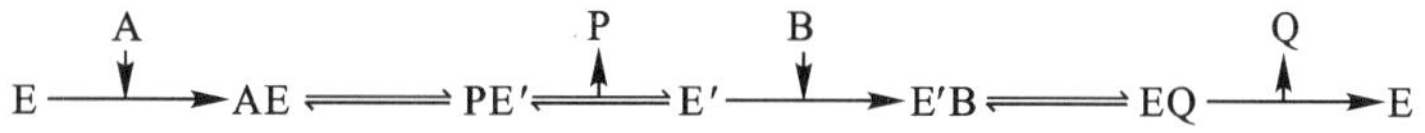

$$E \xrightarrow{A} AE \rightleftharpoons PE' \xrightarrow{P} E' \xrightarrow{B} E'B \rightleftharpoons EQ \xrightarrow{Q} E$$

从图解可知,A 和 Q 竞争自由酶 E 形式,而 B 和 P 竞争修饰酶形式 E′,A 和 Q 不同 E′结合,而 B 和 P 也不与 E 结合。该反应历程中间形成 4 种二元复合物,而无三元复合物形成。乒乓反应按其底物和产物作用方式可写作 Uni Uni Uni Uni Ping Pong(Uni 表示单底物或单产物),但对双底物、双产物系统写 Ping Pong Bi Bi,也不会引起误解,因为只有这一种方式。

氨基转移酶是遵循乒乓反应机制的酶,这类酶催化从氨基酸转移氨基到酮酸,产生一种新的氨基酸和酮酸:

$$氨基酸_1+酮酸_2 \longrightarrow 酮酸_1+氨基酸_2$$

一个典型的例子是谷草转氨酶(glutamic-oxaloacetic transaminase)的反应:

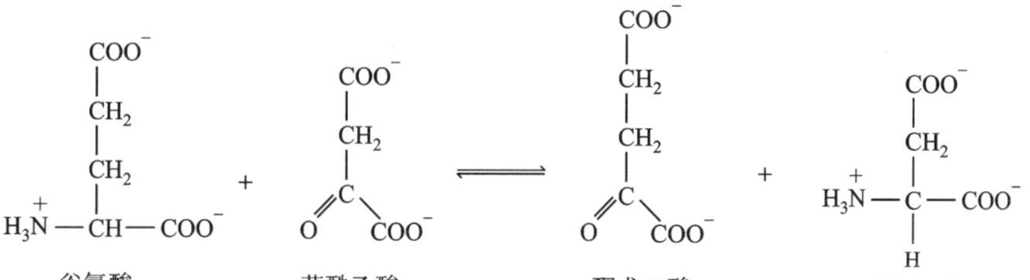

从上面反应可知,谷氨酸和天冬氨酸相互竞争 E,而草酰乙酸和 α-酮戊二酸彼此竞争 E′。在谷草转氨酶中,未修饰酶(E)结合的辅酶是磷酸吡哆醛,在酶促反应中作为氨基受体/供体。而修饰酶形式 E′的辅酶是磷酸吡哆胺(见第 13 章)。

3. 双底物反应的动力学方程

以 A、B 双底物反应为例,如将底物 B 固定在几个浓度,在每一个固定的 B 浓度时,测定不同 A 浓度对反应速率的影响。反之,再在每一个固定的 A 浓度时,测定不同 B 浓度对反应速率的影响。然后分别作双倒数动力学图,则可区分乒乓机制和序列机制。

（1）乒乓机制的动力学方程和动力学图　根据乒乓机制的反应历程及稳态学说,可推导出动力学方程为：

$$v_0 = \frac{V_{max}[A][B]}{K_m^A[B] + K_m^B[A] + [A][B]} \tag{7-37}$$

式中[A]、[B]分别为底物 A 和 B 的浓度,K_m^A、K_m^B 分别为底物 A 和 B 的米氏常数。在多底物反应中,一个底物的米氏常数往往可随另一底物的浓度变化而发生改变,故 K_m^A 是指在 B 的浓度达饱和浓度时 A 的米氏常数。而在 B 低于饱和浓度时所测得的随[B]而变的 A 的各个 K_m 称为表观米氏常数。并且在[B]不饱和时,$\frac{1}{[A]}$ 对 $\frac{1}{v_0}$ 作图求出的 V_{max} 同样也随[B]而变化。同理对 B 亦如此。式中 V_{max} 是指[A]、[B]都达饱和浓度时的最大反应速率。

取式(7-37)的双倒数,则

$$\frac{1}{v_0} = \frac{K_m^A}{V_{max}[A]} + \left(1 + \frac{K_m^B}{[B]}\right)\frac{1}{V_{max}} \tag{7-38}$$

当[B]固定或[A]固定时,式(7-38)均为直线方程式。如在几个不同而固定的[B]时,$\frac{1}{[A]}$ 对 $\frac{1}{v_0}$ 作图得图 7-15A,同样,在几个不同而固定的[A]时,$\frac{1}{[B]}$ 对 $\frac{1}{v_0}$ 作图,得图 7-15B。分别得到两组平行直线,这是乒乓机制的特点。

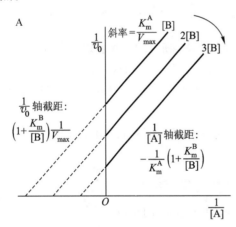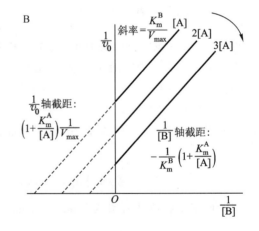

图 7-15　乒乓机制 Lineweaver-Burk 作图法

A. $\frac{1}{v_0}$ 对 $\frac{1}{[A]}$ 作图；B. $\frac{1}{v_0}$ 对 $\frac{1}{[B]}$ 作图

由图 7-15 还不能求得各动力学常数,必须进一步采用第二次作图法。

（2）序列机制的底物动力学方程和动力学图　序列机制的动力学方程为：

$$v_0 = \frac{V_{max} \cdot [A][B]}{[A][B] + [B]K_m^A + [A]K_m^B + K_s^A K_m^B} \tag{7-39}$$

取式(7-39)的双倒数方程为：

$$\frac{1}{v_0} = \frac{1}{V_{max}}\left(K_m^A + \frac{K_s^A K_m^B}{[B]}\right)\frac{1}{[A]} + \frac{1}{V_{max}}\left(1 + \frac{K_m^B}{[B]}\right) \tag{7-40}$$

式中[A]、[B]、K_m^A、K_m^B、V_{max} 的含义与乒乓机制相同,而 K_s^A 为底物 A 与酶结合的解离常数。由方程(7-

40)可知,当在不同固定的[B]将$\frac{1}{[A]}$对$\frac{1}{v_0}$作图,或在不同固定的[A],将$\frac{1}{[B]}$对$\frac{1}{v_0}$作图均可得一组直线(图7-16)。但和乒乓机制不同,这组直线相交于横坐标的负侧,这是序列机制的特点。直线的交点可以在横坐标上,也可以在横坐标以上或以下。如交于横坐标上,说明固定浓度的底物与酶的结合不影响变量底物的K_m,即 A 和 B 的浓度的大小彼此互不影响各自的K_m,此时表观$K_m = K_m$。如直线的交点在横坐标以下,说明 A 的表观K_m随 B 浓度的增高而增高,反之,直线的交点在横坐标以上,说明 A 的表观K_m随 B 浓度的增加而减小。若求得各动力学常数,还需要第二次作图法。

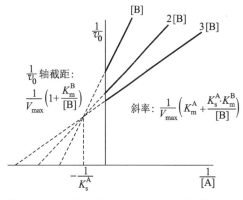

图 7-16　序列机制 Lineweaver-Burk 作图法

上述作图方法,可适用于序列机制中有序机制及快速平衡的随机机制,但不能区分两者,需要进一步用产物抑制动力学的方法及同位素交换法才能把它们区别开来。

三、酶的抑制作用

酶是蛋白质,凡可使酶蛋白变性而引起酶活力丧失的作用称为**失活作用**(inactivation)。由于酶的必需基团化学性质的改变,但酶未变性,而引起酶活力的降低或丧失而称为**抑制作用**(inhibition)。引起抑制作用的物质称为**抑制剂**(inhibitor)。变性剂对酶的变性作用无选择性,而一种抑制剂只能使一种酶或一类酶产生抑制作用,因此抑制剂对酶的抑制作用是有选择性的。所以,抑制作用与变性作用是不同的。

研究酶的抑制作用是研究酶的结构与功能、酶的催化机制以及阐明代谢途径的基本手段,也可以为医药设计新药物和为农业生产新农药提供理论依据,因此抑制作用的研究不仅有重要的理论意义,而且在实践上有重要价值。

(一) 抑制程度的表示方法

酶受抑制后活力降低的程度是研究酶抑制作用的一个重要指标,一般用反应速率的变化来表示。若以不加抑制剂时的反应速率为v_0,加入抑制剂后的反应速率为v_i,则酶活力的抑制程度可用下述方法表示:

(1) **相对活力分数**(残余活力分数)

$$a = \frac{v_i}{v_0}$$

(2) **相对活力百分数**(残余活力百分数)

$$a\% = \frac{v_i}{v_0} \times 100\%$$

(3) **抑制分数**:指被抑制而失去活力的分数

$$i = 1 - a = 1 - \frac{v_i}{v_0}$$

(4) **抑制百分数**

$$i\% = (1-a) \times 100\%$$
$$= \left(1 - \frac{v_i}{v_0}\right) \times 100\%$$

通常所谓抑制率是指抑制分数或抑制百分数。

(二) 抑制作用的类型

根据抑制剂与酶的作用方式及抑制作用是否可逆,可把抑制作用分为两大类。

1. 不可逆的抑制作用

抑制剂与酶的必需基团以共价键结合而引起酶活力丧失,不能用透析、超滤等物理方法除去抑制剂而使酶复活,称为**不可逆抑制**(irreversible inhibition)。由于被抑制的酶分子受到不同程度的化学修饰,故不可逆抑制也就是酶的修饰抑制。

2. 可逆的抑制作用

抑制剂与酶以非共价键结合而引起酶活力降低或丧失,能用物理方法除去抑制剂而使酶复活,这种抑制作用是可逆的,称为**可逆抑制**(reversible inhibition)。

根据可逆抑制剂与底物的关系,可逆抑制作用分为4种类型:

(1) **竞争性抑制**(competitive inhibition) 是最常见的一种可逆抑制作用。抑制剂(I)和底物(S)竞争酶的结合部位,从而影响了底物与酶的正常结合(图7-17 B)。因为酶的活性部位不能同时既与底物结合又与抑制剂结合,因而在底物和抑制剂之间产生竞争,形成一定的平衡关系。大多数竞争性抑制剂的结构与底物结构类似,因此能与酶的活性部位结合,与酶形成可逆的 EI 复合物,但 EI 不能分解成产物 P,酶反应速率下降。其抑制程度取决于底物及抑制剂的相对浓度,这种抑制作用可以通过增加底物浓度而解除。这类抑制最典型的例子是丙二酸和戊二酸与琥珀酸脱氢酶结合,但不能催化脱氢。

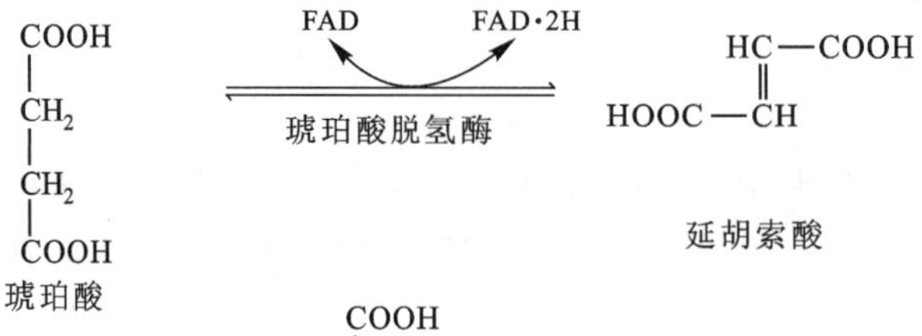

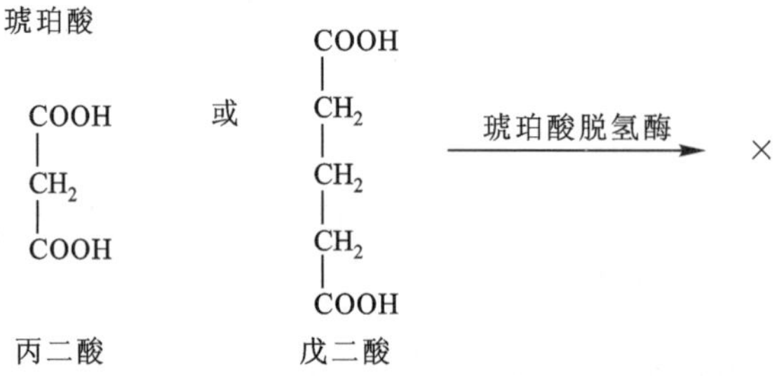

再如,抑制素(statins)作为竞争性抑制剂的药物,通过竞争性抑制胆固醇生物合成的关键酶而降低高胆固醇的水平。

(2) **非竞争性抑制**(noncompetitive inhibition) 这类抑制作用的特点是底物和抑制剂同时和酶结合,两者没有竞争作用。酶与抑制剂结合后,还可以与底物结合:EI+S→ESI;酶与底物结合后,还可以与抑制剂结合:ES+I→ESI。但是中间的三元复合物不能进一步分解为产物,因此酶活力降低。这类抑制剂与酶活性部位以外的基团相结合(图7-17C),其结构与底物无共同之处,这种抑制作用不能用增加底物浓度来解除抑制,故称非竞争性抑制。例如亮氨酸是精氨酸酶的一种非竞争性抑制剂。某些重金属离子 Ag^+、Cu^{2+}、Hg^{2+}、Pb^{2+} 等对酶的抑制作用均属这类抑制剂。

(3) **反竞争性抑制**(uncompetitive inhibition) 酶只有与底物结合后,才能与抑制剂结合(图7-17D),即 ES+I→ESI,ESI $\xrightarrow{\times}$ P。反竞争性抑制作用常见于多底物反应中,而在单底物反应中比较少见。有人证明,L-Phe,L-同型精氨酸等多种氨基酸对碱性磷酸酶的作用是反竞争性抑制,肼类化合物抑制胃蛋白酶,氰化物抑制芳香硫酸酯酶的作用也属于反竞争性抑制。再如,锄草剂草甘膦(roundup,glyphosate)是芳香氨基酸生物合成途径中一种酶的反竞争性抑制剂。

(4) **混合型抑制**(mixed inhibition) 在非竞争性抑制作用中,是假设底物和抑制剂同酶的结合互不

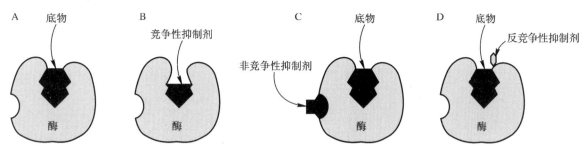

图 7-17　可逆抑制剂之间的区别

A. 酶-底物复合物；B. 竞争性抑制剂结合在活性部位阻止了与底物的结合；C. 非竞争性抑制剂不妨碍酶与底物的结合；D. 反竞争性抑制剂仅与酶-底物复合物结合

影响,但实际上有很多抑制剂与酶结合后会部分影响酶与底物的结合,其结果介于竞争性抑制和非竞争性抑制之间,称为混合型抑制。例如单底物条件下,邻甲苯甲醛和间甲苯甲醛均为酪氨酸酶的混合型抑制剂。混合型抑制多见于双底物和多底物酶促反应。

（三）可逆抑制作用和不可逆抑制作用的鉴别

除了用透析、超滤或凝胶过滤等方法能除去抑制剂来区别可逆抑制作用和不可逆抑制作用外,还可采用动力学的方法来鉴别。

在测定酶活力系统中加入一定量的抑制剂,然后测定不同酶浓度的反应初速率,以初速率对酶浓度作图。在测活系统中不加抑制剂时,初速率对酶浓度作图得到一条通过原点的直线（图 7-18 曲线 1）;当测活系统中加入一定量的不可逆抑制剂时,抑制剂使一定量的酶失活,只有加入的酶量大于不可逆抑制剂的量时,才表现出酶活力,不可逆抑制剂的作用相当于把曲线向右平移（图 7-18 曲线 2）;在测活系统中加入一定量的可逆抑制剂后,由于抑制剂的量是恒定的,因此得到一条通过原点,但斜率较低于曲线 1 的直线（图 7-18 曲线 3）。如果在不同抑制剂浓度下,每一个抑制剂浓度都作一条初速率和酶浓度关系曲线,不可逆抑制剂可以得到一组不通过原点的并行线（图 7-19B）,而可逆抑制剂得到一组通过原点但斜率不同的直线（图 7-19A）。这样可逆抑制作用和不可逆抑制作用从图 7-19 更清楚地区分开来。

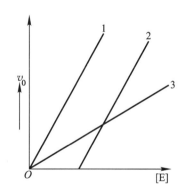

图 7-18　可逆抑制剂与不可逆抑制剂的区别（一）

曲线 1,无抑制剂;曲线 2,不可逆抑制剂;曲线 3,可逆抑制剂

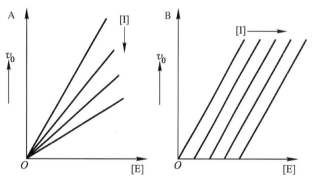

图 7-19　可逆抑制剂与不可逆抑制剂的区别（二）

A. 可逆抑制剂的作用;B. 不可逆抑制剂的作用

（四）可逆抑制作用动力学

可逆抑制剂与酶结合后产生的抑制作用,可以根据米氏学说原理加以推导,定量说明抑制剂对酶促反应速率的影响,下面讨论 4 种可逆抑制类型的动力学。

1. 竞争性抑制

在竞争性抑制中,底物或抑制剂与酶的结合都是可逆的,存在着下面平衡式:

$$\begin{array}{c} E \\ + \\ I \\ k_{i1} \Big\Updownarrow k_{i2} \\ EI \end{array} \quad + S \underset{k_{-1}}{\overset{k_1}{\rightleftharpoons}} ES \overset{k_2}{\longrightarrow} E + P$$

K_i 为抑制剂常数(inhibitor constant),$K_i = \dfrac{k_{i2}}{k_{i1}}$,为 EI 的解离常数。ES 的解离常数为 K_m。

酶不能同时与 S、I 结合,所以,有 ES 和 EI,而没有 ESI

$$[E] = [E_f] + [ES] + [EI] \tag{7-41}$$

$[E_f]$ 为游离酶的浓度,$[E]$ 为酶的总浓度。

根据式(7-26),(7-28)

$$V_{max} = k_2 [E]$$

$$v_0 = k_2 [ES]$$

所以

$$\frac{V_{max}}{v_0} = \frac{[E]}{[ES]} \tag{7-42}$$

将式(7-41)代入式(7-42):

$$\frac{V_{max}}{v_0} = \frac{[E_f] + [ES] + [EI]}{[ES]} \tag{7-43}$$

为了消去[ES]项,根据 K_m 和 K_i 的平衡式求出[E_f]项及[EI]项:

因为 $K_m = \dfrac{[E_f][S]}{[ES]}$ \qquad 所以 $[E_f] = \dfrac{K_m}{[S]}[ES]$

因为 $K_i = \dfrac{[E_f][I]}{[EI]}$ \qquad 所以 $[EI] = \dfrac{[E_f][I]}{K_i}$

将[E_f]代入[EI]式中,则 $[EI] = \dfrac{K_m}{[S]} \cdot [ES] \cdot \dfrac{[I]}{K_i} = \dfrac{K_m[I]}{K_i[S]}[ES]$。

再将[E_f]及[EI]代入式(7-43)得:$\dfrac{V_{max}}{v_0} = \dfrac{\dfrac{K_m}{[S]}[ES] + [ES] + \dfrac{K_m[I]}{K_i[S]}[ES]}{[ES]}$

整理后得:

$$v_0 = \frac{V_{max}[S]}{K_m\left(1 + \dfrac{[I]}{K_i}\right) + [S]} \tag{7-44}$$

将式(7-44)与标准米氏方程式(7-29)比较,这里相当于 K_m 的是 $K_m\left(1 + \dfrac{[I]}{K_i}\right)$ 项,它是在抑制剂存在下实验观察得到的米氏常数,即达到 $V_{max}/2$ 时的[S]值,被称为表观米氏常数(K_m')。

双倒数式:

$$\frac{1}{v_0} = \frac{K_m}{V_{max}}\left(1 + \frac{[I]}{K_i}\right) \cdot \frac{1}{[S]} + \frac{1}{V_{max}} \tag{7-45}$$

将式(7-44)以 v_0 对[S]作图得图 7-20A,用式(7-45)以双倒数作图得图 7-20B。

从图 7-20A 可以看出,加入竞争性抑制剂后,V_{max} 不变,这是因为在任一固定的[I]下,只要[S]达到饱和,则所有的酶将以 ES 形式存在。K_m 变大,$K'_m > K_m$,而且 K'_m 随[I]的增加而增大。双倒数作图直线相交于纵轴,这是竞争性抑制作用的特点。抑制分数与[I]成正比,而与[S]成反比。

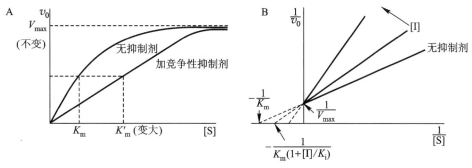

图 7-20　竞争性抑制曲线

2. 非竞争性抑制

在非竞争时抑制中存在如下的平衡:

$$\begin{array}{ccccc}
\text{E+S} & \underset{}{\overset{K_m}{\rightleftharpoons}} & \text{ES} & \longrightarrow & \text{E+P} \\
+ & & + & & \\
\text{I} & & \text{I} & & \\
\Big\Vert K_i & & \Big\Vert K_i & & \\
\text{EI+S} & \underset{}{\overset{K_m}{\rightleftharpoons}} & \text{EIS} & &
\end{array}$$

酶与底物结合后,可再与抑制剂结合,酶与抑制剂结合后,也可再与底物结合。

$$\text{ES+I} \Longrightarrow \text{EIS} \quad K_i = \frac{[\text{ES}] \cdot [\text{I}]}{[\text{EIS}]}$$

$$\text{或 EI+S} \Longrightarrow \text{EIS} \quad K_m = \frac{[\text{EI}] \cdot [\text{S}]}{[\text{EIS}]}$$

所以,与酶结合的中间产物有 ES、EI 及 EIS。

$$[\text{E}] = [\text{E}_f] + [\text{ES}] + [\text{EI}] + [\text{EIS}]$$

按平衡态处理,在非竞争性抑制中:

$$[\text{ES}] = \frac{[\text{E}_f][\text{S}]}{K_m},\ [\text{EI}] = \frac{[\text{E}_f][\text{I}]}{K_i},\ [\text{EIS}] = \frac{[\text{ES}][\text{I}]}{K_i} = \frac{[\text{EI}][\text{S}]}{K_m}$$

代入式(7-42),$\dfrac{V_{max}}{v_0} = \dfrac{[\text{E}]}{[\text{ES}]}$,再经过推导后,得到:

$$v_0 = \frac{V_{max}[\text{S}]}{(K_m + [\text{S}])\left(1 + \dfrac{[\text{I}]}{K_i}\right)} \tag{7-46}$$

将式(7-46)与标准米氏方程来比较,K_m 未变,而 $V'_{max} < V_{max}$,V'_{max} 为 $V_{max}/1 + \dfrac{[\text{I}]}{K_i}$。

双倒数方程为:
$$\frac{1}{v_0} = \frac{K_m}{V_{max}}\left(1 + \frac{[\text{I}]}{K_i}\right)\frac{1}{[\text{S}]} + \frac{1}{V_{max}}\left(1 + \frac{[\text{I}]}{K_i}\right) \tag{7-47}$$

由式(7-46)和式(7-47)作图得图 7-21A 和 B。由图 7-21A 可以看出,加入非竞争性抑制剂后,K_m 值不变,表示不受抑制剂影响。而 V_{max} 变小,即使[S]足够使酶饱和,但总有一定比例的 ES 将以无活性的 EIS 存在。$K'_m = K_m$,V'_{max} 随[I]的增加而减小。双倒数作图直线相交于横轴(图 7-21B),这是非竞争性抑

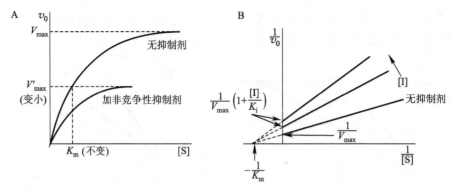

图 7-21   非竞争性抑制曲线

制作用的特点。抑制分数与[I]成正比,而与[S]无关,即[I]不变时,任何[S]的抑制分数是一个常数。

3. 反竞争性抑制

这类抑制作用的特点是酶先与底物结合,然后才与抑制剂结合,存在以下平衡:

$$E+S \underset{}{\overset{k_m}{\rightleftharpoons}} ES \longrightarrow E+P$$

这类抑制与酶结合的中间产物有 ES、ESI、而无 EI。

$$[E] = [E_f]+[ES]+[ESI]$$

按稳态处理可以推导出:$[ES]=\dfrac{[E][S]}{K_m}$,$[ESI]=\dfrac{[E][S]}{K_m} \cdot \dfrac{[I]}{K_i}$

代入式(7-42),$\dfrac{V_{max}}{v_0}=\dfrac{[E]}{[ES]}$,再经推导后得以下方程:

$$v_0 = \frac{V_{max}[S]}{K_m+[S]\left(1+\dfrac{[I]}{K_i}\right)} \tag{7-48}$$

双倒数式:

$$\frac{1}{v_0}=\frac{K_m}{V_{max}} \cdot \frac{1}{[S]}+\frac{1}{V_{max}}\left(1+\frac{[I]}{K_i}\right) \tag{7-49}$$

由式(7-48)及式(7-49)作图得图 7-22A 和 B。由图 7-22A 可以看出,加入反竞争性抑制剂后,K_m 及 V_{max} 都变小,而且都降低同样倍数(式 7-48)。$K'_m<K_m$,$V'_{max}<V_{max}$,即表观 K_m 及表观 V_{max} 都随[I]的增加而减小。因为斜率 K_m/V_{max} 保持不变,因此双倒数作图为一组平行线,这是反竞争性抑制作用的特点。抑

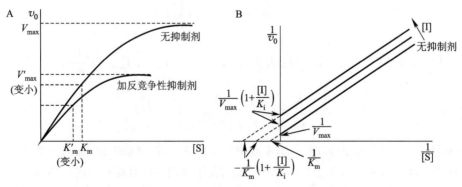

图 7-22   反竞争性抑制曲线

制分数既与[I]成正比也与[S]成正比。

4. 混合型抑制

混合型抑制包括两种类型:非竞争性和反竞争性混合抑制,非竞争性和竞争性混合抑制。根据平衡态假设,同样推导出混合型抑制动力学方程式,得知 K_m 和 V_{max} 的变化。混合型抑制的动力学方程:

$$v_0 = \frac{V_{max}[S]}{\left(1+\dfrac{[I]}{K_i}\right)K_m + \left(1+\dfrac{[I]}{K'_i}\right)[S]} \tag{7-50}$$

其双倒数式:

$$\frac{1}{v_0} = \frac{K_m}{V_{max}}\left(1+\frac{[I]}{K_i}\right)\frac{1}{[S]} + \frac{1}{V_{max}}\left(1+\frac{[I]}{K'_i}\right) \tag{7-51}$$

双倒数作图时,一组直线相交于纵轴左侧,如果 $K'_i > K_i$ 则相交于横轴上方第二象限内(图7-23A),这种情形介于非竞争性与竞争性图谱之间,故称为非竞争-竞争性抑制。若 $K'_i < K_i$ 则相交于横轴下方第三象限内(图7-23B),介于非竞争性和反竞争性图谱之间,故此又称为非竞争-反竞争性抑制。

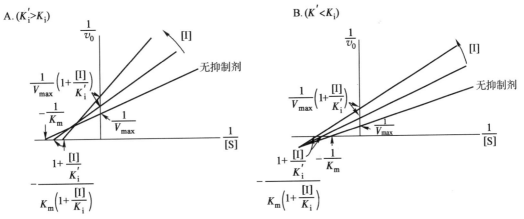

图 7-23 混合型抑制曲线
A. 非竞争-竞争性抑制曲线;B. 非竞争-反竞争性抑制曲线

现将无抑制剂和有抑制剂时的米氏方程和 V_{max} 和 K_m 的变化,归纳于表7-7中。

表 7-7 不同类型可逆抑制剂对米氏方程和常数的影响

抑制类型	方程式	表观 V_{max}	表观 K_m
无抑制剂	$v_0 = \dfrac{V_{max}[S]}{K_m + [S]}$	V_{max}	K_m
竞争性抑制	$v_0 = \dfrac{V_{max}[S]}{K_m\left(1+\dfrac{[I]}{K_i}\right) + [S]}$	V_{max}	$K_m\left(1+\dfrac{[I]}{K_i}\right)$
非竞争性抑制	$v_0 = \dfrac{V_{max}[S]}{(K_m + [S])\left(1+\dfrac{[I]}{K_i}\right)}$	$\dfrac{V_{max}}{1+\dfrac{[I]}{K_i}}$	K_m
反竞争性抑制	$v_0 = \dfrac{V_{max}[S]}{K_m + \left(1+\dfrac{[I]}{K_i}\right)[S]}$	$\dfrac{V_{max}}{1+\dfrac{[I]}{K_i}}$	$\dfrac{K_m}{1+\dfrac{[I]}{K_i}}$
混合型抑制	$v_0 = \dfrac{V_{max}[S]}{\left(1+\dfrac{[I]}{K_i}\right)K_m + \left(1+\dfrac{[I]}{K'_i}\right)[S]}$	$\dfrac{V_{max}}{1+\dfrac{[I]}{K'_i}}$	$\dfrac{K_m\left(1+\dfrac{[I]}{K_i}\right)}{1+\dfrac{[I]}{K'_i}}$

用 Dixon 作图法,求 K_i,只要以[I]为横坐标,以 $\frac{1}{v_0}$ 为纵坐标,采用一个以上的[S],给出不同[S]时的直线,由这些直线的交点即可求得 K_i,见图 7-24。

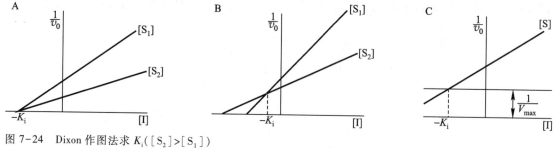

图 7-24　Dixon 作图法求 K_i([S_2]>[S_1])

A. 非竞争性抑制;B. 竞争性抑制;C. 竞争性抑制

（五）一些酶的可逆与不可逆抑制剂

1. 不可逆抑制剂

按照不可逆抑制作用的选择性不同,可将不可逆抑制剂分为两类,非专一性不可逆抑制剂及专一性不可逆抑制剂,前者作用于酶的一类或几类基团,这些基团中包含了必需基团,作用后引起酶的失活;后者专一地作用于某一种酶活性部位的必需基团而导致酶的失活,它是研究酶活性部位的重要试剂。

（1）非专一性不可逆抑制剂　主要有以下几类:

① 有机磷化合物　常见的有二异丙基氟磷酸(DFP)、农药敌敌畏、敌百虫、对硫磷和萨林等,它们的通式和结构式如下:

$$R_1\!-\!O \quad O \qquad\qquad R_1\!-\!O \quad O$$
$$\diagdown\!P\!\diagup \qquad\text{或}\qquad \diagdown\!P\!\diagup$$
$$R_2\!-\!O \quad X \qquad\qquad R_2 \quad X$$

DFP

敌敌畏 (dichlorovos)

敌百虫 (trichlorfon)

对硫磷 (parathion)

萨林 (sarin)

这些有机磷化合物能抑制某些蛋白酶及酯酶活力,与酶分子活性部位的丝氨酸羟基共价结合,从而使酶失活。这类化合物强烈地抑制与神经传导有关的胆碱酯酶活力,使乙酰胆碱不能分解为乙酸和胆碱,引起乙酰胆碱的积累,使一些以乙酰胆碱为传导介质的神经系统处于过度兴奋状态,引起神经中毒症状,因此这类有机磷化合物又称为神经毒剂。有机磷制剂与酶结合后虽不解离,但用解磷定(pyridine aldoxime methyl iodine,吡啶醛肟甲碘化物)或氯磷定(吡啶醛肟甲氯化物)能把酶上的磷酸根除去,使酶复活。在临床上它们作为有机磷中毒后的解毒药物。其作用过程如下:

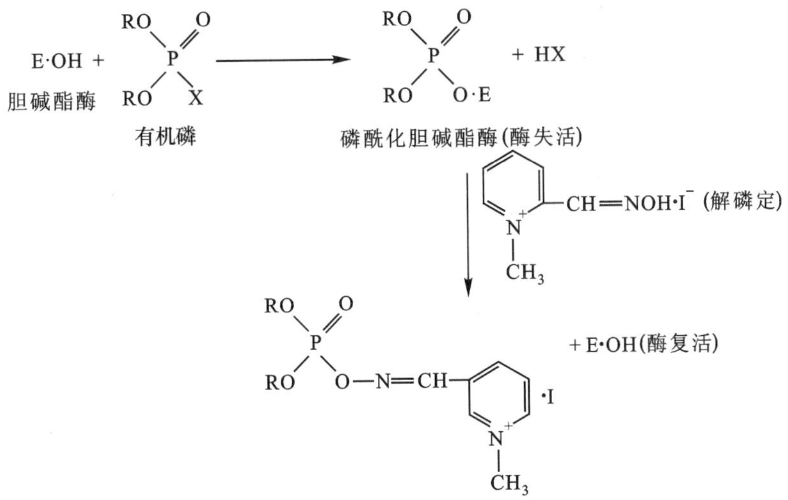

磷酰化胆碱酯酶(酶失活)

无毒性的磷酰化解磷定

② 有机汞、有机砷化合物　这类化合物与酶分子中半胱氨酸残基的巯基作用,抑制含巯基的酶,如对氯汞苯甲酸(PCMB),其作用如下:

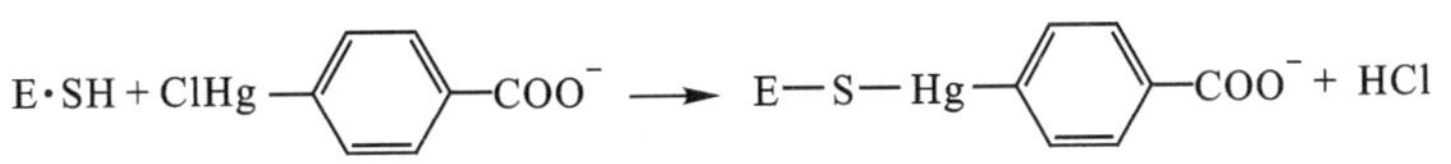

$$E \cdot SH + ClHg - \text{(benzene ring)} - COO^- \longrightarrow E - S - Hg - \text{(benzene ring)} - COO^- + HCl$$

这类抑制可通过加入过量的巯基化合物如半胱氨酸或还原型谷胱甘肽(GSH)而解除。

有机砷化合物如路易斯毒气(Lewisite,$CHCl \! = \! CHAsCl_2$)与酶的巯基结合而使人畜中毒。砷化物的毒理作用可能是由于破坏了硫辛酸辅酶,从而抑制了丙酮酸氧化酶系统。

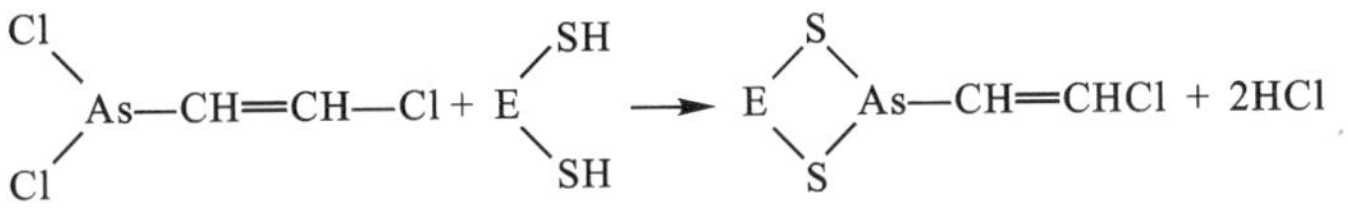

$$\begin{matrix} Cl \\ As-CH=CH-Cl \\ Cl \end{matrix} + E \begin{matrix} SH \\ SH \end{matrix} \longrightarrow E \begin{matrix} S \\ S \end{matrix} As-CH=CHCl + 2HCl$$

英国发明了一种能与 Lewisite 有更大亲和力的解毒剂,称 BAL(British Anti-Lewisite)。可重新使酶恢复活性。

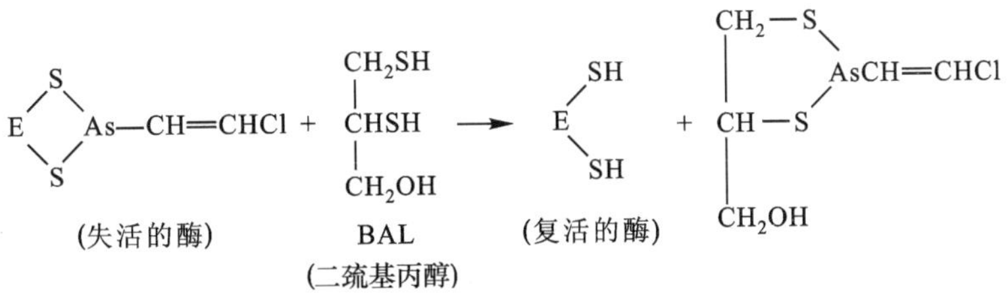

$$E \begin{matrix} S \\ S \end{matrix} As-CH=CHCl + \begin{matrix} CH_2SH \\ | \\ CHSH \\ | \\ CH_2OH \end{matrix} \longrightarrow E \begin{matrix} SH \\ SH \end{matrix} + \begin{matrix} CH_2-S \\ | \quad \quad AsCH=CHCl \\ CH-S \\ | \\ CH_2OH \end{matrix}$$

(失活的酶)　　　BAL　　　(复活的酶)
　　　　　　　(二巯基丙醇)

③ 重金属盐　含 Ag^+、Cu^{2+}、Hg^{2+}、Pb^{2+}、Fe^{3+} 的重金属盐在高浓度时,能使酶蛋白变性失活。在低浓度时对某些酶的活性产生抑制作用,一般可以使用金属螯合剂如 EDTA、半胱氨酸等螯合除去有害的重金属离子,恢复酶的活力。

④ 烷化试剂　这一类试剂往往含一个活泼的卤素原子,如碘乙酸、碘乙酰胺和 2,4-二硝基氟苯等,被作用的酶分子侧链基团有巯基、氨基、羧基、咪唑基和硫醚基等。例如与巯基酶的作用:

$$E \cdot SH + ICH_2CONH_2 \rightarrow E - S - CH_2 - CONH_2 + HI$$

⑤ 氰化物、硫化物和 CO　这类物质能与酶中金属离子形成较为稳定的络合物,使酶的活性受到抑制。如氰化物作为剧毒物质与含铁卟啉的酶(如细胞色素氧化酶)中的 Fe^{2+} 络合,使酶失活而阻止细胞呼吸。

(2) **专一性不可逆抑制剂**　专一性的不可逆制剂可分为 K_s 型和 k_{cat} 型两大类。

① **K_S型不可逆抑制剂**　这类抑制剂是根据底物的化学结构设计的，具有底物类似的结构，可以和相应的酶结合，同时还带有一个活泼的化学基团，能与酶分子中的必需基团反应进行化学修饰，从而抑制酶活性。因抑制是通过对酶的亲和力来对酶进行修饰标记的，故称为**亲和标记试剂**（affinity labeling reagent）。这种抑制剂虽然主要“攻击”酶活性部位的必需基团，但由于它的活泼基团也可以修饰酶分子其他部位的同一基团，因此其专一性有一定的限度。这取决于抑制剂与活性部位必需基团在反应前形成非共价络合物的解离常数以及非活性部位同类基团形成非共价络合物的解离常数之比，即K_S的比值，故这类抑制剂称为**K_S型不可逆抑制剂**。例如：胰蛋白酶要求催化的底物具有一个带正电荷的侧链，如Lys、Arg侧链。对甲苯磺酰-L-赖氨酰氯甲酮（TLCK）和胰蛋白酶的底物对甲苯磺酰-L-赖氨酰甲酯（TLME）有相似的结构（图7-25），因此前者可以与胰蛋白酶活性部位必需基团His_{57}共价结合，引起不可逆地失活。失活作用是以化学计算量进行，伴随着活性100%丧失。所以TLCK是胰蛋白酶的K_S型不可逆抑制剂。

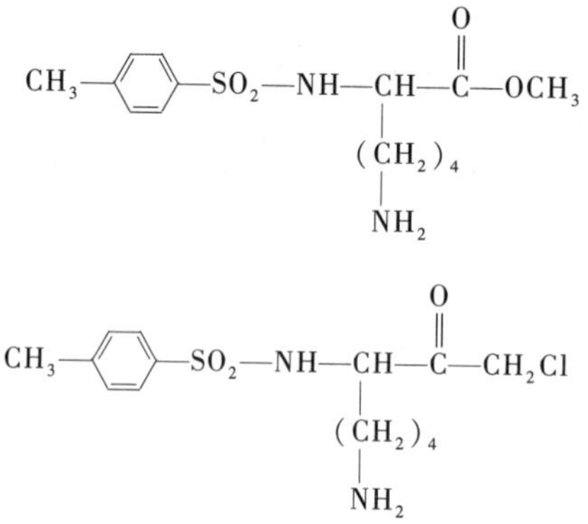

对甲苯磺酰-L-赖氨酸甲酯（TLME）

对甲苯磺酰-L-赖氨酰氯甲酮（TLCK）

图7-25　胰蛋白酶底物与其K_S型不可逆抑制剂的化学结构比较

再如，3-溴丙酮醇磷酸（3-bromoacetal phosphate）是**磷酸丙糖异构酶**（triose phosphate isomerase）的亲和标记试剂。它是正常底物磷酸二羟丙酮的类似物，能与酶的活性部位结合，共价修饰酶活性必需的Glu残基（图7-26）而使酶失活。

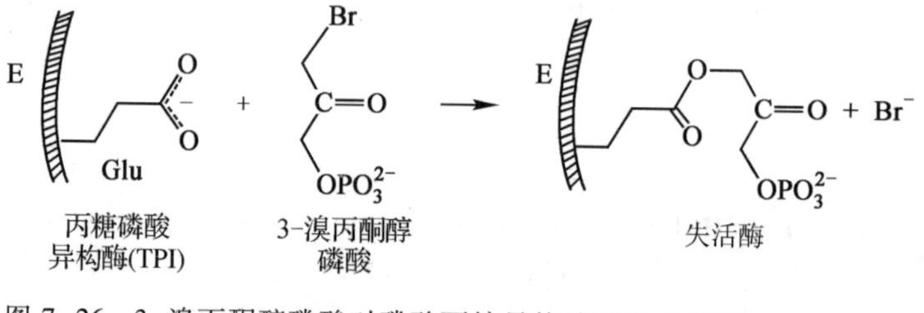

图7-26　3-溴丙酮醇磷酸对磷酸丙糖异构酶的亲和标记

② **k_{cat}型不可逆抑制剂**　是根据酶催化过程设计的，设计此类抑制剂，要求对酶的作用机制预先有一定的了解。k_{cat}抑制剂不但具有天然底物的类似结构，且本身也是酶的底物，能与酶结合发生类似于底物的变化。但抑制剂还有一个潜伏的反应基团（latent group），当酶对它进行催化反应时，这个潜伏反应基团被暴露或活化，并作用于酶活性部位的必需基团或酶的辅基，使酶不可逆失活。这类抑制剂是专一性极高的不可逆抑制剂。因此**k_{cat}型抑制剂**称为**自杀性底物**（suicide substrate）。

若以E及S_i分别代表酶和自杀性底物，I为S_i被酶催化生成的抑制物，则反应可表示如下：

$$E+S_i \xrightleftharpoons{K_S} ES_i \xrightarrow{k_{cat}} E \cdot I \xrightarrow{k_i} E\text{-}I$$

式中K_S为ES_i的解离常数，k_{cat}为ES_i转变为E·I的催化常数，而k_i是E与I共价结合的速率常数。抑制作用的效率及专一性不但与K_S有关，更重要的是决定于k_{cat}，因为S_i与E结合还不能成为抑制剂，只有生成产物I后才产生抑制作用。k_{cat}愈大，生成产物的速度愈快，抑制作用愈强，故这种取决于k_{cat}的抑制剂称为

k_{cat}型抑制剂。

　　自杀性底物所具有的 k_{cat} 型抑制作用有下列特点:① 自杀底物 S_i 的浓度愈大,抑制作用也愈大,其抑制动力学呈一级反应;② 在自杀性底物过量时加入酶愈多,产生的抑制愈大;③ S_i 本身无抑制作用,而生成的 I 是一种亲和标记抑制物;④ 酶活性中心的必需基团与 I 的化学计量关系是 $1:1$;⑤ 真正的底物 S 能竞争性的阻断 S_i 的抑制作用。以上④、⑤两点也运用于 K_s 型抑制剂。

　　例如:**单胺氧化酶**(monoamine oxidase)对神经递质的合成有重要作用,它以 FAD 为辅基。N,N-二甲丙炔胺是单胺氧化酶的一种 k_{cat} 型抑制剂,被单胺氧化酶黄素辅基氧化后,经烷基化共价修饰黄素辅基,则酶失活(图 7-27)。单胺氧化酶脱氨作用,可引起神经递质如多巴胺和 5-羟色胺在脑中水平的降低,帕金森病(Parkinson disease)与低水平的多巴胺有关,而抑郁症(depression)与低水平 5-羟色胺相联系。治疗这两种病的药物(-)deprenyl 就是单胺氧化酶的自杀性底物。

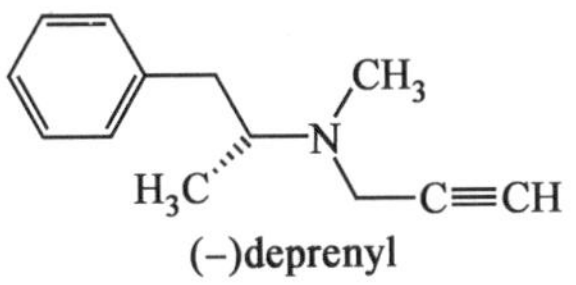

(-)deprenyl

(单胺氧化酶自杀性底物)

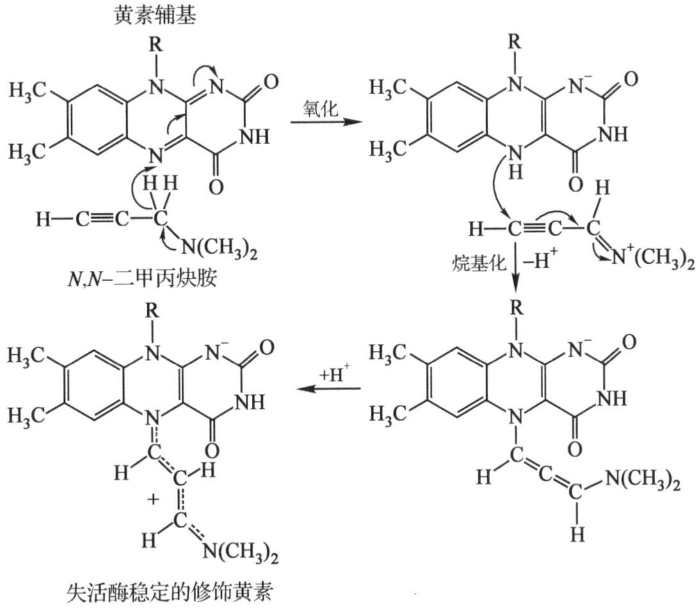

图 7-27　单胺氧化酶被自杀性底物抑制的机制

　　再如 β-卤代-D-Ala 是细菌中**丙氨酸消旋酶**(alanine racemase,AR)的不可逆抑制剂,属于磷酸吡哆醛酶类的自杀性底物,作用机制如图 7-28 所示。因丙氨酸消旋酶能使 L-Ala 转变成为 D-Ala,而 D-Ala 是细菌合成胞壁肽聚糖的重要原料,丙氨酸消旋酶受抑制后可阻断肽聚糖的合成,则抑制细菌生长,故 β-卤代-D-Ala 是一种抗菌药物。

　　青霉素(penicillin)是糖肽转肽酶(glycopeptide transpeptidase)的 k_{cat} 型不可逆抑制剂。**糖肽转肽酶**是在细菌细胞壁合成期间催化肽聚糖链的交联。青霉素通过干扰肽聚糖链之间的肽交联桥的形成,使细菌失去抗渗透能力,因此细菌停止生长或死亡。现已证明青霉素内酰胺环上的高反应性肽键受到酶活性部位上 Ser 残基的—OH 基的亲核攻击形成共价键。产生的青霉噻唑酰基-酶复合体是无活性的(图 7-29)。青霉素是转肽酶的底物之一,是酰基-D-Ala-D-Ala 的结构类似物。青霉素对人体的低毒性正是因为它具有高度专一性的缘故。它选择性地作用于细菌并引起溶菌作用。几乎不损害人和动物的细胞,所以青霉素是一种比较理想的抗生素(antibiotics)。

　　2. 可逆抑制剂

　　可逆抑制剂中最重要和最常见的是竞争性抑制剂。如像一些竞争性抑制剂与天然代谢物在结构上十

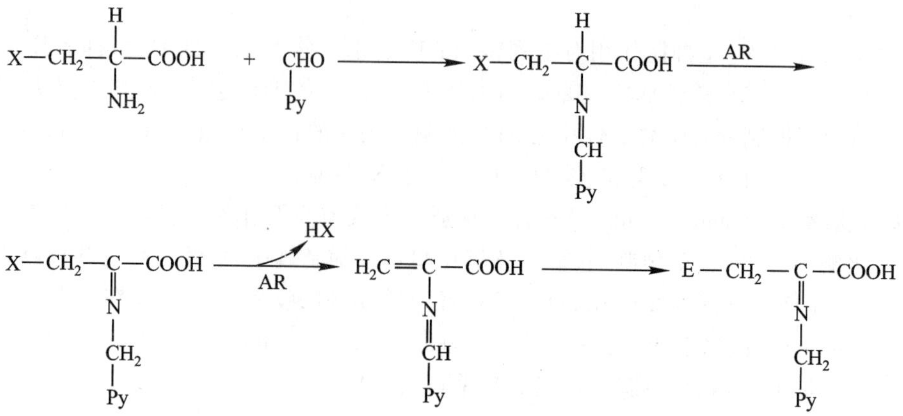

图 7-28 β-卤代-D-丙氨酸抑制丙氨酸消旋酶的机制

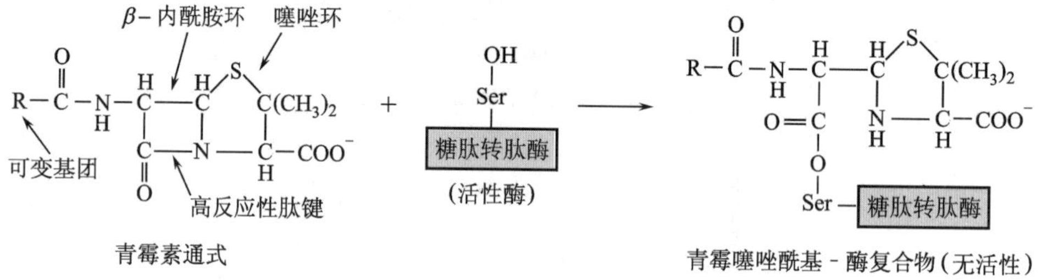

图 7-29 青霉素是糖肽转肽酶的不可逆抑制剂

分相似,能选择性地抑制病菌或癌细胞在代谢过程中的某些酶,而具有抗菌和抗癌作用。这类抑制剂可称为**抗代谢物**或**代谢类似物**。例如 5′-氟尿嘧啶是一种抗癌药物,它的结构与尿嘧啶十分相似,能抑制胸腺嘧啶合成酶的活性,阻碍胸腺嘧啶的合成代谢,使体内核酸不能正常合成,使癌细胞的增殖受阻,起到抗癌作用。磺胺药,以对氨基苯磺酰胺为例,它的结构与对氨基苯甲酸十分相似,是对氨基苯甲酸的竞争性抑制剂。对氨基苯甲酸是叶酸结构的一部分,叶酸和二氢叶酸则是核酸的嘌呤核苷酸合成中的重要辅酶——四氢叶酸的前身,如果缺少四氢叶酸,细菌生长繁殖便会受到影响。

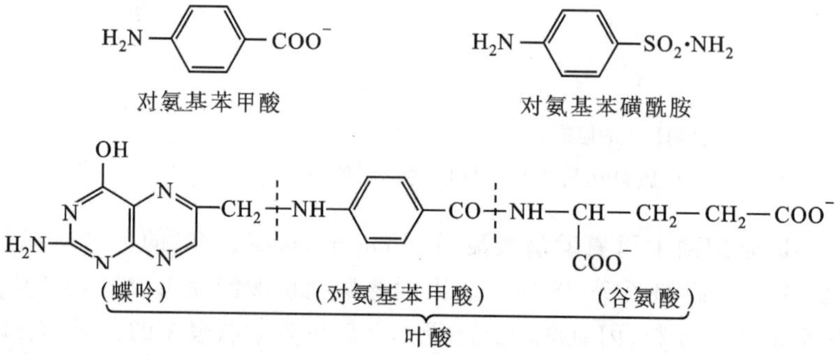

人体能直接利用食物中的叶酸,某些细菌则不能直接利用外源的叶酸,只能在二氢叶酸合成酶的作用下,利用对氨基苯甲酸为原料合成二氢叶酸。而磺胺药物可与对氨基苯甲酸相互竞争,抑制二氢叶酸合成酶的活性,影响二氢叶酸的合成,导致细菌的生长繁殖受抑制,从而达到治病的效果。再如,氨甲蝶呤(methotrexate)是二氢叶酸还原酶很强的竞争性抑制剂,氨甲蝶呤结构类似于二氢叶酸还原酶的底物二氢叶酸。它对酶的结合能力是天然底物的 1 000 倍,强力抑制该酶的活性,从而影响了对核苷酸碱基的合成,因此可用于治疗癌症。

利用竞争性抑制的原理用来设计药物,如抗癌药物阿拉伯糖胞苷、氨基叶酸等都是利用这一原理而设计出来的。

过渡态底物类似物可作为竞争性抑制剂,所谓过渡态(transition state)底物是指底物和酶结合成中间复合物后被活化的过渡形式,由于能障小,和酶结合就紧密得多,这是酶具有高度催化效力的原因之一。可以设想,如抑制剂的化学结构能类似过渡态底物,则其对酶的亲和力就会远大于底物,可达到 $10^2 \sim 10^6$ 倍,从而引起酶被强烈抑制。根据酶作用机制研究的进展,目前已报道了各种酶反应的几百种过渡态底物类似物,它们都属于竞争性抑制剂,其抑制效率比其基态底物类似物高得多。

例如嘌呤核苷水合物是小牛肠腺苷脱氨酶(adenosine deaminase)反应过渡态的类似物,是该酶强的抑制剂,$K_i = 3 \times 10^{-13}$ mol·L^{-1}(图 7-30A)。酵母醛缩酶(aldolase)反应的过渡态类似物比对底物的结合能力大 4 万倍(图 7-30B)。

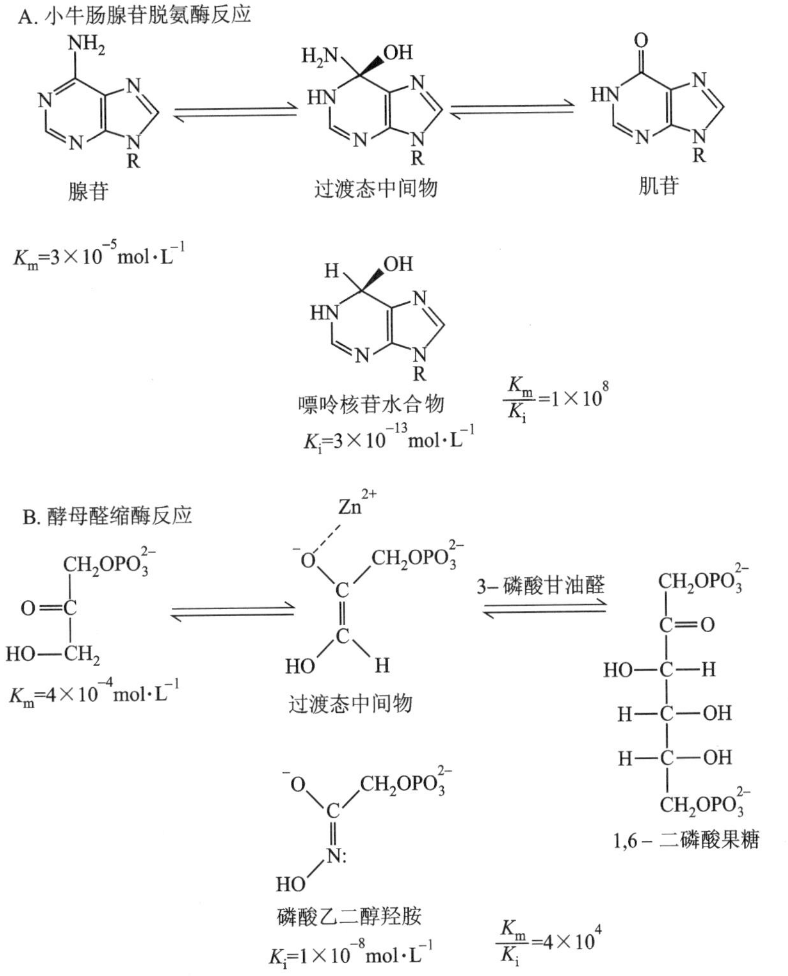

图 7-30 过渡态类似物举例

A. 嘌呤核苷水合物是小牛肠腺苷脱氨酶反应过渡态类似物,是该酶有力的抑制剂;

B. 磷酸乙二醇羟胺(phosphoglycolohydroxamate)是酵母醛缩酶反应过渡态中间物(ene-diolate)类似物

再如,催化 ATP+AMP→2ADP 的腺苷酸激酶(adenylate kinase),经研究腺苷五磷酸(AP$_5$A)是底物过渡态类似物,对该酶有强烈地抑制作用。又如乳酸脱氢酶(lactate dehydrogenase)、草酰乙酸脱羧酶(oxaloacetic decarboxylase)、丙酮酸羧化酶(pyruvate carboxylase)在催化各自底物(分别为乳酸、草酰乙酸、丙酮酸)变成产物的过程中,烯醇式丙酮酸是共有的过渡态,而草酸是烯醇式丙酮酸的类似物,故对 3 种酶都有强烈的抑制作用。K_i 为 $3.5 \times 10^{-6} \sim 1.1 \times 10^{-5}$ mol·L^{-1},和相应的底物有竞争作用。

对过渡态底物类似物抑制剂的研究,具有很大的理论和实践意义,不但有利于对酶催化机制的了解,还可据此合成具有高效而特异的新药物。

四、温度对酶促反应的影响

大多数化学反应的速率,都和温度有关,酶催化的反应也不例外。如果在不同温度条件下进行某种酶反应,然后将测得的反应速率相对于温度作图,即可得到图 7-31 所示的钟罩形曲线。从图上曲线可以看出,在较低的温度范围内,酶反应速率随温度升高而增大,但超过一定温度后,反应速率反而下降,因此只有在某一温度下,反应速率达到最大值,这个温度通常就称为酶反应的**最适温度**(optimum temperature)。每种酶在一定条件下都有其最适温度。一般讲,动物细胞内的酶最适温度在 35~40 ℃,植物细胞中的酶最适温度稍高,通常在 40~50 ℃之间,微生物中的酶最适温度差别较大,如 Taq DNA 聚合酶的最适温度可高达 70 ℃。

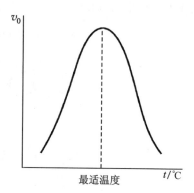

图 7-31   温度对酶反应速率的影响

温度对酶促反应速率的影响表现在两个方面,一方面是当温度升高时,与一般化学反应一样,反应速率加快。另一方面由于酶是蛋白质,随着温度升高,使酶蛋白逐渐变性而失活,引起酶反应速率下降。酶所表现的最适温度是这两种影响的综合结果。在酶反应的最初阶段,酶蛋白的变性尚未表现出来,因此反应速率随温度升高而增加,但高于最适温度时,酶蛋白变性逐渐突出,反应速率随温度升高的效应将逐渐为酶蛋白变性效应所抵消,反应速率迅速下降,因此表现出最适温度。最适温度不是酶的特征物理常数,常受到其他条件如底物种类、作用时间、pH 和离子强度等因素影响而改变。如最适温度随着酶促作用时间的长短而改变,由于温度使酶蛋白变性是随时间累加的。一般讲反应时间长,酶的最适温度低,反应时间短则最适温度就高(图 7-32),因此只有在规定的反应时间内才可确定酶的最适温度。

温度对酶促反应速率的影响常用 Arrhenius 方程(式 6-2)来表示,$k = A\exp^{(-E_a/RT)}$,取对数,得到:

$$\lg k = \frac{E_a}{2.3R} \cdot \frac{1}{T} + \lg A \qquad (7-52)$$

式中,k 为酶促反应速率常数,A 为频率因子,R 为气体常数,T 为绝对温度,E_a 为活化能。以 $\lg k$ 对 $\frac{1}{T}$ 作图可得到一条直线,由直线的斜率可得出活化能。

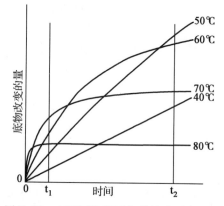

图 7-32   在不同温度下典型的酶反应过程的曲线,表明酶的最适温度决定于时间

如果相应于速率常数 k_1 和 k_2,选择积分极限 T_1 和 T_2,则,

$$\lg \frac{k_2}{k_1} = \frac{E_a}{2.3R} \left(\frac{T_2 - T_1}{T_2 T_1} \right) \qquad (7-53)$$

反应速率的温度效应常以 $\boldsymbol{Q_{10}}$ 表示,Q_{10} 指反应温度提高 10 ℃,其反应速率与原来反应速率之比称为反应的**温度系数**。

$$Q_{10} = \frac{k_2}{k_1} \qquad (7-54)$$

根据 Q_{10} 的定义,$T_2 - T_1 = 10$ ℃,由式(7-53)可求出酶促反应的活化能。

$$\lg Q_{10} = \frac{E_a}{2.3R}\left(\frac{10}{T_1 T_2}\right)$$

$$E_a = \frac{2.3RT_1 T_2 \lg Q_{10}}{10} \tag{7-55}$$

从式(7-55)可看出,E_a 与 Q_{10} 成正比,活化能愈高,Q_{10} 愈大,表示温度对反应速率影响大。由于酶作为生物催化剂可显著降低反应的活化能,所以比一般催化反应的温度系数要低,一般为 1.4~2.0。

酶的固体状态比在溶液中对温度的耐受力要高。酶的冰冻干粉置冰箱中可放置几个月甚至更长时间。而酶溶液在冰箱中只能保存几周,甚至几天就会失活。通常酶制剂以固体保存为佳。

五、pH 对酶促反应的影响

酶的活力受环境 pH 的影响,在一定 pH 下,酶表现最大活力,高于或低于此 pH,酶活力降低,通常把表现出酶最大活力的 pH 称为该酶的**最适 pH**(optimum pH)(图 7-33)。

各种酶在一定条件下都有其特定的最适 pH,因此最适 pH 是酶的特性之一。但酶的最适 pH 不是一个常数,受许多因素影响,随底物种类和浓度、缓冲液种类和浓度的不同而改变,因此最适 pH 只有在一定条件下才有意义。大多数酶的最适 pH 在 5~8 之间,动物体的酶多在 pH 6.5~8.0 之间,植物及微生物中的酶多在 pH 4.5~6.5。但也有例外,如胃蛋白酶的最适 pH 为 1.5,肝中精氨酸酶最适 pH 为 9.7。表 7-8 列举了几种酶的最适 pH。

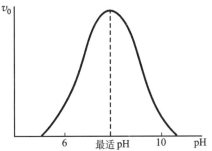

图 7-33 pH 对酶活力的影响

表 7-8 一些酶的最适 pH

酶	底物	最适 pH
胃蛋白酶(pepsin)	鸡蛋白蛋白	1.5
	血红蛋白	2.2
丙酮酸羧化酶(pyruvate carboxylase)	丙酮酸	4.8
脂肪酶(lipase)	低级酯	5.5~5.8
延胡索酸酶(fumarase)	延胡索酸	6.5
	苹果酸	8.0
过氧化氢酶(catalase)	H_2O_2	7.6
核糖核酸酶(ribonuclease)	RNA	7.8
胰蛋白酶(trypsin)	苯甲酰精氨酰胺	7.7
	苯甲酰精氨酸甲酯	7.0
碱性磷酸酶(alkaline phosphatase)	3-磷酸甘油	9.5
精氨酸酶(arginase)	精氨酸	9.7

pH 影响酶活力的原因可能有以下几个方面:

(1) 过酸或过碱可以使酶的空间结构破坏,引起酶构象的改变,酶活性丧失。

(2) 当 pH 改变不很剧烈时,酶虽未变性,但活力受到影响。pH 影响了底物的解离状态,或者使底物不能和酶结合,或者结合后不能生成产物;pH 影响酶分子活性部位上有关基团的解离,从而影响与底物的结合或催化,使酶活性降低;也可能影响到中间复合物 ES 的解离状态,不利于催化生成产物。

(3) pH 影响维持酶分子空间结构的有关基团解离,从而影响了酶活性部位的构象,进而影响酶的活性。

各种酶在最适 pH 时所处的某一种解离状态,最有利于与底物结合并发生催化作用,活力最高,如胆碱酯酶解离成两性离子,精氨酸酶呈负离子时活力最大。

由于酶活力受 pH 的影响很大,因此在酶的提纯及测活时要选择酶的稳定 pH,通常在某一 pH 缓冲液中进行。一般最适 pH 总是在该酶的稳定 pH 范围内,故酶在最适 pH 附近最为稳定。虽然多数酶的 pH-酶活性曲线为钟罩形,但有的酶并非如此,如胃蛋白酶和胆碱酯酶为钟形的一半,而木瓜蛋白酶的活性在较大的 pH 范围内几乎不受 pH 的影响(图 7-34)。

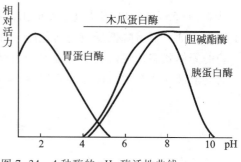

图 7-34　4 种酶的 pH-酶活性曲线

应当指出酶在体外所测定的最适 pH 与它在生物体细胞内的生理 pH 并不一定相同。因为细胞内存在多种多样的酶,不同的酶对此细胞内的生理 pH 的敏感性不同,也就是说此 pH 对一些酶是最适 pH,而对另一些酶则不是,因而不同的酶表现出不同的活性。这种不同对于控制细胞内复杂的代谢途径可能具有重要的意义。

酶分子含有许多酸性和碱性氨基酸的侧链基团,随着 pH 的变化可处于不同的解离状态,而酶活性伴随着变化,可帮助判断所涉及的氨基酸残基,为酶作用机制的研究提供线索。

六、激活剂对酶促反应的影响

凡是能提高酶活性的物质都称为**激活剂**(activator),其中大部分是无机离子或简单的有机化合物。作为激活剂的金属离子有 K^+、Na^+、Ca^{2+}、Mg^{2+}、Zn^{2+} 及 Fe^{2+} 等离子,无机阴离子如 Cl^-、Br^-、I^-、CN^-、PO_4^{3-} 等都可作为激活剂。如 Mg^{2+} 是多数激酶及合成酶的激活剂,Cl^- 是唾液淀粉酶的激活剂。

激活剂对酶的作用具有一定的选择性,即一种激活剂对某种酶起激活作用,而对另一种酶可能起抑制作用,如 Mg^{2+} 对脱羧酶有激活作用而对肌球蛋白腺三磷酶却有抑制作用;Ca^{2+} 则相反,对前者有抑制作用,但对后者却起激活作用。有时离子之间有拮抗作用,例如 Na^+ 抑制 K^+ 激活的酶,Ca^{2+} 能抑制 Mg^{2+} 激活的酶。有时金属离子之间也可相互替代,如 Mg^{2+} 作为激酶的激活剂可被 Mn^{2+} 代替。另外,激活离子对于同一种酶,可因浓度不同而起不同的作用,如对于 $NADP^+$ 合成酶,当 Mg^{2+} 浓度为 $(5\sim10)\times10^{-3}\,mol\cdot L^{-1}$ 时起激活作用,但当浓度升高为 $30\times10^{-3}\,mol\cdot L^{-1}$ 时则酶活性下降;若用 Mn^{2+} 代替 Mg^{2+},则在 $1\times10^{-3}\,mol\cdot L^{-1}$ 起激活作用,高于此浓度,酶活性下降,不再有激活作用。

有些小分子有机化合物可作为酶的激活剂,例如半胱氨酸,还原型谷胱甘肽等还原剂对某些含巯基的酶有激活作用,使酶中二硫键还原成巯基,从而提高酶活性。木瓜蛋白酶和甘油醛 3-磷酸脱氢酶都属于巯基酶,在它们分离纯化过程中,往往需加上述还原剂,以保护巯基不被氧化。再如一些金属螯合剂如 EDTA(乙二胺四乙酸)等能除去重金属离子对酶的抑制,也可视为酶的激活剂。

另外酶原可被一些蛋白酶选择性水解肽键而被激活,这些蛋白酶也可看成为激活剂。关于酶原的激活将在第 8 章讨论。

提　要

酶促反应动力学是研究酶促反应的速率以及影响此速率各种因素的科学。它是以化学动力学为基础讨论底物浓度、抑制剂、pH、温度及激活剂等因素对酶反应速率的影响。化学动力学中在研究化学反应速率与反应物浓度的关系时,常分为一级反应、二级反应及零级反应。研究证明,酶催化过程的第一步是生成酶-底物中间复合物,Michaelis 和 Menten 根据中间复合物学说的理论推导出酶反应动力学方程式,即米氏方程。并经 Briggs 和 Haldane 以稳态理论加以修正。从米氏方程得到几个重要的物理常数,即 K_m、

V_{max}、k_{cat}、k_{cat}/K_m。K_m是酶的一个特征常数,以浓度为单位,K_m有多种用途,通过直线作图法可以得到K_m及V_{max}。k_{cat}称为催化常数,又叫做转换数(TN值),它的单位为s^{-1},k_{cat}值越大,表示酶的催化速率越高。k_{cat}/K_m常用来比较酶催化效率的参数。酶促反应除了单底物反应外,最常见的为双底物反应,按其动力学机制分为序列反应和乒乓反应,用动力学直线作图法可以区分。

酶促反应速率常受抑制剂影响,根据抑制剂与酶的作用方式及抑制作用是否可逆,将抑制作用分为可逆抑制作用及不可逆抑制作用。根据可逆抑制剂与底物的关系分为竞争性抑制、非竞争性抑制、反竞争性抑制及混合型抑制4类,可以分别推导出抑制作用的动力学方程。竞争性抑制可以通过增加底物浓度而解除,其动力学常数K'_m变大,V_{max}不变;非竞争性抑制K_m不变,V'_{max}变小;反竞争性抑制K'_m及V'_{max}均变小。通过动力学作图可以区分这4种类型的可逆抑制作用。可逆抑制剂中最重要的是竞争性抑制剂,过渡态底物类似物为强有力的竞争性抑制剂。不可逆抑制剂中,最有意义的为专一性K_s型及k_{cat}型不可逆抑制剂,前者称为亲和标记试剂,后者称为自杀性底物。研究酶的抑制作用是研究酶的结构与功能、酶的催化机制、阐明代谢途径以及设计新药物的重要手段。

温度、pH及激活剂都会对酶促反应速率产生重要影响,酶反应有最适温度及最适pH,要选择合适的激活剂。在研究酶促反应速率及测定酶的活力时,都应选择酶的最适反应条件。

习　题

1. 解释下列名词:(a)反应分子数;(b)反应级数;(c)K_m与K_s;(d)催化常数(k_{cat});(e)催化效率指数(k_{cat}/K_m);(f)随机反应和有序反应;(g)乒乓反应;(h)抑制作用;(i)最适pH;(j)最适温度。

2. 当一酶促反应进行的速率为V_{max}的80%时,在K_m和[S]之间有何关系?

3. 过氧化氢酶的K_m值为$2.5×10^{-2}$ mol·L^{-1},当底物过氧化氢浓度为100 mmol·L^{-1}时,求在此浓度下,过氧化氢酶被底物所饱和的百分数。

4. 由酶反应S→P测得如下数据:

[S]/(mol·L^{-1})	v/(nmol·L^{-1}·min^{-1})	[S]/(mol·L^{-1})	v/(nmol·L^{-1}·min^{-1})
$6.25×10^{-6}$	15.0	$1.00×10^{-3}$	74.9
$7.50×10^{-5}$	56.25	$1.00×10^{-2}$	75.0
$1.00×10^{-4}$	60.0		

(a) 计算K_m及V_{max}。

(b) 当[S]=$5×10^{-5}$ mol·L^{-1}时,酶催化反应的速率是多少?

(c) 若[S]=$5×10^{-5}$ mol·L^{-1}时,酶的浓度增加一倍,此时v是多少?

(d) 表中的v是根据保温10 min产物生成量计算出来的,证明v是真正的初速率。

5. 由酶反应S→P,得到下列数据。用Eisenthal和Cornish-Bowden直接线性作图法,求K_m和V_{max}。

[S]/(mol·L^{-1})	v/(nmol·L^{-1}·min^{-1})	[S]/(mol·L^{-1})	v/(nmol·L^{-1}·min^{-1})
$8.33×10^{-6}$	13.8	$1.67×10^{-5}$	23.6
$1.00×10^{-5}$	16.0	$2.00×10^{-5}$	26.7
$1.25×10^{-5}$	19.0		

6. 某酶的K_m为$4.7×10^{-5}$ mol·L^{-1},V_{max}为22 μmol·L^{-1}·min^{-1},底物浓度为$2×10^{-4}$ mol·L^{-1}试计算(a)竞争性抑制剂,(b)非竞争性抑制剂,(c)反竞争性抑制剂的浓度均为$5×10^{-4}$ mol·L^{-1}时的酶催化反应速率? 这3种情况的K_i值都是$3×10^{-4}$ mol·L^{-1}。(d)上述3种情况下,抑制百分数是多少?

7. 在酶促反应:E+S $\underset{k_{-1}}{\overset{k_1}{\rightleftharpoons}}$ ES $\overset{k_2}{\longrightarrow}$ E+P 中。$V_{max}=k_2[E]$,若反应中加入非竞争性抑制剂,这时V_{max}值下降,k_2是否也下

降? 为什么?

8. 乙酰胆碱酯酶能水解神经递质乙酰胆碱:

$$乙酰胆碱+H_2O \rightleftharpoons 乙酸+胆碱$$

乙酰胆碱酯酶对底物乙酰胆碱的 K_m 是 9×10^{-5} mol·L^{-1},反应混合物中含 5 nmol·mL^{-1} 乙酰胆碱酯酶和 150 μmol·L^{-1} 乙酰胆碱,v_0 为 40 μmol·mL^{-1}·s^{-1}。计算:

(a) 该酶量的 V_{max}

(b) 乙酰胆碱酯酶的 k_{cat}

(c) 乙酰胆碱酯酶催化效率指数(k_{cat}/K_m),并判断此酶是否是一个相当有效的酶(见表 7-4)?

9. 对一个遵从米氏方程的酶来说,当底物浓度[S] = K_m,竞争性抑制剂浓度[I] = K_i 时,反应的初速率为多少?

10. 用下表列出的数据,确定此酶促反应:

(a) 无抑制剂和有抑制剂时的 V_{max} 和 K_m 值。

(b) 抑制的类型。

(c) EI 复合物的解离常数 K_i。

[S]/mol·L^{-1}	v/μmol·L^{-1}·min^{-1}	
	无抑制剂	有抑制剂(2×10^{-3} mol·L^{-1})
0.3×10^{-5}	10.4	4.1
0.5×10^{-5}	14.5	6.4
1.0×10^{-5}	22.5	11.5
3.0×10^{-5}	33.8	22.6
9.0×10^{-5}	40.5	33.8

11. 在题 10 中,若用另一种抑制剂,给出下表资料,请确定:

(a) 有抑制剂时的 K_m 及 V_{max} 值。

(b) 抑制的类型。

(c) EI 的解离常数 K_i。

[S]/mol·L^{-1}	v/μmol·L^{-1}·min^{-1}	
	无抑制剂	有抑制剂(1×10^{-4} mol·L^{-1})
0.3×10^{-5}	10.4	2.1
0.5×10^{-5}	14.5	2.9
1.0×10^{-5}	22.5	4.5
3.0×10^{-5}	33.8	6.8
9.0×10^{-5}	40.5	8.1

12. 今有一酶反应,它符合 Michaelis-Menten 动力学,其 K_m 为 1×10^{-6} mol·L^{-1}。底物浓度为 0.1 mol·L^{-1} 时,反应初速率为 0.1 μmol·L^{-1}·min^{-1}。试问,底物浓度分别为 10^{-2} mol·L^{-1}、10^{-3} mol·L^{-1} 和 10^{-6} mol·L^{-1} 时的反应初速率是多少?

13. 假设 2×10^{-4} mol·L^{-1} 的[I]抑制了一个酶催化反应的 75%,计算这个非竞争性抑制剂的 K_i?

14. 如果 K_m 为 2.9×10^{-4} mol·L^{-1},K_i 为 2×10^{-5} mol·L^{-1},在底物浓度为 1.5×10^{-3} mol·L^{-1} 时,要得到 75% 的抑制,需要竞争性抑制剂的浓度是多少?

15. 举例说明什么是 K_S 型和 k_{cat} 型不可逆抑制剂。什么是过渡态底物类似物?它属于何种类型抑制剂?

16. 酶催化-单底物反应,采用了 3 种不同的酶浓度测定,用双倒数作图(图 7-35)。下面 3 种图形中哪一种是你期望得到的? 给以解释。

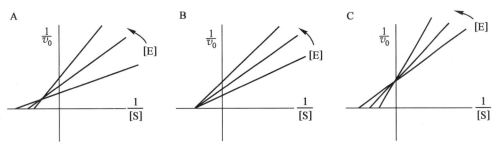

图 7-35　3 种不同酶浓度下双倒数作图

主要参考书目

1. 王镜岩,朱圣庚,徐长法. 生物化学教程. 北京:高等教育出版社,2008.

2. 陈惠黎,李文杰. 分子酶学. 北京:人民卫生出版社,1983.

3. Berg J M,Tymoczko J L,Stryer L. Biochemistry. 7th ed. New York:W. H. Freeman and Company,2012.

4. Garrett R H,Grisham C M. Biochemistry. 5th ed. Boston:Brooks/Cole,Cengage Learning,2013.

5. Nelson D L, Cox M M. Lehninger Principles of Biochemistry. 4rd ed. New York:W. H. Freeman and Company,2008.

（张庭芳）

网上资源

习题答案　　　自测题

第8章 酶作用机制和酶活性调节

一、酶的活性部位

（一）酶活性部位的特点

通过各种研究证明,酶的特殊催化能力只局限在大分子的一定区域,也就是说,只有少数特异的氨基酸残基参与底物结合及催化作用。这些特异的氨基酸残基比较集中的区域,即与酶活力直接相关的区域称为酶的**活性部位**(active site)或**活性中心**(active center)。通常又将活性部位分为**结合部位**和**催化部位**,前者负责与底物的结合,决定酶的专一性;后者负责催化底物键的断裂形成新键,决定酶的催化能力。对需要辅酶的酶来说,辅酶分子,或辅酶分子上的某一部分结构,往往也是酶活性部位组成部分。虽然酶在结构、专一性和催化模式上差别很大,就活性部位而言有其共同特点。

（1）活性部位在酶分子的总体中只占相当小的部分,通常只占整个酶分子体积的1%~2%,酶分子中大多数氨基酸残基不与底物接触。已知几乎所有的酶都由100多个氨基酸残基所组成,相对分子质量在10×10^3以上,直径大于2.5 nm。而活性部位只有几个氨基酸残基所构成。酶分子的催化部位一般只由2~3个氨基酸残基组成,而结合部位的残基数目因不同的酶而异,可能是一个,也可能是数个。表8-1为某些酶活性部位的氨基酸残基。

表 8-1　某些酶活性部位的氨基酸残基

酶	氨基酸残基数	活性部位的氨基酸残基
核糖核酸酶 A(ribonuclease A)	124	His_{12} , His_{119} , Lys_{41}
溶菌酶(lysozyme)	129	Asp_{52} , Glu_{35}
胰凝乳蛋白酶(chymotrypsin)	241	His_{57} , Asp_{102} , Ser_{195}
胰蛋白酶(trypsin)	223	His_{57} , Asp_{102} , Ser_{195}
弹性蛋白酶(elastase)	240	His_{57} , Asp_{102} , Ser_{195}
胃蛋白酶(pepsin)	348	Asp_{32} , Asp_{215}
HIV-1 蛋白酶(HIV-1 proteinase)	99×2(二聚体)	Asp_{25} , $Asp_{25'}$
木瓜蛋白酶(papain)	212	Cys_{25} , His_{159}
枯草杆菌蛋白酶(subtilisin)	275	His_{64} , Ser_{221} , Asp_{32}
碳酸酐酶(carbonic anhydrase)	259	$His_{94} - Zn - His_{96}$ $\mid$ His_{119}
羧肽酶 A(carboxypeptidase A)	307	Arg_{127} , Glu_{270} , Tyr_{248} , Zn^{2+}
醇脱氢酶(alcohol dehydrogenase)	374×2(二聚体)	Ser_{48} , His_{51} , NAD^+ , Zn^{2+}

（2）酶的活性部位是一个三维实体。酶的活性部位不是一个点,一条线,甚至也不是一个面。活性部位的三维结构是由酶的一级结构所决定且在一定外界条件下形成的。活性部位的氨基酸残基在一级结构上可能相距甚远,甚至位于不同的肽链上,通过肽链的盘绕、折叠而在空间结构上相互靠近。可以说没有酶的空间结构,也就没有酶的活性部位。一旦酶的高级结构受到物理因素或化学因素影响时,酶的活性

部位遭到破坏,酶即失活。

(3) 酶的活性部位并不是和底物的形状正好互补的,而是在酶和底物结合的过程中,底物分子或酶分子,有时是两者的构象同时发生了一定的变化后才互补的,这时催化基团的位置也正好在所催化底物键的断裂和即将生成键的适当位置。这个动态的辨认过程称为**诱导契合**(induced-fit),如图 8-1 所示。

(4) 酶的活性部位是位于酶分子表面的一个空穴或裂缝(crevice)内。底物分子(或一部分)结合到裂缝内并发生催化作用。裂缝内是相当疏水的区域,非极性基团较多,但在裂缝内也含有某些极性的氨基酸残基,以便与底物结合并发生催化作用。其非极性性质在于产生一个微环境,提高与底物的结合能力有利于催化。在此裂缝内底物有效浓度可达到很高。

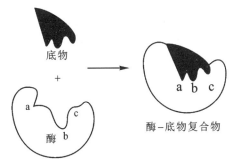

图 8-1 底物和酶相互作用的诱导契合模型
酶在与底物结合后改变了形状。活性部位在形状上只有在与底物结合后才与后者互补

(5) 底物通过多种次级键较弱的力结合到酶上。酶与底物结合成 ES 复合物主要靠次级键:**氢键、盐键、范德华力**(van der Waalsforce)和**疏水相互作用**(见第 3 章)。ES 复合物的平衡常数可在 $10^{-8} \sim 10^{-2}$ mol·L^{-1} 范围内变化,相当于相互作用的自由能在 $-50.2 \sim -12.6$ kJ·mol^{-1} 范围内变化。这些数值可与共价键的强度作个比较,共价键的自由能变化范围为 $-4.6 \times 10^{2} \sim -2.1 \times 10^{2}$ kJ·mol^{-1}。

(6) 酶活性部位具有柔性(flexibility)或可运动性。邹承鲁对酶分子变性过程中构象变化与活性变化进行了比较研究,发现在酶的变性过程中,当酶分子的整体构象还没有受到明显影响之前,活性部位已大部分被破坏,因而造成活性的丧失。说明酶的活性部位相对于整个酶分子来说更具柔性,这种柔性或可运动性,很可能正是表现其催化活性的一个必要因素。

活性部位的形成要求酶蛋白分子具有一定的空间构象,因此,酶分子中其他部位的作用对于酶的催化作用来说,可能是次要的,但绝不是毫无意义的,它们至少为酶活性部位的形成提供了结构的基础。所以酶的活性部位与酶蛋白空间构象的完整性之间,是辩证统一的关系。

(二) 研究酶活性部位的方法

1. 酶分子侧链基团的化学修饰法

这种方法需要选择一种化合物,当其与被研究的酶作用时能专门与活性部位氨基酸残基侧链基团共价结合,然后将这个带标记化合物的酶水解,肽键被打开,但标记化合物共价键不被打开,因此可以分离得到带有标签的肽段,即可分析出活性部位的氨基酸残基,由此可确定活性部位在一级结构上的位置,并为 X 射线晶体结构分析法提供资料。

酶分子中可以被化学修饰的侧链基团很多,如巯基、羟基、咪唑基、氨基、羧基、吲哚基和胍基等。可以用做化学修饰的试剂也很多,目前已有 70 多种,但非常专一的并不多。

化学修饰法有一定的缺陷,因为化学修饰有可能使活性部位之外的某个氨基酸残基的侧链改变,而影响酶分子的正常空间结构,因而导致酶活性的丧失。为了排除这种可能,常常比较在底物或竞争性抑制剂存在与否进行化学修饰所得结果。如果底物或抑制剂存在下保护了活性部位,则一般可以认为该试剂是作用于活性部位的。

(1) 非特异性共价修饰 某些化学试剂能和酶蛋白中氨基酸残基的侧链基团反应而引起共价结合、氧化或还原等修饰反应,使基团的结构和性质发生改变。如果某基团修饰后不引起酶活力的变化,可以初步认为,此基团可能是非必需基团。反之,如修饰后引起酶活力的降低或丧失,则此基团可能是酶的必需基团。有两点可作为化学试剂已经和活性部位基团结合的鉴别标准。其一是酶活力的丧失程度和修饰剂浓度成一定的比例关系,即修饰剂的浓度和酶活力丧失的速率常数 k 成正比。其二是底物或与活性部位结合的可逆抑制剂可保护共价修饰剂的抑制作用,此法不但可以肯定某种基团是必需基团,还可以确信此基团位于酶的活性部位。

（2）特异性共价修饰　某一种化学试剂专一地修饰酶活性部位的某一氨基酸残基，使酶失活。通过水解分离标记的肽段，即可判断出被修饰的酶活性部位的氨基酸残基。例如二异丙基氟磷酸（DFP）能专一性地与酶活性部位的丝氨酸残基的羟基共价结合，使酶活力丧失。例如，DFP 与胰凝乳蛋白酶作用，标记在特定的丝氨酸残基上，形成二异丙基磷酰化酶（DIP－酶），酶活性完全丧失，反应式如下：

$$E—Ser—OH+ \quad (CH_3)_2CH—O\underset{\underset{(CH_3)_2CH—O}{|}}{\overset{\overset{O}{\|}}{P}}—F \longrightarrow E·Ser—O—\underset{\underset{O—CH(CH_3)_2}{|}}{\overset{\overset{O}{\|}}{P}}—O—CH(CH_3)_2$$

酶　　　　　　　　　DFP　　　　　　　　　　　　DIP-E

DFP 一般不与蛋白质反应，也不与胰凝乳蛋白酶原和变性的胰凝乳蛋白酶反应，它也不和天然胰凝乳蛋白酶活性部位 Ser_{195} 以外的 27 个 Ser 结合，可见活性部位 Ser 处于一个特殊的结构中，对 DFP 敏感。由于 DFP 与 Ser-OH 形成的酯键结合牢固，当用 $6 \, mol \cdot L^{-1} HCl$ 对 DIP－酶进行部分水解，然后将水解产物进行分离，从中得到含有 DIP 基团的片段（DIP-O-Ser-肽），分析该片段的氨基酸顺序，并与已知的胰凝乳蛋白酶的氨基酸顺序相比较。不仅知道该酶活性部位附近的氨基酸顺序，也可得知 DIP 标记在该酶分子的 Ser_{195} 残基上。类似的工作对其他蛋白水解酶及酯酶——弹性蛋白酶、凝血酶、胰蛋白酶及乙酰胆碱酯酶等进行了研究，这些酶的活性部位都含有 Ser，具有相似的肽段。表 8-2 列举了一部分用 DFP 标记酶的 DIP-肽段的氨基酸顺序。从表中可以看出许多酶活性部位都含有丝氨酸，某些蛋白水解酶活性部位有一个共同的 Gly-Asp-Ser-Gly-Gly-Pro 顺序。

表 8-2　一些酶活性部位的氨基酸顺序

酶	氨基酸顺序
牛胰蛋白酶	……Ser·Cys·Gly·<u>Gly·Asp·Ser·Gly·Gly·Pro</u>·Val……
牛胰凝乳蛋白酶	……Ser·Cys·Met·<u>Gly·Asp·Ser·Gly·Gly·Pro</u>·Leu……
猪弹性蛋白酶	……Gly·Cys·Gln·<u>Gly·Asp·Ser·Gly·Gly·Pro</u>·Leu……
猪凝血酶	……Asp·Ala·Cys·Glu·<u>Gly·Asp·Ser·Gly·Gly·Pro</u>

又如牛肝谷氨酸脱氢酶共含有 30 个 Lys 残基侧链，2,4,6-三硝基苯磺酸盐只作用于 Lys_{126} 侧链而引起酶失活，证明 Lys_{126} 是该酶活性中心的必需氨基酸残基。

（3）亲和标记（affinity labeling）法　上述特殊基团标记法往往专一性差，不太特异地标记活性部位。为了提高化学修饰剂对酶活性部位的专一性修饰作用，合成了一些与底物结构相似的共价修饰剂。这种修饰剂有两个特点：① 可以较专一地引入酶的活性部位，接近底物结合位点。② 具有活泼的化学基团可以与活性部位的某一基团结合形成稳定的共价键。因其作用机制是利用酶对底物的特殊亲和力将酶加以修饰标记，故称为**亲和标记**。亲和标记试剂又称"**活性部位指示试剂**"。用于胰凝乳蛋白酶和胰蛋白酶活性部位的亲和标记是两个非常成功的例子。对甲苯磺酰-L-苯丙氨酸乙酯（TPE）是胰凝乳蛋白酶的底物，而对甲苯磺酰-L-苯丙氨酰氯甲基酮（TPCK）是它的亲和标记试剂，结构相似。当胰凝乳蛋白酶与 TPCK 保温后，酶活力完全丧失，二者的结合是共价的与定量的。TPCK 不与胰凝乳蛋白酶原，变性的胰凝乳蛋白酶也不和 DIP-胰凝乳蛋白酶结合，可见该酶必须有空间结构完整的活性部位才能与 TPCK 结合。与 TPCK 已结合的酶，也不再与 DFP 反应，说明烷化作用发生在活性部位上。胰凝乳蛋白酶分子中有两个 His 残基（40，57），与 TPCK 烷化后经水解，分析其水解肽段，发现只是与 His_{57} 结合，发生在 N^3-（咪唑环）上，说明 His_{57} 是胰凝乳蛋白酶活性部位的一个氨基酸残基。TPE 及 TPCK 结构式及修饰反应如下：

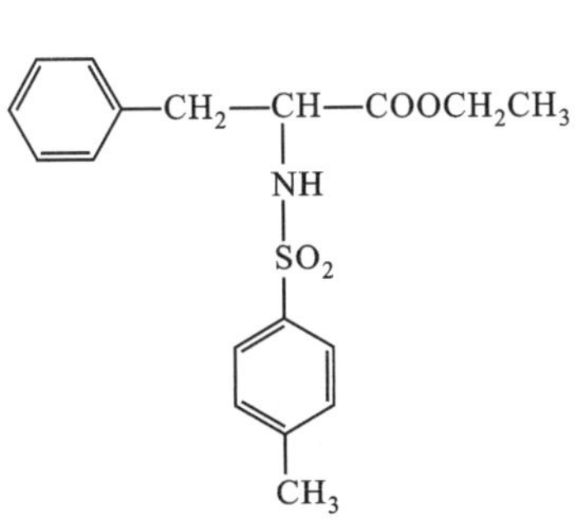

对甲苯磺酰－L－苯丙氨酸乙酯
(TPE)

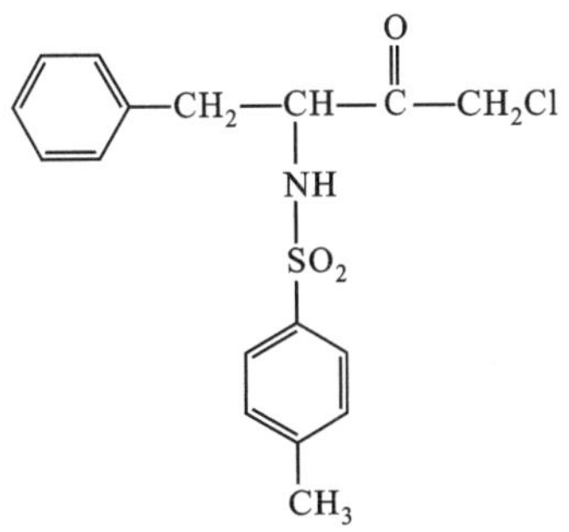

对甲苯磺酰－L－苯丙氨酰氯甲基酮
(TPCK)

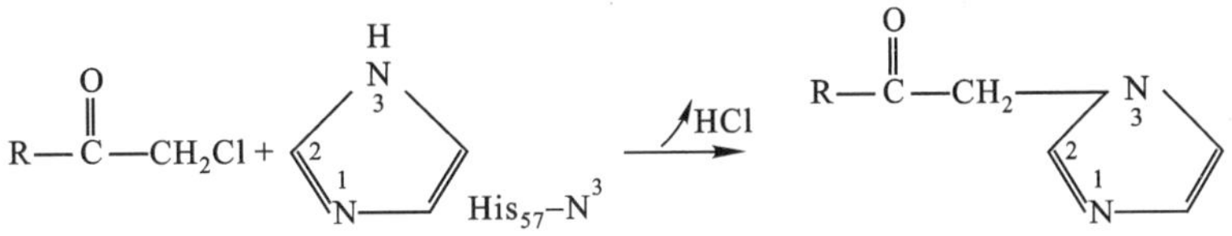

邹承鲁研究了酶必需基团的化学修饰和酶活性丧失的定量关系,他从统计学上考虑,根据不同情况得出一系列公式。根据这些公式,就可以对实验结果进行处理得出关于必需基团数的结论。邹的公式、方法和作图,现已成为国际上通过侧链基团化学修饰和酶活性丧失定量关系来确定必需基团数的主要方法。

2. 动力学参数测定法

活性部位氨基酸残基的解离状态和酶的活性直接相关,因此通过动力学方法求得有关参数后,就可对酶的活性部位的化学性质作出判断。溶液 pH 对酶活力有显著影响,pH 对表观米氏常数(K'_m)的影响可以反映酶-底物复合物的解离情况,pH 对 V'_{max} 和 K'_m 的影响反映了自由酶的解离情况,由此可以了解与酶活性有关的氨基酸残基的解离,便可知道哪个氨基酸残基与酶活性有关。例如 RNase 活性部位两个组氨酸残基(His_{12},His_{119})就是用这个方法判断出的,并经过了 X 射线晶体结构分析研究和其他方法所证实。

3. X 射线晶体结构分析法

X 射线晶体结构分析法可以解析酶分子的三维结构,有助于了解酶活性部位氨基酸残基所处的相对位置与实际状态,以及与活性部位有关的其他基团。1965 年 D. Phillips 等人,首次用射 X 射线晶体结构分析法,以 0.2 nm 的水平测定了溶菌酶(lysozyme)的空间结构及其作用机制。通过溶菌酶的三维结构可以看出:溶菌酶活性部位有关氨基酸的排列位置;酶-底物复合物中,底物周围氨基酸的排列状况;根据被水解的糖苷键邻近氨基酸残基的分析,确定了溶菌酶的催化基团为 Glu_{35} 和 Asp_{52}。再如,通过 X 射线晶体结构分析,表明胰凝乳蛋白酶活性部位由 Ser_{195}、His_{57}、Asp_{102} 组成,这 3 个氨基酸残基联在一起形成一个 **"电荷中继网"**(charge relay network),使 Ser_{195} 的羟基具有非常高的亲核性。Ile_{16} 是凝乳蛋白酶原转变为酶的关键,X 射线晶体结构分析表明,其作用可能是通过 Ile_{16} 氨基和 Ser_{195} 邻近的 Asp_{194} 羧基形成静电键,促成电荷中继网的建立。

由于第三代同步辐射的出现和实际应用,使 X 射线晶体结构分析达到一个新的水平,至今已完成晶体结构分析的酶在 3 000 种以上。显然,用 X 射线晶体结构分析方法研究酶的活性部位及结构和功能的关系已成为重要手段。

4. 定点诱变法

迄今为止,已有几百个酶的基因被克隆。根据蛋白质结构研究的结果,可以利用**定点诱变**(site-directed mutagenesis)技术,改变编码蛋白质基因中的 DNA 顺序,研究酶活性部位的必需氨基酸。例如 1987 年 C. Craik 等人将胰蛋白酶 Asp_{102} 诱变为 Asn_{102},突变体的 k_{cat} 比野生型低 5 000 倍,突变体水解酯底物的活性仅是天然胰蛋白酶的万分之一,可见 Asp_{102} 对胰蛋白酶催化活性是必需的。再如,羧肽酶 A 中 Tyr_{248} 原认为催化所必需,1985 年 S. Gardell 等人用寡核苷酸定位突变把 Tyr_{248} 的密码子(TAT)变为 Phe 的密码子(TTT)。含有这一基因的重组质粒在酵母中进行表达,发现突变酶的 k_{cat} 值和天然酶一样,但其 K_m 值高出 6 倍。这一结果说明 Tyr$_{248}$ 参与底物的结合,与催化活性无关。由于 DNA 重组技术的日趋成熟,目前越来越多地利用定点诱变技术研究酶的结构和功能的关系。

此外,质谱分析、旋光色散(ORD)、圆二色性(CD)荧光偏振、拉曼光谱和核磁共振(NMR)等也成为酶蛋白三维结构研究的重要手段,在此不再赘述。

二、酶催化反应的独特性质

酶催化反应的某些独特性质为许多反应所共有,可概括如下:

(1) 酶反应可分成两类,一类反应仅仅涉及电子的转移,这类反应的速率或转换数在 $10^8 s^{-1}$ 数量级;另一类反应涉及到电子和质子两者或者其他基团的转移,它们的速率在 $10^3 s^{-1}$ 数量级。大部分反应属第二类。

(2) 酶的催化作用是由氨基酸侧链上的功能基团和辅酶为媒介的。主要的是 His,Ser,Cys,Lys,Glu 和 Asp 的侧链常常直接参加催化过程。辅酶或金属离子与酶协同在一起发挥作用,比只利用氨基酸侧链来说,为催化过程提供了更多种类的功能基团。将在第 13 章详细讨论。

(3) 酶催化反应的最适 pH 范围通常是狭小的。除少数例外,最适 pH 接近于中性。

(4) 除核酸酶、蛋白酶和水解黏多糖的酶外,一般的酶分子与它们的底物分子相比是大得多的。而酶活性部位通常只比底物稍大一些,这是因为在大多数情况下,只有活性部位围着底物。此外,一个大的酶分子结构对稳定活性部位的构象是必要的。

(5) 酶除了具有进行催化反应所必需的活性基团外,还有别的特性,使上述反应的进行更有利,并使更复杂的多底物反应按一定途径进行,这些已超出了较简单催化剂的范畴。酶的复杂的折叠结构使这些作用成为可能。酶具有的 4 个主要有利条件是:

① 在活性部位存在 1 个以上的催化基团,所以能进行协同催化;

② 存在有结合部位,因此底物分子可以以反应中固有的方位结合在活性部位附近;

③ 在有 2 个或 2 个以上底物分子参加反应的情况中,存在着 1 个以上的底物分子结合部位;

④ 底物以某种方式被结合到酶分子上,使底物分子中的键产生张力,从而有利于过渡态复合物的形成。

通过对酶催化反应机制的实例介绍,就可以最具体地了解酶催化作用的上述特点。

三、酶促反应机制

在酶催化过程中,酶分子与底物分子相互作用,经过一系列化学变化,最后由底物生成产物。阐明酶催化过程中酶分子与底物分子的相互作用及其反应过程中键的裂解和新键形成的机理,即称为**酶促反应机制**。通过对酶促反应机制的研究,可进一步了解酶分子结构与催化功能的关系,以及酶催化作用具有催化效率高和专一性强的原因,为新酶分子的合理设计提供理论基础。

(一) 基元催化反应

酶的催化作用是由一些**基元催化反应**组成的,但是这些基元催化反应在酶的作用过程中又有其独特之处。基元催化是由某些基团或小分子催化的反应,包括**酸碱催化**、**共价催化**和**金属离子催化**等,它们也常见于有机化学中。

1. 酸碱催化 (acid-base catalysis)

酸碱催化是通过瞬时的向反应物提供质子或从反应物接受质子以稳定过渡态,加速反应的一类催化机制。在水溶液中通过高反应性的质子和氢氧离子进行的催化称为**专一的酸碱催化**(specific acid-base catalysis)或**狭义酸碱催化**;而通过 H^+ 和 OH^- 以及能提供 H^+ 及 OH^- 的供体进行的催化称为**总酸碱催化**

（general acid-base catalysis）或**广义酸碱催化**。这两种酸碱催化类型通过图 8-2A 和 B 来区分，专一的酸碱催化的表观速率常数（k_{obs}）仅依赖于溶液的 pH 而不受缓冲液的浓度影响；总酸碱催化的 k_{obs} 除依赖于 pH 外，还与缓冲液的浓度成正比。

在生理条件下，因 H^+ 和 OH^- 的浓度甚低，故体内的酶反应以总酸碱催化作用较为重要。在很多酶的活性部位存在几种参与总酸碱催化作用的功能基，如氨基、羧基、巯基、羟基、酚羟基

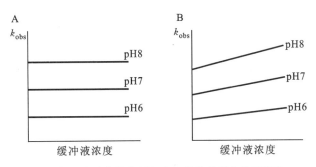

图 8-2　专一酸碱催化作用（A）和总酸碱催化作用（B）

及咪唑基，它们能在近中性 pH 的范围内，作为催化性的质子供体或受体，即作为 Brφnsted 酸或碱而参与总酸或总碱催化作用（表 8-3）。总酸或总碱的催化可提高反应速率 $10^2 \sim 10^5$ 倍。事实上，质子转移是最普通的生物化学反应。这类反应有：羰基的加成作用，酮基和烯醇的互变异构，肽和酯的水解以及磷酸和焦磷酸参与的反应等。

表 8-3　酶分子中可作为总酸碱催化的功能基团

氨基酸残基	广义酸基团（质子供体）	广义碱基团（质子受体）
Glu，Asp	—COOH	—COO$^-$
Lys，Arg	—$\overset{+}{N}H_3$	—NH_2
Tyr	⬡—OH	⬡—O$^-$
Cys	—SH	—S$^-$
His	$-\overset{\displaystyle C=CH}{\underset{\displaystyle C}{HN \quad \overset{+}{N}H}}$	$-\overset{\displaystyle C=CH}{\underset{\displaystyle C}{HN \quad N:}}$
Ser	—OH	—O$^-$

酸碱催化效率取决于总酸碱的解离常数（pK），对于总酸催化作用，则：

$$\lg k_a = C_A - \alpha(pK_a) \qquad (8-1)$$

对于总碱催化作用，则：

$$\lg k_b = C_B - \beta(pK_b) \qquad (8-2)$$

其中 k_a 和 k_b 分别代表总酸催化和总碱催化的反应速率常数，C_A 和 C_B 为常数，是纵坐标上的截距，它的大小由反应类型、温度及溶剂系统等因素决定。α 和 β 为直线的斜率，称为 Brφnsted 系数（图 8-3A 和 B），它们是衡量酸碱强度对反应速率影响的灵敏度指标。α 或 β 值的范围在 0~1 之间。具有 α 或 β 值接近 1 的反应对酸或碱的强度是最灵敏的。此时在水溶液中所有可能存在的组分中，只有 H^+ 和 OH^- 能强得足够使反应速率显著提高，故反应速率只取决于溶液的 pH。因此，具有 α 或 $\beta \approx 1$ 的总酸或总碱催化作用实际上是专一的酸碱催化作用。在另一方面，如果 α 或 β 接近于 0，则反应速率对催化剂的酸度或碱度几乎无关，因此具有 α 或 $\beta \approx 0$ 的一种总酸或总碱催化的反应实际上是未被酸或碱所催化的反应。上面式（8-1）及式（8-2）所表示的关系称为 Brφnsted 催化作用定律。

影响酸碱催化反应速率的因素有两个，即酸或碱的强度（pK 值）及质子传递的速率。在表 8-3 所列的功能基中组氨酸咪唑基的解离常数 pK_a 介于 5.6~7.0 之间（由它在蛋白质分子中的环境而定），因此在接近生物体液 pH 的条件下，即在中性条件下，有一半以酸形式存在，另一半以碱形式存在，即可作为质子供体，又可作为质子受体在酶反应中发挥催化作用。同时咪唑基接受质子和供出质子的速率十分迅速，其半衰期小于 10^{-10} s。由于咪唑基有如此特点，所以在很多蛋白质中 His 含量虽少，却占很重要地位。推测 His 很

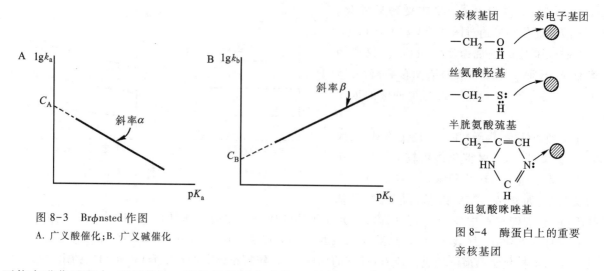

图 8-3   Brϕnsted 作图
A. 广义酸催化；B. 广义碱催化

图 8-4   酶蛋白上的重要
亲核基团

可能在进化过程中,不是作为一般的结构蛋白成分,而是被选择作为酶分子中的催化结构而保留下来的。

参与总酸碱催化作用的酶很多,例如溶菌酶、天冬氨酸蛋白酶类和丝氨酸蛋白酶类等。有关这些酶的酸碱催化机制,将在下一节中做详细讨论。

2. 共价催化 (covalent catalysis)

共价催化又称**亲核催化**(nucleophilic catalysis)或**亲电子催化**(electrophilic catalysis),在催化时,亲核催化剂或亲电子催化剂能分别放出电子或汲取电子并作用于底物的缺电子中心或负电中心,迅速形成不稳定的共价中间复合物,降低反应活化能,使反应加速。

酶蛋白氨基酸侧链提供各种亲核中心,图 8-4 表示了酶蛋白上最常见的 3 种亲核基团,即丝氨酸羟基、半胱氨酸巯基、组氨酸咪唑基。这些基团容易攻击底物的亲电中心,形成酶-底物共价结合的中间物。底物中典型的亲电中心,包括磷酰基、酰基和糖基(图 8-5)。形成的共价中间物在随后步骤中被水分子或第二种底物攻击生成所需的产物。共价亲电催化也在包含辅酶产生的亲电中心观察到。值得注意的是,进行共价催化的大多数酶都具有乒乓动力学机制(见第 7 章)。

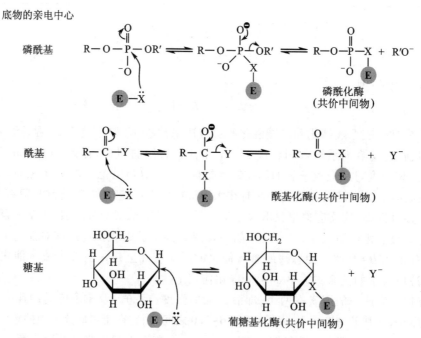

图 8-5   酶和底物形成共价结合的中间物
在每一情形中,酶上的亲核中心(X:)攻击底物上的亲电中心

现已知 100 多种酶在催化过程中形成共价中间物,表 8-4 列举了某些典型的例子。底物与酶分子中亲核基团分别形成酰基-丝氨酸、酰基-半胱氨酸、磷酸丝氨酸、磷酸组氨酸和西佛碱(Schiff base)。

表 8-4　形成共价 ES 中间物的一些酶

酶	反应基团	共价中间物
1. 胰凝乳蛋白酶(chymotrypsin) 弹性蛋白酶(elastase) 酯酶类(esterases) 枯草杆菌蛋白酶(subtilisin) 凝血酶(thrombin) 胰蛋白酶(trypsin)	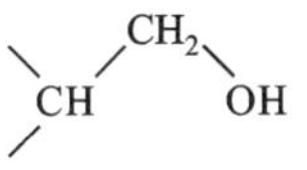 CH—CH₂—OH (Ser)	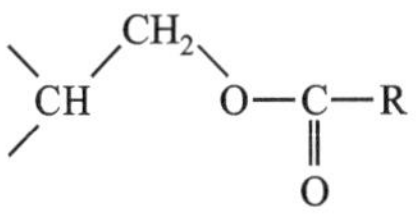 CH—CH₂—O—C(=O)—R (酰基 –Ser)
2. 3-磷酸甘油醛脱氢酶 (glyceraldehyde-3-phosphate dehydrogenase) 木瓜酶(papain)	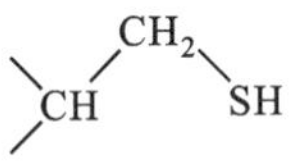 CH—CH₂—SH (Cys)	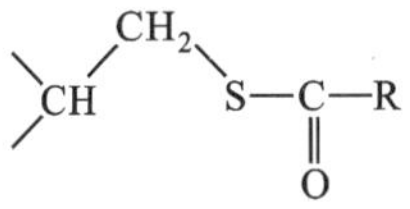 CH—CH₂—S—C(=O)—R (酰基 –Cys)
3. 碱性磷酸酶(alkaline phosphatase) 磷酸葡糖变位酶(phosphoglucomutase)	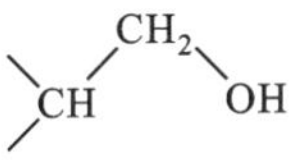 CH—CH₂—OH (Ser)	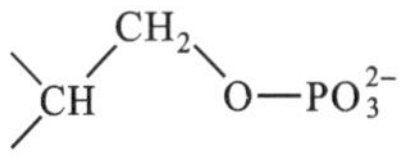 CH—CH₂—O—PO₃²⁻ (磷酸 –Ser)
4. 磷酸甘油酸变位酶 (phosphoglycerate mutase) 琥珀酰–CoA 合成酶 (succinyl CoA synthetase)	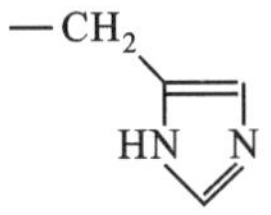 —CH₂—(咪唑环) (His)	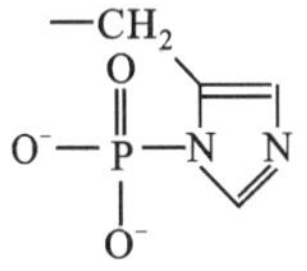 —CH₂—(咪唑环)—磷酸基 (磷酸 –His)
5. 醛缩酶(aldolase) 脱羧酶类(decarboxylases) 依赖于磷酸吡哆醛酶类 (pyridoxal phosphate-dependent enzymes)	R—NH₃⁺ (Lys 和其他氨基)	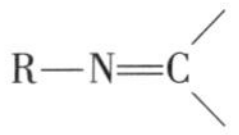 R—N=C (西佛碱)

亲电催化与亲核催化相反,它是由亲电催化剂起催化反应的。亲电催化剂通常涉及产生亲电子中心的辅酶。以磷酸吡哆醛为辅酶的天冬氨酸转氨酶(asparate amino-transferase)和丙氨酸消旋酶(alanine racemase)等都可能是通过亲电子机制催化的。

3. 金属离子催化(metal ion catalysis)

在所有已知的酶中,几乎 1/3 的酶催化活性需要金属离子,根据金属离子-蛋白质结合作用的大小将需要金属的酶分为两类:

(1) **金属酶**(metalloenzymes)　具有紧密结合的金属离子,多属于过渡金属离子如 Fe^{2+}、Fe^{3+}、Cu^{2+}、Zn^{2+}、Mn^{2+} 或 Co^{3+}。

(2) **金属–激活酶**(metal-activated enzyme)　含松散结合的金属离子,通常为碱金属和碱土金属离子,如 Na^+、K^+、Mg^{2+} 或 Ca^{2+}。

金属离子通常以 3 种方式参与催化作用:① 通过结合底物使其在反应中正确定向;② 通过金属离子氧化态的变化进行氧化还原反应;③ 通过静电作用稳定或屏蔽负电荷。下面举例讨论金属离子的催化作用。

金属离子通过电荷稳定性促进催化:金属离子的催化作用往往和酸的催化作用相似,但有些金属离子不止带一个正电荷,作用比质子要强。另外,不少金属离子有络合作用,并且在中性 pH 溶液中,H^+ 浓度很低,但金属离子也能以高浓度存在。如 Cu^{2+} 和 Ni^{2+} 催化二甲草酰乙酸脱羧,是被金属离子催化的非酶促反应例子:

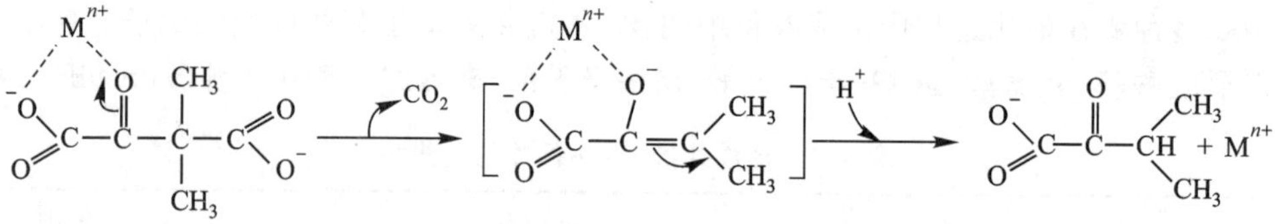

二甲草酰乙酸

金属离子(M^{n+})与二甲草酰乙酸螯合,以静电引力稳定过渡态形式的烯醇离子。乙酰乙酸不能与金属离子螯合,则金属离子不能催化脱羧。金属的催化还远远不能很好地解释酶的催化反应,如 Mn^{2+} 的催化和含 Mn^{2+} 酶的催化速率可差 10^8 倍。

金属离子通过电荷的屏蔽促进催化:如激酶的真正底物是 Mg^{2+}-ATP 复合物而不是 ATP,如:

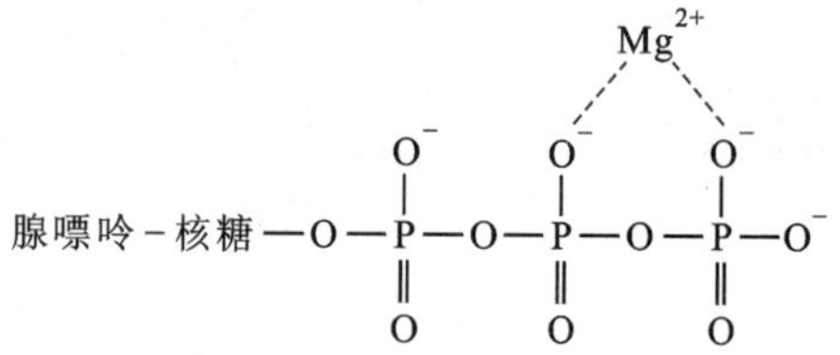

在这里,Mg^{2+} 的作用除了它的定向效应外,还对磷酸基团的负电荷起静电屏蔽作用。否则这些电荷将排斥亲核攻击的电子对,特别是那些具有阴离子性质的亲核体。

金属离子通过水的电离促进亲核催化:金属离子的电荷使它的结合水分子比自由水更具酸性,因此甚至在低于中性 pH 下,溶液中具有 OH^- 离子。例如,$(NH_3)_5Co^{3+}(H_2O)$ 的水分子根据下面反应电离:

$$(NH_3)_5Co^{3+}(H_2O) \Longrightarrow (NH_3)_5Co^{3+}(OH^-) + H^+$$

产生的金属离子结合的羟基是一种有力的亲核体。

氧化还原反应中包含了金属离子价的变化,许多氧化还原酶含有金属的辅基,电子的转移和金属离子的配基数目及性质有很大的关系。

(二) 酶具有高催化能力的原因

酶和一般催化剂一样,也是通过降低活化自由能加速反应的(见第 6 章)。酶降低活化自由能所需的大部分能量都来自酶与底物之间的非共价相互作用。酶不同于非酶催化剂就是因为酶是通过与底物结合成 ES 复合物而起催化作用的。在 ES 复合物中每形成一个弱相互作用都伴随着少量自由能的释放以稳定相互作用。来自酶-底物相互作用的自由能称为**结合能**(binding energy,ΔG_b)。ΔG_b 的意义已超出简单的稳定作用,实际上它是被酶用来降低反应活化自由能的主要能源。

目前认为酶的催化能力之所以比非酶催化剂高,主要有以下一些因素在降低活化自由能方面起了作用:① 邻近效应和定向效应;② 底物形变和诱导契合;③ 多元催化和协同效应;④ 活性部位微环境影响。

1. 邻近(proximity)和定向(orientation)效应

从降低活化自由能($\Delta G^{\neq}$)的角度看,邻近效应和定向效应是属于熵因子(见第 6 章)。酶促反应中当两个底物与酶结合成复合物时,底物将经受自由度的损失或者说造成熵的丢失。但是这种热力学上不利的**熵丢失**(entropy loss),在底物进入过渡态之前,已得到酶跟底物结合时所释放结合能的补偿。因此进入过渡态的活化熵,比非催化反应要小,即有小的负值。**邻近效应**和**定向效应**本质上是由于两个底物被束缚在酶的表面上引起的,因此一个分子间的反应变成了一个类似分子内的反应。邻近效应的直接结果是底物在活性部位的"有效浓度"比底物在溶液中的浓度要高得多,因此反应速率增加。其实,熵与有效浓度是相联系的。一个分子的熵,是它的平动熵、转动熵和振动熵等的总和。其中平动熵为主要部分,它与分子所占的溶液体积成正比,而一个分子所占的平均体积与其浓度成反比,因此分子的熵丢失必然伴随着它的浓度升高。

　　为了测定酶促反应的邻近效应,酶学家进行了模型实验,比较了分子间反应速率与相应的或相似的分子内反应速率。但必须指出,因为反应级数不同,实际上难以比较。为了比较,常取这两种反应的速率常数之比值以表示"有效浓度",也即当双分子反应中一个反应物 A 的浓度较低并与一个可比的分子内反应的反应物浓度一样时,另一个反应物 B 需要达到多大浓度才能使两个反应的速率相等。一个典型的实例是咪唑催化乙酸-p-硝基苯酯(p-nitrophenylacetate)的水解(图 8-6A)。在一定条件下,测得此分子间反应的二级速率常数为 35 $mol^{-1} \cdot L \cdot min^{-1}$,相应的分子内反应(图 8-6B)的一级速率常数为 839 min^{-1},两者的比值为 24 $mol \cdot L^{-1}$。此比值具有浓度单位,可认为它是分子内反应中 p-硝基苯酯基的"有效浓度",也即如果在双分子反应中[咪唑]=1 $mol \cdot L^{-1}$,则另一个底物——乙酸-p-硝基苯酯的浓度为 24 $mol \cdot L^{-1}$才能达到浓度为 1 $mol \cdot L^{-1}$的分子内反应的速率。

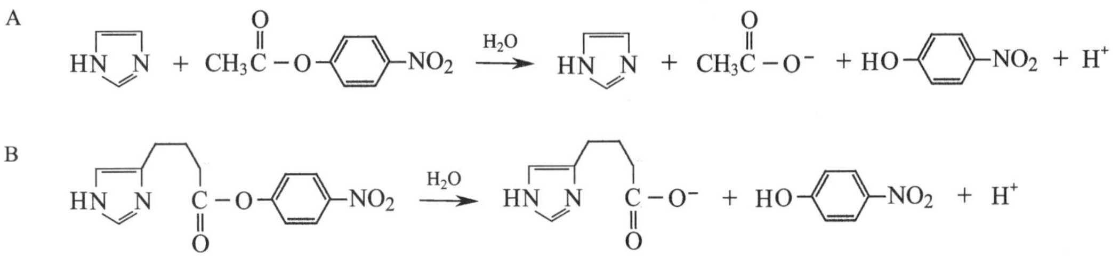

图 8-6　催化中邻近反应的一个实例

A. 咪唑催化乙酸-p-硝基苯酯的水解(慢);B. 相应的分子内反应(快),其速率为分子间反应的 24 倍

　　定向反应是指反应物的反应基团之间和酶的催化基团与底物的反应基团之间的正确取位产生的效应。正确定向取位问题在游离的反应物体系中很难解决,但当反应体系由分子间反应变为分子内反应后,这个问题就有了解决的基础。正确定向取位对加速反应的意义可以通过以分子内羧基催化酯水解的模型实验加以说明。表 8-5 列出了二羧酸单苯酯水解的相对速率和结构关系,该表说明了分子间反应和分子内反应有效浓度的关系,以及结构对分子内反应的影响。

表 8-5　二羧酸单苯酯水解相对速率和结构关系

结构	相对速率	结构	相对速率
$CH_3COO^- + CH_3COOR$	1.0	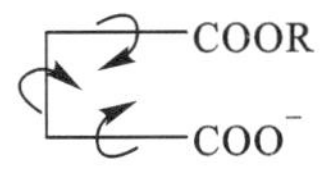 ⌐COOR ⌐COO⁻	2.2×10^5
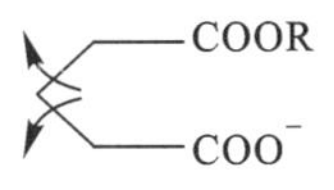 ╲COOR ╱COO⁻	1.0×10^3	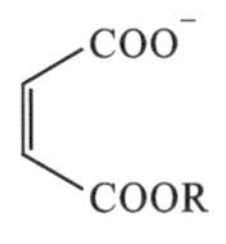 COO⁻ COOR	1.0×10^7
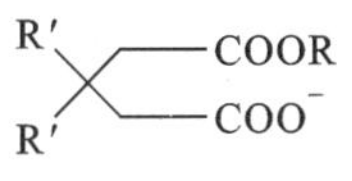 R′╲COOR R′╱COO⁻	$3.0 \times 10^3 \sim 1.3 \times 10^6$	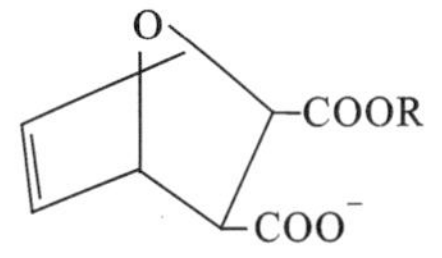 ⌬COOR COO⁻	1.0×10^8

　　从表可看出,羧基和酯之间,自由度愈小,愈能使它们邻近,并有一定的取向,反应速率就愈大。然而对一个双分子反应来说,要使其中一个底物浓度达到 $10^3 \sim 10^8$ $mol \cdot L^{-1}$时,才能和分子内的反应速率相同,这样大的浓度实际上是办不到的。例如在纯水中,水的浓度也不过是 55 $mol \cdot L^{-1}$。

　　再如邻羟苯丙酸的内酯形成,当两个甲基取代了苯环邻近的丙酸基碳原子上的氢,使羧基与羟基之间能更好地定向时,两个速率常数之比 $\dfrac{1.5 \times 10^6}{5.9 \times 10^{-6}} = 2.5 \times 10^{11}$,反应速率可提高 2.5×10^{11}倍。

$k=5.9\times10^{-6}\,s^{-1}$ $k=1.5\times10^{6}\,s^{-1}$

M. I. Page 和 W. P. Jencks 认为,邻位效应与定向效应在双分子反应中起的促进作用至少可分别达 10^4 倍,两者共同作用则可使反应速率升高 10^8 倍,这与许多酶催化力的计算是很相近的(表 6-2)。

2. 底物形变(distortion)和诱导契合(induced fit)

从能量角度看底物形变和诱导契合是属于熵因子(见第 6 章),涉及活化焓 $\Delta H^{\neq}$ 的降低。当酶遇到其专一性底物时,酶中某些基团或离子可以使底物分子内敏感键中某些基团的电子云密度增高或降低,产生"电子张力",使敏感键的一端更加敏感,底物分子发生形变,见图 8-7A,底物比较接近它的过渡态,降低了反应活化能,使反应易于发生。例如乙烯环磷酸酯的水解速率是磷酸二酯水解速率的 10^8 倍,这是因为环磷酸的构象更接近于过渡态。

相对水解反应速率   1 $\geq 10^8$

再如,溶菌酶与底物结合时引起 D-糖环构象改变,由椅式变成半椅式。当磷酸二羟丙酮与磷酸丙糖异构酶结合时,底物分子发生了扭曲。

前已指出,酶与底物结合时,酶构象发生改变的同时,底物分子也发生形变,即所谓诱导契合,如图 8-7B 所示,从而形成一个互相契合的酶-底物复合物,进一步转换成过渡态,大大增加了酶促反应速率。

3. 多元催化和协同效应

在酶催化反应中,常常是几个基元催化反应配合在一起共同起作用。例如胰凝乳蛋白酶是通过活性部位中 Asp_{102}、His_{57}、Ser_{195} 组成的"电荷中继网"催化肽键水解,包括亲核催化和广义碱催化协同作用(见下面一节)。再如核糖核酸酶在水解其底物时,His_{12} 起着广义碱催化作用,从核糖 2′-OH 上接受一个质子,而 His_{119} 却起着广义酸的作用,和磷酸的氧原子形成氢键。这种多元催化协同作用的结果,是使酶反应加速的一个因素。

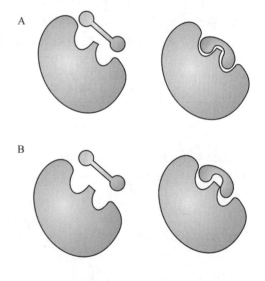

图 8-7   底物和酶结合时构象变化示意图
A. 底物分子发生形变;B. 底物分子和酶都发生形变

4. 活性部位微环境的影响

在酶分子的表面有一个裂缝,而活性部位就位于疏水环境的裂缝中,它是一个低介电区域。化学基团的反应活性和化学反应的速率在非极性介质与水性介质中有显著差别。这是由于在非极性环境中的介电常数比在水介质的介电常数低。在非极性环境中两个带电基团之间的静电作用比在极性环境中显著增高。当底物分子与酶的活性部位相结合,就被埋没在疏水环境中,这里底物分子与催化基团之间的作用力将比活性部位极性环境的作用力要强得多,这一疏水的微环境大大有利于酶的催化作用。此外,一些酶促反应表明,由于特殊的微环境,在一个溶液中可以同时存在高浓度酸和高浓度碱,使氨基酸残基侧链基团

的 pK 值偏离正常值,以在反应中起酸或碱的催化。溶菌酶的例子就充分说明了微环境对酶催化反应的影响(下节详细讨论)。

上面讨论了加速酶促反应的几个因素,必须指出上述诸因素,不是同时在一个酶中起作用,也不是一种因素在所有的酶中起作用。更可能的情况是对不同的酶,起主要作用的因素不同,各自都有其特点,可能分别受一种或几种因素的影响。

四、酶催化反应机制的实例

上一节讨论了酶促反应的催化机制,涉及基元催化中的酸碱催化、共价催化和金属离子催化,也介绍了一些加速酶促反应速率的因素。近几十年来人们采用各种物理、化学方法及分子生物学方法对一些酶的催化机制进行了研究,从而较好地阐明了一些酶的催化过程及其反应机制。将通过下面几个实例帮助更深入地了解酶促反应的催化机理。

(一)溶菌酶

溶菌酶(lysozyme)是一种天然的抗菌剂,存在于鸡蛋清及动物的眼泪中,其生物学功能是催化某些细菌细胞壁多糖的水解,从而溶解这些细菌的细胞壁。细胞壁多糖是 N-乙酰葡糖胺(N-acetylglucosamine,NAG)-N-乙酰胞壁酸(N-acetylmuramic acid,NAM)的共聚物,其中的 NAG 及 NAM 通过 β-1,4 糖苷键而交替排列(图 8-8)。

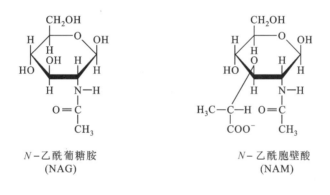

N-乙酰葡糖胺　　　　　　　　　　N-乙酰胞壁酸
(NAG)　　　　　　　　　　　　　(NAM)

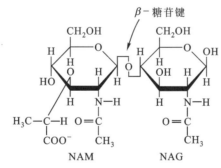

图 8-8　NAM 通过 β(1→4)糖苷键与 NAG 连接

溶菌酶相对分子质量为 $14.6×10^3$,由 129 个氨基酸残基组成的单肽链蛋白质,含有 4 对二硫键,其一级结构如图 8-9 所示。

溶菌酶是一种葡糖苷酶,能催化水解 NAM 的 C1 与 NAG 的 C4 之间的糖苷键(图 8-10),但不能水解 NAG C1 和 NAM C4 之间的 β(1→4)糖苷键。几丁质是甲壳类动物甲壳中所含的多糖,仅由 NAG 残基通过 β(1→4)糖苷键连接而成,几丁质也是溶菌酶的底物。

底物与酶结合后,酶催化哪一个键水解呢?用大小不同的 NAG 寡聚体作底物测定被溶菌酶水解的相对速率,结果如表 8-6。从表中可见:少于 4 个糖的寡聚体水解速率甚小,当由四聚体增加到五聚体时,水

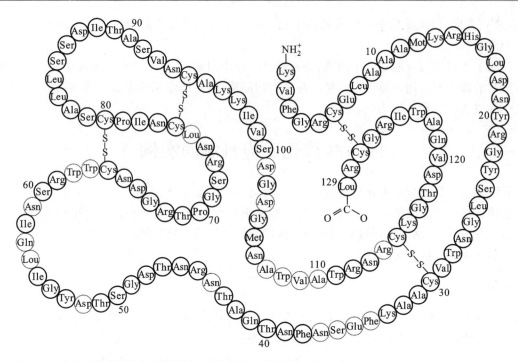

图 8-9　鸡蛋清溶菌酶的氨基酸顺序,活性部位中的残基用小点圈出

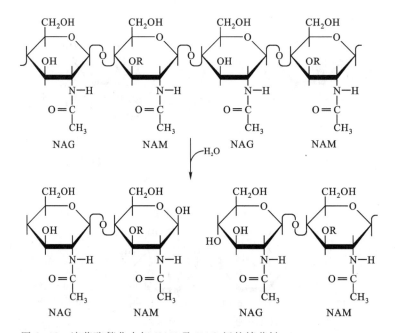

图 8-10　溶菌酶催化水解 NAM 及 NAG 间的糖苷键

$$R \text{ 为 } CH_3-\overset{|}{C}H-COO^-$$

解速率猛增 500 倍,五聚体增加到六聚体,速率增加近 8 倍,六聚体增加到八聚体,速率不再变化。这种情况与 X 射线晶体结构分析结果一致,活性部位所在的裂缝正好被 6 个糖残基所装满。

表 8-6　溶菌酶对不同 NAG 寡聚体的水解

底物/(浓度为 10^{-4} mol·L^{-1})	相对水解速率	底物/(浓度为 10^{-4} mol·L^{-1})	相对水解速率
(NAG)$_2$	0	(NAG)$_5$	4 000
(NAG)$_3$	1	(NAG)$_6$	30 000
(NAG)$_4$	8	(NAG)$_8$	30 000

（NAG）$_3$是溶菌酶的竞争性抑制剂，因此 A-B，B-C 糖苷键均不可能是被水解的键。而 C 环的空间对 NAM 来说体积太大，只能是 NAG。C-D 也不可能成为裂解的部位，而 NAM 不能适合到部位 C 中，进一步排除了另一个裂解部位：E-F 键。胞壁多糖是一个 NAM 和 NAG 交替的高聚物，从而 NAM 不能占据部位 C 时也就不能占据部位 E。细菌的细胞壁多糖恰好是具有 NAM-NAG 键，溶菌酶的作用专一性又要求作用在 NAM-NAG 键，而 C-D 和 E-F 都不是这种类型的键，所以水解部位只能发生在 D-E 之间（图 8-11）。

结合部位

| A | B | C | D | E | F |

NAG—NAG—NAG—NAG—NAG—NAG ←因为（NAG）$_3$不能水解此处不可能是被水解的键

NAM—NAG—NAM—NAG—NAM—NAG ←因为NAM位阻关系不能处于C部位此处也不可能是被水解的键

NAG—NAM—NAG—NAM—NAG—NAM ←推断被水解的键

图 8-11　D 和 E 之间的糖苷键是溶菌酶的作用部位

D. Phillips 等人 1965 年以 0.2 nm 分辨率的 X 射线晶体结构分析法阐明了溶菌酶的三维结构，如图 8-12。

溶菌酶分子近椭圆形，大小为 4.5 nm×3.0 nm×3.0 nm。它的构象较复杂，α 螺旋仅占 25%，在分子的一些区域有伸展着的 β 片层构象。溶菌酶分子的内部是非极性疏水区。疏水的相互作用在溶菌酶的折叠构象中起重要作用。在溶菌酶分子表面为极性基团，使得酶是亲水的，表面上有一个较深的裂缝，其大小恰好能容纳多糖底物的 6 个单糖，这是溶菌酶的活性部位。用 X 射线晶体结构分析法研究了竞争性抑制剂（NAG）$_3$对溶菌酶的抑制作用，图像分析表明（NAG）$_3$仅仅占据了大约半个裂缝。从活性部位的几何大小看出酶的最小底物应该是（NAG）$_6$。实验中用（NAG）$_6$为底物，确实能被酶迅速水解。图 8-13 显示了酶活性部位刚好能容纳一个六糖分子，A、B、C、D、E、F 表示 6 个糖残基的位置，只是第 4 个糖残基 D 环因空间的原因必须由正常的椅式变形为能量较高的半椅式构象。因此糖苷键

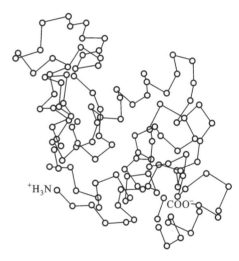

^+H_3N　　COO^-

图 8-12　溶菌酶的三维结构

的稳定性降低，键就容易从这里断裂。

进一步问题是酶的催化作用，究竟键是在糖苷氧原子的哪一侧被裂解的？回答这个问题，可以在 $H_2^{18}O$ 溶液中酶促水解底物（NAG）$_6$，发现只有 D 糖 C1 上含有 ^{18}O，而 E 糖的 C4 羟基只含普通的 O，由此可知这个键断裂在 D 糖基的 C1 和 E 残基的糖苷键的 O 之间（图 8-14）。分析 D-E 键周围的微环境，最活泼的基团显然是 Asp$_{52}$和 Glu$_{35}$，它们分别位于糖苷键两侧。Asp$_{52}$位于糖苷键的一侧，而 Glu$_{35}$在另一侧。这两个酸性侧链具有明显不同的微环境。Asp$_{52}$是在一个明显的极性环境中，在那里它在一个复杂的氢键网络中起着氢键受体的作用。相反，Glu$_{35}$位于非极性区。这样在 pH 5 下，这是溶菌酶水解几丁质的最适 pH。Asp$_{52}$侧链羧基为解离的 COO^-形式，而 Glu$_{35}$的侧链羧基则为质子化未电离的 COOH 形式，侧链基团的氢原子与这个糖苷键氧原子的距离大约为 0.3 nm（图 8-15），这个距离正好能够形成氢键。

D. Phillips 等人根据上述研究资料提出了溶菌酶的催化作用机制，要点如下：

（1）Glu$_{35}$的—COOH 提供一个 H$^+$到 D 环与 E 环间的糖苷键 O 原子上。H$^+$的转移使 D 环的 C1 键与糖苷键 O 原子间的键断开，并形成正碳离子过渡态中间产物（图 8-16）。

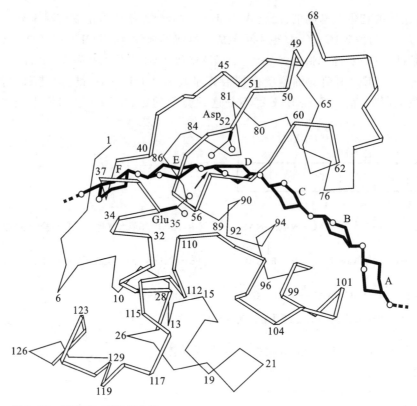

图 8-13　溶菌酶–底物复合物

表示 Glu_{35} 及 Asp_{52} 对 D 环的作用及 D 环有形变

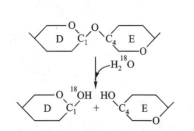

图 8-14　溶菌酶在 $H_2^{18}O$ 溶液中水解底物，证明在 D-E 环之间 C_1-O 键断裂

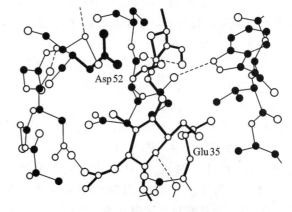

图 8-15　溶菌酶活性部位的部分结构

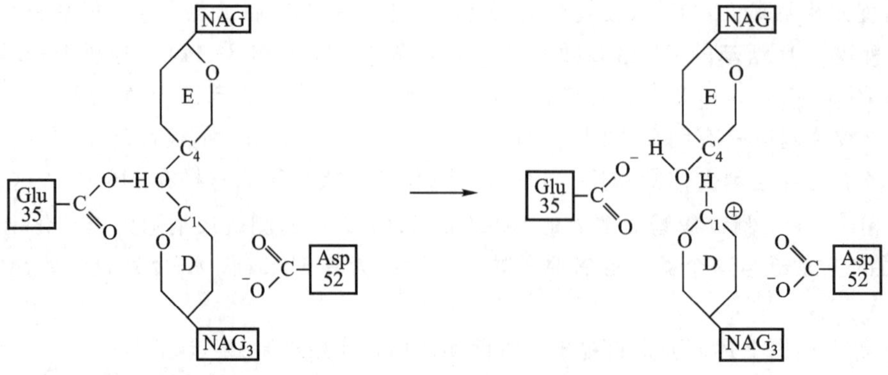

图 8-16　溶菌酶催化作用

第一步是质子转移，糖苷键被裂解，形成一个正碳离子中间物

（2）含有 E 及 F 残基的 NAG 二聚体离开酶分子。

（3）正碳离子中间产物进一步与来自溶剂的 OH^- 发生反应（图 8-17），Glu_{35} 质子化，由 A、B、C 和 D 残基组成的 NAG 四聚体通过扩散离开酶分子，然后溶菌酶为新的一轮催化过程做好了准备。

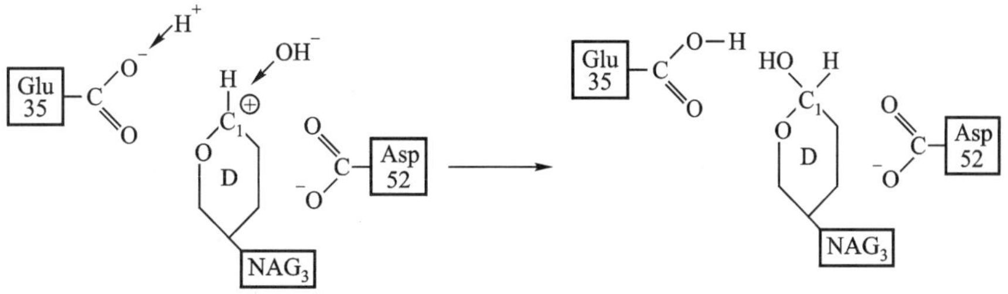

图 8-17　溶菌酶催化作用

第二步是 OH^- 和 H^+ 分别加合到正碳离子中间物和 Glu_{35} 的侧链后，水解反应完成

上述的催化机制中，关键要素为：

（1）广义的酸催化，Glu_{35} 以酸的形式提供质子，它和糖苷键氧原子的距离为 0.3 nm，正是合适的作用距离。

（2）正碳离子中间产物的形成与稳定，一方面由于 Asp_{52} 带有负电荷的羧酸基通过静电相互作用稳定 D 环中 C1 的正电荷；另一方面由于 D 环的形变，由椅式构象变为半椅式，使 D 环上 C1、C2、C5、和 O 都在一个平面上，氧原子的负电性可以使正碳离子稳定。因此可以说，在结合底物时，酶迫使底物采取了接近于过渡态的构象。

D. Phillips 根据晶体学研究提出的底物结合方式和催化作用机制，通过各种化学实验得到证实，Phillips 机制几十年来得到广泛接受。但是，近年来有人提出溶菌酶另外一种催化作用机制，认为催化的第一步反应形成共价中间物而不是正碳离子中间物。2001 年 W. Stephen 等人用突变溶菌酶（将 Glu_{35} 突变为 Gln）和人工合成底物降低酶促反应速率，通过质谱仪和 X 射线晶体结构分析验证了共价中间物的存在。至于溶菌酶哪种作用机制阐明的更符合事实，有待人们设计更多令人信服的实验来证明。

（二）碳酸酐酶

1. 碳酸酐酶（carbonic anhydrase）使 CO_2 水合反应更快

CO_2 是需氧代谢的主要终端产物，在哺乳动物中，CO_2 被释放进入血液并转运到肺呼出。在红细胞中 CO_2 同水反应，反应产物为中等强度的碳酸（$pK_a = 3.5$），而后失去一个质子转变为碳酸氢离子（HCO_3^-）。

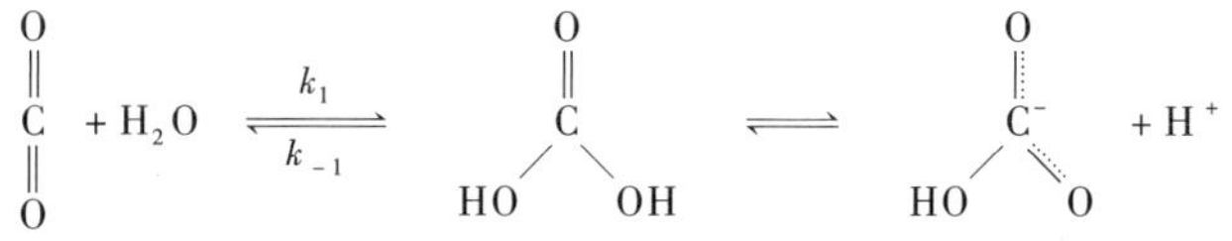

其至在无催化剂时，水合反应也以中等快地速度进行。在 37 ℃，接近中性 pH，二级速率常数 k_1 是 0.002 7 $mol^{-1} \cdot L \cdot s^{-1}$，该值相当于在水中（$[H_2O] = 55.5 \ mol \cdot L^{-1}$）实际的一级速率常数 0.15 s^{-1}。HCO_3^- 脱水合的可逆反应其至更迅速，速率常数 $k_{-1} = 50 \ s^{-1}$。这些速率常数相应的平衡常数 $K = 5.4 \times 10^{-5}$，在平衡时 $[CO_2]/[H_2CO_3]$ 比率 340∶1。

CO_2 水合和 HCO_3^- 脱水合常被偶联成迅速过程，即特殊的转运过程。几乎所有的有机体都含有碳酸酐酶，它所增加地反应速率远远超过自发进行的速率。碳酸酐酶显著地促进 CO_2 水合，水合 CO_2 的速率 $k_{cat} = 10^6 \ s^{-1}$，即每秒钟每个酶分子可水合百万个 CO_2 分子，其催化效率指数（k_{cat}/K_m）为 $8.3 \times 10^7 mol^{-1} \cdot L \cdot s^{-1}$，已达到酶催化效率的完美程度。

2. 碳酸酐酶含有一个催化活性必需的锌离子

1932 年发现碳酸酐酶后不到 10 年，就确认有一个锌结合于酶的单肽链上（$M_r \ 30 \times 10^3$），而且这个锌离子对酶的催化活性是必需的。碳酸酐酶是首先被发现含锌的酶，现在已知几百种酶都含有锌。X 射线晶体结构分析研究提供了碳酸酐酶中有关锌部位最详细和最直接的信息。在人类至少有 7 种碳酸酐酶，每种都有各自的基因，其实质顺序的同一性，显然说明它们是同源的。碳酸酐酶 Ⅱ 作为红细胞的主要蛋白组分，已被广泛的研究（图 8-18），它也是最具活性的碳酸酐酶之一。

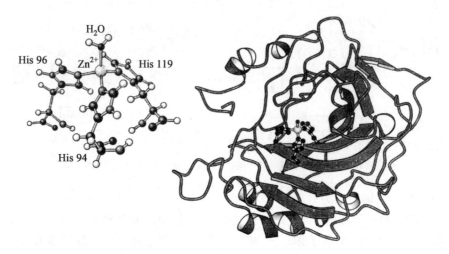

图 8-18   人碳酸酐酶 Ⅱ 的结构和它的锌部位

左图表示锌离子与 3 个 His 残基的咪唑环和 1 个水分子相结合；右图表示锌位于靠近酶中心的裂缝中

在生物系统锌仅以 +2 态存在，1 个锌原子常常结合 4 个或更多个配基，在碳酸酐酶中，3 个配位被 3 个 His 残基的咪唑环所占据，另外一个配位被 1 个水分子占据（或依赖于 pH 的 OH^-），因为占据配位的分子是电中性的，$Zn(His)_3$ 单位整个电荷保持 +2。

3. 催化作用必需锌活化水分子

从 pH 对碳酸酐酶活性的影响可知，结合到正电荷锌中心的水分子 pK_a 从 15.7 降低到 7（图 8-19），随着 pK_a 的降低，许多水分子在中性 pH 失去 1 个质子产生高浓度的羟离子结合到锌原子。锌-结合羟离子（OH^-）是强的亲核剂，比水更容易攻击 CO_2。邻近锌部位，碳酸酐酶也有一个疏水区作为 CO_2 结合部位。基于上述观察，提出了 CO_2 水合的机制（图 8-20）。

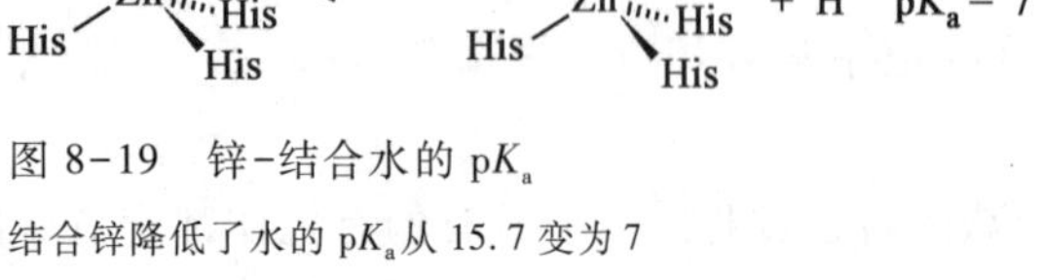

图 8-19   锌-结合水的 pK_a

结合锌降低了水的 pK_a 从 15.7 变为 7

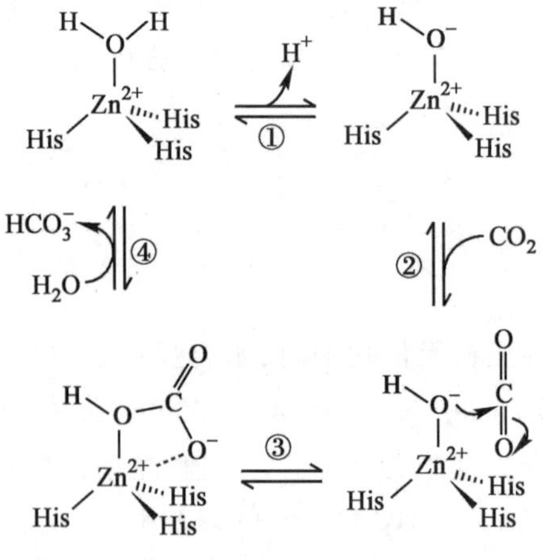

图 8-20   碳酸酐酶催化机制

反应经历 4 个步骤：① 水脱质子；② 结合 CO_2；③ 羟基亲核攻击 CO_2；④ 水置换 HCO_3^-

（1）锌离子促进从水分子释放 1 个质子产生 1 个羟离子；

（2）CO_2 底物结合到酶活性部位，并且将羟离子反应定位到适当位置；

（3）羟离子攻击 CO_2 转换成碳酸氢离子（HCO_3^-）；

（4）释放 HCO_3^-,催化部位再生,并结合另外的水分子。

这样,水分子结合锌离子,通过促进质子释放和将水分子定位于紧邻的反应物,则有助于形成过渡态。

用人工合成的类似物模型系统进行了研究,为该反应机制的可能性提供了证据,结果表明该模型系统有力的证明锌-结合羟基的机制是正确的。

4. 质子梭能促进酶活性形式的迅速再生

研究证明,为了克服从锌-结合水分子对质子转移速度的限制,碳酸酐酶有一个质子梭（proton shuttle）转移质子到缓冲剂。为实现 CO_2 水合的高速率,需要存在缓冲剂,认为缓冲剂参加反应,并能结合和释放质子。许多缓冲剂分子成分要达到碳酸酐酶活性部位也显太大,碳酸酐酶Ⅱ形成一个质子梭让缓冲剂组分在溶液中参加反应。这个梭的主要组分是 His_{64}。该残基从锌-结合水转移质子到蛋白质表面,而后到缓冲剂（图 8-21）,促进了酶活性形式的自生。因此酶的催化功能通过质子梭的作用而增强。

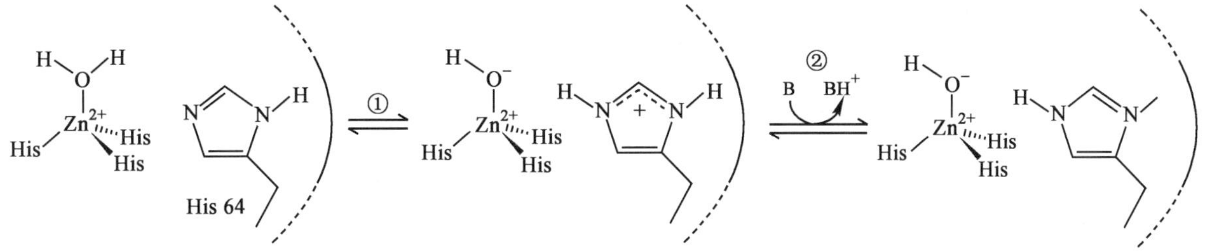

图 8-21 His 质子梭
① His_{64} 从锌-结合水分子吸取一个质子产生亲核羟离子并质子化 His；② 缓冲剂 B 从 His 除去一个质子再生为未质子化的形式

（三）丝氨酸蛋白酶

丝氨酸蛋白酶（serine protease）是一类最有特色的酶家族。这个家族包括胰蛋白酶（trypsin）、胰凝乳蛋白酶（chymotrypsin）、弹性蛋白酶（elastase）、凝血酶（thrombin）、枯草杆菌蛋白酶（subtilisin）、纤溶酶（plasmin）、组织纤溶酶原激活剂（tissue plasminogen activator, tPA）和其他有关的酶类。头 3 种酶为消化酶,在胰腺中合成,并以非活性的酶原形式分泌到消化道中,在消化道中酶原通过除去部分肽链转变成活性酶形式。凝血酶在血凝级联（blood clotting cascade）中是一个重要的酶。枯草杆菌蛋白酶是一种细菌蛋白酶,而纤溶酶能裂解血凝块的纤维多聚体。tPA 特异地激活纤溶酶原成为纤溶酶,后者有溶解血块的能力。最后,乙酰胆碱酯酶（acetylcholinesterase）虽然本身不是一种蛋白酶,而是一种丝氨酸酯酶,但具有丝氨酸蛋白酶的相关作用机制,能降解神经递质乙酰胆碱。

1. 消化作用的丝氨酸蛋白酶

胰蛋白酶、胰凝乳蛋白酶和弹性蛋白酶执行着相同的反应——裂解肽键,虽然它们结构和作用机制很相似,但专一性明显不同。胰蛋白酶裂解碱性氨基酸 Arg 或 Lys 羧基侧肽键,胰凝乳蛋白酶选择裂解芳香氨基酸如像 Phe 和 Tyr 羧基侧肽键,弹性蛋白酶不像前 2 种酶的专一性,它主要裂解小的中性氨基酸残基羧基侧肽键。这 3 种酶相对分子质量约 25×10^3,并且具有相似的顺序（图 8-22）和三级结构。D. Blow 于 1967 年解析了胰凝乳蛋白酶的三维结构（图 8-23）。此分子是一个紧密的椭球体,大小为 $5.1 \, nm \times 4.0 \, nm \times 4.0 \, nm$,在 C 端含一个 α 螺旋（残基 230 到 245）和几个 β 片层域。多数芳香和疏水残基包埋在蛋白质内部,而多数带电的或者亲水的残基分布在分子表面。3 个极性残基——His_{57}、Asp_{102} 和 Ser_{195} 在活性部位形成熟知的**催化三联体**（catalytic triad）（图 8-24）。这 3 个残基也存在于胰蛋白酶和弹性蛋白酶。酶活性部位位于酶分子表面凹陷的小口袋中,可用于鉴别酶对残基的专一性（图 8-25）。例如在胰凝乳蛋白酶中,有一个被疏水氨基酸环绕的口袋,大的足以容纳一个芳香残基。在胰蛋白酶口袋中,有一个负电荷 Asp_{189} 在底部,有利于结合正电荷 Arg 和 Lys 残基。另一方面弹性蛋白酶有一个浅的口袋,在开口处具有大的 Thr 和 Val 残基,仅仅小的、不大的残基能够容纳在它的口袋中。肽底物的骨架以反平行的方式氢键结合到残基 215～219 上,这样被裂解的肽键就紧密地与 His_{57} 和 Ser_{195} 相结合。

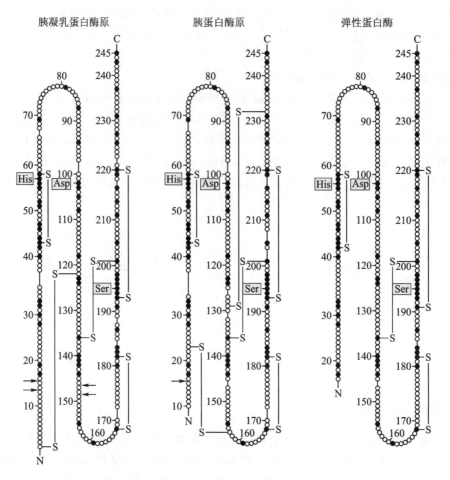

图 8-22   胰凝乳蛋白酶原、胰蛋白酶原和弹性蛋白酶氨基酸顺序的比较

每个圆圈代表一种氨基酸。号码是根据胰凝乳蛋白酶原的顺序。实圈表示所有 3 种蛋白质相同的残基。二硫键用黑线表示,已标出 3 种催化上重要的活性部位的残基(His$_{57}$、Asp$_{102}$、Ser$_{195}$)位置

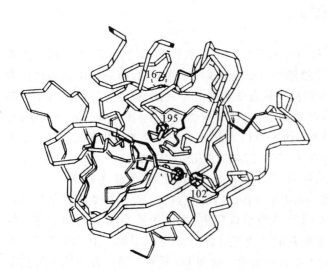

图 8-23   α-胰凝乳蛋白酶的三维结构

只表示出 α-碳原子,在催化中起重要作用的残基用圆圈标出

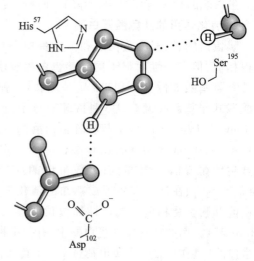

图 8-24   胰凝乳蛋白酶的催化三联体

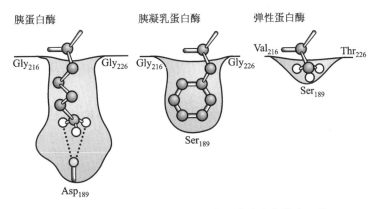

图 8-25　胰蛋白酶、胰凝乳蛋白酶和弹性蛋白酶底物结合口袋

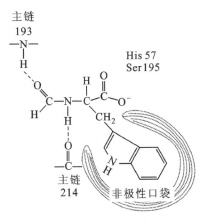

图 8-26　底物类似物甲酰-L-色氨酸与胰凝乳蛋白酶结合情况的示意图

　　胰凝乳蛋白酶与底物类似物复合物的晶体学研究已说明了专一性识别部位的位置以及敏感肽键的可能取向。甲酰色氨酸与胰凝乳蛋白酶结合,将其吲哚侧链正好装进 Ser_{195} 附近的口袋中(图 8-26)。这个较深的沟足以说明胰凝乳蛋白酶对芳香族和其他大的疏水性侧链的专一性。胰凝乳蛋白酶与多肽底物类似物复合体晶体结构分析指出了底物主链和酶的主链之间形成广泛的氢键。氢键的模式与反平行 β 片层中的相似。

2. 胰凝乳蛋白酶中的催化三联体

　　胰凝乳蛋白酶的催化活性依赖于 Ser_{195} 的异常反应活性。在生理条件下,—CH_2OH 基一般是很不活泼的。究竟什么原因使它在胰凝乳蛋白酶的活性部位中这样活泼呢?从这个酶三维结构的 X 射线晶体结构研究中得出一个可能的解释。正如从亲和标记工作中可预料到的,His_{57} 确与 Ser_{195} 相邻近,Asp_{102} 的羧基侧链也在其附近(图 8-27)。这 3 个残基形成**催化三联体**(catalytic triad)。

　　在没有底物时,His_{57} 是未质子化的(图 8-28),然而当 Ser_{195} 羟基氧原子对底物进行亲核攻击时,它从 Ser_{195} 接受一个质子,Asp_{102} 的 COO^- 作用是稳定过渡态中 His_{57} 的正电荷形式,此外,Asp_{102} 定向 His_{57} 并保证从 Ser_{195} 接受一个质子处于适当的互变异构形式。

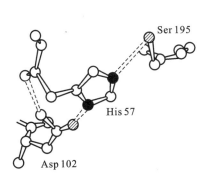

图 8-27　胰凝乳蛋白酶中 Ser-His-Asp 催化三联体的构象

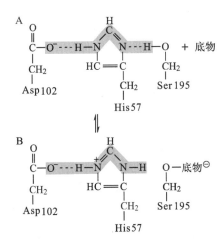

图 8-28　催化三联体-电荷转移系统
电荷在阴影所示的线路上可来回"接力赛跑",这里 His57 起着广义酸碱的作用

为了证明催化三联体对丝氨酸蛋白酶催化中的作用,采用定点诱变的技术对枯草杆菌蛋白酶催化三联体的三个氨基酸残基(Ser_{221}、His_{64}、Asp_{32})分别用 Ala 代替 Ser_{221},His_{64} 和 Asp_{32} 得到 3 种突变酶,发现 k_{cat} 明显降低,仅为野生型酶的 0.005%,K_m 并未改变。实验说明了丝氨酸蛋白酶的催化作用是通过催化三联体进行的。

3. 胰凝乳蛋白酶催化机制的动力学研究

丝氨酸蛋白酶是水解酶类,但它并不催化水对肽键的直接水解,代之以只形成一个过渡性的共价酰基-酶中间物。关于酰基-酶中间物的最先证据来自**前稳态动力学**(参见图 7-8)的研究。

胰凝乳蛋白酶催化机制可通过水解人工合成底物——简单的有机酯进行研究,如乙酸-p-硝基苯酯、氨基酸类似物的甲酯如甲酰苯丙氨酸甲酯、乙酰苯丙氨酸甲酯和苯甲酰丙氨酸甲酯。乙酸-p-硝基苯酯是一种特别有用的模型底物,因为硝基酚产物在 400 nm 有强烈的光吸收,容易被观察。当用它进行凝乳蛋白酶动力学研究时,发现反应分两个不同的阶段,开始以突发速率生成 p-硝基苯酚,随后成为一个慢的稳态速率(图 8-29)。第一步是乙酸-p-硝基苯酯与胰凝乳蛋白酶结合后形成一个酶-底物(ES)复合物(图 8-30),底物的酯键被裂解。然后产物之一的 p-硝基苯酚从酶上释放出来,而底物乙酰基就以共价键与酶的 Ser_{195} 结合。随后水分子攻击乙酰-酶复合物,释放出乙酸根离子,并使酶再生(图 8-30)。p-硝基苯酚开始生成时的迅速突发阶段相当于乙酰-酶复合物的形成,这步反应称为**酰化作用**(acylation)。在慢的稳态阶段相当于乙酰-酶复合物通过水解再生为游离的酶,第二步称为**脱酰作用**(deacylation),是胰凝乳蛋白酶催化酯水解的限速步骤。

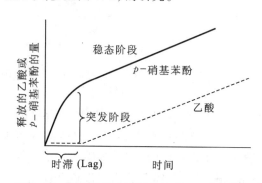

图 8-29 胰凝乳蛋白酶催化乙酸-p-硝基苯酯水解的动力学曲线

突发地产生 p-硝基苯酚之后,紧接着是更慢的、稳态的释放。在一个初始的延缓周期之后,即观察到乙酸的释放。这个动力学模型与酰化-酶中间物的迅速形成是一致的。更慢的、稳态的释放产物相当于酰基-酶中间物限速的裂解

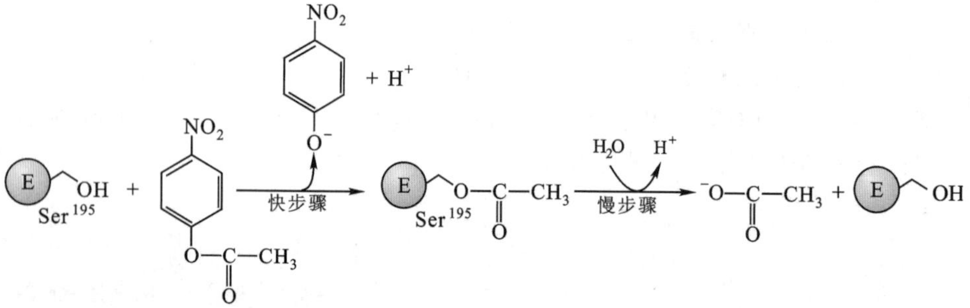

图 8-30 酰基-酶中间物的迅速形成(酰化),随后缓慢地释放产物(脱酰)

实际上,酰基-酶复合物是相当稳定的,从而在适当条件下可以分离出来。

4. 丝氨酸蛋白酶的催化机制

肽水解的可能机制如图 8-31 所示,通过酰化和脱酰化两步进行。底物肽的骨架结合到邻近的催化三联体,从专一侧链进入它的口袋。催化三联体的 Asp_{102} 通过一个氢键定位并固定 His_{57}。反应的第一步,His_{57} 作为一个广义碱从 Ser_{195} 吸取一个质子,促进 Ser_{195} 亲核攻击要断裂肽键的羰基碳。这是一个协调步骤,Ser_{195} 攻击羰基碳前质子转移,将留下一个相当不稳定的 Ser 氧的负电荷,形成酰基酶共价复合物。在下一步骤中,从 His_{57} 质子供体给肽的酰胺氮,得到共价的质子化胺,形成四面体中间物,随后促进键的断裂,和产物胺的解离。肽上氧的负电荷是不稳定的,这个四面体中间物是短暂的,能迅速地断裂除去产物胺。酰基酶中间物有一定稳定性,甚至用不能进一步反应的底物类以物能够分离出来。然而,用正常的肽底物,随后为脱酰化,用水亲核攻击羰基碳,产生另一个过渡态四面体中间物(图 8-31)。在这一步中

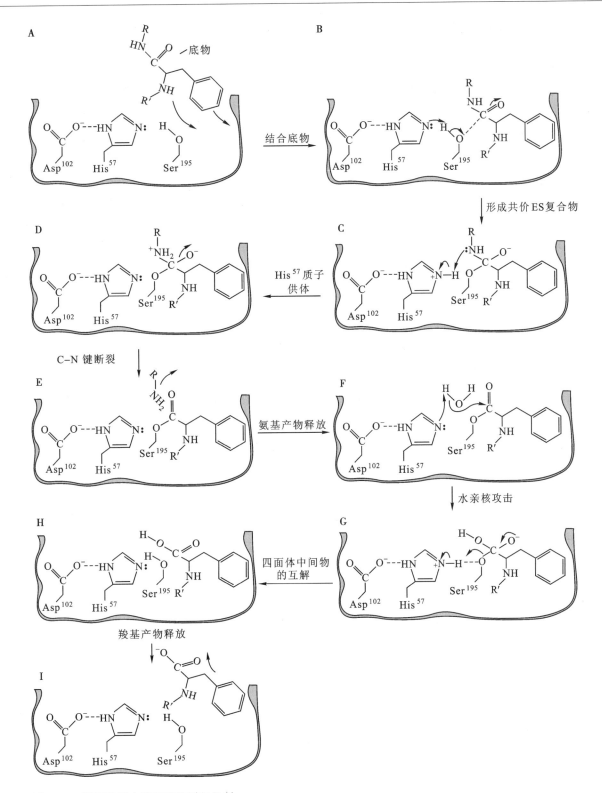

图 8-31　胰凝乳蛋白酶反应的详细机制

His₅₇ 作为广义碱从攻击的水分子接受一个质子。随后通过 His₅₇ 提供质子给 Ser 氧，以协调的方式帮助四面体中间物瓦解。羧基脱去质子，并从活性部位脱离，完成了整个反应。丝氨酸蛋白酶的催化机制说明了过渡态稳定性的原理，也提供了一种典型的酸-碱催化和共价催化的例子。

5. 其他三类蛋白水解酶——半胱氨酸蛋白酶、天冬氨酸蛋白酶和金属蛋白酶

半胱氨酸蛋白酶类（cysteine proteases）中研究较多的为木瓜蛋白酶（papain），这类酶参与酶催化作用的是半胱氨酸残基和组氨酸残基,半胱氨酸残基被组氨酸残基激活,而后作为亲核剂攻击肽键。**天冬氨酸蛋白酶类**(aspartic proteases)如胃蛋白酶、肾素等,活性部位由 2 个天冬氨酸残基构成(详见下面部分)。**金属蛋白酶类**(metal proteases)如嗜热菌蛋白酶、羧肽酶 A 和碳酸酐酶[见本节(二)],含有金属离子 Zn^{2+},通过活化的水分子作为亲核剂,攻击肽羰基。这三类酶活性部位具有以下的作用特点:① 活化水分子或别的亲核体;② 极化的肽羰基;③ 形成一个四面体中间物,如图 8-32 所示。

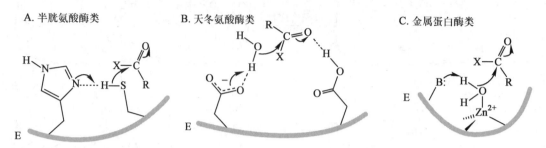

图 8-32   三类蛋白酶的激活机制
A. 半胱氨酸蛋白酶中 **His**—活化的 Cys;B. 天冬氨酸蛋白酶中 **Asp**—活化的水分子;C. 金属蛋白酶中金属离子-活化的水分子,图 C 中 B 代表碱(常常是 Glu),帮助金属离子结合水脱质子

(四) 天冬氨酸蛋白酶

天冬氨酸蛋白酶(aspartic protease)作为一个蛋白水解酶的家族产生于哺乳动物、霉菌和高等植物。这些酶在酸性 pH(或有时中性)表现活性,并且在活性部位具有两个 Asp。天冬氨酸酶具有各种功能(表 8-7),包括消化(胃蛋白酶和凝乳酶)、溶酶体蛋白的降解(组织蛋白酶 D 和 E)和调节血压(肾素是一种天冬氨酸蛋白酶,包括产生血管紧张肽,它是一种刺激平滑肌收缩和降低盐及体液分泌的激素)。天冬氨酸蛋白酶有多种底物专一性,但它们通常是断裂两个疏水氨基酸残基之间的肽键。例如,胃蛋白酶的选择性底物为被断裂肽键两侧为芳香氨基酸残基。

表 8-7   天冬氨酸酶的某些代表

名称	来源	功能
胃蛋白酶(pepsin)	动物胃	消化饮食蛋白
凝乳酶(chymosin)	动物胃	消化饮食蛋白
组织蛋白酶 D(cathepsin D)	脾、肝和许多其他动物组织	溶酶体蛋白消化
肾素(renin)	肾	转换血管紧张肽原成为血管紧张肽 I;调节血压
HIV-1 蛋白酶(HIV-1 protease)	AIDS 病毒	加工 AIDS 病毒蛋白

1. 天冬氨酸蛋白酶的结构

多数天冬氨酸蛋白酶含有 323~340 个氨基酸残基,相对分子质量近 35×10^3。天冬氨酸蛋白酶多肽链含有两个相似的结构域,折叠形成三级结构,它是由近似双重对称的 2 个相似叶片构成的。每个结构域由 2 个 β 片层和 2 个短的 α 螺旋构成。这 2 个结构域通过 6 股反平行的 β 片层桥联起来(图 8-33)。酶的活性部位是一个深的、伸展的裂缝,是由 2 个并列的结构域形成的,大的足以容纳大约 7 个氨基酸残基。例如猪胃蛋白酶中 2 个催化的天冬氨酸残基 Asp_{32} 和 Asp_{215} 就位于活性部位裂缝的中心,N-结构域形成一个"活板"(flap)延伸到活性部位上,可以

图 8-33   胃蛋白酶的结构(一个单体)

帮助活性部位固定底物。

2. 天冬氨酸蛋白酶的作用机制

与同胰蛋白酶、胰凝乳蛋白酶和其他丝氨酸蛋白酶相比,曾提出假设,天冬氨酸蛋白酶可能是通过活性部位的天冬氨酸形成共价酶-底物中间物。但是,并没有分离出共价中间物,因此多认为天冬氨酸蛋白酶不是生成共价酶-底物中间物,而是广义酸-广义碱的催化机制。

蛋白酶活性的 pH 依赖性支持了广义酸-广义碱的催化模式,假设天冬氨酸残基要么作为广义酸要么作为广义碱。这个模式要求当底物结合时,一个天冬氨酸羧基质子化,另一个脱质子。从天冬氨酸蛋白酶的 X 射线晶体结构分析资料表明,邻近的 2 个天冬氨酸活性部位结构是高度对称的。这 2 个天冬氨酸表现为"催化二联体"(catalytic diad)的作用(类似于丝氨酸蛋白酶的催化三联体)。该二联体的质子在自由酶或酶-底物复合物中可以被共价结合到天冬氨酸基团的任何一个。例如:胃蛋白酶中,Asp_{32} 可以脱质子而 Asp_{215} 质子化或者相反。

在最广泛接受的机制中(图 8-34),随着底物的结合,2 个协调的质子转移,促进水对底物羰基碳的亲核攻击,在该机制中显示,Asp_{32} 作为一种广义碱从活性水分子接受一个质子,而 Asp_{215} 作为一种广义酸提供一个质子给肽羰基氧,得到的中间产物称为酰胺水合物(amide hydrate)。注意这 2 个天冬氨酸残基的质子化状态现在与自由酶的正相反(图 8-34)。酰胺水合物通过类似于它形成的机制被破坏,离子化的天冬氨酸羧基(图 8-34 中 Asp_{32})作为一种广义碱从酰胺水合物一个羟基接受质子,同时另外一个天冬氨酸(Asp_{215})的质子化羧基作为一种广义酸提供一个质子给释放的肽产物之一的氮原子,即完成这一水解过程。

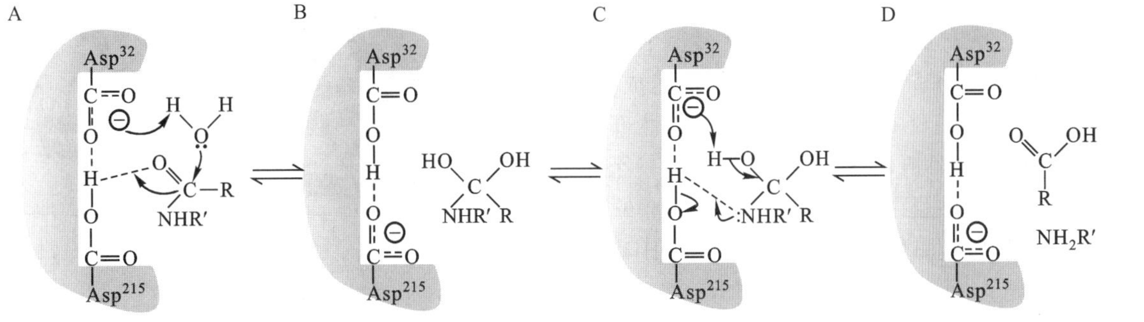

图 8-34 天冬氨酸蛋白酶作用机制
在第一步中,2 个协调质子的转移促进了水对底物羰基碳的亲核攻击。在第三步中,一个天冬氨酸残基(在胃蛋白酶中 Asp_{32})从酰胺水合物中的一个羟基接受一个质子,而另外一个天冬氨酸(Asp_{215})提供一个质子给释放胺的氮

然而,S. Piana 和 P. Carloni 于 2000 年报道了天冬氨酸酶分子动态模拟是与活性部位含有 2 个 Asp 的低障氢键(low-barrier hydrogen bond,LBHB,当氢交换的障碍降到或低于氢零点的能量水平,即为 LBHB 的相互作用)一致的。因此,提出了天冬氨酸蛋白酶新的作用机制(图 8-35),从 Piana 和 Carloni LBHB 游离酶(E 状态)的结构模型开始。此模型中,在同一平面构象中 LBHB 持有成对的 Asp 羧基,同催化水分子位于一个十原子环形结构的对侧。随着结合底物,电子逆时针方向流动,推动 2 个质子向顺时针方向产生结合 2 个质子酶形式(FT)的四面体中间物。然后,电子顺时针方向移动,推动 2 个质子逆时针方向,产生结合一个单质子酶形式(ET′)的兼性离子中间物。而后兼性离子瓦解,裂解底物的 C—N 键,一种产物解离,脱离双质子 FQ 形式的酶。最后,脱质子和重水合使十原子环形结构 E 再生。

3. AIDS 病毒 HIV-1 蛋白酶是一种天冬氨酸蛋白酶

获得性免疫缺陷综合征(AIDS,艾滋病)和引起它的病毒介质,人免疫缺陷病毒(HIV-1)的近期研究,获得一种新的天冬氨酸蛋白酶(HIV-1 蛋白酶)。**HIV-1 蛋白酶**裂解 HIV-1 基因组的多聚蛋白(polyprotein)产物,产生为病毒生长和细胞感染所需的几种蛋白。

HIV-1 蛋白酶是哺乳动物天冬氨酸蛋白酶的病毒仿制品,是一个相同亚基的二聚体,模仿胃蛋白酶

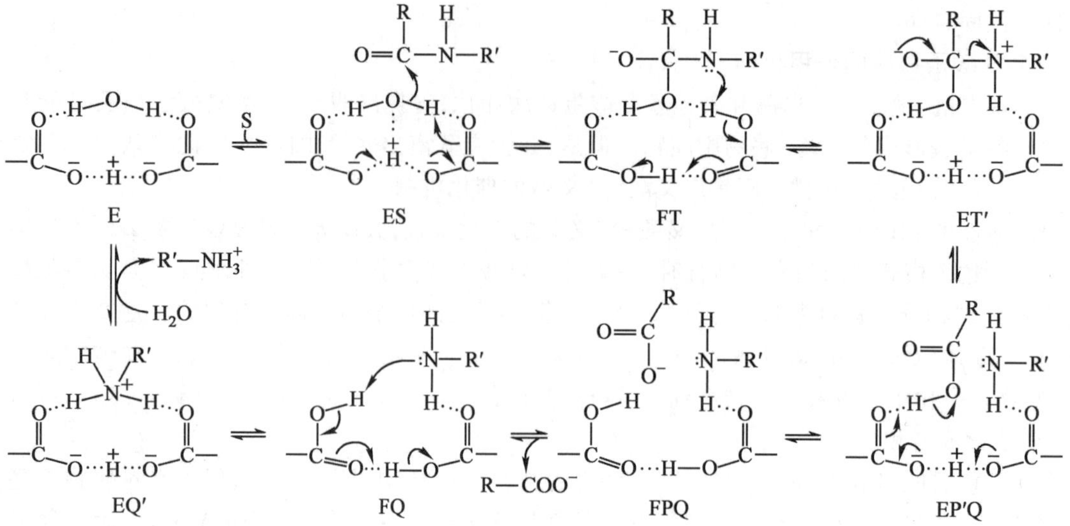

图 8-35   天冬氨酸蛋白酶作用机制

E 代表催化的 Asp 之间具有低障氢键的酶形式;F 代表 2 个 Asp 质子化并被常规氢键连接的酶形式;S 代表结合底物;T
代表四面体酰胺水合中间物;P 代表结合羧基的产物和 Q 代表结合胺的产物

和其他天冬氨酸蛋白酶的双叶单体结构。HIV-1 蛋白酶
亚基含 99 个残基、相对分子质量为 $11×10^3$ 的多肽,同单体
蛋白酶单独的结构域是相似的。X 射线晶体结构的研究
显示,在同型二聚体的分界面形成 HIV-1 蛋白酶的活性部
位,由 Asp25 和 Asp25′ 两个天冬氨酸残基组成,每个亚基
贡献一个(图 8-36)。在同型二聚体中,活性部位被两个
相同的"活板"(flap)所覆盖,每个亚基提供一个。与此相
比,而单体天冬氨酸蛋白酶仅具有一个活性部位"活板"。

Meek 等人所做酶促动力学的研究表明 HIV-1 蛋白酶
的作用机制同其他天冬氨酸蛋白酶很类似。活性部位的 2
个 Asp 羧基促进水对肽键的攻击而断裂,被水攻击裂解的

图 8-36   HIV-1 蛋白酶的结构(二聚体)

羰基生成的初始产物是一种不稳定的四面体中间物,然后再分解成产物(图 8-37)。

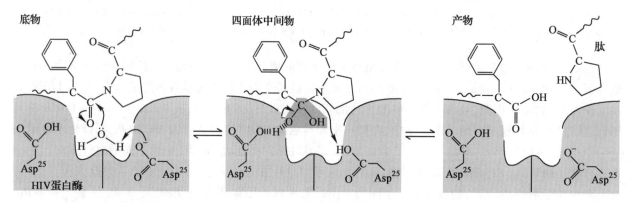

图 8-37   HIV 蛋白酶作用机制

活性部位的 2 个 Asp 残基(从不同亚基)作为广义酸-碱催化,促进水分子攻击肽键,在反应途径中生成不稳定的四面体中间物

4. HIV-1 蛋白酶抑制剂—治疗 AIDS 的药物

根据 HIV-1 蛋白酶的作用机制(图 8-37)在酶促过程中生成非共价四面体过渡态复合物,人们依此
设计出各种过渡态类似物作为该酶的抑制剂。这些蛋白酶抑制剂与酶紧密结合形成非共价复合物,可认

为是酶的不可逆抑制剂,这些蛋白酶抑制剂已作为治疗 AIDS 的有效药物。

HIV-1 蛋白酶容易裂解 Phe 和 Pro 残基之间的肽键,酶活性部位有一个口袋,能结合靠近被裂解芳香基的肽键。几种 HIV 蛋白酶抑制剂的结构如图 8-38 所示。尽管这些结构有所不同,但它们都有一个核心结构——具有一个羟基的主键靠近含有一个苄基的支链。这个排列靶向芳香基结合口袋的苄基,邻近羟基模拟正常反应中四面体中间物的负电荷氧,形成一个过渡态类似物。每种抑制剂结构的其他部分,设计为适合于进入和结合酶表面不同的裂缝,以提高整体的结合能力。这些有效药物大大地提高了患有 AIDS 病人的寿命和生活质量。

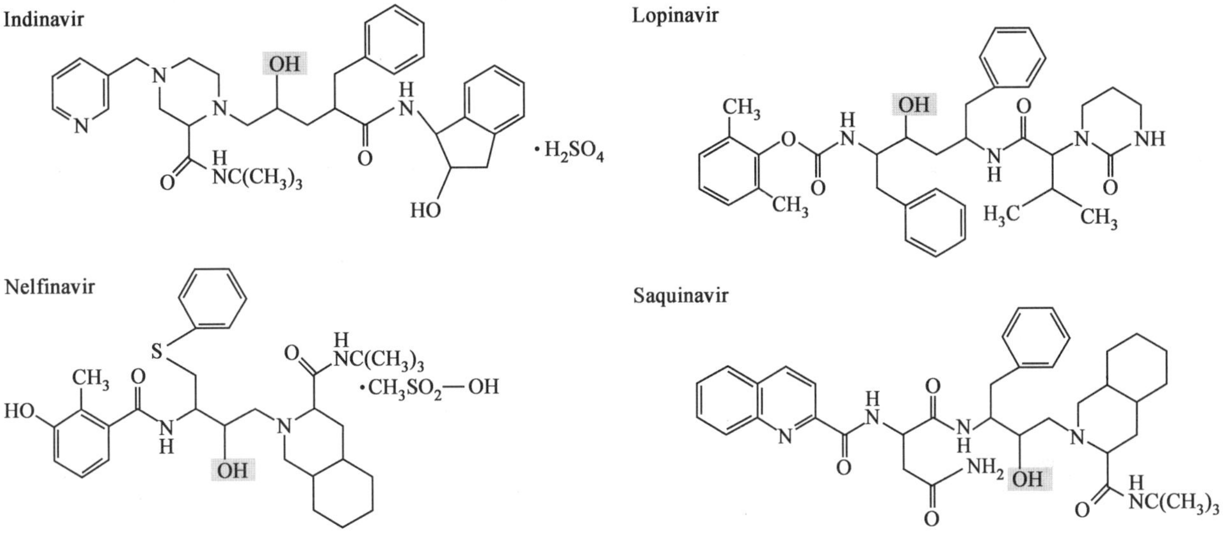

图 8-38　HIV 蛋白酶抑制剂

羟基充当过渡态类似物模拟四面体中间物的氧,邻近的苄基帮助药物定位于活性部位的适当位置

五、酶活性的别构调节

酶活性是受多种因素调节控制的,在第 6 章中曾做过初步介绍。下面主要讨论酶活性的别构调节。

别构调节普遍存在于生物界,许多代谢途径的关键酶利用别构调节来控制代谢途径之间的平衡。基因表达不论是调节蛋白对转录水平的控制,还是转录后的加工(如 tRNA 的修饰成熟),或者是偶联的转录—翻译衰减机制的控制都直接或间接地与别构调节相关。因此研究酶的别构调控有重要的生物学意义。

(一) 酶的别构效应和别构酶的性质

1. 酶的别构效应

酶分子的非催化部位与某些化合物可逆地非共价结合后发生构象的改变,进而改变酶活性状态,称为酶的**别构调节**(allosteric regulation),又称别构调控(allosteric control)。具有这种调节作用的酶称为**别构酶**(allosteric enzyme)。凡能使酶分子发生别构作用的物质称为**效应物**(effector)或**别构剂**,通常为小分子代谢物或辅因子。如因别构导致酶活性增加的物质称为**正效应物**(positive effector)或**别构激活剂**,反之称为负效应物(negative effector)或**别构抑制剂**。

酶的别构效应包括涉及酶与底物结合时催化部位和催化部位之间的相互作用即**同促效应**(homotropic effect),和涉及酶与调节物结合时调节部位与活性部位之间的相互作用即**异促效应**(heterotropic effect)。有些别构酶除底物兼作效应物之外没有其他调节物,也即底物是同促调节物,这类酶只有同促效应,称为同促[别构]酶。有些别构酶除底物外,尚有异促调节物:或是异促抑制剂,或是异促激活剂,或者两者兼而有之,这类酶称为异促[别构]酶。异促酶既有同促效应(V 系统别构酶除外,见下面)又有异促效应。

2. 别构酶的性质

（1）别构酶一般都是寡聚酶,通过次级键由多亚基构成 在别构酶分子上有和底物结合和催化底物的活性部位,也有和调节物(regulator)或效应物结合的调节部位,这两种部位可能在同一亚基上,也可能分别位于不同亚基上。每个别构酶分子可以有一个以上的活性部位和调节部位,因此可以结合一个以上的底物分子和调节物分子。理论上结合底物的最大数目,应与其催化部位数目相等,结合效应物的最大数目与其调节部位的数目相等。在同促[别构]酶中活性部位和调节部位是相同的。调节部位与活性部位虽然在空间上是分开的,但这两个部位可相互影响,通过构象的变化,产生协同效应。可发生在底物-底物、调节物-底物、调节物-调节物之间,可以是正协同也可以是负协同。

（2）别构酶的动力学 因别构酶有协同效应,故其[S]对v的动力学曲线不是双曲线,而是 S 形曲线(正协同)或表观双曲线(负协同)(图 8-39),两者均不符合米氏方程。这种 S 形曲线表明酶结合一分子底物(或调节物)后,酶的构象发生了变化,这种新的构象大大地增加对后续底物分子的亲和性,促进后续分子与酶的结合,表现为**正协同性**(positive cooperativety),这种酶称为具有正协同效应的别构酶。表观双曲线表明,在底物浓度较低的范围内酶活力上升很快,但随后底物浓度虽有较大的提高,但反应速率升高却很小,表现为**负协同性**(negative cooperativety),这种酶称为具有负协同效应的别构酶,如下面介绍的 3-磷酸甘油醛脱氢酶。负协同性可以使酶的反应速率对外界环境中底物浓度的变化不敏感。由于别构酶不符合米氏方程,因而被别构酶催化反应达到最大反应速率一半时的底物浓度用$[S]_{0.5}$或$K_{0.5}$代替。

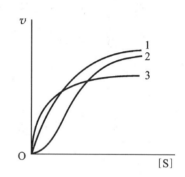

图 8-39 正、负协同别构酶与非别构酶的动力学曲线比较
1. 非别构酶;2. 正协同;3. 负协同

为了区分符合米氏方程的"正常"酶,具有正协同效应的别构酶和具有负协同效应的别构酶,D. Koshland 建议用**协同指数**(cooperativity index,CI)来鉴别不同的协同作用以及协同的程度。CI 是指酶分子中的结合位点被底物饱和 90% 和饱和 10% 时底物浓度的比值。故协同指数又称**饱和比值**(saturation ratio,Rs),即:

$$Rs = \frac{位点被90\%饱和时的底物浓度}{位点被10\%饱和时的底物浓度} = 81^{\frac{1}{n}}$$

n:代表协同系数(Hill 系数)

典型的米氏类型的酶 Rs = 81

具有正协同效应的别构酶 Rs<81,Rs 愈小,正协同效应愈显著;

具有负协同效应的别构酶 Rs>81,Rs 愈大,负协同效应愈显著。

也常使用 Hill 系数(n)(见第 4 章)来判断酶属于哪一种类型。符合米氏方程的酶 $n=1$,具有正协同效应的酶 $n>1$,n 愈大,正协同效应也愈大。具有负协同效应的酶 $n<1$,则 n 愈大,负协同效应愈小。因此,Hill 系数可以作为判断协同效应的一个指标。

（3）K 型效应物和 V 型效应物:异促别构酶的异促效应物可分 K 型效应物和 V 型效应物两类。K 型效应物可改变底物的$K_{0.5}$,可以增大或减小,而V_{max}不变。异促激活剂能使它们的 S 形饱和曲线向双曲线方向转变,$K_{0.5}$变小。而异促抑制剂使 S 形饱和曲线更加 S 形化,$K_{0.5}$增大(图 8-40A)。V 型效应物不改变底物的$K_{0.5}$值,V_{max}发生变化,酶的底物饱和曲线都是双曲线。正异促调节物(激活剂)使饱和曲线的V_{max}升高,负异促调节物(抑制剂)使V_{max}降低(图 8-40B)。这两种类型的效应物在生物体内可能担当不同生理条件下的调节功能。K 型适合于体内的[S]经常处在$K_{0.5}$附近,且是限速浓度;而 V 型适合于体内的[S]对酶来说是饱和浓度。

（4）别构酶经加热或用化学试剂等处理,可引起别构酶解离,失去调节活性,但催化活性仍被保留,

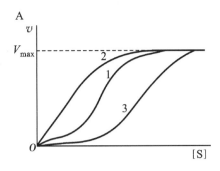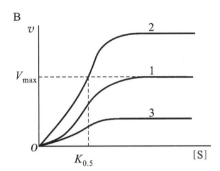

图 8-40　A 为 K 型效应物,B 为 V 型效应物

1. 未加效应物;2. 加激活剂;3. 加抑制剂

称为**脱敏作用**(desensitization)。脱敏后的酶表现为米氏酶的动力学双曲线,如图 8-41 所示。

(二) 别构模型

为了解释别构酶协同效应的机制,并推导出动力学曲线的方程式,不少人曾提出多种酶分子模型,其中最重要的为齐变模型和序变模型两种别构模型(allosteric model),分别介绍如下:

1. 齐变模型(concerted model,也称 MWC 模型)　1965年 J. Monod 、J. Wyman 和 J. P. Changeux 是用别构酶的构象改变来解释协同效应的最早分子模式。此模型的要点如下:

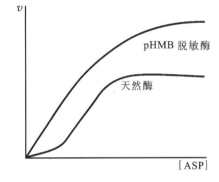

图 8-41　ATCase 用对羟汞苯甲酸(pHMB)处理失去别构性质,变为正常的米氏酶

脱敏的 ATCase 活性比天然酶大 50%

(1) 别构酶是由确定数目的亚基组成的寡聚酶,各亚基占有相等的地位,因此每个别构酶都有一个对称轴。

(2) 一个亚基对一种配体(或调节物)只有一个结合位点。

(3) 每种亚基有两种构象状态,一种为有利于结合底物或调节物的**松弛型构象**(relaxed state,R 型)即 **R 态**,另一种为不利于底物或调节物结合的**紧张型构象**(tensed state,T 型)即 **T 态**。这两种型式在三级和四级结构上,在催化活力上都有所不同。这两种状态可以互变,要取决于外界条件,也取决于亚基间的相互作用。按此模式,构象的转变采取同步协同方式,或者说采取齐变方式,即各亚基在同一时间内均处于相同的构象状态。如果是一亚基从 T 态变为 R 态,则其他亚基也几乎同时转变成 R 态,不存在 TR 杂合态。

(4) 当蛋白质由一构象状态转变至另一构象状态时,其分子对称性保持不变,因此,这一模式又称为对称模式。如图 8-42 所示。

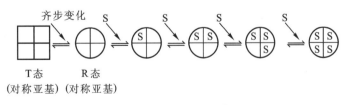

齐步变化

T态　　R态
(对称亚基)(对称亚基)

图 8-42　别构酶的齐变模型

(5) 假设别构抑制剂是稳定 T 态,而别构激活剂是稳定 R 态(图 8-43)。

根据 MWC 模型,可以得到别构酶的动力学方程,在此不再赘述。

根据此模式,正调节物(如底物)与负调节物浓度的比例决定别构酶究竟处于哪一种状态。当无小分子调节物存在时,平衡趋向于"T"态,当有少量底物时,平衡即向"R"态移动,当构象已转为"R"态后,又进一步大大地增强对底物的亲和性,给出 S 形动力学曲线。

这个模型可以很容易地解释正负调节物的作用。假定"R"态有利于与正调节物结合，"T"态有利于与负调节物作用。在齐变模型中，同促效应必然是正协同的效果，而异促效应则可能有正的，也可能有负的效果。例如ATCase 结合 N－甲酰磷酸和 Asp 是同促效应，CTP 的抑制作用是负异促效应，ATP 的激活作用，是正异促效应。该模型的最大局限性是不能解释负协同效应。由底物调节的效应，最好是用齐变模型来说明。

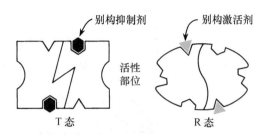

图 8-43　别构调节物的作用

别构抑制剂稳定 T 态，别构激活剂稳定 R 态

2. 序变模型（sequential model，也称 KNF 模型）　这是 D. Koshland、G. Nemethyl 和 D. Filmer 于 1966 年提出来的模型。是 Adair 模型（血红蛋白与 O_2 结合的模型）与诱导契合学说在别构酶研究上的一种发展，此模型的要点如下：

（1）当配体不存在时，别构酶只有一种构象状态存在（T），而不是处于 R $\Longleftrightarrow$ T 的平衡状态，只有当配体与之结合后才诱导 T 态向 R 态转变。

（2）别构酶的构象是以序变方式进行的，而不是齐变。当配体与一个亚基结合后，可引起该亚基构象发生变化，并使邻近亚基易于发生同样的构象变化，即影响对下一个配体的亲和力。当第二个配体结合后，又可导致第三个亚基类似变化，如此顺序传递，直至最后所有亚基都处于同样的构象。这种序变机制的特点有各种 TR 型杂合态。见图 8-44。

（3）亚基间的相互作用可能是正协同效应，也可能是负协同效应，前者导致下一亚基对配体有更大的亲和力，后者则降低亲和力。

KNF 模型与 MWC 模型的不同点在于：无底物效应物时，酶分子中亚基只存在一种构象状态（T 态）；酶分子中全部亚基不是同时由 T 态转变成 R 态，而是逐个转变的；MWC 中不存在 RT 复合体，而在 KNF 模型

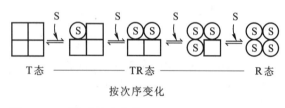

T 态 —— TR 态 —— R 态

按次序变化

图 8-44　别构酶的序变模型

中存在；底物在 KNF 模型中可以为正协同效应，也可以为负协同效应，取决于已结合底物的亚基对相邻亚基的影响，这种影响若是增大其他亚基对底物的解离常数，则产生负协同效应，若减少其他亚基对底物的解离常数时，则产生正协同效应。因此 KNF 模型可以同时解释别构抑制、别构激活、正协同效应和负协同效应。

非底物调节的效应，用序变模式说明较好。例如钙调蛋白与 Ca^{2+} 的结合是以序变方式进行的正协同效应。该模型可适用于大多数别构酶。

还有许多别构酶有更为复杂的调节过程，为了说明各种别构酶的特殊调节作用及动力学，还提出了其他一些模型。有人认为不能用一种模型去解释所有别构酶的行为，很可能某些别构酶的行为符合于序变模型，而另一些酶的行为符合于齐变模型。这些模型从不同角度对别构酶的协同性和别构调节机制作了解释，并为进一步探讨别构酶的生理意义提供了讨论的基础。不过这些模型都有一定的局限性，别构酶作用的真正机制可能更为复杂。

（三）别构酶的调节功能

别构酶的协同效应对生物体内的代谢调节具有重要的生理意义。体内各种代谢通路中的起始点或在一些分支点常常出现一些关键性的别构酶。它们往往受到代谢通路末端产物的反馈抑制，有些还受到另一些代谢物（一般不是终端产物）的激活，而这些抑制和激活是通过异种别构效应来实现的。因而这些酶的活动可以很灵敏地受到代谢产物浓度的影响，这对机体的自身代谢控制具有重要意义。例如，长链脂肪酰 CoA 是脂肪酸合成通路的终产物，它可以抑制乙酰 CoA 羧化酶，从而抑制脂肪酸合成的起始反应。这对防止体内脂肪酸合成过多，让乙酰 CoA 转向氧化产能有重要的意义。又如别构激活的例子，脂肪酸 β 氧化产生的乙酰 CoA 是糖异生的关键酶之一——丙酮酸羧化酶的别构激活剂，故体内脂肪酸的氧化可加速糖异生作用。

正协同效应提供了底物浓度对于酶反应速度影响很为敏感的区间，即 S 形曲线的中间"陡段"（图 8-39），如果细胞内的底物浓度在此段范围内，底物浓度本身会对酶反应速率产生显著的影响。而底物浓度处于很高或很低水平时，又因处于 S 形曲线的平段，可使反应速率不致改变过大，起到一定的"缓冲"作用。这样既可在底物浓度处于极端时不太明显的影响反应速率；又可使底物浓度适当时，可以灵敏地调节代谢速率。例如氨甲酰磷酸既是合成 CTP 又是合成 Arg 的原料，L-天冬氨酸转氨甲酰酶的正协同效应使氨甲酰磷酸在两条合成途径中获得合理的分配。

负协同效应提供一个酶反应速率对底物浓度相对不敏感的区域（图 8-39），这或许与体内保证一些重要的不断进行的反应少受其他反应的干扰有关。例如 3-磷酸甘油醛脱氢酶是糖分解通路中的重要酶，与供能有关。该酶作为一种别构酶就是通过负协同效应来保证其主要代谢通路的（见下一部分）。

（四）别构酶的实例

1. 天冬氨酸转氨甲酰酶（aspartate transcarbamylase，ATCase）

（1）ATCase 被嘧啶途径的终产物反馈抑制　　ATCase 是嘧啶核苷酸（CTP）生物合成多酶体系反应序列中的第一个酶，其正常底物为天冬氨酸及氨甲酰磷酸，ATCase 所催化的反应如下：

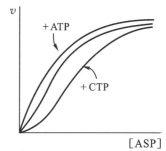

J. Gerhart 和 A. Pardee 发现了 ATCase 被该生物合成途径的终产物 CTP 反馈抑制，而且，他们发现 N-氨甲酰磷酸和天冬氨酸的结合是协同的，反映到反应速率对底物浓度的 S 曲线中（图 8-45），它不服从米氏动力学。协同结合使底物浓度只在一个很窄的范围内开启 N-氨甲酰天冬氨酸的合成。CTP 在不影响酶的 V_{max} 的情况下，通过降低酶与底物的亲和性来抑制 ATCase。抑制程度可达到 90%，具体情况视底物浓度而定。ATP 则相反，它是 ATCase 的激活剂，可增强酶与底物的亲和性，也不影响 V_{max}。ATP 和CTP 相互竞争调节部位，高水平的 ATP 可阻止 CTP 对酶的抑制作用。在 ATCase 中（但不是所有的别构酶）催化部位和调节部位是在不同肽键上。

CTP 和 ATP 对 ATCase 调节的生物学意义有两个方面，首先 ATP 起信号激活作用，提供 DNA 复制的能量，导致需求的嘧啶核苷酸的合成。其次，CTP 的反馈抑制，则保证当嘧啶核苷酸充足时，不需要该途径继续合成 N-氨甲酰天冬氨酸及其后续中间物。

（2）ATCase 由催化亚基和调节亚基构成　　当用汞化物如 p-羟汞苯甲酸处理该酶时，同巯基反应则 ATCase 失去调节活性（图 8-46）。用汞化物处理过的 ATCase，ATP 和 CTP 不再影响其催化活性，而且底物结合变为无协同性。相反，修饰酶仍具有天然酶相同的最大催化活性。

J. Gerhart 和 H. Schachman 进行超离心研究，表明汞化合物可使

图 8-45　ATCase 的别构效应
ATP 是激活剂而 CTP 是抑制剂

ATCase解离成两种亚基(图8-47)。天然酶沉降常数为11.6S,相对分子质量为$310×10^3$,而解离的亚基是2.8S,$34×10^3$和5.8S,$100×10^3$。这两种亚基可借助电荷的显著不同或大小不同,通过离子交换层析或蔗糖密度梯度离心分开,分离后加入过量的巯基乙醇,可从分离的亚基中除去结合的p-羟汞苯甲酸基:

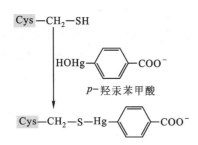

图8-46 p-羟汞苯甲酸对ATCase中Cys残基巯基的修饰作用

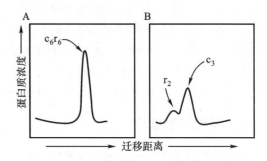

图8-47 超离心研究ATCase
A. 天然ATCase;B. 通过汞化物解离成调节亚基和催化亚基的酶

大的亚基叫催化亚基,有催化活性不与ATP和CTP结合,不呈现S形动力学曲线;小的亚基叫调节亚基,无催化活性能与ATP和CTP结合。催化亚基(c_3)含有3条c链(每条$34×10^3$),而调节亚基(r_2)含有2条r链(每条$17×10^3$)。催化亚基和调节亚基混合时可迅速结合,得到的复合物具有天然酶相同的结构,c_6r_6(含有2个催化亚基,3个调节亚基):

$$3r_2+2c_3 \longrightarrow r_6c_6$$

因而,重组的酶具有天然酶同样的别构性质。ATCase是由分离的催化亚基和调节亚基构成的,在天然酶中相互作用产生别构行为。由于ATCase的催化和调节功能容易被分开,也易复原,因此ATCase被选择为别构调节酶的研究对象。

(3)ATCase及其与双底物类似物PALA复合物的三维结构 W. Lipscomb及其同事曾以0.26 nm的分辨率阐明了ATCase的三维结构。他们也解决了ATCase与别构抑制剂CTP以及与一种底物类似物的复合物的结构问题。这个酶的图案是有特色的(图8-48)。3个调节二聚体(r_2)在一个赤道面上,1个催化三聚体(c_3)在赤道面上边,另一个催化三聚体在赤道面下边。该酶有一个很大的居中的洞穴,可经由几个通道到达此洞。ATCase球体的直径为13 nm左右,为血红蛋白大小的2倍。ATCase是由2个c_3部分和3个r_2部分组成,其中一半是c_3r_3。所以从上面看去,便可看到它的一半,即c_3r_3(图8-49)。这样可以看到了3个完全相同的cr单位,彼此关系是旋转120度。每一个在外周的r链上有2个结构域,外边的1个含有CTP的结合部位,里边的1个与相同三聚体中一个催化链相互作用。这样,调节二聚体内的每一条r链同催化三聚内的一条c链相互作用,c链同r链的一个结构域相接触,通过一个Zn^{2+}与4个Cys残基(109,119,139和140)的硫原子相配位,形成四面体的几何构象起着稳定作用。汞化物对羟汞苯甲酸能使催化亚基和调节亚基解离,就是因为汞强力的与半胱氨酸残基结合而取代Zn^{2+},导致r基结构域不稳定。

活性部位在哪里呢?在形成N-氨甲酰天冬氨酸时,氨甲酰磷酸首先通过多个静电引力和氢键的相互作用结合,然后与天冬氨酸结合,其氨基则攻击氨甲酰磷酸的羰基碳(图8-50A),形成了一个四面

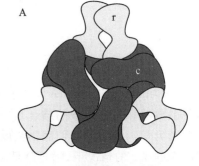

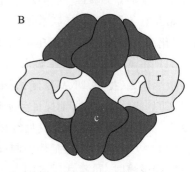

图8-48 ATCase中亚基的排列
A. ATCase三重对称轴的俯视;
B. ATCase的垂直观;c代表催化肽链;r代表调节肽链

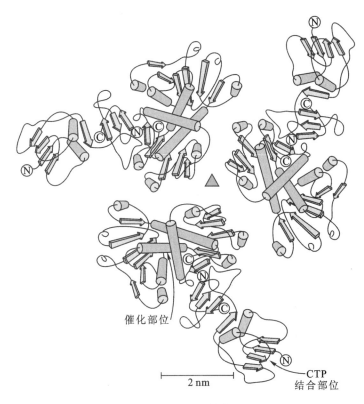

图 8-49　ATCase 半分子（c_3r_3）的三维结构

催化部位远离调节部位,黑三角表示 ATCase 三重对称轴

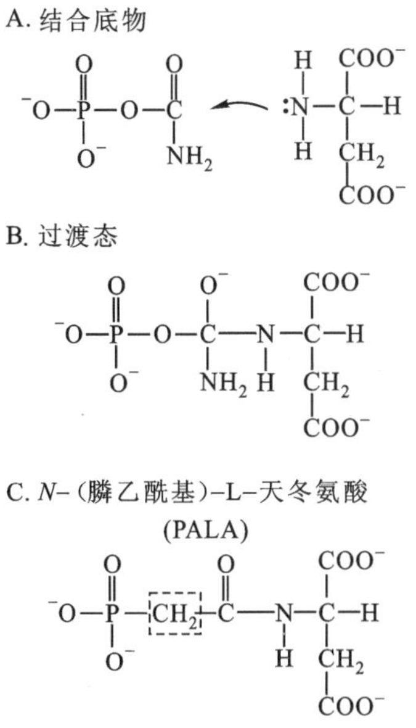

A. 结合底物

B. 过渡态

C. N-（膦乙酰基）-L-天冬氨酸（PALA）

图 8-50　A. Asp 的氨基亲核攻击氨甲酰磷酸的羰基碳原子；B. 过渡态；C. PALA 类似于一对结合底物的过渡态

体的过渡态（图 8-50B）。N-（膦乙酰基）-L-Asp［N-(phosphonacetyl)-L-asparate,PALA］（图 8-50C）是该酶的强竞争性抑制剂,它与双底物复合物的过渡态类似。PALA 能与 ATCase 紧密结合,解离常数约为 10 nmol·L^{-1}。这种不发生反应的双底物类似物已被证明在 ATCase 的研究中是很有价值的。ATCase-PALA 复合物的 X 射线晶体结构分析证明 6 个活性部位中的每一个都位于催化三聚体内的成对 c 链之间的界面附近。由于 PALA 带有很强的负电荷,以静电引力与活性部位中的 4 个 Arg 和 1 个 Lys 结合（图 8-51）,也可通过许多氢键与酶结合。由属于 2 条催化链的残基形成活性部位。特别是一条链的许多残基与相邻链的 Ser 和 Lys 残基形成一个结合 PALA 的口袋。

His$_{134}$ 的咪唑侧链与 PALA 的羰基氧原子之间的氢键也是值得注意的。当 Asp 的氨基攻击羰基碳原子时,氨甲酰磷酸的羰基氧原子就带负电荷。His$_{134}$ 质子化的形式能够稳定四面体过渡态中这一带负电荷的原子。

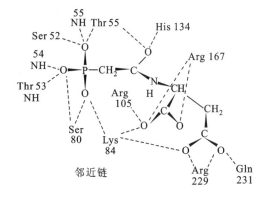

图 8-51　ATCase 的活性部位（PALA 结合在 ATCase 催化部位上的方式）

在此示意图中未画出所有已形成的静电键和氢键。His$_{134}$ 可以稳定过渡态中羰基氧原子上的负电荷。此结合部位在催化链的界面上。Ser$_{80}$ 和 Lys$_{84}$ 是由邻近的催化链贡献的残基

（4）ATCase 的别构作用通过四级结构的大变化来传递　超离心研究表明,与底物的结合导致 ATCase 的沉降系数降低 3%。这一发现表明 ATCase 与底物结合后使酶分子扩展,增加了摩擦系数。未与底物结合的 ATCase 及其与 PALA 复合物的 X 射线晶体结构研究揭示出:伴随着与此双底物类似物的结合,四级结构发生了大的变化（图 8-52）。催化三聚体彼此移开了 1.2 nm,并绕对称 3-重轴旋转了 10°。

此外,每一调节二聚体围绕其双重轴旋转了 15°。PALA 的结合也导致每一条催化链的三级结构的重要变化(图 8-53),ATCase 由 T 态变成 R 态。每一个催化链含有 1 个氨甲酰磷酸结合结构域(N 端)和 1 个天冬氨酸结合结构域(C 端),2 种底物的结合导致这些结构域靠近 0.2 nm,并引起它们转换为 R 构象。由 230~245 残基组成的称为 240 s 环在这个转换过程中经历了较大的重定向(图 8-53)。240 s 环的转动释放几个基团,使它们能够同底物相互作用并促进催化。在这一别构转变中,c_3 的催化链被拉得彼此靠近了,从而形成最优化的活性部位。

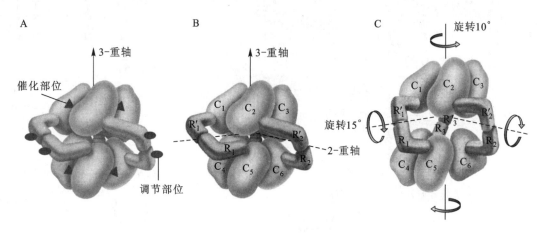

图 8-52　ATCase 催化链的别构转换

A. ATCase 的结构;B. ATCase 无配基的 T 态;C. ATCase 配基结合的 R 态(催化三聚体移开 1.2 nm,旋转 10°,转换成高亲和性 R 态)

人们进一步了解到 ATCase 的别构效应是发现其在相当大的立体空间范围内起着调节活性的作用。在同一个 c_3 中,活性部位相距 2.2 nm。每一调节亚基外面一半中的 CTP 结合部位距最近的活性部位大于 5.0 nm。因此,底物的协同结合和 CTP 的反馈抑制是通过长距离而传递的。实际上,信息是从一个 c_3 单位的活性部位传递到其他 c_3 的活性部位。在这个长距离的传递过程中,通过肽链之间各个表面的相互作用,就在如此大的空间范围内发生着别构相互作用。所以,正如在血红蛋白中那样,在 ATCase 中传递别构效应方面,不同多肽链之间的界面作为分子开关而起着关键作用。

(5)底物结合到 ATCase 上引起高度协同的别构转变　含有颜色报告基团的 ATCase 光谱学研究提供了进一步观察别构转变的本质。ATCase 同硝基甲烷反应在它的每个催化链中生成一种有颜色的硝基酪氨酸基($\lambda_{max} = 430$ nm)(图 8-54),在每个催化部位上一个必需的 Lys 也被修饰,阻断了与底物的结合。然后将双倍修饰酶的催化三

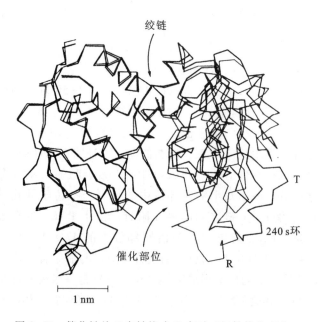

图 8-53　催化链从 T 态转换成 R 态时三级结构的变化

在 T→R 转变中铰链的移动导致两个结构域更靠近在一起,注意,氨甲酰磷酸结合结构域(左边)与天冬氨酸结合结构域(右边)相比变化小。240s 环在位置上经历了更大的变化。活性部位位于结构域之间的裂缝中

聚体同天然酶的三聚体组合形成杂交酶。底物类似物琥珀酸结合到天然 c_3 部分的催化部位上,即改变了杂交酶另外 c_3 部分中的硝基酪氨酸的可见吸收光谱(图 8-54C)。因此,底物类似物结合到一个三聚体的活性部位就能改变另外三聚体上硝基酪氨酸基的环境,也即通过长程相互作用改变了 c_3 的构象。表明琥珀酸的结合导致了 T→R 的协调转变。

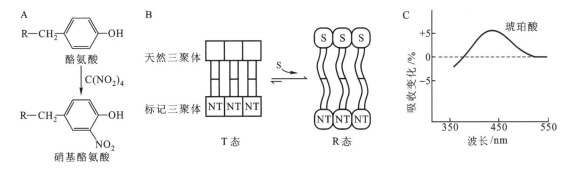

图 8-54　在 ATCase 中按齐变方式发生长程别构效应

A. Tyr 的硝基化形成一个有颜色的硝基酪氨酸基作为一个报告基团；B. 制备含有硝基酪氨酸的 c₃ 三聚体，天然 c₃ 三聚体和天然 r 亚基杂合 ATCase 分子。琥珀酸（S）结合到一个三聚体的天然催化部位上，以硝基酪氨酸吸收光谱的变化作为证据，说明另外三聚体的硝基酪氨酸环境发生变化；C. 琥珀酸的结合导致协同的 T→R 转变

（6）ATP 和 CTP 通过改变 T 和 R 态之间的平衡来调节 ATCase 的活性　根据齐变模型别构激活剂使所有亚基构象平衡向 R 型转变，而别构抑制剂使它向 T 态变化。构建了不同的 ATCase 杂合体来检查这个预言。正常的调节亚基同含有硝基酪氨酸的催化亚基结合，在没有底物的情况下，加 ATP 则 430 nm 吸收增加，加琥珀酸也引起同样变化（图 8-55）。这样 ATP（一种别构激活剂）使平衡向 R 态改变。相反，在没有底物时加 CTP，则 430 nm 吸收降低，因此，别构抑制剂使平衡向 T 态改变。沉降速率实验进一步提供证据 ATP 和 CTP，像琥珀酸一样，诱导构象的变化。这样，齐变模式说明了 ATP 和 CTP 诱导的（异促），以及底物诱导的（同促）ATCase 的别构相互作用。

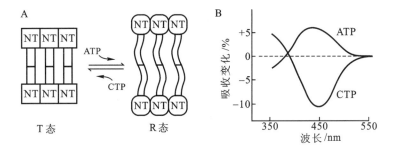

图 8-55　ATP 和 CTP 结合 ATCase 的调节亚基导致构象改变

A. 含有硝基酪氨酸催化亚基和天然调节亚基杂合的 ATCase；B. 加 ATP 激活剂使酶的别构平衡向 R 态改变，相反，CTP 抑制剂使别构平衡向 T 态改变，可由硝基酪氨酸光谱的改变所证明

2. 3-磷酸甘油醛脱氢酶（3-phosphoglyceraldehyde dehydrogenase）

3-磷酸甘油醛脱氢酶则是另一类具有负协同效应的别构酶代表，它的别构行为可用 KNF 模型来说明。该酶是糖分解途径中的重要酶，与供能有关，催化下列反应：

$$
\begin{array}{c}
\text{CHO} \\
| \\
\text{H—C—OH} \\
| \\
\text{CH}_2\text{OPO}_3^{2-}
\end{array}
+ NAD^+ + HPO_4^{2-} \Longrightarrow NADH +
\begin{array}{c}
\text{COOPO}_3^{2-} \\
| \\
\text{H—C—OH} \\
| \\
\text{CH}_2\text{OPO}_3^{2-}
\end{array}
+ H^+
$$

此酶具有 4 个亚基，可以和 4 个 NAD⁺ 结合，但结合常数不同，结合 NAD⁺ 后的解离常数见表 8-8。酶结合 NAD⁺ 后，发生构象变化。NAD⁺ 和酶结合的解离常数很小，因此，虽然底物 NAD⁺ 浓度很低，也能顺利地和酶结合，但是当 NAD⁺ 浓度升高时，酶结合了两个 NAD⁺ 后，再要结合第三、第四个 NAD⁺ 就不那么容易。除非 NAD⁺ 的浓度提高两个数量级，才会有进一步的结合。也就是说这时再要提高酶反应速率是较难的，需要底物浓度大大提高才行。实验结果发现 3-磷酸甘油醛脱氢酶只能结合两分子 NAD⁺，即此酶结合 NAD⁺ 的位点，只有一半能与 NAD⁺ 起反应，叫**半位反应性**（half site reactivity）。半位反应性是一种极端负协同效应。说明在一定的底物浓度范围内，底物浓度的变化不足以影响酶反应速率。这就是负协同别构酶的特点。

表 8-8　3-磷酸甘油醛脱氢酶与 NAD⁺结合的解离常数(mol · L⁻¹) 表

解离常数	虾肌	兔肌	
	平衡透析测定	超离心测定	平衡透析测定
K_1	$<5\times10^{-9}$	$<5\times10^{-8}$	$<10^{-10}$
K_2	$<5\times10^{-9}$	$<5\times10^{-8}$	$<10^{-9}$
K_3	6×10^{-7}	4×10^{-6}	3×10^{-7}
K_4	1.3×10^{-5}	3.5×10^{-5}	2.6×10^{-5}

在有机体中有许多需要 NAD⁺的代谢途径,其中酵解过程特别重要,在供氧不足的情况下,它们以一定的速率稳定地进行反应。因为 3-磷酸甘油醛脱氢酶为此过程的负协同别构酶,对底物 NAD⁺浓度的变化不敏感,所以,当 NAD⁺浓度很低时,其他需要 NAD⁺的代谢反应都随之减缓时,酵解过程仍然能以一定的速率顺利地进行。由此可以看到负协同效应别构酶的重要生理意义。

六、酶活性的共价调节

上一节讨论过的别构调节是亚基之间的非共价相互作用。共价调节则是利用酶蛋白的共价变化来调节酶的活性。有些共价变化是可逆的,例如蛋白质的磷酸化;有些是不可逆的,例如酶原的激活。下面讨论这两种形式酶活性的共价调节。

(一) 酶的可逆共价修饰

酶的可逆共价修饰(reversible covalent modification) 作用是通过共价调节酶(covalently modulated enzyme)进行。共价调节酶通过其他酶对其多肽链上某些基团进行可逆的共价修饰,使处于活性与非活性的互变状态,从而调节酶活性。目前已发现有几百种酶被翻译后都要进行共价修饰,事实上部分代谢过程是通过共价修饰调节的。其中一部分处于代谢的分支途径,对其代谢流量起调节作用的关键酶,属于这种酶促共价修饰系统。由于这种调节的生理意义广泛,反应灵敏,节约能量,机制多样,在体内显得十分灵活,加之它们常受激素甚至神经的指令,导致级联式放大反应,所以日益引人注目。目前已知至少有 5~6 种类型的可逆修饰的酶,如表 8-9 所示。

表 8-9　一些酶的共价修饰反应

修饰反应	共价修饰	已知的接受共价修饰的氨基酸残基
磷酸化(phosphorylation)	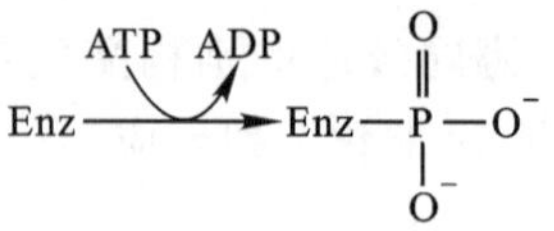 Enz $\xrightarrow{\text{ATP ADP}}$ Enz—P	Tyr, Ser, Thr, His
腺苷酰化(adenylylation)	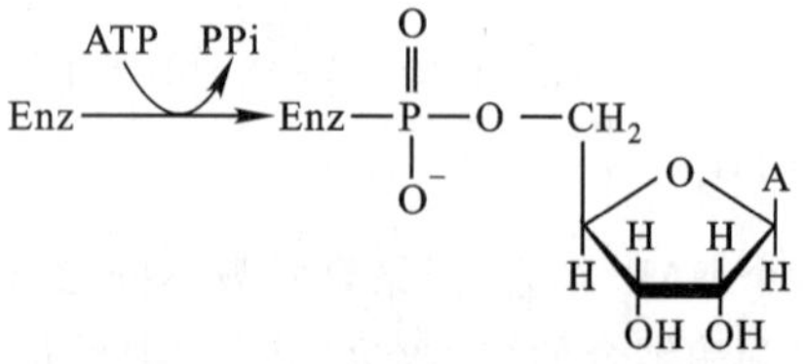 Enz $\xrightarrow{\text{ATP PPi}}$ Enz—P—O—CH₂ (腺苷)	Tyr
尿苷酰化(uridylylation)	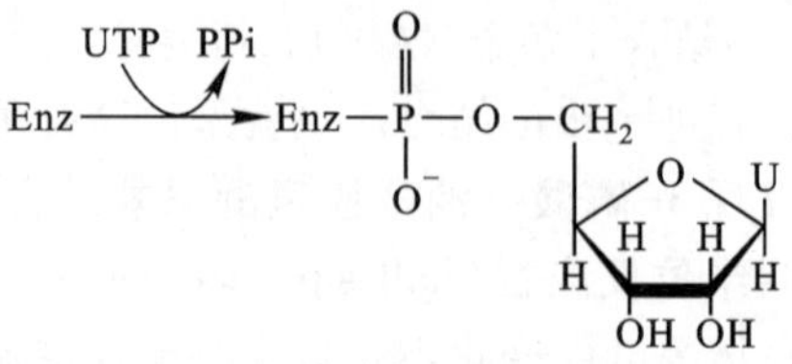 Enz $\xrightarrow{\text{UTP PPi}}$ Enz—P—O—CH₂ (尿苷)	Tyr

续表

修饰反应	共价修饰	已知的接受共价修饰的氨基酸残基
ADP-核糖基化 （ADP-ribosylation）	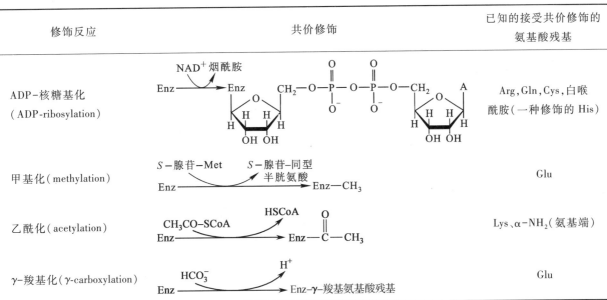	Arg,Gln,Cys,白喉酰胺（一种修饰的 His）
甲基化（methylation）	S-腺苷-Met → S-腺苷-同型半胱氨酸 Enz ⟶ Enz—CH₃	Glu
乙酰化（acetylation）	CH₃CO—SCoA → HSCoA Enz ⟶ Enz—C—CH₃ (O)	Lys、α-NH₂（氨基端）
γ-羧基化（γ-carboxylation）	HCO₃⁻ → H⁺ Enz ⟶ Enz-γ-羧基氨基酸残基	Glu

1. 蛋白质的磷酸化和脱磷酸化是共价调节酶活性的重要方式

现已证明蛋白质的**磷酸化**与**脱磷酸化**过程是生物体内存在的一种普遍的调节方式,几乎涉及所有的生理及病理过程,如代谢调控、细胞的增殖及生长发育、转录调控、基因表达、肌肉收缩、神经递质的合成与释放,甚至癌变等,并在细胞信号的传递过程中占有极其重要的位置。真核细胞中 $\frac{1}{3}$ 到 $\frac{1}{2}$ 的蛋白质可以磷酸化。在各个信号系统中,一个共同的环节就是由蛋白激酶和蛋白磷酸酶催化的蛋白质的磷酸化与脱磷酸化反应。蛋白质的磷酸化是指由蛋白激酶催化的把 ATP 或 GTPγ 位磷酸基转移到底物蛋白质氨基酸残基上的过程,其逆过程是由蛋白磷酸酶催化的,称为蛋白质的脱磷酸化。

$$蛋白质 \xrightleftharpoons[nPi \quad 蛋白磷酸酶 \quad H_2O]{nNTP \quad 蛋白激酶 \quad nNDP} 蛋白质 - nPi$$

上式中 NTP 代表 ATP 或 GTP 等,Pi 代表无机磷酸。

一般认为在生理条件下,几乎所有的蛋白激酶都以 ATP 为磷酸基的供体,而且几乎所有的磷酸化反应都需要 Mg^{2+},其功能是 ATP 被利用前首先要与 Mg^{2+} 形成 $ATP-Mg^{2+}$ 的复合物。底物蛋白质被磷酸化的氨基酸残基有两类:

（1）Thr、Ser、Tyr、Asp、Glu……"P-O"键连接;

（2）Lys、Arg、His……"P-N"键连接。

主要是磷酸化 Ser、Thr,个别为 Tyr。被磷酸化的氨基酸残基可以是一个、两个或多个。多数蛋白激酶表现出一定的底物特异性,但很少具有绝对特异性。一种蛋白质可作为几种蛋白激酶的底物和一种蛋白激酶有多种底物的情况是很常见的。底物蛋白质被磷酸化的氨基酸残基附近的氨基酸组成和顺序常常构成被蛋白激酶辨认的特殊区域（共有序列）。例如,**信使依赖性蛋白激酶**（messenger dependent protein kinase）需要底物被磷酸化的 Ser 或 Thr 残基附近（N 端方向）有碱性氨基酸,即 Arg 或 Lys 残基,特定顺序是:

-Arg-Arg-X-X-Ser(p)/Thr(p)-X-

或-Lys-Arg-X-X-Ser(p)/Thr(p)-X-

（或一个 X,X 可以是任何氨基酸残基）

此外,蛋白质的高级结构也对蛋白激酶的底物特异性产生很大影响。

磷酸化引入的磷酰基是带两个负电荷的基团,它的氧能与蛋白质的某些基团,如多肽主链上的亚酰胺基形成氢键,磷酸化了的残基侧链上的两个负电荷能排斥邻近的带负电荷的残基（Asp 和 Glu）。因此可以设想当被修饰的侧链位于三维结构是的关键区域时,磷酸化对蛋白质的构象,并因而对底物结合和催化活性都将产生很大的影响。一般说,修饰影响酶的活性,或是直接的,或是改变酶对别构效应物的应答。

借可逆磷酸化调控酶活性的一个最典型例子是骨骼肌和肝的**糖原磷酸化酶**(glycogen phosphorylase),它催化糖原分子的非还原端磷酸解产生 1-磷酸葡糖(G-1-P),而糖原分子缩短一个残基,反应如下:

$$（葡萄糖）_n + Pi \rightarrow （葡萄糖）_{n-1} + 1\text{-磷酸葡糖}$$
　　糖原　　　　　　　　缩短了的糖原链

形成的 G-1-P 被磷酸葡糖变位酶转变成 6-磷酸葡糖(G-6-P),在肌肉中 G-6-P 进入糖酵解(参见第 17 章)合成 ATP 为肌肉收缩提供能量。在肝中 G-6-P 水解生成葡萄糖,通过循环系统运输到其他组织。糖原磷酸化酶以两种形式存在:有活性(或活性大)的**磷酸化酶 a** 和无活性(或活性小)的**磷酸化酶 b**(图 8-56)。骨骼肌磷酸化酶是由两个相同的亚基(842 个残基,M_r 97 400)组成的二聚体。每亚基含有一个辅因子磷酸吡哆醛,一个活性部位(在该亚基的中央)和一个别构部位(在亚基间的界面处附近)。此外每亚基还有一个调节性磷酸化部位,即 Ser14 残基,以及糖原颗粒结合部位(图 8-57)。在磷酸化酶 a 和 b 的共价结构差别仅在 Ser14,a 是磷酸化的而 b 没有磷酸化。

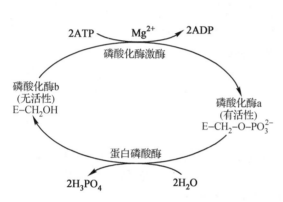

图 8-56　糖原磷酸化酶两种形式的转变

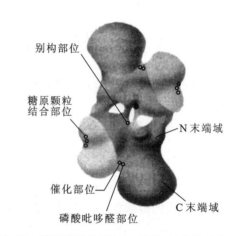

图 8-57　糖原磷酸化酶 b(二聚体)结构的示意图

磷酸化酶 b 被磷酸化后,活性部位的构象、结构和催化活性都发生了改变。磷酸化时,亚基的 N 端肽(包括 10~22 残基)摆动 120°,并进入亚基的界面。构象的变化使 Ser14 移动了 3.6 nm 以上。糖原磷酸化酶也是一种别构酶,它的活性既受到可逆磷酸化的调控,也受到几个别构效应物的调控(图 8-58)。AMP 是骨骼肌磷酸化酶 b 的正异促效应物;ATP 和 6-磷酸葡糖是它的负异促效应物;正、负效应物竞争同一结合部位。X 射线晶体结构的研究,揭示了糖原磷酸化酶在别构效应物存在下 T⇌R 转变的分子基础。虽然糖原磷酸化酶亚基中心核心结构 T 态和 R 态是相同的,重要变化发生在 T 态和 R 态之间亚基的界面,亚基界面构象的变化是与活性部位结构变化相联系,对催化作用是重要的。在 T 态带负电荷的 Asp_{283} 羧基面向活性部位,这样对结合阴离子底物磷酸是不利的,当转换成 R 态时,Asp_{283} 从活性中心被置换,而由 Arg_{569} 代替,在活性部位带负电荷的 Asp 为带正荷的 Arg 交换,有利于阴离子结合。这些别构调控对于调节正常代谢要求的糖原磷酸化酶是一个合适的机制。

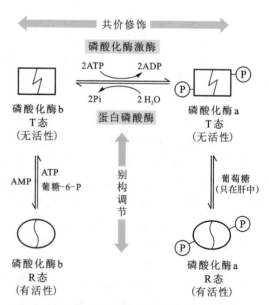

图 8-58　骨骼肌和肝中磷酸化酶的共价修饰和别构调节

在大多数生理条件下,磷酸化酶 b 处于无活性的 T 态,因为它受到 ATP、6-磷酸葡糖的别构抑制;只有肌细胞内的**能荷**(energy charge)低下时,磷酸化酶 b 才以有活性的 R 态存在;而磷酸化酶 a 则不管 AMP、ATP 和 6-磷酸葡糖的水平如何,几乎完全是有活性的 R 态。在静止肌肉中几乎所有的磷酸化酶都处于无活性的 b 形式。运动时肌细胞中 AMP 水平升高(能荷降低)导致磷酸化酶 b 的别构激活,即 T 态向 R 态转化。总之,肌肉糖原磷酸化酶可通过 AMP 别构激活,ATP 和葡糖-6-P 别构抑制调节活性,当 ATP 和 6-磷酸葡糖水平高时,糖原分解被抑制,当细胞能荷低时,即高[AMP]和低[ATP]和[G-6-P]时,糖原分解代谢被激发。

肝磷酸化酶的别构调节和肌肉磷酸化酶的不同:① AMP 不激活肝磷酸化酶 b;② 肝磷酸化酶 a 受葡萄糖的别构抑制,即葡萄糖能使 a 形式的 R $\rightleftharpoons$ T 平衡移向 T 方。肝中糖原降解的目的是,当血糖水平低下时生成葡萄糖,以输出供其他组织之需。别构效应物本身是代谢状况的指示剂,因此磷酸化酶在肌肉中应答 AMP 水平(反映细胞能荷状况),在肝中则应答葡萄糖水平(反映血糖情况)。

磷酸化酶 b 的磷酸化是细胞表面接受了一个激素分子(肾上腺素或胰高血糖素)而启动的一系列反应的最后一步(图 8-59)。这一系列反应称为**酶级联**(enzyme cascade)。这种级联使一个信号激素分子放大到使许多磷酸化酶 b 分子转化为磷酸化酶 a 分子。实际上从激素作用到磷酸化酶 a 的产生经过了许多步的放大,这就是所谓**级联放大**(cascade amplication)。级联放大是很可观的,若每步的催化放大是 10 倍,则一个 5 步的级联放大中放大倍数等于 10^5。在一步催化反应中的放大称为催化放大,当一种以上的共价修饰依次发生,把催化放大串联起来就成为级联放大。这是酶可逆共价修饰的特点。显然在酶的可逆共价修饰中,酶的活性形式和非活性形式连续互变的状态下,对生物体代谢环境的变化,随时准备应答的可逆共价修饰系统较不可逆共价修饰能作出更多更及时的调控反应。

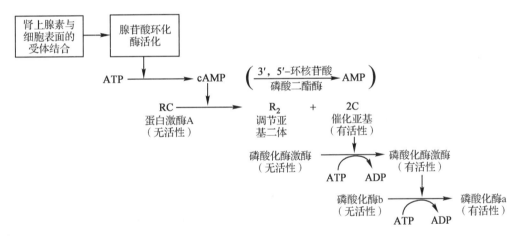

图 8-59 磷酸化酶由激素启动活化的级联机制

通过以上讨论可知,蛋白质磷酸化能有效地控制酶活性的原因:① 磷酸化反应所需自由能是较大的,通过 ATP 提供 50 kJ·mol^{-1} 的能量。磷酸化能改变不同功能状态之间的构象平衡,实质上,消耗的能量使蛋白质的构象从一种状态完全转变为另一种状态;② 一个磷酰基对修饰蛋白增加 2 个负电荷,这些新电荷破坏了未修饰蛋白中的静电相互作用,而形成新的静电相互作用,这一结构变化显著地改变了底物的结合和催化活性;③ 一个磷酰基能形成三个或多个氢键,磷酰基的几何四面体使这些键高度定向,以让氢键供体特异的相互作用;④ 磷酸化和脱磷酸化可发生在小于 1 秒钟或超过数小时间隔内,在动力学上能够被调整到满足生理过程对调速的要求;⑤ 磷酸化常常引起高度地放大效应,单个活化的激酶分子在短时间内磷酸化几百个靶蛋白,假若靶蛋白是一种酶,它能转换很大数量的底物分子;⑥ ATP 是细胞的能量货币,它作为磷酰基的供体与细胞代谢能的调节相联系。

2. 蛋白激酶

蛋白激酶是一个非常大的家族,目前已经发现至少 200 多种蛋白激酶。在酵母中已鉴别出 113 种蛋白激酶基因,在人基因组中已确定 868 种蛋白激酶基因。之所以把蛋白激酶称为一个家族,是因为各类蛋白激酶具有共同的催化机制,在结构上有很大的相似性,特别是催化亚基或催化部分保存有大约 260 个氨基酸残基组成的激酶结构域催化核心,说明它们进化上的相关性,很可能有共同的原始祖先基因。根据底物蛋白质被磷酸化的氨基酸残基的种类可以分为:**Ser/Thr 型**,目前发现的蛋白激酶多属于这一类;**Tyr型**,被磷酸化的底物 Tyr 残基,数目相对较少。还可根据它们是否有调节物来分,一类叫**信使依赖性蛋白激酶**,另一类为**非信使依赖性蛋白激酶**。前者又可分为胞内信使依赖性蛋白激酶如:cAMP 依赖性蛋白激酶(PKA)、cGMP 依赖性蛋白激酶(PKG),Ca^{2+}、磷脂依赖性蛋白激酶(PKC)等;激素或生长因子依赖性蛋白激酶,如表皮生长因子依赖性蛋白激酶,胰岛素依赖性蛋白激酶(胰岛素受体)等。而酪蛋白激酶(Ⅰ、Ⅱ型)、组蛋白激酶Ⅱ、糖原合成酶激酶等属于非信使依赖性蛋白激酶。

蛋白激酶的实例

(1)**蛋白激酶 A**(protein kinase A,PKA)或 cAMP 依赖性蛋白激酶(cAMP-dependent protein kinase)20 世纪 60 年代,H. Krebs 在研究糖原的代谢过程中发现的,是普遍存在于动物体内的一种蛋白激酶。PKA 全酶由 4 个亚基组成(R_2C_2),包括两种亚基,即对 cAMP 高亲和力的 M_r 49×10^3 的调节亚基(R)和 M_r 38×10^3 的催化亚基(C)。在没有 cAMP 时,调节亚基和催化亚基形成无酶促活性的 R_2C_2 复合物。PKA 可被 cAMP 激活,每 2 分子 cAMP 与每 1 个调节亚基结合导致 R_2C_2 解离成 1 个 R_2 亚基和 2 个 C 亚基。然后自由的催化亚基具有了酶活性。cAMP 与调节亚基的结合解除了对催化亚基的抑制作用。

cAMP 是如何激活激酶的呢?每个 R 链含有除了 Ala 代替 Ser 之外与磷酸化相一致的顺序 Arg-Arg-Gly-Ala-Ile,在 R_2C_2 复合体中,R 的假底物(pseudo substrate)顺序占据了 C 的催化部位,因而妨碍了蛋白质底物的进入,当 cAMP 结合到 R 链上时,假底物顺序从催化部位被别构移除,然后释放的 C 链与磷酸化底物蛋白自由地结合(图 8-60)。

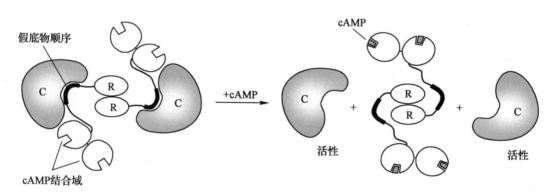

图 8-60 蛋白激酶 A 与 4 分子 cAMP 结合,解离抑制的全酶(R_2C_2)成为一个调节亚基(R_2)和 2 个催化活性亚基(2C),每条 R 链含有 2 个 cAMP 结合域和一个假底物填充(以粗黑线表示)

PKA 可以通过磷酸化激活多种酶,如磷酸化酶激酶、甘油三酯酶、酪氨酸羟化酶、RNA 聚合酶Ⅱ等,也可通过催化蛋白磷酸化抑制多种酶活性,如糖原合成酶、乙酰 CoA 羧化酶、丙酮酸激酶等。

(2)**磷酸化酶激酶**(phosphorylase kinase,PhK) PhK 是糖原代谢中一个关键的调节酶,其催化的反应是通过磷酸化作用使无活性的磷酸化酶 b(phosphorylase b)转化成有活性的磷酸化酶 a,从而加强糖原的分解代谢。磷酸化酶 a 又可通过蛋白磷酸酶的水解而脱去磷酸转变成无活性的磷酸化酶 b,以此方式调节磷酸化酶的活性(图 8-56)。

PhK 在动物的肌肉组织和肝中都有存在,以兔子肌肉中的研究最为清楚。PhK 由 4 个完全不同的亚基 α、β、γ、δ 组成(图 8-61),一般认为全酶以[α β γ δ]四聚体的形式存在,其中 δ 亚基为钙调蛋白(CaM),因此 CaM 作为一个整合亚基参与全酶的形成,其功能是作为调节亚基通过与 Ca^{2+} 结合而激活全酶的活性。有证据表明 γ 亚基具有催化功能,并且其氨基酸组成和顺序与其他蛋白激酶的催化部分有很高的相似性。PhK 的活性几乎绝对依赖 Ca^{2+},因此 Ca^{2+}、CaM(δ 亚基)是它的主要调节方式。有实验证明 α、β 亚基的磷酸化是该酶活性的另一种重要调节方式。β

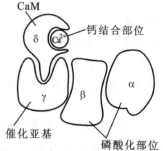

图 8-61 PhK 结构示意图

亚基被 PKA 磷酸化可以使 γ 亚基活化而具催化活性,随之,α 亚基也可被 PKA 缓慢磷酸化,结果使已磷酸化的 β 亚基发生构象的改变,使之变得对蛋白磷酸酶敏感而被脱磷酸化,γ 亚基回到被 β 亚基的抑制状态,通过 α、β 亚基的磷酸化状态而调节了 PhK 的活性水平和持续时间。

(二) 酶原的激活——不可逆共价调节

体内合成出的蛋白质,有时不具有生物活性,经过蛋白水解酶专一作用后,构象发生变化,形成酶的活性部位,变成活性蛋白。这个不具生物活性的蛋白质称为前体(precursor)。如果活性蛋白质是酶,这个前体称为**酶原**(zymogen 或 proenzyme)。该活化过程,是生物体的一种调控机制。这种调控作用的特点,由无活性状态转变成活性状态,与别构调节和可逆共价调节不同,酶原激活过程是一种不可逆的共价调节过程。通过专一性的蛋白水解作用来活化酶和蛋白质,在生物体系中是经常发生的,例如:

(1) 使蛋白质水解的消化酶,在胃和胰脏中是作为酶原合成的(表 8-10),激活后成为蛋白水解酶。

表 8-10　胃和胰脏的酶原和有活性的酶

合成部位	酶原	有活性的酶	合成部位	酶原	有活性的酶
胃	胃蛋白酶原	胃蛋白酶	胰脏	羧肽酶原	羧肽酶
胰脏	胰凝乳蛋白酶原	胰凝乳蛋白酶	胰脏	弹性蛋白酶原	弹性蛋白酶
胰脏	胰蛋白酶原	胰蛋白酶			

(2) 血液凝固系统的许多酶都是以酶原形式被合成出来,被蛋白水解级联激活后起作用。

(3) 有些蛋白激素也是以无活性的前体被合成的。例如胰岛素被合成出来是胰岛素原(proinsulin),经蛋白酶激活后变成有活性的胰岛素。

(4) 存在于皮肤和骨骼中的纤维蛋白——胶原,是由可溶性前体前胶原(procollagen)激活而成。

(5) 许多发育过程是由酶原激活调控的。蝌蚪变态成蛙时,在几天的过程中从尾巴吸收大量的胶原,同样地分娩后许多胶原在哺乳动物子宫中被破坏,前胶原酶(procollagenase)转变成胶原酶(collagenase),这一活性蛋白酶为这些变化过程精确地选择时机。蚕茧酶(cocoonase)是昆虫发育的一种关键酶,也是由非活性前体获得的。

(6) 细胞凋亡是通过称作胱天蛋白酶(caspase)的蛋白水解酶调节的,它是以胱天蛋白酶原(procaspase)的形式合成的。当被各种信号激活时,胱天蛋白酶的作用引起机体中细胞死亡。

首先讨论消化酶的激活,然后再讨论凝血机制。

1. 消化系统中的酶原激活

胰凝乳蛋白酶、弹性蛋白酶和羧肽酶等都具有很强的水解蛋白的能力,它们都是以酶原形式在胰脏中产生的。如果在胰脏中就以活化的形式存在,那么胰脏就会被它们水解而破坏,因此胰脏有一些保护措施,防止它们提早活化。胰脏中酶原的激活都要通过胰蛋白酶的作用,可见胰蛋白酶是一个关键,因此在胰脏中存在着较丰富的胰蛋白酶抑制剂,抑制胰蛋白酶的活性。胰蛋白酶抑制剂相对分子质量为 $6×10^3$,它和胰蛋白酶的活性部位紧密结合,复合物的解离常数为 $0.1\ pmol · L^{-1}$,标准结合自由能大约 $-75\ kJ ·$ mol^{-1},其复合物用变性剂处理也不解离。酶原在胰脏中提早活化是胰腺炎的特征,严重的可以致命。胰蛋白酶抑制剂可以治疗胰腺炎。

(1) 胰凝乳蛋白酶原的激活　**胰凝乳蛋白酶原**(chymotrypsinogen)是由 245 个氨基酸组成的,具有 5 对二硫键的单肽链蛋白质。当受到胰蛋白酶作用后,Arg_{15} 与 Ile_{16} 间的肽键断开,才具有酶活性,这种酶称为 π-胰凝乳蛋白酶。π-胰凝乳蛋白酶活性最高,但不稳定。它再作用于其他的 π-胰凝乳蛋白酶分子上,使另一分子 π-胰凝乳蛋白酶失去两个二肽(Ser_{14}-Arg_{15} 及 Thr_{147}-Asn_{148}),而形成酶的稳定形式—— α-胰凝乳蛋白酶。它是由 3 条肽链组成,A、B 两链及 B、C 两链间各通过一对二硫键相连,α-胰凝乳蛋白酶的活性只有 π-胰凝乳蛋白酶的 40%,其激活过程见图 8-62。酶活性部位的氨基酸残基 His_{57},Asp_{102},和 Ser_{195} 分别来自 B、C 二链。

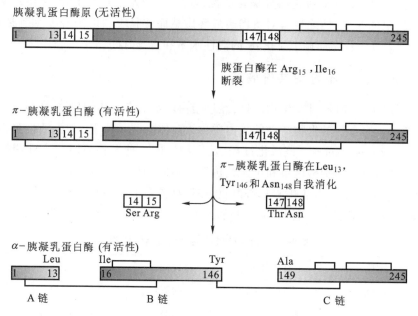

胰凝乳蛋白酶原 (无活性)

胰蛋白酶在 Arg₁₅, Ile₁₆
断裂

π-胰凝乳蛋白酶 (有活性)

π-胰凝乳蛋白酶在 Leu₁₃,
Tyr₁₄₆ 和 Asn₁₄₈ 自我消化

α-胰凝乳蛋白酶 (有活性)

A 链　　　B 链　　　C 链

图 8-62　胰凝乳蛋白酶原的激活过程

胰凝乳蛋白酶原受胰蛋白酶作用后, Arg₁₅-Ile₁₆ 间的肽键断开, 形成了新的 Ile₁₆ 末端, 这个新的末端氨基与酶分子内部的 Asp₁₉₄ 发生静电作用 (图 8-63), 这个氨基的质子化稳定了胰凝乳蛋白酶的活性形式, 通过酶活性对 pH 的依赖性得到说明。由于静电的相互作用触发了一系列的构象变化, Met₁₉₂ 从酶原的深层移动到活性酶分子表面, 第 187 及第 193 残基彼此分离更远。这些构象变化的结果形成一个疏水口袋, 允许芳香基和大的非极性基结合于底物专一性部位。显然, 这样的口袋, 在酶原中是不存在的。

（2）胃蛋白酶原的激活　　**胃蛋白酶原**（pepsinogen）是由胃壁细胞分泌的, 相对分子质量为 38.9×10^3, 由 392 个氨基酸残基组成。在胃酸 H^+ 作用下, pH 低于 5 时, 酶原自动激活, 从氨基端失去 44 个氨基酸残基——碱性的前体片段后, 转变为高度酸性的, 相对分子质量为 34.6×10^3, 有活性的胃蛋白酶。胃蛋白酶在胃中很酸的环境中消化蛋白质, 最适 pH 为 2。胃蛋白酶和天冬氨酸蛋白酶家族其他成员在催化部位含 2 个天冬氨酸残基, 一个是以—COOH 形式, 另一个是—COO⁻形式。X 射线晶体结构研究说明, 在胃蛋白酶原中已形成活性部位, 在中性 pH 下前片段中的 6 个 Lys 和 Arg 的侧链与胃蛋白酶部分中 Glu 和 Asp 残基的羧基侧链之间形成盐桥, 尤其是前体中的 Lys 侧链与活性部位的一对天冬氨酸: Asp₂₁₅ 和 Asp₃₂ 之间的静电相互作用, 使得前体片段中的碱性氨基酸将活性部位遮盖, 所以酶原不表现催化活性。当 pH 降低时, 由于几个羧基质子化, 破坏了前体碎片和胃蛋白酶部分的盐桥, 引起构象的重排, 暴露出催化部位, 水解前体和胃蛋白酶部分间的肽键, 酶原被激活。H^+ 激活产生的胃蛋白酶还可以进一步再去激活其他的胃蛋白酶原。

（3）胰蛋白酶原的激活　　**胰蛋白酶原**（trypsinogen）是由胰腺细胞分泌的, 进入小肠后, 在有 Ca^{2+} 的环境中受到肠激酶（enterokinase）的激活, 断开酶原中 Lys₆-Ile₇ 之间的肽键, 从氨基端水解下一个酸性 6 肽

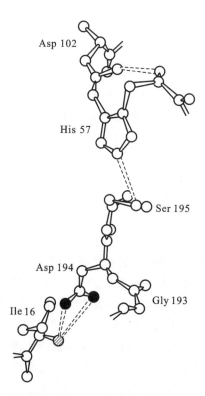

图 8-63　胰凝乳蛋白酶中 Asp₁₉₄ 和 Ile₁₆ 的环境

Asp₁₉₄ 的羧基和 Ile₁₆ 的 α-NH₂ 之间的相互静电作用对胰凝乳蛋白酶的活性是必需的。这些基团邻近 Ser-His-Asp 催化三联体

（图8-64），使构象发生变化，形成胰蛋白酶的活性部位（His_{57}，Asp_{102}，Ser_{195}），由酶原转变成有活性的胰蛋白酶。胰蛋白酶不仅可以激活胰蛋白酶原，而且还可激活胰凝乳蛋白酶原、弹性蛋白酶原、脂肪酶原及羧肽酶原。因此被肠激酶激活形成的胰蛋白酶是所有胰脏蛋白酶原的共同激活剂，在它的控制下，可以使所有的胰脏蛋白酶同时起作用。胰蛋白酶对各个胰脏蛋白酶原的激活作用如图8-65所示。

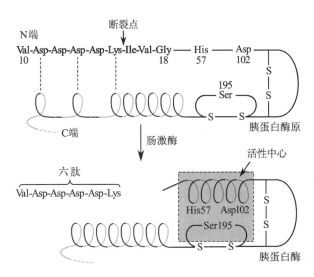

图8-64   胰蛋白酶原的激活
图中标号基于胰凝乳蛋白酶序列

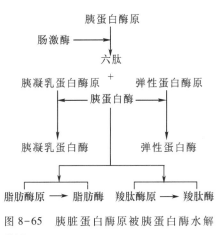

图8-65   胰脏蛋白酶原被胰蛋白酶水解激活

2. 凝血系统中的酶原激活

生物体意外地被伤害会引起出血，凝血作用是生物体适应外界条件的一种很重要的措施。体内凝血机制大致有3个方面：被伤害的血管收缩以减少血液的流失；血小板黏聚形成栓塞堵住伤口；通过一连串酶原激活反应和凝血因子的作用使血液凝集。

血液凝固是极其复杂的生物化学过程，涉及一系列酶原被激活形成一个庞大的级联放大系统，使血凝块迅速形成成为可能（图8-66）。血浆中的13种凝血因子有7种是丝氨酸蛋白酶：激肽释放酶，XII_a、XI_a、IX_a、VII_a、X_a和凝血酶（凝血因子常用罗马数字编号，编号右下角字母a表示该因子是激活形式）。血液凝固存在两条途径：**外在途径**（extrinsic pathway）和**内在途径**（intrinsic pathway）。外在途径由创伤组织释放的因子Ⅲ（组织因子）和因子Ⅶ所引发，此途径可在数秒钟内形成少量凝血酶，通过凝血酶的自我催化，有利于凝血和止血。内在途径起始于Ⅻ与损伤造成的异常表面的物理接触而被激活成XII_a。这两条途径汇合在因子X，以下是最后的**共同途径**（common pathway）。此途径主要是两个环节：一是**凝血酶原**（Ⅱ）在因子V_a和Ca^{2+}（Ⅳ）存在下由因子X_a催化断裂成**凝血酶**；二是血浆中**血纤蛋白原**在凝血酶和因子VIII_a作用下，转变为血纤蛋白网状结构，网内裹有血液的有形成分如血细胞、血小板等，即所谓**血凝块**。

凝血系统具有保护作用，这是其一。但如果凝血机能亢进，即血凝过度，则血液中会出现异常的血凝块，称为**血栓**（thrombus）。血栓会引起严重的疾病，如心肌梗死，脑血栓和肺栓塞等。好在血液中还存在着一个所谓**纤溶系统**（fibrinolysis system）。该系统包括**纤溶酶原**（plasminogen）和**纤溶酶原激活剂**（plasminogen activator，PA），如**组织型纤溶酶原激活剂**（t-PA）等，它们也都是丝氨酸蛋白酶类。t-PA仅能激活黏附在血凝块上的纤溶酶原，不影响血液中的游离纤溶酶原，因此不会造成过度纤溶而引起出血。近年来t-PA已被应用于临床，治疗急性心肌梗死（acute myocardial infarction）。

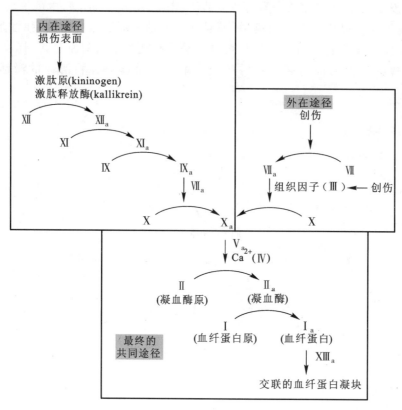

图 8-66　血液凝固中激活反应的级联放大

七、同 工 酶

1959 年 C. L. Markert 首次用电泳分离法发现动物的**乳酸脱氢酶**（lactate dehydrogenase，LDH）具有多种分子形式，并将其称为**同工酶**（isoenzyme；isozyme）。同工酶是指催化相同的化学反应，但其蛋白质分子结构、理化性质和免疫性能等方面都存在明显差异的一组酶，它们被不同基因编码。至今已陆续发现了数百种具有不同分子形式的同工酶，几乎有一半以上的酶作为同工酶而存在。同工酶普遍存在于生物界，包括动物、植物和微生物。同工酶不仅存在于同一个体的不同组织中，甚至同一组织、同一细胞的不同亚细胞结构中。甚至生物在生长发育的不同时期和不同的代谢条件，都有不同的同工酶分布。同工酶是研究代谢调节、分子遗传、生物进化、个体发育、细胞分化和癌变的有力工具，在酶学、生物学和临床医学中均占有重要地位。

在同工酶的研究中，研究得最多的是乳酸脱氢酶，它是糖酵解过程中的关键酶之一，催化下面反应：

$$
\underset{\text{乳酸}}{\text{HO}-\overset{\displaystyle \text{COOH}}{\underset{\displaystyle \text{CH}_3}{\text{C}}}-\text{H}} + \underset{\text{氧化型辅酶 I}}{\text{NAD}^+} \underset{\text{pH 8.8}\sim9.8}{\overset{\text{LDH pH 7.4}\sim7.8}{\rightleftharpoons}} \underset{\text{丙酮酸}}{\overset{\displaystyle \text{COOH}}{\underset{\displaystyle \text{CH}_3}{\text{C}=\text{O}}}} + \underset{\text{还原型辅酶 I}}{\text{NADH}+\text{H}^+}
$$

从各种组织中得到的 LDH 相对分子质量约 140×10^3，都是由 4 个亚基聚合的四聚体，每个亚基的相对分子质量约 35×10^3，有 5 种同工酶。由两种不同的结构基因编码成 2 种蛋白亚基，即肌肉型（M）和心肌型（H）亚基，氨基酸顺序有 75% 是相同的。这两种亚基在氨基酸组成上有较大差别，H 型富含酸性氨基酸，而 M 型富含碱性氨基酸，因此在电场中很易分开，从阴极向阳极排列依次为 $LDH_5(M_4)$、$LDH_4(M_3H)$、$LDH_3(M_2H_2)$、$LDH_2(MH_3)$、$LDH_1(H_4)$ 五种形式的同工酶（图 8-67A）。此外在动物睾丸及精子中还发现了另一种基因编码的 x 亚基组成了 LDH_x。

LDH 同工酶有组织特异性，在不同组织中含量不同，例如：LDH_1 在心肌中相对含量高，而 LDH_5 在肝、骨骼肌中相对含量高(图 8-67B)。这反映了 LDH 同工酶所在器官的特殊的代谢需要。如心脏是以氧化代谢为主的组织,可以有效地利用乳酸,心肌中 LDH$_1$ 含量高,对乳酸的 K_m 小,易受丙酮酸抑制,故在体内通过三羧循环催化乳酸的氧化,这是和心肌的需要相适应的。相反在骨骼肌中 LDH$_5$ 含量高,对乳酸的 K_m 大,不易受丙酮酸的抑制,在体内主要通过糖酵解途径使丙酮酸还原成乳酸,故骨骼肌是体内生成乳酸的重要组织。运动时,骨骼肌产生的乳酸随血液输送到心肌利用,成为心肌的主要能源(图 8-68)。进一步研究得知,LDH 受丙酮酸的抑制作用是由于丙酮酸能与 LDH 活性部位上的 NAD$^+$ 形成三联复合物,这一复合物对 LDH$_1$ 的抑制作用远比对 LDH$_5$ 大的多。

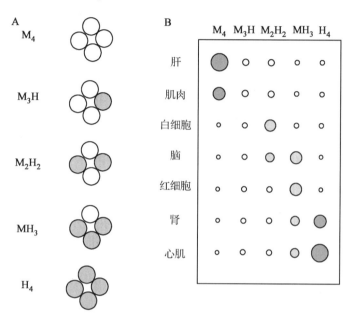

图 8-67 乳酸脱氢酶同工酶(LDH)及其在不同组织中的分布

A. LDH 的 5 种异构体;B. LDH 同工酶在不同组织中的分布

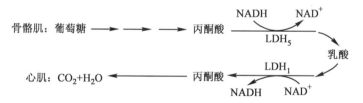

图 8-68 LDH$_5$ 和 LDH$_1$ 不同的功能

同工酶具有多种多样的生物学功能:① 同工酶与遗传:同工酶作为遗传标志,已广泛被遗传学家用于遗传分析的研究,这是因为:同工酶是分子水平的指标,按照一个基因编码一个同工酶亚基的理论,可从同工酶的表现型变异直接推测其基因型的变异,显然优于某些形态学的指标,后者往往是多个基因型的综合表现型。同工酶可用测定酶活力的方法鉴定,较非酶蛋白质分析方便。同工酶比其他指标灵敏,可以反映出 DNA 上一个碱基的微小变异。② 同工酶和个体发育及组织分化密切相关:在个体发育过程中,从早期胚胎到胎儿组织,再从新生儿到成年,随着组织的分化和发育,各种同工酶也有一个分化或转变的过程。某些同工酶在个体发育时,往往在较晚期的胎儿组织中才开始发生,甚至到出生后才在特定的少数组织中生成,其活力随组织的分化和发育而逐渐增高。这些同工酶在成年动物中的分布常局限于少数组织。一般说来,它们对底物的 K_m 值较大,有些还受到激素或饮食成分的调节,与组织的特殊功能有关,如糖异生、尿素合成等。把这类同工酶称为**分化型同工酶**(differentiation type isozyme)或**成年型同工酶**(adult type isozyme)。反之,另一些同工酶在胎儿发育的较早期即有明显活性,出生后,在有些组织中,活性反而随分化和发育而逐渐降低,但也可在另一些组织中甚至多数组织中继续占主要地位。这些同工酶往往对底物的 K_m 值较小,不受饮食或激素的调节,只参与组织的一般性代谢或与细胞的增殖有关。把这类同工酶称为**原始型同工酶**(original type isozyme)或**胎儿型同工酶**(foetal type isozyme)。③ 同工酶与代谢调节:同工酶的产生可能是基因分化的产物,而基因的分化又可能是生物进化过程中为适应愈趋复杂的代谢而引起的一种分子进化,故体内存在同工酶的意义即在于适应不同组织或不同细胞器在代谢上的不同需要。实验结果表明,同工酶在各组织或亚细胞组分中分布的不同以及它们之间底物特异性和动力学的差别,决定了同工酶在体内的功能是不同的,同工酶只是做相同的"工作",不一定有相同的功能。关于同工酶对代谢的调节,研究较清楚的是微生物的某些同工酶在分支代谢调节中所起的重要作用。例如 E. coli 中 Thr、Met、Lys 的合成均以 Asp 为原料,整个合成途径的第一个酶是**天冬氨酸激酶**(aspartate kinase,AK),它共有Ⅰ~Ⅲ种同工酶。其中 AK Ⅰ可受 Thr 的反馈抑制,AK Ⅱ受 Met 的反馈阻遏,而 AK Ⅲ则受 Lys 的抑制和阻遏。三者协同作用,并与其他调节环节相互配合,便不会因一种产物过剩而影响其他两种氨基酸的合成,保证了3种氨基酸合成的平衡(图8-69)。④ 同工酶与癌基因的表达:研究癌基因的表达在癌的发病机制及探索癌诊断的指标中具有重要的意义。大量的研究证明,癌基因表达发生紊乱,产生一些相应的正常分化组织所没有的或含量极微的基因表达产物,例如 α-甲胎蛋白(α-fetoprotein)及一些胎儿型同工酶。同时正常分化组织所特有的一些功能蛋白,例如清蛋白等血浆蛋白和某些成年型同工酶则降低或消失。这些改变往往和癌的增殖速率和恶性程度有平行关系。由于在组织分化或癌变过程中,同一种酶的同工酶常互相消长,一增一减,所以同工酶是研究基因表达的良好指标。⑤ 同工酶与临床诊断:血清中的同工酶可作为组织损伤的分子标记物。在正常情况下,细胞膜是不能渗透的,但是病变和组织损伤时,细胞膜就变得可渗透,致使可溶性细胞内含物如酶就会泄漏到血清中,在发生疾病时,血清中酶浓度升高,超过健康况下的血清酶浓度。因此,血清的酶浓度变化常用来确定病人某种组织发生病变的临床指标。例如,酸性磷酸酶是由不同分子形式组成的复杂酶谱,此酶存在于许多组织中,在成人前列腺中特别高,此酶已应用于转移前列腺癌的检测。再如,临床上常通过检测 LDH 同工酶谱的变化,作为某脏器病变鉴别诊断的依据。

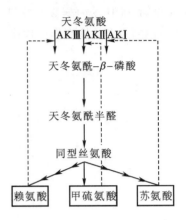

图 8-69   E. coli 中 Thr、Met 和 Lys 的合成
AK:天冬氨酸激酶

此外,同工酶分析法在农业上已开始用于优势杂交组合的预测,例如番茄优势杂交组合种子与弱优势杂交组合的种子中的脂酶同工酶谱是有差异的,从这种差异分析中可以帮助判断杂交优势。

提　要

酶的特殊催化能力只局限在酶分子的一定区域,即与酶活力直接相关的区域,称为酶的活性部位。它对于不需要辅酶的酶来说,就是指酶分子中在三维结构上比较靠近的几个氨基酸残基负责与底物的结合与催化作用的部位,对于需要辅酶的酶来说,辅酶分子或辅酶分子上的某一部分结构,往往也是酶活性部位的组成部分。酶活性部位有多个共同特点。研究酶活性部位的方法有:酶分子侧链基团的化学修饰法、动力学参数测定法、X 射线晶体结构分析法和定点诱变法等,这些方法可互相配合以判断某个酶的活性部位。

酶是催化效率很高的生物催化剂,这是由酶分子的特殊结构所决定的。它的催化作用包括若干基元催化,即:酸碱催化、共价催化和金属离子催化等。酶的催化效率之所以比非酶催化剂高,主要有以下因素在降低活化自由能方面起了重要作用:① 底物和酶的邻近效应与定向效应;② 底物的形变与诱导契合;③ 多元催化和协同效应和④ 活性部位微环境的影响。但是这些因素不是同时在一个酶中起作用,也不是一种因素在所有的酶中起作用,对于某一种酶来说,可能分别主要受一种或几种因素的影响。

研究酶催化的反应机制,始终是酶学研究的一个重点,通过大量的研究工作,已经对一些酶的作用机制有深入了解,该章对溶菌酶、碳酸酐酶、丝氨酸蛋白酶、天冬氨酸蛋白酶等的催化作用机制进行了详尽的讨论。通过这几个实例,有助于深入了解基元催化及影响酶催化效率各因素的作用。

酶活性是受各种因素调节控制的,除了在第6章中已介绍的几种因素外,主要还有① 别构调节:例如

ATCase。② 共价调节:包括酶的可逆共价修饰,如蛋白质磷酸化与脱磷酸化;不可逆的共价调节,如酶原的激活及凝血系统酶原激活反应的级联放大。通过以上作用,使酶能在准确的时间和正确的地点表现出它们的活性。别构酶一般都是寡聚酶,有催化部位和调节部位,别构酶往往催化多酶体系的第一步反应或在一些分类点,受反应序列的终产物抑制,终产物与别构酶的调节部位相结合,通过协同效应调节多酶体系的反应速率。别构酶中[S]对 v 的动力学曲线呈 S 形曲线(正协同)或表观双曲线(负协同),两者均不符合米氏方程。ATCase 作为别构酶的典型代表,已经测定了其三维结构,详细研究了别构机制和催化作用机制。为了解释别构酶协同效应的机制,有两种分子模型受到人们重视,即齐变模型和序变模型。酶原经过蛋白水解酶专一作用释放出肽段,构象发生变化,形成酶的活性部位,变成有活性的酶,这个活化过程,是生物体的一种不可逆地共价调控机制。可逆地共价修饰调控作用是通过共价调节酶进行的,通过蛋白激酶对其多肽链某些基团进行可逆地共价修饰,使处于活性与非活性的互变状态,从而调节酶活性。共价修饰的反应主要是磷酸化、腺苷酰化、尿苷酰化及 ADP-核糖基化等。

同工酶是指催化相同的化学反应;但其蛋白质分子结构、理化性质和免疫性能等方面不同的一组酶。同工酶在酶学、生物学及医学研究中占有重要地位。LDH 同工酶研究的比较清楚,是由两种不同亚基组成的四聚体,有 5 种同工酶,在不同组织中含量不同,反映了同工酶的组织特异性。同工酶具有多种生物学功能,值得人们深入研究和应用。

习　题

1. 解释下列的术语:(a)共价催化;(b)一般酸碱催化;(c)邻近效应和定向效应;(d)共价修饰;(e)亲和标记;(f)酶原激活;(g)别构酶;(h)别构效应;(i)蛋白激酶;(j)同工酶。

2. 阐明酶活性部位的概念。可使用哪些主要方法研究酶的活性部位?

3. 酶具有高催化效率的因素有哪些? 它们是怎样提高酶反应速率的?

4. 假设在合成(NAG)$_6$ 时 D 和 E 糖残基之间的糖苷氧已为 ^{18}O 所标记。当溶菌酶水解时 ^{18}O 将出现在哪个产物中?

5. 请比较溶菌酶、碳酸酐酶、胃蛋白酶和胰凝乳蛋白酶:

(a) 哪种酶的催化活性需要金属离子?

(b) 哪种酶只含一条多肽键?

(c) 哪种酶被 DFP 迅速地失活?

(d) 哪种酶是由酶原激活成的?

(e) 哪种酶有共价催化的机制?

6. TPCK 是胰凝乳蛋白酶的亲和标记试剂,它对 His$_{57}$ 烷基化后使胰凝乳蛋白酶失活。

(a) 为胰蛋白酶设计一个类似于 TPCK 的亲和标记试剂。

(b) 你认为怎样可以检验它的专一性?

7. 胰凝乳蛋白酶、胰蛋白酶和弹性蛋白酶作为生物催化剂,有哪些相似之处? 有哪些不同之处? 在酶的分子结构上,是哪些因素引起这些差异的?

8. ATCase 是一种别构酶,其活性部位与别构效应物结合部位分别位于不同亚基上,有可能设想别构酶上这两种部位存在于同一亚基上吗? 为什么?

9. 对于 ATCase 来说,琥珀酸起着 Asp(两个底物中的一个)的竞争性抑制作用。v 对[Asp]的依赖关系见图 8-69A(假设在这些实验中第二种底物是过量的,并可忽略)。在图 8-70B 中[Asp]维持在低水平(图 8-70A 中箭头所指处)不变,并加入一系列含量递增的琥珀酸。琥珀酸不能作为底物参与反应。请解释这些结果。

10. 试解释为什么胰凝乳蛋白酶不能像胰蛋白酶那样自我激活?

11. 将枯草杆菌蛋白酶的 Ser$_{221}$ 突变为 Ala,则活性降低 10^6 倍,突变 His$_{64}$ 成 Ala 也得到类似的结果,同样降低 10^6 倍。因此,若同时突变 Ser$_{221}$ 和 His$_{64}$ 成为 Ala,其活性应降低 $10^6 \times 10^6 = 10^{12}$ 倍,这种推断正确吗? 为什么?

12. CTP 合成酶催化 UTP 合成 CTP:

$$UTP + ATP + 谷氨酰胺 \Longrightarrow CTP + 谷氨酸 + ADP + Pi$$

底物 UTP 和 ATP 与酶(为 α_4 同型四聚体)结合显示正协同,而另外底物谷氨酰胺显示为负协同。试绘制这三种底物 v 对[S]/$K_{0.5}$ 的底物饱和曲线,以说明它们的协同效应。

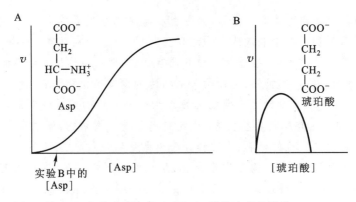

图 8-70　Asp 和琥珀酸浓度对 ATCase 催化速率的影响

13. 对蛋白激酶 A 的叙述中哪一个是正确的？

（a）通过 ATP 活化。

（b）在没有激活剂时有 2 个催化亚基（C）和 2 个调节亚基（R）组成。

（c）激活剂结合后解离成一个 C_2 和 2 个 R 亚基。

（d）在 C 亚基中含有一个假底物顺序。

14. 从右边选择合适答案与左边项相匹配。

（a）ATCase 　　　　（1）蛋白质磷酸化

（b）T 态 　　　　　（2）需要 Zn^{2+}

（c）R 态 　　　　　（3）激活蛋白激酶 A

（d）磷酸化 　　　　（4）一种同工酶

（e）激酶 　　　　　（5）可逆的共价修饰

（f）磷酸酶 　　　　（6）激活胰蛋白酶原

（g）cAMP 　　　　 （7）被 CTP 抑制

（h）肠激酶 　　　　（8）一种更低活性态的别构酶

（i）碳酸酐酶 　　　（9）起始于外在途径

（j）乳酸脱氢酶 　　（10）一种更活性态的别构酶

（k）组织因子 　　　（11）除去磷酸

15. 有一种含 2 个相同活性部位的二聚体酶，当底物结合到一个活性部位就降低对另一个活性部位的亲和性。用齐变模型能说明这种负协同性吗？

16. 酶的可逆共价修饰调节和酶原的蛋白水解调节之间关键不同是什么？

主要参考书目

1. 王镜岩，朱圣庚，徐长法. 生物化学教程. 北京：高等教育出版社，2008.

2. 许根俊. 酶的作用原理. 北京：科学出版社，1983.

3. 陈惠黎，李文杰. 分子酶学. 北京：人民卫生出版社，1983.

4. Berg J M，Tymoczko J L，Stryer L. Biochemistry. 7th ed. New York：W. H. Freeman and Company，2013.

5. Garrett R H，Grishorm C M. Biochemistry. 5th ed. Boston：Brooks/Cole，Cengage Learning，2012.

6. Nelson D L，Cox MM. Lehninger Principles of Biochemistry. 5th ed. New York：W. H. Freeman and Company，2008.

7. Tsou C L. Conformational flexibility of active sites. Science，1993，262：380-381.

（张庭芳）

网上资源

自测题

第9章 糖类和糖生物学

糖类或称碳水化[合]物(carbohydrate)是地球上最丰富的有机化合物。地球生物量(biomass)干重的50%以上是由葡萄糖的多聚体构成的。据估计全球每年有1 000亿吨的CO_2跟H_2O通过光合作用被转化为纤维素和其他的植物产物。关于光合作用将在第23章讲述。本章讨论糖类的化学,包括糖的分类、结构、性质和结构分析方法,以及糖类的某些生物学作用。

一、引　言

（一）糖类的生物学作用

糖类广泛地存在于生物界,特别是植物界。糖类物质占植物干重的85%~90%,占细菌细胞干重的10%~30%,占动物体干重的<2%,但动物生命活动所需的能量主要来源于糖类。

糖类是生物细胞中非常重要的一类生物分子。概括起来有以下几个方面的生物学作用:

（1）**作为生物的结构成分**　植物的根、茎、叶、花和果实都含有大量的纤维素、半纤维素和果胶等,它们构成植物细胞壁的主要成分。肽聚糖是细菌细胞壁的结构多糖。昆虫和甲壳类的外骨骼含有壳多糖。

（2）**作为生物体内的主要能源物质**　某些糖类(淀粉和蔗糖)是世界上大多数地区的膳食来源。糖类的氧化是大多数非光合生物中的主要产能途径,释放的能量供生命活动的需要。生物体内作为能量贮库的糖类有淀粉和糖原等。

（3）**在生物体内转变为其他物质**　糖类通过某些代谢中间物,为合成其他生物分子如氨基酸、核苷酸和脂肪酸等提供碳骨架。

（4）**作为生物信息分子**　细胞质膜中糖蛋白和糖脂的寡糖链起着信息分子的作用,这早在血型物质的研究中就有了一定的认识。随着分离分析技术和分子生物学的发展,近20多年来对这些寡糖链的结构和功能有了更深入的了解。发现细胞识别、免疫保护、代谢调控、受精机制、形态发生、发育、癌变、衰老和器官移植等,都与质膜上的寡糖链有关,并因此出现了一门新的学科,称为**糖生物学**(glycobiology)。

（二）糖类的化学本质

大多数糖类只由C、H、O三种元素组成,其实验式为$(CH_2O)_n$或$C_n(H_2O)_m$。其中H和O的原子数目之比为2∶1,犹如水分子一样。因此曾被误认为这类物质是碳(carbon)的水合物(hydrate),"碳水化合物"(carbohydrate)也因之而得名。但后来发现有些糖,如鼠李糖($C_6H_{12}O_5$)和脱氧核糖($C_5H_{10}O_4$)等,它们的分子中H和O的原子数之比并非2∶1;而一些非糖物质,如甲醛(CH_2O),乙酸($C_2H_4O_2$)和乳酸($C_3H_6O_3$)等,它们的分子中H和O之比却都是2∶1,所以"碳水化合物"这一名称并不恰当,但因沿用已久,至今西文中仍广泛地使用它。汉文中糖类(糖质①)和碳水化[合]物两词通用,但使用前者为多。

大家熟悉的葡萄糖和果糖,从化学角度看,分别是一种多羟基的醛和多羟基的酮(见图9-1)。淀粉和纤维素是由多个葡萄糖分子缩合而成的多聚体,也属于糖类。此外像N-乙酰葡糖胺,1,6-二磷酸果糖

---

①　建议汉文中用"糖质"代替"糖类",像"脂质"代替"脂类"。"糖质"(糖类物质)作为物质类别名称,既可代表一种也可代表多种同类物质,但不像"糖类"那样似呈"复数"形式,使用起来有诸多不便,例如说"个别糖类的命名"不如说"个别糖质的命名"更妥;本书中"糖类"和"糖质"同等使用——编者。

这样一些糖的衍生物也归入糖类。因此从其化学本质给糖类下一个定义:**糖类**是多羟醛、多羟酮或其衍生物,或水解时能产生这些化合物的多聚体。

(三) 糖类的命名和分类

英文中 carbohydrate 是糖类物质的总称。简单的糖常称为 sugar 或 saccharide(源自希腊文 *sakcharon*,意为 sugar,糖)。saccharide 一词常被冠以词头,用作糖的类别名称,如 monosaccharide(单糖)、polysaccharide(多糖)等。个别糖质的命名,大多是根据其来源给予一个通属名称,如葡萄糖、果糖、蔗糖、乳糖、棉子糖和菊粉等。糖类根据它们的聚合度可以分为:

(1) **单糖**(monosaccharide)　单糖是不能被水解成更小分子的糖类,如葡萄糖、果糖、核糖和脱氧核糖等。单糖又可根据分子中的官能团是醛基还是酮基分为醛糖和酮糖,其实验式常写为(CH_2O)$_n$。自然界中最小的单糖 $n=3$,最大的一般 $n=7$。依据分子中所含的碳原子数目(3 到 7)分别称为三碳糖或丙糖,四碳糖或丁糖,五碳糖或戊糖,六碳糖或己糖和七碳糖或庚糖。碳原子数目和羰基的类型结合起来命名,例如己醛糖、庚酮糖等。

(2) **寡糖**(oligosaccharide)　寡糖是由 2 个到 10 个单糖单位组成的糖类,包括很多个类别,常见的有二糖、三糖、四糖等。二糖水解时生成 2 分子单糖,如麦芽糖、蔗糖和乳糖等;三糖水解时产生 3 分子单糖,如棉子糖。

(3) **多糖**(polysaccharide)　多糖是水解时产生 10 多个以上单糖分子的糖类,包括同多糖和杂多糖。同多糖水解时只产生一种单糖或单糖衍生物,如淀粉、糖原、纤维素和壳多糖等。**杂多糖**水解时产生一种以上的单糖或/和单糖衍生物,例如果胶物质、半纤维素、肽聚糖和糖胺聚糖等。

(4) **糖缀合物**(glycoconjugate)　也称糖复合物,它们是糖类物质与蛋白质或脂质等生物分子借共价键形成的缀合物,如糖蛋白、蛋白聚糖、糖脂和脂多糖等。

二、单糖的结构和性质

单糖是最简单的糖类,是单一的多羟基醛或多羟基酮。单糖中连接有羟基的碳原子多数是手性中心,因而产生很多天然存在的立体异构体。由于单糖分子同时存在羟基和羰基(醛基或酮基),它们很容易发生分子内加成反应,生成具有四个或更多个骨架碳的环状结构,并产生一个新的手性中心,进一步增加了这类化合物的立体化学复杂性,因此叙述单糖的结构必须明确标示出每个碳原子的构型,以及在纸面上表示立体结构的方法。本节除谈及单糖的两个家系(醛糖和酮糖)、D- 和 L- 旋光异构体、α 和 β 异头物、吡喃糖和呋喃糖及其构象,还要介绍单糖的某些物理和化学的性质。

(一) 单糖的开链结构

1. 单糖的两个家系:醛糖和酮糖

大多数单糖分子的骨架是不分支的碳链,链中所有的碳原子都是由单键连接。在开链结构中,只有一个碳原子以双键与氧结合,形成羰基;其他每个碳原子都有一个羟基。如果羰基在碳链的末端(醛基形式),单糖则是**醛糖**(aldose);如果羰基在任一其他位置(酮基形式),单糖则是**酮糖**(ketose)(参见图 9-1)。最简单的单糖是三碳糖:甘油醛和二羟丙酮。所有的醛糖都可以看成是由甘油醛的羰基碳下端逐个插入 C* 延伸而来的,由甘油醛派生来的四碳糖、五碳糖、六碳糖等组成**醛糖家系**(family of aldoses)(图 9-3);由二羟丙酮衍生来的相应的单糖构成**酮糖家系**(family of ketoses)(图 9-4)。

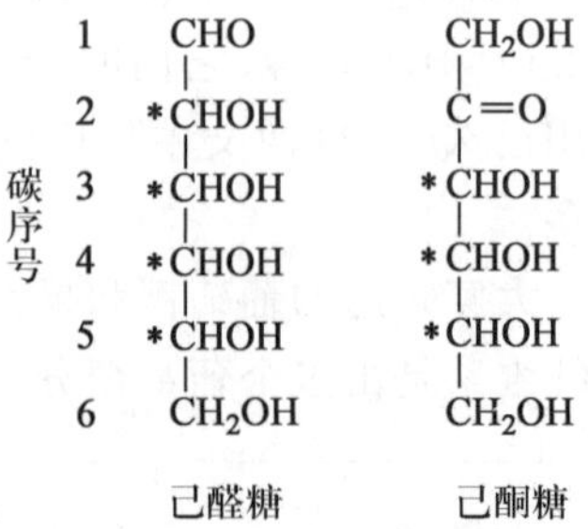

葡萄糖和果糖经元素组成分析和相对分子质量测定,确定了它们的分子式为 $C_6H_{12}O_6$。经结构分析确定了葡萄糖是 2,3,4,5,6-五羟己醛,一种己醛糖(aldohexose),是醛糖家系的一员;果糖是 1,3,4,5,6-五羟-2-

碳序号			
1	CHO		CH₂OH
2	*CHOH		C=O
3	*CHOH		*CHOH
4	*CHOH		*CHOH
5	*CHOH		*CHOH
6	CH₂OH		CH₂OH
	己醛糖		己酮糖

图 9-1　己醛糖和己酮糖的非立体开链结构

己酮,一种己酮糖(ketohexose),是酮糖家系的一员。己醛糖和己酮糖的非立体开链结构示于图 9-1。己醛糖含 4 个 C*(手性碳原子),己酮糖含 3 个 C*,它们分别存在 8 对和 4 对不同的对映[异构]体(参见图 9-3 和 9-4)。德国有机化学家 E. Fischer 根据当时有限的实验资料和立体化学知识进行逻辑推论,于 1891 年发表了有关葡萄糖立体化学的著名论文,并利用类似的推理,论证了己醛糖的 16 个旋光异构体中的 12 个异构体的立体化学结构。由于这一巨大成就,1902 年他获得诺贝尔化学奖。

2. Fischer 投影式(projection)

为了在纸面上表示糖的立体异构体结构,最方便的方法是采用投影式,它是 Fischer 于 1891 年首次提出的,因此也称 **Fischer 投影式**(图 9-2)。投影式中水平方向的键伸向纸面前方,垂直方向的键伸向纸面后方。书写投影式时,通常规定碳链处于垂直方向,羰基写在链的上端,羟甲基写在链的下端,氢原子和羟基位于链的两侧。投影式在纸面内可以旋转 180° 而不改变原来的构型,但旋转 90° 或 270° 将变成它的对映体,更不能离开纸面翻转。用投影式表示旋光异构体虽方便,但不如透视式清楚。透视式中手性碳原子和实线键处于纸面内,虚楔形键伸向纸面背后,实楔形键突出纸面,伸向读者(参看图 1-5 和图 9-2)。

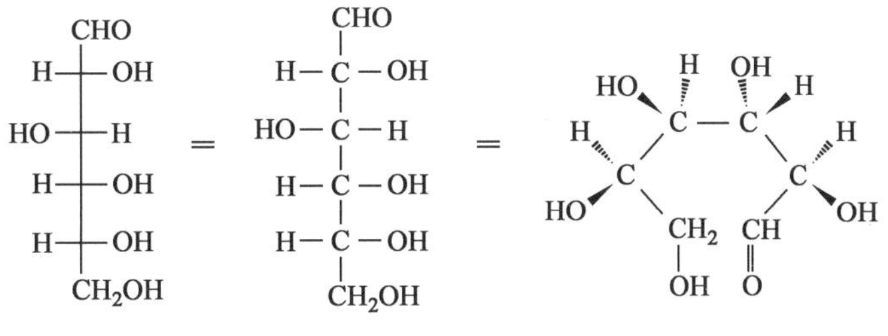

投影简式　　　　投影式　　　　透视式

图 9-2　D-葡萄糖的开链立体结构
投影简式中骨架十字交叉处代表碳原子

(二) 单糖的立体化学

单糖从丙糖到庚糖,除二羟丙酮外,都含有手性碳原子。甘油醛含一个 C*,有两个旋光异构体,组成一对对映体(见图 1-5);丁醛糖含 2 个 C*,可以有 4 个旋光异构体,组成两对不同的对映体;依次类推(参见第 1 章立体异构和构型部分)。由 D(+)-甘油醛衍生而来的称为 D-醛糖家系(图 9-3)。由 L(-)-甘油醛衍生而来的称为 L-醛糖家系,L-醛糖家系的成员是相应的 D-醛糖家系成员的对映体,例如 L-葡萄糖是 D-葡萄糖的镜像体。二羟丙酮本身虽没有立体异构体,但它可以衍生出 D-酮糖家系(图 9-4)和 L-酮糖家系。

所谓单糖的构型是指分子中离羰基碳最远的那个手性碳原子的构型。如果一个单糖在投影式中跟此 C* 相连的羟基(图 9-3 和 9-4 中加有阴影的 OH)与 D-甘油醛 C2(第 2 位碳)上的 OH 具有相同取向,则称它为 D 型单糖(也即说它是由 D 甘油醛派生而来的);反之则称为 L-型单糖。这里必须指出,糖的构型(D 或 L)跟旋光方向(+或-)并无直接关系;旋光方向和程度是由整个分子的立体结构(包括各手性中心的构型)而不是由某个 C* 的构型决定的。

任何一个旋光异构体都只有一个对映体,例如 D-葡萄糖的对映体是 L-葡萄糖,其余的 14 个己醛糖旋光异构体是它的非对映体。从图 9-3 可以看到,D 系己醛糖的旋光异构体中葡萄糖和甘露糖两者之间或葡萄糖和半乳糖两者之间,除了一个手性中心(对葡萄糖和甘露糖是 C*2,对葡萄糖和半乳糖是 C*4)的构型不同外,其余的立体结构完全相同。这种仅有一个手性碳原子的构型不同的非对映体,称为**差向[立体]异构体**或**表异构体**(epimer)。

自然界中单糖大多数以 D 型存在,但有些单糖以 L 型出现,例如 L-阿拉伯糖;还有一些 L 型单糖的衍生物是糖缀合物的常见成分(见本章后面)。

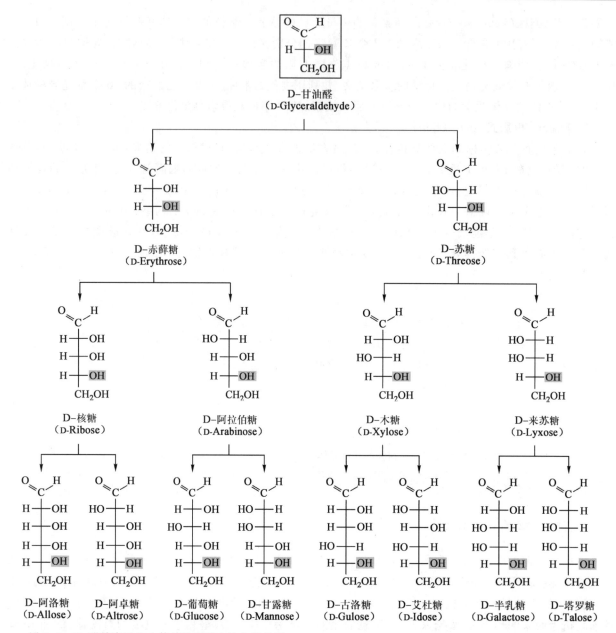

图 9-3　D-醛糖家系的立体结构及其立体化学关系

（三）单糖的环状结构

为简便起见,至此我们一直用直链分子表示醛糖和酮糖的结构。实际上,在水溶液中丁醛糖和所有骨架含有 5 个和 5 个以上碳原子的单糖都是以环状结构为优势形式存在的。

1. 环状半缩醛的形成

单糖存在环状结构的依据之一是许多单糖新配制的溶液会发生旋光度的改变,这种现象称为**变旋**(mutarotation)。在不同条件下获得的 D(+)-葡萄糖,其熔点和比旋值都不同。从低于 30℃ 的 70% 乙醇中结晶的水合物(含 $1H_2O$),熔点 146℃,新配的溶液 $[\alpha]_D^{20}=+112°$,称为 α-D-葡萄糖;在 98℃ 以上蒸发水溶液得到的晶体(含 $1H_2O$),熔点 150℃,新配的溶液 $[\alpha]_D^{20}=+18.7°$,称为 β-D-葡萄糖。变旋是由于分子的立体结构发生某种变化的结果。依据之二是葡萄糖作为多羟基醛,应该显示醛基的特性反应,但实际上不如简单醛类那样显著,例如不与 Schiff 试剂(品红-亚硫酸)呈紫红色反应;推测单糖的醛基可能被屏蔽。依据之三是从羰基的性质了解到,醇与醛或酮可以发生快速而可逆的亲核加成,形成**半缩醛**(hemiacetal)或**半缩酮**(hemiketal)(图 9-5)。

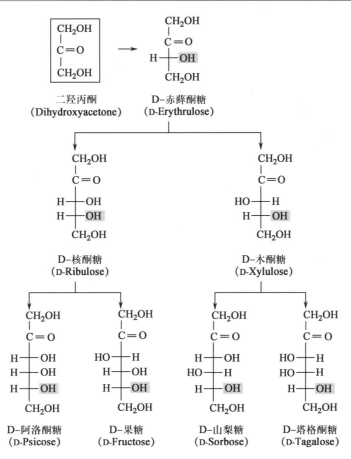

图 9-4　D-酮糖家系的立体结构及其立体化学关系

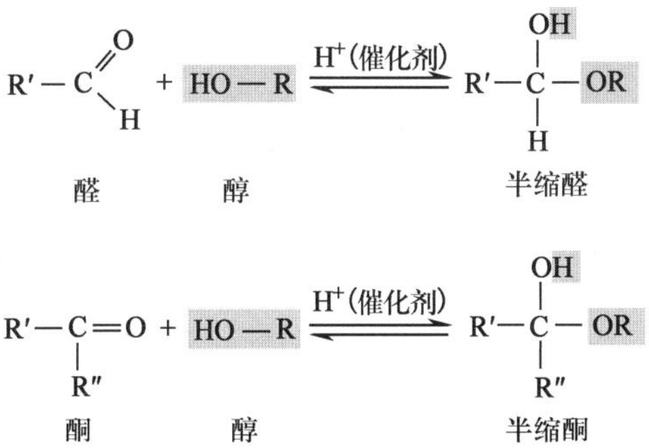

　　如果羟基和羰基处于同一分子内,则可以发生分子内加成,导致环状半缩醛或半缩酮的形成。作为多羟基醛或酮的单糖完全可以形成这种**环状结构**(cyclic structure)。1893 年 Fischer 正式提出葡萄糖分子具有环状结构的理论。

2. 单糖羰基碳的差向异构化:α 异头物和 β 异头物

　　一个确定的单糖由开链变成环状结构时,羰基碳原子成为新的手性中心,导致羰基碳**差向异构化**(epimerization),产生两个额外的立体异构体:α 和 β。这种羰基碳上形成的差向异构体称为**异头物**(anomer)。在环状结构中,半缩醛碳原子也称为**异头碳**或**异头中心**(anomeric center;

图 9-5　半缩醛和半缩酮的形成

注意,异头碳与其他碳原子不同,它是与两个氧原子相连的)。异头中心的羟基跟在 Fischer 投影式中连在最远的那个手性中心的羟基处于同一侧的异构体称为 **α 异头物**,处于相反一侧的称为 **β 异头物**。α 和 β 异头物在水溶液中可以通过开链形式互相转变,经一定时间后达到平衡;这就是产生变旋现象的原因。因此,新配制的 α-D-葡萄糖溶液和 β-D-葡萄糖溶液最终都变成具有相同旋光性质的相同平衡混合液($[\alpha]_D^{20} = +52.6°$)。如图 9-6 所示,此混合液约由 1/3 的六元环 α-D-葡萄糖和 2/3 的六元环 β-D-葡萄糖组成;具有游离醛基的开链葡萄糖不到 0.024%(五元环葡萄糖也很少),这便是为什么葡萄糖的醛基性质表现不明显的原因。

3. 单糖的两种环状结构:吡喃糖和呋喃糖

　　开链的六碳糖形成环状的半缩醛或半缩酮时,最容易出现五元环和六元环的结构。例如 D-葡萄糖 C5 的羟基与 C1 的醛基加成,生成六元环的吡喃葡[萄]糖(glucopyranose),又如 D-果糖 C5 的羟基与 C2

的酮基加成,形成五元环的呋喃果糖(fructofuranose)。之所以称为**吡喃糖**(pyranose)和**呋喃糖**(furanose)是因为它们的结构分别与简单的环形醚:吡喃(pyran)和呋喃(furan)相似(图 9-7)。一般说,具有 5 个或更多个碳的醛糖和酮糖都可以形成呋喃糖环或吡喃糖环。至于哪种形式更为稳定,这取决于结构因素。异头碳上和各羟基上的取代基性质和异头碳的构型将决定一种给定的单糖倾向吡喃糖还是呋喃糖结构。对醛糖来说,在水溶液中六元环的吡喃糖环比五元环的呋喃糖环要稳定得多,例如在 40℃ 水中平衡后 D-吡喃葡糖占 99.9% 以上(其中 α 36%,β 64%),D-吡喃甘露糖也占绝对优势(α 67%,β 33%),它们的呋喃糖形式都远小于 1%;D-吡喃核糖占 76%(α 20%,β 56%),呋喃核糖占 24%(α 6%,β 18%)。不过只有 5 个碳和 5 个碳以上的醛糖才能形成吡喃糖环。

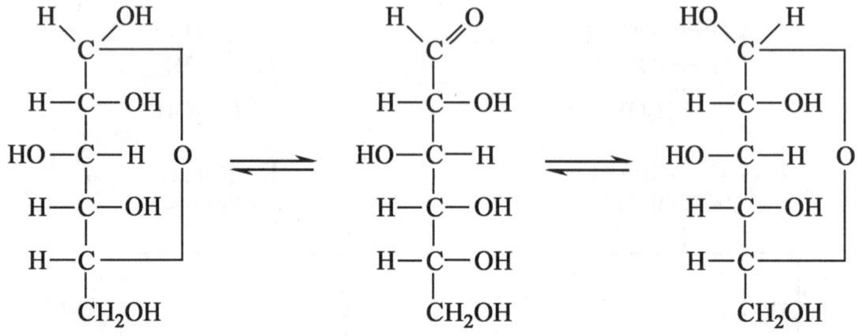

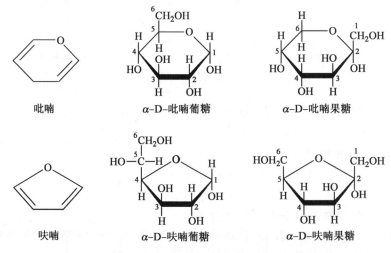

α-D-葡萄糖(36%)　　　　D-葡萄糖(<0.024%)　　　　β-D-葡萄糖(64%)

图 9-6　D-葡萄糖的变旋平衡

吡喃　　　　α-D-吡喃葡糖　　　　α-D-吡喃果糖

呋喃　　　　α-D-呋喃葡糖　　　　α-D-呋喃果糖

图 9-7　吡喃型和呋喃型的 D-葡萄糖和 D-果糖(Haworth 式)

　　5 个碳和更多个碳的酮糖也能以 α 和 β 异头物形式存在。在这些化合物中 C5(或 C6)的羟基跟 C2 的酮基反应形成含半缩酮键的呋喃糖(或吡喃糖)环。水溶液中游离的 D-果糖也以吡喃糖形式占优势 60%(α 3%,β 57%),呋喃糖形式占 40%(α 9%,β 31%);但在它的聚合物或衍生物中多以 β-D-呋喃果糖形式存在。

　　用 Fischer 投影式表示单糖的环状结构,不能准确地反映环中氧桥(oxo bridge)的长度(太长)和成环时绕 C4 和 C5 之间的键发生旋转的事实(此时葡萄糖的 C4 氢和 C5 氢已不在同侧)。于是 1926 年英国化学家 W. Haworth(1883—1950)推荐使用一种透视式来表示单糖的环状结构。这种透视式常称为 Haworth 投影式或简称 Haworth 式。Haworth 式中己醛糖的吡喃环用一个垂直于纸平面的六角形环面表示,环中省略了构成环的碳原子,浓粗的环边表示向着读者,细线的(含氧桥)环边表示离开读者(图 9-7)。举葡萄糖为例,由 Fischer 式改写为 Haworth 式时(图 9-8),Fischer 式中 C* 的右侧羟基在 Haworth 式中处于含氧环面的下方,左侧羟基处在环面的上方。但在成环(形成氧桥)时,C5 必将绕 C4—C5 键发生旋转(约 109°),结果 C5 上的—CH_2OH 旋至环面上方,C5 上的氢转到环面下方(注意,旋转不会引起构型改变)。当决定糖构型的 C* 的羟基参与成环时,在标准定位(即环中的碳原子序号按顺时针排列)的 Haworth 式

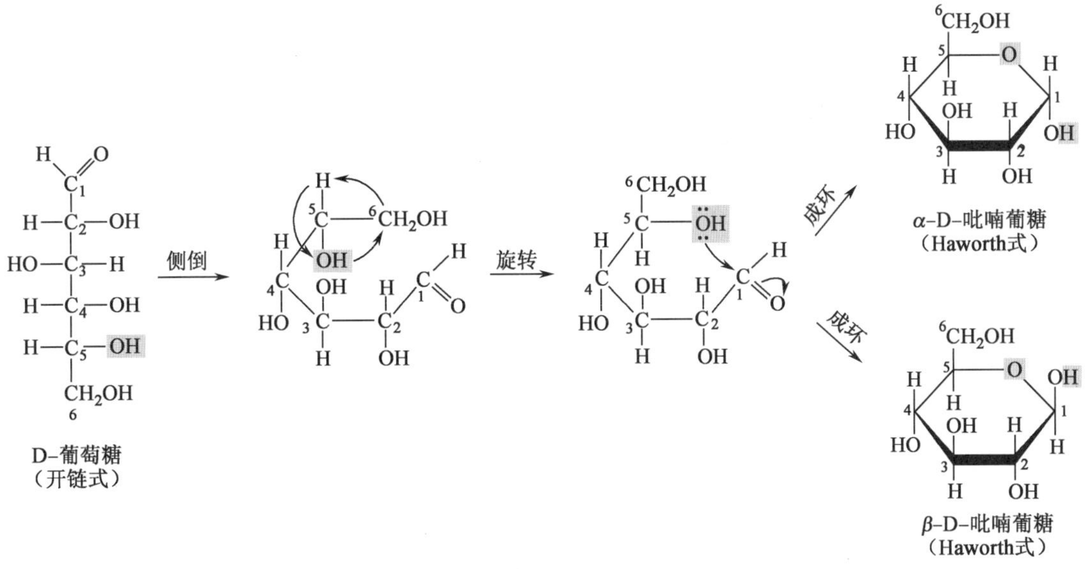

图 9-8　D-葡萄糖由 Fischer 式改写为 Haworth 式的步骤

中羟甲基在环平面上方的为 D 型糖,在环平面下方的为 L 型糖;不论是 D 型糖还是 L 型糖,异头碳的羟基与末端羟甲基是反式的(也即原与决定糖构型的 C* 上的羟基是同侧的)则是 α 异头物,顺式的则为 β 异头物。

(四)　单糖的构象

Haworth 式所反映的单糖立体结构也并不完全符合事实,因为如果吡喃糖环是平面结构,那么它们会有很大的角张力(angle strain),结构是不稳定的。实际上单糖总是通过扭折,采取能量低的构象(参见第 1 章)。

1. 吡喃糖的构象

20 世纪 40 年代环己烷的构象分析取得长足进展,燃烧热数据表明环己烷环是一种无张力环。这是因为环己烷不是平面结构,而是扭折成释放了全部角张力的三维结构:**椅式构象**(chair form)和**船式构象**(boat form)。热力学测定表明船式不如椅式稳定。因此椅式是环己烷的优势构象。在室温下,椅式与船式的分子之比约为 1 000 : 1。

吡喃糖与环己烷在结构上有很多相似之处,它们都是六元环,环内键长和键角也相近,因此环己烷的构象分析很多适用于吡喃糖。吡喃糖的椅式和船式构象见图 9-9A,椅式远比船式稳定。D-吡喃葡糖可以有两种椅式构象:Ⅰ和Ⅱ(图 9-9B)。这两种椅式构象可能经过船式进行互相转换,这种互换常被称为**环转向**(ring-flip)。环转向的净结果是直立位置(平行于穿过环平面的轴,见图 9-9A)和平伏位置(大体与环共平面)互换,一种椅式中的直立取代基变成另一种椅式中的平伏取代基,反之亦然。显然借**直立键**(axial bond)相连的取代基要比借**平伏键**(equatorial bond)相连的取代基彼此靠得更紧,斥力也更大。因此占优势的构象应是比氢原子大的那些基团尽可能多地处于平伏位置上的构象,β-D-吡喃葡糖的椅式Ⅰ便是如此。β-D-吡喃葡糖是 D-己醛糖中唯一的一个能采取使所有比氢原子大的基团都处于平伏位置的构象。根据计算 β-D-葡萄糖椅式Ⅰ的内能比椅式Ⅱ约低 30 kJ/mol。可见在这两种构象之间的环转向平衡中,椅式Ⅰ占绝对优势[①]。实验也表明,在纤维素和蔗糖晶体中葡萄糖残基都处于椅式Ⅰ构象。

葡萄糖处于最稳定的构象(椅式Ⅰ)时,它的 C2、C3、C4 和 C5 上的取代基都是平伏位置,但异头碳

① 根据方程 $K = e^{-\Delta E/RT}$ 可算出任何两种构象异构体平衡时的摩尔百分比,此处 K=平衡常数,e=2.718 自然对数的底,ΔE=异构体之间的内能差,T=绝对温度(K,开尔文)和 R=8.315 J·mol·K(气体常数)。许多实验,包括在纤维素和蔗糖晶体中 D-葡萄糖残基构象的测定都支持这一论断。

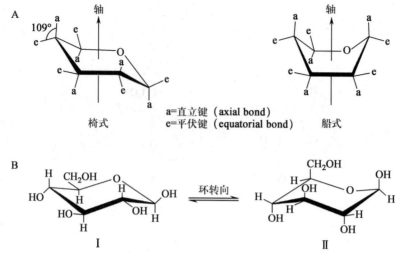

图 9-9　吡喃糖的椅式和船式构象(A)和 β-D-吡喃葡糖的两种可能的椅式构象(Ⅰ和Ⅱ)(B)

(C1)上的羟基可以是直立位置(α 异头物中)也可以是平伏位置(β 异头物中)。对 D-吡喃葡糖来说,β 异头物比 α 异头物更稳定,因为 β 异头物能更好地被溶剂化。但在 β 异头物中存在 C1 羟基(或其他取代基如—OR 等)偶极和环氧偶极之间的不利相互作用(图 9-10)。除葡萄糖外对几乎所有的己醛糖来说,偶极效应是主要的,因此它们的 α 异头物比 β 异头物更稳定;此现象称为**异头效应**(anomeric effect)。

图 9-10　椅式 Ⅰ 构象中异头物的平行和反平行偶极
C1 上的平伏羟基偶极与环氧偶极接近平行,它们之间产生排斥,是一种不利的相互
作用。C1 上的直立羟基偶极与环氧偶极大体反平行,这是一种比较稳定的构象

2. 呋喃糖的构象

　　回忆一下有机化学中对环戊烷的构象分析。环戊烷如果采取平面环构象,它将是一个接近于无张力环的结构,因为它的 C—C—C 键角是 108°,与正常键角只差 1° 左右。然而燃烧值表明环戊烷具有 6.5 kJ/mol 的张力能。这是为什么? 原因在于如果采取平面环结构,虽然无角张力,但是相邻碳上的氢处于重叠型的构象(见图 1-8),因而引起相当可观的扭张力。结果是环戊烷也采取突出平面的折叠构象,在增加角张力和降低扭张力之间达成平衡,使之处于最低的能态。环戊烷的 4 个碳原子大体上处在同一平面,第 5 个碳原子超出平面,这样相邻碳上的氢原子大多数都取近似交叉型的构象。

　　呋喃糖也是这样,环上的 3 个碳原子和 1 个氧原子接近于共平面,另 1 个碳原子向上折起,离开平面约 0.05 nm。这种构象称为**信封式构象**(envelope form),因为它类似一个掀起信封盖的开口信封(图 9-11)。大多数生物分子的核糖组分中,C2 或 C3 在 C5 的同一侧突出平面。这两种信封式构象分别称为 **C2′-内向型**(C2′-endo)和 **C3′-内向型**(C3′-endo)。在 RNA 双螺旋区,A-DNA 以及 RNA-DNA 杂交分子中核糖和脱氧核糖残基都采取 C3′-内向型,而在 B-DNA 中则为 C2′-内向型(图 9-11)。呋喃糖环在不同的构象态之间可以发生快速互换(环转向)。呋喃糖环比吡喃糖环具有更大的柔性,这可以说明呋喃型核糖被选作 RNA 和 DNA 的组分的原因。

　　在后面将看到,单糖的这些特殊的三维结构在决定某些多糖的生物学性质和功能方面有着重要的作用。

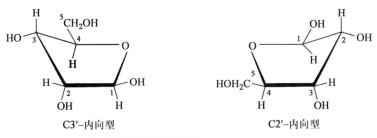

C3'-内向型   C2'-内向型

图 9-11 β-D-呋喃核糖的信封式构象

（五） 单糖的物理和化学性质

1. 物理性质

（1） **旋光性** 几乎所有的单糖及其衍生物都有旋光性,许多单糖在水溶液中会发生变旋现象。关于单糖的旋光性和变旋现象已在前面谈到。一些重要单糖的熔点和比旋值见表 9-1。

表 9-1 一些重要单糖的熔点和比旋值

名称	熔点/℃	$[\alpha]_D^{20}(H_2O)$	名称	熔点/℃	$[\alpha]_D^{20}(H_2O)$
D-甘油醛		+9.4°	β-D-吡喃葡糖	148～150	+18.7°→+52.6°
D-赤藓糖		-9.3°	α-D-吡喃甘露糖	133	+29.3°→+14.5°
D-赤藓酮糖		-11°	β-D-吡喃甘露糖	132	-17°→+14.5°
D-核糖	88～92	+19.7°	α-D-吡喃半乳糖	167	+150°→+80.2°
2-脱氧-D-核糖	89～90	-59°	β-D-吡喃半乳糖	143～145	+52.8°→+80.2°
D-核酮糖		-16.3°	D-果糖	119～122	-92°
D-木糖	156～158	+18.8°	L-山梨糖	171～173	-43.1°
D-木酮糖		-26°	L-岩藻糖	150～153	-75°
L-阿拉伯糖	160～163	+104.5°	L-鼠李糖	94(1H_2O)	+8.2°
α-D-吡喃葡糖	146(无水)	+112.2°→+52.6°	D-景天庚酮糖	101(1H_2O)	+2.5°
	83(1H_2O)		D-甘露庚酮糖	151～152	+29.7°

除异头物外均指互变异构体平衡时的比旋值,异头物的比旋列出的是起始值→平衡值。

（2） **溶解度** 单糖分子有多个羟基,增加了它的水溶性。除甘油醛微溶于水,其他单糖均易溶,特别是在热水中溶解度极大。例如 α-D-葡萄糖在 25℃水中的溶解为 82 g/100 mL,β-D-葡萄糖为 178 g/100 mL。单糖微溶于乙醇,不溶于乙醚、丙酮。

（3） **甜度** 严格说甜度(sweetness)不是物理特性,它属于一种感觉,甜度的比较不可能十分精确。甜度通常用蔗糖作为参考物,以它为 100,果糖几乎是它的两倍,其他天然糖均小于它。某些糖、糖醇及其他增甜剂(sweetener)的相对甜度见表 9-2。

表 9-2 某些糖、糖醇及其他增甜剂的相对甜度

名称	甜度	名称	甜度	名称	甜度
乳糖	16	甘露醇	50	果糖	175
棉子糖	23	葡萄糖	70	环己胺磺酸钠	3 000
半乳糖	30	麦芽糖醇	90	天冬苯丙二肽	15 000
麦芽糖	35	蔗糖	100	蛇菊苷	30 000
山梨糖醇	40	木糖醇	125	糖精	50 000
木糖	45	转化糖	150	应乐果甜蛋白	20 000

糖醇类在体内比其他糖吸收慢,代谢途径也不同,并且不易被口腔细菌所利用,因此是一类低热量防龋齿的增甜剂。**糖精**(saccharin),**天冬苯丙二肽**(aspartame),**蛇菊苷**(stevioside)和**应乐果甜蛋白**(monellin,也译成 M 甜蛋白)是一类低热量或无热量的非糖增甜剂。其中糖精和天冬苯丙二肽是人工合成的。糖精问世至今已有百余年,相继出现过多种合成增甜剂,由于发现不少合成的增甜剂对哺乳动物有致癌和/或致畸作用,多数已被禁用。现在只有少数几种还在有争议地被使用,包括邻苯甲酰磺酰亚胺(糖精)和环己胺磺酸钠(cyclamate),后者的甜度为蔗糖的 30 倍。天冬苯丙二肽,即 L-天冬氨酰-L-苯丙氨酸甲酯(结构式见图 1-10),是天然物的衍生物,一般认为是安全的,但不适用于遗传性苯丙酮尿(phenylketo-nuria)患者。蛇菊苷和应乐果甜蛋白是无毒的非糖天然增甜剂;前者是存在于原产南美洲巴拉圭的一种菊科植物(*Stevia rebaudiana*)茎、叶中的一种二萜烯类糖苷($C_{38}H_{60}O_{18}$),后者是存在于原产西非尼日利亚的一种植物(*Discoreophyllum cumminisii*)果肉中的一种蛋白质(M_r 10 600)。非糖增甜剂可作为糖尿病、心血管病、肥胖病和高血压患者的医疗食品添加剂。

2. 化学性质

涉及单糖官能团的化学性质有:羰基在弱碱中通过烯二醇中间物使单糖互变异构化,醛基和伯醇基被氧化成羧基,羰基被还原成醇基,羰基与苯肼起加成反应生成糖脎,异头羟基参与成苷反应,一般羟基参与成酯、成醚、脱水、氨基化和脱氧等反应。下面仅列出部分化学性质,予以简述(详见有机化学教本)。

(1) **异构化(弱碱的作用)**　单糖对稀酸相当稳定;但在碱性溶液中能发生多种反应(包括降解以及分子内的氧化和还原),异构化是其中的一种。单糖的异构化是在室温下碱催化的烯醇化作用的结果。例如 D-葡萄糖在氢氧化钡溶液中放置数天,从形成的混合液中可分离出 63.5% D-葡萄糖、21% D-果糖、2.5% D-甘露糖、10% 不能发酵的酮糖和 3 % 其他物质。在碱性水溶液中单糖发生分子重排,通过中间物烯二醇(enediol)互相转化,称酮-烯醇互变异构(keto-enol tautomerism),见图 9-12。

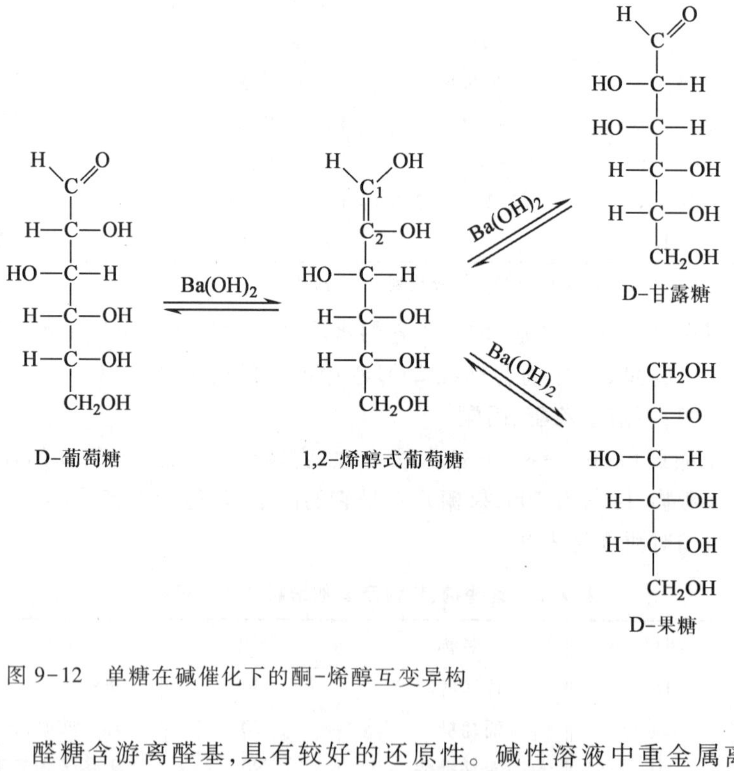

图 9-12　单糖在碱催化下的酮-烯醇互变异构

(2) **单糖的氧化**　醛糖含游离醛基,具有较好的还原性。碱性溶液中重金属离子(Cu^{2+}, Ag^+, Hg^{2+}等),如 **Fehling 试剂**(酒石酸钾钠,NaOH 和 $CuSO_4$)和 **Benedict 试剂**(柠檬酸,Na_2CO_3 和 $CuSO_4$)中的 Cu^{2+},能使醛糖的醛基氧化成羧基,产物称为**醛糖酸**(aldonic acid),金属离子自身被还原。能使 Fehling 试剂还原的糖称为**还原糖**(reducing sugar)。所有的醛糖都是还原糖;许多酮糖也是还原糖,例如果糖,因为它在碱性溶液中能异构化为醛糖。Fehling 试剂和 Benedict 试剂常用于检测还原糖。试剂中的酒石酸钾钠或柠檬酸用作螯合剂,与 Cu^{2+} 络合以防止形成 $Cu(OH)_2$ 而引起 Cu^{2+} 沉淀。1 分子醛糖氧化成醛糖酸需要 2 分子氢氧化铜的参与,反应如下:

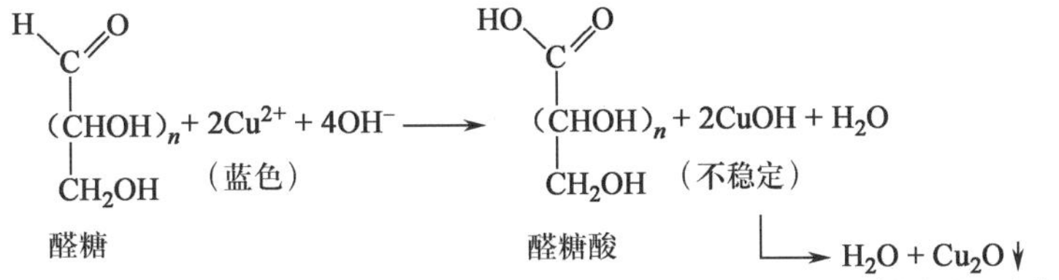

$$
\begin{array}{c}
\text{H—C=O} \\
| \\
\text{(CHOH)}_n + 2Cu^{2+} + 4OH^- \\
| \\
\text{CH}_2\text{OH} \quad (蓝色) \\
醛糖
\end{array}
\longrightarrow
\begin{array}{c}
\text{HO—C=O} \\
| \\
\text{(CHOH)}_n + 2CuOH + H_2O \\
| \\
\text{CH}_2\text{OH} \quad (不稳定) \\
醛糖酸
\end{array}
$$

$$\longrightarrow H_2O + Cu_2O\downarrow$$
$$(黄色或红色)$$

Benedict 试剂由于较稳定且不易受其他物质如肌酸和尿酸等的干扰,过去临床上常用它作为尿糖和血糖(葡萄糖)的定性或半定量检测(检测不是葡萄糖所专一的)剂。药房出售的某些家庭用的糖尿病自测试剂盒就是应用 Benedict 试剂制成的。当尿中含有不少于 0.1% 葡萄糖,测试能给出阳性反应(黄红色)。未经治疗的糖尿病患者尿中的葡萄糖浓度可达到百分之几,血中的葡萄糖浓度可超过正常人(空腹时约为5 mmol/L)数倍。人体的血糖浓度长时间偏高(糖尿病)会引起严重的生理后果:如肾衰竭、心血管疾病、失明和创伤难愈合等。因此准确、快速、便捷地测定血糖浓度是非常重要的。一种从青霉菌(*Penicillium notatum*)中提取的葡萄糖氧化酶(glucose oxidase)能催化 β-D-葡萄糖氧化成 D-葡萄糖酸-γ-内酯。葡萄糖氧化酶催化的反应临床上常用于测定总血糖。现在只要一滴血加到含葡糖氧化酶的试纸条上,然后用简单的光度计测定由葡萄糖氧化产生的 H_2O_2 与一种染料反应生成的颜色,并读出血糖浓度即可。

如果使用较强的氧化剂如热的稀硝酸,醛糖的醛基和伯醇基均被氧化成羧基,形成的二羧酸称为**醛糖二酸**(aldaric acid)或**糖二酸**(saccharic acid,旧名)。例如 D- 和 L-葡萄糖分别被氧化成 D- 和 L-葡糖二酸(glucaric acid);D- 和 L-甘露糖分别被氧化成 D- 和 L-甘露糖二酸(mannaric acid);但 D- 和 L-半乳糖给出同一的半乳糖二酸(galactaric acid),也称黏酸(mucic acid),它是一个无光学活性的**内消旋化合物**(meso compound),分子内存在一个对称面,见图 9-13。单糖氧化成糖二酸并测定其旋光性(是否内消旋)对推定单糖的手性碳原子构型有重要意义。

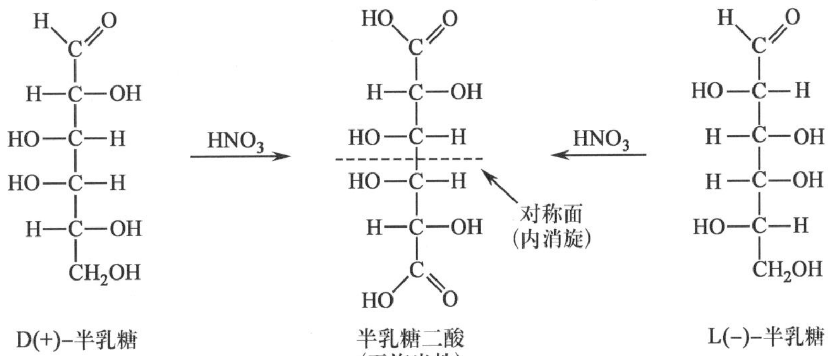

图 9-13 半乳糖氧化成半乳糖二酸

某些醛糖在 UDP-葡糖脱氢酶作用下可以只氧化它的伯醇基而保留醛基,生成**糖醛酸**(uronic acid),例如葡糖醛酸(见本章下一节)。

(3) **单糖的还原** 单糖的羰基在适当的条件下,例如用硼氢化钠处理醛糖或酮糖,则被还原成多元醇(polyol),称**糖醇**(alditol)。D-葡萄糖还原生成 D-葡[萄]糖醇(D-glucitol),常称为山梨糖醇(sorbitol)[①]。山梨糖醇也是 D-果糖和 L-山梨糖(L-sorbose)的还原产物之一。酮糖被还原时产生一对差向异构体的糖醇,例如 D-果糖还原成山梨糖醇和 D-甘露[糖]醇,L-山梨糖还原成山梨糖醇和 L-艾杜糖醇(L-iditol)。反应式如图 9-14 所示。单糖的许多化学行为很像简单的醇,例如糖的羟基可以转变成酯基和醚基。

① 单糖衍生物通常根据母体糖命名,但糖醇分子的两端都是伯醇基,因此同一糖醇可能有多个母体糖,例如由 D-葡萄糖,D-果糖和L-山梨糖都可以还原生成 D-葡糖醇,也即 D-葡萄糖、"D-果糖醇"和"L-山梨糖醇"可以是同一糖醇。之所以常称它为山梨糖醇是因为它最先是从发酵的山梨果汁中提取出来的,而且专指跟 D-葡糖醇是同一化合物的那个"L-山梨糖醇"(见图 9-14)。

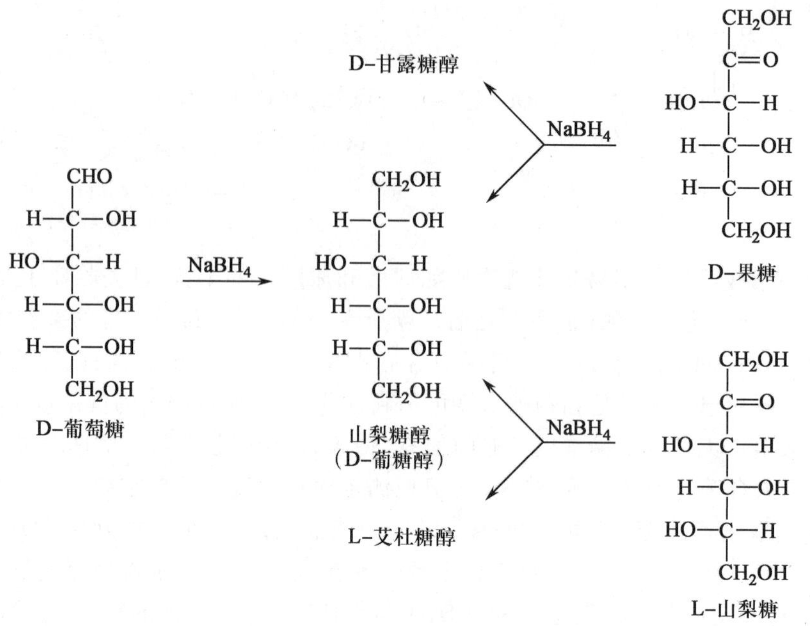

图 9-14　单糖还原成糖醇

（4） **甲基化和乙酰化**　甲基化在糖的环状结构以及寡糖和多糖的结构分析中起重要作用。糖的**甲基化**（methylation）是在甲基亚磺酰甲基钠（CH_3SOCH_2Na，简称 SMSM）存在下用甲基碘（CH_3I）处理或在碱性条件下用硫酸二甲酯[$(CH_3O)_2SO_2$]处理完成的，产物是糖醚衍生物。例如 α-D-吡喃葡糖在二甲基亚砜（DMSO）中与 SMSM 作用，先使糖基的自由羟基离子化，生成稳定的阴离子，再与甲基碘（methyl iodide）反应生成五-*O*-甲基-α-D-吡喃葡糖：

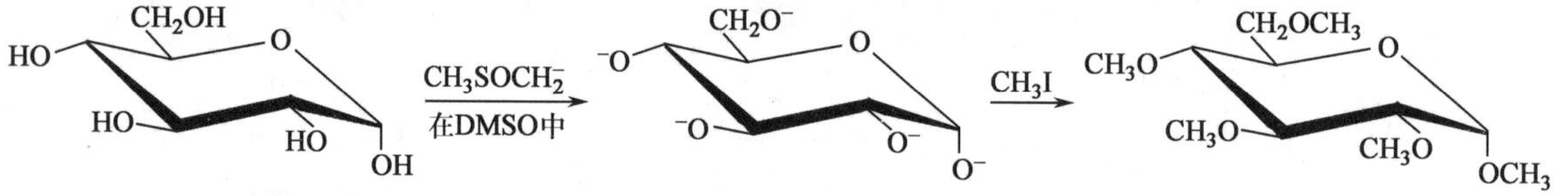

α-D-吡喃葡糖　　　　五-*O*-甲基-α-D-吡喃葡糖

在五甲基葡萄糖中 C1 上的甲氧基（methoxy）与其他的 4 个甲氧基不同，前者是缩醛甲氧基，通过酸水解很容易除去，后者是醚甲氧基，对酸稳定。

在实验室里糖的**乙酰化**（acetylation）通常是在碱催化下用酰氯或酸酐进行的。所有的羟基，包括异头碳羟基都能被乙酰化（这里糖的羟基引进了乙酰基，也即是一种酯化）。例如，β-D-吡喃葡糖在吡啶溶液中用乙酸酐处理被转变为它的五乙酸酯：

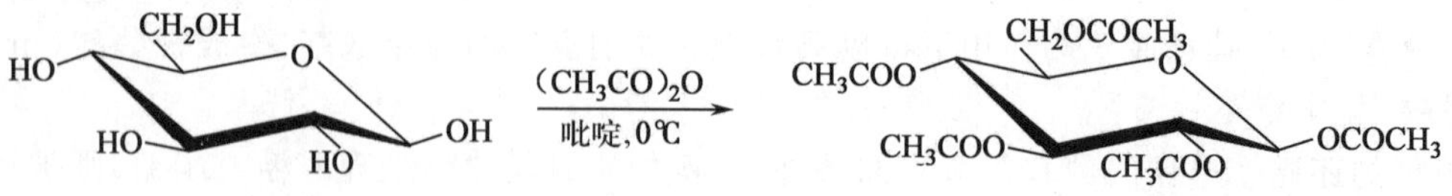

β-D-吡喃葡糖　　　　五-*O*-乙酰-β-D-吡喃葡糖

葡萄糖的乙酰化是测定葡萄糖结构的重要步骤之一。

（5） **形成糖苷**　环状单糖的半缩醛（或半缩酮）羟基与另一化合物发生缩合反应形成的缩醛（或缩酮）称为**糖苷或苷**（glycoside，也译作糖甙或甙），如强心苷、皂苷、核苷等。糖苷分子中提供半缩醛（或半缩酮）羟基的糖部分称为**糖基**（glycosyl，glycone），与之缩合的"非糖"部分称为**糖苷配基**（aglycon）。例如从许多植物中提取的强心苷类，其糖基常是由 2，6-二脱氧己糖缩合成的低级寡糖，糖苷配基是类固醇（见下一节"糖苷"部分），这两部分之间的连键称**糖苷键**（glycosidic bond）。糖苷键可以是通过氧、氮或硫原子起连接作用，也可以是碳碳直接相连，形成的糖苷分别简称为 *O*-苷，*N*-苷，*S*-苷或 *C*-苷，自然界中最常见

的是 O-苷（如双糖），其次是 N-苷（如核苷，见第 11 章），S-苷和 C-苷少见。糖苷配基也可以是糖，这样缩合成的糖苷，即是寡糖和多糖。由于一个环状单糖有 α 和 β 两种异头物，成苷时相应地也有两种形式。例如在无水甲醇中以氯化氢为催化剂制备甲基葡糖苷时（仅糖的异头羟基被甲基化），得到两个异构体，α-甲基-D-吡喃葡糖苷和 β-甲基-D-吡喃葡糖苷：

甲基-α-D-吡喃葡糖苷 甲基-β-D-吡喃葡糖苷
$[\alpha]_D=+159°$ $[\alpha]_D=-34°$

糖苷与糖的性质很不相同。糖是半缩醛，容易变成游离醛，从而给出醛的各种反应。糖苷属缩醛，一般不显示醛的性质，例如不能还原 Fehling 试剂，不能成脎，也无变旋现象。糖苷对碱溶液稳定，但易被酸水解成原来的糖和糖苷配基两个部分。

三、重要的单糖和单糖衍生物

自然界中存在的单糖及其衍生物有数百多种，其中多数是作为寡糖和多糖（统称聚糖）的单糖单位存在，水解聚糖可以得到相应的单糖或其衍生物，少数以游离状态存在。下面介绍某些生物学上重要的单糖及其衍生物。

（一）单糖

1. 丙糖（triose）

有 **D-甘油醛**和**二羟丙酮**，其结构式分别见图 9-3 和 9-4。它们的磷酸酯是糖酵解代谢途径中的重要中间物（见第 17 章）。二羟丙酮无光学活性；甘油醛是具有光学活性的最简单的单糖，常被用作确定生物分子 D、L 构型的标准物。

2. 丁糖（tetrose）

D-赤藓糖和 **D-赤藓酮糖**是丁糖的代表，其结构式分别见图 9-3 和 9-4；它们常见于藻类、地衣等低等植物中。D-赤藓糖的 4-磷酸酯是代谢中戊糖磷酸途径（见第 20 章）和光合固定 CO_2 的 Calvin 循环（见第 23 章）中的重要中间物。D-赤藓酮糖是联系 D 酮糖家系立体化学的重要一员。

3. 戊糖（pentose）

自然界中存在的戊醛糖（aldopentose）主要有（图 9-15）：

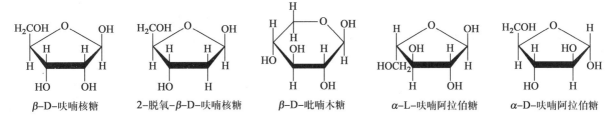

β-D-呋喃核糖　　2-脱氧-β-D-呋喃核糖　　β-D-吡喃木糖　　α-L-呋喃阿拉伯糖　　α-D-呋喃阿拉伯糖

图 9-15　几种常见的戊糖结构

D-核糖和 **2-脱氧-D-核糖**分别是 RNA 和 DNA 的组成成分。成苷时它们以 β-呋喃糖形式参与。D-核糖的 5-磷酸酯也是戊糖磷酸途径和 Calvin 循环的中间物。

D-木糖多以戊聚糖（pentosan）形式存在于植物和细菌的细胞壁中，是树胶和半纤维素的组分。用酸水解法（8% H_2SO_4）可以从粉碎的秸秆、木材、玉米芯以及种子和果实的外壳（如棉籽壳、花生壳）中大量制取 D-木糖。经还原可转变为 D-木糖醇。类酵母(如 *Torula*,*Monillia*)能在玉米芯、秸秆等的水解液(含木糖)中生长和发育,使水解液变成富含蛋白质和维生素的饲料。

　　D-核酮糖和**D-木酮糖**(结构式见图 9-4)存在于多种植物细胞和动物细胞中,它们的 5-磷酸酯也参与戊糖磷酸途径和 Calvin 循环。

　　D-阿拉伯糖存在于某些植物和结核杆菌(*M. tuberculosis*)中,参与植物糖苷和细胞壁的组成。

　　L-阿拉伯糖也称果胶糖(pectinose),广泛存在于植物和细菌的细胞壁以及树皮创伤处的分泌物(树胶)中。它是果胶物质、半纤维素、树胶和植物糖蛋白的重要成分。可用酸解法从牧豆胶(mesguite gum)或甜菜渣中获取 L-阿拉伯糖。

　　4. 己糖(hexose)

　　自然界中常见的己糖有(图 9-16):

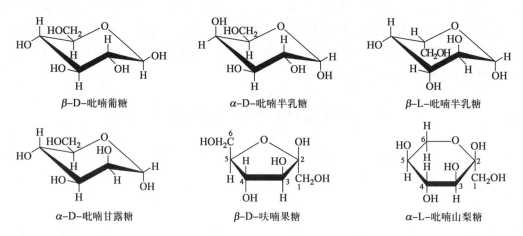

β-D-吡喃葡糖　　　α-D-吡喃半乳糖　　　β-L-吡喃半乳糖

α-D-吡喃甘露糖　　　β-D-呋喃果糖　　　α-L-吡喃山梨糖

图 9-16　几种常见的己糖结构

　　D-葡萄糖也称右旋糖(dextrose),在医学和生理学上常称它为**血糖**(blood sugar),它能被人体直接吸收并利用,正常人空腹时血液中葡萄糖浓度约为 5 mmol/L。D-葡萄糖是人体和动物代谢的重要能源,是大脑的主要燃料。当到达大脑的血糖过低时,会出现严重的结果:嗜睡、昏迷、永久性脑损伤,直至死亡。动物在进化中形成了一套复杂的激素机制,保证血液中有足够的葡萄糖浓度以满足大脑的需要,但不会过高。血糖长时间偏高会引起严重的生理后果——糖尿病,人体缺失或缺少胰岛素是引起糖尿病的直接原因。D-葡萄糖又是淀粉和纤维素等的单体亚基(单糖单位)。D-葡萄糖在工业上用盐酸水解淀粉的方法获取,是食品和制药工业的重要原料。

　　D-半乳糖是乳糖、蜜二糖和棉子糖等的组成成分之一,也是某些糖苷以及脑苷脂和神经节苷脂(见第10 章)的组成成分。它主要以半乳聚糖形式存在于植物细胞壁中。在少数植物的果实如常春藤(*Hedera*)果实存在游离的 D-半乳糖,常在果实的表面析出半乳糖结晶。

　　L-半乳糖作为构件分子之一存在于琼脂和其他多糖分子中(见本章杂多糖部分)。

　　D-甘露糖主要以甘露聚糖形式存在于植物细胞壁中。用酸水解坚果外壳可制取 D-甘露糖。

　　D-果糖也称左旋糖(levulose),因为果糖的 $[\alpha]_D^{20}$ 为 -92°。D-果糖是自然界中最丰富的酮糖,以游离状态跟葡萄糖和蔗糖一起存在于果汁和蜂蜜中,或与其他单糖结合成寡糖如蔗糖,或自身结合成果聚糖如菊芋块茎中的**菊粉**(inulin),它曾是用来制取 D-果糖的一种重要原料。现在多用 D-木糖异构酶(D-xylose ketol-isomerase),亦称葡糖异构酶,能将葡萄糖糖浆(淀粉水解液)转化为果糖糖浆,这为食品工业开辟了一条制造果糖的新途径。

　　L-山梨糖是另一个容易获得的己酮糖。它存在于被细菌发酵过的山梨(mountain ash)果汁中。山梨是属于花楸属(*Sorbus aucuparia*)的植物。已证明,L-山梨糖是由醋酸杆菌氧化山梨果中的山梨糖醇而来的。L-山梨糖是工业上合成维生素 C(抗坏血酸)的重要中间物,因此它在维生素制造业中有着重要意义。工业上先用催化加氢的方法将 D-葡萄糖还原为山梨糖醇,然后用一种醋酸氧化菌(*Acetobacter* *suboxydans*)在充分供氧条件下氧化山梨糖醇成为 L-山梨糖,得率高达 90% 以上。

5. 庚糖(heptose)和辛糖(octose)

天然存在的庚糖和辛糖已发现的不多,对它们的功能了解也较少。这些糖主要有(图 9-17):

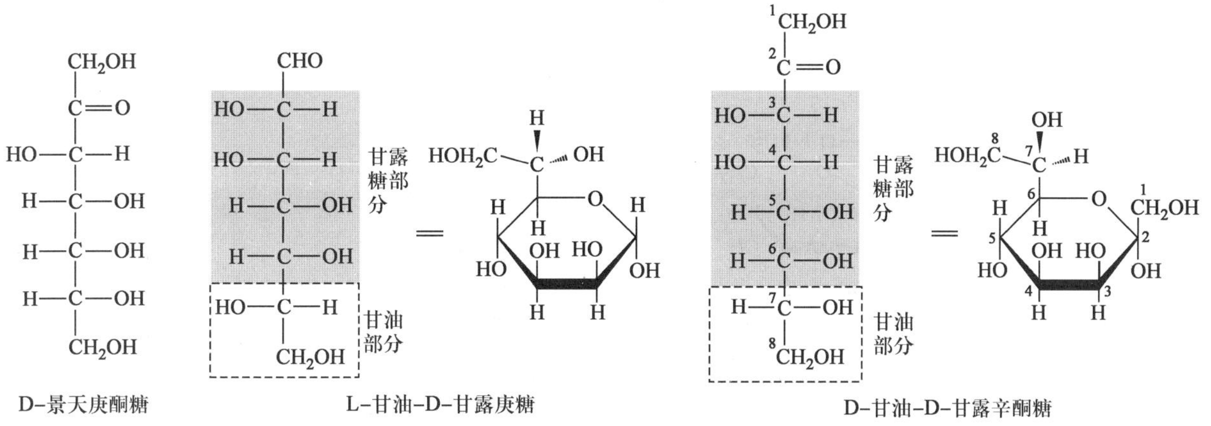

图 9-17 几种庚糖和辛糖的结构

D-景天庚酮糖(D-sedoheptulose)大量存在于景天科(Crassulaceae)植物中。最先是从常见的草本庭园植物景天(*Sedum spectubile*)中提取出来的。它的 7-磷酸酯也是戊糖磷酸途径和 Calvin 循环中的重要中间物。

L-甘油-D-甘露庚糖(L-glycero-D-mannoheptose)是一种七碳醛糖,存在于沙门氏杆菌(*Salmonella*)细胞壁外层的脂多糖结构(图 9-36)中。

D-甘油-D-甘露辛酮糖(D-glycero-D-mannooctulose)是一种八碳酮糖,存在于鳄梨(*Persea americana*)的果实中,其功能尚不清楚。如果此辛酮糖的 C1 羟甲基氧化成羧基,并 C3 位脱氧,则成为 **3-脱氧-D-甘油-D-甘露辛酮糖酸**(3-deoxy-D-glycero-D-mannooctulosonic acid),曾称 2-酮-3-脱氧辛糖酸(2-keto-3-deoxyoctonate,Kdo)。它也是沙门氏杆菌脂多糖的成分(图 9-36)。

(二) 单糖磷酸酯

糖磷酸酯(sugar phosphate ester)或称磷酸化糖(phosphorylated sugar),广泛地存在于各种细胞中,它们是很多代谢途径中的主要参加者之一。例如 D-葡[萄]糖-1-磷酸,D-葡糖-6-磷酸,D-果糖-6-磷酸,D-果糖-1,6-二磷酸(fructose-1,6-bisphosphate,FBP,以前称 fructose-1,6-diphosphate,FDP),D-甘油醛-1-磷酸和磷酸二羟丙酮是糖酵解途径的中间物(第 17 章);D-赤藓糖-4-磷酸,D-核糖-5-磷酸,D-木酮糖-5-磷酸,D-核酮糖-5-磷酸和 D-景天庚酮糖-7-磷酸等是戊糖磷酸途径(第 20 章)和光合作用的 Calvin 循环(第 23 章)中的中间物。还有一类是核糖糖苷的磷酸酯,称核苷酸如腺苷一磷酸(AMP),腺苷二磷酸(ADP)和腺苷三磷酸(ATP)等,这类化合物将在"核酸"(第 11 章)和"生物能学"(第 16 章)等章节叙述。生物学中最重要的几个单糖磷酸酯的结构式见图 9-18。

糖磷酸酯的酸性比正磷酸(H_3PO_4)还强,头两步解离的 pK_a 分别为 1~2 和 6~7,这些化合物在细胞内(pH7.2)是以 1 价阴离子和 2 价阴离子的混合物存在的。单糖磷酸酯以荷电形式存在的生物学作用之一是防止它们扩散到细胞外,因为荷电的分子一般不能穿越生物膜。

(三) 糖醇

在前面曾谈到单糖的羰基被还原,则生成糖醇(alditol 或 sugar alcohol),如 D-葡糖醇(山梨糖醇)。糖醇是生物体的代谢产物,不少糖醇也是工业产品,并用于制药和食品工业。自然界中广泛存在的糖醇(其结构式见图 9-19)有:

山梨糖醇是植物中最普遍的一种糖醇,从藻类到高等植物都含有山梨糖醇,在蔷薇科(Rosaceae)植物

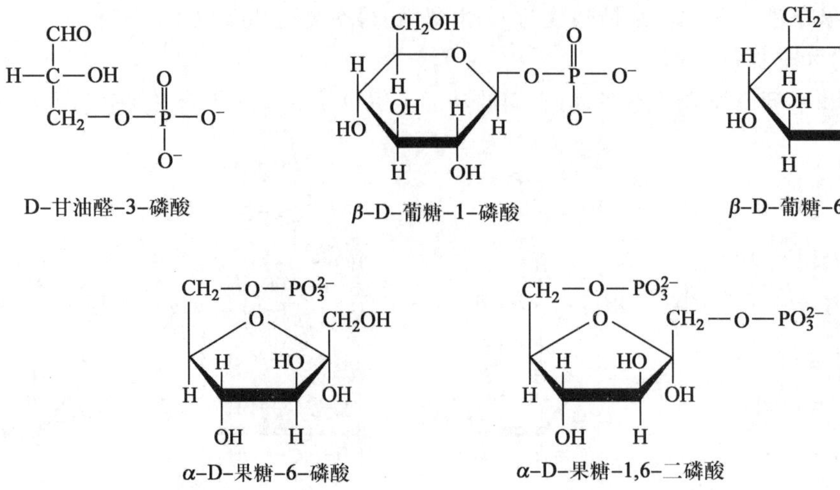

图 9-18　几种重要的单糖磷酸酯的结构

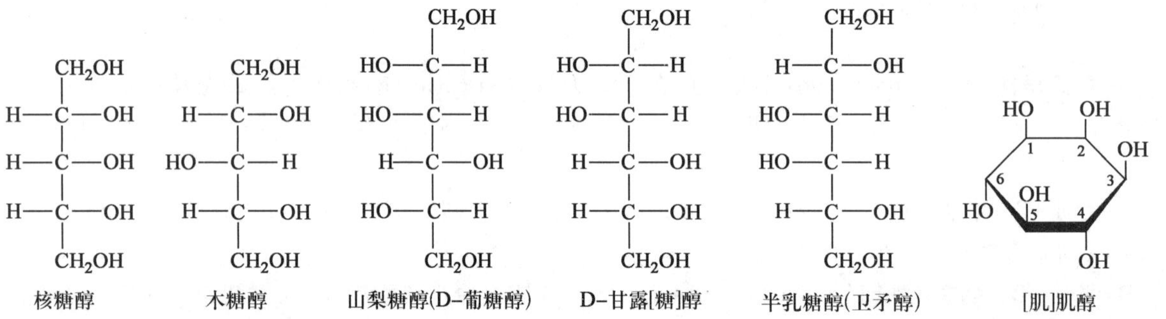

图 9-19　一些重要糖醇的结构

如桃、李、杏、苹果和山梨等的果实中含量特别丰富。山梨糖醇是 1872 年首次从山梨的浆果中分离出来的。它是最重要的一种糖醇,工业上用葡萄糖催化加氢获得(见本章"单糖的化学性质")。产品主要用于合成维生素 C,我国这项合成工艺在国际上一直处于领先地位。其次用于表面活性剂、食品、化妆品、制药以及其他多种工业。

D-甘露[糖]醇(D-mannitol)广泛分布于多种陆地和海洋植物中,橄榄树、糖梣(*Fraxinus ornus*)等的树皮上常分泌有大量的甘露醇,形成所谓甘露蜜(manna)的干性渗出物,柿饼表面上的白色柿霜就是甘露醇;藻类和真菌中含量也很丰富,如昆布属褐藻(*Laminaria digitata*)是提取甘露醇的良好原料。D-甘露醇化学上可由 D-甘露糖和 D-果糖还原获得。D-甘露醇在临床上用来降低颅内压和治疗急性肾功能衰竭。

半乳糖醇(galactitol)又称卫矛醇(dulcitol),是半乳糖的还原产物,存在于红藻、卫矛属(*Euonymus*)等多种植物中。

核糖醇(ribitol)是核糖的还原产物。它参与核黄素(维生素 B_2)的组成。**木糖醇**(xylitol)是葡糖-6-磷酸经糖醛酸途径代谢的一个中间物。它由木糖还原获得,产品用作增甜剂,其甜度与蔗糖相当。

肌醇(inositol)即环己六醇(cyclohexanhexol),是一种环多醇(cyclitol)。肌醇有 9 个立体异构体,其中最重要的异构体是**肌肌醇**(myoinositol),常称为肌醇,它首次从心肌的提取液中获得。肌肌醇是肌醇异构体中唯一具有生物活性的,是酵母和某些动物(如白鼠)的重要生长因子(归于 B 族维生素),但人体能合成它,因此是人的非必需维生素。肌肌醇是某些磷脂的成分,例如肌醇-1,4,5-三磷酸(IP_3)是人和动物体内的第二信使(第 14 章)。在植物中主要以六磷酸酯形式存在,称为**植酸**(phytic acid)。后者常与钙、镁形成复盐,即植酸钙镁,商品名为**菲丁**(phytin)。菲丁多从生产玉米淀粉时的浸液或从米糠、棉籽饼等的浸液中以不溶性的钙镁盐获得,供医药和微生物发酵用。

（四）糖酸

生物体内重要的糖酸有醛糖酸（aldonic acid）和糖醛酸（uronic acid），它们都可形成稳定的分子内的酯，称内酯（lactone）。

D-葡糖酸（D-gluconic acid）及其 δ 和 γ 两种内酯的结构式见图 9-20。生物体内不存在游离的醛糖酸，但它们的某些衍生物，如 **6-磷酸葡糖酸**及其 δ-内酯是戊糖磷酸途径中的中间物（见第 20 章），葡糖酸能与钙、铁等离子形成可溶性盐，用作药物易被吸收；葡糖酸钙常用于治疗缺钙症和过敏性疾病。

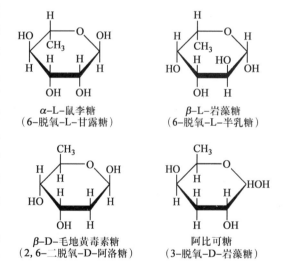

图 9-20　D-葡糖酸和 β-D-葡糖醛酸及其内酯的结构

常见的糖醛酸有 **D-葡糖醛酸**（D-glucuronic acid）、**D-半乳糖醛酸**（D-galacturonic acid）和 **D-甘露糖醛酸**（D-mannuronic acid），它们是很多杂多糖的构件分子。D-葡糖醛酸也是糖醛酸途径中的重要中间物。β-D-葡糖醛酸及其内酯（β-D-glucurono-6,3-lactone）的结构式见图 9-20。

（五）脱氧糖

脱氧糖（deoxy sugar）是指分子的一个或多个羟基被氢原子取代的单糖。它们广泛地分布于植物、细菌和动物中。2-脱氧核糖（DNA 的戊糖成分）已在前面述及。这里再介绍几种高等植物中常见的 6-脱氧己糖（图 9-21）。**L-鼠李糖**（L-rhamnose）即 6-脱氧-L-甘露糖，它是最常见的天然脱氧糖，很多糖苷和杂多糖的组成成分。**L-岩藻糖**（L-fucose）即 6-脱氧-L-半乳糖，它是海藻细胞壁和某些糖缀合物中寡糖成分（如血型物质）的水解产物之一。**D(+)-毛(洋)地黄毒素糖**（digitoxose）即 2,6-二脱氧-D-阿洛糖，是毛(洋)地黄毒苷（digitoxin）和几种其他强心苷的组分。**阿比可糖**（abequose）即 3-脱氧-D-岩藻糖，它存在于革兰氏阴性细菌如沙门氏杆菌的细胞壁脂多糖（抗原物质）中。

此外，已发现的脱氧糖还有 D-岩藻糖，异鼠李糖（quinovose）即 6-脱氧-D-葡萄糖，可立糖（colitose）即 3-脱氧-L-岩藻糖（阿比可糖的对映体）等。

图 9-21　几种常见脱氧己糖的结构
异头碳上的 HOH 表示该异头物可以是 α 或 β

（六）氨基糖

氨基糖（amino sugar）是分子中一个羟基被氨基取代的单糖，自然界中最常见的是 C2 上的羟基被取代的 2-脱氧氨基糖。氨基糖的氨基有游离的，如人乳中有少量的游离氨基葡糖（葡糖胺）；但多数是以乙酰氨基的形式存在。具有代表性的氨基糖及其衍生物是**葡糖胺**（glucosamine），**N-乙酰葡糖胺**（N-acetyl glucosamine），**半乳糖胺**（galactosamine），**N-乙酰半乳糖胺**（图 9-22）；其他常见的氨基糖还有甘露糖胺、鼠李糖胺和岩藻糖胺等。氨基糖及其衍生物是许多天然多糖的构件成分。

胞壁酸（muramic acid）和**神经氨酸**（neuraminic acid）也是氨基糖的衍生物，称为酸性氨基糖。N-乙酰

胞壁酸是细菌细胞壁上的肽聚糖的构件之一,它是由
N-乙酰-D-葡糖胺和 D-乳酸(一个三碳羧酸)通过前
者 C3 上的羟基与后者的羟基缩合形成的醚键连接而成
的。胞壁酸和 N-乙酰胞壁酸的结构式如图 9-23 所示。
神经氨酸是含一个氨基的九碳糖酸,在生物体内它的碳
架是由丙酮酸(C_3 单位)和 D-甘露糖胺(C_6 单位)合成
的。自然界中以酰基化的形式存在,如 N-乙酰(N-
acetyl)和 N-羟乙酰(N-glycolyl)的神经氨酸,它们统称
为唾液酸(sialic acid)。唾液酸是动物细胞膜上的糖蛋
白和糖脂的重要成分。图 9-23 示出 N-乙酰神经氨酸
的开链型和吡喃型结构,两种结构形式处于平衡中,但
平衡远向着吡喃型一方。

　　为方便书写复杂寡糖和多糖的结构起见,将使用缩
写符号来代表构件单糖及其衍生物。一些最重要的单
糖及其衍生物的缩写列于表 9-3。

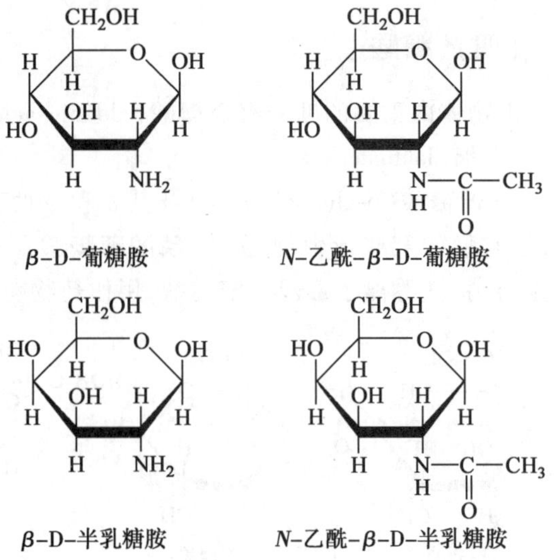

β-D-葡糖胺　　　　　　N-乙酰-β-D-葡糖胺

β-D-半乳糖胺　　　　　N-乙酰-β-D-半乳糖胺

图 9-22　几种氨基糖及其 N-乙酰衍生物的结构

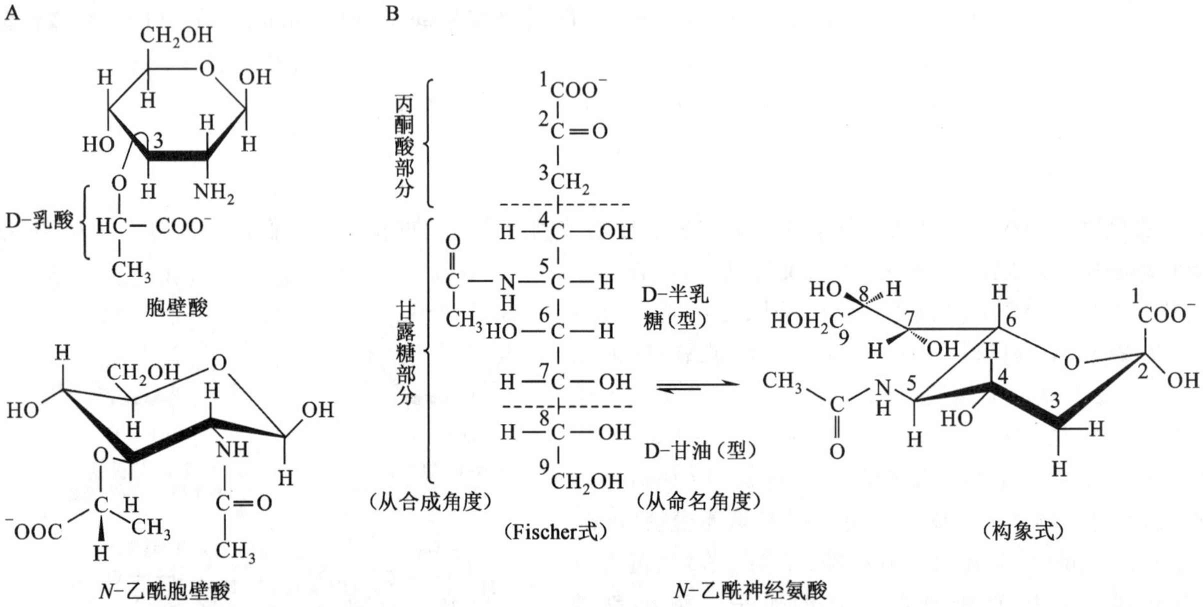

A　胞壁酸　　　　　B

N-乙酰胞壁酸　　　　　N-乙酰神经氨酸

图 9-23　胞壁酸和 N-乙酰胞壁酸结构(A)和 N-乙酰神经氨酸(唾液酸)结构(B)

表 9-3　某些单糖残基及其衍生物名称的缩写

单糖		单糖衍生物	
阿比可糖	Abe	葡糖醛酸	GlcUA
阿拉伯糖	Ara	葡糖胺	GlcN
果糖	Fru	半乳糖胺	GalN
岩藻糖	Fuc	N-乙酰葡糖胺	GlcNAc
半乳糖	Gal	N-乙酰半乳糖胺	Gal NAc
葡萄糖	Glc	艾杜糖醛酸	IdoUA
甘露糖	Man	胞壁酸	Mur
鼠李糖	Rha	N-乙酰胞壁酸	MurNAc
核糖	Rib	N-乙酰神经氨酸(唾液酸)	NeuNAc
木糖	Xyl		

（七）糖苷

这里介绍的糖苷是那些配基为类固醇（甾体）、2-苯基苯并吡喃或含氮碱等的单糖或寡糖衍生物。这类糖苷大多有苦味或特殊香气，不少还是剧毒的物质，但微量时可作药用。

一类是医学上称为**强心苷**（cardiac glycoside）的物质，它们是治疗充血性心力衰竭和节律障碍的重要药物。强心苷在很多种植物如毛（洋）地黄属（*Digitalis*）、毒毛旋花属（*Strophanthus*）等中存在；其糖基常是单糖、双糖或三糖等（单糖单位多是 2,6-二脱氧己糖），配基都是类固醇（第 10 章）；强心苷的生理活性主要是由配基决定的。**毛地黄毒苷**（digitoxin）是强心苷中的一种；其糖基是一个由 **D-毛地黄毒素糖**（见本节"脱氧糖"部分）通过 β-1,4 糖苷键连接的三糖残基；配基称**毛地黄毒苷配基**（digitoxigenin），即 3β,14-二羟-5β,20[22]-强心[烯羟酸]内酯（3β,14-dihydroxy-5β,20[22]-cardenolide）；强心内酯（一种甾体）是强心苷类配基的基本结构（图 9-24），其特点是甾体中 A、B 环合并取顺式，B、C 环取反式，C、D 环取顺式；C3 羟基常是 β 取向，C14 羟基总是 β 取向，C17β 取向的位置上有一个丁烯羟酸内酯（butenolide）。**乌本苷**（ouabain），或称 G-毒毛旋花苷（G-strophanthin），也是一种强心苷。它最初从东非洲的苦毒毛旋花或称苦羊角拗（*Strophanthus gratus*）中提取出来；过去索马里人用这类植物的浸出液作为箭毒，因而发现了它。乌本苷是 Na$^+$、K$^+$-ATP 酶的强抑制剂，此酶催化 Na$^+$ 和 K$^+$ 离子的跨膜运送，以维持所需电解质的平衡。乌本苷的结构（图 9-24）：糖基部分是 α-L-鼠李糖残基，配基部分称乌本苷配基（ouabagenen）。

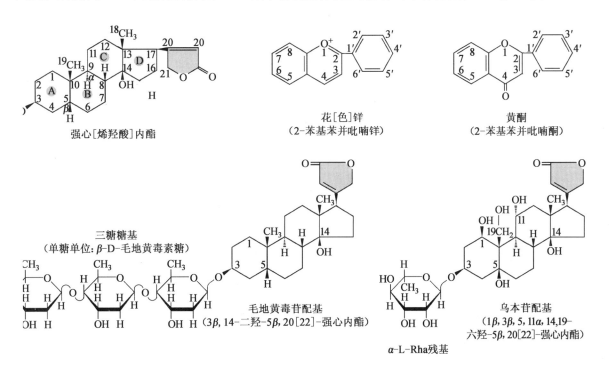

图 9-24　几种糖苷和糖苷配基

图中灰色的五元环是强心苷类的内酯环（lactone ring）；黄酮类是某些植物糖苷如橘皮苷等的配基

皂苷（saponin）是以多环三萜或类固醇（见第 10 章）为配基，以寡糖为糖基组成的一类糖苷。由于分子中含有亲脂的配基和亲水的糖基而表现出去污剂的性质，其水溶液振荡时能形成稳定的泡沫。从这个意义上讲，上述的强心苷也可归于皂苷类。皂苷广泛存在于高等植物，其中许多是药用植物，如人参、柴胡、桔梗、甘草等都含有丰富的皂苷物质。

许多花和果实的着色物质也是糖苷类，称**花色素苷**（anthocyanin），它们的配基称花色素（anthocyanidin）。例如最常见的花青苷（cyanin），配基是花青素（cyanidin）。花色素类的母体化合物是 2-苯基苯并吡[喃]䓬，简称花[色]䓬（2-phenylbenzopyryllium ion），简称花[色]䓬（flavylium ion）（图 9-24）。花色素本身难溶于水，在植物中它们主要以糖苷形式存在。开花植物中花色素苷的种类很多，配基花色䓬的 3- 和 5-OH 可被 Glc，

Gal,Rha,Ara 和多种寡糖糖基化而增加溶解度。

糖苷化合物还有很多。含氮碱为配基的核苷类将在核酸部分(第 11 章)叙述。

四、寡　糖

寡糖是由 2 到 10 多个单糖分子通过糖苷键连接而成的糖类。实际上寡糖与多糖之间并无明确界线;寡糖和多糖有时同称为**聚糖**(glycan)。有人把寡糖分成初生寡糖和次生寡糖两类。**初生寡糖**在生物体内以游离形式存在,如蔗糖、乳糖、和棉子糖等,其功能是代谢方面的。**次生寡糖**多是高级寡糖,结构复杂,其功能主要作为糖缀合物的信息成分。

(一) 寡糖的结构

从考察图 9-25 中的几个二糖结构可以知道,一个寡糖结构需要从几个方面加以描述:① 指出寡糖中单糖残基的名称及其结构特点(D/L,吡喃糖/呋喃糖);② 指出单糖残基之间连键的类型(异头碳的构型 α/β,被连接的碳位置 1→4、1→6 或其他);③ 指出寡糖中是否含有游离的异头碳;含游离异头碳的残基那一端,如乳糖中的 Glc(右边),称为**还原端**(reducing end),另一端的 Gal(左边)称为**非还原端**(nonreducing end)。具有还原端的寡糖,跟单糖一样能还原 Fehling 试剂,能成脎,有变旋现象,因此也是还原糖。不具游离异头碳的蔗糖、海藻糖等属于非还原糖,非还原二糖中的异头碳都参与糖苷键的形成,如蔗糖中($\alpha1\leftrightarrow2\beta$)和海藻糖中的($\alpha1\leftrightarrow1\alpha$)。

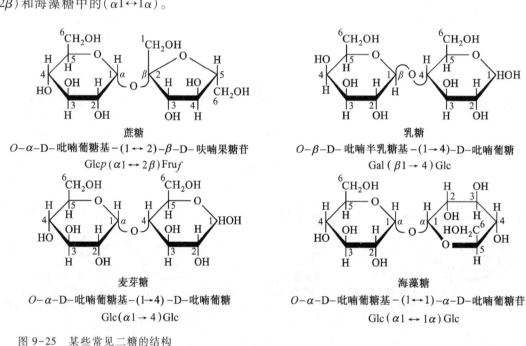

蔗糖
O-α-D-吡喃葡糖基-(1$\leftrightarrow$2)-β-D-呋喃果糖苷
Glc$p$(α1$\leftrightarrow$2β)Fru$f$

乳糖
O-β-D-吡喃半乳糖基-(1→4)-D-吡喃葡糖
Gal(β1→4)Glc

麦芽糖
O-α-D-吡喃葡糖基-(1→4)-D-吡喃葡糖
Glc(α1→4)Glc

海藻糖
O-α-D-吡喃葡糖基-(1$\leftrightarrow$1)-α-D-吡喃葡糖苷
Glc(α1$\leftrightarrow$1α)Glc

图 9-25　某些常见二糖的结构

命名寡糖时① 先写出非还原端残基的名称,称某单糖基,以表示成苷时它是异头碳的提供者,并在该名称前冠以例如 O-α-D-的字样,前两个字母表示形成的糖苷键类型:O 代表连键是通过氧原子的,$\alpha(\beta)$ 代表连键的异头碳构型;② 为区分五元环和六元环结构,在单糖残基名称中插入吡喃或呋喃字样;③ 被糖苷键连接的两个碳原子的位置常用箭头连接起来的两个序号来表示,例如(1→4),这表示第一个单糖残基(左边)的 C1 被连接到第二个残基(右边)的 C4 上。如果有第三个单糖残基,可用同一惯例描述第二个糖苷键,依次类推;④ 最后一个残基,如果它的异头碳是游离的则称某单糖,如果异头碳也参与成键则称某单糖苷。

按此命名惯例,图 9-25 中所示的麦芽糖被称为 O-α-D-吡喃葡糖基-(1→4)-β-D-吡喃葡糖(O-D-glucopy-ranosyl-(1→4)-β-D-glucopyranose)。为简化寡糖结构的描述,常采用表 9-3 中的单糖及其衍生物

的缩写符号,吡喃糖和呋喃糖的符号分别采用斜体小写 p 和 f,此麦芽糖正规名称的简化形式为 $O\text{-}\alpha\text{-D-}Glcp$-(1→4)-D-Glc$p$。由于最常见的单糖多是 D-对映体,己醛糖占优势的形式是吡喃型以及游离的寡糖都是 O-苷,因此可省去 D/L,p/f 和 O,麦芽糖的命名进一步简化为:Glc(α1→4)Glc、Glcα(1→4)Glc 或 Glcα 1→4 Glc。

(二) 常见的二糖

二糖(双糖)是最简单的寡糖,由 2 分子单糖缩合而成。由 2 个葡萄糖分子构成的二糖称葡二糖,葡二糖有 11 个异构体(未包括游离异头碳的 α 和 β),它们都已在自然界中找到,如蔗糖、麦芽糖、海藻糖、纤维二糖(cellobiose;即 Glc(β1→4)Glc)、龙胆二糖(gentiobiose;即 Glc(β1→6)Glc)等。由 2 个不同的单糖构成的二糖如乳糖,可能的异构体就更多了。已知的双糖有 140 多种。现对几种常见的二糖(图 9-25)介绍如下。

蔗糖(sucrose)俗称食糖,是最重要的二糖。它形成并广泛存在于光合植物,而不存在于动物中。蔗糖的主要来源是甘蔗,甜菜和糖枫。蔗糖是一种非还原糖。经稀酸或蔗糖酶(sucrase;以前称转化酶(invertase))水解生成 1 分子 D-葡萄糖和 1 分子 D-果糖。蔗糖在分离纯化过程中容易被结晶,呈单斜晶形。蔗糖水解过程中比旋由正值变为负值,旋光度的这一变化称为转化(inversion);所得葡萄糖和果糖的等摩尔混合物称为转化糖(invert sugar),$[\alpha]_D^{20} = -19.8°$。蔗糖的溶解度很大(179 g/100 mL,0℃;487 g/100 mL,100℃),并且大多数的生物活性都不受高浓度的蔗糖影响,因此蔗糖适于作为植物体中组织之间糖的运输形式。

乳糖(lactose)几乎存在于所有研究过的哺乳类乳汁中,含量约 5%。工业上乳糖是从乳清中制取的,乳清是生产奶酪时经凝乳酶(rennin)作用沉淀除去蛋白质后的水溶液。乳糖是一种还原糖。乳糖能被 **β-半乳糖苷酶**(β-galactosidase)水解产生 1 分子 D-半乳糖和 1 分子 D-葡萄糖,表明它的糖苷键是 β 型的。乳糖的溶解度(17g/100 mL 冷水,40 g/100 mL 热水)远比蔗糖小。乳糖作为乳汁的成分,是婴儿的糖类营养的主要来源。

麦芽糖(maltose)主要是作为淀粉等的酶解产物存在于生物体内(次生寡糖),但已证实在植物中有容量不大的从头合成的游离麦芽糖库,因此它也是初生寡糖。麦芽糖是一种还原糖;溶解度为 108 g/100 mL,25℃;甜度为蔗糖的 1/3。麦芽糖是俗称饴糖的主要成分,我国早在公元前 12 世纪就能制作,食品工业中麦芽糖用作膨松剂,填充剂和稳定剂。

海藻糖(trehalose)也称 **α,α-海藻糖**,广泛地分布于藻类、真菌、地衣和节肢动物中。它是一种非还原糖;在海藻糖酶(trehalase)作用下降解为 D-葡萄糖。α,α-海藻糖属于初生寡糖,它是伞形科(Apiaceae)正成熟果实中主要的可溶性糖类;在蕨类中代替蔗糖成为主要的可溶性储存糖,在昆虫中它是用作能源的主要血循环糖。

(三) 其他简单寡糖

棉子糖(raffinose)广泛地分布于高等植物中。棉子糖完全水解产生葡萄糖、果糖和半乳糖。棉子糖是一种非还原糖,因此推定它的所有异头碳都参与糖苷键的形成;当用蜜二糖酶(melibiase,一种 α-半乳糖苷酶)水解时产生半乳糖和蔗糖,而用蔗糖酶水解时产物是果糖和蜜二糖(melibiose,Gal(α1→6)Glc)。因而确定棉子糖的结构是 Gal(α1→6)Glc(α1↔2β)Fru。棉子糖是所谓"棉子糖家族"的同系物寡糖的基础。棉子糖家族在植物体内是从头合成的,并以游离状态存在,因此属于初生寡糖。

水苏糖(stachyose)是一种四糖,Gal(α1→6)Gal(α1→6)Glc(α1↔2β)Fru,是棉子糖家族中的一员。它是通过(α1→6)糖苷键向棉子糖的半乳糖残基加上另一个半乳糖基而成的。通过(α1→6)糖苷键向蔗糖的 Glc 残基相继加入 Gal 则得系列棉子糖家族成员:三糖、四糖直至九糖。其低级同系物如棉子糖和水苏糖几乎存在于植物的各个部分,高级同系物一般限制在贮存器官。棉子糖系列与蔗糖同为糖类的转运和贮存形式。

人乳中存在从二糖到六糖等几十种寡糖,其中多数是含乳糖基的高级寡糖,如乳糖-N-新四糖(lacto-

N-neo-tetraose)等,这些高级寡糖主要是作为血型抗原(糖蛋白或糖脂)的决定簇。

(四) 环糊精

环糊精(cyclodextrin)或称环[直链]淀粉(cycloamylose)是芽孢杆菌属(*Bacillus*)的某些种中的**环糊精转葡糖基转移酶**(cyclodextrin glucosyltransferase)作用于淀粉生成的。一般由 6、7 或 8 个葡萄糖残基通过($\alpha 1\rightarrow4$)糖苷键连接而成,分别称为 α-、β- 和 γ- 环糊精或环六、环七和环八淀粉。环糊精无游离异头羟基,属于非还原糖。这些环状寡糖对酸水解较慢,对 α-和 β-淀粉酶有较大的抗性。

环糊精分子的结构像一个轮胎(图 9-26);在水中环糊精分子作为单体垛叠起来形成各种直径的筒状多聚体,由于 Glc 残基的 C3 和 C6 羟基以及环氧都向糖环的外缘,相对地"圆筒"内部是疏水的,外部是亲水的。这些多聚体既能很好地溶于水,又能从溶液中吸入疏水分子或分子的疏水部分到筒腔内,形成水溶性的包含复合体(inclusion complex)。通常被包含的物质对光、热和氧变得稳定;某些物理性质也发生改变,如溶解度和分散度增大。环糊精还能使食品的色、香、味得到保存和改善。因此在医药、食品、化妆品等工业中被广泛地用作稳定剂、抗氧化剂、抗光解剂、乳化剂和增溶剂等。在生化上环糊精被用于层析分离,因为环糊精"圆筒"是被糖自身的手性碳围绕的,所以能够跟那些能进入"圆筒"的手性分子形成立体专一的包含复合体,例如一些有机小分子的立体异构体混合物能在 β-环糊精的层析柱上被分离纯化。α- 和 β- 环糊精能使某些化学反应加速,具有催化功能,例如 α- 环糊精能使苯酯水解速度增加 300 倍,β- 环糊精使焦磷酸酯水解速度增加 200 多倍。因此环糊精是研究模拟酶(mimetic enzyme)的好材料。

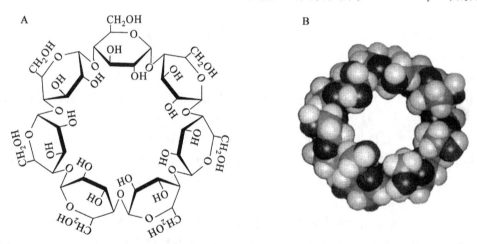

图 9-26 β-环糊精分子的结构(A)和空间填充模型(B)

五、多　　糖

自然界中糖类主要以多糖形式存在。多糖是分子质量从中等到高分子的多聚物。多糖未经水解不具还原性,无变旋现象,无甜味,一般不能结晶,大多数不溶于水。多糖也称聚糖;不同的聚糖在重复单糖单位的同一性、链的长度、连接单糖单位的键类型以及链的分支程度等方面彼此不同。

同多糖只含一种单体;**杂多糖**含两种或多种单体。某些同多糖称为贮存多糖(storage polysaccharide),作为单糖的贮存形式,这些单糖被用作燃料;例如淀粉、糖原和右旋糖酐等。其他同多糖(例如纤维素和壳多糖)称为结构多糖(structural polysaccharide),作为植物细胞细胞壁和动物外骨骼的结构成分。杂多糖为所有的动物、植物和微生物提供细胞外的支撑;例如细菌细胞壁的刚性层是由一种杂多糖肽聚糖(主链由两种单糖单位交替排列而成,见图 9-32)组成的。在动物组织中胞外的间隙是被几种类型的杂多糖所占据,它们形成一种基质(mitrix),把单个的细胞聚集在一起,给细胞、组织和器官提供保护、定形和支撑。

与蛋白质不同,多糖一般没有确定的相对分子质量,即使是一种纯的产物在分子大小方面也是不均一的。这种差别是因为蛋白质和多糖的组装机制不同引起的。在第1章曾提及,在第33章将详细地看到,蛋白质合成是在被规定序列和长度的模板(信使RNA)上由酶精确按照模板的指令催化进行的。多糖的合成没有模板,合成程序的实质是酶催化单糖单位的聚合,在合成过程中并没有特定的终止点。

(一)　作为燃料贮存形式的同多糖

最重要的**贮存同多糖**是植物细胞中的淀粉和动物细胞中的糖原。这两种多糖是以大的聚簇(cluster)和颗粒形式存在于细胞内。淀粉和糖原分子可以被水高度水化,因为它们有许多外露的羟基,可以跟水形成氢键。大多数植物细胞能够合成淀粉;在种子(如谷物)、块茎和块根(如薯类)等器官中贮存淀粉特别丰富。

1. 淀粉(starch)

淀粉是葡萄糖的多聚体。天然淀粉一般含两种成分:当淀粉悬液用微溶于水的醇如正丁醇饱和时,则形成微晶沉淀,称为**直链淀粉**(amylose);向母液中加入与水混溶的醇如甲醇,则得无定形物质,称为**支链淀粉**(amylopectin)。多数淀粉所含的直链淀粉和支链淀粉的比例约为1:4。直链淀粉和支链淀粉在物理和化学性质方面有明显的差别。纯的直链淀粉仅少量地溶于热水,溶液放置时重新析出淀粉沉淀。支链淀粉易溶于水,形成稳定的胶体,静置时溶液不会出现沉淀。在天然淀粉溶液中支链淀粉是直链淀粉的保护胶体。直链淀粉是由α-葡萄糖残基通过(α1→4)糖苷键(如麦芽糖中)连接成的不分支的长链分子。这些链的相对分子质量从几千到百万以上。支链淀粉的相对分子质量更大,可达二百万;但与直链淀粉不同,它们是高度分支的。支链淀粉链中,连接相继的葡萄糖残基的糖苷键也是(α1→4),只是在分支点(每24~30个残基出现一次)还存在(α1→6)连接。淀粉链是有方向性(极性)的,一端是还原端(称1端),另一端是非还原端(称4端)。书写淀粉结构时通常4端在左边,1端在右边。显然,支链淀粉和糖原分子具有多个非还原端(在分子的周边),但只有一个还原端。淀粉分子结构中单糖残基间的连接方式见图9-27。

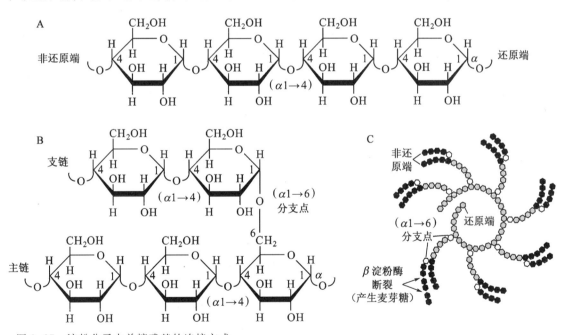

图9-27　淀粉分子中单糖残基的连接方式
A. 直链淀粉;B. 支链淀粉;C. 支链淀粉或糖原分子的示意图

淀粉分子可以形成螺旋结构(见下面),还可能以双螺旋形式存在,在淀粉粒中双螺旋进一步折叠成更致密的聚簇结构,这与淀粉作为贮存分子的功能是一致的。淀粉在酸或淀粉酶作用下被逐步降解,生成分子大小不一的中间物,统称为**糊精**(dextrin)。糊精依相对分子质量的递减,与碘作用呈现由蓝色、紫色、红色到无色,例如淀粉糊精(amylodextrin)呈蓝紫色,红糊精(erythrodextrin)呈红褐色,消色糊精(achrodextrin)无色。

2. 糖原 (glycogen)

糖原又称动物淀粉,是动物细胞内的主要贮存多糖(也存在于细菌细胞中),糖原与支链淀粉一样,也是($\alpha1\rightarrow4$)连接的葡萄糖残基多聚物,并有($\alpha1\rightarrow6$)的分支。所不同的只是糖原的分支程度更高,分支链更短(平均每8~12个残基发生一次分支),比淀粉更致密。人体内糖原主要贮存于肝,可达该组织湿重的7%;它也存在于骨骼肌中。在肝细胞内糖原以大颗粒(直径10~40 nm)形式存在,大颗粒是较小颗粒的聚簇,小颗粒本身是由高度分支的单个糖原分子所组成。颗粒除糖原分子外,尚含负责合成和分解糖原的酶类。糖原是人和动物餐间以及肌肉剧烈运动时最易动用的葡萄糖贮库,而葡萄糖是体内各器官的重要代谢燃料,更是大脑唯一直接可利用的燃料。支链淀粉和糖原都是分支的,但糖原分支程度更高,贮存颗粒也更结实。因为每一分支链都以非还原的单糖单位结尾,所以有 n 个支链的糖原分子就有 $n+1$ 个非还原端(图9-27C)。当糖原被用作能源时,每次从非还原端除去一个残基。只作用于非还原端的降解酶(β-淀粉酶、磷酸化酶)可以在多个支链的非还原端同时工作,加速多聚体转化为单体,有利于即时动用葡萄糖贮库,以供代谢的急需。

葡萄糖为什么不以单糖形式贮存?已经计算过,肝细胞贮存相当于0.4 mol/L葡萄糖的糖原,糖原的实际浓度是很小的,约为0.01 μmol/L;因为糖原不溶于水,所以对细胞溶胶的摩尔渗透压浓度的贡献不大。如果细胞溶胶含0.4 mol/L葡萄糖,摩尔渗透压浓度将是可怕的升高,会引起水向细胞内渗透,最终导致细胞胀裂,即所谓渗透溶解(见第1章)。而且,如果胞内葡萄糖浓度是0.4 mol/L,而胞外浓度约5 mmol/L(哺乳动物血中的浓度),那么细胞为逆如此高的浓度梯度去摄取葡萄糖的自由能变化(ΔG)将是大得不可能。

3. 右旋糖酐 (dextran)

右旋糖酐或称葡聚糖,是一类细菌和酵母的贮存多糖,也用作胞外的黏着物质。它们是($\alpha1\rightarrow6$)连接的葡萄糖多聚体,并都有($\alpha1\rightarrow3$)连接的支链;因菌种或菌株的不同,有的还有($\alpha1\rightarrow2$)或($\alpha1\rightarrow4$)的分支。工业上右旋糖酐可由某些细菌例如明串珠菌(*Leuconoto mesenteroides* B512 菌株)发酵蔗糖产生。天然右旋糖酐含有各种大小的分子,从寡糖到 M_r 高达几亿的多糖。人的口腔中生长的几种细菌能利用蔗糖合成大量的右旋糖酐,它是牙斑(dental plaque)的主要成分,并因此营养学家十分关注饮食中蔗糖的消耗。右旋糖酐经化学交联,例如用表氯醇(epichlorohydrin)即1-氯-2,3-环氧丙烷处理,则被交联成具有立体网状结构的不溶性**交联葡聚糖**(crosslinked dextran),它的珠状凝胶商品名为Sephadex。通过控制葡聚糖与交联剂(如表氯醇)的比例可以得到不同网孔的交联凝胶,它们被广泛地用于大小排阻层析法的蛋白质分级分离。

(二) 起结构作用的同多糖

1. 纤维素 (cellulose)

纤维素是生物圈里最丰富的有机物质,占植物界碳素的50%以上。纤维素是一种纤维状的水不溶性物质,存在于植物细胞的细胞壁中,特别是在植物体的茎、干、秸以及所有的木质部分。纤维素构成木材的大部分,占麻纤维的70%~80%,棉纤维几乎是纯的纤维素。很像直链淀粉,纤维素分子也是不分支的线型同多糖链,由10 000~15 000个葡萄糖单位组成。但两者有着很大的不同:在纤维素中葡萄糖残基是 β 型的,而淀粉中是 α 型的。与直链淀粉的($\alpha1\rightarrow4$)连接相反,纤维素中葡萄糖残基是通过($\beta1\rightarrow4$)糖苷键连接的。这种差别给纤维素和淀粉的结构和物理性质带来了很大的差异。($\beta1\rightarrow4$)连接使纤维素链采取完全伸展的构象,相邻而平行的(指极性同向)伸展链在残基环面的水平方向通过链内和链间的氢键网形成片层结构(图9-28);片层之间,即环面的垂直方向,靠其余氢键和环的疏水内核间的范德华力维系(图中未示出)。由若干个纤维素分子并排聚集形成类晶体的分子束——微纤维(microfibril);许多微纤维结合形成纤维素纤维,分层交错地铺设在植物细胞表面,形成在电镜下看到的网格状结构——细胞壁(图9-29)。实际上微纤维包埋在果胶、半纤维素、木质素和伸展蛋白等组成的基质中。纤维素与基质黏合在一起增强细胞壁的抗张强度和机械性能,以适应植物抵抗高渗透压和支撑高大植株的需要。这跟在硬树脂中加入玻璃纤维以生产坚固、耐用的玻璃纤维板的道理是一样的。

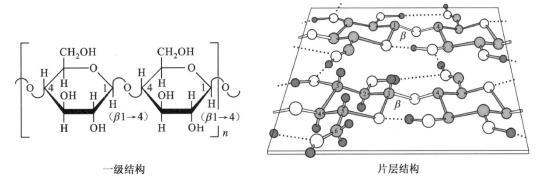

图 9-28　纤维素的结构

片层结构中浅灰色圆圈代表碳原子,白色的是氧原子,深灰色的是氢原子;虚线表示氢键结合

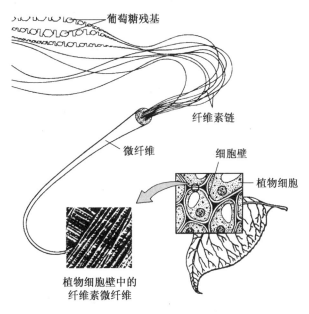

图 9-29　纤维素与植物细胞壁的结构

随食物吞咽的糖原和淀粉被唾液和肠道中的 α-淀粉酶(α-amylase)和其他糖苷酶(glycosidase)所水解,这些酶能断裂葡萄糖残基间的($\alpha1\rightarrow4$)连键。但大多数的动物不能利用纤维素作为燃料的来源,因为它们缺乏一种水解($\beta1\rightarrow4$)糖苷键的酶。白蚁容易消化纤维素(因而能消化木头),这是因为白蚁的肠道内栖息了一种共生的微生物(*Trichonympha*),它能分泌一种水解($\beta1\rightarrow4$)糖苷键的**纤维素酶**(cellulase)。腐木上的真菌和细菌也能产生纤维素酶。此外某些反刍动物如牛、羊、骆驼和长颈鹿能利用纤维素作为食物,因为它们的额外胃腔室(瘤胃)中富含能分泌纤维素酶的细菌和原生生物。

不被人体消化酶降解的食物成分称为**膳食纤维**(dietary fiber),它包括几类有自己的化学和生物学性质的物质:纤维素和半纤维素是不溶性纤维,能促进结肠有规则运动,降低患结肠癌的风险;木质素(lignin)是一种复杂的不溶性酚类聚合物,它能从消化道中吸附有机分子,结合胆固醇并把它从肠道中清除,减少患心脏病的风险;果胶和树胶(gum)是一类水溶性纤维物质,在消化道中形成黏稠的凝胶状悬浮物,降低许多营养物包括糖类的吸收速率和减少血清胆固醇。不溶性纤维普遍存在于谷物中;水溶性纤维是水果、豆类和燕麦等的成分。

2. 壳多糖(chitin)

壳多糖也称几丁质或甲壳质,是 N-乙酰-β-D-葡糖胺的线型同多糖,相对分子质量可达数百万。壳多糖与纤维素在化学上的唯一差别是每个残基的 C2 上的羟基被乙酰化的氨基所置换(图 9-30)。壳多糖在结构上跟纤维素很类似,也是伸展型的带状物,并以片层结构存在,两者间的一个有意义的差别是片

图 9-30 壳多糖的结构

图中示出壳多糖的一小段，是(β1→4)连接的 N-乙酰葡糖胺单位的同聚物

层中的多糖链是平行的，还是反平行的。天然的纤维素可能只有平行排列方式。但是壳多糖能以 3 种形式存在，有时在同一生物中 3 种形式都有。α-壳多糖是所有的链都是平行排列的，β-壳多糖是反平行排列的，δ-壳多糖是平行片层与反平行片层交替堆叠。壳多糖广泛地分布于生物界，是自然界中第二个最丰富的多糖，仅次于纤维素；据估计每年生物圈产生一百万吨壳多糖。壳多糖是大多数真菌和一些藻类细胞壁的成分，在这里常代替纤维素或其他葡聚糖。但壳多糖主要是存在于无脊椎动物中，如昆虫、蜘蛛、甲壳类（虾、蟹）、螺蚌等。它是节肢类（Arthropoda）和软体类（Mollusca）外骨骼的主要结构物质。在很多这样的外骨骼中壳多糖是进行矿化的基质，这跟脊椎动物骨骼中胶原蛋白是供矿质沉积的基质很像。有意思的是，在进化过程中脊椎动物在胶原蛋白基质上发展了内骨骼，无脊椎动物却在壳多糖基质上发展了外骨骼。与纤维素一样，壳多糖也不被脊椎动物所消化。壳多糖去乙酰化形成**聚葡糖胺**或称**脱乙酰壳多糖**（chitosan）。由于脱乙酰壳多糖的阳离子性质和无毒性，近来被广泛地应用于水和饮料处理、化妆品、制药、医学、农业（种子包衣）以及食品和饲料加工等方面。

（三）影响同多糖折叠的因素

同多糖的三维折叠所遵循的原则跟管控多肽链结构的原则是相同的。由共价键支配而多少具有刚性结构的单糖单位形成三维大分子结构也是通过分子内和分子间的弱相互作用（氢键、疏水相互作用、范德华相互作用；对荷电亚基的多聚体来说，还有静电相互作用）得以稳定的。多糖具有很多的羟基，因为氢键对多糖结构有着特别重要的影响。淀粉、糖原和纤维素是由吡喃糖苷亚基组成的，这些分子可以表示为借一个氧原子桥接（bridging）两个碳原子的糖苷键连接起来的一系列刚性吡喃糖环。原则上，绕连接残基的两个 C—O 键的每一个，都可以自由旋转（图 9-31）；但也像在多肽链中那样（见第 3 章）绕每个键旋转时会受到取代基的位阻限制。如同用肽键的 Φ 和 Ψ 角（图4-2）描述多肽三维结构那样，同多糖三维结构也用糖苷键的二面角 Φ 和 Ψ（图 9-31）来描述。扭角 Φ 和 Ψ 被定义为两个吡喃环之间的空间关系；原则上两个扭角可以从 0° 到 360° 的任一数值。实际上有些扭角给出的构象是空间受阻的，另一些扭角给出的构象可以达到最大数目的氢键键合。当用相对能量对每一 Φ 和 Ψ 值作图时，将得到一张优势构象图（未示出），它与肽的拉氏图（第 3 章）很类似。吡喃糖环及其取代基的庞大体积和异头碳上的电子效应给 Φ

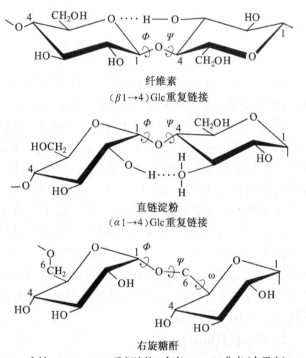

纤维素
（β1→4)Glc 重复链接

直链淀粉
（α1→4)Glc 重复链接

右旋糖酐
主链：(α1→6)Glc 重复连接，含有(α1→3)分支（未示出）

图 9-31 纤维素、直链淀粉和右旋糖酐在糖苷键处的构象

在右旋糖酐中含有绕 C5 和 C6 间的键自由旋转（ω 扭角）

和 ψ 角以很大的限制,因此某些构象比另一些构象要稳定。图 9-31 中示出的 3 个多糖的构象已用 X 射线晶体学分析法测出,它们全都落在优势构象图的最低能态区内。

对于 $(\alpha1\rightarrow4)$ 连接的淀粉和糖原来说,分子中的每个残基与下一个残基都成一定角度(图 9-32A),因此倾向于形成紧密的卷曲螺旋构象;这种构象是借助链间氢键得以稳定的。在无分支的直链淀粉中,螺旋结构是很有规则的,以致足以允许它形成晶体,并因此使它成为用 X 射线衍射技术测定出三维结构的第一个生物多聚体。直链淀粉的二级结构是一个左手螺旋,沿直链淀粉链,每个残基的平均平面与前一个残基的平均平面形成 60° 角,因此螺旋结构每一圈含 6 个残基,螺距为 0.8 nm,直径 1.4 nm(图 9-32B)。对于直链淀粉,螺旋的中心空道大小正好能容纳碘络离子(I_3^- 和 I_5^-),长串的碘络离子与直链淀粉形成深蓝色的络合物(图 9-32C)。此相互作用是定性检测直链淀粉的常用方法。产生特征性的深蓝色需要淀粉螺旋含约 36 个(6 圈)或更多个葡萄糖残基。支链淀粉中的支链螺旋只有 10 到 20 个残基,因此只能形成短串的碘络离子,它比直链淀粉螺旋中的长串碘络离子吸收更短波长的光,因此支链淀粉遇碘呈紫色到红紫色。糖原结构与支链淀粉很相似,但它的支链螺旋长度更短,只有 8 个残基,与碘作用呈紫红色至红褐色。

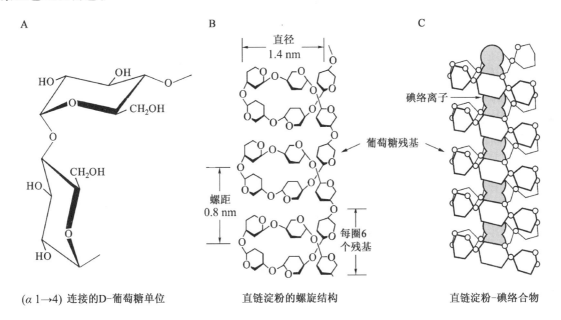

A　　　　　　　　　B　　　　　　　　　C

$(\alpha1\rightarrow4)$ 连接的D-葡萄糖单位　　　直链淀粉的螺旋结构　　　直链淀粉-碘络合物

图 9-32　直链淀粉的螺旋结构及其与碘形成的络合物
A. 在最稳定的淀粉构象中由于相邻残基是刚性椅式结构,多糖链是弯曲的,不像纤维素中是伸展的(图 9-28B);
B. 一段直链淀粉的示意模型;为清楚起见只示出残基的吡喃糖环;比较起见图 A 和 B 可以看出,$(\alpha1\rightarrow4)$ 连接的残基导致结构采取紧密的卷曲螺旋构象;C. 碘(I_3^- 和 I_5^-)插入淀粉螺旋空腔,生成深蓝色的淀粉-碘络合物

对于纤维素来说最稳定的构象是,每个刚性椅式残基相对于下一个残基旋转 180° 形成的一条充分伸展的直链。这样,所有的—OH 基都能用于跟相邻的链发生氢键键合,使并排的纤维素分子通过链内和链间的氢键网,形成具有高抗张强度的超分子束——微纤维(图 9-28 和 9-29);这已在前面讨论纤维素时谈到过。正是纤维素的这一性质给几千年的人类文明提供了许多有用材料,包括纸张、纸板、纺织原料以及改型纤维素(modified cellulose),如人造丝、赛璐玢(玻璃纸)、胶片和绝缘材料等。

(四)　植物细胞壁的基质杂多糖

前面曾谈到在植物细胞壁中包埋纤维素的若干基质物质是杂多糖。

1. 果胶物质(pectic substance)

果胶物质是植物细胞壁和胞间层(middle lamella)的基质多糖。在浆果、果实和茎中都很丰富。果胶物质的主链主要是聚半乳糖醛酸(galacturonan),它的重复单位是 4)GalpUA $(\alpha1\rightarrow4)$GalpUA $(\alpha1\rightarrow$;作为侧链的是中性聚糖,如阿拉伯聚糖(arabiran)和半乳聚糖(galactan)等。果胶物质结构复杂,随植物来源和发育阶段的不同,结构发生相当大的变化。羧基不同程度地被甲酯化的聚半乳糖醛酸称为**果胶**(pectin),完全去甲酯化的果胶称为**果胶酸**(pectic acid)。现多用**高甲氧基果胶**和**低甲氧基果胶**来表示果胶被甲酯化的程度。果胶的相对分子质量随来源而异,一般为 25 000~50 000(相当于 150~300 个残基)。果胶溶液是亲水胶体,在适当的酸度和糖浓度条件下则形成凝胶。果胶在糖果和食品工业中被用作胶凝剂(gelling agent)。

2. 半纤维素(hemicellulose)

半纤维素被定义为碱溶性的植物细胞壁基质多糖,也即除去果胶物质后的残留物中能被 15% NaOH 提取的多糖。这些多糖分子大小为 50 到 400 个残基,大多数具有侧链,属于这类多糖的有**木聚糖**(xylan),**葡甘露聚糖**(glucomannan)和**木葡聚糖**(xyloglucan)等。所谓半纤维素就是这些多糖的总称。半纤维素大量存在于植物的木质化部分,木材中占干重的 15%~25%,农作物的秸秆中占 25%~45%。木聚糖是半纤维素中最丰富的一类,在植物界分布也最广;各种木聚糖的主链结构都是一样的,由 β-D-Xyl$p$(1→4)重复连接而成,只是在主链的某些单位上还有其他单糖作为侧链存在,其中以 α-L-Ara$f$(1→3)连接的最为常见。

3. 琼脂(agar)

琼脂俗称洋菜,是从红藻类(Rhodophyta)石花菜属(*Gelidium*)及其他属的某些海藻中提取出来的一种多糖混合物;它是藻类细胞壁的物质。从琼脂中分离出两个组分:一个称为琼脂糖(agarose),另一个称为琼脂胶(agaropectin)。**琼脂糖**是琼脂的主要组分,它是由 D-吡喃半乳糖和 3,6-脱水-L-吡喃半乳糖两个单位交替组成的线型分子。D-半乳糖单位以 β 取向与 3,6-脱水-L-半乳糖单位的 C4 相连,后一单位以 α-取向与 D-半乳糖单位的 C3 相连(图 9-33A)。**琼脂胶**可看成是琼脂糖上的羟基不同程度地被硫酸基、丙酮酸基等所取代,例如 β-D-半乳糖残基 C6 被硫酸酯化或 C4 和 C6 形成丙酮酸缩酮(pyruvate ketal)(图 9-33B)。其实琼脂糖只是被这些基团取代最少的琼脂胶。琼脂这一概念应理解为多种具有相同主链但不同程度地被荷负电基团所取代的杂多糖混合物。

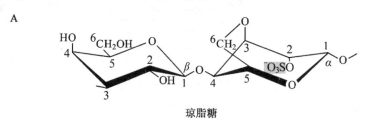

琼脂糖

重复单位: 3)-Gal(β 1→4)3,6-无水-L-Gal 2S(α 1→

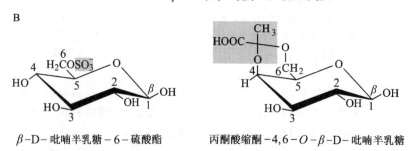

β-D-吡喃半乳糖-6-硫酸酯　　　丙酮酸缩酮-4,6-O-β-D-吡喃半乳糖

图 9-33　琼脂糖的结构及其单糖单位的衍生化

琼脂糖水悬液经加热并冷却时,平行定向的两个分子将互相缠绕形成双螺旋;同时水分子被捕获进入中央空腔。随后这些螺旋彼此缔合,形成凝胶——一种捕获了大量水的三维基质。琼脂不溶于冷水而溶于热水,1%到 2%的溶液冷至 40~50℃便可形成凝胶,加之不被微生物所利用,因此是微生物固体培养的良好支持物。由于琼脂凝胶是透明的,生化上用作免疫扩散和免疫电泳的支持介质。琼脂糖凝胶一般不需化学交联即可作为蛋白质凝胶过滤(第 5 章)和核酸电泳分离的惰性支持物(第 12 章)。珠状的琼脂糖凝胶商品名为 Sepharose。琼脂在食品工业中用作果冻、果糕的胶凝剂以及果汁饮料的稳定剂。

（五）细菌细胞壁的结构杂多糖

细菌细胞壁主要是由杂多糖构成，但也有脂质、蛋白质和其他物质参与。由于细胞壁的化学组成和结构不同，细菌可分为革兰氏阳性细菌和革兰氏阴性细菌两大类。革兰氏阳性细菌的细胞壁是由多层网格结构的肽聚糖（总厚度 10~20 nm）所组成，并有磷壁酸与之相连（图9-34A）。革兰氏阴性细菌的细胞壁也含肽聚糖，但只是单层或很少几层（2 nm），并且不含磷壁酸；此外在肽聚糖的外面还覆盖着脂双层，称外膜，由磷脂、脂蛋白、膜孔蛋白（porin）和脂多糖等组成；细胞壁向里是内膜（质膜）；肽聚糖正包埋在内、外膜之间的周质胶中（图9-34B）。这一差异使革兰氏染色容易从革兰氏阴性细菌中被脱色剂（如95%乙醇）洗去（参见图1-16的图注）。

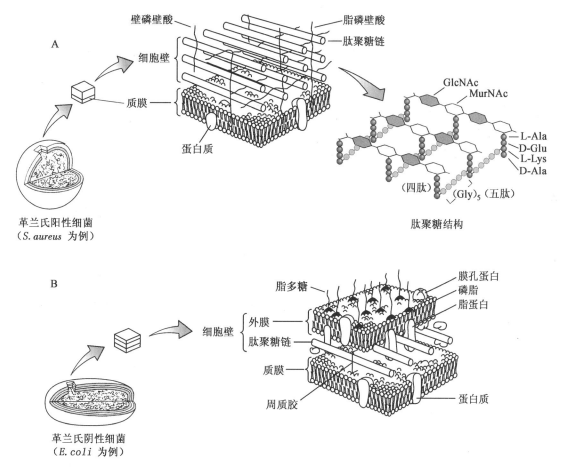

图 9-34　细菌细胞壁构造的示意图

原核细胞中有些是天然没有细胞壁的，例如支原体属（*mycoplasma*）的成员。古菌也可能缺乏细胞壁或有不一般的细胞壁，不含肽聚糖，代之以一种类似肽聚糖的物质，其中 *N*-乙酰塔罗糖胺糖醛酸（*N*-acetyltalosaminuronic acid）代替了肽聚糖中的 MurNAc，并且缺少 D-氨基酸。此物质被称为**假肽聚糖**。

1. 肽聚糖（peptidoglycan）

肽聚糖也称黏肽（mucopeptide）或胞壁质（murein，来自拉丁文 murus，意为墙壁），它的主链是由 *N*-乙酰葡糖胺（GlcNAc）和 *N*-乙酰胞壁酸（MurNAc）借（$\beta1 \rightarrow 4$）连键交替连接而成。这些多糖链在细胞壁中平行排列，链间通过连接在 MurNAc 残基上的短肽（肽的准确结构决定于细菌的种类）交联起来（图9-34A）。

肽聚糖主链也可以看成是壳多糖链的单糖残基交替地被乳酸取代，并通过乳酸连接有侧链四肽；这种多糖链的重复结构有人称它为胞壁肽（muropeptide），其结构式如图9-35所示。胞壁肽是一个连有四肽的二糖单位，四肽的 N 端通过酰胺键与 MurNAc 的乳酸基相连。四肽中氨基酸残基是 D 型和 L 型交替存在的：N 端残基经常是 L-Ala，第 2 残基是 D-Glu，有时为 D-异谷氨酰胺所代替，第 3 残基（*R*）随细菌种属而异,或 L-Lys 或赖氨酸样氨基酸,如 2,6-二氨基庚酸(2,6-diaminopimelic acid),C 端残基是 D-Ala。在大肠杆菌(*E. coli*)和其他革兰氏阴性细菌中,侧链四肽与侧链四肽直接相连,即一条多糖链上的四肽 D-Ala 的 α-COOH 与相邻多糖链上的四肽第 3 残基的侧链氨基,如 L-Lys 的 ε-NH$_2$ 相连。但在革兰氏阳性细菌中四肽侧链之间通过一个由 1~5 个氨基酸组成的交联桥连接,例如金黄色葡萄球菌(*S. Aureus*)中,四肽侧链之间的交联桥是五聚甘氨酸。实际上肽聚糖是一个由共价键连接的、包围着整个细菌细胞的刚性囊状大分子,它防止因渗透进水而引起细胞膨胀和破裂。**溶菌酶**是通过水解 GlcNAc 和 MurNAc 残基之间的($\beta1\rightarrow4$)糖苷键杀死细菌的。溶菌酶分布很广,在卵清、噬菌体和眼泪中都有它。**青霉素**(penicillin)杀伤细菌是通过干扰肽聚糖中多糖链之间的肽交联桥的形成,使细菌失去抗渗透能力。

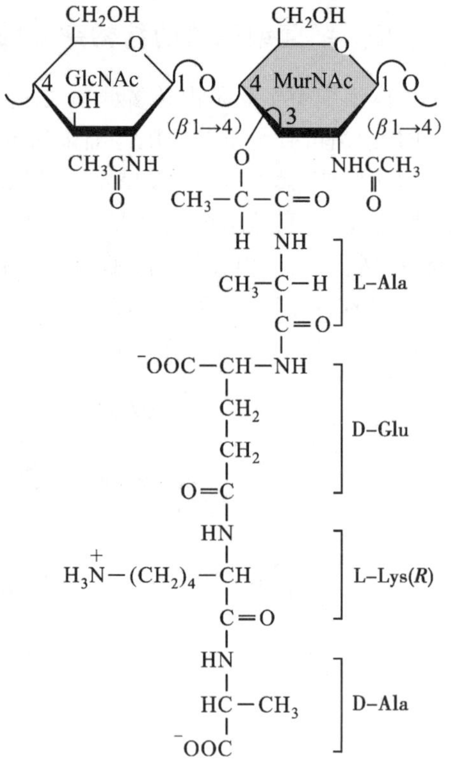

2. 磷壁酸(teichoic acid)

革兰氏阳性细菌的细胞壁,除含肽聚糖外尚有**磷壁酸**,它虽不是糖类但与之有关。在某些细菌中磷壁酸含量达细胞壁干重的 50%。磷壁酸主链是由醇(核糖醇或甘油)和磷酸分子交替连接而成,侧链是单个的 D-Ala 或/和 β-D-葡萄糖等分别以酯键或糖苷键与磷壁酸中的醇成分相连。磷壁酸按其在细胞表面上的固定方式可分为脂磷壁酸和壁磷壁酸。脂磷壁酸跨过肽聚糖层,以其末端磷酸共价连接于质膜中糖脂的寡糖基上。壁磷壁酸不深入质膜,其末端以磷酸二酯键与肽聚糖的 MurNAc 残基相连。由于磷酸基的负电荷,磷壁酸可结合正离子并调节它们进出细胞的移动。磷壁

图 9-35 肽聚糖主链的重复单位(胞壁肽)结构

图中 R 表示有些细菌可能是其他氨基酸

酸也在细胞生长中起作用,它通过控制一种称为**自溶素**(autolysin)的酶的活性(此酶负责断开细胞壁结构以插入新的肽聚糖成分),防止细胞壁大范围破裂而引起细胞溶解;磷壁酸还可能参与磷的贮存;最后由于磷壁酸造成了丰富的细胞壁抗原特异性,使得应用血清学方法鉴定细菌成为可能。

3. 脂多糖(lipopolysaccharide)

脂多糖是革兰氏阴性细菌如大肠杆菌(*E. coli*)和鼠伤寒[沙门氏]杆菌(*S. phimurium*)外膜的优势表面特征。脂多糖是脊椎动物免疫系统应答细菌侵染时产生的抗体的原型靶子,因此也是细菌菌株血清型(serotype)的重要决定因子(血清型是根据抗原性质区分的菌株)。脂多糖对人和其他动物是有毒的。图 9-36A 示出鼠伤寒杆菌的脂多糖分子结构图解。不同细菌种类的脂多糖结构有微细差异,但一般由脂质 A、核心寡糖和 O-特异链三部分组成。

脂质 A(lipid A)的结构中有一个($\beta1\rightarrow6$)连接的 D-葡糖胺二聚物,在它的两端 C1 和 C4 位各有一个磷酸基,此二聚物(作为重复单位)可通过 C1 和 C4 之间的焦磷酸桥(磷酸二酯键)把多个脂多糖分子连接起来(图中未示出)。D-葡糖胺二聚物上的一个 C6 与核心寡糖的 Kdo(3-脱氧-D-甘油-D-甘露辛酮糖酸,参见图 9-17)残基相连。鼠伤寒杆菌的脂质 A 中含有 6 个脂肪酸:4 个 3-羟脂肪酸直接与二聚物的两个葡糖胺残基连接,其中两个脂肪酸残基的 3-羟基各自进一步被非羟化脂肪酸所酯化,生成特有的 3-酰氧酰基结构(3-acyloxyacyl structure),见图 9-36B。脂质 A 的这一基本结构是许多细菌种群所共有的。脂质 A 的脂肪酸链伸进外膜,并因此使整个脂多糖分子锚定在外膜中。在存活的细菌中最小的脂多糖结构仅由脂质 A 和一个磷酸化的 Kdo 组成,例如流感型嗜血杆菌(*H. influenzae*)的一个突变株脂多糖。不能合成正常脂质 A 的突变体则不能存活,表明脂质 A 对细胞存活是绝对必需的。某些细菌中脂多糖的脂质 A 部分是决定内毒活性的**内毒素**(endotoxin),例如在革兰氏阴性菌感染引起的中毒性休克综合征中出现的危险性血压下降就是脂质 A 起的作用。

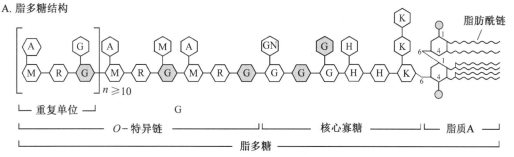

A. 脂多糖结构

A: AbeOAc, M: Man, R: Rha, G: Glc, G: Gal, GN: GlcNAc, H: Hep, K: Kdo, ◯: GlcN, ●: 磷酸, ～: 脂肪酸链

B. 脂质A基本结构

图 9-36　沙门氏杆菌脂多糖的化学结构示意图解

核心寡糖（core oligosaccharide）是由 Kdo，Hep（L-甘油-D-甘露庚糖，见图 9-17）和若干己糖组成；一端与脂质 A 连接，另一端跟 O-特异链相连。核心寡糖也是脂多糖的内毒素；它的功能是作为特异噬菌体的受体以及作为抗原，特别是缺乏 O-特异链时。

O-特异链（O-specific chain）是由几十个相同的寡糖单位组成的；由于它具有抗原性，所以也称O-抗原。它是脂多糖的最外层，鼠伤寒杆菌和大肠杆菌的细胞表面实际上是由 O-特异链所覆盖。O-特异链是借血清学方法鉴别革兰氏阴性细菌种类的根据，已知沙门氏杆菌有 1 400 多种血清型。O-特异链对外膜的完整性并不是必需的，实际上不少细菌种群没有它。含有带 O-特异链的脂多糖细菌是 S 型的，S 型是指在琼脂板上生长光滑菌落（smooth colony）；野生型的肠道菌和沙门氏菌是典型的 S 型。它们的许多突变体缺乏 O-特异链，这些细菌具有粗糙菌落（rough colony）的形态学，称它们为 R 型。R 型的沙门氏菌归于非病原菌，而 S 型菌株则常引起疾病。

4. 荚膜多糖（capsular polysaccharide）

荚膜是细菌细胞制造并分泌的最外层物质，主要由多糖组成，例如链球菌属（*Streptococcus*）的荚膜是多糖；少数细菌如炭疽杆菌（*Bacillus anthracis*）的荚膜是多肽。**荚膜多糖**是相对分子质量为 $10^5 \sim 10^6$ 的抗原，由几百个重复寡糖单位组成，重复单位一般含 1~6 个单糖残基。最简单的荚膜多糖是同多糖，例如脑膜炎奈瑟氏菌（*Neisserin meningitidis*）A、B 和 C 型的抗原；其中 B 和 C 型的抗原分别是借（α2→8）和（α2→9）糖苷键连接的唾液酸（α-D-NeuNAc）同聚物，即多聚唾液酸（polysialic acid），但两者在免疫学上是不同的。A 型的抗原是很多荚膜多糖的代表，它是 N-乙酰-α-D-甘露糖胺-1-磷酸的同聚物，单糖单位是借相邻残基的 C1 和 C6 之间形成的磷酸二酯键连接的。多数荚膜多糖是杂多糖，例如胸膜肺炎链球菌（*Streptococcus pneumoniae*）Ⅲ型的荚膜多糖。它的重复单位是 4)-β-D-GlcUA-(1→4)-β-D-Glc-(1→，M_r 高达 140 000。由于荚膜容易被接近，因而使荚膜能够产生显著的抗体应答，例如胸膜肺炎链球菌的情况,估计单个细菌细胞上表达的荚膜抗原决定簇能与 $4×10^6$ 个抗体分子结合。荚膜抗原与抗体的反应是细菌分型的又一根据。已知肺炎链球菌有 80 多个血清型。荚膜多糖是病原菌具有毒性的重要原因。荚膜是使病原菌免遭宿主细胞吞噬的保护层。

(六) 脊椎动物胞外基质的结构杂多糖

在多细胞动物组织的胞外空隙中充满着胶状的物质称为**胞外基质**(extracellular matrix,**ECM**),它把细胞结合在一起,并提供多孔性通道以利营养物和氧扩散到每一细胞。包裹在成纤维细胞和其他结缔组织细胞的网状 ECM 是由杂多糖和纤维状蛋白质如胶原蛋白、弹性蛋白和纤连蛋白(fibronectin)交织起来的网络结构组成的。基[底]膜(basement membrane)是一种特化的 ECM,在表皮细胞的下面;它由特化的胶原、层粘连蛋白(laminin)和杂多糖组成。

ECM 中的杂多糖称**糖胺聚糖**(glycosaminoglycan),它曾称黏多糖、氨基多糖或酸性多糖。糖胺聚糖是动物和细菌所特有的,植物中不存在。糖胺聚糖是一类由重复二糖单位构成的线型杂多糖,其通式为(己糖醛酸→己糖胺)$_n$,n 随种类而异。通式中己糖醛酸残基为 D-葡糖醛酸(D-GlcUA)或 L-艾杜糖醛酸(L-IdoUA)。有些糖胺聚糖的一些羟基被**硫酸化**(sulfation)[①],这些硫酸基和糖醛酸残基的羧基使糖胺聚糖具有很高的负电荷密度。由于相邻的负荷电基团间的斥力,糖胺聚糖在溶液中采取高度伸展的棒状构象。糖胺聚糖分子中硫酸化单糖残基的特异图案(硫酸化谱)为许多基于跟它们发生静电结合的配体蛋白质提供了专一性识别。硫酸化的糖胺聚糖与胞外蛋白质连接形成蛋白聚糖(见本章后面)。

根据单糖残基的种类、残基间的连键类型以及硫酸化的程度,糖胺聚糖可分为透明质酸、硫酸软骨素、硫酸皮肤素、硫酸角质素、硫酸乙酰肝素和肝素(图 9-37):

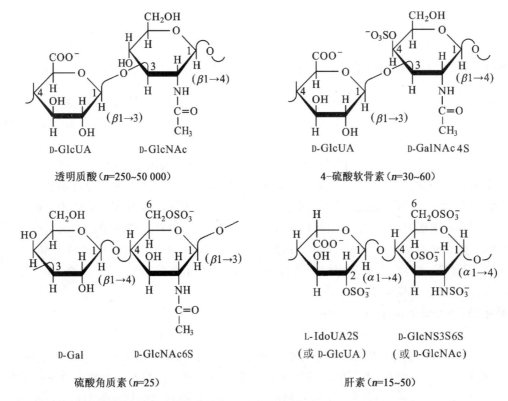

图 9-37 糖胺聚糖的重复二糖单位结构

图中单糖残基的缩写如 GlcNAc4S 中,"4"表示该残基的 C4 位,"S"表示此位有一个硫酸基

[①] 这里单糖残基上—OH 的硫酸化(应是磺酸化)产物 R—O—SO$_3^-$ 常称为 O-硫酸(基),—NH$_2$ 的硫酸化产物 R—NH—SO$_3^-$ 称为 N-硫酸(基);虽然这些名称被广泛应用,但严格说这是不正确的,因为连接在 O 或 N 上的不是硫酸基而是磺[酸]基。

透明质酸（hyaluronic acid,HA）是糖胺聚糖中结构最简单的,它的二糖单位中 D-葡糖醛酸以（$\beta1\to3$）糖苷键与 N-乙酰葡糖胺连接,二糖单位间以（$\beta1\to4$）连键相连。HA 与其他糖胺聚糖有很大的不同,它不被硫酸化,不与蛋白质共价结合,而是以游离形式或与蛋白质形成非共价复合体形式存在。其相对分子质量可高达数百万,重复二糖单位的数目（n）为 250～50 000 个。HA 能结合大量的水,形成透明的高黏稠溶液。HA 广泛存在于结缔组织中,在玻璃体、脐带、鸡冠等组织中尤为丰富。HA 在关节滑液和眼球玻璃体液中起润滑、防震和增稠剂的作用。HA 也是软骨和腱的胞外基质成分;由于它跟基质的其他成分相互作用,使软骨和腱具有抗张强度和弹性。某些病原菌能分泌透明质酸酶（hyaluronidase）,水解透明质酸的糖苷键,使组织对细菌入侵更加敏感。很多生物的精子也含有类似的酶,能破裂包裹卵子的糖胺聚糖外衣,令精子穿入。

其他的糖胺聚糖在分子质量方面要比透明质酸小得多,链长只有 40 到 120 个单糖残基;在胞外基质中它们与特定的蛋白质（蛋白聚糖）共价结合;二糖单位中的一个或两个残基跟透明质酸的不同。硫酸软骨素（chondroitin sulfate,CS）中常在 GalNAc 残基的 C4 或 C6 位上发生硫酸化,生成的聚糖分别称为 4-硫酸软骨素和 6-硫酸软骨素。CS 使软骨、腱、韧带和主动脉具有抗张强度。硫酸皮肤素（dermatan sulfate,DS）跟 CS 的差别是,在 CS 中存在的许多 D-葡糖醛酸残基被 L-艾杜糖醛酸残基所置换;后者是由于前者在 C5 位差向异构化的结果。DS 赋予皮肤以韧性;它也存在于血管壁和心瓣膜中。硫酸角质素（keratan sulfate,KS）中不含糖醛酸,被 D-半乳糖残基替换,此外它的硫酸基含量不定。KS 存在于角膜、软骨、骨和各种由死细胞形成的角质结构（角、毛发、甲、爪和蹄等）。硫酸乙酰肝素（heparan sulfate,HS）为所有的动物细胞所产生,并含各种排列的硫酸化和非硫酸化单糖残基。HS 链中的酸化片段允许它跟大多数蛋白质,包括生长因子、ECM 成分以及血浆中存在的各种酶和因子发生相互作用。肝素（heparin,Hp）是硫酸乙酰肝素的一种分级形式,一种硫酸化程度高的 HS,后者主要来自肺、肝、皮肤等肥大细胞（mast cell;一类白细胞）。跟硫酸皮肤素类似,它们的一部分 D-葡糖醛酸残基也被差向异构化成 L-艾杜糖醛酸残基。肝素是一种天然的抗凝剂,临床上用它作为抗凝血酶（antithrombin,AT）的增强剂。AT 是一种丝氨酸蛋白酶抑制剂,它能跟属于丝氨酸蛋白酶类的凝血酶（thrombin）及其他活化的凝血因子（如 Ⅸa、Ⅹa）结合而使它们失活。肝素作为 AT 增强剂的机制被认为是它把 AT 和凝血酶（活化的凝血因子 Ⅱ,Ⅱa）结合在一起,使凝血酶更易失活（见本章后面）。肝素的这种介导性结合是一种强静电相互作用,而肝素是所有已知的生物大分子中负电荷密度最高的。纯化的肝素也用于加入被输血液和临床分析用的血样中,以防止血凝。

六、糖缀合物

除了作为贮存燃料（淀粉、糖原和右旋糖苷）和结构材料（纤维素、壳多糖、和肽聚糖）之外,多糖和寡糖还是信息的载体。其中有些用于细胞和胞外环境之间的通讯,另一些用来标记蛋白质以便转运它们到专一的细胞器并在那里定位,或破坏它们当它们残缺或多余时;还有一些用作胞外信号分子（例如生长因子）或胞外寄生物（细菌、病毒）的识别位点。几乎在每个白细胞上,与质膜成分相连的专一寡糖链形成一个糖层或称糖萼（glycocalyx）,几纳米厚,作为一个细胞面向环境而富含信息的表面。这些寡糖在细胞-细胞识别和黏着,发育期间细胞迁移,血凝、免疫应答、创伤愈合和其他的细胞过程中起主要作用。在大多数情况下,这些信息聚糖都是跟蛋白质或脂质共价连接成糖缀合物（glycoconjugate）,它是生物活性分子,包括蛋白聚糖、糖蛋白和糖脂。

（一）蛋白聚糖

蛋白聚糖（proteoglycan）是一类细胞表面的或胞外基质的大分子,这类分子是由一个或多个硫酸化的糖胺聚糖链与一个膜蛋白质或分泌性蛋白质共价连接而成;糖胺聚糖链还能通过跟自身的荷负电基团的静电相互作用与胞外蛋白质结合。蛋白聚糖是所有胞外基质的主要成分。蛋白聚糖按质量计算,糖质的比例高于蛋白质,糖含量可达 95% 或更高;糖部分经常是蛋白聚糖生物活性的主要部位。这里生物活性是指提供跟其他蛋白质进行非共价相互作用的位点或机会。

哺乳类能产生 40 种类型的蛋白聚糖。这些分子起着机体组织（tissue）的组织者（organizer）作用；它们影响各种细胞的活性，例如生长因子的激活和黏着。

1. 蛋白聚糖的基本结构

基本的蛋白聚糖是由一个所谓**核心蛋白**（core protein）和一个或多个与之共价连接的**糖胺聚糖**组成。多数核心蛋白的糖链连接点是在— Ser — Gly — X — Gly —序列（X 可以是任一种氨基酸残基）中的 Ser 残基，虽然不是每个具有此序列的蛋白质都连有糖胺聚糖。糖胺聚糖通过一个四糖接头（tetrasaccharide linker）连接于核心蛋白的 Ser 残基（图 9-38A）。许多蛋白聚糖被分泌到胞外基质，但有些蛋白聚糖是属于**膜内在蛋白质**（第 10 章）。例如，层样胞外基质（基板）含有一个核心蛋白家族（M_r 20 000～40 000），它们是膜蛋白，每个成员都有几个共价连接的硫酸乙酰肝素链。这里有两个主要的膜硫酸乙酰肝素蛋白聚糖家族：多配体（共结合）蛋白聚糖（syndecan）和磷脂酰肌醇蛋白聚糖（glypican）。**多配体蛋白聚糖**有一个穿膜结构域和一个胞外结构域，后者携有 3 到 5 个硫酸乙酰肝素链，在某些情况下还有硫酸软骨素链（图 9-38B）。**磷脂酰肌醇蛋白聚糖**是通过一个脂锚跟质膜连接的，脂锚（lipid anchor）是一种膜脂——磷脂酰肌醇（见第 10 章）的衍生物（图 9-38B）。多配体蛋白聚糖和磷脂酰肌醇蛋白聚糖都能分泌到胞外空隙。ECM 中有一种蛋白酶能在紧接膜表面处进行切割，并释放多配体蛋白聚糖的胞外结构域（ectodomain），即

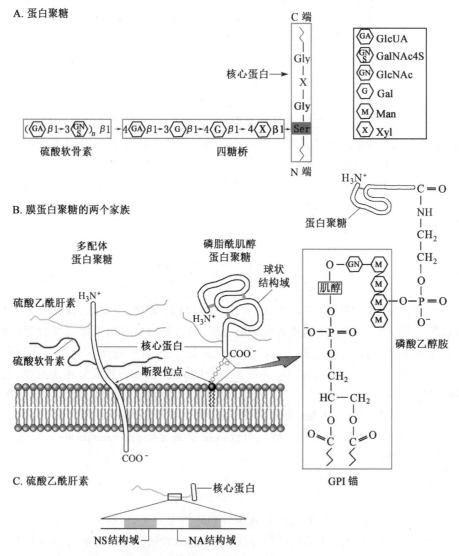

图 9-38　四糖接头（桥）的蛋白聚糖（A）和膜蛋白聚糖的两个家族（B）
图 B 中 GPI 锚即糖基磷脂酰肌醇锚（见图 3-49）

质膜外的结构域;还有一种磷脂酶能断裂与膜脂的连接(图 9-38B),并释放磷酯酰肌醇蛋白聚糖;此外还有许多硫酸软骨素和硫酸皮肤素的蛋白聚糖,有些是跟膜结合的,其他是作为分泌产物存在于 ECM 中。

糖胺聚糖链可以跟各种胞外配体结合,并因此能调节这些配体跟细胞表面上的专一受体的相互作用。**硫酸乙酰肝素**的详细研究表明一个结构域的结构不是无序的;某些结构域(典型的 3 到 8 个二糖单位长)在序列方面以及在跟专一蛋白质结合的能力方面都与邻近的结构域不同。高度硫酸化的结构域(称 NS结构域)和主要含未修饰的 GlcNAc 和 GlcUA 残基的结构域(称 NA 结构域)交替排列(图 9-38C)。NS 结构域中准确的硫酸化谱(sulfation pattern)决定于具体的蛋白聚糖;给定 GlcNAc-IdoUA 二聚体的可能修饰数目,至少可以有 32 种不同的二聚体存在。而且,同样的核心蛋白当在不同类型细胞中合成时可以呈现不同的硫酸乙酰肝素结构。

硫酸乙酰肝素的 NS 结构域专门与胞外的蛋白质和信号传递分子(signalling molecule)结合,并改变这些配体的活性。配体蛋白质与 NS 结构域的相互作用大体上有四种类型或机制。① 配体构象激活:配体蛋白质活性的变化可能是构象变化的结果,而构象变化是由于配体跟 NS 结构域结合引起的。例如抗凝血酶(AT)与硫酸乙酰肝素的一个专一五糖 NS 结构域的结合导致 AT 构象改变,使它能够跟凝血因子 X a发生相互作用而阻止了血凝过程(图 9-39A)。② 加强蛋白质-蛋白质的相互作用:由于硫酸乙酰肝素的两个相邻 NS 结构域能够同时跟两个不同的配体蛋白质结合,使它们靠得更近,提高了蛋白质-蛋白质的相互作用。前面谈到的肝素被用作抗凝血酶的增强剂的机制就是如此(图 9-39B)。③ 作为胞外配体的共同受体:硫酸乙酰肝素与胞外信号分子(signal molecule)例如生长因子结合,增加了它们的局部浓度,提高了与细胞表面上的生长因子受体的相互作用,这里硫酸乙酰肝素起着**共同受体**(coreceptor)的作用。例如**成纤维细胞生长因子**(fibroblast growth factor,FGF),一个促进细胞分裂的胞外蛋白质信号,首先在靶细胞的质膜上跟多配体蛋白聚糖分子的硫酸乙酰肝素成分结合。然后多配体蛋白聚糖把 FGF 给与质膜上的 FGF 受体,只有这时 FGF 才能反复地与其受体相互作用,引发细胞分裂(图 9-39C)。④ 使配体在细胞表面定位或集中:NS 结构域跟细胞外的各种可溶性分子相互作用(静电的或其他方式的),维持细胞表面的局部高浓度。例如荷正电的脂蛋白脂酶(lipoprotein lipase)被硫酸乙酰肝素分子的高密度负电荷所吸引,并通过跟 NS 结构域的静电相互作用和序列专一相互作用稳住它们(图 9-39D)。

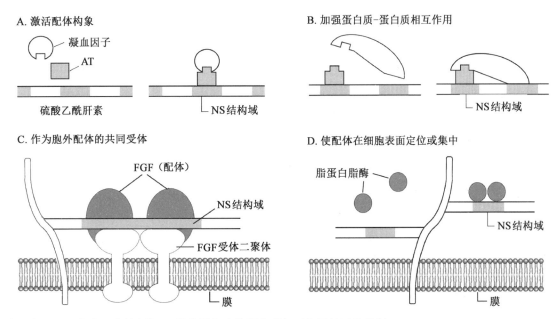

图 9-39　硫酸乙酰肝素的 NS 结构域与配体蛋白质相互作用的四种机制

正确合成硫酸乙酰肝素的硫酸化结构域的重要性在缺乏负责 IdoUAC2 羟基化硫酸化的酶的突变型小鼠上得到了证实。这些动物生下来就没有肾脏,而且骨骼肌和双眼严重发育不正常。其他的研究证明,膜蛋白聚糖在肝脂蛋白清除方面的重要性。越来越多的证据表明,在神经系统中轴突发育所采取的途径和总线路都受含硫酸乙酰肝素和硫酸软骨素的蛋白聚糖影响,它们为轴突向外生长提供了方向线束。

2. 蛋白聚糖聚集体(proteoglycan aggregate)

某些蛋白聚糖如软骨的**聚集蛋白聚糖**(aggrecan)能以一个透明质酸分子为骨干形成一个巨大的典型超分子集装体——**蛋白聚糖聚集体**(图 9-40A)。聚集蛋白聚糖的核心蛋白(M_r 250 000)含约 100 个硫酸软骨素链和约 50 个硫酸角质素链,糖链通过三糖接头跟核心蛋白的 Ser 残基相连,并分布在核心蛋白的不同区域;这种"装饰了的"核心蛋白——聚集蛋白聚糖单体(M_r $2×10^6$)形如一个"试管刷"(图 9-40B)。每个蛋白聚糖单体的核心蛋白跟透明质酸分子的十糖序列(5 个二糖单位)非共价结合,并由连接蛋白(link protein;M_r 40 000 到 48 000)使结合稳定化。形成的聚集蛋白聚糖聚集体(aggrecan aggregate)含百个或更多个蛋白聚糖单体,M_r>$2×10^8$,是已知的最大生物大分子之一。此聚集体和它的水化结合水所占的体积约等于一个细菌细胞的体积。

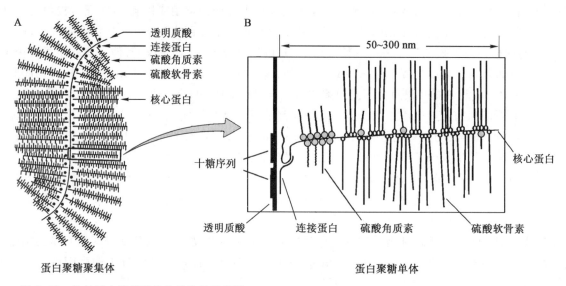

图 9-40　软骨蛋白聚糖聚集体结构的示意图

聚集蛋白聚糖是结缔组织如软骨的主要成分。这些巨大的胞外蛋白聚糖跟基质中的纤维状蛋白质如胶原蛋白、弹性蛋白和纤连蛋白交织一起,非共价结合成一个交联网,给整个胞外基质,因而也给结缔组织以抗张强度和复原能力(resilience)。这些蛋白质中有些是多黏着的,即一个蛋白质有几个不同的基质分子的结合部位。例如,纤连蛋白有几个独立的结构域,能结合血纤蛋白、硫酸乙酰肝素、胶原蛋白和一个质膜蛋白家族,称**整联蛋白**(integrin)。细胞和胞外基质蛋白聚糖之间的结合是经整联蛋白和胞外的多黏着蛋白(如纤连蛋白)介导的。细胞分子和胞外分子之间的相互作用不仅把细胞锚定在胞外基质,而且给发育组织中的细胞迁移提供定向路径和横穿质膜的双向传递信息。

(二) 糖蛋白

糖蛋白(glycoprotein)也是糖质与蛋白质的共价缀合物,含一个或几个不同复杂度的寡糖链。糖蛋白的聚糖跟蛋白聚糖的糖胺聚糖相比,分子小、分支、结构多样化。糖蛋白大多是膜蛋白和分泌[性]蛋白,存在于细胞膜的外表面(作为糖萼部分存在)、胞外基质和血液中;在细胞内的一些特殊细胞器如高尔基复合体、溶酶体和分泌颗粒中也有它们。糖蛋白的寡糖部分是很不均一的;它们也像糖胺聚糖,富含信息,形成高专一性的识别位点(recognition site),并被凝集素(糖结合蛋白)高亲和结合。某些细胞溶胶和核的蛋白质也同样能被糖基化。糖蛋白的寡糖链在还原端,通过 O-糖苷键(这里也称糖肽键)与蛋白质 Ser 或 Thr 残基连接(O-连接型),或通过 N-糖苷键与蛋白质 Asn 残基相连(N-连接型),见图 9-41。糖蛋白中的寡糖链根据糖苷键类型分为 **N-连接型寡糖链**和 **O-连接型寡糖链**。这两种糖链可单独或同时存在于同一蛋白质中。研究表明所有的 N-连接型寡糖链在还原端处是一个共有结构,称为**核心五糖**,它以还原端 GlcNAc 残基与肽链 Asn 连接(图 9-41)。此核心结构是在进入糖蛋白之前,以前体形式合成的(第

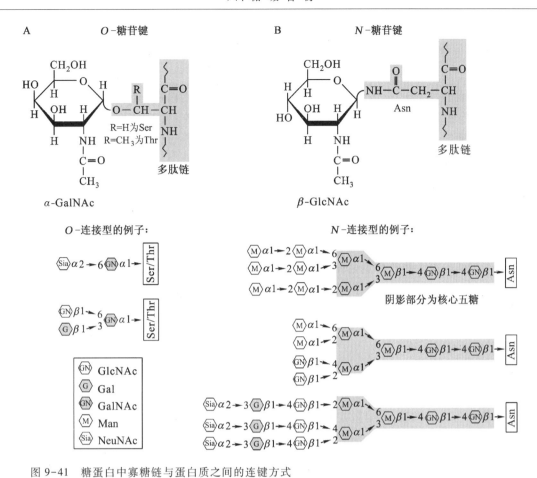

图 9-41　糖蛋白中寡糖链与蛋白质之间的连键方式

糖蛋白中寡糖链的还原端残基与多肽链的氨基酸残基以两种方式共价连接,分别形成 O-糖苷键和 N-糖苷键。A. O-糖苷键是由还原端单糖残基(主要是 GalNAc)的 α-异头碳与 Ser 或 Thr 残基侧链的羟基氧结合而成,此键对碱不稳定。B. N-糖肽键是由还原端 GlcNAc 残基的 β-异头碳与 Asn 侧链的 γ-酰胺氮连接而成,此键对弱碱稳定

21 章)。O-连接型寡糖链的结构比 N-连接型的简单,但连接形式远比 N-连接型寡糖链的多。已发现的有 GalNAc→Ser/Thr、GlcNAc→Ser/Thr、Man→Ser/Thr 和 Rha→Ser/Thr 等。某些糖蛋白只有一个寡糖链,但多数都多于一个链。糖质可以占糖蛋白质量的 1% 到 70% 或更多,例如胶原蛋白的含糖量一般不到 1%,免疫球蛋白 G 低于 4%,但胃黏蛋白高达 82%。糖蛋白中所含的单糖残基,除 L-岩藻糖、L-阿拉伯糖和 L-阿杜糖醛酸外,一般都是 D 型的。

　　黏蛋白(mucin)是一类分泌糖蛋白或膜糖蛋白,可以含大量的 O-连接型寡糖链。黏蛋白存在于大多数的分泌液中,给黏液以特有的滑溜感。哺乳类的全部蛋白质约一半是糖基化的,哺乳类的全部基因约 1% 是编码涉及这些寡糖链合成和连接的酶类。

　　在胞质和核中发现的一类糖蛋白是独特的,其蛋白质中的各糖基化位置都只携带一个 N-乙酰葡糖胺残基,并以 O-糖苷键连接在 Ser 残基的侧链羟基上。这种修饰是可逆的,并且同是这些 Ser 残基在蛋白质活性的某一阶段常被磷酸化。这两种修饰是互相排斥的,这种糖基化的方式已被证明在调节蛋白质活性方面具有重要性(参见第 8 章和第 14 章)。

　　细胞质膜的外表面是成排的复杂度不一的寡糖链,它们被共价连接于膜糖蛋白或膜糖脂(见第 10 章)。最先搞清楚的糖蛋白是红细胞膜的**血型糖蛋白 A**(glycophorin A),含糖量为 60%,以 16 个寡糖链(共 60 到 70 个单糖残基)共价连接于多肽链氨基端附近的氨基酸残基。其中 15 个寡糖链 O-连接于 Ser 或 Thr 残基;一个寡糖链 N-连接于 Asn 残基(见图 3-46)。

　　糖组学(glycomics)是系统研究一个给定细胞或组织中的全套糖质包括连接在蛋白质和脂质上的糖质的学科。对糖蛋白来说,确定哪些蛋白质被糖基化,每个寡糖被连接在氨基酸序列的什么地方,每个寡糖

分子的功能是什么。这是一个挑战性任务,但是值得去做,因为它能提供了解正常的糖基化谱(glycosyla-tion pattern)以及在发育期间、患遗传病或癌症时糖基化谱发生改变的途径和方式。表征细胞的全套糖质的一些现行方法主要是基于质谱技术(见第 2 章)。

真核细胞分泌的许多蛋白质是糖蛋白,包括血液中的大多数蛋白质。例如免疫球蛋白(抗体)和某些激素,例如促卵泡激素、[促]黄体生成[激]素、和促甲状腺[激]素都是糖蛋白。许多乳中的蛋白质,包括乳清蛋白和胰分泌的某些蛋白质(如核糖核酸酶),跟溶酶体中的大多数蛋白质一样,都是糖基化的。

寡糖加入蛋白质的生物学优点逐渐被揭开了。糖质的亲水性很强,它能改变跟它缀合的蛋白质的极性和溶解度。跟内质网(ER)中新合成的蛋白质连接的、在高尔基复合体中加工的寡糖链被用作指定标记(destination label),并在蛋白质质量控制方面发挥作用,引导错误折叠的蛋白质使之降解(见第 33 章)。当许多荷负电的寡糖链簇聚在蛋白质的一个区域时,由于它们之间的电荷排斥,倾向在那个区域形成伸展的棒状结构。寡糖链的庞大体积和负电荷保护某些蛋白质免遭蛋白水解酶的攻击。糖蛋白的寡糖链对蛋白质结构,除了这些整体的物理影响外,还有更专一的生物学影响(见本章后面)。正常的蛋白质糖基化的重要性是很清楚的,因为发现至少 18 种不同的人体糖基化遗传失调(disorder)有严重的身体和精神发育的缺陷;其中有些失调是致命的。

(三) 糖脂和脂多糖

糖蛋白不是唯一的携有寡糖链的细胞成分;某些脂质也有共价结合的寡糖。**神经节苷脂**(ganglio-side)是真核细胞的一类膜**糖脂**,称鞘脂或鞘糖脂;其中的亲水头基,也即形成膜的外表面的鞘糖脂部分,是含有唾液酸(图 9-30)和其他单糖残基的复杂寡糖。跟糖蛋白中的一样,膜脂寡糖也能被凝集素(见下一节)专一识别。脑和神经元富含糖脂,它们有助于神经传导和髓鞘质形成。神经节苷脂的某些寡糖部分,例如决定人血型的寡糖部分(见第 10 章),跟在一些糖蛋白中发现的是相同的,因此它们也对血型作出贡献。跟糖蛋白的寡糖链一样,膜脂的寡糖部分,一般(或许总是)存在于质膜的外表面。

脂多糖已在前面“细菌细胞壁的结构杂多糖”部分叙述。

七、糖类作为生物信息分子:糖密码

研究糖缀合物的结构和功能的**糖生物学**(glycobiology)是生物化学和细胞生物学中最活跃和最令人兴奋的领域之一。已经越来越清楚,细胞利用专一的寡糖编码有关新生肽链折叠和缔合、蛋白质(包括某些酶和激素以及免疫球蛋白)生物活性、蛋白质胞内定位、细胞-细胞识别和黏着、细胞分化、组织发育以及胞外信号等的重要信息。

分析寡糖和多糖结构的一些改进方法揭示出糖蛋白和糖脂的寡糖是十分复杂和多种多样的。图 9-41 中所示的寡糖链是在许多糖蛋白中存在的,其中最复杂的含有 4 种不同、共 14 个单糖残基,连键有 $(1 \rightarrow 2)$、$(1 \rightarrow 3)$、$(1 \rightarrow 4)$、$(1 \rightarrow 6)$、$(2 \rightarrow 3)$ 和 $(2 \rightarrow 6)$,异头碳构型有些是 α,有些是 β 的;分支的结构在蛋白质和核酸中不存在,但在寡糖中却是常见现象。我们不难算出,利用 20 种不同的单糖来构建寡糖,能形成几十亿不同的六聚体;当用 20 种常见氨基酸来构建寡肽,得到的不同六肽总数是 $4.6 \times 10^7 (A_{20}^6 = 20^6)$;用 4 种不同的核苷酸单体构建核苷酸,得到不同的六核苷酸数目是 $4096(4^6)$。如果我们还允许寡糖中有一个或多个单糖残基硫酸化,则可能的寡糖数目还会增加几个数量级。但发现实际上总是低于这种可能的组合数目,因为这受到生物合成的酶和可利用的前体的硬性限制。然而聚糖中含有极其丰富的结构信息,在一个适中大小的分子中所含的信息密度不仅比得上而且远超过核酸。图 9-41 中表示的每一寡糖代表三维颜面(three-dimensional face),也即糖密码中的一个词,能被与之相互作用的蛋白质所阅读。

下面举几个例子说明糖缀合物聚糖链的多样性和各种生物学功能。寡糖的生物合成(第 21 章)和寡糖链在糖蛋白上的组装(第 33 章)放在以后讨论。

(一) 糖链的生物学功能是多种多样的

糖缀合物糖链的生物学作用是通过它的糖链与蛋白质之间的分子识别(结合)完成的。**分子识别**(molecular recognition)是指生物分子间的选择性相互作用,例如抗体与抗原之间、酶与底物或抑制剂之间和激素与受体之间的专一性结合。实现分子识别,要求① 两个分子的结合部位是互补的;② 两个结合部位有相应的基团,相互间能产生足够的作用力,使两者非共价地结合在一起。至于**细胞-细胞识别**(cell-cell recognition)实际上就是两个细胞表面的分子相互识别。分子识别常表现为受体与配体的相互作用。**受体**一般是指位于细胞膜上、能跟来自胞外的信号分子专一结合并将它带来的信息传递给效应器(如离子通道、酶等)从而引起相应的生物效应的大分子,它们多数是蛋白质。**配体**是指被受体识别并结合的生物活性分子(信号分子),包括激素、神经递质和细胞黏着分子等内源性配体和药物、毒素、抗原和病原体等外源性配体;配体可能是小分子也可能是大分子。受体和配体有时很难区分,特别是在细胞-细胞识别中。

(1) **糖链与血循环中的蛋白质寿命** 循环在血液中的某些肽激素具有强力影响它们的循环半寿期的聚糖部分。黄体生成素和促甲状腺素(垂体产生的多肽激素)含有以 GalNAc4S(β1→4)GlcNAc 二糖为非还原端的 N-连接型寡糖链,此二糖能被肝细胞上的一个受体(凝集素)所识别。受体-激素相互作用介导黄体生成素和促甲状腺素的吸收和破坏,降低它们在血液中的浓度。因此这些激素的血液水平发生周期性的升高(由于垂体的脉冲式分泌)和降落(因为被肝细胞连续破坏)。

许多血浆糖蛋白的寡糖链末端是 NeuNAc(Sia)残基,它保护这些蛋白质免于在肝中被摄取和降解。例如在血液中运载铜的**血浆铜蓝蛋白**(ceruloplasmin),它有几个以 Sia 结尾的寡糖链。从血清糖蛋白中除去唾液酸的机制尚不清楚,可能是由于入侵生物产生的或机体自身分泌的神经氨酸酶(neuraminidase)也称唾液酸酶(sialidase)的活动结果。切去末端 NeuNAc 而暴露出半乳糖残基的寡糖链很快被肝细胞质膜上的无唾液酸糖蛋白受体或称半乳糖结合受体(凝集素分子)所识别并结合,血浆铜蓝蛋白-受体复合物通过胞吞被肝细胞内化,血浆铜蓝蛋白在溶酶体内被降解。

实验证明,从哺乳类的血循环中清除"老"红细胞也采取类似的机制。新合成的红细胞含有几个膜糖蛋白,这些糖蛋白的寡糖链是以 Sia 残基结尾的。当使用回收曾在体外用唾液酸酶处理过的实验动物血样再重新注回血循环中的方法除去唾液酸残基后,经处理过的红细胞在几小时内就从血流中消失。具有完整寡糖链的红细胞(也经回收和重注的步骤,但未用唾液酸酶处理)能继续循环数天。

血循环中的蛋白质在一段时间内(从几小时到若干周),末端 Sia 残基逐个地被断裂。糖蛋白循环越久,Sia 残基除去越多,Gal 残基暴露也越多,最终被肝细胞受体结合。实质上,这里糖链或唾液酸是蛋白质在循环中已待了多久的标示物(marker),是给那些行将更替的"老"蛋白质发信号的"定时器"。末端唾液酸残基从糖蛋白中除去的速率是由蛋白质结构本身决定的。因此蛋白质被设计成具有寿命的分子,从几小时到若干周,这取决于生理的需要。

(2) **糖链与细胞-细胞识别和黏着** 细胞黏着是进化中随着多细胞生物出现的必然现象。多细胞生物中细胞具有相互识别而聚集成细胞群的能力,即所谓**细胞-细胞黏着**(cell-cell adhesion)。细胞群或组织中细胞与细胞之间充满着由糖蛋白(胶原蛋白、纤连蛋白等)、蛋白聚糖、透明质酸等组成的**胞外基质**。细胞-细胞黏着,细胞-ECM 黏着都是通过相关的内在膜蛋白[质]完成的。这些内在膜蛋白称为**细胞黏着分子**(cell adhesion molecule,CAM),包括整联蛋白(integrin)、L-选择蛋白(L-selectin)和 E-选择蛋白等(见后面凝集素部分)。CAM 绝大多数都是含 N-连接型寡糖链的糖蛋白,例如整联蛋白,它有多个 N-糖基化位点。去寡糖链的整联蛋白完全失去与纤连蛋白的黏着能力。

某些微生物病原体对宿主的侵染是由凝集素介导的。细菌凝集素能识别宿主细胞表面上糖蛋白和糖脂的寡糖链。例如,幽门螺旋杆菌(*Helicobacter pylori*)具有一种表面凝集素,能黏着在胃的内表面上皮细胞的表面寡糖上。在诸多寡糖中能被幽门螺旋杆菌凝集素识别的是寡糖路易斯 b(Lewis b,Le^b),Le^b 存在于规定 O 血型的糖蛋白和糖脂中(见表 9-4 中 Le^b 与 O 抗原)。这些观察有助于解释 O 型血的人比其他血型 A 或 B 的患胃溃疡的风险高几倍的原因,因为幽门螺旋杆菌攻击他们的表皮细胞更为有效。化学合成的 Le^b 寡糖类似物已被证实可用于治疗这种类型的溃疡病。采取口服能阻止细菌的黏着(因此也抑制其侵染),这是由于药物与胃内壁上的糖蛋白竞争跟细菌表面凝集素结合。

(3) **寡糖链与淋巴细胞归巢** 循环在血液中的淋巴细胞群倾向于回到它原先的淋巴细胞组织如淋巴结等,这一回归现象称为**淋巴细胞归巢**(lymphocyte homing)。归巢行为也是一种细胞-细胞识别和黏着,由淋巴细胞表面上的归巢受体(L-选择蛋白)和淋巴结微静脉内皮细胞上的一种含寡糖链配体(E-选择蛋白)的相互作用介导的。受体 L-选择蛋白含有糖[质]识别域,专一识别配体 E-选择蛋白上岩藻糖基化的寡糖链。配体 E-选择蛋白是有组织专一性的黏着分子。不同的淋巴细胞群含有识别不同配体的归巢受体(L-选择蛋白),因此它被靶向(或称归巢)到专一的淋巴器官。例如 B 淋巴细胞主要归巢到黏膜缔合淋巴组织,而 T 淋巴细胞归巢到淋巴结。研究表明,肿瘤细胞的转移和归巢(转移至靶组织)都与 CAM 及其介导的黏着行为发生改变有关。

(二) 凝集素是阅读糖密码和介导多种生物学过程的蛋白质

凝集素(lectin)存在于所有生物包括动物、植物和微生物中,它是一类专一而高亲和地与糖[质]非共价结合的蛋白质。凝集素结构中含有**糖[质]识别域**(carbohydrate recognition domain,CRD)或称糖[质]结合域(CBD),在凝集素的糖结合域中有若干关键性位置的成氢键基团能与专一寡糖链的相应基团键合,并因此能精细地区别很相似的寡糖链结构。

凝集素最先是从植物中发现的,并因此曾称**植物凝集素**(phytoagglutinin)。例如,伴刀豆凝集素 A(concanavalin A),分离自刀豆(*Canavalia ensiformis*),和植物凝血素(phytohemagglutinin),提取自红肾豆(*phaseolus vulgaris*),它们能凝集红细胞。植物凝集素在种子中很丰富,它可能用作对付昆虫和其他捕食者的拒食剂(deterrent)。实验室中纯化的凝集素常被用来检测和分离(以亲和层析形式)聚糖和含不同聚糖链的糖蛋白。

凝集素介入的生物学过程十分广泛,凡寡糖链涉及的生物学作用都有它的参与,包括细胞-细胞识别和黏着、信号传递和新合成的蛋白质胞内定位等过程。下面我们讨论凝集素在人体和动物细胞中所起作用的几个例子。

细胞表面的凝集素对某些人类疾病的发展很重要——包括人凝集素和侵染者凝集素。与白细胞关系密切的**选择蛋白**是质膜凝集素的一个家族。此家族中已知有 P、L 和 E 三类,P-选择蛋白存在于血小板和内皮细胞,L-选择蛋白存在于淋巴细胞和其他白细胞,E-选择蛋白发现于内皮细胞。选择蛋白在许多细胞过程(淋巴细胞归巢、免疫应答、炎症反应等)中参与细胞-细胞识别和黏着,有些已在前面述及。这里举一个炎症反应的例子:在炎症过程中免疫细胞(嗜中性颗粒细胞,白细胞的一种)在侵染或炎症部位穿过毛细血管壁从血液移动到组织。在一个侵染部位,毛细血管内皮细胞上的 P-选择蛋白与血循环中白细胞的表面糖蛋白的一个专一性寡糖链相互作用;这一相互作用减慢了白细胞沿毛细血管内皮衬膜滚动的速度。另一个相互作用是在白细胞质膜中的整联蛋白和内皮细胞表面上的一个黏着蛋白质之间发生,这一相互作用停止了白细胞的滚动,并允许白细胞穿过毛细血管壁进入被侵染的组织以发动免疫攻击。

人体选择蛋白在类风湿性关节炎、气喘、银屑病、多发性硬化和被移植器官排异作用中介导炎症反应,因此开发抑制选择蛋白介导的细胞黏着的药物是很有意义的。许多癌能表达一个在正常情况下只存在于胎细胞的抗原(唾液酸路易斯 X,或唾液酸 Le^X)。当把这种抗原输入血循环中,肿瘤细胞就容易存活和转移。模拟唾液酸糖蛋白的唾液酸 Le^X 部分的糖衍生物或者改变这个寡糖的生物合成,可以证明它作为治疗慢性炎症或转移性疾病的选择蛋白专一性的药物是有效的。

霍乱毒素分子是霍乱弧菌(*Vibrio cholerae*)产生的。当毒素进入肠细胞后引起肠壁分泌大量水分(和无机盐)和腹泻。此毒素通过肠上皮细胞表面上的神经节苷脂 GM1(一种膜磷脂,见第 10 章)的寡糖链连接于它的靶细胞。同样,百日咳杆菌(*Bordertella pertussis*)产生的百日咳毒素,只要跟宿主细胞的一个(或许几个)携有末端唾液酸残基的寡糖链相互作用后就能进入靶细胞。了解这些毒素(凝集素)的寡糖结合位点细节可以开发基因工程生产的毒素类似物,以便用于疫苗。用基因工程方法使之缺失糖结合位点的毒素类似物将是无害的,因为它们不能与细胞结合,因而也不能进入细胞,但能诱出免疫应答,从而保护细胞免于暴露于这种天然病毒中。也可以设想这些药物是这样起作用的:通过模仿细胞表面寡糖,跟细菌凝集素或毒素结合,阻止它们大量结合到细胞表面。

某些最具破坏性的人类寄生虫病,广泛分布在许多发展中国家,这是由显露特殊寡糖链的真核微生物引起的,在某些病例中已知寡糖链对寄生虫有保护作用。这些寄生虫包括:锥虫,非洲昏睡病(African sleeping sickness)和 Chagas 病(南美洲锥虫病)的病原体;恶性疟原虫(*Plasmodium falciparum*),疟疾寄生虫;溶组织内阿米巴(*Entamoeba histolytica*),阿米巴痢疾的病原体。寻找干扰这些特殊寡糖链合成并因而干扰这些寄生虫复制的药物,其前景已鼓舞很多与这些寡糖生物合成途径相关的研究。

某些动物病毒,包括流感病毒(influenza virus),是通过跟宿主细胞表面上的寡糖链相互作用而与它们的宿主细胞连接的。流感病毒的凝集素称为**血凝素**(hemagglutinin)或 HA 蛋白,它是病毒进入和侵染所必需的。在病毒进入宿主细胞并被复制后,新合成的病毒颗粒芽出细胞,覆盖在它的一部分质膜上。病毒的唾液酸酶(神经氨酸酶)剪去宿主细胞寡糖链的末端唾液酸残基,从与细胞的相互作用中释放出病毒颗粒,并防止它们彼此凝集。此时下一轮的侵染才可以开始。抗病毒药物 Oseltamivir(商品名 Tamiflu,达菲)和 Zanamivir(商品名 Relenza)临床上被用于治疗流感。这些药物是糖(唾液酸)的类似物,是病毒唾液酸酶的竞争性抑制剂(图 9-42),通过与宿主细胞寡糖竞争跟酶结合,抑制病毒唾液酸酶。这阻止了病毒从被侵染细胞中释放,也引起病毒颗粒凝集,两者的作用阻断了下一轮的侵染。

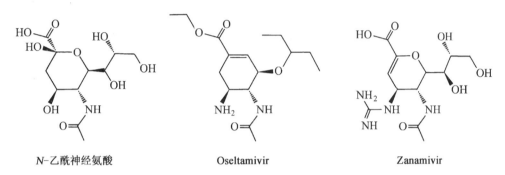

N-乙酰神经氨酸　　　　Oseltamivir　　　　Zanamivir

图 9-42　抗病毒药物 Oseltamivir 和 Zanamivir 是病毒神经氨酸酶的竞争性抑制剂
图中示出药物结构与唾液酸结构"似是而非,以假乱真"以达到抑制的目的

(三) 凝集素-糖相互作用是高专一性和多价的

寡糖结构中的高密度信息给糖密码提供了几乎是无限数目的独特的"词",词小但足以让单个蛋白质阅读它。凝集素在它们的糖结合位点有着精巧的分子互补性,允许只与正确的有关糖质发生相互作用。其结果是在这些相互作用中专一性非常的高。一个寡糖和凝集素的一个个别糖结合域(CBD)之间的亲和力有时是不大的(K_d 在微摩尔和毫摩尔之间),但在多数情况下有效亲和力因凝集素的多价性(指一个凝集素分子有多个 CBD)而有很大的增加。在成簇的寡糖中(例如在膜表面常有的那样),每个寡糖链都占据凝集素的一个 CBD,因而加强了相互作用。当细胞表达多个凝集素受体时,相互作用的亲和力可以是很大的,成为高协同的过程,如细胞的黏着和滚动。

6-磷酸甘露糖受体(凝集素)结构的 X 射线晶体学研究揭示了,受体与 6-磷酸甘露糖相互作用的细节,解释了凝集素-糖相互作用中的结合专一性和一个二价阳离子作用。受体的 His105(第 105 位 His)是跟磷酸基的一个氧原子氢键键合的。当标有 6-磷酸甘露糖的蛋白质到达溶酶体(它内部的 pH 比高尔基体的低)时,受体就失去对 6-磷酸甘露糖的亲和力,而把它连同它标记的蛋白质一起释放到溶酶体。His105 的质子化可能负责结合方面的这一变化。

除了这种很专一的相互作用外,还有较一般的相互作用,它对很多糖质跟凝集素的结合作出贡献。例如许多糖质有极性较大的和极性较小的两个面(图 9-43),极性较

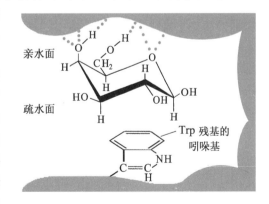

图 9-43　单糖残基的疏水相互作用
单糖残基,如半乳糖,具有较极性的一面(这里是椅式的顶面,有环氧和几个羟基),这一面可与凝集素氢键键合,和极性小的一面,此面能与蛋白质的非极性链如 Trp 残基的吲哚环相互作用

大的一面跟凝集素氢键结合,极性较小的一面跟非极性氨基酸残基发生疏水相互作用。这些相互作用的总和产生高亲和的结合,以及凝集素对其糖质的高专一性。这代表了一类在细胞内和细胞之间发生的许多过程中主要信息传递方式。

(四) 血型决定簇是寡糖

1900 年奥地利医生 Landsteiner 首次发现了血型物质(血型抗原),并提出了 **ABO 血型系统**(ABO blood group system)。此后在人红细胞表面找到了 100 多种血型[抗原]决定簇,其中很多是寡糖,分属于 20 多个独立的血型系统。研究最多的是 ABO 系统和与之关系密切的 Lewis 血型系统,其次是 Rh 血型系统。

从红细胞膜中提取的血型抗原称为**凝集原**(agglutinogen)。在 ABO 系统中,A 型血的红细胞具有凝集原 A;B 型血具有凝集原 B;AB 型血兼有凝集原 A 和 B;O 型血既不具有凝集原 A,也不具有凝集原 B。凝集原 A 和 B 以糖脂和糖蛋白等形式存在。凝集原的血型决定簇是寡糖(见表 9-4),它在鞘糖脂中通过乳糖基与神经酰胺(符号为 Cer,见第 10 章)C1 位的羟基相连:血型决定簇→ **Galβ 1→4 Glcβ 1**→1Cer(式中用粗体标出的部分是乳糖基);在糖蛋白中存在于 N-连接型或 O-连接型糖链。ABO 血型抗原在多数个体中除分布在红细胞膜和大多数其他细胞膜外,还以不同浓度存在于血浆、唾液和乳汁等体液中。

表 9-4　人 ABH 和 Lewis 抗原决定簇的结构

血型物质	结构
Ⅰ 型前体	Gal(β1→3)GlcNAc(β1→……→(蛋白质或脂质)
Ⅱ 型前体	Gal(β1→4)GlcNAc(β1→……→(蛋白质或脂质)
O 抗原(H 物质)	L-Fuc(α1→2)Gal(β1→3/4)GlcNAc(β1→……
A 抗原	GalNAc(α1→3) 　　　　　　　Gal(β1→3/4)GlcNAc(β1→…… L-Fuc(α1→ 2)
B 抗原	Gal(α1→3) 　　　　　　　Galβ1→3/4GlcNAc(β1→…… L-Fuc(α1→ 2)
Le^a	Gal(α1→3) 　　　　　　GlcNAc(β1→…… L-Fuc(α1→ 4)
Le^b	L-Fuc(α1→2)Gal(β1→3) 　　　　　　　　　　GlcNAc(β1→…… 　　　L-Fuc(α1→4)

血清中含有另一些物质,称为**同种红细胞凝集素**(isohemagglutinin)或凝集素,它是凝集原的抗体,一般为 IgM 类。A 型个体血清中含有凝集素 β(或称抗 B 凝集素,简称抗 B),B 型者含有凝集素 α(抗 A 凝集素,抗 A),O 型者兼含凝集素 α 和 β,AB 型者既无 α 也无 β。凝集素是在生命早期由肠道微生物表面上的凝集原 A 样和 B 样表位(抗原决定簇)诱导产生的。例如 A 型者对微生物表面的 B 样表位发生应答产生抗 B,但对微生物表面的 A 样表位不发生应答,因为体内存在自身耐受机制(见第 4 章)。由于这些凝集素尚未暴露在相应的凝集原下就已存在,因此称它们为天然抗体。凝集素 α 可与凝集原 A 发生凝集,凝集素 β 可与凝集原 B 发生凝集。输血时血型不合会引起红细胞聚集,因此临床上力求输同型血。ABO 血型与凝集原、凝集素的相互关系见表 9-5。

表 9-5　ABO 血型(表型)、基因型、凝集原和凝集素

血型(表型)	基因型	凝集原(在红细胞表面)	凝集素(在血清中)
A	$I^A I^A$(AA)或 $I^A i$(AO)	A	抗 B(β)
B	$I^B I^B$(BB)或 $I^B i$(BO)	B	抗 A(α)
AB	$I^A I^B$(AB)	A 和 B	无抗 A 无抗 B
O	ii(OO)	无 A 无 B	抗 A 和抗 B

血型是遗传的,血型抗原受基因支配。基因支配的直接产物是专一的糖基转移酶,再由这些转移酶实现血型决定簇的合成。人 ABO 血型的抗原系统是 ABH。支配 H 抗原(常称 H 物质)的基因称 H 基因,它位于第 19 对染色体。H 基因编码 $\alpha1\to2$-L-岩藻糖基转移酶($\alpha1\to2$-L-fucosyl transferase;简称 $\alpha1\to2$ Fuc T)。此酶催化 L-岩藻糖以($\alpha1\to2$)连键于血型前体寡糖的非还原端 Gal 残基连接,使前体转变为 H 物质。前体寡糖是连接在蛋白质或脂质的一个以二糖基,Gal($\beta1\to3/4$)GlcNAc($\beta1\to$,为非还原端的糖链上的。此 N-乙酰乳糖胺二糖基是 ABH 和 Lewis 抗原决定簇中共有的结构。根据此二糖基中糖苷键的类型不同,前体物质被分为 I 型($\beta1\to3$)和 II 型($\beta1\to4$)。人 ABH 抗原可从 I 型和 II 型衍生而来,而 Lewis 血型抗原 Le^a 和 Le^b 只由 I 型前体合成。前体物质以及 ABH 和 Lewis 抗原决定簇的结构见表 9-4。支配 ABO 血型的基因位于第 9 对染色体。它们是典型的复等位基因(multiple allele):I^A(A 基因)、I^B(B 基因)和 i(O 基因)。对于一个个体来说一对同源染色体只能有其中的两个等位基因,例如 I^A 和 i,或 I^A 和 I^B。因此人群中三个复等位基因(I^A、I^B 和 i)可以组合成 6 种基因型($I^A I^A$、$I^A i$、等),I^A 或 I^B 对 i 是显性,I^A 和 I^B 是共显性,因而只呈现 4 种表型(A、B、AB 和 O),见表 9-5。

A 基因编码 $\alpha1\to3$-N-乙酰半乳糖胺基转移酶($\alpha1\to3$GalNAc T);B 的基因编码 $\alpha1\to3$-半乳糖基转移酶($\alpha1\to3$Gal T);这两个转移酶均由 353 个氨基酸残基组成,它们的氨基酸序列只有 4 个残基不同,反映在其等位基因上是 4 个碱基差异:

氨基酸残基序数	176	235	266	268
$\alpha1\to3$GalNAcT	Arg	Gly	Leu	Gly
(A 基因密码子)	(CGC)	(GGC)	(CTG)	(GGG)
$\alpha1\to3$GalT	Gly	Ser	Met	Ala
(B 基因密码子)	(GGC)	(AGC)	(ATG)	(GCG)

O 基因与 A 基因的差别只是在编码区的 5′ 端缺失一个碱基(第 258 位 G),引起翻译时读框移位(reading frame shift),产生无糖基转移酶活性的蛋白质。由于 O 基因不能表达出任何能修饰 H 物质的酶,所以 H 抗原实际上就是血型 O 抗原。但是几乎所有个体都能产生 H 物质(只要 H 的基因是正常的),并且一般都不存在抗 H 抗体,因此 H 物质被认为是非抗原性的。

人第 19 对染色体还有一个基因是编码合成 Lewis 血型抗原的 $\alpha1\to3$-岩藻糖基转移酶-III($\alpha1\to3$Fuc T-III),此酶兼有 $\alpha1\to4$Fuc T 活性。$\alpha1\to4$Fuc T 活性催化向 I 型前体的或 I 型 H 物质的 GlcNAc C4 位转移 α-L-Fuc 残基,分别形成 Le^a 或 Le^b。Le^b 也可以由 H 基因编码的 $\alpha1\to2$ Fuc T 将 α-L-Fuc 转移至 Le^a 的 Gal C2 位而形成。Le^a 和 Le^b 是可溶性血型物质,在血浆中能被红细胞吸附,使红细胞获得 Le^a 或 Le^b 抗原特异性,这样的红细胞能被抗 Le^a 或抗 Le^b 抗体所凝集。

八、聚糖的结构分析

寡糖在生物学信号传递和识别方面的重要作用日益明显,这已成为开发用于分析复杂寡糖结构的方法的驱动力。聚糖结构分析中提出的问题与蛋白质序列测定遇到的问题相似,但与蛋白质和核酸不同,聚糖可以分支,连结方式多种多样,这使聚糖分析变得十分复杂。许多寡糖和多糖的高电荷密度和糖胺聚糖中硫酸酯的不稳定性使分析更加困难。因此聚糖结构分析是一项繁重而艰巨的任务。虽然测定每种聚糖结构都有自己的特殊问题,但是糖链分析有必经的共同步骤和通用的方法与技术。

(一) 聚糖结构分析的策略

结构最复杂的聚糖是糖蛋白中的糖成分,因此下面以糖蛋白的寡糖结构分析为例加以说明。分析步骤一般为:

(1) **糖蛋白的分离纯化** 可以采用分离纯化蛋白质的方法和技术来进行(第 5 章),从蛋白质混合物中获得所要的糖蛋白纯品。

（2）**从糖蛋白中释放完整的聚糖**　对 N-连接型寡糖,可用专一的纯酶如 N-糖苷酶 F（N-Glycosidase F）水解或用化学试剂如无水肼（anhydrous hydrazine；NH_2NH_2）处理,以断裂糖肽 GlcNAc→Asn 中的酰胺键（图 9-41B）。对 O-连接型寡糖可用 O-糖苷酶（O-glycosidase）断裂 GalNAc→Ser/Thr 中的糖苷键（图 9-41A）。化学法断裂 O-糖苷键可在 NaOH-$NaBH_4$ 溶液中通过 β-消去反应来完成。糖基化位点可根据糖蛋白的肽图加以确定（见第 4 章）。糖脂的寡糖链可用脂酶来释放。

（3）**聚糖的纯化**　从一个糖蛋白纯品中释放出来的寡糖,经常是寡糖混合物,原因是很多蛋白不止含有一个糖链。即使只含一个糖链,也还存在**微不均一性**（microheterogeneity）。微不均一性是指一种分子的同一糖基化位点存在不同的糖链,这是糖链的生物合成特点造成的。不像蛋白质和核酸,糖链合成不是模板化的,合成可以终止于不同阶段,因而一个糖基化位点可以有大小、组成和结构各不相同的糖链。从上一步得到的寡糖混合物,借用各种不同的方法包括用于氨基酸和蛋白质分离的多种技术（溶剂分级沉淀、离子交换层析、分子排阻层析等）,被分离成单一的寡糖组分。共价连接在不溶性支持物上的高纯度凝集素常用于寡糖和多糖的**凝集素亲和层析**（lectin affinity chromatography）。

（4）**聚糖纯度鉴定和分子质量测定**　聚糖纯度鉴定和分子质量测定可采用超离心、电泳、高效凝胶渗透层析和质谱等物理方法进行（见第 5 章）。

（5）**聚糖的单糖组成测定**　纯化的单一寡糖或多糖,用酸进行完全水解使成为单糖的混合物,或在 HCl-无水甲醇中进行甲醇解（methanolysis）使成为单糖甲基糖苷的混合物。然后用 HPLC 和气液色谱（GLC；见第 10 章）等方法进行定性和定量分析,以获得单糖组成的数据。采用 GLC 分析时,待测样品单糖或单糖甲基糖苷（混合物）,需要被转变成易挥发、对热稳定的衍生物,如糖三甲基硅醚、糖醇乙酸酯等。

（6）**聚糖的测序**　可采用化学、酶学和物理（如质谱和核磁共振）等方法进行。测序内容包括确定单糖残基在聚糖中的顺序,残基间连键的位置和异头构型、链的分支情况以及单糖单位上的羟基被非糖取代基（如硫酸基、乙酰基）取代的情况。如果聚糖分子较大,可用专一性酶（表 9-6）或酸（控制酸浓度、水解温度和时间）进行部分水解,使成为较小的寡糖片段,片段混合物如前用 HPLC 等方法分离纯化,以获得全套片段纯品,并对这些片段逐个地进行测序,然后将这些片段序列进行合理拼接,推断出完整聚糖的一级结构。

（二）　用于聚糖分析的一些方法

对简单的线型聚糖如直链淀粉,糖苷键的位置可采用完全**甲基化**的经典方法测定。在强碱介质中用甲基碘处理完整的多糖,使所有的自由羟基转变为酸稳定的甲基醚（见本章"糖的化学性质"）,然后用酸水解甲基化的多糖。在这样产生的单糖衍生物中出现的自由羟基就是原先参与糖苷键的那些羟基。所得的单糖衍生物的混合物,经 GLC 或 GC-MS（气谱-质谱联用）定性和定量分析,从而确定单糖残基的连接位置。

糖苷酶是研究聚糖结构的一种有力工具。糖苷酶除了用于从糖蛋白上断裂完整寡糖链外,还能从端基依次降解,阐明糖链的一级结构,确定单糖单位的异头构型。糖苷酶可分为两类:① **内切糖苷酶**（endoglycosidase）,如上面提到的 N-糖苷酶和 O-糖苷酶,它们水解糖链内部的糖苷键,释放糖链片段,包括从蛋白质上释放寡糖链;② **外切糖苷酶**（exoglycosidase）,它们只能从糖链的非还原末端逐个切下单糖,并且对糖基成分和糖苷键类型有专一性要求,因此它们降解聚糖,可以提供有关单糖残基组成、排列顺序和糖苷键的立体化学和位置的信息。

糖苷酶用于糖链结构研究时,必须了解该糖苷酶对底物的专一性要求,特别是对糖苷配基一侧的要求。同一种糖苷酶由于来源不同对底物糖苷键的位置也有专一性,例如不同来源的神经氨酸酶对（$\alpha2$→3）和（$\alpha2$→6）连接的唾液酸水解能力不同。用于寡糖测序的几种糖苷酶见表 9-6。

表 9-6　寡糖测序的几种糖苷酶

酶名称	来源	专一性
内切糖苷酶		
N-糖苷酶	F 产黄菌属（*Flavobacterium meningoseptioum*）	糖链→GlcNAc-↓→Asn
O-糖苷酶	肺炎双球菌（*Diplococcus pneumoniae*）	糖链→GalNAc α1-↓→Thr/Ser
外切糖苷酶		
β-半乳糖苷酶	肺炎双球菌	Galβ1-↓→4GlcNAc→糖链
N-乙酰-β-D-葡糖胺酶	肺炎双球菌	GlcNAcβ1-↓→糖链
神经氨酸酶	肺炎双球菌	Sia α2-↓→3/6Gal→糖链
		Sia α2-↓→6GlcNAc→糖链

图 9-44 示出专一性糖苷酶用于寡糖测序的一个简例。图中所示的寡糖是血清类黏蛋白上的几条寡糖链之一。根据表 9-6，如果此寡糖的非还原端残基能被神经氨酸酶断裂，释放出游离唾液酸，则暗示末端唾液酸是以（α2→3/6）糖苷键与 Gal 连接或以（α2→6）与 GlcNAc 连接。当用肺炎链球菌 β-半乳糖苷酶（β-galactosidase）切下第 2 个残基（Gal）后，则排除 Sia 与 GlcNAc 连接的可能，并表明 Gal 可能以（β1→4）键与第 3 个残基 GlcNAc 连接，当被 N-乙酰-β-D-葡糖胺酶（N-acetyl-β-D-glucosaminidase）释放出 GlcNAc（第 3 个残基）时，说明它是以 β1→和剩余的寡糖部分相连的。如是继续并结合其他方法，即可推断出完整的寡糖序列。

近些年来，寡糖结构分析越来越多地使用质谱（MS）和高分辨率的核磁共振谱（NMR）技术。基质辅助激光解吸/离子化质谱（MALDI MS）和串联质谱（MS/MS）可用于极性化合物如寡糖的分析。MALDI MS 可用于测定分子离子（此场合是离子化的完整寡糖链）的质量（图 9-45）。MS/MS 用于测定分子离子及其许多碎片离子的质量，碎片一般是由于分子离子中的内能传递和分配致使一些糖苷键断裂而产生的。这些碎片离子将提供有关糖链连接和顺序的信息。糖链序列的推定主要依据这些碎片的质谱图中相邻两峰的质量差（参见第 2 章）。MS 法寡糖分析多采用衍生化的样品（derivatized sample），因为用它能够给出更多的结构信息。NMR（见第 3 章）单独用于寡糖分析特别是中等大小的寡糖分析，能给出有关序列、连键位置和异头碳构型的信

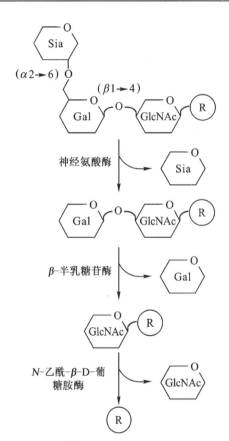

图 9-44　血清类黏蛋白寡糖链的测序

息，例如肝素分子片段的立体结构就是借 NMR 技术获得的，现已有自动化的商业仪器用于寡糖结构的常规测定。

用质谱法曾测出高达 40 个残基的聚糖链序列，但一般不能区别残基的异头构型和连接位置。在这方面 NMR 技术是一种极好的互补，^{1}H NMR 和 ^{13}C NMR 波谱学为解决聚糖链结构中糖苷键的构型问题提供了可靠信息。然而分支点类型多于一种的分支寡糖的测序远比测定蛋白质和核酸的线型序列要复杂得多。

糖研究方面的另一重要工具是化学合成。已证明，化学合成是了解糖胺聚糖和脂多糖的生物学功能的有力方法。涉及这些合成的化学是有难度的。然而糖化学家现在能够合成几乎任何一种糖胺聚糖的片

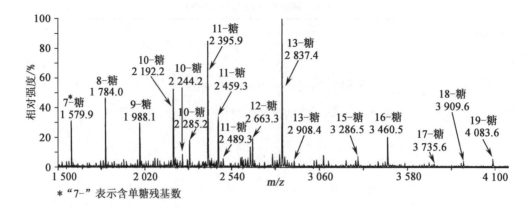

图 9-45   一组糖蛋白中的寡糖的分离和定量

实验中从肾组织提取的糖蛋白混合物经酶解处理释放出寡糖,寡糖用 NALDI 质谱进行分析。每一不同的寡糖
在它的分子质量处产生一个峰。曲线下面的面积代表该寡糖的量。图中量最大的寡糖(质量为 2 837.4 u)由 13
个单糖残基组成,被分开的其他寡糖少的含 7 个,多的含 19 个残基

段,并具有正确的立体化学、链长和硫酸化谱;能够合成比图 9-41 中所示者更加复杂的寡糖。固相寡糖
合成是基于跟肽合成(图 2-42)同样的原理(和优点),但要求一套对糖化学特有的工具:保护基(封闭基)
和活化基,这些基团要保证只跟正确的羟基合成糖苷键。这类合成目前是一个很有意义的领域,因为从天
然来源纯化一定量的所要寡糖还是困难的。

为鉴定对特殊寡糖具有专一性的蛋白质,可利用**寡糖微阵[列]**(oligosaccharide microarray)。其原理
与 DNA 微阵一样(见第 12 章),但技术问题更具有挑战性。合成的或天然的分离的纯寡糖样品溶液以微
滴形式置于载玻片上,并通过惰性的间隔臂连接于载片。然后向载片加注标记有荧光分子的凝集素(聚
糖结合蛋白质),使之与寡糖样品充分作用,平衡后所有不被吸附的蛋白质洗去。微阵列用荧光显微镜观
察,鉴定出被凝集素识别的,即吸附有蛋白质(能发绿光)的寡糖;荧光的定量可给出凝集素-寡糖结合亲
和力的约略量度(图 9-46)。

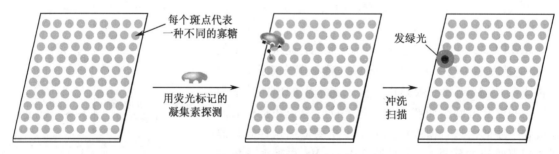

图 9-46   测定凝集素与聚糖结合的专一性和亲和力的寡糖微阵列

提   要

糖类(糖质)是地球上最丰富的有机化合物。糖类在生物体内不仅作为结构成分和主要能源,糖缀合
物中的聚糖链作为细胞识别的信号分子参与许多生命过程,并因此出现一门新的学科——糖生物学。

糖类的化学本质是多羟醛、多羟酮及其衍生物。糖类按其聚合度分为单糖、寡糖和多糖。同多糖是指
仅含一种单糖或单糖衍生物的多糖,杂多糖是含一种以上单糖或/和单糖衍生物的多糖。糖类与蛋白质或
脂质共价结合形成的结合物称为糖缀合物。

由于单糖的羰基在碳链中的位置不同,可分为醛糖和酮糖。由甘油醛派生来的四、五、六碳糖等组成
醛糖家系;由二羟丙酮派生来的相应单糖构成酮糖家系。单糖一般含有几个手性碳原子(C^*),并因此存

在多个立体异构体,它们在纸面上可用 Fischer 投影式表示。含 C* 的单糖是手性分子,具有旋光性。含 n 个 C* 的单糖有 2^n 个旋光异构体,组成 2^{n-1} 对不同的对映体。任一旋光异构体只有一个对映体,其他旋光异构体是它的非对映体。两个旋光异构体,仅有一个 C* 的构型不同的,称它们为差向异构体。单糖的构型是指离羰基碳最远的那个 C* 的构型,如果与 D-甘油醛构型相同,则称 D 型单糖,反之称 L 型单糖。大多数天然单糖是 D 型糖。

开链的单糖分子内,醇基与醛基或酮基发生可逆亲核加成,形成环状半缩醛或半缩酮,如六元环吡喃葡糖和五元环呋喃果糖;这种环状结构可用 Haworth 式或构象式来表示,吡喃糖环一般采取椅式构象,呋喃糖环采取信封式构象。成环时由于羰基碳成为新的手性中心(称异头碳),出现两个异头差向异构体,称 α 和 β 异头物,它们经过开链形式发生互变并产生变旋现象。

单糖可以发生很多化学反应。醛基或伯醇基或两者被氧化成羧酸,羰基还原成醇;一般的羟基参与成酯、成醚、氨基化和脱氧等反应。异头羟基能通过糖苷键与醇或胺连接,形成糖苷化合物;寡糖和多糖也是一类糖苷。生物学上重要的单糖及其衍生物有 Glc、Gal、Man、Fru、GlcNAc、GalNAc、L-Fuc、NeuNAc(Sia)、GlcUA 等,它们是寡糖和多糖的组分,许多单糖衍生物参与糖缀合物的聚糖链组成。此外单糖的磷酸脂,如 6-磷酸葡糖,是重要的代谢中间物。

蔗糖、乳糖和麦芽糖是常见的二糖。蔗糖是由 α-Glc 和 β-Fru 在两个异头碳之间通过糖苷键连接而成,它已无潜在的自由醛基,因而失去还原,成脲、变旋等性质,并称它为非还原糖。乳糖的结构是 Gal(β1→4)Glc,麦芽糖是 Glc(α1→4)Glc,它们的末端葡萄糖残基仍有潜在的自由醛基,属还原糖。寡糖(或多糖)链的一端,其单糖单位的异头碳未参与糖苷键形成,称还原端,另一端称非还原端。二糖或寡糖的普通命名应指出单糖单位的顺序、每个异头碳的构型和参与糖苷键的碳原子的位置。环糊精由环糊精葡糖基转移酶作用于直链淀粉生成,含 6、7 或 8 个葡萄糖残基,通过(α1→4)糖苷键连接成环,属非还原糖,由于它的特殊结构被用作稳定剂、抗氧化剂和增溶剂等。

多糖用作贮存燃料以及细胞壁和胞外基质的结构成分。同多糖淀粉和糖原是植物、动物和细菌细胞的贮能多糖,它们由 D-葡萄糖借(α1→4)连键聚合而成。淀粉分直链淀粉和支链淀粉,前者分子中只有(α1→4)连键,后者和糖原除(α1→4)外尚有(α1→6)连键,因此具有分支。同多糖纤维素、壳多糖和右旋糖酐是结构多糖。纤维素由(β1→4)连接的 D-葡萄糖残基组成,它给植物细胞壁以强度和刚性。壳多糖是(β1→4)连接的 N-乙酰葡糖胺的同聚物,它增加了甲壳类外骨骼的强度。右旋糖酐(也是贮存燃料)在一些细菌的外层形成黏着覆盖物。

同多糖三维折叠。吡喃糖环的椅式基本上是刚性的,所以它的聚合物构象是由绕从环到糖苷键中氧原子的键的旋转所决定的。淀粉和糖原形成具有链内氢键键合的螺旋结构;纤维素和壳多糖形成长的直链,相邻链间相互作用。

植物细胞壁的基质杂多糖有果胶物质、半纤维素和琼脂等。果胶物质是一类主链为聚半乳糖醛酸的化合物,其重复二糖单位是 GalUA(α1→4)GalUA。半纤维素是木聚糖、葡甘露聚糖和木葡聚糖等的总称。琼脂(或琼脂糖)是从红藻类中提取的一种结构杂多糖,它的重复二糖单位是 3)D-Gal(β1→4)3,6-失水-L-Gal(α1→。

细菌细胞壁是由于结构杂多糖——肽聚糖得以加固的。肽聚糖主链的重复二糖单位是 GlcNAc(β1→4)MurNAc,糖链之间通过肽桥交联成一个大囊状分子。青霉素就是通过干扰新肽聚糖中糖链之间肽交联桥的形成使细菌失去抗渗透能力。

糖胺聚糖是脊椎动物胞外基质的结构杂多糖。它们的重复二糖单位中一个是己糖醛酸残基(硫酸角质素例外),另一个是 N-乙酰己糖胺。多数糖胺聚糖都不同程度地被硫酸化。肝素和硫酸乙酰肝素中某些羟基上和某些葡糖胺残基的氨基上的硫酸酯给这些聚糖以高密度的负电荷,使得它们采取伸展型构象。这些聚糖(透明质酸、硫酸软骨素、硫酸皮质素和硫酸角质素)给胞外基质提供黏滞性、胶黏度和抗张强度。

蛋白聚糖是糖缀合物,其中一个或多个硫酸化的糖胺聚糖(硫酸乙酰肝素、硫酸软骨素、硫酸皮肤素和硫酸角质素)被共价连接在一个核心蛋白。蛋白聚糖借一个穿膜的肽或一个共价连接的脂质结合在质膜的外表面,它们为细胞之间或细胞与胞外基质之间提供黏着、识别和信息传递的位点。有的蛋白聚糖以聚集体(透明质酸分子为核心)形式存在。它们是高度亲水的多价阴离子,在维持皮肤、关节、软骨等结缔组织的形态和功能方面起重要作用。

另一类糖缀合物是糖蛋白,多数是内在膜蛋白和分泌蛋白。糖蛋白中的糖链常是分支的,比糖胺聚糖小,它们共价连接于 Asn 或 Ser/Thr。植物和动物中的糖脂和鞘糖脂以及细菌中的脂多糖是细胞被膜的成分,其共价连接的寡糖暴露在细胞外表面。

糖组学是研究一个给定细胞或组织中全套的含糖分子的结构和功能的学科。糖蛋白和糖脂中的寡糖是十分复杂的。单糖可以组装出几乎无限种寡糖,它们在立体化学、糖苷键位置、取代基的类型和定向或分支的数目和类型各不相同。聚糖的信息密度远比核酸或蛋白质的大。糖蛋白中的寡糖链影响蛋白质的折叠和稳定,为新合成的蛋白质定位提供关键信息,并允许其他蛋白质对它进行专一性识别。寡糖链与血循环中的蛋白质寿命有关,寡糖链参与细胞-细胞识别和黏着,如淋巴细胞归巢。

凝集素是具有高专一性糖结合域的蛋白质,它们常存在于细胞的外表面,在这里引发跟其他细胞相互作用。选择蛋白是质膜凝集素的一个家族。它们在炎症过程中介导白细胞对侵染者发动免疫攻击。细菌性和病毒性病原体和某些真核寄生虫是借助病原体的凝集素跟靶细胞表面上的寡糖黏着于靶动物细胞。凝集素-糖复合物的 X 射线晶体学研究揭示了两个分子之间的互补细节,因而解释了凝集素与糖相互作用的亲和力和专一性。

血型抗原决定簇也是寡糖链。血型抗原以糖脂或糖蛋白形式存在于红细胞膜及其他细胞膜上。在 ABO 血型系统中,人血型(表型)分为 A、B、AB 和 O 四型。血型是遗传的,受基因支配。与 ABO 系统关系密切的有 Lewis 血型系统等。

寡糖和多糖的完整结构分析,包括线型序列、分支位置、每个单糖单位的构型和糖苷键位置的测定;这是一个比蛋白质和核酸的分析更复杂的问题。聚糖结构一般采用综合的方法测定:甲基化测定糖苷键位置,专一性酶促水解测定糖苷键的立体化学,已知专一性的内切酶用于测定单糖残基的序列、存在的分支点以及糖苷键的位置和立体化学。质谱和高分辨率的核磁共振谱可用于小样品糖测定,能给出序列、异头碳和其他碳构型以及糖苷键位置。固相寡糖合成在研究凝集素-寡糖相互作用方面有重要意义,并可能还有临床用途。纯寡糖的微阵列用于测定凝集素与寡糖结合的专一性和亲和力。

习　题

1. 环状己醛糖有多少个可能的旋光异构体? 为什么?

2. (a)含 D-吡喃半乳糖残基和 D-吡喃葡萄糖残基的双糖可能有多少个异构体? (b)如果不包括二糖的异头物该有多少个异构体? (c)糖蛋白上含同样残基的二糖链将有多少个异构体? (d)含 4 种不同的 D-吡喃己醛糖残基的四糖可能有多少个异构体(包括四糖异头物)?

3. (a)写出 β-D-脱氧核糖、α-D-半乳糖、β-L-山梨糖和 β-D-N-乙酰神经氨酸(唾液酸)的 Fischer 投影式,Haworth 式和构象式。(b)为把 α-D-葡萄糖转变为 β-D-葡萄糖,需要在 α-D-葡萄糖中断裂哪个(些)键? 要使 D-葡萄糖转变为 D-甘露糖,该断裂哪个(些)键? (c)要把椅式 D-葡萄糖转变为船式,需要断裂哪个(些)键?

4. 写出下面所示的(a)和(b)两个单糖的正规(系统)名称(D/L,α/β,f/p),指出(c)和(d)两个结构式用 RS 系统表示的构型(R/S)。

(a)　　　　(b)　　　　(c)　　　　(d)

5. D-葡萄糖的 α 和 β 异头物的比旋（$[\alpha]_D^{20}$）分别为 +112.2° 和 +18.7°。当 α-D-吡喃葡糖晶体样品溶于水时,比旋将由 +112.2° 降至平衡值 +52.7°。计算平衡混合液中 α 和 β 异头物的比率。假设开链形式和呋喃形式可忽略。

6. 准确称取糖原 81.0 mg,将它完全甲基化,然后用酸水解。再用薄层层析法分离和鉴定甲基化产物。得到的 2,3-二甲基葡萄糖恰好是 62.5 μmol。(a)糖原分子中的分支点占全部葡萄糖残基的百分数是多少? (b)甲基化和水解后还有哪些其他产物? 每一种有多少?

7. D-葡萄糖在 31℃ 水中平衡时,α-吡喃葡糖和 β-吡喃葡糖的相对摩尔含量分别为 37.3 % 和 62.7 %。计算 D-葡萄糖 31℃ 时由 α 异头物转变为 β 异头物的标准自由能变化。气体常数 R 为 8.315 Jmol⁻¹K⁻¹。

8. 竹子系热带禾本科植物,在最适条件下竹子生长的速度达 0.3 m/d,假定竹茎几乎完全由纤维素纤维组成,纤维沿生长方向定位。计算每秒钟酶促加入生长着的纤维素链的单糖残基数目。纤维素分子中每一葡萄糖单位约长 0.45 nm。

9. 经还原可生成山梨醇(D-葡萄醇)的单糖有哪些?

10. (a)写出麦芽糖(α 型)、纤维二糖(β 型)、蜜二糖和水苏糖的系统命名的简单形式,并指出其中哪些(个)是还原糖,哪些(个)是非还原糖;(b)龙胆二糖(D-Glc(β1→6)D-Glc)在某些植物中存在,例如作为苦杏仁苷和藏红花素等糖苷的糖基成分。根据它的缩写名称,用 Haworth 式画出龙胆二糖的结构。它是还原糖? 是否有变旋现象?

11. 纤维素和糖原虽然在物理性质上有很大的不同,但这两种多糖都是(1→4)糖苷键连接的 D-葡萄糖多聚体,相对分子质量也相当,是什么结构特点造成它们在物理性质上有如此大的差别? 解释它们各自性质的生物学优点。

12. 革兰氏阳性细菌和阴性细菌的细胞壁在化学组成上有什么异同? 肽聚糖中的糖肽键和糖蛋白中的糖肽键是否有区别? 溶菌酶和青霉素杀菌的机制有何不同?

13. 假设一个细胞表面糖蛋白的一个三糖单位在介导细胞与细胞黏着中起关键作用。试设计一个简单试验以检验这一假设。

14. 某些糖蛋白的糖部分可用作细胞识别位点。为行使这一功能,寡糖链必须具有以极其多样形式存在的潜能。由 5 个不同氨基酸残基组成的寡肽和 5 个不同单糖单位组成的寡糖,试问何者能产生更大的结构多样性? 请解释。

15. 举出两个例子说明糖蛋白寡糖链的生物学作用。

16. 写出人 ABH 血型抗原决定簇的前体结构,指出 A 抗原、B 抗原和 O 抗原(H 物质)之间的结构关系。

17. 具有重复二糖单位,GlcUA(β1→3)GlcNA,而二糖单位间通过 β(1→4)连接的天然多糖是什么?

18. 糖胺聚糖如硫酸软骨素,其生物功能之一与该分子在水中所占的体积远比脱水时大这一性质有关。为什么这些分子在溶液中所占体积会这样大?

19. 举例说明内切糖苷酶和外切糖苷酶在聚糖链结构测定中的作用。

20. 一种三糖经 β-半乳糖苷酶完全水解后,得到 D-半乳糖和 D-葡萄糖,其比例为 2∶1。将原有的三糖用 NaBH₄ 还原,继而使其完全甲基化和酸水解,然后再进行一次 NaBH₄ 还原,最后用醋酸酐乙酰化,得到三种产物:① 2,3,4,6-四甲基-1,5-二乙酰基-半乳糖醇;② 2,3,4-三甲基-1,5,6-三乙酰基-半乳糖醇;③ 1,2,3,5,6-五甲基-4-乙酰基-山梨糖醇。分析并写出此三糖的结构。

主要参考书目

1. 王镜岩,朱圣庚,徐长法. 生物化学教程. 北京:高等教育出版社,2008.

2. 陈惠黎,王克夷. 糖复合物的结构和功能. 上海:上海医科大学出版社,1997.

3. 张惟杰. 糖复合物生化研究技术. 2 版. 杭州:浙江大学出版社,1999.

4. Garrett R H,Grisham C M. Biochemistry. 3rd ed. Boston:Saunders College Publishing,2004.

5. Nelson D L,Cox M M. Lehninger Principles of Biochemistry. 6th ed. New York:W. H. Freeman and Compnany,2013.

6. Stryer L. Biochemistry. 4th ed. New York:W. H. Freeman and Company,1995.

7. McMurry I. Organic Chemistry. 3rd ed. California:Brooks/Cole Publishing Company,1992.

8. Cadogan J I G,Lery S V,Pattenden G. Dictionary of Organic Compounds. 6th ed. London:Chapman & Hall (Electronic Publishing Division),1995.

9. Meyers R(ed). Molecular Biology and Biotechnology—a comprehensive Desk Reference. VCH Publishers,Inc,1995.

10. Preiss J (ed). Carbohydrates:Structure and Function,in"The Biochemistry of Plants". New york:Academic Press,1980.

11. Tortora G I, Funke B R, Case C L. Microbiology. 4th ed. California：The Benjamin/Cummings Publishing Company，1992.

（徐长法）

网上资源

习题答案　　自测题

第 **10** 章　脂质和生物膜

脂质(lipid)也称脂类,是一类化学上多种多样的生物有机分子,其共同特征是低溶或不溶于水而高溶于非极性溶剂。对大多数脂质而言,化学本质是脂肪酸和醇形成的酯及其衍生物。脂质的元素组成主要是碳、氢、氧,有些尚含氮、磷、硫。按化学组成,脂质大体可分为三类:① **简单脂质**(simple lipid),由脂肪酸和甘油或长链醇形成的酯,如三酰甘油和蜡;② **复合脂质**(compound lipid),除含脂肪酸和醇外,尚有所谓非脂分子成分(磷酸、糖和含氮碱等),如甘油磷脂、鞘[氨醇]磷脂、甘油糖脂和鞘[氨醇]糖脂,其中鞘磷脂和鞘糖脂又合称为**鞘脂**;③ **衍生脂质**(derived lipid),可视为由前面两类脂质衍生而来并具有脂质一般性质的物质,如脂肪酸、萜、类固醇、类二十烷酸(eicosanoid)及其他。按生物学功能,脂质也可分为三类:① **贮存脂质**(storage lipid),它们是三酰甘油和蜡,三酰甘油是许多生物的主要贮能形式,蜡是海洋浮游生物的能量储库;② **结构脂质**(structural lipid),是生物膜的结构成分,包括磷脂、胆固醇和糖脂;③ **活性脂质**(active lipid),它们虽是细胞内的小量成分,但具有重要而专一的生物活性,如酶的辅因子、电子载体、吸光色素、蛋白质的疏水锚、消化道中的乳化剂、激素和胞内信使等。

本章将按它们的生物学作用组织讨论各类有代表性的脂质,包括三酰甘油、蜡、磷脂、鞘脂、萜和类固醇等,重点放在它们的化学结构和物理性质;此外还要讨论血浆脂蛋白、生物膜(结构和功能)以及脂质的提取、分离和分析。脂质的产能氧化及其生物合成将在第 24 章讨论。

一、贮存脂质——三酰甘油和蜡

三酰甘油(油和脂)被生物普遍地用作体内能量的贮存形式,蜡是海洋浮游生物的能量储库;两者都是含脂肪酸的化合物。脂肪酸是烃的衍生物,它具有与矿物燃料中的烃几乎相同的低氧化态(即高还原态)。脂肪酸在细胞中氧化产生 CO_2 和 H_2O,很像矿物油在内燃机中受控的快速燃烧,是一个高放能反应。

下面讨论在活生物中最普遍存在的脂肪酸和两类含脂肪酸的化合物三酰甘油和蜡,讲解它们的结构和物理性质等。

(一) 脂肪酸是烃的衍生物

从动、植物和微生物中分离出来的脂肪酸已有百多种。在生物体内大量的脂肪酸都以结合形式存在于三酰甘油、蜡、磷脂和糖脂等化合物中,但也有少量的脂肪酸以游离状态出现在组织和细胞中。

1. 脂肪酸的结构和命名

脂肪酸(fatty acid,FA)是具有 4 到 36 碳长($C_4 \sim C_{36}$)烃链的羧酸。脂肪酸中烃链多数是线型的,分支或含环的为数很少。在某些脂肪酸中烃链完全不含双键(烯键),称**饱和脂肪酸**(saturated FA);另一些脂肪酸中含一个或多个双键,称**不饱和脂肪酸**(unsaturated FA)。只含单个双键的脂肪酸称单不饱和脂肪酸(monounsaturated FA);含 2 个或 2 个以上双键的称**多不饱和脂肪酸**(PUFA)。不同脂肪酸之间的主要区别在于烃链的长度(碳原子数目)、双键数目和位置。每个脂肪酸都有一个通俗名称和系统名称,不分支的脂肪酸还有一个简写符号(表 10-1)。简写的标准惯例(图 10-1A)是,写出链长(碳数)和双键数目,两者之间用冒号(:)隔开。例如,饱和的[正]十八[碳烷]酸(硬脂酸)缩写为 18:0,含一个双键的十六[碳]单烯酸(棕榈油酸)缩写为 16:1。任一双键的位置是指跟羧基碳(标为 C1)的关系,用 Δ(delta)右上标的数字表示,数字是指双键键合的两个碳原子的序号中较低者,例如在 C9 和 C10 之间及 C12 和 C13 之间各有一个双键的十八[碳]二烯酸(亚油酸)表示为 $18:2\Delta^{9,12}$。有时在序号后面用 c(cis,顺式)和 t($trans$,反式)标明双键的构型。例如,顺,顺,顺(或全顺)-9,12,15-十八三烯酸(α-亚麻酸)简写为 $18:3\ \Delta^{9c,12c,15c}$。

表 10-1　最常见的生物脂肪酸

通俗名称[①]	系统名称[②]	简写符号[③]	结构[④]	熔点/℃
月桂酸 (lauric)	n-十二酸 (n-dodecanoic)	12：0	$CH_3(CH_2)_{10}COOH$	44.2
肉豆蔻酸 (myristic)	n-十四酸 (n-tetradecanoic)	14：0	$CH_3(CH_2)_{12}COOH$	53.9
棕榈酸(软脂酸) (palmitic)	n-十六酸 (n-hexadecanoic)	16：0	$CH_3(CH_2)_{14}COOH$	63.1
硬脂酸 (stearic)	n-十八酸 (n-octadecanoic)	18：0	$CH_3(CH_2)_{16}COOH$	69.6
花生酸 (arachidic)	n-二十酸 (n-eicosanoic)	20：0	$CH_3(CH_2)_{18}COOH$	76.5
山萮酸 (behenic)	n-二十二酸 (n-docosanoic)	22：0	$CH_3(CH_2)_{20}COOH$	81.5
木蜡酸 (lignoceric)	n-二十四酸 (n-tetracosanoic)	24：0	$CH_3(CH_2)_{22}COOH$	86
棕榈油酸 (palmitoleic)	十六碳-9-烯酸(顺) (cis-9-hexadecenoic)	$16：1\Delta^9$	$CH_3(CH_2)_5CH=$ $CH(CH_2)_7COOH$	-0.5
油酸 (oleic)	十八碳-9-烯酸(顺) (cis-9-octadecenoic)	$18：1\Delta^9$	$CH_3(CH_2)_7CH=$ $CH(CH_2)_7COOH$	13.4
亚油酸 (linoleic)	十八碳-9,12-二烯酸(顺,顺) (cis,cis-9,12-octa-decadienoic)	$18：2\Delta^{9,12}$	$CH_3(CH_2)_4(CH=$ $CHCH_2)_2(CH_2)_6COOH$	-5
α-亚麻酸 (α-linolenic)	十八碳-9,12,15-三烯酸(全顺) (all cis-9,12,15-octadecatrienoic)	$18：3\Delta^{9,12,15}$	$CH_3CH_2(CH=$ $CHCH_2)_3(CH_2)_6COOH$	-11
花生四烯酸 (arachidonic)	二十碳-5,8,11,14-四烯酸(全顺) (all cis-5,8,11,14-eicosatetraenoic)	$20：4\Delta^{5,8,11,14}$	$CH_3(CH_2)_4(CH=$ $CHCH_2)_4(CH_2)_2COOH$	-49.5

　　① 英文名称中省去"acid"；② 前缀 n 是正[常](normal)的意思,表示该脂肪酸链是线型和不分支的;注意碳原子的标号从羧基碳(标为 C1)开始;③ 脂肪酸中每个双键都应该指出它的构型,例如亚油酸的简写为 $18：2\Delta^{9c,12c}$,但生物脂肪酸中双键几乎总是顺式的,因此在简写中在表示双键位置的数字后面未标构型符号 c(顺)或 t(反);④ 所有的脂肪酸都以不解离的形式示出,但在 pH 7 时游离脂肪酸的羧基均处于解离状态。

2. 生物脂肪酸的结构特点

　　来自动物的脂肪酸,结构比较简单,碳骨架为线型,双键数目一般为 1~4 个,少数多达 6 个。细菌所含的脂肪酸绝大多数是饱和的,少数为单烯酸,有些含有分支的甲基或三碳环。植物特别是高等植物中不饱和脂肪酸比饱和脂肪酸丰富,有些植物脂肪酸可含叁键(炔键)、羟基、酮基和五碳环。

　　生物脂肪酸中最常见的骨架长为 12~24 个碳,一般不分支,并且碳原子数目几乎总是偶数的(表 10-1)。这是因为在生物体内脂肪酸是以二碳(乙酸盐)单位连续加入的方式从头合成的(见第 24 章)。奇数碳的脂肪酸在某些海洋生物中有相当量的存在。在大多数单不饱和脂肪酸中双键的位置几乎总在 C9 和 C10 之间(Δ^9);在多不饱和脂肪酸中通常一个双键也位于 Δ^9,其余双键位于 Δ^{12} 和 Δ^{15},但花生四烯酸是一个例外。生物脂肪酸中双键安排的形式几乎总不是共轭的,即不是单、双键交替排列而是由一个亚甲基(methylene)把双键与双键隔开,如—CH=CH—CH₂—CH=CH—(图 10-1B)。只有少数 PUFA,如乌桕酸(stillingic acid;$10：2\Delta^{2t,4c}$)和 α-桐油酸(eleostearic acid;$18：3\Delta^{9c,11t,13t}$),单、双键交替排列成共轭双键系统。这两种系统在化学反应性能上有明显差异:非共轭系统中 2 个双键之间的亚甲基可直接发生化学反应,形成自由基(radical);共轭双键系统中由于 π 电子有相当大的离域作用,脂肪酸很容易发生聚合反应。含桐油酸的桐油(tung oil)被用于油漆工业就是基于这一性质。视黄醇和胡萝卜素都是生物分子中具有共轭系统的突出例子，它们的双键系统在视网膜的视觉过程中起着重要作用（见第13章）。生物脂肪酸中双键多数为顺式构型；少数是反式构型，如反式异油酸（vaccenic acid；18∶1 Δ^{11t}）、乌桕酸和 α-桐油酸。有些反式脂肪酸可在乳品牲畜的瘤胃中发酵产生，并从它们的乳品和肉类中获得。此外顺式脂肪酸与某些催化剂一起加热能变为反式，例如油酸在亚硝酸存在下容易转变为反油酸（elaidic acid，18∶1Δ^{9t}），后者有较高的熔点（43～45℃）。虽然反油酸不是天然存在的，但植物油进行氢化时有相当量的形成。

A

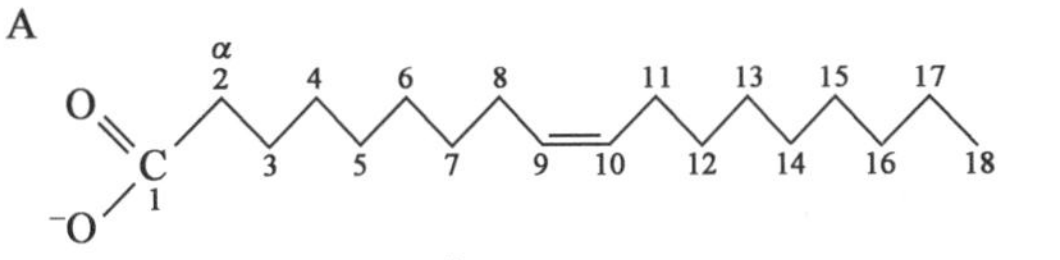

18∶1Δ^9（顺-9-十八碳烯酸）

B

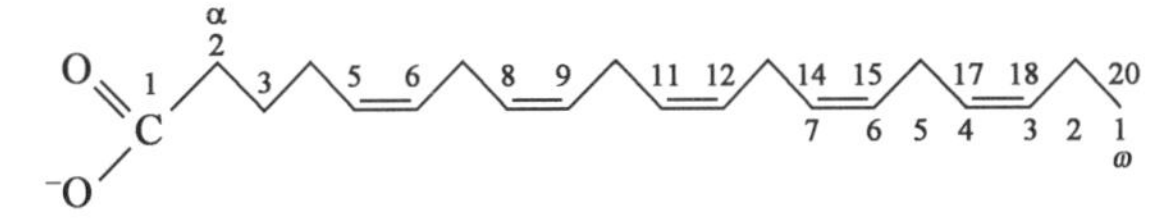

20∶5$\Delta^{5,8,11,14,17}$（二十碳五烯酸，EPA），一种ω-3-脂肪酸

图 10-1 脂肪酸命名的两种惯例

A. 标准惯例规定羧基碳为序号1（C1），如用希腊文字母标号羧基碳后为 α（C2）。锯齿形的每一线段代表两个相邻碳之间的一个单键。任一双键的位置用 Δ 右上标数字（该双键中较低的数字）表示。B. 对 PUFA 采用另一惯例：与标准惯例相反方向标号，规定碳链另一端的甲基碳为序号1，此碳也标为 ω（omega；希腊文字母表中最后一个），双键位置是指与 ω 碳的关系

3. 多不饱和脂肪酸（PUFA）与必需脂肪酸

离碳链甲基端的第3碳和第4碳之间具有一个双键的多不饱和脂肪酸（polyunsaturated fatty acid；PUFA），在人体营养方面有着特殊的重要性。因为 PUFA 的生理作用跟靠近碳链甲基端的第1个双键位置比靠近羧基端的关系更大，所以有时对这些脂肪酸采用另一种命名规则：末端的甲基碳——即离羧基最远的碳——称为 ω（omega）碳，并标号为 C1。按此规则 C3 和 C4 之间有一个双键的 PUFA 被称为 **omega-3（ω-3）脂肪酸**，在 C6 和 C7 之间有一个双键的称 **omega-6（ω-6）脂肪酸**。

人体及哺乳动物能制造多种脂肪酸，但不能向脂肪酸中引进超过 Δ^9 的双键，因而不能合成亚油酸（18∶2$\Delta^{9,12}$，在标准惯例中）和 α-亚麻酸（18∶3$\Delta^{9,12,15}$）。因为这两种脂肪酸对人体功能是必不可少的，但必须由膳食特别是植物性食物中获取，因此它们被称为**必需脂肪酸**（essential fatty acid）。

亚油酸和 α-亚麻酸分别属于两个不同的 PUFA 家族：ω-6 和 ω-3 脂肪酸。亚油酸是 ω-6 家族的原初成员，人和哺乳类体内能把它转变为 **γ-亚麻酸**（18∶3$\Delta^{6,9,12}$），并继而延长为**花生四烯酸**（第24章），后者是维持细胞膜的结构和功能所必需的，也是合成一类调节性脂质**类二十烷酸**的前体。α-亚麻酸是ω-3 家族的原初成员，由膳食供给 α-亚麻酸时，人体能合成两种其他的 ω-3 脂肪酸：**二十碳五烯酸**（EPA；eicosapentaenoic acid；20∶5$\Delta^{5,8,11,14,17}$；见图 10-1B）和**二十二碳六烯酸**（DHA；docosahexaenoic acid；22∶6$\Delta^{4,7,10,13,16,19}$）。体内许多组织如视网膜、大脑皮层中都含有这些重要的 **ω-3 PUFA**，它们对细胞的功能非常重要。大脑中约一半 DHA 是在出生前积累的，一半是在出生后积累的，这表明脂质成分在怀孕和哺乳期间的重要性。人体内 ω-6 和 ω-3 家族是不能互相转变的。多数人可以从膳食中获得足够量的 ω-6 脂肪酸（脂质形式），但可能缺乏最适量的 ω-3 脂肪酸。膳食中 ω-6 和 ω-3 脂肪酸的不平衡与心血管疾病风险增加有关联。许多学者认为 ω-6 对 ω-3 的最适比是在 1∶1 到 4∶1 之间。低心血管风险的"地中海膳食"富含 ω-3PUFA，它们是从叶菜和鱼油中获得的。鱼油中 EPA 和 DHA 特别丰富，有心血管病史者常被建议补充些鱼油。ω-6 和 ω-3 PUFA 的主要膳食来源见表 10-2。

表 10-2 ω-6 和 ω-3 多不饱和脂肪酸的来源

脂肪酸	来源
亚油酸（ω-6）	植物油（葵花籽、大豆、棉籽、红花籽、玉米胚、小麦胚、芝麻、花生、油菜籽）
γ-亚麻酸和花生四烯酸（ω-6）	肉类，玉米胚油等，（或在体内由亚油酸合成）
α-亚麻酸（ω-3）	油脂（芝麻、胡桃、大豆、小麦胚、油菜籽），种子，坚果（芝麻、大豆、胡桃）
EPA 和 DHA（ω-3）	人乳，海洋动物包括鱼类（鲭、鲑、鲱、沙丁鱼等）、贝类和甲壳类（虾、蟹等），（或在体内由 α-亚麻酸合成）

4. 脂肪酸的物理和化学性质

脂肪酸和含脂肪酸化合物的物理性质很大程度上取决于脂肪酸烃链的长度和不饱和程度。非极性烃链是造成脂肪酸在水中溶解度低的原因,例如月桂酸(12∶0;M_r 200)在水中的溶解度为 0.063 mg/g,远低于葡萄糖(M_r 180)1 100 mg/g;20℃时硬脂酸(18∶0)在水中的溶解度为 0.003 mg/g。一般说,脂[肪]酰链愈长,双键愈少,在水中的溶解度愈低。脂肪酸的羧基是极性的,在中性 pH 时电离,因此短链脂肪酸(少于 C_{10})略能溶于水。

脂肪酸和含脂肪酸化合物的熔点也受烃链长度和不饱和程度的影响。在室温(25℃)下,12∶0 到 24∶0 的饱和脂肪酸为蜡样固体,同样链长的不饱和脂肪酸为油状液体。熔点的这种差异是由于脂肪酸分子装配紧密程度不同引起的。在完全饱和的脂肪酸中绕每个碳-碳键都可以自由旋转,这给烃链以很大的柔性;最稳定的构象是完全伸展的形式(图 10-2A),此中相邻原子的位阻最小。这些分子可以紧密地装配在一起,形成近乎晶体排列(图 10-2D),所有的原子沿长向与相邻分子的原子处于范德华接触中。在不饱和的脂肪酸中,一个顺式双键使烃链形成一个"结节(kink)"(图 10-2B);一个这样的结节在烃链中产生约 30°的刚性弯曲(图 10-2C)。具有一个或多个结节的脂肪酸不能像完全饱和的脂肪酸那样紧密地装配在一起,因此分子间的相互作用被削弱(图 10-2E)。因为破坏有序性差的排列所需的热能较少,所以它们的熔点比相同链长的饱和脂肪酸明显要低;相同链长的不饱和脂肪酸,双键愈多熔点愈低(表 10-1)。

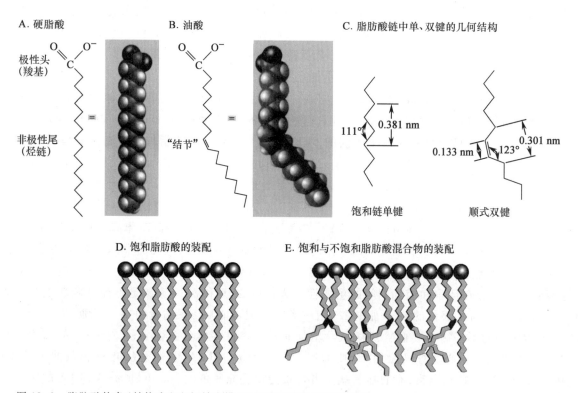

图 10-2　脂肪酸构象(结构式和空间填充模型)和脂肪酸装配成聚集体

A. 完全饱和的硬脂酸(18∶0)处于伸展构象;B. 含顺式双键的油酸(18∶1Δ⁹),由于双键限制旋转,在烃链中引入一个刚性弯折,但所有其他的键旋转自由;C. 脂肪酸链中双键引起的弯折几何结构;D. 伸展型饱和脂肪酸借疏水相互作用装配成近似晶体的排列;E. 含顺式双键的不饱和脂肪酸的存在干扰紧密装配,形成稳定性差的聚集体

在脊椎动物中游离脂肪酸(未酯化而具有自由羧基的脂肪酸)是以与蛋白质载体(血清清蛋白)非共价结合的形式参与血循环的。然而脂肪酸在血浆中主要以羧酸衍生物例如酯或酰胺形式(三酰甘油、磷脂、鞘脂等)存在。由于缺乏荷电的羧酸基这些脂肪酸衍生物一般在水中的溶解度比游离脂肪酸更小。

脂肪酸可以发生氧化和过氧化,不饱和脂肪酸在双键处可以发生加成如卤化和氢化。关于这些反应参见有机化学教本,有的将在"三酰甘油"部分讨论。

5. 脂肪酸盐与乳化作用

脂肪酸盐具有亲水基(解离的羧基)和疏水基(长的烃链),是典型的**两亲化合物**(amphipathic compound),是一种离子型去污剂。属于这类去污剂的还有天然的胆汁酸盐(脱氧胆酸钠),人工合成的十二烷基硫酸钠(SDS)等(图 10-3)。去污剂都是两亲分子,在油水混合物中,疏水部分被吸引到油(或烃类),亲水部分被吸引到水,在油水界面处形成单分子层(图 10-4A)。由于去污剂是可溶性脂,当浓度增加到大于某一浓度(称临界微团浓度,cmc)时,在水中倾向于形成微团,亲水部分朝外,疏水部分聚集在中心。当搅拌分层的油水混合物时,大堆的油可以分散成细小油滴;如果无去污剂存在,搅拌停止油滴又很快聚集成原来的油层。然而有去污剂存在时,油滴被裹上一层去污剂分子,即油滴处于微团状态(图 10-4B)。这样油滴作为亲水物体悬于水中而成稳定的乳胶(emulsion),此过程称为**乳化**(emulsification)。去污剂也称乳化剂。用于清洁时,形成的乳胶(含油)则被灌去。从能量角度看,去污剂是一种表面活性物质(surfactant)。它能降低油滴的界面张力,也即在不改变界面积(即不改变分散度)的情况下能降低系统的表面能(界面张力与界面积的乘积),使分散系统得以稳定。去污剂除用于清洁外,也用于生化实验。离子型去污剂如 SDS 在高浓度时能使蛋白质完全变性,多肽链处于伸展状态。SDS 凝胶电泳中变性蛋白质的迁移率是其相对分子质量的可靠量度(第 5 章)。非离子型去污剂如 Triton X-100(商品名)和辛基葡糖苷(图 10-3)在不同浓度以不同方式起作用。这些物质在高于 cmc 时,能使生物膜溶解,形成以去污剂为主并掺有膜脂、膜蛋白的混合微团;低于 cmc 时一般不引起蛋白质变性,不形成微团,但能从膜中溶解膜结合的蛋白质,有利于膜蛋白的分离提取。

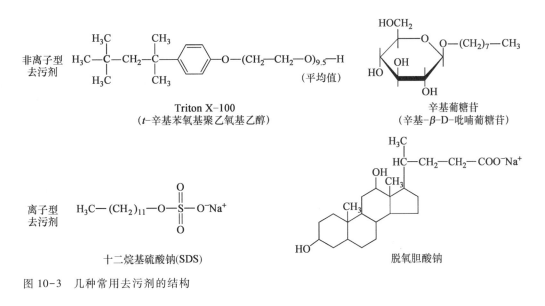

图 10-3 几种常用去污剂的结构

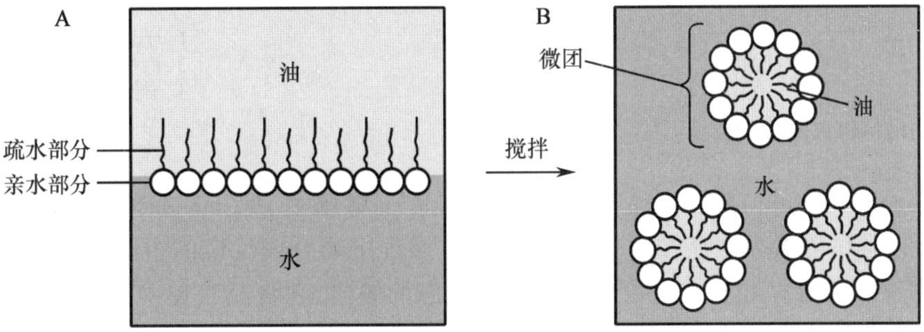

图 10-4 去污剂通过形成微团乳化油和烃

（二）　三酰甘油是甘油的脂肪酸酯

动植物油脂的化学本质是酰基甘油（acylglycerol），其中主要是**三酰甘油**（triacylglycerol；TG）或称**甘油三酯**（**triglyceride**），此外还有少量二酰甘油和单酰甘油。常温下呈液态的酰基甘油称油（**oil**），呈固态的称脂［肪］（**fat**）。植物性酰基甘油多为油（可可脂例外），动物性酰基甘油多为脂（鱼油例外）。固、液态的酰基甘油统称为油脂，也称中性脂肪（**neutral fat**）或脂肪。

1. 三酰甘油的结构

三酰甘油是一个甘油和三个脂肪酸形成的三酯（triester），其结构通式如图 10-5 所示。三酰甘油通式中 R_1、R_2 和 R_3 相当于各个脂肪酸的烃链。当 $R_1 = R_2 = R_3$ 时，该化合物称为**简单三酰甘油**（Simple TG）。例如 16：0、18：0 和 18：1 的简单三酰甘油分别称为三棕榈酰（酸）甘油酯（tripalmitoleoylglycerol 或 tripalmitin）、三硬脂酰（酸）甘油酯（tristearoylglycerol 或 tristearin）和三油酰（酸）甘油酯（trioleoylglycerol 或 triolein）（图 10-6A）。当 R_1、R_2 和 R_3 中任何两个不相同或 3 个各不相同时，称为**混合三酰甘油**（mixed TG），如 1-豆蔻酰-2-硬脂酰-3-棕榈油酰甘油（1-myristoyl-2-stearoyl-3-palmitoleoy1glycerol）（图 10-6B）。混合三酰甘油中脂肪酸可以有不同的排列方式，为确切地命名这些化合物，必须指明每个脂肪酸的名称和位置。大多数天然油脂都是简单三酰甘油和混合三酰甘油的复杂混合物。

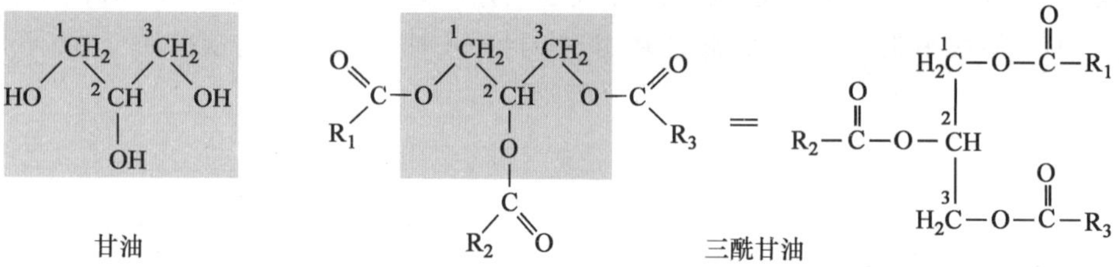

图 10-5　甘油和三酰甘油的结构

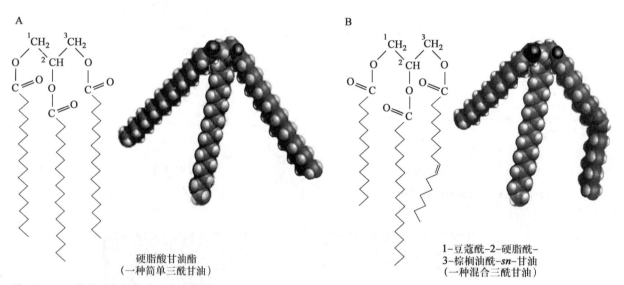

图 10-6　三酰甘油的结构式和分子模型

二酰甘油（diacylglycerol）或称甘油二酯（diglyceride），**单酰甘油**（monoacylglycerol）或称甘油单酯（monoglyceride），它们在自然界中存在的量虽不大，却是多种生物合成反应的中间物（第 24 章）。它们，特别是单酰甘油，由于含有游离羟基在水中具有形成分散态的倾向，在食品工业中常被用作乳化剂。

2. 三酰甘油的物理和化学性质

纯的三酰甘油是无色、无臭和无味的稠性液体或蜡状固体。三酰甘油的密度均小于 1 g/cm³，一般为 0.91～0.94 g/cm³。三酰甘油为非极性分子，不溶于水，略溶于低级醇，易溶于乙醚、氯仿、苯和石油醚等非极性有机溶剂，称脂溶剂（fat solvent）。三酰甘油的这些性质解释了油水混合总是分成两相，油相总是在水相之上的原因。三酰甘油能被乳化剂例如胆汁酸盐等所乳化,使油脂能与水"混溶"。由于大多数的天然油脂都是简单和混合三酰甘油的复杂混合物,因此没有明确的熔点,只有一个大概范围。三酰甘油的熔点与其脂肪酸组成有关,一般随组分中不饱和脂肪酸和相对低分子质量脂肪酸的比例增高而降低(表10-3)。植物油,如玉米油和橄榄油,主要是由含不饱和脂肪酸的三酰甘油组成,因此在室温下是液体。只含饱和脂肪酸的三酰甘油例如三硬脂酸甘油酯(牛脂的主要成分)室温下是白色凝脂状固体。

表 10-3　几种食用油脂的主要脂肪酸组成、熔点和碘值

油脂	熔点/℃	碘值	脂肪酸组成/(g·100 g⁻¹总脂肪酸)				
			棕榈酸	硬脂酸	油酸	亚油酸	其他
奶油	28~33	26~45	23~26	10~13	30~40	4~5	7~9[①],4.6[②]
牛油	40~50	31~47	24~32	14~32	35~48	2~4	2~3[①],1~3[②]
羊油	44~52	32~50	25[⑧]	31	36	4.3	4.6[①]
猪油	28~46	46~68	25~28	12~18	43~52	7~9	1~3[②],2~3[⑥]
大豆油	-10~16	122~134	7~10	2~5	22~30	50~60	5~9[③],1~3[⑦]
花生油	0~3	88~98	6~10	3~6	40~64	18~38	5~8[⑦]
菜籽油	-10	94~103	3~10	3~10	14~29	12~24	1~10[③],40~54[④]
葵花籽油	-16~18	129~136	10~13	10~13	21~39	51~68	
玉米油	-10~-20	111~128	8~13	1~4	24~50	34~61	0.6[③],2[⑤]
芝麻油	-4~-16	106~117	8~9	4~6	35~49	38~48	

① 肉豆蔻酸;② 棕榈油酸;③ 亚麻酸;④ 芥子酸(22:1Δ^{13});⑤ 花生四烯酸;⑥ C_{20-22} PUFA;⑦ C_{20-24} FA;⑧ 未指出范围者为平均值。

三酰甘油能在酸、碱或脂酶的作用下水解为脂肪酸和甘油。如果在碱溶液中水解,产物之一是脂肪酸盐(如钠和钾盐),俗称皂;油脂的碱水解称为**皂化[作用]**(saponification)。皂化 1 g 油脂所需的 KOH mg 数称为**皂化值(价)**(saponification value)。皂化值是三酰甘油中脂肪酸平均链长或三酰甘油平均相对分子质量的量度。

油脂分子中的不饱和脂肪酸也能与氢或卤素起加成反应。在催化剂如 Ni 的存在下油脂中的双键与氢发生加成,称为**氢化**(hydrogenation)。氢化可以将液态的植物油转变成固态的脂,在食品工业中被用于制造人造黄油(margarine)和半固体的烹调脂。不饱和油脂中的烯键与溴或碘发生加成反应而成饱和的卤化脂,此过程称为**卤化**(halogenation)。卤化反应中吸收卤素的量反映不饱和键的多少。通常用碘值(价)(iodine value)来表示油脂的不饱和程度。**碘值**指 100 g 油脂卤化时所能吸收碘的克数。

含羟基脂肪酸(如蓖麻油酸)的油脂可与乙酸酐作用,生成乙酰化油脂。油脂的羟基化程度一般用**乙酰[化]值(价)**(acetylation number)表示。乙酰值指中和从 1g 乙酰化产物中释放的乙酸所需的 KOH mg 数。蓖麻油(castor oil)含88%~94%的**蓖麻油酸**(ricinoleic acid),即 12-羟十八碳-9-烯酸(顺);因此它的乙酰价很高(124~150),但其他常见的油脂乙酰价在 2~20。

(三) 油脂酸败与脂质过氧化

1. 油脂酸败

油脂或富含油脂的食物,长时间暴露在空气中与氧接触会发生变质,产生难闻的气味,这种现象称为**酸败**(rancidity)。酸败的主要原因是脂质中不饱和脂肪酸的双键发生自动氧化,断裂成碳链较短的并因而容易挥发的醛和酸等;这些化合物容易通过空气扩散到鼻子。所谓**自动氧化**(auto-oxidation)是指空气中的分子氧在常温常压下对化合物的直接作用,从而导致氧化的发生。为防止自动氧化,可在新鲜油脂和含油脂食物中加入抗氧化剂如 α-生育酚等。此外,排除氧气(真空或充氮),降低温度(冷藏),消去其他促进自动氧化的因素(如光、高能辐射)也能防止和延缓酸败发生。

2. 脂质过氧化作用

脂质的自动氧化也称脂质的**过氧化**(peroxidation)。**脂质过氧化**一般定义为脂质中的多不饱和脂肪酸氧化变质(oxidation deterioration)。多不饱和脂肪酸不仅存在于油脂中,也广泛地参与磷脂和糖脂的组成;

磷脂和糖脂是生物膜的主要成分,因此脂质过氧化将直接干扰和破坏膜的生物功能。脂质过氧化作用是典型的活性氧参与的自由基链[式]反应。下面复习几个有关的重要概念,以便了解脂质过氧化作用。

自由基(radical)是指含有奇数价电子,并因此在一个轨道上具有一个不成对电子(unpaired electron)的原子或原子团。自由基的显著特征是具有顺磁性、反应性强和寿命短;这些特点都与它们存在不成对电子有关。分子成键过程中,电子都倾向于配对,自由基中的不成对电子也是如此。因此大多数自由基都是很活泼的,反应性极强,容易发生反应,生成稳定的分子;这是自由基的一个非常重要的性质。产生自由基的途径很多,但一般是通过辐射、热或单电子氧化还原等方法,使分子或离子发生均裂(homolysis)来获得:

$$A:B \xrightarrow{\text{均裂}} A·+B·$$

式中 A:B 是 A 和 B 两个原子或原子团通过一个共价键(:)形成的分子;A· 和 B· 是各带一个不成对电子的自由基。通常在自由基结构中具有不成对电子的原子符号上角、上方或近旁,标上一个小圆点以表示自由基。

活性氧(reactive oxygen)是指高反应性的氧或含氧分子如 $·O_2^-$、$·OH$、H_2O_2 和 $^1O_2$(单线态氧)等。氧对一切需氧生物是必不可少的生存条件,但是高浓度氧(特别是氧分压大于 $0.6×10^2$ kPa)对生物是有害的,会引起氧中毒。实验已证明,氧中毒是由于氧在机体内大量地被转变为活性氧,后者可以进攻和损害细胞膜(脂质)、蛋白质、酶和 DNA,从而引起组织病变、器官功能失常。

自由基链[式]反应(chain reaction)是自由基反应的最大特点。链反应一般包括引发、增长和终止三个阶段:① 引发(initiation)是由产生一个反应性足够强的起始自由基开始的。例如脂质分子 LH 被抽去一个氢原子则生成起始脂质自由基 L·:

$$LH \xrightarrow{\text{光子}(h\nu)} L·+·H$$

$$\text{或 } LH+·OH \longrightarrow L·+H_2O$$

② 作为链反应引发剂所需的量是很小的,因为反应一经引发,所生成的新自由基(如 L·)就可通过加成、抽氢、断裂等任一种或几种方式使链反应增长(propagation):

$$L·+O_2 \longrightarrow LOO· \tag{10-1}$$

$$LOO·+LH \longrightarrow LOOH+L· \tag{10-2}$$

上面(10-1)和(10-2)两个步骤可以反复进行,使整个过程成为链式反应;③ 链反应中两个自由基之间可以发生偶联或歧化反应,生成稳定的非自由基产物,例如:

$$L·+L· \longrightarrow L-L$$

如果这些反应占优势,链反应就会终止(termination)。然而在任何一个给定时刻,反应中的自由基浓度都是很低的,两个自由基互相碰撞的概率极小,因此这样的终止步骤很少发生。但是只要有少量的能够捕捉和清除自由基的抗氧化剂就可以有效地使链反应减慢或终止。

3. 脂质过氧化是典型的自由基链式反应

生物膜是生命系统中最容易发生脂质过氧化的场所,因为它具备脂质过氧化的两个必要条件,一是氧气;二是多不饱和脂肪酸(PUFA)。氧气为非极性物质,在膜脂中氧气浓度很高。很多 PUFA 如花生四烯酸是磷脂的组成成分,它们比其他脂肪酸更容易被氧化。PUFA 分子中跟两个双键相连的亚甲基(—CH_2—)上的氢比较活泼(图 10-1B),这是因为双键减弱了亚甲基碳与氢原子之间的 C—H 键,使氢容易被抽去。能抽氢并引发脂质过氧化的因子很多,例如羟自由基(·OH)。它从两个双键之间的—CH_2—抽去一个氢原子后,在碳上留下一个不成对电子,形成脂质自由基 L·(LH 代表脂质或 PUFA 分子)。L·经分子重排并与 O_2 结合,生成脂质过氧自由基 LOO·。LOO·能从附近另一个脂质分子 LH 抽氢生成新的脂质自由基 L·。这样反应就形成循环,即进入脂质过氧化的链增长阶段。链增长结果是导致脂质分子 LH 的不断消耗和脂质过氧化物如 LOOH 等的大量形成。整个过程如下:

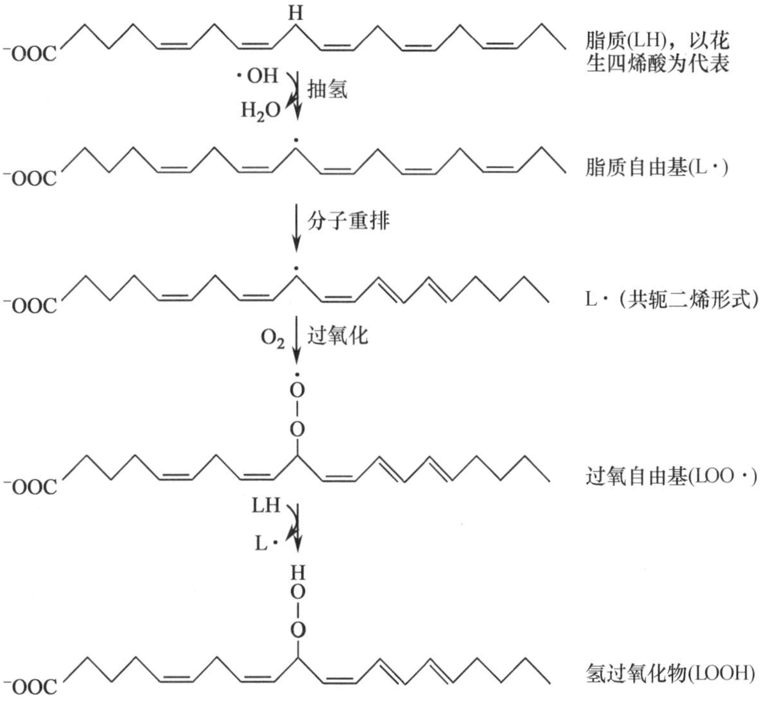

脂质(LH)，以花生四烯酸为代表

脂质自由基(L·)

L·(共轭二烯形式)

过氧自由基(LOO·)

氢过氧化物(LOOH)

脂质过氧化过程中生成的 LOO·等活性氧自由基也参与链引发和链增长，产生 LOOH。此外，LOO·还可以通过分子内双键加成、环化和断裂，生成各种醛类，主要是丙二醛(malondialdehyde)以及短链的酮、羧酸和烃类。丙二醛的量常被用作脂质过氧化的量度。

4. 脂质过氧化对机体的损伤和抗氧化剂的保护作用

脂质过氧化对生物机体损伤的机制很复杂，包括氧化终产物和中间物对生物大分子、膜、细胞和组织的毒害。过氧化反应中生成的中间物自由基如 L·和 LOO·作为引发剂通过抽氢使蛋白质分子变成自由基，进而引起链式反应：导致蛋白质的聚合。终产物丙二醛跟肽链上的氨基发生作用导致蛋白质分子的交联；跟肽链上的巯基反应使蛋白质或酶失去生物活性，导致代谢异常。

膜的流动性是生物膜结构的主要特征之一。合适的流动性对膜行使功能十分重要。而膜脂的不饱和程度对膜流动性起重要调节作用。脂质过氧化的直接结果是膜的不饱和脂肪酸减少，流动性降低。膜蛋白多是功能蛋白如酶、受体、离子通道和呼吸链等。在正常情况下它们在二维流体膜上能自由侧向移动，处于缔合与解离的动态过程。但过氧化产物引起膜蛋白的共价交联与聚合，使膜蛋白处于永久性缔合状态，必然导致膜功能的异常。此外，脂质过氧化跟动脉粥样硬化的斑块和衰老重要标志之一的老年斑或老年色素(age pigment)的形成也有密切关系。

脂质过氧化对机体虽有损伤作用，但体内存有抗氧化的保护系统。正常情况下，过氧化与抗氧化处于平衡中，不致造成对机体的损害。但平衡失调时，脂质过氧化加剧，此时给机体外加适量的抗氧化剂是必要的，以协助机体维持两者平衡，使之处于健康状态。

凡具有还原性而能抑制靶分子自动氧化的即能抑制自由基链反应的物质称为**抗氧化剂**(antioxidant)。能与自由基反应使之还原成非自由基的抗氧化剂称为**自由基清除剂**(radical scavenger)。抗氧化剂按其作用性质可分为预防型和阻断型两类。预防型抗氧化剂可以清除引发阶段的自由基，防止链反应的发生，如**超氧化物歧化酶**(superoxide dismutase；SOD)、**过氧化氢酶**(catalase)和**谷胱甘肽过氧化物酶**(glutathione peroxidase)等。阻断型抗氧化剂可以捕捉和清除包括链反应中产生的自由基，中断或延缓链反应的进行，如维生素 E、还原型谷胱甘肽和 β-胡萝卜素。β-胡萝卜素和维生素 E 都有淬灭(quench)单线态氧的功能；淬灭是指通过能量转移使一种分子(如单线态氧)从激发态回到基态。

（四）烹调油的部分氢化产生反式脂肪酸

为了改善烹调用植物油的存放时间和增加它在煎炸时对高温的稳定性，商品植物油常经过部分氢化处理。这一过程使脂肪酸中的许多顺式双键转变为单键,并且增加油的熔点温度,因此在室温下更接近于固体;在食品工业中正是利用这种方法从植物油制作人造黄油(margarine)的。然而植物油的部分氢化带来了一个不好的后果:某些顺式双键转变成反式双键。现有确凿证据表明:反式脂肪酸(常直称为"反式脂肪")食物的摄入导致心血管病的高发生率;膳食中避免这些脂肪明显降低冠心病的风险。食物的反式脂肪酸升高血液中三酰甘油和 LDL("坏的")胆固醇,降低 HDL("好的")胆固醇;这些变化单独就足以增加冠心病的风险。反式脂肪酸还有进一步的不良效应,例如可能会增加机体的炎症反应,后者是心脏病的另一风险因素(关于 LDL(低密度脂蛋白)和 HDL(高密度脂蛋白)胆固醇的代谢及其对健康的影响见第24 章)。许多快餐食品是在部分氢化的植物油中煎炸出来的,因此反式脂肪酸含量很高,例如在美国一份炸鸡块约含 5 g 反式脂肪酸。考虑到这些油脂的不良后果,有些国家如丹麦以及某些城市如纽约严格限制餐馆使用部分氢化的植物油。每天摄入 2~7 g 量的反式脂肪酸,有害效果就会出现。

(五) 三酰甘油提供储能和保温

在大多数真核细胞中,三酰甘油在含水细胞溶胶中形成微小的油滴分离相,作为代谢燃料的储库。脊椎动物的专门化细胞,称脂肪细胞(adipocyte),贮存大量的三酰甘油,几乎充满了整个细胞。许多植物的种子中也以油的形式贮存三酰甘油,为种子发芽提供能量和合成前体。脂肪细胞和正发芽的种子含有**脂酶**(lipase),催化贮存脂质的水解,释放脂肪酸,以输送到需要它们作为燃料的地方。利用三酰甘油作为贮存燃料,比多糖例如糖原和淀粉,有两个显著的优点。第一,脂肪酸的碳原子比单糖的碳原子还原性高,1 g 油脂在体内完全氧化将产生 37 kJ(9 kcal),而 1 g 糖或蛋白质只产生 17 kJ 能量。第二,因为三酰甘油是疏水的,不被水化;因此携带脂肪作为燃料的生物体不必携带与贮存多糖结合的那份额外水化水(2 g/g多糖)。中等肥胖人在皮下、腹腔和乳腺的脂肪组织中积储的三酰甘油可达 15~20 kg,足以供给几个月所需的能量。然而人体以糖原形式贮存的能量不够一天的需要。葡萄糖和糖原的优点是易溶于水,能快速提供代谢所需的能量。某些动物在皮下贮存的三酰甘油不仅作为能储,而且作为抗低温的绝缘层,例如海豹、海象、企鹅和其他的极生温血动物都填充着大量的三酰甘油。冬眠动物(例如熊)在冬眠前积累大量脂肪也是用作保温和能储。人和动物的皮下和肠系膜脂肪组织还起防震的填充物作用。

(六) 蜡及其用作储能和防水

蜡(wax)是长链(C_{14}~C_{36})脂肪酸(RCOOH)和长链(C_{16}~C_{30})一元醇(HOR′)形成的酯。简单蜡酯的通式为 RCOOR′。实际上生物蜡是多种蜡酯的混合物,还常含有烃类以及二元酸等,蜡中发现的脂肪酸一般为饱和脂肪酸,醇可以是饱和醇、不饱和醇或固醇。蜡分子含一个很弱的极性头(酯基)和一个非极性尾(一般为两条长烃链),因此蜡完全不溶于水。蜡的硬度由烃链的长度和饱和度决定。蜡的熔点(60~100℃)一般比三酰甘油的高。在浮游生物(plankton)——海洋动物食物链底部的浮游微生物——中蜡是代谢燃料的主要贮存形式。蜡的其他功能与它的防水性和高稠度有关,脊椎动物的某些皮肤腺分泌蜡以保护毛发和皮肤,使之柔韧、润滑并防水。鸟类,特别是水禽,从它们的尾羽腺分泌蜡使羽毛能防水。冬青、杜鹃花和许多热带植物的叶覆盖着一层蜡以防寄生物侵袭和水分的过度蒸发。生物蜡被发现在制药、化妆品和其他工业上有许多用途。下面介绍几个重要的生物蜡:

蜂蜡(bee wax)是蜂腹部蜡腺分泌用以建造蜂巢的材料,完全不透水,熔点为 60~82℃;皂化时主要产生 C_{26} 和 C_{28} 烷酸以及 C_{30} 和 C_{32} 醇。**白蜡**(Chinese wax)也称中国虫蜡,是胭脂虫属(*Cocusc*)的一种昆虫(*C. Cerifera*)俗称白蜡虫的分泌物,白蜡的主要成分为 C_{26} 醇和 C_{26}、C_{28} 酸所成的酯,熔点为 80~83℃。蜂蜡和白蜡可用作涂料、润滑剂及其他化工原料。

鲸蜡(spermaceti wax)为抹香鲸头部的鲸油冷却时析出的一种白色晶体。抹香鲸(sperm whale)也称巨头鲸,头部占全身总重量的1/3,头部重量的90%由鲸蜡器构成,其中含鲸油约 4 t,它是三酰甘油和蜡的混合物。鲸蜡主要成分是由棕榈酸和鲸蜡醇(spermol)即十六烷醇形成的酯,熔点为 42~47℃。

羊毛蜡(wool wax)是从羊毛的洗涤废液中回收的,它具有特殊的性质,能形成一种稳定的半固体状乳胶,含水量高达 80%。**羊毛脂**(lanolin)是从羊毛蜡中纯化获得的产品,可用作药品和化妆品软膏的底料。

羊毛蜡中可皂化部分含烷酸60%,羟基酸35%,不可皂化部分为羊毛固醇44%,胆固醇31%,烷醇16%及其他。所谓可皂化部分是指皂化后能溶于水的成分(脂肪酸盐),不可皂化部分为不溶于水而溶于乙醚的成分。

巴西棕榈蜡(carnauba wax)是天然蜡中经济价值最高的一种。由于它的熔点高(86~90℃)、硬度大和不透水,被用作高级抛光剂,如汽车蜡、船蜡、地板蜡以及鞋油等。巴西棕榈蜡主要是由C_{24}和C_{28}烷酸及C_{32}和C_{34}烷醇形成的各种酯的混合物。

二、膜结构脂质——磷脂、糖脂和固醇

磷脂(phospholipid)包括甘油磷脂和鞘磷脂两类;它们主要参与细胞膜的组成。甘油磷脂是第一大类膜结构脂质或称膜脂;**糖脂**主要是鞘糖脂,此外还有甘油糖脂。鞘磷脂和鞘糖脂合称为**鞘脂**(sphingolipid),是第二大类膜脂。此外还有固醇也参与膜的组成。

(一)甘油磷脂是磷脂酸的衍生物

1. 甘油磷酸(甘油取代物)的构型

甘油本身不是手性分子(见图10-5),因为通过它的C2有一个对称面。然而甘油是一个**手性原分子**(prochiral molecule),向它的两个—CH_2OH基的任一个加入一个取代基如磷酸,甘油分子中央的碳(C2)则成为手性原子。这样形成的化合物,例如图10-7A中示出的**甘油磷酸**(glycerol phosphate)按DL系统命名(见第1章),即根据与甘油醛异构体的立体化学关系命名,在大多数脂质中发现的磷酸甘油异构体可以正确地称为L-甘油-3-磷酸或D-甘油-1-磷酸。另一种规定异构体的方法是**sn-系统**即**立体专一编号系统**(stereo-specific numbering system)(图10-7A)。在这一系统中,按定义C1是占据S-原(Pro-S)位置的手性原化合物(如甘油)的基团,也即在Fischer投影式中把甘油中央碳的羟基放在左边,3个碳原子自上而下标为C1、C2和C3。这样,C3羟基被磷酸取代生成的磷酸甘油(此时C2是R构型)称为sn-甘油-3-磷酸(sn-glycerol-3-phosphate)或L-甘油-3-磷酸;其对映体称为sn-甘油-1-磷酸或L-甘油-1-磷酸(这里C2是S构型)。在古菌的脂质(见图10-12)中甘油构型就是sn-甘油-1-磷酸(D-甘油-3-磷酸)。至今在文献中这两种系统都在使用。

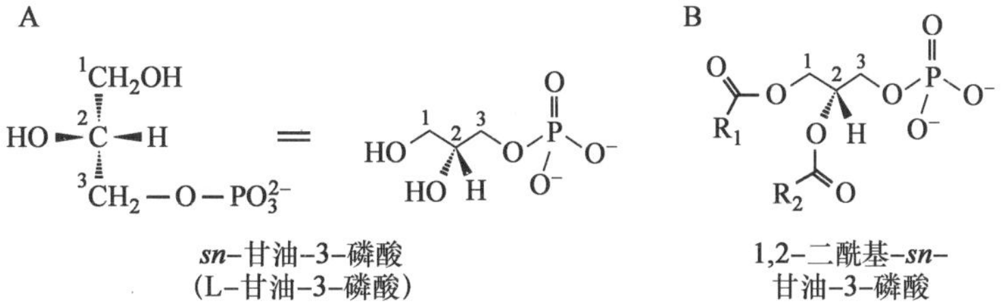

图10-7 A. sn-甘油-3-磷酸构型;B. 1,2-二酰基-sn-甘油-3-磷酸结构通式

2. 甘油磷脂的结构

甘油磷脂(glycerophospholipid;glycerol phosphatide)也称**磷酸甘油酯**(phosphoglyceride),它们是由sn-甘油-3-磷酸衍生而来的。在sn-甘油-3-磷酸中甘油的C1和C2以酯键跟两个脂肪酸连接,形成1,2-二酰基-sn-甘油-3-磷酸(图10-7B),简称**磷脂酸**(phosphatidic acid)。磷脂酸少量地存在于大多数生物中,它是甘油磷脂的母体化合物,也是甘油磷脂生物合成的前体。磷脂酸的磷酸基进一步被一个高极性或带电荷的醇(XOH)酯化,形成各种甘油磷脂。XOH一般为含氮碱,如胆碱(choline)、乙醇胺(ethanolamine)和丝氨酸等,此外是肌醇和甘油。各种甘油磷脂的名称都由3-sn-磷脂酸派生而来,即前缀"磷脂酰"加极性醇(XO—)名称,例如磷脂酰胆碱,磷脂酰乙醇胺等。在所有的这些磷脂中,XOH通过磷酸二酯键与甘油连接并构成极性头基,两个长的烃链构成非极性尾部(图10-8)。由于甘油磷脂分子中sn-1和sn-2位上酯化的是各种组合的天然脂肪酸,因此任何一种给定的甘油磷脂(例如磷脂酰胆碱)都是不均一的,实

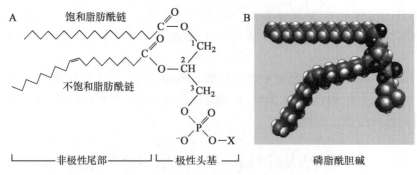

图 10-8　甘油磷脂结构通式(A)和磷脂酰胆碱分子模型(B)

际上代表多种分子形式(molecular species),其中每种形式都有独特的一套脂肪酸。分子形式的分布对不同的生物、同一种生物的不同组织、甚至同一细胞或同一组织中的不同磷酸甘油都是专一的。一般说,甘油磷脂 C1 位上连接的是 C_{16} 或 C_{18} 饱和脂肪酸,C2 位上是 C_{18} 或 C_{20} 不饱和脂肪酸。除少数几个例外,脂肪酸和头基方面变化的生物学意义尚不清楚。几种常见的甘油磷脂及其头基醇的名称和 X 的结构式列于表 10-4。

3. 甘油磷脂的一般性质

纯的甘油磷脂为白色蜡状固体。暴露于空气中由于多不饱和脂肪酸的过氧化作用,磷脂颜色逐渐变暗。甘油磷脂溶于大多数含少量水的非极性溶剂,但难溶于无水丙酮,用氯仿-甲醇混合液可从细胞和组织中提取磷脂。

在生理 pH 时,甘油磷脂分子的磷酸基带 1 个负电荷($pK_a' = 1$ 到 2);乙醇胺或胆碱部分带 1 个正电荷;丝氨酸部分带 1 个正电荷($pK_a' = 9.2$)和 1 个负电荷($pK_a' = 2.2$);肌肌醇和甘油基不带电荷。几种甘油磷脂分子的净电荷见图 10-10。因此磷脂属于两亲脂质,是成膜分子,在水中能形成双分子层的**微囊**(图 10-29)。

甘油磷脂用弱碱水解产生脂肪酸盐和 3-磷酰醇甘油(glycerol-3-phosphorylalcohol)。用强碱水解则生成脂肪酸盐、醇(XOH)和 3-磷酸甘油。磷酸与甘油之间的键对碱稳定,但能被酸水解。

大多数细胞不断地降解和更换它们的膜脂。甘油磷脂中每一个可水解的键在溶酶体中都有一种专一的水解酶(图 10-9)。A 型**磷脂酶**(phospholipase)能除去甘油磷脂的两个脂肪酸中的一个,甘油磷脂的酯键和磷酸二酯键能被**磷脂酶**专一地水解。这些脂酶根据它们所水解的键(图 10-9 中箭头所指者)分别命名为磷脂酶 A_1、A_2、C 和 D。

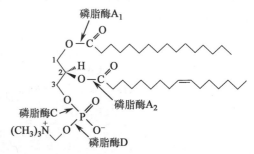

图 10-9　磷脂酶的专一性

磷脂酶 A_1 广泛分布于生物界;磷脂酶 A_2 主要存在于蛇毒、蜂毒和哺乳类胰脏(酶原形式)中;磷脂酶 C 来源于细菌及其他生物组织;磷脂酶 D 多存在于高等植物中。磷脂酶 A_1 和 A_2 分别专一地除去甘油磷脂中 sn-1 或 sn-2 碳上的脂肪酸,生成仅含一个脂肪酸的产物,称**溶血甘油磷脂**(lysophosphoglyceride)或**溶血磷脂**,如溶血磷脂酰乙醇胺。它们是体内甘油磷脂代谢的中间产物,但在细胞或组织中含量很小,如果浓度高,则将对膜造成毒害。因为溶血甘油磷脂是一种很强的表面活性剂,能使细胞膜如红细胞膜溶解。菱背响尾蛇(*Crotalus adamanteus*)和印度眼镜蛇(*Naja naja*)的蛇毒含磷脂酶 A_2。在印度眼镜蛇每年毒死数千人。磷脂酶常作为工具酶与薄层层析技术一起用于磷脂的结构分析。

4. 几种常见的甘油磷脂(表 10-4)

磷脂酰胆碱(phosphatidylcholine)也称**卵磷脂**(lecithin),系统名称为 1,2-二酰基-sn-甘油-3-磷酸胆碱(1,2-diacyl-sn-glycero-3-phosphocholine)。磷脂酰胆碱和磷脂酰乙醇胺是细胞膜中最丰富的脂质之一(见表 10-8)。胆碱成分是一种季胺离子,碱性极强。胆碱具有重要的生物学功能,是代谢中的一种甲

表 10-4　几种甘油磷脂的极性头基及其静电荷

甘油磷脂名称	HO-X 的名称	极性头基中-X 的结构	极性头基净电荷(pH=7)
磷脂酸	——	—H	-2
磷脂酰乙醇胺	乙醇胺		0
磷脂酰胆碱	胆碱	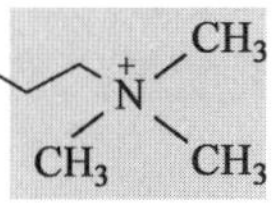	0
磷脂酰丝氨酸	丝氨酸	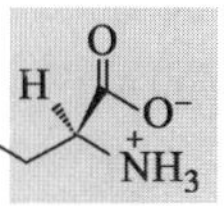	-1
磷脂酰甘油	甘油	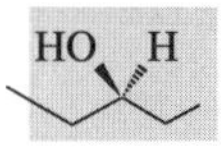	-1
磷脂酰肌醇-4,5-二磷酸(PIP₂)	[肌]肌醇-4,5-二磷酸	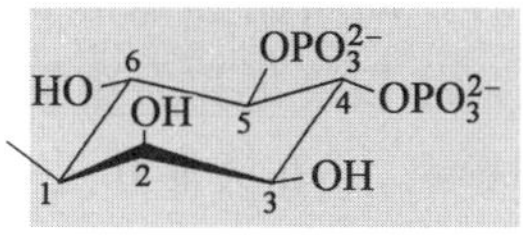	-4①
心磷脂	磷脂酰甘油	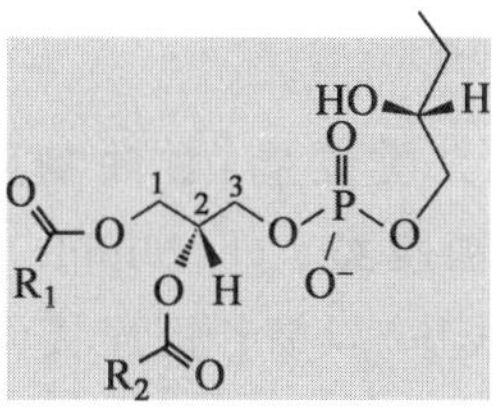	-2

① 注:磷脂酰肌醇-4,5-二磷酸中的磷酸酯,每个约有-1.5个电荷;它们的—OH基中的一个仅部分电离。

基供体;在某些条件下是膳食中必需的,因此有人把它归为 B 族维生素。乙酰化的胆碱,称**乙酰胆碱**(acetylcholine),$(CH_3)_3N^+CH_2CH_2OCOCH_3$,是一种神经递质,与神经冲动的传导有关。卵磷脂和胆碱被认为有防止脂肪肝形成的作用。卵磷脂在蛋黄和大豆中特别丰富,食品工业中广泛用作乳化剂。医药用卵磷脂主要是作为大豆油精炼过程中的副产品获得。

　　磷脂酰乙醇胺(phosphatidylethanolamine)也称**脑磷脂**(cephalin);后一名称有时也包括磷脂酰丝氨酸在内。含氮碱部分是乙醇胺,也称胆胺(colamine)。磷脂酰乙醇胺中 *sn*-1 位上的脂[肪]酰基也和卵磷脂中一样,主要是棕榈酸和硬脂酸,但 *sn*-2 位含有较多的 PUFA,如花生四烯酸(20:4)或 DHA(22:6)。

　　磷脂酰丝氨酸(phosphatidylserine)常见于血小板的膜中,也称**血小板第三因子**。当组织受损血小板被激活时,膜中的磷脂酰丝氨酸由内侧转向外侧,作为表面催化剂与其他凝血因子一起致使凝血酶原活化。

　　磷脂酰肌醇-4,5-二磷酸(phosphatidylinositol-4,5-bisphosphate;PIP₂)广泛存在于真核细胞的质膜中,它是两个胞内信使:肌醇-1,4,5-三磷酸(IP_3)和 1,2-二酰基-*sn*-甘油(DAG)的前体,这些信使参与激素信号的放大(见第 14 章和第 28 章)。

　　磷脂酰甘油(phosphatidylglycerol)在细菌细胞膜中含量丰富。磷脂酰甘油是心磷脂头基的 X 部分。

　　双磷脂酰甘油(diphosphatidylglycerol)最先在心肌线粒体膜和细菌细胞膜中找到,因此又称**心磷脂**(cardiolipin)。它是由两个磷脂酰甘油的磷酸部分通过一个甘油分子共价连接而成(表 10-4)。

(二) 某些甘油磷脂含醚键连接的脂肪酰链

　　某些动物组织和某些单细胞生物富含**醚甘油磷脂**(ether glycerophospholipid)或称**醚脂**(ether lipid)。醚脂中甘油骨架上的两个脂[肪]链中的一个是以醚键而不是酯键相连的。醚键连接的脂链可以是饱和的,如烷基醚脂中,也可以在脂链的 C1 和 C2 之间含有一个双键,如**缩醛磷脂**(plasmalogen)(图 10-10A)。常见的缩醛磷脂中头基醇 X 包括胆碱、乙醇胺或丝氨酸。脊椎动物的心肌组织特别富含醚脂,心脏磷的约一半是缩醛磷脂,其中又以缩醛磷脂酰胆碱(phosphatidal choline)含量为多。此外,嗜盐菌、纤毛原生生物和某些无脊椎动物的膜也含有很高比例的缩醛磷脂。醚脂在这些膜中的功能意义尚不清楚;也许它们的抗磷脂酶性质在某些作用中有重要意义,因为此酶能从膜脂中断裂酯键连接的脂肪酸。

　　至少有一种醚脂,称**血小板活化因子**(platelet-activating factor,PAF),是一种强力的分子信号,在组织中它的浓度只要达到 10^{-12} mol/L 就会发生效应。在 PAF 中甘油的 sn-1 位是 O-连接(醚连接)的烷基,十六烷基;sn-2 位是乙酰

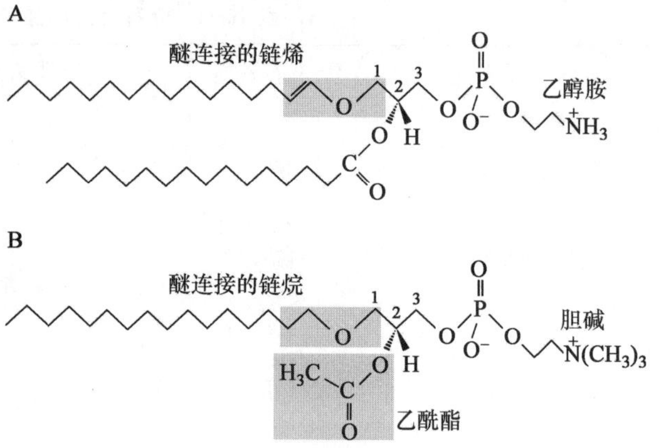

图 10-10　缩醛磷脂(A)和血小板活化因子(B)

基(图 10-10B),这使 PAF 比大多数的甘油磷脂和缩醛磷脂更易溶于水。PAF 是从称为嗜碱性粒细胞(basophil)的白细胞中释放的,它促进血小板凝集和血小板释放 5-羟色胺(一种血管收缩剂)。PAF 对肝、平滑肌、心、子宫和肺等组织还有多种影响,并在炎症和过敏反应中起着重要作用。

(三)　叶绿体含半乳糖脂和硫脂

　　植物细胞中占优势的脂质是第二类膜脂:**甘油糖脂**(glyceroglycolipid)也称**糖基甘油酯**(glyco-glyceride)它们常与鞘糖脂一起归于**糖脂类**(glycolipids)。甘油糖脂是由 1,2-二酰甘油 sn-3 位上的羟基与糖基(例如一个或两个半乳糖残基)以糖苷键连接而成。最常见的就是**半乳糖脂**(galactolipid),如单半乳糖二酰甘油(monogalactosyldiacylglycerol;MGDG)和二半乳糖二酰甘油(DGDG)(图 10-11)。甘油糖脂主要存在于植物界和微生物中。植物叶绿体的类囊体膜(内膜)含有大量的半乳糖脂;它们占维管植物的总膜脂的 70% ~ 80%,因此可能是生物圈中最丰富的膜脂。磷酸盐经常是土壤中限制性的植物营养素,也许为保存磷酸盐以用于更关键角色的进化压力,选择制造无磷酸脂质的植物。甘油糖脂也出现于哺乳类,但分布不普遍,主要存在于睾丸和精子的质膜中。植物细胞膜也含有**硫脂**(sulfolipid),其中一个磺基化的葡萄糖残基以糖苷键与二酰基甘油连接;像甘油磷脂中的磷酸基,此磺酸基也带有一个负电荷(图 10-11)。

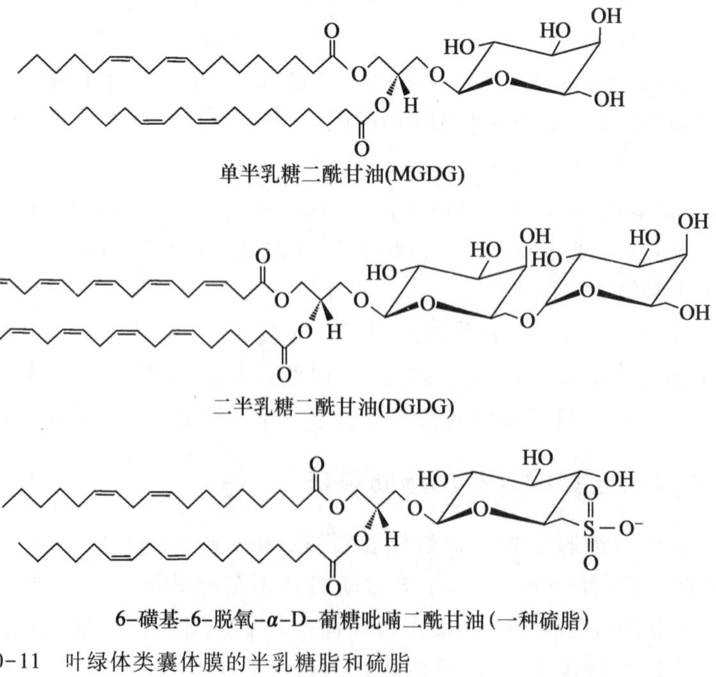

单半乳糖二酰甘油(MGDG)

二半乳糖二酰甘油(DGDG)

6-磺基-6-脱氧-α-D-葡糖吡喃二酰甘油(一种硫脂)

图 10-11　叶绿体类囊体膜的半乳糖脂和硫脂

（四）古菌具有独特的膜脂

生活在极端条件——高温（沸水）、低 pH、高离子强度等——的生态位（niche）的某些古菌具有含长链（32 碳）分支（8 个甲基）烃的膜脂，烃的每一末端跟甘油连接（图 10-12）。这些连接都是通过醚键完成的；醚键对低 pH 和高温下的水解比细菌和真核细胞中存在的酯键要稳定得多。在完全伸展的状态，这些古菌脂质的长度是磷脂和鞘脂的两倍，能跨过质膜的整个厚度。在伸展分子的每一端是一个由甘油和甘油磷酸基或糖基连接而成的极性头。此类化合物的一般名称，甘油二烷基甘油四醚（glycerol dialkyl glycerol tetraether，GDGT），反映了它们的独特结构。古菌中脂质甘油部分的立体异构体与细菌和真核细胞中的不同，在古菌中甘油中央的碳是 S 构型，细菌和真核细胞中的是 R 构型（图 10-7）。

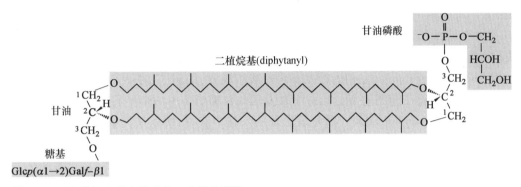

图 10-12　在某些古菌中发现的一种特殊膜脂

（五）鞘脂是鞘氨醇的衍生物

鞘脂（sphingolipid）也有 1 个极性头基和 2 个非极性尾部，但与甘油磷脂和甘油糖脂（如半乳糖脂）不同，它不含甘油成分。鞘脂是由 1 分子的长链（C_{18}）氨基醇——**鞘氨醇**（sphingosine；4-sphingenine）或其衍生物，1 分子长链脂肪酸和 1 分子极性头基组成。极性头基在鞘磷脂中通过磷酸二酯键被连接，在鞘糖脂中通过糖苷键被连接。鞘氨醇（图 10-13）的 C1、C2 和 C3 携有 3 个官能团（分别是—OH、—NH_2 和—OH）结构上很像甘油磷脂中甘油的 3 个羟基。脂肪酸通过酰胺键与鞘氨醇 C2 上的—NH_2 基连接，形成的化合物称**神经酰胺**（ceramide，Cer），后者在结构上类似于二酰甘油，是所有鞘脂（鞘磷脂和鞘糖脂）的结构母体（图 10-13A）。作为神经酰胺衍生物的鞘脂，根据其极性头基的不同，可分为两类：鞘磷脂和鞘糖脂。

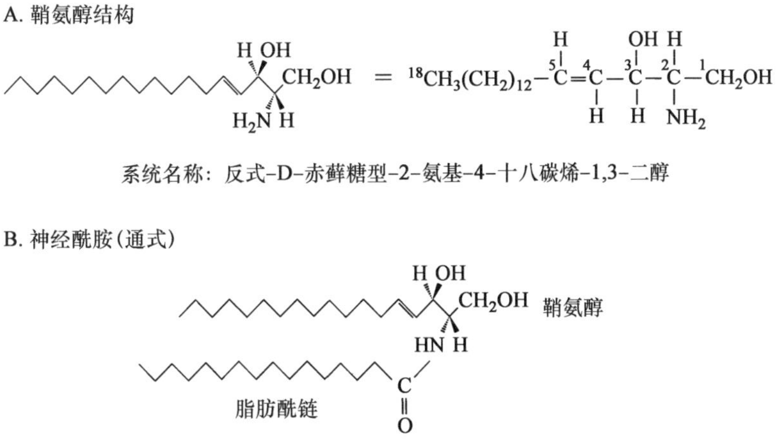

A. 鞘氨醇结构

$$= {}^{18}CH_3(CH_2)_{12}-\overset{5}{C}=\overset{4}{C}-\overset{3}{C}-\overset{2}{C}-\overset{1}{C}H_2OH$$

系统名称：**反式-D-赤藓糖型-2-氨基-4-十八碳烯-1,3-二醇**

B. 神经酰胺（通式）

鞘氨醇

脂肪酰链

图 10-13　鞘氨醇和神经酰胺的结构

鞘磷脂（sphingomyelin）是在神经酰胺的 C1 位上含磷酸胆碱或磷酸乙醇胺作为它的极性头基，因此跟甘油磷脂一起被归于**磷脂类**。诚然，鞘磷脂在一般性质、三维结构以及极性头基没有净电荷等方面（图 10-14）都和磷脂酰胆碱和磷脂酰乙醇胺相似。鞘磷脂存在于动物细胞的质膜，特别是髓鞘（延展的

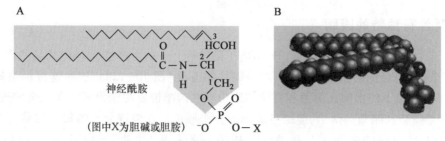

图 10-14 A. 鞘磷脂结构通式；B. 胆碱鞘磷脂的空间填充模型

质膜)中。**髓鞘**(myelin)是一种膜性鞘,它包围某些神经元并使之绝缘,鞘磷脂因之而得名。

鞘糖脂(glycosphingolipid) 主要存在于质膜的外表面;它们具有一个通过糖苷键直接连接于神经酰胺 C1 位—OH 基的单糖或寡糖,但不含磷酸基。根据糖基是否含有唾液酸或硫酸成分,鞘糖脂又可分为中性鞘糖脂(或称中性糖脂)和酸性鞘糖脂(包括硫苷脂和神经节苷脂)。

中性糖脂(neutral glycolipid),它们的糖基不含唾液酸成分,在 pH 7 时不带电荷。常见的糖基有半乳糖、葡萄糖等单糖,或二糖、三糖等寡糖。第一个被发现的鞘糖脂是由一个半乳糖与神经酰胺连接而成的半乳糖基神经酰胺(galactosylceramide);因为最先是从人脑中获得,所以又称**脑苷脂**(cerebroside)或半乳糖脑苷脂(galactocerebroside)(图 10-15A)。现已知脑苷脂除半乳糖脑苷脂,Gal(β1→1)Cer,外,还有葡萄糖脑苷脂(glucocerebroside),Glc(β1→1)Cer;前者是神经组织中的细胞质膜特有的,后者存在于非神经组织的细胞质膜中。**红细胞糖苷脂**(globoside)也是中性鞘糖脂,极性头基是寡糖链,单糖单位一般是 D-Glc、D-Gal 或 D-GalNAc,例如乳糖基神经酰胺 Gal(β1→4) Glc(β1→1) Cer。ABO 血型的细胞表面抗原物质(O 抗原、A 抗原和 B 抗原)也是鞘糖脂,是由各自的抗原决定簇 O、A 和 B(表 9-4)与乳糖基神经酰胺共价连接而成的五糖基神经酰胺或六糖基神经酰胺(图 10-15B)(也发现这些鞘糖脂的寡糖头基相应地与 O、A 和 B 血型个体的一些血中蛋白质连接);由于这些糖脂含有岩藻糖,因此也称它们为**岩藻糖脂**(fucolipid)。鞘糖脂的疏水尾部伸入膜的脂双层,极性糖基露在细胞表面,它们不仅是与血型抗原而且与

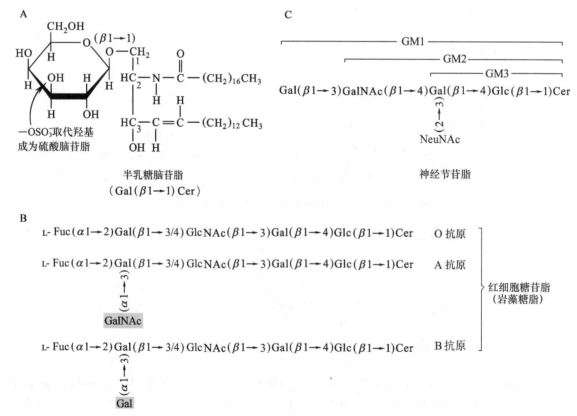

图 10-15 几种鞘糖脂的化学结构

组织和器官的特异性,细胞-细胞识别等有关。

　　硫苷脂(sulfatide)是鞘糖脂的糖基被硫酸化形成的。最简单的硫苷脂是**硫酸脑苷脂**(cerebroside sulfate)(图 10-15A)。已分离到的硫苷脂有几十种。它们广泛地分布于哺乳动物的各器官中,以脑中含量最为丰富。硫苷脂可能与血液凝固和细胞黏着有关。

　　神经节苷脂(ganglioside)也称唾液酸鞘糖脂,是最复杂的一类鞘脂,它们以寡糖链作为极性头基。在寡糖链内部的或末端的半乳糖残基上常以(α2→3)糖苷键连接上一个或多个**N-乙酰神经氨酸**(NeuNAc),它是一种唾液酸,也经常简单地称它为**唾液酸**(Sia)。唾液酸使神经节苷脂在 pH 7 时带负电荷,这是它们与红细胞糖苷脂不同的地方。唾液酸鞘糖脂的命名是头一个字母 G 代表神经节苷脂,第二个字母 M、D、T 和 Q 分别表示含 1、2、3 和 4 个唾液酸的神经节苷脂,最后的数字 1、2、3 等表示糖链的序列不同(图 10-15C)。神经节苷脂在神经系统特别是神经末梢中含量丰富,种类很多。它们可能在神经冲动传递中起重要作用。

(六) 细胞表面上的鞘脂是生物识别的位点

　　在一个多世纪前医学化学家 Johann Thudichum 发现鞘脂时,鞘脂的生物学作用还是像"狮身人面像(Sphinx)"一样的不可思议,因此他把这些化合物命名为 sphingolipid(鞘脂)。在人体的细胞膜中至少已有 60 种不同的鞘脂被鉴定出。其中许多是在神经元的质膜中特别丰富的,某些显然是细胞表面上的识别位点,但至今只有少数几种鞘脂的专一功能被发现。有些鞘脂的糖质部分是定义人的血型的,并因此可以确定输血时一个人能够安全接受的血型(图 10-15B)。

　　神经节苷脂集中在细胞的外表面,在这里它们提供给胞外分子或相邻细胞的表面以识别点。质膜中神经节苷脂的种类和数量在胚胎发育期间发生剧烈变化。肿瘤形成诱导神经节苷脂新组分的合成,并发现了一种专一的神经节苷脂在很低浓度时就能诱导培养的神经元肿瘤细胞的分化。各种神经节苷脂的生物学作用的研究方兴未艾。

　　神经节苷脂能被溶酶体的一套酶降解,这些酶催化逐步除去单糖残基,最后生成神经酰胺。这些水解酶的任一种遗传缺失都会导致细胞中神经节苷脂的积累,带来严重的医学后果。

(七) 类固醇具有四个稠合的碳环

　　类固醇(steroid)中有一大类称为**固醇**或**甾醇**(sterol)的化合物,是一类膜结构脂质,存在于大多数真核细胞的膜系统中。这类膜脂的特征结构是一个由 4 个稠环组成的类固醇核,它在生物体内是由 2-碳乙酸开始,经 5-碳异戊二烯单位(isoprene subunit)合成的(第 24 章)。除了作为膜的结构成分外,固醇还是某些具有特异生物活性的产物——活性脂质(见下一节)——的前体,例如类固醇激素是调节基因表达的强力生物学信号。

1. 类固醇核的结构

　　类固醇核的结构以**环戊烷多氢菲**(perhydrocyclopentanophenanthrene)为基础,如图 10-16 所示,它是由 3 个六碳环(A、B、C 环)和 1 个五碳环(D 环)稠合而成。在环戊烷多氢菲的 A 和 B 环之间和 C 和 D 环之间各有一个甲基(C18 和 C19),称为角甲基;带有角甲基的环戊烷多氢菲称为**类固醇核**或**甾核**(steroid nucleus),它是类固醇化合物的母体。甾核的碳原子编号从 A 环开始,接着是 B、C 和 D 环。

　　类固醇的结构特点:① 甾核的 C3 上常为

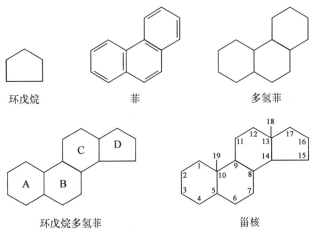

图 10-16　环戊烷多氢菲和甾核的结构

羟基或酮基;② C17 上可以是羟基、酮基或其他各种形式的侧链;③ C4 和 C5 之间及 C5 和 C6 之间常是双键;④ A 环在某些化合物如雌酮(estrone)中是苯环,这些类固醇无 C19(角甲基)。

如图 10-17 所示甾核中 3 个六碳环可采取无张力的椅式构象(图右边),但跟简单的环己烷或吡喃糖环不同,固醇的六碳环不能发生椅-椅互换(环转向)(见图 9-9)。甾核的构象基本上是一个刚性的平面。在固醇中 A 环和 B 环的稠合(A-B)可以是顺式,也可以是反式的;但其他环的稠合(B-C,C-D)都是反式的;这些稠环不允许绕 C—C 键旋转。反式类固醇(如胆甾烷醇)中,C10 上的角甲基(C19)伸向分子平面的上方(称 β 取向),在透视式(图左边)中用实楔形键表示;C5 位上的氢原子伸向分子平面的下方(称 α 取向),用虚楔形键(或虚线键)表示。A-B 顺式类固醇(如粪固醇)中,C10 上的角甲基和 C5 上的氢原子都伸向分子平面的上方(β 取向)。这两种类固醇分子都比较长而扁平,两个角甲基直立地伸向分子平面的上方。类固醇分子平面上的取代基可能是直立的,也可能是平伏的。一般说,由于空间上的原因平伏取代比直立取代稳定;例如胆甾烷醇(及胆固醇)C3 上的羟基是平伏取代的(图 10-17,右上方构象式中)。

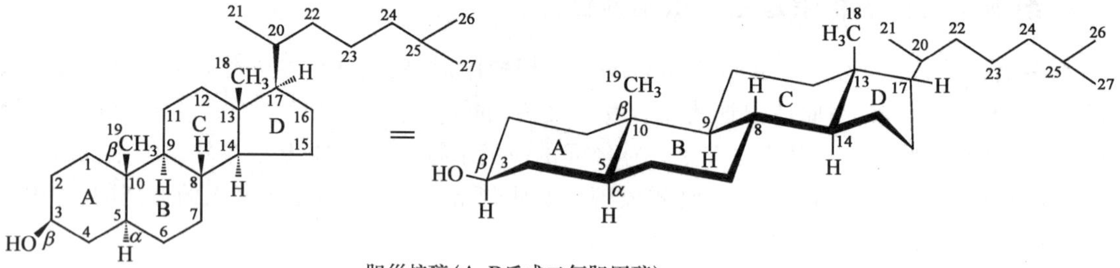

胆甾烷醇(A-B反式二氢胆固醇)

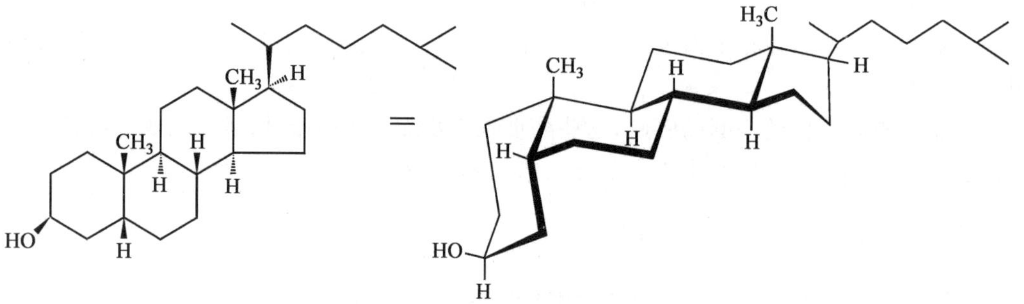

粪甾醇(A-B顺式二氢胆固醇)

图 10-17　固醇的立体化学(左边)和构象式(右边)

2. 胆固醇和其他动物固醇

固醇化合物的结构特点是在甾核的 C3 上有一个 β 取向的羟基,C17 上有一个含 8 到 10 个碳原子的烃侧链。大多数真核生物都能合成固醇,并存在于它们的膜系统中;但细菌不能合成固醇,只有少数几种细菌能把外源的固醇结合到它们的细胞膜中。

胆固醇(cholesterol)在脑、肝、肾和蛋黄中含量很高,它是动物组织中最常见的一种动物固醇(zoosterol)。此外还有**胆甾烷醇**(cholestanol)也称二氢胆固醇和**粪甾醇**(coprostanol)它是二氢胆固醇的异构体(图 10-17),以及**羊毛固醇**(lanosterol)(图 10-24)和 7-脱氢胆固醇等也是动物固醇。胆固醇的化学结构和分子模型如图 10-18 所示。胆固醇也是一种两亲分子,但它的极性头基(C3 上的羟基)是弱小的,而非极性烃体(甾核和 C17 上的烷烃侧链)是大而刚性的平面;伸展的胆固醇约为 16-碳脂肪酸的长度。胆固醇的两亲性质使它对膜中脂质的物理状态具有调节作用(见本章后面)。胆固醇主要参与动物细胞膜的组成,但它也是血中脂蛋白复合体的成分之一,并与动脉粥样硬化斑块的形成有关。胆固醇还是类固醇激素、维生素 D 和胆汁酸的前体,例如存在于皮肤中的 7-**脱氢胆固醇**在紫外线作用下转化为维生素 D$_3$(第 13 章)。

胆固醇除人体自身合成外,尚可从膳食中获取。胆固醇既是生理必需的,但过多时又会引起某些疾

胆固醇　　空间填充模型

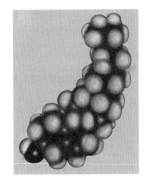

图 10-18　胆固醇的化学结构和立体模型

病;例如胆结石症的胆石几乎是胆固醇的晶体,又如冠心病患者血清总胆固醇含量很高,超过正常值(3.10~5.70 mmol/L)上限。因此必须控制膳食中的胆固醇量。

自 1784 年从胆石中提取出胆固醇以来,因致力于围绕胆固醇这种生物小分子的研究,已有十几位学者获得诺贝尔奖,足见胆固醇在生物学和医学上的重要性。

3. 植物固醇和真菌固醇

植物很少含胆固醇,但含有其他固醇,称植物固醇(phytosterol)。其中最丰富的是 β-谷固醇(β-sitosterol),存在于小麦、大豆等谷物中。**β-谷固醇**的结构几乎跟胆固醇一样,只是在 C17 上的侧链是 C_{10} 不是 C_8;因为在侧链 C24 位连有一个 β 取向的乙基(C24 是手性碳,属 *R* 构型),所以也称 24 -乙基胆固醇。常见的植物固醇还有**豆固醇**(stigmasterol),**菜油固醇**(campesterol)等(图 10-19)。

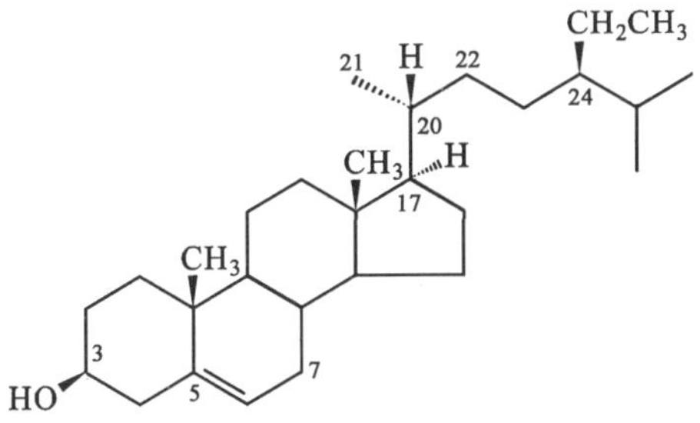

β-谷固醇(24 β-乙基胆固醇)

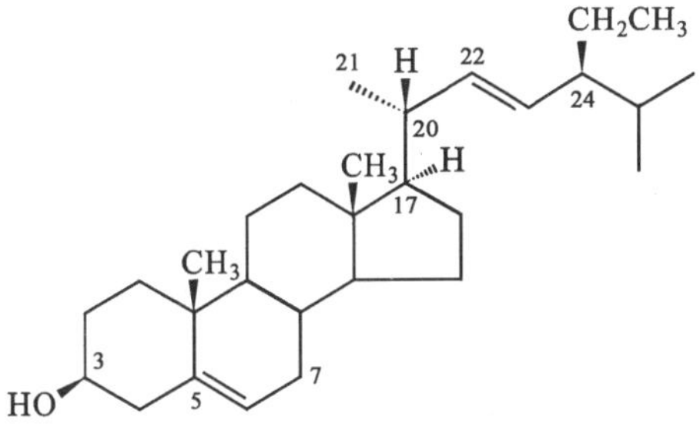

豆固醇(24 β-乙基-5,22-胆甾二烯-3 β-醇)

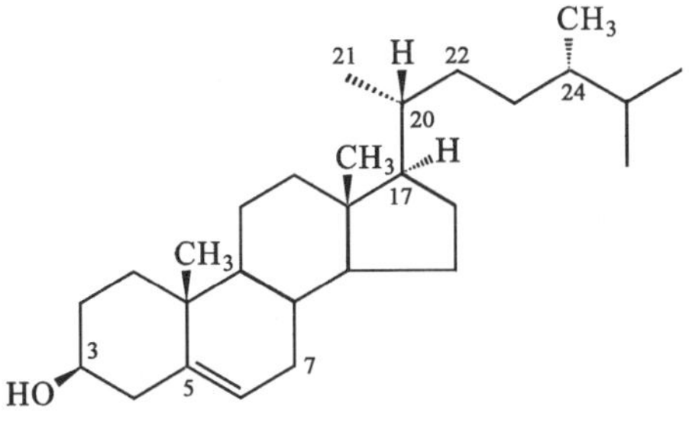

菜油固醇(24 α-甲基-5-胆甾烯-3 β-醇)

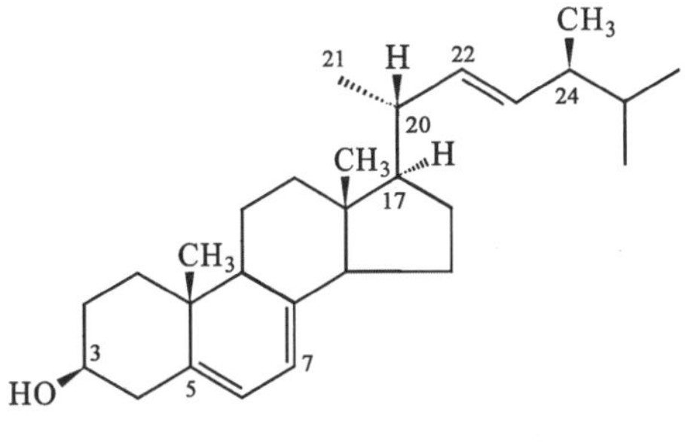

麦角固醇(24 β-甲基-5,7,22-胆甾三烯-3 β-醇)

图 10-19　几种植物固醇和真菌固醇

植物固醇很少被人的肠黏膜细胞吸收,并能抑制胆固醇的吸收。开发降低胆固醇用的植物固醇类药物,不仅与这些固醇本身的结构有关,而且取决于投药的剂型。例如谷固醇在人肠道内少量被吸收,但它的饱和类似物,谷甾固醇(sitostanol),则完全不被吸收。此外,植物固醇在抑制胆固醇方面,以可溶性微团形式投药比固体结晶形式投药更为有效。

真菌类如酵母和麦角菌(*Claveceps*)产生的**麦角固醇**(ergosterol)也是维生素 D 原,经加工处理可以转变成维生素 D₂（第 13 章）。此外还有酵母产生的**酵母固醇**（zymosterol），即 8,24-胆甾二烯-3β-醇，及其他固醇。

4. 固醇衍生物

从胆固醇衍生来的有类固醇激素（第 14 章）、维生素 D₃（第 13 章）和胆汁酸；植物中的强心苷配基和某些皂苷的配基（图 9-24）也都是固醇衍生物。

胆汁酸（bile acid）是在肝内由胆固醇直接转化而来。人体内每天合成胆固醇 1~1.5 g,其中 0.4~0.6 g 在肝内转变为胆汁酸,它是机体内胆固醇的主要代谢终产物。人胆汁中含 3 种胆汁酸：**胆酸**（cholic acid）、**鹅［脱氧］胆酸**（chenodeoxycholic acid）和**脱氧胆酸**（deoxycholic acid）。胆酸和鹅胆酸是在肝中合成的,称为初级胆汁酸；脱氧胆酸是胆酸在肠道中经细菌 7-脱羟作用衍生而来的,称为次级胆汁酸。由于在肠道内胆汁酸被重吸收并通过肠肝循环（enterohepatic circulation）,初级和次级胆汁酸均在胆汁中出现。这些胆汁酸的结构见图 10-20A。已证实,胆汁酸属 A-B 顺式类固醇（图 10-17）,C3、C7 和 C12 位上的羟基均为 α 取向,C10 和 C13 上的两个角甲基为 β 取向,羧基伸向羟基一侧,因而胆汁酸分子一个面是亲水的,另一个面是疏水的（图 10-20B）。胆汁酸是一种去污剂,具有增溶作用；脱氧胆酸和胆酸都是实验室里用来增溶膜蛋白的重要试剂。

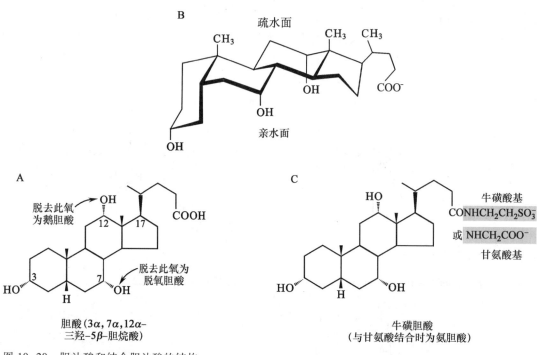

图 10-20　胆汁酸和结合胆汁酸的结构

在肝中胆汁酸的羧基通过酰胺键与牛磺酸（taurine）或甘氨酸连接,分别生成胆汁酸的牛磺结合物或甘氨结合物,如**牛磺胆酸**（taurocholic acid）和**甘氨胆酸**（glycocholic acid）（图 10-20C）。这种结合物是胆汁酸的主要形式。胆汁盐是结合物的钠盐或钾盐,它们是很强的去污剂,能溶于油-水界面处,其疏水面与油脂接近,亲水面与水接触,使油脂乳化,便于水溶性脂酶发挥作用,因而促进肠道中油脂和脂溶性维生素的消化吸收。

三、活性脂质——作为信号、辅因子和色素

前面我们考虑了两类按功能分类的脂质：贮存脂质和膜结构脂质,它们是细胞的主要成分；膜脂占大多数细胞干重的 5% ~10%；贮脂占脂肪细胞质量的 80% 以上。一般说,这些脂质在细胞中担当比较"被动的"角色。还有另一类脂质——活性脂质,它们的含量虽不多,但在代谢过程中作为代谢物和信使起"主

动的"作用。下面介绍几种有代表性的生物活性脂质:类二十烷酸、作为胞内信使的磷脂酰肌醇和鞘氨醇衍生物、类固醇激素、类异戊二烯化合物(如植物挥发性信号分子,脂溶性维生素 A、D、E 和 K,泛醌和质体醌,植物色素和多萜醇)和缩酮化合物等。

活性脂质从化学本质和生物功能上看,可谓是多种多样。但在生物体内它们都是由乙酸(以乙酰-CoA 形式)作为最初前体合成的。类萜和类固醇是由中间物 5-碳异戊二烯单位缩合而成;缩合中出现的第一个固醇(羊毛固醇)是由 30-碳的萜(鲨烯)环化而来,因此羊毛固醇是其他固醇的前体。详细的合成途径见第 24 章。

(一) 类二十烷酸是局部性的激素

类二十烷酸(eicosanoid;eikosi,希腊文,"二十")是由 20-碳 PUFA(至少含三个双键)衍生而来的,因为它们都含有 20 个碳原子,因此得名。这些化合物包括几类信号分子:前列腺素、凝血噁烷和白三烯;人和哺乳动物的很多组织和细胞都能合成它们。合成的前体主要是花生四烯酸(20:4),少量是 γ-高亚麻酸(γ-homolinolenic acid;$20:3\ \Delta^{8,11,14}$)和 EPA(20:5);当细胞受到某些外来信号作用时(如组织损伤),膜磷脂释放出花生四烯酸。前列腺素和凝血噁烷是经**环加氧酶**(cyclooxygenase)途径或称**前列腺素 H_2 合酶**(PGH$_2$ synthase)途径产生;白三烯是经**脂加氧酶**(lipoxygenase)途径合成;关于类二十烷酸的生物合成细节见第 24 章。类二十烷酸是体内的局部性激素(local hormone),效应一般局限在合成部位的附近,在很低浓度(n mol/L 到 p mol/L 数量级)时则能起作用,半寿期($t_{1/2}$)只有几十秒到几分钟,同一物质在不同的组织中可以产生不同的效应。

前列腺素(prostaglandin,PG)是瑞典学者 S. Bergstrom 和 B. Samuelsson 最先从前列腺的脂质提取物中分离出来,并测定了它的结构。这种物质被注射到动物体内时,能引起平滑肌收缩和血压下降。因为当时以为这种物质是前列腺(prostatic gland)分泌的,1930 年代瑞典生理学家 U. S. von Euler 称它为前列腺素。后来证明这类物质广泛地分布于人和动物组织中。最初被分离的两个前列腺素分别称为前列腺素 E 和前列腺素 F,因为前者优先溶于乙醚(E;ether)而后者溶于磷酸盐缓冲液(F;fosfat,瑞典文,"磷酸盐");现在常分别用缩写符号 PGE 和 PGF 来表示。由一个饱和五元环和两条侧链组成的二十烷酸称**前列腺烷酸**(prostanoic acid),后者可看作是前列腺素类的母体化合物(图 10-21)。天然前列腺素中已发现 8 种不同类型的取代环,分别用 A、B、D、E、F、G、H 和 I 来表示。PGA 和 PGB 在环的 C9 位上有一个酮基和一个双键(前者在 C10 和 C11 之间,后者在 C12 和 C8 之间);PGD 在 C9 有一个羟基,C11 一个酮基;PGE 与之相反,在 C9 有一个酮基,C11 一个羟基;PGF 在 C9 和 C11 各有一个羟基;PGG 和 PGH 具有相同的戊烷环结构——内过氧化物(endoperoxide),它们的不同仅在侧链 C15 上的取代基,PGG 取代的是一个过氧羟基(—OOH),PGH 是一个羟基;PGI 具有一个双环结构,环戊烷环 C9 上的氧与侧链的 C6 相连形成第二个五元环。每种类型的前列腺素又含多种亚类:PGE$_1$、PGE$_2$、PGF$_1$ 等。亚类名称(如 PGF$_{2\alpha}$)中,右下标的数字指环外两条侧链上碳-碳双键的数目,希腊字母 α 表示五碳环中 C9 上—OH 基的空间取向(α 取向);希腊字母仅出现于 F 类,天然存在的 F 类前列腺素都是 α 构型,即 F$_\alpha$。几种常见的类二十烷酸见图 10-21。

前列腺素有一系列的生理功能:有的刺激分娩和月经期间子宫肌肉收缩;有的影响进入特定器官的血流、醒-睡周期(wake-sleep cycle)和某些组织对激素如肾上腺素和胰高血糖素的反应性;另一些能升高体温(发烧),促进炎症并产生疼痛。已证实在许多组织中前列腺素是通过专一性细胞受体调节胞内信使合成而起作用的。例如 PGE$_1$ 能促进某些细胞中腺苷酸环化酶的活性,PGF$_2$ 可提高靶细胞中 3′,5′-环鸟苷酸(cGMP)的水平(见第 14 和 28 章)。虽然前列腺素作用的分子机制知道得还不多,但它们的生理作用已被用于实践。例如 PGF$_2$ 被用于足月孕妇的引产,也用于诱导中期流产或死胎分娩。前列腺素还用于畜牧业,诱导一组雌畜同时进入发情期。

凝血噁烷(thromboxane;TX)最先从血小板(也称凝血细胞)中分离获得。它跟前列腺素不同在于有一个氧原子参与成环(含氧六元环;氧杂的饱和烃环俗称噁烷);对 TXA 来说,另一个氧原子以环氧丙烷形式存在于六元环中央,突出于环面之下(图 10-21)。其他方面凝血噁烷的结构与前列腺素相似,合成途径和代谢性质两者也相似,因此凝血噁烷可被认为是前列腺素的类似物。TXA$_2$ 从花生四烯酸合成,是血

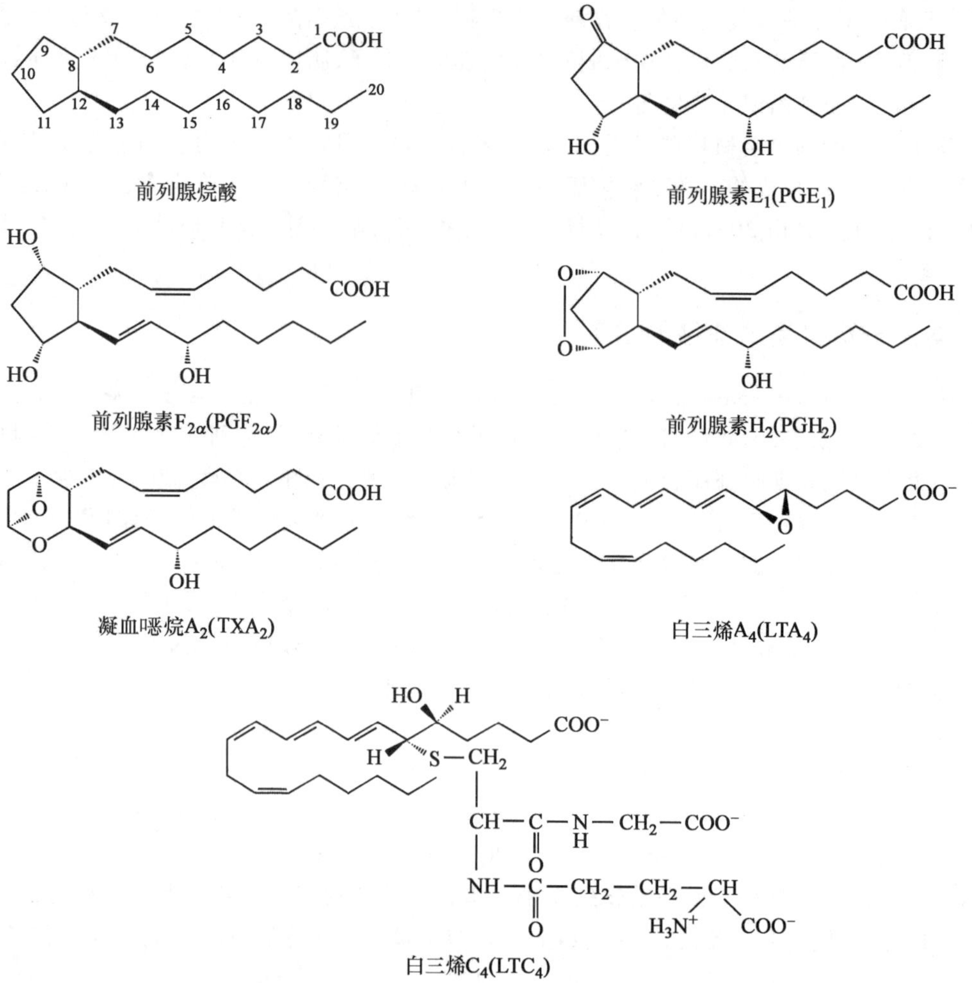

图 10-21　几种常见的类二十烷酸

小板产生的主要类前列腺素物质(图 10-21)。TXA_2 的效应是引起动脉收缩、诱发血小板聚集,促进血栓形成,降低通向血栓处的血流。TXA_2 的半寿期只有 30 s;在水中 TXA_2 的环氧丙烷被迅速水解,转变为 TXB_2,这是一个无活性的代谢物。

白三烯(leukotriene;LT)最早在白细胞中找到,含 3 个共轭双键,因而得名。从花生四烯酸形成的白三烯含 4 个双键,其中 1 个是非共轭双键(C14 和 C15 之间);白三烯的缩写为 LT_4,右下标"4"表示碳-碳双键总数。在白细胞中花生四烯酸经 5-脂加氧酶途径先转变为 5,6-环氧化物(5,6-epoxide),称 LTA_4。后者在水解酶作用下,加水生成 5,12-二羟衍生物,称 LTB_4;或在还原型谷胱甘肽参与下打开环氧环(epoxide ring)形成 LTC_4。然后酶促除去谷胱甘肽中的谷氨酸残基,转变为 LTD_4。再除去甘氨酸残基转变为 LTE_4。LTA_4 和 LTC_4 的结构见图 10-21。白三烯是强力的生物信号,例如 LTC_4 和 LTD_4 能引起平滑肌收缩,微血管通透性增大(渗出液增多)和冠状动脉缩小;造成肺气管缩小的作用比组胺(histamine)强 1 000 倍。白三烯的过度产生会引起气喘发作。白三烯的合成是抗气喘药物如强的松(prednisone;一个人工合成的胆固醇衍生物)的一个靶子。过敏性休克期间肺平滑肌的强烈收缩是在对蜂刺、青霉素或其他因素过敏的个体中发生的可能致命的变态反应的一部分。

阿司匹林(aspirin,即乙酰水杨酸)属于非类固醇抗炎药物(NSAIDS),在医学上用于消炎、镇痛、退热已逾百年,但它的作用机制一直不清楚,直至 1971 年 J. Vane 发现阿司匹林通过抑制 PGH_2 合酶而关闭前列腺素的合成。更确切地说,阿司匹林通过乙酰化该酶活性中心的 Ser530 羟基,不可逆地抑制酶的环加氧酶活性,即抑制前列腺素合成的第一步(PGH_2 的形成;见第 24 章),因此它是一种强抗炎药;属于这类抗炎药还有布洛芬(ibuprofen;异丁苯丙酸)、乙酰氨基苯酚(acetaminophen)等。显然阿司匹林也抑制凝血噁

烷 A_2 的形成(因为 TXA_2 合成的直接前体是 PGH_2),因此它又是一种抗凝剂,被广泛地用于防止过度血凝。每天服用一次小剂量的阿司匹林可以有效地降低血小板聚集。

(二) 磷脂酰肌醇和鞘氨醇衍生物是胞内信使

磷脂酰肌醇及其磷酸化衍生物在几个水平上起调节细胞结构和代谢作用。磷脂酰肌醇 4,5-二磷酸(表 10-4)在质膜内面(胞质面)作为信使分子的储库;它们在应答跟专一性表面受体相互作用的胞外信号时在胞内被释放。当胞外信号如血管升压素(一种激素,见图 2-23)激活膜中的专一性磷脂酶 C(图 10-9),被活化的磷脂酶 C 水解磷脂酰肌醇 4,5-二磷酸,释放出两个产物,作为胞内信使:一个是**肌醇 1,4,5-三磷酸**(IP_3),水溶性的;另一个是**二酰甘油**(DAG),仍处于跟膜结合。IP_3 引发 Ca^{2+} 从内质网释放,二酰甘油的结合和细胞溶胶的 Ca^{2+} 浓度升高激活蛋白激酶 C。通过对专一性蛋白质的磷酸化,蛋白激酶 C 引起细胞对胞外信号的应答。关于信号传递(signaling)的机制将在第 14 章详细介绍。

肌醇磷脂也作为涉及信号传递和胞吞的超分子复合体的成核点(point of nucleation)。某些信号传递蛋白质专一地跟质膜中的磷脂酰肌醇 3,4,5-三磷酸的结合,引发在膜的细胞溶胶面上多酶复合体的形成。因此,在应答胞外信号时磷脂酰肌醇 3,4,5-三磷酸的形成致使这些蛋白质聚集在该质膜表面的信号传递复合体(见图 14-26)。

膜鞘脂也能作为胞内信使的来源。神经酰胺和鞘磷脂(图 10-13 和 10-14)两者是蛋白激酶的强调节剂,神经酰胺或其衍生物参与调节细胞分裂、分化、迁移和程序性细胞死亡(programmed cell death)或称编程性细胞死亡(apoptosis)(见第 28 章)。

(三) 类固醇激素在组织之间运载信息

类固醇是固醇的氧化衍生物;它们有固醇核,但缺少连接在胆固醇 D 环上的烃链,因此比胆固醇的极性大。类固醇激素通过血流(在蛋白质载体上)从产生的部位移动到靶组织,在那里进入细胞,跟核中高度专一的受体蛋白质结合,引发在基因表达调控和代谢调节方面的变化。因为激素对它们的受体有很高的亲和力,很低的激素浓度(nmol 或低于 nmol)就足以使靶组织产生应答。类固醇激素的主要类别有性激素,包括雄性和雌性激素;肾上腺皮质产生的激素,可的松、皮质醇和醛固酮,它们分别调节葡萄糖代谢和水盐代谢。关于它们的结构和生物功能将在第 14 章作较详细介绍。有些人工合成的类固醇激素,例如**强的松**(prednisone)和**强的松龙**(prednisolone)(图 10-22),它们的抗风湿性关节炎和抗过敏的活性都比可的松强。

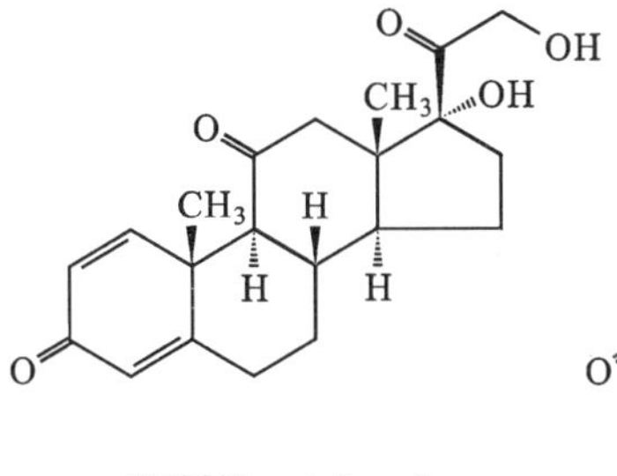

强的松(prednisone) 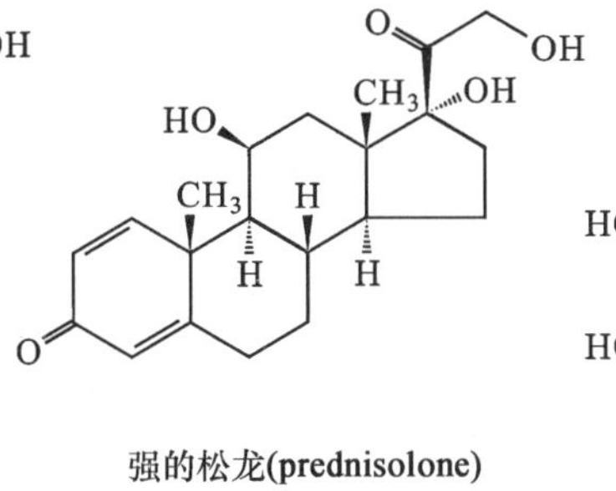　　　强的松龙(prednisolone) 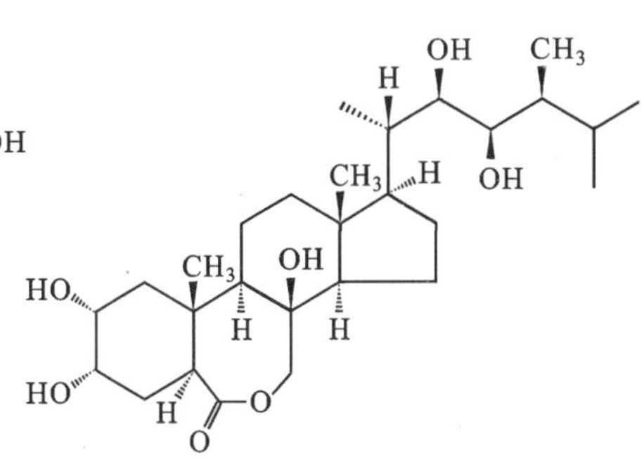　　　油菜素内酯(brassinolide)

图 10-22　几种人工合成的类固醇激素和类固醇样植物激素油菜素内酯

维管植物含有类固醇样的物质,如**油菜素内酯**(brassinolide)(图 10-22),它是一种强植物生长调节剂,能增加茎伸长的速度,并在生长期间影响细胞壁中微纤维的定向。

（四）许多类异戊二烯（类萜）是活性脂质

1. 萜的结构和分类

萜（terpene）是一类结构上极其多种多样的有机分子；尽管如此，它们是相关的化合物。按 L. Ruzicka 提出的**异戊二烯法则**，认为萜分子的碳架是由两个或多个 5-碳（C_5）**异戊二烯单位**头-尾连接形成的；连接方式一般是头-尾相连（图 10-23）。形成的萜可以是开链的，也可以是含环分子；可以是单环，也可以是双环或多环。这里必须指出，异戊二烯本身不是萜的生物合成前体，真正的前体是两个异戊二烯的"等当物"：**异戊烯基焦磷酸**（isopentenyl pyrophosphate）和**二甲丙烯基焦磷酸**（dimethylallyl pyrophosphate），这些 5-碳分子本身又是由 3 个 2-碳单位（乙酰-CoA）经一系列反应缩合而成（详见第 24 章）。它们头-尾相接形成的第一个 10-碳单位是牻牛儿基焦磷酸；相应的醇是**牻牛儿醇**（图 10-24），具有牻牛儿苗即老鹳草（*Geranium*）所特有的气味。

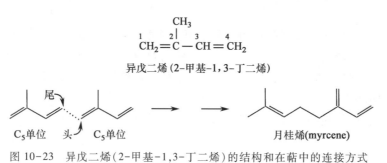

$$CH_2 = \overset{\overset{\displaystyle CH_3}{|}}{\underset{2}{C}} - \underset{3}{CH} = \underset{4}{CH_2}$$

异戊二烯（2-甲基-1,3-丁二烯）

图 10-23　异戊二烯（2-甲基-1,3-丁二烯）的结构和在萜中的连接方式

根据所含异戊二烯单位（C_5）的数目，萜可分为单萜、倍半萜、双萜、三萜和多萜等。由两个 C_5 单位构成的萜称单萜，由 3 个 C_5 构成的称倍半萜，由 4 个 C_5 构成的称双萜，其余依此类推。这些萜及其衍生物也称**类萜**（terpenoid）或**类异戊二烯**（isoprenoid）。单萜和倍半萜主要在植物中发现，高级萜则在植物和动物中都存在。萜类的一些代表性化合物见图 10-24 和图 10-25。

单萜（monoterpene）　碳原子数为 C_{10}；存在于各种高等植物中，许多是植物精油的成分。开链单萜如**香茅醛**，存在于香茅油和玫瑰油中；环状单萜如柠檬中的**柠檬烯**。

倍半萜（sesquiterpene）　碳数为 C_{15}；倍半萜结构形式多种，虽知道得不甚多，但有些是中草药中的研究对象，如**防风根烯**和**桉叶醇**等。

双萜（diterpene）　碳数 C_{20}；如叶绿素分子的成分**叶绿醇**也称植醇（第 23 章）、**全反-视黄醇**（第 13 章）以及**赤霉酸**（一种植物激素，见图 14-14）。

三萜（triterpene）　碳数为 C_{30}；属于三萜的如**鲨烯**和**羊毛固醇**，它们是胆固醇和其他类固醇的前体。

四萜（tetraterpene）　碳数为 C_{40}；除类胡萝卜素外，其他类型的四萜少见。**类胡萝卜素**（carotenoid）是有色光合色素，包括番茄红素、胡萝卜素及其氧化物约 70 种。**番茄红素**是存在于番茄中的一种色素，分子中有 11 个共轭双键（图 10-24），胡萝卜素的结构与番茄红素很相似，只是前者在链的两端或一端含有一个环己烯环。胡萝卜素根据双键数目或位置不同，有 α、β、γ 等 6 种异构体。其中 β-胡萝卜素是维生素 A 原（见第 13 章）。存在于玉米和蛋黄中的玉米黄质（zeaxanthin）是 3,3'-二羟基-β-胡萝卜素；节肢动物中的虾青素（astaxanthin）及其氧化产物虾红素（astacin）是 β-胡萝卜素的氧化物；细菌中的紫菌素（rhodomycetin）也是一种类胡萝卜素。**泛醌**（辅酶 Q）和**质体醌**的侧链含 5 到 10 个异戊二烯单位。

多萜（polyterpene）　如**多萜醇**，含 9 到 22 个异戊二烯单位；天然橡胶是由几千个异戊二烯单位头-尾连接而成的大分子，异戊二烯可由蒸馏天然橡胶产生。

2. 维管植物产生很多种挥发性的信号分子和保护物质

植物产生数以千计的不同的挥发性脂质。它们作为通过空气传播的信号，允许植物彼此间进行通讯，招引传粉者、防御食草动物和吸引能保护植物和抗衡食草动物的生物。例如从膜脂的 α-亚麻油酸

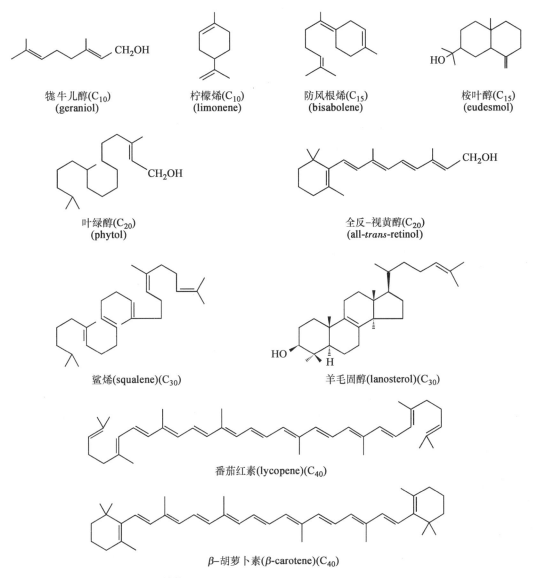

图 10-24　某些类萜化合物的结构

（18∶3$\Delta^{9,12,15}$）衍生来的茉莉酮酸（jasmonate;结构类似前列腺素），在应答遭受虫害时能引发植物进行抵御。茉莉酮酸甲酯给茉莉油以特有的香气,它被广泛地用于香料工业。植物挥发物有些是从脂肪酸衍生而来,更多是由异戊二烯单位缩合而成,如上面提到的牻牛儿醇、香茅醛、柠檬烯和桉叶醇等。

植物经常散发出异戊二烯,约占光合作用中被固定碳的 15%。全球从植被散发的异戊二烯估计达 3×10^{11} kg／年。散发出的异戊二烯形成气氛,覆盖在植被上,保护叶子免遭因高温（炎夏）引起的不可逆损伤。这可能是因为植物周围空气中的异戊二烯溶入叶细胞膜,并改变脂双层和膜中脂质-蛋白质、蛋白质-蛋白质的相互作用而增加对热的耐受性。

3. 维生素（vitamin）A 和 D 是激素的前体

维生素 A 也称**视黄醇**（retinol）,它以不同的形式行使激素和视色素的功能。一种形式是**视黄酸**（retinoic acid）,它在上皮组织（包括皮肤）发育过程中通过细胞核中的受体蛋白质调节基因表达。视黄酸是一种外用药维 A 酸（英文商品名为 tretinoin）的活性成分,用于治疗严重的痤疮和具皱皮肤。另一种形式是**视黄醛**（retinal）,它引发视网膜视杆细胞和视锥细胞对光的应答,产生一个神经信号传给大脑。视黄醛的这一作用详见第 13 章。前面谈到,维生素 D 族有从胆固醇转化来的 D$_3$ 和麦角固醇转化来的 D$_2$。**维**

生素 D_3 也称胆钙化醇（cholecalciferol），它本身无活性，但在肝和肾中被酶转化为有生物活性的 $1\alpha,25$-二羟维生素 D_3，简称**骨化三醇**（calcitriol）。骨化三醇是一种激素，它的主要靶细胞是小肠黏膜、肾小管和骨骼；在小肠黏膜促进钙和磷的吸收，在肾小管促进钙、磷的重吸收；总的生理效应是提高血钙和血磷浓度，以利于新骨生成和钙化。看来《黄帝内经》中说"肾主骨"，这是科学的。与类固醇激素一样，骨化三醇也是通过跟核内专一的受体蛋白相互作用调节基因表达。

4. 维生素 E、K 和脂质醌是氧化还原的辅因子

维生素 E 也称**生育酚**（tocopherol），它是一个族名，族中的所有成员都含一个取代的芳香环和一个类异戊二烯侧链（见第 13 章）。生育酚在细胞内多集中在膜的脂双层中，例如线粒体膜中，每 2 100 个磷脂就有一个维生素 E 分子。维生素 E 是生物体内最重要的自由基清除剂，主要清除膜中活性氧自由基包括脂质过氧化中产生的 LO·和 LOO·，以免膜上的不饱和脂肪酸遭到过氧化而损害膜脂，使细胞变得脆弱。

维生素 K 又称**凝血维生素**；从结构上看，它是 2-甲基-1,4-萘醌的衍生物。天然的有维生素 K_1（叶绿醌）和 K_2（甲基萘醌类）；人工合成的有维生素 K_3（2-甲萘醌）。现已知参与血凝过程的许多凝血因子（见第 4 章和第 8 章）如因子 Ⅱ（凝血酶原）、Ⅶ、Ⅸ 和 Ⅹ 都含有 γ-**羧基谷氨酸**残基。例如正常的凝血酶原在其 N 端区含有 10 个 γ-羧基谷氨酸残基。这些残基能与 Ca^{2+} 螯合，并促进凝血酶原与受伤部位的血小板磷脂膜表面结合以利跟因子 X_a 和 V_a 形成复合体，在该复合体作用下凝血酶原转化为凝血酶（Ⅱ$_a$）。这些凝血因子的 γ-羧基谷氨酸残基是在以维生素 K 作为辅因子的**谷氨酰羧化酶**（glutamyl carboxylase）催化下，通过翻译后加工修饰而成的。在这一过程中维生素 K 的萘醌经历了氧化还原循环。关于维生素 E 和 K 的结构、存在和生理功能详见第 13 章。

泛醌（也称辅酶 Q）和**质体醌**都是类异戊二烯化合物（图 10-25）；它们是氧化还原反应中亲脂的电子载体，分别在线粒体和叶绿体中驱动 ATP 合成。泛醌和质体醌都能接受 1 个或 2 个电子，抑或 1 个或 2 个质子（见第 19 章和第 23 章）。

5. 许多植物色素是共轭双烯脂质

共轭双烯是具有共轭双键系统（单键和双键交替的碳链）的脂质，是吸收可见光的色素分子。因为这种结构排列允许电子离域，所以这些分子能被低能电磁辐射（可见光）激发，使它们具有被人和动物看得见的颜色。它们在化学上的细微差别，产生各种颜色明显不同的色素。其中有些是在视觉和光合作用中起着捕光作用的色素，如视黄醛、胡萝卜素等；其他起天然呈色作用，如番茄的红色，胡萝卜的橙黄色，类似的化合物使得鸟羽披上了醒目的红、橙、黄颜色，如金丝鸟的羽毛是亮黄色的，这是因为鸟吃了含类胡萝卜素如**玉米黄质**和**角黄质**（canthaxanthin）等（图 10-25）植物食料产生的；雄鸟和雌鸟之间的色素形成不同是它们肠道吸收和类胡萝卜素加工的不同结果。这些色素也是类异戊二烯化合物或衍生物。

6. 多萜醇在糖生物合成中活化单糖前体

在细菌细胞壁的多糖装配时和真核细胞中单糖单位加入某些蛋白质（糖蛋白）和脂质（糖脂）时，待加入的单糖单位先在化学上把它连接到称为**多萜醇**（dolichol）的类异戊二烯醇（图 10-25）上使之活化。这些化合物跟膜脂有很强的疏水相互作用，能把被连上的单糖锚定在膜上，在这里参与糖-转移反应（详见第 21 章）。

（五）聚酮化合物是具有强力生物活性的天然产物

聚酮化合物（polyketide）是一类多种多样的脂质，它们的生物合成途径是 Claisen 缩合，缩合是两个乙酰-CoA 分子之间发生的涉及亲核酰基取代的反应，类似脂肪酸的生物合成，但无两个还原步骤（见第 24 章）。聚酮化合物是**次级代谢物**（secondary matabolite），对一个生物的代谢来说虽不是关键的化合物，但对产生者在某些生态位中起着辅助性作用。很多聚酮化合物在医学上用作抗生素如红霉素，抗真菌剂如两性霉素 B 以及胆固醇合成抑制剂如洛伐他丁等。

红霉素（erythromycin）是 1952 年从红链霉菌（*Streptomyces erythreus*）中获得的一种碱性抗生素。其分子结构中含有一个母核——**大环内酯**（macrolide）。具有大环内酯的抗生素总称大环内酯类抗生素。提

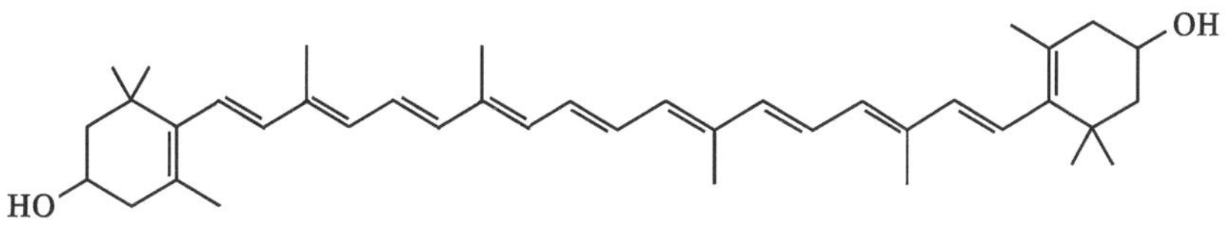

玉米黄质(C_{40})：作为植物和鸟羽色素的脂质

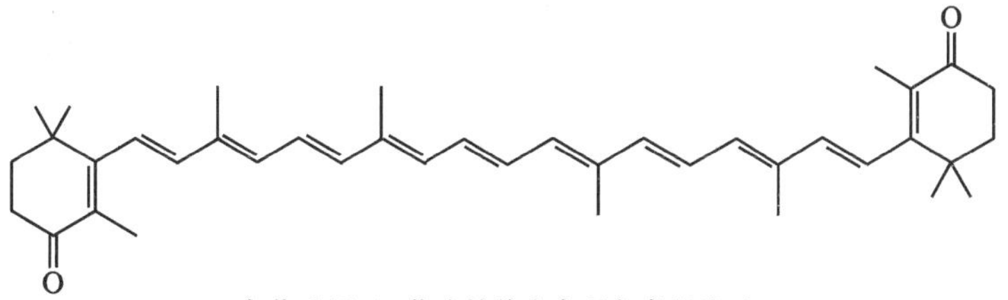

角黄质(C_{40})：作为植物和鸟羽色素的脂质

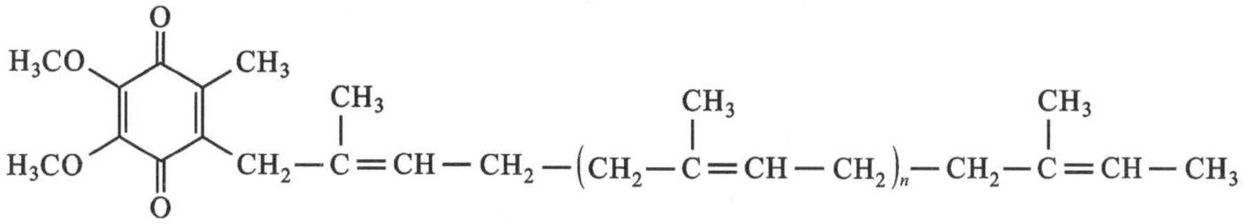

泛醌(辅酶Q)：线粒体的一种电子载体($n=4\sim8$)

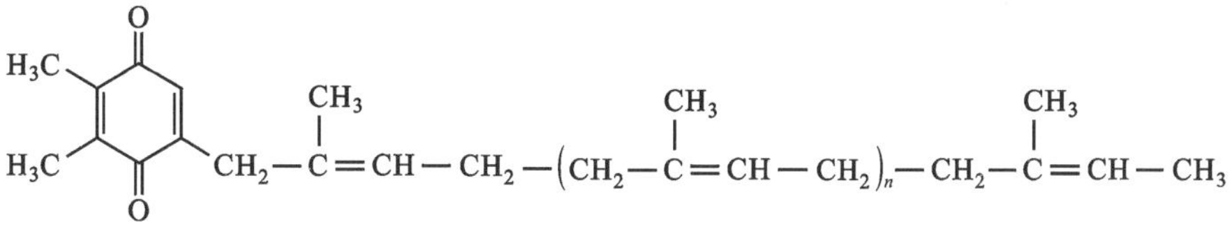

质体醌：叶绿体的一种电子载体($n=4\sim8$)

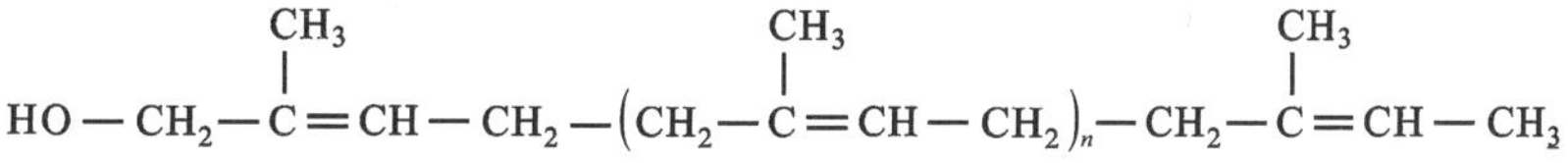

多萜醇(长醇)：一种糖载体

图 10-25　一些其他类萜化合物或衍生物

取的红霉素中可分离出 A、B 和 C 三个组分，其中组分 A 的结构式见图 10-26。红霉素是一种广谱抗生素，临床上主要用它治疗耐药性金黄色葡萄球菌所引起的各种严重感染，如肺炎、败血症等。

两性霉素 B(amphotericin B)属于多烯大环内酯类(polyene macrolides)或多烯类的抗真菌抗生素。多烯大环内酯类抗生素的结构特点是在分子中既有经内酯化而闭合的大碳环(38 元)，又有一系列的共轭双键(图 10-26)。正因为有一系列的共轭双键，所以与大环内酯类抗生素相比它们有不同的生物学性质。两性霉素的结构中含有一个游离氨基(在氨基糖部分)和一个游离羧基(在大环内酯部分)，所以它是一种两性化合物。两性霉素能抑制多种致病真菌的生长。主要用于治疗假丝菌的感染，特别是用于抗阴道假丝菌的感染；口服可减少肠道霉菌和酵母菌的数量；肺部感染可采用雾化吸入。

洛伐他丁(lovastatin)是从土曲霉(*Aspergillus terreus*)的一个菌株中提取出来的。现在已被广泛推荐作为降低血清胆固醇的药物。每天服用 20~80mg 剂量时观察到血清胆固醇水平有明显降低。**羟甲戊二酸单酰 CoA 还原酶**(hydroxymethyl glutaryl CoA reductase)简称 **HMG-CoA 还原酶**，它是体内胆固醇合成的限速酶；洛伐他丁被口服摄入后则水解为有活性的酸形式，后者是此限速酶的竞争性抑制剂。

四、血浆脂蛋白

脂蛋白(lipoprotein)是由脂质和蛋白质以非共价键结合的复合体。脂蛋白中的蛋白质部分称为**脱辅基脂蛋白**或**载脂蛋白**(apolipoprotein；apo)。脂蛋白广泛存在于血浆中，因此也称**血浆脂蛋白**。此外生物

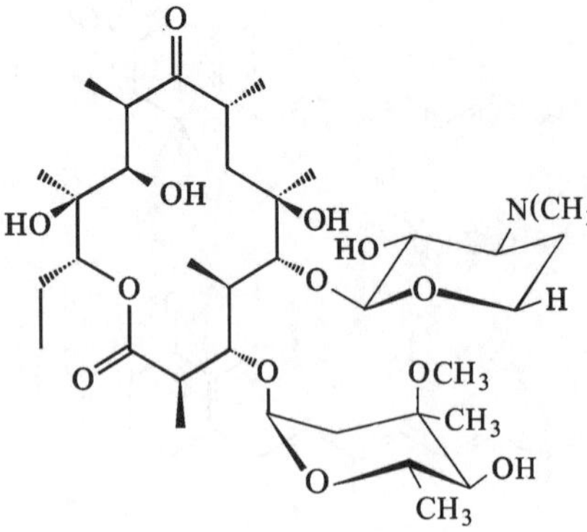

红霉素A（抗生素） 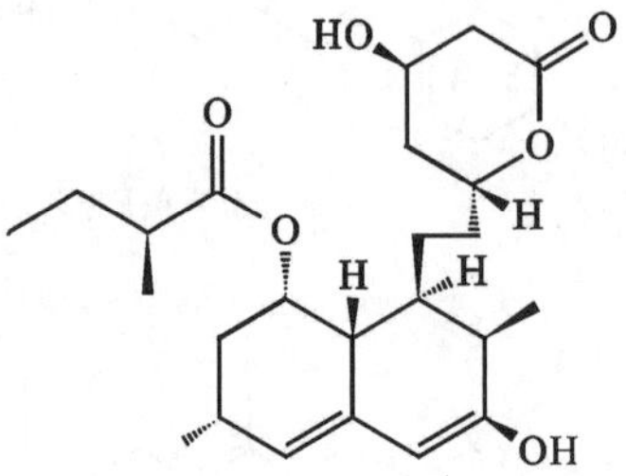　　　　　　　　　　洛伐他丁（抑制剂）

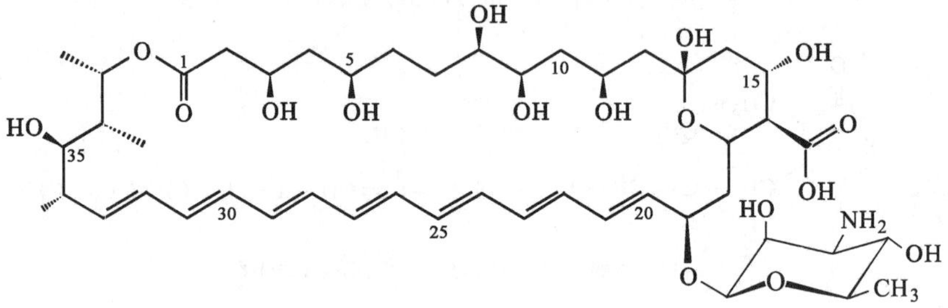

两性霉素B（抗真菌剂）

图 10-26 几种用作药物的聚酮化合物

膜中跟脂质融合的蛋白质也可看成是脂蛋白，并称为**细胞脂蛋白**。

（一）　血浆脂蛋白的分类

在血液中游离的脂肪酸只要结合到血浆中的血清清蛋白或其他蛋白质上则可被转运。但磷脂、三酰甘油、胆固醇和胆固醇酯是以更复杂的可溶性脂蛋白颗粒形式被转运的，因为这些脂质基本上都不溶于水。

血浆脂蛋白颗粒中脂质和蛋白质的含量是相对固定的。因为大多数蛋白质的密度为 $1.3 \sim 1.4$ g/cm^3，脂质聚集体的密度一般为 $0.8 \sim 0.9\ g/cm^3$，所以复合体中蛋白质含量愈高，复合体的密度愈大。脂蛋白颗粒依密度增加为序可分为**乳糜微粒**（chylomicron）、**极低密度脂蛋白**（very-low-density lipoprotein；VLDL）、**低密度脂蛋白**（low-density lipoprotein，LDL）和**高密度脂蛋白**（high-density lipoprotein，HDL）等（表10-5）。血浆脂蛋白颗粒可利用密度梯度超速离心法（第5章）把它们分离开来（图 10-27A）；4 类血浆脂蛋白中有的还存在亚类，如乳糜微粒残留物（chylomicron remnant），它是由乳糜微粒形成的，其密度范围在 $0.9 \sim 1.006\ g/cm^3$，因此残留物的密度有部分与 VLDL 重叠。此外，HDL 也不是均一的，这可以从离心图谱（图 10-27A）上看出，HDL 峰是一个多相峰，尚含 HDL_2 和 HDL_3。血浆脂蛋白也可利用更方便的电泳方法（第5章）把它们分开。如图 10-27B 所示，电泳也得到 4 个条带：一条留在原点，含乳糜微粒；另一条称为 β-脂蛋白，它与 β-球蛋白一起迁移，含 LDL；第三条迁移在 β-区的前沿，称为前 β-脂蛋白，含 VLDL；第四条称为 α-脂蛋白，它和 α-球蛋白迁移在一起，含 HDL。临床实验室的血浆脂蛋白分析一般采用醋酸纤维薄膜电泳进行，含脂的条带用油红 O（oil red O）染色显示。

（二）　血浆脂蛋白的结构与功能

血浆脂蛋白都是球状颗粒，由一个疏水脂（包括三酰甘油和胆固醇酯）组成的核心和一个极性脂（磷脂和游离胆固醇）与载脂蛋白参与的外壳层构成（图 10-28）。外壳层中极性脂以极性头基面向外部水相，它的非极性尾部向着疏水核心。整个外壳层将内部的疏水脂与外部的溶剂水隔离开来。载脂蛋白富含疏水氨基酸残基，构成两亲的 α 螺旋区，一方面（疏水区）可以与脂质很好结合，另一方面（亲水区）可以

表 10-5　主要人血浆脂蛋白的组成和性质

脂蛋白的类别	密度/(g·cm^{-3})	颗粒直径/nm	组成/%①				
			蛋白质	游离胆固醇	胆固醇酯	磷脂	三酰甘油
乳糜微粒	<0.95	50~200	2	1	3	9	85
VLDL	0.95~1.006	28~70	10	8	14	18	50
LDL	1.006~1.063	20~25	25	8	37	20	10
HDL	1.063~1.210	8~11	55	2	15	24	4

① 质量(干重)分数。

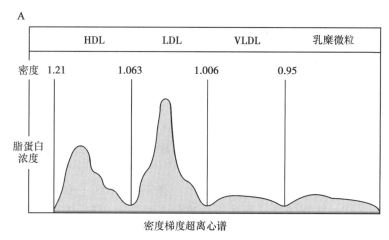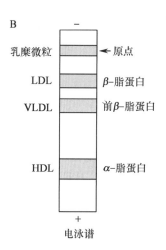

图 10-27　血浆脂蛋白超离心密度(A)和电泳迁移率(B)之间的对应关系

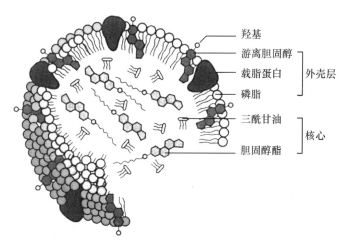

图 10-28　血浆脂蛋白的结构图解

与溶剂水相互作用。载脂蛋白的主要作用是:① 作为疏水脂质的增溶剂;② 作为细胞膜上脂蛋白受体的识别部位(细胞导向信号)。至今已有 10 多种专一的载脂蛋白(表 10-6)被分离和鉴定,它们主要是在肝和肠中合成并分泌的。

　　乳糜微粒是在肠细胞(enterocyte)即内衬小肠的上皮细胞的内质网(ER)中合成,然后进入血流。由于它的颗粒很大,当在血液中大量存在时,会使血浆或血清呈乳白色。乳糜微粒是最大的脂蛋白,含有很高比例的三酰甘油,占整个乳糜微粒质量的85%到95%,因此它是密度最小的脂蛋白。乳糜微粒的载脂蛋白有 apoB-48(乳糜微粒所特有的)、apoA-Ⅳ、apoC-Ⅱ 和 apoE。乳糜微粒的主要功能是从小肠转运被吸收的膳食三酰甘油、胆固醇及少量其他脂质到血浆和其他组织。乳糜微粒中的三酰甘油被肌肉和脂肪

表 10-6　人血浆脂蛋白的载脂蛋白

载脂蛋白（Apo）	M_r	血浆中质量浓度/$(mg \cdot dL^{-1})$	脂蛋白中的分布	功能
A-Ⅰ	28 100	90~120	HDL	活化 LCAT[①]
A-Ⅱ	17 400（二聚体）	30~50	HDL	抑制 LCAT
A-Ⅳ	44 500	15	乳糜微粒,HDL	活化 LCAT,转运或清除胆固醇
B-48	242 000	<5	乳糜微粒	转运或清除胆固醇
B-100	500 000	80~100	VLDL,LDL	与 LDL 受体结合
C-Ⅰ	7 000	4~7	VLDL,HDL	
C-Ⅱ	9 000	3~8	乳糜微粒,VLDL,HDL	活化脂蛋白脂酶
C-Ⅲ	9 000	8~15	乳糜微粒,VLDL,HDL	抑制脂蛋白脂酶
D	32 500	8~10	HDL	
E	34 200	3~6	乳糜微粒,VLDL,HDL	引发 VLDL 和乳糜微粒残留物的清除

① LCAT 是卵磷脂-胆固醇酰基转移酶的缩写。

等组织中的毛细血管内壁上的脂蛋白脂酶（lipoprotein lipase）所水解,水解产物脂肪酸被这些组织吸收并用作燃料或脂肪合成的前体。富含胆固醇的乳糜微粒残留物（大部分三酰甘油已被耗去,但仍含胆固醇、apoE 和 apoB-48）被肝所吸收。

极低密度脂蛋白（VLDL）在肝细胞的 ER 中合成;它的载脂蛋白主要是 apoB-100（已知的最大蛋白质之一）、apoC-Ⅰ、apoC-Ⅱ、apoC-Ⅲ 和 apoE。其功能是从肝转运内源的三酰甘油（肝所需之外的多余部分）和在肝包装的胆固醇到肌肉和脂肪等靶组织。VLDL 的三酰甘油也跟乳糜微粒中的一样,被靶组织中毛细血管内壁上的脂酶水解,释放的脂肪酸为脂肪细胞吸收并重新转化为三酰甘油,以胞内脂质小滴形式贮存起来;肌肉细胞与之相反,它主要是氧化脂肪酸以便供能。丢失三酰甘油剩下的 VLDL 颗粒称为 VLDL 残留物,也称中间密度脂蛋白（intermidiate-density lipoprotein,IDL）。

低密度脂蛋白（LDL）是从 VLDL 残留物（IDL）中进一步除去三酰甘油产生的。LDL 富含胆固醇和胆固醇脂,是血液中总胆固醇的主要载体;它的主要载脂蛋白也是 apoB-100。LDL 的功能是转运胆固醇到肝外组织如肌肉、肾上腺和脂肪组织;这些靶组织的质膜上有 **LDL 受体**,它能识别 apoB-100 并介导胆固醇和胆固醇酯的吸收。LDL 可能与动脉粥样硬化有关,特别是在血管壁受到氧化性损伤时,LDL 容易使胆固醇在受伤处沉积。

高密度脂蛋白（HDL）是以称为新生 HDL 的前体形式在肝和小肠中合成的。分泌出来的新生 HDL 是圆盘状的;含蛋白质、磷脂和胆固醇,但无胆固醇酯。HDL 主要含 apoA-Ⅰ 和其他载脂蛋白（表 10-6）,此外也含 **卵磷脂-胆固醇酰基转移酶**（lecithin-cholesterol acyl transferase,LCAT）,LCAT 催化由卵磷脂（磷脂酰胆碱）和胆固醇形成胆固醇酯。在新生 HDL 颗粒表面上 LCAT 将血流中遇到的乳糜微粒和 VLDL 残留物（IDL）的胆固醇和磷脂酰胆碱转变为胆固醇酯,后者开始形成一个核心,使新生的圆盘状 HDL 转型为成熟的球状 HDL 颗粒。在转型过程中 HDL 也收集从死细胞和进行更新的膜等细胞器释放到血浆中的胆固醇和磷脂。然后,成熟的 HDL 回到肝,在那里卸下胆固醇。HDL 中的某些胆固醇酯可由胆固醇酯转移蛋白转移给 LDL。可见 HDL 是除肝外的其他地方的胆固醇清除剂,甚至能除去已形成斑块的胆固醇。临床研究证明,脂蛋白代谢不正常是造成动脉粥样硬化的主要原因。血浆中 LDL 水平高而 HDL 水平低的个体容易患心血管疾病。

五、生物膜的组成和结构

地球上第一个细胞可能出现于膜的形成,膜把少量的水溶液包围起来与环境分开。膜不仅规定细胞的外边界,而且控制穿过边界（膜）的分子运输。这层膜称为细胞膜或**质膜**。此外真核细胞中还有**内膜系**

统(system of internal membrane),把内部空间分隔成若干独立的区室(compartment),即所谓细胞器和亚细胞结构。原核细胞的内膜系统不发达,只有少量的内膜结构。细胞的质膜和内膜系统总称为**生物膜**(biomembrane)。生物膜为组织许多复杂的反应序列、能量转换中心和细胞-细胞通讯中心提供了必要的结构基础。生物膜具有多种功能,生命活动中许多重要过程,如物质运输、能量转换、细胞识别、细胞免疫、神经传导、代谢调控等都与之有关。

生物膜的研究不仅具有重要的理论意义,而且在工、农、医实践方面也有广阔的应用前景。例如医药方面,几乎所有疾病都与膜的变异有密切关系。很多质膜上的受体可能是药物的靶体。人工膜(脂质体)作为药物载体已经进行了大量研究,有的已经进入临床试验阶段。生物膜的研究已深入到生物医学和生物学的很多领域。

(一) 每种膜都有特定的脂质和蛋白质

要了解膜的功能,一种途径是研究膜的组成,例如测定哪些成分是所有的膜共有的,哪些是具有专一功能的膜所特有的。因此讨论膜的结构和功能之前,需要考虑一下膜的分子成分:蛋白质、极性脂质和糖质。蛋白质和脂质构成生物膜的几乎全部质量,糖只作为糖蛋白和糖脂的一部分(占真核细胞质膜质量的2%~10%)而存在。每种类型的生物膜都含有特定的脂质和蛋白质。脂质和蛋白质的相对比例,因膜的类型不同可以有很大的变动(表10-7);这反映出生物学功能的多样性。例如神经元的髓鞘(一种延展的质膜)是起电的绝缘体作用的,它主要由脂质组成;而细菌质膜以及线粒体和叶绿体膜是很多酶促过程的场所,膜蛋白[质]的含量比膜脂[质]多。一般说,功能复杂的膜,蛋白质的种类和含量较多;功能简单的膜,蛋白质的种类和含量较少。

表 10-7　不同生物中质膜的主要成分

类别	组 分/100%[①]				
	蛋白质	磷脂	固醇	固醇类型	其他脂质
人神经髓鞘	30	30	19	胆固醇	半乳糖脂、缩醛磷脂
小鼠肝细胞	45	27	25	胆固醇	—
玉米叶细胞	47	26	7	谷固醇	半乳糖脂
酵母	52	7	4	麦角固醇	三酰甘油、硬脂酸脂
草履虫(纤毛原生生物)	56	40	4	豆固醇	
大肠杆菌(*E. coli*)	75	25	0	—	—

① 质量分数。在每一情况数值加起来不等于100%,因为除蛋白质、磷脂和固醇外还有其他成分;例如植物含有很高的糖脂。

膜脂有磷脂、糖脂和固醇等,其中以磷脂为主要成分。磷脂中又以甘油磷脂为主,特别是其中的磷脂酰胆碱和磷脂酰乙醇胺最丰富,也最普遍(表10-8)。动物细胞的质膜几乎都含糖脂,主要是鞘糖脂,如脑苷脂、神经节苷脂等。细菌和植物细胞的质膜大多为甘油糖脂。一般讲,动物细胞的固醇含量比植物细胞的高。而质膜的固醇含量又多于内膜系统的固醇。动物质膜含的是胆固醇;植物质膜含的是植物固醇如谷固醇、豆固醇等;细菌细胞一般不含固醇。

表 10-8　某些生物膜中各种脂质的组成/%[①]

脂质名称	人红细胞	人髓鞘	牛心线粒体	大肠杆菌
磷脂酸	1.5	0.5	0	0
磷脂酰胆碱	19	10	39	0
磷脂酰乙醇胺	18	20	27	65
磷脂酰丝氨酸	8	8	0.5	0
磷脂酰肌醇	1	1	7	0
磷脂酰甘油	0	0	0	18

脂质名称	人红细胞	人髓鞘	牛心线粒体	大肠杆菌
心磷脂	0	0	22.5	12
鞘磷脂	17.5	8.5	0	0
糖脂	10	26	0	0
胆固醇	25	26	3	0

不同来源的膜蛋白组分要比它们的膜脂组分变化大,这反映功能上的专门化。此外,某些膜蛋白跟寡糖共价连接。例如在血型糖蛋白中,红细胞质膜的糖蛋白 60% 的质量由复杂寡糖组成。寡糖连接在专一的氨基酸残基上;Ser、Thr 和 Asn 残基是最常见的连接点(见图 9-41)。在质膜外表面形成的这层寡糖-蛋白质复合体称为**糖萼**(glycocalyx)或**细胞外壳**(cell coat)。这些天线般的寡糖链影响新生肽的折叠及其稳定性以及胞内定位;并在配体与糖蛋白表面受体的专一性结合中起着重要作用,跟细胞识别和黏着以及细胞免疫等有关(见第 9 章"糖蛋白"部分)。

(二) 脂双层是膜的基本结构元件

膜脂(甘油磷脂、鞘脂和固醇)虽是两亲分子,但实际上不溶于水。当与水混合时,它们自发地形成微小的脂质聚集体:微团、脂双层和微囊(图 10-29);它们都是以脂质分子的尾部借疏水相互作用彼此接触,头基借氢键跟周围的水分子相互作用。脂质聚集体的形成减小了暴露于水的疏水表面积,因而使在脂质-水界面处有序水壳中的水分子数目降至最小(见图 1-11A),结果是系统中熵增加。脂质分子之间的疏水相互作用为这些聚集体的形成和维持提供了热力学驱动力。

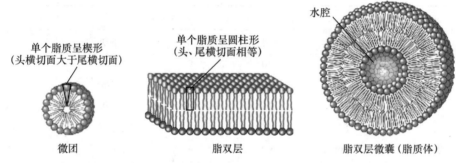

图 10-29　磷脂分子在水中自发形成的几种聚集体(切面观)

脂质在水中组装成何种形式的聚集体,取决于脂质本质和当时条件。**微团**(micelle)是球形结构,它含有几十到几千个两亲分子。这些分子排列成疏水尾部聚集在内部,在那里水被排出;亲水头基在表面,跟水接触。头基的横切面大于尾部(酰基链)横切面的,如游离脂肪酸、溶血磷脂(只有一条酰基链)和去污剂如十二烷基硫酸钠(SDS)倾向于形成微团。头基横切面等于酰基链横切面的,如甘油磷脂和鞘脂,则有利于**脂双层**(bilayer)的形成;在每一单层中的疏水部分,排开水,彼此相互作用;在脂双层片的每一表面("叶面"),亲水头基跟水相互作用。但由于其边缘的疏水区仍暴露在水中,结构相对不稳定,自发地回折,形成中空的球形,称**微囊**(vesicle)。在实验室中从纯脂质形成的微囊或称**脂质体**(liposome),跟天然膜一样,对极性溶质基本上也是不通透的。微囊的连续表面消去了暴露的疏水区域,使脂双层在水环境中达到最大的稳定性。现已证实脂双层是生物膜的基本结构。

(三) 膜成分在脂双层两侧的分布是不对称的

膜对大多数极性的和荷电的溶质是不通透的,但对非极性化合物允许它们通过。脂双层本身的厚度约为 3 nm,如果包括从膜两侧伸出的蛋白质在内(电镜下横切面观呈三层),膜厚度为 5 ~8 nm。

膜蛋白在脂双层两侧(两个单层)的分布是不对称的(图 10-30)。某些蛋白质只从膜的一侧伸出,另一些则在膜的两侧都有暴露的结构域,并且暴露在两侧的结构域也是不同的;蛋白质在脂双层中定向的不对称性使膜有"正反面"的区别,这反映膜在功能上的不对称性。膜中的蛋白质和脂质形成一个镶嵌图案,但跟用瓷砖和灰膏镶嵌起来的不同;膜是一种流体,镶嵌的图案可以不断地自由变化;因为其组分之间的相互作用大多是非共价的,这使得单个脂质和蛋白质分子能够在膜平面上自由地作侧向运动。但跟膜脂不同,膜蛋白不能从脂双层的一层翻转到另一层,这有利于膜蛋白的不对称分布的维持。

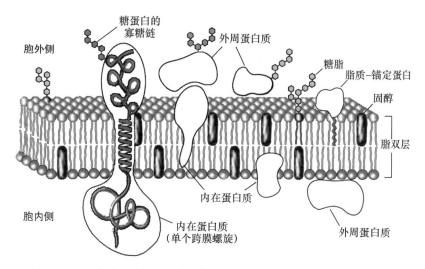

图 10-30　膜成分分布的不对称性(流动镶嵌模型)

质膜的脂质在脂双层两个单层的分布,虽然也是不对称的,但没有像膜蛋白那样的绝对。例如,在红细胞的质膜中,含胆碱的脂质(磷脂酰胆碱和胆碱鞘磷脂)主要存在于质膜的胞外面(外层),而磷脂酰丝氨酸、磷脂酰乙醇胺和磷脂酰肌醇更多是在胞质面(内层)。脂质在质膜内外层分布的变化是有生物学效果的。例如,血小板只有它质膜中的磷脂酰丝氨酸移到外层,才能在血凝块形成中起作用。对很多其他类型的细胞,磷脂酰丝氨酸暴露在细胞外表面,标示着一个细胞将遭程序性细胞死亡(programmed cell death)的破坏。

糖质在脂双层的分布也是不对称的,无论质膜还是内膜系统中糖脂和糖蛋白的寡糖分布都是不对称的。质膜的糖蛋白总是把携有寡糖的结构域定向在细胞的外表面。

(四) 有三类膜蛋白跟膜结合的方式不同

膜蛋白根据在膜上定位和跟膜脂结合的牢固程度可分为外周膜蛋白质、内在膜蛋白质和兼在蛋白质。

外周膜蛋白质(peripheral membrane protein)分布在脂双层的内、外层表面上,借静电相互作用和氢键跟内在蛋白质的亲水结构域或膜脂的极性头基结合(图 10-31)。大多数外周蛋白质通常只要用比较温和的(能干扰静电相互作用和破坏氢键的)方法,如改变 pH 或离子强度、用螯合剂除去 Ca^{2+} 或加入尿素或碳酸盐,即可把它们从膜上分离下来。外周膜蛋白质一般占膜蛋白的 20%~30%。

内在膜蛋白质(integral membrane protein)主要是靠跟脂双层的疏水相互作用与膜结合的。蛋白质分子的非极性氨基酸残基常以 α 螺旋形式与脂双层的疏水部分相互作用(细菌膜的内在蛋白质中常见有借多股 β 桶结合的)。内在蛋白质,有的只是部分埋在脂双层中,有的则横跨整个膜层(图 10-30);有的(如血型糖蛋白)跨越脂双层只是单个螺旋段(图 10-30,图 3-46),有的(如细菌视紫红质)是来回多个螺旋段(见图 3-47)。内在蛋白质与脂双层结合得很牢固,只有用那些能够破坏跟脂双层疏水相互作用的介质,如去污剂、有机溶剂或变性剂,才能将它们提取出来。有些内在膜蛋白质本身并不进入膜内,而是跟一个或几个脂质分子如脂肪酸,类异戊二烯或糖基磷脂酰肌醇(glycosyl phosphatidylinositol;GPI)共价相连,并以它们为疏水锚钩(anchor)锚定在脂双层中(见图 10-31 和图 9-38B),这些膜蛋白可用专一性酶处理,例如以 GPI 为锚钩的内在蛋白质(GPI-锚定蛋白质)用磷脂酶 C 水解即可被释放。内在膜蛋白质占膜蛋白的 70%~80%。

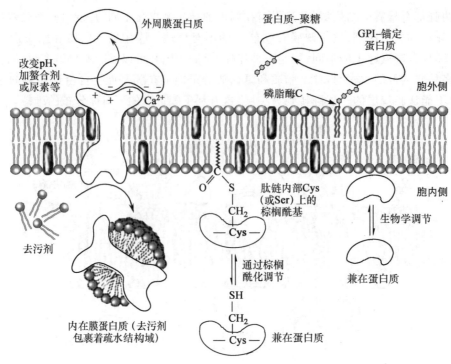

图 10-31   三类膜蛋白：外周蛋白质，内在蛋白质和兼在蛋白质

兼在蛋白质（amphitropic protein）有时存在于细胞溶胶，有时处于跟膜结合之中。它们对膜的亲和力在有些场合是由于这些蛋白质跟一个膜蛋白或膜脂的非共价相互作用或静电相互作用，在另些场合是因为存在一个或多个跟兼在蛋白质共价结合的脂质（图 10-31）。一般说，兼在蛋白质跟膜的可逆结合是受调节的；例如磷酸化作用或配体结合可以使该蛋白质发生构象改变，暴露出原先接近不到的膜结合部位。因此兼在蛋白质有时跟膜结合，有时不与膜结合；这取决于调节过程的类型，如可逆的棕榈酰化（palmitoylation），如图 10-31。

（五） 生物膜是动态的

所有生物膜的一个显著特点是它们的柔性（flexibility）——不丢失它的完整性而改变形状的能力。这一性质的基础是脂双层中脂质分子之间的非共价相互作用和单个脂质的运动性（mobility），因为脂质不是相互共价锚定的。可见膜是处于流动状态的，既包括膜脂，也包括膜蛋白的流动。合适的流动性（fluidity）对膜表现它的正常功能十分重要。例如物质转运、能量转换、信息传递、细胞分裂和融合、胞吞和胞吐等都跟膜的流动性有密切关系。

1. 脂双层中的脂质能以有序液态或无序液态存在

虽然脂双层的整体结构是稳定的，但膜平面内的单个磷脂分子具有很大的运动自由度，这取决于温度和脂质组成。低于正常生理温度，膜脂运动慢，脂双层变成半固体的**有序液态**（liquid-ordered state；L_o）或称类晶态（paracrystalline state）或凝胶态（gel state），在这种状态单个脂质的所有运动形式都受到很大限制（图 10-32A）。在生理温度以上，膜脂运动加快，脂肪酸烃链处于不断的运动中，包括绕长脂酰链 C—C 键的旋转和单个脂质分子在脂双层内的侧向扩散（图 10-33A）；此时脂双层是流动的**无序液态**（liquid-disordered state；L_d），或称液晶态（liquid-crystalline state）（图 10-32B）。从 L_o 态过渡到 L_d 态，脂双层总的形状和大小保持不变，但单个脂质分子的运动（侧向和旋转）程度有变化。

对哺乳动物在生理温度范围（20~40℃），长链脂肪酸（如 16：0 和 18：0）倾向于组装成 L_o

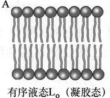

有序液态L_o（凝胶态）   无序液态L_d（液晶态）
图 10-32   脂双层的两种极端状态

凝胶态,但不饱和脂肪酸中的结节干扰装配,有利于处在 L_d 态。短链脂肪酸也有同样的效果。一个膜的固醇含量(随不同生物和细胞器有很大变化;表 10-7)是脂质状态的另一重要的决定因素。固醇(例如胆固醇)对脂双层流动性的影响似乎是反常的:固醇跟含不饱和脂酰链的磷脂相互作用,使脂酰链挤得更紧,并限制它们在脂双层中的运动;固醇跟携有长饱和脂酰链的磷脂和鞘脂结合,反而加快膜的流动性,此膜在没有胆固醇时是采取 L_o 态的。其实,前者是因为固醇刚性环系统减少了它附近脂酰链绕 C—C 键旋转的运动自由度造成的,后者是因为刚性甾核阻挠了脂酰链的有序装配的结果。

为获得恒定的膜流动性,细胞在各种生长条件下调节它们的膜成分。例如细菌在低温下培养时比在高温下培养时,合成的不饱和脂肪酸更多,而饱和脂肪酸则更少。脂质成分的这种调整结果是在低温或高温下培养的细菌,约有同样程度的膜流动性。推测这是对脂双层中的许多蛋白质——酶、转运蛋白和受体——行使功能所必需的。

2. 脂质的跨膜运动需要酶催化

在生理温度下,脂质分子从脂双层的一层(一面)翻到另一层的运动称为**跨膜运动**(transmembrane movement)或**翻转扩散**(flip-flop diffusion)(图 10-33A)。翻转扩散在大多数膜中即使发生也是很慢的,但在脂双层的同一层中进行的侧向扩散则很快(10-33B)。由于膜脂都是两亲分子,要从脂双层的一层翻转到另一层,它必须穿过脂双层的疏水区;这是一个需能过程,自由能变化是一个大的正值,因此比侧向扩散的速度要慢得多。然而这种高耗能的翻转在原核和真核细胞中都有发生。一个称为**翻转酶**(flippase)的转位蛋白(translocator)催化翻转扩散。此酶催化氨基磷脂(磷脂酰乙醇胺和磷脂酰丝氨酸)从质膜的胞外层到细胞溶胶层(内层)的转位,并因而造成磷脂的不对称分布:磷脂酰乙醇胺和磷脂酰丝氨酸主要在细胞溶胶层,鞘脂和磷脂酰胆碱在胞外层。翻转酶每转位一分子磷脂消耗约一个 ATP 分子(图 10-33C)。此外还发现两个其他类型的磷脂转位蛋白质,但对它们了解得还不多。一个称**转出酶**(floppase;暂用译名——编者),催化质膜磷脂从细胞溶胶层转移到胞外层,它跟翻转酶一样,需要 ATP。另一个称**促翻转酶**(scramblase,又称爬行酶),沿该脂浓度梯度(从高浓度层到低浓度层)跨膜转移任一种膜磷脂。它们的活性不依赖于 ATP。爬行酶活性导致脂双层两面的头基组成有控制的随机化(转移趋于平衡)。

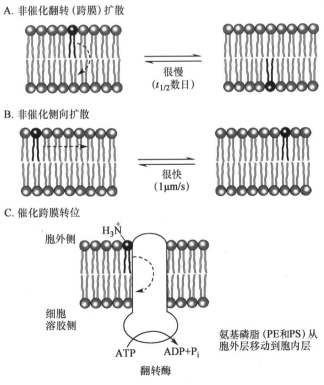

图 10-33　单个磷脂在脂双层中的运动

3. 脂质和蛋白质在膜内作侧向扩散

脂质在膜内的**侧向扩散**（lateral diffusion）或侧向移动是指磷脂分子在脂双层的同一层中与邻近分子进行交换；也即，这些分子在膜内进行布朗运动（图 10-33B）。侧向扩散在生物膜和人工膜中都能发生，而且速度很快。例如，红细胞质膜外层中的一个脂质分子进行侧向扩散，在几秒钟内就能绕红细胞一圈。该脂双层平面内的这种快速侧向扩散在几秒钟内可使各个分子的位置趋于随机化（均匀分布）。

很多膜蛋白的行为好像它们被漂浮在脂质的海洋里。和膜脂一样，这些蛋白质能在脂双层的流体平面内自由地侧向扩散，并处于恒定的运动中。测定膜蛋白（或膜脂）的侧向扩散常采用**光漂白荧光恢复法**（fluorescence recovery after photobleaching；FRAP）（图 10-34）。这种方法是利用强激光使膜上某一微区（5 μm^2）内标有荧光探针的膜蛋白（或膜脂）进行彻底漂白，然后用荧光显微镜可观察到其他部位的膜蛋白（未经光漂白的）因侧向扩散进入该微区，微区内荧光又重新出现，表明膜蛋白发生侧向运动。光漂白后的荧光恢复速率是蛋白质（或脂质）侧向扩散速率的量度。

某些膜蛋白在细胞或细胞器的表面缔合成大的聚集体（"小块"）；例如乙酰胆碱受体在突触的神经元质膜上形成密集的近似晶状的小块，在这里单个蛋白质分子彼此不会发生相对移动。另一些膜蛋白被锚定在细胞内部的结构（如细胞骨架）以阻止它们的自由扩散。例如红细胞质膜上的**血型糖蛋白**和**氯化物–重碳酸盐交换蛋白**（chloride-bicarbonate exchanger）都是通过**锚蛋白**（ankyrin）被拴在丝状的细胞骨架蛋白质——**血影蛋白**（spectrin）上，因此这些膜蛋白的运动受到很大的限制（图 10-35）。

（六）质膜的内在蛋白质参与表面黏着、信号传递和其他细胞过程

质膜中几个家族的内在蛋白质提供细胞和细胞之间以及细胞和胞外基质蛋白质之间的专一性连接位点。**整联蛋白**（integrin）是表面黏着蛋白质，它介导细胞跟胞外基质和跟其他细胞包括某些病原体的相互作用。整联蛋白也在跨质膜的两个方向传递整合有关胞内、外环境的信息的信号。所

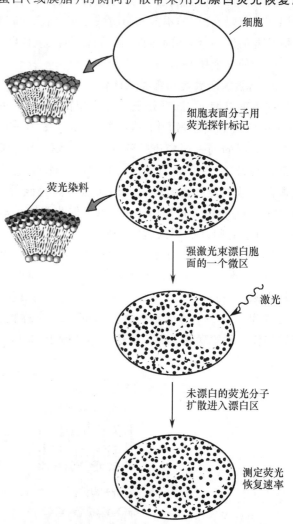

图 10-34　光漂白荧光法测定膜蛋白或膜脂的侧向扩散速率

有的整联蛋白都是杂二聚体（heterodimer），由两个不同的亚基 α 和 β 组成。每个亚基借一个跨膜螺旋锚定在质膜内。α 和 β 亚基的胞外大结构域缔合成一个专一性结合位点，以结合胞外蛋白质如胶原蛋白和纤连蛋白（fibronectin），这些胞外蛋白质含有一个共同的整联蛋白结合决定簇：Arg-Gly-Asp。

涉及表面黏着的其他蛋白质是**钙黏着蛋白**（cadherin），它能跟相邻细胞中的同一种钙黏着蛋白进行同嗜性同种间（homophilic）的相互作用。另一是**选择蛋白**，它有胞外结构域；在 Ca^{2+} 存在下，该结构域能跟相邻细胞表面上的专一多糖结合。选择蛋白主要存在于各类血细胞和衬在血管壁上的内皮细胞中。它们是血液凝固的必需部分。

内在膜蛋白质还在许多其他细胞过程中起作用。它们用作转运蛋白和离子通道，用作激素、神经递质和生长因子的受体（第 14 章）。它们担当氧化磷酸化（第 19 章）、光合磷酸化（第 23 章）以及免疫系统中

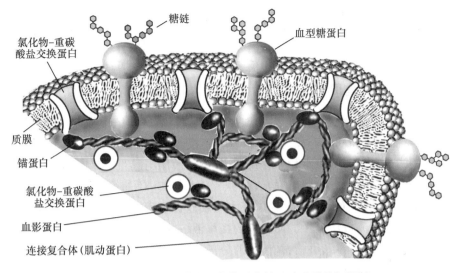

图 10-35　红细胞膜的氯化物-重碳酸盐交换蛋白的运动受膜骨架限制

细胞-细胞和细胞-抗原识别的中心角色(第 4 章)。内在蛋白质也在膜融合(包括胞吞、胞吐和病毒入侵宿主细胞)中起重要作用。

（七）　生物膜的流动镶嵌模型

从 19 世纪末到 20 世纪中叶对生物膜的结构曾提出过多种模型,包括脂双层模型、三夹板模型和单位膜模型等。1972 年美国 S. T. Singer 和 G. R. Nicolson 吸取了前人提出的模型中合理部分,并总合膜的电镜观察、化学组成及其分布不对称性的研究、膜通透性和膜流动性的物理研究,提出了**流动镶嵌模型**(fluid mosaic model)。该模型认为:膜是蛋白质和磷脂组成的动态结构;脂双层是一种流体基质,实质上是蛋白质的二维溶剂。脂双层的每层中脂质分子的非极性尾部面向双层片的核心,极性头基面向外侧,跟每侧的水介质相互作用;蛋白质埋在双层片中,借脂质和蛋白质的疏水结构域之间的疏水相互作用维系在一起。在这里膜脂和膜蛋白能作旋转和侧向运动。Singer 和 Nicolson 还指出,这些蛋白质部分地或全部地嵌入脂双层中,有些甚至横跨整个脂双层(图 10-36)。此模型跟以往提出的各种模型主要差别在于:它突出膜的流动性和膜蛋白分布的不对称性。流动镶嵌模型虽还存在很多局限性,例如近年来很多实验结果表明,膜各部分的流动性是不均匀的。由于脂质组成不同、膜蛋白-膜脂的和膜蛋白-膜蛋白的相互作用以及环境因素(如温度、pH 等)的影响,在一定温度下有的膜脂处于凝胶态(L_o),有的则呈流动的液晶态(L_d)。即使都处于 L_d 态,膜中各部分的流动性也不全相同。这样,整个

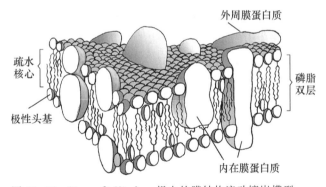

图 10-36　Singer 和 Nicolson 提出的膜结构流动镶嵌模型

膜可视为具有不同流动性的"微区"相间隔的动态结构。因而 Jain 和 White 提出了一种"板块镶嵌"模型。然而至今尚无一个模型像流动镶嵌模型那样受到广泛的应用。

六、脂质的提取、分离和分析

脂质存在于细胞、细胞器和胞外体液如血浆、胆汁、乳和肠液中。欲研究某一特定部分(例如红细胞、线粒体或脂蛋白)的脂质,首先须将它们所在的组织、细胞或细胞器分离出来。由于脂质不溶于水,它们的提取和随后的分级分离都要求使用有机溶剂和某些特殊技术,这跟用于纯化水溶性分子如蛋白质和糖

质是很不相同的。一般说,复杂的脂质混合物分离是根据它们在非极性溶剂中的极性或溶解度差别进行的。含酯键连接或酰胺键连接的脂肪酸的脂质可用酸、碱或高度专一的水解酶处理使成可用于分析的成分。

(一) 脂质用有机溶剂提取

非极性脂质(三酰甘油、蜡和色素等)用乙醚、氯仿或苯等容易从组织中提取出来,因为这些溶剂不致使脂质因疏水相互作用而集聚在一起。膜脂(磷脂、糖脂、类固醇等)要用极性有机溶剂如乙醇或甲醇提取,这种溶剂既能降低脂质分子间的疏水相互作用,又能减弱膜脂与膜蛋白之间的氢键键合和静电相互作用。常用的提取剂(extractant)是氯仿、甲醇和水(体积比 1 : 2 : 0.8)的混合液。按此体积比配制的混合液是混溶的,形成一个相。组织(如肝)在此混合液中匀浆以提取所含脂质;匀浆后形成的不溶物包括蛋白质、核酸和多糖用离心或过滤方法除去。向所得的提取液(extract)加入过量的水使之分成两个相,上相是甲醇/水,下相是氯仿。脂质留在氯仿相,极性大的分子如蛋白质、多糖进入极性相(甲醇/水)。取出氯仿相并蒸发浓缩,取一部分干燥,称重;其余用于下步分离分析。

(二) 吸附层析分离不同极性的脂质

被提取的脂质混合物可采用基于各类脂质极性不同分开的层析手段进行分级分离。例如**硅胶吸附柱层析**(柱层析装置参见图 2-14)可把脂质分成非极性、极性和荷电的多个组分。硅胶(silica)是硅酸 Si(OH)₄ 的一种形式,一种极性的不溶物。当脂质混合物(氯仿提取液)通过柱中的硅胶时,由于极性脂质跟极性硅酸结合得紧密被留在柱上;中性脂质则直接通过柱子,出现在最先流出的氯仿洗涤液中。然后用逐步提高极性的溶剂洗涤,极性脂质按极性增加的顺序被洗脱。不带荷电的极性脂质(如脑苷脂)用丙酮洗脱,极性强的或带荷电的脂质(如甘油磷脂)用甲醇洗脱。分别收集各个组分,在不同的层析系统中再层析,以分离单个脂质组分。例如磷脂组分可进一步分离成磷脂酰胆碱、鞘磷脂、磷脂酰乙醇胺等。如果采用高效液相色谱(HPLC,见第 5 章)或薄层层析(TLC)进行脂质分离则速度更快,分辨率更高。

硅胶薄层层析(装置见图 2-16)利用同一原理。硅胶薄层涂抹在一块能黏附它的玻璃板上。溶于氯仿的少量脂质样品点加在玻璃板一边的附近,然后把玻璃板的这一边浸入加有有机溶剂或溶剂混合液的浅槽中;整套装置封闭在被溶剂蒸气饱和的箱(或缸)内。随溶剂在玻璃板上上升(由于毛细管作用),也带着脂质一起移动。极性小的脂质移动最快,因为它们跟硅酸结合的程度小。分开的脂质可以用一种称罗丹明(rhodamine)的染料喷洒玻璃板,这种染料与脂质结合后,会发出荧光;或用碘蒸气熏蒸玻璃板,碘与脂肪酸中的双键发生可逆反应,结果含不饱和脂肪酸的脂质显示出黄色或棕色。几种其他的喷显剂也用于检测一些特异的脂质。为了后面分析,含被分开的脂质区域可从板上刮下,脂质用有机溶剂提取回收。

(三) 气-液色谱用于分析挥发性脂质混合物

气-液色谱(gas-liquid chromatography;GLC)是分离混合物的挥发性组分的。分离的原则是按它们溶于填充在色谱柱中的惰性材料的相对倾向,或是按它们被惰性气体(如氦、氢或氮)流动所推进的挥发和过柱的相对速度。除某些脂质具有天然挥发性外,大多数脂质沸点很高,6-碳以上的脂肪酸沸点都在 200℃ 以上。因此进行分析前必须先将脂质转变为它们的衍生物(如酯类)以增加挥发性(即降低沸点)。为分析油脂或磷脂样品中的脂肪酸,首先需要在甲醇/HCl 或甲醇/NaOH 混合物中加热,使脂肪酸成分发生**转酯[基]作用**(transesterification),从甘油酯转变为脂肪酸甲酯。然后将甲酯混合物加样到气-液色谱柱上,加热柱子,使样品挥发,以利 GLC 分析。在柱材料中溶解度最大的脂肪酸酯留在柱上的时间最长;溶解度小的脂质被惰性气流带走,最先从柱中出来。洗脱顺序主要决定于柱中固体吸附剂的性质和脂质混合物组分的沸点。利用 GLC 技术,各种链长和各种不饱和度的脂肪酸混合物可以得到完全分开。气-液色谱仪的基本组件如图 10-37 所示。

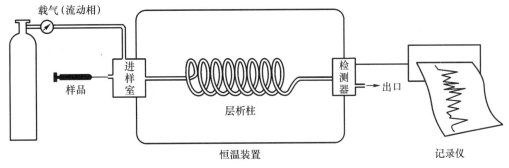

图 10-37　气-液色谱仪的基本组件

（四）专一性水解有助脂质结构测定

某些种类的脂质对在特异条件下的降解特别敏感,例如三酰甘油、甘油磷脂和固醇酯中酯键连接的脂肪酸只要用温和的酸或碱处理则被释放。而鞘脂中酰胺键连接的脂肪酸则需要在较强的水解条件下才能被释放。专一性水解某些脂质的酶也被用于脂质结构的测定。前面谈到过的磷脂酶 A_1、A_2、C 和 D(见图 10-9)都能断裂甘油磷脂分子中的一个特定的键,并产生具有特征溶解度和层析行为的产物。例如磷脂酶 C 作用于磷脂,释放一个水溶性的磷酰醇(例如从磷脂酰胆碱释放出磷酸胆碱)和一个氯仿溶的二酰甘油,这些成分可以分别加以鉴定,以确定完整磷脂的结构。专一性水解跟这些产物的 TLC、GLC 或 HPLC 鉴定相结合常可用来测定一个脂质的结构。

（五）质谱与脂质结构测定和脂质组学

脂质或其挥发性衍生物的质谱分析是确定烃链长度和双键位置的最佳技术。相似的脂质(例如,两个相同链长、在不同位置上不饱和的脂肪酸,或两个含不同数目异戊二烯单位的类异戊二烯)的物理化学性质是非常相像的,从各种色谱洗脱的顺序经常不能把它们区分开来。然而,当从一个色谱柱流出的洗脱物(eluate)加样到质谱仪上进行分析,一个脂质混合物的组分只要根据它们唯一的分级分离谱就能同时得到分离和鉴定。随着质谱法分辨率的不断提高,有可能粗提取液无须进行预分级分离就能在很复杂的混合物中鉴定出单个脂质。这种"鸟枪"(shotgun)法可以避免脂质组分的再分离(亚类的分离),因而速度更快。

为探索细胞和组织中脂质的生物学作用,重要的是要知道什么脂质以什么比例存在,并要知道这些脂质的组成随胚胎发育、疾病或药物治疗发生的变化;这些内容构成了**脂质组学**(lipidomics)。脂质组学的目的是试图编录所有的脂质及其功能。应用具有高处理量和高分别率的质谱技术可以提供在特定条件下专一类型细胞中存在的全部脂质的定量编目——**脂质组**(lipidome),以及脂质组随分化、疾病(如癌症)或药物治疗的变化方式。一个动物细胞含有上千种不同的脂质,大概每一种都有专门的功能。越来越多的脂质它们的功能为人们了解,但仍然还有大量未探索的脂质组,为下一代的生物化学家和生物学家提供丰富的新课题,等待他们来解决。

提　要

脂质是细胞的水不溶性成分,结构多种多样,能用有机溶剂如乙醚、氯仿等进行提取。脂质按化学组成可分为单纯脂质、复合脂质和衍生脂质;按生物功能可分为贮存脂质、结构脂质和活性脂质。

脂肪酸是多数脂质的烃成分,通常具有偶数碳原子(一般 12 到 24)。脂肪酸可分为饱和与不饱和的,双键几乎总是顺式的。脂肪酸的物理性质主要决定于烃链长度与不饱和程度。必需脂肪酸是指对人体的功能不可缺少,但必须由膳食提供的两种多不饱和脂肪酸:亚油酸和 α-亚麻酸;前者属 ω-6 家族,后者属 ω-3 家族。

三酰甘油是由脂肪酸与甘油形成的三酯。三酰甘油可分为简单三酰甘油和混合三酰甘油;天然油脂是简单和混合三酰甘油的混合物。三酰甘油与碱共热可发生皂化,生成脂肪酸盐(皂)和甘油。三酰甘油跟游离脂肪酸一样,它的不饱和键能发生氢化、卤化和过氧化等作用。三酰甘油是主要的贮存脂质,以脂肪滴形式存在于细胞中。

脂质过氧化是典型的活性氧参与的自由基链式反应。活性氧($\cdot O_2^-$、$\cdot OH$、H_2O_2 和 $^1O_2$ 等)使生物膜发生脂质过氧化,造成膜的损伤、蛋白质和核酸等大分子的异常。脂质过氧化与多种疾病有关。体内的抗氧化剂如超氧化物歧化酶(SOD)、维生素 E 和 β-胡萝卜素等是与脂质过氧化抗衡的保护系统。

三酰甘油是食物的重要成分。食品工业中植物油的部分氢化会使某些脂肪酸的顺式双键转化为反式构型。食物中的反式脂肪酸是冠心病的一个重要风险因素。

蜡是指长链脂肪酸和长链一元醇或固醇形成的酯。天然蜡如蜂蜡是多种蜡酯的混合物。蜡是海洋浮游生物中代谢燃料的主要贮存形式。蜡还有其他的生物功能如防水、防侵袭等。

具有极性头和非极性尾的极性脂质是生物膜的主要成分。最丰富的极性脂质是甘油磷脂;最简单的甘油磷脂是 3-sn-磷脂酸,它是其他甘油磷脂的母体。磷脂酸进一步被一个极性醇(如胆碱、乙醇胺等)酯化,则形成各种甘油磷脂。常见的甘油磷脂是磷脂酰胆碱和磷脂酰乙醇胺。甘油磷脂的极性头基在 pH 7 附近荷电。

叶绿体膜富含半乳糖脂和硫脂,它们是甘油糖脂。前者由二酰甘油跟 1 个或 2 个相连的半乳糖残基组成,后者由二酰甘油跟一个磺酸化的糖残基组成,并因此是一个荷电的头基。

某些古菌含有独特的膜脂,它有一个很长的链烷基,在链烷基的两端以醚键跟甘油相连,还有一个糖基和/或一个甘油磷酸基跟甘油连接以提供一个极性的或荷电的头基。这类脂质在这些古菌生活的苛刻条件下是稳定的。

鞘脂含有鞘氨醇,一个长链的脂肪族氨基醇,但不含甘油。鞘氨醇的 2-位氨基以酰胺键与脂肪酸连接形成神经酰胺,它是鞘脂类的母体。神经酰胺的 1-位羟基被磷酰胆碱或磷酰乙醇胺酯化则形成相应的鞘磷脂:胆碱鞘磷脂和乙醇胺鞘磷脂。神经酰胺的 1-位羟基以糖苷键跟糖基连接则成鞘糖脂。重要的鞘糖脂有脑苷脂、红细胞糖苷脂和神经节苷脂。细胞表面的鞘糖脂是细胞识别的位点。

固醇含有 4 个稠合的碳环(环戊烷多氢菲)和一个羟基。固醇存在于大多数真核细胞的膜中,但细菌不含固醇。胆固醇是动物中的主要固醇,是膜的结构成分,也是体内类固醇激素和胆汁酸的前体。

有些种类的脂质存在量虽然较少,但起着辅因子和信号的关键作用。类二十烷酸,包括前列腺素、凝血㮲和白三烯;它们由花生四烯酸合成,是一类极强的局部性激素。

磷脂酰肌醇-4,5-二磷酸经水解产生 2 个胞内信使:二酰甘油(DAG)和肌醇-1,4,5-三磷酸(IP_3)。磷脂酰肌醇-3,4,5-三磷酸是参与生物信号传递的超分子蛋白质复合体的成核点。

类固醇激素如性激素和皮质激素都由固醇衍生而来,它们作为强力的生物信号改变靶细胞中的基因表达,从而影响代谢和生理方面的变化。

许多由异戊二烯单位(C_5)合成的类萜(类异戊二烯)是生物活性脂质。例如维生素 A、D、E 和 K 在动物的代谢和生理活动中起重要作用。维生素 A 和 D 是相应激素的前体。泛醌和质体醌分别是线粒体和叶绿体的电子载体。脂质共轭双烯,如胡萝卜素、玉米黄质等,作为花朵和水果中的色素,以及给鸟的羽毛以亮丽的颜色。多萜醇(长醇)活化和锚定简单糖到细胞膜上;聚糖基然后用于合成复杂糖质、糖脂和糖蛋白。

聚酮化合物如红霉素、两性霉素 B 等是天然产物,被广泛用于医学。

血浆脂蛋白是血浆中转运脂质的脂蛋白颗粒。这些颗粒都有一个由三酰甘油和胆固醇酯组成的疏水核心和一个由磷脂、胆固醇和载脂蛋白参与的极性外壳。载脂蛋白(apo)是脂蛋白中的蛋白质部分,主要作用是增溶疏水脂质和作为脂蛋白受体的识别部位。脂蛋白颗粒依密度增加为序可分为乳糜微粒、VLDL、LDL 和 HDL。VLDL 从肝运载胆固醇、胆固醇酯和三酰甘油到其他组织,在那里三酰甘油为脂蛋白脂酶所降解,VLDL 转变为 LDL。富含胆固醇和胆固醇酯的 LDL 被受体介导的胞吞所摄取,胞吞过程中 LDL 的载脂蛋白 B-100 为质膜中的受体所识别。HDL 是除肝以外的其他组织的胆固醇清除剂。

　　细胞的外周膜(质膜)和内膜系统统称生物膜。膜主要由蛋白质(包括酶)、脂质(主要是磷脂)和糖类等组成。脂双层是膜的基本结构元件。膜对极性的和荷电的溶质一般是不通透的,但对非极性化合物则允许它们通过。膜脂和膜蛋白在脂双层中的定向是不对称的,使膜有"正反面"的之分,这也反映膜在功能上的不对称性。质膜的糖蛋白总是把携有寡糖的结构域定向在细胞的外表面。膜蛋白可分为三类:外周膜蛋白质、内在膜蛋白质和兼在蛋白质。膜的流动性是膜结构的主要特征;脂酰链的热运动使脂双层内部成为流体;流动性受温度、脂肪酸组成和固醇含量的影响。膜脂和膜蛋白可以进行侧向扩散,速度很快;膜脂还可以发生翻转扩散,但速度比前者慢得多,除非有翻转酶的参与。整联蛋白是质膜的跨膜蛋白质,起连接细胞-细胞以及在胞外基质和细胞质之间运载信息两个方面的作用。膜的流动镶嵌模型仍是迄今应用最广的。

　　测定脂质组成时,脂质首先需要用有机溶剂从组织中提取,再用薄层层析、气液色谱或高效液相色谱分离。单个的脂质可根据其层析行为、对专一性酶水解的敏感性或质谱来鉴定。高分别率的质谱无须预分级分离即可进行脂质粗混合物分析。脂质组学的任务是利用先进的分析技术,测定一个细胞或组织中的全套脂质(脂质组)并组建有注释的数据库,比较不同类型和不同条件下的细胞脂质。

习　题

　　1. 天然脂肪酸在结构上有哪些共同的特点?

　　2. (a)由甘油和三种不同的脂肪酸(如豆蔻酸、棕榈酸和硬脂酸)可形成多少种不同的三酰甘油(包括立体异构体)? (b)其中从量方面的组成不同考虑,形成三酰甘油可有多少种?

　　3. (a)为什么饱和的 18 碳脂肪酸——硬脂酸的熔点比 18 碳不饱和脂肪酸——油酸的熔点高? (b)干酪乳杆菌产生的乳杆菌酸(19 碳脂肪酸)的熔点更接近硬脂酸的熔点还是更接近油酸的熔点? 为什么?

　　4. 画出 ω-6 脂肪酸 16 : 1 的结构式。

　　5. 从植物种子中提取出 1 g 油脂,把它等分为两份,分别用于测定该油脂的皂化值和碘值。测定皂化值的一份样品消耗 KOH 65 mg,测定碘值的一份样品消耗碘(I_2)510 mg。试计算该油脂的平均相对分子质量和碘值。

　　6. 某油脂的碘值为 68,皂化值为 210。计算每个油脂分子平均含多少个双键。

　　7. (a)解释与脂质过氧化有关的几个术语:自由基、活性氧、自由基链式反应、自动氧化、抗氧化剂和自由基清除剂; (b)为什么 PUFA 容易发生脂质过氧化?

　　8. 为解决甘油磷脂构型上的不明确性,国际生物化学命名委员会建议采取立体专一编号命名原则。试以磷酸甘油为例说明此命名原则。

　　9. 写出下列化合物的名称:(a)在低 pH 时,携带一个正净电荷的甘油磷脂;(b)在中性 pH 时,携带负净电荷的甘油磷脂;(c)在中性 pH 时,净电荷为零的甘油磷脂。

　　10. 给定下列分子成分:甘油、脂肪酸、磷酸、长链醇和糖。试问(a)哪两个成分在蜡和鞘磷脂中都存在? (b)哪两个成分在脂肪和磷脂酰胆碱中都存在? (c)哪些(个)成分只在神经节苷脂而不在脂肪中存在?

　　11. 今有两个无标签的样品:一个鞘磷脂,一个磷脂酰胆碱。试用化学、层析或酶学方法把它们鉴别开来。

　　12. 指出下列膜脂的亲水成分和疏水成分:(a)磷脂酰乙醇胺;(b)鞘磷脂;(c)半乳糖脑苷脂;(d)神经节苷脂;(e)胆固醇。

　　13. 从第 2 章中我们知道茚三酮在弱酸溶液中能专门跟一级胺(伯胺)反应生成紫蓝色产物。试问鼠肝磷脂的薄层层析谱上喷上茚三酮溶液能显色的是哪些(个)磷脂?

　　14. (a)造成类固醇化合物种类很多的原因是什么? (b)人和动物体内胆固醇可转变为哪些具有重要生理意义的类固醇物质?

　　15. 胆酸是人胆汁中发现的 A-B 顺式类固醇(图 10-20)。请按图 10-17 所示的椅式构象画出胆酸的构象式,并以直立键或平伏键标出 C3,C7 和 C12 位上的 3 个羟基。

　　16. 一种血浆脂蛋白的密度为 1.08 g/cm³,载脂蛋白的平均密度为 1.35 g/cm³,脂质的平均密度为 0.90 g/cm³。问该脂蛋白中载脂蛋白和脂质的质量分数是多少?

　　17. 一种低密度脂蛋白(LDL)含 apo B-100(M_r 为 500 000)和总胆固醇(假设平均 M_r 为 590)的质量分数分别为 25% 和 50%。试计算 apo B-100 与总胆固醇的摩尔比。

　　18. 对于饱和脂酰链中单键碳的碳-碳距离约为 0.15 nm。试估计一个完全伸展的棕榈酸分子的长度。如果 2 个棕榈酸分子端–端相接,它们的总长度与生物膜中的脂双层厚度相比,将如何?

19. 图 10-34 中描述的实验是在 37℃ 完成的,如果实验在 10℃ 进行,你预料对扩散速率会有怎样的影响? 为什么?

20. 人红细胞膜的内层(单层)主要是由磷脂酰乙醇胺和磷脂酰丝氨酸组成,外层主要是由磷脂酰胆碱和鞘磷脂组成。虽然膜的这些磷脂在流体脂双层中可以扩散,但膜的两面(内、外层)始终保持这种不同的分布。这是如何做到的?

<h1 style="text-align:center">主要参考书目</h1>

1. 王镜岩,朱圣庚,徐长法. 生物化学教程. 北京:高等教育出版社,2008.

2. 赵保路. 氧自由基和天然抗氧化剂. 北京:科学出版社,1999.

3. 鞠熀先,邱宗荫,丁世家,等. 生物分析化学. 北京:科学出版社,2007.

4. Nelson D L,Cox M M. Lehninger Principles of Biochemistry. 6th ed. New York:W. H. Freeman and Company,2013.

5. Garrett R H,Grisham C M. Biochemistry. 3rd ed. Boston:Saunders College Publishing,2004.

6. Stryer L. Biochemistry. 6th ed. New York:W. H. Freeman and Company,2006.

7. Meyers R. Molecular Biology and Biotechnology—a Comprehensive Desk Reference. VCH Publishers Inc,1995.

8. McMurry I. Organic Chemistry. 3rd ed. California:Brooks/Cole Publishing Company,1992.

(徐长法)

网上资源

习题答案   自测题

第11章 核酸的结构和功能

核酸(nucleic acid)的结构和功能是生物化学和分子生物学的重要研究领域。生物的特征是由生物大分子所决定的,生物大分子有 4 类:核酸、蛋白质、多糖和脂质复合物。糖和脂质是由酶(蛋白质)催化合成的,它们与蛋白质结合,增加了蛋白质结构与功能的多样性。核酸是遗传信息载体,蛋白质的合成取决于核酸;然而生物功能需要通过蛋白质来实现,包括核酸合成也有赖于蛋白质的作用。核酸有两类,即**脱氧核糖核酸**(deoxyribonucleic acid,DNA)和**核糖核酸**(ribonucleic acid,RNA)。因此,最重要的生物大分子是 DNA、RNA 和蛋白质。由生物大分子和有关生物分子以及无机分子或离子共同构成生物机体不同层次的结构;生物大分子之间以及与其他分子之间的相互作用决定了一切生命活动。有关核酸的结构、功能、性质和研究方法将分两章予以介绍。

一、核酸的发现和研究简史

由于核酸的结构与功能比较复杂,分子很不稳定,在 4 类生物大分子中,它的研究开始最晚。现代生物化学建立于 18 世纪下半叶。"蛋白质"一词最早于 1838 年由 J. J. Berzelius 所提出,"核酸"这个词的出现要晚半个世纪。然而对它的研究却改变了整个生命科学的面貌,并由此而诞生了分子生物学这一当今发展最迅速、最有活力的学科。

(一) 核酸的发现

1868 年瑞士青年科学家 F. Miescher 由脓细胞分离得到细胞核,并从中提取出一种含磷量很高的酸性物质,称为核素(nuclein)。他的导师 F. Hoppe-Seyler 对其发现十分惊讶,经过重复验证后才于 1871 年将原论文和补充论文一起发表在 *Med. Chem. Unters.* 上。此后,Miescher 转向研究鲑鱼精子头部的物质,除分离到酸性高含磷化合物(即现在所知的 DNA)外,还提取出一种碱性化合物,称为**鱼精蛋白**(protamine)。Miescher 被认为是细胞核化学的创始人和 DNA 的发现者。Miescher 的工作为其后继者所继续。其中,最主要者为 R. Altmann,他发展了从酵母和动物组织中制备不含蛋白质的核酸的方法,核酸这个名称就是由 Altmann 在 1889 年最先提出来的。

胸腺的细胞核特别大,酵母的细胞质很丰富,这是两种容易提取核酸的材料,因此这两种核酸也就研究得最多。O. Hammarsten 于 1894 年证明酵母核酸中的糖是戊糖,1909 年由 P. A. Levene 和 W. A. Jacobs 鉴定是 D-核糖。当时曾认为胸腺核酸中的糖是己糖,直至 1930 年才由 Levene 确定为 2-脱氧-D-核糖。两类核酸的碱基也有差别,在 19 世纪末和 20 世纪初分别得到鉴定。这就是说,在 19 世纪末已经发现有两类核酸存在,虽然对它们的化学本质还不完全清楚。

(二) 核酸的早期研究

Miescher 的发现曾给生物学家带来巨大希望。Hoppe-Seyler 认为,**核素**"可能在细胞发育中发挥着极为重要的作用"。1885 年细胞学家 O. Hertwig 提出,核素可能负责受精和传递遗传性状。1895 年遗传学家 E. B. Wilson 推测,染色质与核素是同一种物质,可作为遗传的物质基础。然而,随后核酸化学的研究却偏离了最初的正确方向。

核酸中的碱基大部分是由 A. Kossel 及其同事所鉴定。1910 年因其在核酸化学研究中的成就而被授予诺贝尔医学奖,但他却认为决定染色体功能的是蛋白质,因而在获奖后转而研究染色体蛋白质。P. A. Levene 在鉴定核酸中的糖以及阐明核苷酸的化学键中作出了重要贡献,但他认为核酸是以四核苷酸为单位的简单聚合物,从而使生物学家失去对它的关注,他的"四核苷酸假说"曾严重阻碍核酸研究达 30 年之久。当时还流行一种错误的看法,认为胸腺核酸代表动物核酸;酵母核酸代表植物核酸,这种观点也误导了对核酸生物功能的认识。

理论研究的重大发展往往首先从技术上的突破开始。20 世纪 40 年代微量生化分析技术有很大的发展,T. Caspersson 的显微紫外分光光度测定,J. Brachet 的组织化学,A. L. Dounce 的亚细胞部分分级分离,以及 J. N. Davidson 的生化分析都有力证明细胞含有两类核酸,脱氧核糖核酸(DNA)存在于细胞核,核糖核酸(RNA)存在于细胞质,它们都是动物、植物和细菌细胞共同具有的重要组成成分。碱基成分的精确测定推翻了"四核苷酸假说",并证明了核酸的高度特异性。1944 年 O. T. Avery 证明,细菌的转化因子是 DNA。其后,噬菌体实验进一步证明 DNA 是遗传物质。细胞化学的研究还发现,蛋白质合成能力强 RNA 含量也丰富。于是开始认识到 DNA 功能是传递遗传信息,RNA 功能是合成蛋白质。

(三) DNA 双螺旋结构模型的建立

20 世纪上半叶,数理学科进一步渗入生物学,生物化学本身是一门交叉学科,也就成为数理学科与生物学之间的桥梁。数理学科的渗入不仅带来了新的理论和思想方法,而且引入了许多新的技术和实验方法。1953 年 J. D. Watson 和 F. Crick 提出 DNA 双螺旋结构模型,就是在学科融合的背景下产生的。该模型的提出被认为是 20 世纪自然科学中最伟大的成就之一,它给生命科学带来深远的影响,并为分子生物学的发展奠定了基础。

分子生物学的先驱者沿着三条思想路线去探讨生命的本质,并形成了三个学派:结构学派、信息学派和生化遗传学派。结构学派以英国物理学家 W. T. Astbury、J. D. Bernal 和他们的学生为代表,他们的兴趣在于用 X 射线结晶学技术研究生物大分子的三维结构,并认为这是解决生物学问题的根本途径。Astbury 曾用 X 射线衍射的方法研究蛋白质和 DNA 的结构,他于 1945 年最早使用分子生物学这一术语。他认为研究生物分子的三维结构,研究它们的起源和功能问题,是当代分子生物学的主旨。

信息学派以物理学家 M. Delbrück 与微生物学家 S. Luria 领导的"噬菌体小组"为代表。这一学派深受量子论思潮的影响,Delbrück 就是量子论奠基者 N. Bohr 的学生。量子论的另一奠基者 E. Schrödinger 在其《生命是什么?》一书中指出,"有机体赖负熵为生",并认为最重要的问题是"基因的信息内容"。他的观点当时有很大影响力。噬菌体小组致力于揭示染色体上的信息编码,他们认为噬菌体就是裸露的染色体。1952 年噬菌体小组的两个成员 A. Hershey 和 M. Chase 用 ^{32}P 标记噬菌体的 DNA,^{35}S 标记蛋白质,然后感染大肠杆菌。结果只有 ^{32}P-DNA 进入细菌细胞内,^{35}S-蛋白质仍留在细胞外,从而有力证明 DNA 是噬菌体的遗传物质。Watson 是噬菌体小组中最年轻的成员,1950 年在 Luria 指导下取得博士学位,其年 22 岁。他善于集思广益,博采众长,从别人的工作中吸取所需要的东西,对新事物敏感。1951 年他在剑桥遇到正在 M. Perutz 小组做研究生的 Crick,两人便开始合作探求 DNA 的分子结构。

生化遗传学派包括一批用生物化学方法从事遗传学研究的科学家,他们试图阐明基因是如何行使功能而控制特定性状的。早在 1909 年 A. Garrod 就发表了"代谢的先天错误"的论文,表明孟德尔遗传因子很可能是通过代谢过程的特定步骤而发挥其功能。其后,G. W. Beadle 和 E. L. Tatum 利用红色面包霉的营养缺陷型突变体于 20 世纪 40 年代证明了"一个基因一种酶"的假说。

Watson 和 Crick 提出 **DNA 双螺旋结构模型**的主要依据是:已知的核酸化学结构知识;E. Chargaff 发现的 DNA 碱基组成规律;M. Wilkins 和 R. Franklin 得到的 DNA X 射线衍射结果。此外,W. T. Astbury 对 DNA 衍射图的研究以及 L. Pauling 提出蛋白质的 α 螺旋结构也都有启发作用。DNA 双螺旋结构模型的建立说明了基因的结构、信息和功能三者之间的关系,因而使三个学派得到统一,并推动了分子生物学的迅猛发展。

20 世纪 50 年代许多实验室对 DNA 双螺旋结构模型进行验证。1956 年 A. Kornberg 发现 DNA 聚合酶,可用以在体外复制 DNA。1958 年 Crick 总结了当时分子生物学的成果,提出了"**中心法则**"(central dogma),即遗传信息从 DNA 传到 RNA,再传到蛋白质,一旦传给蛋白质就不再转移。

每当 DNA 研究取得理论上或技术上的重大进展,都会带动 RNA 研究出现一个高潮。60 年代 RNA 研究取得巨大发展。1961 年 F. Jacob 和 J. Monod 提出操纵子学说并假设了 mRNA 的功能。1965 年

R. W. Holley 等最早测定了酵母丙氨酸 tRNA 核苷酸序列。1966 年由 M. W. Nirenberg 等的多个实验室共同破译了遗传密码。所有这些成果都是在"中心法则"的框架内取得的。虽然 1970 年 H. M. Temin 等和 D. Baltimore 从致瘤 RNA 病毒中发现了逆转录酶,但只看作是对"中心法则"的补充,并没有从根本上动摇"中心法则"的基础。

(四) DNA 克隆技术的兴起和 RNA 研究的重大突破

20 世纪 70 年代前期诞生了 **DNA 重组技术**(DNA recombinant technology)。这一技术体系是在三项关键技术的基础上建立起来的,即 DNA 切割、分子克隆和快速测序技术。W. Arber 最早发现细菌细胞中存在 DNA 限制性内切酶。1970 年 H. O. Smith 分离纯化出特异的限制酶。次年 D. Nathans 用限制酶切割猿猴空泡病毒 40 的(SV40)DNA,绘制出酶切位点的图谱,即限制图谱。DNA 的特异切割使得分离基因或其片段成为可能。许多 **DNA 修饰酶**,包括 DNA 连接酶、DNA 聚合酶、逆转录酶等,可用于基因操作,这些酶统称为工具酶。1972 年 P. Berg 将外源 DNA 片段插入 SV40 病毒环状 DNA 分子内,获得第一个 DNA 体外重组体。由于 SV40 病毒具有致癌的潜在危险,Berg 未将其重组体进行克隆(克隆的意思是无性繁殖)。1973 年 S. Cohen 等用细菌的质粒重组体得到克隆。1975 年 F. Sanger 等建立了 DNA 的酶法测序技术。1976 年 A. M. Maxam 和 W. Gilbert 建立了 DNA 的化学测序技术。此后,DNA 重组技术不断获得改进和发展。

将 DNA 重组技术用于改变生物机体的性状特征,改造基因,以至改造物种统称为基因工程或遗传工程(genetic engineering)。工程一词原指大规模的建筑和其他施工项目,现用于表示对基因的分子施工。在 DNA 重组技术的带动下又发展出分子水平、细胞水平和个体水平的各种生物技术和生物工程。70 年代 DNA 重组技术的出现,被认为是分子生物学的第二次革命。它改变了分子生物学的面貌,并导致一个新的生物技术产业群的兴起。

DNA 重组技术的出现极大推动了 DNA 和 RNA 的研究。80 年代 RNA 研究出现了第二个高潮,取得了一系列生命科学研究领域最富挑战性的成果。1981 年 T. Cech 发现四膜虫 rRNA 前体能够通过自我剪接切除内含子,表明 RNA 也具有催化功能,称为核酶(ribozyme)。这是对"酶一定是蛋白质"的传统观点一次大的冲击。1983 年 R. Simons 等以及 T. Mizuno 等分别发现反义 RNA(antisense RNA),表明 RNA 还具有调节功能。其后发现一个基因转录产物通过选择性拼接可以形成多种同源异形体(isoform)蛋白质,从而使"一个基因一条多肽链"的传统观念也受到冲击。1986 年 R. Benne 等发现锥虫线粒体 mRNA 的序列可以发生改变,称为编辑(editing),于是基因与其产物蛋白质的共线性关系也被打破。1986 年 W. Gilbert 提出"**RNA 世界**"的假说,这对"DNA 中心"的观点是一次有力的冲击。1987 年 R. Weiss 论述了核糖体移码,说明遗传信息的解码也是可以改变的。许多传统观点被打破,RNA 已成为最活跃的研究领域之一。

(五) 人类基因组计划开辟了生命科学新纪元

1986 年,美国微生物学和分子生物学家、诺贝尔奖获得者 H. Dulbecco 在 *Science* 杂志上率先提出"**人类基因组计划**"(简称 HGP)。基因组是指染色体上的整套基因,其英文名 genome 前三个字母取自基因 gene,后三个字母取自染色体 chromosome。人类细胞有 22 对常染色体,一对性染色体(X 和 Y),单倍体(22+X+Y)基因组大约有 3×10^9 碱基对。完成人类基因组 DNA 全序列测定的意义是十分明显的。人类对自己遗传信息的认识将有益于人类健康、医疗、制药、人口、环境等诸多方面的实践,并且对生命科学也将有极大贡献。但是投入大量人力、物力、时间去完成这项工作是否值得? 其间还可能遇到许多事先想象不到的问题。经过 3 年多的激烈争论,1990 年 10 月美国政府决定出资 30 亿美元,正式启动这项工作,拟用 15 年时间(1990—2005 年)完成"人类基因组计划"。"人类基因组计划"是生物学有史以来最巨大和意义深远的一项科学工程,它首先在美国启动,并很快便得到国际科学界的重视和支持,英国、日本、法国、德国和中国科学家先后加入这个国际合作计划。中国是在 1999 年加入的,承担了 1% 的测序任务。美国 Celera 公司也用其自己的测序方法,独立绘制人类基因组图谱。由于技术上的突破,进度一再提前,基因组序列的测定于 2003 年全部完成。在人类基因组计划的带动下,许多生物基因组 DNA 全序列也已陆续被测定。生命科学进入了**后基因组时代**（post-genomic era）。

在后基因组时代，科学家们对基因组的研究重心已从绘图和测序转移到在整体水平上对基因组功能的研究。这种转向的第一个标志就是产生了一门称为**功能基因组学**（functional genomics）的新学科。由于生物功能是由结构决定的，功能基因组学需要从测定基因产物的结构入手进行研究，因此又产生了**结构基因组学**（structural genomics）这一新的研究领域。结构基因组学的任务是系统测定基因组所代表的全部大分子的结构，目前更多关注仍限于对蛋白质结构的研究。

生物功能是通过蛋白质来体现的，蛋白质有其自身活动规律，显然仅仅从基因层面进行研究不能充分揭示蛋白质在细胞生命运动中的作用。因此，在功能基因组学的基础上产生了**蛋白质组学**（proteomics）。蛋白质组学是在整体水平上研究细胞内蛋白质组分及其活动规律的新学科。"蛋白质组"这一概念是于1994 年由澳大利亚学者 M. Wilkins 和 K. Williams 首先提出来的，是指细胞内基因组表达的所有蛋白质。这两位学者认为，生命科学的研究重点将转移到在蛋白质组水平上揭示细胞的生命活动规律。人类基因组中编码蛋白质的基因总数不超过 3 万，通过组合能够产生蛋白质的数目大约是基因数的 10 倍，通常细胞内只有一小部分基因表达，合成的肽链经需加工修饰才能成为有活性的蛋白，基因表达及表达后加工修饰均存在复杂的调控机制。所以细胞基因组图谱及其转录谱、mRNA 或 cDNA 谱并不代表蛋白质组。此外，蛋白质的许多性质和功能，不仅要在蛋白质的一级结构和表达水平上来认识，而且还必须从蛋白质空间结构、动态变化以及分子间相互作用来加以阐明。自从 1997 年举行第一次国际"蛋白质组学"会议以来，在这个研究领域内基础研究和实际应用都得到了迅速发展。

RNA 也是基因组产生的重要功能分子。近年来不断发现新的 RNA 功能和新的 RNA 基因，RNA 结构与功能的研究是功能基因组学的一个重要方面。与蛋白质组学相对应，形成了 **RNA 组学**（RNomics）或**核糖核酸组学**（ribonomics），以研究细胞全部功能 RNA 的结构和作用。RNA 结构基因组学的任务主要是研究所有**非编码 RNA**（non-coding RNA, ncRNA），以及与其作用的分子和形成复合物（如核糖体、各种核糖核蛋白颗粒等）的结构特征；而通常所说的结构基因组学实际上只是蛋白质结构基因组学。

基因组学和蛋白质组学分别从基因和蛋白质层面探讨生命活动规律，而实际上细胞内许多生命活动都是由低分子量代谢物参与作用的，如物质代谢、能量转化、信号转导等，因此从整体上研究代谢物也十分重要。代谢组学（metabonomics/metabolomics）研究生物体内所有代谢物的总体组分、动态变化及其与生理机能的关系。它在医疗诊断、药物开发、营养保健等许多领域都有重要实践意义。

20 世纪末 21 世纪初，陆续兴起了一系列"组学"。除上述功能和结构基因组学、蛋白质组学以及RNA 组学外，主要的还有：环境基因组学（environmental genomics），对参与或介导环境因子引起生物机体表型改变的相关基因进行识别、鉴定，并研究其功能；比较基因组学（comparative genomics），依据基因组图谱和测序资料，对已知基因和基因组结构进行比较，以了解基因的功能、表达调节和进化关系；表观基因组学（epigenomics），在基因组的水平上研究不改变基因组序列，而通过表观遗传修饰发生的遗传现象和规律。所有这些"组学"都是后基因组学衍生的学科，或者说是后基因组学的组成部分，故而后基因组时代又被称为"组学"时代。

人类基因组计划带动生命科学进入一个新的发展时期，其主要特点为：生命科学已不再限于研究单个基因、单个蛋白质和单个生物分子，研究重点业已转向整个基因组和多分子系统，转向生物分子间的相互识别和相互作用，以及它们在相互作用过程中结构的动态变化。生命科学开始摆脱了把生命运动简单还原（分解）为分子和原子变化的还原论（reductionism）思想影响，得益于系统科学、信息科学和复杂性科学的理论和研究方法，系统生物学（systems biology）和生物信息学（bioinformatics）得以兴起，从而进入整体的、在分解基础上综合的研究。在研究技术上不断引入各类新技术（如光谱、核磁、微电子、芯片、纳米技术等），生命科学研究能力获得空前提高，尤其是生物分子的识别、检测和操作技术、高通量生物技术和生物信息技术得到迅猛发展。例如，人类基因组计划由 6 国有关科学家花费了 13 年时间才得以完成，现在采用激光、高通量芯片和单分子测序技术，只要数天甚至一天就能完成全基因组测序工作。

生命科学和生物技术的快速发展推动生物技术产业以前所未有的规模发展。当今是信息经济时代，信息技术产业在世界经济中起着领头的作用，据估计它对世界经济的贡献达到 20% 左右，为人类带来巨大效益和财富。生物技术产业正在以更快的速度增长。科学家和经济学家们预测,信息经济时代之后将是生物经济时代,其时生物技术产业超过信息技术产业而成为新的领头产业。

二、核酸的种类和分布

所有生物细胞都含有两类核酸:脱氧核糖核酸(DNA)和核糖核酸(RNA)。生物机体的遗传信息以密码形式编码在核酸分子上,表现为特定的核苷酸序列。DNA 是主要的遗传物质,通过复制而将遗传信息由亲代传给子代。RNA 的功能与遗传信息在子代的表达有关。DNA 和 RNA 在结构上的差异与其不同的功能密切相关。DNA 通常为双链结构,含有 D-2-脱氧核糖,并以胸腺嘧啶取代 RNA 中的尿嘧啶,使 DNA 分子稳定并便于复制。RNA 为单链结构,含有 D-核糖和尿嘧啶(另 3 种碱基两者相同),与其在解读过程中的信息加工机制有关。

(一) 脱氧核糖核酸

原核细胞中 DNA 集中在核区。真核细胞中 DNA 分布在核内,组成染色体(染色质)。线粒体、叶绿体等细胞器也含有 DNA。病毒或只含 DNA,或只含 RNA,从未发现两者兼有的病毒。原核生物染色体 DNA、质粒 DNA、真核生物细胞器 DNA 都是**环状双链 DNA**(circular double-stranded DNA)。所谓质粒是指染色体外 DNA 分子,它们能够自主复制,并给出附加的性状。真核生物染色体是**线状双链 DNA**(linear double-stranded DNA),末端具有高度重复序列形成的**端粒**(telomere)结构(表 11-1)。

表 11-1 DNA 分子大小和结构特征

来源	碱基(对)数目	结构特征
病毒		
多瘤病毒(PyV)	5 297	环状双链
痘病毒(Vaccinia)	$2.0×10^5$	线状双链,末端形成封闭突环
虹彩病毒(CIV)	$2.55×10^5$	线状双链,末端冗余,循环变换
腺病毒(Ad)	35 937	线状双链,末端反向重复,5′-P 与引物蛋白质连接
微小病毒(MVM)	$5×10^3$	线状单链,分叉发夹结构
噬菌体 φX174	5 387	环状单链
噬菌体 λ	48 502	线状双链,5′端 12 个核苷酸单链形成互补黏性末端
细菌		
生殖道支原体	$0.58×10^6$	环状双链
大肠杆菌	$4.6×10^6$	环状双链
古菌		
詹氏甲烷球菌	$1.66×10^6$	环状双链
真核生物		
啤酒酵母(单倍体)	$1.35×10^7$	线状双链,共 16 个单倍体染色体 DNA 分子,末端为端粒结构
黑腹果蝇(二倍体,4 对染色体)	$1.65×10^8$	线状双链,共 5 个单倍体染色体(3+X+Y)DNA 分子,末端为端粒
人(二倍体,23 对染色体)	$3.3×10^9$	线状双链,共 24 个单倍体染色体(22+X+Y)DNA 分子,末端为端粒

病毒必须依赖宿主细胞才能生存,因此可以看作是游离的染色体或携带遗传信息的分子。适应各种特殊环境下复制、重组和装配的要求,病毒 DNA 种类很多,结构各异。动物病毒 DNA 通常是环状双链或线状双链。前者如乳头瘤病毒、多瘤病毒、杆状病毒和嗜肝 DNA 病毒等。后者如痘病毒、虹彩病毒、疱疹病毒和腺病毒等。线状 DNA 的末端常有特殊的结构。例如,痘病毒 DNA 的末端很特别(图 11-1A),互补双链相连接,形成封闭的**突环**(loop)。DNA 分子两端常为重复序列,如为正向重复(direct repeat),经酶切开再连接即发生重组,分子内两端连接使 DNA 成环,分子间连接使 DNA 形成串联体(concatemer)。许多病毒 DNA 以

串联体形式进行包装,当病毒空外壳装满 DNA 时未进入部分即被切去。若病毒包装的 DNA 大于病毒基因组时,即产生末端冗余(terminal redundancy)。有时各病毒颗粒内 DNA 并不完全相同,而呈现循环变换(circular permutation)。如虹彩病毒 6 型,其病毒 DNA 比基因组大 12%,串联体包装第二个病毒颗粒时基因组 DNA 前端少了 12%,后端添了 24%,仍然具有完整的基因组,依次发生循环变化(图 11-1B)。腺病毒 DNA 末端为反向重复(inverted repeat),5′端磷酸与引物蛋白连接(图 11-1C)。微小病毒科的病毒,如小鼠微小病毒(MVM),为线状单链 DNA(linear single-stranded DNA),病毒颗粒或含正链 DNA,或含负链 DNA,以含负链 DNA 为多,末端形成分叉发夹结构(图 11-1D)。植物病毒基因组大多是 RNA,DNA 较少见。少数植物病毒 DNA 或是环状双链,或是环状单链。噬菌体 DNA 多数是线状双链,如 λ 噬菌体,T 系列噬菌体;也有为环状双链,如覆盖噬菌体 PM2;或环状单链,如微噬菌体 φX174 和丝杆噬菌体 fd 和 M13。

A. 痘病毒DNA末端封闭突环

B. 虹彩病毒DNA末端冗余,循环变换(数字代表相邻基因组片段)

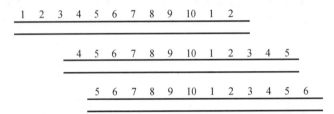

C. 腺病毒DNA末端反向重复

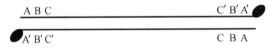

D. 微小病毒DNA末端分叉发夹结构

图 11-1　几种病毒 DNA 的末端结构

(二) 核糖核酸

参与蛋白质合成的 RNA 有三类:**转移 RNA**(transfer RNA,tRNA),**核糖体 RNA**(ribosomal RNA,rRNA)和**信使 RNA**(messenger RNA,mRNA)。无论是原核生物或是真核生物都有这三类 RNA。两者 tRNA 的大小和结构基本相同,rRNA 和 mRNA 却有明显的差异。原核生物核糖体小亚基含 16S rRNA,大亚基含 5S rRNA 和 23S rRNA;高等真核生物核糖体小亚基含 18S rRNA,大亚基含 5S、5.8S 和 28S rRNA;低等真核生物的小亚基含 17S rRNA,大亚基含 5S、5.8S 和 26S rRNA。原核生物的 mRNA 结构比较简单,由编码序列和非编码序列组成。原核生物有些功能相近的基因组成操纵子,作为一个转录单位,产生**多顺反子 mRNA**(polycistronic mRNA)。真核生物 mRNA 结构复杂,有 5′端帽子,3′端 poly(A)尾巴,以及非翻译区调控序列,但功能相关的基因不形成操纵子,不产生多顺反子 mRNA。真核生物细胞器有自身的 tRNA、rRNA 和 mRNA,与原核生物较相近。

20 世纪 80 年代以来,陆续发现许多新的具有特殊功能的 RNA,几乎涉及细胞功能的各个方面。这些 RNA 或是以大小来分类,如 4.5S RNA、5S RNA 等。在凝胶电泳中 7S 位置分出两个 RNA 条带,分别称为 7SK RNA 和 7SL RNA。这些 RNA 分子大小在 300 个核苷酸左右或更小,常统称之为小 RNA(small RNA,sRNA)。最近发现一些长度在 20 多核苷酸起调节作用的 RNA 称为**微 RNA**(microRNA,miRNA)。RNA 或是以在细胞中的位置来分类,如**核内小 RNA**(small nuclear RNA,snRNA)、**核仁小 RNA**(small nucleolar RNA,snoRNA)、**胞质小 RNA**(small cytoplasmic RNA,scRNA)。已知功能的 RNA 也可以用功能来命名和分类,如**反义 RNA**(antisense RNA)、**小分子干扰 RNA**(small interfering RNA,siRNA)、**小分子时序 RNA**(small temporal RNA,stRNA)、**指导 RNA**(guide RNA,gRNA)、**核酶**(ribozyme)等。

病毒和亚病毒 RNA 种类很多,结构也是多种多样。含有正链 RNA 的病毒,例如脊髓灰质炎病毒(poliovirus)和噬菌体 Qβ。含有负链 RNA 的病毒,如狂犬病病毒(rabies virus)和水泡性口炎病毒(vesicularstomatitis virus)。含有双链 RNA 的病毒,如呼肠孤病毒(reovirus)。比病毒结构更简单的病原体称为亚病毒,亚病毒包括类病毒(viroid)、卫星病毒(satellite virus)和朊病毒(prion)等。类病毒是已知最小的致病 RNA,不含蛋白质,如马铃薯纺锤形块茎类病毒(PSTV)和柑橘裂皮类病毒(CEV)。类病毒 RNA 约含 300 个核苷酸(相对分子质量 $1×10^5$),环状单链并通过链内碱基配对形成棒状结构。卫星病毒或卫星 RNA 是指没有辅助性病毒(helper virus)的协助,在宿主细胞内不能复制的病毒或 RNA。前者可形成病毒颗粒,后者包被于辅助性病毒的衣壳内。卫星病毒和卫星 RNA 能够干扰辅助病毒的复制,可以看作是病毒的寄生物。

三、核酸的化学组成

核酸是一种**多聚核苷酸**(polynucleotide),它的基本结构单位是**核苷酸**(nucleotide)。采用不同的降解法,可以将核酸降解成核苷酸。核苷酸可分为**核糖核苷酸**(ribonucleotide)和**脱氧核糖核苷酸**(deoxyribonucleotide)两类。两者基本化学结构相同,只是所含戊糖不同。核糖核苷酸是核糖核酸的结构单位;脱氧核糖核苷酸是脱氧核糖核酸的结构单位。细胞内还有各种游离的核苷酸和核苷酸衍生物,它们具有重要的生理功能。由此可见,对于核酸和蛋白质系统来说,核苷酸相当于氨基酸,碱基相当于氨基酸的功能基。

核苷酸还可以进一步分解成**核苷**(nucleoside)和磷酸。核苷再进一步分解生成**碱基**(base)和戊糖。核酸中的戊糖有两类:**D-核糖**(D-ribose)和 **D-2-脱氧核糖**(D-2-deoxyribose)。核酸的分类就是根据所含戊糖种类不同而分为核糖核酸(RNA)和脱氧核糖核酸(DNA)。DNA 中的碱基主要有四种:**腺嘌呤、鸟嘌呤、胞嘧啶、胸腺嘧啶**;RNA 中的碱基主要也是四种,三种与 DNA 中的相同,只是**尿嘧啶**代替了胸腺嘧啶。现将两类核酸的基本化学组成列于表 11-2 中。

表 11-2　两类核酸的基本化学组成

	DNA	RNA
嘌呤碱(purine base)	腺嘌呤(adenine)	腺嘌呤(adenine)
	鸟嘌呤(guanine)	鸟嘌呤(guanine)
嘧啶碱(pyrimidine base)	胞嘧啶(cytosine)	胞嘧啶(cytosine)
	胸腺嘧啶(thymine)	尿嘧啶(uracil)
戊糖(pentose)	D-2-脱氧核糖(D-2-deoxyribose)	D-核糖(D-ribose)
酸(acid)	磷酸(phosphoric acid)	磷酸(phosphoric acid)

(一)　碱基

核酸中的碱基分两类:嘧啶碱和嘌呤碱。

1. 嘧啶碱
嘧啶碱是母体化合物嘧啶的衍生物。嘧啶上的原子编号有新旧两种方法。
国际"有机化学物质的系统命名原则"中采用的是新系统,所以本书也采用这个系统。核酸中常见的嘧啶有三类:胞嘧啶、尿嘧啶和胸腺嘧啶。其中胞嘧啶为 DNA 和 RNA 两类核酸所共有。胸腺嘧啶只存在于 DNA 中,但是 tRNA 中也有少量存在;尿嘧啶只存在于 RNA 中。植物 DNA 中有相当量的 **5-甲基胞嘧啶**。一些大肠杆菌噬菌体 DNA 中,**5-羟甲基胞嘧啶**代替了胞嘧啶。

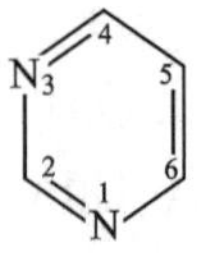

嘧啶（新系统）　嘧啶（旧系统）　胞嘧啶 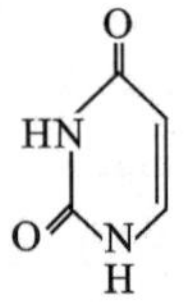　尿嘧啶

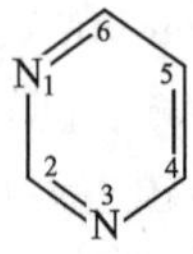

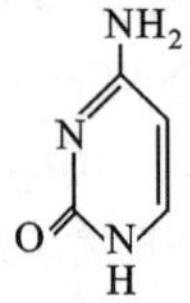

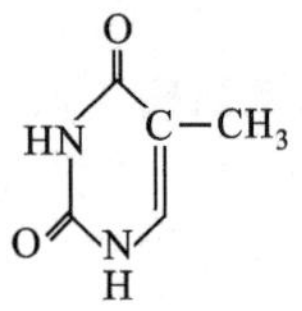

胸腺嘧啶 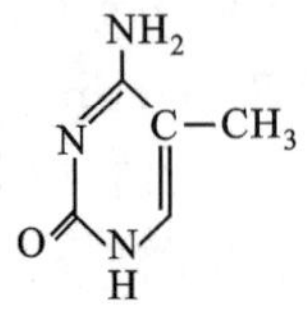　5-甲基胞嘧啶（5-methylcytosine）　5-羟甲基胞嘧啶（5-hydroxymethylcytosine）

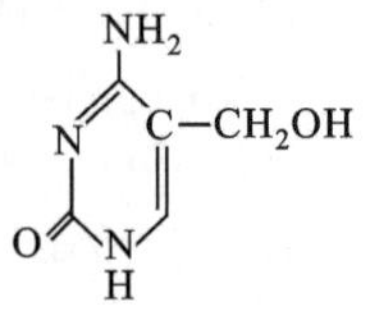

2. 嘌呤碱

核酸中常见的嘌呤碱有两类:腺嘌呤及鸟嘌呤。嘌呤碱是由母体化合物嘌呤衍生而来的。

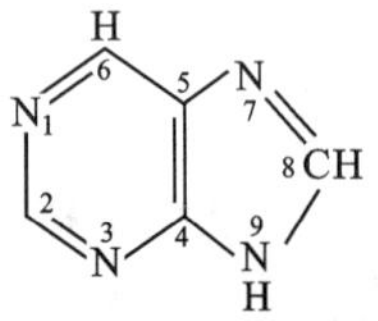

嘌呤 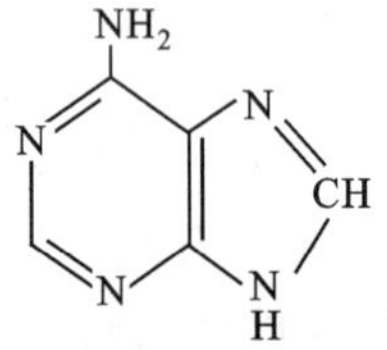　腺嘌呤 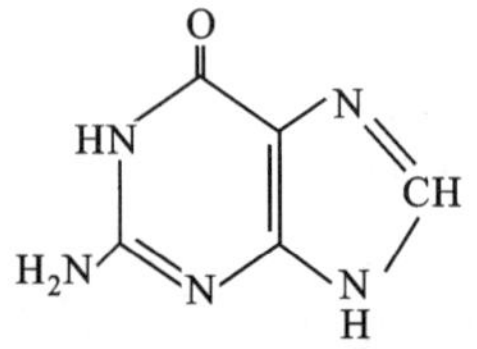　鸟嘌呤

应用 X 射线衍射分析法已证明了各种嘌呤和嘧啶的三维空间结构。嘌呤和嘧啶环很接近平面,但稍有挠折。

自然界存在许多重要的嘌呤衍生物。一些生物碱,如茶叶碱(1,3-二甲基黄嘌呤)、可可碱(3,7-二甲基黄嘌呤)、咖啡碱(1,3,7-三甲基黄嘌呤)等都是黄嘌呤(2,6-二羟嘌呤)的衍生物。有些植物激素,如玉米素(N^6-异戊烯腺嘌呤)、激动素(N^6-呋喃甲基腺嘌呤)等也是嘌呤类物质。此外,还有些抗生素也是嘌呤类衍生物(详见抗生素部分)。

3. 稀有碱基

除了表 11-4 中所列 5 种基本的碱基外,核酸中还有一些含量甚少的碱基,称为**稀有碱基**。稀有碱基种类极多,大多数都是甲基化碱基。tRNA 中含有较多的稀有碱基,可高达 10%。表 11-3 为核酸中一部分稀有碱基的名称。目前已知的稀有碱基和核苷达近百种。

表 11-3　核酸中的稀有碱基

DNA	RNA	DNA	RNA
尿嘧啶(U) *	5,6-二氢尿嘧啶(DHU)		N^6,N^6-二甲基腺嘌呤(m_2^6A)
5-羟甲基尿嘧啶(hm^5U)	5-甲基尿嘧啶,即胸腺嘧啶(T)		N^6-异戊烯基腺嘌呤(i^6A)
5-甲基胞嘧啶(m^5C)	4-硫尿嘧啶(s^4U)		1-甲基鸟嘌呤(m^1G)
5-羟甲基胞嘧啶(hm^5C)	5-甲氧基尿嘧啶(mo^5U)		N^2,N^2,N^7-三甲基鸟嘌呤($m_3^{2,2,7}G$)
N^6-甲基腺嘌呤(m^6A)	N^4-乙酰基胞嘧啶(ac^4C)		次黄嘌呤(I)
	2-硫胞嘧啶(s^2C)		1-甲基次黄嘌呤(m^1I)
	1-甲基腺嘌呤(m^1A)		

* 括号中为缩写符号。

（二）核苷

核苷是一种糖苷,由戊糖和碱基缩合而成。糖与碱基之间以糖苷键相连接。糖的第一位碳原子(C1)与嘧啶碱的第一位氮原子(N1)或与嘌呤碱的第九位氮原子(N9)相连接。所以,糖与碱基间的连键是N—C键,一般称之为 **N-糖苷键**。

核苷中的 D-核糖及 D-2-脱氧核糖均为呋喃型环状结构。糖环中的 C1 是不对称碳原子,所以有 α- 及 β- 两种构型。但核酸分子中的糖苷键均为 β-糖苷键。

应用 X 射线衍射法已证明,核苷中的碱基与糖环平面互相垂直。

根据核苷中所含戊糖的不同,将核苷分成两大类:核糖核苷和脱氧核糖核苷。对核苷进行命名时,必须先冠以碱基的名称,例如腺嘌呤核苷、腺嘌呤脱氧核苷等。糖环中的碳原子标号右上角加撇"′",而碱基中原子的标号不加撇"′",以示区别。腺嘌呤核苷和胞嘧啶脱氧核苷的结构式如下:

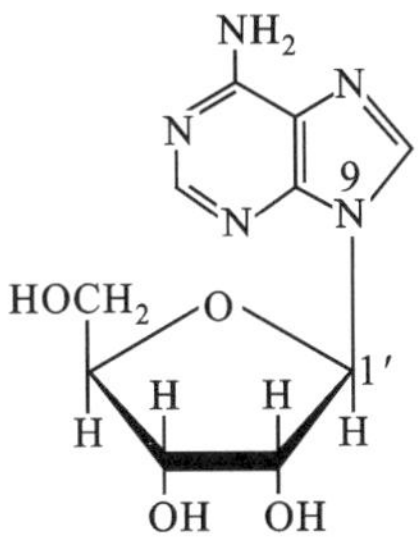

腺嘌呤核苷
(adenosine)

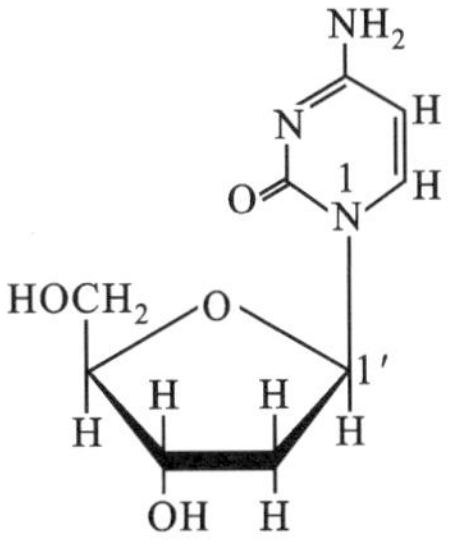

胞嘧啶脱氧核苷
(deoxycytidine)

表 11-4 为常见核苷的名称。

表 11-4 各种常见核苷

碱基	核糖核苷	脱氧核糖核苷
腺嘌呤	腺嘌呤核苷（adenosine）	腺嘌呤脱氧核苷（deoxyadenosine）
鸟嘌呤	鸟嘌呤核苷（guanosine）	鸟嘌呤脱氧核苷（deoxyguanosine）
胞嘧啶	胞嘧啶核苷（cytidine）	胞嘧啶脱氧核苷（deoxycytidine）
尿嘧啶	尿嘧啶核苷（uridine）	—
胸腺嘧啶	—	胸腺嘧啶脱氧核苷（deoxythymidine）

RNA 中含有某些修饰和异构化的核苷。修饰碱基如前所述。核糖也能被修饰,主要是甲基化。tRNA 和 rRNA 中还含有少量**假尿嘧啶核苷**(以符号 φ 表示),它的结构很特殊,核糖不是与尿嘧啶的第一位氮(N1),而是与第 5 位碳(C5)相连接。细胞内有特异的异构化酶催化尿嘧啶核苷转变为假尿嘧啶核苷。有些 tRNA 中含有 **W(Y)核苷**和 **Q 核苷**,其碱基母核不是嘌呤环,但可以把它们看作是鸟嘌呤核苷的衍生物(见结构式)。从酵母苯丙氨酸 tRNA 中分离出一种荧光核苷 Y,后在其他来源的苯丙氨酸 tRNA 中也分离到这种核苷。这类核苷都含有二甲基三杂环部分,化学名为 1,N^2-异丙烯-3-甲基鸟苷。不同来源的该类核苷在碱基杂环上的侧链 R′ 不同,R 为核糖。Y 核苷后又被称为 W 核苷。Q 核苷的碱基骨架为 7-去氮鸟嘌呤,在第 7 位(C7)上连以侧链 R′,不同 Q 核苷的 R′ 不同。假尿嘧啶核苷、W(Y)核苷和 Q 核苷的结构式如下:

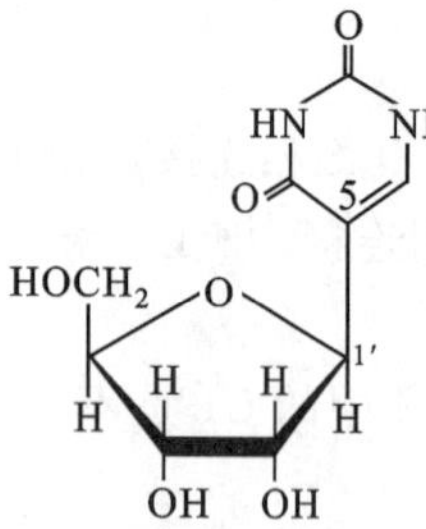

假尿嘧啶核苷
(pseudouridine)

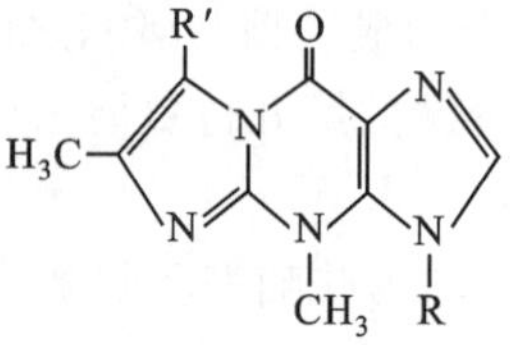

W(Y)核苷
(wyosine)

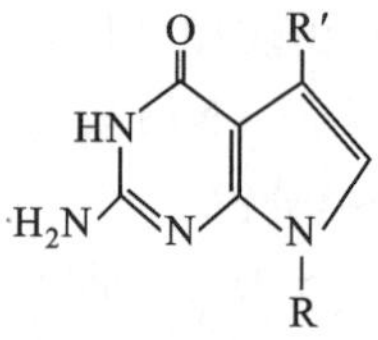

Q核苷
(queuosine)

（三）核苷酸

核苷中的戊糖羟基被磷酸酯化，就形成核苷酸。因此核苷酸是核苷的磷酸酯。下面为两种核苷酸的结构式。

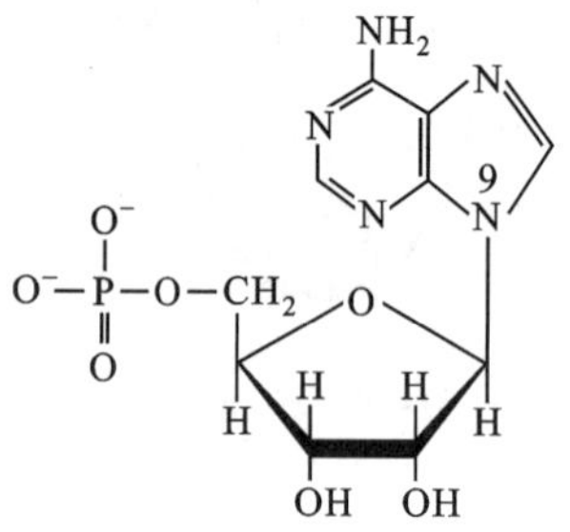

5′-腺嘌呤核苷酸
(AMP)

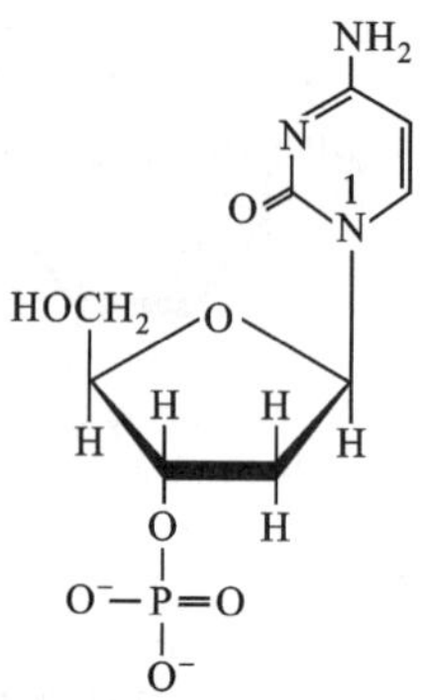

3′-胞嘧啶脱氧核苷酸
(3′-dCMP)

核糖核苷的糖环上有 3 个自由羟基，能形成 3 种不同的核苷酸：**2′-核糖核苷酸**，**3′-核糖核苷酸**和**5′-核糖核苷酸**。脱氧核苷的糖环上只有 2 个自由羟基，所以只能形成两种核苷酸：3′-脱氧核糖核苷酸和 5′-脱氧核糖核苷酸。生物体内游离存在核苷酸多是 5′-核苷酸。用碱水解 RNA 时，可得到 2′-与 3′-核糖核苷酸的混合物。

常见的核苷酸列于表 11-5 中。

表 11-5　常见的核苷酸

碱基	核糖核苷酸	脱氧核糖核苷酸
腺嘌呤	腺嘌呤核苷酸（adenylate，AMP）	腺嘌呤脱氧核苷酸（deoxyadenylate，dAMP）
鸟嘌呤	鸟嘌呤核苷酸（guanylate，GMP）	鸟嘌呤脱氧核苷酸（deoxyguanylate，dGMP）
胞嘧啶	胞嘧啶核苷酸（cytidylate，CMP）	胞嘧啶脱氧核苷酸（deoxycytidylate，dCMP）
尿嘧啶	尿嘧啶核苷酸（uridylate，UMP）	—
胸腺嘧啶	—	胸腺嘧啶脱氧核苷酸（deoxythymidylate，dTMP）

（四）核苷酸的衍生物

核苷酸除作为核酸的结构单元外，其游离分子和衍生物具有多种生理功能，广泛参与细胞的各种生命活动，并起着关键的作用，因此这是一类极为重要的生物分子。据推测，核苷酸可能也是生命起源之初最早出现的生物分子。

细胞内有一类多磷酸核苷酸，它们是能量载体、核酸合成的前体和重要的辅酶。**5′-二磷酸核苷**

（5'-nucleoside diphosphate，5'-NDP）是核苷的焦磷酸酯，**5'-三磷酸核苷**（5'-nucleoside triphosphate，5'-NTP）是核苷的三磷酸酯。最常见的是**腺苷三磷酸**（5'-adenosine triphosphate，ATP）。ATP 的结构式如下：

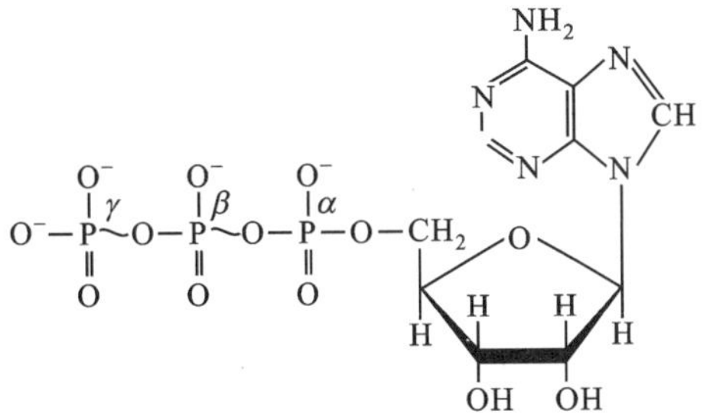

多磷酸核苷酸的磷酸基团之间以酸酐键（anhydride bond）连接，此酸酐键在热力学上极不稳定，易水解并释放出大量自由能，故称为"高能键"（high-energy bond），以符号"～"表示。"高能键"这个术语容易与化学中使用的"键能"（bond energy）相混淆，而且不确切，水解反应释放自由能受种种因素影响，并不仅限于"键"本身。然而，"高能键"这个术语已被广泛使用，简洁易懂，故迄今仍被沿用。ATP 含有两个高能键，可水解下末端磷酸基团和焦磷酸基团，水解时自由能变化 $\Delta G^{\ominus'}$ 分别为 -30.5 kJ/mol（-7.3 kcal/mol）和 -45.6 kJ/mol（-10.9 kcal/mol）。

$$ATP+H_2O \longrightarrow ADP+Pi \qquad \Delta G^{\ominus'} = -30.5 \text{ kJ/mol}$$

$$ATP+H_2O \longrightarrow AMP+PPi \qquad \Delta G^{\ominus'} = -45.6 \text{ kJ/mol}$$

ATP 还能够转移出三种基团：磷酸基团 ～Ⓟ、焦磷酸基团 ～Ⓟ～Ⓟ和腺苷酸基团 ～AMP，将相应的自由能转移给受体分子。由于 ATP 的 $\Delta G^{\ominus'}$ 居于中间位置，它可以从代谢物降解或光合作用中产生，并将获得的能量用于生物合成、细胞运动和膜运输等需能过程，因此 ATP 是生物机体通用的能量载体。UTP、GTP 和 CTP 具有类似的高能键，它们与 dNTP 分别是 RNA 和 DNA 合成的前体。

腺苷酸还是许多辅酶的组成部分。烟酰胺腺嘌呤二核苷酸（NAD）、烟酰胺腺嘌呤二核苷酸磷酸（NADP）、黄素腺嘌呤二核苷酸（FAD）和辅酶 A 中都含有腺苷酸，辅酶 B$_{12}$ 则含有脱氧腺苷（详见维生素和辅酶一章）。在这些辅酶中，腺苷酸并不参与辅酶的功能，但却有助于底物或辅酶与酶的结合。对这种情况的一种合理解释认为，ATP 广泛参与细胞的各种反应，故而细胞内无处不在，含量丰富，能与之识别和作用的蛋白质组件，核苷酸结合折叠子（nucleotide-binding fold），也必然存在于多种酶（蛋白质）中。新的蛋白质可借助基因重组和突变而产生，结合腺苷的结构便常出现于各类蛋白质。从进化的观点来看，含有腺苷酸或腺苷的辅酶较易与酶结合，于是这类辅酶便被选择下来。

细胞能接收环境信号并给出适当的反应。当激素或化学信号分子（第一信使）作用于细胞膜受体时，信号传递到细胞内部，在胞内合成第二信使，经级联系统将信号放大，以调节基因表达或细胞代谢。腺苷 3',5'-环磷酸（adenosine 3',5' cyclic monophosphate，cAMP）和鸟苷 3',5'-环磷酸（guanosine 3',5'-cyclic monophosphate，cGMP）是两种重要的第二信使，它们的结构式如下：

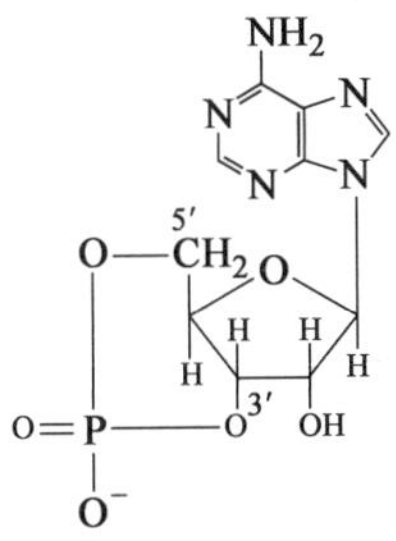

腺苷3',5'-环磷酸
（cAMP）

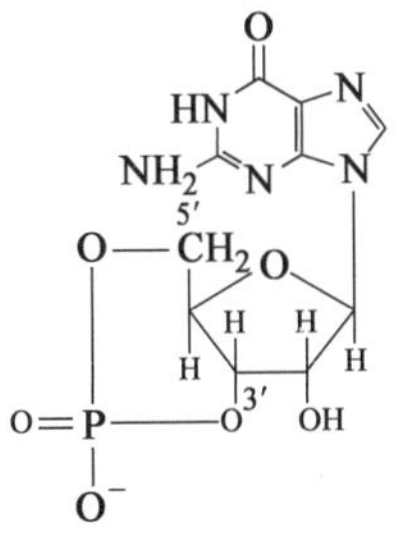

鸟苷3',5'-环磷酸
（cGMP）

cAMP 由质膜内侧的腺苷酸环化酶催化 ATP 合成；cGMP 由鸟苷酸环化酶催化 GTP 合成。详见激素和信号转导部分。

此外,还有多种调节核苷酸。例如细菌在氨基酸饥饿时便会合成出鸟苷 5′-二磷酸,3′-二磷酸(ppGpp),这是由 ATP 将焦磷酸基转移给 GDP 而成,它能抑制 rRNA 和 tRNA 的合成,从而降低细菌的蛋白质合成速度和生长速度。

（五）　核苷酸的聚合物

核酸是由核苷酸线性(不分支)聚合而成的生物大分子。细胞内有一些聚合度较低的核苷酸聚合物,主要是核糖核苷酸聚合物,它们往往具有特殊的生物功能(详见 RNA 的生物功能)。由几个或几十个核苷酸(一般指 50 个以下)连接而成的聚合物称为寡核苷酸(oligonucleotide)。由几十个至上百个核苷酸(50 个以上)连接而成的聚合物称为多(聚)核苷酸(polynucleotide)。更大的聚合物则为核酸。

核酸可被酸、碱和酶水解。核酸水解产生各种寡核苷酸、核苷酸、核苷和碱基。这就证明,核苷酸是核酸的结构单位,核苷和碱基都是由核苷酸水解而来。核酸的酸碱滴定曲线显示,在核酸分子中的磷酸基只有一级解离,它的另两个酸基必定与糖环的羟基形成了磷酸二酯键。由此可见,核酸中的核苷酸以磷酸二酯键彼此相连。RNA 的核糖上有 3 个羟基,即 2′-、3′-和 5′-羟基,核苷酸之间是由哪两个羟基形成磷酸二酯键的？用磷酸二酯酶可以水解核酸的磷酸二酯键。牛脾磷酸二酯酶可从核酸的 5′端逐个水解下 3′-核苷酸;蛇毒磷酸二酯酶从核酸的 3′端逐个水解下 5′-核苷酸(图 11-2)。这就清楚说明 RNA 以 3′,5′-磷酸二酯键连接核苷酸。DNA 的糖为 2-脱氧核糖,只能形成 3′,5′-磷酸二酯键。实验也证明此结论。

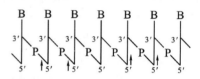

牛脾磷酸二酯酶　　蛇毒磷酸二酯酶

图 11-2　多核苷酸链被磷酸二酯酶水解

B 代表碱基,竖线代表戊糖碳链,P 代表磷酸基,与 P 相连的斜线表示 3′,5′-磷酸二酯键

核酸酶在核酸结构分析中十分有用。借助酶作用的特异性可用以鉴别共价键的性质。**牛脾磷酸二酯酶和蛇毒磷酸二酯酶**都是非专一性的外切核酸酶,但它们识别不同羟基形成的磷酸酯键。前者水解 5′-羟基形成的磷酸酯键;后者水解 3′-羟基形成的磷酸酯键。

核酸的共价结构(一级结构)有几种表示方法。上图为竖线式,用竖线代表戊糖,B 为碱基,P 为磷酸基。也可用文字式来表示,以字母代表核苷或核苷酸。原则上 5′端在左侧,3′端在右侧,磷酸二酯键的走向为 3′→5′。在文字式中,P 在核苷之左表示与 5′-羟基相连,在右表示与 3′-羟基相连。有时,多核苷酸链中磷酸基 P 也可省略,仅以字母表示核苷酸的序列。这两种写法对 DNA 和 RNA 都适用。

四、DNA 的结构和功能

前已介绍,DNA 是由脱氧核糖核苷酸聚合而成的长链生物大分子。与蛋白质类似,DNA 也有不同层次的结构。DNA 的一级结构是指其核苷酸链的共价结构,亦即核苷酸序列。DNA 的二级结构是指由次级键形成的双螺旋(duplex)或多股螺旋(multiplex)结构。DNA 的三级结构是指其超螺旋(superhelix)结构。有些书上将 DNA 的拓扑结构(topology)也列为二级结构,因其由 DNA 双螺旋缠绕数改变所引起。也有一些书将 DNA 三股螺旋(triplex)或四股螺旋(tetraplex)列为三级结构。本书按照比较公认的看法,将 DNA 螺旋结构归为二级结构,超螺旋结构归为三级结构。

（一）　DNA 的一级结构

DNA 的一级结构是由数量极其庞大的 4 种脱氧核糖核苷酸通过 3′,5′-磷酸二酯键连接起来的直线形或环形多聚体(图 11-3 表示 DNA 的一个小片段)。DNA 的相对分子质量非常大,通常一个染色体就是一个 DNA 分子,最大的染色体 DNA 可超过 10^8 bp,也即 M_r 大于 $1×10^{11}$。如此大的分子能够编码的信息量是十分巨大的。为了阐明生物的遗传信息,首先要测定生物基因组的序列。迄今已经测定基因组序列的生物数近万种,其中包括病毒、大肠杆菌、酵母、线虫、果蝇、拟南芥、玉米、水稻、鸡、小鼠、猩猩和人类的基因组。病毒基因组较小,但十分紧凑,有些基因是重叠的(overlapping)。细菌的基因是连续的,无内含子;有些功能相关的基因组成操纵子,有共同的调节和控制序列;调控序列所占比例较小;很少重复序列。真核生物的基因是断裂的,有内含子;功能相关的基因不组成操纵子;调控序列所占比例大;有大量重复序列。重复序列可分为低拷贝重复,中等程度重复和高度重复。重复序列或取向一致(正向重复)或取向相反(反向重复)。**回文结构**(palindrome)也即反向重复。有时同一条链上序列彼此反向重复,称为镜像重复(mirror repeat),它们相互并不互补。越是高等的真核生物其调控序列和重复序列的比例越大。

人类基因组的大小为 3.286 Gb(gigabases,10^9 bp),其中 2.95 Gb 为常染色质(染色较弱,富含基因)。真正用于编码蛋白质的序列仅约占基因组的 1%。也就是说,编码蛋白质的基因只占基因组的 25%,其中 1% 是用于形成 mRNA 的外显子(exon),24% 是剪接过程中需切除的内含子(intron)。基因组中超过一半是各种类型的重复序列,其中45% 为各种转座子 DNA(包括转座子和逆转座子等),3% 为简单的高度重复序列,5% 为近期进化中倍增的 DNA 片段。编码蛋白质的基因大约为 25 000 个。与人类基因组相比,酵母细胞的编码基因为 6 034,果蝇为 13 601,蛔虫为 18 424,而拟南芥为 25 498。

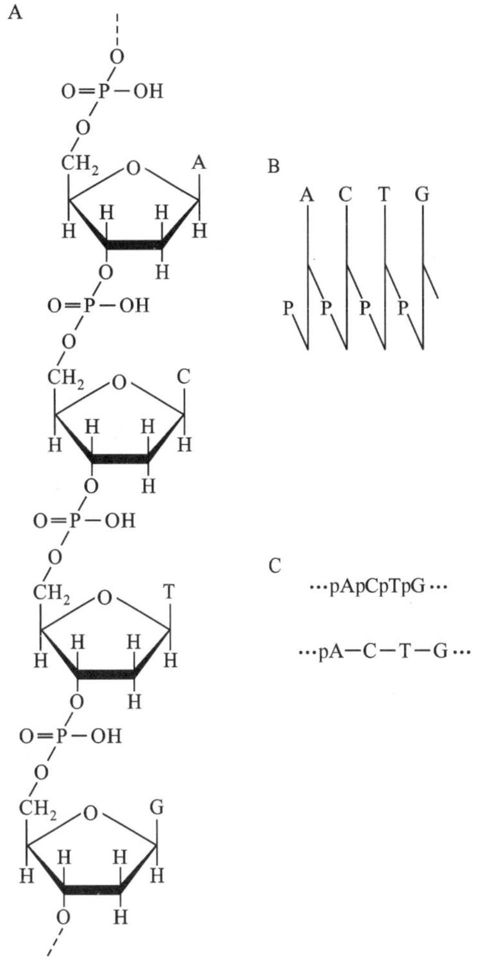

(二) DNA 的双螺旋结构

Watson 与 Crick 提出 DNA 双螺旋结构模型(double helix model),揭示了 DNA 分子结构与功能的关系,其主要有三个方面的依据:一是已知核酸的化学性质和核苷酸键长与键角的数据;二是 Chargaff 发现的 DNA 碱基组成规律,显示碱基间的配对关系;三是对 DNA 纤维进行 X 射线衍射分析的结果。

图 11-3　DNA 中多核苷酸链的一个小片段及缩写符号
A. DNA 中多核苷酸链的一个小片段;B. 为竖线式缩写;C. 为文字式缩写

E. Chargaff 等科学家在 20 世纪 40 年代应用纸层析及紫外分光光度技术测定各种生物 DNA 的碱基组成。结果发现 DNA 碱基组成有物种特异性,不同科的 DNA 碱基组成不同;而同一种生物不同组织和器官的 DNA 碱基组成是一样的,不受生长发育、营养状况以及环境条件的影响。1950 年 Chargaff 总结出 DNA 碱基组成的规律,称为 Chargaff 规则,其主要内容为:① DNA 的腺嘌呤和胸腺嘧啶摩尔数相等,即 A＝T;② 鸟嘌呤和胞嘧啶的摩尔数也相等,即 G＝C;③ 含 6-氨基的碱基数等于含 6-酮基的碱基数,即 A+C＝G+T;④ 嘌呤的总摩尔数等于嘧啶的总摩尔数,即 A+G＝C+T。这些规律暗示,在 DNA 分子中 A 与 T、G 与 C 之间存在着配对关系。

比较直接测定生物大分子结构的方法是用 X 射线晶体衍射技术。但是 DNA 分子太大,很难制得晶体。用针从浓的 DNA 溶液中抽出纤维,可使 DNA 分子成束整齐排列,即可用于衍射研究。1938 年 Astbury 等用小牛胸腺 DNA 纤维作 X 射线衍射分析,发现在子午线上有 0.334 nm 的衍射点。他认为这反映了 DNA 中扁平核苷酸间的距离;但是由于他认为核苷酸是直线排列的,无法解释其他衍射点,也与核酸的一些化学性质不符。稍后 Franklin 和 Wilkins 对 DNA 的 X 射线衍射进行了更多的研究,获得清晰的衍射图。

在前人研究工作的基础上,Watson 和 Crick 于 1953 年提出了 DNA 分子双螺旋结构模型(图 11-4)。该模型具有以下特征:

(1) 两条反向平行的多核苷酸链围绕同一中心轴相互缠绕;两条链均为右手螺旋。

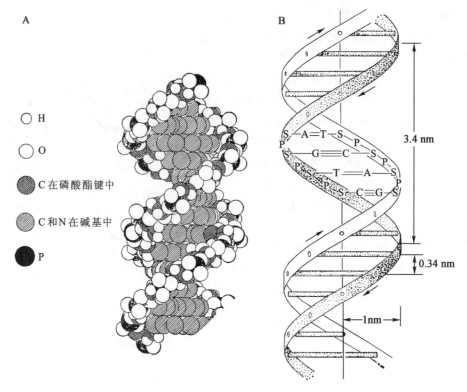

图 11-4   DNA 分子双螺旋结构模型(A)及其图解(B)

（2）嘌呤与嘧啶碱位于双螺旋的内侧。磷酸与核糖在外侧,彼此通过 3',5'-磷酸二酯键相连接,形成分子的骨架。碱基平面与纵轴垂直,糖环的平面则与纵轴平行。多核苷酸链的方向取决于核苷酸间磷酸二酯键的走向,以 C'3→C'5 为正向。两条配对链偏向一侧,形成一条**大沟**(major groove)和一条**小沟**(minor groove)。

（3）双螺旋的平均直径为 2 nm,两个相邻的碱基对之间的高度距离为 0.34 nm,两个核苷酸之间的夹角为 36°。因此,沿中心轴每旋转一周有 10 个核苷酸,高度(即螺距)为 3.4 nm。

（4）两条核苷酸链依靠彼此碱基之间形成的氢键而结合在一起。根据分子模型的计算,一条链上的嘌呤碱必须与另一条链上的嘧啶碱相匹配,其距离才正好与双螺旋的直径相吻合。碱基之间 A 只能与 T 相配对,形成两个氢键;G 与 C 相配对,形成三个氢键。所以 G-C 之间的结合较为稳定(图 11-5)。

（5）碱基在一条链上的排列顺序不受任何限制。但是根据碱基配对原则,当一条多核苷酸链的序列被确定后,即可决定另一条互补链的序列。这就表明,遗传信息由碱基的序列所携带。

在生理条件下,DNA 分子是稳定的,有许多因素维持着 DNA 的双螺旋结构,其中最主要的作用力来自两方面:一是配对碱基间的氢键,单个氢键虽然很弱,无数碱基对累积的氢键能量就相当大了。二是堆积力(stacking force),扁平的碱基对之间藉 π,π 电子相互作用产生吸引力,这是范德华力(van der Waals force)的一种形式。碱基对的疏水性,造成疏水作用,也是堆积力的

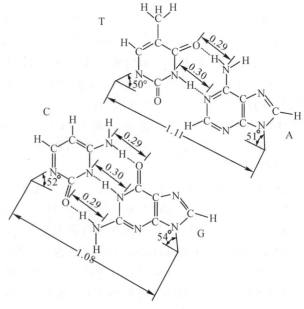

图 11-5   DNA 分子中的 A-T,G-C 配对
(图中长度单位为 nm)

成因之一。

由于 Watson 和 Crick 的模型是根据 DNA 纤维的 X 射线衍射资料推导出来的,它所提供的只是 DNA 结构的平均特征。后来,对 DNA 合成片段晶体所作的 X 射线衍射分析才提供了更为精确的信息。K. Dickerson 等人用人工合成的多聚脱氧核糖核苷酸(十二聚体)晶体进行 X 射线衍射分析后,认为这种十二聚体的结构与 Watson 和 Crick 模型所提供的结构十分相似,但在结构上并不像 Watson-Crick 模型所说的那样均一。这是由于碱基序列的不同,以致在局部结构上有较大的差异。这些差异是:

(1) Watson-Crick 模型认为每一螺周含有 10 个碱基对,所以两个核苷酸之间的夹角是 36°。但 Dickerson 合成的十二聚体中,两个碱基间的夹角可由 28°至 42°不等。实际平均每一螺周含 10.4 个碱基对。分子大小的各参数也随序列不同而有变动。

(2) Dickerson 所研究的十二聚体结构中,组成碱基对的两个碱基的分布并非在同一平面上,而是沿长轴旋转一定角度,从而使碱基对的形状像螺旋桨叶片的样子(图 11-6),故称为**螺旋桨状扭曲**(propeller twisting)。这种结构可提高**碱基堆积力**,使 DNA 结构更稳定。

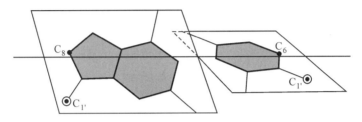

图 11-6　碱基对的螺旋桨状结构

DNA 的结构可受环境条件的影响而改变。Watson 和 Crick 所建议的结构代表 DNA 钠盐在较高湿度下(92%)制得的纤维的结构,称为 B 型(B form)。由于它的水分含量较高,可能比较接近大部分 DNA 在细胞中的构象。DNA 能以多种不同的构象存在,除 **B 型**外通常还有 **A 型**、**C 型**、**D 型**、**E 型**和左手双螺旋的 **Z 型**。这里包括天然的和人工合成的各种双螺旋 DNA。其中 A 型和 B 型是 DNA 的两种基本的构象,Z 型则比较特殊。C 型、D 型和 E 型与 B 型接近,可看成同一族。

在相对湿度为 75%以下所获得 DNA 纤维的 X 射线衍射分析资料表明,这种 DNA 纤维具有不同于 B 型的结构特点,称为 A 型(A-DNA)。A-DNA 也是由两条反向的多核苷酸链组成的右手双螺旋;但是螺体较粗而短,碱基对与中心轴之倾角不同,呈 19°。RNA 分子的双螺旋区以及 RNA-DNA 杂交双链具有与 A-DNA 相似的结构。

由于呋喃糖环并非平面,糖环上通常有一个或两个原子偏离平面,糖环因此而折叠。如若折叠偏向 C_5 一侧称为**内式**(endo);若偏向另一侧称为**外式**(exo)。A 型为 $C_{3'}$ 内式,B 型为 $C_{2'}$ 内式。碱基平面绕 N-糖苷键旋转产生**顺式**(syn)和**反式**(anti)构象。反式构象是指嘌呤六元环或嘧啶的 2-酮基指向远离糖的方向;顺式构象则指向糖。碱基与糖的旋转位置在立体结构上是受限制的,天然核苷中反式更合宜。A 型和 B 型均为反式。

自然界双螺旋 DNA 大多为**右手螺旋**,但也有**左手螺旋**。A. Rich 在研究人工合成的 d(CGCGCG)寡核苷酸结构时发现存在左手螺旋的构象。六聚体(dC·dG)的晶体结构中,自身互补的寡核苷酸排列成反平行,每转 12 个碱基对为一圈,螺距 4.56 nm,碱基对移向边缘,只有小沟,大沟被胞嘧啶的 C5 和鸟嘌呤的 N7、C8 原子填充。与右手螺旋不同,在左手螺旋中糖环折叠和糖苷键的构象对于嘧啶碱和嘌呤碱各不相同。dC 是 $C_{2'}$ 内式,碱基反式;dG 是 $C_{3'}$ 内式,碱基顺式。因此,磷酸和糖的骨架呈现 Z 字形(zigzag)走向,Z 型名称即源于此(图 11-7)。随后发现天然 DNA 局部也有 Z 型结构。

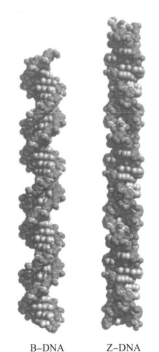

B-DNA　　Z-DNA

图 11-7　Z-DNA 与 B-DNA 之比较

共价结构的改变涉及共价键的断裂与连接。构象受环境条件的影响,它的改变不涉及共价键。DNA 的各型构象在一定条件下可以相互转变。除上述相对湿度能影响 DNA 纤维的构象外,溶液的盐浓度、离子种类、有机溶剂等都能引起 DNA 构象的改变。增加 NaCl 浓度可使 B 型转变为 A 型。当 DNA 是钠盐时,A、B、C 三种形态都能出现;改成锂盐时,只有 B 型和 C 型可能出现。Z 型 DNA 的序列必须含鸟嘌呤,并且嘌呤碱与嘧啶碱交替出现,在此条件下存在盐和有机溶剂有利于 Z 型的形成。DNA 的甲基化使大沟表面暴露的胞嘧啶形成 5-甲基胞嘧啶,即可导致 B-DNA 向 Z-DNA 的转化。DNA 的变构效应可能与基因表达的调节有关。

表 11-6 列出了 A 型、B 型和 Z 型 DNA 的主要特征数据。由于各实验室测定样品的方法和条件各不相同,所得数据有较大出入,所列数据可作为了解各类构象特性的比较。

表 11-6 A 型、B 型和 Z 型 DNA 的比较

	螺旋类型		
	A	B	Z
外形	粗短	适中	细长
螺旋方向	右手	右手	左手
螺旋直径	2.55 nm	2.37 nm	1.84 nm
碱基轴升	0.23 nm	0.34 nm	0.38 nm
碱基夹角	32.7°	34.6°	60°[①]
每圈碱基数	11	10.4	12
螺距	2.53 nm	3.54 nm	4.56 nm
轴心与碱基对的关系	不穿过碱基对	穿过碱基对	不穿过碱基对
碱基倾角	19°	-1.2°	-9°
糖环折叠	$C_{3'}$ 内式	$C_{2'}$ 内式	嘧啶 $C_{2'}$ 内式,嘌呤 $C_{3'}$ 内式
糖苷键构象	反式	反式	嘧啶反式,嘌呤顺式
大沟	很狭、很深	很宽、较深	平坦
小沟	很宽、浅	狭、深	很狭、很深

① Z-DNA 的核苷酸交替出现顺反式,故以 2 个核苷酸为单位,转角为 60°。

(三) DNA 的三股螺旋和四股螺旋

早在 20 世纪 50 年代,双螺旋结构发现之后不久就已观察到一些人工合成的寡核苷酸能够形成三股螺旋,寡核苷酸包括核糖核苷酸和脱氧核糖核苷酸。K. Hoogsteen 于 1963 年首先描述了三股螺旋的结构。在三股螺旋中,通常是一条同型寡核苷酸(即或为寡嘧啶核苷酸,或为寡嘌呤核苷酸)与寡嘧啶核苷酸-寡嘌呤核苷酸双螺旋的大沟结合。第三股的碱基可与 Watson-Crick 碱基对中的嘌呤碱形成 **Hoogsteen 配对**。第三股与寡嘌呤核苷酸之间为同向平行。根据第三股的组成可分为不同的型,例如:Py·Pu＊Py、Py·Pu＊Pu 和 Py·Pu＊rPy 等。"·"表示 Watson-Crick 配对,"＊"表示 Hoogsteen 配对。一般认为,三股中碱基配对方式必须符合 Hoogsteen 模型,即第三个碱基以 A 或 T 与 A══T 碱基对中的 A 配对;G 或 C 与 G≡C 碱基对中的 G 配对,第三个碱基 C 必须质子化,以作为与 G 的 N7 结合的氢键供体,并且它与 G 配对只形成两个氢键(图 11-8)。

三股螺旋中的第三股可以来自分子间,也可以来自分子内。**铰链 DNA**(hinged-DNA)是一种分子内折叠形成的三股螺旋。当 DNA 的一段多聚嘧啶核苷酸或多聚嘌呤核苷酸组成镜像重复,即可回折产生 H-DNA,该重复序列又称为 **H 回文结构**(H-palindrome)。例如,交替出现的 T 和 C 序列,其互补链为交替的 A 和 G 序列,在其中间取一核苷酸,两侧即为镜像重复,就可能形成 H-DNA 结构(图 11-9)。在酸性 pH 或负超螺旋张力的情况下即可发生 B-DNA→H-DNA 转变。酸性 pH 促使胞嘧啶质子化,从而提高了形成三股螺旋时以 Hoogsteen 氢键与鸟嘌呤配对的能力。

H-DNA 存在于基因调控区和其他重要区域,从而显示出它具有重要生物学意义。实验表明,启动子

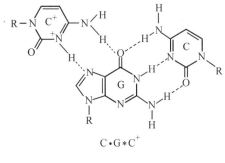

图 11-8　三股螺旋 DNA 中的碱基配对

图中左上角的碱基位于第三股

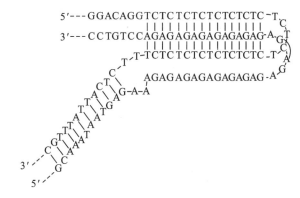

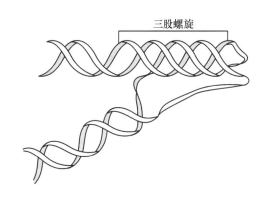

图 11-9　H-DNA 的结构

的 S1 核酸酶敏感区存在一些短的、同向或镜像重复的聚嘧啶-嘌呤区,该区域可以形成 H-DNA,因而产生可被 S1 酶消化的单链结构。

　　DNA 还能形成四股螺旋,但只见于富含鸟嘌呤区。四股 DNA 链(tetraplex 或 quadruplex)借鸟嘌呤之间氢键配对形成稳定的 G-四链体(guanine quartet)(图 11-10A)。四股螺旋 DNA 链的走向,可以是全部相同方向,也可以是两两相反(图 11-10B)。染色体 DNA 某些富含鸟嘌呤的区域,通过回折形成四股螺旋,如在着丝粒和端粒区域可出现此类结构,其生物学意义目前还不清楚。

（四）DNA 的超螺旋

　　DNA 的三级结构是在二级结构基础上,通过扭曲和折叠所形成的特定构象,其中包括单链与双链、双螺旋与双螺旋的相互作用,以及一些具有拓扑学特征的结构。上述三股螺旋和四股螺旋仅就螺旋结构而言,仍为二级结构,但涉及分子回折和链之间的相互作用,故有些书中将之列为三级结构。超螺旋则是 DNA 三级结构的一种形式。

　　当 DNA 双螺旋分子在溶液中以一定构象自由存在时,双螺旋处于能量最低的状态,此为松弛态。

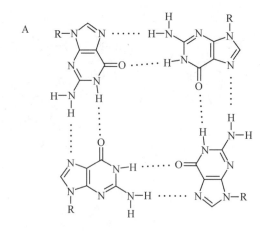

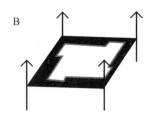 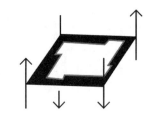 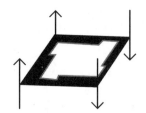

图 11-10　四股螺旋 DNA 的结构

A. G-四碱基体可能的氢键配对方式；B. 四股螺旋链的几种走向

如果使这种正常的 DNA 分子额外地多转几圈或少转几圈，就会使双螺旋中存在张力。如若双螺旋分子的末端是开放的，这种张力可以通过链的转动而释放出来，DNA 可恢复正常的双螺旋状态。但若 DNA 分子的两端是固定的，或者是环状分子，这种额外的张力就不能释放掉，DNA 分子本身就会发生扭曲，用以抵消张力。这种扭曲称为**超螺旋**（superhelix）或**超卷曲**（supercoil），是双螺旋的进一步螺旋。

20 世纪 60 年代，J. Vinograd 对环状 DNA 分子的拓扑结构进行了研究，作出很大贡献。DNA 的拓扑学公式就是他提出来的。**拓扑学**（topology）是数学的一个分支，它研究图形的几何性质，而不理会其"度量"。许多 DNA 是双链环状分子（double-stranded circular molecule），如细菌染色体 DNA、质粒 DNA、细胞器 DNA、某些病毒 DNA 等。细菌染色体 DNA 太大，很难分离出完整的分子。但可以提取到相对分子质量不太大的质粒和病毒的天然环状 DNA。通常在这类制剂中可以观察到 3 种形式的 DNA：**共价闭环 DNA**（covalently closed circular DNA，cccDNA），这类 DNA 常呈超螺旋型（superhelical form）；双链环状 DNA 的一条链断裂，称为**开环 DNA**（open circular DNA，ocDNA），分子呈松弛态；环状 DNA 双链断裂，成为**线状 DNA**（linear DNA）。1966 年 Vinoqrad 发现 cccDNA 的双链**互绕数**（intertwining number）α 等于**螺旋圈数**（helical turn）β 与**超螺旋数**（superhelical number）τ 之和，即：

$$\alpha = \beta + \tau \tag{11-1}$$

在上述公式中，β 值是由双螺旋的构象所决定的，也即是松弛状态下的螺旋圈数。例如：2.6 kb 的环状 DNA，如为 B 型，其 β 值为 2 600/10.4 = 250。若双螺旋互绕圈数大于构象规定的螺旋圈数，即 α>β，此时 DNA 为**卷曲过量**（overwinding）；互绕圈数小于构象规定的螺旋圈数，即 α<β，此时 DNA 为**卷曲不足**（underwinding）。无论卷曲过量或不足，都将产生超螺旋。α 值必定是整数，因为闭环分子的螺旋数总是整数。β 和 τ 值则不一定是整数。α 与 β 值根据螺旋走向取正负，右手螺旋为正（+），左手螺旋为负（-）。超螺旋为 α 与 β 之差，当 α 大于 β 时超螺旋为正，α 小于 β 时超螺旋为负。如果外力部分撑开双螺旋，此时 α 值不变，β 值变小（因双螺旋区缩小），将产生正超螺旋，即向左拧用以抵消过量右手螺旋产生的张力（图 11-11B）。主链共价键不经断开-再连接，α 值不变，但体内存在多种拓扑异构酶（topoisomerase）可以

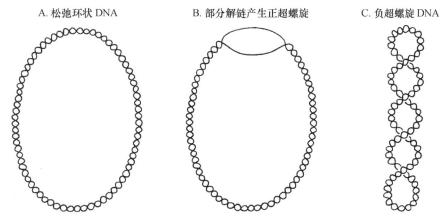

图 11-11　cccDNA 的拓扑结构

改变 α 值,从而改变 DNA 的拓扑结构。为了比较超螺旋强度,需要引入一个新的参数,**比超螺旋**(specific superhelix)或**超螺旋密度**(superhelical density),以 σ 来表示。$\sigma = (\alpha - \beta)/\beta$。细胞 DNA 通常处于负螺旋状态,其 σ 值为 $-0.07 \sim -0.05$。

　　与此同时,数学家在研究闭合带的拓扑性质中取得重要成果。1969 年 J. H. White 推导出闭合带两边之间的**连环数**(Linking number,L_k)等于带的**扭转数**(twisting number,T_w)与轴曲线的高斯积分(Gauss integral)之和,高斯积分后被称为**缠绕数**(Writhing number,W_r)。其关系为:

$$L_k = T_w + W_r \tag{11-2}$$

比较上述两个公式可以看出,α 与 L_k 相同,两公式也十分类似。但公式(11-1)只涉及 DNA 的拓扑结构,各参数受 DNA 的构象限制,并且都是可以测量的;公式(11-2)是抽象的数学公式,对 T_w 与 W_r 的定义和公式(11-1)不同,并且不可测量。许多书中混淆了两者的差别。问题不在于采用什么符号,关键是要掌握它的确切含义。

(五)　DNA 贮存遗传信息

　　子代与亲代相似是生物界的普遍现象。这意味着亲代细胞必定有某种机制影响或决定子代细胞的性状。那么,这种遗传机制(遗传功能)的承载物质是什么?许多科学家在探索这个问题。十九世纪中期,两位杰出的科学家 G. Mendel 和 F. Miescher 几乎同时朝这个问题迈出了关键的一步。1865 年 Mendel 发表了他著名的豌豆杂交论文,后被 C. Correns 于 20 世纪初归结为"性状分离定律"和"自由组合定律",从而奠定了遗传学基础。Miescher 于 1868 年提交的论文中公布他从脓细胞核中分离出核素(DNA)的结果。两位科学家的工作都不被同时代的学术界所接受。Mendel 的论文直到 1900 年才被 Hugo de Vries、Carl Correns 和 Erich von Tschermak 所重新发现和极力推崇;而 Miescher 的发现却迟至 20 世纪 40 年代始重受关注。其时,一系列实验证明,DNA 是遗传物质。

1. DNA 是染色体的主要成分

　　早在 19 世纪后期,有关细胞分裂、染色体行为和受精过程的研究为遗传的染色体学说奠定了基础。Miescher 从细胞核中提取出核素,于是有些生物学家推测核素是染色体的组成物质。20 世纪前期,Levene 的"四核苷酸假说"广为流行,该假说否定核酸特异性,较长时间阻碍了核酸的研究。直到 20 世纪 40 年代,Chargaff 发现 DNA 碱基组成规律和种属特异性,才推翻"四核苷酸假说"。由此可见,科学研究不仅要有"实验手段",还要有"想象力"。

　　20 世纪 30—40 年代细胞化学技术有了很大发展,对细胞中 DNA 含量测定结果表明,任何一种生物细胞其 DNA 含量都是恒定的,不受外界环境、营养条件和细胞本身代谢状态的影响。细胞具有固定数目的染色体,与 DNA 含量一致,单倍体生殖细胞的 DNA 含量正好是双倍体体细胞的一半。这些数据都符合遗传物质的特性。表 11-7 列出几种动物细胞中 DNA 的平均含量。

表 11-7　细胞的 DNA 含量(每个细胞/pg)

生物种类	体细胞(二倍体)	精细胞(单倍体)	生物种类	体细胞(二倍体)	精细胞(单倍体)
牛	6.5	3.4	蟾蜍	7.3	3.7
小鼠	5.3	2.7	鲤鱼	3.4	1.6
鸡	2.4	1.3			

　　每个细胞中 DNA 含量与生物机体的复杂性有关,生物机体越复杂,遗传信息量越大,就需要更多遗传物质携带遗传信息。从图 11-12 可见,生物进化程度越高,每个细胞中 DNA 含量(C 值)也越高。例如,细菌每个细胞约含 DNA 0.006 pg($6×10^{-12}$ g),而高等动物每个细胞约含 6 pg,比细菌多近千倍。但是,细胞 DNA 含量与进化程度并不是简单的平行关系,相同进化程度的生物在不同物种间细胞 DNA 含量可以差别很大。例如,昆虫、两栖类不同种之间细胞 DNA 含量可以相差数十倍,开花植物甚至可以相差数百倍。不少动植物的细胞 DNA 含量远大于人类细胞 DNA 含量(6.57 pg)。这种现象称为 C 值悖理(C value paradox)。造成此现象的原因是基因组 DNA 存在重复序列和染色体的多倍性。此外,基因组除染色体基因外还有染色体外基因(extrachromosomal gene)和细胞器基因,它们往往以多拷贝形式存在。图 11-12 列出一些细胞的大致 DNA 含量(以单倍体基因组的碱基对数来表示)。

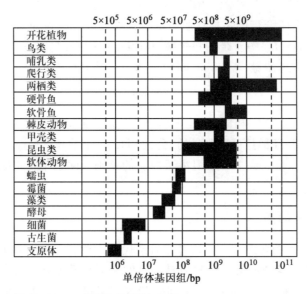

图 11-12　一些细胞的 DNA 含量

　　由此可知,DNA 的信息量只与 DNA 的复杂度(complexity)有关,而 DNA 的复杂度是指单倍体细胞基因组 DNA 非重复序列的碱基对数,并不等于细胞 DNA 含量。信息量(I)与概率(P)有关,可按以下公式计算:

$$I=-k\ln P$$

k 是常数,P 由 DNA 的碱基对数(n)决定:

$$P=\frac{1}{4^n}$$

　　生物在进化过程中,借助基因扩增和重组,基因组 DNA 增大,信息量增加。随机突变经中性漂移而固定,增加了生物的多样性,也增加了适应的潜力。然而,只有经过自然选择,才使生物性状具有适应性。DNA 的大小只表明它可能编码信息的量,它实际具有的编码信息,是在进化过程中获得的。换句话说,遗传漂变和自然选择赋予 DNA 有义信息。现有生物分子的结构都是进化的结果。

　　2. DNA 是细菌的转化因子

　　细菌的转化现象,最初是在 1928 年由 F. Griffith 所发现。肺炎球菌通常包有一层黏稠的多糖荚膜,形成光滑的菌落,称为 S 型,这个多糖荚膜是细菌致病所必需的;失去荚膜的突变株就没有致病能力,称为粗糙不光滑的菌落,称为 R 型。Griffith 发现,单独给小鼠注射活的 R 型肺炎球菌,或单独注射加热杀死的 S 型肺炎球菌都不能致病。但是若将两者混合后一起注射,则可使小鼠得肺炎致死,并且从小鼠体内可分离出 S 型肺炎球菌。这一事实说明,非致病的 R 型肺炎球菌可被存在于 S 型菌中一种耐热成分转化为 S 型。在这之后他又发现,S 型菌加热杀死后的无细菌提取液,也能在体外经试管培养,使 R 型菌转化为 S 型菌。转化产生的 S 型后代,还能继续繁殖,并遗传此性状。

1944 年 O. Avery 等人首次证明 DNA 是细菌遗传性状的转化因子。他们从有荚膜、菌落光滑的 Ⅲ 型肺炎球菌(*Pneumococcus*)细胞(ⅢS)中提取出纯化的 DNA,加到无荚膜、菌落粗糙的 Ⅱ 型细菌(ⅡR)培养物中,结果发现 DNA 能使一部分 ⅡR 型细胞获得合成 ⅢS 型细胞特有荚膜多糖的能力。蛋白质及多糖物质没有这种转化能力。若将 DNA 事先用脱氧核糖核酸酶降解,也就失去转化能力(图 11-13)。这一实验不可能是表型改变,也不可能是恢复突变,因为 ⅡR 型菌产生的是 ⅢS 型的荚膜。它有力地证明了 DNA 是转化物质。已经转化了的细菌,其后代仍保留合成 Ⅲ 型荚膜的能力,说明此性状可以遗传给后代。

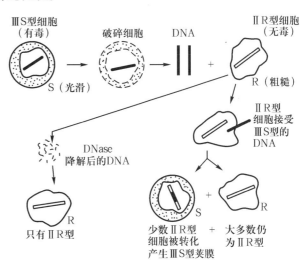

图 11-13　肺炎球菌转化作用图解

然而,当时多数生物学家都还以为 DNA 只是简单聚合物,蛋白质才是遗传物质,并没有认识到 Avery 发现的重要意义。对 Avery 的实验抱怀疑态度,认为也许是 DNA 制剂中混杂了少量不被检测出来的蛋白质起作用;或是认为 DNA 只不过是一种特异诱变剂,改变了菌体的特性。直到 20 世纪 50 年代初,Hershey 和 Chase 证明噬菌体的遗传物质是 DNA 后,才逐渐改变了学术界的看法。

在此之后,许多细菌的遗传性状都用 DNA 转化获得成功;并且真核生物也同样可用 DNA 进行转化。其实,细菌的转化现象十分普遍。在自然界,细菌借此而获得新的有用基因。由于滥用抗生素而使不少致病菌提高了对药物的抗性,R 质粒(抗性质粒)的横向扩散也是其中原因之一。在实验室,借助转化而得以构建各种基因工程菌。

3. DNA 是病毒遗传信息载体

1952 年属于噬菌体小组的 Hershey 和 Chase 用 ^{32}P 标记 T2 噬菌体的 DNA,用 ^{35}S 标记噬菌体的蛋白质,然后用此双标记的噬菌体去感染大肠杆菌。经短暂培养后,将培养物搅拌数分钟,使吸附在大肠杆菌表面的噬菌体脱落。通过离心,上清液中可检测到 ^{35}S 标记物,^{32}P 却在管底菌体内。这就有力证明了进入宿主细胞内的是噬菌体 DNA,它携带了噬菌体的全部遗传信息。在 Hershey 和 Chase 实验的启发下,Watson 和 Crick 才于 1953 年提出 DNA 双螺旋结构模型。1969 年,Delbrück、Hershey 和 Luria 共获诺贝尔生理学或医学奖,以表彰他们在噬菌体遗传学研究中的功绩。

有些病毒不含 DNA 而含 RNA,例如多数植物病毒都是 RNA 病毒。1955 年 H. Fraenkel-Conrat 和 B. Singer 将提纯的烟草花叶病毒(TMV)外壳蛋白和 RNA 在体外混合,它们可以自装配成棒状的病毒。如果将甲株的 RNA 与乙株的外壳蛋白混合,所得到重组 TMV 具感染力和产生的子代病毒特征都与甲株完全相同,而与乙株相异;反之亦然。实际上,从 TMV 中分离出来的 RNA 也具有感染性,只是比天然完整病毒的感染力要低得多。Fraenkel-Conrat 的重组实验表明,RNA 也可以是遗传因子,携带亲代传递给子代的遗传信息。

1970 年 D. Baltimore 和 H. Temin 同时发现动物致瘤 RNA 病毒含有逆转录酶,当病毒 RNA 侵入宿主细胞后可以逆转录成 cDNA,然后整合到宿主染色体 DNA 中去。其后知道,嗜肝 DNA 病毒和植物花椰菜花叶病毒(CaMV)虽是 DNA 病毒,但其病毒 DNA 是由病毒 RNA 逆转录而来的。这说明 RNA 能指导 DNA 的合成。

病毒感染宿主细胞后,病毒核酸(无论是 DNA 还是 RNA)可以在细胞内单独复制;或是整合到宿主染色体 DNA 中去(RNA 需逆转录成 cDNA)随宿主 DNA 一起复制。游离的或整合的病毒核酸,在适当条件下又可装配成病毒粒子,而离开宿主细胞。总之,病毒不能离开细胞独立生活,病毒的一切生命活动都需要在细胞内进行,这就是说病毒核酸所能做的事(包括 RNA 复制和逆转录)都是细胞核酸原本就可做的事,病毒核酸只是获得了游离的能力。

上述真核生物、细菌和病毒的遗传实验都证明,DNA 是携带遗传信息的分子。

五、RNA 的结构与功能

核糖核酸(RNA)是由几十至几千个核苷酸聚合而成,在生物体内通常都以单链的形式存在。RNA 的化学组成和单链结构使其远不如 DNA 稳定,从而增加了 RNA 研究的难度。因此,RNA 的研究落后于 DNA,经常是 DNA 的研究取得突破后有关理论和技术用来研究 RNA,带动了 RNA 研究的发展。

(一) RNA 的一级结构

RNA 是无分支的线形多聚核糖核苷酸,除含有常见的 4 种碱基外,有时还含有某些稀有碱基。图11-14 为 RNA 分子中的一小段,以示 RNA 结构。

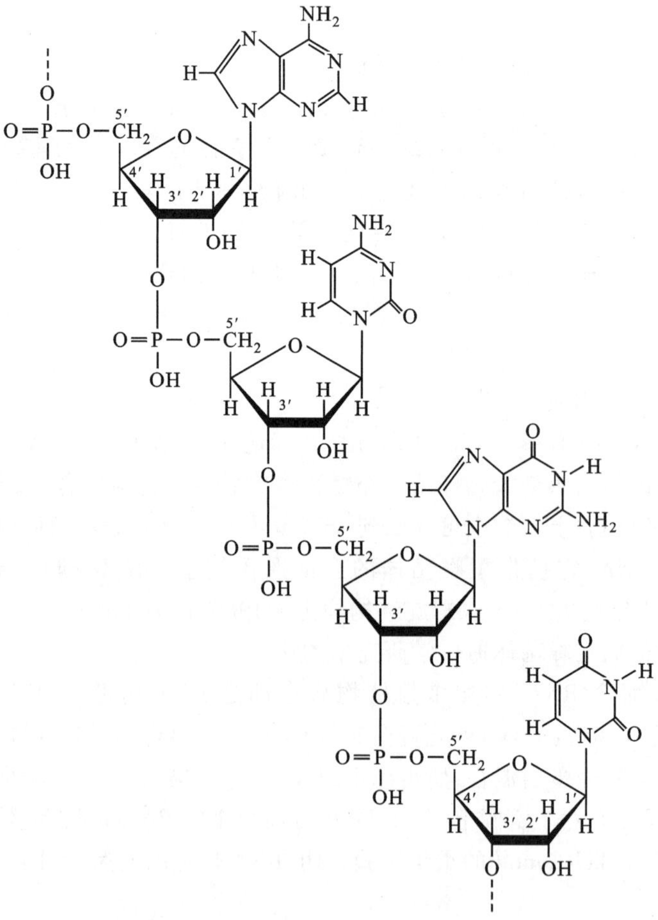

图 11-14 RNA 分子中一小段结构

RNA 的种类甚多,结构各不一样。参与蛋白质生物合成的 RNA 有三类:tRNA、rRNA 和 mRNA。酵母丙氨酸 tRNA 是第一个被测定核苷酸序列的 RNA,由 76 个核苷酸组成。tRNA 通常由 60~95 个核苷酸组成,相对分子质量都在 25 000 左右,沉降常数为 4S。它含有较多稀有碱基,可达碱基总数的 10%~15%,因而增加了识别和疏水作用。3′端皆为 CpCpAOH;5′端多数为 pG,也有为 pC 的。tRNA 的一级结构中有一些保守序列,与其特殊的结构与功能有关。

细菌和真核生物的 5S rRNA 由 120 个核苷酸组成,无稀有碱基,可与 tRNA、大亚基的 rRNA 和蛋白质相识别和作用。真核生物 5.8S rRNA 由 160 个核苷酸组成,含有修饰核苷,如假尿嘧啶核苷(ψ)和核糖被甲基化的核苷(Gm、Um),它与细菌 5S rRNA 有共同序列,表明它可能起着细菌 5S rRNA 某些相似的功能。细菌的 16S 和 23S rRNA 分别有约 10 个和 20 个甲基化核苷。脊椎动物 18S 和 28S rRNA 分别有 40 多和 70 多个甲基化核苷,其中 80% 的为甲基化核糖。此外,还有不少假尿嘧啶核苷和修饰的假尿嘧啶核苷。与 tRNA 不同,rRNA 的甲基化较多发生在核糖上,而且真核生物 rRNA 的修饰核苷比原核生物要多。rRNA 除作为核糖体的骨架外,还分别与 mRNA 和 tRNA 作用,催化肽键的形成,促使蛋白质合成的正确进行。

原核生物或以单个基因,或以多个基因组成的操纵子作为转录单位,前者产生单顺反子 mRNA(monocistronic mRNA),后者产生**多顺反子 mRNA**(polycistronic mRNA),即一条 mRNA 链上有多个编码区(coding region),5′端、3′端和各编码区之间为**非翻译区**(untranslated region,UTR),见图 11-15。原核生物 mRNA,包括噬菌体 RNA,都无修饰碱基。

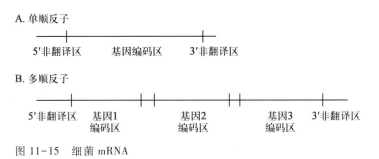

图 11-15　细菌 mRNA

真核生物的 mRNA 都是单顺反子,其一级结构的通式如图 11-16 所示。真核生物 mRNA 的 5′端有帽子(cap)结构,然后依次是 5′非翻译区、编码区、3′非翻译区,3′端为聚腺苷酸(polyadenylic acid,poly(A))尾巴。其分子内有时还有极少量甲基化的碱基。

图 11-16　真核生物 mRNA

绝大多数真核细胞 mRNA 3′端有一段长 20~250 的**聚腺苷酸**。poly(A)是在转录后经 **poly(A)聚合酶**(poly(A)polymerase)的作用添加上去的。poly(A)聚合酶专一作用于 mRNA,对 rRNA 和 tRNA 无作用。poly(A)尾巴可能与 mRNA 从细胞核到细胞质的运输有关。它还可能与 mRNA 的半寿期有关,新生 mRNA 的 poly(A)较长,而衰老的 mRNA poly(A)较短。

5′端帽子是一个特殊的结构。它由甲基化鸟苷酸经焦磷酸与 mRNA 的 5′端核苷酸相连,形成 5′,5′-三磷酸连接(5′,5′-triphosphate linkage)。帽子结构通常有三种类型($m^7G^{5'}ppp^{5'}Np$,$m^7G^{5'}ppp^{5'}NmpNp$ 和 $m^7G^{5'}ppp^{5'}NmpNmpNp$),分别称为 O 型、I 型、II 型。O 型是指末端核苷酸的核糖未甲基化,I 型指末端一个核苷酸的核糖甲基化,II 型指末端两个核苷酸的核糖均甲基化。在这里 G 代表鸟苷,N 代表任意核苷;m 在字母左侧表示碱基被甲基化,右上角数字表示甲基化位置,右下角数字表示甲基数目;m 在字母右侧表示核糖被甲基化。这种结构有抗 5′-外切核酸酶的降解作用。在蛋白质合成过程中,它有助于核糖体对 mRNA 的识别和结合,使翻译得以正确起始。I 型帽子的结构如下:

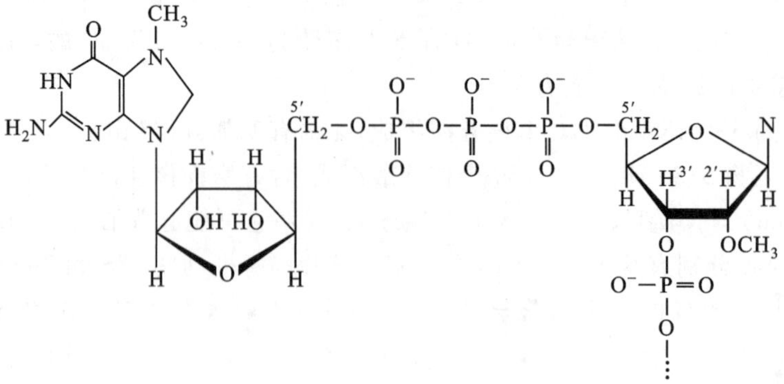

　　U 系列的核内小 RNA(snRNA),如 U1 至 U5 snRNA,也有 5′帽子结构。但它们的帽子是三甲基鸟苷三磷酸($m_3^{2,2,7}G^{5′}ppp^{5′}AmpNp$),而不是 mRNA 的甲基鸟苷三磷酸($m^7G^{5′}ppp^{5′}Np$)。此外,动植物病毒 RNA 也有 5′帽子结构和 3′聚腺苷酸;但有的没有 5′帽或 3′聚腺苷酸。一些植物病毒 RNA 有类似 tRNA 的 3′端结构,可以接受氨基酸。

(二) RNA 的高级结构

　　RNA 是单链线型分子,在溶液中可通过碱基堆积形成单链右手螺旋。嘌呤碱与嘌呤碱之间 π 电子相互作用的堆积力和疏水力较强,夹在两个嘌呤碱之间的嘧啶碱可被排除在螺旋之外。这种单链螺旋很不稳定,易受溶液中各种因素的影响,因而有较大柔性。但 RNA 可通过自身回折形成较稳定的局部双螺旋(二级结构),并借助链内次级键而发生折叠(三级结构)。RNA 链内除形成 A·U 和 G·C 碱基对外,还可形成 G·U 碱基对(如图 11-17),RNA 双螺旋构象类似于 DNA 的 A 型。不配对的碱基可排除在双螺旋区之外,形成突起(loop)。RNA 链中磷酸基的氧和糖的羟基也可参与形成氢键,增加三级结构的稳定性。当 RNA 链回折在不连续序列之间碱配对,形成犹如打结的结构,称为假结(pseudoknot)(图 11-18)。除 tRNA 外,几乎全部细胞中的 RNA 都与蛋白质形成核蛋白复合物(四级结构)。RNA 和 RNA 与蛋白质的复合物(RNP)担负着细胞的各种重要功能。

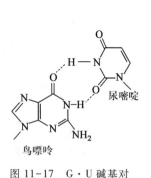

图 11-17　G·U 碱基对

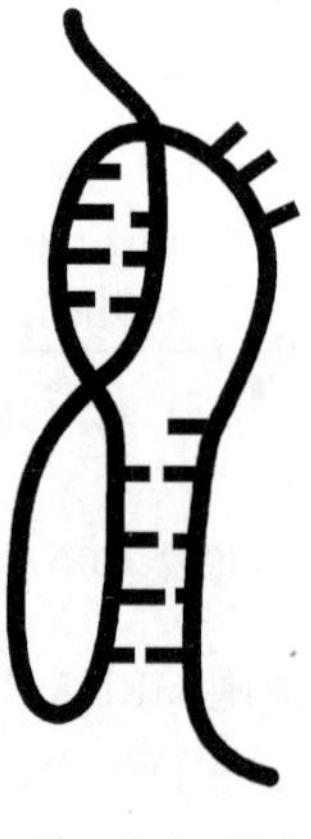

图 11-18　RNA 链的假结

1. tRNA 的高级结构

　　tRNA 参与蛋白质生物合成,起着转运氨基酸和识别密码子的作用,转移 RNA 的名称即由此而得。合成蛋白质的氨基酸有 20 种,每一种氨基酸都有其相应的一种或几种 tRNA。而所有种类的 tRNA 都有十分相似的二级结构和三级结构。tRNA 功能复杂,结构小巧,近于完美,这是长期成功进化的结果。

　　tRNA 的二级结构都呈**三叶草形**(图 11-19)。茎环结构的突环(loop)区好像是三叶草的三片小叶;双螺旋的茎(stem)构成叶柄。由于双螺旋结构所占比例很大,tRNA 的二级结构十分稳定。三叶草形二级结构由**氨基酸臂**(amino acid arm)或**受体臂**(acceptor arm)、**二氢尿嘧啶环**(dihydrouracil loop,DHU)、反密码子环(anticodon loop)、**额外环**(extra loop)或**可变环**(variable loop)和**胸苷-假尿苷-胞苷环**(TψC loop)等 5 个部分组成。氨基酸臂含有 7 对碱基,5′端为磷酸基,3′端为 CCA-OH,可接受活化的氨基酸。DHU 环(D 环)由 8~12 个核苷酸组成,含有两个二氢尿嘧啶故得名,由 3~4 对碱基的双螺旋区构成茎。反密码子环 由 7 个核苷酸组成,中间 3 个核苷酸为反密码子,可以识别 mRNA 上的密码子,其茎含 5 对碱基。额外环 大小不等,故又称为可变环,常由 3~18 个核苷酸组成。TψC 环(T 环)由 7 个核苷酸组成,其茎也含 5 对 碱基。

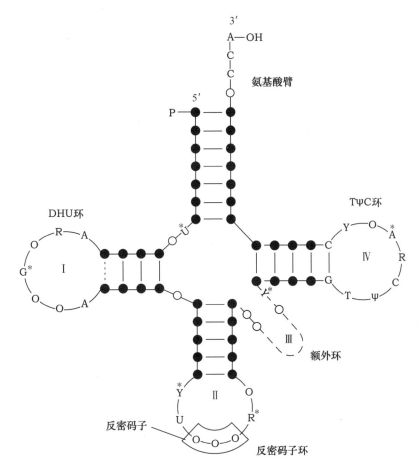

图 11-19　tRNA 三叶草形二级结构

R,嘌呤核苷酸;Y,嘧啶核苷酸;ψ,假尿嘧啶核苷酸;＊代表修饰碱基;●代表螺旋区碱 基;○代表不配对碱基

　　1974 年 S. H. Kim 等采用高分辨率 X 射线衍射仪测定酵母苯丙氨酸 tRNA 的晶体结构,揭示了 tRNA 具有**倒 L 形**的三级结构(图 11-20)。tRNA 的三叶草形二级结构通过折叠,使氨基酸臂与 TψC 茎环形成 一连续的双螺旋区,构成倒 L 的一横;而 DHU 环、额外环和反密码子的茎环共同构成字母 L 的一竖。形成 三级结构的氢键许多与 tRNA 中的不变核苷酸有关。除 Watson-Crick 碱基对外,还有非配对的碱基之间、 碱基与核糖-磷酸骨架之间以及第三个碱基与碱基对之间形成氢键。tRNA 中几乎所有相邻碱基都通过 疏水作用相互堆积,看来这种堆积作用是稳定 tRNA 构象的主要因素。

　　tRNA 的三级结构与其生物学功能有密切关系。tRNA 含有大量修饰核苷酸,它们可能参与三级结构 的形成,同时也增加了 tRNA 的识别功能。除参与蛋白质合成外,tRNA 还有许多其他的生物学作用。例 如,谷氨酰-tRNA 参与叶绿素的生物合成,某些氨酰-tRNA 参与细菌细胞壁糖肽以及细胞膜氨酰磷脂酰 甘油的合成,tRNA 是转录酶的引物,tRNA 还可以参与细胞代谢和基因表达的调节。这是一类十分重要的 生物大分子,很可能也是一类最古老的生物分子。细胞内 tRNA 的种类很多,每一种氨基酸都有其相应的 一种或几种 tRNA。

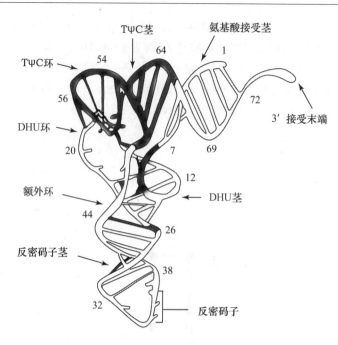

图 11-20 酵母苯丙氨酸 tRNA 的三级结构

黑色阶梯表示碱基间形成三级结构的氢键,阿拉伯数字表示 tRNA 序列
中核苷酸的编号

2. rRNA 的高级结构

蛋白质生物合成是细胞代谢最核心和最复杂的过程,有数百种生物大分子直接参与作用。核糖体是蛋白质合成的场所,它由 3~4 种 rRNA 和 50~80 种蛋白质所组成。在电子显微镜下可以看到核糖体包含小亚基和大亚基两部分。采用免疫电镜、化学交联、中子衍射和 X 射线衍射等技术,才得出核糖体的精细结构。根据传统看法,rRNA 是核糖体的骨架,蛋白质肽键的合成是由核糖体蛋白所催化的,该酶活性称为肽基转移酶(peptidyl transferase)。直到 20 世纪 90 年代初,H. F. Noller 等证明大肠杆菌 23S rRNA 能够催化肽键形成,才确认核糖体 RNA 是一种核酶,从而改变了传统的观点。

2000 年对核糖体晶体学研究取得划时代意义的重大成果,几个实验室分别解析了核糖体小亚基和大亚基高分辨率的结构。核糖体含有超过 4 500 个核苷酸的 rRNA 以及数十种蛋白质分子,对于如此复杂的复合物能在原子水平上揭示其结构,这充分体现了当今结构生物学所能达到的最高水平。在小亚基的 16S rRNA 中,46% 的碱基配对形成的 50 个大小不等的茎环结构,组成 4 个结构域,并折叠成两叶(图 11-21)。A 型 RNA 螺旋之间相互作用决定了 30S 小亚基的形状,核糖体蛋白结合在外表,没有蛋白质完全埋在 RNA 中,也极少存在于和 50S 亚基的界面处。**核糖体的解码中心**(decoding centre)位于小亚基上。通过小亚基的晶体结构显示出结合 tRNA 的 A、P、E 部位以及结合 mRNA 的部位,这些部位虽然有蛋白质,但看起来除去蛋白质并不会改变其结构,表明解码是小亚基 rRNA 的功能。

大亚基 23S rRNA 有 6 个结构域,彼此连接成为一个整体,并不像小亚基 rRNA 那样结构域轮廓分明。大亚基有三个突起,5S rRNA 紧密结合在中间突起上,核糖体蛋白质同样位于外表。**肽基转移酶中心**(peptidyl transferase centre)位于大亚基上,该反应中心只有 rRNA,并无蛋白质,这就更清楚证明肽键的合成是由大亚基 rRNA 所催化。

真核生物的核糖体也是由小亚基和大亚基所组成,但比原核生物核糖体更大,结构更复杂。哺乳动物小亚基 18S rRNA 和大亚基 28S rRNA 与原核生物的 16S 和 23S rRNA 相似。真核生物大亚基还含有 5S 和 5.8S rRNA。5.8S rRNA 与 28S rRNA 碱基配对,它与原核生物 23S rRNA 5′端序列同源,推测由其演变而来。

3. 其他 RNA 的高级结构

游离的 mRNA 可以产生高级结构,但在核糖体上翻译时 mRNA 必须解开。mRNA 产生的高级结构对翻译效率有显著影响,有可能借此作为调节翻译的一种方式。

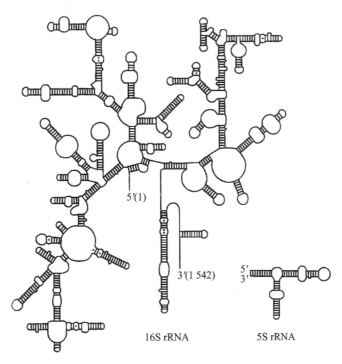

图 11-21   16S 和 5S rRNA 的二级结构

　　核酶(ribozyme)的催化功能与其空间结构密切相关,因此核酶具有较稳定的高级结构。如上所述,大亚基 rRNA 是一种核酶。类型 Ⅰ 和类型 Ⅱ 自我拼接的内含子,RNaseP 的 RNA 亚基(M1 RNA),某些病毒、类病毒和卫星病毒自我加工的 RNA 都是核酶。核酶可以是单独的 RNA 或是 RNA 与蛋白质的复合物。核酶 RNA 可以在水溶液中形成单链或双链螺旋,折叠成特定的空间结构,反应底物被结合在活性中心,定向排列,并提供反应所需的条件(例如某些反应需要的疏水环境)。RNA 虽无蛋白质的众多反应基团,但易结合金属离子,许多核酶都需金属离子参与作用。有些核酶还可借助碱基、氨基酸、咪唑和其他小分子化合物作为辅助因子。

　　R. Symons 比较了一些类病毒 RNA 具有自我剪切作用的结构后提出了锤头(hammerhead)核酶的模型,它约有 40 个核苷酸,是已知最小的核酶,由 13 个保守核苷酸连接区和三个螺旋区构成,形似锤头故得名(图 11-22A)。将锤头核酶分成两部分,16 核苷酸的酶链(含连接区的保守序列)与 25 核苷酸的底物链(含切割位点),相互间通过碱基对结合在一起。其 X 射线结构分析表明,确是形成三个 A 型螺旋区,但整个外形更像丫形,而不太像锤头形(图 11-22B)。自然界存在的自我切割的核酸以锤头核酶较为常见,并已得到广泛应用。

　　此外还存在**发夹形**(hairpin)、**斧头形**(axe)和 **VS 核酶**,这些核酶都比较小,统称为小型核酶。发夹形核酶最初在负链烟草环斑病毒卫星 RNA(sTRSV)中发现(图 11-23),其大小约为 70 个核苷酸。天然斧头核酶存在于人类丁型肝炎病毒(HDV)的正链和负链 RNA 中。HDV 是一个 1700 核苷酸组成的单链环状 RNA 病毒,其基因组以滚环方式进行复制。斧头核酶由两个假结结构所构成,在复制后 RNA 加工过程中起作用。该自我剪切的核酶约由 90 核苷核组成,可被分为 25 核苷酸的催化部分和 65 核苷酸的底物部分(图 11-24)。链孢霉线粒体 Varkud 卫星 RNA(VS RNA)的自我剪切结构完全不同于上述三种核酶,由多个茎环结构组成,因此是另一种核酶,它的大小约为 160 核苷酸。

　　RNA 一般都与蛋白质形成复合物,并以复合物的形成执行细胞功能。在核糖核蛋白复合物中,何者起主要作用? 按照传统的看法,蛋白质是主体,RNA 是辅基,或者说只起着"衣架"(coat hanger)的作用。进一步研究发现 RNA 在其中起着关键的作用。于是 RNA 成为主体,蛋白质只是辅基或是支架。RNA 的某些功能只与其序列,即一级结构有关;但许多功能,尤其是核酶功能,与其空间结构有关。因此,不仅要了解各类 RNA 的一级结构,还要了解它们的二级结构、三级结构和与蛋白质形成复合物的四级结构或更高级的结构。

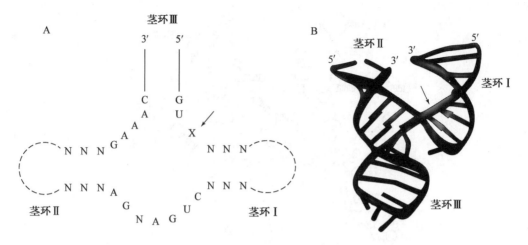

图 11-22　锤头型核酶的结构

A. 锤头核酶的二级结构；B. 锤头核酶的三级结构

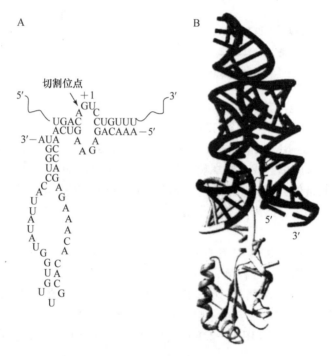

图 11-23　发夹型核酶的结构

A. 发夹核酶与底物的二级结构；B. 发夹核酶的三级结构

（三）RNA 表达遗传信息

DNA 将遗传信息由亲代传递给子代；在子代 RNA 使遗传信息得以表达。RNA 是单链分子，并能折叠成特殊的空间结构，这就使 RNA 既能像 DNA 那样编码和贮存遗传信息，又能像蛋白质那样具有催化和调节功能。RNA 能够转录和加工遗传信息，控制蛋白质合成，并在细胞内执行各种功能。基因对表型的影响是通过基因产物来实现的，基因产物包括蛋白质和 RNA 两类，而前者也是在后者控制下合成的，故而 RNA 对表型有专一效应。

转录水平的调节使得细胞在不同环境和时空条件下，表达不同基因编码的信息。转录是一个传真的过程，初级转录物（primary transcript）RNA 与被转录 DNA 的序列基本一致。RNA 在转录后常常要经过一系列的加工才成为成熟的、有功能的 RNA。一般性加工（general processing），包括切割（cutting）、修剪（trimming）、添加（appending）、修饰（modification）和异构化（isomerization），不改变 RNA 的编码序列，是一

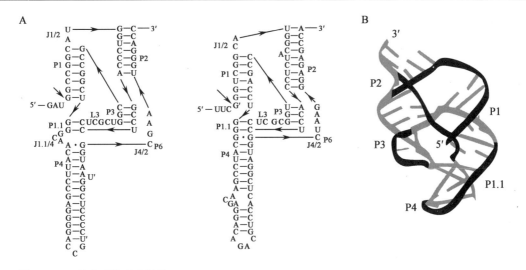

图 11-24　斧头型核酶的结构

A. HDV 基因组和反基因组斧头核酶的二级结构；B. 斧头核酶的二级结构

个抽提有效信息的过程。选择性加工(alternative processing)改变编码序列,包括剪接(splicing)、编辑(editing)和再编码(recoding),则改变了携带的遗传信息。不同的加工可以得到不同的表达产物,因此基因的表达有赖于 RNA 的解读(reading)。加工需要有催化功能的 RNA(核酶)作用,或在 RNA 指导下经酶作用。总之,如果说 DNA 是遗传信息的储存器,RNA 则是遗传信息的处理和显示器。

RNA 的功能多种多样。它合成蛋白质、加工遗传信息、调节基因表达、组装染色体以及构成某些病毒的基因组,几乎参与细胞的一切生命活动。

1. RNA 参与蛋白质的合成

早在 20 世纪 40 年代,细胞化学研究证明,在生长和分泌细胞中,蛋白质合成旺盛,RNA 含量也丰富,于是推测 RNA 的功能可能是参与蛋白质合成。20 世纪 50 年代中期,P. Zamecnik 实验室用放射性同位素 ^{14}C 标记氨基酸,然后在大鼠肝匀浆或其他生物材料制成的无细胞系统(cell-free systems)中追踪 ^{14}C-氨基酸掺入蛋白质的过程,发现氨基酸在酶催化下被 ATP 激活,之后连到一种可溶性 RNA(soluble RNA,sRNA)上,并被带到微粒体(microsome),进入蛋白质中。所谓微粒体即是内质网的碎片,其中含有核糖核蛋白颗粒(ribonucleoprotein particle)。其时,Crick 认为将核酸语言(由核苷酸编码)转变为蛋白质语言(由氨基酸编码)需要一种转接器(adapter)。1958 年,按 sRNA 的功能将其称为转移 RNA(transfer RNA,tRNA),后来证实此 RNA 即相当于 Crick 的转接器。当年还将核糖核蛋白颗粒称为核糖体(ribosome),知道核糖体是蛋白质合成的场所。曾经以为核糖体 RNA(ribosomal RNA,rRNA)是蛋白质合成的模板,但随后发现 rRNA 碱基组成与 DNA 不一致,而且代谢稳定,与作为模板的要求不符。当噬菌体 T_2 感染大肠杆菌后,在宿主细胞内产生一类 RNA,其碱基组成与噬菌体 T_2 DNA 一致,并且代谢不稳定,实际上正常细胞内也有这类代谢不稳定的 RNA。1961 年 J. Monod 和 F. Jacob 将这类 RNA 命名为信使 RNA(messenger RNA,mRNA),它才是合成蛋白质的模板。

现在知道,三类 RNA 控制着蛋白质的合成。tRNA 是转接器,或者说是翻译者(transtator),它携带活化的氨基酸到核糖体上,由其反密码子识别 mRNA 的密码子,起翻译作用。rRNA 是装配者(assembler),它与数十种蛋白质组成核糖体,使 mRNA 和 tRNA 在其上正确定位,并催化肽键的合成。mRNA 起指导者(instructor)作用,它从 DNA 处获得遗传信息,作为蛋白质合成的模板,决定蛋白质的氨基酸序列。RNA 通过合成蛋白质使遗传信息得以表达。

2. RNA 具有催化功能

长期以来一直以为 RNA 的功能只是参与蛋白质合成。1958 年 Crick 在其著名的论文"论蛋白质的合成"中详细阐述了分子生物学的"中心法则"。在分子生物学早期,对于贮存于 DNA 分子内的遗传信息如何得以复制,如何传递给蛋白质,以及对 DNA 和 RNA 碱基序列与蛋白质氨基酸序列之间线性关系的理解,"中心法则"起了积极的促进作用;然而,"中心法则"将遗传信息的表达看作犹如录放机的播放过程,以为是不变的,不了解 RNA 在解读遗传信息过程的加工和调节作用,"中心法则"束缚了对 RNA 功能多样性的认识。直到上世纪 80 年代这种看法才开始发生改变。

1982 年 Cech 证明,四膜虫 rRNA 前体(pre-rRNA)的剪接(splicing)由类型 I 内含子 RNA 自我催化完成。次年 Altman 证明大肠杆菌 RNase P 剪切(cleavage)tRNA 前体(pre-tRNA)可由其 RNA(M1 RNA)单独完成。由此证明,某些 RNA 具有催化功能,称为核酶。RNA 可催化多种反应,包括 RNA 底物中磷酸二酯键的转移、水解和连接,DNA 的水解,肽键和酰胺键的转移和水解,NADH 的氧化还原和 $1,4-\alpha$-葡聚糖的分支反应等。其中以蛋白质合成的转肽反应和 RNA 信息加工的剪切和剪接反应最为重要。

小型核酶家族,如锤头核酶、发夹核酶、HDV 假结核酶和链孢霉 VS 核酶,可在特异位点催化核酸降解(nucleolysis),以切除多余序列。在自然界上述核酶多用于病毒、类病毒和卫星 RNA 复制时形成的基因组串联体的自我剪切。如将核酶分离出来也可用于降解靶 RNA,因此用途很多。它们有类似的作用机制,当底物 RNA 链与核酶结合时,剪切处的 2′-羟基对磷酸二酯键的磷原子发动亲核攻击,形成 2′,3′-环磷酸酯和 5′-羟基,反应式如下:

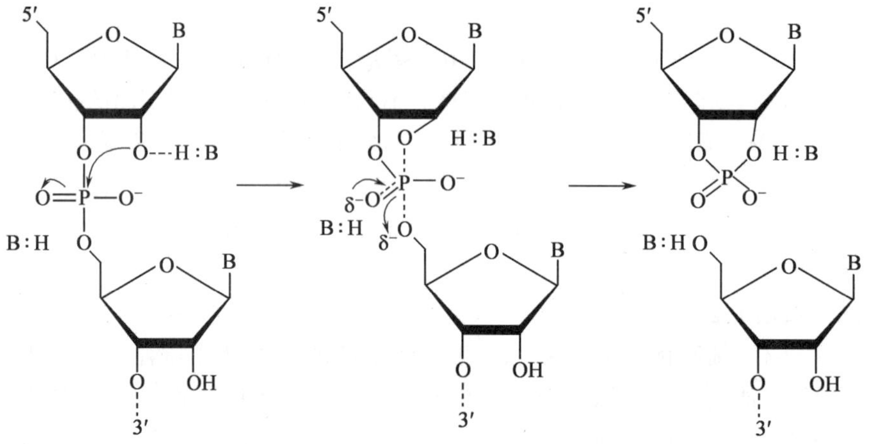

在该反应中磷酸二酯键并未被水解,反应是可逆的;但是 VS 核酶与底物仅在剪切点一侧结合,底物另一侧是游离的,因此反应不可逆。RNase P 的 M1 RNA 分子较大,对 Pre-tRNA 的剪切为水解反应(hydrolysis),不形成环磷酸酯,产物为带 5′-磷酸基的 tRNA。

真核生物的基因多数是断裂的(interupted),其内含子需在转录后 RNA 加工水平上通过剪接切除。RNA 剪接共有 4 种方式:类型 I 自我剪接、类型 II 自我剪接、剪接体(spliceosome)的剪接和核 tRNA 的酶促剪接。类型 I 内含子核酶催化的剪接过程包括两次转酯反应:先由游离的鸟苷酸或鸟苷提供 3′-羟基,内含子的 5′-磷酸基转移其上;然后由第一个外显子产生的 3′-羟基攻击第二个外显子的 5′-磷酸基,两个外显子得以连接,内含子则被切除。类型 II 内含子核酶催化的剪接过程也包括两次转酯反应,但由靠近 3′ 剪接点的内含子腺苷酸提供 2′-羟基。剪接体含有类似类型 II 的核酶,剪接过程与类型 II 自我剪接类似。

RNA 转录后加工是一个抽提信息或重新组合信息的过程,需要识别 RNA 的序列和高级结构,十分复杂,单靠酶难以完成,因此或由核酶来完成,或由核酶在蛋白质辅助下完成,或在 RNA 指导下由酶来完成。真核生物细胞内存在许多小 RNA 起着加工的指导作用,如核内小 RNA(small nuclear RNA,snRNA)指导 mRNA 前体的剪接,核仁小 RNA(small nucleolar RNA,snoRNA)指导 rRNA 前体的剪接,以及 RNA 编辑(RNA editing)中的指导 RNA(guide RNA,gRNA)等。

3. RNA 对基因表达的调节作用

基因表达有赖于 RNA 对遗传信息的解读,在表达的各个阶段都存在调节(regulation)和控制(control),RNA 在其中起着重要的作用。RNA 作为调节物(regulator)能够识别 DNA 和 mRNA 的序列或结构,从而在转录和翻译水平上调节和控制基因表达。控制是指靶位点被调节物关闭(阻遏)或打开(激活),相关表达过程得以在一定范围内进行。一些基因含有相同或类似的靶位点,可以被同一调节物协同控制。调节是指调节物对基因表达过程量的调整。调节物本身也可被调节和控制,有时受一些可反映环境条件的小分子所调节和控制,或被另一些调节物所调节和控制,由此构成调控网络。

早在上世纪中期即有一些科学家推测 RNA 在基因表达过程中起调节控制作用。但直到 1983 年由 T. Mizuno 等以及 R. Simons 等分别在大肠杆菌中发现反义 RNA(antisense RNA),才开始了解其调节的具体过程。Mizuno 等人从大肠杆菌中分离出一种 RNA(174 个核苷酸),与低渗外膜蛋白 Omp F 的 mRNA 5′端序列互补,可与之结合而使其失去翻译活性。Simons 等证明,大肠杆菌转座子 Tn10 在合成转座酶 mRNA 的同时还合成出一条与其 5′端序列互补的小 RNA,可抑制 mRNA 的活性,从而使转座酶维持在一定的水平,避免转座频率过高而导致宿主死亡。他们将这类 RNA 称为干扰 mRNA 的互补 RNA(mRNA-interfering Complementary RNA,micRNA)。其后知道利用反义链进行调节的现象在原核生物和真核生物中均十分普遍。

细菌存在数百个编码调节 RNA(regulatory RNA)的基因,这些调节 RNA 长度在 50～200 个核苷酸之间,统称之为小 RNA(small RNA,sRNA)。sRNA 通常与靶基因转录物部分互补,因此属于反义 RNA。它们在不同水平上(转录、加工和翻译)或影响许多基因的表达,或只影响一个基因的表达;主要通过 RNA-RNA 的相互作用,使靶 RNA 失活或被降解。大肠杆菌在氧胁迫(oxydative stress)下的反应是研究此类控制系统的一个很好例子。S. Altuvia 等发现大肠杆菌可被过氧化氢诱导产生一种小 RNA,称为 oxyS RNA,109 个核苷酸,不编码蛋白质,能抗氧的毒害和抗诱变。实际过程极为复杂,过氧化氢活化转录激活蛋白 OxyR,该激活蛋白促进多个基因转录,其中包括 oxyS RNA。而后者可以激活或阻遏数十个基因表达,并有多种蛋白质因子和 RNA 调节物参与协同调节。

RNA 干扰(RNA interference,RNAi)现象最初是在秀丽新小杆线虫(Caenorhabditis elegans)中发现的。1998 年 A. Fire、C. Mello 及其同事在用反义 RNA 抑制线虫控制胚胎极性基因的表达时发现,双链 RNA 比有义 RNA(sense RNA)或反义 RNA(antisense RNA)更为有效,他们将此双链 RNA 引起特异序列基因沉默的现象称为 RNA 干扰。dsRNA 通过注射、喂饲或浸泡即可干扰线虫有关基因的表达,少量 dsRNA 进入细胞可引发系统(全身)反应,并且还能传递给后一代。随后证实 RNA 干扰广泛存在于各类真核生物中。其实,早在 1990 年 R. Jorgensen 和他的同事将色素基因导入矮牵牛花,结果花的紫色反而被抑制,这表明不仅外源基因本身失活,还可使体内同源基因也受抑制,他们称此现象为共抑制(cosuppression)。与此同时,一些实验室发现 RNA 病毒能诱导同源基因沉默,植物还能借助类似共抑制的机制识别和降解病毒 RNA。在链孢霉中也发现外源基因引起沉默的现象,曾称为基因遏制。无论是外源基因的导入,或是病毒 RNA 的入侵,均能产生 dsRNA,因此基因共抑制和遏制与 RNA 干扰并无本质差别。由于 Fire 和 Mello 最早明确提出 RNA 干扰,故而他们共同获得了 2006 年诺贝尔生理学或医学奖。

现在知道,RNA 干扰是生物机体演化产生用以对付外源基因入侵、某些转座子和高度重复序列的转录或内源异常 RNA 生成的一种重要机制。上述情况都可能会产生双链 RNA。RNA 内切酶 Dicer 是一种类似细菌 RNase Ⅲ 的酶,它可识别和剪切长的 dsRNA,产生 21～25 个核苷酸长的短双链 RNA,即短的干扰 RNA(short interfering RNA,siRNA)。siRNA 可通过多条途径抑制同源基因的表达:它可促使含有互补序列的 mRNA 降解;以多种方式抑制 mRNA 的翻译;或者在启动子处诱导染色质修饰使基因沉默。无论通过何种途径,siRNA 在发挥其作用时都需要与有关蛋白质一起形成 RNA 诱导的沉默复合物(RNA-induced silencing complex,RISC)。在此复合物中,由水解 ATP 提供能量使双链 siRNA 解开,并促使单链 siRNA 与其互补的 mRNA 配对。结果或使靶 mRNA 降解,或使其翻译受抑制,可能取决于 siRNA 与靶 mRNA 之间的匹配关系。如果两者完全互补,后者被降解;若两者并不完全互补,则主要是翻译受抑制。靶 mRNA 的降解由 RISC 的核酸酶来完成。RISC 还能进入核内,由 siRNA 与其互补的基因组序列配对。当复合物结合到染色质上时,即能招募与染色质修饰有关的蛋白质聚集在基因的启动子处,使染色质修饰并改变结构,导致基因转录沉默。RNAi 的效率很高,极微量的 siRNA 可以使靶基因完全关闭。因此推测它可借助依赖 RNA 的 RNA 聚合酶(RNA-dependent RNA polymerase,RdRp)获得扩增。值得指出的是,当给予 mRNA 某一区段特异的 siRNA 时,还能产生该区段邻近序列的 siRNA。这就表明 siRNA 与 mRNA 配对可以发生 RNA 复制,从而二次产生 siRNA。事实上某些 RNAi 还能由亲代传递给子代。

尤为引人注目的是,从线虫中先后发现控制发育时序的小分子 RNA lin-4 和 let-7,称为小分子时序 RNA(small temporal RNA,stRNA);前者长 22 个核苷酸,后者为 21 个核苷酸。它们与控制发育程序的蛋白质 mRNA 3′非编码区互补,可抑制其翻译功能。后来陆续发多种与 lin-4 和 let-7 类似的 RNA,大小在 22 核苷酸左右,广泛存在于所研究的各类生物中,被称为微(小)RNA(microRNA,miRNA)。目前已有数以千计存在于线虫、果蝇、哺乳动物、人、水稻、拟南芥等真核生物的 miRNA 被报导。miRNA 与 siRNA 有许多相似之处,如长度均为 20 多个核苷酸,都由 Dicer 酶加工产生,都与蛋白质形成复合物以影响基因活性。但与 siRNA 不同,miRNA 由其基因转录产生大的前体 RNA,自身回折形成双链,先经内切酶 Drosha 切断,再由 Dicer 酶不对称剪切成小片段,然后解开形成单链分子,主要在转录后和翻译水平起调节作用。人类大约有上千个 miRNA 基因,或分布在编码基因的内含子中,或在基因间隔区。miRNA 的发现极大丰富了对于 RNA 在基因表达调控中重要性的认识。

上述起调节作用的 RNA 与被调节的靶分子不是同一分子,因此是反式作用(trans-acting);然而,许多 mRNA 自身具有调控其翻译活性的结构,这种顺式作用(cis-acting)的结构称为 RNA 开关(RNA switch),简称核糖开关或核开关(riboswitch)。核开关在原核生物和真核生物的一些 mRNA 中都有,但对原核生物更重要,因为真核生物还存在许多其他的调控方式。2002 年 R. R. Breaker 发现大肠杆菌编码维生素 B1 的辅酶(TPP)生物合成相关酶的 mRNA 可以通过感受 TPP 含量来调节其活性,TPP 含量高时酶的生成就受阻遏。与核酶类似,核开关也由一些 RNA 茎环结构所组成,某些小分子代谢物可以结合其上,从而影响 mRNA 的结构和功能。核开关可以位于 mRNA 的 5′非翻译区,也可以在 3′非翻译区,或在 mRNA 前体的内含子处。其作用可以发生在转录水平,或是提前转录终止,或是改变剪接方式;也可以发生在翻译水平,或是阻遏,或是激活。有些核开关本身是一种核酶,在小分子代谢物激活下 mRNA 被自身核开关的核酶所降解。

过去总以为 RNA 转录后加工切下的小片段是无用的下脚料,现在却发现它们也可能成为调节 RNA 或具有其他特殊功能的 RNA。总之,凡具有某种特定功能的 RNA 统称功能 RNA(functional RNA,fRNA)。其中,mRNA 编码合成蛋白质的信息;其余的 RNA 则为非编码 RNA(noncoding RNA,ncRNA),如长度超过 200 个核苷酸则为长非编码 RNA(long noncoding RNA,lnc RNA)。过去总以为只有编码基因才能转录,现在却发现人类基因组 90%以上的序列都能转录,而编码序列不到基因组的 2%。如此众多的非编码 RNA 意味着什么? 科学家们正在试图揭开这个奥秘。

4. RNA 对染色体结构的组装作用

在染色体中含有少量 RNA,一些科学家推测这类 RNA 可能在染色体结构的组装中起某种作用。研究显示,细菌染色体 DNA 并非完全散开的,它们在细胞内组装成致密体,称为拟核(nucleoid)。基因组环状双链 DNA 以超螺旋形式存在,其上结合碱性蛋白质和未知 RNA,组成 10~40 kb 的突环结构域。如果破坏 RNA,DNA 即散开,说明 RNA 对形成 DNA 结构域是必要的,详细情况迄今尚不清楚。

真核生物染色体结构十分复杂。基因组线状双链 DNA 与组蛋白形成核小体(nucleosome),具有不同层次的折叠压缩结构,构成常染色质(euchromatin)和异染色质(heterochromatin)两类染色质(chromatin)。异染色质是对碱性染料着色较深,更为浓缩的染色质,大多不能转录。在有丝分裂时,染色质浓缩成染色体(chromosome)。染色体 DNA 的末端为高度重复序列构成的端粒结构,与染色体的复制和稳定有关。端粒酶含有合成端粒 DNA 序列的 RNA 模板,是一种逆转录酶。染色质的异染色质化和染色体的形成都需要某些非编码 RNA 参与。例如,哺乳动物雌性细胞含有两条 X 染色体,在发育早期随机关闭其中一条,便成为异染色质小体,此性分化和剂量补偿效应的起始和维持均由长非编码 RNA 即 Xist RNA 介导。

病毒可看作是游离的染色体。有些病毒的组装需要 RNA 参与作用,如枯草芽孢杆菌噬菌体 φ29,其噬菌体颗粒的组装有赖于组装 RNA(package RNA,pRNA)。由 6 个 pRNA 聚合形成六聚体圆环,位于噬菌体衣壳前体的入口处,该圆环裹住 DNA,通过旋转将 DNA 送入衣壳内,旋转所需能量由水解 ATP 供给。因此 pRNA 同时也是一种分子马达。

5. RNA 的表型效应

生物亲代通过 DNA 复制将遗传信息传递给子代,在子代通过 RNA 转录和蛋白质翻译使遗传信息得以表达。20 世纪后期开始与 20 世纪中期对基因表达的看法有较大的不同:① 20 世纪中期认为所有表达性状(表型)都是通过蛋白质产生的,而 20 世纪 80 年代后才认识到 RNA 参与细胞各种功能,性状是由 RNA 和蛋白质共同产生的。② 20 世纪中期认为 RNA 仅起着将遗传信息由 DNA 传给蛋白质的中介作用,80 年代后才认识到 RNA 可根据内外条件的改变重新组合遗传信息;蛋白质虽然在加工中能切成有活性的多肽,而蛋白质的剪接和修饰只和活性有关,不能重新组合信息。③ 21 世纪初期,人类基因组测序获得令人吃惊的结果:人类的编码基因数目不到 30 000,外显子(编码序列)仅占基因组 1%;然而转录组学的研究结果更令人吃惊:基因组 90% 的序列都能被转录。这就是说,RNA 携带基因组 90% 的信息,而蛋白质只携带基因组 1% 的信息,似乎表明生物机体的时空调节信息远大于结构信息。所谓表型是指基因型在一定环境条件下表现的性状,也就是说表型是基因表达的结果,表达受 RNA 和蛋白质调节物的调节,并受环境影响,其中选择性主要取决于 RNA。

生物体内 DNA 和 RNA 的合成需要蛋白质的酶活性催化,而蛋白质的合成又需要核酸的指令,那么生命起源的初期先出现核酸还是先出现蛋白质?这个问题类似"先有鸡还是先有蛋"。1982 年 Cech 证明 RNA 具有催化功能,称之为核酶。既然 RNA 能像 DNA 一样携带和复制遗传信息,又能像蛋白质一样催化生化反应,可以设想最早出现的生命物质是 RNA,而不是 DNA 或蛋白质。因而 W. Gilbert 于 1986 年提出"RNA 世界(RNA World)"的假说,认为生命起源于"RNA 世界",后来才分化产生"蛋白质世界"和"DNA 世界"。这一假说显得十分合理,因此提出不久便被广泛接受。从"RNA 世界"到"三驾马车"(DNA、RNA 和蛋白质)的复杂系统,RNA 将复制功能转给 DNA,将大部分生理功能转给蛋白质,而自身始终掌控着表达过程的信息处理。一切生命活动取决于 DNA、RNA 和蛋白质三者的相互作用,但三者的作用还是有区别的,遗传信息的解读主要靠 RNA,蛋白质只起辅助作用。

提 要

1868 年 Miescher 发现核素(相当于 DNA)。RNA 的研究开始于 19 世纪末,1894 年 Hammarsten 证明酵母核酸中的糖是戊糖。Levene 曾对核酸化学结构和核酸中糖的鉴定作出重要贡献,但他的"四核苷酸假说"严重阻碍了核酸研究。直到 20 世纪 40 年代,新的核酸研究技术证明 DNA 和 RNA 都是细胞重要组成,并且是特异的大分子。Chargaff 等揭示了 DNA 的碱基配对规律。Watson 和 Crick 在前人工作基础上于 1953 年提出 DNA 双螺旋结构模型,说明基因结构、信息和功能三者间的关系,奠定了分子生物学基础。Crick 提出分子生物学"中心法则"。20 世纪 60 年代 RNA 研究出现高潮,Holley 测定了酵母丙氨酸 tRNA 核苷酸序列,Nirenberg 等破译了遗传密码,三类 RNA 参与蛋白质合成过程也基本弄清。70 年代在 DNA 重组技术和测序技术的带领下,生物技术和生物工程得到迅猛发展。RNA 研究出现第二个高潮,RNA 的催化功能和调节功能相继被发现,冲破了传统观点。人类基因组计划是生物学有史以来最伟大的科学工程。该计划的完成,使生命科学进入后基因组学的时代,各类组学纷纷兴起,生命科学已不再限于对单个因子、单个基因、单个生物分子的研究,而是侧重综合研究,侧重对生物分子间相互识别、相互作用和动态的研究。

核酸有两类:脱氧核糖核酸(DNA)和核糖核酸(RNA)。DNA 是生物主要的遗传物质,分布在原核细胞的核区,真核细胞的核和细胞器以及 DNA 病毒中。DNA 通常是双链分子,环状或线状,线状 DNA(无论单链或双链)的末端常有特殊结构。RNA 种类很多,功能各异,分布在细胞或 RNA 病毒中,通常是单链分子。RNA 或以功能分,或以大小分,或以在细胞中的位置分。有关 RNA 的功能不断有新的发现,RNA 最基本的功能是解读遗传信息。

核酸是一类多聚核苷酸,其基本结构单元是核苷酸。DNA 由 4 种碱基(胞嘧啶、胸腺嘧啶、腺嘌呤和鸟嘌呤)、D-2-脱氧核糖和磷酸所组成;RNA 则由 4 种碱基(胞嘧啶、尿嘧啶、腺嘌呤和鸟嘌呤)、D-核糖和磷酸所组成。在 DNA 和 RNA 中都含有少量修饰碱基和核苷。细胞内还有一些游离的核苷酸、核苷酸衍生物和寡聚物,具有重要的生理功能。

DNA 的一级结构是指其核苷酸序列,一些特别的序列常有其特殊功能。DNA 的二级结构是指其双链、三链和四链螺旋结构。通常 DNA 以双螺旋形式存在,并可呈现不同的构象,A 型和 B 型是右手螺旋,在嘌呤和嘧啶交替出现的区段一定条件下可出现左手螺旋的 Z 型。三股螺旋出现在同型核苷酸链(即同为嘧啶或同为嘌呤)之间,第三股碱基与双螺旋的嘌呤碱形成 Hoogsteen 配对。H 回文结构有助于蛋白质的识别。在染色体 DNA 的着丝粒和端粒处还可见到 G-四链体形成的四股螺旋。从染色体行为、细菌转化和病毒感染中都表明 DNA 是遗传物质。

RNA 的一级结构主要指核苷酸序列,也包括 5'端和 3'端的化学结构及内部修饰。RNA 常以单链形式存在,但可回折形成局部双螺旋的二级结构,在此基础上折叠形成三级结构。RNA 有多种功能,几乎参与细胞所有生命活动。tRNA、rRNA 和 mRNA 参与蛋白质合成。tRNA 携带氨基酸,识别密码子,起翻译的作用。rRNA 与蛋白质组成核糖体引入 mRNA 和 tRNA,催化肽键合成,起装配的作用。mRNA 传递遗信息,给出合成蛋白质的指令,起信使的作用。RNA 具有催化功能,主要作用于合成肽键和加工 RNA。功能RNA 可分为编码 RNA 和非编码 RNA 两类。许多非编码 RNA 都是调节 RNA,如 siRNA、miRNA 和核开关,有些长非编码 RNA 能调节染色质结构和活性。有些 RNA 在染色体组装中起重要作用。RNA 对表型有选择专一性效应。

习 题

1. Miescher 的发现有何意义?

2. 为什么早期核酸研究进展比蛋白质研究缓慢?

3. Watson 和 Crick 提出 DNA 双螺旋结构模型的背景和依据是什么?

4. 为什么说 Watson 和 Crick 提出 DNA 双螺旋结构模型是 20 世纪最伟大的科学成就之一?

5. 什么是"中心法则"? 如何看待这一"法则"提出的意义和局限性?

6. 什么是 DNA 重组技术? 为什么说它的兴起导致分子生物学第二次革命?

7. 试述 20 世纪后半世纪 RNA 研究的两次高潮。主要成就是什么? 有何深远意义?

8. 为什么人类基因组计划提出之初会有很大争议? 它有何重大意义?

9. 为什么说生命科学已进入后基因组时代? 它的意思是什么?

10. 当前有哪些最重要的组学? 它们主要的研究领域是什么?

11. 生物化学与分子生物学、系统生物学和生物信息学有何关系?

12. 试分析还原论观点对生物化学与分子生物学的影响。

13. DNA 和 RNA 在化学组成和结构上有何差别? 这些差别与其功能有何关系?

14. 游离核苷酸、核苷衍生物和多聚物有何生物功能? 推测这类物质在生命起源中可能的作用?

15. 核酸中主要含有哪些稀有碱基和核苷? 有何生物学意义?

16. 已经揭示的人类基因组结构有何特点?

17. 何谓正向重复? 何谓反向重复? 何谓镜像重复?

18. DNA 双螺旋结构模型有哪些基本要点? 这些特点能够解释哪些基本生命现象?

19. DNA 晶体结构研究对 Watson 和 Crick 模型有何修正? 比较 A-DNA、B-DNA 和 Z-DNA 的主要特征。它们存在的条件是什么?

20. 何谓 Hppgsteen 碱基对? 它与 Watson-Crick 碱基对有何不同?

21. H-DNA 存在的条件是什么? 有何生物学意义?

22. 何谓 G-四链体? 它的存在与链的走向有何关系?

23. 当 cccDNA 结合溴化乙锭、补骨脂素和放线菌素等嵌合物时,碱基对间每插入一个嵌合分子将使 DNA 螺旋减少 26°,即 $\Delta\beta$ 为 -0.072,现有一种 5.2 kb 的质粒,超螺旋密度(σ)为 -0.05,当其结合嵌合分子后 σ 由 -0.05 变为 $+0.015$。问每一质粒结合多少分子嵌合物?

24. 何谓遗传物质? 如何证明 DNA 是遗传物质?

25. 细胞具有恒定量的 DNA 说明什么? 生殖细胞(精子和卵)的 DNA 量只有体细胞的一半,其 A+T/G+C 的比值是否和体细胞一样？ A = T、G = C 的关系是否仍存在？

26. DNA 的信息量与复杂度有何关系？当 DNA 的量增加一倍时信息量增加多少？

27. RNA 主要有哪些种类？比较其结构与功能的特点。

28. 试分析 RNA 三级结构的作用力。

29. 参与蛋白质合成的 RNA 有哪些种类？它们各起何作用？

30. 核酶有哪几种类型？它们各自催化什么反应？

31. 何谓非编码 RNA？非编码 RNA、调节 RNA 和指导 RNA 这三个术语间有何关联？

32. RNA 在染色体组装中起何作用？

33. RNA 和蛋白质在解读遗传信息中各起什么作用？

34. 如何看待 RNA 携带遗传信息远比蛋白质为多？

主要参考书目

1. 王镜岩,朱圣庚,徐长法. 生物化学教程. 北京:高等教育出版社,2008.

2. Chargaff E,Davidson J N. The Nucleic Acids. New York:Academic Press,1955.

3. Nelson D L,Cox M M. Lehninger Principles of Biochemistry. 6th ed. New York:W. H. Freeman,2012.

4. Berg J,Tymoczko J,Stryer L. Biochemistry. 7th ed. New York:W. H. Freeman, 2010.

5. Krebs J E,Kilpatrick S T,Goldstein E S. Lewin's Genes XI. Boston:Jones and Bartlett Publishers,2013.

6. Watson J D,et al. Molecular Biology of the Gene. 7th ed. San Francisco:Pearson Education,2013.

（朱圣庚）

网上资源

📖 习题答案　　✎ 自测题

第12章 核酸的物理化学
性质和研究方法

核酸的化学和大分子结构决定其物理化学性质,而许多核酸研究方法又与其物理化学性质有关。核酸的糖苷键和磷酸二酯键可被水解。核酸含有磷酸基和碱基,因此表现出酸碱性质。核酸的紫外吸收特性是因其所含碱基引起的。核酸的变性、复性和杂交均与其双螺旋结构密切相关。核酸的研究方法很多,这里仅结合核酸的化学结构和物化性质介绍核酸的水解、酸碱性质、紫外吸收、变性、分离、测序、合成和微阵等技术。有关 DNA 重组等基因操作技术有专门章节介绍。

一、核酸的水解

核酸嘌呤碱的 N9 和嘧啶碱的 N1 与戊糖的 C1 形成 N-糖苷键。有两种戊糖(核糖和脱氧核糖),所以可以形成 4 种糖苷,即嘌呤核苷、嘌呤脱氧核苷、嘧啶核苷、嘧啶脱氧核苷。磷酸基与两种糖分别形成核糖磷酸酯和脱氧核糖磷酸酯。所有这些糖苷键和磷酸酯键都能被酸、碱和酶水解。

（一） 酸水解

糖苷键和磷酸酯键都能被酸水解,但糖苷键比磷酸酯键更易被酸水解。嘌呤碱的糖苷键比嘧啶碱的糖苷键对酸更不稳定。对酸最不稳定的是嘌呤与脱氧核糖之间的糖苷键。因此 DNA 在 pH 1.6 于 37 ℃对水透析即可完全除去嘌呤碱,而成为无嘌呤酸(apurinic acid);如在 pH 2.8 于 100 ℃加热 1 h,也可完全除去嘌呤碱。

为了水解嘧啶糖苷键,常需要较高的温度。用甲酸(98%~100%)密封加热至 175 ℃持续 2 h,无论 RNA 或 DNA 都可以完全水解,产生嘌呤和嘧啶碱,缺点是尿嘧啶的回收率较低。改用三氟乙酸在 155 ℃加热 60 min(水解 DNA)或 80 min(水解 RNA),嘧啶碱的回收率显著提高。

（二） 碱水解

RNA 的磷酸酯键易被碱水解,产生核苷酸;DNA 的磷酸酯键则不易被碱水解。这是因为 RNA 的核糖上有 2′-OH 基,在碱作用下形成磷酸三酯,磷酸三酯极不稳定,随即水解产生核苷 2′,3′-环磷酸酯。该环磷酸酯继续水解产生 2′-核苷酸和 3′-核苷酸。DNA 的脱氧核糖无 2′-OH 基,不能形成碱水解的中间产物,故对碱有一定抗性。RNA 被碱水解的过程如下:

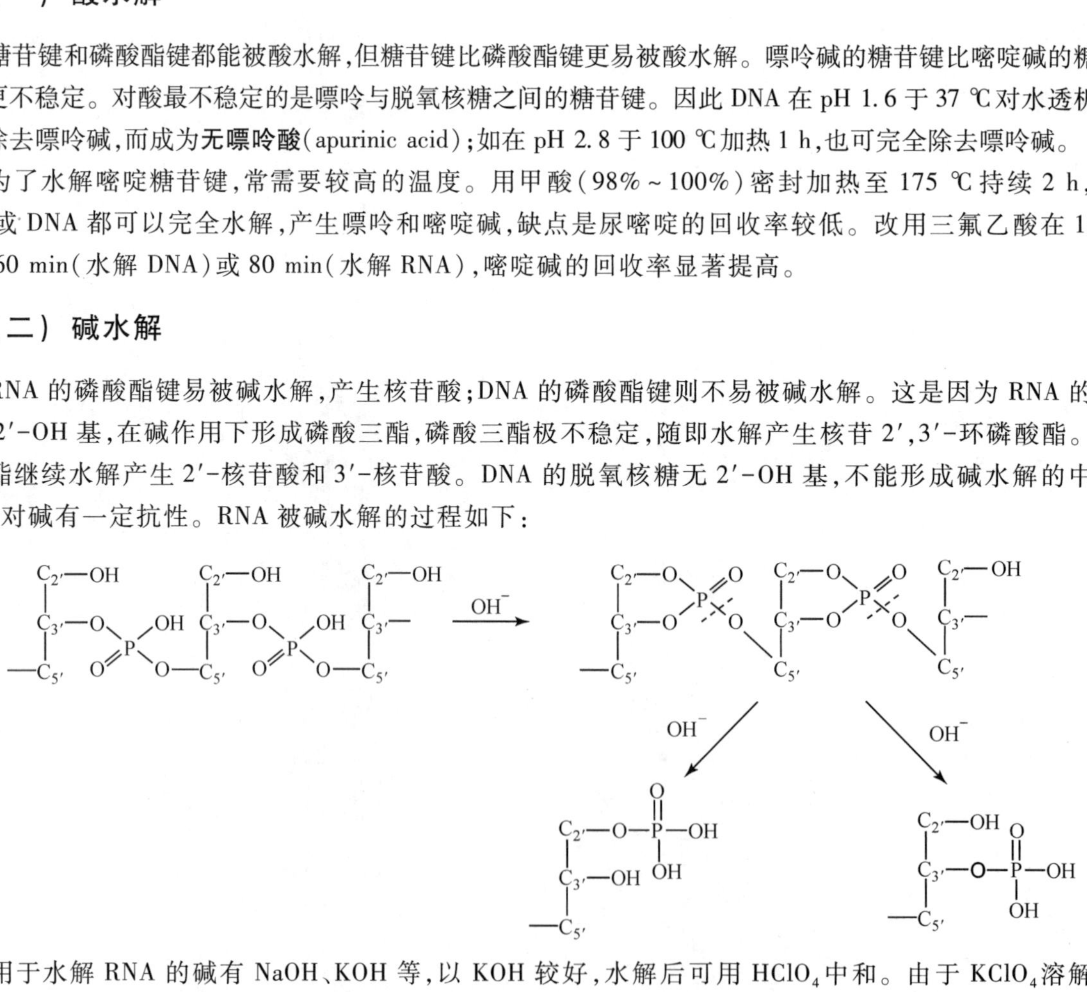

用于水解 RNA 的碱有 NaOH、KOH 等,以 KOH 较好,水解后可用 HClO₄ 中和。由于 KClO₄ 溶解度较

小,溶液中大部分 K⁺ 即被除去。碱浓度一般为 0.3~1 mol/L,在室温至 37 ℃下水解 18~24 h 就可完毕。如采用较高温度,则时间应缩短。在上述条件下水解 RNA 的产物为 2′- 和 3′- 单核苷酸,但也可能有少量核苷、2′,5′- 和 3′,5′- 核苷二磷酸。DNA 一般对碱稳定,如在 1 mol/L NaOH 中加热至 100 ℃ 4 h,可以得到小分子的寡聚脱氧核苷酸。

(三) 酶水解

水解核酸的酶种类很多。非特异性水解磷酸二酯键的酶为**磷酸二酯酶**(phosphodiesterase),例如前述蛇毒磷酸二酯酶和牛脾磷酸二酯酶。专一水解核酸的磷酸二酯酶称为**核酸酶**(nuclease)。核酸酶又可分**核糖核酸酶**(ribonuclease,RNase),**脱氧核糖核酸酶**(deoxyribonuclease,DNase);**内切核酸酶**(endonuclease),**外切核酸酶**(exonuclease);3′→5′外切核酸酶,5′→3′外切核酸酶等。有些核酸酶的特异性很高,例如,限制性内切核酸酶能识别和切割 DNA 的特异序列,是 DNA 重组技术的重要工具酶。核糖核酸酶通常不能识别 RNA 的序列;特异的 RNase 可以识别 RNA 的空间结构,在 RNA 的特定位点进行切割,并且常需要小 RNA(small RNA,sRNA)的指导。

核酸的 N-糖苷键可以被各种非特异 N-糖苷酶水解,有些 N-糖苷酶对碱基有特异性。

二、核酸的酸碱性质

核酸的碱基、核苷和核苷酸均能发生质子解离,核酸的酸碱性质与此有关。

(一) 碱基的解离

由于嘧啶和嘌呤化合物杂环中的氮以及各取代基具有结合和释放质子的能力,所以这些化合物既能碱性解离又能酸性解离。胞嘧啶环所含氮原子上有一对未共用电子,可与质子结合,使 =N— 转变成带正电的 =N⁺H— 基团。此外,胞嘧啶上的烯醇式羟基与酚基很相像,具有释放质子的能力,呈酸性。因此,在水溶液中,胞嘧啶的中性分子、阳离子和阴离子之间,具有一定的平衡关系:

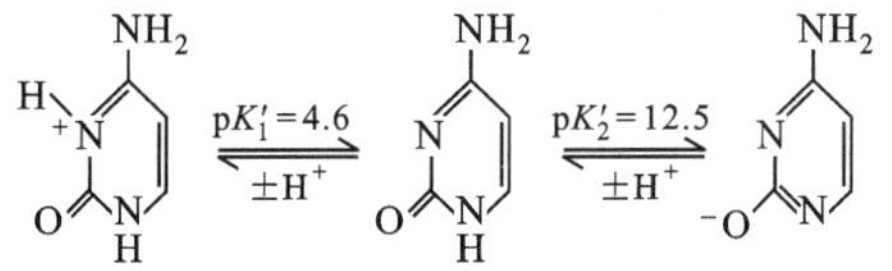

过去一直以为 pH 4.6 的解离与胞嘧啶的氨基有关。其实氨基在嘧啶碱中所呈的碱性极弱,这是因为嘧啶环与苯环相似,具有吸引电子的能力,使得氨基氮原子上的未共用电子对不易与氢离子结合。氢离子主要是与环中第三位上的氮原子(用 N3 表示)相结合。

尿嘧啶及胸腺嘧啶环上无氨基,N3 酸性解离的 pK_1' 分别为 9.5 与 9.9。

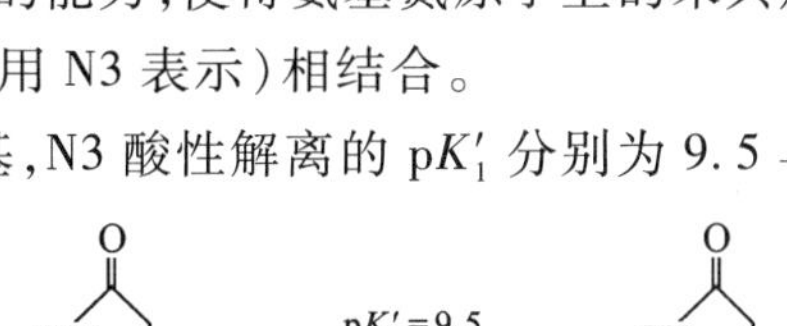

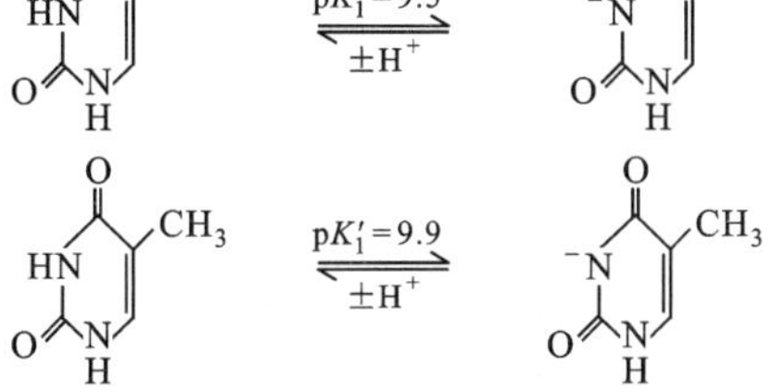

腺嘌呤中,质子结合于 N1 上,其 pK_1' = 4.15。pH 9.8 的解离在咪唑环的 —NH— 基上发生,在它的核苷及核苷酸中,由于 N9 上形成了糖苷键,所以没有 pH=9.8 的解离。

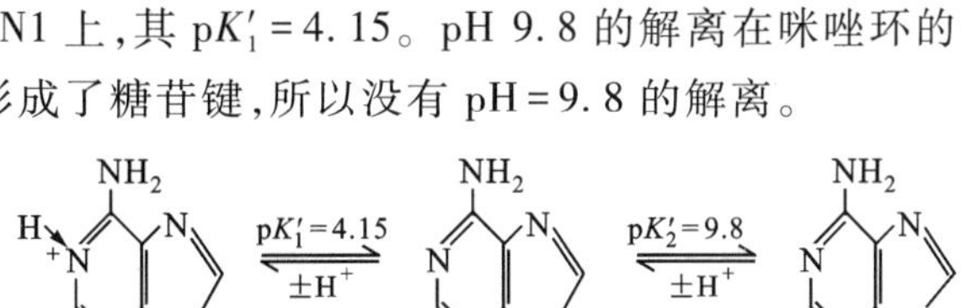

鸟嘌呤和次黄嘌呤中,质子则结合于 N7 上。以鸟嘌呤为例,N7 上的解离 $pK_1' = 3.2$。N1 上的解离,$pK_2' = 9.6$。咪唑环 N9 上的解离 $pK_3' = 12.4$。鸟嘌呤咪唑环上的 pK' 如此之大,可能是受到环上烯醇式羟基的影响所致。

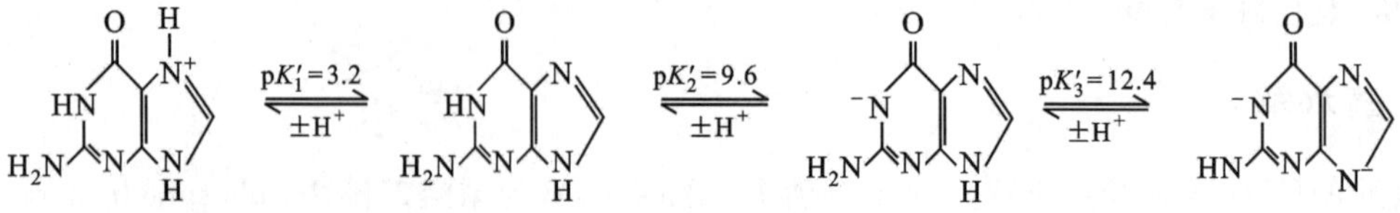

(二) 核苷的解离

由于戊糖的存在,核苷中碱基的解离受到一定的影响,例如,腺嘌呤环的 pK_1' 原为 4.15,在核苷中则降至 3.45。胞嘧啶 pK_1' 为 4.6,胞嘧啶核苷中则降至 4.22。pK' 的下降说明糖的存在增强了碱基酸性解离。核糖中的羟基也可以发生解离,其 pK_1' 通常在 12 以上,所以一般不去考虑它。

(三) 核苷酸的解离

由于磷酸基的存在,使核苷酸具有较强的酸性。在核苷酸中,碱基部分的 pK' 与核苷的相似,额外两个解离常数是由磷酸基引起的。这两个解离常数分别为 $pK_1' = 0.7 \sim 1.6$,$pK_2' = 5.9 \sim 6.5$(表 12-1)。

表 12-1   某些碱基、核苷和核苷酸的解离常数

碱基种类	碱基的 pK'	核苷的 pK'	核苷酸的 pK'
腺嘌呤	4.15, 9.8	3.45, 12.5[①]	0.9, 3.8, 6.2
鸟嘌呤	3.2, 9.6, 12.4	1.6, 9.2, 12.4[①]	0.7, 2.4, 6.1, 9.4
胞嘧啶	4.6, 12.2	4.22, 12.3[①], 12.5	0.8, 4.5, 6.3
尿嘧啶	9.5	9.2, 12.5[①]	1.0, 6.4, 9.5
胸腺嘧啶[②]	9.9	9.8, >13[①]	1.6, 6.5, 10.0

[①] 戊糖羟基的 pK';[②] 其核苷和核苷酸中的戊糖为脱氧核糖。

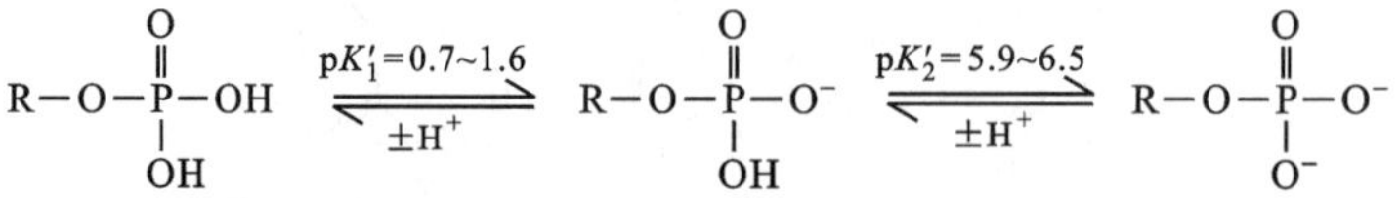

但是在多核苷酸中,除了末端磷酸基外,磷酸二酯键中的磷酸基只有一个解离常数,$pK_1' = 1.5$。

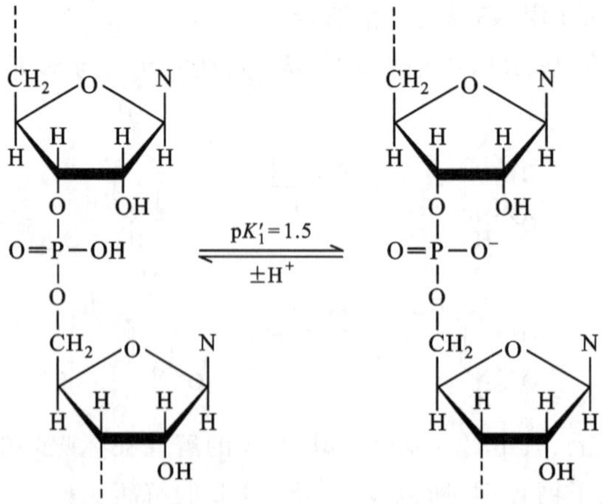

综上所述,由于核苷酸含有磷酸基与碱基,为两性电解质,它们在不同 pH 的溶液中解离程度不同,在一定条件下可形成**兼性离子**。图 12-1 为 4 种核苷酸的解离曲线。在腺苷酸、鸟苷酸、胞苷酸中,pK_1' 是由于第一磷酸基——PO_3H_2 的解离,pK_2' 是由于含氮环——N^+H——的解离,而 pK_3' 则是由于第二磷酸基——

PO_3H^- 的解离。从核苷酸的解离曲线可以看出,在第一磷酸基和含氮环解离曲线的交叉处,带负电荷的磷酸基正好与带正电荷的含氮环数目相等,这时的 pH 即为此核苷酸的**等电点**。核苷酸的等电点(pI)可以按下式计算:

$$pI = \frac{pK_1' + pK_2'}{2}$$

处在等电点时,上述核苷酸主要呈兼性离子存在。当溶液 pH 小于 pI 值时,核苷酸的—PO_3H^-基即开始与 H^+结合成—PO_3H_2,因此═N^+H—数量比—PO_3H^-数量为多,核苷酸带正电荷。反之,当溶液的 pH 大于 pI 值时,═N^+H—上的 H^+解离下来,核苷酸即带负电荷。尿苷酸的碱基碱性极弱,实际上测不出其含氮环的解离曲线,故不能形成兼性离子。

核苷酸中磷酸基在糖环上的位置对其 pK' 略有影响,一般说来,磷酸基与碱基之间的距离越小,由于静电场的作用,其 pK' 应越大。例如 $2'$-胞苷酸的 pK_1' 为 4.4 比 $3'$-胞苷酸的 pK_1' 4.3 为大。

研究核酸的解离不仅对了解核酸的物化性质极其重要,而且在核苷酸的制备及分析中有很大的实用价值。应用离子交换柱层析和电泳等方法分级分离核苷酸及其衍生物,主要是利用它们在一定 pH 条件下具有不同的解离特性这一性质。

(四) 核酸的滴定曲线

电位滴定可用于确定参与酸碱反应的基团性质。将小牛胸腺 DNA 钠盐溶液由 pH 6~7 滴定到 pH 2.5 或滴定到 pH 12,此滴定过程是不可逆的;用碱和酸进行反向滴定所得到的曲线显著不同于正向滴定曲线(图 12-2)。开始滴定时,没有酸碱基团解离,非缓冲区较宽,在 pH 4.5~11.0 之间;而在反向滴定中非缓冲区只存在于 pH 6~9 之间。这就是说,当最初的 DNA 溶液超过 pH 4.5 和 pH 11.0 时即迅速释

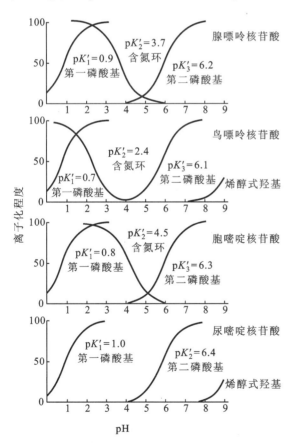

图 12-1　核苷酸的解离曲线

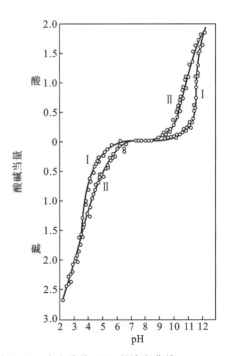

图 12-2　小牛胸腺 DNA 的滴定曲线

Ⅰ. 从 pH 6.9 用酸或碱正向滴定;Ⅱ. 从 pH 12 或 pH 2.5 分别用酸和碱反向滴定

放出酸碱基团参与 pH 2.0~6.0 和 pH 9.0~12.0 范围的滴定。由此可见天然 DNA 与变性 DNA 的滴定曲线是不同的,双链解开后碱基即参与酸碱滴定。

DNA 的酸碱滴定曲线对了解 DNA 的酸碱变性很有帮助。

三、核酸的紫外吸收

嘌呤碱与嘧啶碱具有芳香共轭体系,使碱基、核苷、核苷酸和核酸在 240~290 nm 的紫外波段有一强烈的吸收峰,最大吸收值在 260 nm 附近。不同核苷酸有不同的吸收特性。核酸具有紫外吸收性质,故可用紫外分光光度计加以定性及定量测定。

紫外吸收是实验室中最常用的测定 DNA 或 RNA 的方法。核酸样品的纯度也可用紫外分光光度法进行鉴定。读出 260 nm 与 280 nm 的吸光度(A)即光密度(OD)值,从 A_{260}/A_{280} 的比值即可判断样品的纯度。纯 DNA 的 A_{260}/A_{280} 应大于 1.8,纯 RNA 应达到 2.0。样品中如含有杂蛋白及苯酚,A_{260}/A_{280} 比值即明显降低。不纯的样品不能用紫外吸收法作定量测定。对于纯的样品,只要读出 260 nm 的 A 值即可算出其含量。

通常以 A 值为 1 相当于 50 μg/mL 双螺旋 DNA,或 40 μg/mL 单链 DNA(或 RNA),或 20 μg/mL 寡核苷酸计算。这个方法既快速,又相当准确,而且不会浪费样品。对于不纯的核酸可以用琼脂糖凝胶电泳分离出区带后,经溴化乙锭染色在紫外灯下粗略地估计其含量。

有时核酸溶液的紫外吸收以**摩尔磷的吸光度**来表示,摩尔磷即相当于摩尔核苷酸。据此先测定核酸溶液中的磷含量及紫外吸收值,然后求出摩尔磷吸光系数 $\varepsilon(P)$:

$$\varepsilon(P) = \frac{A}{cL}$$

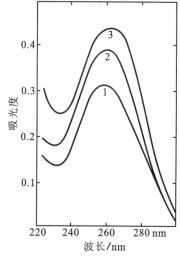

图 12-3　DNA 的紫外吸收光谱
1. 天然 DNA;2. 变性 DNA;3. 核苷酸

A 为光吸收值(吸光度),c 为每升溶液中磷的摩尔数,L 为比色杯内径。

一般天然 DNA 的 $\varepsilon(P)$ 为 6 600,RNA 为 7 700~7 800。核酸的 $\varepsilon(P)$ 值较所含核苷酸单体的 $\varepsilon(P)$ 要低 40%~45%。单链多核苷酸的 $\varepsilon(P)$ 值比双螺旋多核苷酸的 $\varepsilon(P)$ 值要高,所以核酸发生变性时,$\varepsilon(P)$ 值升高,此现象称为**增色效应**(hyperchromic effect)(图 12-3)。复性后 $\varepsilon(P)$ 值又降低,此现象称**减色效应**(hypochromic effect)。这是因为双螺旋结构使碱基对的 π 电子云发生重叠,因而减少了对紫外光的吸收。测定核酸的 $\varepsilon(P)$ 可判断 DNA 制剂是否发生变性或降解。

四、核酸的变性、复性及杂交

(一) 变性

核酸变性(denaturation)是指核酸双螺旋碱基对的氢键断裂,双链转变成单链,从而使核酸的天然构象和性质发生改变。核酸链共价键(3′,5′-磷酸二酯链)的断裂则称为降解,核酸降解引起核酸链相对分子质量降低。有时核酸变性和降解可同时进行。

引起核酸变性的因素很多。由温度升高引起的变性称为**热变性**。由酸碱度改变引起的变性称为**酸碱变性**。变性剂也能引起变性。在测定 DNA 序列进行聚丙烯酰胺凝胶电泳时,为使双链解开,常加入尿素作为变性剂。在用琼脂糖凝胶电泳测定 RNA 分子大小时,可用氢氧化甲基汞作为变性剂,因其能与 RNA 中尿嘧啶和鸟嘌呤的亚胺键反应,因而破坏碱基对的形成。也可用乙二醛或甲醛取代易造成公害的氢氧化甲基汞。这些变性剂都可以完全消除 RNA 的二级结构。此外,在无离子水溶液中,低浓度的核酸由于磷酸基负电荷的排斥作用也会引起变性。

核酸变性研究最多的是 DNA 的热变性。当 DNA 在稀盐溶液中加热到 80~100 ℃时,双螺旋结构即被破坏,两条链随即分开,形成无规线团;如果温度降低,又可在链内和链间形成局部双螺旋(图 12-4)。DNA 在变性过程中一系列物化性质随之发生改变:260 nm 区紫外线吸光度升高,黏度降低,比旋下降,超速离心沉降系数变大,酸碱滴定曲线改变,流动双折射现象消失等。DNA 的变性是爆发式的,存在一个相变的过程。组分均一的 DNA 在一个狭窄的温度范围内变性;组分不均一的 DNA,变性发生在较宽的温度范围内。通常把 DNA 热变性引起物化性质改变一半时的温度称为该 DNA 的**熔解温度**(melting temperature,T_m)。

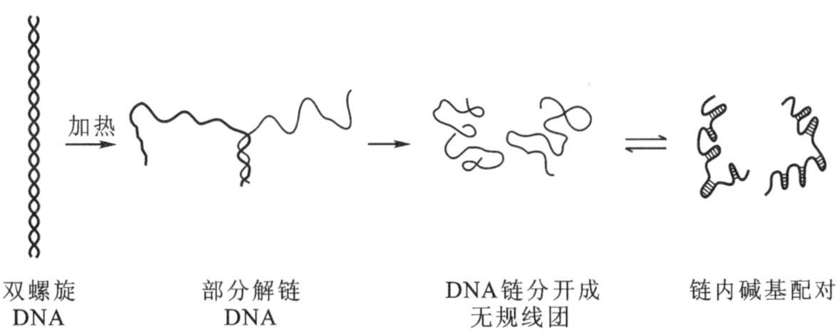

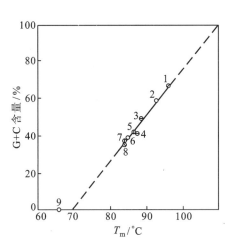

双螺旋　　　　部分解链　　　　DNA链分开成　　　　链内碱基配对
DNA　　　　　DNA　　　　　　无规线团

图 12-4　DNA 的变性过程

DNA 的 T_m 受溶液离子强度、pH、极性溶质等各种因素的影响。一般来说,在离子强度较低的溶液中 DNA 的 T_m 较低,而且变性过程发生在较宽的温度范围内;离子强度较高时,T_m 较高,变性过程的温度范围较窄。**甲酰胺**的存在可以促进变性。DNA 的 G-C 含量对 T_m 有较大影响,在一定条件下 G-C 含量与 T_m 成正比关系(图 12-5)。这是因为 G-C 碱基对之间的碱基堆积力大于 A-T 碱基对的,前者比后者更有利于 DNA 的稳定性。E.T.Bolton 和 B.J.McCarthy 曾提出计算 T_m 的经验公式为:

$$T_m = 81.5 \text{ ℃} + 16.6(\lg[Na^+]) + 0.41(\%G+C) - 0.63(\%\text{甲酰胺}) - (600/1)$$

上述公式只适用于一定范围,例如双螺旋 DNA 片段长度(l)在数百 bp 以上,不足数百 bp 应消除此项。此公式也可从 DNA 的 T_m 来计算其 G+C 含量。

RNA 也能发生变性。互补双链 RNA 的变性与 DNA 的变性相似,但双链 RNA 比同样序列的 DNA 更稳定,T_m 更高。单链 RNA 可以通过**回折**形成局部双螺旋区,变性过程各区段逐渐解开双螺旋,因此 T_m 较低,变性温度范围较宽(图 12-6)。

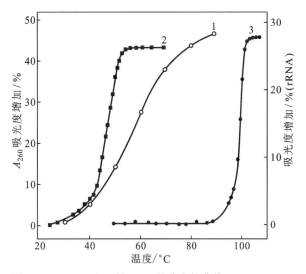

图 12-5　DNA 的 T_m 与 G-C 含量之关系

DNA 来源如下:1. 草分枝杆菌;2. 沙门氏菌;3. 大肠杆菌;4. 鲑鱼精子;5. 小牛胸腺;6. 肺炎球菌;7. 酵母;8. 噬菌体T4;9. 多聚 d(A-T)。DNA 变性在 1× SSC 溶液(0.15mol/L NaCl,0.015mol/L 柠檬酸钠,pH7.0)中进行

图 12-6　rRNA 和双链 RNA 的热变性曲线

1. 一种浮萍的 18S rRNA;2. 酵母的杀伤 RNA(killer RNA)在 0.017 mol/L Na⁺ 和 67%甲酰胺中变性;3. 同2,但无甲酰胺

（二）复性

变性 DNA 在适当条件下,可使两条分开的链**重新缔合**(reassociation),恢复双螺旋结构,这个过程称为**复性**(renaturation)。DNA 复性后许多物化性质又得到恢复。复性过程符合二级反应动力学公式:

$$\frac{\mathrm{d}C}{\mathrm{d}t} = -KC^2$$

上式中,C 为 t 时单链 DNA 的浓度,K 为**重缔合速度常数**。积分后得到:

$$\frac{C}{C_0} = \frac{1}{1 + KC_0 t}$$

C_0 是起始时完全变性 DNA 的浓度。t 以秒(s)为单位,C 为每升溶液中核苷酸的摩尔为单位。当复性反应进行一半时,即

$$\frac{C}{C_0} = \frac{1}{2} \text{时,} \quad C_0 t_{1/2} = \frac{1}{K}$$

复性反应的速度受许多因素的影响,如果控制所有可变因素,包括温度、离子强度、片段长度等,复性速度便只决定于基因组大小,或者说决定于 DNA 序列的复杂性。实验证明,重缔合速度常数 K 与 **DNA 复杂性** N 成反比。因此,测定 DNA 的**复性动力学曲线**(图 12-7),求出 $C_0 t_{1/2}$ 值,即代表了基因组大小,也就是 DNA 序列复杂性。例如,大肠杆菌染色体 DNA 的大小为 4.64×10^6 bp,测得其 $C_0 t_{1/2}$ 是 9(mol·s·L^{-1});T4 噬菌体 DNA 为 1.66×10^5 bp,测得其 $C_0 t_{1/2}$ 是 0.3(mol·s·L^{-1}),两者呈较好的比例关系。任何生物的 DNA,只要测出其 $C_0 t_{1/2}$ 值,与已知基因组大小的大肠杆菌染色体 DNA $C_0 t_{1/2}$ 相比,即可算出其基因组的大小。真核生物 DNA 含有大量重复序列,其复性动力学曲线比较复杂,包含多个组分,可以分别测出各组分的 $C_0 t_{1/2}$ 和在总 DNA 中所占比例,然后计算各组分的复杂性和拷贝数。

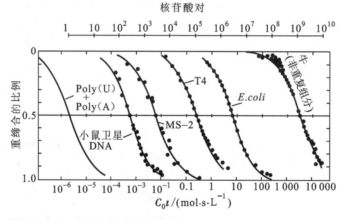

图 12-7　DNA 的复性动力学曲线

将热变性的 DNA 迅速放置冰浴内,骤然冷却至低温,可以阻止 DNA 复性。若使热变性的 DNA 缓慢冷却,则可发生复性,此过程称为**退火**(annealing)。**退火温度 T_a** 以低于变性温度 T_m 20~25 ℃ 为宜。复性过程可以在溶液中进行,然后将单链和双链 DNA 分开,以测定复性的部分。羟基磷灰石(hydroxyapatite)是一种碱性磷酸钙 $Ca_{10}(PO_4)_6(OH)_2$ 结晶。它吸附双链 DNA 的能力大于单链 DNA,低盐溶液可洗脱单链 DNA,双链 DNA 则要较高浓度的盐溶液才能洗脱,从而将两者分开。复性过程也可在硝酸纤维素滤膜(nitrocellulose filter)或尼龙膜(nylon membrane)上进行。单链 DNA 经烘焙后可固定在膜上,将其浸泡在放射性同位素标记的互补链 DNA 溶液中即可进行链的配对,不配对的链很容易洗掉。利用上述膜进行核酸的复性和杂交,是核酸研究最常用和最重要的方法技术之一。

（三）核酸分子杂交

将不同来源的 DNA 放在试管里,经热变性后,缓慢冷却,使其复性。若这些异源 DNA 之间存在近似的序列,则复性时会相互之交错配对,形成**杂交分子**(hybrid molecule)。DNA 与互补的 RNA 之间也可以发生杂交(hybridization)。**核酸分子杂交**是基因操作最核心技术之一,在基因工程、分子医学和分子生物学的研究中应用极广,许多有关重要问题都是依靠分子杂交技术来解决的。

核酸杂交可以在液相中进行,也可以在固相表面进行,最常用的还是硝酸纤维素滤膜或尼龙膜作为支持物的分子杂交。英国分子生物学家 E.M.Southern 所发明的 **Southern 印迹法**(Southern blotting)就是将凝胶电泳分开的 DNA 限制片段转移到硝酸纤维素滤膜上用标记核酸作为探针进行杂交。其后 J.C.Alwine 等按照同样原理,将变性凝胶电泳分开的 RNA 转移到硝酸纤维素膜上,通过分子杂交以检测特异的 RNA。DNA 印迹法因是 Southern 所发明,故称为 Southern 印迹法;**RNA 印迹法**则被称为 Northern 印迹法,以"南""北"分称 DNA 和 RNA 两种杂交技术,表现出科学家的幽默。这里仅以图解法(图 12-8)表示 Southern 杂交的全过程。

常用 ^{32}P 标记核酸作为**探针**(probe)。探针可以是 DNA,也可以是 RNA,可在末端标记(5'端或 3'端),也可以采用均匀标记。应用**核酸杂交**技术不仅可检测特定的基因片段或 RNA,也可用来钓出基因组中的单拷贝基因或特异的 RNA。

为了避免放射性同位素操作带来的不便,可以改用生物素、地高辛(DIG)或荧光素标记核酸探针。用酶联链霉亲和素(streptavidin)或酶联抗地高辛抗体与各标记物结合,经酶反应产生呈色或荧光物质,以显示杂交条带。

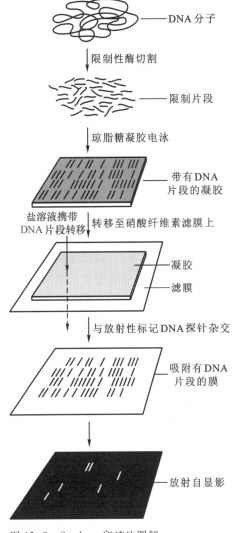

图 12-8　Southern 印迹法图解

右侧图示标注：
- DNA 分子
- 限制性酶切割
- 限制片段
- 琼脂糖凝胶电泳
- 带有 DNA 片段的凝胶
- 盐溶液携带 DNA 片段转移　转移至硝酸纤维素滤膜上
- 凝胶
- 滤膜
- 与放射性标记 DNA 探针杂交
- 吸附有 DNA 片段的膜
- 放射自显影

五、核酸的分离和纯化

核酸制备是研究核酸结构与功能的首要步骤。**核酸分离**和纯化过程中需要特别注意的问题是防止核酸的降解和变性,应尽可能保持其在生物体内的天然状态。早期的研究工作受到方法学上的限制,由于得到的样品往往是一些降解产物,因此失去了它们的功能活性。要制备天然状态的核酸,必须采用温和的条件,防止过酸、过碱、高温、剧烈搅拌,尤其要防止核酸酶的作用。天然核酸具有生物活性,这是检验其完整性的重要指标。物理化学性质也常用来作为评价核酸质量的标准。最常用于分离纯化核酸的方法有:超速离心、柱层析、凝胶电泳、溶液抽提和选择沉淀,这里仅就有关方法的原理作简要的介绍。

（一）核酸的超速离心

溶液中核酸分子受引力场的下沉作用可被分子热运动所抵消。但在超速离心机造成的巨大离心力场中,核酸分子沉降速度大大加快,这就可能用来测定核酸分子的相对分子质量、密度和构象,并用来大量制备核酸。目前实验室已常用更为简便的方法制备核酸,较少用超速离心的方法。

超速离心的方法很多,如**沉降速度超离心**、**沉降平衡超离心**、**蔗糖(或甘油)密度梯度超离心**、**浮力密度超离心**等。总体来说,超速离心可分为两类:一类是在超速离心时,各种核酸样品以不同速度往下沉降,根据沉降速度不同来求出**沉降常数 S**。另一类是将超速离心的溶液制成各种密度(如 CsCl、Cs_2SO_4 密度梯度),超速离心使核酸样品集中在等密度区,从而得出核酸的密度 ρ。沉降速度和沉降平衡超离心已在蛋白质纯化的一节中予以介绍,这里不再叙述。核酸样品的制备更常用的是密度梯度超离心。

通过蔗糖(或甘油)支持物构成的密度梯度可维持沉降力的稳定,防止对流,使铺在表层的核酸样品进入介质后成为狭窄的区带。样品各成分以不同速度沉降,所形成**差速区带**在沉降过程中逐渐分开。各类 RNA 常以此法分离纯化。碱性(NaOH)蔗糖密度梯度区带超离心可用来分离变性 DNA 的单链。蔗糖密度梯度超离心法属于沉降速度超离心,只不过介质采用蔗糖。

浮力密度超离心是于 1957 年 M. Meselson 等提出的。由于铯的相对原子质量很大,铯离子在超速离心力场作用下可克服分子热运动而发生沉降,形成浓度(密度)梯度。DNA 的密度很大,只有在浓的铯离子溶液中才能产生浮力,通过超离心可测定 DNA 的密度和得到其制品。常用的铯盐为氯化铯,因为它在水中的溶解度极大,可制得很高浓度(8.0 mol/L)的溶液。

现以测定 DNA 的浮力密度为例来说明该方法。将 DNA 溶于 8.0 mol/L 的氯化铯溶液中,置于离心管内,若以每分钟 45 000 转的速度离心 16 h 以上,即形成铯离子密度梯度,自底部的 1.80 g/cm^3 到顶部的 1.55 g/cm^3。DNA 形成一稳定的区带,漂浮于等密度的位置上。用注射针头吸出该区带 DNA 溶液,或在离心管底部扎一孔,分部收集流出液。DNA 区带的氯化铯溶液密度为 DNA 的浮力密度。更方便的方法是用一已知密度为标准的 DNA 样品,与未知样品一起超离心。待达到平衡后,通过离心机的光学系统测定 DNA 与转头中轴之间的距离,按下式计算未知 DNA 的浮力密度:

$$\rho = \rho_0 + 4.2\omega^2(r^2 - r_0^2) \times 10^{-10}$$

上式中 ρ 为未知 DNA 的密度,ρ_0 为标准 DNA 的密度,ω 为角速度,r 为未知 DNA 与中轴之间距离,r_0 为已知 DNA 与中轴之间的距离。

DNA 的密度与其 G-C 含量有关。这是因为 G-C 碱基对的相对原子质量比 A-T 碱基对大;而且前者含 3 个氢键,后者只含 2 个,两者致密程度也不同。实验表明 G-C 的百分含量与 DNA 的浮力密度之间呈正比关系。Poty 等建立了如下计算公式:

$$\rho = 1.660 + 0.000\ 98(\%G+C)\ (g \cdot cm^{-3})$$

真核生物基因组 DNA 含有大量重复序列。在用氯化铯密度梯度离心时,除主要部分(主带)外还得到量较少的次带,或称为**卫星带**(satellite band)。

卫星 DNA 由一些短的高度重复序列所组成,因其碱基组成与 DNA 的主要部分不同,浮力密度也就不同。例如,小鼠 DNA 的主带占基因组的 92%,平均 G-C 含量 42%,浮力密度为 1.701;卫星 DNA G-C 含量 30%,浮力密度为 1.690 $g \cdot cm^{-3}$(图 12-9)。

不同碱基组成、不同构象以及单链和双链 DNA,都可借氯化铯密度梯度离心得到分离。硫酸铯梯度也可以用来分离 DNA,但主要用来分离 DNA 与金属离子 Ag^+ 或 Hg^{2+} 的复合物。Hg^{2+} 可专一结合于 A-T,Ag^+ 被认为对 G-C 有更大亲和力。与金属离子特异结合,可使富含 A-T 或 G-C 的重复序列更易与主带分离。某些嵌入染料和抗生素能插入 DNA 双螺旋的碱基对之间,导致构象改变和浮力密度的减少,双链闭环 DNA(cccDNA)由于受到拓扑束缚限制了嵌入分子的插入,因此采用溴化乙锭-氯化铯密度梯度平衡超离心,可将质粒与染色体 DNA 分开(图 12-10)。

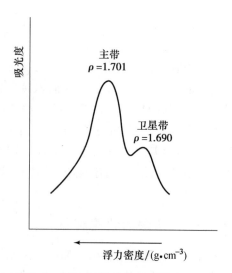

图 12-9　DNA 经氯化铯密度梯度离心后分成主带和卫星带

RNA 为单链分子,只有局部双螺旋,它的浮力密度比 DNA 高,DNA 密度比蛋白质密度高,单链 DNA 又比双链 DNA 密度高。经氯化铯梯度离心得到的核酸有很高的纯度。

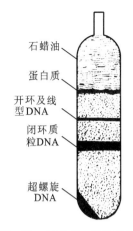

图 12-10 经染料-氯化铯密度梯度超离心后,质粒 DNA 及各种杂质的分布

（二）核酸的凝胶电泳

凝胶电泳将分子筛技术与电泳技术相结合,它可以分辨只差一个核苷酸的核酸片段,也可以分出上百 kb 的 DNA。它有许多优点:简单、快速、灵敏、微量,并且成本低廉。因此凝胶电泳已成为研究核酸最常用的方法。凝胶电泳的支持物主要有琼脂糖(agarose)和聚丙烯酰胺(polyacrylamide)两种。前者常在水平电泳槽中进行;后者常在垂直电泳槽中进行。

1. 琼脂糖凝胶电泳

琼脂糖是从海产藻类中提取到的琼脂的主要成分,它由 D-吡喃半乳糖和 3,6-脱水-L-吡喃半乳糖交替连接而成。将琼脂反复洗涤除去其中琼脂胶后即得到琼脂糖。其实琼脂胶只是琼脂糖羟基被硫酸基、丙酮酸等取代的衍生物。琼脂糖与缓冲液一起加热使其溶解,冷却后则成凝胶。凝胶的孔径与琼脂糖浓度成反比,凝胶浓度越大,孔径越小;反之,浓度越小,孔径越大。胶太浓,孔径太小,核酸样品无法进入胶内;胶太稀,机械强度差,无法维持固定形状,因此孔径也不可能太大。通常琼脂糖凝胶浓度在 0.3%~2.0% 之间,分离 DNA 分子大小从数百 bp 到上百 kb。琼脂糖凝胶电泳较少用于 RNA,它只能分离某些大分子的 RNA,如 rRNA 和病毒 RNA。

核酸凝胶电泳常用的缓冲液为含有 EDTA 的 Tris-乙酸(TAE)、Tris-硼酸(TBE)或 Tris-磷酸(TPE),浓度约为 50 mmol/L(pH 7.5~7.8),电压 1~8 V/cm。此时核酸带负电荷,向正极方向移动。在一定范围内,线性双链 DNA 在电场中的**迁移率**与其碱基对数目的对数成反比。这是因为较大的分子穿过凝胶介质所受拖曳阻力较大以及蠕动通过凝胶孔径的效率较小。借助与已知分子大小的 DNA 标准物迁移距离相比较,就可算出 DNA 样品的分子大小。RNA 在变性凝胶中电泳时,相对分子质量的对数才与迁移率成反比,故常在制备凝胶时加入氢氧化甲基汞(methylmercuric hydroxide)或甲醛。

核酸在凝胶电泳后可用碱性染料或银染显色,洗去背景颜色后得到清晰的核酸条带。最简便的方法是利用嵌合荧光染料**溴化乙锭**(ethidium bromide,EB),其分子结构式如下:

$$H_2N \qquad NH_2$$
$$N^+ - C_2H_5$$
$$Br^-$$

EB 是一种扁平分子,可插入核酸双链相邻碱基对之间,在紫外线激发下发射出红橙色(590 nm)荧光。它本身能吸收波长为 302 nm 和 360 nm 的紫外线能量;核酸吸收的 254 nm 紫外线能量也能转给 EB,而且 EB 结合在核酸碱基对之间的疏水环境大大增加了荧光产率。与游离的 EB 相比,EB-DNA 复合物发射的荧光强度可增大 100 倍。因此无需洗去凝胶中游离的 EB,即可检测出 DNA 条带,最低可检测 10 ng(10^{-8} g)或更少的 DNA 含量。单链 DNA 或 RNA 对 EB 的结合能力较小,荧光产率也相对较低。

凝胶电泳后核酸样品可用多种方法自胶上回收:① 浸泡法,将含 DNA 的胶带切下,用少量缓冲液重复抽提。② 冻融法,将胶带在低温下冰冻,室温下融化,然后用高速离心除去凝胶沉淀。③ 电泳法,将胶带置于透析袋内,通过电泳使核酸进入袋内缓冲液中;也可以直接在凝胶电泳后于条带前切出一槽,前面插入一片透析膜,然后电泳使样品进入槽中。④ 溶胶法,胶带加 NaI、KI、$NaClO_4$、柠檬酸钠等,在一定浓度和温度下使胶溶解;或用低熔点琼脂糖,将胶带溶解,然后再用酚等抽提回收核酸。⑤ 转移法,将凝胶上核酸条带转移到硝酸纤维素滤膜、尼龙膜或具有偶联基团的膜上。

2. 脉冲电场凝胶电泳

传统的琼脂糖凝胶电泳只能分离分子大小在 20 kb(M_r约 10^7)以下的 DNA 片段以及小的质粒和病毒 DNA,更大的 DNA 分子彼此很难分开。这是因为 DNA 分子在凝胶介质中呈无规卷曲的构象,当 DNA 分子的有效直径超过凝胶孔径时,在电场作用下可变形挤过筛孔,此时其电泳迁移率不再决定于分子的大小。然而,细菌的染色体 DNA 在数千 kb 以上,真核生物的染色体 DNA 更大。为分离染色体 DNA 需要发展新的实验技术。

1983 年 Schwartz 等人根据 DNA 分子**黏弹性弛豫时间**对分子大小敏感的特性,设计了脉冲电场梯度凝胶电泳。通过交替用两个垂直方向的不均匀电场,使 DNA 分子在凝胶介质中不断改变泳动方向,从而将不同大小的分子分开。此后不少实验室对此技术进行研究,作了许多改进,并发现不同大小的大分子 DNA 在凝胶中可借助各种类型的交变脉冲电场而分离,电场梯度(电场不均匀性)对分离则并非必需,故此技术只称为**脉冲电场凝胶电泳**(pulsed field gel electrophoresis)。

目前国内外已有多种脉冲电场凝胶电泳装置问世。脉冲交变电场的夹角可以是直角(正交交变电场),也可以是 120°(六角形电泳槽相间两边电场的转换)或是 180°(周期性倒转电场)。脉冲电场凝胶电泳多数采用水平电泳槽,但也有垂直平板电泳槽,后者脉冲电场横向交替改方向。图 12-11 列出几种较常见的脉冲电场凝胶电泳方式。一些新的电泳装置还可使电泳中各种可变参数加以程序化控制,从而有效地提高了分辨率。

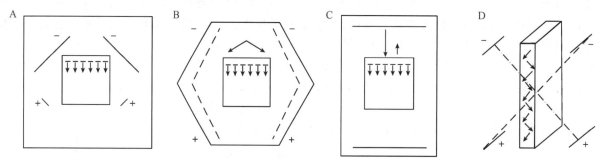

图 12-11　几种脉冲电场凝胶电泳

A. 正交电场交变凝胶电泳(orthogonal-field-alternation gel electrophoresis, OFAGE);B. 钳位均匀电场(contour-clamped homogeneous electric field, CHEF)凝胶电泳;C. 电场倒转凝胶电泳(field-inversion gel electrophoresis, FIGE);D. 横向交变电场电泳(transverse alternating field electrophoresis, TAFE)

大分子 DNA 在脉冲电场凝胶电泳中的**迁移率**受脉冲时间、电场形式、凝胶浓度、缓冲液和温度等诸多因素的影响。在这些因素中最重要的是脉冲时间,它取决于 DNA 分子长度,因此可以推导出公式:

$$\lg t = A \lg M_r - B$$

式中,t 为有效脉冲时间(s),M_r 为 DNA 相对分子质量,在一定范围内 A 与 B 均为常数。利用已知分子大小的 DNA,通过实验得出有效脉冲时间,代入上式可以计算出 A 和 B 的数值。脉冲时间与 DNA 的电泳速度有关,因此与电场强度成反比,例如当电场强度由 10 V/cm 降至 5 V/cm 时,脉冲时间应增加一倍。增加琼脂糖凝胶浓度和降低温度,脉冲时间应相应增加;反之亦然。固定脉冲时间,将 DNA 分子大小对迁移率作图可得出一条 S 形曲线,超过一定大小的 DNA 分子彼此不能分开,在直线部分的分离效果最好,低于转折点的 DNA 分子虽能分开,但间距较小。环状质粒 DNA 在交变电场中的迁移率远小于线性 DNA,并受脉冲时间的影响较小,易于与其分开。

从理论上来看,脉冲电场凝胶电泳分离大分子 DNA 并无上限,它已成为百万碱基级(Mb)基因组操作的一项关键技术。这一技术对分离大片段染色体 DNA、核型分析、DNA 物理图谱、DNA 的 M_r 测定和流体动力学研究都十分有用。

3. 聚丙烯酰胺凝胶电泳

在有自由基存在时,丙烯酰胺(acrylamide)发生链式聚合反应,自由基通常由过硫酸铵供给,并由 N, N, N', N' – 四甲基乙二胺(N, N, N', N'-tetramethylethylenediamine, TEMED)使其稳定。在加入双功能剂 N, N' – 甲叉双丙烯酰胺后,聚合链产生交联形成凝胶,孔径决定于链长和交联程度,即丙烯酰胺和甲叉双丙烯酰胺的浓度。通常凝胶浓度大于 5% 时,交联度可为 2.5%;凝胶浓度小于 5% 时,交联度增至 5%;当聚丙烯酰胺浓度小于 3% 时,由于凝胶太软而不易操作,这就限制了它不能用于分离大分子 DNA。**聚丙烯酰胺凝胶电泳**(polyacrylamide gel electrophresis, PAGE)主要用于分离 RNA 样品以及分子小于 2 kb 的 DNA 片段,因其高分辨率常用于 DNA 和 RNA 的测序。在变性条件下(如 8 mol/L 尿素或 98% 甲酰胺)进行凝胶电泳,此时 DNA 和 RNA 的二级结构已被破坏,其电泳迁移率与单链 M_r 的对数呈理想的反比关系。测序变性胶需根据所测核酸片段长度来选择胶的浓度,例如测序片段在 50 核苷酸之内,采用较高浓度的聚丙烯酰胺(12%~20%),测序片段在 300 和 400 核苷酸可用 8% 或 6% 的胶。

(三) 核酸的柱层析

根据核酸的物理化学性质,可用分子筛层析、离子交换、吸附层析、分配层析、亲和层析等技术来分离和制备核酸样品。**羟基磷灰石柱**常用在核酸分子杂交中单链和双链的分离;**寡聚脱氧胸苷酸亲和柱**常用来分离真核生物 poly(A)$^+$mRNA。这里简要介绍这两种技术。

1. 羟基磷灰石柱层析

羟基磷灰石(hydroxyapatite, HA)为碱性磷酸钙 $Ca_{10}(PO_4)_6(OH)_2$ 之晶体,由 $CaCl_2 \cdot 2H_2O$ 与 $Na_2HPO_4 \cdot 2H_2O$ 两溶液等量缓慢混合,并在 NaOH 中加热得到粗的颗粒。它通常保存在 pH 6.8 的磷酸钾(或钠)缓冲溶液里。HA 柱已广泛用于蛋白质和核酸的层析分离。

由于核酸的磷酸基可与羟基磷灰石的钙离子作用,从而被吸附其上,这种吸附力决定于核酸的性质,受分子大小的影响较小。双链核酸分子刚性较强,呈伸展状态,其磷酸基有效分布在表面;而变性或单链核酸分子较柔软,呈无规线团结构,有些磷酸基折叠在分子内。因此,双链核酸的吸附力比单链强,双链 DNA 的吸附力比双链 RNA 强,而 DNA-RNA 杂交分子的吸附力则介于两者之间。用它分离天然 DNA 和变性 DNA,单链核酸和杂交核酸常可得到满意的结果。

双链和单链核酸可借不同浓度磷酸盐缓冲液洗脱而分开。0.12 mol/L 的磷酸盐缓冲液可洗脱单链 DNA,而双链 DNA 则需 0.4 mol/L 的磷酸盐缓冲液洗脱。羟基磷灰石具有承载量大,重复性好,回收率高,操作简便等优点,它是目前常用的核酸层析介质之一。

2. 寡聚脱氧胸苷酸亲和柱层析

真核生物细胞的 mRNA 在 3′端通常都带有多聚腺苷酸[poly(A)]尾巴,腺苷酸可长达 150~200 nt。利用与固体支持物相偶联的**寡聚脱氧胸苷酸**[oligo(dT)$_{12~18}$]与 poly(A)结合,即可将 poly(A)$^+$mRNA 从总 RNA 中分离出来。oligo(dT)常与纤维素相偶联。在含高浓度盐(0.3~0.5 mol/L NaCl)的 TES 缓冲液(10 mol/L Tris-HCl,1 mmol/L EDTA,0.2% SDS,pH 7.4)中将 RNA 样品上柱,使 poly(A)与 oligo(dT)结合,洗掉柱上非特异吸附的 RNA,然后用不含盐的 TES 缓冲液将 mRNA 洗脱。**多聚尿苷酸–琼脂糖珠**[poly(U)-Sepharose]也能用来纯化 poly(A)$^+$mRNA,常可得到较理想的结果。

(四) DNA 的提取和纯化

真核生物的染色体 DNA 可与碱性蛋白(组蛋白)结合成**核蛋白(DNP)**,它溶于水和浓盐溶液(如 1 mol/L NaCl),但不溶于生理盐溶液(0.14 mol/L NaCl)。早期研究 DNA 常利用这一性质,将细胞破碎后用浓盐溶液提取,然后用水稀释至 0.14 mol/L 盐溶液,使 DNP 纤维沉淀出来。用玻璃棒将 DNP 纤维缠绕其上,再溶解和沉淀多次,可得到纯的核蛋白。用**蛋白质变性剂**除净蛋白质后即得到纯的 DNA。如此得到的 DNA 只是一些短的片段,难于研究其生物功能。

苯酚是极强的蛋白质变性剂。用水饱和的苯酚与细胞匀浆或含蛋白质 DNA 提取液一起振荡,然后冷冻离心,DNA 溶于上层水相,不溶的变性蛋白质凝胶位于中间界面,一部分变性蛋白质停留在水相。反复多次用苯酚抽提,直到中间界面不再有变性蛋白质。合并含 DNA 的水相,在有盐存在的条件下加 2 倍体积的乙醇,低温放置使 DNA 沉淀出来,用乙醇和乙醚洗涤沉淀。用此法可以直接从细胞中制备纯的 DNA。用 24∶1 氯仿-辛醇(或异戊醇)与含蛋白质的 DNA 溶液振荡,借助分散两相的表面变性可除去所含蛋白质,辛醇(异戊醇)在此起消沫剂的作用。用氯仿振荡可与苯酚抽提一样除净 DNA 溶液中的蛋白质。

细菌菌体经溶菌酶消化除去细胞壁,用碱或**十二烷基硫酸钠**(sodium dodecyl sulfate,SDS)促使细胞裂解,染色体 DNA 与大部分变性蛋白质通过离心与细胞碎片一起被沉淀,细菌中的质粒 DNA 则仍以溶解状态存在于上清液中。亲水离子和高聚物,如聚乙二醇(PEG),可以结合大量水而使核酸沉淀出来。质粒粗提物中的高相对分子质量 RNA 和蛋白质可在高浓度氯化锂(LiCl)溶液中形成沉淀。用 RNA 酶消化污染的小分子 RNA。然后用 PEG/$MgCl_2$ 沉淀质粒 DNA。用乙醇只能将所有 DNA 沉淀下来,PEG 却可以将不同大小 DNA 分开。

为了制备细胞染色体 DNA,应尽量避免**核酸酶**和机械切力对 DNA 的降解作用。目前较常用的方法是在细胞悬液中直接加入 2 倍体积含 1% SDS 的缓冲液,并加入**广谱蛋白酶**(如蛋白酶 K)最后浓度达 100 μg/mL,在 65 ℃保温 4 h,使细胞蛋白质全部降解,然后用苯酚抽提,除净蛋白酶和残留的蛋白质。DNA 制品中混杂的少量 RNA 可用不含 DNase 的 RNase 分解除去。

商品化树脂或氯化铯密度梯度离心是实验室制备高质量 DNA 常用的方法。现在许多实验室喜欢采用商品试剂盒来制备核酸,层析树脂柱和各种试剂都是现成的,价格十分昂贵,但却可以节省时间。

(五) RNA 的提取和纯化

RNA 为单链结构,易被酸、碱、酶所水解,尤其是 RNase 几乎无处不在,因此 RNA 的提取和纯化远比 DNA 更为困难。这也是 RNA 的研究落后于 DNA 的原因之一。目前已有一些克服上述困难的方法。

制备 RNA 特别需要注意三点:第一,所有用于制备 RNA 的玻璃器皿都要经过高温焙烤,塑料用具经高压灭菌,不能高压灭菌的用具要用 0.1%**焦碳酸二乙酯**(diethyl pyrocarbonate,DEPC)处理,再煮沸以分解和除净 DEPC。DEPC 能使蛋白质乙基化而破坏 RNase 活性。实验者应戴消毒手套。第二,在破碎细胞的同时加入强的蛋白质变性剂(如胍盐)使 RNase 失活。第三,在 RNA 反应体系内加入 RNase 的抑制剂(如 RNasin)。

现在常用于制备 RNA 方法有两个:其一,用**酸性胍盐/苯酚/氯仿**(acid guanidinium/phenol/chloroform)提取。异硫氰酸胍(guanidinium isothiocyanate)是最强烈的蛋白质变性剂,它几乎能使所有蛋白质都被变性,而 RNA 仍溶于该盐溶液中。经离心后,含 RNA 的水相用苯酚和氯仿多次抽提,除净蛋白质。其二,用**胍盐/氯化铯法**。细胞匀浆用胍盐提取后再进行氯化铯密度梯度离心。蛋白质密度 <1.33 g/cm^3,在最上层;DNA 密度在 1.71 g/cm^3 左右,位于中间;RNA 密度 >1.89 g/cm^3,沉在底部。用此法可以制备大量高纯度的 RNA。用寡聚(dT)-纤维素柱或多聚(U)-琼脂糖珠柱可从总 RNA 中分离到高质量的 poly(A)$^+$mRNA。总 RNA 也可以通过凝胶电泳将各类 RNA 分开。

不同功能的 RNA 常分布于细胞的不同部位,分离这些 RNA 需先用**差速离心法**或其他方法将细胞核、线粒体、叶绿体、胞质体等各部分分开,再从这些部分中分离出 RNA。

六、核酸序列的测定

20 世纪 50 年代蛋白质的测序获得巨大成功。早在 1953 年,F. Sanger 就已完成了胰岛素的测序工作。1954 年 P. R. Whitfeld 提出测定多聚核糖核菌酸序列的降解法,即利用高碘酸盐的氧化作用逐一降解并鉴定末端核苷酸。60 年代 R. W. Holley 测定了酵母丙氨酸 tRNA 的序列,他采用的测序法与蛋白质测序法的基本策略相同,都是将大分子先切成彼此重叠的小片段,然后用末端降解法测定小片段的序列。这种策略的工作量非常大,用来测定几十个核苷酸长的小分子 RNA 尚且需要十多年时间,要对付基因组

DNA 的序列就无能为力了。1975 年 Sanger 提出了一种崭新的策略,他并不逐个测定 DNA 的核苷酸序列,而是设法获得一系列多核苷酸片段,使其末端固定为一种核苷酸,然后通过测定片段长度来推测核苷酸的序列。其后发展起来的各种 DNA 和 RNA 快速测序法,无不以此原理为基础,因此这一原理的提出有划时代的意义。有了 Sanger 的快速测序法,完成人类基因组测序才成为可能。

快速测序是"人类基因组计划"的核心技术。该技术备受各界关注并获得巨大支持,得以融入物理、化学和信息技术的最新成果,成为发展最快的综合性的技术。以 Sanger 所建立和在其基础上加以改进的测序技术称为第一代测序技术。依赖于第一代测序技术,"人类基因组计划"用了 13 年时间提前完成。在"人类基因组计划"实施期间发展出了第二代测序技术,该技术引入 PCR 和高通量(high throuput)微阵(microarray)技术,大大提高了测序速度,在数周内即可完成 Gb(10^9bp)级的测序工作。但是第二代测序技术的测序长度较短,误差较大,适合于已知序列的重测序,在"人类基因组计划"后期的复查中起了作用。在 21 世纪第一个十年的中期和后期,即后基因组时代的初期,又发展出了第三代测序技术,其主要特点是单分子测序,不仅提高了测序速度,也提高了测序长度和精确度,同时还降低了成本。新一代测序技术可以在一天内,甚或数小时内,完成 Gb 级的测序工作。在这里,不仅显示出一流的精湛技术;也显示出一流的巧妙构思。第三代测序技术的商品化仪器正在推出,或即将推出。下面分别介绍有关的测序技术。

(一) 第一代测序技术

1. DNA 的酶法测序

1975 年 Sanger 最初提出 DNA 测序的方法是利用 **DNA 聚合酶**,将待测序 DNA 样品作为模板,在引物和底物(dNTP)存在下合成一条与模板互补的 DNA 链,DNA 链用同位素标记,并通过"加""减"底物来控制合成链各片段的末端核苷酸,故称为**加减法**。测序反应中 DNA 链的合成是随机的,各种长度的片段都有。随后从反应体系中除去四种 dNTP,并将体系分为两部分,一部分用于"加"系统,分置四小管内,各加一种核苷酸底物,分别为+dA、+dG、+dC、+dT;另一部分为"减"系统,也分置四小管内,各加三种核苷酸底物,即减去一种底物,分别为-dA、-dG、-dC、-dT。在"加"系统中,由于 DNA 聚合酶的 3′→5′外切酶活性,它使已合成的 DNA 链自 3′端向 5′端方向降解,直至遇到所加入的核苷酸为止,底物的存在阻止了降解反应。因此所有片段都以该核苷酸结尾,片段的长度即为该核苷酸在 DNA 链中的位置。在"减"系统,DNA 聚合酶使链继续延伸,直至遇上所缺核苷酸才停止。这就使各片段长度比所缺核苷酸位置少一个核苷酸。

1977 年 Sanger 对 DNA 的酶法测序技术又作了重要改进,提出了双脱氧链终止法。其反应体系也包含待测序的单链 DNA 的模板、引物、四种 dNTP(其中一种用放射性同位素标记)和 DNA 聚合酶。共分四组,每组按一定比例加入一种底物类似物 **2′,3′-双脱氧核苷三磷酸**(ddATP、ddGTP、ddCTP、ddTTP)。它能随机掺入合成的 DNA 链,一旦掺入后 DNA 合成立即终止。于是各种不同大小片段的末端核苷酸必定为该种核苷酸,片段长度也就代表相应核苷酸的位置。将各组样品同时进行含变性剂(8 mol/L 尿素)的聚丙烯酰胺凝胶电泳,从放射自显影的图谱上可以直接读出 DNA 的核苷酸序列(图 12-12)。

终止法测序极为方便,现已完全取代了加减法,但当初 Sanger 的巧妙设计仍给人以启示。由于测序技术的改进现已无需制备单链模板,只要有特异引物,可以直接用双链 DNA 进行测序。

2. DNA 的化学法测序

化学法测序由 A. M. Maxam 和 F. Gilbert 于 1977 年所提出。与酶法测序不同,Maxam-Gilbert 的方法并不合成 DNA 链,而是用化学试剂特异作用于 DNA 分子中不同的碱基,然后切断反应碱基的多核苷酸链。化学法测序前后有过一些修改,其基本过程是,先将 DNA **末端标记**,并分成四个组,分别用不同的化学反应作用于各碱基。四组特异反应如下:

(1) G 反应 在 pH 8.0 用**硫酸二甲酯**(dimethyl sulfate,DMS)使鸟嘌呤上 N7 原子甲基化,结果导致 C8-C9 键和糖苷键易被水解。

(2) A+G 反应 用甲酸使嘌呤碱质子化,从而发生脱嘌呤效应。

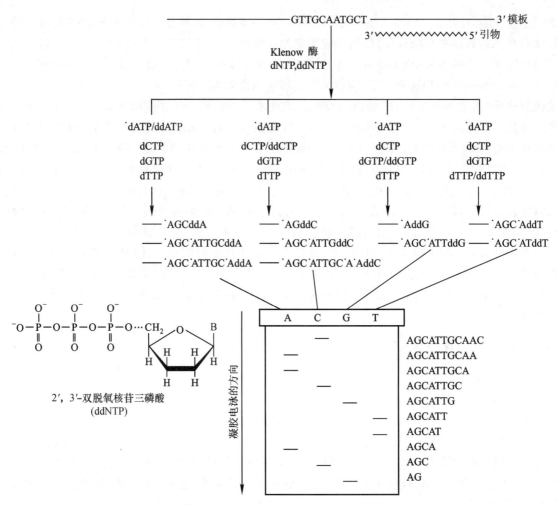

图 12-12　Sanger 双脱氧链终止法测定 DNA 序列图解

（3）C+T 反应　用肼（hydrazine）将嘧啶环打开，形成新的开环，C 和 T 均被除去。

（4）C 反应　在 1.5 mol/L NaCl 存在下只有胞嘧啶可与肼反应。

四组碱基反应后，用 1 mol/L 哌啶（piperidine）加热（90 ℃）使 DNA 碱基破坏处的糖-磷酸酯键断裂。经变性凝胶电泳和放射自显影得到测序图谱（图 12-13）。

与 Sanger 的链终止法相比，Maxam-Gilbert 的化学测序法有一些独特的优点。它无需引物，不进行体外合成，操作简单，有多种 3′和 5′端标记方法可以从两端进行测序，双链 DNA 即可测序。但是终止法易于控制，并且可以直接读出核苷酸序列，因此应用更普遍，各种自动化测序仪也以该法而设计。

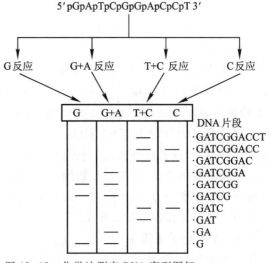

图 12-13　化学法测定 DNA 序列图解

3. RNA 的测序

DNA 的快速测序获得成功后，同样原理也被应用于 RNA 测序。RNA 的测序方法很多，归纳起来主要有三类。

（1）用酶特异切断 RNA 链　从牛胰脏提取的 **RNase A** 水解 RNA 链中嘧啶核苷酸与相邻核苷酸 5′-OH 之间的酯链，产物为 3′-嘧啶核苷酸和以 3′-嘧啶核苷酸结尾的寡核苷酸。米曲霉（*Aspergillus oryzae*）中提取的 **RNase T1** 特异水解鸟苷酸与相邻核苷酸 5′-OH 的连键。黑粉菌（*Ustilago sphaerogena*）中

提取的 **RNase U2** 在一定条件下水解腺苷酸的键。从多头黏菌(*Physarum polycephalum*)中提取的 **RNase PhyI** 水解A、G、U三种核苷酸,但不水解胞苷酸的链。利用上述四种酶促反应可以测定 RNA 序列。

(2)用化学试剂裂解 RNA,其基本原理与 DNA 的化学法测序相似。

(3)逆转录成 cDNA,即可用 DNA 测序法来测定该核苷酸序列。

4. DNA 序列分析的自动化

DNA 的快速测序法为生物基因组 DNA 全序列的测定和分析提供了有效手段。但是完成基因组 DNA 序列分析的工作量是十分巨大的,例如若按一个熟练技术人员用酶法测序每天可测定 1 kb 长度的 DNA 片段计算,完成人类或哺乳类基因组(3×10^9 bp)全序列分析,至少要 100 个技术人员花 100 年时间。因此摆脱手工操作,使序列分析自动化已成为测序技术发展的主流。

DNA 序列分析自动化有两个方面的内容。一是指测序操作的自动化;另一是读序和分析的自动化。20 世纪 80 年代后期,这两个问题都已基本解决,才使人类基因组计划得以启动。按照 Sanger 的链终止法,只要在基因组 DNA 中依次采用适当的引物,就能完成全序列的测定。为了便于自动读序,用荧光检测来取代放射自显影。将荧光染料标记引物;或分别用 4 种发射不同波长的荧光染料来标记双脱氧底物,使 4 种链终止反应中每一种都用不同颜色来表示,例如绿色为 A,红色为 T,橙色为 G,蓝色为 C。聚合反应结束后进行凝胶电泳,使不同大小的片段分开。不同标记物的电泳方式也不同,荧光染料标记引物的 4 组反应物需要在并列的 4 个泳道中电泳,而标记双脱氧底物的 4 组反应物应合并后在一个泳道中电泳。当携带荧光染料的单链 DNA 片段到达泳道末端的检测窗口时,在激光的激发下使产生一定波长的荧光,电荷耦合元件(charge-coupled device,CCD)迅即将光信号转变为电信号,再输入到数据处理系统,由相关软件进行处理,最后通过打印机把各条带波峰或代表核苷酸的字母直接打印出来。90 年代中期开始采用毛细管电泳以取代传统的平板凝胶电泳。毛细管电泳大大提高了测序的速度,消除了泳道间的影响从而提高了测序精确度,也提高了测序通量。有些实验室自行设计和安装了 DNA 测序仪并研发出各种应用软件。至于商业化的 DNA 测序仪,在相当长一段时间内,一直由 ABI 公司占据世界最大供应商的地位,先后推出了各种型号的测序仪,直到 21 世纪前 10 年的中后期,多家生物科技仪器公司推出第二代 DNA 测序仪才打破这种垄断。不久又出现第三代 DNA 测序仪。DNA 测序技术产业化成为竞争最剧烈的领域之一。

5. 大规模基因组测序的逐步克隆法

通常,一台 DNA 测序仪每次操作只能读出几百个核苷酸长的片段序列,而人类基因组的长度为 3×10^9 bp,两者相差甚远。因此,大规模基因组测序必须既要构思巧妙,又要切实可行。大体上有两种策略:一是逐步克隆法(clone by clone);另一是全基因组鸟枪法(whole genome shot-gun)(图 12-14)。

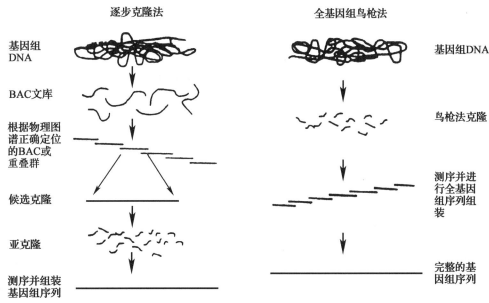

图 12-14 逐步克隆法和全基因组鸟枪法示意图

克隆(clone)是指细胞的无性繁殖系。将 DNA(基因)片段插入复制载体(复制子)中,导入宿主细胞内,DNA 随细胞繁殖而不断复制,由此得到 DNA(基因)的分子克隆。所谓逐步克隆法就是先将染色体 DNA 用超声波或酶法切成大片段,获得大片段克隆,再将大片段切小获得亚克隆,由亚克隆片段切开即可获得测序的模板。大肠杆菌 F 因子经改造,保留其复制起点,插入克隆位点和选择标记,即可成为克隆 DNA 大片段的载体,称为细菌人工染色体(bacterial artificial chromosome,BAC)。也可以用酵母染色体自主复制序列(autonomously replicating sequence,ARS)、着丝粒(centromere,CEN)和端粒(telomere,TEL)以及选择标记组成酵母人工染色体(yeast artificial chromosome,YAC)。这两种载体都可克隆 100~200 kb 的 DNA 大片段,用来构建 BAC 文库(library)和 YAC 文库。利用噬菌体和质粒 DNA 可以改建成亚克隆载体,以构建亚克隆文库,用以测序。

为从文库中挑选出彼此重叠的克隆片段并依次排列整齐,需要有一张带"路标"的"路线图",也就是基因组的物理图谱。彼此重叠的一组 DNA 片段称为重叠群(contig)或毗连群。基因组 DNA 切开,还要能拼接回去,有了物理图谱才使完成克隆片段的依次排列成为可能。物理图谱是以特异的 DNA 序列为标志所展示的结构图。通常为随机从基因组上选择长度为 200~300 bp 的特异性短序列作为序列标签位点(sequence tagged site,STS),间隔一定距离(平均为 100 kb)取一段短序列,测出其序列,这就是以 STS 为路标的物理图谱。路标也可以选择为已知序列并定位的基因或表达序列标签(expressed sequence tag,EST),也可以是遗传标志序列(如微卫星标志)。由于基因组平均 100 kb 就有一个 STS 路标,而且 BAC 和 YAC 平均克隆片段为 150 kb,也就是说每个克隆片有 1 个或 2 个 STS 标记,所以可以依次用 STS 探针从文库中选择出相应的克隆片段。1998 年完成了具有 52 000 个序列标签位点(STS)的人类基因组物理图谱,从而保证了人类基因组计划的顺利进行。

在 BAC 或 YAC 文库中,由于克隆片段的分布不均衡,往往在各重叠群间会留下一些缺口(gap),未被阳性克隆所覆盖。填补空隙的方法很多,最常用的方法是末端序列步移法(walking by end sequence)(图 12-15)。该方法是挑选靠近缺口的克隆片段,测定末端序列,设计并合成引物,以基因组 DNA 为模板,克隆出缺口处的 DNA,称为延伸克隆。

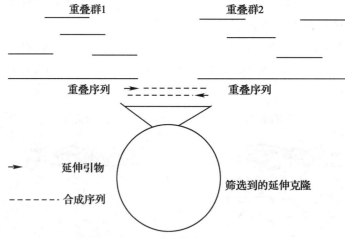

图 12-15 末端序列步移法克隆延伸序列

逐步克隆法和鸟枪法有时可以交替使用,例如,获得亚克隆后即可用鸟枪法测序,从而大大加快了进度。完成测序后需要依赖计算机将各片段序列组装成完整的基因组序列。最常用的序列拼接软件是 Phred-Phrap-Consed 系统,Phred(读序软件)根据自动测序仪信号按顺序识别碱基,Phrap(组装软件)根据 Phred 的结果从头组装不同的短序列,由 Consed(综合软件)编辑、整合和校对结果。

6. 全基因组鸟枪法测序

全基因组鸟枪法测序是由 J. C. Venter 等所发明,其基本设想是,将基因组 DNA 随机切成数百万个片段,直接克隆测序,借助庞大的计算机运算即可排列出完整的基因组序列。所以称为鸟枪法是由于,若测定的基因组片段足够多时,犹如鸟枪射出巨大数量的铁珠,可以命中所有目标。1998 年世界最大 DNA 测序仪生产商美国 PE Biosystems 以其刚研制成功的集束化毛细管 DNA 测序仪(ABI 3700)和 3 亿美元资金,成立了以 Venter 为领导的 Celera Genomics 公司,宣称要在 3 年内用"全基因组乌枪法测序策略"完成人类基因组测序工作,并要求获得 200~400 个重要基因的专利。Celera 公司拥有多个学术研究机构,300 多雇员和一台据称"全球第三"的超大型计算机,自认为测序和组装能力超过全球的总和。形势十分严峻,如果 Celera 公司以十分之一的资金,五分之一的时间,将得到 6 国政府资助的公益性 HGP 排挤出局,其结果不仅使 6 国政府和有关科学家丢脸,更严重的是人类基因组信息将被私人企业所垄断。于是政府不得不进行干预。2000 年 3 月 14 日美国总统克林顿和英国首相布莱尔发表联合声明,呼吁将人类基因组研究成果公开。Celera 公司迫于压力,放弃了对人类基因的专利要求,并和公益性 HGP 达成了协议。HGP 也受到巨大压力,一再加快进度。同年 6 月双方联合宣布成功绘制出人类基因组草图。2001 年 2 月各自将人类基因组初步测序报告发表在学术刊物上,HGP 采取的是逐步克隆法,其测序结果发表在 *Nature* 上,Celera 的结果发表在 *Science* 上。2003 年人类基因组的测序工作提前两年完成,至此两个不同的组织使用不同的方法都实现了他们的共同目标。

Celera 公司的全基因组乌枪法测序是将人类基因组 DNA 构建成含有 2 kb、10 kb 和 50 kb 片段的三个基因文库。通常高质量的 DNA 测序仪一次可以测出 1 000 多个碱基序列,因此 2 kb 的 DNA 片段可以从两头测出全部序列。大量测序后即可通过计算机运算进行排序,称为全基因组组装(whole genome assembly,WGA)。在此过程中不可避免会遇到缺口、错测和重复序列等障碍,就需要从另两个文库中寻找相应的 10 kb 或 50 kb 片段来填补,称为区间化组装(regional assembly)。前后共测定 2.7×10^7 次,测序总长度达 1.48×10^{10} bp,相当于覆盖人类基因组的 5 倍。

从 2000 年的人类基因组草图、2001 年的工作框架图到 2003 年后发表的序列图谱,两种策略所得结果有着惊人的相似。总的来说,乌枪法测序进度快,但错误率高。实际上,由于公益性 HGP 随时公布其研究结果,Celera 公司可以大量下载其数据资料,相当于有了一张参考图,无疑获益甚多。可以说,两种策略是互补的,如结合使用,效果更好。

(二) 第二代测序技术

人类基因组计划带动了测序技术的发展,也带动了高通量基因组信息分析技术,例如微阵(芯片)技术,获得迅速发展。以 Sanger 终止法为基础的自动化测序技术,即第一代测序技术,为完成人类基因组计划提供技术平台;而在此期间以高通量为特征的第二代测序也先后得到了发展。第二代测序技术因其能提供大量基因组信息并进行深层次分析,故又称为深度测序技术(deep sequencing)。

2005 年 454 Life Science 公司(次年为 Roche 公司所收购)推出基于焦磷酸测序技术(pyrophosphate sequencing)的新一代测序仪。2006 年 Solexa 公司研制成利用可逆终止物(reversible terminator)的测序仪,随后 Illumina 公司收购了 Solexa 的核心技术并使其商品化。Roche 454 测序仪和 Illumina Solexa 测序仪的问世动摇了 ABI 测序仪的垄断地位,2007 年 ABI 公司也推出了新型 ABI SOLiD 测序仪,采用连接法测序(sequencing by ligation)。这三种仪器依据的测序技术虽然不同,但也存在一些共同点:① 用聚合酶链式反应(PCR)取代分子克隆技术;② 边合成边测序(sequencing by synthesis,sbs),故而无需用凝胶电泳分开相同末端核苷酸的核酸片段;③ 循环阵列测序(cyclic-array sequencing)测序的所有操作都在芯片上进行。

1. Roche 454 焦磷酸测序技术

最早出现的新一代测序仪,454 测序仪,在传统测序技术的三个瓶颈问题上取得重大突破,这三个问题是:构建文库、制备模板和高通量测序。事实上,随后出现的新一代测序仪也都模仿了 454 测序仪的这些技术。当时已有许多测序方法,454 测序仪选择焦磷酸测序法,这是因为该方法简单、高效。

(1) 焦磷酸测序法原理 DNA 聚合酶在有模板、引物和 4 种 dNTP 底物存在时,可以催化聚合反应,使引物延伸,合成出模板的互补链。每聚合一个核苷酸就释放一分子焦磷酸(PPi)。焦磷酸在 ATP 硫酸化酶(ATP sulfurylase)催化下与腺苷酰硫酸(APS)反应,产生 ATP,反应是可逆的:

$$PPi + APS \underset{}{\overset{\text{硫酸化酶}}{\rightleftharpoons}} ATP + SO_4^{2+}$$

ATP 与荧光素（luciferin）在荧光素酶（luciferase）催化下生成氧化荧光素（oxyluciferin），并产生荧光，ATP 被分解为 AMP 和 PPi：

$$\text{ATP + 荧光素 + O}_2 \xrightarrow{\text{荧光素酶}} \text{氧化荧光素 + CO}_2 + \text{AMP + PPi + hr}$$

每次聚合反应只加入一种 dNTP，如产生荧光，表明该核苷酸已被聚合，反之则否。反应结束后除去未参与反应的底物和产生的副产物，然后加入新的 dNTP，进行下一轮反应。依次用 A、C、G、T 这 4 种 dNTP 反应，即可边合成边测序。所有合成与测序反应都在芯片上数百万个小孔内进行，这些小孔成为独立的反应单元。焦磷酸法测序平均链长为 400 bp 左右，因此每张芯片可获得 4 亿～6 亿个碱基对（bp）的数据，显然信息量远大于第一代测序仪。该方法的缺点是无法正确识别连续的相同核苷酸，虽然根据荧光强度可以大致判断存在连续的序列。焦磷酸测序法原理可简单用图 12-16 表示。

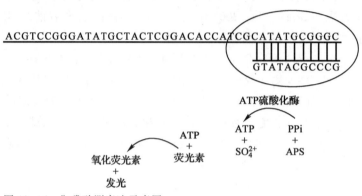

图 12-16　焦磷酸测序法示意图

（2）样品 DNA 文库的构建　将待测序列的样品 DNA 用机械方法打断成 300～800 bp 的小片段，在小片段两端接上不同的接头（adapter）。由此建立的基因文库是 DNA 单链文库，而不是克隆文库。

（3）乳液 PCR 扩增模板　在直径约为 20 μm 的微珠表面固定与待测序列单链接头互补的寡核苷酸，用以捕捉待测 DNA 链，称为捕捉微珠（capture beads）。将样品 DNA 文库与微珠混合，有限稀释（limited dilution），使每一微珠只捕捉一条 DNA 链（与之退火）。加入 PCR 试剂和乳化剂使形成油包水（water in oil）乳液，经变性、退火、延伸反复循环使 DNA 链获得扩增，称为乳液 PCR（emulsion PCR）。扩增结束后，破坏乳液，分离出微珠，每一微珠带有上百万条 DNA 模板链。把微珠置于芯片小孔内，每一小孔比微珠略大，因此只能容纳一个微珠。

（4）循环阵列测序　将光纤束（fiber-optic bundle）固定在玻片上，排成阵列点（array），另一端与电荷耦合元件（CCD）相连，使接收到的光信号转变成电信号，从而在计算机中记录下每次反应芯片上各斑点的亮度。玻片另一面与光纤固定点对应处用酸蚀刻技术（acid etching procedure）打上小孔，玻片被称为超微滴定板（pico titer plate，PTP），或芯片（chip）。各小孔即为独立的测序反应小室，加入焦磷酸测序的酶和试剂，及一种 dNTP。如若小孔内发生聚合反应，即会释放焦磷酸而产生荧光，计算机记录下该斑点发亮。一轮结束后用核苷三磷酸二磷酸酶（apyrase）水解掉 dNTP 和 ATP，然后加入一种新的 dNTP；或者利用层流（laminar flow）技术更换含有新 dNTP 的反应液。依次循环完成在芯片上测序，称为循环阵列测序（cyclic-array sequencing）。

2. Illumina Solexa 可逆终止测序技术

Solexa 测序有两项核心技术：一是桥式 PCR（brige PCR）；另一是可逆终止测序（reversible terminators for sequencing）。其余方法大致都与 454 测序相似。

（1）样品 DNA 文库的构建　将样品 DNA 打断成数百 bp 或更小，如果是 PCR 产物或是 RNA 这一步可省略，在两端接上不同的接头，以构成单链 DNA（ssDNA）文库。

（2）桥式 PCR　芯片测序通常都需要在载片上按阵列点固定相同序列的 DNA 簇（cluster），这种 DNA 簇是借助 DNA 聚合酶体外扩增而获得的 DNA 克隆（英语 polony 是由 polymerase clony 缩写而成，意即 DNA 克隆）。454 借微珠形成 DNA 克隆（polony）；Solexa 则借桥式 PCR 形成 DNA 克隆。Solexa 芯片是一有八通道的流动池（flow cell），与待测序 DNA 接头互补的引物通过柔性接头成簇固定在通道表面。适当控制样品 DNA 浓度,使每一簇只有一条单链 DNA 与固定的引物配对,在 DNA 聚合酶催化下 4 种 dNTP 底物在样品 DNA 链上使引物不断延伸,合成出与之互补的链。双链 DNA 经变性成为单链 DNA,然后退火,新合成的 DNA 与附近引物配对犹如拱桥,再次合成新链。经过 30 轮扩增,所有模板链都被线性化处理(linearization),3′羟基被封闭,以免干扰下一步边合成边测序。由此制备的芯片每一簇可以有上千个模板链,每一通道有数百万的模板簇(克隆),因此一次就可以同时对 8 个文库进行测序。桥式 PCR 示意图见图 12-17。

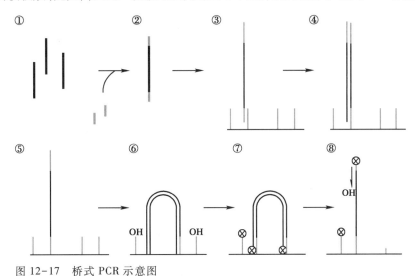

图 12-17 桥式 PCR 示意图
① 样品 DNA 打断成数百 bp 片段;② 两端连上接头;③ 与固定引物配对;④ 合成互补链;
⑤ 变性;⑥ 新合成链与固定引物配对并复制;⑦ 线性化并封闭 3′-羟基⊗;⑧ 测序

(3)可逆终止测序 按照边合成边测序的原理,加入 DNA 聚合酶、测序引物和 4 种 dNTP 底物。与通常的 dNTP 底物不同,在可逆终止测序法中 4 种碱分别用不同荧光物标记,并且这些 dNTP 的 3′羟基均被化学基团保护,因此每轮合成反应都只能添加一个核苷酸。用激光扫描反应板表面,经 CCD 记录下各阵列点的光信号,然后将保护基和荧光标记切除,又可进行下一轮的合成反应。3′保护基的切除可解除终止,故称为可逆终止。

可逆终止法可以准确测出连续的核苷酸,但所测 DNA 链较短,通过对读可以测出 2×75 bp。由于芯片包含的 DNA 簇较多,测定总数可达到 20~25 Gb。

3. ABI SOLiD 连接测序技术

ABI 的 SOLiD(supported oligo ligation detection)连接测序法核心技术有二:一是由 DNA 连接酶将荧光标记的八聚寡核苷酸(fluorescently labeled octamers)连接并据此测定序列;二是使用了双碱基编码技术(two-base encoding),通过两个碱基来对应一种荧光信号而不是上一方法的一个碱基对应一种荧光信号,从而使该技术具有误差校正功能。其余建文库和乳液 PCR 与 454 测序法基本相同。

(1)样品 DNA 文库的构建 将样品 DNA 打断成小片段,两端接上接头。其片段可比 454 测序法的片段更小。

(2)乳液 PCR 扩增模板 在微珠表面固定与模板链接头互补的引物,用以捕捉模板链;通过控制 DNA 文库浓度使每一微珠仅结合一条模板链。ABI 的微珠比 454 的小,直径仅在 1 μm 左右。加入乳化剂,使形成油包水小滴,每一液滴内含有 PCR 试剂和一个微珠,成为独立的 PCR 扩增微系统,随后进行

PCR 循环。扩增反应结束后每一微珠大约携带 1 000 条模板链。破坏乳液分散系统,将微珠安置在芯片表面的小孔内,每一小孔恰好放置一个微珠。

（3）连接测序　连接测序是借助精心设计的八聚体荧光探针来识别模板链的序列,边连接边测序。八聚体 3′端为 2 个确定的碱基(XX),中间为 3 个任意碱基(NNN),5′端为 3 个可与任何碱基配对的特殊碱基(ZZZ)。探针 5′端分别与不同的荧光染料连接,由 3′端 2 个碱基决定一种荧光颜色(双碱基编码),见图 12-18A。八聚体荧光探针的结构见图 12-18B。通用测序引物共有 5 种,分别以 (n)、$(n-1)$、$(n-2)$、$(n-3)$、$(n-4)$ 来表示,各用于第一至第五轮测序。第一轮测序的第一次连接反应由引物 (n) 介导,由于每一微珠只含一种均质单链 DNA 模板,所以只有一种与引物 5′端模板序列互补的八聚体荧光探针才能在连接酶催化下与引物连接。测序仪记录下荧光探针连接后发出的荧光颜色信号。随后用化学方法除去 6~8 位核苷酸及 5′端的荧光基团,游离出第 5 位核苷酸的 5′磷酸,为下一次连接反应作准备,见图 12-18C。第一次连接反应可以得到第 1、2 位碱基序列的颜色信息,第二次连接反应得到第 6、7 位碱基序列的颜色信息,第三次连接反应得到第 11、12 位碱基序列的颜色信息……见图 12-18D。

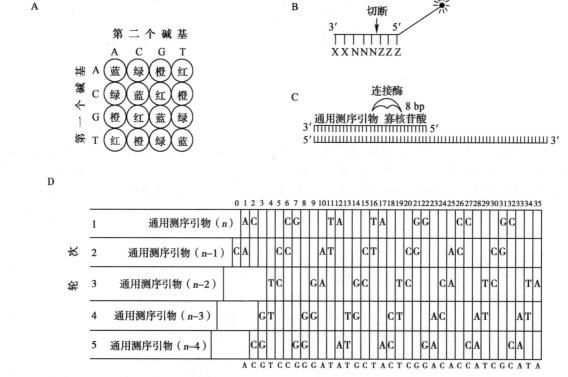

图 12-18　连接测序法示意图

A. 双碱基编码系统,由两个碱基对应一种荧光颜色;B. 八聚体荧光探针;C. 连接酶催化八聚体荧光探针与引物连接;D. 五轮连接反应完成 35 个碱基的测序

第一轮共进行七次连接反应。然后变性去掉引物和八聚体形成的 DNA 链,重置引物,并开始第二轮的测序。第二轮引物 $(n-1)$ 与模板链的配对位置向左移一格,第一次连接反应可获得第 0、1 位碱基序列的颜色信息,依次类推,第二轮以后各次连接分别得到第 5、6 位,第 10、11 位,第 15、16 位,第 20、21 位,第 25、26 位,第 30、31 位碱基序列颜色信息。在完成五轮连接反应后就测完 35 个碱基序列。如果两头测序可以完成读序 70 bp 以上。

连接测序所需样品 DNA 少(0.1 μg 以下),准确性高(99.99%),可以得到超高通量数据(180 Gb 以上),但序列读长较短。

（三）第三代测序技术

现代科学技术发展的特点是综合化、信息化和产业化。上世纪80年代开始兴起的纳米技术正体现了这些特点。第三代测序技术,也即单分子测序技术,广泛运用了纳米技术的原理和方法。一项新技术的应用,从最初设想到最后产品实现需要10~20年,或更长时间。上世纪80年代在完善Sanger终止法并推出自动化测序仪的同时,有关实验室也在探索Sanger终止法之外的测序法,由此产生了第二代测序技术。当时PCR技术正在盛行,第二代测序技术中都用到PCR来扩增模板链。但是PCR容易引入错误,并且会改变文库的成分。纳米技术的兴起使得直接分子测序成为可能,而无需借助PCR来扩增DNA链。进入21世纪第二个10年,第三代测序仪已经或即将上市,主要有Helicos Biosciences公司的HeliScope单分子测序(SMS)仪,Pacific Biosciences公司的SMRT测序技术和Oxford Nanopore Technologies公司纳米孔测序技术。前两者依靠荧光信号测序,后一种依靠电信号测序。

1. HeliScope

Helicos的HeliScope是最早上市的单分子测序仪。该测序仪所以能够较为准确地记录下单分子DNA在加入核苷酸时释放的非常微弱的荧光信号,是因为其采用了一项全内反射显微镜技术(total internal reflection microscopy,TIRM)。这项核心技术原本由Quake公司所开发,2007年被Helicos公司收购,次年推出了HeliScope。

带有高灵敏度荧光探测装置的HeliScope测序仪操作比较简单。首先,将基因组DNA随机切成小片段,单链3′端加上poly(A)尾巴,然后由末端核苷酸转移酶连上荧光标记的核苷酸。荧光染料选择为硫代吲哚花青3(sulfoindo cyanine 3,Cy3)。通过与固定在芯片表面的poly(T)互补杂交,将模板链锚定在芯片上,制成测序芯片。模板上标记有Cy3以标识出它们在芯片上的位置。随后加入DNA聚合酶和Cy5荧光标记的dNTP,边合成边测序。每次聚合反应只加一种dNTP,将未参与反应的底物和酶洗脱,记录下发出荧光信号的位置,用化学试剂去掉荧光标记。重新加入DNA聚合酶和另一种dNTP,以进行下一次聚合反应。通过重复合成、洗脱、成像、淬灭过程完成整条链的测序。通常HeliScope的读序长度为30~35 bp,每一芯片的数据产出量为21~28 Gb。HeliScope的测序原理见图12-19。

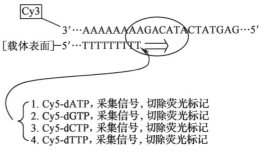

图12-19 HeliScope的测序原理

HeliScope开创了单分子测序的先例。它操作简便,试剂消耗少,能够快速完成大规模DNA测序任务。但是它检测到的荧光信号弱,错误率高,不能识别连续的碱基,读序短。实际上它还没有完全摆脱第二代测序技术的一些操作。

2. PacBio SMRT

Pacific Biosciences公司是较早推出第三代测序仪的公司之一,他们研发了一项全新的测序技术称为单分子实时测序技术(single molecular real time,SMRT)。PacBio RS(RS表示real time sequencing)核心技术有三个:一是通过零模波导(zero mode waveguide,ZMW)孔控制激光检测区;二是借助激光扫描荧光显微镜(laser scanning confocal microscope,LSCM)实时记录芯片上无数纳米微孔的荧光;三是分析荧光信号的时空变化进行高通量测序。

(1) 零模波导(ZMW)纳米微孔板　SMRT芯片是一种厚度为100 nm的金属片,其上打了许多直径为数十纳米圆形小孔,DNA聚合酶固定在小孔底部玻璃板上。当小孔直径低于可见光波长(数百纳米)时,光线无法透射过小孔,而被束缚在浅表层(数纳米),形成一个非常小的检测区(图12-20)。在芯片的一个反应池(SMRT cell)中有15万个ZMW纳米结构,一张芯片可以有多个反应池。向反应池中加入测序模板、试剂和荧光标记dNTP。通常荧光基团都标记在dNTP的碱基上,而在本方法中荧光基团却连在末端磷酸基上,不同碱基的核苷酸用不同荧光基团标记末端磷酸。激光从底部打上去,DNA聚合酶正

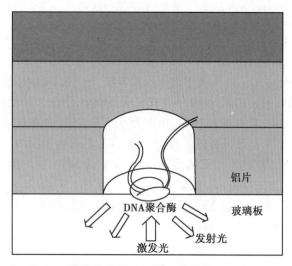

图 12-20　零模波导（ZMW）纳米微孔板

好在检测区内。DNA 模板链结合在聚合酶活性中心凹槽催化位点上,在有配对核苷酸底物进入时即发生聚合反应,模板链随之发生移动,又可接纳新的核苷酸底物。小孔上方溶液内无光线照射,荧光标记的核苷酸处于黑暗中,只有借助扩散进出检测区的标记 dNTP 才会发出荧光。扩散速度较快,标记核苷酸在检测区内停留的时间约为几十微秒,而进入聚合酶的标记核苷酸停留时间为几十毫秒,因此后者有较强的荧光发生,根据荧光波长可以判断掺入的核苷酸种类。聚合酶在新合成的 DNA 链上加入核苷酸,并释放底物的焦磷酸,荧光基团也随之被除去。

（2）激光扫描共聚焦显微镜　该新型显微镜兴起于 20 世纪 80 年代,主要包括荧光显微镜、激光发射器、扫描装置、光检测器、计算机系统和图像输出设备六部分。由于激光光源针孔和探测针孔相对于物镜焦平面是共轭关系,也就是“共聚焦”,样品焦平面上的点同时聚焦于光源针孔和探测针孔。因此对样品进行扫描时,扫描点以外的非观察点不会成像,背景成黑色,样品需经过逐点扫描后才形成整个标本的光学切面,快速对集成在板上的纳米微孔荧光实时进行记录。

（3）纳米微孔荧光信号的时空段分析　DNA 聚合酶催化 DNA 合成过程中,每进入一个核苷酸就会产生一个荧光脉冲峰。两个相邻脉冲峰之间有一定距离,也就是时间段。峰间距离与模板上碱基是否存在修饰有关,修饰碱基影响合成速度,导致两个峰之间距离加大。PacBio 测序技术不仅可以提供序列信息,还可以实时了解模板碱基的修饰情况。

在体内 DNA 聚合酶能快速、准确、持续复制 DNA。SMRT 充分发挥了 DNA 聚合酶的潜力,测序速度每分钟大于 100 个核苷酸,读长在数 kb 以上。将基因组 DNA 打断成数 kb 的双链片段,两端分别填平,用末端互补的单链环状接头连接正、负链,形成哑铃状 DNA（图 12-21）。通过滚环法完成正、负链测序后还可以继续重复测序,从而使准确率达到 99.999 9% 以上。

3. Oxford Nanopore

Oxford Nanopore Technologies 公司研发出一款新的纳米孔（nanopore）测序仪。他们用生物材料制作携带纳米孔的膜。金黄色葡萄球菌的 α-溶血素（*Staphylococcus aureus* α-hemolysin）能在生物膜上穿孔,在孔内共价结合氨基化环状糊精（aminocycdextrin）,由此形成纳米通道。在膜的两

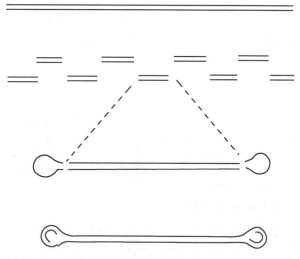

图 12-21　哑铃状 SMRT DNA 的构建

侧给予一定的电位差（如+180 mV）,利用特殊设备精确测定通过孔的电流。将外切核酸酶固定在纳米孔上,加入待测序的单链 DNA,外切核酸酶逐个切下核苷酸。核苷酸通过环状糊精孔影响到电流,依次记录下各核苷酸的电流信号。在固定条件下,不仅碱基种类,而且修饰碱基,也会给出特定的电流信号,通过电流信号可以获得序列信息。

上面介绍了三种有代表性的第三代测序技术。由于测序能为生命科学和医学提供最重要和最基本的信息,测序技术受到普遍关注。第三代测序技术虽然已经从研发走向应用,各种改进仍在进行中。而第四代测序技术的研究也已经有了一些设想和苗头。

一种设想是采用石墨烯和碳纳米管为材料,替代目前使用的纳米孔装置,利用碳材料的导电性直接记录下 DNA 链经过孔隙时的电流变化。这种新的"电测序"的想法目前还处于起步阶段,但已受到一些实验室和公司的青睐。

另一种设想是直接利用特殊显微镜,如扫描隧道显微镜(STM)和原子力显微镜(AFM)"观察"DNA 分子,区分不同的碱基。这方面也已有不少尝试,有待进一步的研发。

相信在新的世纪里,新的测序技术必将有重大突破和发展。

七、DNA 微阵技术

DNA 微阵(DNA microarray),或称为**基因芯片**(gene chip),是以硅、玻璃、微孔滤膜等材料作为承载基片,通过微加工技术,在其上固定密集的不同序列 DNA 微阵列,一次检测即可获得大量的 DNA 杂交信息。在 1 cm^2 的芯片上排列的 DNA 片段常有数十、数百甚至数十万个。微阵技术因其检测快速、灵敏、信息量大,故近年来发展极为迅速。人类基因组计划的顺利完成,生命科学进入了后基因组的时代,研究重点已不仅是基因组的序列,而转向功能基因组学(functional genomics)、结构基因组学(structural genomics)、比较基因组学(comparative genomics)、转录组学(transcriptomics),并带动产生了蛋白质组学(proteomics)、核糖核酸组学(ribonomics)、代谢组学(metabonomics)和糖组学(glycomics)等领域。在众多组学的研究中,迫切需要发展出一种新的高通量分析技术。各种**生物芯片**(biochip)便应运而生,在综合分析各类生物大分子或大分子组的变化中特别有用,其中最成熟、得到最广泛应用的是 **DNA 芯片**(基因芯片)。

以微阵排列固定在芯片上的核酸或寡核苷酸称为靶标(target);用放射性同位素、荧光染料或其他易检测物标记的核酸称为探针(probe)。借助计算机系统分析杂交图像即可得到有关信息。

(一) DNA 芯片的类型

基片的材料、微加工技术和检测方法等都会影响芯片的性能,但决定芯片类型和用途的是以阵列分布的**靶标分子**。固定在芯片上的 DNA 可分为三类:① 从不同生物来源分离到的基因、基因片段或其克隆;② cDNA 或是其表达序列标签(expressed sequence tag,EST);③ 合成的寡核苷酸。

基因或基因片段分子都比较长,因此反应稳定,重复性好。用 PCR 扩增极易获得所需要的基因片段,经纯化和活化,即可按阵列固定在芯片表面。cDNA,或是从 cDNA 库中分离到的部分表达序列,可用以检测细胞基因的表达水平或基因组的**表达谱**(expression pattern)。分离基因和 cDNA 克隆固然十分费时、费力,但现在一些与生物技术有关的公司已有人类和模式生物各种基因和 cDNA 克隆出售。

寡核苷酸的合成十分方便,现已可按各种需要设计出寡核苷酸的序列,通过 DNA 合成仪自动化合成。用于芯片的寡核苷酸长度一般为 20 至 25 聚体。合成的寡核苷酸几乎可用于所有用途的 DNA 芯片。寡核苷酸还可在阵列点的原位合成,因而使阵列点更为密集。但是原位合成的寡核苷酸比较短,通常小于 20 聚体,因此也为杂交结果带来一定的不确定性。

(二) DNA 芯片的制作

以硅片、玻片或滤膜作为固相支持物,应事先进行特定处理,例如包被带正电荷的聚赖氨酸或氨基硅烷。现在一些公司已有比较成型的基片出售,这类基片表面带有氨基、醛基或环氧基等活性基团。3′端经修饰带有氨基的 DNA(PCR 产物或寡核苷酸)通过戊二醛(或其他长碳链含双功能基化合物)反应,从而共价结合在基片上。也有芯片的基质通过连接臂上活化的基团与 DNA 相连。点阵的制作主要有以下三种方法:**接触打印法**(contact printing);**照相平版印刷法**(photolithography)和**喷墨法**(inkjet)。

1. 接触打印法

机械点样(mechanical spotting)因其操作简单,既可手工点样,又可全部操作由自动化仪器来完成,故而被广泛采用。DNA 溶于点样缓冲液,吸入加样针内,然后与芯片基质表面接触,使 DNA 溶液转移其上。为提高效率,点样可用多道针头,同时点一、二十个样品。每一轮点样后,加样针需彻底清洗,然后再吸下一溶液,以免造成污染。采用**微阵点样仪**,编好程序,即可快速均匀完成点样。

2. 照相平版印刷法

把半导体加工的照相平版印刷术同 DNA 化学合成法结合起来,可以制造高密度的**寡核苷酸微阵列**。用挡光膜来控制光反应的部位,曝光使光敏保护基解离下来,从而与加入的特定核苷酸发生偶联反应。各核苷酸底物也用光敏基团保护,然后用另一挡光膜重复上述过程,最终得到包含不同序列寡核苷酸的微阵列。照相平版印刷法的优点是:① 直接在点阵原位合成寡核苷酸,省去了寡核苷酸纯化处理和固定等步骤,提高了芯片制作效率。② 光照反应较易控制,可以制作高密度的点阵,其密度比接触点样至少可提高 2~3 个数量级。③ 全部过程采用自动化操作,芯片与芯片之间差异极小,便于大规模生产。其缺点是:① 挡光膜非常昂贵,设计和操作十分复杂。② 原位合成寡核苷酸的产率较低,通常只能合成长度<20 聚体的寡核苷酸,限制了所能获得的杂交信息。这一技术经过改进显然还有更大发展前景。

3. 喷墨法

类似于喷墨打印机,将 DNA 溶液置于带有喷头的**压电装置**(piezoelectric device)内,在电流控制下使精确量的液体喷射在基质表面。之后经过清洗再换上另一 DNA 溶液,可进行新一轮喷射。这种方法可以用任何种类的 DNA 制作微阵列,包括基因组 DNA、cDNA 或寡核苷酸。喷墨法也可用于原位合成寡核苷酸。与彩色打印机的原理相同,用四个喷头分别贮存四种核苷酸的合成试剂,通过计算机控制喷射特定种类试剂到设定区域。去保护、偶联、氧化和冲洗等步骤——如固相合成技术。如此循环可以合成出长度为 40~50 个碱基的寡核苷酸,每步产率也比照相法高,但芯片密度却不如照相法。点样法和喷墨法所制作的芯片一般可达上万个点阵。

(三) 核酸杂交的检测

DNA 芯片通过各点阵上的靶标分子与基因组 DNA、cDNA 和 mRNA 杂交而得到这些核酸样品的信息。现在已有许多物理化学方法可用来检测核酸的杂交;最常用的方法是对核酸样品加以放射性或荧光标记,然后检测点阵的杂交标记。荧光标记的灵敏度虽略低于放射性标记,但操作方便,目前 DNA 芯片的检测主要用荧光法。常用**硫代吲哚花青染料**(sulfoindocyanine,Cy)进行荧光标记,Cy3 可激发绿色光,Cy5 可激发红色光,如将 Cy3 和 Cy5 分别标记诱导前和诱导后细胞的 RNA 或其 cDNA,然后再与 DNA 芯片杂交。杂交信号可通过激光显微扫描仪对 DNA 芯片进行扫描来收集,检测每个靶标上探针所发出的荧光,由**计算机控制显示器**(computer controller display,CCD)成像(图 12-22)。可以分别对两种荧光物扫描并成像;也可以同时扫描获取两种图像,视不同仪器而异。**激光共聚焦装置**使激发光从芯片背面射入,并在芯片与杂交溶液界面处聚焦,发射荧光由成像显微镜经滤色器到达

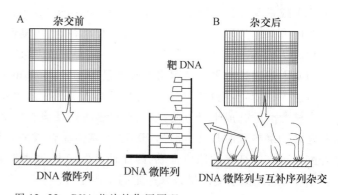

图 12-22   DNA 芯片的作用原理

检测器(光电倍增管),那些未与芯片探针结合的标记分子由于不在聚焦部位,发射光不被检测到,只有芯片表面的杂交物才形成**二维荧光图像**。Cy3 和 Cy5 荧光图像的差别即反映了细胞诱导前后转录的差别。

另一种荧光检测技术叫**光导纤维 DNA 生物传感器微阵列**(fiber-optic DNA biosensor microarray),将生物传感器技术与微阵列技术结合起来。它是将靶标核酸固定在传感器敏感膜上,每一阵列点分别与直径为 200 μm 光导纤维末端相连,形成微阵传感装置。靶标核酸可伸入探针溶液内,杂交的荧光信号由另一端偶联的 CCD 相机接受,样品检测十分快速灵敏。

探针和样品是相对而言的。固定在芯片上的核酸或寡核苷酸称为靶标,被检测的荧光标记核酸则为探针;反之,有些书上将芯片上固定的核酸或寡核苷酸称为探针,而将荧光标记的核酸称为样品,通过与芯片杂交而获得样品的序列信息,其意思与前者完全相同。

（四）DNA 芯片的应用

DNA 芯片的用途十分广泛,它是分析基因组或是其表达遗传信息的重要技术,归纳起来主要有以下几方面的应用。

1. 测定基因型、基因突变和多态性

利用各种**基因探针**,可以确定生物的基因型。由于 DNA 芯片包含的信息量十分巨大,它可以检测出基因的各种突变和多态性。通常以高密度寡核苷酸微阵列来研究种内和种间的基因突变及多态性,尤其是**单核苷酸多态性**(single-nucleotide polymorphism,SNP)。在检测突变的微阵列(芯片)中,由代表一个或一组基因所有突变体的寡核苷酸组成,样品与芯片杂交的高灵敏度可以检测出单个核苷酸的错配,因此可以从同源基因的大量变化中快速查出序列上的变异,包括导致遗传病的基因缺陷以及癌基因。通过**基因组错配扫描**(genomic mismatch scanning,GMS)以对阵列各点的荧光强度进行定量分析。当探针与芯片核酸完全匹配时所产生的荧光信号强度是具有单个或两个错配碱基时的 5～35 倍,所以对荧光信号强度精确测定是找出错配的基础。当然荧光强度还可能受到其他各种因素的影响,因此需要做各种对照实验,以取得可靠结果。

2. DNA 的重测序

上面提到 DNA 芯片包含的信息量十分巨大。如果 DNA 芯片由高密度整套寡核苷酸所构成,这些寡核苷酸长度一定,而包含了所有可能的序列组合,因此可用于**重测序**(resequencing)。将待测序的 DNA 分子切成小的片段,经荧光标记后在芯片上杂交。由于这些寡核苷酸包含了全部可能的序列,寡核苷酸之间有各种重叠,根据杂交荧光图谱可以推导出 DNA 序列,故又称为**杂交测序**(sequencing by hybridization,SBH)。这种测序方法十分高效,一次杂交即可得出 DNA 的全序列。但若样品中含有重复序列,测序就会受到限制。

3. 测定基因的表达谱

借助 cDNA,表达序列标签(EST)或寡核苷酸制成的芯片,可测定细胞基因的表达情况,包括特定基因是否表达、表达丰度,不同组织、不同发育阶段以及不同生理状态下表达差异,也就是所谓的**基因表达谱**(gene expression pattern)。基因表达谱可提供丰富的生物信息及有关基因功能的直接线索。测定基因表达谱还有助于了解疾病的发病机制、药物的生理反应和治疗的效果。这些研究在理论上和实践上都有重要意义。

DNA 芯片还可用于**基因来源同一性**(identity by descent)作图、基因连锁分析、基因定位等研究,这里不再一一详述。

八、核酸的化学合成

早在 20 世纪 50 年代,H. G. Khorana 就开始了寡核苷酸的化学合成研究。1956 年他首次成功合成了二核苷酸。其基本指导思想是将核苷酸所有活性基团都用保护剂加以封闭,只留下需要反应的基团;活化剂使反应基团激活;用缩合剂使一个核苷酸的羟基与另一核苷酸的磷酸基之间形成磷酸二酯键,从而定向发生聚合。他的工作为核酸的化学合成奠定了基础,因而与第一个测定 tRNA 序列的 Holley 以及从事遗传密码破译的 Nirenburg 共获 1968 年诺贝尔生理学或医学奖。

Khorana 用于合成 DNA 的是**磷酸二酯法**。Letsinger 等人于 1960 年发明了**磷酸三酯法**。由于磷酸中有三个羟基(P—OH),将其中之一保护起来,剩下 2 个可以分别与脱氧核糖形成磷酸二酯,这样将减少副反应,简化分离纯化步骤,提高产率。之后他们又发明了**亚磷酸三酯法**,使反应速度大大加快。在此基础上实现了 DNA 化学合成的固相化,也即将第一个核苷酸 3′-羟基固定在可控孔径玻璃微球(controllable pored glass bead,CPG)上,因此冲洗十分方便,也适合于自动化操作。

DNA 自动化合成都采用**固相亚磷酸三酯法**。底物的活性基团分别被保护,例如腺嘌呤和胞嘧啶碱基上的氨基用苯甲酰基(bz)保护,鸟嘌呤碱基的氨基用异丁酰基(Ib)保护,5′-羟基用二甲氧三苯甲基

（DMT）保护。自 3′向 5′方向逐个加入核苷酸,每一循环周期分为四步反应:

第一步,脱保护基(deprotection)。用二氯乙酸(dichloroacetic acid,DCA)或三氯乙酸(trichloroacetic acid,TCA)处理,水解脱去核苷 5′-羟基上的保护基 DMT。

第二步,偶联反应(coupling)。用二异丙基亚磷酰胺(diisopropyl phosphoramidite)衍生物作为活化剂和缩合剂,在弱碱性化合物四唑催化下,偶联形成亚磷酸三酯。

第三步,终止反应(stop reaction)。加入乙酸酐使未参与偶联反应的 5′-羟基均被乙酰化,以免与以后加入的核苷酸反应,出现错误序列。换句话说,合成的 DNA 链允许中途终止,但不能有序列错误。

第四步,氧化作用(oxidation)。合成的亚磷酸三酯用碘溶液氧化,使之成为较稳定的磷酸三酯。

按照事先设计的程序合成 DNA 链,待合成结束后用硫酚和三乙胺脱掉保护基,并用氨水将合成的全长寡核苷酸水解下来,然后用高效液相色谱(HPLC)和凝胶电泳纯化并鉴定。每个核苷酸合成循环要 7~10 min,十分方便。图 12-23 为 DNA 固相合成过程的图解。

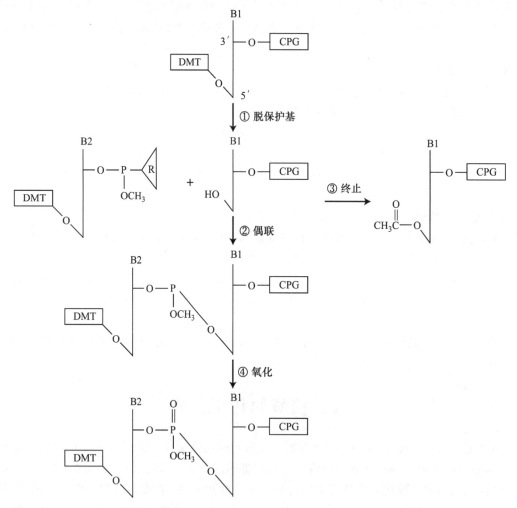

图 12-23　DNA 固相合成(亚磷酸三酯法)

现在 RNA 也能自动化合成,只是所用底物不同,基本操作与 DNA 合成一样。

提　要

核酸的糖苷键和磷酸二酯键可被酸、碱和酶水解,产生碱基、核苷、核苷酸和寡核苷酸。酸水解时,糖苷键比磷酸酯键易于水解;嘌呤碱的糖苷键比嘧啶碱的糖苷键易于水解;嘌呤碱与脱氧核糖的糖苷键最不稳定。RNA 易被稀碱水解,产生 2′-和 3′-核苷酸,DNA 对碱比较稳定。细胞内有各种核酸酶可以分解核酸。限制性内切酶是基因工程的重要工具酶。

核酸的碱基和磷酸基均能解离,因此核酸具有酸碱性质。碱基杂环中的氮具有结合和释放质子的能力。核苷和核苷酸的碱基与游离碱基的解离性质相近,它们是兼性离子。核酸中的磷酸基只有一级解离。DNA的酸碱变性使酸碱滴定曲线不可逆。

核酸的碱基具有共轭双键,因而有紫外吸收的性质。各种碱基、核苷和核苷酸的吸收光谱略有区别。核酸的紫外吸收峰在260 nm附近,可用于测定核酸。根据260 nm与280 nm的吸光度(A)可判断核酸纯度。天然DNA的$\varepsilon(P)$为6 600,RNA为7 700~7 800,发生变性和降解时$\varepsilon(P)$值会升高,以此可鉴别核酸制剂的质量。

变性作用是指核酸双螺旋结构被破坏,双链解开,但共价键并未断裂。引起变性的因素很多,升高温度、过酸、过碱、纯水以及加入变性剂等都能造成核酸变性。核酸变性时物理化学性质将发生改变。热变性一半时的温度称为熔点或变性温度,以T_m来表示。DNA的G+C含量影响T_m。根据经验公式$T_m=81.5\ ^\circ\text{C}+16.6(\lg[Na^+])+0.41(\%G+C)-0.63(\%甲酰胺)-(600/1)$。可以由DNA的$T_m$值计算G+C含量,或由G+C含量计算$T_m$。

变性DNA在适当条件下可以复性,物化性质得到恢复。复性快慢以$C_0t_{1/2}$值来表示。用不同来源DNA进行退火,得到杂交分子。也可以由DNA链与互补RNA链得到杂交分子。分子杂交是进行分子生物学研究的重要方法。Southern印迹法和Northern印迹法是最常用的两种杂交技术。

核酸研究的迅猛发展得益于核酸研究方法的不断更新和改进,首要的研究方法是核酸的分离和纯化。溶液中核酸分子受巨大离心力场的作用沉降速度大大加快,从而可以用来测定核酸分子的沉降常数S并以此求出分子的相对质量,测定核酸分子密度和构象,还可用来分离和纯化核酸。常用的超速离心方法有:沉降速度超离心、沉降平衡超离心、蔗糖密度梯度超离心和漂浮密度超离心。凝胶电泳将分子筛技术与电泳技术相结合,常用的是琼脂糖凝胶电泳和聚丙烯酰胺凝胶电泳。在一定范围内电泳迁移率与DNA碱基对的对数成反比。脉冲电场凝胶电泳可用于分离分子相对质量大的DNA。核酸可用各种柱层析来分离和制备,常用的是羟基磷灰石柱层析和寡聚脱氧胸甘酸亲和柱层析。

目前分离DNA最重要的方法有3个:① 用盐抽提,用苯酚和氯仿除去蛋白质。② 用广谱蛋白酶在SDS存在下保温消化细胞悬液,再用苯酚和氯仿去蛋白,用RNase除去少量的RNA。③ 用氯化铯密度梯度离心法分离纯化DNA。制备RNA要防止RNase的降解:① 器皿要高温处理或用DEPC除去RNase。② 破碎细胞的同时使蛋白质变性。③ RNA反应体系中加入RNase抑制剂(RNasin)。目前常用的RNA分离方法有两个:其一,用酸性钒盐/苯酚/氯仿抽提。其二,用钒盐/氯化铯密度梯度离心。分离poly(A)$^+$mRNA可用寡聚(dT)$_n$亲和层析法。

核酸序列的测定是最重要、也是发展最快的生物技术。Sanger最初提出加减法测定DNA序列,后又改进为终止法。Maxam和Gilbert提出化学法测定DNA序列。Sanger的终止法经过改进实现自动化。RNA的测序原理基本与DNA测序相同。全基因组测序有逐步克隆法和鸟枪法两种谋略。人类基因组计划主要依赖第一代测序技术来完成。采用微阵技术发展出了第二代测序技术,主要有焦磷酸测序法、可逆终止测序法和连接测序法。采用纳米技术发展出了第三代测序技术,主要有藉全内反射显微镜技术的HeliScope,藉零模波导孔和激光扫描共聚焦显微镜的SMRT技术,以及纳米孔电信号测序技术。

DNA微阵技术是一种高通量DNA杂交信息分析技术。将靶标核酸或其片段固定在芯片上,标记的核酸作为探针与之杂交,再用扫描仪收集杂交信息。制作芯片可用接触打印法、照相平板印刷法和喷墨法。DNA微阵技术可用于测定基因型、基因突变和多态性,DNA的重测序,以及测定基因的表达谱。

DNA自动化合成都采用固相亚磷酸三酯法。合成过程分为四步:第一步脱保护基。第二步偶联反应。第三步终止反应。第四步氧化反应。将产物脱保护基,从载体上水解下来,纯化。RNA可以用同样原理合成。

习　题

1. 比较核酸不同糖苷键和磷酸酯键对酸和碱的稳定性。

2. 为什么 RNA 比 DNA 更不稳定？

3. 试述核酸酶的种类和分类依据。

4. 为什么说核苷酸是兼性离子？是否所有核苷酸都是兼性离子？核苷酸中磷酸基的存在对碱基的解离有何影响？

5. 5′-鸟苷酸的 pK'_1 为 0.7，pK'_2 为 2.4，pK'_3 为 6.1，pK'_4 为 9.4，这些 pK' 各代表什么基团的解离常数？其等电点（pI）是多少？

6. 为什么 DNA 酸碱滴定的正向曲线和反向曲线有显著不同？

7. 有一纯的质粒 DNA 溶液，共 0.5 mL，取少量稀释 100 倍后测得 A_{260} 为 0.330，计算此溶液共有 DNA 多少微克？（已知 $DNA\varepsilon(P)$ 为 6 600；1 mol 磷 DNA 平均为 310 g）

8. 何谓增色效应？何谓减色效应？

9. 肺炎球菌 DNA 的 G+C 含量为 40%，在 0.1 mol/L 盐溶液中其 T_m 是多少？（不考虑分子长度）

10. 某真核生物基因组 DNA 变性后在标准条件下（溶液阳离子浓度 0.18 mol/L，DNA 片段大小 400 bp）复性，测得复性曲线分为三部分，快速复性部分占总量 25%，$C_0t_{1/2}$ 为 0.001 3；中间部分占 30%，$C_0t_{1/2}$ 为 1.9；缓慢复性部分占 45%，$C_0t_{1/2}$ 为 630，试计算此基因组高度重复、中等重复和单拷贝序列的复杂度和拷贝数。（已知大肠杆菌 DNA 大小为 4.64×10^6 bp，$C_0t_{1/2}$ 为 9）

11. 核酸杂交的分子基础是什么？有哪些应用价值？

12. 什么是 Southern 印迹法？什么是 Northern 印迹法？

13. G+C 含量为 40% 的 DNA 其密度为多少？

14. 比较蔗糖密度梯度超离心与氯化铯密度梯度超离心的异同。

15. 同一种质粒 DNA 在琼脂糖凝胶电泳中常分出三个条带，为什么？

16. 什么是脉冲电场凝胶电泳？如何选择最适电场和脉冲时间？

17. 为什么分离 RNA 要用变性聚丙烯酰胺凝胶电泳？

18. 什么是吸附层析？什么是亲和层析？比较两者核酸层析吸附条件和洗脱条件的异同。

19. 分离 DNA 和 RNA 主要有哪些方法？其原理是什么？

20. 简要叙述 Sanger 终止法测序的原理和操作步骤。

21. 简要叙述化学法测序的原理和步骤。

22. RNA 的测序有哪些方法？

23. 实现 DNA 测序自动化的核心技术是什么？

24. 什么是大规模基因组测序的逐步克隆法？

25. 比较基因组测序逐步克隆法和鸟枪法的优缺点。

26. 比较第一代测序技术、第二代测序技术和第三代测序技术主要特点。

27. 概述 454、Solexa 和 SOLiD 测序法的核心技术。比较三者的优缺点。

28. 比较 HeliScope、SMRT 和 Nanopore 测序法的原理和优缺点。

29. 何谓 DNA 微阵技术？

30. 制作 DNA 芯片的主要方法有哪几种？

31. DNA 芯片有哪些主要应用？

32. 概述 DNA 化学合成固相亚磷酸三酯法的原理。

33. DNA 化学合成自动化操作可分为哪几步？主要错误可能是什么？

主要参考书目

1. 王镜岩，朱圣庚，徐长法. 生物化学教程. 北京：高等教育出版社，2008.

2. 吴乃虎. 基因工程原理. 2 版. 北京：高等教育出版社，2001.

3. 张龙翔，张庭芳，李令媛. 生化实验方法和技术. 2 版. 北京：高等教育出版社，1997.

4. Green M R, Sambrook J. Molecular Cloning: A Laboratory Manual. 4th ed. New York: Cold Spring Harbor Laboratory

Press,2012.

5. Nelson D L,Cox M M. Lehninger Principles of Biochemistry. 6th ed. New York:W. H. Freeman,2012.

6. Berg J,Tymoczko J,Stryer L. Biochemistry. 7th ed. New York:W. H. Freeman,2010.

（朱圣庚）

网上资源

习题答案　　　　自测题

第13章 维生素和辅酶

一、维生素概论

（一）维生素的概念

维生素是参与生物生长发育和代谢所必需的一类微量有机物质。这类物质由于体内不能合成或者合成量不足，所以虽然需要量很少，每日仅以 mg 或 μg 计算，但必须由食物供给。维生素在生物体内的作用不同于糖类，脂肪和蛋白质，它不是作为碳源、氮源或能源物质，不是用来供能或构成生物体的组成部分，但却是代谢过程中所必需的。已知绝大多数维生素作为酶的辅酶或辅基的组成成分，在物质代谢中起重要作用。

机体缺乏维生素时，物质代谢发生障碍。因为各种维生素的生理功能不同，缺乏不同的维生素产生不同的疾病，这种由于缺乏维生素而引起的疾病称为**维生素缺乏症**（avitaminosis）。

维生素是由 vitamin 一词翻译而来，其名称一般是按发现的先后，在"维生素"（简式用 V 表示）之后加上 A、B、C、D 等拉丁字母来命名。还有初发现的以为是一种，后来证明是多种维生素混合存在，便又在拉丁字母右下方注以 1，2，3 等数字加以区别，例如 B_1、B_2、B_6 及 B_{12} 等。

生物对维生素的需要量是非常小的，而对各种维生素的需要量差别很大，并且对同一种维生素的需要量不同又因生理状况和劳动状况不同而异。例如正常人每天所需 V_A 0.8 ~ 1.6 mg，V_{B_1} 1 ~ 2 mg，V_{B_2} 1 ~ 2 mg，泛酸 3 ~ 5 mg，V_{B_6} 2 ~ 3 mg，V_{pp} 10 ~ 20 mg，生物素 0.2 mg，叶酸 0.4 mg，$V_{B_{12}}$ 2 ~ 6 μg，V_D 10 ~ 20 μg，V_E 8 ~ 10 mg，V_C 60 ~ 100 mg。当然对维生素的需要量不是绝对的，在某些特殊情况下需要量也会相应变化。

（二）维生素的发现

人们对维生素的认识来源于医药实践和科学试验。中国唐代医学家孙思邈曾经指出，用动物肝防治夜盲症，用谷皮汤熬粥防治脚气病。现在我们知道，肝中多含 V_A，所以防治 V_A 缺乏症的夜盲病；谷皮中多含 V_B，可以防治 V_{B_1} 缺乏症的脚气病。直到 1886 年荷兰医生 C. Eijkman 在印度尼西亚的爪哇岛研究当时亚洲普遍流行的脚气病，最初企图找出引起该病的细菌，但未成功。1890 年，在他的实验鸡群中爆发了多发性神经炎，表现与脚气病极为相似。1897 年，他终于证明该病是由于用白米喂养而引起的，将丢弃的米糠放回到饲料中就可治愈。他认为米壳中有一种"保护因素"可对抗食物中过量的糖。后来 G. Grijns 证明米糠含有一种营养因素，并首先提出营养缺乏症这个概念。日本海军于 1878—1882 年爆发脚气病，用大麦代替大部分的精米后，脚气病得到了控制。

维生素是通过实验动物的科学饲养试验而发现。英国的 F. G. Hopkins 于 1906 年发现，大鼠饲以纯化的饲料，包括蛋白质、脂肪、糖类和矿质后，不能存活；如果在纯化饲料中增加极微量的牛奶后，大鼠能正常生长。F. G. Hopkins 得出结论，正常膳食中除蛋白质、脂肪、糖类和矿质外，还有必需的食物辅助因子，即维生素。美国的生物化学家 L. B. Mendal 和 T. B. Osborni，E. V. McCollum 和 M. Davis 于 1913 年发现 V_A 和 V_B。其后，其他维生素被陆续发现。

在微生物中也有和动物相似的情况，即它们本身不能合成所需的维生素，而要外界供给。但也有一些微生物能合成某些维生素，如大肠杆菌能合成维生素 K、生物素等，核黄菌能合成 V_{B_2}。一般说植物体内能够合成维生素。高等动物不能合成维生素也不是绝对的，例如人体能合成 V_D；大小白鼠能合成 V_C。

（三） 维生素的分类和辅酶的关系

维生素都是小分子有机化合物。它们在化学结构上无共同性,有脂肪族、芳香族、脂环族、杂环和类固醇类化合物等。通常根据其溶解性质分为**脂溶性**和**水溶性**两大类。脂溶性有维生素 A、D、E、K 等,水溶性有维生素 B_1、B_2、烟酸和烟酰胺、B_6、泛酸、生物素、叶酸、B_{12} 和维生素 C 等。在生物体内维生素多以辅酶和辅基形式存在,现将各种维生素的辅酶、辅基形式以及在酶促反应中的主要作用列于表 13-1。

表 13-1　各种维生素的辅酶(辅基)形式及酶反应中的主要功能

类型	辅酶、辅基或其他活性形式	主要功能
水溶性维生素:		
维生素 B_1(硫胺素)	硫胺素焦磷酸(TPP)	醛基转移和 α-酮酸的脱羧作用
维生素 B_2(核黄素)	黄素单核苷酸(FMN)	氧化还原反应
	黄素腺嘌呤二核苷酸(FAD)	氧化还原反应
维生素 PP	烟酰胺腺嘌呤二核苷酸(NAD)	氢原子(电子)转移
（烟酸和烟酰胺）	烟酰胺腺嘌呤二核苷酸磷酸(NADP)	氢原子(电子)转移
泛酸(逾多酸)	辅酶 A(CoA)	酰基转移作用
维生素 B_6[吡哆醛(醇、胺)]	磷酸吡哆醛、磷酸吡哆胺	氨基酸转氨基、脱羧作用
生物素(维生素 H)	生物胞素	传递 CO_2
叶酸	四氢叶酸	传递一碳单位
维生素 B_{12}(钴胺素)	脱氧腺苷钴胺素(辅酶 B_{12})、甲基钴胺素	氢原子 1,2 交换(重排作用),甲基化
硫辛酸	硫辛酰赖氨酸	酰基转移,氧化还原反应
维生素 C(抗坏血酸)	—	羟基化反应辅助因子
脂溶性维生素:		
维生素 A(视黄醇)	11-顺视黄醛	视循环
维生素 D(钙化醇)	1,25-二羟胆钙化醇[1,25-$(OH)_2D_3$]	调节钙、磷代谢
维生素 E(生育酚)		保护膜脂质、抗氧化剂
维生素 K(凝血维生素)		羧化反应的辅助因子,参与氧化还原反应

二、脂溶性维生素

维生素 A、D、E、K 等不溶于水,而溶于脂肪及脂溶剂(如苯、乙醚及氯仿等)中,故称为**脂溶性维生素**。在食物中,它们常和脂质共同存在,因此在肠道吸收时也与脂质的吸收密切相关。当脂质吸收不良时,脂溶性维生素的吸收大为减少,甚至会引起缺乏症。吸收后的脂溶性维生素可以在体内,尤其是在肝内储存。

（一） 维生素 A

维生素 A 又名**视黄醇**(retinol)是一个具有脂环的不饱和一元醇,通常以视黄醇酯(retinol ester)的形式存在,醛的形式称为**视黄醛**(retinal 或 retinaldehyde)。像所有脂溶性维生素,视黄醇是一种类异戊二烯分子,是由异戊二烯构件分子生物合成的。视黄醇从动物饮食中吸收或由植物来源的 β-胡萝卜素合成。维生素 A 包括 A_1 和 A_2 两种。A_1 存在于哺乳动物及咸水鱼的肝中,即一般所说的视黄醇;A_2 存在于淡水鱼的肝中。A_1 和 A_2 的生理功能相同,但 A_2 的生理活性只有 A_1 的一半,A_2 比 A_1 在化学结构上多一个双键,维生素 A_1 和 A_2 的结构如下:

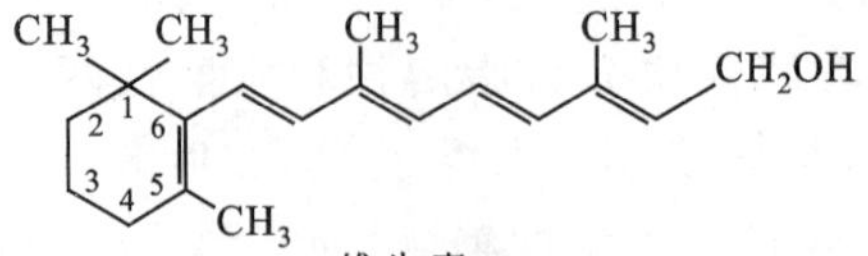

维生素 A_1

λ_{max}325 nm(乙醇溶液)

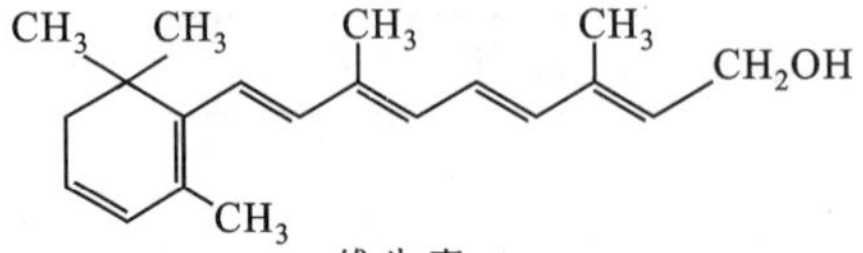

维生素 A_2

λ_{max}325 nm(乙醇溶液)

由于维生素 A 的侧键含有 4 个双键,故可形成 8 种顺、反异构体。在体内视黄醇可被氧化成视黄醛。视黄醛中最重要的为 9- 及 11-顺视黄醛:

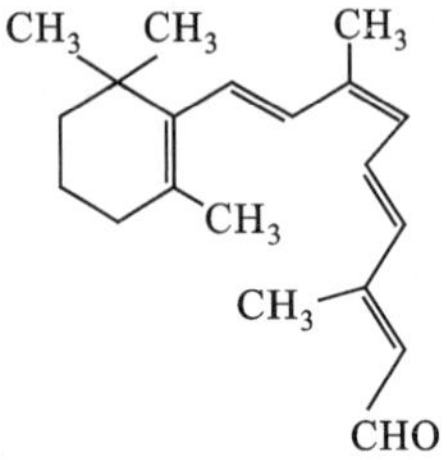

9-顺视黄醛

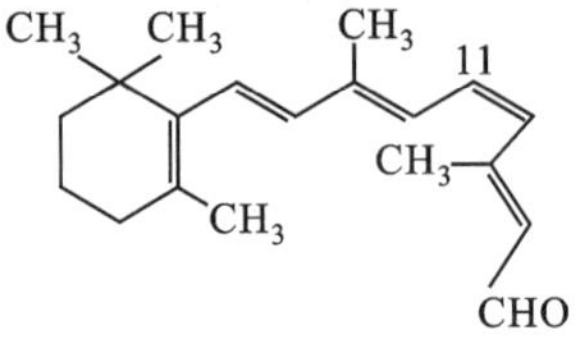

11-顺视黄醛

维生素 A 的化学结构和 β-胡萝卜素(β-carotene)的结构相关,β-胡萝卜素分子可被小肠黏膜的β-胡萝卜素-15,15′-双加氧酶(β-carotene-15,15′-dioxygenase)从其碳氢链中间断开生成两分子的视黄醛,后者经还原转变为视黄醇。因此,β-胡萝卜素是维生素 A 原。实际上胡萝卜素在体内的利用率较低,β-胡萝卜素仅相当于 1/6 维生素 A 活性,而 α 及 r-胡萝卜素活性为 β 型的一半。

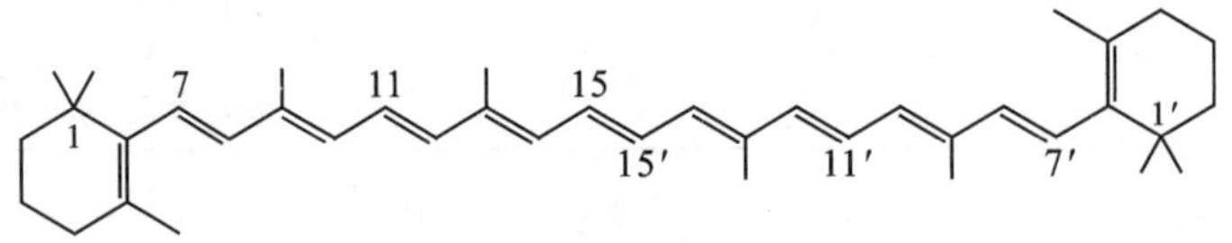

β-胡萝卜素

食物中的维生素 A 在小肠黏膜细胞内与脂肪酸结合成酯后掺入乳糜微粒,通过淋巴液转运,并被肝所摄取。维生素 A 酯在肝的储脂细胞内贮藏,应机体需要向血中释放。血浆中的维生素 A 是非酯化型的,与特异的转运蛋白——视黄醇结合蛋白(retinol-binding protein,RBP)结合而被转运,RBP-视黄醇复合物的 K_d 值是很小的,大约 5×10^{-12} mol·L^{-1}。

维生素 A 是构成视觉细胞内感光物质的成分。眼球视网膜上有两类感觉细胞,一种为视锥细胞,对强光及颜色敏感;另一种为视杆细胞,对弱光敏感,对颜色不敏感,与暗视觉有关。这是因为视杆细胞内含有感光物质**视紫红质**(rhodopsin)。视紫红质在光中分解,在暗中再合成。视紫红质是由 11-顺视黄醛和视蛋白内赖氨酸的 ε-氨基通过形成 schiff 碱缩合而成的一种结合蛋白质,而视黄醛是维生素 A 的氧化产物。眼睛对弱光的感光性取决于视紫红质的合成。当维生素 A 缺乏时,11-顺视黄醛得不到足够的补充,视紫红质合成受阻,使视网膜不能很好地感受弱光,在暗处不能辨别物体,暗适应能力降低,严重时可出现夜盲症。有关视紫红质的合成及视杆细胞的视循环分别如图 13-1 和图 13-2 所示。

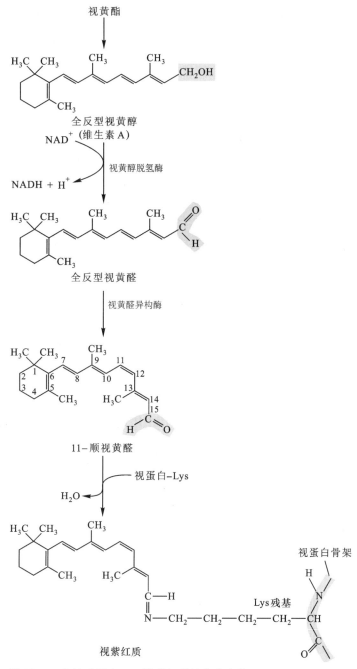

图 13-1　光敏感蛋白——视紫红质的合成步骤

维生素 A 除了视觉功能之外,在刺激组织生长及分化中也起重要作用,这一方面还缺少了解。例如视黄酸能刺激实验动物生长,但在视觉过程中不能代替视黄醛。维生素 A 也能刺激许多组织中的 RNA 合成。视黄醇衍生物的功能,在特异的糖蛋白的合成中作为糖的携带者。被维生素 A 影响的其他分化过程是免疫反应,当维生素 A 缺乏时机体的免疫功能会降低。细胞的黏附也受维生素 A 的影响,当某些类型的细胞在无维生素 A 的介质中培养生长时,加入维生素 A,则恢复生长的接触性抑制,并提高细胞之间的黏附。

维生素 A 主要来自动物性食品,以肝、乳制品及蛋黄中含量最多。维生素 A 原主要来自植物性食品,以胡萝卜、绿叶蔬

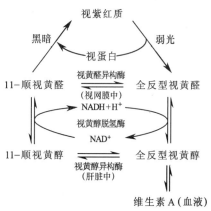

图 13-2　视杆细胞的视循环

菜及玉米等含量较多。正常成人每日维生素 A 生理需要量为 2 600～3 300 国际单位(IU),过多摄入维生素 A,长期每日超过 500 000 国际单位可以引起中毒症状,严重危害健康。

(二) 维生素 D

维生素 D 为类固醇衍生物,具有抗佝偻病作用,故称为**抗佝偻病维生素**。维生素 D 家族最重要的成员是**麦角钙化醇**(ergocalciferol,即维生素 D₂)及**胆钙化醇**(cholecalciferol,即维生素 D₃)。胆钙化醇是由动物的皮肤通过紫外光(例如太阳)作用,以其前体分子——7-脱氢胆固醇而产生的(图 13-3)。吸收光能经过激发单线态引起光异构作用,使 9,10 碳键破坏而形成前维生素 D₃(previtamin D₃)。紧接着自发地异构作用产生维生素 D₃——胆钙化醇。麦角钙化醇仅侧键结构与胆钙化醇不同,它是通过太阳作用于植物固醇——麦角固醇(ergosterol)而产生的。因为人类能通过太阳作用于皮肤产生维生素 D₃,因此"维生素 D"严格地说不是一种维生素。

根据在身体中的作用机制,胆钙化醇应当称为一种激素前体——激素原(prohormone)。饮食形式的维生素 D 通过小肠中胆盐的帮助被吸收。不论是在小肠中吸收或是在皮肤光合合成,胆钙化醇通过特异的维生素 D 结合蛋白(DBP)也称为转钙化蛋白(transcalciferin)转运到肝中。在肝中,胆钙化醇被一种混合功

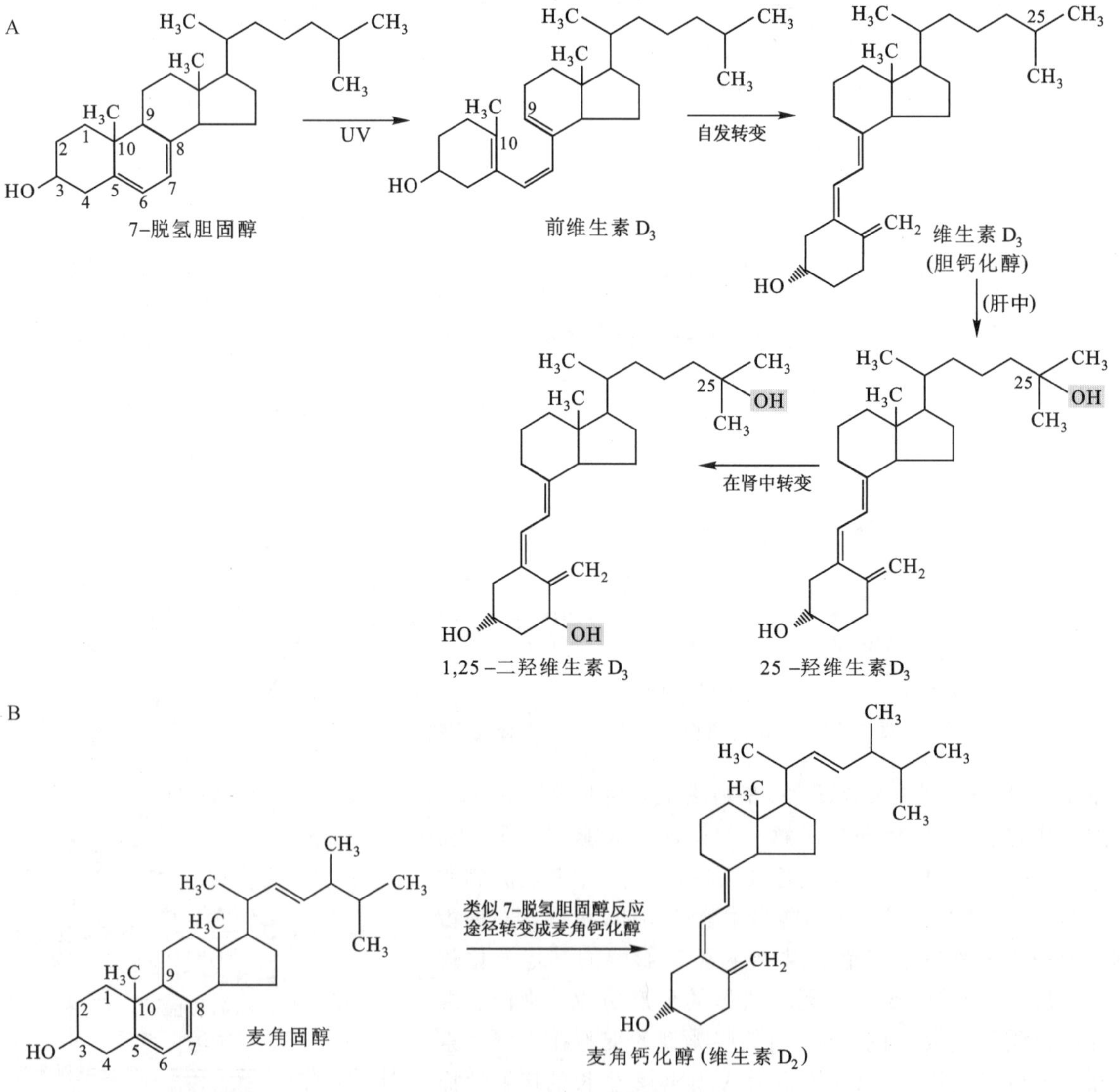

图 13-3　维生素 D 的合成
A. 维生素 D₃ 通过阳光作用于 7-脱氢胆固醇在皮肤中产生。在肝和肾中混合功能氧化酶的连续作用产生维生素 D 的活性形式 1,25-二羟维生素 D₃。B. 麦角钙化醇以类似的方式由麦角固醇产生

能氧化酶(mixed-functional oxidase)在 C25 位羟化生成 25-羟维生素 D_3(即 25-羟胆钙化醇)。尽管这是维生素 D 在身体内的主要循环形式,而 25-羟维生素 D_3 比最终活性形式的生物活性低很多。为了生成最终活性形式,25-羟维生素 D_3 转运到肾中,C1 被一种线粒体混合功能氧化酶羟化形成 **1,25-二羟维生素 D_3**(即 1,25-二羟胆钙化醇)(图 13-3),即维生素 D 的活性形式,1,25-二羟胆钙化醇然后转运到靶组织,如同一种激素调节钙和磷的代谢。

1,25-二羟维生素 D_3 同两种肽激素降钙素(calcitonin)和甲状旁腺激素(parathyroid hormone,PTH),行使调节钙和磷的体内平衡。钙对许多生命过程包括肌肉收缩、神经冲动的传递、血液凝固和膜结构是重要的,而磷对 DNA、RNA、脂质和许多代谢过程起重要作用。蛋白质磷酸化对于许多生物过程是一种重要的调节信号。磷和钙对骨骼的形成起到关键作用。正常血清磷和钙的任何紊乱,像佝偻病时,骨的结构发生变更。1,25-二羟维生素 D_3 的主要靶细胞是小肠黏膜、骨骼和肾小管,主要生理功能是促进小肠黏膜细胞对钙和磷的吸收。1,25-二羟维生素 D_3 能诱导钙结合蛋白(CaBP)的合成和促进 Ca-ATP 酶的活性,这都有利于 Ca^{2+} 的吸收。它也能促进磷的吸收;促进钙盐的更新及新骨的生成;促进肾小管细胞对钙磷的重吸收,减少从尿中排出。因此,1,25-二羟维生素 D_3 总的生理效应是提高血钙、血磷浓度,有利于新骨的生成与钙化。

维生素 D 主要含于肝、奶及蛋黄中,而以鱼肝油中含量最丰。维生素 D 可防治佝偻病,软骨病和手足抽搐症等,但在使用维生素 D 时应同时补钙。

(三) 维生素 E

维生素 E 与动物生育有关,故称**生育酚**(tocopherol),主要存在于植物油中,尤以麦胚油、大豆油、玉米油和葵花籽油中含量为最丰富。豆类及蔬菜中含量也较多。

天然的生育酚共有 8 种,在化学结构上,均系苯骈二氢吡喃的衍生物。根据其化学结构分为**生育酚**及**生育三烯酚**两类,每类又可根据甲基的数目和位置不同,分为 α、β、γ 和 δ 几种。

生育酚　　　　　　　　　生育三烯酚

	R_1	R_2
α-生育酚(α-生育三烯酚)	—CH_3	—CH_3
β-生育酚(β-生育三烯酚)	—CH_3	—H
γ-生育酚(γ-生育三烯酚)	—H	—CH_3
δ-生育酚(δ-生育三烯酚)	—H	—H

维生素 E 中以 α-生育酚生理活性最高,若以它为基准,则 β- 及 γ-生育酚和 α-生育三烯酚的生理活性分别为百分之 40、8 及 20,其余活性甚微。但就抗氧化作用论,δ-生育酚作用最强,α-生育酚作用最弱。

维生素 E 极易氧化而保护其他物质不被氧化,是动物和人体中最有效的抗氧化剂和自由基清除剂。它能对抗生物膜磷脂中不饱和脂肪酸的过氧化反应,因而避免脂质中过氧化物产生,保护生物膜的结构和功能。机体代谢不断产生自由基,如羟基自由基(OH·),超氧阴离子自由基(O_2^{-}),过氧化物自由基(ROO·)等。维生素 E 能捕捉自由基使其苯骈吡喃环上酚基失去一个氢原子而形成生育酚自由基。生育酚自由基又可进一步与另一自由基反应生成非自由基产物——生育醌。反应中生成的生育酚自由基也可与维生素 C 反应获得复原,这是维生素 E 和 C 的协同作用。

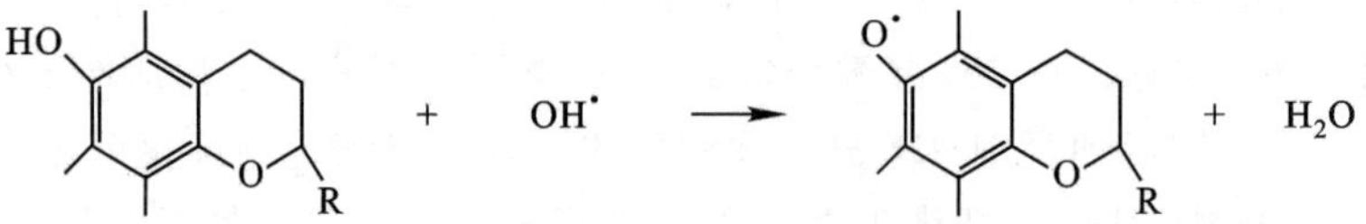

α-生育酚   羟基自由基   α-生育酚自由基 (TocO·)

$$TocO^· + ROO^· \longrightarrow RCOOH + 非自由基产物$$
过氧化物自由基

维生素 E 还可与硒(Se)协同通过谷胱甘肽过氧化酶发挥抗氧化作用。

维生素 E 与动物生殖功能有关,动物缺乏维生素 E 时,其生殖器官受损而不育。雄鼠缺乏时,睾丸萎缩,不产生精子;雌鼠缺乏时,胚胎及胎盘萎缩而被吸收,引起流产。临床上常用维生素 E 治疗先兆流产和习惯性流产。

维生素 E 能提高血红素合成过程中的关键酶 δ-氨基 γ-酮戊酸(δ-amino γ-levulinic acid,ALA)合成酶和 ALA 脱水酶的活性,从而促进血红素合成。研究证明,当人体血浆维生素 E 水平低时,红细胞增加氧化性溶血,若供给维生素 E 可以延长红细胞的寿命。这是由于维生素 E 具有抗氧化剂的功能,保护了红细胞膜不饱和脂肪酸免于氧化破坏,因而防止了红细胞破裂而造成溶血。

维生素 E 一般不易缺乏,正常血浆维生素 E 浓度为 0.9~1.6 mg/100 ml,若低于 0.5 mg/100 ml 则可出现缺乏症。主要表现为红细胞数量减少,寿命缩短,体外实验见到红细胞脆性增加,常表现为贫血或血小板增多症。

(四) 维生素 K

维生素 K 具有促进凝血的功能,故又称**凝血维生素**。天然的维生素 K 有两种:维生素 K_1 和 K_2。K_1 在绿叶植物及动物肝中含量较丰富。K_2 是人体肠道细菌的代谢产物。它们都是 2-甲基-1,4-萘醌的衍生物。目前临床上最常用的为维生素 K_3,2-甲基萘醌的含氮类似物即 4-亚氨基-2-甲基萘醌的凝血活性比 K_1 高 3~4 倍,称为 K_4。维生素 K_1、K_2、K_3、和 K_4 的结构如下:

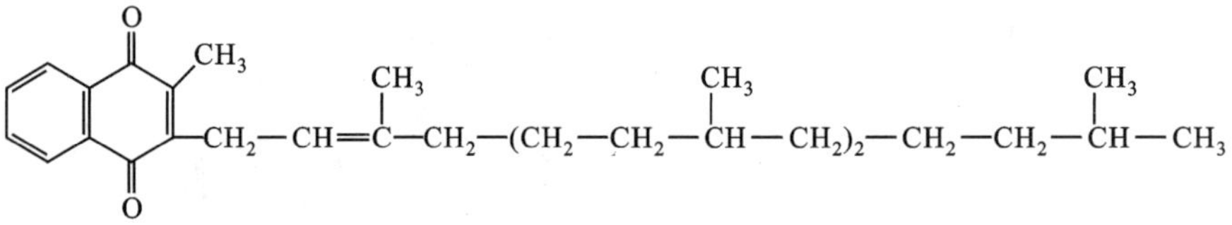

维生素 K_1

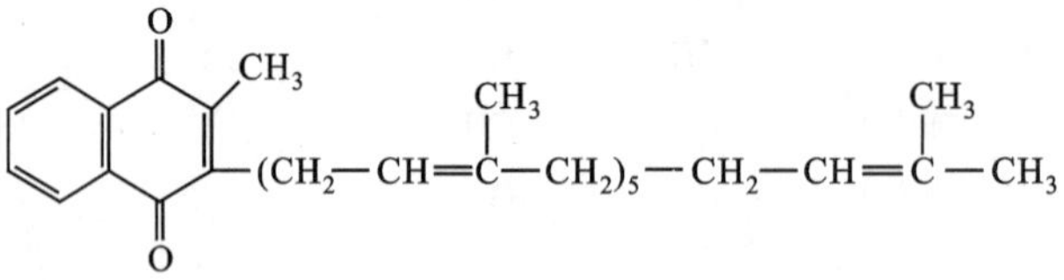

维生素 K_2

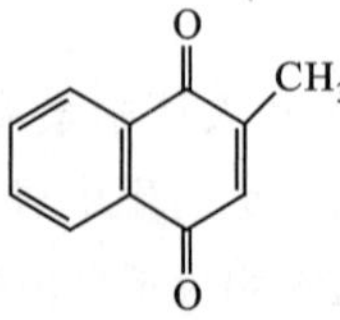

维生素 K_3 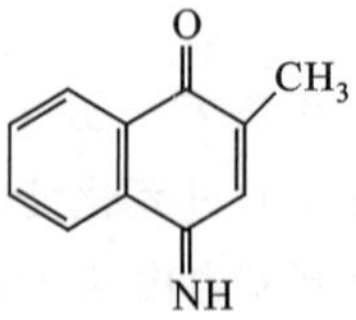   维生素 K_4

维生素 K 的主要生理功能是促进肝合成凝血酶原(prothrombin,凝血因子Ⅱ)。调节另外 3 种凝血因子Ⅶ、Ⅸ及Ⅹ的合成。缺乏维生素 K 时,血中这几种凝血因子均减少,因而凝血时间延长,常发生肌肉及肠胃道出血。

在第 8 章中已提到血液凝固的关键步骤是凝血酶原转变成凝血酶,而这一步需要 Ca^{2+} 参加。凝血酶原要结合 Ca^{2+},则要求它的肽链上具有 γ-羧基谷氨酸的结构。凝血酶原分子的 N 端含有 10 个谷氨酸残基,经羧化而与 Ca^{2+} 螯合,并与膜中的磷脂结合后,为蛋白酶水解而转变为凝血酶。凝血酶原上一些特定谷氨酸残基的羧基化,是由依赖于维生素 K 的谷氨酰羧化酶(glutamyl carboxylase)催化下完成的(图 13-4)。当维生素 K 缺乏时,就不能形成正常含 γ-羧基谷氨酸的凝血酶原,影响了与 Ca^{2+} 的结合,酶原不能转变为凝血酶,因而影响了血液凝固。此外在一些组织中发现有依赖维生素 K 的羧化酶系统,参与合成其他含 γ-羧基谷氨酸的蛋白质。因此维生素 K 是凝血酶原和其他蛋白质中谷氨酸残基羧化作用的辅因子。

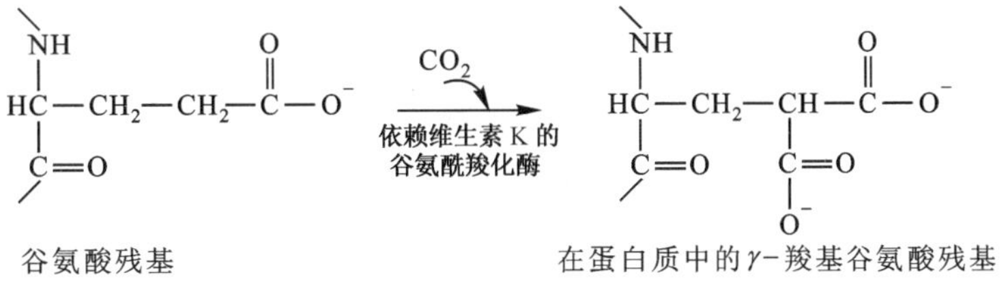

图 13-4　谷氨酰羧化酶反应依赖维生素 K

依赖维生素 K 的羧化反应是在肝细胞内质网进行,需要分子氧、CO_2 及氢醌型维生素 K 参加,并认为羧化反应与维生素 K 的环氧化物生成相偶联。肝微粒体中有维生素 K 循环(图 13-5),首先单加氧酶(monooxygenase)催化氢醌型维生素 K 转化为 2,3-环氧化物,同时谷氨酸残基被谷氨酰羧化酶羧化为 γ-羧基谷氨酸(Gla);再由还原酶催化,以二硫苏糖醇为还原剂将维生素 K 的 2,3-环氧化物转变成醌型;然后再被 NADPH 还原为活性的氢醌型维生素 K,完成这一循环反应。双羟香豆素(dicumarol)和杀鼠灵(warfarin)能抑制环氧化物还原酶,从而抑制这一循环的进行,故双羟香豆素和杀鼠灵为抗凝血剂。

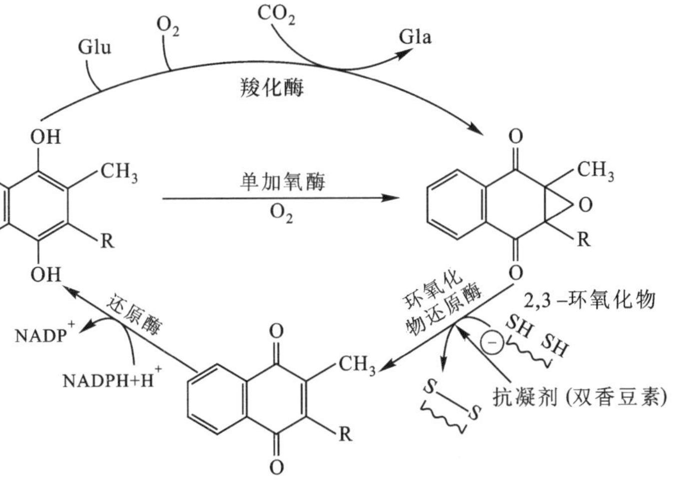

图 13-5　维生素 K 循环

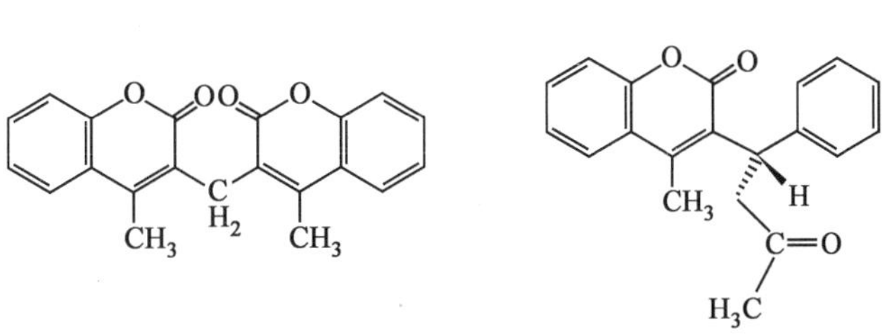

双羟香豆素(dicumarol)　　杀鼠灵(warfarin)

一般情况下人体不会缺乏维生素 K,因为维生素 K 在自然界绿色植物、肝、鱼等食物中含量丰富,另一方面人和哺乳动物肠道中的大肠杆菌可以合成维生素 K 并被肠道吸收。

三、水溶性维生素

水溶性维生素包括维生素 B 族、硫辛酸和维生素 C。属于维生素 B 族的主要有维生素 B_1、B_2、PP、B_6、泛酸、生物素、叶酸及 B_{12} 等。

维生素 B 族在生物体内通过构成辅酶而发挥对物质代谢的影响。这类辅酶在肝内含量最丰富。与脂溶性维生素不同,进入体内的多余水溶性维生素及其代谢产物均自尿中排出,体内不能多储存。当在机体中饱和后,食入的维生素越多,尿中的排出量也越大。

（一）　维生素 B_1 和硫胺素焦磷酸

维生素 B_1 为**抗神经炎维生素**（又名**抗脚气病维生素**）,化学结构是由含硫的噻唑环和含氨基的嘧啶环组成,故称**硫胺素**（thiamine）。在生物体内常以**硫胺素焦磷酸**（thiamine pyrophosphate,TPP）的辅酶形式存在,如图 13-6。硫胺素在氧化剂存在时易被氧化产生脱氢硫胺素（硫色素）,后者在紫外照射下呈现蓝色荧光,利用这一特性可进行定性定量分析。

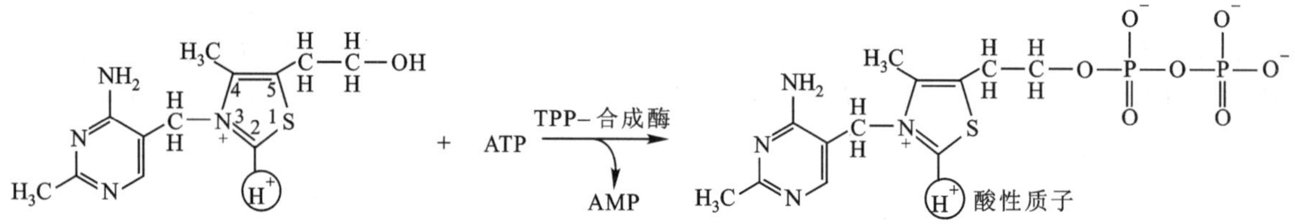

图 13-6　硫胺素焦磷酸（TPP）是维生素 B_1 的活性形式,是通过 TPP-合成酶的作用形成的

硫胺素焦磷酸（TPP）是糖代谢过程中 α-酮酸氧化脱羧酶及转酮酶的辅酶,涉及糖代谢中羰基碳（醛和酮）合成与裂解反应。特别是 α-酮酸的脱羧和 α-羟酮的形成与裂解都依赖于硫胺素焦磷酸。图 13-7 列出了这些反应:A. 丙酮酸通过酵母丙酮酸脱羧酶产生 CO_2 和乙醛;B. 在乙酰乳酸合成酶的反应中两分子丙酮酸缩合;C. 戊糖磷酸途径的一个反应称为转酮酶（transketolase）反应;D. 被厌氧微生物利用的反应,磷酸酮酶（phosphoketolase）反应。后面两个反应显然属于 α-酮转移。所有这些反应都依赖于产生裂解的羰基碳上负电荷的积累（图 13-8）。硫胺素焦磷酸通过稳定该负电荷促进这些反应。

这些反应的关键是硫胺素焦磷酸噻唑基的四级氮,如像酵母丙酮酸脱羧酶机制所示（13-9）,在 TPP-催化的反应中,阳离子亚胺氮起着两种不同的和重要的作用:① 为除去 C_2 质子所形成的碳负离子提供了静电稳定作用,所形成的碳负离子通过与羰基碳的加成同底物如 α-酮酸（例如丙酮酸）和 α-酮醇反应。② 一旦发生 TPP 攻击底物,所产生中间物的稳定性,可通过氮原子双键共振相互作用达到。

共振稳定的中间物能被质子化生成羟乙基-TPP。然后,再分解成产物乙醛和 TPP（图 13-9）。这是一种非氧化脱羧作用。

由于维生素 B_1 和糖代谢关系密切,因此多食糖类食物,维生素 B_1 的需要量也相应增多。当维生素 B_1 缺乏时,糖代谢受阻,丙酮酸积累,使病人的血、尿和脑组织中丙酮酸含量增多,出现多发性神经炎、皮肤麻木、心力衰竭、四肢无力、肌肉萎缩及下肢浮肿等症状,临床上称为脚气病。

根据研究,维生素 B_1 可抑制胆碱酯酶的活性,当维生素 B_1 缺乏时,该酶活性升高,乙酰胆碱水解加速,使神经传导受到影响,造成胃肠蠕动缓慢,消化液分泌减少,食欲不振,消化不良等消化道症状。

维生素 B_1 主要存在于种子外皮及胚芽中、米糠、麦麸、黄豆、酵母、瘦肉等食物中含量最丰富。

维生素 B_1 在酸性溶液中较稳定,中性和碱性中易破坏。维生素 B_1 耐热,在 pH 3.5 以下虽加热到 120℃ 亦不被破坏。维生素 B_1 极易溶于水,故米不易多淘洗以免损失维生素 B_1。

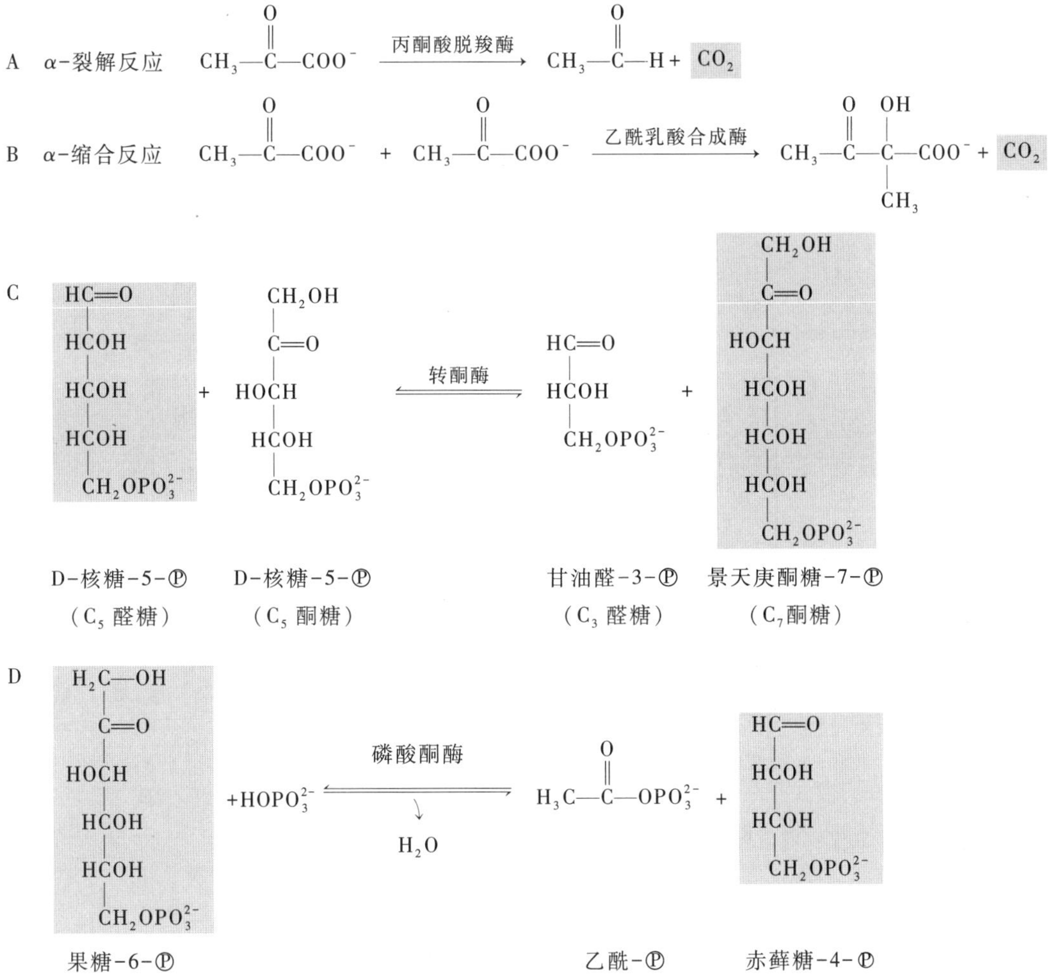

A　α-裂解反应

$$CH_3-\overset{\overset{\displaystyle O}{\|}}{C}-COO^- \xrightarrow{\text{丙酮酸脱羧酶}} CH_3-\overset{\overset{\displaystyle O}{\|}}{C}-H + \boxed{CO_2}$$

B　α-缩合反应

$$CH_3-\overset{\overset{\displaystyle O}{\|}}{C}-COO^- + CH_3-\overset{\overset{\displaystyle O}{\|}}{C}-COO^- \xrightarrow{\text{乙酰乳酸合成酶}} CH_3-\overset{\overset{\displaystyle O}{\|}}{C}-\overset{\overset{\displaystyle OH}{|}}{\underset{\underset{\displaystyle CH_3}{|}}{C}}-COO^- + \boxed{CO_2}$$

C

D-核糖-5-Ⓟ　　D-核糖-5-Ⓟ　　　　甘油醛-3-Ⓟ　　景天庚酮糖-7-Ⓟ
（C₅ 醛糖）　　（C₅ 酮糖）　　　　（C₃ 醛糖）　　　（C₇ 酮糖）

D

果糖-6-Ⓟ　　　　　　　　　　乙酰-Ⓟ　　　赤藓糖-4-Ⓟ

图 13-7　硫胺素焦磷酸参加（A）α-酮酸脱羧反应和（B～D）α-羟酮的形成和裂解
转酮酶和磷酸酮酶反应是 α-酮转移的例子

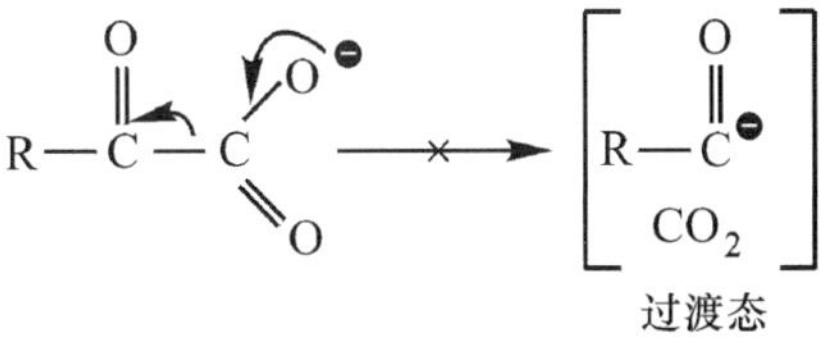

图 13-8　α-酮酸的脱羧作用导致在过
渡态中羰基碳上负电荷不利的积累
硫胺素焦磷酸的功能是稳定负电荷

（二）　维生素 PP 和烟酰胺辅酶

维生素 PP 包括**烟酸**（nicotinic acid）和**烟酰胺**（nicotinamide），又称**抗糙皮病维生素**（antipellagra vitamin），二者均属于吡啶衍生物。

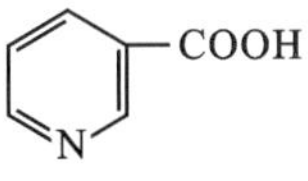

烟酸 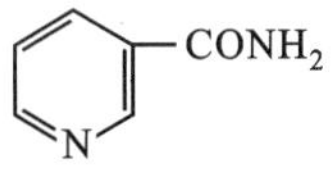　　　　　　　烟酰胺

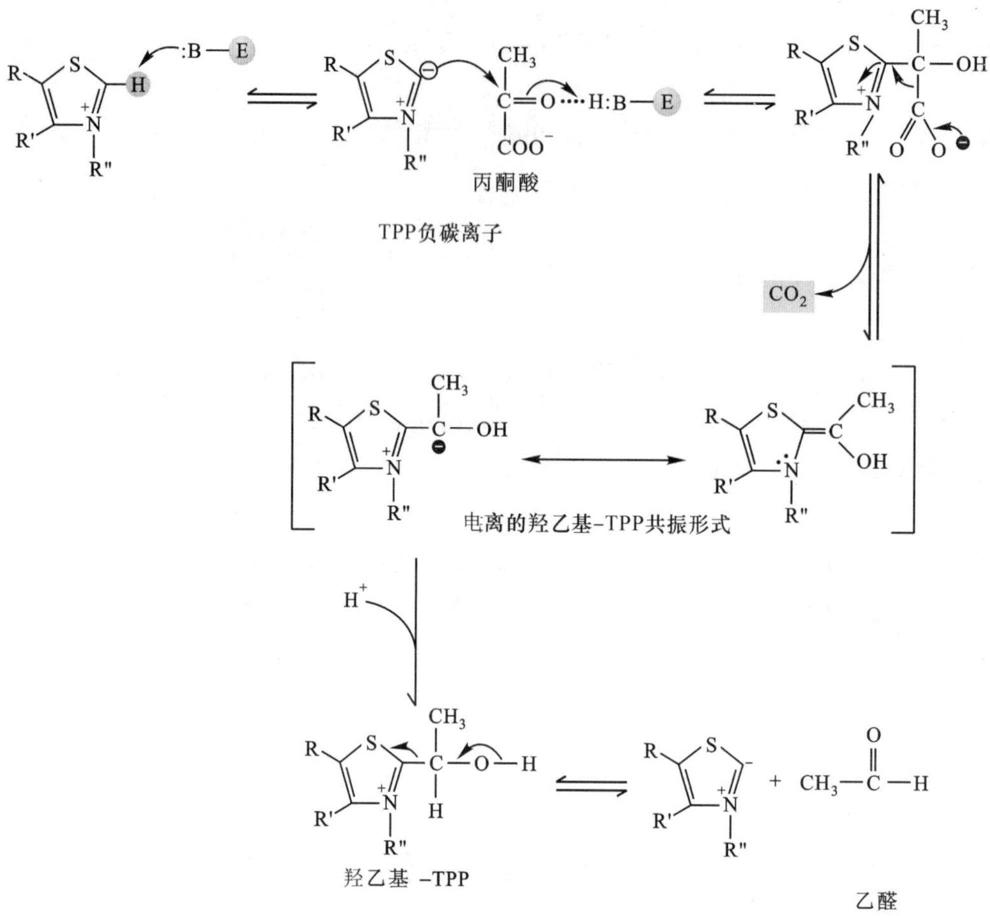

图 13-9　酵母丙酮酸脱羧酶反应机制

在体内烟酰胺与核糖、磷酸、腺嘌呤组成脱氢酶的辅酶,主要是**烟酰胺腺嘌呤二核苷酸**(nicotinamide adenine dinucleotide,NAD$^+$,**辅酶 I**)和**烟酰胺腺嘌呤二核苷酸磷酸**(nicotinamide adenine dinucleotide phosphate,NADP$^+$,**辅酶 II**),其还原形式为 **NADH** 和 **NADPH**(图 13-10)。烟酰胺辅酶是电子载体,在各种酶促氧化-还原反应中起着重要作用。NAD$^+$ 在氧化途径(分解代谢)中是电子受体,而 NADPH 在还原途径(生物合成)是电子供体。这些反应涉及转移氢负离子(hydrideion;hydride anion)给 NAD$^+$,或者从 NADH 转移出。促进这种转移的酶是熟知的脱氢酶类。氢负离子(H:$^-$ 或 H$^-$)含两个电子,因此 NAD$^+$ 和 NADP$^+$ 起两个电子载体的作用。吡啶环的 C4 位置是 NAD$^+$ 和 NADP$^+$ 的反应中心,能接受或给出氢负离子,如图 13-11 所示。分子中的腺嘌呤部分不直接参与氧化还原过程。

依赖于 NAD$^+$ 和 NADP$^+$ 的脱氢酶至少催化 6 种不同类型的反应:简单的氢负离子转移、氨基酸脱氨生成 α-酮酸、β-羟酸氧化随后 β-酮酸中间物脱羧、醛的氧化、双键的还原和碳-氮键的氧化(像二氢叶酸还原酶)。这 6 种反应类型总结于图 13-12,并列出每一类型酶促反应的例子。

NAD$^+$ 是呼吸链中传递氢过程中的一环,在多数情况下代谢物上脱下的氢先交给 NAD$^+$,使之成为 NADH 和 H$^+$,然后再把氢交给黄素蛋白中的黄素腺嘌呤二核苷酸(FAD)或黄素单核苷酸(FMN),再通过呼吸链的传递,最后交给氧。但也存在另一种情况,即代谢物上的氢先交给 NAD$^+$ 或 NADP$^+$,生成还原型的 NADH 或 NADPH,后者再将氢去还原另一个代谢物。因此通过 NAD$^+$ 或 NADP$^+$ 的作用,可以使某些反应起偶联的作用。此外,NAD$^+$ 也是 DNA 连接酶的辅酶,对 DNA 的复制有重要作用,为形成 3′,5′-磷酸二酯键提供所需要的能量。

烟酰胺核苷酸的氧化型和还原型的吸收光谱的 λ_{max} 都在 260 nm,摩尔吸收系数也很接近,但在 340 nm 波长处的光吸收不同,还原型在此有一吸收峰,而氧化型则无。利用它可以追踪酶促反应进行中烟酰胺辅酶被氧化还原的程度。

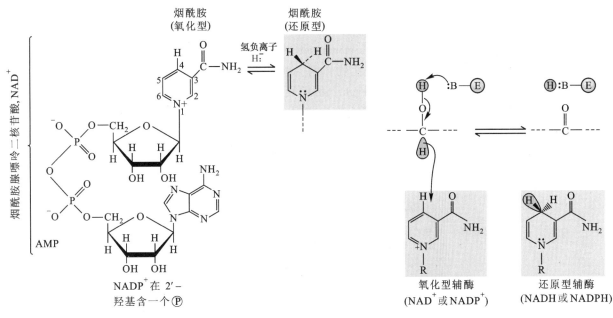

图 13-10　烟酰胺辅酶的结构和氧化-还原状态

氢负离子(H:⁻ 一个质子同两个电子)转移给 NAD⁺产生 NADH

图 13-11　NAD⁺和 NADP⁺参加两个电子的转移反应

醇通过氢负离子转移给 NAD(P)⁺被氧化成酮或者醛

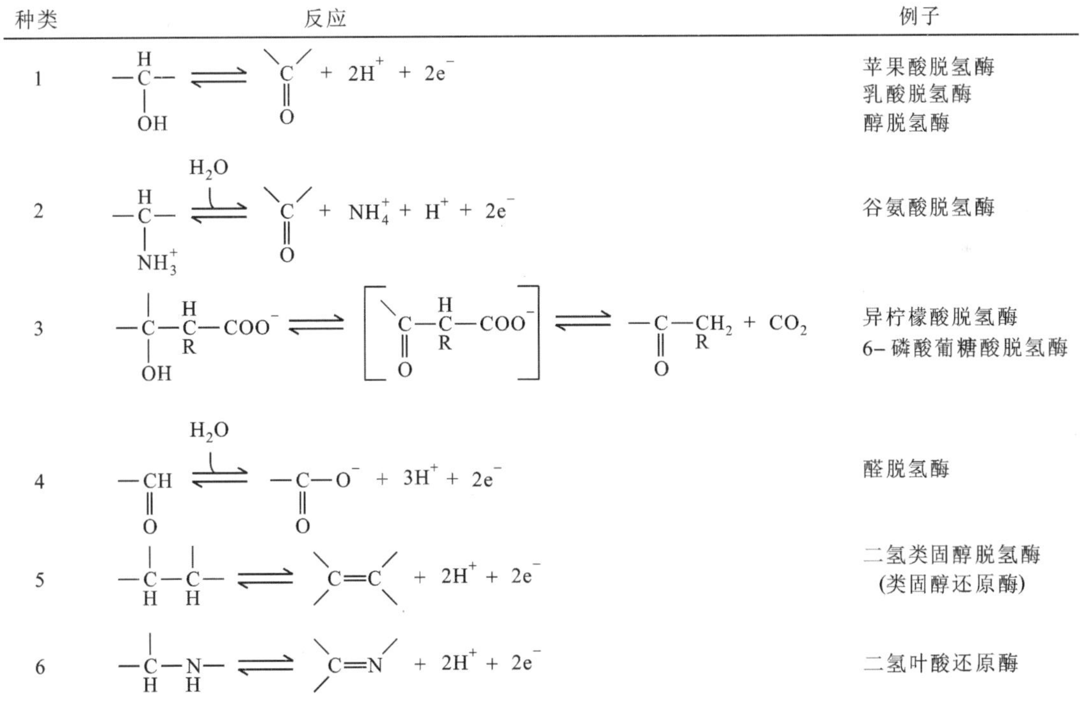

种类	反应	例子
1	$-\overset{H}{\underset{OH}{C}}- \rightleftharpoons \overset{}{\underset{O}{C}} + 2H^+ + 2e^-$	苹果酸脱氢酶 乳酸脱氢酶 醇脱氢酶
2	$-\overset{H}{\underset{NH_3^+}{C}}- + H_2O \rightleftharpoons \overset{}{\underset{O}{C}} + NH_4^+ + H^+ + 2e^-$	谷氨酸脱氢酶
3	$-\overset{}{\underset{OH}{C}}-\overset{H}{\underset{R}{C}}-COO^- \rightleftharpoons \left[\overset{}{\underset{O}{C}}-\overset{H}{\underset{R}{C}}-COO^- \right] \rightleftharpoons -\overset{}{\underset{O}{C}}-CH_2 + CO_2$	异柠檬酸脱氢酶 6-磷酸葡糖酸脱氢酶
4	$-CH + H_2O \rightleftharpoons -C-O^- + 3H^+ + 2e^-$ 　$\overset{\|}{O}$　　　$\overset{\|}{O}$	醛脱氢酶
5	$-\overset{}{\underset{H}{C}}-\overset{}{\underset{H}{C}}- \rightleftharpoons C=C + 2H^+ + 2e^-$	二氢类固醇脱氢酶 (类固醇还原酶)
6	$-\overset{}{\underset{H}{C}}-\overset{}{\underset{H}{N}}- \rightleftharpoons C=N + 2H^+ + 2e^-$	二氢叶酸还原酶

图 13-12　6 类依赖 NAD(P)⁺的酶反应

维生素 PP 广泛存在于自然界,以酵母、花生、谷类、豆类、肉类和动物肝中含量丰富,在体内色氨酸能转变为维生素 PP。另外,抗结核药异烟肼的结构与维生素 PP 相似,因此二者有拮抗作用,长期服用可引起维生素 PP 缺乏。

(三) 维生素 B₂ 和黄素辅酶

维生素 B₂ 又名**核黄素**(riboflavin),是核醇与 7,8-二甲基异咯嗪的缩合物。由于在异咯嗪的 1 位和 5

位 N 原子上具有两个活泼的双键,易起氧化还原反应,故维生素 B_2 有氧化型和还原型两种形式,在生物体内氧化还原过程中起传递氢的作用。

在体内核黄素是以**黄素单核苷酸**(flavin mononucleotide,**FMN**)和**黄素腺嘌呤二核苷酸**(flavin adenine dinucleotide,**FAD**)形式存在(图 13-13),是生物体内一些氧化还原酶(黄素蛋白)的辅基,与蛋白部分结合很牢。典型的解离常数在 $10^{-11} \sim 10^{-8}$ mol·L^{-1},因此发现在大多数细胞中游离的核黄素浓度水平很低。甚至在有机体许多依赖于烟酰胺辅酶(NADH 和 NADPH)的氧化还原循环中,游离核黄素也起到重要的作用。FMN 和 FAD 是比 NAD^+ 和 $NADP^+$ 更强的氧化剂,能被 1 个电子和 2 个电子途径还原,并且很容易被分子氧重氧化。黄素蛋白可以催化许多种类的氧化-还原反应,如表 13-2 所示。

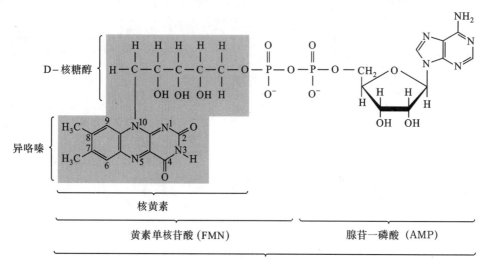

图 13-13　核黄素和黄素辅酶(FMN 和 FAD)的化学结构

表 13-2　黄素蛋白催化的反应

黄素蛋白类型	催化的反应
脱氢酶(dehydrogenase)	
酰基-CoA 脱氢酶(acyl-CoA dehydrogenase)	$RCH_2CH_2CO-SCoA + [FAD] \rightleftharpoons RCH=CHCO-SCoA + [FADH_2]$
谷胱甘肽还原酶(glutathione reductase)	$GSSG + NADPH + H^+ \rightleftharpoons 2GSH + NADP^+$
双加氧酶(dioxygenase)	
2-硝基丙基双加氧酶(2-nitropropane dioxygenase)	$2(CH_3)_2CHNO_2 + O_2 \rightleftharpoons 2(CH_3)_2C=O + 2NO_2^-$
黄素氧还蛋白(flavodoxin)	
梭状芽孢杆菌黄素氧还蛋白(*Clostridium* flavodoxin)	1-电子传递
金属黄素酶(metalloflavoenzyme)	
二氢乳清酸脱氢酶 (*Clostridium oroticum* dihydroorotate dehydrogenase)	

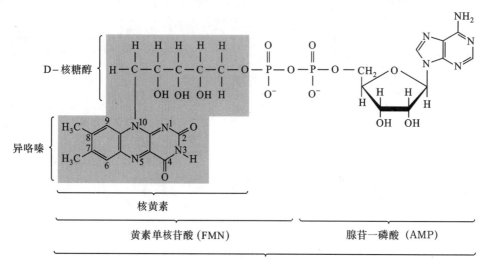

单加氧酶(monooxygenase)	
乳酸氧化酶(lactate oxidase)	$H_3C-CHOH-COO^- + O_2 \rightleftharpoons H_3C-COO^- + CO_2 + H_2O$
氧化酶(oxidase)	
葡糖氧化酶(glucose oxidase)	D-葡萄糖 $+ O_2 \rightleftharpoons$ D-葡糖酸内酯 $+ H_2O_2$

黄素具有特有的亮黄色,如图 13-14 所示,异咯嗪的氧化型吸收 450 nm 附近波长的光。当它被还原或"漂白"(bleached)时,则变成无色。同样的,利用黄素作为辅因子的**黄素蛋白**(flavoprotein)或称**黄素酶**

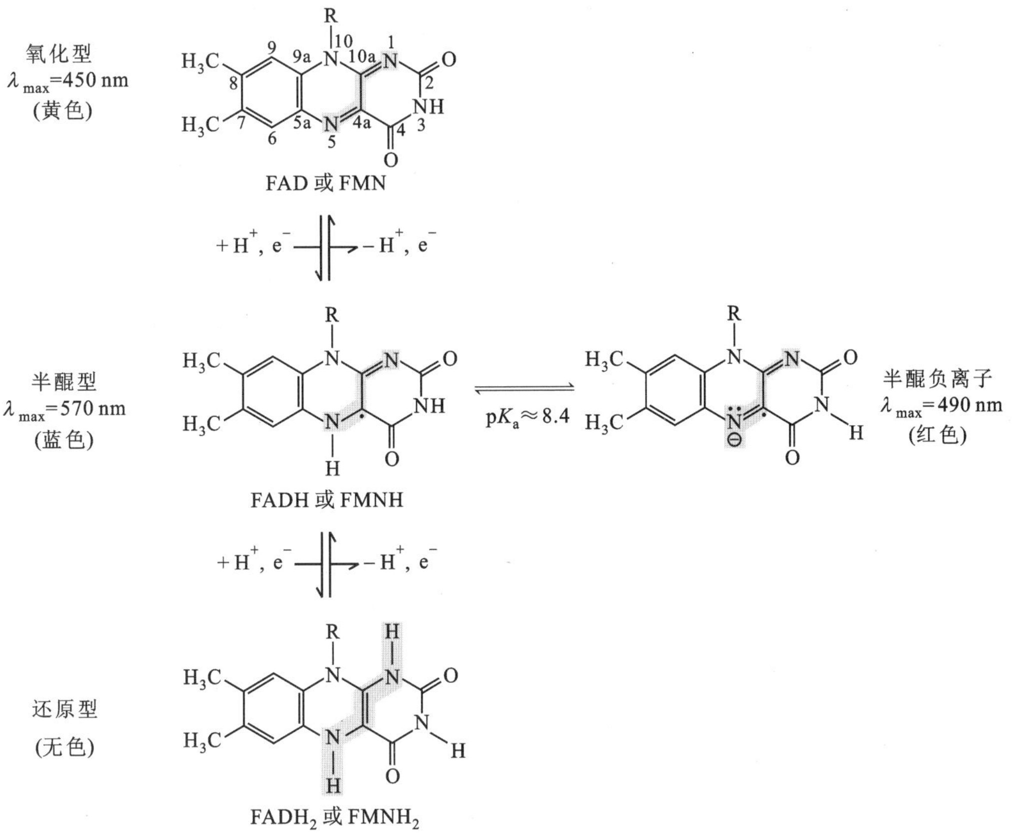

图 13-14　FAD 和 FMN 的氧化还原态

（flavoenzyme），当处于氧化型时也呈黄、红或蓝色。但当它们的黄素辅基被还原时，酶的颜色也随之消失。

　　黄素辅酶能以 3 种不同的氧化还原状态的任一种形式存在。完全氧化型的黄素通过一电子转移转变为半醌（semiquinone），如图 13-14 所示。在生理 pH 时，半醌是一种中性自由基，呈蓝色（$\lambda_{max} = 570$ nm）。半醌的 pK_a 大约 8.4。当 pH 升高而失去一个质子时，则变成自由基负离子，呈红色（$\lambda_{max} = 490$ nm）。由于跨越异咯嗪 π-电子系统的不成对电子的大离域，半醌自由基是很稳定的。经第二次一电子转移半醌变成完全还原的二氢黄素。黄素辅酶以这 3 种不同的氧化还原状态（完全氧化型、半醌型、完全还原型）存在，它们能够参与许多一电子转移和二电子转移反应。这也是黄素蛋白能够催化生物系统中许多不同的反应，并与许多不同的电子供体和受体一起工作的重要原因。这里包括二电子受体/供体，如 NAD[+] 和 NADP[+]；一电子或二电子受体/供体，如醌；各种一电子受体/供体如细胞色素蛋白。呼吸电子传递链的许多组分是一电子受体/供体。黄素半醌型的稳定性使黄素蛋白在呼吸过程中能起有效的电子载体作用。

　　由于 FMN、FAD 广泛参与体内各种氧化还原反应，因此维生素 B$_2$ 能促进糖、脂肪和蛋白质的代谢，对维持皮肤、黏膜和视觉的正常机能均有一定的作用。当维生素 B$_2$ 缺乏时，引起口角炎、舌炎、唇炎、阴囊皮炎、眼睑炎、角膜血管增生等症状。临床上用于治疗因缺乏维生素 B$_2$ 所引起的各种黏膜及皮肤的炎症等。

　　维生素 B$_2$ 广泛存在于动、植物中。在酵母、肝、肾、蛋黄、奶及大豆中含量丰富。所有植物和很多微生物都能合成核黄素。

（四）泛酸和辅酶 A

　　泛酸广泛存在于生物界，故又名**遍多酸**（pantothenic acid），是由 β-丙氨酸通过肽键与 α、γ-二羟基-β，β-二甲基丁酸缩合而成的一种有机酸。泛酸是**辅酶 A**（coenzyme A）和磷酸泛酰巯基乙胺的组成成分，辅酶 A 是泛酸的主要活性形式，常简写为 **CoA**，是由 3′,5′-ADP 以磷酸酐键连接 4-磷酸泛酰巯基乙胺而成,而磷酸泛酰巯基乙胺由巯基乙胺连接 β-丙氨酸,再与支链二羟酸形成酰胺键(图 13-15)。如像烟酰胺辅酶和黄素辅酶一样,CoA 的腺苷酸部分起识别部位的作用,增强结合 CoA 酶的亲和力和专一性。泛酸的另一种活性形式**酰基载体蛋白**(acylcarrier protein ACP),辅基 4-磷酸泛酰巯基乙胺以共价键与蛋白质侧链的丝氨酸羟基相连。

辅酶 A 主要起传递酰基的作用,是各种酰化反应中的辅酶。由于携带酰基的部位在-SH 基上,故通常以 **CoASH** 表示。当携带乙酰时形成 $CH_3CO-SCoA$,称为**乙酰辅酶 A**。当交出乙酰基后又恢复为 CoASH。辅酶 A 在糖代谢、脂质分解代谢、氨基酸代谢及体内一些重要物质如乙酰胆碱、胆固醇、卟啉和肝糖原等的合成中均起重要作用。酰基载体蛋白与脂肪酸的生物合成关系密切。

辅酶 A 的两个主要功能是:通过亲核攻击转移活化的酰基;吸取一个质子活化酰基的 α-氢。这两种功能是通过 CoA 上活性的巯基来调节的,而巯基与酰基形成硫酯键。由 CoA 转移活化的酰基能够通过比较乙酰-CoA 硫酯键的水解与一种简单氧酯的水解来说明:

乙酸乙酯$+H_2O \longrightarrow$乙酸+乙醇$+H^+$ $\Delta G^{\ominus\prime} = -20.0 \text{ kJ} \cdot \text{mol}^{-1}$

乙酰$-CoA + H_2O \longrightarrow$乙酸$+CoA+H^+$ $\Delta G^{\ominus\prime} = -31.5 \text{ kJ} \cdot \text{mol}^{-1}$

硫酯的水解比氧酯的水解更易,可能是因为碳-硫键比相应的碳-氧键更小的双键性质(图 13-16)。这意味着通过亲核由乙酰-CoA 转移乙酰基比从氧酯转移乙酰基更自发,因此可以说乙酰-CoA 具有高的基团转移能力(图 13-17)。

为了吸取硫酯活化的 α-氢,也可从图 13-16 共振形式得到了解。共振形式②难使硫酯的羰基相对自由的脱离(同氧酯相比较)。其结果,通过吸取质子形成的 α-碳负离子本身更容易通过共振而稳定(图 13-18),因此烯醇负离子(enolate anion)对缩合反应是有效的亲核体。

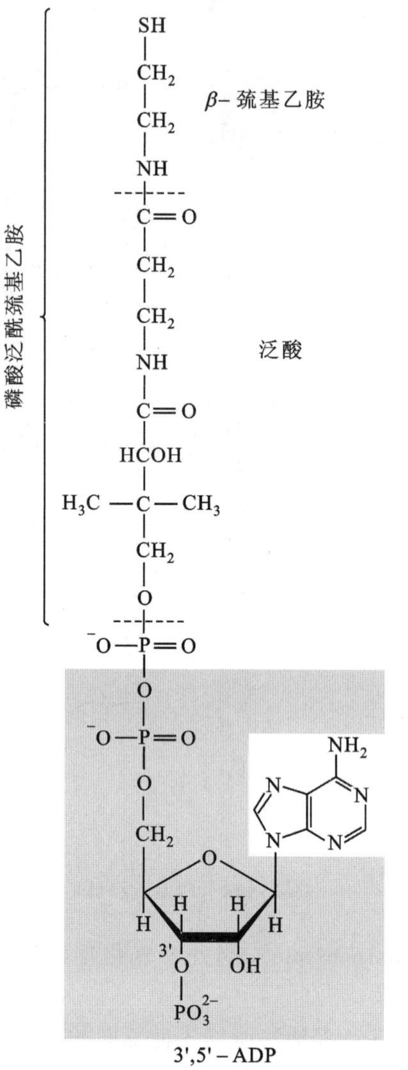

图 13-15 辅酶 A 的结构
酰基同 β-巯基乙胺部分的—SH基形成硫酯键

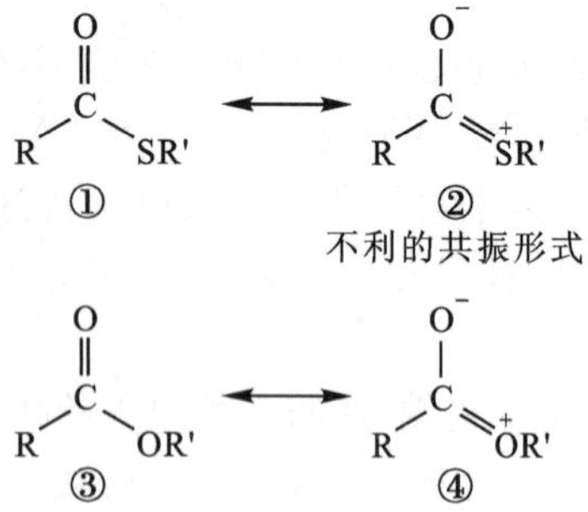

图 13-16 硫酯和氧酯的共振结构
碳-硫键比相应的碳-氧键具有更小的双键性质

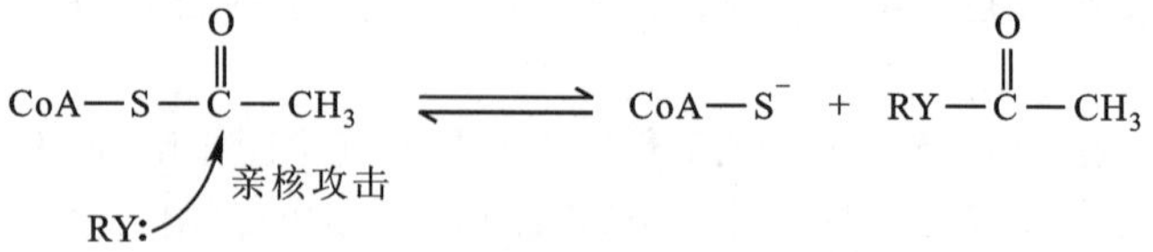

图 13-17 从酰基-CoA 转移酰基给亲核体
比从氧酯转移酰基更易

辅酶 A 的主要功能是活化酰基,使羧酸中 C—O 键(氧酯键)连接的酰基转变为酰基-CoA 中 C—S 键(硫酯键)连接的酰基,或者说使氧酯变成硫酯,如 $CH_3\overset{O}{\overset{\|}{C}}-OH \longrightarrow CH_3\overset{O}{\overset{\|}{C}}-SCoA$。硫酯具有两种性质:羰基碳原子的亲电[子]性和 α-碳原子的亲核性。酰基-CoA 的这两种性质在 β-酮硫解酶(β-ketothiolase)反应中两分子乙酰-CoA 缩合成乙酰乙酰-CoA(acetoacetyl-CoA)时看得很清楚(图 13-19)。从一分子乙

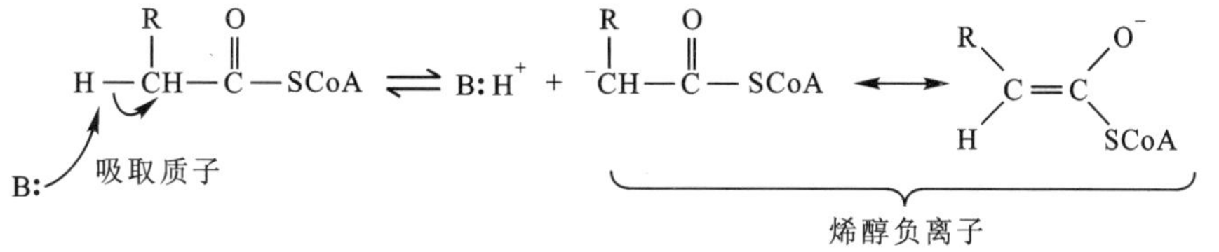

图 13-18 硫酯的 α-氢是酸性的，并且由于产生的碳负离子共振稳定容易被吸取。在此途径中形成的烯醇负离子对于缩合反应是更好的亲核体

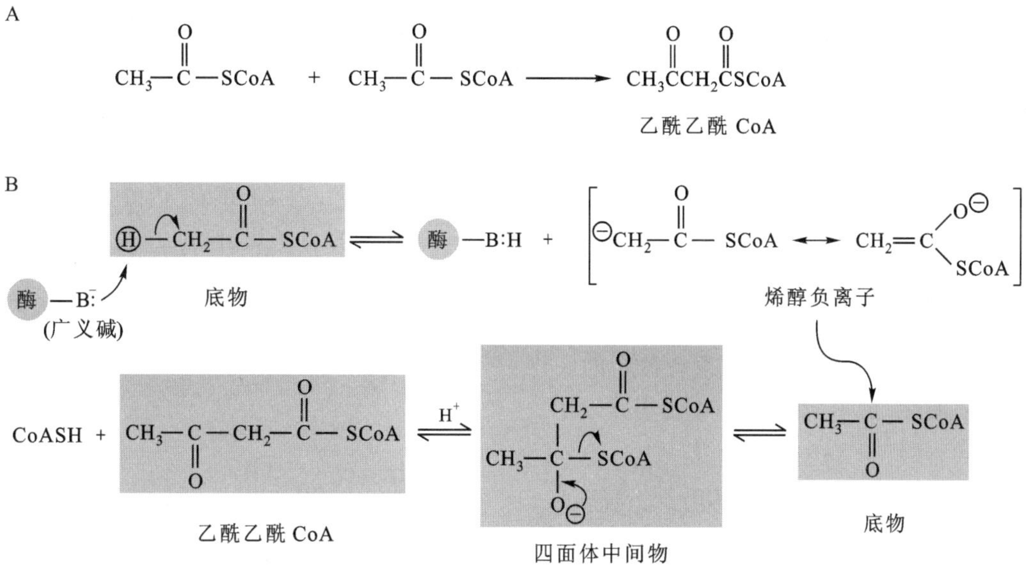

图 13-19 β-酮硫解酶催化的反应中辅酶 A 的作用机制

A. β-酮硫解酶的反应证明了酰基-CoA 的两种特殊性质：通过亲核攻击转移活化的酰基和 α-氢的酸性本质。B. 从一分子乙酰-CoA 除去 α-氢产生亲核的碳负离子，而后再攻击第二个分子乙酰-CoA 的羰基碳

酰-CoA 吸取 α 质子产生容易亲核攻击第二个乙酰 CoA 羰基碳的活性烯醇负离子，发生加成形成四面体中间物。CoA 硫酯负离子（CoA-S⁻）从四面体中间物脱离产生乙酰乙酰-CoA。

泛酸在酵母、肝、肾、蛋、小麦、米糠、花生和豌豆中含量丰富，在蜂王浆中含量最多。辅酶 A 被广泛用作各种疾病的重要辅助药物。

（五）维生素 B_6 和磷酸吡哆醛、磷酸吡哆胺

维生素 B_6 包括 3 种物质，即**吡哆醇**（pyridoxine）、**吡哆醛**（pyridoxal）和**吡哆胺**（pyridoxamine），皆属于吡啶衍生物。维生素 B_6 在体内以磷酸酯形式存在，**磷酸吡哆醛**（pyridoxal-5-phosphate，PLP）和**磷酸吡哆胺**（pyridoxamine-5-phosphate）是其活性形式，是氨基酸代谢中多种酶的辅酶。下面为维生素 B_6 及其辅酶形式：

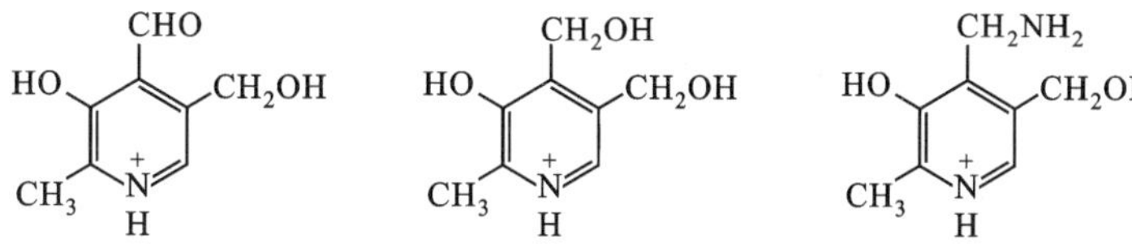

吡哆醛　　　　　吡哆醇　　　　　吡哆胺

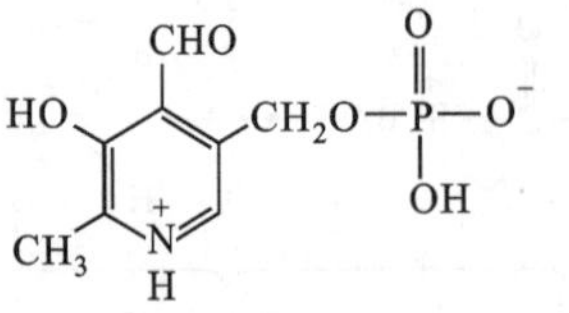

磷酸吡哆醛 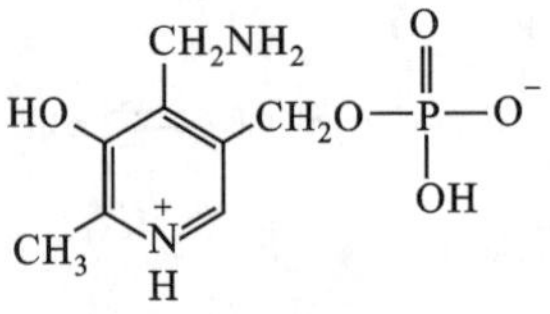　　　　　　　　　　磷酸吡哆胺

PLP 在生理条件下存在两种互变异构形式(图 13-20)。PLP 参加催化涉及氨基酸的各种反应,包括转氨基作用、α- 和 β- 脱羧作用、β- 和 γ- 消除作用、消旋作用和醛醇反应(图 13-21)。这些反应包括断裂氨基酸 α- 碳的任一键以及侧链上几种键的断裂。PLP 多方面的作用是由于能够① 同氨基酸的 α- 氨基形成稳定的 Schiff 碱(醛亚胺)加合物和② 起一种有效电子穴作用,以稳定反应的中间物。由 PLP 形成的 Schiff 碱和作为电子穴的作用在图 13-22 中得到说明。在几乎所有依赖 PLP 的酶中,无底物时,PLP 同活性部位的赖氨酸残基 ε-NH$_2$ 基形成 Schiff 碱,当底物接近 Schiff 碱时,立即发生转醛亚胺反应(transaldimination reaction)。取代 Lys 残基而与 PLP 形成新的 Schiff 碱。换言之,内 schiff 碱(内醛亚胺)变成外 schiff 碱(外醛亚胺)(图 13-22① ~ ②)。对 PLP 的一个关键,是 schiff 碱的质子化,通过 H 键合环氧而被稳定,增加了 C$_\alpha$ 质子的酸性(图 13-22③所示)。失去 C$_\alpha$ 质子所形成的碳负离子,通过电子离域进入起电子穴作用的带有正电荷环氮的吡啶环而被稳定(图 13-22④)。别的重要中间物是通过 PLP 醛碳质子化形成的,像图所示(图 13-22⑤ ~ ⑦),产生一种新的底物——PLP schiff 碱,它在转氨反应中起重要作用,并增加 C$_\beta$ 上质子的酸性,在 γ- 消除反应中是很重要的。

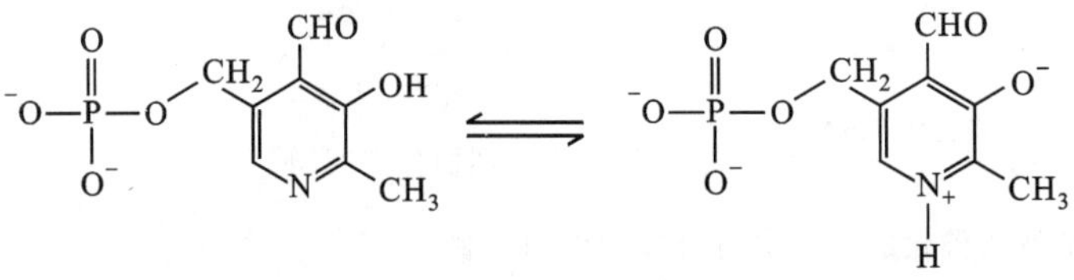

图 13-20　5-磷酸吡哆醛(PLP)的互变异构形式

PLP-催化反应的种种机制中,正如图 13-22 所显示的每一个反应都有一个或多个中间物。例如,转氨作用是通过 C$_\alpha$ 失去质子被促进的,随后经醛亚胺-酮亚胺同分异构,酮亚胺 Schiff 碱水解产生 α- 酮酸和磷酸吡哆胺。再同第二个底物另外的 α- 酮酸形成 Schiff 碱,随后通过可逆的过程给出产物氨基酸。

多数普通氨基酸要经历 α- 脱羧反应,例如,在脑中重要的神经递质 γ- 氨基丁酸、多巴胺和组胺都是通过谷氨酸、3,4-二羟苯丙氨酸(DOPA)和组氨酸分别 α 脱羧形成的。α- 脱羧是由电子离域作用进入吡啶环而促进的。在 α- 脱羧中,原来氨基酸的 C$_\alpha$ 氢被保留,与此相反,在转氨作用中,这个质子被失去。

维生素 B$_6$ 在动植物中分布很广,谷类外皮含量尤为丰富。因为食物中富含维生素 B$_6$,同时肠道细菌可以合成维生素 B$_6$ 供人体需要,所以人类很少发生维生素 B$_6$ 缺乏病。

(六) 维生素 B$_{12}$ 和辅酶

维生素 B$_{12}$(氰钴胺素)是最后发现的一个维生素,是一种**抗恶性贫血因子**(anti-pernicious anemia factor)。1948 年首次从肝中分离提纯出来,它是一种深红色的含钴晶体,化学名称是[**氰**]**钴胺素**(cyanocobalamin 或 cobalamin),其中氰化基来自分离过程,体内并无与—CN 结合的钴胺素存在。

维生素 B$_{12}$ 在体内转变为两种辅酶。主要的辅酶形式是 5'-**脱氧腺苷钴胺素**(5'-deoxyadenosylcobalamin),也称**辅酶 B$_{12}$**。另一个辅酶形式是**甲基钴胺素**(methylcobalamin)。1961 年英国学者 D. C. Hodgkin 及其同事们用 X 射线晶体结构分析法测出了 5'-脱氧腺苷钴胺素的晶体结构,并因此获得 1964 年诺贝尔化学奖。如图 13-23 所示,辅酶 B$_{12}$ 的结构主体是一个咕啉环(corrin ring),环中央有一个 Co 原子。咕啉环类似血红素的卟啉环,也含 4 个吡咯基,除两个吡咯基是直接相连外,其他吡咯基的连键也是甲川基桥或称次甲基桥(methine bridge)。

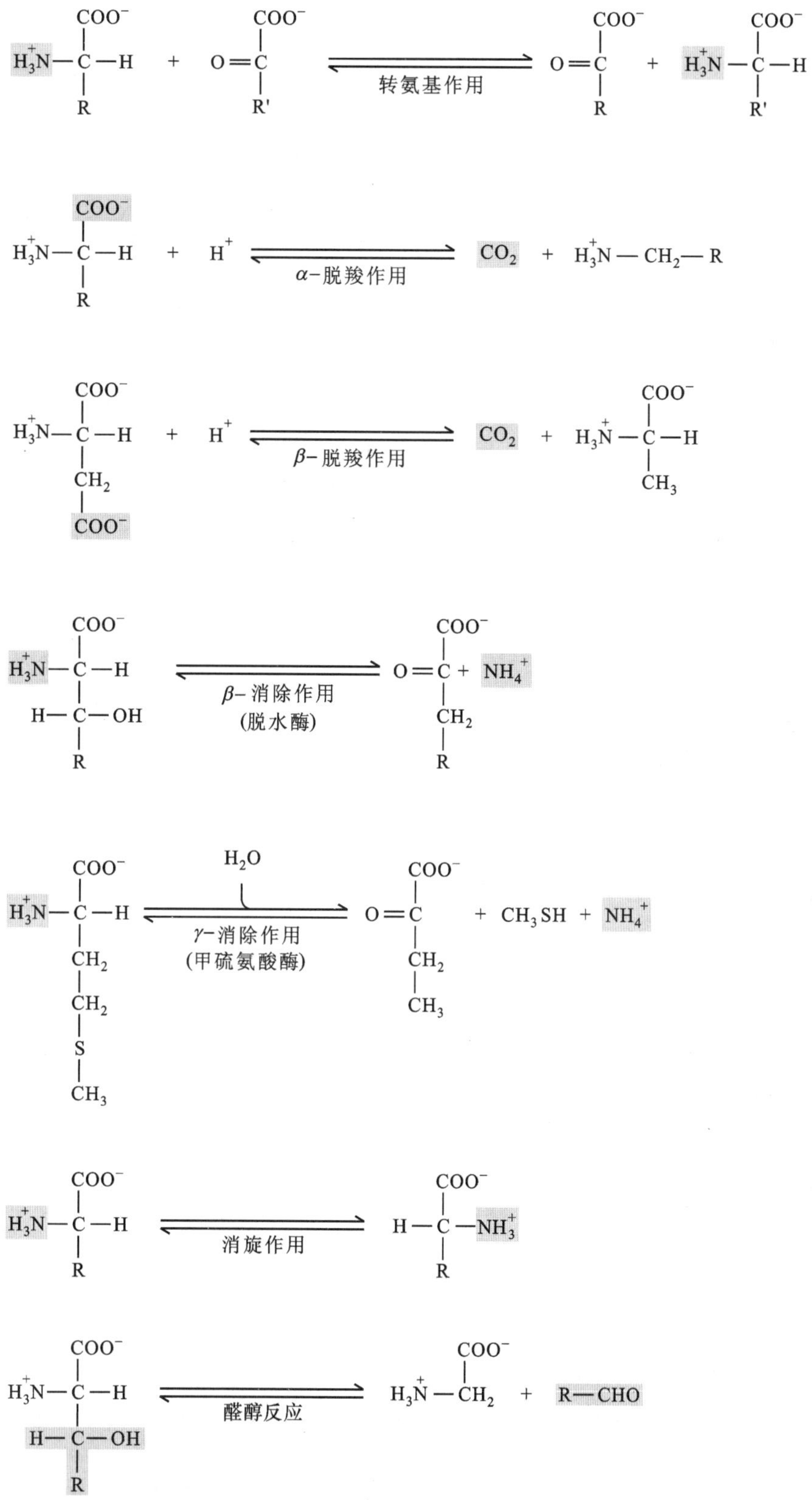

$$\overset{+}{H_3N}-\underset{R}{\overset{COO^-}{\underset{|}{C}}}-H \ + \ O=\underset{R'}{\overset{COO^-}{\underset{|}{C}}} \ \underset{\text{转氨基作用}}{\rightleftharpoons} \ O=\underset{R}{\overset{COO^-}{\underset{|}{C}}} \ + \ \overset{+}{H_3N}-\underset{R'}{\overset{COO^-}{\underset{|}{C}}}-H$$

$$\overset{+}{H_3N}-\underset{R}{\overset{COO^-}{\underset{|}{C}}}-H \ + \ H^+ \ \underset{\alpha-\text{脱羧作用}}{\rightleftharpoons} \ CO_2 \ + \ \overset{+}{H_3N}-CH_2-R$$

$$\overset{+}{H_3N}-\underset{CH_2}{\overset{COO^-}{\underset{|}{\underset{|}{C}}}}-H \ + \ H^+ \ \underset{\beta-\text{脱羧作用}}{\rightleftharpoons} \ CO_2 \ + \ \overset{+}{H_3N}-\underset{CH_3}{\overset{COO^-}{\underset{|}{C}}}-H$$
$$\quad\quad COO^-$$

$$\overset{+}{H_3N}-\underset{\underset{R}{\overset{|}{C}}}{\overset{COO^-}{\underset{|}{C}}}-H \atop H-C-OH \quad \underset{\substack{\beta-\text{消除作用}\\(\text{脱水酶})}}{\rightleftharpoons} \ O=\underset{\underset{R}{CH_2}}{\overset{COO^-}{\underset{|}{C}}} + NH_4^+$$

$$\overset{+}{H_3N}-\overset{COO^-}{\underset{|}{C}}-H \quad \underset{\substack{\gamma-\text{消除作用}\\(\text{甲硫氨酸酶})}}{\overset{H_2O}{\rightleftharpoons}} \ O=\underset{\underset{CH_3}{CH_2}}{\overset{COO^-}{\underset{|}{C}}} \ + \ CH_3SH \ + \ NH_4^+$$
(CH_2, CH_2, S, CH_3)

$$\overset{+}{H_3N}-\underset{R}{\overset{COO^-}{\underset{|}{C}}}-H \quad \underset{\text{消旋作用}}{\rightleftharpoons} \ H-\underset{R}{\overset{COO^-}{\underset{|}{C}}}-\overset{+}{NH_3}$$

$$\overset{+}{H_3N}-\overset{COO^-}{\underset{|}{C}}-H \atop H-C-OH \quad \underset{\text{醛醇反应}}{\rightleftharpoons} \ \overset{+}{H_3N}-\overset{COO^-}{\underset{|}{CH_2}} \ + \ R-CHO$$
(R)

图 13-21 磷酸吡哆醛催化的 7 种反应

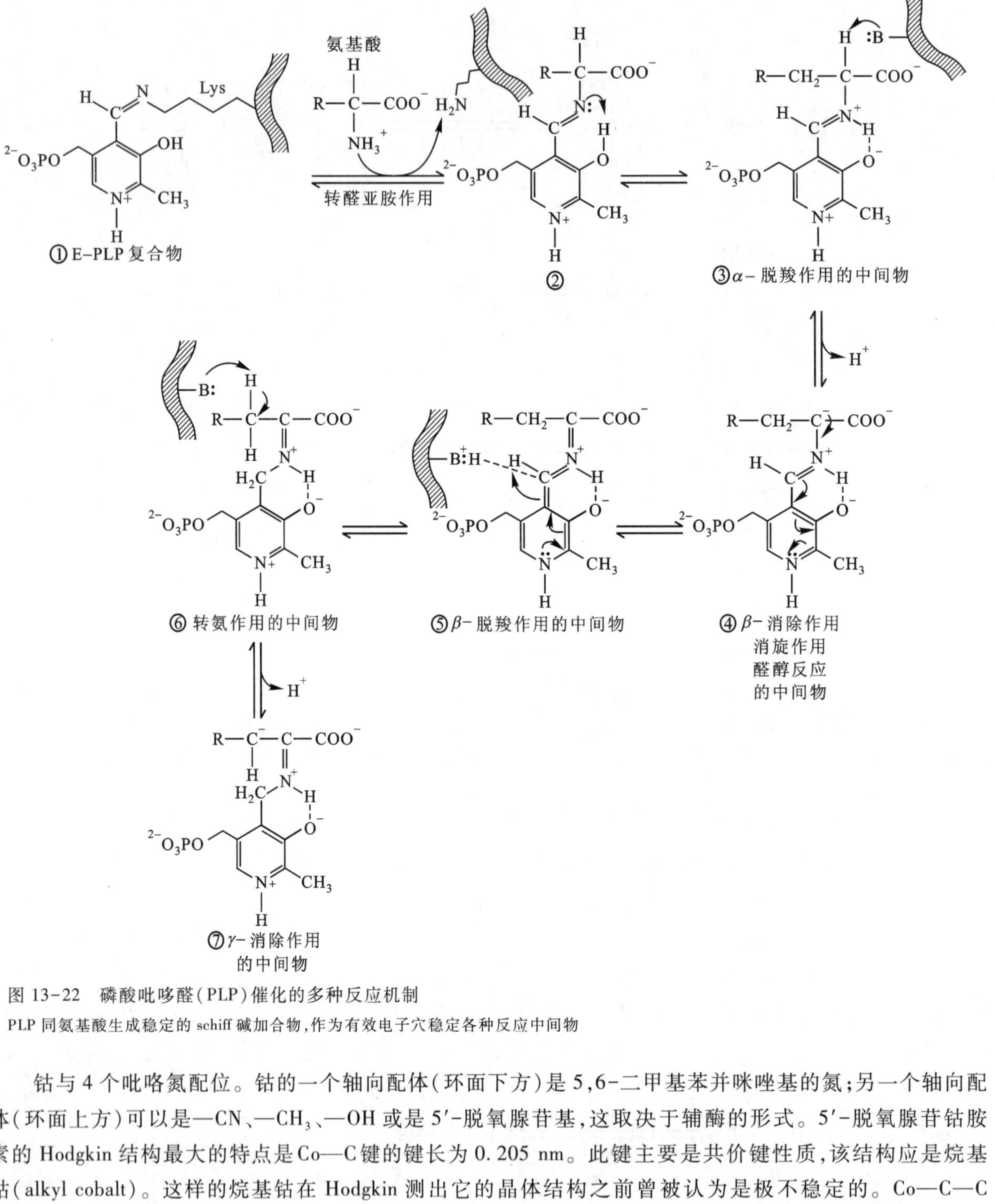

图 13-22　磷酸吡哆醛(PLP)催化的多种反应机制

PLP 同氨基酸生成稳定的 schiff 碱加合物,作为有效电子穴稳定各种反应中间物

　　钴与 4 个吡咯氮配位。钴的一个轴向配体(环面下方)是 5,6-二甲基苯并咪唑基的氮;另一个轴向配体(环面上方)可以是—CN、—CH₃、—OH 或是 5′-脱氧腺苷基,这取决于辅酶的形式。5′-脱氧腺苷钴胺素的 Hodgkin 结构最大的特点是 Co—C 键的键长为 0.205 nm。此键主要是共价键性质,该结构应是烷基钴(alkyl cobalt)。这样的烷基钴在 Hodgkin 测出它的晶体结构之前曾被认为是极不稳定的。Co—C—C 的键角为 130°(图 13-23),Co—C 键的键能为 110 kJ·mol⁻¹,而典型的 C—C 共价键的键能为 348 kJ·mol⁻¹,这些都表明它具有部分离子键的性质。

　　维生素 B₁₂辅酶参与 3 种类型的反应(图 13-24):① 分子内重排;② 核糖核苷酸还原成脱氧核苷酸(在某些细菌中);③ 甲基转移。

　　头两种反应是由 5′-脱氧腺苷钴胺素调节的,而甲基转移是通过甲基钴胺素来实现的。核苷酸还原酶的机制将在第 27 章中讨论,以四氢叶酸作为辅酶的甲基转移将在本节后面叙述。

　　无活性的维生素 B₁₂转变成活性形式的 5′-脱氧腺苷钴胺素要通过 3 个步骤(图 13-25),2 种黄素蛋白还原酶将氰钴胺素中的 Co³⁺顺序转换成 Co²⁺,而后变成 Co⁺状态。Co⁺是一种极强的亲核体,它攻击如图

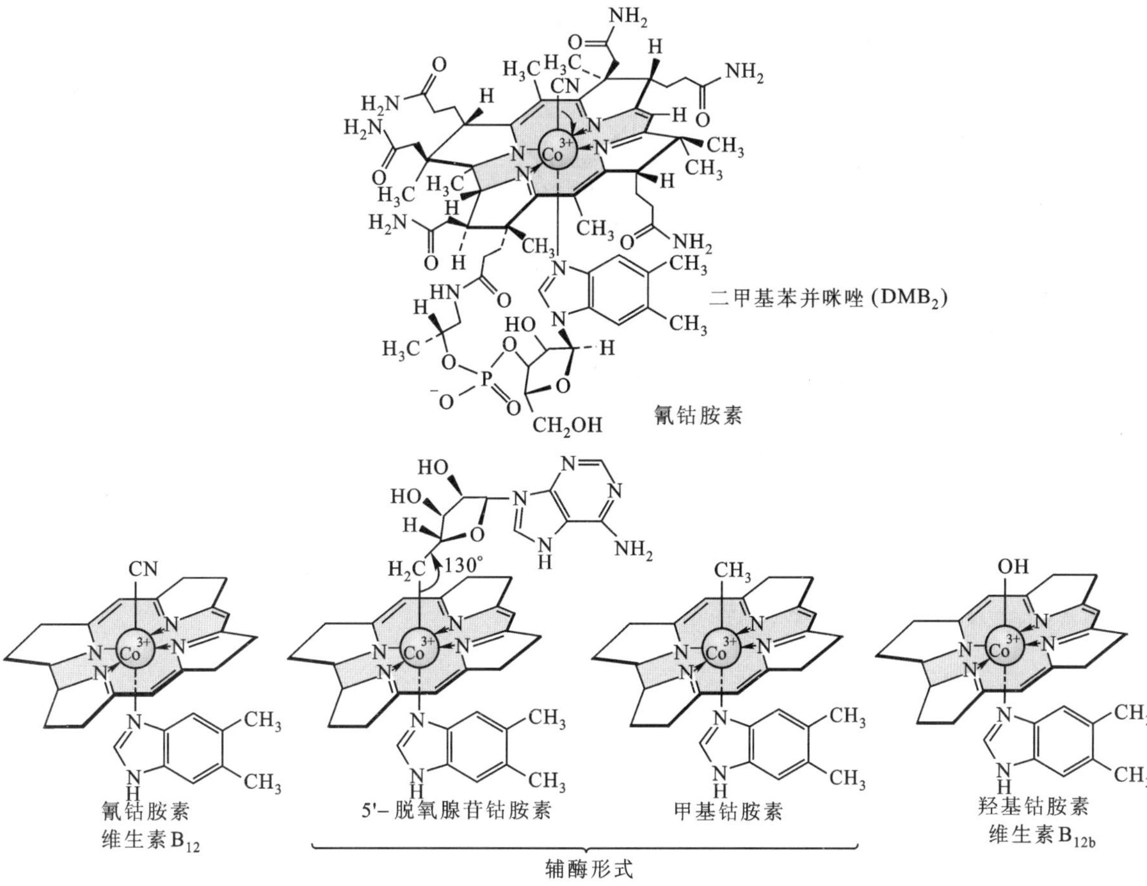

图 13-23　氰钴胺素的结构（上面）和几种维生素 B$_{12}$ 辅酶的简化结构

5′-脱氧腺苷钴胺素的 Co—C 键是明显的共价键但有某些离子键特性

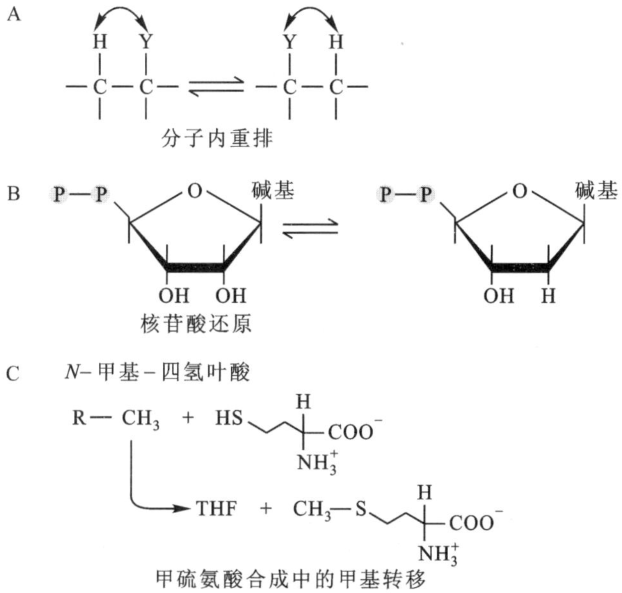

图 13-24　维生素 B$_{12}$ 作为辅酶在分子内重排、核苷酸还原和甲基转移中的作用

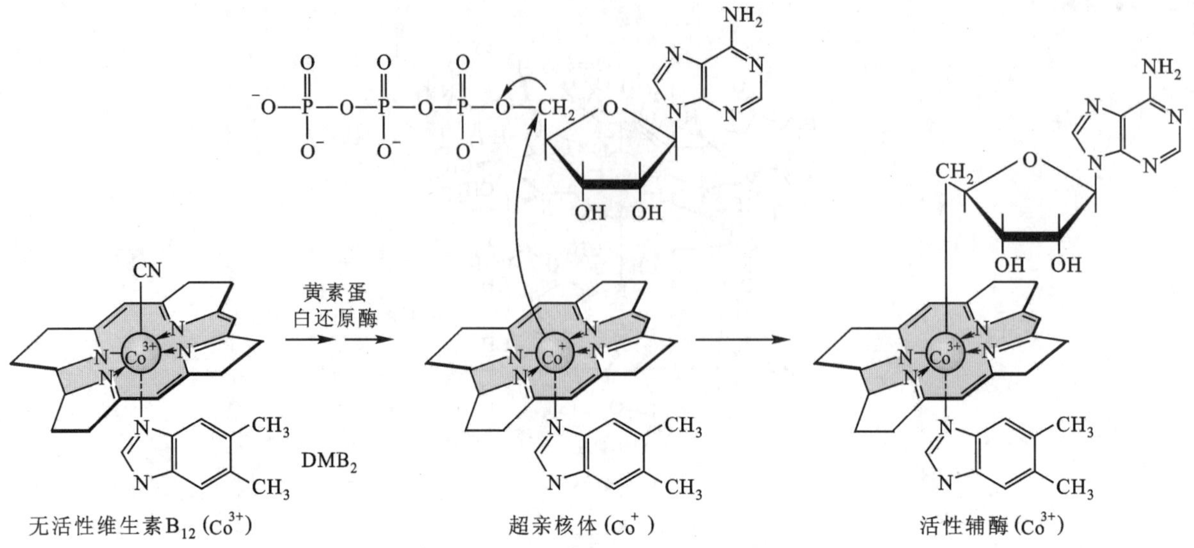

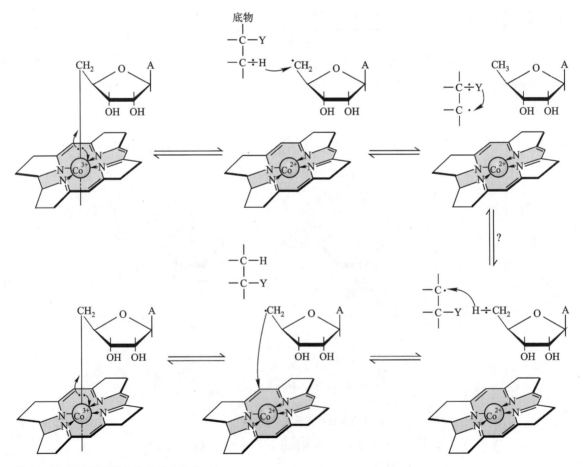

图 13-25   从无活性的维生素 B_{12} 转变成活性 5′-脱氧腺苷钴胺素是通过黄素蛋白还原酶的作用起始的,产生的 Co^+ 作为一种超亲核体在独特的腺苷转移中攻击 ATP 的 5′-碳

所示的 ATP 的 5′-碳,释放出三磷酸负离子形成 5′-脱氧腺苷钴胺素。由于 Co^+ 的 2 个电子还给了 Co—C 键,所以在活性辅酶中 Co 又恢复到 Co^{3+} 的氧化态。这是在生物系统中两个已知的腺苷基转移反应中的一

图 13-26 B_{12} 辅酶催化的分子内重排

个(即亲核攻击 ATP 的核糖 5′-碳),另一个是 S-腺苷甲硫氨酸的形成(见第 26 章)。

被维生素 B$_{12}$ 催化的分子内重排包括氢和邻近碳上另外取代基的交换,重排的机制包括如图 13-26 所示的 Co—C 键的裂解,钴还原成 Co^{2+} 状态,产生一个—CH$_2$·基,从底物吸取氢原子,形成 5′-脱氧腺苷,并脱离底物上的基团(未成对电子)。该中间物重排,Y·从一个碳原子移动到另一个碳原子,随后氢原子从 5′-脱氧腺苷的甲基转移,而 5′-脱氧腺苷钴胺素再生。

维生素 B$_{12}$ 参与 DNA 的合成,对红细胞的成熟很重要,当缺少维生素 B$_{12}$ 时,巨红细胞中 DNA 合成受到障碍,影响了细胞分裂,并无法分化成红细胞,易引起恶性贫血。维生素 B$_{12}$ 广泛来源于动物性食品,特别是肉类和肝中含量丰富。人和动物的肠道细菌都能合成,故一般情况下不会缺少维生素 B$_{12}$。

(七) 生物素和辅酶生物胞素

生物素(biotin)又称**维生素 H**。最初是作为酵母生长所必需的物质对它进行研究的。1936 年 Kögl 等首次从卵黄中分离出生物素,并于 19 世纪 40 年代初测定了它的化学结构。生物素是由噻吩环和尿素分子结合而成的双环化合物,噻吩环上有一个戊酸基侧链(图 13-27)。

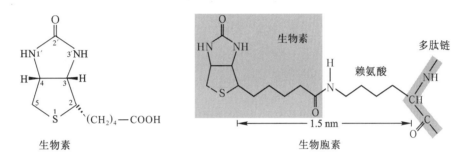

图 13-27　生物素和生物胞素的化学结构

生物素在许多酶促羧化反应中起着活动性的羧基载体(carboxyl group carrier)作用。生物素作为羧化酶(如丙酮酸羧化酶、乙酰-CoA 羧化酶等)的辅基,都是通过酶蛋白上 Lys 残基的 ε-NH$_2$ 被共价结合到酶上的,形成的生物素-赖氨酸官能团称为**生物胞素**(biocytin)残基,生物胞素是生物素的辅酶形式(图 13-27)。生物胞素残基中生物素环系统被一条长的柔性链连接在酶蛋白上。此链从生物素环到 Lys 的 α-碳共 10 个原子,长约 1.5 nm。有了这条长链生物素辅基可以在这些酶上的两个相距较远的部位之间运载羧基。因为羧化酶多是多聚体,例如 E. coli 乙酰-CoA 羧化酶由 3 个相对独立的部分组成:① **生物素羧基载体蛋白**(biotin carboxyl carrier protein,BCCP),是一个相对分子质量为 22×10^3 的单体,生物素共价结合在此蛋白上;② **生物素羧化酶**(biotin carboxylase),是相对分子质量为 100×10^3 亚基的二聚体,催化载体蛋白上生物素的羧化;③ **转羧基酶**(transcarboxylase)是相对分子质量为 90×10^3 亚基的二聚体,催化 CO$_2$ 单位从羧基生物素转移到底物乙酰-CoA 上。大多数依赖生物素的羧化反应都是以重碳酸盐作为羧化剂并把羧基转移到底物(乙酰-CoA)的负碳离子上(表 13-3)。虽然生物体液中富含 HCO$_3^-$,但它的碳是弱亲电剂,必须对它进行活化才能攻击底物的负碳离子。重碳酸盐的活化是由 ATP 驱动并转变成活性形式的 N-羧基生物素(图 13-28),而后羧基化底物。

生物素来源广泛,如在肝、肾、蛋黄、酵母、蔬菜和谷类中都含有生物素。肠道细菌也能合成供人体需要,故一般很少出现缺乏症。但大量食用生鸡蛋清可引起生物素缺乏。因为在新鲜鸡蛋白含有抗生物素蛋白(avidin),它能与生物素结合成无活性又不易消化吸收的物质,鸡蛋加热后这种蛋白质即被破坏。另外,长期服用抗生素治疗可抑制肠道正常菌丛,也可造成生物素缺乏。

表 13-3　依赖于生物素的羧基化作用

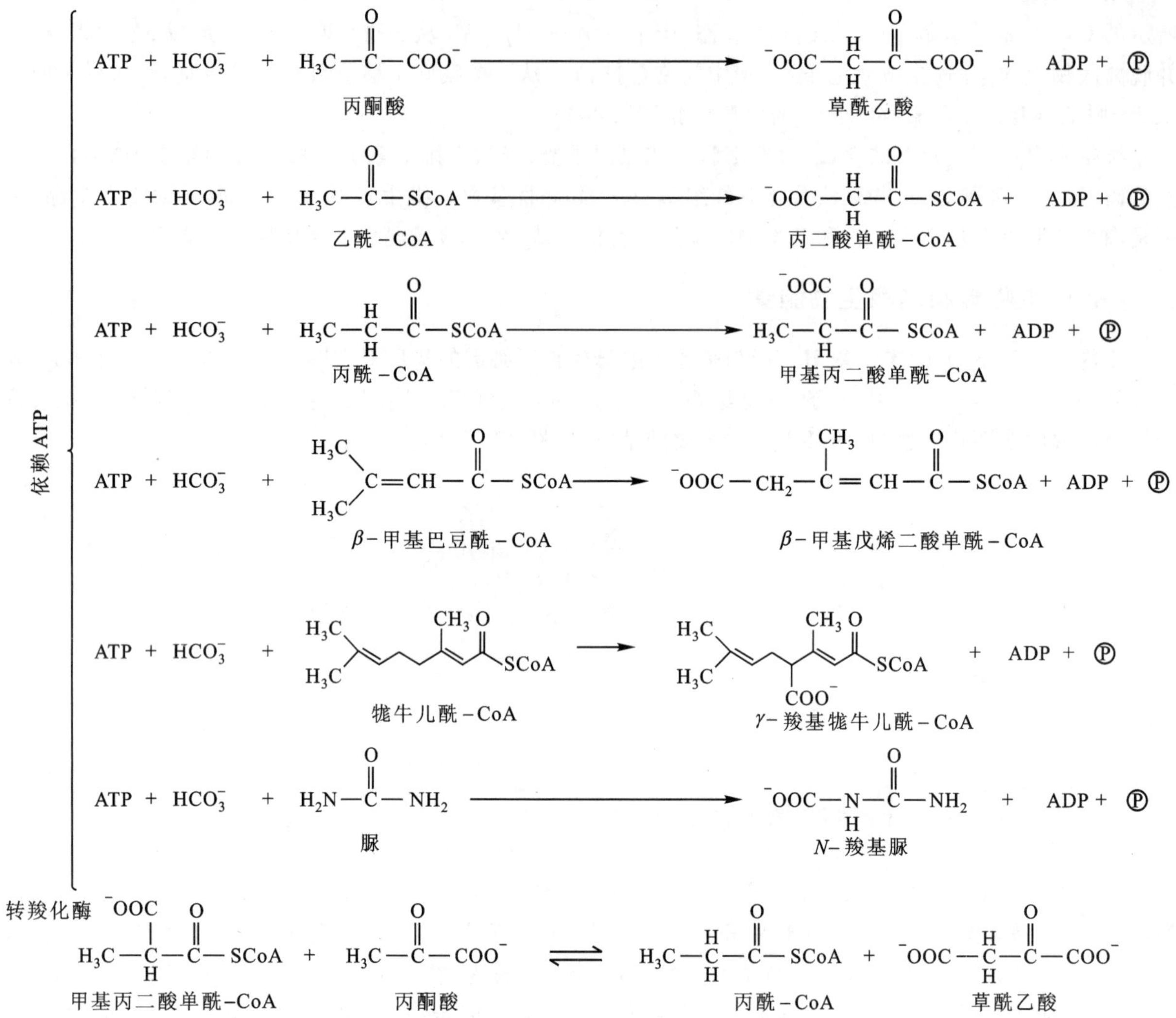

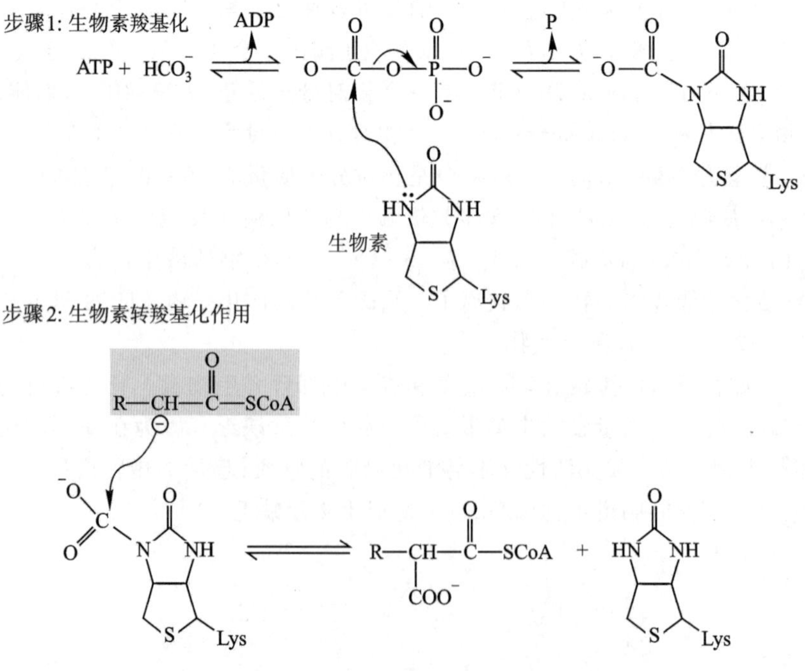

依赖 ATP

$$\text{ATP} + \text{HCO}_3^- + \underset{\text{丙酮酸}}{H_3C-\overset{\overset{\displaystyle O}{\|}}{C}-COO^-} \longrightarrow \underset{\text{草酰乙酸}}{^-OOC-\overset{H}{\underset{H}{C}}-\overset{\overset{\displaystyle O}{\|}}{C}-COO^-} + \text{ADP} + \text{Ⓟ}$$

$$\text{ATP} + \text{HCO}_3^- + \underset{\text{乙酰 -CoA}}{H_3C-\overset{\overset{\displaystyle O}{\|}}{C}-SCoA} \longrightarrow \underset{\text{丙二酸单酰 -CoA}}{^-OOC-\overset{H}{\underset{H}{C}}-\overset{\overset{\displaystyle O}{\|}}{C}-SCoA} + \text{ADP} + \text{Ⓟ}$$

$$\text{ATP} + \text{HCO}_3^- + \underset{\text{丙酰 -CoA}}{H_3C-\overset{H}{\underset{H}{C}}-\overset{\overset{\displaystyle O}{\|}}{C}-SCoA} \longrightarrow \underset{\text{甲基丙二酸单酰 -CoA}}{H_3C-\overset{^-OOC}{\underset{H}{C}}-\overset{\overset{\displaystyle O}{\|}}{C}-SCoA} + \text{ADP} + \text{Ⓟ}$$

$$\text{ATP} + \text{HCO}_3^- + \underset{\beta-\text{甲基巴豆酰 -CoA}}{\overset{H_3C}{\underset{H_3C}{>}}C=CH-\overset{\overset{\displaystyle O}{\|}}{C}-SCoA} \longrightarrow \underset{\beta-\text{甲基戊烯二酸单酰 -CoA}}{^-OOC-CH_2-\overset{CH_3}{C}=CH-\overset{\overset{\displaystyle O}{\|}}{C}-SCoA} + \text{ADP} + \text{Ⓟ}$$

$$\text{ATP} + \text{HCO}_3^- + \underset{\text{牻牛儿酰 -CoA}}{\overset{H_3C}{\underset{H_3C}{>}}C=CH-CH_2-\overset{CH_3}{C}=CH-\overset{\overset{\displaystyle O}{\|}}{C}-SCoA} \longrightarrow \underset{\gamma-\text{羧基牻牛儿酰 -CoA}}{\overset{H_3C}{\underset{H_3C}{>}}C=CH-\overset{COO^-}{CH}-\overset{CH_3}{C}=CH-\overset{\overset{\displaystyle O}{\|}}{C}-SCoA} + \text{ADP} + \text{Ⓟ}$$

$$\text{ATP} + \text{HCO}_3^- + \underset{\text{脲}}{H_2N-\overset{\overset{\displaystyle O}{\|}}{C}-NH_2} \longrightarrow \underset{N-\text{羧基脲}}{^-OOC-\overset{H}{N}-\overset{\overset{\displaystyle O}{\|}}{C}-NH_2} + \text{ADP} + \text{Ⓟ}$$

转羧化酶

$$\underset{\text{甲基丙二酸单酰 -CoA}}{H_3C-\overset{^-OOC}{\underset{H}{C}}-\overset{\overset{\displaystyle O}{\|}}{C}-SCoA} + \underset{\text{丙酮酸}}{H_3C-\overset{\overset{\displaystyle O}{\|}}{C}-COO^-} \rightleftharpoons \underset{\text{丙酰 -CoA}}{H_3C-\overset{H}{\underset{H}{C}}-\overset{\overset{\displaystyle O}{\|}}{C}-SCoA} + \underset{\text{草酰乙酸}}{^-OOC-\overset{H}{\underset{H}{C}}-\overset{\overset{\displaystyle O}{\|}}{C}-COO^-}$$

步骤1: 生物素羧基化

$$\text{ATP} + \text{HCO}_3^- \overset{\text{ADP}}{\rightleftharpoons} \; \cdots \; \overset{\text{P}}{\rightleftharpoons} \; \cdots$$

步骤2: 生物素转羧基化作用

图 13-28　生物素羧基化及转羧基的机制

（八）叶酸和四氢叶酸

叶酸（folic acid）最初是由肝中分离出的，后来发现绿叶中含量十分丰富，因此命名为叶酸。它是由 2-氨基-4-羟基-6-甲基蝶啶、对氨基苯甲酸和 L-谷氨酸三部分组成，又称蝶酰谷氨酸。

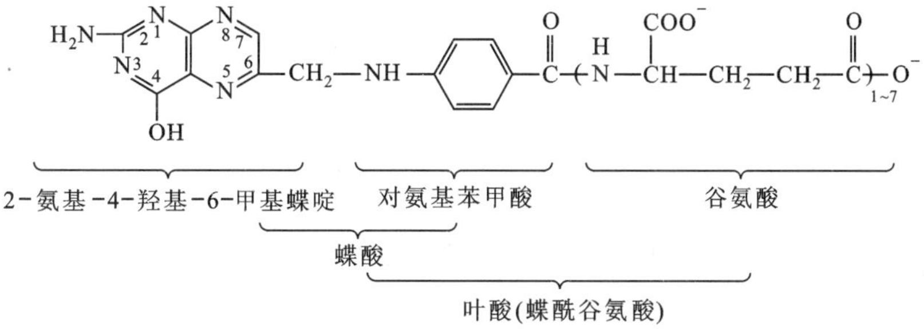

叶酸除了 CO_2 之外，是各种氧化水平一碳单位的重要受体和供体。**四氢叶酸**（tetrahydrofolate，THF）是叶酸的辅酶形式，称为**辅酶 F（CoF）**，是通过二氢叶酸还原酶连续的还原叶酸而成（图 13-29）。四氢叶酸一般含有 1~7 个（甚至更多个）以 γ-羧酰胺连接的谷氨酸残基。3 种不同氧化态的一碳单位可以连接到四氢叶酸的 N^5 或 N^{10} 氮上。如像表 13-4 所示，被 THF 携带的一碳单位以甲醇、甲醛和甲酸的三种氧化水平存在（碳原子氧化态分别为-2，0 和+2）。

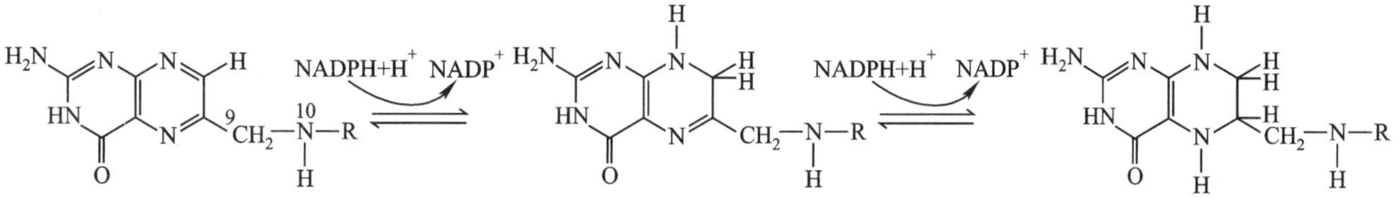

图 13-29　二氢叶酸还原酶还原叶酸的反应

表 13-4　由四氢叶酸携带的一碳单位中碳的氧化态

氧化数目	氧化水平	一碳形式	四氢叶酸形式
-2	甲醇（最还原的）	—CH_3	N^5-甲基-THF
0	甲醛	—CH_2—	N^5,N^{10}-亚甲基-THF
+2	甲酸（最氧化的）	—CH=O	N^5-甲酰基-THF
		—CH=O	N^{10}-甲酰基-THF
		—CH=NH	N^5-亚胺甲基-THF
		—CH=	N^5,N^{10}-次甲基-THF

图 13-30 详尽介绍了一碳单位导入 THF 和各种氧化态互变的整个酶促反应过程。N^5-甲基四氢叶酸能直接氧化成 N^5,N^{10}-亚甲基四氢叶酸，它再进一步氧化成 N^5,N^{10}-次甲基四氢叶酸。由 N^5,N^{10}-次甲基四氢叶酸形成 N^5-亚胺甲基，N^5-甲酰基和 N^{10}-甲酰基四氢叶酸（都在同一氧化水平上），或者通过从四氢叶酸本身由一碳加成反应形成。一碳单位并入四氢叶酸的主要途径是通过丝氨酸羟甲基转移酶（serine hydroxymethyltransferase）反应，转换丝氨酸成甘氨酸和生成 N^5,N^{10}-亚甲基四氢叶酸。甘氨酸、组氨酸和甲酸也是一碳单位的来源，如图 13-30 所示。上述的各种 THF 的中间载体形式，从一种代谢物转移到另一种代谢物。许多重要的生物分子如甲硫氨酸的生物合成，丝氨酸和甘氨酸的互相转换（见第 26 章）以及嘌呤、胸腺嘧啶的合成，都需要这些带有一碳基的 THF 作为一碳物的供体参与作用。

正如前面所提到的，二氢叶酸还原酶能使叶酸、二氢叶酸和四氢叶酸相互转换，几种抗癌药物，包括氨甲蝶呤、羟甲蝶呤和氨基蝶呤都是 THF 的类似物（图 13-31）。这些分子显然是二氢叶酸还原酶的有效抑制剂。因为生长的细胞需要一碳 THF 化合物合成嘌呤和胸腺嘧啶，而氨甲蝶呤及其类似物是肿瘤生长的有效阻断剂。这些药物对正常细胞也有毒性，氨甲蝶呤也仅能用于短期治疗。

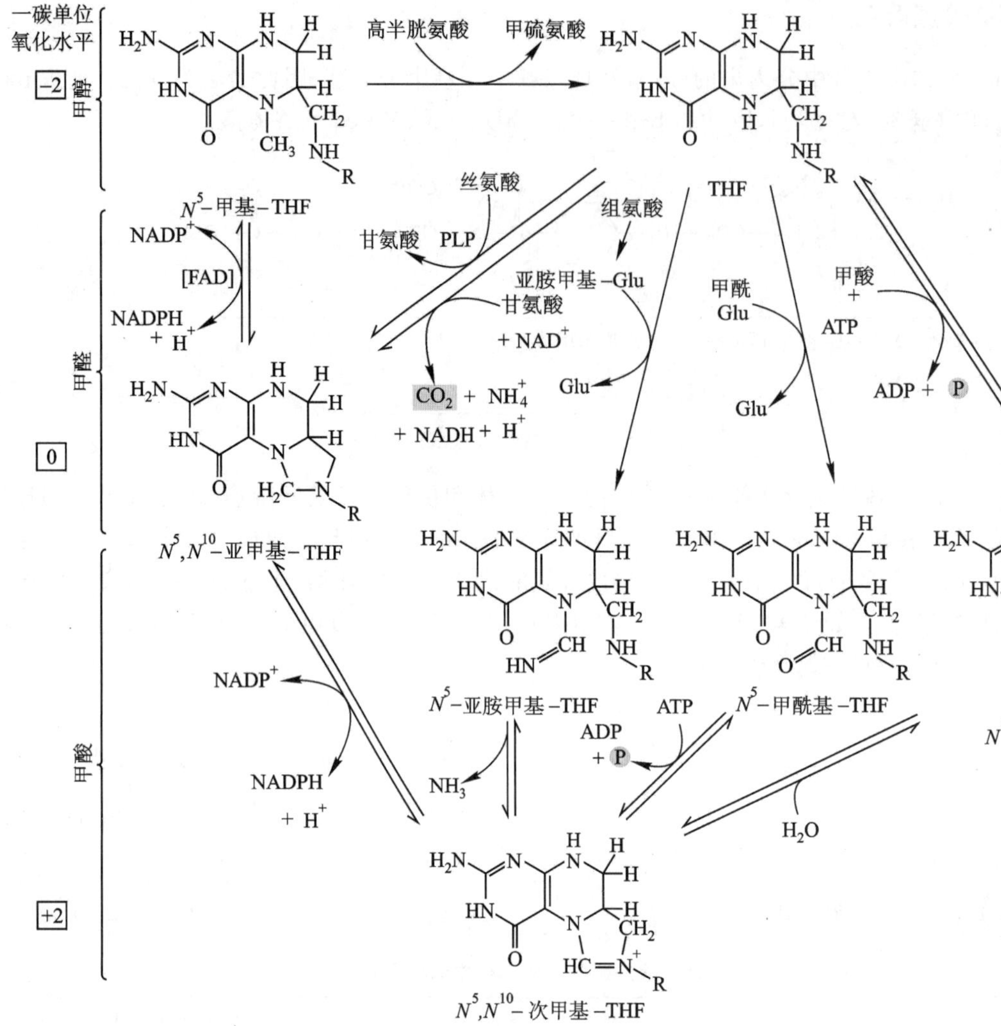

图 13-30　一碳单位导入 THF 的反应

以 3 种不同的氧化态(-2,0 和+2)携带一碳单位连接成 6 种不同的 THF 中间体

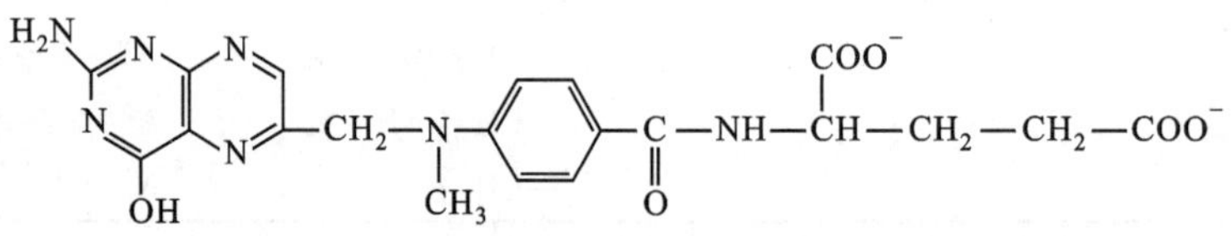

羟甲蝶呤 (methopterin)

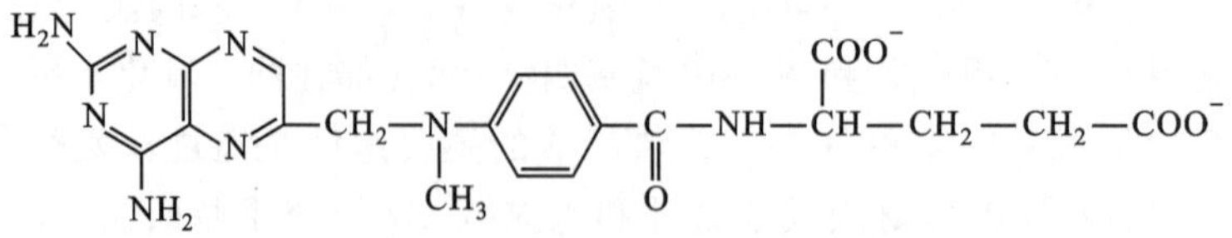

氨甲蝶呤 (methotrexate)

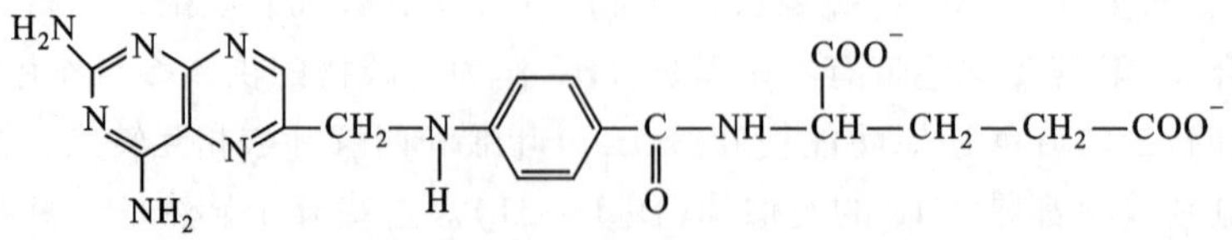

氨基蝶呤 (aminopterin)

图 13-31　二氢叶酸还原酶的抑制剂是肿瘤生长的有效阻断剂

由于叶酸与核酸前体核苷酸的合成有关,当叶酸缺乏时,DNA 合成受到抑制,骨髓巨红细胞中 DNA 合成减少,细胞分裂速度降低,细胞体积较大,细胞核内染色质疏松,称作巨红细胞,这种红细胞大部分在骨髓内成熟前就被破坏造成贫血,称巨红细胞性贫血(macrocytic anemia),也叫恶性贫血。因此叶酸在临床上可用于治疗巨红细胞性贫血。

叶酸广泛存在于肝、酵母及蔬菜中,人类肠道细菌也能合成叶酸,故一般不易发生缺乏症。

(九) 硫辛酸

硫辛酸(lipoic acid)以闭环二硫化合物形式和开链还原形式两种结构的混合物存在(图 13-32),这两种形式通过氧化-还原相互转换。像生物素一样,硫辛酸在自然界很少以游离状态存在,而是同酶蛋白分子中赖氨酸残基的 ε-NH_2 以酰胺键共价结合,形成的**硫辛酰胺**(lipoamcide)残基是硫辛酸的辅酶形式。

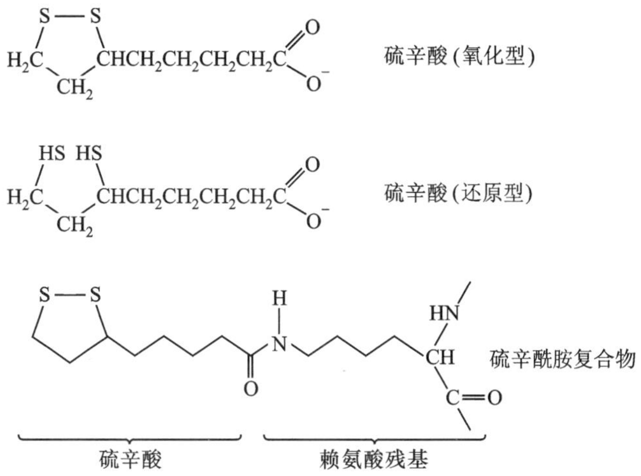

图 13-32　氧化型和还原型硫辛酸以及硫辛酰胺复合物的结构

硫辛酸或硫辛酰胺是一种酰基载体。它存在于涉及糖代谢的两种多酶复合物中:丙酮酸脱氢酶(pyruvate dehydrogenase)复合物和 α-酮戊二酸脱氢酶(α-ketoglutarate dehydrogenase)复合物,硫辛酸在 α-酮酸氧化和脱羧中起偶联酰基转移和电子转移的作用。

E. coli 丙酮酸脱氢酶是由 60 个亚基构成的多酶复合物,包括:① 丙酮酸脱氢酶(pyruvate dehydrogenase)(E_1),含 24 个亚基(M_r 192×10³ 的 12 个二聚体存在),以硫胺素焦磷酸为辅酶;② 二氢硫辛酰转乙酰酶(dihydrolipoyl transacetylase)(E_2),含 24 个亚基(M_r 70×10³),每个亚基含与其赖氨酸残基共价连接的硫辛酰胺作为辅基;③ 二氢硫辛酰脱氢酶(dihydrolipoyl dehydrogenase)(E_3),含 12 个亚基(以 M_r 112×10³ 的 6 个二聚体存在),以 FAD 为辅基。由转乙酰酶亚基形成一个立体核心,环绕排列着脱氢酶亚基。该多酶复合物通过丙酮酸氧化脱羧生成乙酰-CoA:

$$丙酮酸 + CoA + NAD^+ \longrightarrow 乙酰\text{-}CoA + CO_2 + NADH + H^+$$

其反应机制涉及 4 个不同的步骤(图 13-33)。第一步由 E_1 催化丙酮酸脱羧形成羟乙基-硫胺素焦磷酸(HETPP)。该中间物转移它的二碳单位到转乙酰酶亚基的硫辛酰胺基上。第二步,羟乙基被氧化形成乙酰二氢硫辛酰胺中间物,并释放出 TPP,该步涉及 HETPP 共振稳定的碳负离子亲核攻击硫辛酸二硫化物,随后氧化攻击的碳原子生成乙酰-硫辛酸。第三步 E_3 从硫辛酰胺转移乙酰基给 CoA 形成乙酰-CoA,脱离还原的二氢硫辛酰胺。第四步,巯基型硫辛酰胺被二氢硫辛酰脱氢酶重新氧化成二硫基型(氧化型),同时将 2 个电子转换给酶的辅基 FAD,最后 NAD^+ 还原成 NADH。整个反应是很强的放能反应,$\Delta G^{\ominus\prime}$ 大约为 $-33.5\ kJ\cdot mol^{-1}$。在此复合物中硫辛酰胺基的作用是从 E_1 亚基上 TPP 携带乙酰基给 CoA。像是生物素的情况,硫辛酰胺基团伸出的侧链提供了可动性和柔性,以便在多酶复合物各酶之间携带乙酰基。

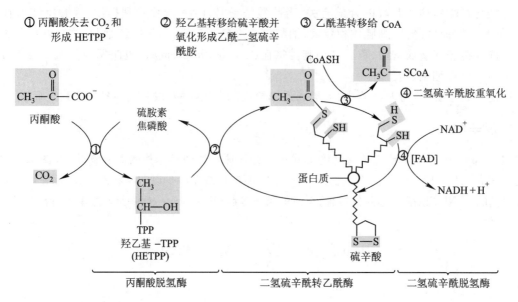

图 13-33　丙酮酸脱氢酶的反应机制

丙酮酸脱羧产生羟乙基-TPP(步骤 1),在步骤 2 中转移二碳单位给硫辛酸,随后在步骤 3 中形成乙酰-CoA,在步骤 4 反应中硫辛酸重新被氧化

在 *E. coli* 中另一种 α-酮戊二酸脱氢酶多酶复合物进行 α-酮戊二酸氧化脱羧反应:

$$α\text{-酮戊二酸} + CoA + NAD^+ \longrightarrow 琥珀酰\text{-}CoA + CO_2 + NADH + H^+$$

反应机制类似于上面所述的丙酮酸脱氢酶。α-酮戊二酸脱氢酶由三种不同亚基组成,包括:① α-酮戊二酸脱氢酶(α-ketoglutarate dehydrogenase),② 二氢硫辛酰转琥珀酰酶(dihydrolipoyl transsuccinylase);③ 二氢硫辛酰脱氢酶(dihydrolipoyl dehydrogenase)。头两种是这个复合物独有的,但发现二氢硫辛酰脱氢酶与丙酮酸脱氢酶复合物的完全相同。

硫辛酸在自然界广泛分布,肝和酵母中含量尤为丰富。在食物中硫辛酸常和维生素 B_1 同时存在。

(十) 维生素 C

维生素 C 具有防治坏血病的功能,故又称为**抗坏血酸**(ascorbic acid)。维生素 C 是一种含有 6 个碳原子的酸性多羟基化合物,分子中 C2 及 C3 位上两个相邻的烯醇式羟基易解离而释放 H^+,所以维生素 C 虽无自由羧基,但仍具有有机酸的性质。维生素 C 的结构如下:

抗坏血酸于 1928 年首先由 A. Szent-Györgyi 分离得到的,E. L. Hirst 和 W. N. Haworth 在 1933 年测定了它的结构,同时,R. G. Ault 等人报道了它的合成,1937 年由于他们对维生素 C 的研究获得诺贝尔化学奖。

维生素 C 广泛分布于动物界和植物界,仅几种脊椎动物——人类和其他灵长类、豚鼠、一些鸟类和某些鱼类不能合成,所有这些有机体的肝中缺少 L-古洛糖酸-γ-内酯氧化酶(L-gulono-γ-lactone oxidase),因此不能合成抗坏血酸,必须从食物中获得抗坏血酸。如图 13-34 所示,抗坏血酸正常情况由葡萄糖醛酸经 L-古洛糖酸和 L-古洛糖酸内酯合成。

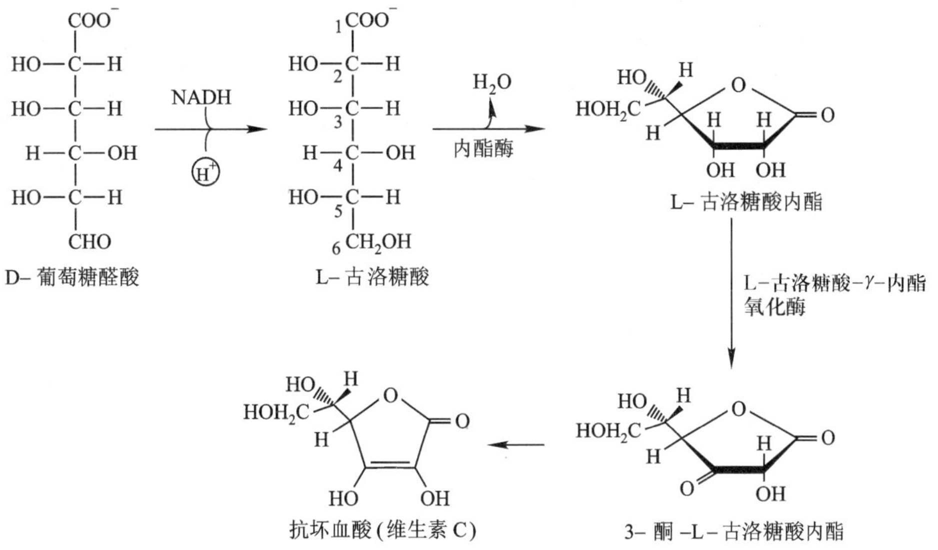

图 13-34 由葡萄醛酸合成抗坏血酸

肝能产生 L-古洛糖酸-γ-内酯氧化酶的动物能合成抗坏血酸，而人类缺少这种酶

抗坏血酸是一种强的还原剂，抗坏血酸的生物化学和生理功能是由于它的还原性质起电子载体的作用。由于同氧或者金属离子相互反应失去一个电子成为半脱氢-L-抗坏血酸（semidehydro-L-ascorbate），一种活性自由基，在动物和植物体内能被多种酶还原回 L-抗坏血酸（图 13-35）。抗坏血酸特有的反应是氧化成脱氢-L-抗坏血酸。抗坏血酸和脱氢抗坏血酸形式是一种有效的氧化还原系统。氧化型的抗坏血酸，仍具有维生素 C 的活力。但氧化型的抗坏血酸易水解，内酯环破坏而生成二酮基古洛糖酸，则失去维生素 C 的活性，如果继续氧化则生成草酸和 L-苏阿糖酸。

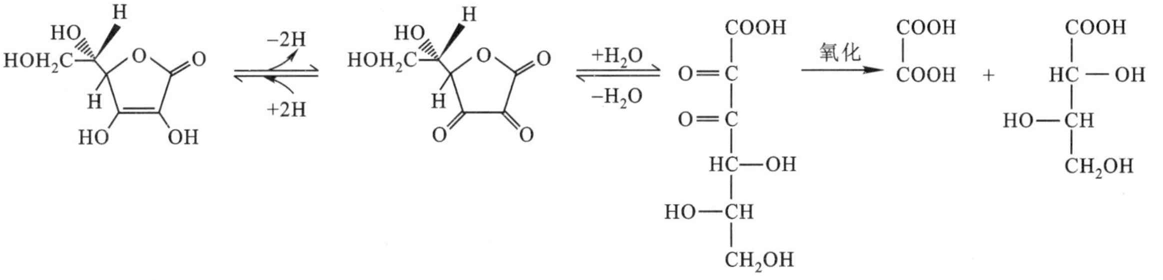

L-抗坏血酸（还原型）　脱氢抗坏血酸（氧化型）　二酮基古洛糖酸　草酸　L-苏阿糖酸

由于维生素 C 的 C4 及 C5 是两个不对称碳原子，因此有光学异构体，其中包括 D 型和 L 型。D 型维生素 C 一般不具抗坏血酸的生理功能，自然界存在的是具有生理活性的 L-型抗坏血酸。

维生素 C 的生理功能是多方面的，主要有：

1. 维生素 C 参与体内的氧化还原反应

由于维生素 C 既可以氧化型，又可以还原型存在于体内，所以它既可以作为氢供体又可作为氢受体，在体内极其重要的氧化还原反应中发挥作用。

（1）保持巯基酶的活性和谷胱甘肽的还原状态，起解毒作用。已知许多含巯基的酶当存在自由巯基（—SH）时才发挥催化作用，而维生素 C 能使

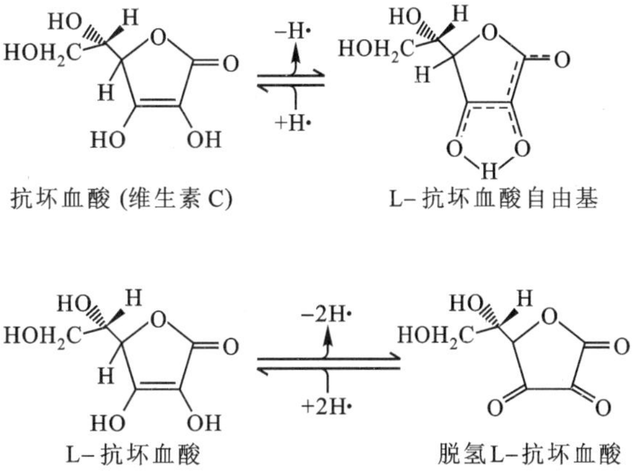

图 13-35 维生素 C 的生理效应是作为一种还原剂的作用，抗坏血酸的 2 个电子氧化产生脱氢抗坏血酸

酶分子中的 SH 维持在还原状态,从而使巯基酶保持活性。维生素 C 还与谷胱甘肽的氧化还原有密切联系,它们在体内往往共同发挥抗氧化及解毒等作用。如膜脂的不饱和脂肪酸易被氧化成脂质过氧化物从而使细胞膜受损。还原型谷胱甘肽(GSH)可使脂质过氧化物还原,从而消除其对细胞的破坏作用。而维生素 C 在谷胱甘肽还原酶的催化下可使氧化型谷胱甘肽(GSSG)还原,使 GSH 不断得到补充(图 13-36)。

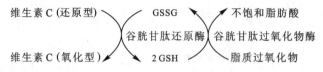

图 13-36　维生素 C 与谷胱甘肽的氧化还原反应

铅、汞等重金属离子(M^{2+})能与体内巯基酶类的—SH 结合,使其失活,以致代谢发生障碍而中毒。维生素 C 可使 GSSG 还原为 GSH,后者与重金属离子结合排出体外,故维生素 C 能保护含巯基酶的—SH,具有解毒作用(图 13-37)。

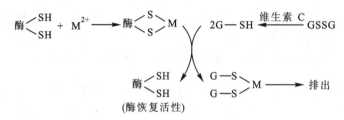

图 13-37　维生素 C 对重金属离子的解毒作用

(2) 维生素 C 与红细胞内的氧化还原过程有密切联系。红细胞中的维生素 C 可直接还原高铁血红蛋白(HbM)成为血红蛋白(Hb),恢复其运输氧的能力。

(3) 维生素 C 能促进肠道内铁的吸收,因为它能使难以吸收的三价铁(Fe^{3+})还原成易于吸收的二价铁(Fe^{2+});还能使血浆运铁蛋白中的 Fe^{3+} 还原成肝铁蛋白的 Fe^{2+}。

(4) 维生素 C 能保护维生素 A、E 及 B 免遭氧化。还能促进叶酸转变为有生理活性的四氢叶酸。

2. 维生素 C 参与体内多种羟化反应

代谢物的羟基化是生物氧化的一种方式,而维生素 C 在羟基化反应中起着必不可少的辅助因子的作用:

(1) 促进胶原蛋白的合成　当胶原蛋白合成时,多肽链中的脯氨酸及赖氨酸等残基分别在胶原脯氨酸羟化酶及胶原赖氨酸羟化酶催化下羟化成为羟脯氨酸及羟赖氨酸残基。维生素 C 是羟化酶维持活性所必需的辅因子之一。羟脯氨酸在维持胶原蛋白三级结构上十分重要。羟赖氨酸的生理功能虽然还不很清楚,但已知胶原是一种糖蛋白,而这种糖蛋白链是连接在蛋白质的羟赖氨酸残基上。维生素 C 与胶原合成中的羟化步骤有关,因而在缺乏时对胶原合成有一定的影响。胶原是结缔组织、骨及毛细血管等的重要组成成分,而结缔组织是伤口愈合的第一步。这说明维生素 C 缺乏将导致毛细血管破裂,牙齿易松动、骨骼脆弱而易折断及创伤时伤口不易愈合。

(2) 维生素 C 与胆固醇代谢的关系　正常情况下体内胆固醇约有 80% 转变为胆酸后排出。胆固醇转变为胆酸先将环状部分羟基化,而后侧链分解。缺乏维生素 C 可能影响胆固醇的羟基化,使其不能变成胆酸而排出体外。

(3) 维生素 C 参与芳香族氨基酸的代谢　维生素 C 在脑和中枢神经系统组织中起着几种重要的作用。在脑中 L-酪氨酸的代谢涉及两种不同的依赖维生素 C 的混合功能氧化酶。p-羟苯丙酮酸双加氧酶(p-hydroxyphenylpyruvate dioxygenase)能将酪氨酸转变为尿黑酸,中间物 p-羟苯丙酮酸的氧化和脱羧需要维生素 C。维生素 C 缺乏的个体则 p-羟苯丙酮酸分泌达异常高的水平。酪氨酸转变成儿茶酚胺也是依赖维生素 C 的过程。一系列的羟化和脱羧反应连续不断地形成多巴胺、去甲肾上腺素和肾上腺素。多巴胺和去甲肾上腺素的转变是由依赖于维生素 C 的多巴胺-β-羟化酶(dopamine-β-hydroxylase)催化的。

3. 维生素 C 的其他功能

（1）维生素 C 有防止贫血的作用，也可防止若干转运金属离子毒性的影响。离子从脾脏的转移（但不是肝）是一种依赖维生素 C 的过程。

（2）维生素 C 可改善变态反应　维生素 C 另外一个重要作用是涉及组胺代谢和变态反应。在铜离子存在下，维生素 C 防止组胺的积累，有助于组胺的降解和清除。也有证据表明，维生素 C 可调节前列腺素的合成，以便调节组胺敏感性和影响舒张。

（3）维生素 C 刺激免疫系统　因为维生素 C 影响刺激免疫系统，可防止和治疗感染。对免疫系统重要的单核白细胞，显示出血细胞中含高浓度的维生素 C 可抑制白血细胞的氧化破坏，增加白细胞的流动性。免疫球蛋白的血清水平在维生素 C 存在下增加。通过维生素 C 可以刺激免疫系统，因此 L. Pauling 曾提出维生素 C 可以有效地防止感冒，但随后的研究尚无定论。

固体的维生素 C 较稳定，但长期暴露于空气和潮湿中会产生有害物质。维生素 C 易溶于水，在水溶液中极易被空气氧化。加热易破坏，在中性和碱性溶液中尤甚。遇光、微量金属离子如 Cu^{2+}、Fe^{2+} 都可使维生素 C 遭到破坏。

以上介绍了脂溶性维生素和水溶性维生素及其辅酶的结构以及与代谢的关系，现将维生素的主要生理功能、来源及缺乏症总结于表 13-5。

表 13-5　一些重要维生素的生理功能、来源及缺乏症

名　称	主要生理功能	来　源	缺　乏　症
维生素 A（抗干眼病维生素，视黄醇）	1. 构成视紫红质 2. 维持上皮组织结构健全与完整 3. 参与糖蛋白合成 4. 促进生长发育，增强机体免疫力	肝、蛋黄、鱼肝油、奶汁、绿叶蔬菜、胡萝卜、玉米等	夜盲症 干眼病 皮肤干燥
维生素 D（抗佝偻病维生素，钙化醇）	1. 调节钙磷代谢，促进钙磷吸收 2. 促进成骨作用	鱼肝油、肝、蛋黄、日光照射皮肤可制造 D_3	儿童：佝偻病 成人：软骨病
维生素 E（抗不育维生素，生育酚）	1. 抗氧化作用，保护生物膜 2. 与动物生殖功能有关 3. 促进血红素合成	植物油、莴苣、豆类及蔬菜	人类未发现缺乏症，临床用于习惯性流产
维生素 K（凝血维生素）	与肝合成凝血因子 II、VII、IX 和 X 有关	肝、鱼、肉、苜蓿、菠菜等，肠道菌可以合成	偶见于新生儿及胆管阻塞患者，表现为凝血时间延长或血块回缩不良
维生素 B_1（硫胺素，抗脚气病维生素）	1. α-酮酸氧化脱羧酶及转酮酶的辅酶 2. 抑制胆碱酯酶活性	酵母、豆、瘦肉、谷类外皮及胚芽	脚气病、多发性神经炎
维生素 PP（烟酸，烟酰胺，抗糙皮病维生素）	构成脱氢酶辅酶成分，参与生物氧化体系	肉、酵母、谷类及花生等，人体可自色氨酸合成一部分	糙皮病
维生素 B_2（核黄素）	构成黄酶的辅基成分，参与生物氧化体系	酵母、蛋黄、绿叶蔬菜等	口角炎、舌炎、唇炎、阴囊皮炎等
泛酸（遍多酸）	构成 CoA 的成分，参与体内酰基转移作用	动植物细胞中均含有	人类未发现缺乏症
维生素 B_6（吡哆醇、吡哆醛、吡哆胺）	1. 参与氨基酸的转氨作用，脱羧作用 2. 氨基酸消旋作用 3. β-和 γ-消除作用	米糠、大豆、蛋黄、肉、鱼、酵母等，肠道菌可合成	人类未发现缺乏症

名　　称	主要生理功能	来　　源	缺　乏　症
维生素 B_{12}(钴胺素)	1. 参与分子内重排 2. 甲基转移 3. 促进 DNA 合成 4. 促进血细胞成熟	肝、肉、鱼等,肠道菌可合成	巨红细胞性贫血
生物素(维生素 H)	构成羧化酶的辅酶参与 CO_2 的固定	肝、肾、酵母、蔬菜、谷类等,肠道菌可合成	一般不发生缺乏症
叶酸	以 FH_4 辅酶的形式参与一碳基团的转移与蛋白质,核酸合成,与红细胞、白细胞成熟有关	肝、酵母、绿叶蔬菜等,肠道菌可合成	巨红细胞性贫血
硫辛酸	转酰基作用	肝、酵母等	一般不发生缺乏症
维生素 C(抗坏血酸)	1. 参与体内羟化反应 2. 参与氧化还原反应 3. 促进铁吸收 4. 解毒作用 5. 改善变态反应,提高免疫力	新鲜水果、蔬菜、特别是柑橘、番茄、鲜枣含量较高	坏血病

四、作为辅酶(辅基)的金属离子

(一) 概论

　　动物和人为了生长和发育在饮食中除了维生素外,还需要一些无机形式的化学元素。这些元素可分为两类:大量元素和微量元素。大量元素包括钙、镁、钠、钾、磷、硫和氯,每天需要相对大的量(接近克),它们常具有一种以上的功能。例如,钙是骨矿物质或者羟基磷灰石($[Ca_3(PO_4)]_3Ca(OH)_2$)的结构成分,而游离钙在细胞液中作为重要的调节剂,它的浓度低于 $10^{-6} mol \cdot L^{-1}$。磷以磷酸盐形式存在,是细胞内能量传递 ATP 系统的活性成分。

　　更关心的是关于酶作用必需的微量元素(表 13-6,表 13-7),类似于维生素的需要量,每天仅需要毫克或微克量。已知 15 种微量元素在动物营养中是必需的,大多数必需微量元素是作为酶的辅因子或辅基起作用。

表 13-6　微量元素及其生物化学功能

元素	生物化学功能的例子
铁	血红素酶(过氧化氢酶,细胞色素氧化酶)的辅基
碘	甲状腺激素结构中需要
铜	细胞色素氧化酶的辅基
锰	精氨酸酶和其他酶的辅因子
锌	脱氢酶类,DNA 聚合酶,碳酸酐酶的辅因子
钴	维生素 B_{12} 的组分
钼	黄嘌呤氧化酶的辅因子
硒	谷胱甘肽过氧化物酶和其他酶类的辅因子
钒	硝酸还原酶的辅因子
镍	脲酶的辅因子

表 13-7　生物化学功能还不清楚的微量元素

元素	明显的作用	元素	明显的作用
铬	血糖的适当利用	硅	结缔组织和骨的形成
锡	骨的形成	砷	不清楚
氟	骨的形成		

金属离子参与多种生物化学过程。估计有三分之一的酶在催化过程的一个或几个阶段中需要金属离子。金属离子通过配位键,将底物直接结合到活性部位,或者间接地使酶的结构保持在适合于结合的特殊构象下来控制催化作用。金属离子可作为亲电剂或亲核剂的结构组分参加氧化和水解等反应。许多代谢物,特别是核苷酸类物质都是以金属复合物的形式存在,例如,$Mg^{2+}\cdot ATP$,而且酶反应的真正底物是这些复合物,而不是核苷酸本身。因此,金属离子能够通过改变尚未复合底物的化学性质来发挥它们自己的催化效力。研究表明,某些酶-金属复合物通过对酶蛋白部分的合成、降解或两者速度的专一性控制能够调节酶活性的水平,说明金属离子对酶的表达和调控是很重要的。

(二) 金属酶类与金属激活酶类

虽然许多酶需要金属离子作为辅因子,但仍可以依据金属结合的强度把这些酶再分成金属酶类(me-talloenzymes)和金属激活酶类(metal-actived enzymes)。金属酶一般含有化学计量的金属辅因子,它们结合的相当牢固,而且加入游离金属离子后活性并不会增加。金属激活酶中其金属离子处于与酶表面结合基团的平衡中,这种金属离子在酶的纯化过程中常常失去,必须再加入金属离子才能恢复催化活性,然而,金属激活酶类在酶的位点、受结合的金属和底物之间通常是 1:1:1 的简单化学计量关系。这种活化的三元复合物有以下各种构型:① 底物桥复合物(substrate-bridge complex),其中底物-金属复合物与酶相结合;② 金属桥复合物(metal bridge complex),其中金属处在同时与底物和酶两者结合的位置;③ 金属桥复合物可能再通过一个非金属键使底物与酶联结;④ 表现为金属仅仅与酶接触。除底物桥复合物外,其余的复合物可看作是金属酶。底物桥复合物限定金属只与底物接触,当然就不可能是金属酶了。

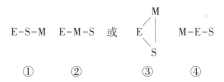

(三) 含铁酶类

铁是关系到生物功能最熟悉的微量元素。铁是氧载体蛋白血红蛋白和肌红蛋白以及电子载体线粒体蛋白细胞色素 c 血红素基团的成分。几种重要的酶也都含有血红素辅基。一个最好的例子是细胞色素氧化酶,由营养分子来的电子催化还原分子氧成水。细胞色素氧化酶中的铁原子,经历高铁(Fe^{3+})和低铁(Fe^{2+})型式化合价的改变,行使从细胞色素 c 转移电子给氧的功能。细胞色素 P450 参加酶促羟化反应也能转移电子给氧。

其他血红素酶包括催化过氧化氢分解的过氧化氢酶和通过过氧化作用催化各种有机物质氧化的过氧化物酶。过氧化氢酶中铁原子本身在催化循环中就是一个积极参加者。简单的铁盐,如 $FeSO_4$ 在促进过氧化氢分解成水和 O_2 时已经具有某种催化活性。可能是卟啉基和过氧化氢酶的蛋白质部分极大地增强了铁所固有的催化活性。

铁-硫酶是另一类重要的含铁酶类,这类酶在动物、植物和细菌细胞中也起电子转移反应的功能。在铁-硫酶中没有血红素辅基,但独特地含有等量的铁和硫原子,以特别不稳定的形式被酸分解。一个例子是叶绿体的铁氧还蛋白(ferredoxin),它行使从光激发的叶绿素携带电子到各种电子受体的功能。其他铁-硫酶在线粒体电子传递反应中起作用。某些黄素蛋白除了黄素核苷酸之外还含铁。

（四） 含铜酶类

许多含铜酶属于羟化酶和氧化酶类（表 13-8），这意味着它们是与分子氧一起参与催化过程的。铜在细胞色素氧化酶的催化活性中起重要作用，该酶在其辅基中含有铁和铜。细胞色素氧化酶的铜原子在参与携带电子传递给氧的过程中，经历 $Cu^{2+} - Cu^{+}$ 化合价转换的循环。铜也存在于赖氨酰氧化酶（lysyloxidase）的活性基中，该酶可使胶原蛋白和弹性蛋白中多肽链之间进行交联。动物缺乏铜就发育成缺少交联的不完全的胶原蛋白分子，其结果主动脉壁中的胶原蛋白和弹性蛋白变得脆弱以致动脉趋向破裂。为了在身体中适当的利用铁，铜也是需要的。

表 13-8 含铜金属酶

酶	来源	相对分子质量/×10³	每分子的铜原子数
抗坏血酸氧化酶（ascorbic acid oxidase）	南瓜	140	8
铜蓝蛋白（ceruloplasmin）	血浆	134	6~7
细胞色素 c 氧化酶（cytochrome c oxidase）	线粒体	340	1
二胺氧化酶（diamine oxidase）	肾	185	2
多巴胺-β-羟化酶（dopamine-β-hydroxylase）	肾上腺	290	2
D-半乳糖氧化酶（D-galactose oxidase）	真菌	60	1
漆酶（laccase）	漆树	120	6
赖氨酰氧化酶（lysyl oxidase）	鸡主动脉和软骨	60	1
超氧化物歧化酶（superoxide dismutase）	肝	34	2
尿酸酶（uricase）	肝	12	1

（五） 含锌酶类

锌是 300 多种不同酶的必需成分，是目前唯一的在六大酶类中都发现存在的金属酶类。作为辅因子，锌是最通用的金属。由于锌完全以 Zn^{2+} 离子存在，因此和铜、铁或锰不同，没有氧化还原能力。锌最通常的配位数是 4，该金属最容易形成四面体的构型。锌常存在于酶的活性部位，在酶和底物间起桥梁作用。

表 13-9 列出了一部分对其性质已相当了解的含锌金属酶。碳酸酐酶是首先发现的含锌酶，有一个锌结合于酶的单肽链上。酵母菌和肝的醇脱氢酶，每个分子结合 4 个锌。大肠杆菌碱性磷酸酯酶的稳定性和催化活性依赖于锌，酶的 2 个亚基来源于同一基因，但是在翻译后形成不均一性。其他细菌、真菌和较高等动物的碱性磷酸酯酶也是含锌金属酶，高等植物中尚未发现这种酶，它在红细胞和肌肉细胞内也不存在。大肠杆菌天冬氨酸转氨甲酰酶，每分子结合 6 个锌。大肠杆菌 DNA 聚合酶和依赖于 DNA 的 RNA 聚合酶两者都是含锌酶，它们是涉及参与遗传信息的复制和转录的重要酶。已证明由鸟类成髓细胞白血病病毒诱导的反向转录酶需要锌。至今鉴定过的所有细菌中性蛋白酶都表明至少有一个锌原子和紧密结合有钙离子的酶相缔合，嗜热菌蛋白酶是这类酶的一个例子。最后，近来的研究指出鼠肝延长因子 I（EF-I）需要锌，高度纯化的因子含有 1 个锌。其中锌最有兴趣的作用是舌和鼻通道的味觉和嗅觉受体所持有的功能。

表 13-9 含锌金属酶

酶	来源	相对分子质量/×10³	每分子的锌原子数
醇脱氢酶（alcohol dehydrogenase）	酵母	150	4
醇脱氢酶（alcohol dehydrogenase）	马肝	84	4
碱性磷酸酯酶（alkaline phosphatase）	大肠杆菌	80	4
碳酸酐酶（carbonic anhydrase）	红细胞	30	1
羧肽酶 A（carboxypeptidase A）	胰	34.6	1
羧肽酶 B（carboxypeptidase B）	胰	34.3	1

酶	来源	相对分子质量/×10³	每分子的锌原子数
谷氨酸脱氢酶（glutamate dehydrogenase）	牛肝	1 000	2～6
亮氨酸氨肽酶（leucine aminopeptidase）	猪肾	300	4～6
中性蛋白酶（neutral protease）	枯草杆菌	44.7	1～2
嗜热菌蛋白酶（thermolysin）	嗜热芽孢杆菌	37.5	4

（六）　其他金属酶类

精氨酸酶（arginase）是尿素循环中的一个酶（第 25 章），与锰形成紧密的复合物，金属在精氨酸酶中起着稳定和催化两种作用。鸡肝丙酮酸羧化酶（pyruvate carboxylase）含有 4 个亚基，4 个锰离子和 4 个生物素。锰也作为某些磷酸转移酶（phosphate transferring enzyme）的辅因子。微量的钴对生物合成维生素 B_{12} 是需要的。人们发现钼和钒在某种黄素脱氢酶的活性部位起作用。例如，黄嘌呤氧化酶（xanthine oxidase）有一个 FAD 辅基，也含有钼和铁作为它的必需成分。钒在硝酸还原酶（nitrate reductase）中参与氧化还原反应。谷胱甘肽过氧化物酶（glutathione peroxidase）含硒，它替代活性部位中一个半胱氨酸的硫。最近发现脲酶（urease）结合有 2 个镍原子，不过这种镍的实际功能还没有确定。酶的结构中没有发现铬，然而已证明这个金属是一种称为葡萄糖耐糖因子复合物的关键成分，这个复合物促使肝外组织吸收糖，其生物学功能与胰岛素的作用十分相似。锡对骨骼系统的发育可能在钙化过程中是需要的。也有报道某些植物需要两种另外的元素硼和铝。

提　要

维生素是维持生物体正常生长发育和代谢所必需的一类微量有机物质，不能由机体合成，或合成量不足，必须靠食物供给。由于维生素缺乏而引起的疾病称为维生素缺乏症。维生素都是小分子有机化合物，在结构上无共同性。通常根据其溶解性质分为脂溶性维生素和水溶性维生素两大类。脂溶性维生素有维生素 A、D、E、K 等，水溶性维生素有维生素 B_1、B_2、B_6、B_{12}、烟酸、烟酰胺、泛酸、生物素、叶酸、硫辛酸和维生素 C 等。现已知绝大多数维生素作为酶的辅酶或辅基的组成成分，在物质代谢中起重要作用。

维生素 A 的活性形式是 11-顺视黄醛，参与视紫红质的合成，与暗视觉有关。此外维生素 A 还参与糖蛋白的合成，在刺激组织生长分化中也起重要作用。维生素 D 为类固醇衍生物，1,25-二羟维生素 D_3 是其活性形式，用以调节钙磷代谢，促进新骨的生成与钙化。维生素 E 是体内最重要的抗氧化剂，可保护生物膜的结构和功能，维生素 E 还可促进血红素的合成。维生素 K 与肝合成凝血因子 Ⅱ、Ⅶ、Ⅸ 和 Ⅹ 有关，作为谷氨酰羧化酶的辅助因子是参与凝血因子前体转变为活性凝血因子所必需的。除维生素 C 外，水溶性维生素主要为 B 族维生素，以辅酶和辅基的形式存在，参与物质代谢。硫胺素的辅酶形式为硫胺素焦磷酸（TPP），是 α-酮酸脱羧酶、转酮酶及磷酸酮酶的辅酶，在 α-裂解反应、α-缩合反应及 α-酮转移反应中起重要作用。核黄素和烟酰胺是氧化还原酶类的重要辅酶，核黄素以 FMN 和 FAD 的形式作为黄素蛋白酶的辅基；而烟酰胺以 NAD^+ 和 $NADP^+$ 形式作为许多脱氢酶的辅酶，至少催化 6 种不同类型的反应。泛酸是构成 CoA 和 ACP 的成分，CoA 起传递酰基的作用，是各种酰化反应的辅酶，而 ACP 与脂肪酸的合成关系密切。磷酸吡哆醛是氨基酸代谢中多种酶的辅酶，参加催化涉及氨基酸的转氨作用，α-和 β-脱羧作用，β-和 γ-消除作用，消旋作用和醛醇裂解反应。生物素是几种羧化酶的辅酶，包括乙酰-CoA 羧化酶和丙酮酸羧化酶，参与 CO_2 的固定作用。维生素 B_{12} 存在 5′-脱氧腺苷钴胺素和甲基钴胺素两种活性形式，它们参与分子内重排、核苷酸还原成脱氧核苷酸及甲基转移反应。叶酸的辅酶是四氢叶酸（THF），进行一碳单位的传递，参与甲硫氨酸和核苷酸等物质的合成。硫辛酸是一种酰基载体，作为丙酮酸脱氢酶和 α-酮戊二酸脱氢酶的辅酶参与糖代谢。抗坏血酸是一种水溶性抗氧化剂，参与体内羟化反应、氧化还原反应，有解毒和提高免疫力的作用。

某些金属离子作为微量元素构成一些酶的必需成分参与酶的催化反应,有的金属离子作为酶的辅基构成金属酶类,有的作为酶的激活剂成为金属激活酶类。发现最多的是铁金属酶类、铜金属酶类和锌金属酶类。

习　题

1. 列举水溶性维生素与辅酶的关系及其主要生物学功能。

2. 列举脂溶性维生素及其主要生物学功能。

3. (a)为什么维生素 A 能防治夜盲症? (b)说明维生素 K 与血凝的关系。

4. 说明 CoA 结构与功能的关系。

5. 四氢叶酸(THF)都以何种形式传递一碳单位的?

6. 简要说明丙酮酸脱氢酶反应中所涉及的每种辅酶的催化功能。

7. 天冬氨酸-β-脱羧酶可转换 L-天冬氨酸变成 L-丙氨酸,为该反应选择一种合适的辅酶,并写出一个适当的机制。

8. 蛋清可防止蛋黄的腐败,将鸡蛋贮存在冰箱中4~6周不腐败。而分离出的蛋黄(没有蛋清)甚至在冷冻下也迅速腐败。

(a) 腐败是什么引起的?

(b) 你如何解释观察到的蛋清存在下防止蛋黄腐败?

9. 肾骨营养不良(renal osteodystrophy)也叫肾软骨病,是和骨的广泛脱矿物质作用相联系的一种疾病,常发生在肾损伤的病人中。什么维生素涉及骨的矿质化? 为什么肾损伤引起脱矿物质作用?

10. 谷氨酸变位酶催化下面反应:

$$^-OOC-CH_2-CH_2-\underset{\underset{NH_3^+}{|}}{CH}-COO^- \longrightarrow {}^-OOC-\underset{\underset{H}{|}}{\overset{\overset{CH_3}{|}}{C}}-\underset{\underset{NH_3^+}{|}}{CH}-COO^-$$

选择一种合适的辅酶并写出这个反应的机制。

11. 对下面每一个酶促反应,写出参与反应的辅酶。

(a) $CH_3-\underset{\underset{NH_2}{|}}{CH}-CH_2-\underset{\underset{NH_2}{|}}{CH}-CH_2-COOH \rightleftharpoons CH_2-CH_2-CH_2-\underset{\underset{NH_2}{|}}{CH}-CH_2-COOH$

(b) $HO-CH_2-\underset{\underset{NH_2}{|}}{CH}-COOH \longrightarrow CH_3-\overset{\overset{O}{\|}}{C}-COOH+NH_3$

(c) $H_2N-(CH_2)_4-\underset{\underset{NH_2}{|}}{CH}-COOH+O_2 \longrightarrow H_2N(CH_2)_4-\overset{\overset{O}{\|}}{C}-NH_2+CO_2+H_2O$

(d)

(e) $CH_3-CH_2-\overset{\overset{O}{\|}}{C}-SCoA+HCO_3^-+ATP \longrightarrow HOOC-\underset{\underset{CH_3}{|}}{CH}-\overset{\overset{O}{\|}}{C}-SCoA+ADP+Pi$

(f)

主要参考书目

1. 王镜岩,朱圣庚,徐长法. 生物化学教程. 北京:高等教育出版社,2008.

2. Garrett R H,Grisham C M.Biochemistry. 3rd ed. New York:Saurders College Publishing,2004.

3. Garrett R H,Grisham C M. Biochemistry. 5th ed. Boston:Brooks/Core,Cengage Learning,2013.

4. Nelson D L,Cox M M. Lehninger Principles of Biochemistry. 5th ed. New York:W. H. Freeman and Company,2008.

5. Berg J M,Tymoczko J L,Stryer L. Biochemistry. 7th ed. New York:W. H. Freeman and Company,2012.

6. Zubay G. Biochemistry. London,Sydney:Addison-wesley Publishing Company,1983.

（张庭芳）

网上资源

习题答案　　　自测题

第14章 激素和信号转导

细胞接受来自质膜外的信号并对它们作出反应是生命具有的基本能力。细菌细胞接受来自作为信息受体的膜蛋白的连续信号输入,监测环境介质的 pH,渗透强度,食物、氧气和光的可利用性和有毒化学物质、捕食者或食物竞争者的出现。这些信号引起细菌细胞作出适当的应答,例如趋向食物或离开毒物的运动,或在耗尽营养物质的介质中形成休眠孢子。对于一个多细胞的生物,特别是人和脊椎动物,它的各器官和各系统间必须互相配合,步调一致,作为一个整体必须与外界环境和谐统一。对人和动物来说,起这种协调和整合作用的除神经系统外,还有内分泌系统及其分泌的激素。动物细胞经常交换有关[细]胞外液中离子和葡萄糖,不同组织中进行的相互依赖的代谢活动和胚胎中发育期间细胞的正确定位等的信息;一般说,这些信息是由它的载体——信号分子激素通过体液传送的。胞外信号可以是机械的、化学的和物理的,激素(还有神经递质和生长因子等)是一类化学信号或称化学信使。在这里信号代表能够被专一受体检测出并被转化为细胞应答(一个化学过程)的信息。这种由信息转化为化学变化的过程——**信号转导**——是活细胞的一个普遍性质。

本章主要介绍作为化学信号的激素的一般概念、一些重要激素(包括人和脊椎动物、昆虫和植物的激素)的化学结构和生理功能以及信号转导的一般特点和信号的转导机制等。

一、激 素 通 论

多年来人们对激素的结构与功能进行了广泛的研究,它是内分泌学(endocrinology)的重要内容。近年来,在分子水平上对激素的作用机制作了卓有成效的研究,发现激素是通过与质膜上的、细胞内的或核内的专一受体结合而起作用的;激素的作用跟酶催化和基因表达都有密切关系。激素的分子生物学研究将极大地促进实用内分泌学的发展。

(一) 激素和其他化学信号

"激素"一词最先是在 1904 年被 W. Bayliss 和 E. Starling 用来描述**促胰液素**(secretin)的作用的,促胰液素是由十二指肠分泌、促进胰液流动的一种分子(后来知道它是一种肽激素)。从 Bayliss 和 Starling 的工作中可以概括出几点有关激素的重要思想:① 激素是特定组织或细胞(现称内分泌系统)合成的信息载体或称信号分子;② 激素被直接分泌到体液(如血浆、淋巴液、脑脊液、器官组织之间的组织液和细胞之间的胞外液;这些液体是互相沟通的,也即体液是一个连续相;它构成多细胞生物体的内环境),并运送到远处特定**靶细胞**的特定部位(专一受体),在那里专一地改变靶细胞的活动;③ 激素的作用是很强的,很低浓度就能引起很强的应答;④ 激素分子都是短命的,在细胞中不能积累,很快就被破坏。虽然今天关于激素的概念和研究内容有了很大的发展,但基本思想还是这些。更概括地说,**激素**是协调和整合多细胞生物个体的不同细胞代谢活动的一类胞外化学信号或信使。

参与协调机体内各器官和组织的代谢活动的,除激素外还涉及其他的胞外化学信号,包括信息素、神经递质和生长因子等。**信息素**(pheromone)与激素不同之处是,信息素是在不同生物个体的细胞之间,一般是在异性个体的细胞之间传递信息;信息素对一个个体来说,是属于外源信号,激素、递质和生长因子是内源信号。因为信息素的一个重要功能是作为**性引诱剂**(sex attractant),它的传递促进性行为的发生。昆虫的性引诱剂研究得较多,发现它们的化学结构多是长链烯醇酯或长链环氧化合物(图 14-13)。**神经递质**(neurotransmitter)是由神经元轴突末梢释放到突触间隙而作用于下一个神经元或其他细胞(如肌细胞)实现信息传递的胞外信号,如乙酰胆碱、去甲肾上腺素、谷氨酸、γ-氨基丁酸和多巴胺等;在分子水平上,递质和激素并无本质区别;例如,肾上腺素和去甲肾上腺素,神经组织分泌的,在肾上腺素能[的]神经元(adrenergic neuron)中起神经递质作用,而肾上腺髓质分泌的,在肌肉、肝和脂肪组织中则作为激素。**生长因子**(growth factor)或**细胞因子**(cytokine),如表皮生长因子、[促]红细胞生成素、白细胞介素和干扰素是一类小的分泌蛋白质,通过跟靶细胞的质膜受体结合促进某些细胞的生长和分裂;它们与激素的区别是细胞在应答一次性的分泌信号(如激素或细胞因子)时,生长因子的活性是持久的,而激素是短暂的。

(二) 激素的分类

激素按生物来源的不同可分为:① 人和脊椎动物激素;② 无脊椎动物激素,如昆虫激素;③ 植物激素。昆虫激素和植物激素将在本章第三、四节介绍。

人和脊椎动物激素按化学本质可分为:① **肽**(包括蛋白质)**激素**,如催产素和胰岛素等;② **儿茶酚胺激素**(catecholamine hormone),如肾上腺素、去甲肾上腺素和多巴胺等;③ **甲状腺激素**(thyroid hormone),如甲状腺素(T_4)和三碘甲腺原氨酸(T_3);④ **类固醇激素**,如皮质醇和孕酮等;⑤ **维生素 D 激素**,也是固醇衍生物;⑥ **类二十烷酸激素**(脂肪酸衍生物),如前列腺素、凝血恶烷和白三烯等,它们的效应一般局限于合成部位的附近组织或细胞,这些物质的介绍见第 10 章;⑦ **类视黄醇激素**(retinoid hormone),类异戊二烯化合物;⑧ **氧化氮激素**(nitric oxide hormone),是一种无机气体。② 和③ 两类激素是氨基酸衍生物,前3 类激素合称为**含氮激素**(nitrogenous hormone)。

人和脊椎动物激素还可以根据它们的作用方式归为三类。一类是肽、儿茶酚胺和类二十烷酸,这类激素是水溶性的,不能通过质膜,它们是在靶细胞质膜外侧跟质膜上的受体结合,并通过第二信使(胞内信使)起作用的。另一类是类固醇激素、维生素 D 激素、甲状腺激素和类视黄醇,它们是水不溶性的,能通过质膜,这些激素是跟细胞的核[内]受体结合进而调节转录起作用的。最后一类是氧化氮(NO),一种非极性气体,能通过质膜进入细胞;NO 是通过激活细胞溶胶中的受体(鸟苷酸环化酶)使之产生第二信使(cGMP)而发挥作用的。激素的分类参见表 14-1。

表 14-1　人和脊椎动物激素的分类

类型	实例	合成途径	作用方式
肽	胰岛素、催产素	经蛋白酶水解加工	结合于质膜受体;产生第二信使
儿茶酚胺	肾上腺素、多巴胺	衍生自酪氨酸	
类二十烷酸	前列腺素 E、白三烯 A_4	来自花生四烯酸	
类固醇	睾酮、皮质醇	衍生自胆固醇	结合于核受体;调节基因表达
维生素 D	$1\alpha,25$-二羟维生素 D_3	衍生自胆固醇	
类视黄醇	视黄酸	来自维生素 A	
甲状腺激素	三碘甲腺原氨酸(T_3)	来自甲状腺球蛋白 Tyr	
氧化氮	氧化氮(NO·)	来自精氨酸+O_2	结合于细胞溶胶受体(GMP 环化酶);产生第二信使(cGMP)

(三) 激素的检测和纯化

一种激素是怎样被检测并分离的? 第一,发现一个组织的生理过程跟源自另一个组织的信号有关,例如胰岛素最先是作为胰腺中产生并影响血和尿中葡萄糖浓度的一种物质被认识的;第二,一旦发现了一个被推测激素的生理效应,即可对这个激素的定量生物测定[方法](bioassay)进行开发。对胰岛素来说,生物测定包括把胰腺提取液(胰岛素的粗原料)注射到缺乏胰岛素的实验动物,然后定量血和尿中葡萄糖浓度的变化。为分离一个激素,生物化学家使用用于分离其他生物分子的技术(溶剂分级分离、色谱和电泳等)对含有被推测激素的提取液进行分级分离,然后测定每个有激素活性的组分。一旦这个化合物被纯化,则可对它的组成和结构进行测定。

看起来上面这个激素鉴定方案有些过于简单,其实不然。激素具有强力的作用,但产生的量很少。为获得用于化学鉴定的足够量激素,经常需要进行大规模的生物化学分离。当 A. Schally 和 R. Guillemin 各自从下丘脑纯化和鉴定促甲状腺激素释放因子(TRF)时,Schally 研究组加工了从两百万只绵羊中取下的近 20 吨下丘脑,Guillemin 组提取了约一百万头猪的下丘脑。TRF 被证明是一个三肽(Glu-His-Pro)的简单衍生物(见图 14-6)。一旦这个激素的结构为已知,它就可以大量地被化学合成,用于生理学和生物化学的研究。由于下丘脑激素的工作,Schally、Guillemin 与 Rosalyn Yalow 一道获 1977 年诺贝尔生理学或医学奖。R. Yalow 获奖是因为开发出肽激素的高灵敏**放射免疫测定[法]**(radioimmunoassay,RIA)并用它研究激素作用。RIA 使激素研究得到飞速发展,因为它只要有微量的激素就能进行快速、定量和特异的测定。

激素专一的抗体是放射免疫测定及其改进型式酶联免疫吸附测定(ELISA;见第 4 章)的关键。纯化的激素,注射到兔子或小鼠,可以产生出抗体,后者能以高亲和力和高专一性与该激素结合。这些抗体可以被纯化;纯化的抗体或被放射性标记(用于 RIA),或与能产生有色物质的酶结合(用于 ELISA)。然后被标记的抗体跟含激素的提取液相互作用;提取液中被激素结合的抗体部分用放射检测或光度法进行定量。因为抗体对激素的高亲和力,这些测定的灵敏度可以达到样品中皮克(pg)激素的水平。

(四) 内分泌腺及其分泌的激素

内分泌系统(endocrine system)是人体及脊椎动物体内的两大通讯系统之一,它由分散在体内的、被称为**内分泌腺**(endocrine gland)的一些无管腺和细胞组成(图 14-1)。这些特定的器官和细胞在特定的神经或体液的刺激下分泌某些特定物质进入体液(如血液)。这些物质即是称为**激素**的化学信号,它们在血液中的浓度是很低的,然而一旦被携带到靶细胞,便作用于特定的组织或器官,并产生特定的效应。

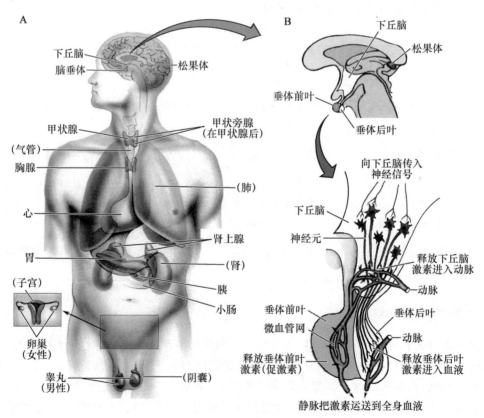

图 14-1 人体的主要内分泌腺(A)和激素信号的神经内分泌起点(B)

为了读者查阅和参考,表 14-2 列出各种内分泌腺分泌的主要激素及其化学本质和主要功能。从表 14-2 中可以注意到:① 这些内分泌腺在解剖学上是彼此不连续的,但在功能意义上它们自成一体——内分泌系统。② 这些内分泌腺中有些器官如心、肾等显然有它们的其他、甚至更重要的功能,但它们同时含有分泌激素的细胞。③ 下丘脑是大脑的一部分,但也是内分泌系统的一部分,因为下丘脑的某些神经元末梢分泌的化学信号不是影响邻近细胞的神经递质,而是进入血流被携带到别的部位起作用的激素。这些从下丘脑神经元末梢释放的激素,包括运至垂体后叶(posterior pituitary)贮存并释放的两种激素(OT 和 ADH)在内,称为**下丘脑激素**或**神经激素**。④ 有些单个的内分泌腺能分泌几种激素,但一般情况下一种类型的细胞只分泌一种激素,因此这些单个腺体应含有多种类型的细胞。⑤ 有些单个激素可以由不止一种内分泌腺分泌,例如**生长抑素**(somatostatin)是由胃肠道和胰腺两者分泌的,同时它也是下丘脑分泌的一种激素(表 14-3)。

表 14-2 人和脊椎动物激素一览表

产生激素部位 (内分泌腺)	激素	简称	英文名称	化学本质	主要功能
下丘脑	释放因子[①]		releasing factor	多肽	促进腺垂体分泌激素
	抑制因子[①]		inhibiting factor	多肽	抑制腺垂体分泌激素
垂体前叶 (腺垂体)	生长激素 (促生长素)[②]	GH	growth hormone (somatotropin)	蛋白质	促进生长和代谢
	促甲状腺激素	TSH	thyroid-stimulating hormone	蛋白质	促进甲状腺发育和分泌激素
	促肾上腺皮质激素 (β-促皮质素)	ACTH	adrenocorticotropic hormone (β-corticotropin)	39-肽[③]	促进肾上腺皮质分泌激素
	催乳激素(促乳素)	LTH	luteiotropic hormone (prolactin)	蛋白质	促进乳腺生长和乳合成
	促卵泡激素	FSH	follicle-stimulating hormone	蛋白质	促进配子(卵和精子)产生和性激素分泌
	[促]黄体生成素	LH	luteinizing hormone(lutropin)	蛋白质	
	β-促脂解素	LPH	β-lipotropin	蛋白质	促进脂质水解
	β-内啡肽		β-endorphin	31-肽	功能尚不清楚
	脑啡肽		enkephalin	5-肽	
	促黑[素细胞]激素 (含 α-,β-等)	MSH	melanocyte-stimulating hormone	13-肽	促进黑色素合成和扩散
垂体后叶(神经垂体)	催产素[④]	OT	oxytocin	9-肽	催乳和促进子宫活动
	抗利尿激素[④] (血管升压素)	ADH	antidiuretic hormone (vasopressin)	9-肽	促进肾对水的重吸收并有升压作用
甲状腺	甲状腺素	T_4	thyroxine	碘酪氨酸	促进基础代谢、脑发育和脑功能
	三碘甲腺原氨酸	T_3	triiodothyronine	碘酪氨酸	
	降钙素		calcitonin	多肽	降低血钙、调节钙磷平衡
甲状旁腺	甲状旁腺激素	PTH (PH)	parathyroid hormone (parathyormone)	蛋白质	升高血钙、调节钙磷平衡
肾上腺皮质	皮质醇(氢化可的松)		cortisol(hydrocortisone)	类固醇	促进肝细胞中糖原异生;增强应急应答和免疫能力
	醛固酮		aldosterone	类固醇	促进肾小管对钠和水的重吸收及钾的排泄

续表

产生激素部位（内分泌腺）	激素	简称	英文名称	化学本质	主要功能
肾上腺髓质	肾上腺素		epinephrine（adrenaline）	酪氨酸衍生物	促进肝和肌肉中糖原分解，升高血糖；提高应急应答能力
	去甲肾上腺素		norepinephrine	蛋白质	促进肝和肌肉对葡萄糖的吸收和利用，降低血糖
胰岛	胰岛素		insulin		
	胰高血糖素		glucagon	29-肽	促进糖原分解，升高血糖
	生长抑素	SS	somatostatin	14-肽	抑制 GH 和 TSH 的分泌
性腺：					
卵巢	雌激素⑤		estrogens	类固醇	促进雌性生殖系统发育和乳房长大
	孕酮（黄体酮）		progesterone	类固醇	促进子宫内膜增生、抑制子宫运动以利安胎
	松弛素		relaxin	多肽	促进子宫颈和耻骨松弛
睾丸	雄激素⑥		androgens	类固醇	促进雄性生殖系统发育和雌、雄性动物和人的性活动
胎盘	绒毛膜促性腺激素	CG	chorionic gonadotropin	蛋白质	促进黄体分泌激素；其功能与孕酮相似
	雌激素⑤		estrogens	类固醇	见卵巢
	孕酮		progesterone		见卵巢
	胎盘催乳素	PL	placental lactogen	蛋白质	促进乳房发育和代谢
胸腺	胸腺素		thymosin（thymo poietin）	蛋白质	增进 T-淋巴细胞的功能
松果体	褪黑素	MLT	melatonin	色氨酸衍生物	可能与性成熟和体节律有关
肠胃道	胃泌素（促进胃液素）		gastrin	17-肽	促进胃液分泌
	[肠]促胰液素		secretin	多肽	促进胰液分泌
	缩胆囊素	CCK	cholecystokinin	多肽	促进胆囊收缩
肾脏	肾素⑦		renin	蛋白质	与醛固酮分泌及血压有关
	1,25-二羟维生素 D_3		1,25-dihydroxyvit amin D_3	类固醇	促进小肠对钙的吸收
心脏	心房[钠尿]肽	ANF	atrial natriuretic factor（atriopeptin）	肽	促进肾对钠的排泄；与血压有关
肝	胰岛素样生长因子	IGF	insulin-like growth factor	肽	促进生长

① 这些释放因子和抑制因子见表 14-3；② 括号内是同义词；③ 39-肽表示含 39 个氨基酸残基的肽，以下同；④ 催产素和升压素是在下丘脑中合成，但被运送至垂体后叶贮存并由此分泌的；⑤ 雌激素包括雌二醇（estradiol）、雌三醇（estriol）和雌酮（estrone）等；⑥ 雄激素包括睾酮（testosterone）、雄酮（androsterone）等；⑦ 肾素也称血管紧张肽原酶，它在血中催化生成血管紧张肽Ⅱ（angiotensinⅡ）的反应，血管紧张肽Ⅱ是一种强血管收缩剂。

表 14-3　下丘脑产生的调节激素

激素①	英文名称	简称	化学本质	对垂体前叶的作用
促肾上腺皮质激素释放因子（激素）②	corticotropin releasing factor	CRF	41-肽	刺激 ACTH 的分泌
促甲状腺素释放因子③	thyrotropin releasing factor	TRF	3-肽	刺激 TSH 和促乳素的分泌
生长激素释放因子	growth hormone releasing factor	GHRF	多肽	刺激生长素的分泌
生长激素释放抑制因子（生长抑素）	growth hormone release inhibiting factor（somatostatin）	GHIF（SS）	14-肽	抑制 GH 和 TSH 的分泌

续表

激素①	英文名称	简称	化学本质	对垂体前叶的作用
促性腺激素释放因子	gonadotropin releasing factor	GnRF	肽	刺激 FSH 和 LH 的分泌
促乳素释放因子	prolactin releasing factor	PRF	多肽	刺激促乳素的分泌
促乳素释放抑制因子④	prolactin release inhibiting factor	PIF	多巴胺	抑制促乳素的分泌
促黑素细胞激素释放因子	melanophore-stimulating hormone releasing factor	MRF	多肽	刺激促黑素细胞激素的分泌

① 激素名称中因子(factor)一词也可写成激素(hormone),两者是同义词,因此简称,例如 CRF 也可写成 CRH;② CRF 是释放 ACTH 的主要刺激剂,但升压素,可能还有其他下丘脑激素,也能刺激 ACTH 的释放;③ 注意,TRF 也是一种"PRF",但它与"真正的"PRF 不同,后者只刺激促乳素的分泌;④ PIF 经鉴定是多巴胺(dopamine),一种儿茶酚胺。除此之外,所有的下丘脑分泌的因子都是肽。

(五) 激素释放的分级控制和反馈调节

从激素释放的角度看,人和哺乳动物体内的内分泌腺可以分为上、中、下三个等级,构成"下丘脑-脑垂体-其他内分泌腺"控制轴。下丘脑(一级内分泌腺)处于轴上方,脑垂体(二级内分泌腺)居于中间,其他内分泌腺(三级内分泌腺)处于轴下方(图 14-2)。上一级内分泌腺通过它所释放的激素控制下一级内分泌腺的活动,而下级释放的激素也对上级内分泌腺的活动产生影响(反馈)(图 14-3)。

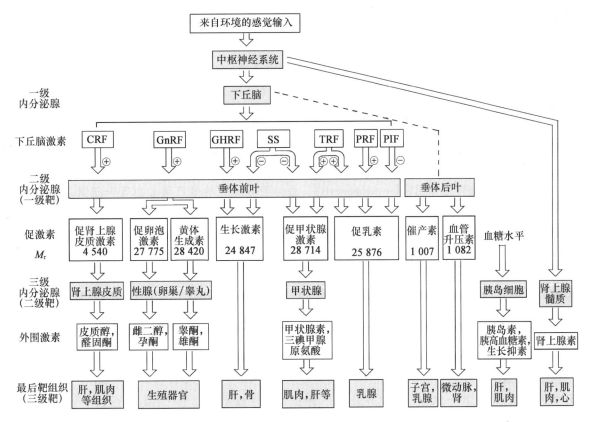

图 14-2   某些主要的内分泌激素及其靶组织
示出激素分泌的分级控制;图中⊕表示促进,⊖表示抑制

一级内分泌腺是**下丘脑**(hypothalamus),它是特化了的大脑中枢,是哺乳类中内分泌系统的总枢纽或主调节器。激素的作用归根结底受中枢神经系统的控制。下丘脑接收和整合来自内、外环境的感觉输入(sensory input),即有关例如危险、饥饿、进食和血压等的信号,并指挥内分泌组织产生适当的激素。在应答信号输入中,下丘脑产生调节[性]激素,它们几乎都是多肽分子。下丘脑的这些调节激素通过特殊的血管和连接两个腺体的神经元直接输送到邻近的脑垂体(图 14-1B)。对垂体激素分泌起促进作用的下

丘脑激素称为释放因子(releasing factor, RF),起抑制作用的称为[释放]抑制因子(inhibiting factor, IF),见表 14-3。注意,下丘脑激素与垂体激素没有一一的对应关系,例如下丘脑的 TRF 不仅刺激垂体的 TSH 释放,也刺激促乳素的释放;又如垂体的生长激素分泌同时受到下丘脑的两种激素:GHRF 和 SS(GHIF)的调节(图 14-2)。

二级内分泌腺是**脑[下]垂体**(pituitary gland),包括前叶和后叶;**垂体前叶**(anterior pituitary)又称腺垂体(adenohypophysis),它由胚胎发育期的上皮细胞转化而来;**垂体后叶**(posterior pituitary)又称神经垂体(neurohypophysis),它起源于胚胎发育期的神经组织,可看成是下丘脑的扩展部分。前叶和后叶被称为一级靶腺(primary target),因为它是最高级内分泌腺下丘脑释放的激素的靶子。垂体前叶应答血流运来的下丘脑激素,产生**促激素**(tropic hormone; tropin),它们多是较长的多肽(表 14-2)。促激素(也称二级激素)除了促乳激素(它直接作用于最后的靶组织)外,都作用于三级内分泌腺也称二级靶腺(secondary target)。垂体后叶含有起始于下丘脑的许多神经元的轴突末梢,这些神经元产生两种短肽激素**催产素**和**血管升压素**(图 2-23)。它们沿轴突移至垂体中的神经末梢,并贮存在这里等待释放信号。

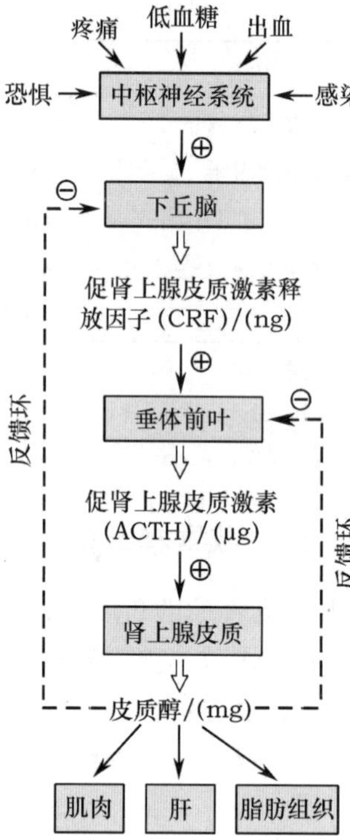

三级内分泌腺,包括甲状腺(thyroid)、肾上腺皮质(adrenal cortex)和髓质(medulla)、胰腺小岛细胞(pancreatic islet cell)、生殖腺或性腺(gonad)、胎盘(placenta)、松果体(pineal gland)等(见表 14-2 和图 14-1)。这些腺体受促激素的刺激,又分泌它们的专一激素,通过血流作用于各自的靶组织如肝、肌肉、生殖器官、乳腺、微动脉(arteriole)等(图 14-2)。例如从下丘脑分泌的促肾上腺皮质激素释放因子(CRF)刺激垂体前叶释放**促肾上腺皮质激素**,ACTH 经血液运送到肾上腺皮质的束状带(zona fasciculata)触发皮质醇的释放。皮质醇是这一级联中最后的激素,它通过跟多种类型的靶细胞中的受体作用引起代谢改变。在肝细胞中皮质醇的一个效应是增强**糖异生作用**(gluconeogenesis)。垂体后叶释放的**催产素**和**血管升压素**是直接作用于最后的靶组织的。三级内分泌腺释放的激素称为外围激素,也称第三级激素,这是相对于下丘脑激素(第一级)和垂体激素(第二级)而言。

激素级联如负责皮质醇和肾上腺素产生的级联能引起初始信号很大的放大,并使最后激素的产出得到精细调节(图 14-3)。在级联的每一水平上,一个小的信号引出一个大的应答。例如,给下丘脑的初始电信号导致几纳克(ng)促肾上腺皮质激素释放因子的释放,此因子引出几微克的 ACTH 释放。ACTH 作用于肾上腺皮质引起几个毫克的皮质醇释放。整个级联放大至少有百万倍。

激素释放具有自我控制的性质。在激素级联的每一水平上,级联中的前几步受到反馈抑制是可能的;最后的激素或一个中间激素的浓度超过不必要的水平,将抑制级联中前面激素的释放,也即一个产物(激素)的合成或释放只有在达到所需浓度之前才有可能。如图 14-3 中的负反馈环所示,在下丘脑分泌释放因子开始的级联中如 CRF-ACTH-皮质醇级联中,最后的激素皮质醇由于它引起下丘脑中分泌 CRF 的神经细胞动作电位频率下降,使得下丘脑分泌 CRF 减小。此外皮质醇还直接作用于垂体前叶使分泌 ACTH 的细胞对 CRF 的刺激效应敏感度降低。这样,通过这种"双管齐下"的**负反馈**(negative feedback),皮质醇自身的分泌得到有效的控制。

注意,内分泌腺之间除了上面刚讲到的纵向的相互制约外,还有横向的制约。例如卵巢(和胎盘)分泌的雌激素显著提高垂体前叶的促乳素分泌,虽然雌激素的分泌并不受促乳素的控制,又例如肾上腺素可以抑制胰腺小岛细胞的胰岛素分泌。

正常情况下,各种内分泌腺的活动是相互平衡的,各种激素在血浆中的浓度维持在相对稳定的水平。但任何一种内分泌腺机能亢进或减退都会破坏这种平衡与稳定,扰乱正常代谢和生理功能,从而影响机体

图 14-3　内分泌激素释放的级联放大和反馈抑制

的正常发育和健康,甚至引起严重疾病直至死亡。

(六) 激素通过靶细胞受体起作用

所有的激素都是通过对激素敏感的靶细胞中的专一性受体起作用的,激素以高亲和力与受体结合。但一种激素可能有多种不同的专一受体。例如肾上腺素在肌肉和肝中有专一的 α-1 受体,在胰腺 β 细胞中有专一的 α-2 受体,在脂肪组织中有专一的 β 受体。因此一种激素可能以不同的方式影响不同的细胞,这将随专一受体和信号转导机制而异。

每种类型的细胞有它自己的激素受体组合,这种组合确定了它的激素应答范围。而且具有同一类型受体的两类细胞可以有不同的激素作用胞内靶,因此可以对同一激素作出不同的应答。激素作用的专一性是由于激素和它的受体之间结构互补的结果;这种相互作用具有很强的选择性,所以即使结构上相似的激素也可以有不同的效应,这取决于它们是否优先与不同的受体结合。相互作用的高亲和力使得细胞能够对很低浓度的激素作出应答。在设计想干预激素调节的药物时,我们需要知道药物和天然激素的相对专一性和亲和力。激素和受体的相互作用可以通过 Scatchard 分析来定量(见图 14-15),在有利条件下,可获得亲和力的定量测定(复合体解离常数)和受体制剂中激素结合部位的数目。

配体-受体相互作用在胞内发生的事件至少有 5 种模式(详见本章第 5、6 节):① 在细胞内产生一个第二信使(如 cAMP、cGMP 或肌醇三磷酸),作为一个或多个酶的别构调节物;② 受体酪氨酸激酶被胞外激素活化;③ 膜电位的变化,这是由于激素门控离子通道打开或关闭的结果;④ 细胞表面上的黏着受体从胞外基质到细胞骨架传送信息;或⑤ 类固醇或类固醇样分子引起一个或多个基因的表达(DNA 转录成 mRNA)水平变化,这种变化是由激素的一个核受体蛋白介导的。

就大多数激素而言,一些激素受体位于靶细胞质膜的外表面,另一些激素受体处于靶细胞的内部。据此可把激素作用的机制或方式大致归纳为两类:一类是激素进入靶细胞内,在细胞质或核内与专一的受体结合成激素-受体复合体而起作用;另一类是激素在靶细胞外与其质膜上的受体结合并通过膜上的转导机制转化为胞内信使(第二信使)而起作用。

水溶性的肽和胺激素(例如胰岛素和肾上腺素)还有前列腺素是在胞外通过跟跨膜的细胞表面受体结合而起作用的(图 14-4A)。当激素与受体的胞外结构域结合时,受体发生类似于别构酶跟效应物分子结合时的构象变化。构象变化触发激素下游的效应。

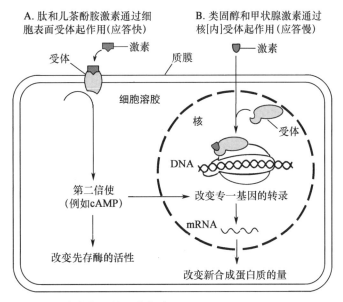

图 14-4   激素作用的两种方式

在形成激素-受体复合体中,单个激素分子(第一信使)激活一个催化剂分子,后者催化多个第二信使分子的产生,所以受体不仅作为一个信号转导器(transducer),而且也是一个信号放大器(amplifier)。信号可以通过**信号转导级联**(催化剂活化催化剂的系列反应步骤)进行放大,结果是原初的信号得到高倍放大。这类级联反应发生在例如肾上腺素对糖原合成和降解的调节作用(见图 14-20)。一个肾上腺素分子通过它的受体激活一个腺苷酸环化酶分子,对于每一个跟受体结合的激素分子来说,则产生多个环式腺苷酸(cAMP)分子。cAMP 进一步激活多个 cAMP 依赖型蛋白激酶(蛋白激酶 A)分子,后者又活化多个糖原磷酸化酶 b 激酶分子。其结果是信号得到极大的放大;一个肾上腺素分子引起从糖原产生几万到几百万个 1-磷酸葡糖分子。

水不溶性的激素(类固醇、类视黄醇素和甲状腺激素)很容易通过靶细胞质膜到达核内的受体蛋白质。对于这一类激素,激素-受体复合体自身就携带信息;因此激素-受体复合体跟核内染色质的特定 DNA 序列结合,改变了专一基因的转录。这类激素总的代谢效果是刺激靶组织中某些蛋白质的合成,使关键蛋白质的水平发生变化(图 14-4B)。

通过质膜受体作用的激素通常引发生理和生化应答的速度是很快的,持续时间短;例如肾上腺髓质分泌肾上腺素进入血流刚几秒钟,骨骼肌立即作出加速糖原降解的应答。相反,甲状腺激素和性激素(固醇类激素)作用是缓慢的,但持续时间较长;在它们的靶组织中作出最大的应答,需要在数小时或数天之后。应答时间的这种差别反映不同的作用模式。作用快的激素一般是通过别构机制或共价修饰引起一个或多个原先存在于细胞内的酶活性的改变。作用慢的激素一般是改变基因的表达,合成更多(上调)或更少(下调)的被调节的蛋白质。

关于激素通过受体起作用的详细机制见本章下面叙述。

二、人和脊椎动物的一些重要激素

前面曾谈到激素和其他信号分子的化学本质和作用方式是多种多样的(表 14-1,表 14-2)。它们从释放点到靶细胞的路径也不相同,有**内分泌**(endocrine)、**旁分泌**(paracrine)和**自分泌**(autocrine)三种方式。内分泌的产物被释放到血液运送到全身,在特定器官或组织中作用于靶细胞受体(例如胰岛素和肾上腺素);旁分泌的产物被释放到胞间液,扩散到邻近并作用于靶细胞(例如类二十烷酸激素和神经组织分泌的调节肽);自分泌的信号分子通过与细胞表面上的受体结合,作用于分泌它们的细胞自身。

为阐明人和哺乳动物激素的化学结构和生理功能,我们将按表 14-1 所列类别顺序考虑每类中具有代表性的某些例子。

(一) 肽激素

肽激素可以含有 3~200 个或更多个氨基酸残基。它们包括胰腺分泌的激素胰岛素、胰高血糖素和生长抑素,甲状旁腺分泌的激素降钙素和所有下丘脑和垂体分泌的激素;此外其他组织也分泌某些肽激素(见表 14-2)。肽激素是在核糖体上以较长的前体蛋白质(激素原)形式合成,然后被装进分泌小泡中,经蛋白酶水解成为有活性的肽。

1. 胰岛素(insulin)和胰高血糖素(glucagon)

胰腺含有两类组织:外分泌的腺泡组织和内分泌的胰岛组织;前者以酶原形式分泌消化酶,后者以小岛(胰岛)形式分散在腺泡组织之中。胰岛或称兰氏小岛(islet of Langerhans)在胰腺中可多至百万个,含有 α、β 和 δ(也分别称 A、B 和 D)三种细胞。α 细胞占胰岛细胞总数的 15%~25%,分泌胰高血糖素;β 细胞占 70%~80%,分泌胰岛素;δ 细胞数量较少,分泌生长抑素(somatostatin)。

胰岛素是一个小的蛋白质(M_r 5 800),具有两个肽链,A 链和 B 链,它们通过两个二硫键共价交联而成,其化学结构见图 2-28。胰岛素在胰脏中是以一个无活性的单链前体(**前胰岛素原**)形式合成的。此前体的氨基端含有一个信号序列(信号肽),它是引导前胰岛素原进入分泌小泡的(关于信号肽的讨论见第 33 章)。在小泡中信号序列被蛋白酶水解除去,形成 3 个二硫键的**胰岛素原**,后者储存于 β 细胞的分泌颗粒(一种充满内质网上合成的蛋白质的膜泡)中。当血中葡萄糖升高至足以触发胰岛素分泌时,胰岛素原被专一的蛋白酶切断两个肽键转变为成熟的胰岛素分子和 C 肽(图 14-5),它们经胞吐被释放到血中。

在某些情况,激素原蛋白质产生的不是单个肽激素,而是几个较小的活性肽激素。**阿[片]黑[素]皮[质]激素原**(pro-opiomelanocortin,POMC)就是由一个基因编码的多激素的突出例子;POMC 基因表达的原初产物是一个长多肽,此肽被逐步断裂成至少9个生物活性肽,如 ACTH,β-和 γ-促脂解素(lipotropin),α-、β-和 γ-促黑激素(MSH),β-内啡肽和脑啡肽等。在许多肽激素,特别是短肽激素,末端残基是被修饰的,如催产素、血管升压素(图 2-23)和**促甲状腺激素释放激素**(TRF)(图 14-6)。

肽激素在分泌颗粒中的浓度是很高的,以至于膜小泡的内容物实际上是晶状的;当内容物经胞吐分泌时,大量激素立即被释放出来。作为产肽内分泌腺的毛细血管是有许多小孔的,所以激素分子很容易进入血流,被转运到他处的靶细胞。正如前面提及的,所有的肽激素都是通过与质膜受体结合和第二信使产生的途径起作用的。

胰岛素是体内唯一能够降低血糖的激素。它促进肌肉和脂肪组织对葡萄糖的吸收,在这里葡萄糖被转化为 6-磷酸葡糖。在肝中,因为胰岛素激活糖原合酶而抑制糖原磷酸化酶,所以大部分 6-磷酸葡糖被引向合成糖原。

胰岛素也促进过剩燃料(如脂肪)贮存于脂肪组织。在肝中胰岛素促进 6-磷酸葡糖经糖酵解氧化为丙酮酸,丙酮酸氧化为乙酰-CoA。产能不需要的过剩乙酰-CoA 用于脂肪酸合成,合成的脂肪酸以血浆脂蛋白(VLDL)的三酰甘油形式从肝输送到脂肪组织。胰岛素在脂肪组织中促进从 VLDL 三酰甘油释放的脂肪酸合成三酰甘油。这些脂肪酸归根结底来自肝从血中吸收来的过剩葡萄糖。总起来说,胰岛素的效应是促进过剩的血糖转化为两种贮存形式:糖原(肝和肌肉中)和三酰甘油(脂肪组织中)。

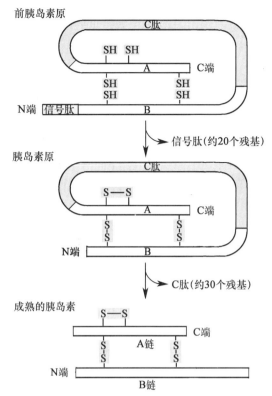

图 14-5　前胰岛素原转变为成熟的胰岛素

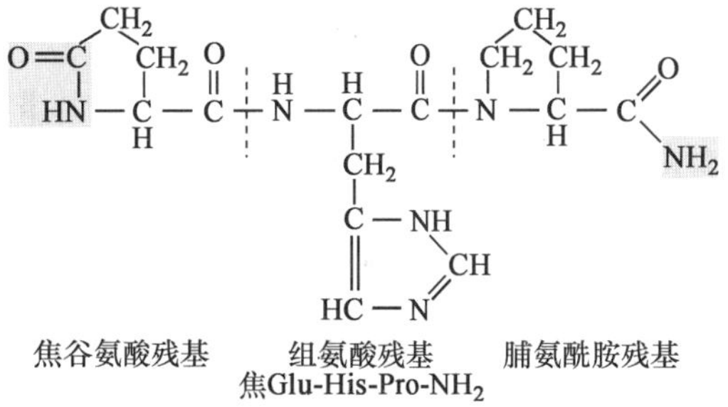

焦谷氨酸残基　　　组氨酸残基　　　脯氨酰胺残基
焦Glu-His-Pro-NH₂

图 14-6　促甲状腺激素释放因子(TRF)
氨基端 Glu 的侧链羧基与该残基的 α 氨基形成酰胺(阴影部分),生成焦谷氨酸;羧基端 Pro 的羧基转变为酰胺基,阴影部分示出其中的氨基

进餐富糖食品后葡萄糖从小肠进入血流,血糖升高导致胰腺分泌胰岛素增加(而胰高血糖素降低)。胰岛素的释放虽有多种刺激可以引起,但主要是由供给胰腺的血中的葡萄糖水平调节的。当血糖升高时,① 葡萄糖转运蛋白运载葡萄糖进入 β-细胞,在这里葡萄糖立即被己糖激酶Ⅳ(葡糖激酶)转化为 6-磷酸葡糖,并进入糖酵解;② 随着葡萄糖分解代谢速率的增加,[ATP]升高,导致质膜中 ATP-门控 K^+ 通道关闭;③ K^+ 的外向流量减少造成膜去极化;④ 膜的去极化打开电位门控 Ca^{2+} 通道,使细胞溶胶中[Ca^{2+}]增加;⑤ [Ca^{2+}]的增加触发胰岛素通过胞吐释放(图 14-7,①至⑤)。大脑整合有关能量供需方面的信号和来自副交感和交感神经系统的信号也影响胰岛素的释放。一个简单的反馈环限制激素释放:胰岛素通过刺激组织摄取葡萄糖使血糖降低;β-细胞根据通向己糖激酶反应的葡萄糖流量减小检测出血糖下降;这就减慢或停止胰岛素的释放。这一反馈调节保持血糖浓度基本稳定,尽管进食有很大的变动。

ATP-门控 K^+ 通道是调节胰岛素分泌的枢纽。K^+ 通道是一个八聚体,由 4 个相同的 Kir 6.2 亚基和 4

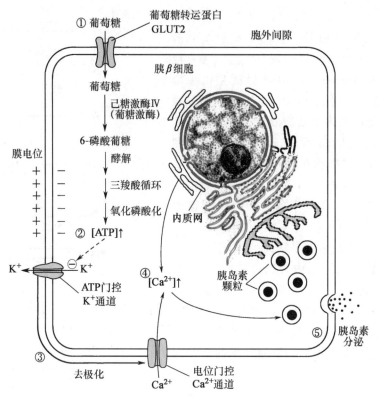

图 14-7   葡萄糖对胰 β 细胞分泌胰岛素的影响

个相同的 SUR1（sulfonylurea receptor；磺酰脲受体）亚基构成。当［ATP］升高（代表血糖增加）时，K⁺通道关闭，质膜去极化，触发胰岛素释放（图 14-7）。

已知**糖尿病**（diabetes mellitus）有Ⅰ型和Ⅱ型之分。Ⅰ型是遗传性的，通常发生在婴幼儿时期，原因之一是 K⁺通道的 Kir 6.2 亚基发生突变，造成 K⁺通道持续开着，因而出现严重**血糖过高**（hyperglygemia），Ⅰ型患者需要用胰岛素治疗。Ⅱ型患者多数是成年人，其病因是胰岛 β-细胞分泌胰岛素减少或靶细胞上的受体对胰岛素的敏感性降低。患者可口服**磺酰脲类药物**（图 14-8）治疗。药物的作用机制是磺酰脲与 K⁺通道的 SUR1 亚基结合，关闭通道，促进胰岛素释放。磺酰脲类有时可与注射胰岛素联合使用，但经常单独就能控制Ⅱ型糖尿病。

格列苯脲(glyburide)

格列吡嗪(glipizide)

格列齐特(gliclazide)

图 14-8   治疗Ⅱ型糖尿病的磺酰脲类药物
图中阴影部分是磺酰脲的结构

在 K^+ 通道的 Kir 6.2 和 SUR1 亚基中的其他突变可以产生 K^+ 通道的永久性关闭和胰岛素的持续释放。如果不及时治疗,患者可发展为先天性**胰岛素过高**(hyperinsulinemia),过量胰岛素引起严重的**血糖过低**(hypoglycemia),导致不可逆的脑损伤。

胰高血糖素是由 29 个氨基酸组成的单链多肽(M_r 3 485),它的氨基酸序列也已测出。胰高血糖素的主要生理作用与胰岛素相反,它是升高血糖。进食糖类几小时后,血糖水平则开始下降,因为大脑和其他组织不停地氧化葡萄糖。血糖水平下降(低于 4.5 mmol/L)和胰岛素分泌增加都可以直接作用于胰岛 α 细胞引起胰高血糖素的分泌。与肾上腺素一样,胰高血糖素也是通过 cAMP 激活磷酸化酶和钝化糖原合酶来促进肝糖原降解;但与肾上腺素也有区别,胰高血糖素主要作用于肝,并不刺激肌细胞的糖原分解。胰高血糖素在肝细胞中还抑制经糖酵解分解葡萄糖和促进经糖异生途径合成葡萄糖。因此,胰高血糖素能使肝输出葡萄糖,恢复血糖到正常水平。

虽然胰高血糖素的首选靶是肝,但它也影响脂肪组织,激活那里的脂酶。活化的脂酶降解三酰甘油,释放脂肪酸;后者被输送到肝和其他组织作为燃料,节省葡萄糖以供大脑之需。因此胰高血糖素总的效应是促进肝合成和释放葡萄糖,并动用脂肪组织的脂肪酸,用以代替除大脑之外其他组织所需的葡萄糖。胰高血糖素的所有这些效应都是由 cAMP 依赖型蛋白质磷酸化介导的。

2. 生长激素(growth hormone;somatotropin)

生长激素是垂体前叶分泌的肽激素,人生长激素的 M_r 为 21 500,含 191 个残基,一级序列亦已测出。生长激素有种的特异性,除灵长类生长激素外,其他哺乳类生长激素对人不起作用。

生长激素的生理功能广泛,但主要是促进骨骼和肌肉的生长发育。儿童时期如果缺少生长激素,将患**侏儒症**(dwarfism),表现为生长停滞、身材矮小,但智力发育正常,这与呆小症患者智力低下不同。反之,儿童时期如果生长激素分泌过多,则患**巨人症**(gigantism),有记录的最高巨人达 2.72 m。侏儒症和巨人症患者身材各部分的比例尚属协调。如果成年人垂体机能亢进,生长激素分泌过多,身体只有软骨较多的部分,如下颚骨、手足肢端骨生长异常,而已钙化的如长骨则不再生长,因此出现肢端肥大,下颚突起、鼻梁隆高等不合常人比例的畸形。因生长激素分泌不足而患侏儒症的儿童,及早用生长激素治疗效果很好。现已有用基因重组技术生产的人生长激素供临床应用。

3. 催产素(oxytocin)和血管升压素(vasopressin)

这两个激素在下丘脑中合成,被运至垂体后叶贮存,并由此分泌。它们都是含 9 个氨基酸残基的环状八肽(结构式见图 2-23),现已用人工合成方法生产。

催产素的生理作用是能引起多种平滑肌收缩(特别是子宫肌肉),具有催产(使妊娠子宫收缩,分娩胎儿)和促进乳腺排乳的作用。催产素活性极强,只要 120 亿分之一的剂量就能引起离体子宫的收缩。

血管升压素或称**抗利尿激素**(antidiuretic hormone)。这种激素的主要作用是调节体内的水平衡,它促进水在肾集合管的重吸收,使尿量减少,这就是抗利尿作用。此外它还可以引起体内各部分的微动脉管的平滑肌收缩而具有升压作用。

(二) 儿茶酚胺激素

肾上腺髓质合成和分泌的**肾上腺素**(epinephrine)和**去甲肾上腺素**(norepinephrine)是一类**儿茶酚胺激素**(图 14-9),因在结构上与儿茶酚(catechol;最先从亚洲热带植物的儿茶树胶(gum catechu)中蒸馏获得)有关而得名。在体内它们是从酪氨酸合成而来:酪氨酸→L-多巴(3,4-二羟苯丙氨酸)→多巴胺→去甲肾上腺素→肾上腺素(第 25 章)。大脑和其他神经组织中产生的儿茶酚胺类起神经递质的作用。像肽激素一样,儿茶酚胺类也是高度浓缩在小泡中,经胞吐作用被释放;也是通过表面受体产生的第二信使起作用的,介导各种各样的应激性生理应答。(注意,肾上腺的髓质和皮质是互不相干的两种组织,虽然它们合成为"一个腺体"。但它们两者的胚胎起源不同,髓质和神经细胞同属一个来源(外胚层),受交感神经支配,而皮质是由中胚层衍生而来。)

肾上腺素和去甲肾上腺素的生理功能是,引起人体或动物的兴奋激动。具体说,引起血压升高、心跳加快、血管紧张、代谢率提高、耗氧量增加、骨骼肌和心肌血流量加大、瞳孔放大、毛发耸立,同时抑制消化

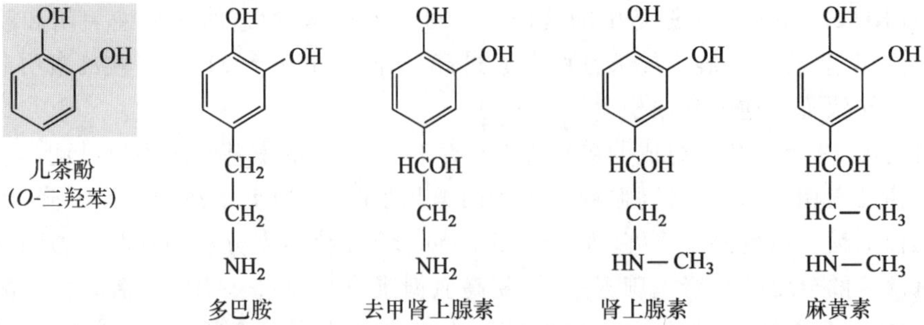

图 14-9　儿茶酚胺激素的化学结构

道蠕动、胃肠壁平滑肌血管收缩、减少血流量。总之动员全身一切潜力应付紧急状态。

肾上腺素和去甲肾上腺素两者有所不同,前者对心脏作用大,是强心剂(使心跳加快),后者对血管作用大,是升压剂(使血管收缩);对糖原分解作用(升高血糖)前者比后者强 20 倍。我国特产的中草药麻黄(*Ephedra vulgaris*)所含有的麻黄碱或麻黄素(ephedrine),其化学结构(图 14-9)和生理功能都与肾上腺素相似。麻黄素及其化学合成类似物被用于缓解哮喘和鼻充血等。

(三) 类二十烷酸激素

类二十烷酸激素是由 20-碳多不饱和脂肪酸衍生而来的,包括前列腺素、凝血噁和白三烯。这类激素与前面所讲的不同,它们不是事先合成和储存的,是在需要时从膜磷脂(经磷脂酶 A_2 酶解)中释放的花生四烯酸(20：4)产生的。导致前列腺素和凝血噁烷产生的一系列酶,在哺乳动物组织中分布很广;大多数细胞能产生这些激素;许多组织的细胞能通过专一的质膜受体对它们作出应答。

类二十烷酸激素是一类旁分泌激素,被分泌到胞间质,对附近细胞起作用。关于它们的化学结构和生物学作用见第 10 章"活性脂质"部分和图 10-21。

(四) 类固醇激素

类固醇(甾类)激素是由肾上腺皮质、性腺(卵巢和睾丸)以及妊娠期间的胎盘产生并分泌的;它们与载体蛋白质结合,通过血流运载到靶细胞。胆固醇是所有类固醇激素的前体。所有的类固醇激素都能通过核内受体改变专一基因表达的水平(见图 14-4);但也可以有通过质膜受体介导的快速效应。

1. 肾上腺皮质激素(hormones of adrenal cortex)

肾上腺皮质能合成 50 种以上的皮质类固醇激素(图 14-10),合成反应是从胆固醇 D 环中除去侧链,引入氧形成酮和羟基。皮质类固醇根据它们的作用可分为**糖皮质激素**(glucocorticoid)和**盐皮质激素**(mineralcorticoid)。

糖皮质激素如**皮质醇**(cortisol)、**皮质酮**(corticosterone)和**可的松**(cortisone);它们主要影响糖代谢(也影响脂肪和蛋白质代谢),例如促进肝细胞糖异生(第 21 章),以增加肝糖原的贮备和维持血糖浓度的相对稳定,使糖代谢正常进行。糖皮质激素能提高机体对有害刺激,如感染、中毒、疼痛、寒冷、恐惧等因素的耐受能力。临床上常用氢化可的松或可的松抗炎症、抗过敏、抗毒、抗休克等,虽然在初期可收到一定效果,但用多了会产生副作用,如血压升高、忧闷、易怒、假胖、骨脆、伤口难愈合等,因此必须慎用,少用。

盐皮质激素如**醛固酮**(aldosterone)主要影响盐代谢,调节血液中电解质(K^+、Na^+、Ca^{2+} 和 Cl^{-1})浓度,如促进肾小管对 Na^+ 的重吸收和 K^+ 的排泄,并相应地增加对 Cl^- 和 H_2O 的重吸收。属于盐皮质激素的还有 11-脱氧皮质酮,但活性只有醛固酮的 1/40。

2. 性激素(sex hormone)

性激素影响性发育、性行为和一系列其他生殖和非生殖功能。几种主要性激素的化学结构见图 14-11。

(1) **雄激素**(androgen):睾丸间质细胞分泌的雄激素主要是**睾酮**(testosterone),它是体内最重要的雄激素。它的主要代谢产物**雄酮**(androsterone)以及肾上腺分泌的**脱氢表雄酮**(dehydroepiandosterone)和雄

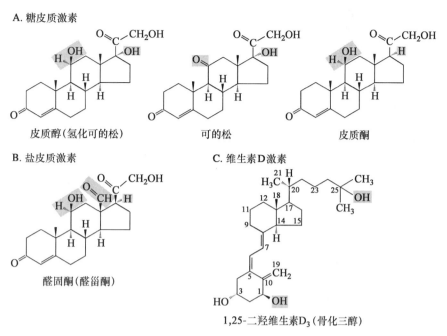

图 14-10　肾上腺皮质类固醇激素
皮质激素结构中加阴影的基团在各成员之间有所不同,这里示出以便比较

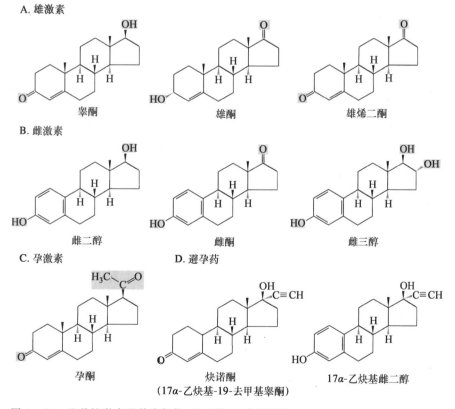

图 14-11　几种性激素及其类似物(避孕药)的化学结构
图中加阴影的基团,便于对雄激素(包括孕激素)和雌激素各自成员之间的结构比较

烯二酮(androstenedione)都属于雄激素,但它们的活性比睾酮低得多。

雄激素的生理功能是:在青春起始期促进器官发育、精子生成和第二性征(如面部长须、喉部变大、骨骼肌发育等)的出现。此外睾酮也增强基础代谢,并影响行为。睾酮是男女性欲的基础。它不只是男性性活动的促进者,它也促进女性的性活动。实际上卵巢细胞和睾丸一样先合成的是睾酮,不过在卵巢中大部分被酶转化为雌二醇。因此卵巢主要分泌的是雌二醇。

(2) **雌激素**(estrogen):包括**雌二醇**(estradiol)、**雌酮**(estrone)、**雌三醇**(estriol)。其中以雌二醇的分泌量为最大,活性也最强,雌三醇的活性为最小,仅为雌二醇的二百分之一。这三种雌激素在体内可以互相转变。

雌激素的主要功能是:在青春期雌激素浓度升高时,促进女性性器官发育、子宫内膜增生、动情、及产生月经等;同时促进女性第二性征的出现:乳房发育、皮下脂肪积累,特别是在臀部和乳房,骨盆变宽等。

(3) **孕激素**(progestogen):卵巢和胎盘都分泌孕激素,其主要成员是**孕酮**(progesterone),也称黄体酮。孕酮是许多甾类激素的前体。

孕激素的生理作用是:与雌激素一起建立和调节子宫周期,刺激子宫内膜从增生期转变为分泌期,在妊娠时抑制子宫的运动,促进乳腺小叶的生长以准备哺乳,总的结果有助于胎儿着床发育。

临床上应用的口服避孕药炔诺酮(norethindrone)和 17α-乙炔雌二醇(17α-ethynylestradiol)是人工合成的孕激素和雌激素的类似物(见图 14-11)。它们的避孕成功率多在 99% 以上。避孕的原理是通过下丘脑-脑垂体-卵巢系统的反馈调节,抑制脑垂体促性腺激素的分泌,以达到抑制排卵和使子宫内膜不易受精和种植。

(五) 维生素 D 激素

维生素 D 激素常称**骨化三醇**,是 1α,25-二羟维生素 D_3(图 14-10C)。它在肝和肾中从维生素 D 经酶促羟基化而来;维生素 D 从膳食中或暴露于日光下的皮肤中由 7-脱氢胆固醇光解获得(见第 13 章)。

骨化三醇在维持 Ca^{2+} 体内稳态(homeostasis),调节血中[Ca^{2+}]和 Ca^{2+} 沉积与 Ca^{2+} 从骨中动用之间的平衡中跟旁甲状腺激素协调工作。通过核内受体,骨化三醇激活小肠 Ca^{2+}-结合蛋白质的合成,此蛋白质是吸收膳食 Ca^{2+} 所必需的。膳食中维生素 D 不足或骨化三醇合成中有缺失,会导致严重的疾病如佝偻症,佝偻症患者骨骼软弱并畸形。

(六) 类视黄醇激素

类视黄醇激素是一类强力激素,通过核内类视黄醇受体调节细胞的生长、生存和分化。激素原全反-视黄醇(维生素 A_1,图 10-24)主要是在肝从 β-胡萝卜素衍生而来,许多组织能把视黄醇转化为视黄酸(见第 13 章)。

所有的组织都是类视黄醇的靶组织,因为所有类型的细胞至少有一种核内类视黄醇受体。成人中最明显的靶组织包括角膜、皮肤、肺和气管的上皮和免疫系统,这些靶组织的特点是它们的细胞都不断地被更新。视黄酸调节为生长或分化所必需的蛋白质的合成。过量的维生素 A(类视黄醇激素的前体)会引起分娩缺损,不推荐妊娠妇女使用被开发来治疗严重痤疮(粉刺)的视黄醇膏。

(七) 甲状腺激素

甲状腺激素包括**甲状腺素**(thyroxine,T_4)和三碘甲腺原氨酸(triiodothyronine,T_3);它们是在甲状腺滤泡的上皮细胞中从碘化的**甲状腺球蛋白**(thyroglobulin)衍生而来。碘化是在甲状腺球蛋白(M_r 660 000,每分子含 115 个 Tyr 残基)的酪氨酸残基上经酶促进行的。甲状腺激素的合成共分为 3 步:① 聚碘;② 碘的活化;③ Tyr 残基的碘化及 T_4 和 T_3 的生成(图 14-12)。从肠胃道吸收的碘(I^-),经血流进入甲状腺。甲状腺是体内吸收碘最强的组织,能聚集人体内的大部分碘。进入甲状腺上皮细胞的 I^- 在甲状腺过氧化物酶和过氧化氢的作用下转化为活性碘;然后活性碘与甲状腺球蛋白上的 Tyr 残基作用,使之碘化成一碘酪氨酸残基和二碘酪氨酸残基,2 个碘化的 Tyr 残基共价连接形成 T_3 和 T_4 残基。T_3 和 T_4 以这种形式与甲状腺球蛋白结合,并被贮存在滤泡内(一般供几星期用的贮量)。需要时这种碘化的球蛋白重新回到滤泡细

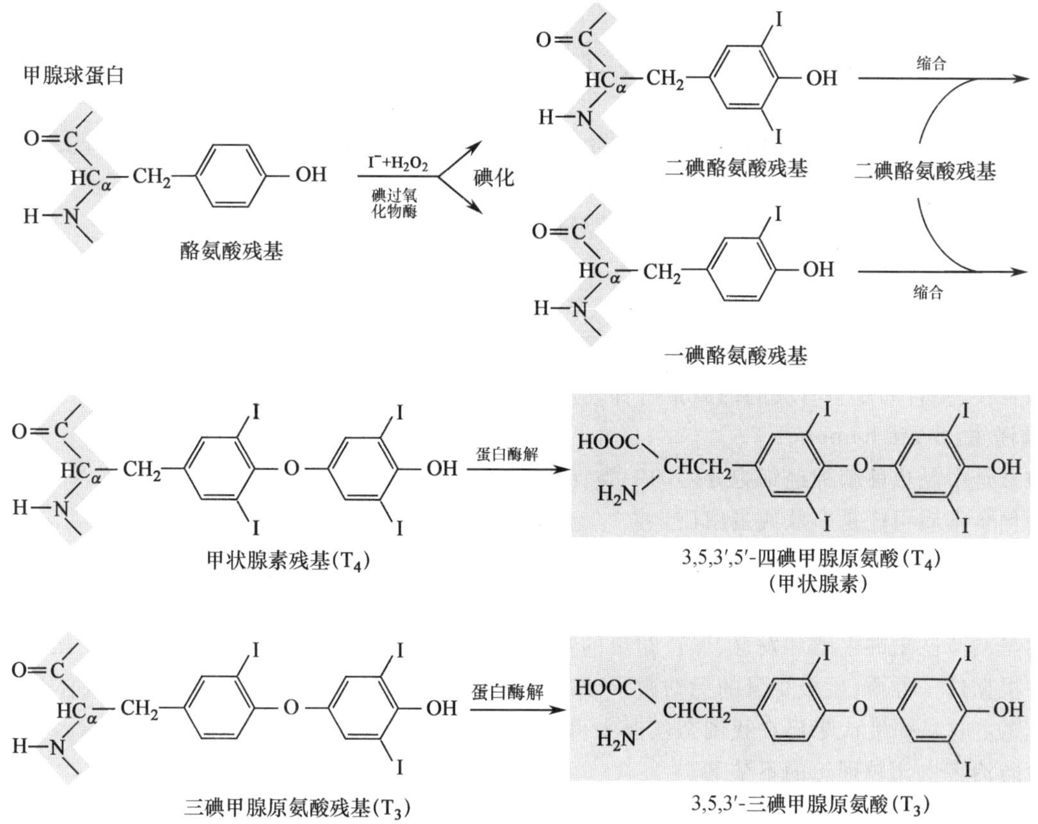

图 14-12　甲状腺激素的化学结构和生物合成

胞,经蛋白酶解转化为游离的 T_4 和 T_3,并释放到血流中。T_4 的分泌量远大于 T_3,但到达靶细胞后,大部分 T_4 被酶除去一个碘原子而转变为 T_3。T_3 的激素活性比 T_4 强 5 到 10 倍。

　　甲状腺激素是通过核内受体,增加编码关键的分解代谢酶的基因表达,促进组织特别是肝和肌肉组织的产能代谢:加强线粒体中的氧化磷酸化,增加 ATP 的生成量,而 ATP 的增加又为核酸和蛋白质等的合成提供了能量;总的结果促进机体的生长和发育。**甲状腺机能亢进**(hyperthyroidism)的患者血流中的 T_3 和 T_4 过多,基础代谢率高、身体消瘦、神经紧张、心跳加快、出汗、颤抖,并有眼球突出的症状。**甲状腺机能减退**(hypothyroidism)的患者,T_4 和 T_3 分泌不足,基础代谢率下降,产能减小,患者不能正常生长、发育、精神和智力以及生殖器官的发育也都受到影响。小儿时期因甲状腺机能不全或因缺碘甲状腺激素合成受阻,则出现**呆小症**(cretinism):体形小、智力低和性不能成熟。如果尽早给以甲状腺激素,可恢复正常发育。成人缺碘则出现曾称为"黏液性水肿"的症状,面部和手肿大,其实不是黏液在组织中积累,而是皮下结缔组织增厚的缘故。

(八) 氧化氮

　　氧化氮(NO·)(nitric oxide)是一个相对稳定的自由基,在 **NO 合酶**(NO synthase)催化的反应中从分子氧和精氨酸的胍基氮合成:

$$精氨酸 + 3/2\ NADPH + 2O_2 \longrightarrow NO^· + 瓜氨酸 + 2H_2O + 3/2\ NADP^+$$

　　NO 合酶存在于很多组织和很多类型的细胞:神经元、巨噬细胞、肝细胞、平滑肌肌细胞、血管内皮细胞和肾上皮细胞。NO 从产生的细胞扩散到并进入邻近的靶细胞,在那里激活细胞溶胶的**鸟苷酸环化酶**(GMP cyclase),后者催化第二信使 cGMP 的产生(见图 14-29),进而通过 cGMP 依赖型蛋白激酶磷酸化关键蛋白质并改变其活性;例如,在心肌和血管壁平滑肌中收缩蛋白质的磷酸化使肌肉松弛,血管扩张。冠心病患者常因心肌缺氧收缩引起疼痛,舌下含服硝酸甘油片剂可以得到缓解,就是这个道理,因为硝酸甘油能释放出 NO。

三、昆虫激素

昆虫激素发现较晚,但对它们的研究进展十分迅速。已知的昆虫激素种类较多,一类是昆虫的**内激素**(endohormone),另一类是昆虫的**外激素**(exohormone)。外激素更确切地应称为**信息素**,它们是由昆虫产生并释放到体外、作用于同种昆虫,引起生理效应的激素。

(一)昆虫的内激素

昆虫的**内激素**,跟哺乳类激素一样,也是由内分泌腺体分泌并作用于同一个体、产生特定生理效应的。跟昆虫的生长、发育和变态有关的内激素有保幼激素、蜕皮激素和脑激素等。

1. 脑激素(brain homone)

脑激素是由昆虫前脑神经细胞分泌的一类促激素,促进昆虫前胸腺(prothoracic gland)释放蜕皮激素。脑激素的化学本质可能是多肽或蛋白质。

2. 保幼激素(juvenile hormone)

保幼激素是由昆虫的一对咽侧体(corpora allata)产生并分泌的,因此也称咽侧体激素。保幼激素的主要作用是调节昆虫的生殖和发育,保持幼虫的特性,阻止其变态成蛹。通常快到变蛹时期便停止分泌保幼激素。根据这一性质,用极少量的保幼激素或其合成的类似物,可推迟蛹期的到来,使蚕体长得更大以增加吐丝量。这一研究成果已在我国蚕丝业中得到应用,并取得可喜效果。此外,保幼激素及其类似物很可能成为防治害虫比较理想的不孕剂。

天然保幼激素的化学本质是类异戊二烯酯,但对不同物种其结构略有变化;常见的有保幼激素Ⅰ、Ⅱ和Ⅲ(图 14-13A)。

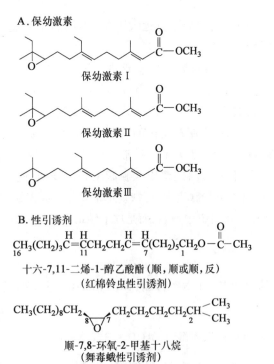

A. 保幼激素
保幼激素Ⅰ
保幼激素Ⅱ
保幼激素Ⅲ

B. 性引诱剂
$CH_3(CH_2)_3C=CCH_2CH_2C=C(CH_2)_5CH_2O-C-CH_3$
十六-7,11-二烯-1-醇乙酸酯(顺,顺或顺,反)
(红棉铃虫性引诱剂)

$CH_3(CH_2)_8CH_2$ $CH_2CH_2CH_2CH_2CH$
顺-7,8-环氧-2-甲基十八烷
(舞毒蛾性引诱剂)

C. 蜕皮激素
α-蜕皮激素
(2β,3β,14α,22[R],25-五羟胆甾-7-烯-6-酮)

β-蜕皮激素
(2β,3β,14α,20β,22[R],25-六羟胆甾-7-烯-6-酮)

图 14-13　几种昆虫激素的化学结构

3. 蜕皮激素(ecdysone;molting hormone)

蜕皮激素是由昆虫的前胸腺分泌的,分泌受脑激素的促进。蜕皮激素的功能是控制昆虫变态,促进幼虫蜕皮、变蛹以致变成成虫。业已证明蜕皮激素是促进组织中 RNA 的合成,像哺乳动物中类固醇激素一样,直接控制转录而起作用。蜕皮激素的化学本质是类固醇,已知的主要有 α- 和 β- 两种,它们的结构式见图 14-13C。

值得注意的是,很多植物中存在昆虫激素物质,例如银杏中有保幼激素,罗汉松中有蜕皮素。虽然昆虫激素是昆虫生长发育需要的,但过量是有毒的。也许植物合成这些物质是保护自身免遭昆虫侵害。

(二) 昆虫的外激素

昆虫的信息素被分泌到体外后,极微量就能影响同种昆虫的行为,它们起着集结、追踪、性引诱等昆虫社会语言的作用。其中**性信息素**或称**性引诱剂**被研究得最多,应用前景也最大,在害虫预测预报和防治方面已收到一定的效果。性信息素是由昆虫腹部末端生殖孔附近的一个分泌腺分泌的。目前已弄清楚的包括家蝇、蜜蜂、棉铃虫等几十种昆虫的性信息素的化学结构。例如雌性红棉铃虫(*Pectinophora gossypiella*)用以引诱雄性的性信息素是 7,11-十六二烯醇乙酸酯(7,11-hexadecadienyl acetate)的顺,顺-和顺,反-异构体的混合物;舞毒蛾(*Porthetria dispar*)的性引诱剂是顺-7,8-环氧-2-甲基十八烷(cis-7,8-epoxy-2-methyloctadecane)(图 14-13B)。

四、植 物 激 素

目前已确定存在于植物体内的**植物激素**(plant hormone)有 5 种(或 5 类):生长素、细胞分裂素、赤霉素、脱落酸和乙烯。其中细胞分裂素和赤霉素都不是一种而是一类结构和功能相似的物质。前面讲到的激素定义对植物激素也是基本适用的。不过植物激素都是从生长旺盛的组织如茎尖和根尖的分生组织中产生,没有高等动物所具有的专门分泌激素的内分泌腺。据现在所知,植物激素的作用机制和动物激素也很相似,但对植物激素的研究远未达到对动物激素研究的水平。简而言之,植物激素也是通过与靶细胞的受体结合而起作用的。5 类植物激素对植物的生长和发育(细胞分化)都有影响。有些激素如生长素、细胞分裂素和赤霉素可以给靶细胞以分裂和伸长的信号,因而促进其生长;有些激素如脱落酸和乙烯给靶细胞以减缓分裂和伸长的信号,从而抑制其生长。一种植物激素的效应如何,跟它在植物体内的作用部位、植物的发育阶段以及激素的相对浓度有关。

(一) 生长素

生长素(auxin)是研究植物向光性过程中发现的一种激素,也是植物界中最早发现的激素。生长素的化学本质是**吲哚乙酸**(indole acetic acid, IAA)(图 14-14A),它最先是在 20 世纪 40 年代从菠菜嫩芽和燕麦胚鞘中分离获得的。植物体内生长素含量很少,因为 IAA 随时合成又随时被酶分解的缘故。IAA 是在枝条、苗等的顶端分生组织中合成的,合成的前体是色氨酸。合成后由上向下运输,其主要功能是促进幼茎细胞伸长。IAA 低于促进茎生长的浓度能促进根的伸长,而促进茎生长的浓度,对根的生长却有明显的抑制作用。此现象说明:① 同种激素在浓度不同时,对同种靶细胞的作用可能不同;② 一定浓度的激素对不同种类的靶细胞影响可能也不同。

生长素也促进果实的生长,因此它在农业上得到广泛的应用。不过农业上使用的多为人工合成的生长素(特称之为**生长调节剂**),包括 α-萘乙酸(NAA)、2,4-二氯苯氧乙酸(2,4-D)和吲哚丙酸(IPA)等(图 14-14A)。使用低浓度的 NAA 可防止棉花过早落花落铃;向花上喷洒低浓度的 2,4-D 可以不经受粉就能长成果实,用这种方法已获得西红柿、黄瓜、茄子等的无子果实。

(二) 细胞分裂素

细胞分裂素(cytokinin)是一类能够刺激细胞分裂的化合物的统称。这类化合物都是腺嘌呤的衍生物,例如 1955 年首次被分离出来的一种细胞分裂素,称为**激动素**(kinetin),是 N^6-呋喃甲基腺嘌呤(N^6-furfuryladenine);1964 年从受精 15 天的玉米种子中获得的另一种细胞分裂素,称为**玉米素**(zeatin)是 N^6-(4-羟-3-甲基-2-丁烯)腺嘌呤;此外一种人工合成的细胞分裂素是 N^6-苄基腺嘌呤(图 14-14B)。

细胞分裂素是在植物体内生长旺盛的组织如根尖、胚和果实中合成的。细胞分裂素对植物生长和发

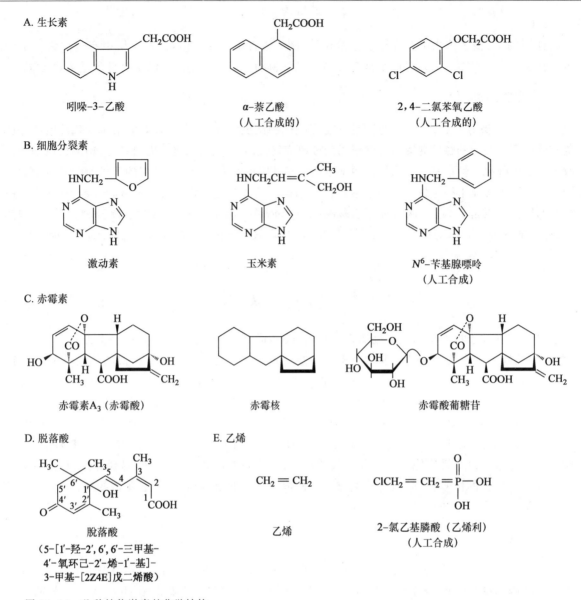

图 14-14 几种植物激素的化学结构

脱落酸的系统命名中 2Z 是指第二位双键为顺式,4E 指第四位双键为反式;Z 为德文 zusammen,意为"一起",相当于拉丁文 *cis*,;E 为德文 entgegen,意为"相对",相当于 *trans*

育的影响是多方面的,例如促进核酸和蛋白质的合成、促进物质的调运和延缓器官的衰老(并因此对某些蔬菜和水果具有保鲜作用)等;但主要功能是促进细胞分裂和分化。在植物体内细胞分裂常受生长素浓度的影响。来自顶芽的生长素和来自根部的细胞分裂素是互相对抗的。当顶芽被摘除时,许多侧芽则发育成侧枝,植株变得繁茂,这是因为顶芽除去后,侧芽部位的生长素浓度下降,解除生长素对侧芽发育的抑制。

(三)赤霉素

赤霉素(gibberellin)最先是从引起水稻"恶苗病"的真菌,赤霉菌(*Gibberella fujikuroi*)中分离出来的。后来的研究表明这种物质在高等植物中也普遍存在,其作用是调节植物的生长。恶苗病的原因是赤霉菌分泌的赤霉素剂量过高。

赤霉素不是单一成分的物质,目前已知的有 60 多种,因此它是一类化合物的总称。赤霉素按发现的前后次序分别标为 A₁、A₂、A₃……。其中最熟知的是赤霉素 A₃,是一种一元酸,也称**赤霉酸**(gibberellic acid;GA₃),在植物体内常以葡糖苷形式(可能是一种贮存形式)存在;GA₃ 的化学结构中含有一个四个环的核,叫做**赤霉核**或**赤霉烷**,它是赤霉素类的母体化合物(图 14-14C)。

赤霉素在植物体内的合成部位是根尖和茎尖。赤霉素的作用也是多方面的,但最突出的作用是促进茎和叶的细胞伸长,这一点和生长素的作用很相似,但两者不完全相同,赤霉素对矮生植株具有明显刺激生长的作用,使它恢复正常高度,但对正常高度的植株则不再刺激其生长,而生长素的作用则没有这种区别。赤霉素还能影响果实发育,例如用赤霉素喷洒葡萄可以得到无子果实,并且果实也长得特别大。

(四) 脱落酸

脱落酸(abscisic acid, ABA)是 20 世纪 60 年代从脱落的棉铃和一些木本植物如枫、桦等的叶中分离出来的。脱落酸在叶绿体和其他质体中合成,它的化学结构见图 14-14D。

脱落酸的主要生理功能是:① 抑制生长使多年生木本植物和种子进入休眠;② 加速离层(abscission layer)产生,引起落花落叶;③ 促进气孔关闭。这些功能都与植物抵抗不利的生活条件或生长季节终了有关系。脱落酸的作用与前面几种激素的作用是相反的。例如赤霉素促进种子萌发,而脱落酸引起种子休眠。决定种子是否萌发是由这两种激素的浓度之比而不是它们的绝对浓度。决定芽是否休眠也是这样。

(五) 乙烯

人们很早就知道乙烯与植物器官的成熟有关,而且也知道植物本身能合成乙烯,它的合成前体是 S-腺苷甲硫氨酸。但确认乙烯是一种植物激素,还是 20 世纪 60 年代的事。乙烯不仅在成熟的果实中产生,也在许多其他组织中产生,而且发现生长素能刺激乙烯的产生。

乙烯的主要生理作用是引发果实的成熟(成熟是一个衰老过程)和其他衰老过程。成熟的果实和深秋的叶片都要从树上落下,促进果实或树叶的柄和茎托相连的数层细胞老化、死亡变成枯干的离层是乙烯和脱落酸等协调作用的结果。

由于乙烯是气体,对应用造成一定的困难,现已有人工合成的称为**乙烯利**的化合物即 2-氯乙基膦酸(图 14-14E),被子植物吸收后可释放出乙烯;国内已用于香蕉、柿子等果实的催熟。

五、信号转导概述

前面已经提及,**信号转导**(signal transduction)是指细胞外的信号(包括机械、化学和电信号等)被放大并转化为细胞内的化学变化(细胞应答)的过程。信号转导是活细胞的一个普遍性质。

(一) 信号转导的共同特点

1. 信号转导的专一性

信号转导是专一而敏感的。专一性是通过信号和受体之间的精确分子互补实现的。这种互补性,像酶-底物和抗体-抗原的相互作用一样,也是由一些弱力(非共价力)介导的。多细胞生物还有额外水平的专一性,因为一个给定信号的受体或一个给定信号途径的胞内靶只有在某些类型的细胞中存在。例如促甲状腺激素释放激素能触发垂体前叶细胞中的应答而不触发肝细胞中的应答,因为肝细胞缺乏这种激素的受体。又如肾上腺素能够改变肝细胞中的糖原代谢,但并不改变脂肪细胞中的糖原代谢;在这种情况下,两类细胞都有这种激素的受体,但肝细胞含有糖原和代谢糖原的酶,此酶可被肾上腺素激活,而脂肪细胞既无糖原也无此酶。脂肪细胞对肾上腺素的应答是从三酰甘油释放脂肪酸,并把它们输送到其他组织。

2. 信号转导的敏感性

在三个方面可以说明信号转导的敏感性:① 受体对信号分子有高度亲和力;② 受体-配体(信号分子)相互作用经常具有协同性;③ 酶级联对信号具有放大作用。

（1）**亲和力**   受体和信号（配体）之间的**亲和力**可以用解离常数 K_d 来表示，常见的 K_d 值在 10^{-10} mol/L 或更小，这意味着受体能检测出皮摩尔级浓度（pmol/L）的信号分子。受体-配体相互作用可通过 **Scatchard 分析**（Scatchard analysis）来定量，给出亲和力的量值和受体分子中结合部位的数目（图 14-15）。

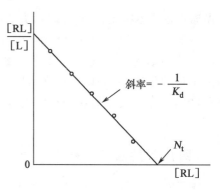

图 14-15　Scatchard 作图
［RL］/［L］对［RL］的作图可给出受体-配体（如激素）复合体的 K_d 和 N_t

下面简单介绍一下 Scatchard 分析法：当激素（一种配体，L）与靶细胞上或靶细胞内的受体蛋白质（R）专一并紧密结合时，一个激素的细胞作用则开始了。结合是由在配体和受体的互补表面之间的非共价相互作用（氢键键合，疏水相互作用和静电相互作用；见第 1 章）介导的。配体-受体相互作用导致构象变化，改变受体的生物活性；这里受体可以是酶、酶的调节剂、离子通道或基因表达的调节物，它们都是蛋白质。

受体-配体结合可表达为下面的方程式：

$$R \quad + \quad L \quad \rightleftharpoons \quad RL$$
（受体）　　（配体）　　　　（受体-配体复合体）

这种结合，也跟酶和它的底物结合一样，决定于相互作用的组分的浓度，并可用平衡常数来描述：

$$R + L \underset{k_{-1}}{\overset{k_{+1}}{\rightleftharpoons}} RL$$

$$K_a = \frac{[RL]}{[R][L]} = \frac{k_{+1}}{k_{-1}} = \frac{1}{K_d}$$

这里 K_a 是结合常数，K_d 是解离常数。

像酶-底物结合一样，受体-配体结合也是可饱和的。当较多配体加入到固定数量的受体时，被配体所占的受体分子分数增加。受体-配体亲和力的粗略量值可以由达到受体半饱和所需的配体浓度给出。利用受体-配体结合的 Scatchard 作图法，可以估算一个给定制剂的解离常数和受体中的结合部位数目。当结合达到平衡时，可能的结合部位总数目，N_t，等于［R］所代表的未被占部位的数目加上被占部位即被配体结合的部位数目［RL］；也即 $N_t =[R]+[RL]$。未被结合的部位数目可以表达为总的部位数减去被占的部位数：$[R]=N_t-[RL]$。平衡表达式现在可以写为：

$$K_a = \frac{[RL]}{[L](N_t-[RL])}$$

重排以得到被受体结合的配体与游离的（未被结合的）配体之比：

$$\frac{[被结合的配体]}{[游离的配体]} = \frac{[RL]}{[L]} = K_a(N_t-[RL]) = \frac{1}{K_d}(N_t-[RL])$$

从此方程的斜率-截距形式可以看出，［RL］/［L］对［RL］作图应是直线，斜率为 $-1/K_d=-K_a$，在横轴上的截距为结合部位的总数目 N_t（图 14-15）。受体-配体相互作用典型的 K_a 值为 10^{-9} 到 10^{-11} mol/L 之间，表明结合得非常紧密。

Scatchard 分析对最简单的情况是可靠的，但也像酶的 Lineweaver-Buck 作图，当受体是一种别构蛋白质，图就偏离线性。

（2）**协同性**   受体-配体相互作用中的**协同性**是指配体浓度的小变化则引起受体活性的大变化（参见第 4 章氧与血红蛋白结合的协同性）。

（3）**级联放大**   **酶级联**是指一个跟信号受体结合的酶被连续激活的反应链，即酶催化酶的生化序列。由于酶在反应中可以多次使用，所以一个酶分子在一步反应中能催化多个（假设 10 个）底物发生转化。如果底物也是酶（无活性形式），则在连续反应的第二步中能使 10^2 个底物（无活性酶）发生转化。假

设有 n 步这样的反应,则最后一步的产物将是 10^n 个分子。这就是**级联放大**(cascade amplification)。可见,级联中被作用分子以几何级数方式增加,在几毫秒内产生几个数量级的放大。对一个信号的应答也必然这样终止,即下游效应跟原刺激强度是成比例的。

3. 信号转导分子的模块性

相互作用的信号转导蛋白质具有**模块性**(modularity),允许一个细胞能组合和匹配一套信号转导分子,以创建具有不同功能和细胞定位的复合体。许多信号转导蛋白质具有多结构域,能识别其他蛋白质中或细胞骨架或质膜中的专一特点;并因此单个的模块是多价的,允许这些模块组装成各种各样的多酶复合体。在这样的一些相互作用中一个共同的问题是一个模块信号蛋白质跟另一个蛋白质中的磷酸化残基结合;引起的相互作用可以通过配偶蛋白质的磷酸化和去磷酸化来调节。对级联中几个相互作用的酶具有亲和力的非酶促**支架蛋白质**(scaffold protein)使这些蛋白质聚集在一起,保证它们在特定细胞位置和特定时间内相互作用。

4. 受体系统的脱敏作用

受体系统的敏感性会遭到改变。当一个信号连续出现时,受体系统则发生**脱敏**[作用](desensitization),也即受体的活化触发了反馈循环,阻断受体把它从细胞表面除去;当刺激降到某一阈值时,系统重新变得敏感。当你从明亮的阳光下走进暗室或从暗处到亮处时,想想你的视觉转导系统会发生什么。

5. 转导系统的整合作用

信号转导系统最后值得注意的一个特点是**整合**(integration)。整合是指系统接受多信号并产生适合细胞或生物体需要的统一应答能力。不同的信号途径在几个水平上可以互相转换,产生复杂的"对话"(信息交流)以维持细胞和生物体的内稳态(homeostasis)。

(二) 信号转导的基本过程和基本类型

信号转导研究的新发现之一是在进化期间信号转导机制被保留的程度非常明显,虽然不同的生物学信号数目可能成千上万,并且这些信号引出的应答种类也很多,但转导所有这些信号的机器是由约 10 种基本类型的蛋白质所构成的。

各种信号转导系统,虽然触发器各不相同,但信号转导的基本过程对所有系统都是共同的:首先,一个信号跟受体发生相互作用;第二,被活化了的受体跟细胞机器相互作用,产生第二信使或细胞蛋白质活性发生变化;第三,靶细胞的代谢活动发生改变;最后,转导过程结束。

为阐述信号转导系统的这一基本过程,我们在下面介绍 6 种基本(或通用)的受体类型,并将在下面几节讨论这些受体各自参与的信号转导系统的分子细节。

(1) **G 蛋白偶联受体** 该受体是通过 GTP-结合蛋白质,或称 G 蛋白,间接地激活产生胞内第二信使的酶。这一类型的受体通过能检测出肾上腺素的 β-肾上腺素能[的](β-adrenergic)受体系统来说明。

(2) **受体酪氨酸激酶** 它们是质膜受体,也是一种酶。当其中一个受体被胞外配体激活,它则催化细胞溶胶或质膜中多个蛋白质的磷酸化,胰岛素受体是一个例子,表皮生长因子受体(EGFR)是另一个例子。

(3) **受体鸟苷酸环化酶** 它也是质膜受体,有一个酶促质侧结构域,这些受体在胞内的第二信使是环化鸟苷单磷酸(cGMP),它激活细胞溶胶中的蛋白激酶,后者磷酸化细胞的蛋白质,并改变它们的活性。

(4) **质膜门控离子通道** 它们负责通道的开启和关闭(因此命名为门控)以应答化学配体的结合和跨膜电位的变化。这些通道是最简单的信号转导器(transducer)。乙酰胆碱离子通道是这种机制的一个例子。

(5) **黏着受体** 它们跟胞外基质(例如胶原蛋白)的大分子组分相互作用并给细胞骨架系统传达有关细胞迁移或与胞外基质黏着的指令。用整联蛋白可以说明这种类型的转导机制。

(6) **核内受体** 它们与专一配体(如雌激素)结合,改变专一基因的转录和翻译成细胞蛋白质的速率。因为类固醇激素是通过跟基因表达的调节有密切关系的机制行使功能的,所以本章只作简短介绍(见下面),有关细节将在第 34 章讨论。

六、G 蛋白偶联受体和第二信使

信号转导是指胞外信号(包括内源和外源的)所携带的信息转换成胞内信使的过程。本节和下面几节将按受体分类介绍几个主要类型的信号转导机制（或系统）及其实例。考查这些机制在专一的生物学功能中是如何被整合的，以及细胞对激素、神经递质和生长因子这些信号的应答等。一个信号转导途径的最终结果是几个专一的靶细胞蛋白质被磷酸化，磷酸化作用改变了这些蛋白质的活性，因而激活了细胞。在整个讨论中我们强调生物信号转导的基本机制，强调这些基本机制对多种信号转导途径的适用性。

（一）G 蛋白偶联受体和第二信使

顾名思义，**G 蛋白偶联受体**（G protein-coupled receptor, GPCR）是跟 G 蛋白家族的一个成员紧密结合的受体；**G 蛋白**是指鸟嘌呤核苷酸结合蛋白质（guanine nucleotide-binding protein）。有三个基本要素确定信号转导是通过 GPCR 进行的：① 有一个具有 7 个跨膜螺旋段的质膜受体，② 有一个往返在活性形式（与 GTP 结合的）和非活性形式（与 GDP 结合的）之间的 G 蛋白，③ 质膜中有一个受激活的 G 蛋白调节的效应[物]酶（effector enzyme）或离子通道。经激活的受体刺激的 G 蛋白，把被结合的 GDP 换成 GTP，然后从被占的受体上解离下来，结合到附近的效应酶上，并改变酶的活性。接着，活化的酶产生第二信使，作用于下游的靶（蛋白质）。

人基因组编码约 350 个用来检测激素、生长因子和其他内原配体的 GPCR 和编码约 500 个作为嗅觉和味觉的受体蛋白质。GPCR 涉及许多常见的人类疾病，包括变态反应，压抑症、盲症，糖尿病和各种具有严重健康后果的心血管疾病。市场上几乎一半的药物是瞄准 GPCR 的。例如介导肾上腺素作用的 β-肾上腺素能[的]受体是“β-阻滞（断）剂”（bata-blocker）的靶子；β-阻滞剂是被用作像高血压、心律不齐、青光眼、焦虑和偏头疼等症状的处方药。至少有 150 个在人基因组中发现的 GPCR 仍是“孤儿受体”（orphan receptor）：它们的天然配体，尚未被鉴定出，因此我们对它们的生物学还一无所知。对生物学和药理学了解较清楚的 β-肾上腺素能受体就成为所有 GPCR 的原型。

第二信使（second messenger）是胞外信使（也称**第一信使**）与质膜中受体结合而产生的胞内物质，它们起着从质膜到胞内生化机器的信息转导者作用。已知的第二信使有 cAMP、cGMP、Ca^{2+}、肌醇-1,4,5,-三磷酸（IP_3）和 1,2-二酰基-*sn*-甘油（DAG）等，它们的结构和主要作用分别见图 14-16 和表 14-4。

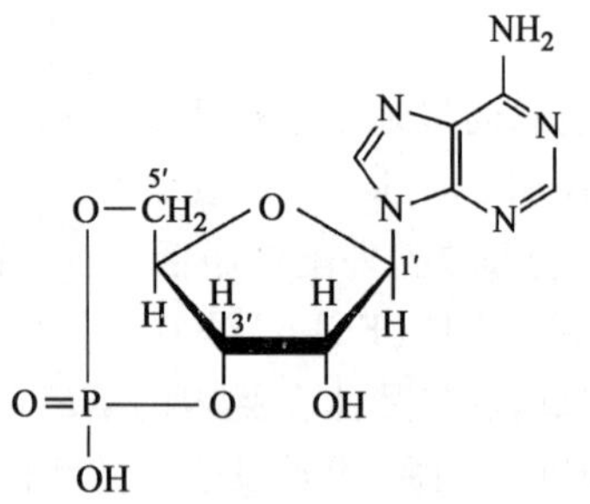

cAMP（3′,5′-环腺苷酸）

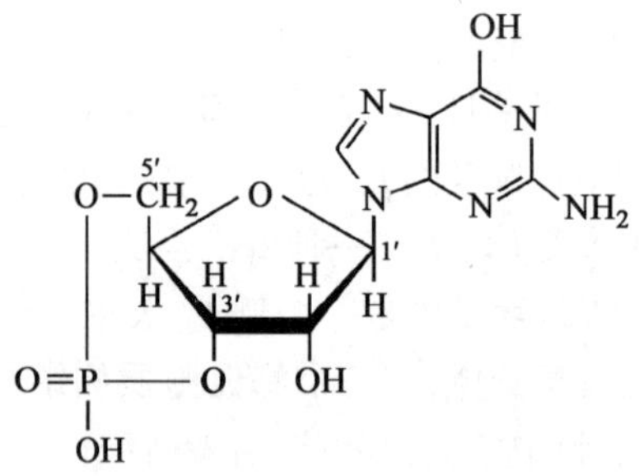

cGMP（3′,5′-环鸟苷酸）

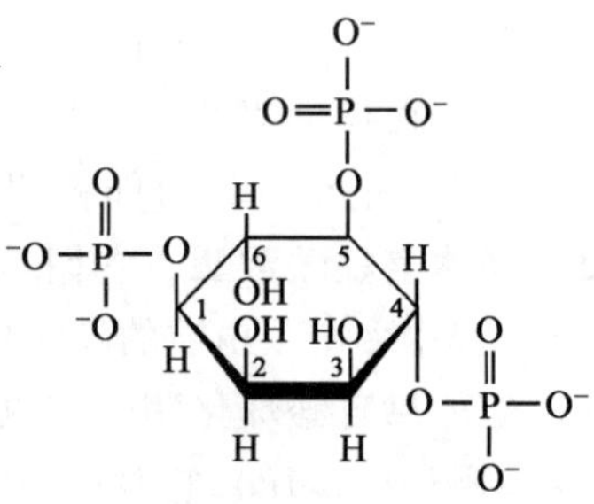

IP_3（肌醇-1,4,5-三磷酸）

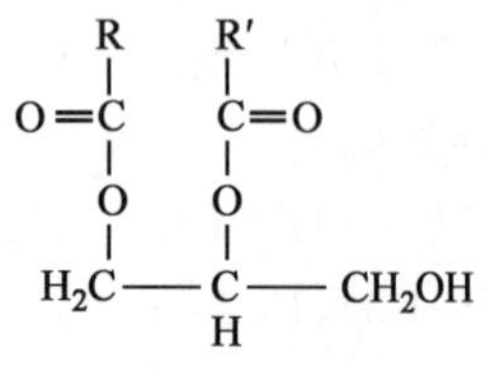

DAG（二酰甘油）

图 14-16 某些第二信使的化学结构

表 14-4　第二信使的作用

名称	主要作用	名称	主要作用
环腺苷酸（cAMP）	激活 cAMP 依赖型蛋白激酶	肌醇三磷酸（IP$_3$）	促进从内质网中释放钙离子
环鸟甘酸（cGMP）	激活 cGMP 依赖型蛋白激酶	二酰甘油（DAG）	激活蛋白激酶 C
钙离子	激活钙调蛋白和其他的钙结合蛋白质		

（二）β-肾上腺素能受体系统通过第二信使起作用

当某一威胁要求生物体动员它的产能机器时，肾上腺素就会敲响警钟，发出信号表示需要战斗或者逃离。当肾上腺素结合到肾上腺素敏感型细胞的质膜受体时，激素的作用就开始了。肾上腺素能[的]受体（adrenergic receptor），根据它们的亲和力和对一组激动剂和拮抗剂的应答不同，可分为 4 种类型：α_1、α_2、β_1 和 β_2。**激动剂**（agonist）是指能够结合到一个受体并模仿其天然配体的效应的结构类似物；**拮抗剂**（antagonist）是指能够结合到该受体，但不触发正常的效应并因此阻断激动剂（包括生物配体）的效应的类似物。在某些情况，合成的受体激动剂或拮抗剂，其亲和力比天然的激动剂还大（图 14-17）。这 4 种类型的肾上腺素能受体在不同的靶组织中被找到，它们介导对肾上腺素的不同应答。这里我们主要介绍肌肉、肝和脂肪组织中的 β-肾上腺素能受体。这些受体介导燃料代谢方面的变化，包括糖原和脂肪降解的加速（见本书代谢部分）。β_1 和 β_2 亚型的肾上腺素能受体是通过同样的机制起作用的，所以"β-肾上腺素能"的机制一样适用于这两种亚型。

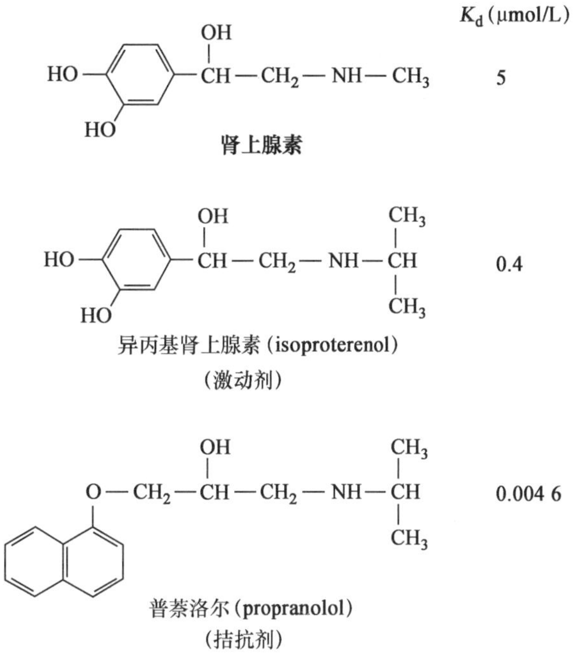

像所有的 GPCR 一样，β-肾上腺素能受体也是一种膜内在蛋白质，具有 7 段含 20 到 28 个氨基

图 14-17　肾上腺素及其人工合成的类似物
用受体-配体复合体的解离常数表示肾上腺素及其类似物对它的受体亲和力

酸残基的疏水螺旋区，它们像蛇形来回弯曲跨膜 7 次，所以又称 GPCR 为**七螺旋受体**（heptohelical receptor）。肾上腺素与受体上位于质膜深处的一个结合部位结合（图 14-18，步骤①）促进受体胞内结构域的构象变化，从而影响受体与被结合 G 蛋白的相互作用，促进 GDP 的解离和 GTP 的结合（步骤②）。所有 GPCR 中的 **G 蛋白**都是杂三聚体，由 3 个不同的亚基（α, β 和 γ）组成。因此这样的 G 蛋白也称为**三聚体 G 蛋白**（trimeric G protein）。在此场合，G 蛋白也指结合 GDP 或 GTP 的 α 亚基，它把来自被激活受体的信号转导给效应[物]蛋白质。因为这个 G 蛋白能激活它的效应物，所以又被称为**刺激[性]G 蛋白**（stimulatory G protein）或 **G_s**。像其他 G 蛋白一样，G_s 起一个生物学"开关"的作用：当 G_s 的核苷酸结合位点（在 α 亚基上）被 GTP 占据时，开关（G_s）被接通，能激活它的效应蛋白质（本例中是腺苷酸环化酶）；此位点被 GDP 占据时 G_s（开关）则被断开。在活性形式，G_s 中的 β 和 γ 亚基作为一个 $\beta\gamma$ 二聚体与 α 亚基解离，携有结合 GTP 的 α 亚基（$G_{s\alpha}$）在膜平面上从受体移至附近的腺苷酸环化酶分子（图 14-18，步骤③）。$G_{s\alpha}$ 通过共价连接的棕榈酰基被锚定在膜上（参见图 10-31）。

腺苷酸环化酶（adenylyl cyclase）是质膜的一个内在蛋白质，在胞质侧有它的活性部位。活性 $G_{s\alpha}$ 与腺苷酸环化酶结合促进环化酶催化从 ATP 合成 cAMP 的反应（图 14-18 步骤④），升高细胞溶胶的 [cAMP]。$G_{s\alpha}$ 和腺苷酸环化酶之间的相互作用，只有当 $G_{s\alpha}$ 跟 GTP 结合时才有可能。

$G_{s\alpha}$ 的刺激作用是自我限制的；$G_{s\alpha}$ 本身具有 GTP 酶的活性，能把结合的 GTP 转变为 GDP（并释出 Pi）

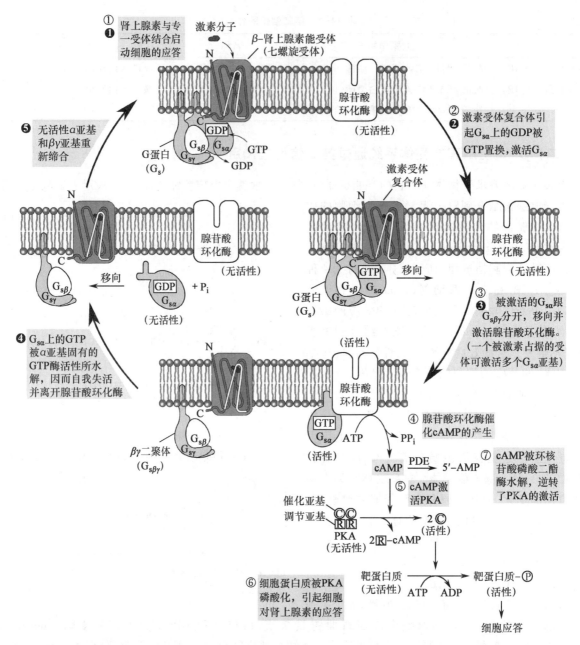

图 14-18   肾上腺素信号转导：β-肾上腺素能途径

肾上腺素信号转导机制由 7 个步骤（① 至⑦）组成,这些步骤在正文中进一步讨论。质膜中同样的腺苷酸环化酶分子既可受图中所示的 G_s 调节,也可受 G_i（抑制 G 蛋白,图中未示出）调节,G_s 和 G_i 处于不同激素的影响下。诱导 GTP 与 G_i 结合的激素引起腺苷酸环化酶的抑制,造成细胞的［cAMP］降低。步骤❶至❺表示二进制开关 $G_{s\alpha}$ 完成"开"和"关"一个循环

而使 $G_{s\alpha}$ 失活。这时无活性的 $G_{s\alpha}$ 与腺苷酸环化酶解离,使环化酶回到无活性状态。$G_{s\alpha}$ 与 $\beta\gamma$ 二聚体（$G_{s\beta\gamma}$）重新缔合,无活性的 G_s 又可用来跟结合有激素的受体相互作用。至此 $G_{s\alpha}$ 完成"开"（接通,on）和"关"（断开,off）一轮循环（图 4-18,步骤❶-❺）。

$G_{s\alpha}$ 不是唯一起生物学"开关"作用的蛋白质。在有 GPCR 参与的信号转导系统中和涉及膜融合或裂殖的许多过程中,各式各样的 G 蛋白都起着二进制的（binary）接通/断开（on/off）的分子开关作用。图 14-18中步骤❶至❸是开关接通过程,❹和❺是断开过程。

肾上腺素是通过增加［cAMP］发挥它的下游效应的,而［cAMP］的增加是腺苷酸环化酶被激活的结果。然后环式 AMP 通过别构作用能激活 **cAMP 依赖型蛋白激酶**（cAMP-dependent protein kinase）,它也称 **蛋白激酶 A** 或 **PKA**（图 14-18 步骤⑤）,PKA 催化靶蛋白质（包括糖原磷酸化酶 b 激酶）的专一 Ser 或 Thr

残基的磷酸化,此酶被磷酸化则有活性,在肾上腺素发出需要能量的预告信号时,能够立刻动员肌肉和肝中的糖原贮备。

无活性形式的 PKA 含有二个相同的催化亚基(C)和两个相同的调节亚基(R)(图 14-19)。四聚体复合体 R_2C_2 是无催化活性的,因为每个 R 亚基的自抑制结构域占据了每个 C 亚基的底物结合裂隙(substrate-binding cleft)。当 cAMP 结合到 R 亚基,亚基发生构象变化,把 R 亚基的自抑制结构域(autoinhibitory domain)从 C 亚基的催化结构域移出,R_2C_2 复合体解离出两个游离的有催化活性的 C 亚基。同样的基本机制——自抑制结构域的置换——介导第二信使别构激活多种类型的蛋白激酶(图 14-24)。PKA 的底物结合裂隙结构是所有已知蛋白激酶的原型;此裂隙区内的某些残基对所有 1 000 多种已知的蛋白激酶都是一样的。每个催化亚基的 ATP 结合位点都把 ATP 安置得完全有利其末端(γ)磷酸基转移到 Ser 或 Thr 残基侧链的—OH。

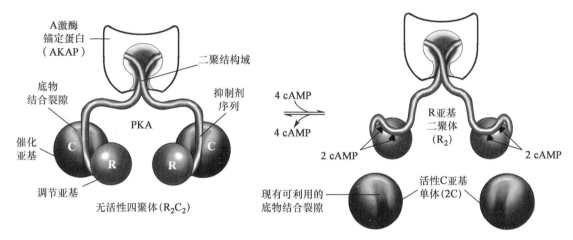

图 14-19　cAMP 依赖型蛋白激酶(PKA)的激活
R 亚基的氨基端序列相互作用形成 R_2 二聚体,此处也是跟 A 激酶锚定蛋白(AKAP)结合的部位

如图 14-18(步骤⑥)所指,PKA 是调节信号转导途径中下游的几个酶(表 14-5)。虽然这些下游靶酶有各种各样的功能,但它们在待磷酸化的 Ser 或 Thr 残基处都有一个序列相似的区域,这一序列是为便于 PKA 调节靶酶所做的标记。PKA 的底物结合裂隙识别这些序列,并对其 Thr 或 Ser 残基进行磷酸化。比较了 PKA 的各种蛋白质底物的序列已得出这一**共有(一致)序列**(consensus sequence)——为标出一个待磷酸化的 Ser 或 Thr 残基所需的几个相邻残基(表 14-5)。

表 14-5　PKA 催化某些酶或其他蛋白质的 cAMP-依赖型磷酸化

酶或蛋白质	被磷酸化序列[①]	被调节的途径或过程
糖原合酶	RASCTSSS	糖原合成
磷酸化酶 *b* 激酶		
α 亚基	VEFRRLSI	糖原降解
β 亚基	RTKRSGSV	
丙酮酸激酶(大鼠肝)	GVLRRASVAZL	糖酵解
丙酮酸脱氢酶复合体(L 型)	GYLRRASV	丙酮酸→乙酰-CoA
激素敏感型脂酶	PMRRSV	三酰甘油动员和脂肪酸氧化
磷酸果糖激酶-2/2,6-二磷酸果糖磷酸酶	LQRRRGSSIPQ	糖酵解/糖异生
酪氨酸羟化酶	FIGRRQSL	L-多巴、多巴胺、去甲肾上腺素和肾上腺素的合成
组蛋白 H1	AKRKASGPPVS	DNA 缩合

续表

酶或蛋白质	被磷酸化序列①	被调节的途径或过程
组蛋白 H2B	KKAKAS RKESYSVYVYK	DNA 缩合
心受磷蛋白（心泵调节器）	AIRRAS T	胞内的 [Ca^{2+}]
蛋白质磷酸酶-1 抑制剂-1	IRRRRP T P	蛋白质去磷酸化
PKA 共有序列②	xR[RK]x[S T]B	多项

① 被磷酸化的 S 或 T 残基用阴影表示。所有残基都用单字母符号（见表 2-1）。② x 是任一种氨基酸，B 是任一疏水性氨基酸。方括号内代表一个给定位置，其中列出可接受的氨基酸如[RK]意思是 Arg 或 Lys。

像在许多信号转导途径中那样，通过腺苷酸环化酶的信号转导也必然伴有一些放大最初激素信号的步骤（图 14-20）。首先，一个激素分子与一个受体分子的结合催化多个逐个地跟活性受体缔合的 $G_{s\alpha}$ 分子的激活；接着，每一活性 $G_{s\alpha}$ 分子激活一个腺苷酸环化酶分子，然后环化酶催化多个 cAMP 分子的合成。产生的第二信使 cAMP 再激活 PKA，每一 PKA 分子催化多个靶蛋白分子——图 14-20 中磷酸化酶 b 激酶——的磷酸化。此激酶再激活糖原磷酸化酶 b，后者导致快速动用糖原中的葡萄糖。反应级联的净效果是激素信号放大几个数量级。这说明对激素活动所需的肾上腺素（或任何其他激素）浓度是很低的。

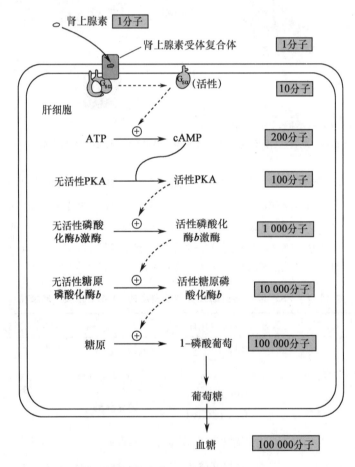

图 14-20　肾上腺素级联放大

图中所示分子数目仅为图解放大之用，数字几乎肯定是低估的。一分子肾上腺素与细胞表面上一个肾上腺素受体结合则可逐个地激活若干个（可能上百个）G 蛋白（因为激活一个 PKA 催化亚基需要 2 个 cAMP 分子，所以这一步信号没有放大）

（三）终止 β-肾上腺素能应答的几种机制

从效用角度来讲,激素刺激或其他刺激结束后,信号转导系统必需关闭,并且关闭信号的机制是所有信号转导系统所固有的。大多数系统也适应于信号的持续存在,这是通过脱敏过程中降低对信号的敏感性来达到的。β-肾上腺素能系统可以说明这两种情况。当血液中的肾上腺素浓度降到低于受体的 K_d 时,激素就从受体上解离下来,后者重新采取无活性构象,这种构象不再能够激活 G_s。这是第一种终止机制。

终止对 β-肾上腺素能刺激应答的第二种机制是结合在 G_α 亚基上的 GTP 被 G 蛋白固有的 GTP 酶活性催化水解。结合的 GTP 转化为 GDP 有利于 G_α 回到它与 $G_{\beta\gamma}$ 亚基缔合的构象——不能与腺苷酸环化酶相互作用的即不能激活腺苷酸环化酶的构象。这就终止了 cAMP 的产生。G_s 钝化(失活)的速率取决于 GTP 酶的活性,G_α 的 GTP 酶活性单独是很微弱的。然而 GTP 酶激活剂蛋白质(GTPase activator protein, GAP)强力刺激 GTP 酶活性,能引起 G 蛋白更快失活。GAP 本身可受其他因素的调节,提供对 β-肾上腺素能应答的细调。终止应答的第三种机制是除去第二信使:cAMP 被**环核苷酸磷酸二酯酶**(cyclic nucleotide phosphodiesterase)水解为 5′-AMP(无第二信使活性)(图 14-18 步骤⑦)。

最后,在信号转导途径的末尾,由酶磷酸化引起的代谢效应被磷蛋白磷酸酶(phosphoprotein phosphatase)的作用所逆转。此酶水解磷酸化了的 Ser、Thr 或 Tyr 残基,释放出无机磷(Pi)。在人基因组中大约有 150 个基因是编码磷蛋白磷酸酶的,比编码蛋白激酶的数目(约 500 个)要少些。已知这些磷酸酶中有一些是可调节的;其他一些可能是起组成成分的作用。当[cAMP]下降和 PKA 回到无活性形式时(图 14-18,步骤⑦),由于这些磷酸酶的存在,磷酸化和去磷酸化之间的平衡倾向于去磷酸化一方。

（四）β-肾上腺素能受体由于磷酸化和与 β-抑制蛋白缔合而脱敏

当信号刺激结束,上述的信号终止机制则见效。一个比较特殊的终止机制——脱敏作用,甚至当信号继续存在,就已降低或停止应答。β-肾上腺素能受体的脱敏是由一个蛋白激酶介导的,此酶在受体的胞内结构域上使之磷酸化,在正常情况下此结构域是跟 G_s 相互作用的(图 14-21)。当受体被肾上腺素占据时,β-肾上腺素能受体激酶或称 βARK(也常称 GRK2)则磷酸化质膜胞质侧的受体羧基端附近的几个 Ser 残基。βARK 通常位于细胞溶胶中,由于跟 $G_{s\beta\gamma}$ 亚基缔合而被拉向质膜,这样的定位便于受体的磷酸化。

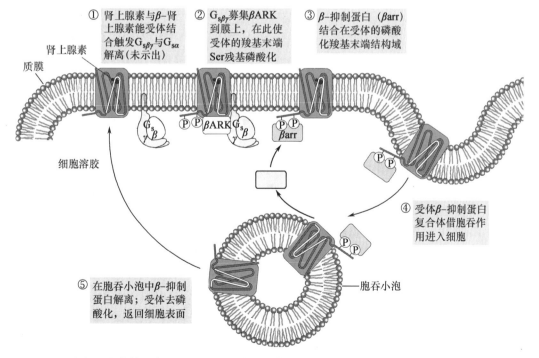

图 14-21　在肾上腺素持续存在下 β-肾上腺素能受体的脱敏

(仿自 Nelson D L,Cox M M. Lehninger Biochemistry, 6th ed.)

受体磷酸化为 **β-[视紫红质]抑制蛋白**(β-arrestin，βarr)创建了一个结合部位，β-抑制蛋白的结合有效地阻止受体和 G 蛋白之间进一步相互作用。β-抑制蛋白的结合也促进受体的隐藏(sequestration)，受体分子通过胞吞作用(质膜内陷)从质膜移入胞内小泡。在过程中 β-抑制蛋白-受体复合体募集了与此小泡形成有关的两个蛋白质，网格蛋白(clathrin)和 AP-2 复合体，它们启动了膜的内陷(invagination)，导致含肾上腺素能受体的内吞小泡(endosome)的形成。在这种状态，受体不能接近肾上腺素，因而无活性。内吞小泡中的受体最终被去磷酸化，并返回到质膜，完成循环，重新使系统对肾上腺素敏感。β-肾上腺素能受体激酶(βARK)是 **G 蛋白偶联受体激酶**(GRK)家族的一个成员，所有成员都是在 GPCR 羧基端的胞质结构域上使受体磷酸化，并起着类似 βARK 在它们脱敏和重致敏中的作用。在人基因组中至少有 5 个编码不同的 GRK 和 4 个编码不同的抑制蛋白的基因；每个 GRK 能够脱敏 GPCR 的一个特定亚基，每个抑制蛋白能够跟多种不同类型的磷酸化受体相互作用。

（五）cAMP 是多种调节分子的第二信使

肾上腺素是通过改变胞内的[cAMP]而改变 PKA 活性起作用的各种激素、生长因子和其他调节分子之一(表 14-6)。例如胰高血糖素与脂肪细胞的质膜中受体结合，并通过 G_s 蛋白，激活腺苷酸环化酶。由此而升高的[cAMP]刺激了 PKA，后者磷酸化并激活对动员贮存脂肪的脂肪酸关键的两种蛋白质。同样，垂体前叶产生的一种促激素 ACTH 跟肾上腺皮质中专一的受体结合，激活腺苷酸环化酶和升高胞内的[cAMP]。然后 PKA 磷酸化并激活为合成皮质醇和其他类固醇激素所需的几种酶。在许多类型细胞中 PKA 的催化亚基也能移入核内，在这里磷酸化 **cAMP 应答元件结合蛋白**(cAMP response element binging protein，CREB)，CREB 改变由 cAMP 调节的专一基因的表达。

表 14-6　利用 cAMP 作为第二信使的某些信号分子

促肾上腺皮质激素(ACTH)	增味剂(多种)
多巴胺[D_1，D_2]①	甲状旁腺激素肽
肾上腺素(β-肾上腺素能的)	前列腺素 E_1，E_2(PGE_1，PGE_2)
促卵泡激素(FSH)	五羟色胺[5-HT-1a，5-HT-2]
胰高血糖素	生长激素释放抑制因子(生长抑素)
组胺(H_2)	增甜剂(甜，苦)
促黄体生成素(LH)	促甲状腺激素(TSH)
促黑[素细胞]激素(MSH)	

① 方括号中是受体亚型。亚型可以有不同的转导机制。例如，五羟色胺在某些组织中被受体亚型 5-HT-1a 和 5-HT-1b 所检测，它是通过腺苷酸环化酶和 cAMP 起作用的；在其他组织中被受体亚型 5-HT-1c 所检测，并通过磷脂酶 C-IP_3 机制起作用(见表 14-7)。

某些激素通过抑制腺苷酸环化酶起作用，因此降低[cAMP]和抑制蛋白质的磷酸化。例如，生长激素释放抑制因子(GHIF)与其受体结合导致**抑制性 G 蛋白**(inhibitory G protein，G_i)的激活；G_i 在结构上是跟 G_s 同源的，它抑制腺苷酸环化酶，降低[cAMP]。因此 GHIF 与胰高血糖素的效应是相抗衡的。在脂肪组织中，前列腺素 E_1(PGE_1，图 10-21)抑制腺苷酸环化酶，因此降低[cAMP]和减慢由肾上腺素和胰高血糖素触发的脂质储备的动员。在一些其他组织中 PGE_1 促进 cAMP 合成；其受体通过刺激性 G 蛋白(G_s)与腺苷酸环化酶偶联。在携有 α_2-肾上腺素能受体的组织中，肾上腺素降低[cAMP]；在这种情况，受体通过抑制性 G 蛋白(G_i)被偶联在腺苷酸环化酶上。简言之，一个胞外信号如肾上腺素或 PGE_1 对不同组织或细胞类型可以有极其不同的效应，这取决于 3 个因素：① 组织中受体的类型，② 与受体偶联的 G 蛋白的类型(G_s 或 G_i)，③ 细胞中那套 PKA 靶酶。通过总和增加[cAMP]和降低[cAMP]这两种影响，一个细胞完成了信号的整合，整合是信号转导机制的一个共同特征。

还有一个原因可以解释如此众多类型的信号是如何能够被单一的第二信使(cAMP)所介导的。这个原因就是信号转导过程被**衔接［器］蛋白质**（adaptor protein）限制在细胞的专一区域。衔接蛋白质是一类非催化［性］蛋白质，能把一些担当合作者角色的其他蛋白质分子结合在一块。

A 激酶锚定蛋白（A kinase anchoring protein，AKAP）是多价的衔接蛋白质；一部分与 PKA 的 R 亚基结合（图 14-19），另一部分与细胞中专一的结构结合，限制 PKA 在该结构的附近。例如专一的 AKAP 把 PKA 结合在微管，肌动蛋白丝，离子通道、线粒体或核上。不同类型的细胞有不同的一套 AKAP，所以 cAMP 可以刺激一个细胞中的线粒体蛋白质的磷酸化，在另一个细胞中刺激肌动蛋白丝的磷酸化。在某些情况，一个 AKAP 把 PKA 与触发 PKA 激活的酶（腺苷酸环化酶）或与终止 PKA 作用的酶（cAMP 磷酸二酯酶或磷蛋白磷酸酶）连接在一起。推测，这些激活性的和钝化性的酶安排得如此紧密是为了获得一个高度局限性和非常短暂性的应答。

现在明白了，想要完全了解细胞的信号转导，研究者们需要有精确到足以在亚细胞水平和实际时间上检测和研究信号转导过程的时空方面的工具。在研究生物化学变化的胞内定位时，生物化学遇上了细胞生物学，跨学科的一些技术成为了解信号转导途经所必需。像荧光探针已广泛地应用于信号转导研究。用荧光标记物如绿色荧光蛋白质（GFP）标记功能蛋白质，揭示了它们的亚细胞定位。两个蛋白质（例如 PKA 的 R 和 C 亚基）的结合状态变化可以通过连接在每个蛋白质上的荧光探针之间能量的非辐射转移（此项技术称为荧光共振转移）来了解。

（六）二酰甘油、肌醇三磷酸和 Ca^{2+} 也是第二信使

第二大类 G 蛋白偶联受体（GPCR）是通过 G 蛋白与质膜的**磷脂酶 C**（PLC）相偶联，PLC 是膜的磷脂酰肌醇 4,5-二磷酸（缩写为 PIP_2；见表 10-4）所专一的。当通过此机制起作用的一种激素（表 14-7）与质膜中专一的受体结合时（图 14-22，步骤①），受体-激素复合体催化结合在 G 蛋白（G_q）上的 GTP 和 GDP 进行交换（步骤②）并激活 G_q，激活方式与肾上腺素能受体激活 G_s 很相似（图 14-18）。激活了的 G_q 激活 PIP_2 专一的磷脂酶 C（图 14-22，步骤③），后者催化两个强力的第二信使，**二酰甘油**和**肌醇 1,4,5-三磷酸**（IP_3）（图 14-16）的产生。

表 14-7　通过磷脂酶 C、IP_3 和 Ca^{2+} 起作用的某些信号

乙酰胆碱［毒蝇蕈碱 M_1］[1]	胃泌素释放肽	血小板衍生生长因子（PDGF）
α_1-肾上腺素能激动剂	谷氨酸	五羟色胺［5-HT-1c］
血管生成素	促性腺激素释放因子（GnRF）	促甲状腺素释放因子
血管紧张肽Ⅱ	组胺［H_1］	血管升压素
ATP［P_{2x}，P_{2y}］	光（果蝇属，*Drosophila*）	
生长素（auxin）	催产素	

[1] 方括号中指受体亚型，见表 14-6。

肌醇三磷酸（IP_3）是一种水溶性化合物，从质膜可扩散到内质网（ER），在这里它跟专一的 IP_3-门控 Ca^{2+} 离子通道结合，使通道打开。SERCA 泵（sarcoplasmic/endoplasmic reticulum Ca^{2+} ATPase pump；肌质网/内质网 Ca^{2+} ATP 酶泵）的作用是保证内质网中的［Ca^{2+}］比细胞溶胶中的［Ca^{2+}］高几个数量级；因此当这些门控 Ca^{2+} 通道打开时，Ca^{2+} 立即冲进细胞溶胶（图 14-22，步骤⑤），细胞溶胶的［Ca^{2+}］很快升到约 10^{-6} mol/L。［Ca^{2+}］升高的一个效应是激活**蛋白激酶 C**（PKC）。在激活 PKC 过程中，二酰甘油与 Ca^{2+} 协作，因此它们也起第二信使的作用（步骤⑥）。激活作用包括一个 PKC 结构域（假底物结构域）从它在酶的底物结合区上的位置移开，这样可以允许此酶与含有 PKC 共有序列——它是为 PKC 所识别并嵌有 Ser 或 Thr 残基的氨基酸序列——的蛋白质结合并使之磷酸化（步骤⑦）。PKC 有几种同工酶，每种都有自己特定的组织分布、靶蛋白专一性和作用。这些靶蛋白包括细胞骨架蛋白、酶和调节基因表达的核内蛋白。总之，这个酶家族有着广泛的细胞作用，例如影响神经元和免疫的功能以及细胞分裂的调节。

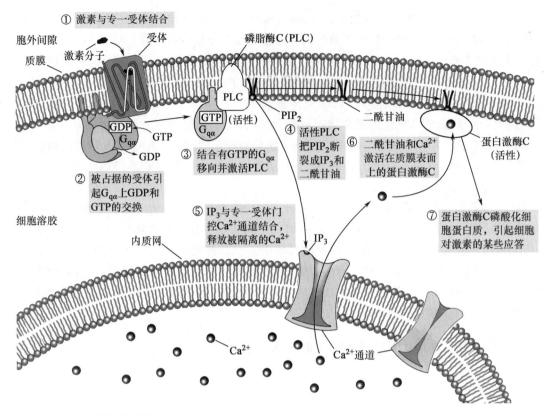

图 14-22　激素激活磷脂酶 C 和 IP$_3$

(仿自 Nelson D L,Cox M M. Lehninger Biochemistry, 6th ed.)

（七）钙是时空上可以定位的第二信使

人们很早就知道钙离子与许多生理活动过程有关,Ca^{2+}作为第二信使触发胞内的应答,如应答神经元和内分泌细胞的胞吐、糖原代谢、肌肉收缩、神经递质释放和阿米巴运动时的细胞骨架重排等。钙离子之所以能胜任这一角色是因为:① 细胞内 Ca^{2+}浓度可以大幅度地发生变化,② Ca^{2+}能够与蛋白质上的多个负电荷氧(主要来自 Asp 和 Glu 残基侧链的羧基)很好地结合,从而促进蛋白质构象的改变。一般在未被激动的细胞中细胞溶胶的[Ca^{2+}]保持在很低水平($<10^{-7}$mol/L),这比胞外环境(包括胞内的内质网和线粒体)中的浓度低几个数量级。细胞溶胶[Ca^{2+}]之所以能保持在这样低的水平是由于 ER、线粒体和质膜上的 Ca^{2+}泵作用以及胞内含有丰富的可溶性磷酸盐,Ca^{2+}极易形成不溶性的磷酸钙。激素、神经和其他的刺激或是引起通过质膜上专一的 Ca^{2+}通道从胞外流入 Ca^{2+},或是引起被隔离在 ER 或线粒体中的 Ca^{2+}释放,任一种情况都可以在瞬间使细胞溶胶的[Ca^{2+}]骤然升高,触发细胞应答。

胞内的[Ca^{2+}]变化能被 Ca^{2+}结合蛋白质(Ca^{2+}-binding protein)检测出,Ca^{2+}结合蛋白质调节各种 Ca^{2+}依赖型酶。**钙调蛋白**(calmodulin),缩写为 **CaM**,是一条由 148 个氨基酸残基组成的多肽链,M_r 16 700;CaM 是一种酸性蛋白质,具有 4 个高亲和力的 Ca^{2+}-结合部位(图 14-23A)。当胞内[Ca^{2+}]升高至约 10^{-6}mol/L 时,Ca^{2+}则与钙调蛋白结合,驱动该蛋白发生构象变化。钙调蛋白能与多种蛋白质结合,并在结合 Ca^{2+}的状态下调节它们的活性。钙调蛋白是 **Ca^{2+}结合蛋白质家族**(已知有 170 多种)的一个成员,这一家族也包括**肌钙蛋白**(troponin),它触发骨骼肌收缩,以应答[Ca^{2+}]的升高。X 射线分析研究表明,此家族有一个特征性的 Ca^{2+}结合结构,称为 **E-F 手模体**(E-F hand motif)或 **E-F 手结构**(图 14-23B),钙离子的结合部位就是处在此结构的口袋中。E-F 手结构由两段短的 α 螺旋(E 段和 F 段)和中央的 β 折叠环构成,Ca^{2+}就窝藏在此环内(图 14-23)。

钙调蛋白是 **Ca^{2+}/钙调蛋白依赖型蛋白激酶**(CaM 激酶,Ⅰ 至 Ⅳ型)的一个内在亚基。当胞内[Ca^{2+}]升高以应答刺激时,钙调蛋白则结合 Ca^{2+},构象发生变化,并激活 CaM 激酶。然后此激酶磷酸化靶酶,并

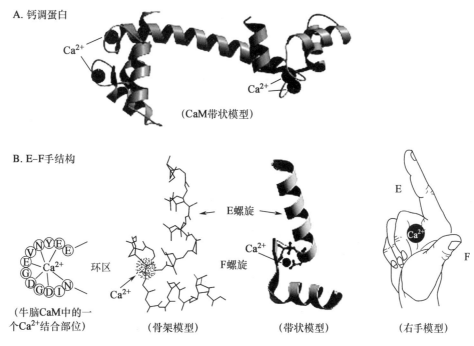

图 14-23　钙调蛋白中的 E-F 手结构

A. 钙调蛋白分子的带状模型:含 4 个 Ca^{2+} 结合部位;B. E-F 手结构:每一个 Ca^{2+} 结合结构域都是螺旋-

环-螺旋模体,即 E-F 手,它也存在于许多其他的 Ca^{2+} 结合蛋白质中。E-F 手中 α 螺旋 E 和 F 互相垂直,

右手的示(食)指代表 E 螺旋,拇指代表 F 螺旋,弯曲的中指表示 β 折叠环

使之激活。钙调蛋白也是肌肉的磷酸酶 b 激酶的一个调节亚基,它受 Ca^{2+} 激活。因此 Ca^{2+} 触发需要 ATP 的肌肉收缩,同时也促进糖原降解,为 ATP 合成提供燃料。也已知有许多其他酶是通过钙调蛋白受 Ca^{2+} 的调节的(表 14-8)。第二信使 Ca^{2+} 的活动跟 cAMP 一样,也可受到空间限制;在 Ca^{2+} 的释放触发了局部应答后,通常在它未扩散到细胞的远处之前就被除去。

表 14-8　通过 Ca^{2+} 和 CaM 调节的某些蛋白质

腺苷酸环化酶(大脑)	cGMP 门控 Na^+, Ca^{2+} 通道(视杆细胞和视锥细胞)
Ca^{2+}/钙调蛋白依赖型蛋白激酶(CaM 激酶 I 到 IV)	谷氨酸脱羧酶
Ca^{2+} 依赖型 Na^+ 通道(草履虫属)	肌球蛋白轻链激酶
肌质网的 Ca^{2+} 释放通道	NAD^+ 激酶
钙调磷酸酶(calcineurin)(磷蛋白磷酸酶 2B)	氧化氮合酶
	磷脂酰肌醇 3-激酶
cAMP 磷酸二酯酶	质膜 Ca^{2+}ATP 酶(Ca^{2+} 泵)
cAMP 门控嗅觉通道	RNA 螺旋酶

Ca^{2+} 水平常常不是简单地先高后低,而是有几秒钟时间的波动——甚至当触发的激素胞外浓度保持恒定时。[Ca^{2+}]波动的机制据推测是 Ca^{2+} 对它释放过程的某一步发生反馈调节。不论机制怎样,效果是一类信号(例如激素浓度)被转变为另一类信号(胞内[Ca^{2+}]"尖峰"的频率和波幅)。随 Ca^{2+} 从原处(Ca^{2+} 通道)扩散开,Ca^{2+} 信号则逐渐变弱,这是因为它被隔离在 ER 或被泵出胞外。

在 Ca^{2+} 和 cAMP 的信号转导系统之间存在着明显的"交谈"(通讯)。在某些组织中产生 cAMP 的酶(腺苷酸环化酶)和降解 cAMP 的酶(磷酸二酯酶)都受 Ca^{2+} 的刺激,因此,[Ca^{2+}]的时空改变可以产生[cAMP]的短暂而局部的变化。我们已经注意到,蛋白激酶 A(应答 cAMP 的酶)经常是高度固定的超分子复合体的一部分,而复合体被装配在支架蛋白(scaffold protein)如 A 激酶锚定蛋白(AKAP)上。靶酶的这种亚细胞定位,跟[Ca²⁺]和[cAMP]的时空梯度结合,允许一个细胞用时空固定的、有细小差异的代谢变化来对一个或几个信号作出应答。

七、受体酪氨酸激酶

受体酪氨酸激酶(RTK)是质膜受体的一个大家族,含固有的蛋白激酶活性,它们通过与 GPCR 机制完全不同的机制转导胞外信号。RTK 在质膜的胞外一面有一个配体结合结构域,在质膜的胞质一面有一个活性部位;两者之间经单个的跨膜螺旋段相连。胞质面结构域具有蛋白激酶活性,它磷酸化专一的靶蛋白质——一种酪氨酸激酶——中的 Tyr 残基。胰岛素和表皮生长因子的受体是 RTK 类的原型。

(一) 刺激胰岛素受体启动蛋白质磷酸化反应的级联

胰岛素调节代谢酶和基因表达两者。胰岛素不能进入细胞,但可以启动一个信号沿分支途径转导,从质膜受体到细胞溶胶中的胰岛素敏感型酶以及到细胞核,在这里刺激专一基因的转录。活性的胰岛素受体蛋白质(INSR)由两个相同的 α 亚基和两个跨膜的 β 亚基组成;二个 α 亚基从质膜的外表面伸出,二个 β 亚基,它们的羧基端伸进细胞溶胶中,INSR 是 αβ 单位(原体)的一个二聚体(图 14-24A)。α 亚基含有胰岛素结合结构域,β 亚基的胞内结构域含有蛋白激酶活性,能把 ATP 的磷酰基转移到专一靶蛋白质中的 Tyr 残基的羟基上。经 INSR 的信号转导,开始于二聚体的两个亚基之间结合了一个胰岛素分子而激活

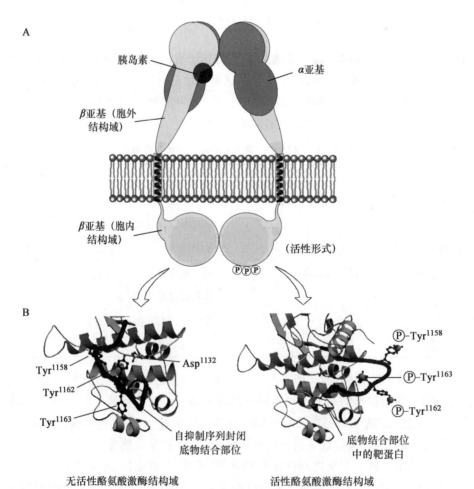

图 14-24   胰岛素受体酪氨酸激酶的自磷酸化

(仿自 Nelson D L,Cox M M. Lehninger Biochemistry, 6th ed.)

Tyr 激酶活性,每个 β 亚基使另一个 β 亚基的羧基端附近的三个关键性 Tyr 残基磷酸化。这一**自磷酸化**(autophosphorylation)打开了活性部位,因而此酶能磷酸化其他靶蛋白的 Tyr 残基。INSR 蛋白激酶活化的机制与前面讲的 PKA 和 PKC 的激活机制相似:胞质面结构域的一个区域(自[身]抑制序列)通常是封闭活性部位的,被磷酸化后则移出活性部位,为靶蛋白的结合打开了此部位(图 14-24B)。

当 INSR 被自磷酸化时(图 14-25,步骤①),它的靶蛋白之一是胰岛素受体底物-1(IRS-1;步骤②)。IRS-1,一旦几个 Tyr 残基被磷酸化,则变成一个多蛋白质复合体的成核点(步骤③),此复合体是从胰岛素受体经过一系列中间蛋白质到细胞溶胶中的和核中的终端靶运载信息的。首先,IRS-1 的一个 ⑫-Tyr 残基与蛋白质 Grb2 的 **SH2 结构域**结合[SH2 是 Src homology 2,即 Src 同源 2 的缩写,之所以这样命名是因为 SH2 结构域序列与 Src 中的一个结构域序列相似; Src 代表一种癌基因或其蛋白质产物(细胞膜上的 Tyr 激酶),它最初是从肉瘤(Rous sarcoma)中发现的]。还有几种信号转导蛋白质含 SH2 结构域,所有的 SH2 结构域都能与含 ⑫-Tyr 残基的蛋白质结合。Grb2 是一种衔接蛋白质,不具有内在的酶促活性。它的功能是把两个蛋白质(在这里是 IRS-1 和蛋白质 Sos)结合在一起,因为两个蛋白质必须相互作用才能进行信号转导。Grb2 除了含 SH2 结构域之外,也含有第二个蛋白质结合结构域,SH3,它能与 Sos 的富含脯氨酸区结合,把 Sos 募集到正在增长的受体复合体上。当与 Grb2 结合,Sos 起着鸟苷酸交换因子(GEF)的作用,催化 GTP 取代结合在 Ras(一种 G 蛋白)上的 GDP。

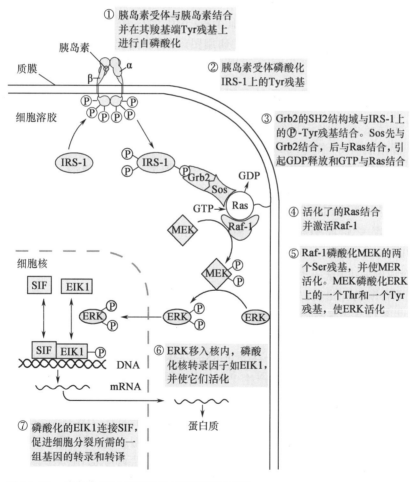

图 14-25   胰岛素通过 MAPK 级联调节基因表达
(仿自 Nelson D L 和 Cox M M. Lehninger Biochemistry, 6th ed.)

Ras 是介导很多信号转导的小 **G 蛋白**(small G protein)家族的原型。与在 β-肾上腺素能系统中起作用的三聚体 G 蛋白一样,Ras 也能以 GTP 结合的(活性)构象或以 GDP 结合的(无活性)构象存在,但 Ras(M_r 20 000)是作为一个单体起作用的。当有 GTP 结合时,Ras 能活化蛋白激酶 Raf-1(图 14-

25,步骤④),后者是三个蛋白激酶——Raf-1、MEK 和 ERK——中的第一个,这三个蛋白激酶形成一个级联,每个激酶通过磷酸化激活下一个激酶(步骤⑤)。蛋白激酶 MEK 和 ERK,只有 Thr 残基和 Tyr 残基都被磷酸化时才能被激活。当被激活时,ERK 通过进入核内并磷酸化转录因子,如 EIK1(步骤⑥),介导胰岛素的某些生物学效应;这些转录因子调整约 100 个胰岛素调节基因(insulin-regulated gene)的转录(步骤⑦),其中某些基因编码细胞分裂所必需的蛋白质。因此胰岛素也起着生长因子的作用。

蛋白质 Raf-1、MEK 和 ERK 是三个大家族的成员。ERK 是 MAPK 家族的成员;MAPK 是促[细胞]分裂原活化蛋白激酶(mitogen-activited protein kinase)的英文名缩写。促分裂原(mitogen)是一类胞外信号,诱导有丝分裂和细胞分裂。发现第一个 MAPK 之后,很快就发现它是由另一个蛋白激酶激活的,这一激酶被命名为 MAP(促分裂原活化蛋白)激酶[的]激酶(MEK 属于这一家族),当激活 MAP 激酶[的]激酶的激酶(第三个激酶)被发现时,曾给予它取了有点滑稽的家族名称 MAP 激酶激酶激酶(Raf-1 属于这一家族)。这三个家族的缩写名称为 MAPK、MAPKK 和 MAPKKK,显得有些笨拙。MAPK 和 MAPKKK 家族中的激酶是对 Ser 或 Tyr 残基专一的,而 MAPKK(这里指 MEK)使底物中 Ser 和 Tyr 残基都被磷酸化。

生物化学家现在认识到这个胰岛素途径只是作为一个更一般性的一个实例,在此图解中经类似于图 14-25 所示途径的激素信号导致靶酶被蛋白激酶磷酸化。磷酸化的靶经常是另一个蛋白激酶,后者又激活第三个蛋白激酶,如此等等。结果是反应的级联,使最初的信号放大几个数量级(参见图 14-20)。**MAPK 级联**(图 14-25)介导由各种生长因子如血小板-衍生生长因子(PDGF)和表皮生长因子(EGF)启动信号转导。借胰岛素受体途径来说明的另一通用图解是,非酶促的衔接蛋白质用于汇集分支信号转导途径的组分(将在下面讨论)。

(二) 膜磷脂 PIP₃ 在胰岛素信号转导的分支点起作用

胰岛素的信号转导途径在 IRS-1 处分叉(图 14-25,步骤②)。Grb2 不是跟磷酸化了的 IRS-1 缔合的唯一蛋白质。磷酸肌醇 3-激酶(phosphoinositide 3-kinase, PI3K)通过 PI3K 的 SH2 结构域跟 IRS-1 结合(图 14-26)。这样,被激活的 PI3K 使膜脂磷脂酰肌醇 4,5-二磷酸(PIP_2)转化为磷脂酰肌醇 3,4,5-三磷酸(PIP_3)。突出在质膜胞质侧的 PIP_3 的多电荷头基是第二条信号转导支路的起点,支路涉及蛋白激酶的另一级联。当与 PIP_3 结合时,蛋白激酶 B(PKB)又被另一蛋白激酶 PDK1 磷酸化并激活,然后被激活的 PKB 磷酸化它的靶蛋白中的 Ser 或 Thr 残基,其中的一个靶蛋白是糖原合酶激酶 3(glycogen synthase kinase 3, GSK3)。GSK3 被 PKB 磷酸化时失活,不能磷酸化糖原合酶,糖原合酶保留活性,因而加速糖原合成的速率(这一机制只是解释胰岛素对糖原代谢影响的部分)。由于在肝和肌肉中通过这种方式阻止糖原合酶的钝化,胰岛素启动的蛋白质磷酸化的级联促进了糖原合成(图 14-26)。在肌肉和脂肪组织的第三条信号转导支路中,PKB 触发网格蛋白(clathrin)辅助的葡萄糖转运蛋白(GLUT4)从内泡到质膜的运动,促进葡萄糖从血中的吸收(图 14-26)。

与所有的信号转导途径一样,也有一个终止 PI3K-PKB 途径活动的机制。PIP_3 专一的磷酸酶(人体中的 PTEN)除去 PIP_3 第 3 位上的磷酸基,产生 PIP_2,它不再作为 PKB 的结合位点,信号转导链被中断。在各种类型的肿瘤中经常发现 PTEN 基因有突变发生,导致调节线路的缺损以及 PIP_3 和 PKB 活性的水平高得不正常。这一结果看起来是细胞分裂的,因而也是肿瘤生长的一个连续信号。

胰岛素受体是几个具有相似结构和 RTK 活性的受体酶的原型。例如,EGF 和 PDGF 的受体在结构和序列方面都跟 INSR 相似,都有磷酸化 IRS-1 的 Tyr 激酶活性。这些受体中许多是在结合配体后二聚化的;但 INSR 是一个例外,因为它在跟胰岛素结合前已是一个($\alpha\beta$)₂二聚体。衔接蛋白质(如 Grb2)与 ⑫-Tyr 残基的结合是促进由 RTK 启动的蛋白质-蛋白质相互作用的一种常见机制。

除了起 Tyr 激酶(RTK)作用的许多受体之外,几种受体样的质膜蛋白质具有 Tyr 磷酸酶活性。根据这些蛋白质的结构,人们可以推测,它们的配体是胞外基质的组分或者是其他细胞上的表面分子。虽然它们的信号转导作用还不像了解 RTK 那样清楚,但它们显然具有逆转刺激 RTK 的信号的作用。

什么东西迫使如此复杂的调节机器进化的?这个系统允许一个活化的受体激活几个 IRS-1 分子,

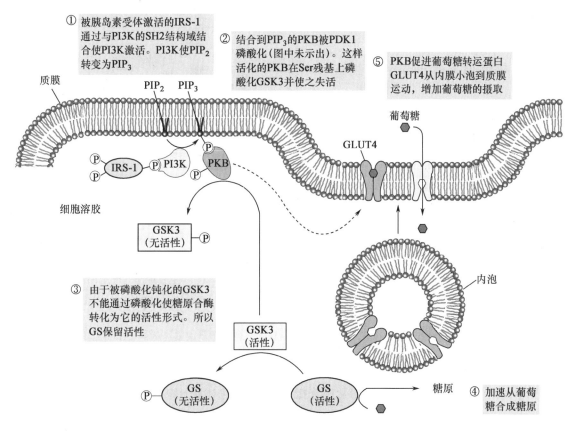

图 14-26　胰岛素对糖原合成和 GLUT4 从内［膜小］泡移动到质膜的作用

（仿自 Nelson D L, Cox M M. Lehninger Biochemistry, 6th ed.）

放大了胰岛素信号, 该系统还为来自不同受体如 EGFR 和 PDGFR（其中每个都能磷酸化 IRS-1）的信号整合做了准备。而且, 因为 IRS-1 能激活几种含 SH2 结构域的蛋白质的任何一种, 因而通过 IRS-1 起作用的单个受体就能触发两条或多条信号转导途径; 胰岛素通过 Grb2-Soc-Ras-MAPK 途径影响基因表达（图 14-25）, 并通过 PI3K-PKB 途径影响糖原代谢和葡萄糖转运（图 14-26）。最后, 还有几个关系密切的 IRS 蛋白质（IRS-2, IRS-3）, 每个都具有自己特有的组织分布和功能, 进一步丰富了由 RTK 引发的途径中信号转导的可能性。

（三）JAK-STAT 信号转导也涉及酪氨酸激酶活性

有关受体 Tyr 激酶论题的一个变化是那些不具固有蛋白激酶活性的受体, 但当它被配体占据时能结合细胞溶胶中的 Tyr 激酶。一个例子是调节哺乳动物中红细胞形成的系统。发育信号或**细胞因子**（cytokine）, 对该系统来说, 即［**促**］**红细胞生成素**（erythropoietin, EPO）, 它是肾脏产生的一个含 165 个氨基酸残基的蛋白质。当 EPO 跟它的质膜受体结合时（图 14-27）, 受体二聚化, 此二聚体能结合并激活可溶性的蛋白激酶 JAK（Janus Kinase）。被激活的 JAK 磷酸化 EPO 受体胞质侧结构域中的几个 Tyr 残基。一个转录因子家族, 统称为 STAT（Signal transducer and activator of transcription; 转录的信号转导物和激活物）, 它也是 JAK 的靶（图 14-27A）。STAT5 中的 SH2 结构域与 EPO 受体中的 Ⓟ-Tyr 残基结合, 使 STAT 的定位有利于在应答 EPO 时被 JAK 磷酸化。被磷酸化了的 STAT5 形成二聚体, 暴露出一个核定位序列（nuclear localization sequence, NLS）, 导向二聚体转运到核内。在这里 STAT5 诱导对红细胞成熟必需的专一基因表达（转录）。这个 JAK-STAT 系统也在其他一些信号途径中存在。激活了的 JAK 也能通过 Grb2 触发 MAPK 级联（图 14-27B）, 导致专一基因表达的改变。

Src 是另一个可溶性蛋白质 Tyr 激酶, 当某些受体与其配体结合时, 此 Tyr 激酶能跟这些受体缔合。

Src 是发现具有特有的 ⓟ-Tyr 结合结构域的第一个蛋白质；随后这一结构域被命名为 Src 同源 2(SH2)结构域。

（四）信号转导系统之间的通讯是普遍而复杂的

虽然为了简化起见，我们把单独的信号转导途径作为导致独立代谢结果的独立事件序列，实际上信号转导系统之间有着广泛的通讯联系。管控代谢的调节线路是交错而多层次的。至此我们已分别讨论了胰岛素和肾上腺素的信号转导途径，但它们不是独立运作的。在许多组织中胰岛素跟肾上腺素的代谢效应是相反的。胰岛素信号途径的激活直接使得通过 β-肾上腺素能的信号转导系统的信号转导变弱。例如，INSR 激酶直接磷酸化 β_2-肾上腺素能受体胞质侧尾部的二个 Tyr 残基，和被胰岛素激活的 PKB（图 14-28，❶）磷酸化同一区域的两个 Ser 残基。这四个残基的磷酸化触发网格蛋白辅助的 β_2-肾

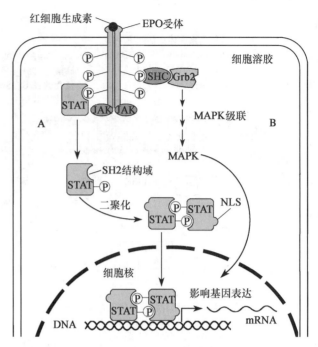

图 14-27　红细胞生成素受体的 JAK-STAT 转导机制
（仿自 Nelson D L，Cox M M. Lehninger Biochemistry, 6th ed.）

上腺素能受体的内化（internalization），把它从膜上撤下，减小细胞对肾上腺素的敏感性。

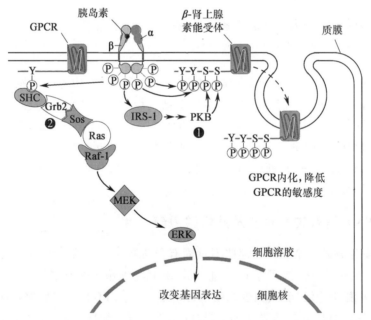

图 14-28　胰岛素受体和 β_2-肾上腺素能受体（或其他 GPCR）之间的通讯
（仿自 Nelson D L，Cox M M. Lehninger Biochemistry, 6th ed.）

这些受体间的第二种通讯类型发生在当被 INSR 磷酸化的 β_2-肾上腺素能受体上的 ⓟ-Tyr 残基用作含 SH2 结构域的蛋白质如 Grb2（图 14-28，❷）的成核点之时。胰岛素对 MAPK ERK 的激活（见图 14-25）比有 β_2-肾上腺素能受体存在时大 5 到 10 倍，推测是由于这种通讯的结果。利用 cAMP 和 Ca^{2+} 的信号转导系统也显示出广泛的相互作用；每个第二信使都影响另一个信使的产生和浓度。系统生物学（systems biology）的一个重要挑战是分别出这些相互作用对每个组织的总代谢图谱的影响——这是一个艰巨的任务。

八、受体鸟苷酸环化酶、cGMP 和蛋白激酶 G

鸟苷酸环化酶(图 14-29)是一类受体酶。当被激活时,它们催化 GTP 转变为第二信使,**鸟苷酸 3,5-环单磷酸**(guanosine 3,5-cyclic monophosphate),即环 GMP 或 cGMP：

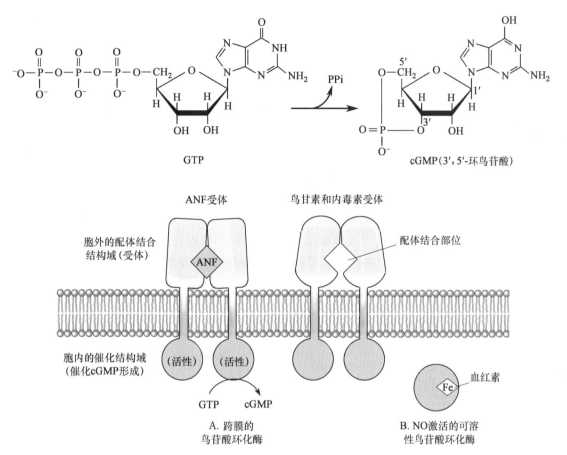

图 14-29　参与信号转导的鸟苷酸环化酶的两种类型

在动物中 cGMP 的许多作用是由 **cGMP 依赖型蛋白激酶**也称**蛋白激酶 G**(PKG)介导的。当被 cGMP 激活时,PKG 磷酸化靶蛋白中的 Ser 和 Thr 残基。此酶的催化结构域和调节结构域位于一个单个的多肽(M_r80 000)中。调节结构域的部分契合在底物结合裂隙中。cGMP 的结合迫使这个假底物离开结合部位,把它让给含 PKG 共有序列的靶蛋白质。

环 GMP 在不同的组织中运载不同的信息。在肾和肠它触发离子转运和水滞留方面的变化;在心肌(平滑肌类型),它给出舒张的信号;在大脑中它可涉及发育期和成年期两者的脑功能。在肾中的鸟苷酸环化酶是由肽激素**心房钠泵因子**或称**心房肽**(ANF,见表 14-2)激活的,心房肽是在心脏因血容量增加而伸展时由心房内的细胞释放的,ANF 随血流运送到肾,在这里激活集合管细胞中的鸟苷酸环化酶(图 14-29A)。这样引起的[cGMP]升高,触发由渗透压变化驱动的 Na^+ 的、因而也是水的肾排泄增加。水的丢失减少了血容量,抵消原先导致 ANF 分泌的刺激。血管平滑肌也有 ANF 受体——鸟苷酸环化酶;当 ANF 跟此受体结合时,则引起血管舒张(vasodilation),增加血流,降低血压。

衬在肠道内的表皮细胞质膜上的同类受体鸟苷酸环化酶是被一种多肽**鸟苷素**(guanylin)激活的(图 14-29A),鸟苷素调节小肠的 Cl^- 分泌。这个受体也是一个热稳定肽——大肠杆菌和其他革兰氏阴性细菌产生的内毒素——的靶。由内毒素引起的[cGMP]升高,增加了 Cl^- 分泌,并因此减少肠皮层对水的重吸收而引起腹泻(diarrhea)。

一个显著不同的鸟苷酸环化酶类型是一个具有紧密缔合的血红素基的细胞溶胶蛋白质(图 14-

29B),它是由氧化氮(NO)激活的酶。前面曾谈到,NO 在 Ca^{2+}-依赖型 NO **合酶**的催化下由精氨酸产生,存在于许多哺乳类的组织中,从产生它的细胞扩散到附近的细胞。

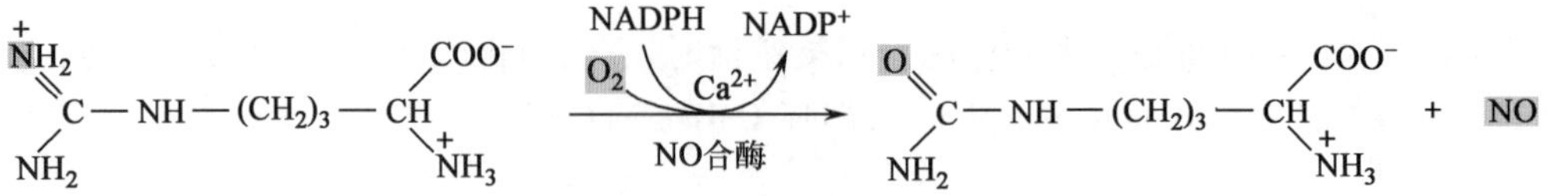

精氨酸　　　　　　　　　　　　　　　　　　　　　　　　　　　瓜氨酸

NO 是非极性分子,无需载体就能穿过质膜。在靶细胞中它与鸟苷酸环化酶的血红素基结合,并促进 cGMP 的产生。在心脏,cGMP 依赖型蛋白激酶通过刺激从细胞溶胶中除去 Ca^{2+} 的离子泵降低收缩力。

NO 诱导的心肌舒张和用于缓解**心绞痛**(angina pectoris)的硝酸甘油和其他硝基血管舒张剂引起的应答是一样的。心绞痛是由于冠状动脉阻塞而缺氧的心收缩引起的。氧化氮不稳定,它的作用时间短暂;在它形成的几秒钟内,则发生氧化,生成硝酸盐或亚硝酸盐。硝基血管舒张剂能产生持久的心肌舒张,因为它们的降解超过数个小时,产生稳定的 NO 流。硝酸甘油作为治疗心绞痛的医学价值是 1860 年代在生产硝酸甘油用来作炸药的工厂里偶然发现的。有心绞痛的工人报告,在工作周内他们的病情有很大的改善,但到周末就变坏了。负责治疗这些工人的医生们经常听到这个故事,以至于他们不得不做出了这样的联系,于是一个药物诞生了。

刺激停止后增加了的 cGMP 合成的效应减小了,因为专一的磷酸二酯酶(cGMP PDE)将 cGMP 转变为无活性的 5′-GMP。人体有几个 cGMP PDE 同工酶,有不同的组织分布。阴茎血管中的同工酶受 sildenafil(Viagra;伟哥)的抑制,因此一旦被一个合适的刺激升高后,它就使[cGMP]保留在升高的水平,说明了这个药物在治疗勃起功能障碍时是有用的。

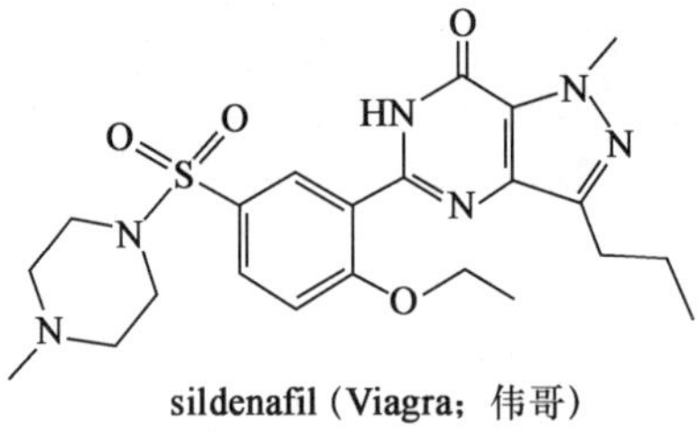

sildenafil(Viagra;伟哥)

九、门控离子通道

(一) 离子通道是可兴奋细胞中电信号传递的基础

多细胞生物中某些细胞是"可兴奋的":它们可以检测出外部的信号,把它转变为电信号(确切地说,转变为膜电位的变化)并传递下去。可兴奋细胞在神经传导、肌肉收缩、激素分泌、感觉过程和学习与记忆中起关键作用。感觉细胞、神经元和肌细胞的可兴奋性决定于离子通道,即在应答各种刺激时为无机离子如 Na^+、K^+、Ca^{2+} 和 Cl^- 的跨膜移动提供可调节途径的信号转导器。这些离子通道是"门控的":它们可以打开或关闭,这决定于被结合的受体是否已经被专一配体(例如神经递质)的结合或跨膜电位(V_m)方面的改变所激活。Na^+-K^+ATP 酶是生电的(electrogenic);由于每运进 2 个 K^+ 就要从细胞输出 3 个 Na^+,引起跨质膜的电荷不平衡(图 14-30❶),造成内侧相对于外侧是负的,即内负外正。这样的膜被称为极化膜。

(习惯上规定:当细胞内负外正,V_m 为负值。对一个典型的动物细胞来说 $V_m = -70 \sim -50$ mV。)

因为离子通道一般只允许抑或阴离子抑或阳离子通过,但不允许两者都能通过,经过一个通道的离子流动会引起膜两侧上的电荷重分布,改变了 V_m。荷正电的离子如 Na^+ 的流入或荷负电的离子如 Cl^- 的流出会引起膜的去极化(depolarization),V_m 趋近于零。相反,K^+ 的流出引起膜的超极化(hyperpolarization),

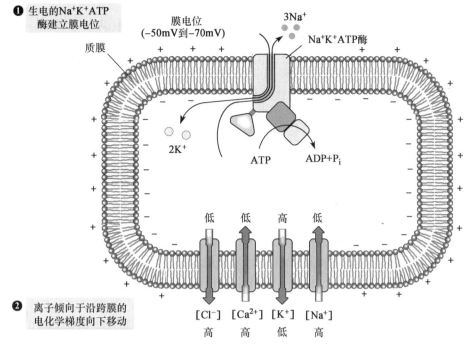

图 14-30 跨膜电位

V_m 变得更负。这些离子经通道的流动是被动的,跟通过 Na^+K^+ATP 酶的主动转运是不相同的。

　　跨极化膜的自发离子流动的方向是由该离子的跨膜电化学势决定的。电化学势可分为两个部分:膜两侧的离子浓度(C)差和一般用毫伏表示的电位差。引起一种阳离子(譬如 Na^+)自发通过离子通道进入胞内的力(ΔG)是它在膜内、外两侧的浓度比(C_{in}/C_{out})和电位差(V_m 或 $\Delta\Psi$)的函数:

$$\Delta G = RT \ln(C_{in}/C_{out}) + ZF \, V_m$$

这里,R 是气体常数,T 是绝对温度,Z 是离子上的电荷,F 是法拉第常数。注意,离子上电荷的符号决定了上面方程中第二项的符号。在一个典型的神经元或肌细胞中,细胞溶胶的 Na^+、K^+、Ca^{2+} 和 Cl^- 的浓度与胞外液中的这些浓度有很大的差别(表 14-9)。设定这些浓度差、静息 V_m(约-60 mV)和上面方程所示的关系式,Na^+ 或 Ca^{2+} 通道的打开将造成 Na^+ 或 Ca^{2+} 的自发向内流动(和去极化),而 K^+ 通道的打开,将引起 K^+ 的自发向外流动(和超极化)(图 14-30❷)。在这种情况下,K^+ 逆着电化学梯度向外移动,因为细胞内、外的大浓度差对该离子产生一个更大的向外化学力。而 Cl^- 受电梯度趋动逆浓度梯度向外移动。

表 14-9　细胞和胞外液中的离子浓度(mmol/L)

细胞类型	K^+		Na^+		Ca^{2+}		Cl^-	
	内	外	内	外	内	外	内	外
乌贼神经元	400	20	50	440	≤0.4	10	40~150	560
蛙肌	124	2.3	10.4	109	<0.1	2.1	1.5	78

　　只要浓度梯度和电位的组合能够提供驱动力,给定的一种离子可以继续流经通道。例如,当 Na^+ 沿它的浓度梯度往下流动,则使膜去极化。当膜电位达到+70 mV,这个膜电位的效应(抵抗 Na^+ 的进一步流入)精确地等于[Na^+]梯度的效应(促进 Na^+ 的流入)。在此平衡电位(E),驱使 Na^+ 移动的驱动力(ΔG)为零。平衡电位对每种离子是不同的,因为浓度梯度不一样。

　　为产生一个生理上明显的膜电位变化所必需流动的离子数目跟细胞和胞外液中的 Na^+、K^+ 和 Cl^- 浓度相比是可以忽略不计的,因此在可兴奋细胞中信号转导期间发生的离子流动对这些离子的浓度基本上没有影响。对于 Ca^{2+},情况则不同,因为胞内[Ca^{2+}]一般是很低的(0.1 μmol/L),Ca^{2+} 向内流动能够明显改

变细胞溶胶的 $[Ca^{2+}]$。

　　在给定时间内一个细胞的膜电位是在该时刻打开的离子通道类型和数目的结果。处于静息状态的大多数细胞，打开的 K^+ 通道比打开的 Na^+、Cl^- 或 Ca^{2+} 通道为多，因此静息电位跟任一其他离子的电位相比更接近 K^+ 的电位（$E = -98\ mV$）。当 Na^+、Ca^{2+} 或 Cl^- 的通道打开时，膜电位移向该离子的 E 值。离子通道精确按时打开和关闭以及造成的膜电位短暂变化是神经系统得以刺激骨骼肌收缩、心脏搏动或分泌细胞释放产物的电信号转导的基础。而且许多激素也是通过改变它们的靶细胞膜电位产生效应的。这些机制不限于动物；离子通道在细菌、原生生物和植物对环境信号的应答中也起重要作用。

（二）电压门控离子通道产生神经元的动作电位

　　为说明离子通道在细胞与细胞的信号转导中的作用，我们介绍一个神经元沿它的长向并跨过突触（synapse）传送信号到下一个神经元的机制。

　　神经系统中的信号转导是由神经原网络完成的。神经元是一种特化的细胞，它从细胞的一端，称胞体（cell body），通过伸长的质膜突起，称轴突（axon），传播电脉冲（动作电位）。电信号触发突触释放神经递质分子，把信号传送到通路中的下一个细胞。有 3 种类型的**电压门控离子通道**（voltage-gated ion channel）是这种信号转导机制所必需的。沿轴突的整个长度是若干**电压门控 Na^+ 通道**（图 14-31），当膜处于静息时（$V_m = -60\ mV$）通道关闭；但在应答乙酰胆碱（或某些其他神经递质）膜发生局部去极化时，通道短暂打开。沿轴突分布的还有许多**电压门控 K^+ 通道**，在应答附近 Na^+ 通道的打开而去极化时，K^+ 通道立即打开。因此，Na^+ 流入轴突造成的去极化马上有 K^+ 流出引起的复极化（repolarization）与之抗衡。在轴突的远端是**电压门控 Ca^{2+} 通道**，当 Na^+ 和 K^+ 通道活动引起的去极化和复极化的波到达时，Ca^{2+} 通道立即打开，触发神经递质乙酰胆碱的释放——乙酰胆碱把信号传递给下一个神经元，激发动作电位；或传递给一个肌细胞，引起收缩。

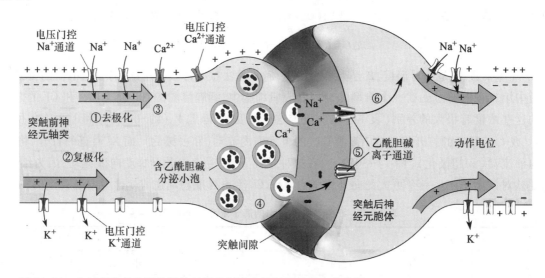

图 14-31　电压门控的和配体门控的离子通道在神经元传递中的作用

为清楚起见，Na^+ 通道和 K^+ 通道分别画在轴突的上、下两边，其实这两种通道是均匀分布在轴突膜上的。图中深灰色的大箭头表示神经冲动（或称动作电位）传导的方向。膜的去极化（包括反极化，变成内正外负）和复极化过程也就是动作电位的形成和恢复的过程。（改自 Nelson D L, Cox M M. Lehninger Biochemistry, 6th ed.）

　　电压门控 Na^+ 通道对 Na^+ 的选择性远超过对其他的离子（大 100 倍或更多），并且 Na^+ 的流动速率也很大（$> 10^7$ 离子/s）。Na^+ 通道由于跨膜电位下降被打开（被激活）后，很快（几毫秒内）发生失活，通道关闭，保持无活性状态多个毫秒。随着因应答 Na^+ 通道打开而引起的去极化，电压门控 K^+ 通道打开（图 14-31，步骤①），这样造成的 K^+ 流出使膜局部复极化（重建内侧负的膜电位，步骤②）。当局部去极化触发邻近的 Na^+ 通道的短暂打开，然后是 K^+ 通道的短暂打开，一个短暂的去极化冲动就这样通过轴突。继每一 Na^+ 通道打开后有一个简短的不应期（refractory period），在此期间通道不能再打开，也即轴突不能立刻发生新的动作电位。因此不应期保证了一个去极化的波(动作电位)从神经胞体向轴突末端传播的方向。顺便说一下,轴突膜上某一点受到刺激产生的神经冲动(动作电位)本质上是双向传导的,但动物体内,神经接受刺激的地方是神经末梢,更重要的是两个神经元彼此接头处(突触),神经冲动是单向传导的,因此冲动在神经纤维上只能朝一个方向进行。

当去极化的波传播到神经元顶端时,电压门控 Ca^{2+} 通道打开,允许 Ca^{2+} 从胞外空隙进入细胞(图14-31步骤③)。这样引起的胞内 $[Ca^{2+}]$ 升高触发乙酰胆碱通过胞吐方式释放到突触间隙(synaptic cleft)(步骤④)。乙酰胆碱扩散到突触后细胞(另一神经元或肌细胞),在这里它跟突触后细胞上的受体结合,引发配体门控离子通道打开(步骤⑤)。胞外 Na^+ 和 Ca^{2+} 经此通道进入突触后细胞,并使之去极化(步骤⑥)。这样,电信号被传送到突触后神经元(或肌细胞)的胞体,并以同样的步骤顺序沿它的轴突传送到通路中的第三个神经元(或肌细胞),等等。门控离子通道以两种方式中的任一种转导信号:一种方式是通过改变一种离子(如 Ca^{2+})的胞质浓度,这里离子是作为胞内第二信使;另一种是通过改变 V_m,并影响对 V_m 敏感的其他膜蛋白。下面举一个电信号通过一个神经元传送到另一个神经元的例子来说明这两种机制。

Na^+ 通道的基本组件是一个单一的大多肽(含 1 840 个氨基酸残基),被组织成围绕中央通道(孔道)的 4 个结构域(Ⅰ 到 Ⅳ);每个结构域含有 6 个跨膜的螺旋段(1 到 6)(图 14-32A 和 B)。每个结构域中的4 号螺旋是电压传感器(voltage sensor);6 号螺旋是激活门(activation gate);5 号和 6 号螺旋之间的连接肽段组成 Na^+ 专一的"孔区"。连接结构域 Ⅲ 和 Ⅳ 之间的一段多肽是钝化门(inactivation gate)。这样构成的中央跨膜通道,内衬极性氨基酸残基;4 个孔区集中在近胞外表面处构成漏斗形开口的选择性滤器,使通道具有区分 Na^+ 和大小相似的其他离子的能力;激活门(6 号螺旋)打开后,钝化门立即关闭。每个结构域的 4 号螺旋(电压传感器)具有高密度的荷正电 Arg 残基,认为在应答跨膜电压从约 $-60mV$(静息电位)到 $+30mV$ 的变化时,这个螺旋段在膜内发生移动。4 号螺旋的移动触发通道的打开,这是电压门控的基础(图 14-32C 和 D)。

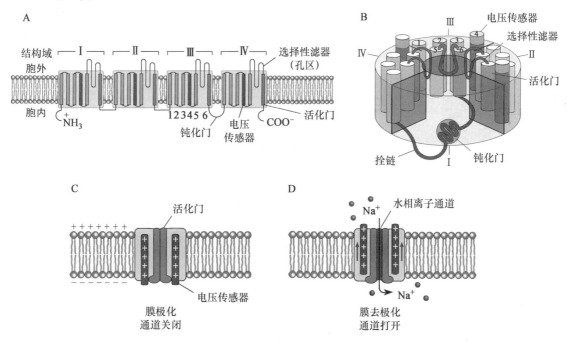

图 14-32　神经元的电压门控 Na^+ 通道

A. 以展开方式示出一个 Na^+ 通道(一个大的蛋白质分子)的基本组件:4 个同源结构域(Ⅰ~Ⅳ)和每一结构域中的 6 个跨膜螺旋段(1~6);B. 以立体模型方式示出 A 中列出的那些组件,包括电压传感器、选择性滤器、活化门和钝化门等;C. 示出 Na^+ 通道传感电压的机制,包括在应答[跨]膜电位变化时 4 号螺旋(电压传感器,黑色)作垂直于膜平面的移动。如左边所示,4 号螺旋上的强正电荷使它在应答内负的膜电位时被拉向胞内一方;去极化减弱了这种拉力,4 号螺旋向外移动(D)。移动被传讯到活化门,诱导构象变化,使通道打开(仿自 Nelson D L,Cox M M. Lehninger Biochemistry, 6th ed.)

Na⁺通道的钝化(在不应期)被认为是通过球-链模型(ball-and-chain)机制发生的。Na⁺通道的胞质侧表面上的一个蛋白质结构域(结构域Ⅲ和Ⅳ之间的一段多肽),称钝化门(球),它被一小段多肽(链;图14-32B)拴在通道上。当通道关闭时此结构域可以自由移动,但打开时在通道内面上的一个部位变成可用来结合被拴的球,因而关闭了通道。拴链的长度似乎决定了一个离子通道能打开多长时间:拴链愈长,打开时间愈长。其他离子通道可能经同样的机制被钝化。

(三) 乙酰胆碱受体是配体门控离子通道

烟碱样乙酰胆碱受体(nicotinic acetylcholine receptor)介导来自某些类型的突触和神经肌肉接头(运动神经元和肌纤维之间)的电激发神经元的信号的传导,触发肌肉收缩。(烟碱样乙酰胆碱受体和毒蝇[蕈]碱样乙酰胆碱受体(muscarinic acetylcholine receptor)最初是根据前者对烟碱、后者对蘑菇植物碱、毒蝇碱,的敏感性来区分的。它们在结构和功能上都不相同。)突触前神经元或运动神经元释放的乙酰胆碱扩散几微米到达突触后神经元或肌细胞,在这里跟乙酰胆碱受体结合。它们迫使受体的构象发生变化,引起离子通道打开。引起的阳离子向内移动,使质膜去极化。在肌纤维中它触发肌肉收缩。乙酰胆碱受体允许 Na⁺、Ca²⁺和 K⁺顺利通过,但其他阳离子和所有阴离子都不能通过。Na⁺通过乙酰胆碱受体离子通道的移动是不可饱和的(其速率与胞外[Na⁺]成正比),并且速度很快——在生理条件下约 $2×10^7$离子/s。

和其他门控离子通道一样,乙酰胆碱受体在应答信号分子刺激时通道打开,并有一个打开几秒后立即关闭闸门的固有定时机制。因此乙酰胆碱信号是短暂的,这是电信号传导的基本特征。我们了解乙酰胆碱受体门控基础的结构变化,但不是"脱敏"的确切机制,脱敏时闸门总处于关闭状态,甚至乙酰胆碱继续存在。

烟碱样乙酰胆碱受体由 5 个同源亚基($\alpha_2\beta\gamma\delta$)组成,其中每个 α 亚基含有一个乙酰胆碱的结合位点(图 14-33C)。所有 5 个亚基在序列和三级结构上是相关的,每个亚基含有 4 个跨膜螺旋段(M1 到 M4);M2 螺旋是两亲的,其他螺旋以疏水残基为主。螺旋段之间在它们(也是通道)的顶部和底部有荷负电的氨基酸残基环相连(图 14-33A)。5 个亚基围绕中央跨膜通道(孔道)排列,通道衬有 M2 螺旋段。突出在

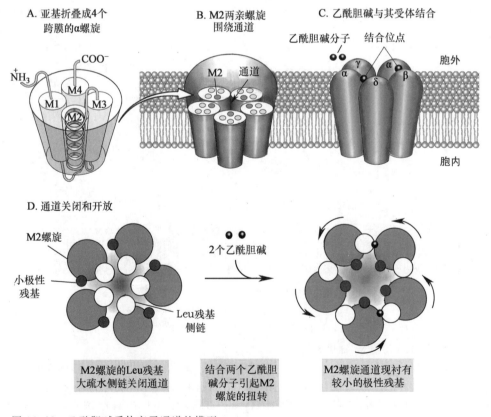

图 14-33   乙酰胆碱受体离子通道的模型

(仿自 Nelson D L,Cox M M. Lehninger Biochemistry, 5th ed.)

膜的胞质表面和胞外表面的通道孔径约 2nm,但穿过脂双层的孔径变窄(图 14-33B,C)。图 14-33D 是通过 M2 螺旋中央的横切面图解,示出每个 M2 螺旋(深灰色圆)向孔道伸出一个 Leu 残基的大疏水侧链(白色圆),把孔径压缩到难以允许 Ca^{2+}、Na^+ 或 K^+ 通过。乙酰胆碱(黑色球)跟受体的每个 α 亚基上的位点结合引起构象变化,迫使所有的 M2 螺旋发生轻微扭转,把 5 个 Leu 残基大侧链旋离到旁边,代之以小的极性残基(小黑圆)。孔道加宽,允许 Ca^{2+}、Na^+ 和 K^+ 通过。

(四) 神经元有应答不同神经递质的受体通道

动物细胞特别是神经系统细胞含有由配体、电压或两者门控的各种离子通道。本身是离子通道的受体被归为促(亲)离子型受体(ionotropic receptor)以区别于产生第二信使的受体——促(亲)代谢型受体(metabotropic receptor)。前面集中介绍了作为神经递质的乙酰胆碱,但还有许多其他的神经递质,如 5-羟色胺或称血清[紧张]素(serotonin),谷氨酸和甘氨酸等。它们都能通过结构上跟乙酰胆碱受体有关的受体通道起作用。5-羟色胺和谷氨酸触发阳离子(K^+、Na^+ 和 Ca^{2+})通道打开,而甘氨酸触发 Cl^- 专一的通道打开。阳离子和阴离子通道只是衬在亲水通道的氨基酸残基有细微的差别。阳离子通道在一些关键位置是荷负电的 Glu 和 Asp 侧链。当用实验方法把这些酸性残基中的几个用碱性残基置换时,阳离子通道则转化为阴离子通道。

取决于什么离子通过通道,配体(神经递质)对这些通道的结合造成靶细胞的去极化还是超极化。一个单个的神经元正常情况下接收来自很多其他神经元的信号输入,每个神经元都释放它自己特有的去极化或超极化效应的神经递质。因此靶细胞的 V_m 反映出来自多个神经元的经整合的信号输入。只有当整合了的输入加上足够大的净去极化时,细胞才能以一个动作电位作出应答。

乙酰胆碱、甘氨酸、谷氨酸和 γ-氨基丁酸(GABA)的受体通道是由胞外配体门控的。胞内第二信使如 cAMP、cGMP、IP_3、Ca^{2+} 和 ATP 调节另一类的离子通道,它们参与视感、嗅觉和味觉的感觉转导。

(五) 毒素靶向离子通道

自然界中发现的许多最强的毒素作用于离子通道。例如树眼镜蛇毒素(dendrotoxin)阻断电压门控 K^+ 通道,河豚毒素(tetrodotoxin)作用于电压门控 Na^+ 通道,眼镜蛇毒素(cobrotoxin)损害乙酰胆碱离子通道。为什么离子通道在进化过程中变成比某些关键性代谢靶如能量代谢所必需的酶更为毒素所喜爱的靶呢?

离子通道是一类超常的放大器,打开单个通道可允许每秒一千万个离子通过。因此为了实现信号转导,每个神经元只需要少数分子的离子通道蛋白质。这意味着对离子通道具有高亲和力的毒素来说,只要少数分子从胞外作用就能对全身的神经信号转导产生十分显著的效应。如果通过代谢酶的方式要达到同样的效果,典型细胞中存在的酶浓度需要比离子通道高得多,这就需要有更多的毒素分子。

十、整联蛋白——双向黏着受体

整联蛋白(integrin)是质膜蛋白质,介导细胞跟细胞和细胞跟胞外基质的黏着,在跨膜的两个方向运载信号(图 14-34)。哺乳动物基因组编码 18 个不同的 α 亚基和 8 个不同的 β 亚基,这些亚基存在于一系列的组合体中,后者在各种组织中具有各种配体结合专一性。至今发现的 24 种不同的整联蛋白每种似乎都有独特的功能。因为整联蛋白能告知细胞有关胞外周围的情况,所以它们在要求选择性的细胞-细胞相互作用的过程中,如胚胎发育、血液凝固、免疫细胞运作、正常分化、肿瘤生长和有丝分裂中起关键性作用。跟整联蛋白相互作用的胞外配体包括胶原、血纤蛋白原、纤连蛋白和许多含有被整联蛋白识别的序列 -Arg-Gly-Asp-(RGD,用单字母氨基酸缩写)的其他蛋白质。α 和 β 亚基的胞质侧短突起跟紧挨质膜下方的细胞骨架蛋白质——踝蛋白(talin)、α-辅肌动蛋白(α-actinin)、黏着斑蛋白(vinculin)和桩蛋白(paxillin)等——相互作用,调整以肌动蛋白为基础的细胞骨架结构。整联蛋白跟胞外基质和细胞骨架的双重结合使得细胞能够整合有关胞外和胞内环境的信息,并协调细胞骨架按胞外的黏着位点来定位。整合蛋

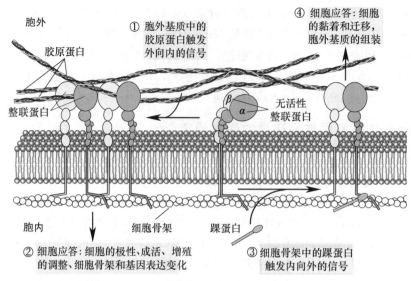

图 14-34 整联蛋白的两路信号转导

白借这个能力管控多种类型细胞的形状、活动、极性和分化。在"外向内"信号转导中,当配体在离跨膜螺旋几个纳米的一个位点结合时,整合蛋白的胞外结构域进行剧烈、全面的构象变化。这些变化以某种方式更改 α 和 β 亚基胞质[侧]尾端的布局,改变跟胞内蛋白质的相互作用,因而把信号向内传输。

整联蛋白胞外结构域的构象和黏着性也被来自胞内的信号引发的"内向外"信号转导明显改变。处于一种构象态的胞外结构域对胞外基质的蛋白质没有亲和力,但来自细胞的信号能够使之转变为另一种构象,采取这种构象的整联蛋白能与胞外蛋白质紧密黏着。

黏着性的调节对白细胞归巢到侵染部位、免疫细胞之间的相互作用以及巨噬细胞的吞噬作用是关键问题。例如在免疫应答期间,白细胞的整联蛋白是来自细胞内部、经由细胞因子(胞外的发育信号)触发的信号转导途径激活的(暴露出它们的胞外配体结合位点)。因此被激活的整联蛋白能够介导白细胞跟其他免疫细胞的黏着或者能够导向待吞噬的细胞。编码称为 CD18 的 β 亚基的整联蛋白的基因的突变是白细胞黏着缺损的原因,这是一种罕见的人类遗传病,患者的白细胞不能穿出血管到达侵染部位。CD18 严重缺乏的婴儿在 2 岁前常因感染而死亡。

血小板专一的整联蛋白($\alpha_{IIb} \beta_3$)涉及正常和病理两者的血液凝固。在受伤部位血管的局部破损为血小板的整联蛋白暴露出高亲和结合位点(例如凝血酶和胶原蛋白中的 GRD 序列),血小板把它们自身连接到破损处、连接到其他血小板以及凝血蛋白质血纤蛋白原,导致血块的形成,阻止进一步出血。血小板整联蛋白($\alpha_{IIb} \beta_3$)的 α 或 β 亚基突变导致称为血小板机能不全(glanzmann thrombasthenia)的出血症,这种患者只要一个小的损伤则会造成过度出血。但凝血过强也是不希望的。血小板黏着的调节异常可以引起病理性血块形成,造成给心、脑供应血液的动脉堵塞,增加心脑发病的风险。替罗非班(tirofiban)和埃替非巴肽(eptifibatide)阻断血小板整联蛋白的外部配体结合位点的药物,它们可以降低血凝块形成,用于治疗和预防心梗发作。

当肿瘤转移时,肿瘤细胞失去对来源组织的黏着能力,侵入新的地点。肿瘤细胞黏着方面的变化和新血管的发育(血管发生)两者都支持在新位置的肿瘤是受专一的整联蛋白调节的。因此这些蛋白质是抑制肿瘤细胞迁移和再定位的药物的潜在靶。

十一、通过核内受体的信号转导机制

类固醇、视黄酸(类视黄醇)和甲状腺激素等构成了一大类有别于其他激素的激素,也就是说它们至少有一部分效应是通过跟其他激素根本不同的机制——在核内改变基因表达——实现的。关于它们的作用方式细节将在第 34 章与调节基因表达的其他机制一道介绍,这里只作简短叙述。

固醇类激素(例如雌激素、孕酮和皮质醇)是疏水的,难溶于血,需要由专一的载体蛋白质把它们从释放部位转运到靶组织。在靶细胞,这些激素以简单的扩散方式通过质膜,并在核内跟专一的核受体蛋白质结合(图14-35)。未结合配体(激素)的类固醇激素受体(脱配基受体,aporeceptor)经常起着抑制靶基因转录的作用。激素的结合触发了一个受体蛋白质的构象发生改变,结果使它变成能跟DNA中称为**激素应答元件**(hormone response element,HRE)的专一调节序列结合,因此改变了基因表达(第34章)。被结合的受体-激素复合体在转录必需的几个其他蛋白质的协助下提高了邻近HRE的专一基因的表达。为使这些调节物得到完全的效应需要几个小时甚至几天的时间,这是改变RNA合成和随后的蛋白质合成直至代谢上显示出明显效果所需的时间。

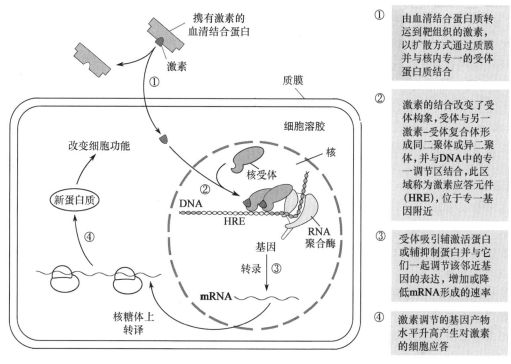

① 由血清结合蛋白质转运到靶组织的激素,以扩散方式通过质膜并与核内专一的受体蛋白质结合

② 激素的结合改变了受体构象,受体与另一激素-受体复合体形成同二聚体或异二聚体,并与DNA中的专一调节区结合,此区域称为激素应答元件(HRE),位于专一基因附近

③ 受体吸引辅激活蛋白或辅抑制蛋白并与它们一起调节该邻近基因的表达,增加或降低mRNA形成的速率

④ 激素调节的基因产物水平升高产生对激素的细胞应答

图14-35 类固醇和甲状腺激素、类视黄醇和维生素D激素调节基因表达的一般机制

类固醇与受体相互作用的专一性在药物三苯氧胺(tamoxifen)用于治疗乳腺癌(breast cancer)方面得到了开发。在某些类型的乳腺癌中癌细胞的分裂决定于雌激素的持续存在。三苯氧胺是雌激素的拮抗物,它跟雌激素竞争与雌激素受体结合,但三苯氧胺-受体复合体对基因表达的影响很小或没有。因此在外科手术后或在化疗期间服用三苯氧胺对激素依赖性乳腺癌来说可以减慢或停止残留癌细胞的生长。另一个类固醇类似物,药物**米菲司酮**(mifepristone)或称RU486,它与孕酮受体结合并阻断受精卵植入子宫所必需的激素作用,因此起避孕药的作用。

三苯氧胺 (tomoxifen)

米菲司酮 (mifepristone)

类固醇的某些作用似乎发生得过快,不像是通过典型的经核受体的类固醇激素作用机制改变蛋白质合成的结果。例如,雌激素介导的血管扩张已知不是依赖基因转录或蛋白质合成的,而是类固醇受体诱导的细胞[cAMP]的降低。认为另有一个涉及质膜受体的转导机制负责这些效应中的某一些效应。

提　要

激素是内分泌组织或细胞产生、被分泌到体液并运送到特定组织中的靶细胞,在那里与专一的受体结合,调节靶细胞或靶组织的生理活动的一类微量、高效的化学信使。除激素外化学信使还有神经递质和生长因子。

人和脊椎动物激素按化学本质可分为:肽激素,儿茶酚胺激素,甲状腺激素,类固醇激素,维生素 D 激素(也是固醇衍生物),类二十烷酸激素,类视黄醇激素和氧化氮激素等。

放射免疫测定(RIA)和 ILISA 是两种很灵敏的激素检测和定量技术。

内分泌腺在解剖学上是彼此不连续的,但在功能意义上自成一体——内分泌系统。下丘脑是大脑的一部分,但也是内分泌系统的一部分。下丘脑、垂体和其他内分泌腺组成了整个内分泌系统。内分泌系统在中枢神经系统主导下对它们的激素分泌实行分级控制和反馈调节,将生物体各个部分的活动协调成一个整体,以求得与环境和谐统一。

大多数激素(肽、儿茶酚胺和类二十烷酸激素)是水溶性的,不能通过质膜,是跟靶细胞质膜外表面上的受体结合,改变并通过第二信使而起作用;另一些激素(类固醇、维生素 D、类视黄醇和甲状腺激素)是疏水的,能穿过质膜进入靶细胞,它们是跟专一的核内受体相互作用调节基因表达而起作用。

属于肽激素的有胰岛素、高血糖素、生长激素(人)以及催产素和血管升压素。胰岛素和高血糖素是调节血糖的,前者降低血糖,后者升高血糖。

儿茶酚胺激素有去甲肾上腺素、肾上腺素和多巴胺等;它们是肾上腺髓质合成和分泌的,生理功能是引起人体或动物的兴奋激动。大脑和其他神经组织产生的儿茶酚胺起神经递质的作用。

类二十烷酸激素包括前列腺素、凝血噁烷和白三烯。它们是在机体需要时产生的,被分泌到胞间质,对附近细胞起调节作用。

类固醇激素分肾上腺皮质激素和性激素两类。皮质激素参与糖或水盐代谢的调节;性激素影响性发育、性行为和一系列其他生殖和非生殖功能。

甲状腺激素包括甲状腺素(T_4)和三碘甲状原氨酸(T_3);其生理作用是促进基础耗氧、促进各种代谢以及促进生长发育和智力发育等。

昆虫的内激素有脑激素、保幼激素和蜕皮激素;昆虫的外激素或称信息素,被分泌到体外后极微量就能影响同种昆虫的行为。其中性引诱剂的研究在害虫预测预报和防治方面得到开发并收到好效果。

目前已确定的植物激素有 5 种(或 5 类):生长素、细胞分裂素、赤霉素、脱落酸和乙烯。它们在农业上得到了应用并收到效果。

信号转导是胞外信号被放大并转变为胞内应答(化学变化)的过程。所有细胞都有在进化期间保留下来的专一而敏感的信号转导机制。各种刺激(信号)都通过质膜中的专一受体起作用。受体与信号分子结合启动了放大信号、整合信号输入并把它传递给整个细胞这一过程。如果信号持续存在,受体脱敏会降低或终止细胞的应答。

多细胞生物有 6 种基本的信号转导机制:通过① G 蛋白-偶联的质膜蛋白质(受体),② 受体酪氨酸激酶,③ 受体鸟苷酸环化酶,④ 门控离子通道,⑤ 双向黏着受体(整联蛋白)和⑥ 核内受体:与类固醇激素结合并改变基因表达。

G 蛋白偶联受体(GPCR)有共同的结构排列(七跨膜螺旋),通过杂三聚体 G 蛋白起作用。在有配体结合时,GPCR 催化 G 蛋白上的 GDP 更换成 GTP,导致 α 亚基解离;然后 G_α 亚基激活或抑制效应酶的活性,改变第二信使产物的水平。

β 肾上腺素能受体激活刺激[性]G 蛋白(G_s),从而激活腺苷酸环化酶,升高第二信使 cAMP 的浓度;cAMP 刺激 cAMP 依赖型蛋白激酶来磷酸化关键性靶酶,改变酶活性。

级联放大是在酶级联中一个单一激素分子激活一个催化剂,继而催化剂激活催化剂,结果得到激素受体系统所特有的高倍信号放大。

cAMP 浓度最终被 cAMP 磷酸二酯酶降低;由于结合的 GTP 水解成 GDP, 作为开关的 G_s 自动断开, G_s 起着自我限制的二进制开关作用。

某些受体通过 G_s 刺激腺苷酸环化酶,另一些受体通过 G_i 抑制腺苷酸环化酶。因此胞内的 [cAMP] 反映了两种(或多种)信号的整合输入。

非催化性衔接蛋白质如 AKAP 能使涉及信号转导过程中的蛋白质集中在一起,增加它们的相互作用效率,在某些情况能把过程限制在特定的细胞位置。

某些 GPCR 是通过质膜的磷脂酶 C 起作用的,磷脂酶 C 将 PIP_2 断裂成二酰甘油和 IP_3。通过打开内质网上的 Ca^{2+} 通道,IP_3 使细胞溶胶的 [Ca^{2+}] 升高。二酰甘油和 IP_3 共同作用,激活蛋白激酶 C,后者磷酸化和改变专一的细胞蛋白质。细胞的 [Ca^{2+}] 也调节(经常通过钙调蛋白)许多涉及分泌、细胞骨架重排和收缩的其他酶和蛋白质。

胰岛素受体(INSR)是具有 Tyr 激酶活性的受体的原型。当与胰岛素结合时,INSR 的每个 αβ 单位磷酸化其配偶体的 β 亚基,并激活受体的 Tyr 激酶活性。此激酶催化其他蛋白质(如 IRS-1)上的 Tyr 残基磷酸化。

IRS-1 上的磷酸酪氨酸残基用作含有 SH2 结构域的蛋白质的结合部位。这些蛋白质中某一些,如 Grb2,含有两个或多个蛋白质结合结构域,它们能用作使两个蛋白质靠近的衔接体。

与 Grb2 结合的 Sos 催化 Ras(一个小 G 蛋白)上 GDP-GTP 交换,Ras 进而激活 MAPK 级联,级联由于细胞溶胶和核内靶蛋白质的磷酸化而终止。其结果是发生专一的代谢改变和基因表达。

通过与 IRS-1 的相互作用被激活的酶 PI3K 把膜脂 PIP_2 转化为 PIP_3,后者成为胰岛素信号转导的第二和第三支路蛋白质的成核点。

在 JAK-STAT 信号转导系统中,一个可溶性蛋白质 Tyr 激酶(JAK)由于跟受体结合而被激活,然后磷酸化转录因子 STAT,后者进入核内,改变一套基因的表达。

在信号转导途径中有很广泛的相互联系,允许对多个激素效应加以整合和细调。

某些信号包括心房钠泵因子和鸟苷素是通过具有鸟苷酸环化酶活性的受体酶起作用的。这样产生的 cGMP 是一种激活 cGMP 依赖型蛋白激酶(PKG)的第二信使。此酶通过磷酸化专一的靶酶改变代谢。

氧化氮是一个短命的信使,刺激可溶性鸟苷酸环化酶,升高 [cGMP] 并刺激 PKG。

膜电位或配体门控的离子通道是神经元和其他细胞中信号转导的关键。

神经元膜的电压门控 Na^+ 和 K^+ 通道沿轴突以去极化(Na^+ 流入)继之以复极化(K^+ 流出)的波输送动作电位。

电压敏感型通道的门控机制涉及一个跨膜肽垂直于膜平面的运动,此肽由于存在 Arg 或其他荷电残基而携有高电荷密度。

在突触前神经元的远端一个动作电位的达到触发神经递质释放。神经递质(例如乙酰胆碱)扩散到突触后神经元(或神经肌肉接点处的肌细胞),与其质膜中的专一受体结合,并触发 V_m(膜电位)的改变。

神经元和肌细胞的乙酰胆碱受体是一种配体门控离子通道;乙酰胆碱的结合触发构象变化,打开 Na^+ 和 Ca^{2+} 通道。

许多生物产生的神经毒素攻击神经元的离子通道,并因此是作用快和致命性的。

整联蛋白是二聚体(αβ)质膜受体的一个家族,它们跟胞外大分子和细胞骨架相互作用,在细胞内、外之间运送信号。

一个整联蛋白的活性形式和无活性形式,它们的胞外结构域的构象是不同的。胞内的事件和信号能使活性形式和无活性形式互相转化。

整联蛋白介导免疫应答,血液凝固和血管发生的多个方面,并在肿瘤转移中起作用。

固醇类激素进入细胞并结合于专一的受体蛋白。激素受体复合体结合 DNA 的专一区域(激素应答元件),并与其他蛋白质相互作用以调节附近基因的表达。

类固醇激素的某些效应可能是通过一种与典型机制不同的快速信号转递途径实现的。

习　题

1. 名词解释：(a)神经激素；(b)促激素；(c)含氮激素；(d)第二信使；(e)前列腺素；(f)性信息素；(g)保幼激素；(h)植物生长调节剂；(i)赤霉素；(j)脱落酸。

2. 什么是激素？按其化学本质可将人和脊椎动物的激素分为哪几类？请举例说明之。

3. 人和脊椎动物有哪些主要的内分泌腺？它们各分泌哪些主要激素？

4. 垂体激素中哪些是直接作用于机体外周组织的靶细胞的？它们各自的功能是什么？

5. 试述(a)类固醇激素和(b)肽(和蛋白质)激素的作用机制。

6. 胰岛素是怎样调节糖代谢的？

7. (a)皮质激素主要包括哪些激素？(b)肾上腺素和去甲肾上腺素在功能上有何异同？

8. 甲状腺激素在体内过多或不足对机体有何影响？

9. (a)试述睾酮和雌二醇的生理功能。(b)性激素分泌紊乱会造成机体形态和功能上的什么变化？

10. 避孕药的设计原理是什么？

11. 何谓信号转导？信号转导的基本过程是怎样的？

12. 信号转导有哪些共同特点？

13. 试述肾上腺素能受体(GPCR)、胰岛素受体(INSR)的结构特点。

14. 试述 G 蛋白和钙调蛋白的结构和功能特点。

15. 试述肾上腺素在促进糖原降解中的级联放大。

16. 举出真核生物中 6 个普通类型的蛋白激酶和激活每个类型的直接因子。

17. 比较在信号转导中起作用的 G 蛋白(G_s)和 Ras。它们有什么共同的性质？它们有什么不同？G_s 和 G_i 之间的功能差别是什么？

18. 激素携带的信号最终必须终止。试述几种不同的信号终止机制。

19. 试述胰岛素受体系统中信号放大的所有来源。

20. 一个蛙卵细胞与一个精细胞的结合(受精)触发了类似于在神经元中观察到的离子变化(动作电位移动期间)，并启动了细胞分裂和胚胎发育的过程。用把卵细胞悬浮在 80 mmol/L KCl(正常的池塘水含 9 mmol/L KCl)中的方法，无须受精便可刺激它们分裂。

(a)计算胞外[KCl]的这一变化改变卵细胞的静息电位多少。假设温度 20℃。(提示：假设卵细胞含 120 mmol/L K^+，并假设只允许 K^+ 被通过)

(b)当此实验在无 Ca^{2+} 的水中重复时，增加[KCl]并不发生影响。关于 KCl 影响的机制暗示了什么？

主要参考书目

1. 王镜岩,朱圣庚,徐长法. 生物化学教程. 北京:高等教育出版社,2008.

2. 吴相钰. 陈阅增普通生物学. 4 版. 北京:高等教育出版社,2014.

3. 盛树力. 多肽激素的当代理论和应用. 北京:科学技术文献出版社, 1998.

4. Vander A J, Sherman J H, Luciano DS. Human physiology: the mechanisms of body function. 5th ed. NewYork: McGraw-Hill Publishing Company, 1990.

5. Nelson D L, Cox M M. Lehninger Principles of Biochemistry. 6th ed. New York: W. H. Freeman and Company, 2013.

6. Styer L. Biochemistry. 5th ed. New York: W. H. Freeman and Company, 2006.

(徐长法)

网上资源

📖 习题答案　　　✍ 自测题

索　引

读者意见反馈

为收集对教材的意见建议，进一步完善教材编写并做好服务工作，读者可将对本教材的意见建议通过如下渠道反馈至我社。

咨询电话　400-810-0598

反馈邮箱　gjdzfwb@pub.hep.cn

通信地址　北京市朝阳区惠新东街4号富盛大厦1座

　　　　　高等教育出版社理科事业部

邮政编码　100029

防伪查询说明

用户购书后刮开封底防伪涂层，使用手机微信等软件扫描二维码，会跳转至防伪查询网页，获得所购图书详细信息。

防伪客服电话　（010）58582300